# 수산생명 질병학

2판

박성우 • 오명주 공저

BIOSCIENCE
도서출판 바이오사이언스(주)

## 저자 약력

**▣ 박성우(朴性佑)**

- 부경대학교 양식학과 졸
- 농학박사(일본 동경대학교)
- 국립수산과학원 수산연구사 및 수산연구관
- 한국어병학회 회장
- 군산대학교 해양과학대학 수산생명의학과 교수(현)

e-mail: psw@kunsan.ac.kr

Homepage: w3.kunsan.ac.kr/~psw, http://www.cyworld.com/fishdisease
Cafe: http://cafe.daum.net/fishdoctor, http://cafe.daum.net/fishhealth
졸업생 모임: 수어회(守魚會):http://cafe.daum.net/FKAK

**▣ 오명주(吳明柱)**

- 부경대학교 양식학과 졸
- 수산학박사(일본 북해도대학교)
- 일본 에히메대학교 연안환경과학연구센터 겸임교수(현)
- 한국어병학회 회장
- 전남대학교 수산해양대학 식품 · 수산생명의학부 교수(현)

e-mail: ohmj@chonnam.ac.kr

Homepage: http://embc.chonnam.ac.kr
실험실 Cafe: http://cafe.daum.net/DIAGNOSTIC97LAB

## 수산생명 질병학 2판

1쇄 인쇄: 2011년 8월 26일
1쇄 발행: 2011년 8월 31일

저　　자: 박성우 · 오명주
발 행 인: 문정구
발 행 처: (주)바이오사이언스출판
137-060 서울시 서초구 방배동 479-4 호산빌딩 402호
TEL: (02)581-4057~8
FAX: (02)581-4059
Homepage: http://www.biobooks.co.kr
E-mail: bioscience06@hanmail.net
ISBN: 978-89-92709-63-7　93520

등록번호: 제22-3079호

**값 25,000원**

도서출판 바이오사이언스(주)

이 도서의 국립중앙도서관 출판시 도서목록 (CIP)은 e-CIP 홈페이지 (http://www.nl.go.kr/cip.php)에서 이용하실 수 있습니다. (CIP 제어번호: CIP2011003427)

# 개정판을 내면서

저자들은 2001년 기존의 어병에 관한 자료와 정보를 취합하여 "어류 질병"이란 제명으로 출판을 하여 2008년 "수산생명 질병학"이란 제명으로 재출간하였다. 이때 새롭게 발견된 질병과 패류와 새우류를 중심으로 하는 무척추동물의 질병을 삽입하였다.

그 후 수산무척추동물 질병에 관한 중요도가 증가함에 따라 수산 무척추동물 질병에 관한 자료를 종합하여 2011년 "수산무척추 동물 질병학"을 출간하게 되었다.

최초의 자료를 종합하였을 때에 비해 질병에 관한 학설과 학명 등의 많은 변화가 있었을 뿐만 아니라 많은 새로운 질병이 대두되어 이의 정리에 노력하여 본 개정판에 삽입하려고 하였다. 그러나 시간상 또는 자료의 확보의 어려움 등으로 인하여 모두를 수록하지 못하였지만 최근의 자료를 가능한 입수하여 수록하려고 노력하였습니다.

본 개정판의 내용 또한 앞서의 책자와 마찬가지로 질병에 관한 모든 내용을 수록한 것이 아니라, 질병의 발생 상황, 증상, 병리학적 변화 및 PCR진단법 등의 어민과 현장 실무자에게 참고가 되기 위한 부분만을 수록하였기 때문에 전문적인 연구자에게는 미흡한 부분이 많을 것으로 사료된다. 이 책의 기본 내용이 전문적인 지식보다는 질병에 관한 정보를 제공하는데 중점을 두고 있으며, 수산양식기사 시험과목인 "어병학"의 내용과도 부합되리가 믿는다. 그러나 어병학에서 중요한 질병이라 할지라도 우리나라 어종을 중심으로 중요한 질병을 수록하였기 때문에 학술적인 중요도를 지닌 질병이 누락되어 있다는 점 양해해 주시길 당부 드립니다. 그러나 수록된 내용은 이를 만족시키지는 못할지언정 어느 정도의 지식은 제공할 것으로 확신한다. 보다 학술적인 내용은 전문 논문이나 전문교재에 맡기고, 본디의 목표에 충실하도록 노력하겠습니다.

또한 저자의 졸저(2009년) "해조류의 질병"을 참고하면 수산양식에서 발병되는 어류, 수산무척추동물 및 해조류의 질병에 관한 자료는 어느 정도 정리되었다고 생각한다. 물론 앞으로도 새로운 지식과 변경된 정보를 보완 수정해 나갈 계획으로 있지만, 우선은 현 단계에서의 자료만으로 정리한 다음 나름대로의 여가의 시간을 가지고 싶은 것이 솔직한 심정이다.

본 책을 정리함에 있어 원고 정리에 많은 시간을 할애하여 도와준 군산대학교 병리혈액학 연구실 실원 및 전남대학교 바이러스학 연구실 실원에게 감사드린다. 또한 재정적 어려움에 고 불구하고 출간에 협조하여 주신 군산대학교 해양개발연구소와 초판 때와 마찬가지로 개정판을 출간하도록 원고 정리에 귀중한 시간을 할애하여 도와주신 "(주) 바이오사이언스출판" 문정구 사장님과 관계자 여러분께 감사드립니다.

2011년 8월

저자

# 목차

## 제1장 바이러스성 질병

## 제2장 세균성 질병

## 제3장 기생성 질병

## 제6장 환경성 질병과 스트레스



## 제7장 기타 비전염성 질병



## 제8장 병리조직학 용어

# 제 1 장 바이러스성 질병

## 1 바이러스병의 개요

어류에서 약 60여 종의 바이러스성 질병이 밝혀져 있으며, 매년 새로운 질병이 보고되고 있다. 양식어 또는 자연산 어류를 불문하고 바이러스성 질병에 의한 폐사 때문에 많은 나라가 경제적 손실을 입고 있다.

현재까지 바이러스성 질병으로 밝혀진 질병의 대부분은 배양세포에 의한 바이러스가 분리되고 있으나, 아직 분리하지 못하고 있는 바이러스성 질병도 있으며, 분리에 성공하였지만 병원성을 입증하지 못하고 있는 질병도 있다.

바이러스의 분류는 1966년 바이러스명명위원회(International Committee on Nomenclature of Viruses, ICNV)가 발족됨에 따라 바이러스의 생물학적, 물리화학적 특성을 기준으로 하여 과학적인 분류가 가능하게 되었다. ICNV는 1973년 바이러스 분류 국제 위원회(International Committee on Taxonomy of Viruses, ICTV)로 개칭되어 바이러스의 명명 및 분류를 주관하고 있다. 이러한 바이러스 분류에 기초적인 성상은 대개 비리온의 모양과 크기, envelope의 유무 및 nucleocapsid의 대칭성과 같은 비리온의 형태(morphology of virion), 핵산의 종류, 핵산의 구조 및 분자량과 같은 핵산의 화학적 성질(chemical properties of nucleic acids)에 기준을 두고 분류하고 있다. 어류의 바이러스는 모두가 어류 유래의 주화세포(permanent cell line)를 사용하여 분리하고 배양하고 있다. 이러한 주화세포는 시험관 내에서 무한히 증식할 수 있는 단일 형태의 세포로 상피성 세포(epithelial cell)이던가 아니면 섬유아세포(fibroblastic cell)이다.

바이러스를 포함하고 있는 검사재료나 세포배양액 중에 들어 있는 바이러스의 입자의 양을 표시할 때는 $TCID_{50}$(median tissue culture infective dose) 또는 PFU(plaque-forming unit)를 사용하는데, 바이러스 재료 중에 감염성을 가진 바이러스 입자가 어느 정도 들어 있는가를 나타내는 단위로 배양세포를 사용하여 산출한다.

$TCID_{50}$은 바이러스가 들어 있는 재료를 예를 들면 10단계 희석 계열을 만들어 각각의 희석액을 몇 개의 배양용기에 배양 중인 배양세포에 접종하여 배양한 다음, 배양용기 50%에 배양 중인 세포에 세포변성(cytopathic effect, CPE)이 나타난 희석도를 구하여 최초의 재료 1ml당의 바이러스 양으로 나타낸다. 어떤 희석 바이러스액 중에 1개의 바이러스가 존

재한다면, 이것이 배양 중인 배양세포에 감염되어 증식함으로써 현미경으로 관찰할 수 있는 세포변화가 생길 것이므로 그 희석도로부터 처음의 시료에 들어 있는 바이러스의 양을 역산하는 것이다.

표 1-1 어패류에 감염되는 바이러스(1991)

| 핵 산 | 과 | 모 양 | Envelope | 핵 산 | | 주요 숙주 |
|---|---|---|---|---|---|---|
| | | | | 핵산형 | 게놈형 | |
| DNA | *Hepadnaviridae* | isometric | + | ds | circular | 척추 |
| | *Papoviridae* | icosahedral | − | ds | circular | 척추 |
| | *Adenoviridae* | icosahedral | − | ds | liniar | 척추 |
| | *Herpesviridae* | isometric | + | ds | linear | 척추 |
| | *Iridoviridae* | icosahedral | + | ds | linear | 척추, 무척추 |
| | *Poxviridae* | ovoid | + | ds | linear | 척추, 무척추 |
| | *Baculoviridae* | bacilliform | + | ds | supercoiled | 무척추 |
| | *Polydnaviridae* | rod, fuciform | + | ds | supercoiled | 무척추 |
| | *Parvoviridae* | icosahedral | − | ss | 1-strand | 척추, 무척추 |
| RNA | *Birnaviridae* | icosahedral | − | ds | 2 segments | 척추, 무척추 |
| | *Reoviridae* | icosahedral | − | ds | 10-12 segments | 척추, 무척추 |
| | *Caliciviridae* | icosahedral | − | ss | 1 +strand | 척추 |
| | *Coronaviridae* | pleomorpholic | + | ss | 1 +strand | 척추 |
| | *Flaviviridae* | spherical | + | ss | 1 +strand | 척추, 무척추 |
| | *Picornaviridae* | icosahedral | − | ss | 1 +strand | 척추, 무척추 |
| | *Tetraviridae* | icosahedral | − | ss | 1 +strand | 무척추 |
| | *Togaviridae* | spherical | + | ss | 1 +strand | 척추, 무척추 |
| | *Filoviridae* | bacilliform | + | ss | 1 −strand | 척추 |
| | *Paramyxoviridae* | helical | + | ss | 1 −strand | 척추 |
| | *Rhabdoviridae* | bacilliform | + | ss | 1 −strand | 척추, 무척추 |
| | *Nodaviridae* | isometric | − | ss | 2+strands | 무척추 |
| | *Arenaviridae* | spherical | + | ss | 2-strands | 척추 |
| | *Bunyaviridae* | spherical | + | ss | 3-strands | 척추 |
| | *Orthomyxoviridae* | helical | + | ss | 8-strands | 척추 |
| | *Retroviridae* | sphelical | + | ss | dimer 1+strand | 척추 |

표 1-2 어류의 주요 바이러스병의 분류

| 핵산 | 바이러스군 | 바이러스명 | 병 명 | 주요 숙주 |
|---|---|---|---|---|
| DNA | Herpesvirus | CCV | 차넬메기 바이러스병<br>(Channel Catfish Viral Disease, CCVD) | 차넬메기 |
| | | OMV | 산천어 허피스바이러스병<br>(*Oncorhynchus masou* Virus Disease, OMV) | 강송어, 무지개송어 |
| | | Carp Pox virus=<br>Carp herpesvirus | 잉어 폭스병(Pox Disease of Carp) =<br>잉어의 허피스바이러스성 유두종<br>(Herpesviral papilloma of carp, CHV) | 잉어, 금붕어, 잉어과 |
| | | KHV | 잉어허피스바이러스병 (Koi herpesvirus disease) | 잉어, 이스라엘잉어 |
| | | FHV | 바이러스성 상피증생증 | 넙치 치어 |
| | Iridovirus | VENV | 적혈구괴사증<br>(Viral Erythrocytic Necrosis Virus, VENV, PEN) | 해산어 |
| | | LV | 림포시스티스병(Lymphocystis Disease, LD) | 해산어, 담수어 |
| | | RSIV<br>(Megalocytivirus) | 참돔 이리도바이러스병<br>(Red seabream iridoviral disease) | 참돔, 방어, 농어 |
| | | EHN(Ranavirus) | 유행성조혈기괴사증<br>(Epizootic hematopoietic necrosis, EHN) | 송어류 |
| | Alphavirus | SPDV | 췌장병(Pancreas disease) | 해산 연어송어류 |
| | 불명 | | 복어 구백증(Snout ulcer disease) | 복어 |
| RNA | Rhabdovirus<br>(Novirhabdovirus, 2000년) | VHSV | 바이러스성출혈성패혈증<br>(Viral Hemorrhagic Septicemia, VHS) | 무지개송어 |
| | | IHNV | 전염성 조혈기 괴사증<br>(Infectious Hematopoietic Necrosis, IHN) | 무지개송어, 은연어 |
| | | SVCV | 잉어 봄 바이러스병<br>(Spring Viremia of Carp, SVC) | 잉어 |
| | | | 뱀장어 랍도바이러스성피부염<br>(Rhabdoviral dermatitis in eel) | 뱀장어 |
| | | PFRV | Pike 치어 랍도바이러스병<br>(Pike Fry Rhabdovirus Disease, PFRD) | Pike |
| | | HRV(=HIRRV) | 넙치 랍도바이러스병(Hirame Rhabdovirus infection) | 넙치 |
| | Myxovirus | EV-1, EV-2 | 유럽산 뱀장어 바이러스혈증<br>(Viremia of the European Eel) | 유럽산 뱀장어 |
| | | Bluegill virus | 브루길바이러스병 | 브루길 |
| | Birnavirus<br>(Aquabirnavirus) | IPNV | 전염성췌장궤사증<br>(Infectious Pancreatic Necrosis, IPN) | 연어송어류 |
| | | YTAV | 방어의 바이러스성 복수증(Yellowtail Viral Ascites) | 방어 |
| | | YAV | 바이러스성 췌간괴사증<br>(Viral Pancreatico-Hepatic Necrosis) | 방어, 넙치 |
| | | EV-E | 뱀장어 바이러스성 신장병(Viral Kidney Disease of Eel) | 뱀장어 |
| | Nodavirus | VNNV | 바이러스성 신경괴사증(Viral Nervous Necrosis, VNN) | 돌돔, 전갱어 |
| | Togavirus | EIBS | 적혈구봉입체 증후군<br>(Erythrocytic inclusion body syndrome, EIBS) | 연어, 송어류 |
| | Orthomyxovirus<br>(Isavirus) | ISAV | 연어전염성빈혈증<br>(Infectious Salmon Anemia, ISA) | 해산 연어류 |
| | Reovirus | CSV | 연어 레오바이러스병(Chum salmon reovirus disease) | 연어류 |
| | Retrovirus | SLV | 형질세포성백혈병(Plasmacytoid Leukaemia, PL) | 해산 연어송어류 |
| | | VWDV | 바이러스성 선회병(Viral whirling disease, VWD) | 은연어, 무지개송어, 은어 |

CPE는 바이러스가 증식함으로써 생기는 배양세포의 형태학적 변화를 말하는 것으로, 배양세포가 바이러스에 감염되면 원형, 또는 실 모양으로 변하던지 아니면 합포체를 형성하든가 지방모양으로 변하던지 하는 세포모양의 변화뿐만 아니라 핵에도 변화가 생겨 괴사함으로써 배양용기에 부착하지 못하고 탈락 등의 변화가 생기는데, 이러한 배양세포의 형태학적 변화는 바이러스의 종류에 따라 다르기 때문에 CPE의 특징으로 바이러스의 종류를 결정할 수 있다.

PFU는 단층배양세포에 적당히 희석시킨 바이러스를 접종한 다음 바이러스가 배양세포에 흡착되도록 약 1시간 정도 방치한 후, 배양액을 버리고 한천과 같은 겔을 중층하여 배양하면 배양세포에서 증식하여 세포 밖으로 나온 바이러스 입자가 감염된 세포부근에만 머물고 먼 곳에 옮아가지 못하게 된다. 수일간 배양하면 바이러스 입자에 의해 생긴 세포변화가 바이러스가 감염된 세포부근에만 집중적으로 생기기 때문에 생체염색을 한 다음 관찰하면, 세포변화가 일어난 부분이 염색되지 않는 반점상의 빈 공간으로써 육안으로 식별할 수 있게 된다. 이러한 부분을 plaque라 하며 바이러스액의 희석도와 배양 후 생기는 plaque수는 정의 상관관계가 있는 경우에는 각 plaque는 1개의 감수성을 가진 바이러스입자에 유래되었다고 생각할 수 있기 때문에 바이러스액 중에 배양세포에 감수성을 가진 바이러스 입자의 양을 계산해 내어 1 ml당의 plaque로 표시한다.

**표 1-3 어류 유래의 주요한 주화세포**

| 세포명 | 어종과 유래 기관 | 세포의 종류 |
|---|---|---|
| RTG-2 | 무지개송어(*Oncorhynchus mykiss*), 난소 | 섬유아세포 |
| FHM | Fathed minnow(*Pimephalus promelas*), 미병부 | 상피세포 |
| BB | Brown bullhead(*Ictalurus neblosus*), 미병부 | 섬유아세포 |
| BF-2 | Bule gill(*Lepomis marcrochirus*), 지느러미 | 섬유아세포 |
| CCO | Channel catfish (*Ichtalurus punctatus*), 난소 | 상피세포 |
| CHSE-214 | *Oncorhynchus tschawytscha*, 발안난 | 상피세포 |
| EK-1 | 뱀장어(*Anguilla anguilla*), 신장 | 섬유아세포 |
| STE-137 | *Salmo gairdneri*, 발안난 | 섬유아세포 |
| ASE | 대서양연어(*Salmo salar*), 발안난 | 섬유아세포 |
| EPC | 잉어(*Cyprinus carpio*), 상피종 | 상피세포 |
| GF | Grunt(*Haemulon sciurus*), 지느러미 | 상피세포 |
| RTT | 무지개송어(*Oncorhynchus mykiss*), 지느러미 | 섬유아세포 |
| FSP | 넙치(*Paralichthys olivaceus*), 비장 | 섬유아세포 |
| SWT | Swordtail(*Xiphophorus helleri*), 난 | 상피세포 |
| FFN | 넙치(*Paralichthys olivaceus*), 지느러미 | 상피세포 |

# 2 DNA 바이러스

## 1) Herpesvirus

국제 바이러스명명위원회 제 7판에는 허피스바이러스과에는 포유류, 조류 등의 바이러스를 2개의 아과인 Alphaherpesvirinae, Betaherpesvirunae, Gammaherpesvirinae로 나누고 있으며, 미분류로서 차넬메기의 CCVD 원인바이러스인 Channel catfish herpesvirus(IcHV-1)를 대표주로 하여 "Ictalurid herpes-like viruses"가 수록되어 있다. 철갑상어, 뱀장어, 잉어, 금붕어, 메기, 넙치 및 연어 등 어류 유래에 감염되는 바이러스는 허피스바이러스과에 속하는 미분류의 상태로 있다.

우리나라와 일본에서 발병되는 허피스바이러스병은 연어과에 감염되는 Salmonid herpesvirus 2(SalHV-2), 뱀장어의 Anguillid herpesvirus 1(AngHV-1), 잉어에 감염되는 Cyprinid herpesvirus 1(CyHV-1), Cyprinid herpesvirus 2(CyHV-2) 및 KHV Cyprinid herpesvirus(CyHV-3)와 넙치에 감염되는 FHV(Flounder herpesvirus) 등이 있다.

**표 1-4 어류의 주요 허피스바이러스 감염증**

| 바이러스명 | 병 명 | 감염 어종 |
|---|---|---|
| *Channel catfish herpesvirus* (IcHV-1) | 차넬메기바이러스병 | 차넬메기 |
| *Salmonid herpesvirus* 1 (SalHV-1) | 연어과허피스바이러스병 | 무지개송어, steelhead |
| *Salmonid herpesvirus* 2 (SalHV-2) | 연어과허피스바이러스병 | 연어 · 송어류 |
| *Cyprinid herpesvirus* 1 (CyHV-1) | 바이러스성유두종증 | 잉어 |
| *Cyprinid herpesvirus* 2 (CyHV-2) | 허피스바이러스성조혈기 괴사증 | 금붕어 |
| *Cyprinid herpesvirus* 3 (CyHV-3) (koi herpesvirus, KHV, CGNV) | 잉어 허피스바이러스병 | 잉어 |
| *Anguillid herpesvirus* (AngHV-1) | 허피스바이러스성새변괴사증 | 뱀장어 |
| *Flounder herpesvirus* (FHV) | 바이러스성상피증생증 | 넙치 |

이 중 잉어류에 감염되는 것은 발견된 순서대로 CyHV-1, 2, 3의 명칭을 부여하였는데 가장 문제시 되는 질병이 KHV이다. KHV와 유사한 잉어의 허피스바이러스병이 이스라엘 등지에서 발견되어 증상을 기준으로 잉어 신염 · 아가미괴사증바이러스(carp nephritis and gill necrosis virus, CGNV)라는 불리어졌지만, 현재는 KHV와 동일한 바이러스임이 밝혀졌다.

KHV는 잉어과 어류에 발생하는 CyHV-1과 CyHV-2와는 유전자적으로 상동성이 높은데 특히 CyHV-1과는 항원적으로 교차반응이 일어난다. 그러나 KHV는 잉어의 치어에서 성어에 높은 병원성을 나타내며 병리조직학적으로는 아가미의 상피세포의 증생과 괴사가 현저하지만, CyHV-1은 잉어 자어에만 치사적인 종양원성을 지니고 있다. 반면에 CyHV-2는 금붕어의 조혈기괴사증의 원인바이러스로 잉어에게는 치사성이 없는 등 3종의 바이러스는 숙주, 병리조직상, 배양 가능한 주화세포 및 세포 변성의 효과 등에서 차이가 난다.

### (1) 차넬메기 바이러스병(Channel catfish virus disease, CCVD)

CCVD는 수온 20~30°C의 범위에서 차넬메기의 치어에 감염되어 높은 폐사율을 나타내고 환경조건에 따라서는 100% 폐사하는 경우도 있다. 원인체인 CCV(channel catfish virus)는 DNA 바이러스에 속하는 herpesvirus로 숙주세포의 핵 내에서 증식한다. 분리에 사용되는 주화세포는 CCO(channel catfish ovary) 및 BB(brown bullhead)가 사용되며 RTG-2세포, FHM세포, BF-2세포에는 CPE가 나타나지 않는다. 배양온도는 10~33°C에서 가능하지만, 25°C가 최적온도이며 37°C에서는 증식하지 않는다. CCV는 −20°C 또는 −80°C에 보관 중인 어체 내에서는 장기간 활성을 유지하지만, 22°C에 보관한 어류에서는 3일 만에 활력을 상실하고 만다. 그러나 25°C의 깨끗한 물에서는 수 주일간 감염성을 잃지 않는다고 한다. BB세포에서의 CPE는 핵 내에 증식함으로 핵은 호염기성으로 되고 이어서 핵의 바깥쪽에 크로마틴이 농축되어 모이면서 합포체(syncytium)가 형성되고 핵내에 봉입체가 만들어진다. 합포체를 형성한 세포는 핵의 퇴행 변화가 일어나면서 변화를 일으키면서 붕괴되기 시작하여 최종적으로 세포 전체가 붕괴된다. BB세포로 30°C에서 40시간 정도 배양하면 plaque의 관찰이 가능한데 합포체가 서로 끌어당기고 있는 상태로 덩어리를 형성하기 때문에 특이한 합포체를 형성한다 하는 것이라 할 수 있다.

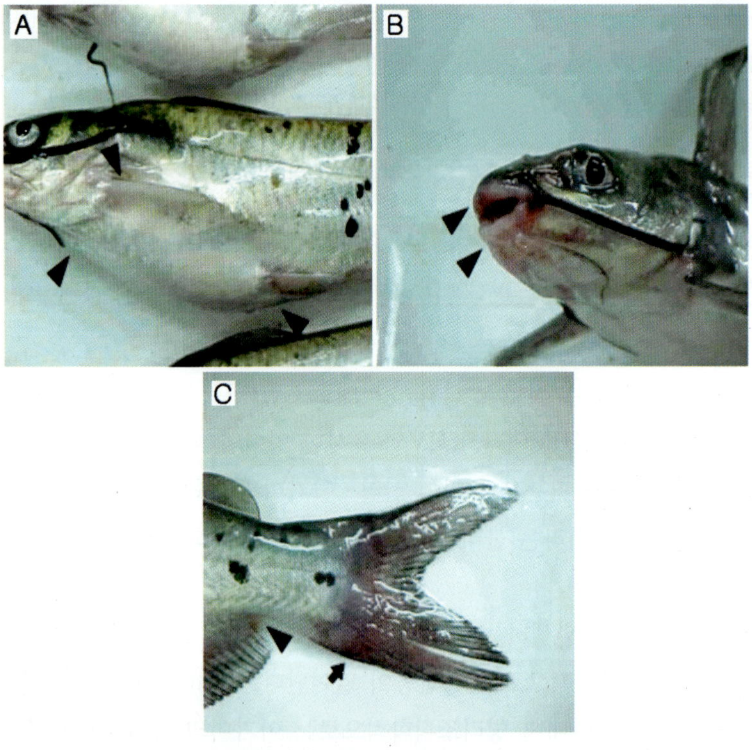


그림 1-1 CCVD감염 차넬메기의 외부 증상. 복부팽만(A), 입과 두부의 복부 주변(화살표 머리)의 심한 출혈(B), 뒷지느러미와 꼬리지느러미의 기부의 심한 출혈(C).

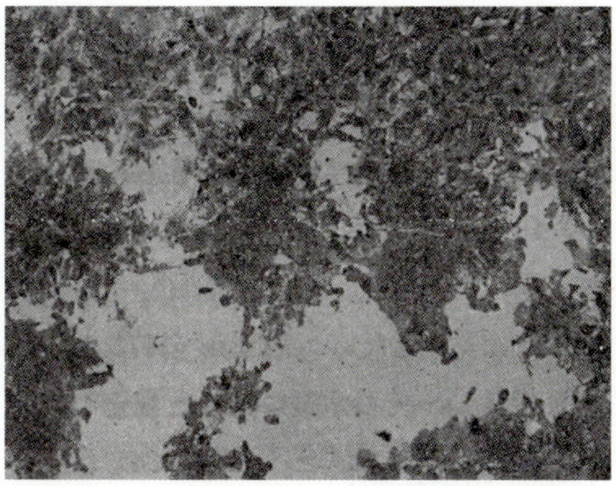

그림 1-2 핵농축과 합포체를 형성한 CCVDV의 BB 세포에서의 CPE.

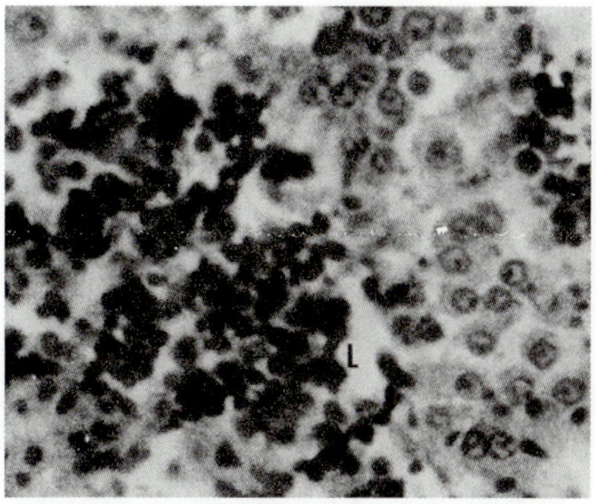


그림 1-3 신장의 간질에 림프구의 침윤이 있지만 세뇨관(T)은 정상.

CCV가 최초로 감염되는 기관은 신장이며 이어서 장, 간에도 감염되고, 말기에는 뇌에도 침입한다. CCVD는 여름철의 질병으로 수온이 낮은 동계에는 발병하지 않는다. 6월~9월의 수온이 25~30°C일 때 부화 4개월 미만의 유어나 체장 15 cm 이하의 치어에 잘 걸리며 특히 난황을 가진 유어가 주로 감염된다. 유어에서는 옆으로 드러눕거나 경련을 일으키는 등의 이상 유영을 하는 개체가 나타나며, 수조의 밑바닥에 가라앉았다가 수조의 가장자리 수면에 몸을 수직으로 세우고 힘없이 떠 있는 모양으로 죽게 되는데, 사망률은 며칠 사이에 갑자기 나타난다.

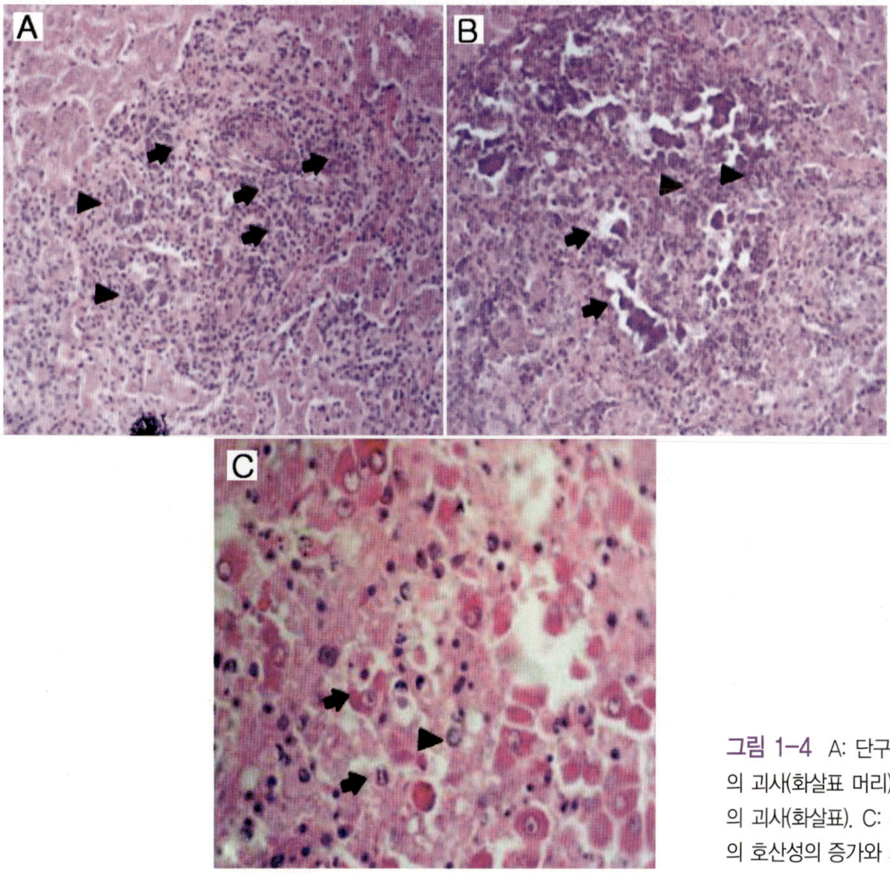


그림 1-4 A: 단구의 침윤이 동반된 담관의 증생(화살표) 및 간 실질의 괴사(화살표 머리). B: 증생과 단구의 침윤(화살표 머리)이 동반된 간의 괴사(화살표). C: 간세포의 붕괴. 핵농축(화살표)을 일으킨 세포질 내의 호산성의 증가와 세포의 예정세포사(화살표 머리). HE.

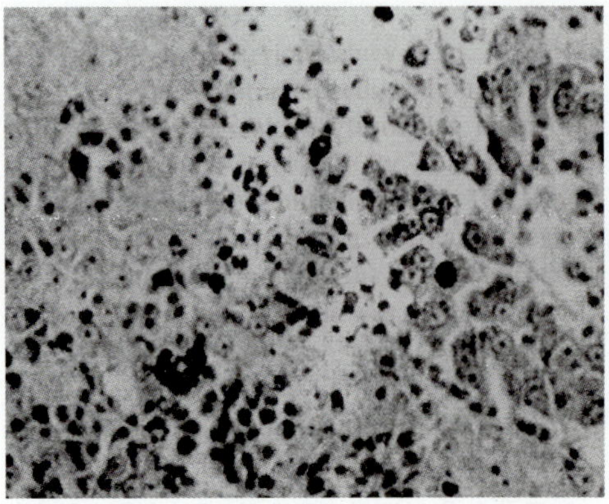

그림 1-5
출혈을 동반한 간세포의 괴사.

병어에서 가장 현저한 것은 복부가 투명 또는 딸기색의 물질로 충만되는 복부의 팽만, 안구돌출과 비장이 암적색으로 변색되어 팽창되어 있다. 아가미는 빈혈과 출혈이 보이지만 이것들은 세균의 2차 감염에 의한 경우일 수도 있다. 말기의 병어는 복부팽만과 항문이 돌출되어 있으며 피부나 지느러미에 출혈이 생긴 경우도 있다.

위는 점액상의 물질로 충만되어 확장되어 있으며 간장, 비장, 신장, 골격근에 출혈이 보이는 등 전신적으로 출혈이 심한 바이러스성 출혈성 패혈증이라 할 수 있다.

병리조직학적으로는 신장과 비장의 조혈조직의 부종과 괴사 및 근육과 피부의 점상출혈이다. 간세포는 호에오진성의 세포질내 봉입체가 만들어지고 수종, 괴사 및 출혈이 생겨있다. 소화관의 점막하조직에 부종과 출혈에 뒤이어 췌장의 괴사도 일어나는데, 소화관의 부종 부위와 조혈조직에는 마크로파지의 침윤이 보통으로 보인다. 비장은 심한 울혈과 출혈에 의해 팽대된다. 어류의 이상 유영은 뇌와 신경계의 병변에 의해서 생기는 것이나 보통 아가미에는 전혀 병변이 생기지 않는다.

분자생물학적 진단법으로는 아래의 primer sets가 사용되고 있다. 이중 OIE primer는 single step, 그 외는 nested PCR을 사용한다. Single PCR은 94°C 5분간 initial denaturation시킨 다음 30사이클(93°C 30sec; 60°C 30sec; 72°C 30sec) 후 72°C 10분간 final extension시킨다. Nested PCR의 첫 단계는 94°C 3분간 initial denaturation시킨 다음 50사이클(94°C 1min; 55°C 2min; 72°C 3min) 및 72°C 7분간이며, 2번째는 같은 조건으로 30사이클 증폭시킨다.

표 1-5 CCVD의 PCR에 사용되는 primer sets

| Primer | Sequence (5′ – 3′) | Product size |
|---|---|---|
| CCVf<br>CCVr | ACG-TGT-ATC-ACG-GTC-TCA-CT<br>TTC-GAG-AAT-CGG-GTC-TCT-GT | 335bp |
| CCVIf<br>CCVIr | TTC-TTC-CTC-CTC-GTC-TCT-TC<br>AGA-ACC-TCG-GGA-GTA-GAG-CC | 157bp |
| OIEf<br>OIEr | TCA-TCC-GAA-TCC-GAC-AAC-TGA<br>CCA-AGA-TCG-CGG-AGA-AAC | 136bp |

### (2) 연어의 허피스바이러스병(*Oncorhynchus masou* virus disease, OMVD)

OMVD는 Salmonid herpesvirus disease라고도 불리는 질병으로 1970년 일본의 북해도의 부화장에서 소상한 각시송어 친어의 난소액에서 처음으로 분리었는데, 현재는 다른 연어류에도 발병하여 상당한 피해를 내고 있다.

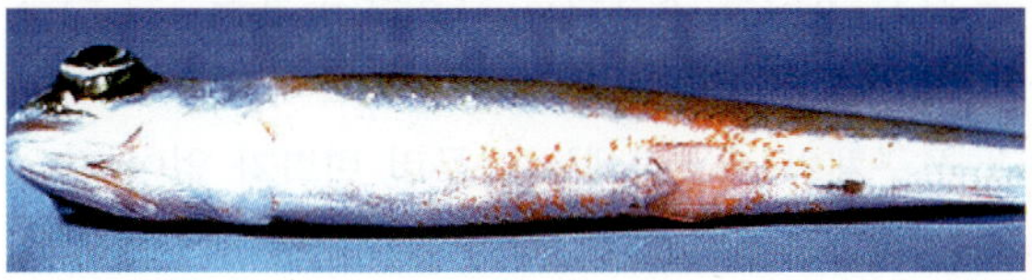

그림 1-6 OMV병어의 복부 점상출혈.

OMV(Oncorhynchus masou virus=Herpesvirus salmonis)는 RTG-2 및 무지개송어 치어 유래의 주화세포인 RTF-1세포에 배양하면 CPE가 나타나지만, FHM에서는 나타나지 않는다. 감염세포는 원형화되어, 서로 융합하여 합포체를 만드는 것이 특징으로 May-Grünwarld Giemsa염색에 잘 염색되는 호염기성의 봉입체가 만들어진다.

그림 1-7 주둥이 상피성유두종을 가진 OMV 병어.

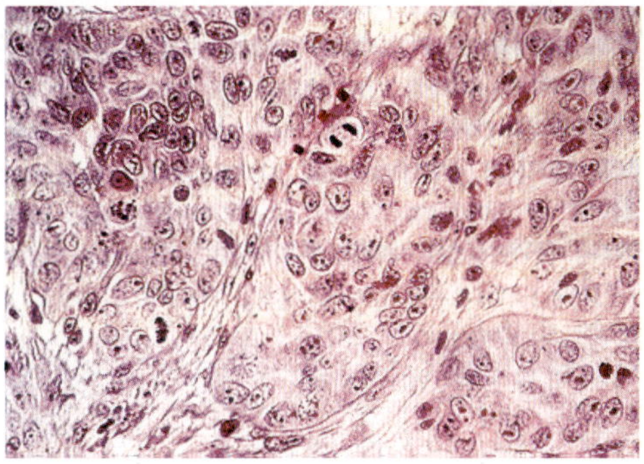

그림 1-8 유두종의 종단면. 엷은 결합조직으로 지탱되고 있는 증식성 상피세포. HE.

병어는 체색이 검어지고, 안구돌출, 아래턱 아래 면과 복면전체에 점상출혈이 나타나며, 심한 빈혈과 복부팽만이 생기고 내장기관도 빈혈과 수종이 현저하여 간, 신장, 비장은 이완되며 혈관계에도 울혈이 생겨 있으며 신장과 간은 퇴색된다. 비장의 이완은 협조직의 괴사에 의해 일어나며, 소화관 내에는 먹이가 없다.

그림 1-9 특징적인 유두종을 가진 OMV 병어.

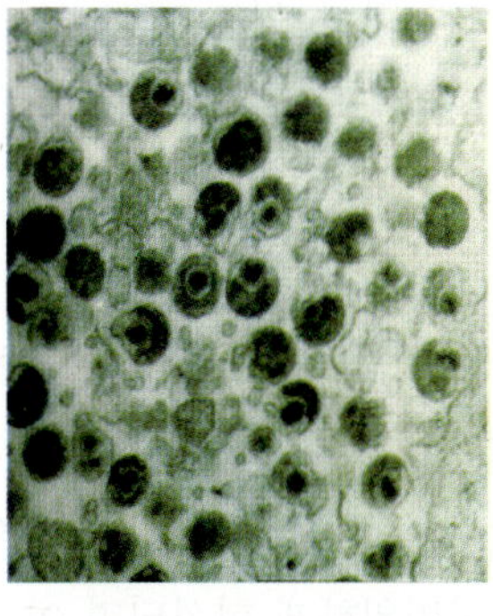

그림 1-10 OMV의 바이러스 모양.

병리조직학적으로 신장 조혈조직의 과형성이 현저하며, 세뇨관에는 액체로 충만되어 있지만 신장의 괴사 정도는 아주 미약하다. 골격근과 심근에도 수종이 일어나고 희게 퇴색된 간장에는 수종과 지방침착, 울혈과 경미한 괴사가 관찰되어진다. 또 췌장에도 경미한 괴사가 생긴다.

아가미의 상피세포는 팽화와 박리가 일어나며, 신장의 비대화는 협조직의 괴사와 밀접한 관계가 있다. 연어에 인위 감염시키면 주요 감염 장기라 생각되는 신장의 조혈조직의 괴사와 초자적변성과 핵농축이 일어나며, 비장, 위, 간, 췌장에도 괴사소가 만들어진다. 그러나 강연어에서는 조혈조직의 괴사가 생기지만 사구체와 세뇨관에는 아무런 변화가 없어 같은 연어과 어류에서도 병리상에 차이가 난다.

OMV는 살아남은 어류의 주둥이 부근의 상피성 종양과 지느러미, 체표 및 안구에 유두상의 종양을 형성되는데 조직학적으로는 여러 층의 증식성 상피세포가 엷은 결합조직으로 지지되고 있다.

### (3) 잉어의 폭스병(Pox disease of carp, *Cyprinid herpesvirus* I infection)

오래 전부터 유럽에서 잘 알려진 질병이었지만, 그 병리상이 상피종 또는 유두종과 차이가 있기 때문에 최근에는 잉어의 허피스바이러스 I형 감염증(Cyprinid herpesvirus I infection, CHI) 또는 잉어의 허피스바이러스성 상피증생증(hypesviral epidermal proliferation in carp, HEPC)이라 부르는데, 이는 잉어의 herpes감염증(KHV)과 구별하기 위한 것이기도 하다. 원인바이러스는 Cyprinid herpesvirus I(CyHV-1)는 KHV와는 다른 바이러스로 envelope를 가지고 있는 정 20면체의 Herpesvirus이다. 주화세포인 FHM에 접종하여 10~ 25°C에 배양하면 발육하지만, 30°C에서는 전혀 발육하지 않는데, 배양온도에 따른 감염역가는 20°C에 배양하였을 때가 가장 높다. 배양세포를 복강 내에 접종하면 체표에 독특한 종양이 형성된다.

두부, 꼬리, 지느러미의 표피 등의 상피세포가 증생되어 유백색으로 융기되는데, 이 때문에 pox병이라 불리게 되었다. 융기환부가 백색을 띠는 것은 증생 부위 내에는 색소세포가 없기 때문이다.

잉어나 금붕어 등의 잉어과 어류의 구간근, 두부, 지느러미 등에 백색 또는 핑크색의 표재성의 유두종이 형성되는데 얼핏 보면 촛물이 떨어져 있다는 감이 든다. 만져보면 단단하고 크기는 1~수 $cm^2$이며, 높이는 대개 1~2 mm 정도이다. 그러나 심한 경우에는 체표 전체를 증생된 피부의 상피세포가 뒤덮는 경우도 있다.

이러한 상피세포의 증생은 단순히 증생으로 끝나는 경우도 있지만 때로는 유두종으로 진행되게 된다. 물론 종양의 유래는 피부의 상피세포로 상피세포의 이상 증식(증생)이 일어나고, 종양에 영양을 공급하기 위하여 혈관이 함유된 결합조직이 형성되어 유두종으로 되는데, 종양은 쉽게 박리되지 않기 때문에 무리하게 떼어내려고 하면 출혈이 생긴다. 종양이 자연 탈락한 경우에는 치유되는 것처럼 보이지만 재발된다. 이 병 자체로 사망하는 경우는 거의 없지만 종양이 광범위하게 형성되면 어류는 성장이 불량하거나 쇠약해져 세균의 2차 감

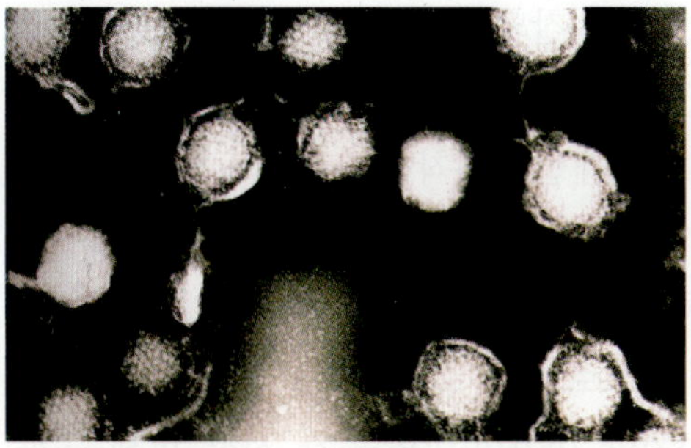

그림 1-11 잉어의 Pox 바이러스

염을 받아 사망하는 경우가 있지만, 산업적으로 중요한 질병은 아니라 생각된다.

이 병의 원인은 바이러스이지만 병어 조직을 떼어내어 어류에 접종하여도 유두종은 형성되지 않기 때문에 바이러스 단독으로 유발되는 것보다는 바이러스인자 외에 환경인자를 비롯한 여러 인자가 관련되어 있다고 한다.

병리조직학적으로는 상피세포의 증생과 증생된 상피조직 내로 결합조직이 함입되기 때문에 기저막 세포층의 배열이 불규칙하게 된다. 또한 상피세포 내의 점액세포의 수는 현저하게 감소되며, 일부 감염세포의 세포질 또는 핵 내에 봉입체가 관찰되기도 한다.

감염어는 주로 1년생 잉어에 수온이 20°C 이하(특히 14°C 이하)인 봄과 가을에 잘 발생하며, 수온 상승기에 발병한 것은 방치하면 자연 치유됨으로 종양 형성에 의한 폐사는 없다. 육안적 증상만으로 진단은 가능하지만 에피스틸리스의 감염에 의해서도 체표에 유두종과 유사한 충체의 집락이 형성됨으로 병어를 잡아 육아종 부위를 만져 보면 오돌도돌한 촉감이 있는 반면 에피스틸리스는 전혀 탄력성이 없다.

대책으로는 원인바이러스가 유효 요오드 농도 10 ppm에 30초에 활성을 상실하기 때문에 발안란을 200 ppm 요오드에 30분간 난 소독을 실시하는 것이 좋다. 또한 발병이 확인된 경우에는 수온을 20°C 이상으로 상승시키면 종양 조직이 괴사 탈락된다.

### (4) 은어의 pox 바이러스성 증식성 아가미염

5~8월에 발병하며 감염 은어는 식욕이 감퇴하고 유영능력이 불활발하여 물표면에 부상하여 무리를 이루고 있다. 감염어의 아가미는 퇴색되어 종대되어 있으며, 점상의 출혈이 보인다.

아가미의 도말표본을 무염색으로 검경하면 새변에 조그마한 맥류가 형성되어 있는 것이 발견된다. 사망률은 90% 이상이며 심한 경우에는 발병 하루만에 50%가 폐사한다. 또한 발병 후에 먹이를 투여하면 할수록 사망률은 증가하는 경향이다.

병리조직학적으로는 증식성 아가미염이 특징으로 감염 부위의 아가미 상피세포는 종대되어 비정상적인 상피세포의 형태를 나타내고 있다. 이들 비정상의 상피세포는 핵이 종대되고 세포질에는 대형의 공포 또는 호염기성의 봉입체가 관찰된다. 이러한 비정상의 상피세포는 새변이 끝부분에서 시작하여 전체적으로 확산되면서 최종적으로는 새변이 유착되게 된다. 이렇게 새변이 서로 유착되는 과정에 새변 사이에 빈공간이 형성되고 그 속에는 파괴된

조직 부스러기 및 비정상의 상피세포의 세포질내에서 관찰되는 봉입체와 유사한 원형의 호염기성의 봉입체가 발견된다.

병이 더욱 진행되면 맥류의 형성이 거의 없이 모든 새변이 유착하는 형태로 발전한다. 가장 심한 경우에는 인접의 다른 새변과도 유착하게 되고 유착 부분의 내부에는 출혈이 관찰된다. 그러나 이러한 병소에는 림프구를 주체로 하는 염증 반응이 미약하게 일어날 뿐이다. 따라서 감염어는 새변의 유착에 따른 호흡면적의 감소로 심한 호흡곤란을 일으켜 사망하는 것으로 생각된다. 허혈상태에 빠져 사망을 초래하지만, 아가미 이외의 간, 신장, 비장, 근육, 뇌, 소화관, 위 등에는 거의 이상이 발견되지 않는다.

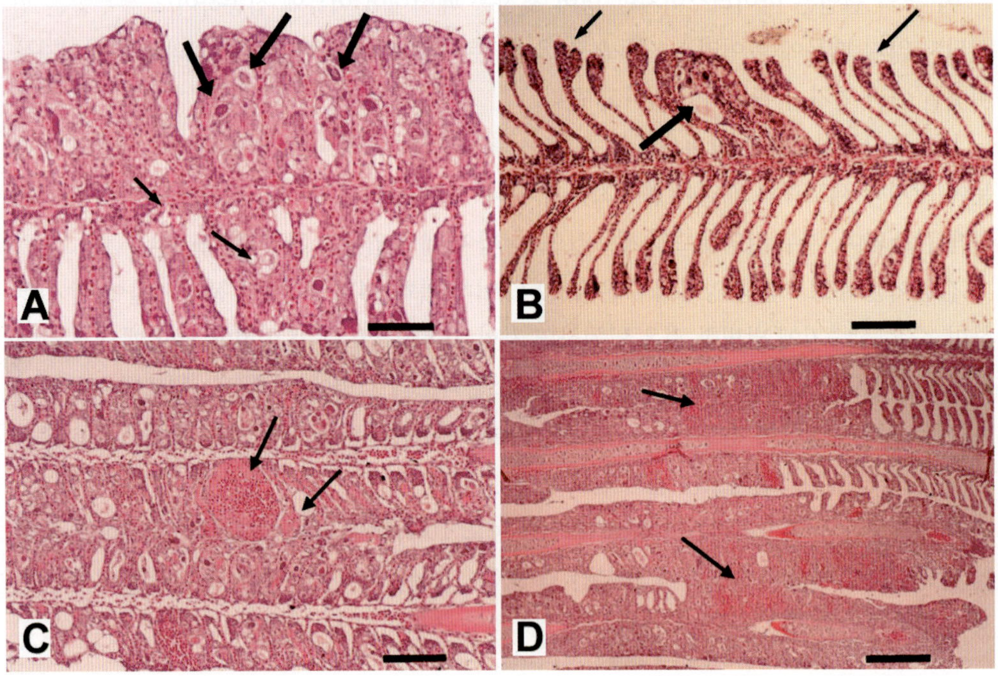


그림 1-12 A: 종대된 비정형 상피세포로 구성되어 있는 환부는 전형적인 증식성 아가미염으로 비정형 상피세포의 세포질에는 대형공포(작은 화살표) 또는 호염기성 봉입체(큰 화살표)가 발견된다. B: 비정형세포는 새변의 끝부분에서 시작하여 기부로 확산되면서 새변의 유착을 유발하는데, 유착 새변 사이에는 빈공간이 형성되기도 함. C: 진행된 상태 새변은 대부분 유착되지만 맥류는 거의 형성되지 않음. D: 가장 심한 경우에는 인접 새변과도 유착되고 유착 부위 내부에는 출혈(화살표)이 보임. 10% 포르말린 고정. HE. Bar = 50 μm(A), 100 μm(B & C) 및 200 μm(D).

전자현미경적으로는 감염 비정형 아가미 상피세포의 세포질 내에는 원형의 봉입체가 발견되며 봉입체 내부에는 전자밀도가 높은 바이러스 입자가 집합체를 이루고 있다. 이러한 봉입체는 광학현미경의 호염기성 세포질내 봉입체에 해당된다. 바이러스 입자는 누에 고치(cocoon) 또는 웃고 있는 입모양(smiling mouth shape)으로 잉어의 Pox병의 바이러스인 Poxvirus의 형태와 유사하다.

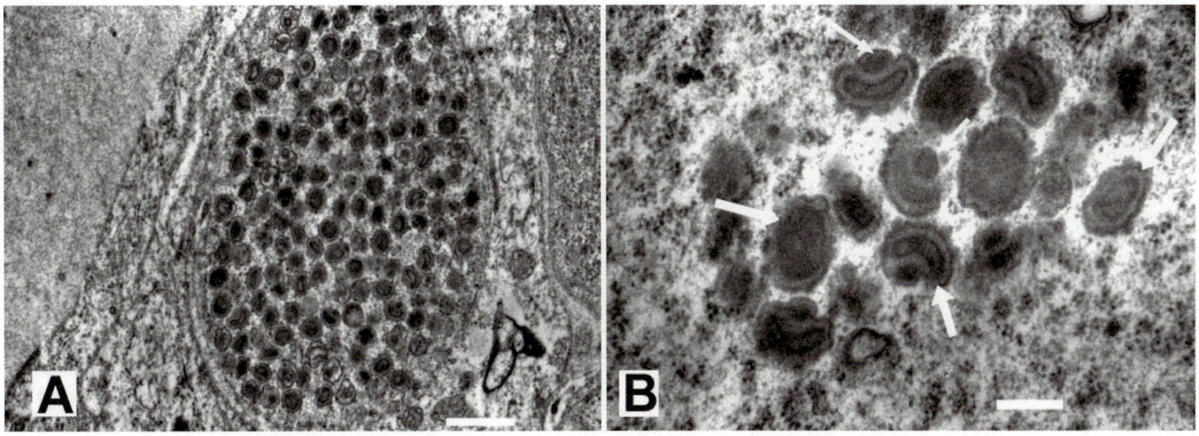


그림 1-13 감염 아가미의 전자현미경상. A: 비정형 아가미 상피세포 내의 봉입체 내부에는 전자밀도가 높은 바이러스 입자가 존재. B: 바이러스 입자는 주위에 소형 원형의 형태를 가진 누에고치 모양임. Bar = 1.0 μm(A)와 250 nm.

### (5) 잉어 허피스바이러스병(Koi herpesvirus disease, KHV)

수온 18~30°C의 범위에서 발병하며, 주 발생수온은 22~24°C이며, 발병기간 동안 수온이 이 범위를 벗어나 낮아지거나 높아지면 사망률은 줄어든다. 병의 진행은 매우 빨라 발병이 확인된 후 24~48시간 내에 폐사가 발생하며 10일 동안의 누적 폐사율은 80% 이상이다. 병어는 아가미에 출혈이 생기며 부분적으로 희게 변색된 부분이 형성되는데, 이 부분은 점액이 과도하게 분비되어 아가미의 조직이 괴사된 부분이다. 또 거의 대부분의 병어에서는 안구의 함몰이 관찰되며, 두부의 비공 앞쪽이 아래로 꺼지는 형태로 변하며, 피부에도 희게 퇴색된 부분이 형성되기도 한다. 사망 직전의 병어는 무기력하며, 평형감각이 상실되며, 아가미나 피부에 퇴색된 부분이 있다. 지느러미의 기부가 충혈되어 있는 경우도 있는데, 피부에 충혈이나 궤양이 형성되지는 않는다. 이것은 잉어 봄바이러스병과의 차이점이기도 하다.

아가미의 일부를 잘라서 현미경으로 검경하면 대개 Ichthyobodo sp., Trichodina sp. 등이 기생충이 혼합 감염되어 있는 것을 쉽게 발견할 수 있기 때문에 이러한 병으로 판단하기

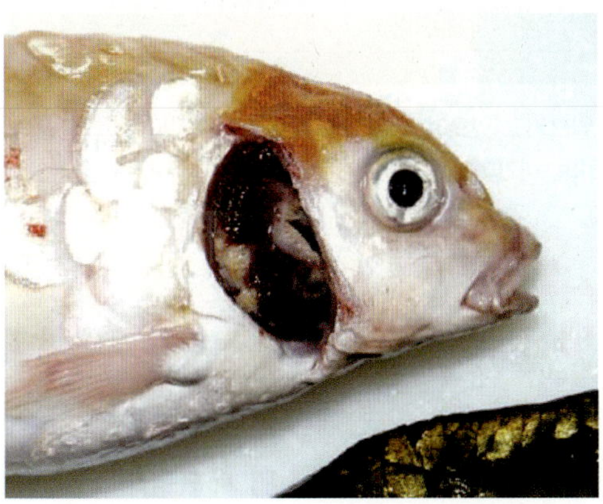

그림 1-14 KHV에 감염되어 부분적 퇴색과 괴사가 특징적인 잉어의 아가미.

쉬움으로 아가미 상피세포의 증생과 새변의 유착이 심한 경우에는 바이러스 검사가 필요하다. 병어는 때로 약간의 자극에도 쉽게 놀라는 신경질적인 반응을 보이는데, 이는 아가미에 점액이 과도하게 분비되어 심한 호흡곤란을 일으키기 때문이다. 병어의 아가미를 잘라내어 현미경 하에서 검경하면 많은 세균과 기생충이 발견되기 때문에 이러한 병으로 판단하기 쉽지만 반드시 바이러스의 검사를 할 필요가 있다.

이스라엘잉어도 수온 22~23°C의 범위에서 잉어와 마찬가지로 무기력하지만 사망 직전에는 평형감각을 완전히 상실하기 때문에 신경질적으로 튀어 오르든지 한다. 체표의 점액이 다량으로 분비되거나 또는 점액분비가 불충분하기 때문에 체표에 반상 또는 넓게 퇴색되어 있는 부분이 있다. 아가미는 여러 군데에 크고 작은 붉은 반점이 보이는 경우도 있지만 전체적으로 어두운 색조 또는 빈혈상을 나타내면서 아가미가 괴사되어 희게 보이는데, 이러한 괴사는 새궁에서 끝부분으로 가늘게 길게 생기는 경우와 새변의 끝부분만 괴사되는 경우도 있는데, 일반적으로 아가미의 끝부분의 괴사가 많이 관찰된다. 모든 병어가 그러한 것은 아니지만 지느러미 기부 특히 꼬리지느러미의 기부 출혈이 생기는 경향이며, 출혈이 심한 경우에는 미병부의 앞쪽 체측근에 궤양이 형성되기도 한다. 내부 장기는 심하게 유착되어 있다. 대개의 경우 Ichthyobodo나 Trichodina 등의 원충류나 Flavobacterium columnare가 2차적으로 혼합 감염되어 있다.

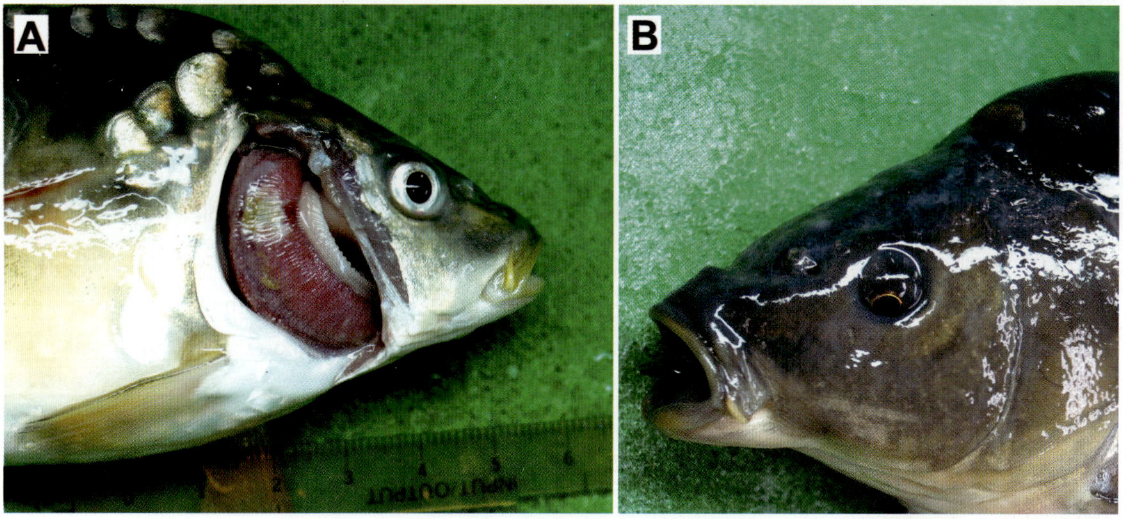


그림 1-15 KHV에 감염된 이스라엘잉어의 아가미로 빈혈을 일으키고 있으며, 아가미의 끝부분이 괴사되어 희게 변색되어 있다. 이러한 아가미의 괴사는 주로 1~2번째 아가미가 심하며, 아가미의 등쪽이 심한 경향이다(A). 두부는 점액분비의 과잉으로 희게 보이지만, 다른 외부 증상은 발견할 수 없다(B).

원인바이러스는 KHV(koi herpesvirus, CyHV-3)로 성장적온은 18~27°C이고, 감염어에 폐사가 발생하는 수온은 22~27°C범위이지만, 30°C를 넘게 되면 폐사는 급격히 감소한다. 18~27°C의 수온이 오랫동안 지속되면 될수록 발병의 가능성이 높아지며 폐사량도 증가한다. 감염을 차단하기 위해서는 감염되지 않은 곳에서 종묘를 구입하는 것이 이상적이지만,

현실적으로 불가능함으로 일단 구입한 종묘를 18~27°C의 온도에서 14일 정도 사육하여 발병의 유무를 확인하는 것도 피해를 줄일 수 있는 좋은 방책이라 할 수 있다. 또한 이 바이러스는 어류의 생체 방어능력을 저하시켜 2차적으로 세균이나 기생충의 감염을 방어할 수 있는 능력이 현저히 저하됨으로 항상 2차감염이 수반되는 것이 특징이라 할 수 있다.

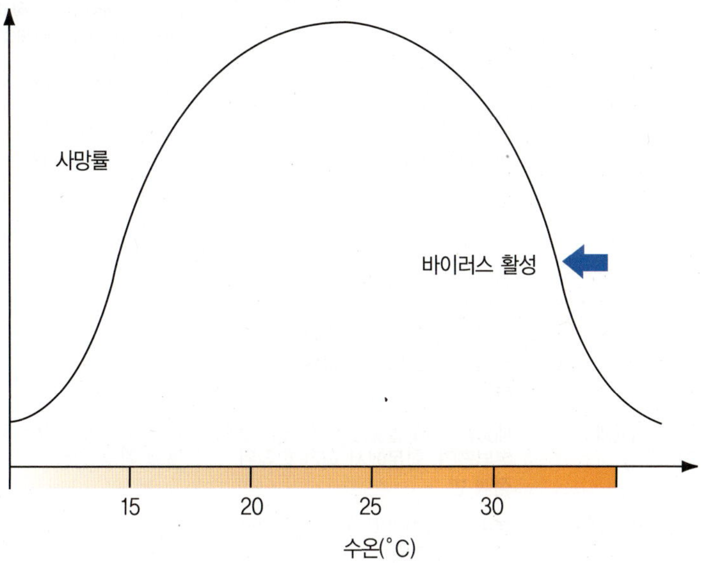


그림 1-16 수온과 KHV바이러스의 활성 및 사망률과의 관계.

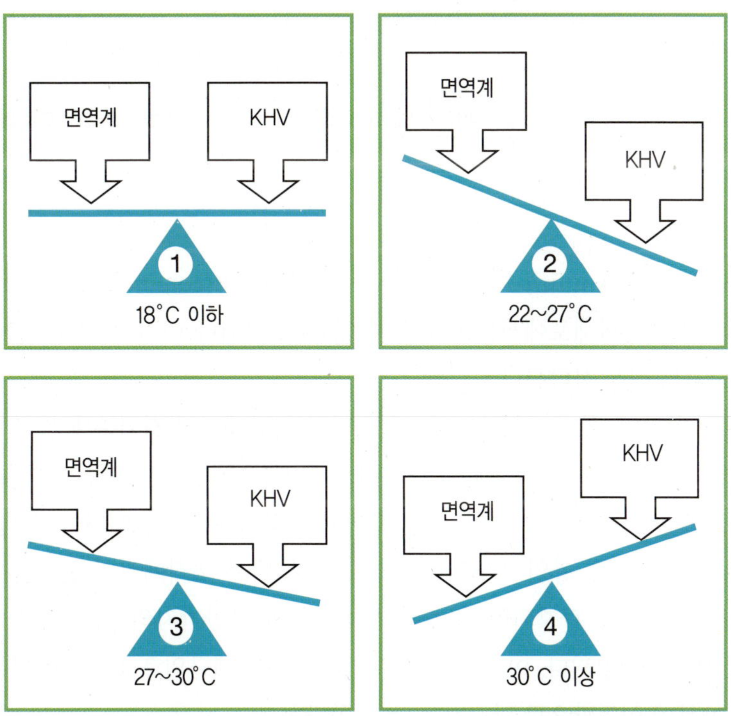


그림 1-17 수온에 따른 어류의 방어체계와 KHV의 활성의 관계를 나타내는 모식도.

표 1-6 잉어의 KHV, SVC및 CHV의 비교

| 구분 | KHV | 잉어의 바이러스병<br>SVC | CHV |
|---|---|---|---|
| 명칭 및 약어 | Koi virus,<br>Carp nephritis & gill necrosis virus (CNGV),<br>Cyprinid herpesvirus 3 (CyHV-3)<br>KHV | Infectious dropsy of carp<br>= Spring viremia of carp<br>SVC, SVCV | *Cyprind herpesvirus*-1,<br>Koi pox,<br>Carp herpesvirus,<br>Herpesviral epidermal proliferation in carp(HEPC),<br>Herpesvirus septicemia in carp (HSC)<br>CHV, CHV-1, CyHV-1 |
| 원 인<br>바이러스 | Herpesvirus(DNA virus) | Rhabdovirus(RNA virus)<br>*Rhabdovirus carpio* | Herpesvirus(DNA virus)<br>*Herpesvirus cyprini* |
| 감염 어종 | 잉어류 | 잉어류, 금붕어 | 잉어류 |
| 감염 수온 | 18~27°C(봄-초여름) | 5~18°C(봄) | 14°C 이하의 저온(겨울) |
| 감염 경로 | 접촉, 변, 물, 저질 | 친어, 변, 물, 저질 | 접촉 |
| 감염 연령 | | 성어보다는 치어에 잘 감염 | |
| 행 동 | 무기력, 물표면 가까이 유영,<br>호흡곤란, 무리에서 이탈 | 무기력, 수조바닥에 정체<br>행동 이상 | 없음 |
| 외부 증상 | 아가미 괴사, 눈 함몰, 세균과 기생충의 2차 감염이 보통 | 패혈증, 안구돌출, 피부에 점상출혈, 복부팽만, 항문에서 피가 함유된 점액 변 | 피부에 사마귀 같은 융기 돌출 환부 형성 |
| 내부 증상 | 특징적은 것은 없지만 매우 다양 | 복수, 내장기관의 부종, 소화관의 카타르성 염증 | 없음 |
| C P E | KF (Koi fin)-1,<br>CCB (common carp brain) | FHM, KF-1 | FHM |
| 치 료 법 | | 없음 | |
| 예 방 | | 수온 20°C 이상 상승 | 수온 20°C 이상 상승<br>피부 병소 감소 |
| 소 독 | 염소 200 ppm 1시간<br>사염화암모늄 500ppm 1시간 | 염소 500ppm 1시간,<br>pH 4이하 또는 10이상 유지, 60°C에 15분간 가열 | 염소 200ppm 1시간,<br>사염화암모늄 500ppm 1시간 |

원인바이러스는 KF(koi fin)-1 또는 잉어 뇌 유래의 CCB(common carp brain)에서 발육하고, FHM과 같은 주화세포에서는 발육하지 않는다. 그러나 이런 주화세포를 사용하여도 실제로 분리하기는 매우 까다롭다.

병변은 주로 아가미, 표피, 신장, 비장, 간장 및 소화관에서 발견되는데 특히 아가미의 상피세포의 변화가 현저하다. 상피세포는 증생 또는 비대, 2차새변의 유착이 공통적으로 관찰되면서 산재성 또는 소상괴사가 일어난다. 또 아가미 상피세포는 종대되어 핵막과염상을 띠는 핵과 엷은 적색의 핵내 봉입체가 관찰되기도 한다. 다른 조직에서의 현저한 변화는 적은데 산재성의 소상괴사가 관찰되며, 아가미 상피세포와 마찬가지의 핵 비대와 핵막과염상, 또는 핵내 봉입체가 관찰된다. 이러한 증상은 기생충이나 세균의 2차감염에 의한 변화도 포함하고 있기 때문에 이것만으로 단정하는 것은 곤란하다.

KHV는 잉어 이외의 어종은 감염되지도 않을 뿐더러 보균어도 되지 않지만, 유일하게 잉

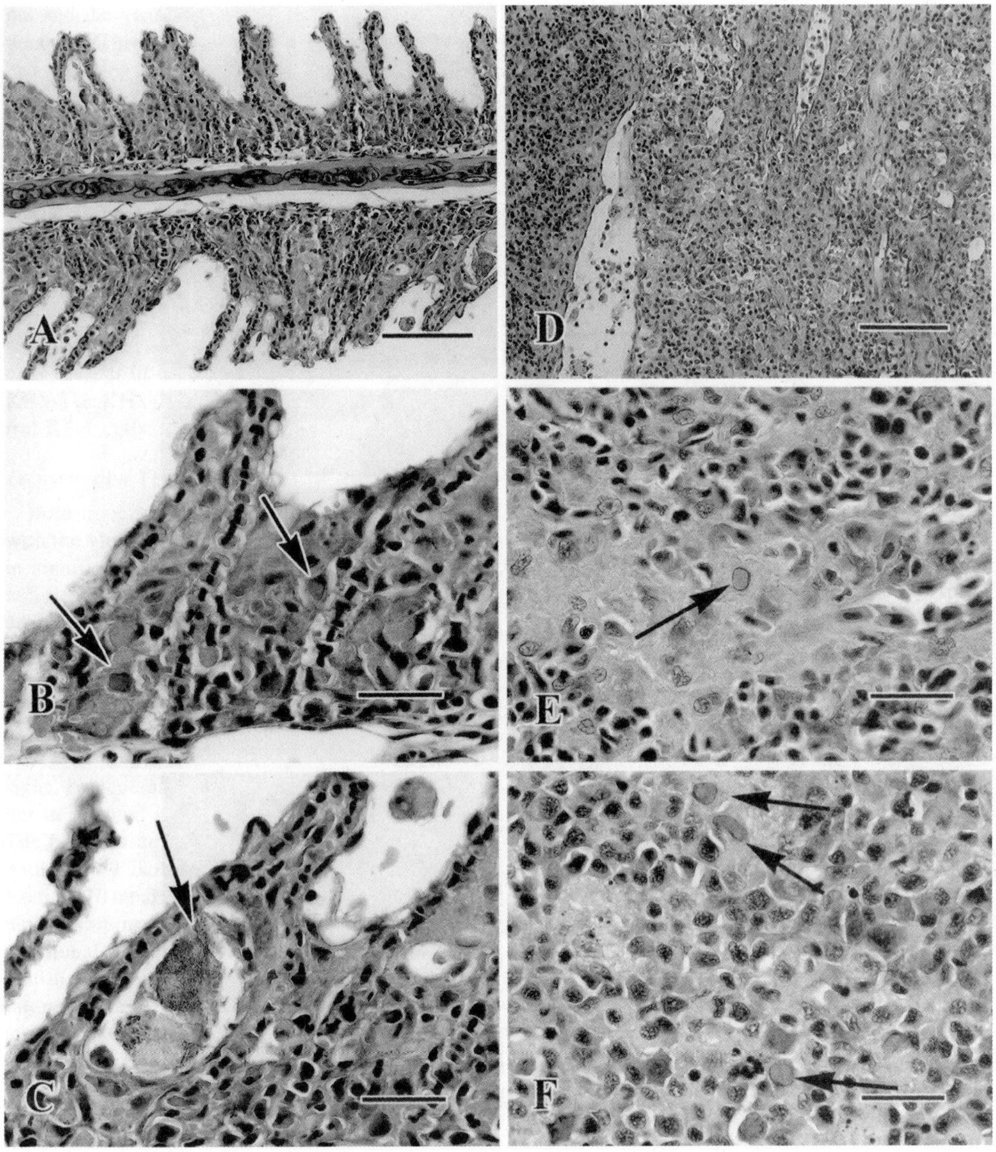


그림 1-18 KHV에 감염된 잉어의 병리조직상. (A) 아가미의 상피세포가 증생하여 인접 새변과 유착되어 있다. (B) 아가미 상피의 괴사와 핵내의 봉입체(화살표), (C) 유착된 새변의 공간인 새변간 공초내의 세균(화살표), (D) 실질세포가 괴사된 비장, (E) 부종과 핵막 과염상을 보이는 비장의 간질세포의 핵내 봉입체(화살표), (F) 두신 조혈조직의 괴사와 핵내 봉입체(화살표). HE염색. Bar = 100 μm(A와 D) 및 25 μm(B, C, E와 F).

어와 금붕어의 교잡종에는 감염된다. 또 잉어도 부화 직후의 자어는 KHV에 노출시켜도 감염되지 않지만, 부화 후 수주일이 경과된 다음에 노출시키면 감염되어 높은 폐사율을 나타낸다. 이것은 잉어 자어가 KHV에 대한 면역 기능이 있는 것이 아니라 자어가 KHV의 침입에 필요한 수용체가 세포표면에 아직 형성되지 않았기 때문으로 생각된다. 쉽게 말하면 잉어의 부화 직후의 자어는 KHV의 관점에서 보면 잉어와는 다른 어종으로 간주됨으로 잉어에만 발병하는 질병임에도 불구하고 발병되지 않게 되는 것이다. 잉어의 계통에 따라 KHV

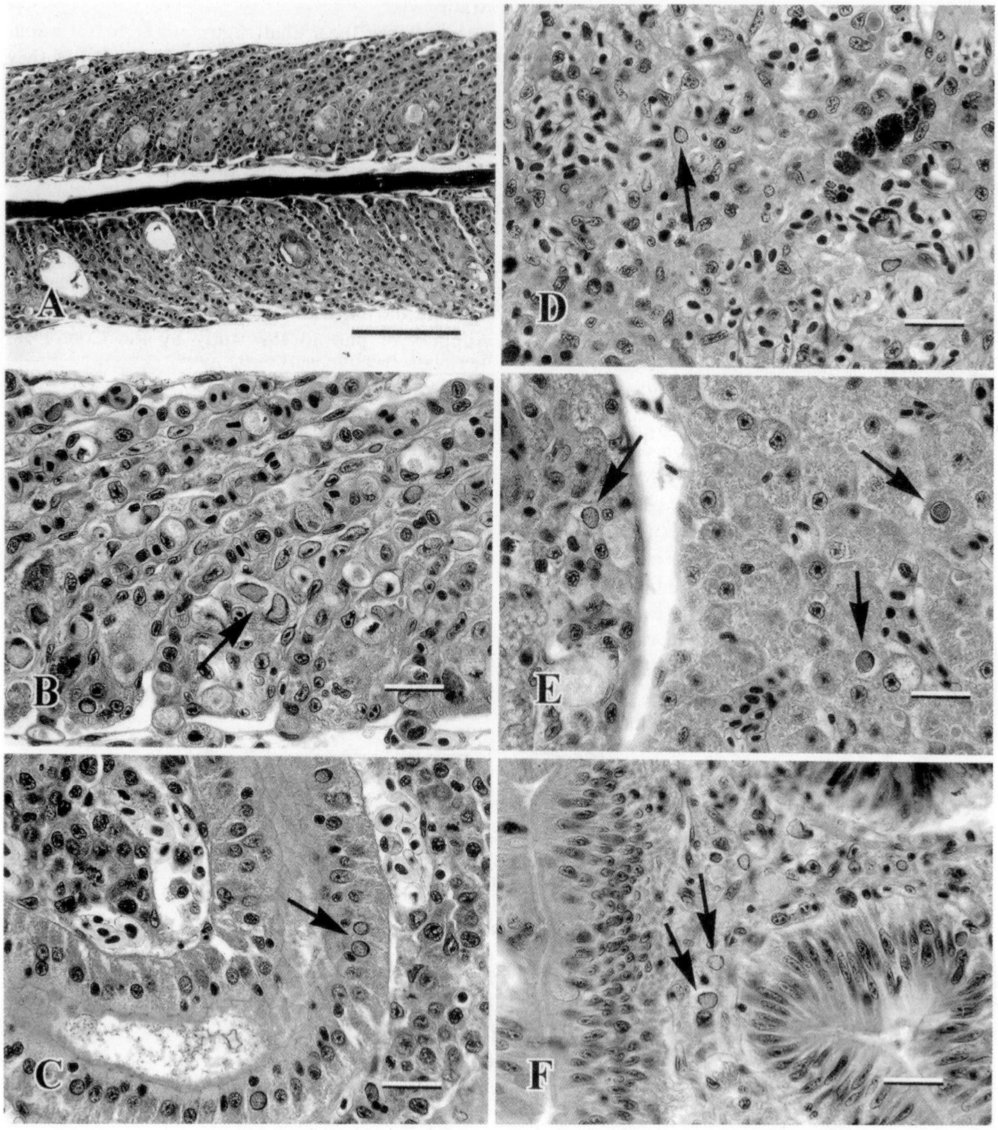


그림 1-19 KHV에 재감염시킨 12시간 후에 폐사한 잉어의 병리조직상. (A) 2차새변 상피의 증생에 유착과 아가미 상피세포의 괴사, (B) 핵 비대와 핵의 크로마틴이 농축되어 핵막으로 이동하여, 핵막 과염상을 나타내는 상피세포(화살표), (C) 세뇨관 상피세포의 핵으로 핵막 과염상을 나타냄(화살표), (D) 비장의 stroma cell의 핵의 변화(화살표), (E) 췌장의 외분비부와 인접의 간세포도 비슷한 핵의 변화를 보임(화살표), (F) 장의 점막하조직 세포의 핵의 변화(화살표). HE 염색. Bar는 A는 100 μm이고, 나머지는 모두 25 μm임.

의 병원성에 차이가 나는데 체형이 가늘고 긴 야생 잉어에 높은 병원성을 나타낸다.

KHV의 병원성은 수온과 밀접한 관계를 가지고 있다. 즉 KHV는 수온이 16˚C 이상이 되면 발병되어 폐사를 초래하며, 수온이 높을수록 사망률은 높아진다. 그러나 수온이 28˚C에서는 사망률이 낮아지고 치유도 빨라져서 30˚C에서는 발병하지 않는다. 발병된 잉어를 13˚C 이하에 수용하면 증상의 발현이 억제되어 외관상 건강하게 보이지만, 어체 내의 바이러스가 사멸하거나 KHV에 대한 면역반응이 형성된 것도 아님으로 다시 수온을 16˚C 이상으로 상승시키면 발병하게 된다.

KHV의 실제 발병상황과 수온과의 관계를 고려하여 보면 KHV의 발병이 봄철의 수온 상승기에 시작되는 것은 감염된 잉어가 겨울철의 저수온기에는 발병이 억제되었다가 수온이 16°C에 도달하면 발병하여 수온이 높아질수록 폐사율이 증가되는 것과 잘 일치하고 있다. 발병 후에도 수온이 30°C이상 상승하여 일정기간 경과되면 치유되는데 이것은 어체 내의 바이러스가 사멸한 것이 아니라 고수온에 의해 바이러스의 활성이 저하됨과 동시에 어체의 KHV에 대한 면역 활성이 KHV의 활성보다 높기 때문이다. 이러한 KHV의 활성과 수온과의 관계를 이용하여 폐사율을 줄일 수 있다. 즉 KHV가 어류에 감염된 경우에도 잉어의 면역계가 침입한 KHV를 인식하기 위해서는 발병이 어느 정도 진행되어야만 한다. 그럼으로 감염 직후 또는 발병 초기에 감염 잉어를 수온 32°C 이상의 고온에 사육하면 KHV의 활성이 억제되어 발병하지 않지만, 이 경우에도 어체 내의 바이러스가 사멸한 것이 아님으로 다시 20~25°C에 옮기면 발병하게 된다. 이는 잉어의 면역체계는 KHV를 충분히 인식하지 못하기 때문에 완전한 면역 반응이 일어나지 않는다는 것을 의미한다. 그럼으로 수온에 의해 폐사량을 경감시키기 위해 고수온 처리를 할 경우에는 발병어를 32°C에 5일간 사육한 다음 발병 수온인 23°C 전후에 2~3일간 수용을 3회 이상 반복할 필요가 있다. 물론 이때에도 고수온처리 후 저수온에서 사육하는 동안 발병하여 폐사하는 어류가 생기지만, 이러한 2회에 걸친 수온처리 과정에서 살아남은 개체는 발병하지 않게 된다. 이렇게 살아남은 잉어의 체내에는 KHV가 사멸된 것이 아니라 잠복의 상태로 남아 있기 때문에 새로운 감염원으로 작용하게 됨으로 현실적으로 문제시되고 있다. 그러나 KHV도 수온 50°C에서는 완전히 사멸된다. KHV는 증류수나 멸균한 물에서는 장기간 감염력을 유지하지만, 보통의 하천수 또는 저수지 물에서는 수온이 15°C 이상이면 물속의 세균에 의해 완전히 불활화된다.

인위 감염시킨 잉어를 16°C, 23°C 및 28°C에 사육하면 각각 21~52일, 5~20일, 7~14일 후에 사망이 발생하기 시작하며, 이들 수온에서 감염된 바이러스가 잉어에서 배출되는데는 각각 7~40일, 1~14일 및 3~14일이 소요된다. 즉 저수온기에는 바이러스의 배출에 장기간이 소요됨으로 감염어가 새로운 감염원으로 된다고 생각되고 있다. 그럼으로 사육온도를 16°C로 하여 사육하는 것을 피하고, 양식용 종묘를 구입할 때는 20°C 이상의 온도에서 수주간 사육하여 PCR로 감염이 확인되지 않은 것을 사용하는 것이 현명한 방법이다. KHV의 진단은 PCR법과 세포배양에 의한 진단법으로 가능하다.

KHV를 치료할 수 있는 유일한 방법은 온도 처리이다. 온도 처리에 앞서 병어를 선별하여 별도의 수조 또는 용기에 수용하고 온도 처리시에 잉어가 튀지 않도록 위에 그물망을 설치한다. 병어를 골라내어 미리 사육지의 수온가 같게 조정한 온도 처리 수조에 옮긴 다음 시간당 2°C 이상이 되지 않도록 수온을 천천히 올려 30°C가 되게 한다. 수온을 올린 상태로 7일간 사육한다. 이때 먹이는 먹이지 않지만 수질의 변화에 주의한다. 7일 후 수온을 천천히 내려 26.7°C으로 한 다음 사료에 2차 감염인 세균성 질병을 치료하기 위하여 gentamycin sulfate를 첨가하여 적어도 2주간 투여하고 불완전한 경우 1주일 더 투여한다. 체표 점액의 색조가 변하게 되면 치유되고 있는 증거다.

SVC(RNA바이러스)도 같은 방법으로 승온하여 사육한 다음 7일 후에 OTC와 옥소린을 혼합하여 경구 투여한다.

병어의 아가미, 신장 및 비장에서 DNA를 분리하여 primer로서 KHV Sph I-5 F : 5′-GAC ACC ACA TCT GCA AGG AG-3′와 KHV Sph I-5 R : 5′-GAC ACA TGT TAC AAT GG TCG C-3′를 사용하여 증폭시키면 290bp의 산물이 얻어진다. PCR 반응 조건은 94°C 30초, 94°C 30초, 63°C 30초 72°C 30초로 40cycle로 증폭시킨 다음 최종적으로 72°C 7분간 반응시킨다. 다른 primer sets를 사용할 경우에는 KHV9/5F : 5′-GAC GAC GCC GGA GAC CTT GTG-3′와 KHV9/5R : 5′-CAC AAG TTC AGT CTG TTC CTC AA-3′를 이용하여 증폭시키면 484bp의 산물을 얻을 수 있다. 이때의 반응 조건은 95°C 5분. 94°C 1분, 68°C 1분 °C 72°C 30초에서 39 cycle시킨 다음 최종적으로 72°C에서 7분간 반응시킨다.

병어에서 채취한 시료에 항생물질을 첨가한 MEM을 10배량 첨가하여 호모게나이즈 한 다음 4°C, 2,000g 15분간 원심하여 상청액을 회수한다. 호모게나이즈액은 15°C에서 2~4 시간, 또는 4°C에서 하룻밤 방치한 것을 접종시료로 한다. 항생물질은 gentamycin 1,000 μg/ml 또는 penicillin 800 IU/ml과 hydrostreptomycin 800 μg/ml을 혼합한 것을 사용하며 좋고, 합성 진균제로서 mycostantin 또는 anphoderidin(상품명 bangison) 400 IU/ml를 첨가하여도 무방하다. 배양 주화세포인 KF-1에 접종하여 20°C에서 3주간 배양한 다음 가벼운 공포화를 특징으로 하는 CPE의 유무를 관찰한다. CPE가 관찰되지 않을 경우에는 배양액의 일부를 다시 KF-1에 접종하여 20°C에서 3주간 배양하여 음성임을 확인하여만 한다. 사용한 접종시료는 최종적으로 결과가 확인될 때까지 −80°C에 동결 보존하고, CPE가 확인된 배양세포를 이용하여 PCR법으로 확인하여도 무방하다.

잉어의 KHV감염 유무의 검사는 PCR에 의해 검출률이 높은 아가미와 지느러미를 시료로 사용하는 것이 좋다. 그러나 감염 후 살아남은 개체의 아가미 또는 지느러미에서는 PCR로서도 검출되지 않지만, 내부 장기에 잠복하고 있을 가능성이 매우 높다는 것을 알 수 있다. KHV를 실험적으로 감염시킨 다음 뇌, 지느러미, 아가미, 심장, 간장, 비장, 장 등의 병리조직표본을 만듬과 동시에 이들 시료를 PCR로 원인바이러스의 검출 유무를 조사하고, 현재의 유일한 치료법인 온도를 상승시켜 사육하면서 바이러스의 검출 유무를 조사하였다.

이렇게 인위 감염시킨 잉어의 병리조직학적 표본에서는 감염 후 수일이 경과하여도 뇌에는 변화가 없었지만, 감염 7일 후에 처음으로 바이러스가 뇌 속에서 발견되기 시작하여 12일 후에는 다른 조직보다는 늦게 뇌에 현저한 병변이 관찰되는데, 이러한 뇌의 변화는 바이러스에 의한 변화임이 확인되었다. 그 후 뇌에서는 clear 세포의 증식에 의해 감염세포의 수는 감소하였지만, 1년 후에도 뇌에 병변은 남아 있었다. 병리조직학적 검사와 PCR에 의한 검사의 결과를 종합하면 KHV는 최종적으로 뇌에 감염된다는 것을 시사하고 있어, 살아남은 어류에서 보균유무의 조사는 뇌를 시료로 하는 것이 좋다는 사실을 입증하고 있다.

KHV에 감염시킨 다음 9일째에 승온 처리하면 치료 후에도 뇌속에는 바이러스가 남아 있지만, 감염 3일 후에 승온 처리하면 뇌에서 KHV가 검출되지 않는다. 이러한 결과는 뇌는 감염 1주일 후에 뇌에서 감염세포가 관찰되는 병리조직학적 결과와 일치하고 있다. 그럼으

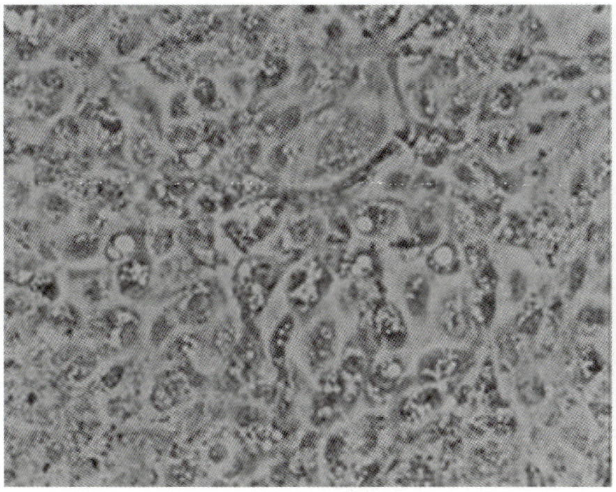

그림 1-20 KF-1세포에서 KHV의 CPE. 중앙에 감염세포는 공포화된 CPE.

로 KHV감염은 뇌세포가 감염되지 않았을 때, 승온 처리시켜 처리하면 뇌속에 바이러스가 남지 않는다는 결과이다.

예방법으로는 KHV미감염 친어를 사용할 필요가 있는 것은 물론이고, 수정란을 유효요오드 50ppm에 30분간 약욕함으로서 90% 이상의 소독 효과를 얻을 수 있다.

### (6) 바이러스성 상피증생증(Viral epidermal hyperplasia)

1985년 일본의 넙치 종묘생산장에서 처음으로 발병한 질병으로 발병상황과 사망률로 보아 넙치치어 고유의 질병이라 생각되고 있다. 병어의 표피세포의 핵과 세포질 내에서 원인바이러스인 FHV(flounder herpesvirus)를 관찰할 수 있으며, 직경 190~230 nm의 envelope를 가지고 있는 herpesvirus에 속한다.

배양세포에 의한 바이러스의 분리에 성공하고 있지 않기 때문에 바이러스의 특성에 관해서는 아직 밝혀져 있는 것은 적지만, 병소를 분쇄하여 0.45 μm필터 여과액을 접종하면 병원성을 확인할 수 있다.

발병은 부화 후 10일에서 25일 사이인 전장 7~10 mm의 자어에 한정적으로 발생하고 수온이 18~20°C일 경우 질병의 진행이 빠를 때는 1주일, 느릴 때는 3주 정도에 전멸하게 된다. 넙치 종묘생산에 있어 크기가 9~11 mm인 시기는 오른쪽 눈이 이동하기 시작하는 초기 변태시기로 혈장 중의 갑상선 호르몬의 분비량이 급격히 상승하는 등 생리적으로 커다란 변화가 생겨 원인바이러스에 대한 감수성이 증가하기 때문이라 생각되고 있다. 또 어느 종묘생산장에서 이 병이 한번 발생하게 되면 그 해의 종묘생산 기간 중에 몇 번이고 종묘생산을 하여도 더 작은 크기에서부터 반복하여 발생하는 경향이 있다.

병어는 먹이 섭취가 불량하여 여위면서 소화관의 위축과 복부의 함몰, 성장불량, 체색흑화 등의 상태로 활력 없이 수류에 떠밀리는 개체가 눈에 띄게 증가한다. 육안적으로 지느러미와 체표가 상피세포의 증생으로 백탁되고, 현미경으로 관찰하면 표면에 많은 수의 구형세포가 관찰된다. 이때에 수온을 내려 17°C 이하로 내리면 사망은 종식하게 된다.

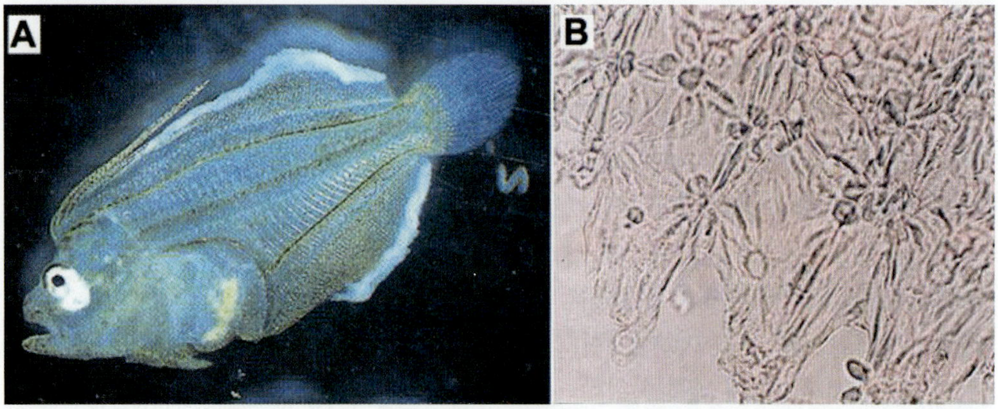


그림 1-21 증생된 상피는 백탁되어 보임(A), 무염색으로 관찰한 다수의 구형세포(B).

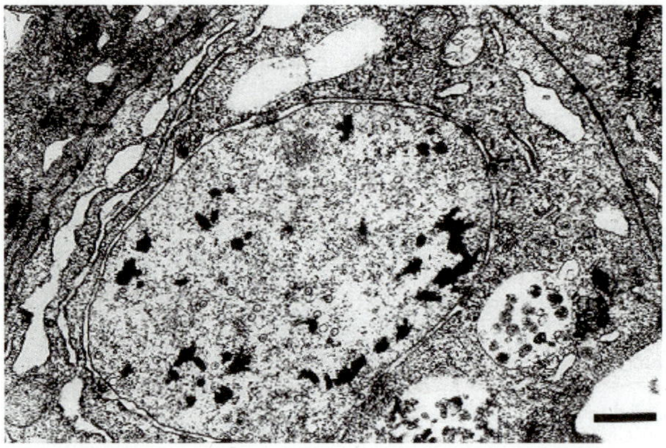

그림 1-22 상피세포 내의 바이러스입자.

조직학적으로는 아가미, 체표나 지느러미의 상피세포의 증생되어 두꺼워져 있으며, 상피세포의 세포질 내에는 공포가 생겨 있다. 이러한 변화는 표피 이외의 조직에는 거의 변화가 없는데, 지느러미의 조직절편을 사용하여 형광항체법으로 진단 가능하다.

FHV 감염어는 보통의 산소 분압에 비해 높은 산소 분압에는 생잔율이 높고, 높은 산소 분압에 있어서도 염분 농도가 낮을수록 생잔율이 높아진다. 이는 감염어의 소금세포가 정상어에 비해 현저히 감소하기 때문에 호흡과 삼투압조절 기능 장애에 의해 사망하는 것으로 생각되고 있다.

분자생물학적 진단 방법은 병어의 상피세포에서 DNA를 분리한 다음 특이 primers인 FHV-P1(5′-CAA ACT GTA GGC CCA TTA GT-3′)와 FHV-P2 (5′-GGT TGA AAA TGG TGT TGG A-3′)를 사용하여 우선 72°C 10분과 95°C에서 5분간 1cycle반응시킨 다음에 다시 30cycle(95°C, 40 sec; 57°C, 40 sec; 72°C, 40 sec) 후 72°C에서 10분간 반응시키면 225 bp의 특이 밴드가 형성된다.

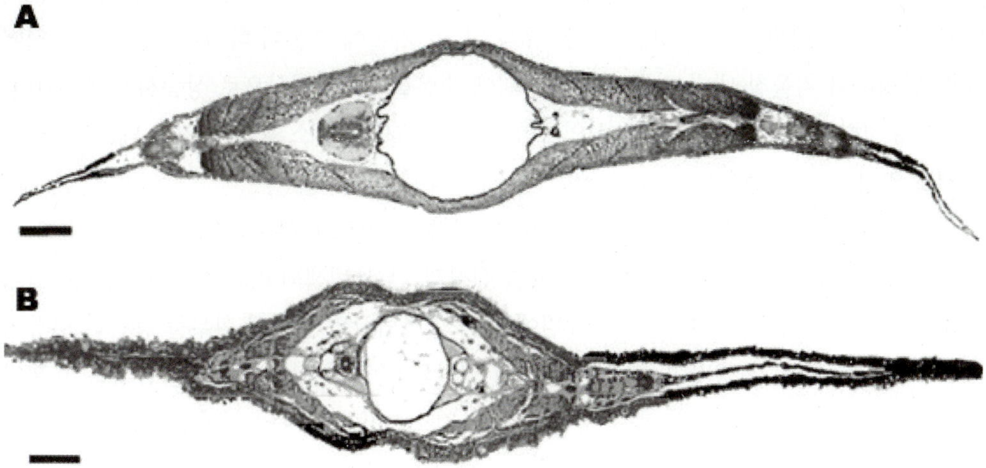


그림 1-23 FHV에 감염된 넙치 치어. A: 정상, B: 피부와 지느러미의 상피가 증생된 병어.

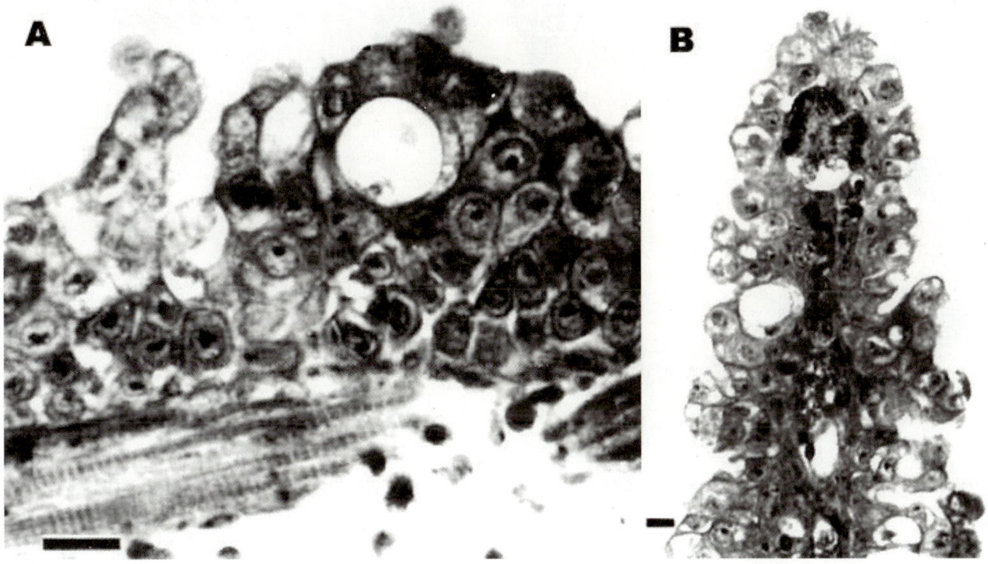


그림 1-24 넙치의 FHV. 증생된 피부(A)와 아가미(B)의 상피세포.

### (7) 금붕어의 herpesviral hematopoietic necrosis(HVHN)

잉어류의 Herpesvirus에는 3종류, 즉 cyprinid herpesvirus (CyHV-1), CyHV-2 및 CyHV-3이다. CyHV-1는 폭스병(carp pox)의 원인바이러스로 상피세포의 증생을 유발하며, 2년생 이하의 잉어에 폐사를 유발한다. CyHV-3는 KHV(koi herpesvirus)의 원인바이러스이며, CyHV-2는 금붕어의 herpesvirus병인 "herpesviral hematopoietic necrosis(HVHN)"의 원인바이러스로 봄철에 모든 연령의 금붕어에 발생하여 폐사를 유발하지만, 외부증상이 현저하지 않기 때문에 진단이 까다로운 질병이다.

발병은 봄과 늦은 가을의 수온이 15~25°C 사이에 발생하며, 봄철에 발병하면 수온이 25°C 이상이 될 때까지 지속하다가 자연 종식 된 후, 가을에 수온이 다시 20°C 이하로 떨어지면  발병하여 겨울철 내내 지속된다. 발병시에 수온을 27°C 이상으로 상승시키거나 10°C 이하로 유지하면 폐사는 종식된다. 식염을 첨가하면 폐사의 감소 효과가 있을 때도 있고 없을 때도 있다.

병어는 무기력하며 수조의 바닥에 정지하여, 심한 빈혈로 대부분의 새변이 괴사되고 복부팽만, 안구돌출이 생기기도 한다. 해부하면 신장과 간은 퇴색되고, 소화관 내부에는 먹이가 없이 비어 있다. 모든 병어는 신장 표면에 백색의 과립상의 결절성 환부를 동반한 비장의 종대(splenomegaly)가 생기며, 때로는 부레에 점상의 출혈이 있다. 또 다른 증상은 호흡이 빨라지며, 평형감각의 상실 및 폐사 직전에 꼬리 지느러미에 반상의 피하출혈(ecchymosis)이 생긴다.

또 종묘생산과정에 발생하는 경우에는 체장 2 cm이내(부화 후 20~25일령)에서는 식욕부진으로 무기력해지며 체색이 노란색으로 변한다.

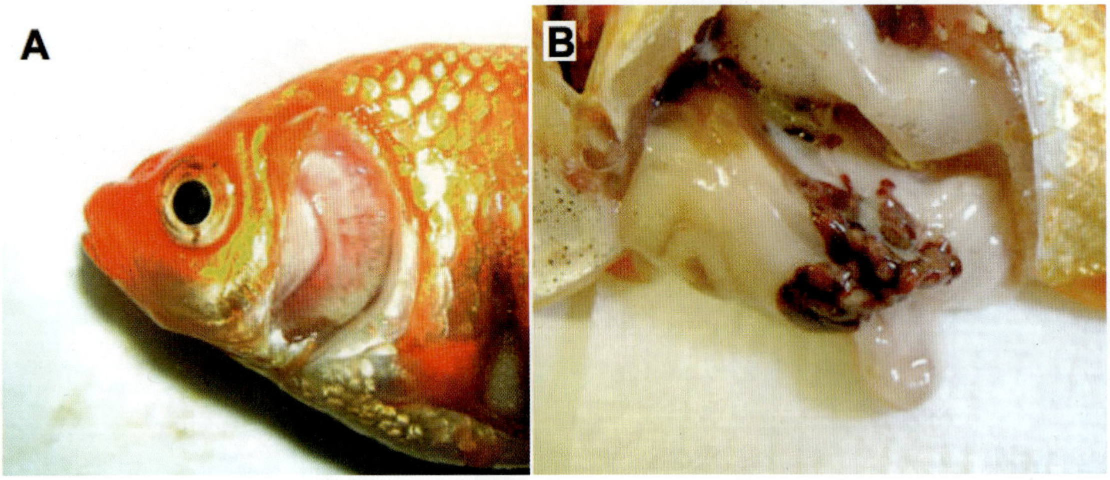


그림 1-25 아가미의 괴사로 인한 백색의 반점. B: 신장의 표면에 백색의 과립상의 결절을 가진 신장의 종대.

병리조직학적으로 가장 병변이 심한 곳은 두신과 체신의 조혈조직으로, 핵농축 및 핵붕괴를 동반하여 괴사된다. 괴사소의 주변에 있는 세포는 핵 비대상을 나타내는데, 핵의 중심부가 엷은 호염기성-호산성을 나타내면서 크로마틴이 주변부로 이동하여 핵막과염상을 나타낸다. 신장의 세뇨관과 사구체에도 경미한 괴사가 관찰된다.

비장은 비수와 협동맥에서 광범위하게 괴사되며,  때로는 괴사소에 출혈이 동반되기도 한다. 아가미의 2차 새변은 괴사되어 상피세포가 박리되면서 유착되며, 단구와 과립구의 침윤이 일어나기도 한다. 소화관의 점막고유층과 점막하조직에 염증세포의 침윤을 동반한 괴사가 생기지만 일관된 병리상은 아니며 조혈조직처럼 핵막과염상과 핵 비대를 나타내는 경

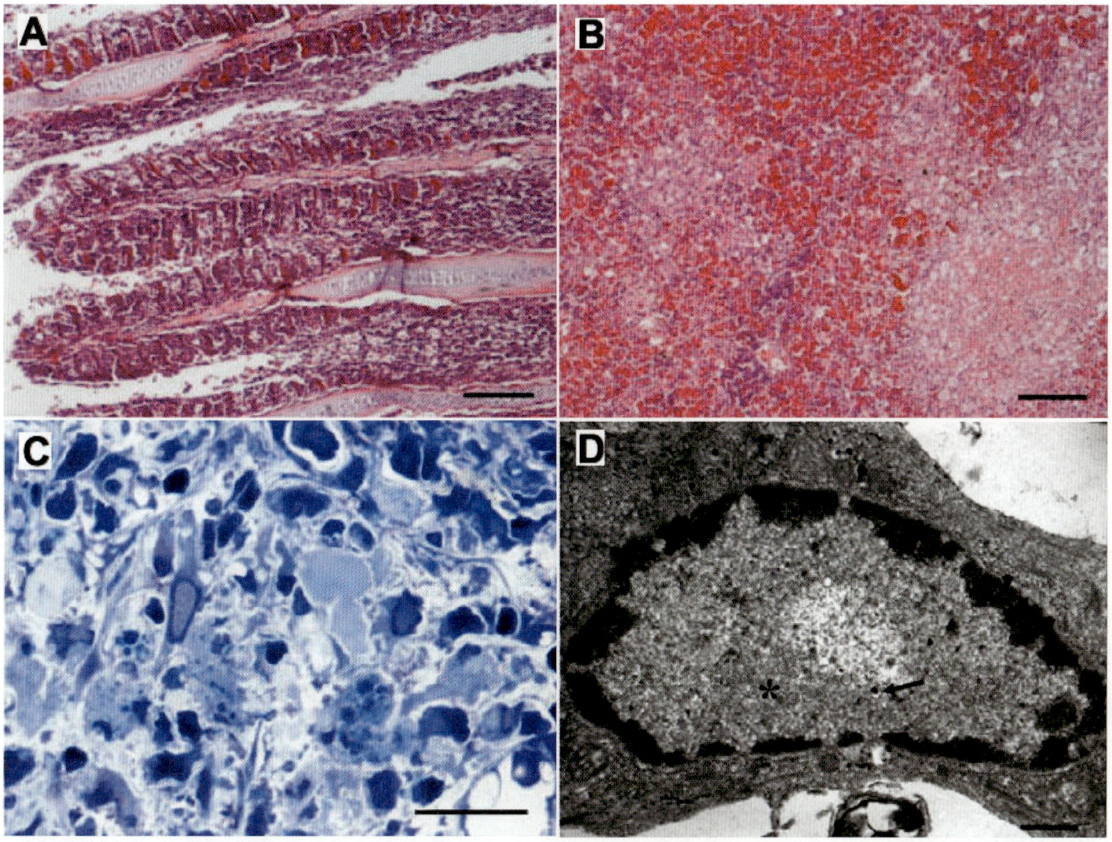


그림 1-26 괴사와 상피 세포의 박리를 동반한 2차 새변의 유착. B: 비장의 2군데의 괴사소. 좌측의 소형 괴사소에는 림프세포(lymphoid cell)가 침윤해 있지만, 우측의 대형 괴사소는 거의 완전히 괴사되어 염색성이 옅어짐. C: Semi-thin resin section. 괴사세포와 괴사세포의 잔해. CyHV-2가 감염된 핵은 비대 및 핵막과염상을 띠고, 내부에 엷게 염색되는 봉입체가 존재. Tolidine blue, Bar = 20 μm. D: 핵막과염상(짧은 화살표)과 내부의 종대된 핵. 핵 내의 바이러스 입자. 비리온은 중심부의 전자밀도가 높고 외막을 가짐. 형성 중인 비리온은 외막이 있고 중심부는 전자밀도가 낮으며, 성숙된 바이러스 입자가 세포질 내에도 보인다. Bar = 200 nm.

우도 있다. 췌장의 외분비부 및 내분비부가 염증세포의 침윤을 동반한 괴사로 붕괴된다.

간 세포는 정상이지만, 유동에 혈류의 정체가 관찰되기도 하며, 근육, 심장 및 뇌에는 병변이 없다.

치어인 경우 두신의 조혈조직에 마크로파아지의 침윤을 동반한 괴사소가 형성되며, 괴사소 내의 감염세포의 핵은 핵막과염상을 띄면서 핵 비대를 일으킨다. 두신과 비슷한 괴사소가 심근, 점막 고유층, 췌장 외분비부 및 표피와 진피에서도 발견되며, 신장의 세뇨관 상피는 혼탁종창을 일으킨다.

HVHN의 발병은 수온은 밀접한 관계가 있어, 금붕어의 사육수온 범위에서 거의 폐사는 없지만, 판매나 수송을 위해 수온을 저하시키거나 스트레스를 가하면 발병한다. 치어나 친어 모두 상당한 양의 바이러스를 보균하고 있어도 발병하지 않지만, 수온의 급격한 저하가

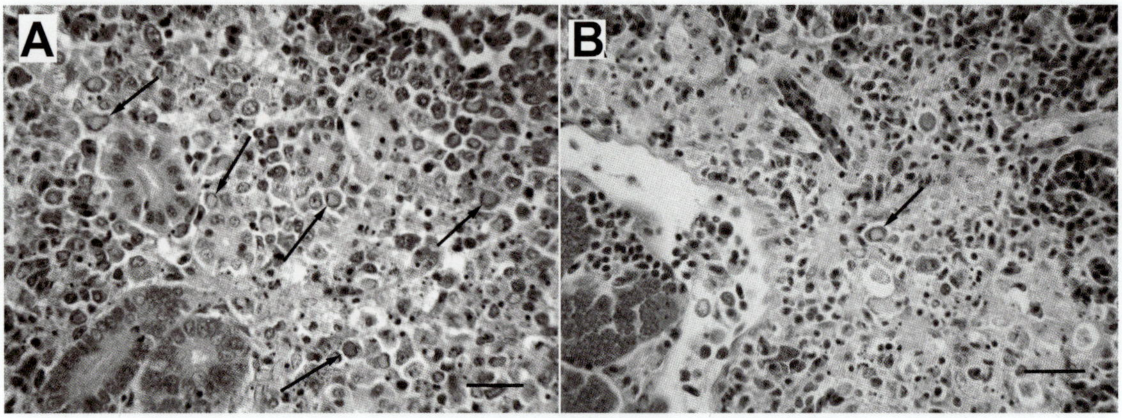


그림 1-27 체신 조혈조직(A)과 비장(B)의 괴사. 감염세포는 핵 비대와 핵막과염(화살표). HE. Bar = 50 μm.

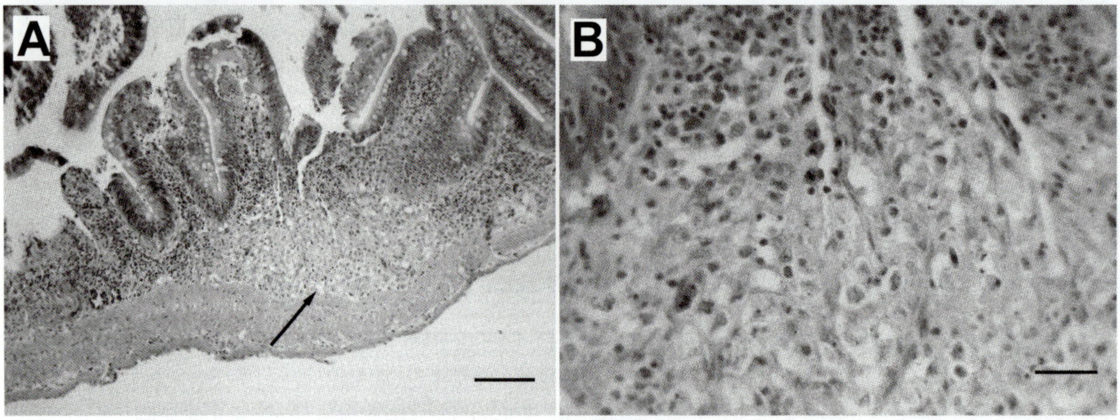


그림 1-28 소화관의 점막고유층의 괴사(화살표)와 붕괴된 핵과 세포의 잔해가 주성분인 괴사소 확대도(B). HE, Bar = 100 μm(A)와 40 μm(B).

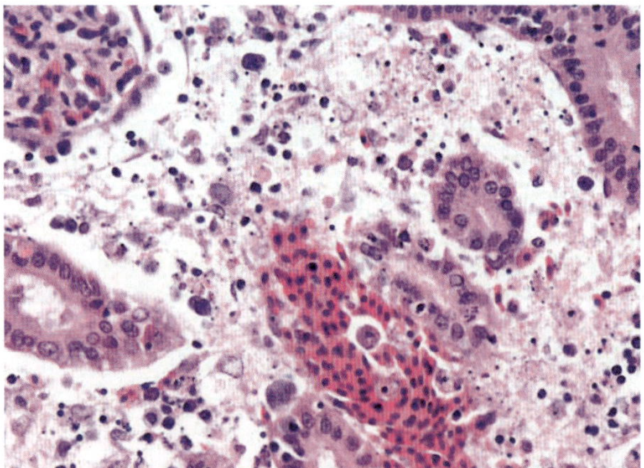

그림 1-29 신장 조혈조직의 수종 및 섬유소 침윤을 동반한 괴사와 괴사소 내의 핵과 세포 붕괴의 잔해. 붕괴되지 않은 조혈조직(림프조직)은 핵막 과염상을 나타내며, 호염기성 세포로 변성되어 대형세포로 보임.

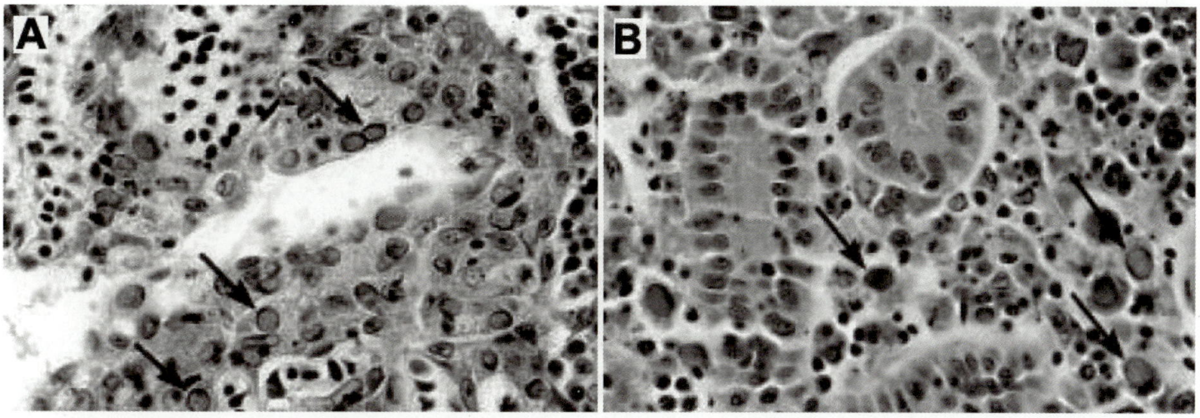


그림 1-30 아가미 2차 새변의 상피세포는 크로마틴이 미세 부정형의 호염기성을 띠는 핵막과염상(화살표)을 나타내면서 비대와 증생. B: 신장 조혈조직의 변성과 괴사. 아가미와 마찬가지로 크로마틴이 미세 부정형의 호염기성을 띠면서 핵막과염상을 나타냄.

발병으로 이어진다. 그럼으로 발병이 의심스러운 경우에는 아가미와 조혈조직의 조직표본을 만들거나, 아가미의 괴사와 조혈조직의 괴사 핵 비대 및 핵막과염상의 병리상 또는 PCR 반응으로 확인할 수 있다.

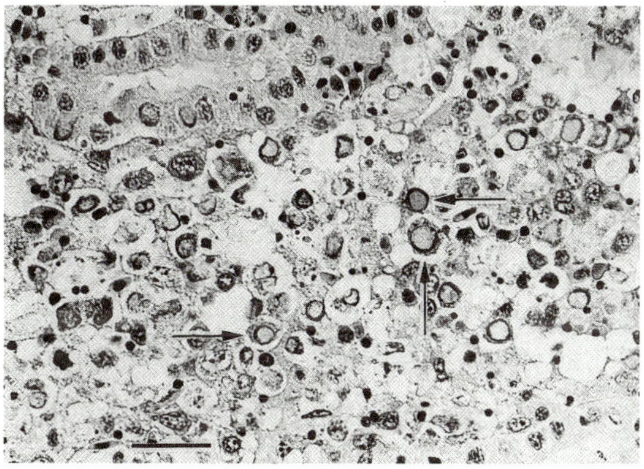

그림 1-31 종묘생산 치어 두신의 HVHN. 괴사세포의 핵비대. HE, Bar = 200 μm.

분자 생물학적 진단은 5′-CGG AAT TCT AGA YTT YGN WSN YTN TAY CC-3′ (Y=C, T; N=ACGT; W=AT; S=CG; R=AG)와 5′-CCC GAA TTC AGA TCT CNG TRT CNC CRT A-3′ 의 primer를 사용하여 94°C 1분 denaturation시킨 다음 30사이클(94°C 30 sec; 45°C 30 sec; 72°C 3 min)시키면 520bp의 특이 밴드를 확인할 수 있다.

아가미의 분쇄액을 KF-1에 접종하여 20°C에 배양하면 10일 후에 육아종의 형성, 세포의 공포화를 특징으로 하는 CPE가 나타나기 시작하여 14일 후에는 단층 배양면에서 세포가 박리됨으로 구멍이 생기기 되고, 세포의 60~70%가 CPE를 나타낸다.

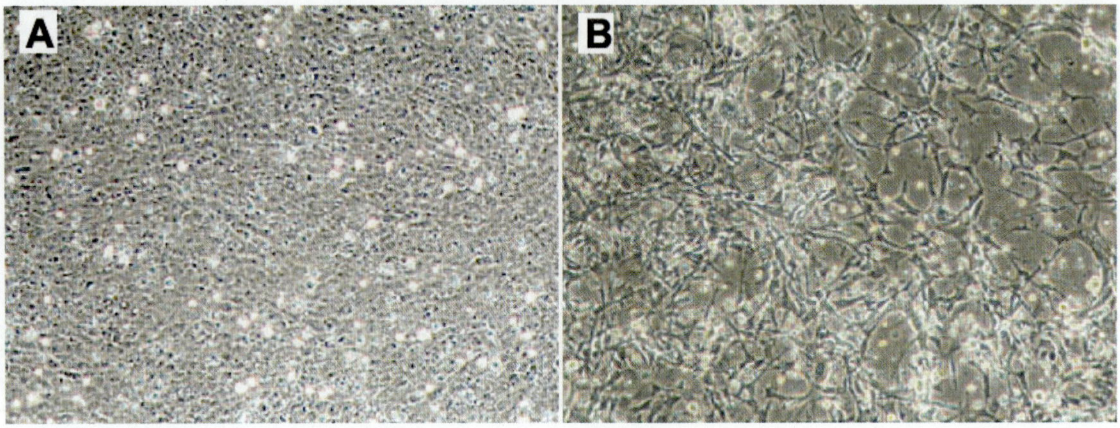


그림 1-32 아가미 분쇄액을 KF-1에 14일간 배양 후의 CPE(B)와 대조구(A).

### (8) 뱀장어의 허피스바이러스성 새변괴사증(Herpesviral gill filament necrosis in eel)

수온이 25°C 이상인 경우 연중 발생하며, 노지 양식인 경우 5~6월과 10~11월에 발생한다. 원인바이러스는 Herpesvirus anguillae(HVA)로 병어는 식욕이 감퇴되며, 가슴지느러미, 아가미 뚜껑 및 복부의 피부에 출혈이 생긴다. 아가미는 중심정맥이 충혈되며, 새변에 맥류가 형성되거나 새변의 끝부분이 괴사되며, 새변에 괴사가 현저하기 때문에 허피스바이러스성새변괴사증이라 한다.

내장기관인 간의 울혈과 신장이 종대된다. 자연발생어의 가장 현저한 증상은 새변 결합조직의 섬유세포의 핵농축과 핵 융해를 동반한 괴사이다. 이러한 괴사소에는 약간의 출혈을 동반되며, 마크로파아지, 림프구 및 호중구 등의 염증세포가 침윤한다. 혈관의 내피세포도 제한적인 괴사상을 나타낸다. 또 현저한 변화는 아니지만 새변은 혈행 정지와 지주세포가 괴사되기도 한다. 가슴지느러미의 결합조직이 괴사되어 괴사소에는 출혈과 염증세포의 침윤이 동반된다. 간세포는 항상 혼탁종창을 일으키거나 위축되고, 세뇨관의 상피세포도 혼탁종창을 일으킨다. 또 비장의 적수에는 적혈구의 현저한 감소가 생기며, 유동은 혈액이 없이 빈 상태로 되어 종창된다.

그림 1-33 뱀장어의 허피스바이러스성 새변괴사증.

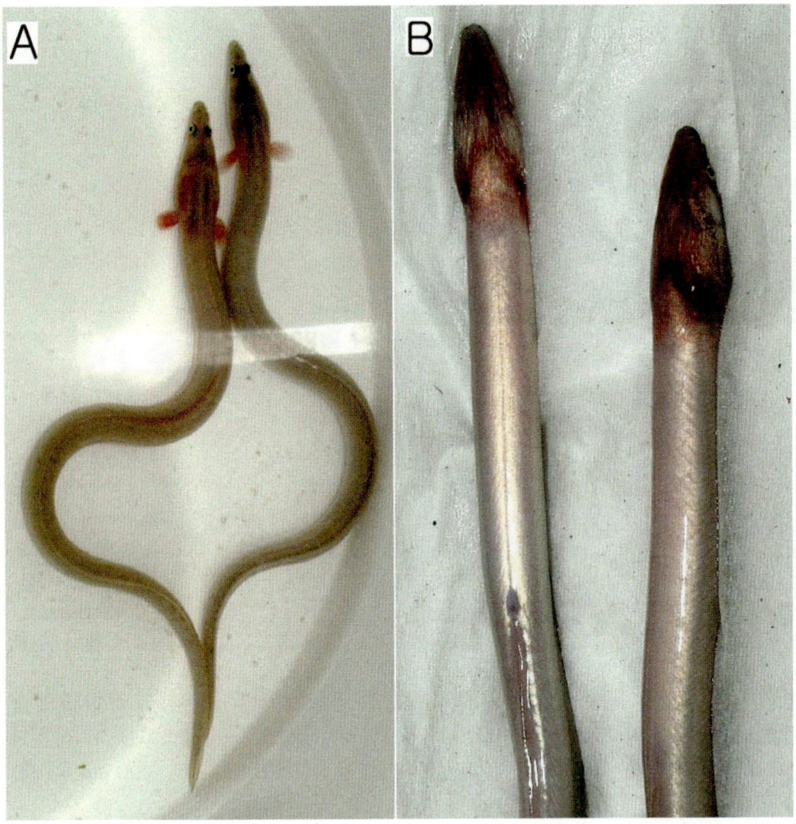


그림 1-34 침지에 의한 인위 감염. A: 아가미 뚜껑과 가슴지느러미의 출혈. B: 아래턱, 복부 및 뒷지느러미의 출혈.

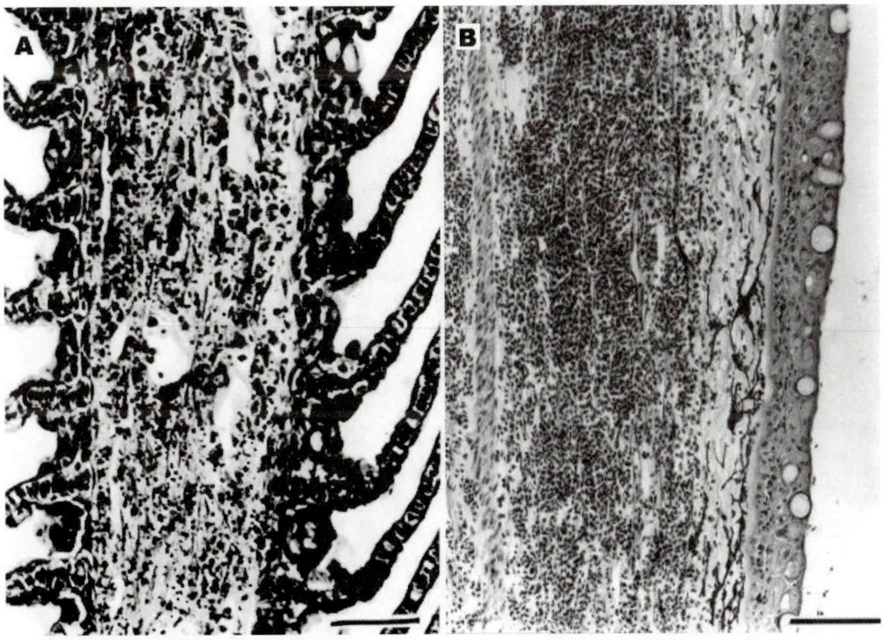


그림 1-35 아가미와 가슴지느러미의 병리조직상. A: 새변의 가운데 결합조직의 섬유세포의 핵농축 및 핵 융해를 동반한 괴사와 괴사소 내의 염증세포의 침윤과 출혈. Bar = 50 μm. B: 가슴지느러미의 결합조직의 출혈과 괴사. Bar = 100 μm.

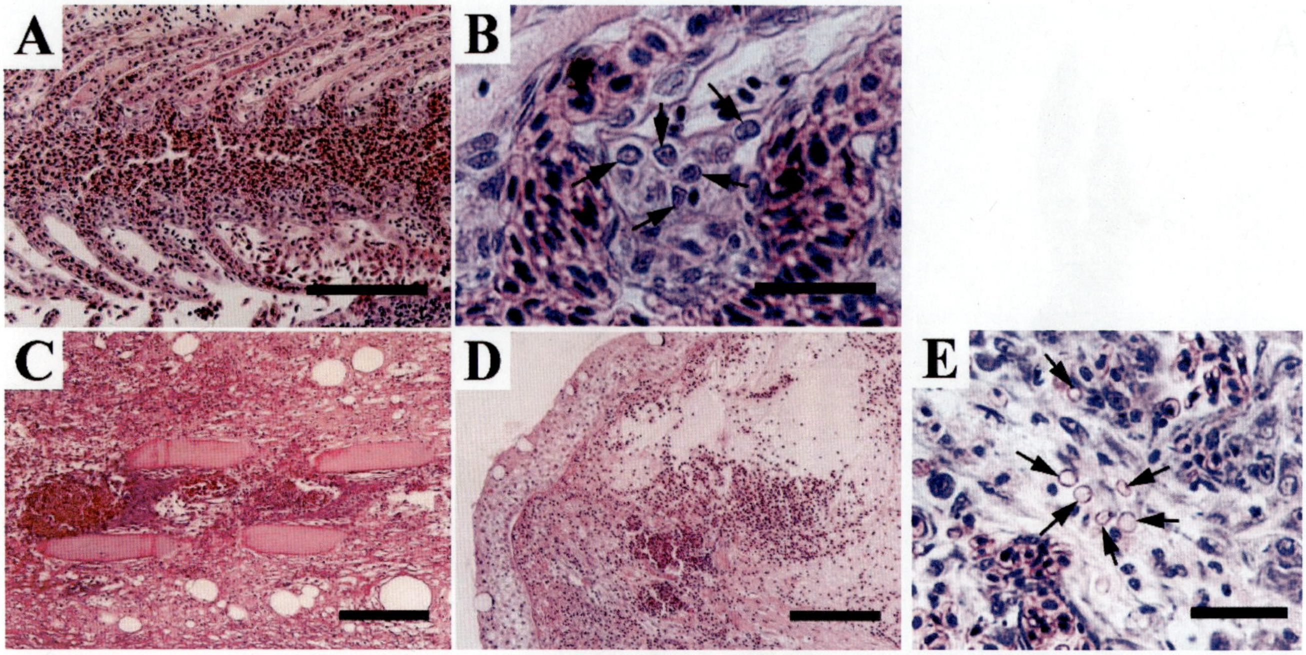


그림 1-36 병어의 새변, 아가미 뚜껑 및 가슴지느러미의 조직학적 변화. A: 인접 2차새변과의 유착 및 상피세포의 증생. B: 핵 융해와 핵막과염상을 보이는 아가미 기저부의 상피세포. C: 가슴지느러미 결합조직의 출혈 및 괴사. D: 심한 괴사 및 출혈을 동반한 아가미 뚜껑 결합조직. E: 핵막과염상을 보이는 아가미 뚜껑 상피세포. HE, Bar = 100 μm (A), 20 μm(B), 200 μm(C & D) 및 50 μm(E).

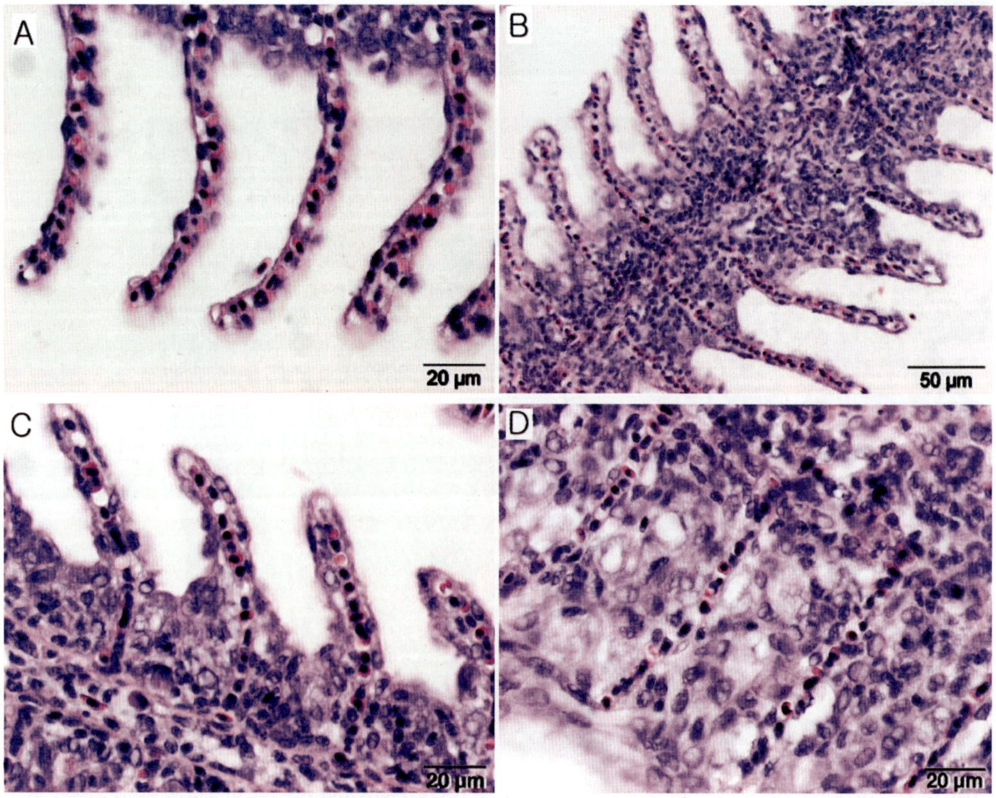


그림 1-37 인위감염어의 병리상. A: 정상 아가미. B: 2차 새변의 증생. C & D: 2차 새변의 현저한 증생.

침지법으로 인위 감염시키면 최초로 발견되는 증상은 등쪽의 피부와 목 부분의 출혈이며, 점차 아가미 뚜껑, 복부 체벽에 출혈이 생기고 이어서 두부 피부, 아래턱, 아가미뚜껑 및 가슴지느러미에 출혈이 생긴다. 질병이 진행됨에 따라 등쪽 피부의 출혈은 점차 꼬리 부분으로 확대되어 간다.

### (9) 뱀장어의 herpesvirus성 피부염

수온 25~28°C에 사육 중인 뱀장어의 피부에 하얀 반점상의 피부 병소 또는 궤양이 형성되는 질병으로 발생률은 1% 정도이며, 감염어가 폐사하는 경우도 거의 없다. 그러나 외관이 추악하고 상품성이 저하되기 때문에 산업상 문제시 되는 질병이다. 구간부 및 꼬리 부분의 체표는 진피가 노출되어 궤양 병소와 피부내에 출혈을 동반한 백색의 병소가 형성된 것으로 내부 장기에는 이상이 없다.

병리조직학적으로는 피부에 형성된 백색의 환부에서는 진피의 소성결합조직과 치밀조

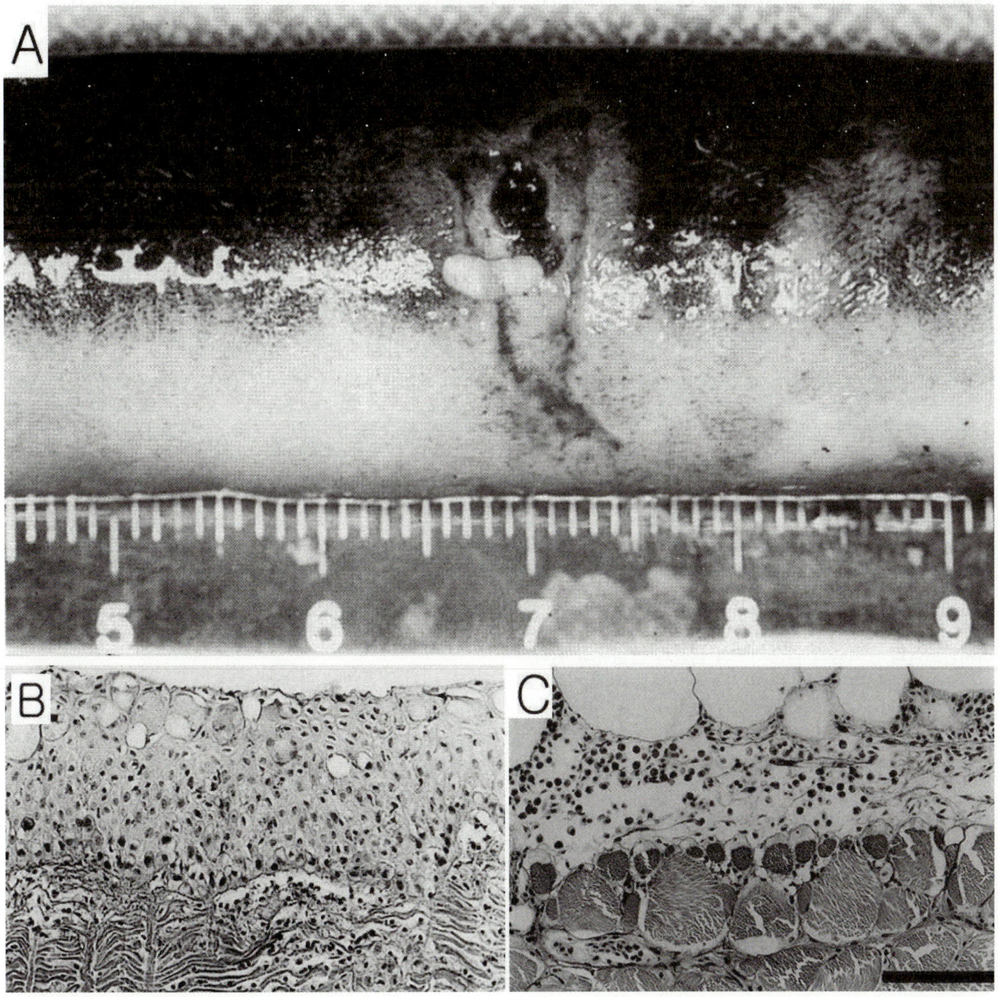


그림 1-38 체표의 부식과 궤양. B: 진피의 섬유세포의 괴사와 염증세포의 침윤. C: 피부의 환부 아래의 피하지방층과 근육층. 지방층의 섬유세포 괴사와 염증세포의 침윤. 근섬유의 근형질의 위축.

직의 섬유세포가 괴사되고 진피에 있던 멜라닌 세포도 괴사 · 붕괴되면서 호중구와 마크로파아지의 침윤을 동반한 염증이 발생한다. 피부의 미란이 있는 병소에서는 표피가 엷어지고, 그 아래의 섬유세포의 괴사와 염증세포의 침윤이 진피에서 피하지방조직 및 근육조직에까지 발생되어 있다. 이 부분의 진피는 치밀조직에 수종성 소개가 일어나고, 근섬유는 위축된다.

궤양 병소에는 표피가 부분적으로 탈락하여 박리성 소실이 일어나고 그 아래의 진피가 노출되면서 진피표층에는 세균이 침입하여 증식하기 때문에 조직의 괴사가 더욱 심하게 된다.

이러한 뱀장어의 피부염은 원인바이러스가 진피의 섬유세포를 표적세포로서 섬유세포에 감염되어 섬유세포가 괴사되고, 괴사 세포에서 방출된 바이러스가 그 아래의 피하지방조직에서 근육조직에 분포하고 있는 섬유세포에 다시 감염되면서 감염국소에 호중구와 마크로파아지를 비롯한 염증세포의 침윤을 유발하게 된 것이다. 또한 진피의 괴사와 염증 때문에 진피의 바깥에 존재하는 표피가 얇아지면서 미란이 생긴 것으로 추정된다. 실험 감염 후에 내장기관인 신장과 비장에서도 바이러스가 분리되지만 이러한 조직에는 병변을 유발하지 못한다. 감염 뱀장어의 폐사율이 낮은 것은 내장기관에 바이러스가 침입하지만 병변을 유발하지 않기 때문인 것으로 생각된다.

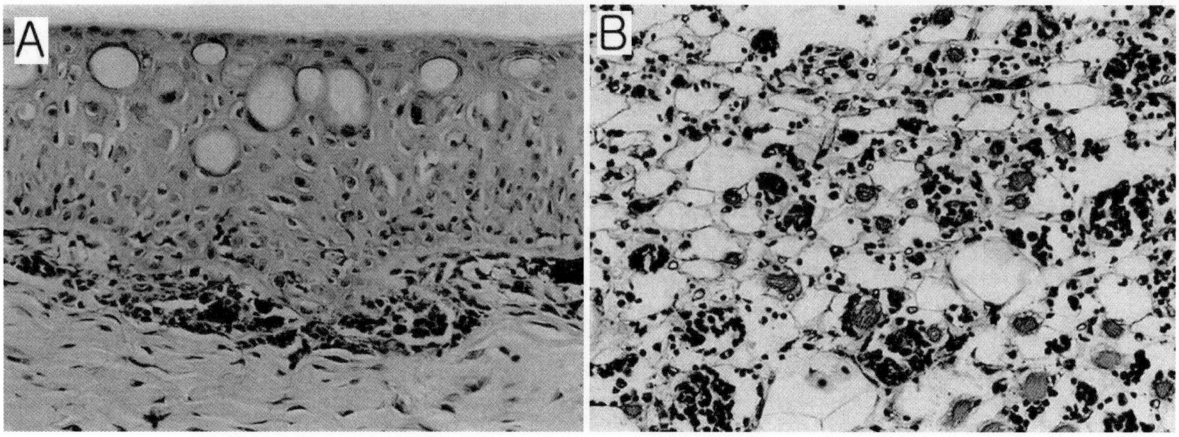


**그림 1-39** 인위감염어의 병리조직상. A: 진피 소성결합조직의 근섬유와 흑색색소포의 괴사 및 염증세포의 침윤. B: 피하지방조직과 근육층의 염증세포의 침윤과 근섬유의 위축.

뱀장어의 체표에 궤양병소가 형성되는 질병으로는 Rhabdovirus성 피부염이 있는데, 이때는 진피의 결합조직의 괴사와 심한 출혈이 생기며, 비장, 조혈조직 및 간장에도 바이러스가 침입하여 핵농축, 핵붕괴를 특징으로 하는 괴사가 생겨 감염어가 폐사된다. 또한 Rabdovirus성 피부염의 발생온도는 15°C인 점과 비교하여 보면 Herpesvirus성 피부염과는 병리조직상과 발생온도에서 차이가 난다.

## 2) Iridovirus

Iridovirus과(Iridoviridae)는 Iridovirus, Chloriridovirus, Ranavirus, Lymphocystivirus 및 Megalocytivirus의 5개의 종으로 세분되었다. 이중 수산무척추 동물에 감염되는 것은 Iridovirus 또는 Chloriridovirus에 속하며, 어류를 포함한 척추동물에 감염되는 것은 대부분의 iridovirus는 Ranavirus, Lymphocystivirus 또는 Megalocytivirus에 속한다.

### (1) 림포시스티스병(Lymphocystis disease, LCD)

어류의 바이러스성 질병 중 역사가 가장 오래된 질병으로 19세기에 발견되었지만 당시에는 포자충이 원인으로 생각되었다. 그러나 전염성이 있고, 피부에 형성되는 종양이 피부의 결합조직에 바이러스가 감염된다는 것이 확인되어 바이러스병으로 결론지었다. 현재 이 질병은 거의 대부분의 해산어는 물론이고 일부의 담수어에도 발병되지만, 폐사하는 경우는 없고 상품성이 저하되어 경제적 손실을 초래하고 있다.

원인바이러스인 lymphocystis disease virus(LCDV)는 이리도바이러스과의 lymphocystivirus에 속한다. 그러나 바이러스의 크기는 감염되는 어종에 따라 상당한 차이가 있는데, 이는 구성 폴리펩티드에서 차이가 나기 때문이다.

넙치를 시료로 하여 BF-2, LBF-1에 배양하면 감염세포는 감염초기에는 핵과 핵인 비대화되어 세포 전체가 비대화되고 구형화되어 붕괴되는 CPE가 나타난다.

감염어는 지느러미나 체표에 림포시스티스세포(lymphocystis cells)라 불리는 거대한 세포가 다수 때로는 덩어리가 사마귀모양으로(blister-like matters) 나타난다. 두부, 구간부, 꼬리 부분, 지느러미 표면, 안구 등에 림포시스티스세포가 산발적으로 또는 집합적으로 나

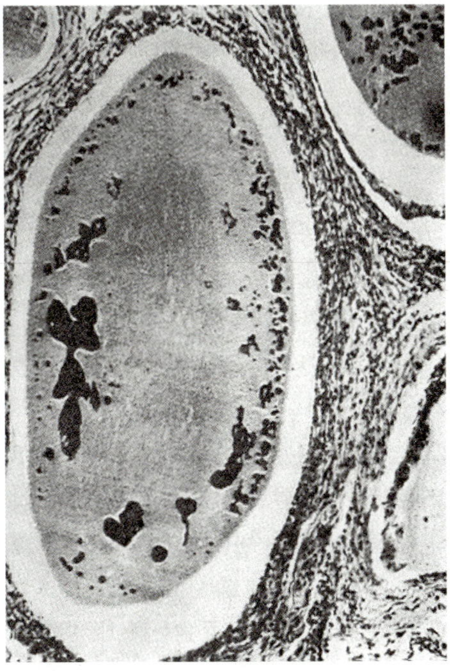

그림 1-40 명확한 피막과 호염기성 봉입체를 가진 성숙 LV 세포. 망상의 모세혈관, 섬유성상피세포 및 림프구를 포함한 염증반응.

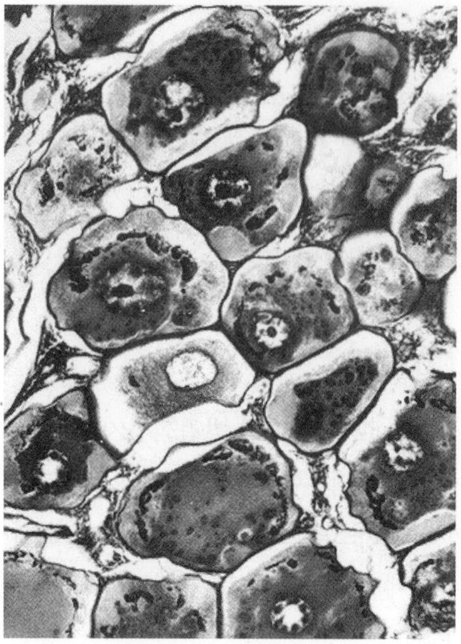
그림 1-41 농어의 진피 LV세포.

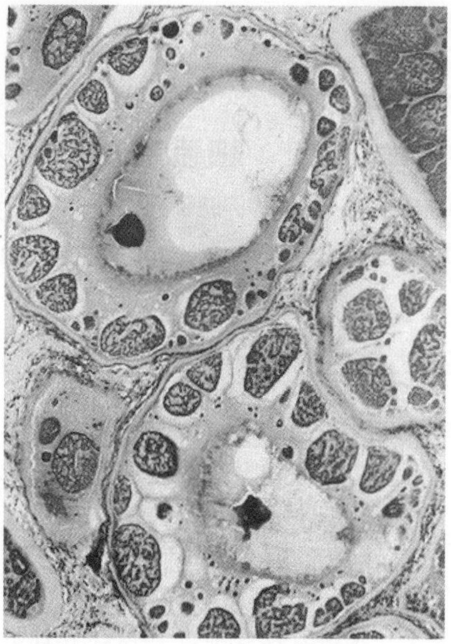
그림 1-42 가자미의 진피 LV세포.

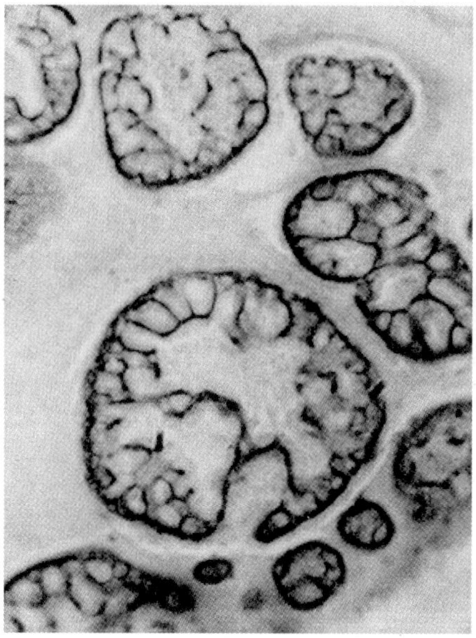
그림 1-43 LV세포의 봉입체. 개개의 봉입체는 망목상을 하고 있음.

타나는데, 집합적일 때는 림포시스티스세포가 쌓여져 올라와 큰 것은 직경 100~500 μm 정도인 것도 있다.

림포시스티스세포는 수포모양을 하고 있으며, 빛을 난반사하기 때문에 잡아 올린 어체상에서는 은백색으로 보인다. 그러나 방어의 경우는 림포시스티스세포가 산발적으로 존재하기 때문에 림포시스티스세포 주변에 흑색색소포가 발달하기 때문에 검게 보이는 경우가 많아 흑점병이라고도 한다.

림포시스티스세포는 피부뿐만 아니라 근육, 간장, 난소, 장 등에도 만들어진다. 병어는 행동이나 활동에 이상이 없으며, 생명에도 별 지장을 초래하지는 않는다. 병어는 방치하여 두면 수개월 내에 발병이 관찰되어지지 않게 되는데, 이는 면역반응과 관계가 있을 것으로 생각된다.

LV는 BF-2 또는 LBF-1세포에 배양하면 세포변성이 일어난다. LBF-1세포로 25°C에서 배양하면 CPE는 천천히 나타나며, 감염세포는 핵, 핵인 및 세포 전체가 거대화되며 세포질 속에는 호염기성의 DNA봉입체가 생긴다.

림포시스티스세포는 진피의 소성결합조직의 간엽계세포가 바이러스에 감염되어 세포가 비정상적으로 성장, 종대된 것이다. 림포시스티스세포를 잘라내어 검경하면 두꺼운 막으로 둘러싸인 구상체이지만, 조직절편으로 보면 세포끼리 서로 누르고 있는 부정형이다. 세포는 많은 초자질에 의해 싸여 있으며 커다란 핵인을 갖은 거대한 핵을 가지고 있다. 풍부한 약호염기성의 세포질 내에 강호염기성의 커다란 봉입체가 있는 것이 특징이다.

이 세포의 크기는 성장단계에 따라 일정하지 않으며, 어종에 따라서도 크기도 달라 큰 것은 최대 직경이 500 μm을 넘는 것도 있다. 소형의 어린 세포의 봉입체는 강호염기성으로 곤봉상이다. 세포가 성장함에 따라 세포막은 두꺼워지며 초자화되고, 핵인, 핵, 봉입체는 모두 증생한다. 성숙한 세포는 핵의 주위에 연쇄상으로 봉입체가 분포하던가 또는 핵의 주위에 다수의 봉입체가 작은 덩어리 모양으로 되어 있다. 일반적으로 봉입체는 강호염기성의 망공과 그 망목 내에 산재하는 약호염기성의 미소과립이 보인다. 노쇠한 세포는 세포질 내에 다수의 공포가 나타나며 봉입체의 망공은 작은 덩어리로 분열하여, 세포 내의 바깥쪽으로 이행된다. 림포시스티스세포는 최종적으로는 세포막이 파괴되고 내용물이 방출되어 죽게 된다. 죽은 세포의 부스러기는 그 주위에 번식한 마크로파아지에 탐식되어 처리된다. 또 같은 개체라 할지라도 2~3단계의 림포시스티스의 성장이 관찰된다.

**표 1-7 Epitheliocystis와 Lymphocystis의 진단상의 구분법**

| | Epitheliocystis | Lymphocystis |
|---|---|---|
| 감염부위 | 아가미, 피부, 위새 | 피부 |
| 증상 | 백색 결절 | 백색 결절(특히 초기) |
| 감염세포 | 상피세포 | 섬유아세포(fibroblast) |
| | (염세포, goblet cell) | |
| 병리조직학적 특징 | 감염세포 세포질의 비대<br>**핵의 편재**<br>세포질은 1개의 거대<br>과립성 호염기성봉입체<br>(내부는 coccoid<br>또는 coccobacillary bodies) | 감염세포의 세포질 비대,<br>세포질은 호염기성<br>불규칙한 봉입체의 존재,<br>**핵의 편재는 없음**<br>림프시스티스세포는 초자성의<br>capsule에 쌓여 있음. |
| Wet mount | 윤곽이 두꺼운 수포상 | 거의 원형(중심부가 과립상이며 그 중심부에 |
| | | 원형의 밝은 구형 핵이 존재) |

### (2) 참돔 이리도바이러스병(Red sea bream iridoviral disease, RSIVD)

1990년 수온이 25~30°C인 여름에서 가을에 걸쳐 일본의 참돔 양식장에서 발병하여 대량폐사를 유발하여 참돔이리도 바이러스병(red seabream iridovirus, RSIV)라 명명되었지만, 그 후 농어, 방어, 돌돔, 전갱어, 잿방어, 조피볼락 및 넙치 등에도 발병하고 있어 해산어 이리도바이러스병이라 부르는 것이 더욱 타당할 정도이다. 어류의 크기에 따라 감수성의 차이는 있지만 치어에서 성어에 걸쳐 전 단계에 발생하고 있다.

원인바이러스인 RSIV는 육각형으로 envelope가 없는 iridovirus로 BF-2, GF, KRE-3 등의 주화세포에 세포의 구형화를 특징으로 하는 CPE가 생긴다. 그러나 이들 주화세포에서도 5회 이상 계대배양하면 얻을 수 있는 바이러스의 양뿐만 아니라 감염 역가도 현저히 감소한다. 증식 적온은 20~25°C이며, pH 3과 유기용매에 감수성을 나타낸다.

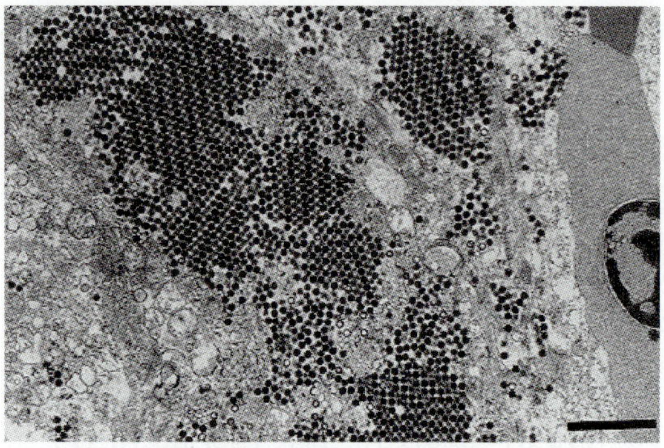

그림 1-44 RSIV 바이러스.

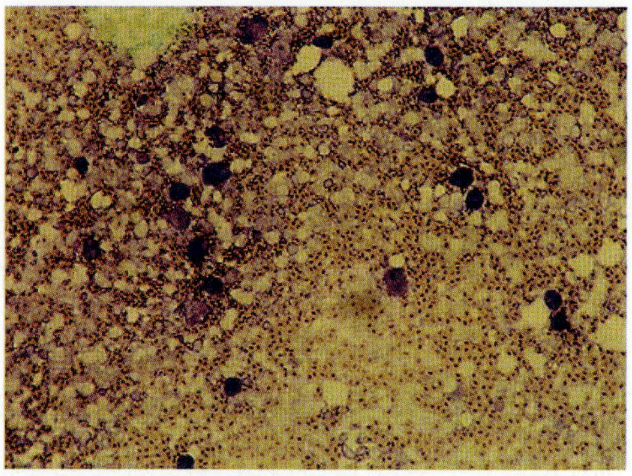

그림 1-45 간의 이형비대세포.

감염어는 피부의 흑화 또는 퇴색, 체표나 지느러미의 출혈, 아가미와 위심강내의 출혈, 비장의 종대 및 내장기관의 점상출혈이 생긴다.

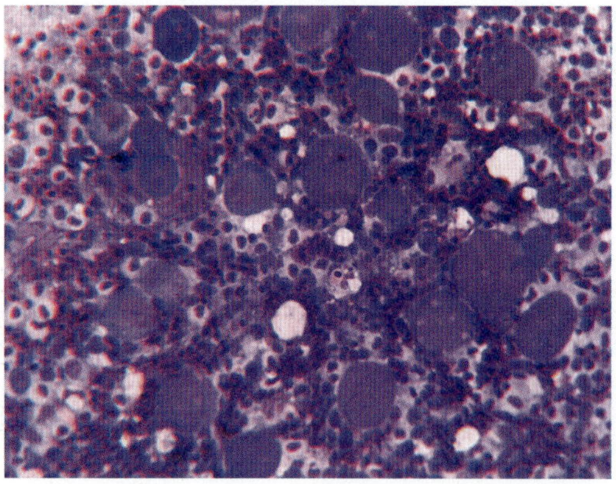

그림 1-46 RSIV에 감염된 돌돔 비장의 Giemsa염색 표본. 이형비대세포.

병리조직학적으로 가장 현저한 특징은 비장의 종대와 직경이 20 μm 정도의 마크로파아지로 추정되는 이형거대세포가 출현한다는 것이다. 이형거대세포는 Giemsa염색에 세포질이 호염기성의 균질상 또는 과립상으로 염색되는 세포로 심장, 신장 및 아가미 등에서도 관찰된다.

아가미는 새변의 중심정맥동의 확장과 울혈, 호흡 새변의 공포변성 및 박리, 모세혈관의 확장이 보이며, 이형거대세포는 중심정맥동의 내피와 연골막이 접하는 조직 사이에 층을 이루면서 생긴다.

신장의 세뇨관 상피세포는 공포변성과 핵농축을 일으키고, 조혈조직의 부분적 괴사가 생기며, 이형거대세포는 조혈조직과 사구체 내에서 발견할 수 있다. 또한 심장에는 심외막염과 심내막염이 생긴다.

진단은 병어의 비장의 스템프표본을 Giemsa염색하여 이형거대세포의 존재를 확인하면 된다. 해산어의 이리도바이러스 감염증은 외관상 또는 해부학적으로 특징적인 증상이 발견되지 않기 때문에 비장의 도말표본을 만들어 이형거대세포를 관찰하는 것이 현장에서의 진단법이라 할 수 있다. 이리도바이러스에 감염된 해산어의 아가미를 잘라서 무염색으로 검경하면 아가미에 검은 점이 많이 형성되어 있다는 것을 쉽게 발견할 수 있다. 해산어의 종류를 불문하고 이러한 점이 발견되는 어류는 분자생물학적 방법으로 확인하여도 96% 이상이 이리도바이러스임이 입증되었다.

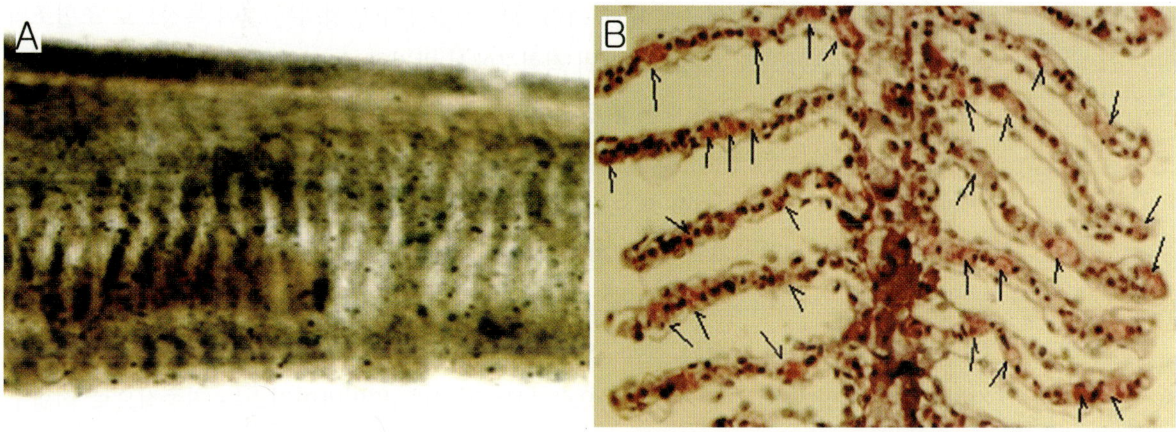


그림 1-47 A: 이리도바이러스에 감염된 아가미에 발견되는 검은 점. B: 아가미의 병리조직 표본에서는 2차새변 모세혈관 내에 대형의 백혈구인 마크로파아지가 축적되어 백혈구 내의 검은 색소인 멜라닌 색소가 육안적으로 검은 점으로 관찰됨.

감염어에 관찰되는 흑점은 방어류의 복수증에 감염된 방어에서도 발견되지만, 발생시기와 어체의 크기에 차이가 나기 때문에 오진할 가능성은 매우 낮다.

흑점이 생긴 아가미의 조직표본을 만들어 보면 2차새변의 모세혈관 내에 대형의 백혈구가 다수 모여 있다는 것을 알 수 있다.

이리도바이러스 감염어류의 아가미를 육안으로 관찰하면 핑크색으로 퇴색되어 있는 경우가 많은데, 이는 아가미 조직 내에 백혈구가 많이 모이는 것 때문이라 생각되고, 아가미에 흑점이 생기는 이유는 아가미 백혈구 내의 멜라닌 색소 과립 때문이다. 병어에서 아가미에 흑점이 생기는 시기는 먹이 섭취가 나빠지며 폐사가 시작되는 시점과 일치하고 있다. 폐사

원인은 모세혈관 내의 백혈구(마크로파아지)의 축적에 의한 혈행장애가 폐사원인일지도 모르겠다.

따라서 현장에서의 진단은 아가미의 검은 점의 확인과 비장의 도말표본의 김자염색표본을 관찰함으로써 복잡한 분자생물학적 기법을 동원하지 않고도 거의 완벽하게 진단할 수 있다.

대책으로는 RSIV에 감염된 GF세포의 배양액을 저속도 원심시킨 다음에 상청액에 0.1%의 포르말린을 첨가하여 사균화시킨 것을 어류 마리당 0.1 ml씩 복강 또는 근육주사하면 효능이 입증되어 현장에서 활용되고 있다.

### (3) 적혈구 괴사 바이러스증(Viral erythrocytic necrosis, VEN)

적혈구의 변성과 세포질 내에 봉입체가 존재하는 것이 특징으로 처음에는 어류적혈구괴사병(piscine erythrocytic necrosis, PEN)이라 불리었다. 북미 대륙의 대구를 비롯한 해산어와 강해성 어류에 발병하는 질병으로 원인바이러스인 VENV는 감염하는 숙주에 따라 크기가 130~360 nm에 이르기까지 다양하지만, 아직 바이러스의 분리에는 성공하지 못하였다.

VEN은 만성적인 질병으로 대부분의 경우 이렇다 할 외부 증상은 없다. 감염어의 용혈을 일으키고 있는 적혈구의 세포질 내에 여러 개의 봉입체가 형성되는 것이 특징으로 조혈조직 내의 적혈구를 포함한 모든 성숙단계의 적혈구에서 발견할 수 있다.

또 다른 적혈구의 변성은 대서양 연어에서는 핵의 소실과 세포질의 공포화가 생기며, 대구나 herring에서는 염색질의 핵막 주변으로 이동, 핵농축, 핵붕괴 및 핵 융해가 생긴다.

감염어는 모두 심한 빈혈을 일으키는데, 이는 적아구증(erythroblastosis)을 유발하기 때문에 생기는 대적혈구성저색소성빈혈(macrocytic hypochromic anemia)이다. 이는 원인바이러스가 성숙 또는 미성숙적혈구에 감염되기 때문에 적아구에 감염된 경우 정상적인 성숙을 할 수 없기 때문에 미숙의 적아구의 수가 증가하게 됨으로 대형적혈구성이 되고 성숙이 진행되지 못하였기 때문에 저색소성으로 되는 것이다. 원인바이러스는 최종적으로 적혈구 또는 적아구를 죽이게 됨으로 적혈구의 수명을 단축시키게 되는데, 그 증거로서는 마크로파아지 내에 탐식당한 적아구의 세포질 속에 봉입체가 존재하는 것과 핵농축과 세포질 내에 봉입체를 가진 대형 적아구가 출현한다는 것으로부터 알 수 있다. 감염순서를 보면 우선 미

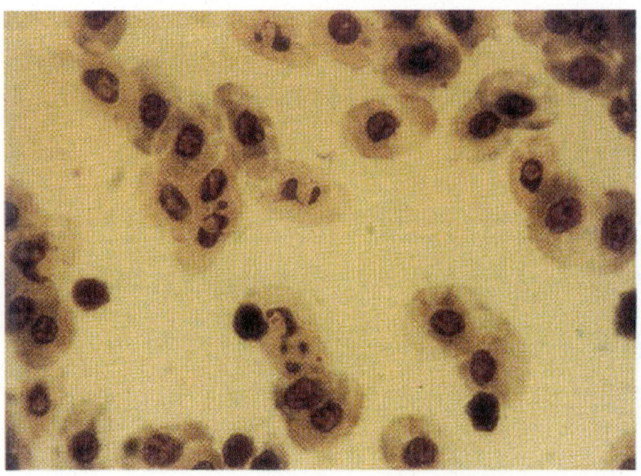

그림 1-48 VEN에 감염된 대구의 혈액도말표본. 적혈구 핵의 분절화가 현저함. Giemsa염색.

숙 적혈구가 감염되고 뒤이어 성숙 적혈구가 감염되며 Ht가 보통 10 이하로 감소하며, 혈구의 응집시간이 길어짐은 물론 감염어는 산소 결핍에 취약하게 된다. 또 원인바이러스는 적혈구로 하여금 단백질 합성과 아미노산 흡수를 촉진시킨다. 감염은 수평감염에 의해 다른 연어류와 다른 어종에도 감염되는 것으로 알려져 있다.

진단은 혈액의 도말표본을 만들어 Giemsa염색 또는 pinacyanol chloride로 염색하면 각각 세포질 속에 호산성 또는 청색의 크기 0.8~4 μm의 봉입체를 확인한다. 이 봉입체는 적혈구 내에 적어도 1개 이상이 나타나며 비리온의 집합체 또는 viroplasm이라 추정하고 있다.

### (4) 유행성 조혈기 괴사증(Epizootic hematopoietic necrosis, EHN)

EHN은 iridovirus속의 Ranavirus종에 속하는 바이러스에 의한 전신감염으로 간장, 비장 및 신장의 조혈조직의 괴사를 유발하는 질병이다. 감염으로 주로 redfin perch(Perca fluviatilis)나 무지개송어에 감염된다. Redfin perch에 감염되면 대량폐사를 유발하지만, 무지개송어는 폐사율은 낮은 편이다.

EHN의 감염경로는 불확실하지만, 물, 경구, 아가미나 피부를 통한 경피감염에 의한 것으로 생각되며 어미의 난을 통한 수직감염은 일어나지 않는 것으로 알려져 있다. 그 중에서도 조류는 감염에 중요한 요소로 작용하는데, EHNV는 조류의 소화관 내에서 수 시간 생존할 수 있기 때문에 변을 통하여 방출된 다음 감염원이 되기 때문이다.

EHNV는 건조에 대한 저항성이 매우 강하기 때문에 물속에서 97일 동안 건조한 어류 조직 속에서는 113일간 생존가능하다. 4°C에서 세포 배양할 경우에는 300일, −20°C에 저장한 어체 내에서는 2년 동안 생존가능하다.

감염기간은 무지개송어인 경우 19~21°C에서는 3~10일, 8~10°C에서는 14~32일 소요되지만, redfin perch인 경우에는 19~21°C에서 10~11일, 12~18°C에서 10~28일 소요된다.

감염어의 증상은 특이적인 것은 아니지만, redfin perch는 체색의 흑변, 무기력, 운동 불활발(ataxia)하여 수조 표면을 천천히 때로는 재빨리 헤엄치거나 하는 이상 유영을 한다. 또한 아가미 뚜껑의 여닫는 횟수가 급격히 감소하는 것과 수조바닥에 머리를 아래로 하여 거꾸로 서는 소위 "head staning"을 집단적으로 하게 된다. 대부분의 병든 성어는 뇌와 비공 주변의 발적이 특징적이지만, 치어인 경우에는 없는 경우도 있다. 반대로 치어는 미병부의 근육에 국소적으로 불규칙하거나 돌출한 퇴색 부위가 있지만, 성어는 그렇지 않은 경우도 있다. 아가미와 지느러미 기부에 출혈이 생기는데 특히 뒷지느러미가 가장 현저하다.

무지개송어는 체색 흑변, 식욕감퇴, 무기력, 복부팽만, 평형감각의 상실, 아가미 뚜껑을 열고 있거나 지느러미 기부의 발적 등이 생기는데 이러한 것들은 수질에 의해서도 유발되기 때문에 이 병의 특징적인 증상은 아니다.

내부 증상은 redfin perch는 신장, 비장 및 간장의 종대와 지느러미 기부의 출혈 아가미의 국소적 출혈이 보인다. 비장은 항상 종대되는 것이 보통이지만 반대로 빈혈로 위축되는 경우도 있다. 내장기관에는 점상의 출혈이 생기며, 간장에는 직경 1~3 mm의 백색 또는 황색을 띠는 괴사소가 여러 곳에 발견된다. 한편 무지개송어에서는 복수의 축적에 의한 복부

팽만, 신장과 비장의 종대, 내장기관의 점상출혈이 있지만 간장에서의 괴사소는 거의 발견되지 않는다.

Redfin perch는 봄-여름에 발병되며 수온이 12°C 이하에서는 발병하지 않는다. 사망률은 매우 높아 감염된 개체는 거의 대부분이 죽는다. 그러나 살아남은 개체는 재감염에 저항성을 나타낸다.

무지개송어는 수온이 11~17°C 사이에서 발병되지만, 실험적으로는 8~21°C에서 발병된다. 한편 무지개송어는 이 병에 대한 저항성이 강하기 때문에 사망률은 낮고 보통은 수질의 악변, 기생충 또는 곰팡이성 질병과 함께 발생하는 경향이다. 일간 사망률은 0.2%, 누적폐사율은 3~4% 정도이다.

Redfin perch가 높은 폐사율을 나타내며 갑자기 사망하며 병리조직학적으로 신장의 조혈조직과 간장 및 비장의 괴사를 나타낼 경우 이 병으로 의심할 수 있다. 주화세포인 CHSE-214, FHM, EPC, BF-2로 배양할 수 있다. 뇌, 신장, 비장 또는 내장기관을 호모게나이즈하여 RTG-2에 배양하면 24~36시간 후에 구형화, 박리의 CPE가 발현된다. 감염된 주화세포를 HE염색하면 세포질 내에 타원형의 호염기성봉입체가 관찰된다.

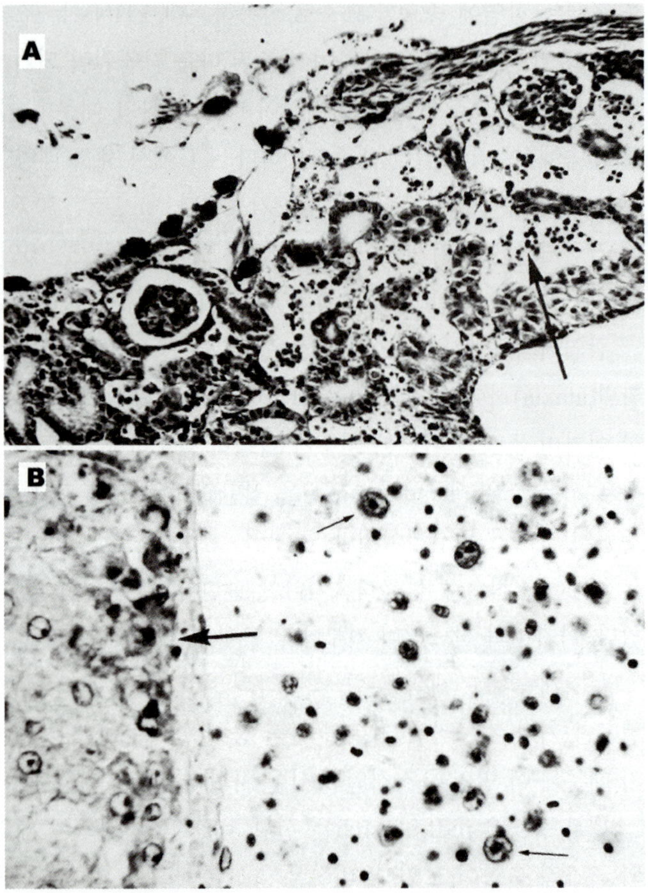


그림 1-49 A: 심하게 괴사된 두신의 조혈조직(화살표)과 이상이 없는 세뇨관, B: 조혈조직의 괴사소(작은 화살표)와 간정맥내의 세포 파괴물. 간의 혈관 벽은 변성을 일으키고 간세포(굵은 화살표)는 핵막과 염과 핵농축을 일으키고 있다. HE.

병리조직학적으로는 감염된 redfin perch는 신장, 간장 및 비장에 괴사가 발생하는데 특히 신장의 조혈조직과 간장에 광범위한 괴사소가 형성되는 것이 특징이다. 이 경우에 신장의 조혈조직은 핵농축을 동반하여 세포가 구형화되는 심한 괴사가 생기는데 이러한 세포는 신장의 혈관 내에도 관찰되지만 세뇨관 상피에는 이상이 없다.

간장은 동맥과 정맥 주변에 괴사소가 형성되며 혈관벽은 괴사되어 신장의 괴사소에서 볼 수 있는 핵농축을 일으킨 괴사세포가 발견되며, 괴사소 내에는 핵융해의 괴사세포도 발견된다. 간세포는 염색질이 농축되어 핵농축을 일으키거나 염색질의 핵막 주변으로 이동하여 핵막 과염상을 나타낸다. 감염 간세포의 세포질에는 대형의 공포가 나타나며 세포질에 타원형의 호염기성 봉입체가 발견되지만 염증세포의 침윤은 현저하지 않다.

비장도 적수와 백수 모두에 괴사소가 형성되지만 혈관벽은 이상이 없다. 위와 장은 이상이 없지만 직장의 혈관이 울혈을 일으키고 있다. 뇌의 혈관도 울혈과 혈전형성이 생기는데 이 때문에 뇌과 비공 주변이 발적된다. 체측 근육의 변색 부위는 부종이 생긴다.

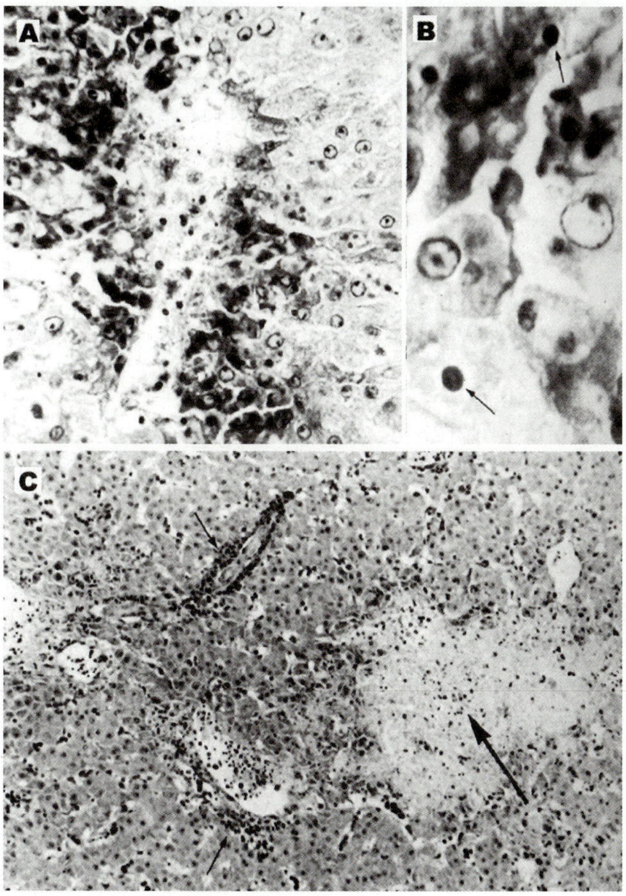


그림 1-50 A: 감염초기의 간. 혈관 주변의 괴사소, 혈관 내에는 세포 파괴물과 괴사 조혈세포가 들어 있다. 괴사소의 중심부는 밝게 보이지만 주변의 어두운 부분은 호염기성의 간세포이다. B: A의 주변 간세포의 확대도. 핵농축과 핵막 과염상을 나타내는 간세포와 간세포내의 호염기성 봉입체(화살표). C: A에서 호염기성을 나타내던 부분의 진행된 상태의 병소(굵은 화살표)와 혈관 주변의 단구의 침윤(작은 화살표). HE.

PCR진단법으로는 P505(5′-GAT CCA CAC GGC CTG ACA CCG-3′)와 P506(5′-GAT CCG AAA GAC AGC AGC GGT CGA-3′)의 primer를 사용하여 30사이클(94°C 1

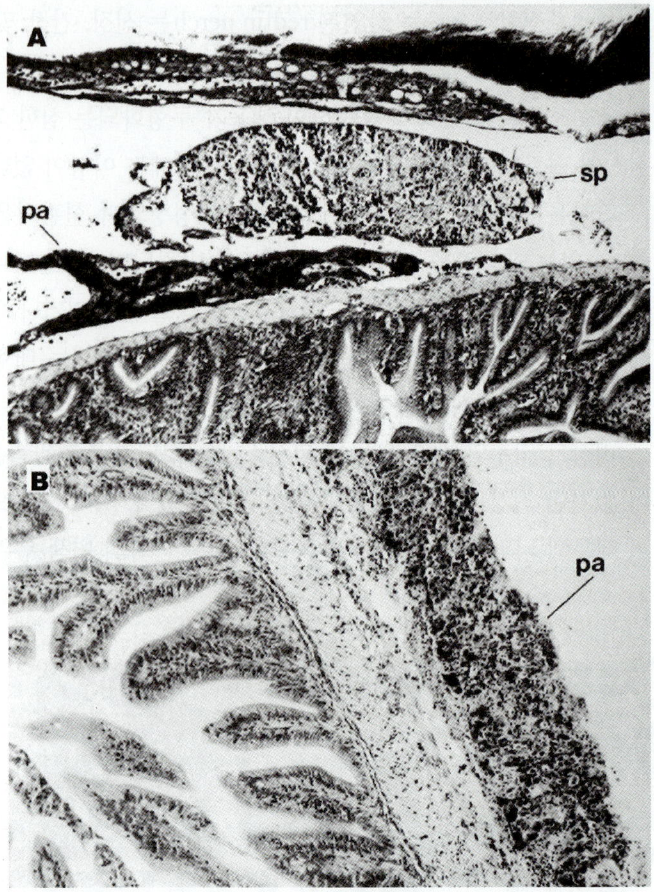


그림 1-51 A: 괴사된 비장(sp)과 이상이 없는 췌장(pa). B: 괴사된 췌장(pa)과 이상이 없는 소화관. HE.

분; 60°C 2분; 72°C 2분) 반응시키면 300 bp의 특이 밴드를 확인할 수 있다. 이 primer는 EHN 특이 primer로 EHN바이러스와 유전적으로 유사한 BIV는 235 bp, 림포시스티스는 밴드가 형성되지 않아 어류에 감염되는 이리도바이러스의 구분에도 사용할 수 있다.

### 3) 기타 DNA 바이러스

#### (1) 복어의 구백병(Snout ulcer disease)

병어는 체색이 검어지고 어군에서 이탈하여 부유하며 유영하고 있는 경우가 많고 움직이고 있는 물체를 보게 되면 뒤쫓아가서 무는 광견병과 같은 특이한 행동을 한다. 외관상의 특징은 주둥이 부근이 문드러지고 궤양이 형성되며, 중증인 경우에는 치판과 악골이 노출되기 때문에 수중에 있을 때는 백탁되어 보인다. 해부하여 보면 간장에 1줄 또는 2줄의 선상의 출혈반이 보이며, 어떤 개체에서는 간 전체가 발적되어 엷은 회색을 띠고 있는 경우도 있지만 다른 장기에서의 변화는 거의 없다.

뇌나 신장의 분쇄여과액을 PGF세포(tiger puffer gonad cells)에 접종하여 20°C에서 2주간 배양하면 방추형을 띠고 있던 세포가 모양이 불규칙하여지며, 세포질 내에 과립이 출현하는 등의 CPE가 나타난다.

병리조직학적으로는 문드러지거나 궤양이 생긴 주둥이 부위의 표피와 진피는 정상구조의 붕괴, 흑색색소포의 감소, 진피에서 피하조직에 이르기까지의 모세혈관의 울혈, 인접 근층에는 여러 종류의 세균이 침입하여 변성 괴사되어 있다. 또 이러한 병소와 주변부의 피부의 모든 층에 염증성세포의 침윤이 일어난다.

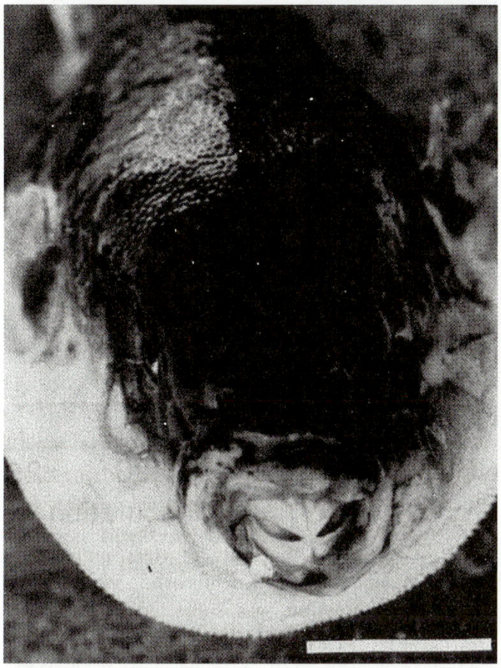

그림 1-52 주둥이에 궤양.

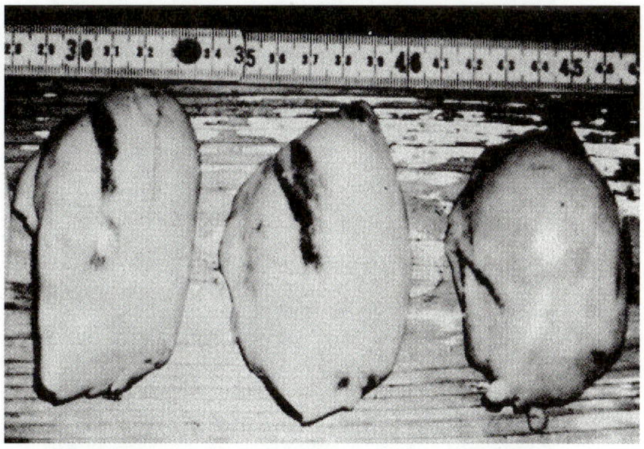

그림 1-53 간장의 선상 출혈반.

복어의 간장은 보통 지방간의 상태이므로 파라핀 절편상에서는 망목상으로 보인다. 병어의 선상출혈반이 있는 부위는 간장막 바로 아래부터 실질의 바깥부분에 걸쳐 출혈이 생겨 있다. 또 간장 전체가 발적되어 있는 경우에는 간 피막 내의 광범위한 출혈과 간 피막의 국소적 비후가 관찰된다. 또 육안적으로 중추신경계의 병변은 보이지 않지만, 조직학적으로는 신경 핵의 대형신경세포(large nervous cell) 특히 연수에서 척수에 걸쳐 제 8~10 뇌신경핵에 심한 변성이 생겨 있다. 복어의 뇌신경 핵의 대형신경세포는 포유류와는 달리 대형의 타원형의 핵 내에 많은 과립상구조물로써 보이며, HE염색에서 헤마톡시린, 메칠피로린염색에서 피로린 등에 잘 염색되기 때문에 핵인에 해당되는 구조물이라 생각되고 있다.

병어에서는 뇌신경 핵의 대형신경세포의 변성에는 핵인에 해당되는 구조물이라고 생각되는 과립상 구조물이 핵 중앙으로 이동 · 응집함과 동시에 크로마틴이 응집하기 시작한다고 생각된다.

이 응집한 과립상의 구조물은 서로 융합하여 여러 개의 덩어리를 형성하는 경우도 있지만, 보통은 1개의 커다란 덩어리로 되어 변성이 진행됨에 따라 핵도 변형되어 핵막의 일부에 불선명한 부위로써 관찰된다.

또 복어에는 supramedullary neuron라는 뇌신경핵의 대형세포보다도 대형인 신경세포

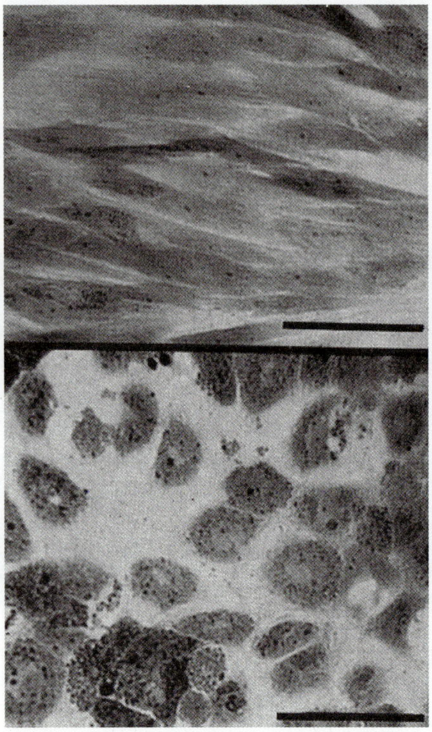

그림 1-54 PGF세포 배양.위: 미감염. 아래: 감염 세포.

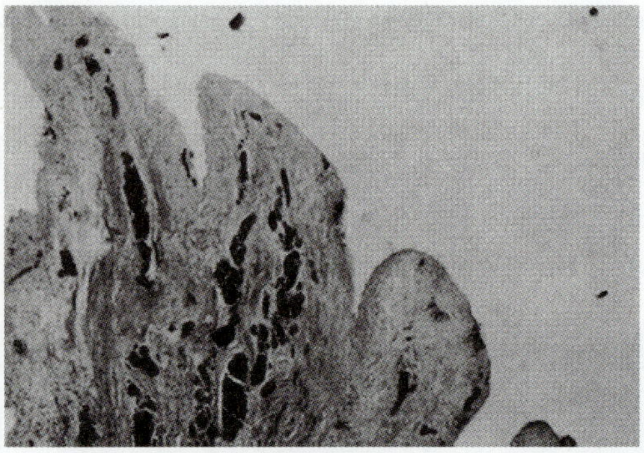

그림 1-55 주둥이 부근의 상피와 진피의 구조의 붕괴.

가 제 10뇌신경 핵이 존재하는 연수후방과 척수와의 경계면에 걸쳐 등쪽 뇌연막 밑에 있다. 이 신경세포의 정상구조는 뇌신경 핵의 대형신경세포와 같은데 이곳에서도 뇌신경핵의 대형신경세포에 보이는 변화와 같은 변화가 생기는데 염색상에 있어 약간의 차이가 있다.

즉 HE염색에 엷은 청자색에 진한 자색으로, 덩어리 부분이 아잔염색에 전체가 적색으로 염색되지만 그 내부에 녹색으로 염색되는 부위가 덩어리모양으로 보이는 특징적인 변화가 생기는데, 염색상에 있어 약간의 차이가 난다. 연수의 뇌신경 핵의 다형신경세포의 핵내에 형성되는 덩어리에 인접부위에 덩어리보다 전자밀도가 낮은 물질이 관찰되는데 직경 110~140 nm의 바이러스 입자로 보이는 덩어리가 보인다. 광학현미경에서는 핵막부근에 선명하지 않게 보이는 부분이 전자현미경에서는 바이러스입자가 핵막을 따라서 분산되어

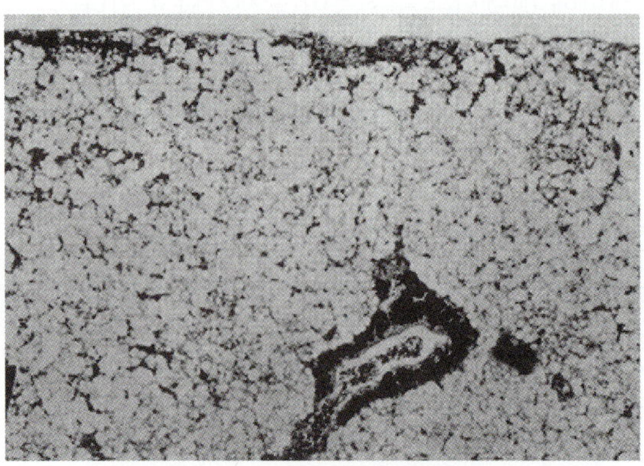

그림 1-56 간 피막의 부분적 비후.

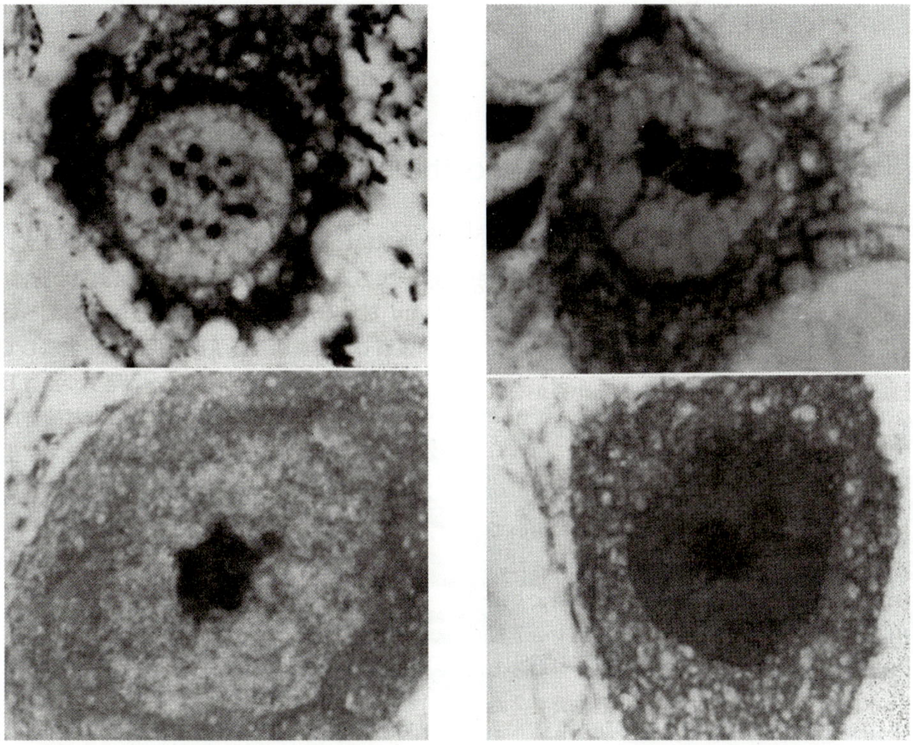

그림 1-57 대형핵세포의 변화. 좌상: 정상, 우상: 염색질과 핵인의 응집좌하: 핵내 덩어리의 형성, 우하: 핵막의 변형, Kliver-Barrera, ×400.

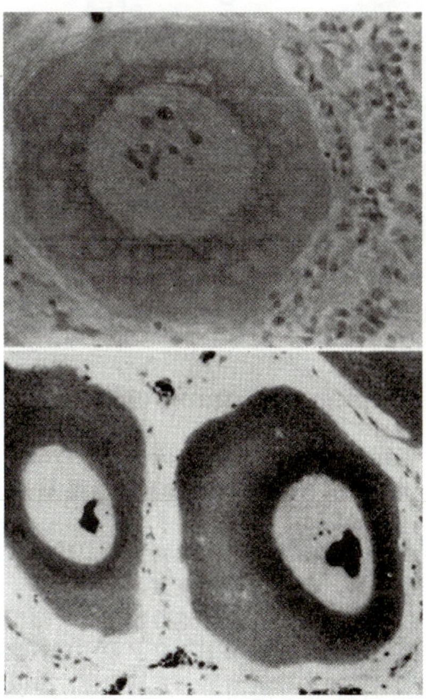

그림 1-58 Suprameduallary neruron의 변화. 상: 정상, 하: 염색질과 핵인이 응고되어, 핵 내에 덩어리를 형성.

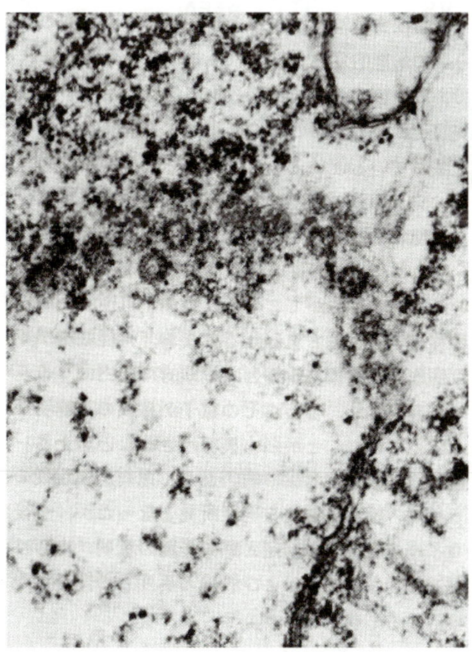

그림 1-59 대형신경세포 핵막의 바이러스입자, 핵막은 변형되어 있다.

있다는 것을 알 수 있다. 이러한 신경세포 핵의 변화가 물어뜯는 현상과 관계가 있을 것으로 생각된다.

### (2) 뱀장어의 혈관내피세포괴사증(Viral endothelial necrosis of eel, VENE)

아가미 새변의 중심정맥동(central venous sinus, CVS)에 현저하게 혈액이 충만되어 확장되고 복강 내에 출혈을 특징으로 하는 질병으로 "아가미 울혈증"이라 불러오고 있는 질병이다.

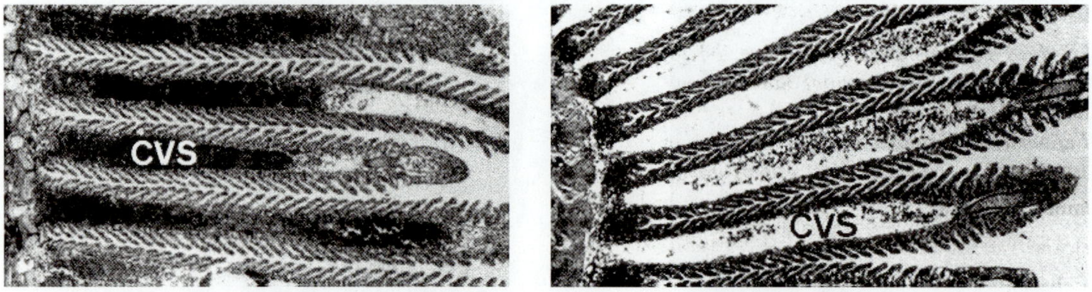


그림 1-60 VENE 병어의 아가미. 중심정맥동(CVS) 내의 울혈(좌)과 CVS의 팽창 및 동공화(우).

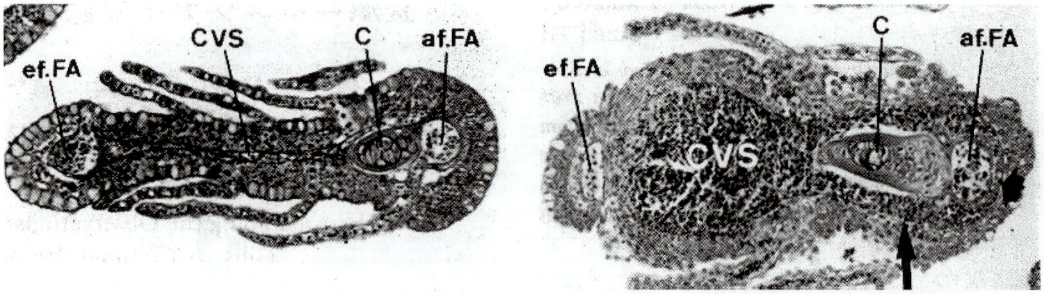


그림 1-61 정상어(좌)와 병어(우) 새변의 횡단면. afFA: 구심성 새변동맥, C: 연골 ef.FA: 원심성 새변동맥. CVC: 중심정맥동

정상어의 정맥동은 매우 좁은 공간으로 극히 소량의 혈액만이 관찰되는데 비해 병어의 CVS는 혈액이 충만되어 현저하게 확장되어 있다. 또 확장되었지만 혈액이 들어 있지 않은 상태가 보통인데 이는 CVS의 내벽이 얇고 아주 미약하며 주변의 세포도 거의 상피세포로 되어 있기 때문에 압력을 받으면 쉽게 확장되지만 압력이 사라져도 확장된 채로 남아 있기 때문이다. 아가미의 동맥계에서 정맥계로 흐르는 혈액은 구심성 새동맥과 CVS의 사이와 원심성 새동맥과 CVS 사이의 문합을 통하여 들어가게 되어 있지만, CVS의 울혈은 문합을 통하여 다량의 혈액이 높은 압력으로 흘러들어왔기 때문으로 유입한 혈액은 새정맥과 하경동맥을 거쳐 심장으로 돌아가지 못하는 환류장애가 생겼기 때문이다. 이러한 환류의 장애는 CVS와 연결되는 정맥계에 장애가 생겼기 때문이라 생각할 수 있다.

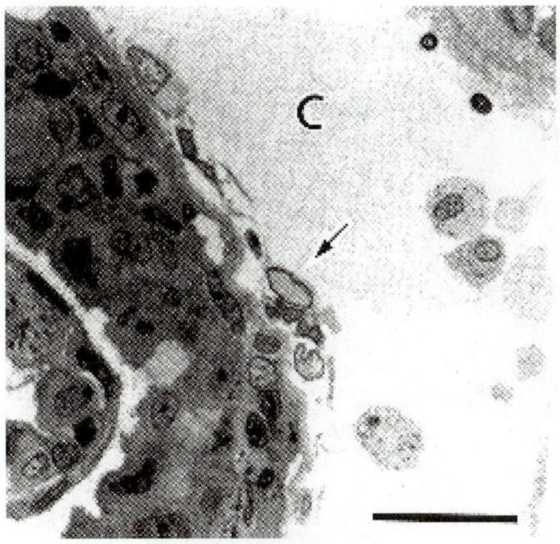

그림 1-62 중심정맥동(C) 내피세포가 핵이 종창되고 핵질의 균질무구조상. 핵막과염상을 나타냄.

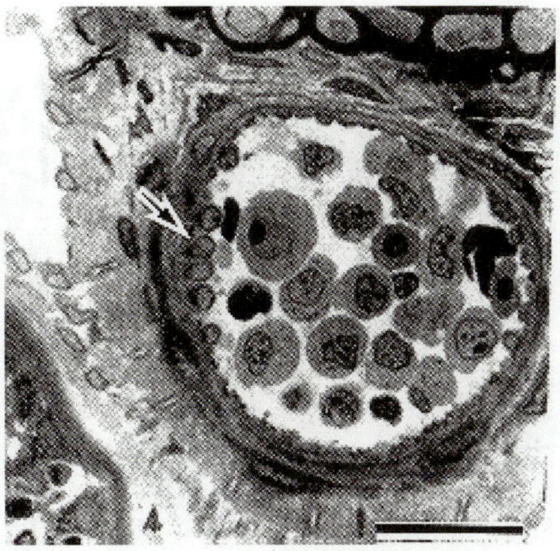

그림 1-63 구심성 새변동맥간장. 상피세포의 변성.

이 혈관계의 내피세포는 핵이 비대하여 있지만 핵의 중앙부의 염색성은 저하되고 핵막을 따라 과염 상태를 나타내고 있다.

이렇게 변성된 혈관내피세포는 비대 핵의 핵막을 따라 크로마틴이 편재되어 있고 핵의 중앙부에는 섬유모양의 구조로 되어 있으며 이 섬유물 구조 속에는 직경 약 80 nm의 정 20면체 바이러스입자가 흩어져 있다. 이러한 바이러스입자는 벽주세포에도 들어 있는 것이 보통이다.

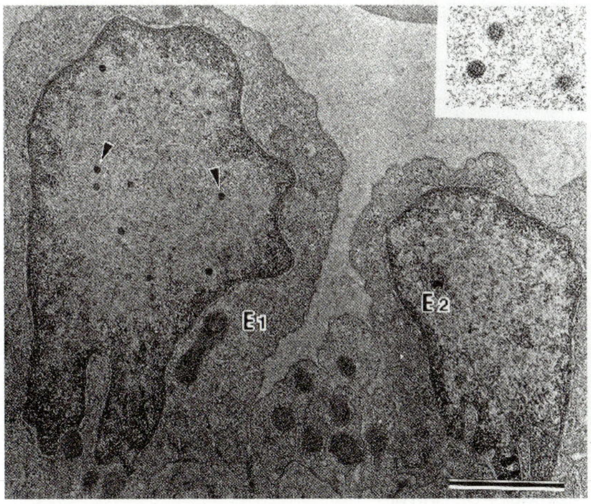


그림 1-64 내피세포의 핵중에 보이는 바이러스 입자(화살표)와 확대도(삽입). E2는 정상핵.

간에는 심한 변화가 없지만 간의 표면에 있는 두꺼운 혈관의 외막 변화가 심하며 아가미 혈관의 내피세포에서 관찰되는 변성과 괴사가 생겨 있고, 교원섬유성 결합조직의 배열이 흐트러지고 부풀어 올라 있다. 이러한 혈관내피세포의 변화는 사구체 모세혈관, 간조직 중의 정맥, 간 류동 및 비장, 심장, 위, 소화관 등의 거의 모든 모세혈관 내피세포에 변화가 생겨 있다.

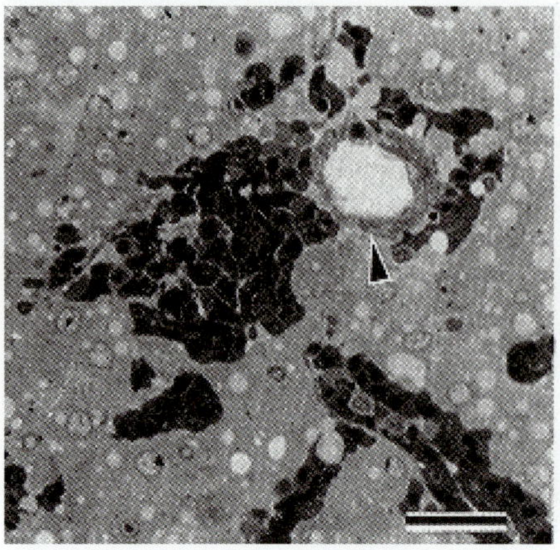

그림 1-65 간장. 혈관의 변성과 출혈.

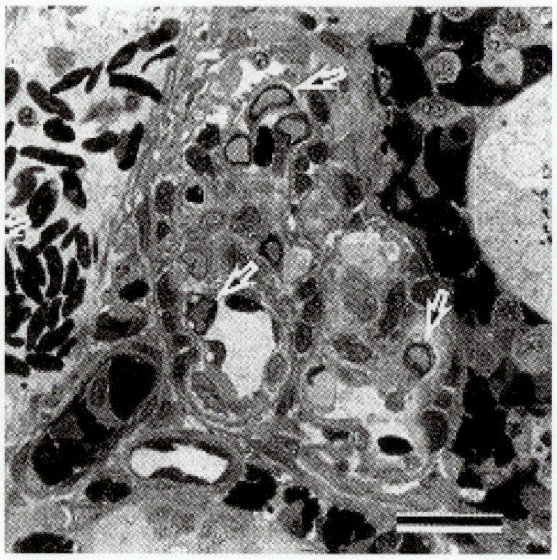

그림 1-66 신장. 사구체 혈관 내피세포의 변성.

이러한 혈관 내피세포의 변성에 의해 혈관의 기능이 장애를 받아 혈액의 순환기능을 비롯한 생리유지 기능에 장애가 생겨 전신적인 울혈이 생긴다. 또 내피에 괴사가 생긴 혈관이 붕괴되어 전신적 출혈장애가 생겨 간과 신장을 비롯한 주요 실질장기에 변성을 동반한 생리장애가 일어나 사망한다고 생각된다.

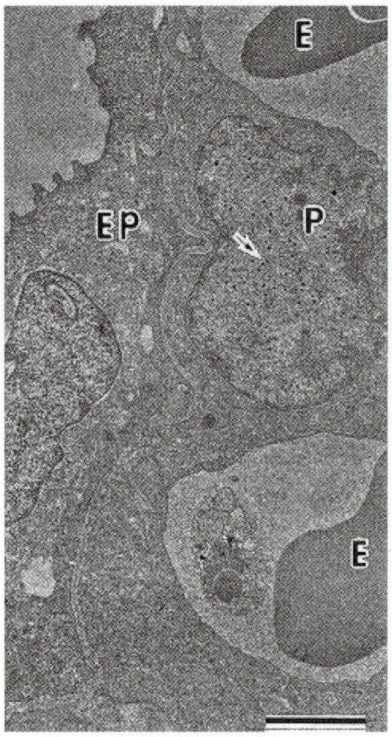


그림 1-67 벽주세포(P) 내의 바이러스 입자(화살표). EP: 상피세포. E: 적혈구.

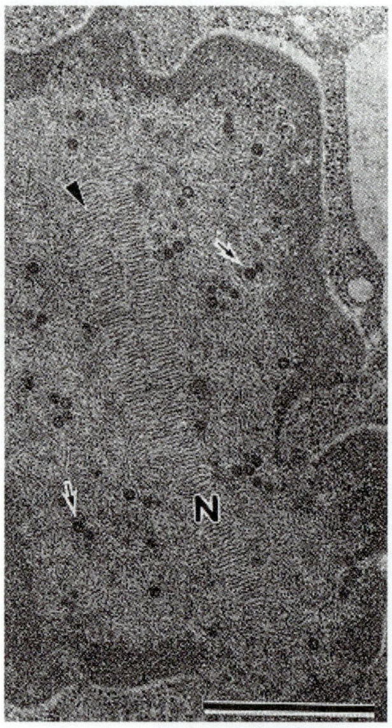


그림 1-68 중심정맥동의 내피세포. 핵속의섬유모양의 구조물.

VENE의 감염과 사육수온 및 사료 급이와의 관계를 보면 원인바이러스는 20~35°C의 넓은 수온 범위에서 감염되어 발병하며, 특히 28~31°C에서 사망률이 최대로 높다. 또한 이 범위에서는 수온이 고온일수록 사망률이 높아진다. 그러나 35°C에서는 사망률이 약 18% 정도이며, 저수온인 20°C에서도 사망률도 낮아진다. 따라서 이 병에 대한 대책으로서 수온을

20°C이하 또는 35°C 이상으로 유지하는 것이 효과적이다. 또한 사육 수온과 사망할 때까지의 소요일수는 수온이 높을수록 짧아지는 경향이다. 한편 고수온에 사육할수록 치료 후의 먹이 섭취가 빨라지는 경향으로 35°C에서는 사망이 종식된 다음 날부터 먹이를 섭취하지만, 20°C에서는 사망이 지속되는 기간이 길고, 사망이 종료된 후에도 이 병의 특징적인 증상인 체표의 발적과 퇴색을 나타내는 개체는 발견되지 않지만 발병 후의 먹이 섭취의 회복이 느렸다. 그럼으로 저수온보다는 고수온에서 사육하는 것이 이 병에 대한 대책으로 보다 효과적이라 할 수 있다.

또한 고수온과 더불어 먹이 투여와 사망률과의 관계는 보통의 사육수온인 30°C에서는 급이구의 사망률이 56%, 무급이구는 18%로 무급이(17일 동안)가 사망률의 저감효과가 있다. 고수온인 35°C에서는 무급이구와 급이구의 사망률이 각각 18%와 2%로 사망률이 낮아졌을 뿐 아니라 사망어에서도 이 병의 특징적인 증상은 발견되지 않는다. 한편 30°C 급이구와 35°C 무급이구의 사망률을 비교하면 고수온와 무급이의 상승효과가 확인되어 35°C에서 무급이로 1일 사육하였을 때는 승온의 효과가 없으며 최소한 3일 이상 사육하는 것이 이 병의 가장 좋은 대책이라 할 수 있다. 이처럼 고수온에서 사망률이 낮아지는 것은 원인바이러스의 불활화에 기인하는 것이 아니라 인터페론 또는 natural killer cell의 활성화와 같은 생체방어인자에 기인하는 것으로 추정되며, 승온에 의해 치유된 뱀장어는 이 병의 재감염에 높은 저항성을 나타낸다.

이 바이러스의 분리 배양이 성공하지 못하였기 때문에 전자현미경적 또는 병리조직학적 진단에 의존하고 있었다. 그러나 2007년 뱀장어 혈관내피세포(Japanese eel endothelial cell, JEEC)라는 주화세포가 확립되어 DNA바이러스라는 것이 입증되고 바이러스의 특성을 밝혀 adenovirus유사 바이러스가 분리되어 원인바이러스를 JEAdV( Japanese eel adeno-like virus)라 명명되었다.

JEEC는 뱀장어의 배대동맥과 동맥구를 절취하여 20 U/ml의 헤파린과 100 μg/ml의 streptomycin을 첨가한 Hanker' s액으로 3회 세척한다. 세척 후 혈관 내피세포를 분리하기 위하여 배대동맥과 동맥구를 trypsin과 EDTA의 최종농도가 각각 0.05%와 0.01%가 되도록 첨가한 PBS(−)에 옮겨 25°C에 15분간 진탕한다. 이 진탕액에 다시 colagenase Type I (Wako)와 송아지 혈청 알부민을 0.2%와 1.0%가 되도록 첨가한 Leibovit' s L-15 medium을 첨가한 다음 다시 45분간 실온에서 진탕한다. 이렇게 효소 처리한 배대동맥과 동맥구를 다시 PBS(−)에 옮겨 피펫으로 흡인 반출을 반복하면서 내피세포를 기계적으로 분리한다.

분리된 JEEC는 혈관내피세포기초배지인 Humedia-EB2(KURABO) 500 ㎖에 혈관내피세포증식 첨가 인자 set인 EGM-2(Bio Whittaker)의 전량을 첨가하여 만든 배지인 Humedia-EB2+EGM-2에 현탁시킨다. 세포의 현탁액은 직경 3.5 ㎝ gelatin coated culture dish(IWAKI)에 접종하여 25°C에서 5% $CO_2$로 배양한다. 24시간 후 부착하지 않은 세포와 적혈구는 배양액을 교환함으로써 제거한다.

배양 약 3주 후에 JEEC가 confluent 상태로 되면 새로운 배양 접시에 계대 배양한다. 즉 세포를 PBS(−)로 세척 후, 0.0625%의 trypsin과 0.005% EDTA를 첨가한 PBS(−)를 첨가하여 실온에서 25~30분간 진탕하면서 배양 접시에서 박리시킨다. 박리된 세포는 800 rpm에 10분간 원심하여 세포를 수집한 다음 배양액에 현탁시켜 2개의 배양 접시에 계대배양한다. 이 때부터 배양액은 3일 간격으로 교환하여 준다. 위상차 현미경으로 관찰하면 단층의 전형적인 상피세포 형태를 하고 있다.

Confluent 상태에 있는 JEEC 배양접시에 Dil-Ac-LDL(acethylated low density lipoprotein labelled with 1, 1′-dioctadecyl -1-3,3,3,′3-tetramethyl-indocarbocyanine perchlorate)를 10 μg/ml가 되도록 첨가하여 25°C에 4일간 배양한다. 배양 후 PBS(−)로 세척한 다음 4% paraformaldehyde로 고정하고 glycerin-PBS(−)로 봉입하여 형광현미경으로 관찰하면 혈관내피세포의 특성인 세포질 내에 Dil-Ac-LDL가 과립상으로 섭취되어 있다(Dil-Ac-LDL섭취능). 이 때문에 배양세포가 Dil-Ac-LDL섭취능력이 있는 혈관내피세포라는 것을 알 수 있다.

원인바이러스의 분리를 위해서는 전형적인 울혈증상을 나타내는 아가미의 새변만을 절취하여 얼음 위에서 유발에 멸균한 바다 모래를 넣어서 호모게나이즈한다. 이 분쇄액을 3,500 rpm에 15분간 원심한 다음 상청을 회수하여 0.45 μm필터로 여과한다. 여과액 0.1 ml를 confluent상태에 있는 JEEC에 접종하여 25°C에 배양하여 CPE의 형성을 위상차 현미경으로 관찰한다.

원인바이러스의 JEEC에 대한 CPE는 접종 7일 후에 세포의 핵 비대와 공포화를 특징으로 하는 CPE가 확인된다. 그러나 이 때쯤이면 배양세포의 일부가 박리되어 구형화되기 시

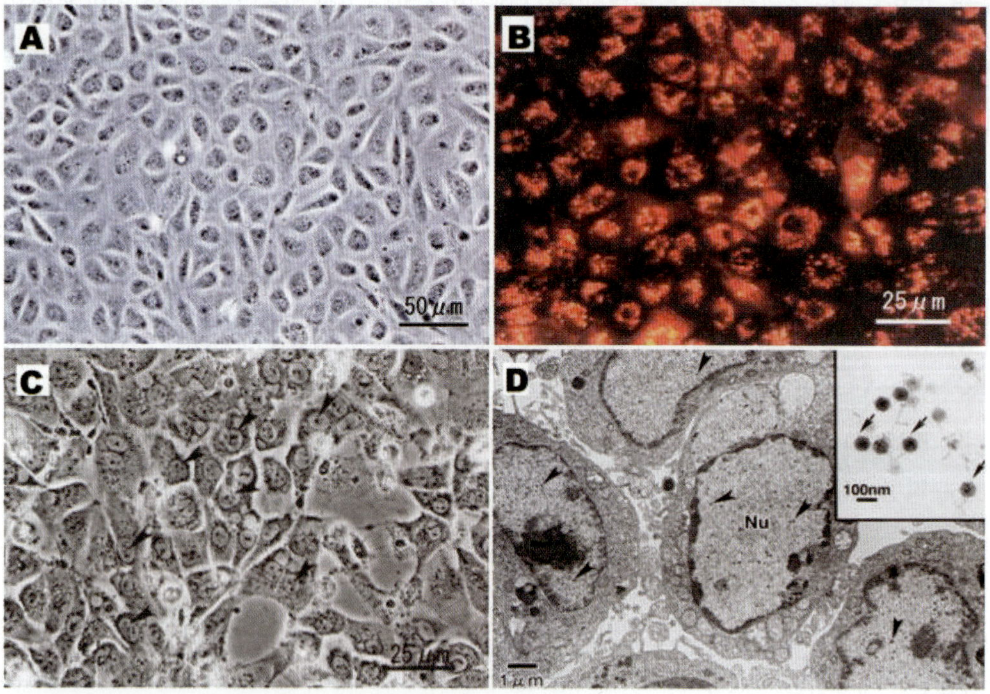


그림 1-69 25°C에 2주 배양 JEEC. A: 단층의 상피세포. B: JEEC의 세포질 내의 과립상의 Dil-Ac-LDL, C: 4일 배양 후의 핵비대(화살표)와 핵의 공포화를 특징으로 하는 CPE, D: JEEC의 비대 핵(Nu) 내의 바이러스 입자(화살표). 핵 내의 바이러스 입자는 envelope가 없는 직경 75 nm의 6각형 구조.

작하며, 접종 9일째에는 대부분의 세포가 괴사되어 박리되어 버린다.

박리된 배양액을 다시 계대배양하면, 접종 4일째에 대부분의 세포에서 핵의 현저한 비대와 공포화를 특징으로 하는 CPE가 관찰되지만, 일부의 세포는 괴사되어 박리된다. 5일째가 되면 대부분의 세포가 괴사되어 박리된다. 그러나 배양세포에서 핵의 융합이나 봉입체의 형성은 관찰되지 않는다.

원인바이러스는 IUdR(5-iodo-2′-dexodyurine) 0.45 mM을 배양액에 첨가하면 DNA의 합성이 억제되기 때문에 CPE의 발현이 없기 때문에 DNA바이러스에 속한다. 또 클로로포름과 pH 3.0에는 내성을 표시하며, pH 10.0에서는 활성을 소실한다. 37°C 30분 처리에는 변화가 없지만, 50~-60°C 30분 처리에 활력을 상실한다.

뱀장어의 바이러스성 혈관내피괴사병은 20~31°C 사이에서는 수온이 높을수록 사망률은 높아져 18~80%정도이지만, 이보다 수온을 더 올려 35°C로 사육하면 사망률은 현저히 감소하여 18%로 낮아진다. 이처럼 35°C의 고온과 20°C 이하에서는 사망률이 낮아진다. 저온에서는 어류의 성장이 정체됨으로 바람직한 방법이라고는 할 수 없다.

그러나 수온을 35°C로 상승시키는 것은 연료비가 과다히 소요됨으로 연료비를 적게 하면서 생잔율을 높일 수 있는 방법을 강구하여 보면 30°C에서 먹이를 투여하면서 사육한 것과 먹이를 중지하고 사육한 결과 사망률에 현저한 차이가 난다. 즉 먹이를 투여하게 되면 사망률은 56%로 매우 높지만, 먹이 투여를 중지하면 사망률은 18°C로 낮아진다. 즉 30°C에서 무급이로 사육하는 것은 수온을 35°C로 상승시켜 먹이를 주면서 사육하였을 때의 사망률과 비슷하다.

한편 35°C에서 무급이로 사육하게 되면 사망률은 2% 내외로 현저하게 감소한다. 이러한 결과를 종합하면 뱀장어의 혈관내피 괴사병의 대책으로는 고수온사육과 무급이 사육이 효과적임을 알 수 있다. 고수온사육은 3일 이후에 효과가 나타나기 시작하여 5일에 최대의 효과를 발휘할 수 있다. 이렇게 고수온을 처리한 뱀장어는 바이러스의 재감염에 저항성이 높아짐으로 현실적으로 가장 유효한 방법이라 할 수 있다.

### (3) 은어의 Poxvirus성 증식성아가미염(Proliferative branchitis)

수온 17~20°C 무렵인 5~8월경에 인공 종묘생산된 30~50 g의 은어가 유영이 불활발하며, 식욕이 저하되면서 갑자기 폐사하기 시작한다. 이 병은 인공종묘뿐만 아니라 자연산 은어에도 발병하는 것으로 보고되었다. 사망률은 약 90% 정도이며, 때로는 발병 24시간 이내에 50%가 폐사하기도 한다. 발병 후에도 계속적으로 먹이를 투여하면 사망률은 먹이 투여 후에 증가되는 경향이 있다.

병어는 식욕부진, 회전유영 및 수조의 표면에 모이는 경향이 있다. 병어는 육안적으로 새변의 종창과 빈혈로 인한 퇴색 및 출혈반점이 관찰되며, 새변을 절취하여 검경하면 새변 동맥에 맥류와 출혈부위가 보인다.

병리조직학적으로는 증식성 아가미염이 특징적이다. 즉 새박판 상피세포가 증생되어 대형의 이형세포로 변해 있다. 이러한 이형세포는 대형의 공포와 종대된 핵과 세포질 내에 호염기성의 봉입체가 들어 있다. 이러한 상피의 증생은 아가미의 기부에서 시작되어 새변 전체가 유착되게 된다. 중증인 경우에는 새변이 곤봉화 또는 모든 새변이 유착되고 유착된 부분에 몇 군데의 동맥이 고인 맥류가 형성되고, 더욱 진행되면 이 맥류가 터져 출혈이 생기는 경우도 있다. 그러나 상피가 증생된 부분에는 림프구를 주축으로 하는 염증세포의 경미한 침윤이 있을 뿐이며, 아가미 이외의 간, 비장, 신장, 근육, 뇌, 위, 장 및 심장은 거의 정상에 가깝다.

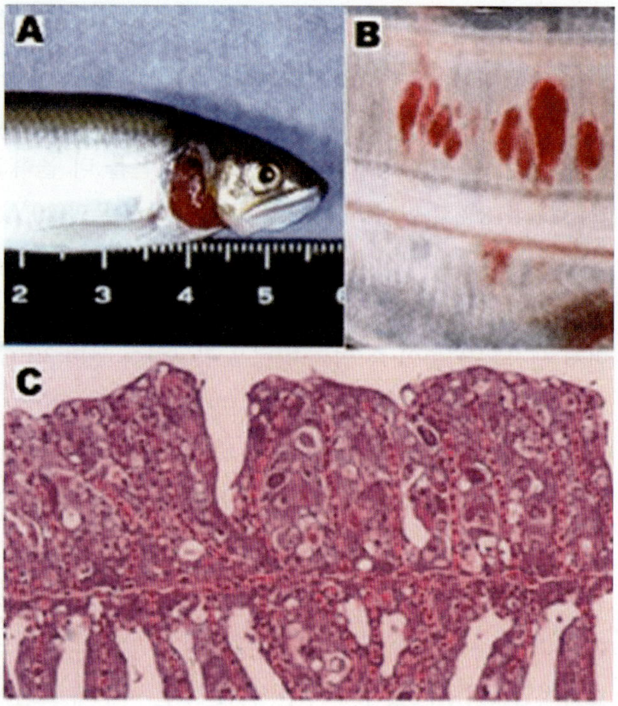


그림 1-70 A: 아가미의 종창, B: 새변 도말표본상의 이형거대세포, C: 아가미 상피세포에 Poxvirus상의 입자.

아가미의 환부를 전자현미경으로 관찰하면, 이형비대상피세포의 세포질 내에는 전자밀도가 높은 바이러스입자가 발견되는데, 이 입자가 광학현미경상에서 호염기성 봉입체로 관찰되는 부분이다. 바이러스입자는 누에 고치(coccon) 또는 웃고 있는 입모양(smiling-mouth) 형태로 잉어의 Pox병의 원인바이러스인 Poxvirus와 닮아 있다.

은어에서 특징적인 병리상인 아가미 상피세포의 종대는 같은 병인 잉어의 Pox병의 병리상과 비교하여 보면 잉어는 심한 부종 때문에 잉어의 아가미 상피의 이상 종대나 종대 상피세포 내에 호염기성의 원형 봉입체가 발견되지 않는 것이 차이점이다.

감염 병어는 아가미의 유착 및 곤봉화로 호흡면적이 심하게 감소하여 호흡곤란을 일으킨 것으로 추정되며, 아가미의 변화는 질소성 대사산물의 배출과 관계 있음으로 체내의 질소성 대사산물의 축적, 산염기의 불균형 및 삼투압 장애를 초래하였을 것으로 추정된다. 발병은 과식, 약제 투여 및 수온의 상승과 밀접한 관계가 있어, 이 병이 의심스러우면 급이를 중지하고 1% 식염수에 1시간 약욕 또는 0.6% 식염수에 5~6시간 약욕시킨다. 그러나 식염수 약욕에 의해 사망률이 줄어드는 경우도 있지만 도리어 폐사량이 급격히 증가하는 경우도 있다.

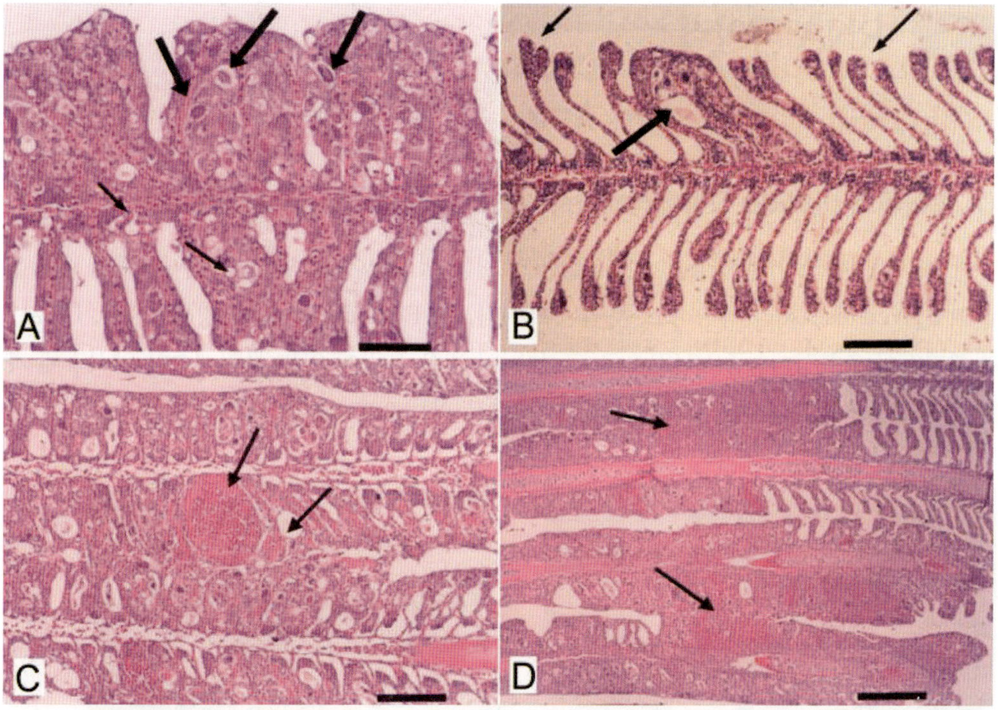


그림 1-71 A: 세포질에 대형의 공포(가는 화살표)와 원형의 호염기성 봉입체(굵은 화살표)를 가진 대형의 이형세포를 주체로 하는 증식성 아가미염, B: 이형세포화는 새변의 끝부분에서 시작되어 이웃 새변과 유착하게 됨으로 유착된 새변 사이에 빈 공간(굵은 화살표)이 형성된 경우, C: 질병이 진행됨에 따라 새변이 유착되고 그 내부에 맥류(화살표)가 형성, D: 유착된 새변 내에 소형의 출혈.

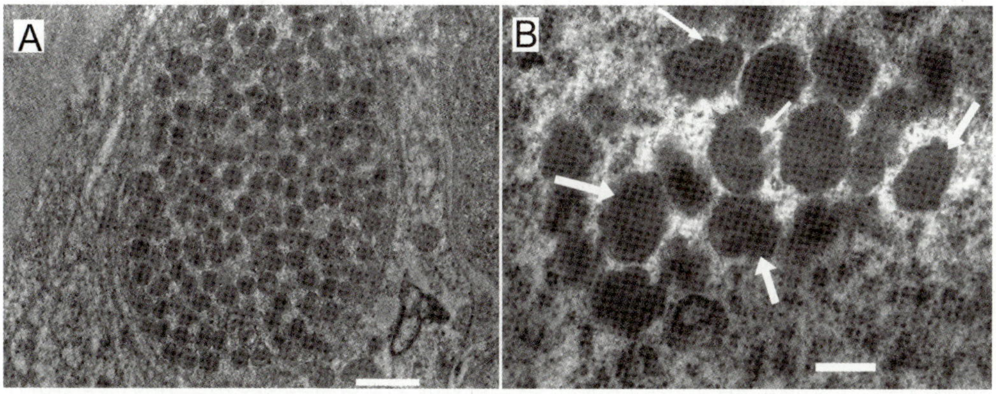


그림 1-72 A: 전자 밀도가 높은 바이러스 입자가 들어 있는 이형비대세포 내의 원형구조물. B: 누에 고치 또는 웃는 입 모양을 한 바이러스 입자는 소형의 원형 구조물(가는 화살표)에 접해 있다.

# 3 RNA 바이러스

## 1) Rhabdovirus

### (1) 송어류의 바이러스성출혈성패혈증(Viral haemorrhagic septicaemia, VHS)

1949년 덴마크의 무지개송어 양식장에서 처음 발견되어 발병지가 있는 마을의 이름을 본떠 Egtved disease라 명명하고, 분리된 바이러스도 Egtved virus라 명명하였지만, 1962년 바이러스성 출혈성패혈증(VHS)으로 고쳤다. 이 병은 유럽에 있는 무지개송어 양식장에 가장 광범위하게 퍼져 있는 전염성이 강한 질병으로 피해 또한 심각한 실정이다.

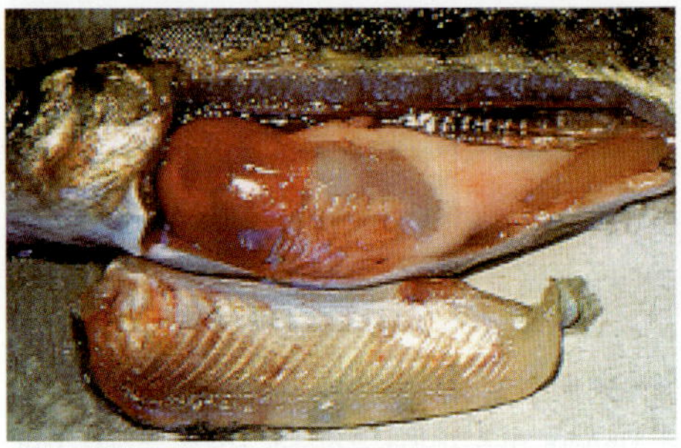

그림 1-73 근육과 간에 출혈이 생긴 무지개송어의 VHS병어.

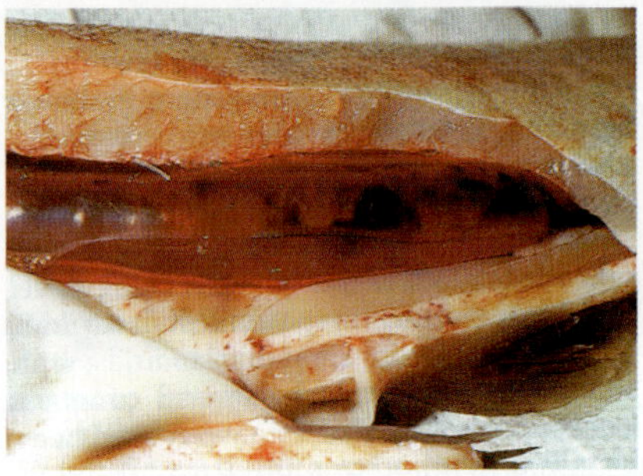

그림 1-74 부레와 복강내 지방조직 출혈이 있는 무지개송어.

원인바이러스인 VHSV(viral haemorrhagic septicaemia virus)는 rhabdovirus에 속하는 envelope를 가진 바이러스로 바이러스 입자의 모양은 전형적인 rhabdovirus의 형태인 탄환형으로, 한쪽은 둥글며 다른 한쪽은 편평하다.

RTG-2나 FHM으로 14°C전후에서 배양하면 감염된 RTG-2세포는 단축되고(cell srinkage) 팽화되고, 이어서 구형화되어(cell rounding) 괴사되면서 배양용기의 벽에서 탈락(detachment)된다. 괴사 세포는 plaque 내에 일정한 범위에 걸쳐서 과립으로써 남기 때문에 plaque의 가장자리는 불규칙한 공간(irregular outline)으로 보인다. CPE는 배지의 pH에 영향을 받아 pH 7.6에서는 빨리 나타나지만, pH 7.2 이하에서는 나타나지 않거나 나타난다고 하여도 아주 미약하여, pH 7.2와 7.6에서 모두 명확한 세포변성을 일으키는 IPNV와 차이가 난다. 또 FHM세포에서의 CPE는 포도송이 모양(grape-like clusters)으로 나타난다.

수온 14°C 이하일 때 무지개송어 치어에 급성 또는 만성으로 발병하며, 대개 많은 출혈을 동반하는 것이 공통적인 증상이지만 현저하지 않는 경우도 있다. 담수 사육 중인 무지개송어가 감염될 가능성이 가장 높지만, 담수 또는 해수로 사육 중인 다른 연어과 어류나 다른 어종도 감염될 수 있다. 담수에서의 사망률이 높아 100%인 경우도 있지만 해수에서는 약 80% 정도이다.

무지개송어에서의 발병과정은 보통 급성(acute), 만성(chronic), 신경형의 3개의 유형이 있다. 급성형은 폐사율이 매우 높은 전형적인 질병으로 병어는 보통 무기력하며, 양어지의

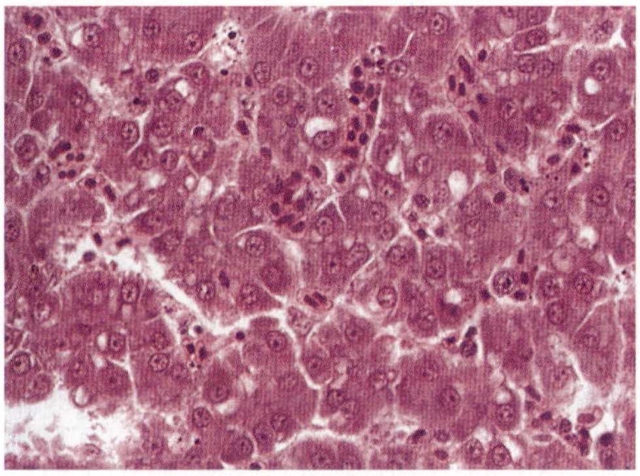

**그림 1-75** 간세포의 핵이 2분열을 일으키고 있으며, 류동에 울혈이 보임. HE.

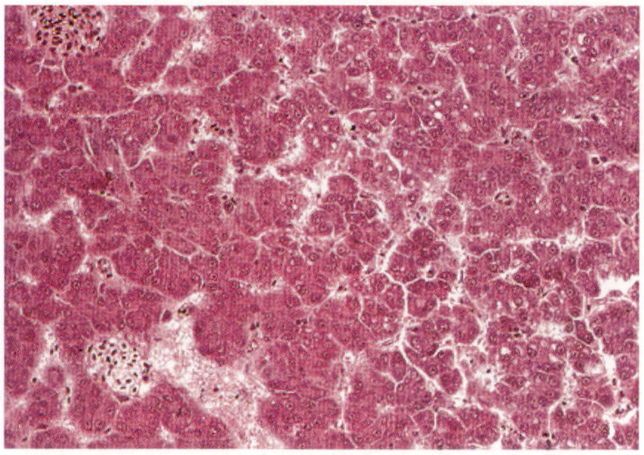

**그림 1-76** 간의 퇴행성 변화. HE.

가장자리나 배출구에 모이는 경향이 있다. 감염어는 혈관벽의 약화에 의한 수종과 출혈을 동반한 전신적 패혈증을 유발한다. 아가미의 빈혈, 체색 흑화 및 현수유영을 하며 가슴지느러미 기부와 아가미 및 근육, 아가미, 복막에 점상의 출혈이 생긴다. 간, 신장 및 비장의 부종 때문에 복부가 팽만된다. 보통 근섬유에는 현저한 조직학적 변화는 일어나지 않으며, 사어에서는 보통 복강 내에 다량의 출혈이 관찰된다.

사구체염(glomerulonephritis)과 신장의 변성이 현저한데, 보통 백혈구의 침윤이 동반된다. 간유동은 혈액으로 충만되고 간세포는 핵농축과 핵붕괴 등의 변화가 생겨있다. 복수가 충만되며, 소화관 내에는 먹이가 없는 것이 보통이다. 급성형의 이러한 병리학적 변화는 혈관 벽의 약화에 기인하는 것이다.

만성형(chronic form)은 사망률이 낮으며 오랫동안 지속되는 형태로, 삼투압조절에 장애를 초래하기 때문에 가장 현저한 것은 빈혈과 체색의 흑변이다. 아가미는 극도의 빈혈 때문에 피의 색조를 찾아볼 수 없으며, 양측의 안구돌출이 생기는 것도 보통이다. 또 내장의 각 기관도 빈혈에 의해 피의 색조를 찾아볼 수 없을 정도로 퇴색되고, 복부에 출혈이 생기며, 복부는 간, 비장 및 신장의 부종으로 팽만된다. 간의 유동은 울혈을 일으키고 조혈조직은 증생된다. 잠복기에 있는 병어는 정상어와 거의 구분할 수 없을 정도로 이상유영과 회전유영이 현저하지만 병리조직학적 변화는 찾아볼 수 없다. 만성형의 병리학적 변화의 근본 원인은 삼투압조절 장애에 의한 것이다.

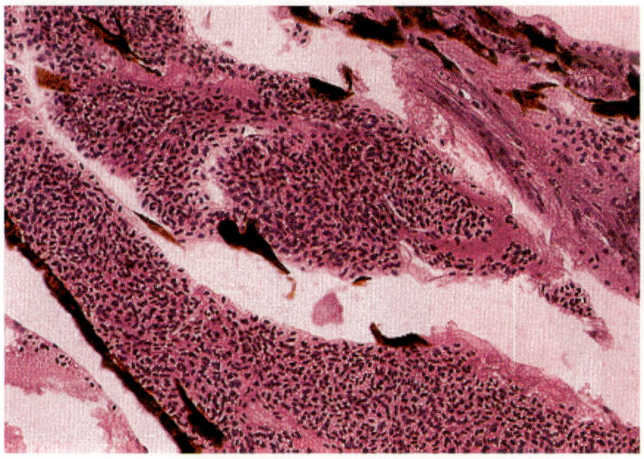

**그림 1-77** 안구 근육에 심한 출혈을 보이는 무지개송어의 VHS병어. HE.

VHSV의 전염에는 어종, 크기 및 수온 등의 요인과 관계가 깊지만 병어에서 직접 다른 어류로 전염되는 수평감염에 의해 전염되며, 보균어가 끊임없이 바이러스를 방출함으로써 감염원이 되기도 하는데 실제로 병어와 함께 사육하거나, 바이러스액에 침지시키거나 또는 주사로 강제 주입하였을 때 발병되지만, 알을 통하여 전염된다는 증거는 아직 없다. VHSV는 병어에서 수중으로 방출된 후에도 수일간 생존가능하기 때문에 다른 양식어나 야생어에 감염될 위험성이 높지만 조류의 장속에서는 불활화된다.

신경형(nervous form)은 병어가 바이러스독소에 의한 신경장애로 신경질적으로 회전유영을 하는 것이 특징이며, 체색 흑변과 안구돌출도 보이지만 가장 현저한 것은 신장의 비대와 갈색화라 할 수 있다. 이러한 이상 유영은 독소에 의한 신경장애 때문에 유발되는 것이다.

조직학적으로 출혈은 거의 모든 조직에 생겨 있으며 특히 혈관이 풍부한 조직에 많이 생기는 경향이며 조혈조직은 괴사되어 있다. 간유동이 확장되어 있고, 간세포는 공포가 형성되거나 핵내 또는 세포질 내에 봉입체가 관찰된다. 만성형의 빈혈은 흑색대식세포가 모인 부분에 혈철소의 축적이 관찰된다. 간유동이 확장되며, 신장과 비장의 조혈조직에 림프구의 증생이 보이며, 조혈조직의 병소에서는 변성과 섬유화가 생긴다.

### (2) 참돔의 VHS 감염증

3월의 수온이 12~15°C인 저수온기에 어체중 1.5~3.5 kg의 대형어에 발생하며, 일간 사망률은 0.1~0.4% 정도이다. 그러나 대형의 어류에 발생하기 때문에 피해는 더욱 심각하다.

병어는 외관적으로 복수의 축적 때문에 복부가 팽만되며, 내부적으로는 복강과 위심강내에 복수가 고여 있다. 간장은 울혈로 퇴색되며, 생식선에 출혈이 관찰된다. 또한 아가미를 절취하여 검경하면 새변에 갈색의 반점이 관찰되기도 한다.

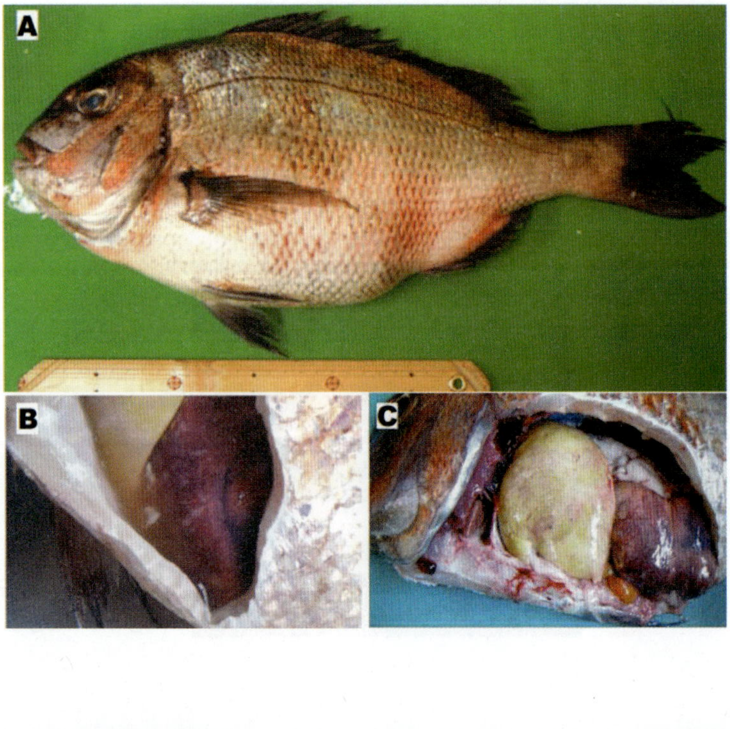


그림 1-78 VHS감염 참돔. A: 복부의 팽만, B: 복수의 축적, C: 간장의 울혈과 퇴색 및 생식소의 출혈.

원인은 Rhabdovirus(Novirhabdovirus)에 속하는 바이러스로 RT-PCR 또는 형광항체법으로 진단할 수 있다. 원인바이러스는 FHM에 배양하여 분리 가능하다. 발병어는 수온이 상승함에 따라 자연 종식된다.

### (3) 넙치의 VHS

수온이 낮은 겨울-봄(8~15°C)에 걸쳐 발생하는 경향으로 가두리 또는 육상수조 모두 발생한다. 주 발생 시기는 저수온기로 수온이 상승하면 자연 치유되는 경향이다. 그러나 한번 발생한 집단을 계속 사육하면 다시 수온이 낮아지면 재발하는 경향이 있어 수온 상승과 함께 치유되는 것이 아니라 보균상태로 존재한다는 것을 알 수 있다. 이 때문에 발병한 집단은 다시 저수온기가 도래하기 전에 판매하여 재발을 방지하는 것이 현명한 방법이다. 또한 육상 수조인 경우 수온상승이 가능하다면 수온을 15°C 이상으로 상승시키면 발병을 예방하거나 치료할 수 있다.

발병은 치어에서 성어 모두 감염되며 누적 폐사율은 70% 이상인 경우도 있다. 또한 치어에 발병한 경우 거의 전멸하는 경우도 있다.

감염개체는 우선 먹이 섭취가 불량해지면서 체색이 검어지고, 유영이 불활발하여 이상유영을 한다. 외부 증상은 복수의 축적에 의한 복부팽만, 안구돌출, 빈혈 및 출혈(안구, 피부, 아가미, 지느러미 기부)이 보인다. 내부소견중 심장 주변과 간장의 출혈은 고수온기에 빈발하는 에드와드병과 유사하지만 이 병은 저수온기에 발병함으로 구분할 수 있다.

해부하여 보면 복막, 장관막 및 지방조직의 출혈, 신장과 간장의 충혈에 의한 종대와 퇴색, 골격근 내의 점상출혈이 보인다.

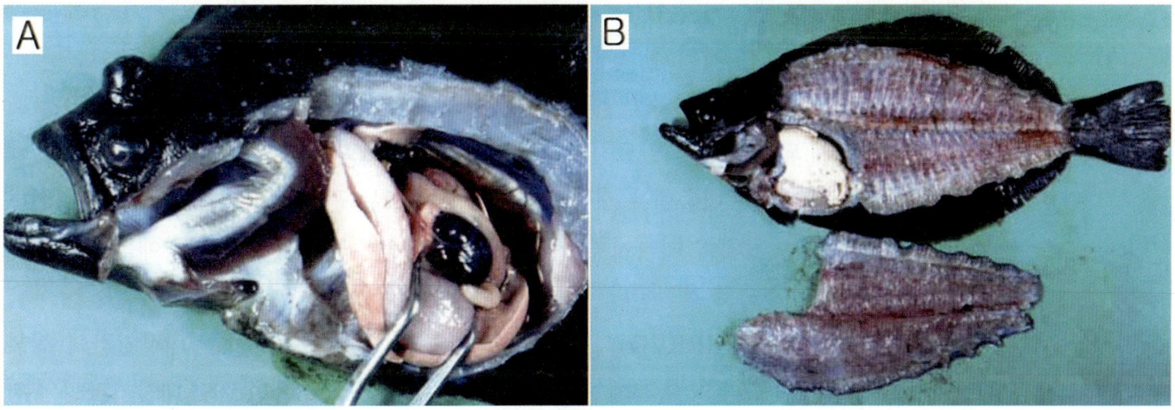


그림 1-79 A: 비장과 신장의 종대 및 간장의 퇴색. B: 체측근 내의 출혈.

SBK-2(red sea bream kidney)에 접종하여 10~20°C에 배양하면 세포의 원형화를 특징으로 하는 CPE가 발생한다.

병리조직학적으로는 심장 조직에 병변이 가장 심하게 발생한다. 즉 심근 특히 내측의 심근섬유의 핵은 핵융해 및 핵농축을 일으키고 근섬유가 융해되면서 많은 염증세포가 침윤한

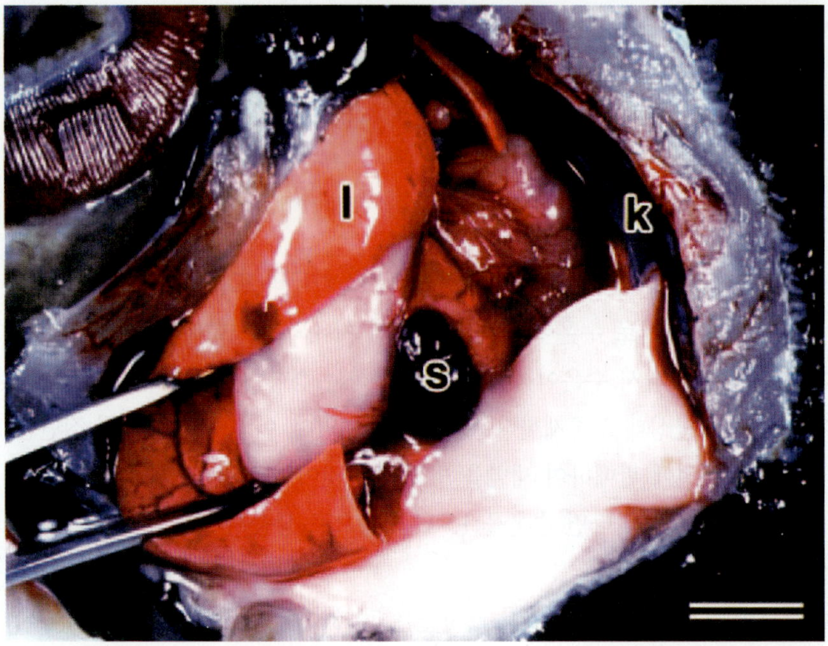


그림 1-80 VHS감염 넙치. 아가미 퇴색, 복수의 축적, 간의 울혈(l), 신장 종대(s) 및 신장의 종대(k). Bar = 1 cm.

다. 외측의 심근은 심하게 괴사됨과 동시에 섬유소가 침착된다. 원인바이러스는 괴사섬유내에서 발견되며, 심외막은 부종과 염증세포의 침윤이 동반된다.

조혈조직의 괴사소에는 섬유소의 침착과 가벼운 출혈이 생긴다. 신장의 세뇨관 상피에는 초자적 변성이 생기며, 비장에는 부종과 울혈이 생기며, 섬유소의 침착과 출혈이 생긴다. 비장의 협동맥은 항상 괴사되어 섬유소가 침착된다. 자연발생어의 간장의 혈관과 류동에는 울혈이 생기지만 간세포는 거의 정상에 가깝지만 실험 감염어의 간세포는 간세포가 괴사되고 그 부위는 빈 공간으로 보인다. 췌장의 외분비부도 괴사되고 주변에 섬유소가 침착되기 때문에 압박을 받게 되어 위축을 일으킨다. 그 외 생식소나 소화관의 혈관도 울혈이 생기며, 체측근의 근섬유 사이에는 내출혈은 적혈구가 근육다발 또는 근섬유 사이에 울혈상을 형성하지만 근육의 손상은 거의 일어나지 않는다. 심근의 근섬유의 괴사가 순환장애를 초래하여 감염어가 폐사하는 것으로 추정된다.

넙치 rhabdovirus병(HIRRVD)의 증상인 체측근과 생식소를 포함한 내장기관의 심한 출혈, 아가미의 빈혈, 복수의 축적에 의한 복부 팽만을 나타내는 반면 VHS내장기관의 출혈 및 비장과 신장의 괴사는 유사하지만 출혈은 현저하지 않은 대신에 부종과 울혈이 가장 현저한 변화이며 축적되는 복수는 투명할 뿐만 아니라 복강 이외에 위심강에도 생긴다는 것이 큰 차이점이라 할 수 있다. 송어류의 VHS와 마찬가지로 어체의 크기가 커짐에 따라 감수성은 낮아지지만, 상품 크기인 1 kg의 대형에서도 폐사가 유발됨으로 산업적으로 중요성을 지닌다.

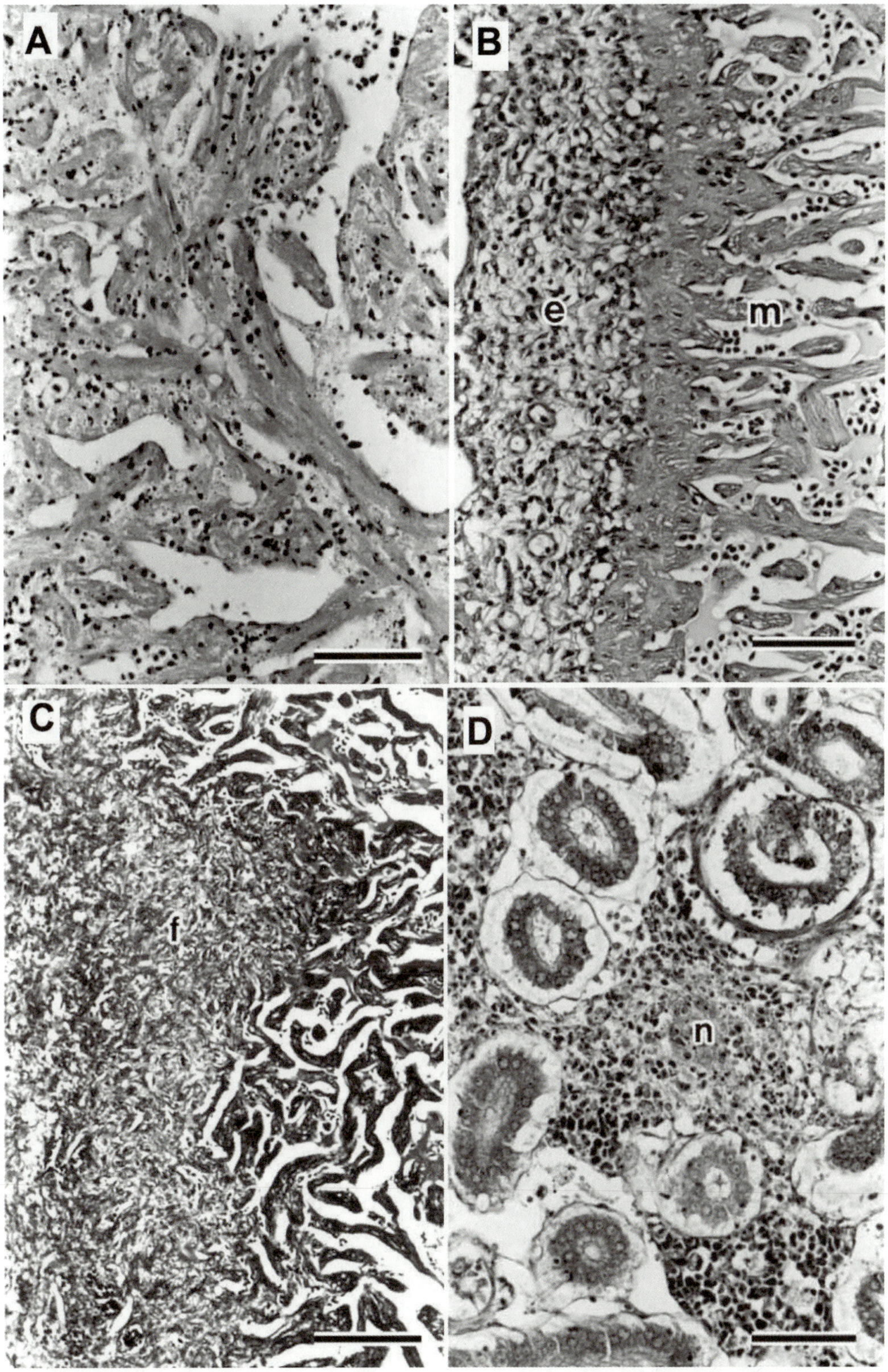


그림 1-81 A: 심실의 심근은 괴사되어 핵융해, 핵농축을 일으키고 부분적으로 액화되어 있음. B: 심실의 심외막(e)의 부종과 염증세포의 침윤. 괴사된 근섬유의 외층(m)에 섬유소가 침착되어 있음. C: 괴사 근섬유의 외층의 섬유소(f) 침착. D: 신장 조혈조직의 경미한 출혈을 동반한 국소적 괴사(n). 세뇨관 상피는 부종 때문에 기저막에서 박리됨. Azan염색(C) 이외는 HE. Bar = C(100 μm) 이외는 모두 50 μm.

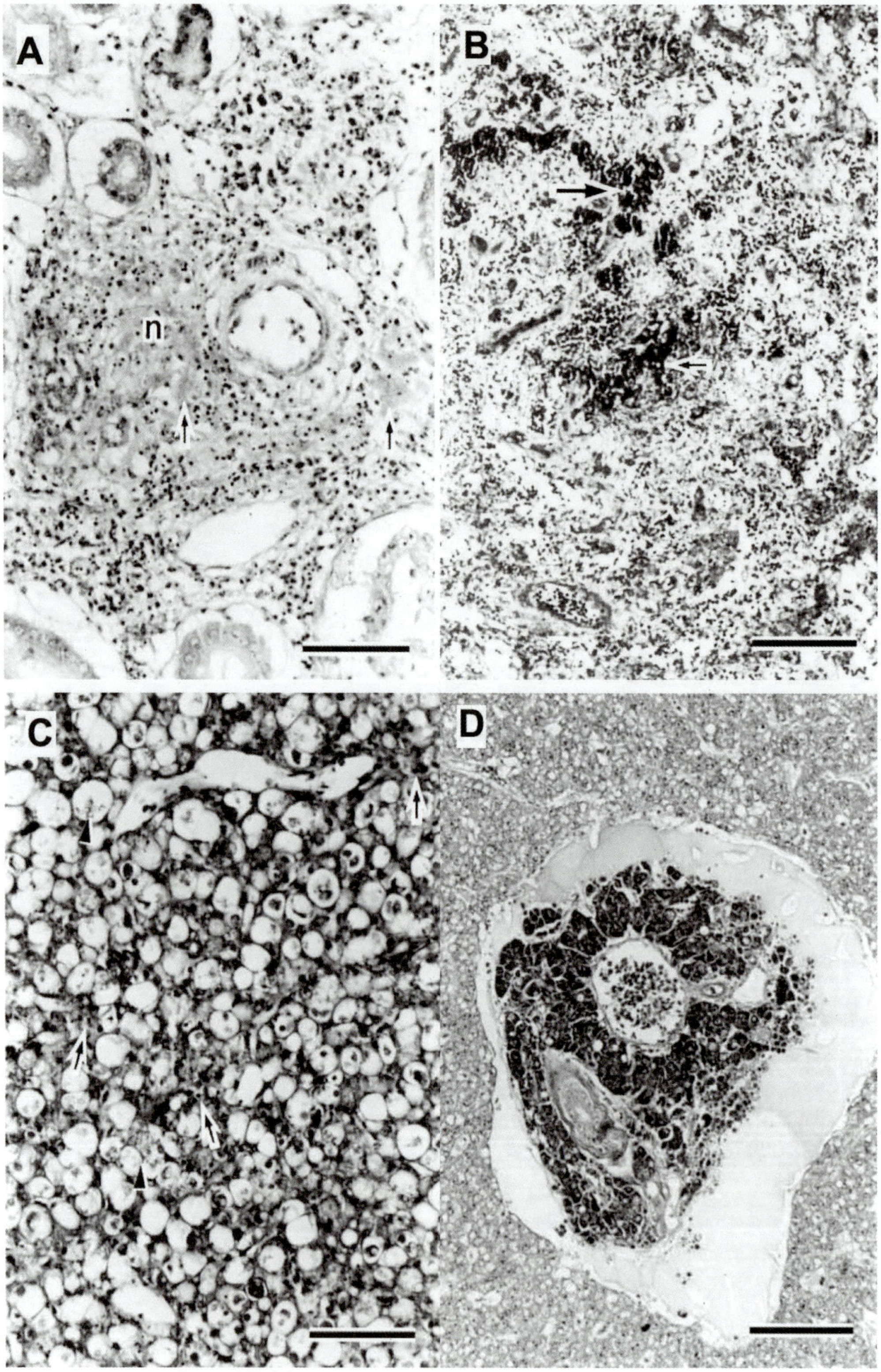


그림 1-82 신장 조혈조직. A: 섬유소 침착을 동반한 국소적 괴사(n) 및 경미한 출혈. B: 비장. 비수(화살표) 내의 경미한 출혈을 동반한 국소적 괴사, 협동맥(작은 화살표) 내의 섬유소 침착과 유동의 확장. C: 간장. 핵은 농축되거나 분절화된 간세포의 괴사, 분절화된 간세포는 세포 잔해(화살표 머리)를 함유한 공포로 대체됨. D: 췌장. 외분비세포의 위축과 괴사. Azan염색(B) 이외는 HE. Bar = 50 μm(A &C)와 100 μm(B & D).

넙치 치어는 자어기에서 전장 30 mm까지는 수온이 20°C인 경우에도 감수성이 높다. 그러나 전장 50 mm에서는 수온 20°C에서 사육하면 전혀 사망하지 않는다. 이 크기의 어류가 20°C에서 한번 감염한 집단인 경우 수온이 15°C인 경우에도 거의 사망하지 않는다. 전장 100 mm의 넙치는 20°C에서는 전혀 사망하지 않는다. 그럼으로 넙치 치어는 전장 30~50 mm의 단계에서 저항성을 획득한다는 것을 알 수 있다. 이는 이보다 작은 크기에서는 림프구가 존재하지 않던가 또는 미숙하기 때문으로 질병에 대한 방어는 주로 식세포에 의한 비특이 생체 방어기구가 작용한다는 것을 의미한다.

림프구는 전장 22.5~33 mm에서 처음으로 관찰되어 성장함과 동시에 숫자가 급격히 증가하며 이 시기가 VHS의 면역획득시기와 일치하고 있다. 이 때문에 백신을 투여하여도 인식하는 림프구가 존재하지 않기 때문에 면역을 획득할 수 없다는 것이다.

DNA백신이 효과가 있지만 DNA백신을 주사한 경우 넙치는 유전자 변형생물이 됨으로 식품위생상에 문제가 있다.

### (3) 전염성 조혈기 괴사증(Infectious hamatopoietic necrosis, IHN)

1940년대 북미의 대평양산 연어류에서 처음 발견된 질병으로 원인바이러스는 rhabdovirus에 속하는 IHNV(infectious hematopoietic necrosis virus)의 감염에 의해 발병한다. 이 병은 그 후 감염어의 이동에 따라 중미, 캐나다, 일본 및 남유럽 등지에서 발병되고 있다. 이 병의 자연 발병은 수온이 15°C 이상일 때는 거의 발병하지 않기 때문에, 수온이 병의 진행에 영향을 끼치는 중요한 요인이라 할 수 있다.

IHNV는 RNA바이러스로 바이러스 입자의 모양은 탄환형이며, 한쪽은 둥글고 한쪽은 편평한 rhbdovirus의 모양을 하고 있어 VHSV와 유사하지만 혈청학적으로는 전혀 관계가 없는 양자가 완전히 독립된 바이러스이다. FHM, RTG-2, CHSE-214 등의 배양세포에 배양하면 세포변성이 생기는데, 핵의 크로마틴이 핵의 가장자리를 따라 과립상으로 되어 핵막은 비후된 것처럼 보이고 이어서 핵이 비대화된다. 또 한 개의 세포 내에 2개 또는 그 이상의 핵이 보이는 수도 있다. 세포는 약간 원형화(cell rounding)되어 배양용기의 바닥에서 박리된다. 또 세포끼리 서로 당겨 포도송이처럼 쌓여 올라간 것(clustering)이 plaque의 가장자리 전체에 또는 부분적으로 보이는 것이 IHNV의 세포변성의 특징 중의 하나인데, 보통 plaque의 중앙은 빈 공간으로 남지만 과립상으로 보일 때도 있다. 또 이러한 세포변성은 FHM세포가 RTG-2세포보다 빨리 나타나지만, 바이러스의 동정에는 RTG-2세포에서의 세포변성과 plaque를 중요시하여 15°C에서 4일간 배양한 다음 염색하여 관찰하는 것을 기준으로 하고 있다.

급사하는 경향이 있는 치어의 경우는 외관적으로 이렇다 할 증상은 없지만 활력이 없으며, 못 바닥에 정지하여 때때로 몸을 뒤집던가 옆으로 드러눕는 횡전 등의 회전운동을 하면서 수류가 느린 양어지의 가장자리에 모이는 경향이 있으며, 최종적으로는 물살에 떠밀려 하류로 떠내려가 사망한다. 폐사 직전의 어류는 체색이 검어지고 지느러미 기부의 출혈, 불투명한 점액모양의 변을 항문에 달고 있는 것이 특징적인 증상이며, 때로는 체측에 출혈이

그림 1-83 IHN병어의 피부 출혈.

그림 1-84 복강지방조직에 출혈을 나타내는 IHN 병어.

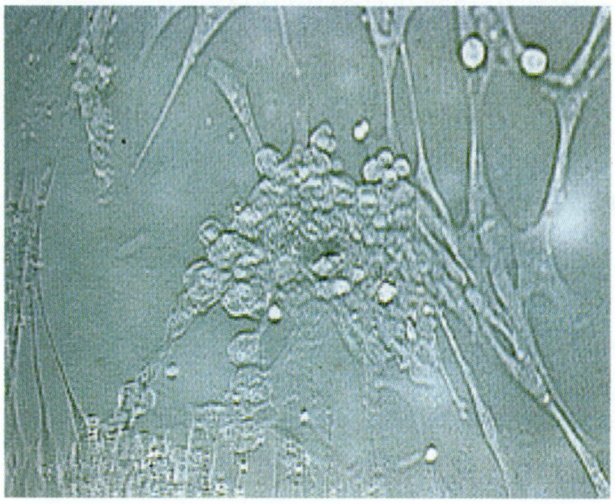

그림 1-85 IHNV의 전형적인 CPE.

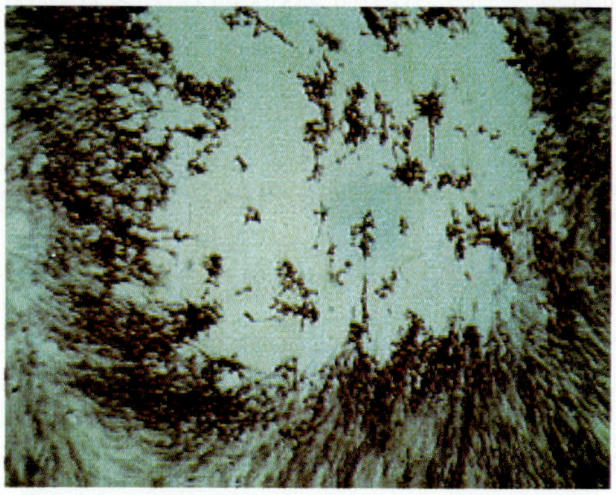

그림 1-86 IHNV의 plaque.

보이는 경우가 있는데, 이때의 형태는 대개 영어의 V자모양인 경우가 많다. 또 만성의 경우에는 복수가 고이기 때문에 복부가 팽만되고, 안구가 돌출하는 경우도 있다.

한편 천천히 사망하는 경향인 성어는 회전유영과 같은 유영상의 이상은 거의 나타나지 않지만, 아가미 빈혈, 체색의 흑변, 안구돌출, 복부팽만, 지느러미 기부와 복부에 발적이 보이며, 실모양의 변을 항문에서 늘어뜨리고 있다(opaque faecal pseudocast trailing from the vent) 또 두부와 등지느러미 사이의 피하에 심한 출혈이 생기는 수도 있다.

해부하여 보면, 간장, 비장 및 신장이 보통 빈혈을 나타내고 있으며, 위에는 우유모양의 액체, 소화관에는 물과 같은 황색의 액체 때로는 혈액이 섞인 액체 등이 들어 있다.

비교적 대형의 어류에는 장간막이나 내장지방조직에 점상의 출혈이 보인다. IHN에 병리조직학적으로 가장 뚜렷이 관찰되는 것은 근육 등의 조직의 소상출혈과 조혈조직인 비장과 두신 및 체신의 간질의 변성과 괴사, 소화관의 에오진호성 과립층(stratum granulosum)의 괴사는 이 병의 특징적 징후(pathognomomic)이다.

간장과 비장에도 소상괴사(巢狀壞死)가 생기는 경우가 있으며, 세포질의 내부에 봉입체가 관찰되는 경우도 있다.

신장조혈조직의 초기변화는 류동의 세망내피세포를 중심으로 하여 그 주변의 조혈조직

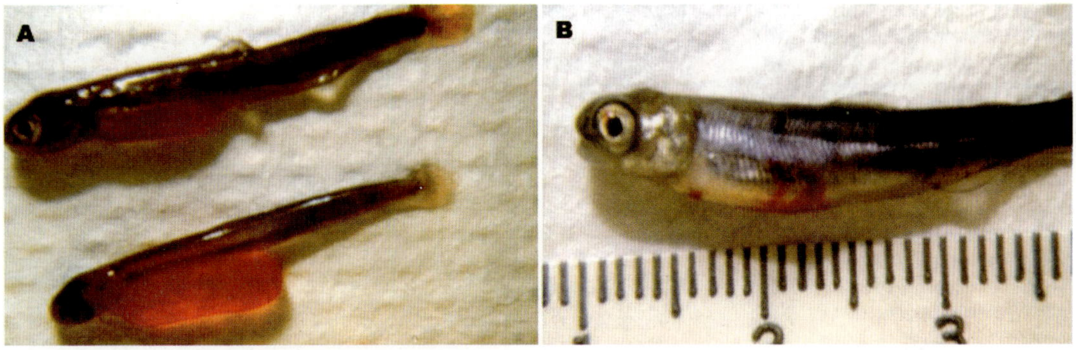


그림 1-87 IHN의 외부 증상. A: 연어 치어 난황의 심한 출혈. B: 체색의 흑변, 복부와 안구의 동공 주변의 출혈, 그 외 안구돌출, 복부 팽만, 점액변(pseudo faces), 지느러미 기부의 출혈, 내장기관의 빈혈, 내장 지방조직의 점상출혈이 생김, 위는 빈 상태로 확장되어 있으며 젤라틴 모양의 물질이 들어 있음.

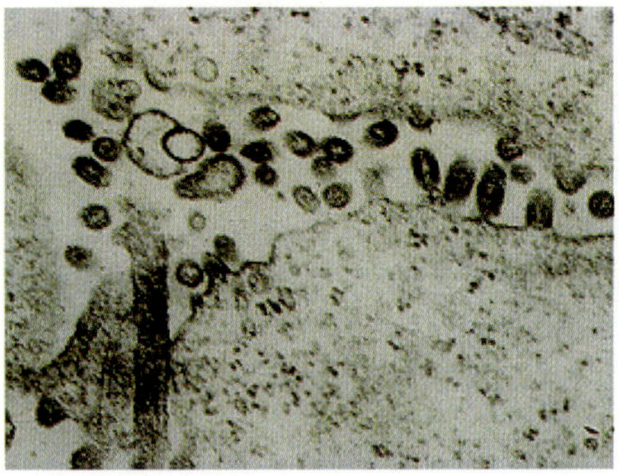

그림 1-88 IHNV의 전자현미경상.

에 경미한 괴사소가 형성되는데, 이러한 괴사부분이 두신부에서 체신부에 이르기까지 신장의 곳곳에서 일어나고 있다. 세망내피세포는 핵의 팽화, 농축, 붕괴 등의 퇴행성 변화와 세포의 팽화를 주 특징으로 하며, 조혈조직과 마찬가지로 핵의 퇴행화 및 세포의 호산성화를 거쳐 융해되게 된다. 중증어는 세망내피세포와 조혈조직의 괴사가 신장의 전체에서 일어나고 있으며, 괴사된 부분은 가벼운 출혈을 동반하여 수종화된다.

세망섬유관공 내에는 류섬유 팽화와 개열이 일어나, 괴사된 세포의 파괴물과 핵의 조각이 산재되어 있다. 조혈조직의 괴사부분에 있는 세뇨관의 상피는 기저막만을 남기고 괴사되지만, 신소체는 거의 영향을 받지 않아 사구체계제에 세포단위의 괴사가 관찰될 뿐이다. 신실질의 원기인 신아관은 병변의 영향을 받지 않기 때문에 그 주위의 조혈조직의 괴사도 가벼운 것이 보통이다. 경우에 따라서는 조혈조직의 괴사부분에 심한 출혈이 관찰되는 경우도 있다.

비장은 협조직의 류섬유소 괴사와 비수의 수종화 및 출혈을 동반한 괴사가 비장 전체에 일어나 있다. 비수의 세망세포는 괴사되기 쉽지만, 림프구계 세포의 대부분은 정상의 모양을 가지고 괴사물의 사이사이에 흩어져 있다.

췌장 소엽의 외분비선세포에 생긴 괴사는 모세혈관이나 그 주위에 있는 결합조직에 괴사가 일어나고 있다. 이들 괴사세포는 응고괴사 또는 과립상으로 붕괴되어 있는 것이 많고, 선세포는 IPN에 감염된 경우의 췌장에서 관찰되는 것과 같은 융해괴사나 봉입체 형성은 거

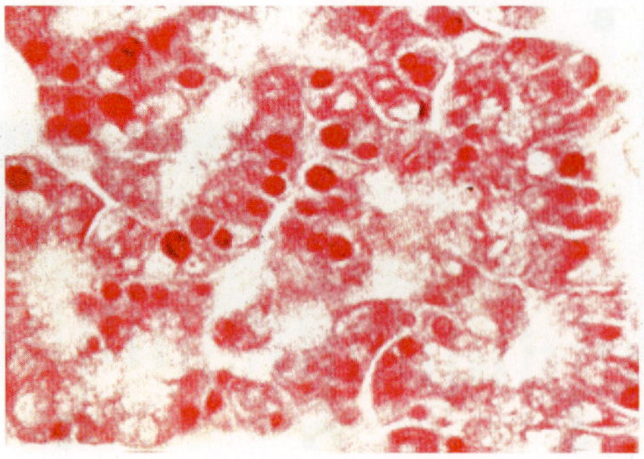

그림 1-89 IHNV의 봉입체.

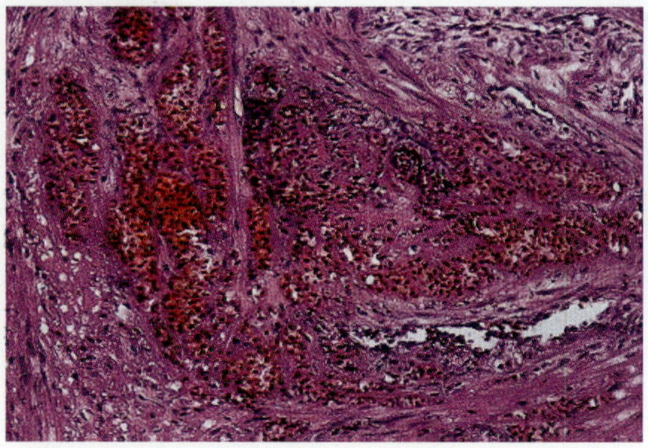

그림 1-90 심근 내의 혈전.

의 관찰되지 않는다. 부화 자어에서는 췌장 소엽에 심한 괴사가 일어나며, 자어에서는 췌장 소엽의 괴사가 소엽 내의 모세혈관 주위에 국한되어 일어난다.

장간막의 혈관 벽이나 결합조직에도 괴사가 일어나는 것이 보통이다. 위나 소화관에는 점막하조직의 결합조직세포나 에오진호성 과립세포, 근육층의 평활근세포 및 장막세포에 괴사가 일어난다. 소화관 내에는 소화되지 않은 먹이가 있는 경우가 있는데, 이는 병어가 점액변을 길게 달고 다니는 본 병의 특징과 관련이 있을 것으로 생각된다.

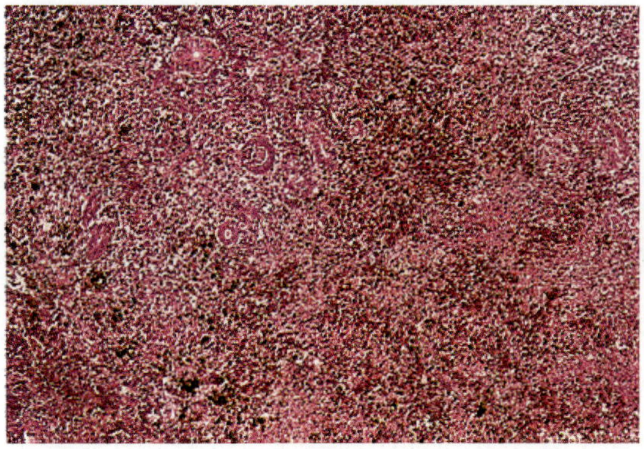

그림 1-91 급성의 IHN. 신장의 출혈.

조혈조직이나 간장, 비장이 심하게 괴사되는 중증어는 바이러스성 패혈증으로 되어 피부, 새변 동맥 주위의 결합조직, 심장의 심외막, 심장근 결합조직, 동맥구 내막, 구간근조직에 가벼운 정도의 괴사가 관찰된다. 부화 자어의 구간근조직의 간질결합조직에는 출혈이 생기지만, 중추신경계에는 현저한 변화는 없다.

수온이 상승하는 봄철에 감염된 치어는 각 장기의 괴사부분에 구성세포의 재생이나 염증반응이 일어나 만성형으로 된다. 신장은 조혈조직의 괴사부분에 신생조혈세포, 세망내피세포, 섬유아세포가 산발적으로 생겨나 있다. 이러한 조혈조직 내의 증생은 신아관주위에 특히 현저하여, 여러 성숙단계의 세포가 모여서 덩어리를 형성하고 있다. 또한 상피가 괴사된 세뇨관도 기저막세포의 활성종대 또는 남아 있는 상피세포가 분열능력을 회복하여 재생되게 된다. 비장에서는 협동맥이 부활하게 된다. 비장에는 많은 괴사물이 존재하는데, 많은 림프아세포나 세망세포 등이 괴사물속에 증생되어 비동맥이나 비정맥의 주위에 덩어리로써 나타난다.

간장에는 간문맥이나 간정맥의 혈관벽, 세담관 주위에 마크로파아지의 침윤번식이 보인다. 복막의 괴사부분에도 마크로파아지의 침윤이 현저하다.

만성형의 췌장의 변화는 외분비선 세포의 봉입체 형성을 그 특징이라 할 수 있다. 이 봉입체는 핵과 거의 같은 크기로 호염기성, RNA양성을 나타내며 공포 등에 둘러싸이는 경우는 없고 세포질과 접해 있다. 봉입체가 형성된 세포는 효소원 과립이 형성되지 않을 뿐 다른 퇴행성 변화는 거의 관찰할 수 없다. 살아남은 어류는 비장 선세포에 봉입체를 가진 상태로 보균으로 된다고 생각된다.

### (4) 잉어의 봄바이러스병(Spring viremia of carp, SVC)

유럽에서 잉어의 감염성 복수증(infectious dropsy of carp, IDC)으로 불리던 질병으로 원인이 바이러스인가 세균인가 의문점이 많았지만 병의 진행상을 크게 급성인 경우와 만성인 경우로 구분할 수 있다. 급성인 경우에는 복수가 고이는 것을 대표적인 질병의 특징으로 하는 바이러스가 원인인 잉어 봄바이러스병(spring viremia of carp, SVC), 만성으로 피부의 발적과 궤양을 주 증상으로 하는 경우에는 비정형 Aeromonas salmonicida의 감염에 의한 세균성 질병으로 홍반성 피부염(Carp erythrodermatitis, CE)이라 부른다. 또한 이전의 잉어의 부레염(swim bladder inflammation, SBI)의 원인도 SVC와 같은 바이러스로 정리되었다.

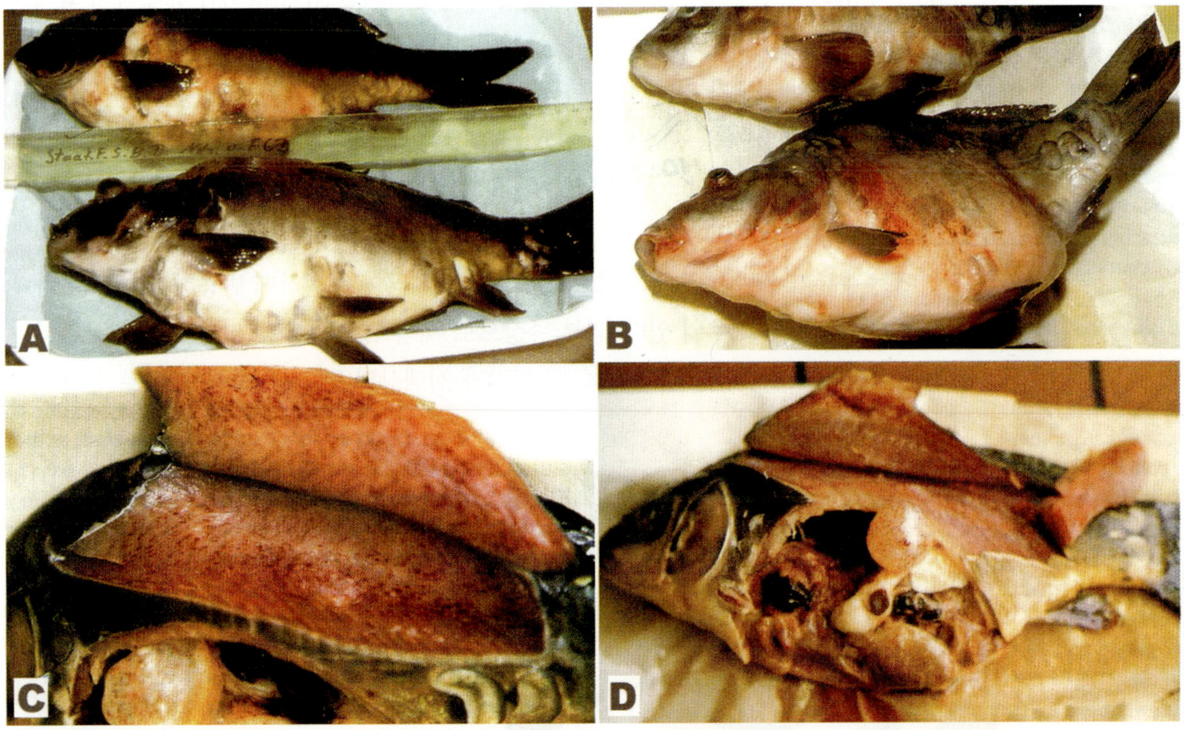


그림 1-92 SVC. 송어류의 VHS와 유사. A: 안구돌출, 복수, 피부와 아가미, B: 안구돌출, 복수, 피부에 출혈, C: 근육내 출혈, D: 지방조직, 부레 및 모든 내장기관에 출혈. 근육내 출혈.

이 병에 걸리는 것은 치어이지만, 자어도 실험적으로는 감염된다. 대개가 부화한 다음 해 즉 1년 경과어가 실제로 감염된다.

발생하는 시기는 봄철에 수온이 7°C 이상일 때부터 시작되어 13~20°C일 때 많이 발생하는데, 17°C부근에서 가장 많이 발생하게 되며, 20°C을 넘게 되면 종식되는데 일단 발병하면 수온 상승과 더불어 급속히 진행되어 2~3주간에 80~90%가 사망한다.

자어가 이병에 걸리지 않는 것은 종묘 생산하여 사육하는 수온이 20°C를 넘기 때문이라고 한다. 또한 월동(over-wintering) 후인 초봄에는 잉어가 나쁜 환경에서 사육되고 있는 것이 보통으로 이것도 이 병에 대한 감수성이 높은 원인으로 작용한다. 그리고 잉어는 10°C 이하에서는 항체의 생산이 불가능한 것으로 알려져 있는데 이러한 요인도 감염에 관계하는 중요한 요인의 하나이다. 또한 1년어 이상의 어류에도 감염되지만 피해는 적다.

치자어가 이 병에 걸리지 않는 것은 종묘 생산하여 사육하는 수온이 20°C를 넘기 때문이라고 한다. 또한 1년어 이상의 어류에도 감염되지만 피해는 적다. 감염은 감염어의 변이나 점액 중에 바이러스가 존재하며 이것이 수평감염원으로 된다.

이 질병은 잉어과 어류에 한정되어 발병하며, 지역적으로는 유럽에만 발병하는 것으로 원인바이러스는 Rhabdovirus carpio(RVC)로 전형적인 탄환형으로 envelope를 가지고 있다. 유기용매, 60°C에 15분, 글리세롤, 오존, diethylpyrocarbonate(DEPC), pH 4이하, pH 10이상에 불활화되며, 3% 포르말린, 500 mg/l의 염소 및 자외선에 각 10분간 노출시켰을 때도 불활화된다. 그러나 10°C의 수중이나 4°C의 펄 속에서는 42일간 감염력을 유지할 정도로 자연환경에서의 생존능력은 매우 강하다.

원인바이러스는 여러 가지 주화세포에서 증식 가능하지만 특히 잉어과 유래의 주화세포인 FHM, EPC, CLC(잉어 백혈구 유래) 등에 잘 증식하여, 크로마틴의 과립화, 핵의 융해, 세포의 구형화 등의 CPE가 나타난다. 이 원인바이러스의 배양 적정 온도는 20~22°C이다.

SVCV에 대한 항혈청은 같은 Rhabdovirus인 송어류의 VHSV나 IPNV와는 반응하지 않지만, PERV(pike fry rahabdovirus)와는 G, N, M 등의 단백질에 대한 공통항원을 가지고 있기 때문에 반응을 나타낸다.

감염어는 수류가 완만한 곳에 유영이 불활발하고 자극에 둔감하게 반응하거나 또는 바닥에 정지하여 옆으로 드러누워 있다. 외부 증상으로 체색흑화, 복부팽만, 안구돌출, 아가미의 빈혈, 피부의 반상 또는 점상 출혈, 항문의 확장과 점액상의 변 부착 등이며, 내부 증상으로

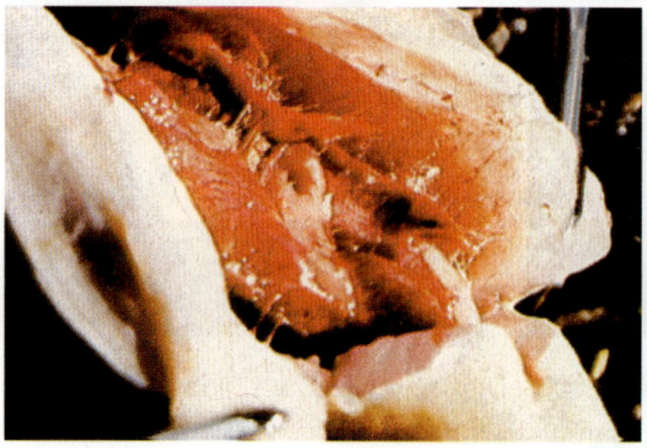

그림 1-93 유착을 동반한 심한 섬유성염과 출혈성 복막염의 SVC병어.

는 각 장기의 수종과 출혈이 뚜렷하고 복막염과 카타르성 장염이 관찰된다. 부레 표층의 점상의 출혈, 비종의 종대와 출혈 등이 관찰된다.

병리학적 특징은 혈관계가 풍부한 기관의 소상출혈, 조혈조직의 괴사 및 점막하조직의 부종으로 간의 부종성 혈관주변염과 괴사, 간실질에는 충혈과 괴사가 관찰되며, 비장의 충혈과 비장 세망내피에서의 세포증식과 멜라노마크로파아지 센터(melano- macrophage centers)가 확장된다.

신장은 세뇨관 상피세포의 초자적변성과 공포변성이 생기며 조혈조직도 부분적으로 괴사된다. 장에서는 상피세포의 박리, 혈관주변염과 섬모의 위축이 생기며, 부레의 내벽이 다층화되면서 점막하조직 내의 혈관의 확장과 림프구의 침윤이 생긴다. 또 심장의 심근층에도 심막염과 염증세포가 침윤해 있다.

이러한 병리조직학적 변화보다도 이 병을 단정지을 수 있는 가장 중요한 변화는 뇌의 피질(cortex)에 있는 신경세포인 Purkinje cell 내의 호산성 봉입체의 형성을 확인할 필요가 있는데, 신경세포 내의 봉입체 형성 때문에 감염어는 이상 유영을 하게 된다.

### (5) 뱀장어 랩도바이러스성 피부염(Rhabdoviral dermatitis in eel)

뱀장어를 출하할 때는 집하장에서 약 10일 정도 저온에서 사육하면서 소화관 내의 배설물을 제거하고 상태가 나쁜 어류를 제거한 다음 상품으로 판매하고 있다. 이처럼 출하를 위해 약 15°C의 저온에서 순치하고 있을 때, 구간부에서 꼬리에 이르기까지 체표에 흑색 또는 백색의 반점모양의 병소가 여러 곳에 생겨나 점차 표피가 문드러지면서 중심부에서 가장자리까지 피내출혈을 동반한 궤양이 형성되어 외관상 추악해 보이므로 상품의 가치를 떨어뜨릴 뿐만 아니라 때로는 사망하는 개체가 발생하게 된다. 그러나 내부 장기에는 이렇다 할 변화는 없다.

병소, 신장 또는 비장을 분쇄한 여과액을 EK-1세포 또는 EPC세포에 접종하여 15°C에 배양하면 1일 후에 세포가 구형화되는 Rhabdovirus anguilla(EVA, EVEX)의 CPE가 나타난다.

감염 EK-1세포는 핵붕괴를 일으켜 접종 14일 후에 배양용기에 벽에서 박리되고, EPC세포에서도 핵농축과 구형화의 CPE가 일어나 배양 7일 후에 박리되어 붕괴된다. 감염세포의 세포 내와 세포 외에 탄환모양 또는 원통형의 envelope를 가진 바이러스 입자가 관찰된다.

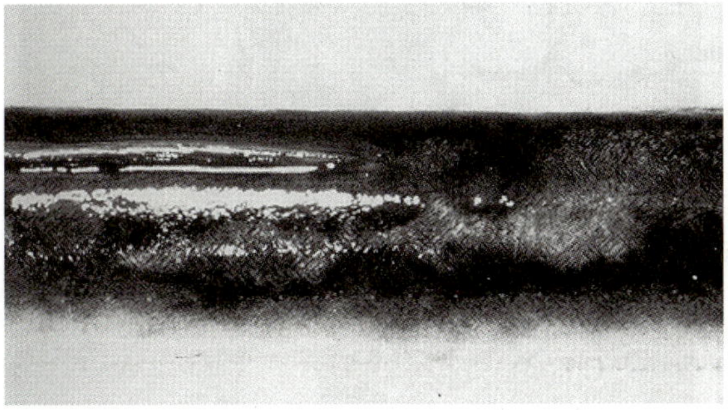

그림 1-94 출혈을 동반한 박리성 피부염의 병어.

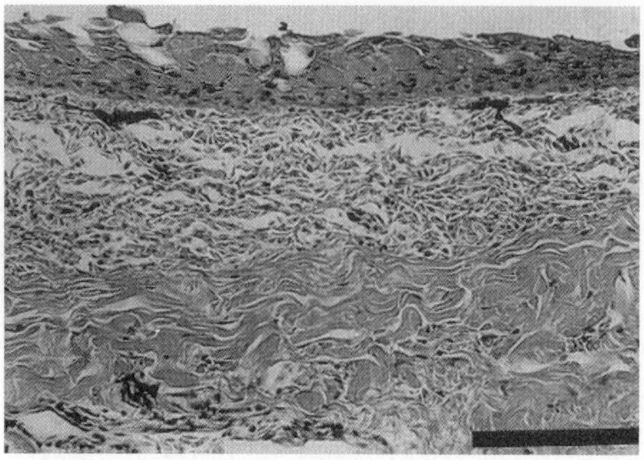

그림 1-95 표피는 얇아지고 진피의 소성결합조직의 섬유소 괴사, 출혈 및 염증세포의 침윤.

병리조직학적으로는 흑색반점의 병소의 진피소성결합조직의 섬유세포가 비만적으로 괴사되어 있고, 출혈을 동반한 백색반점의 병소에서는 표피세포가 탈락되어 박층화되어 있고 바로 밑의 진피소성결합조직에는 흑색반점의 병소와 마찬가지로 섬유세포가 비만적으로 괴사되고 멜라닌 세포의 위축과 괴사 붕괴상, 출혈 및 마크로파아지와 호중구와 같은 염증성 세포가 침윤하여 있다. 이러한 염증세포의 침윤은 진피의 치밀결합조직에도 일어나 있다.

진피에서 병변이 현저한 병소에서는 표피가 기적막에서 박리되어 소실되어 있지만, 아가미, 심장, 소화관 등의 내장기관에는 현저한 변화가 없다. 피부 병소의 전자현미경상에서는 진피소성결합조직의 섬유세포의 괴사상과 괴사한 섬유세포주위의 교원섬유 사이 또는 조혈조직과 비장의 괴사섬유주변에 탄환형 또는 원통형의 바이러스 입자가 관찰된다.

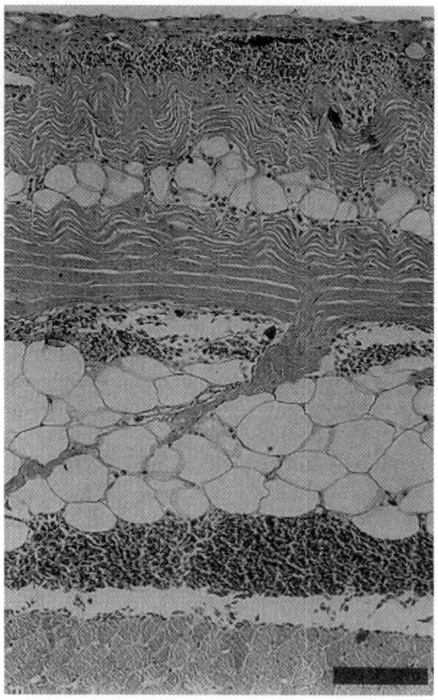

그림 1-96 진피의 섬유소괴사, 출혈 및 염증세포의 침윤과 함께 피하지방층에도 출혈이 생겨 있다. (Bar = 100 μm)

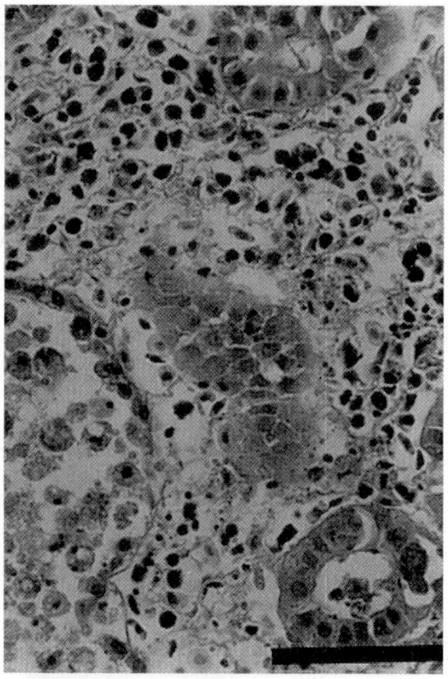

그림 1-97 신장 조혈조직과 사구체의 괴사. (Bar = 50 μm)

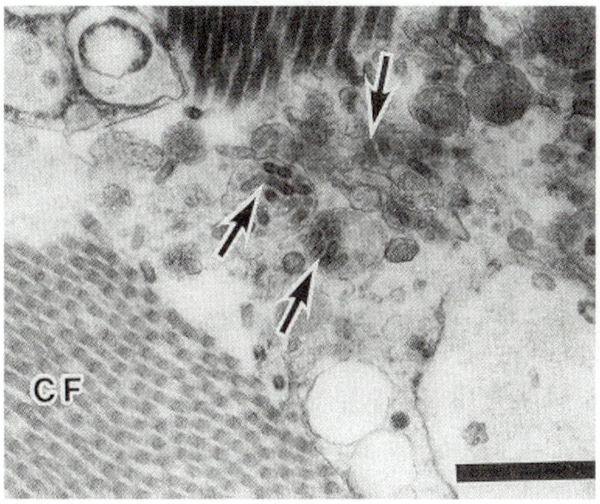


**그림 1-98** 진피소성결합조직중의 괴사섬유소 사이의 바이러스 입자. CF: 교원 섬유. (Bar = 1 μm)

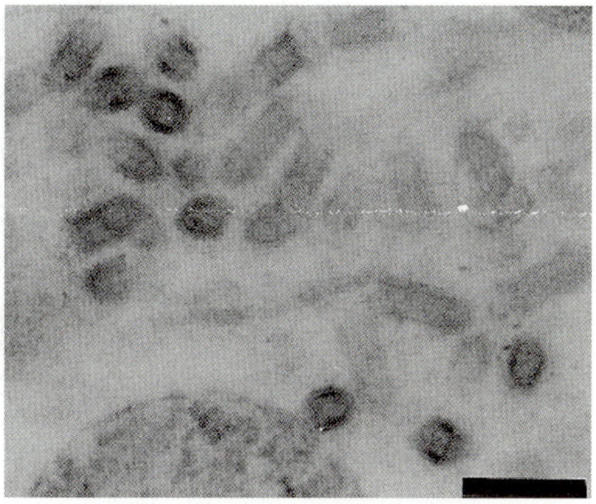

**그림 1-99** 신장 조혈조직의 괴사핵 주변의 바이러스입자. (Bar = 0.2 μm)

뱀장어의 결합조직의 섬유세포가 원인바이러스에 대한 특이성이 높고 조혈조직, 세망세포 및 간세포에도 특이성이 있는 것으로 생각된다. 즉, 저온 때문에 뱀장어의 생리기능이 저하되어 바이러스가 결합조직의 섬유세포에서 증식하여 바이러스혈증을 일으켜 조혈조직, 비장 및 간세포에 전이되어 뱀장어를 죽게 하는 것으로 생각된다.

### (6) Pike치어 랍도바이러스병(Pike fry rhabdovirus disease)

유럽에서 게임 낚시용 어류로 이용되고 있는 pike(Esox lucius)는 일찍부터 인공부화하여 방류하고 있는데, 부화장에서 사육 중인 치어에 중뇌에 장액이 고여 두부가 부풀어 오르며 안구가 돌출되는 증상과 뇌, 척수, 신장조혈조직, 골격근 및 비장의 출혈을 주 증상으로 하는 질병의 원인을 조사한 결과 rhabdovirus에 속하는 바이러스에 감염된 것을 발견하고 병명을 pike fry rhabdovirus disease(PFRD)로, 원인바이러스를 pike fry rahbdovirus (PFRV)라 명명하였다.

PFRV는 FHM세포에 배양하면 CPE가 생기는데 CPE의 형상은 SVCV와 유사하다. 10~28°C에서 증식 가능하며 30°C가 증식의 상한선이다.

봄철에 양식 pike의 유어나 치어에 대량 폐사를 일으키는데, 병어는 평형감각을 상실하고 수면부근을 힘없이 헤엄치고 있다. 병어의 아가미 뚜껑은 심하게 부풀어 있고, 안구돌출 및 아가미와 피부에 출혈이 있으며 근육에도 점상출혈이 생긴다.

병리조직학적으로 PFRD는 혈관계가 풍부한 기관에 현저한 출혈을 초래하는 전형적인 내피향성의 바이러스성 질병으로 출혈 이외에 신장 사구체와 세뇨관의 괴사, 두부 팽윤의 원인인 수종이 특징적이라 할 수 있다. 척수막과 두개골부의 혈관은 충혈 또는 출혈을 일으키며, 뇌의 소실은 현저한 장액의 저장으로 부풀어 올라 시엽을 등쪽으로 압박하고 있다.

### (7) 넙치 랩도바이러스병(Hirame Rhabdovirus infection, HRV)

1984년 양식 중인 넙치에 처음 발생하여 생물학적 및 이화학적 성상은 기존의 rhabdovirus와 동일하지만 생물학적 및 혈청학적 성상이 차이가 나기 때문에 분리어종인 넙치의 학명을 따라 Rhavdovirus olivaceus(Hirame rhabdovirus, HRV)라 명명하였다(Kimura et al., 1986).

병어는 체색흑화, 안구돌출, 복수, 체측근 및 지느러미 기부와 끝부분에 심한 출혈과 울혈이 생기는 것이 특징으로 때로는 생식선에 출혈이 생기는 경우도 있다. 발병시의 수온은 2~18°C정도로 수온이 15°C전후로 상승하면 자연 종식되는 경향으로 발병과 수온과는 밀접한 관계가 있다.

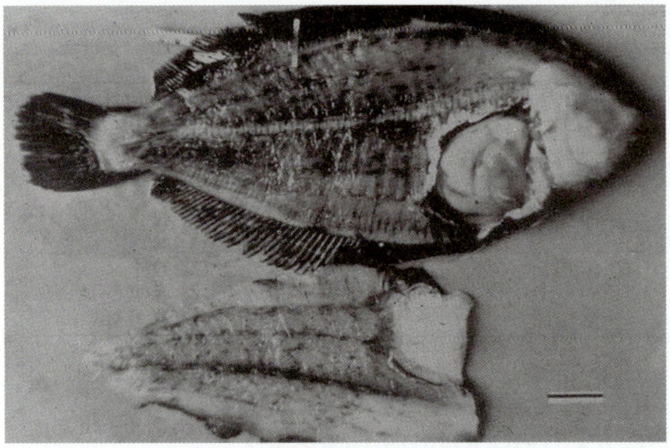

그림 1-100 체측근에 출혈, 복수 및 생식소의 울혈을 일으키고 있는 병어(10°C).

병리조직학적으로 신장 조혈조직이나 비장의 세망세포의 핵농축, 핵소실, 핵팽화를 동반한 괴사와 조직 내에 현저한 출혈이 생기고, 체측근섬유 사이, 소화관 점막층과 근층 등 어체의 각 조직에 충혈과 울혈이 생기지만, 간에는 현저한 변화가 없다는 것이 특징이다.

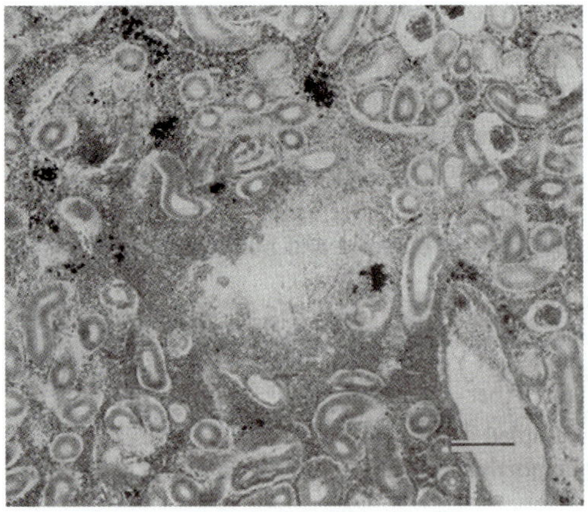

그림 1-101 조혈조직의 괴사와 출혈.

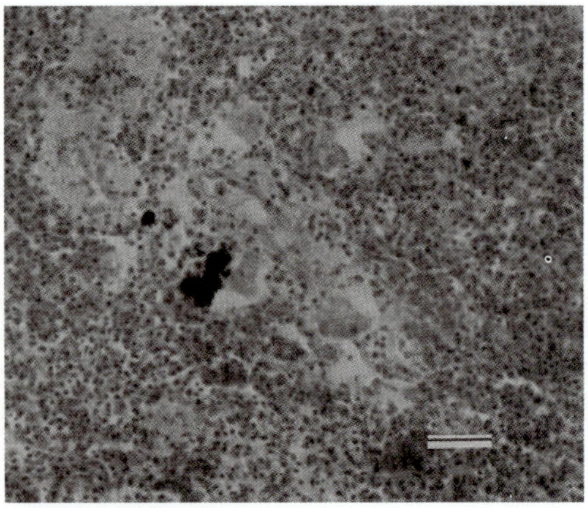

그림 1-102 협동맥과 협조직의 괴사.

신장 조혈조직 전체에 심한 출혈과 출혈부위의 주변에 핵의 농축, 핵소실 또는 핵팽화를 동반한 비만적인 괴사상과 현저한 융해괴사상과 함께 섬유소의 침착이 일어나 있다. 이러한 병소에 들어 있는 세뇨관상피는 붕괴되어 있는 것이 보통이지만 보우만주머니에는 현저한 변화가 없으며, 흑색대식세포의 침착도 적다.

비장은 현저한 출혈로 소위 혈해상을 이루고 있으며, 특히 세망세포에서는 핵농축, 핵붕괴를 동반한 괴사소가 생기며 출혈소의 주변에는 수종과 섬유소 침착이 생긴다. 또 협동맥과 협조직도 괴사되어 핵이 소실되고 세포막이 융해되어 변성한 세포의 덩어리가 비수조직 중에 산재하고 있다.

근육의 모세혈관, 정소 소엽 중격과 정세관 간질 및 정소수관과 정관의 결합조직중에 출혈이 생기며, 난소의 난소박판간질, 수란관 점막하 결합조직에도 충혈과 출혈이 보이며, 소화관의 점막층에 충혈과 출혈이 보이지만 간장에는 현저한 변화는 없다. 또 혈액도말표본은 5°C에서 발병한 경우에는 미숙 적혈구의 비율이 높지만, 10~20°C에서는 림프구의 수가 현저하게 증가한다.

## 2) Birnavirus(Aquabirnavirus)

### (1) 방어의 바이러스성 복수증(Viral ascites of yellowtail)

인공종묘생산 방어 치어(체중 10 g 이하) 또는 자연산 종묘에 감염이 확인되어 있다. 이 병은 방어뿐만 아니라 넙치, 부시리, 벤자리, 쥐치 등에서도 발병된다. 5월에서 7월에 걸쳐 수온이 20°C부근에 도달하면 발병하며, 그 후 수온 상승함과 동시에 어류가 성장하면 자연 종식된다.

원인바이러스는 YTAV(yellowtail ascites virus)로 송어류의 IPNV와 마찬가지로 Birnavirus(Aquabirnavirus)에 속하는 바이러스로 IPNV의 항혈청에 중화되지만, IPNV와는 혈청학적으로 차이가 난다. CHSE-214 또는 RTG-2, EK-1 등의 주화세포에 배양하면 CPE가 형성된다. 5°C에서는 증식이 완만하며, 20~30°C에서 잘 증식하지만, 35°C에서는 전혀 발육하지 않는다. 그러나 세포 배양의 온도와 실제 발병 시의 사망률은 많은 차이가 난다. 즉 사망률은 20°C에서 최대의 사망률을 나타내며, 이 보다 높은 25°C에서는 사망률이 낮아지며 특징적인 증상인 복수 증상을 띠는 개체수도 감소한다.

외부증상으로는 복수의 축적으로 복부가 팽만되며, 체색 흑화 또는 황색으로 변색된다. 아가미는 심한  빈혈 때문에 퇴색되며, 항문에 백색 또는 황색의 변을 달고 있다. 또 안구돌출, 지느러미 기부와 복부의 발적이 보일 때도 있지만 급성으로 폐사하는 경우에는 발견할 수 없다. 드물기는 하지만 체축을 중심으로 회전하면서 광분 유영하는 개체도 있다.

내부 증상은 복수의 축적과 간장의 적변과 위의 확장이 관찰된다. 확장된 위에는 먹이가 들어 있지 않고, 우유모양의 점액물질이 충만되어 있다.

병리조직학적으로 가장 변화가 심한 기관은 간장과 췌장으로 심한 소상괴사가 생긴다. 간장에서는 심한 반상의 출혈과 간 실질세포의 핵농축, 핵융해를 동반한 괴사에 의해 여러

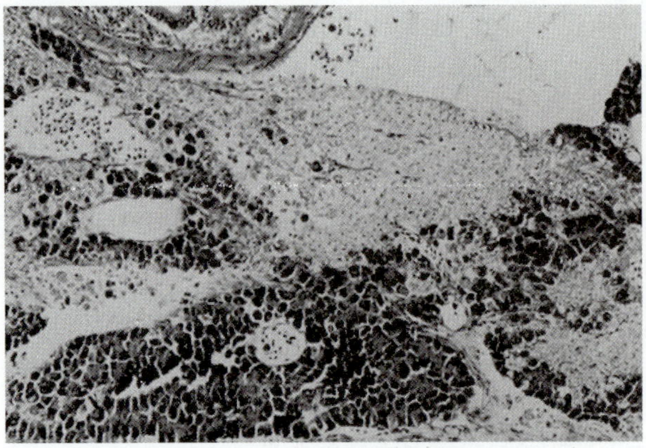

그림 1-103 췌장의 선방세포의 괴사. x150.

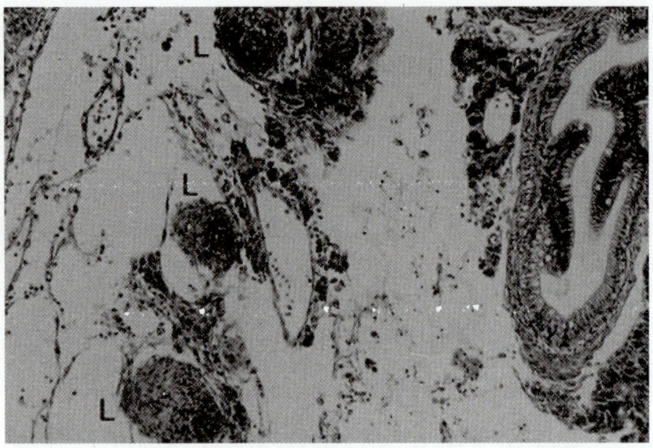


그림 1-104 선방세포는 거의 괴사되어 없어지고, 비대화 세포 또는 변성세포와 랑게르한스섬(L)만 남아 있다.

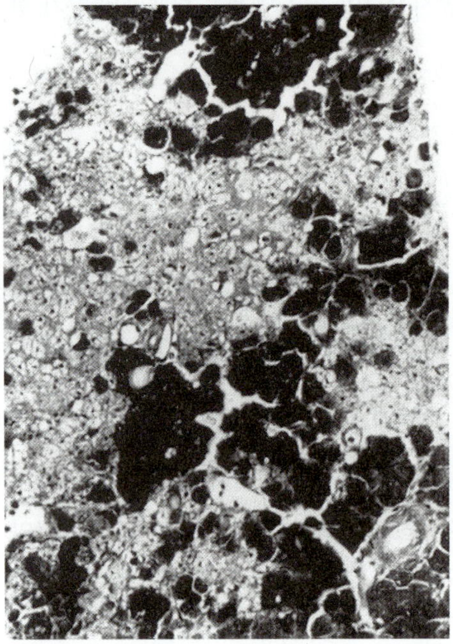

그림 1-105 췌장조직의 광범위 괴사. x200.

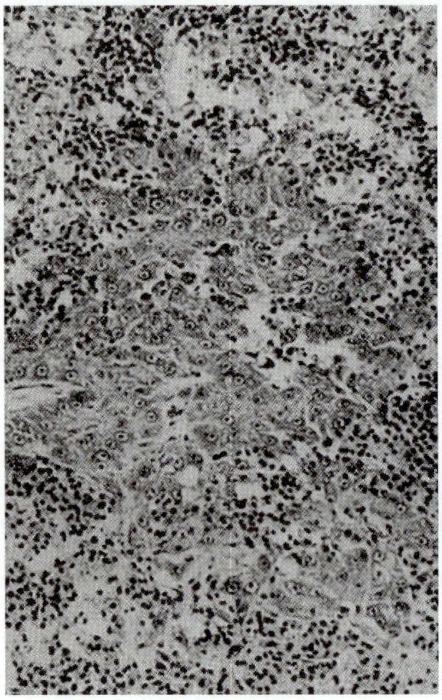

그림 1-106 출혈 부분으로 둘러싸여 있는 세포는 비대화되어 있지만 핵은 정상.

곳에 크고 작은 융해 괴사소가 형성되며, 괴사세포의 잔해가 괴사소의 대부분을 차지하고 있다.

유문수와 장 부근에 산재하고 있는 췌장조직 중 선방세포에 소상괴사가 생긴다. 췌장의 선방세포는 세포질의 염색성 저하, 핵농축, 세포의 괴사가 일어나 커다란 괴사소가 형성되지만 주변조직에 봉입체를 함유한 세포나 염증세포의 침윤은 찾아볼 수 없다. 그러나 내분비부인 랑게르한스섬은 외분비부가 거의 괴사되어도 붕괴되지 않고 온전하게 남아 있다.

그 외에 신장 세뇨관 상피세포는 공포변성과 기저막으로부터의 박리와 핵농축을 동반한 괴사가 관찰된다. 장과 유문수에는 박리성 카타르성염증이 생기지만 신장, 심장 및 아가미

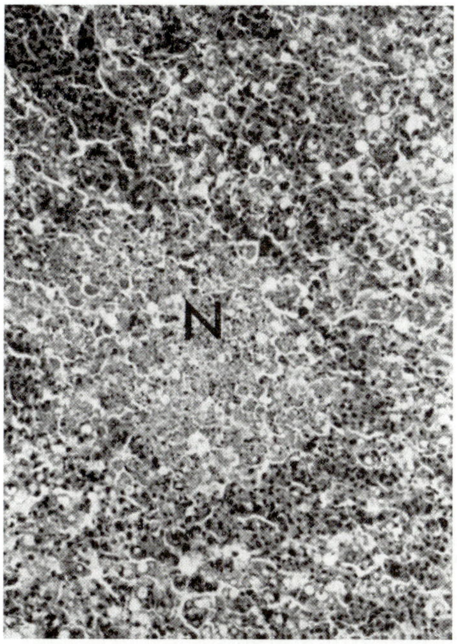

그림 1-107 간세포의 괴사와 류동의 울혈. x160.

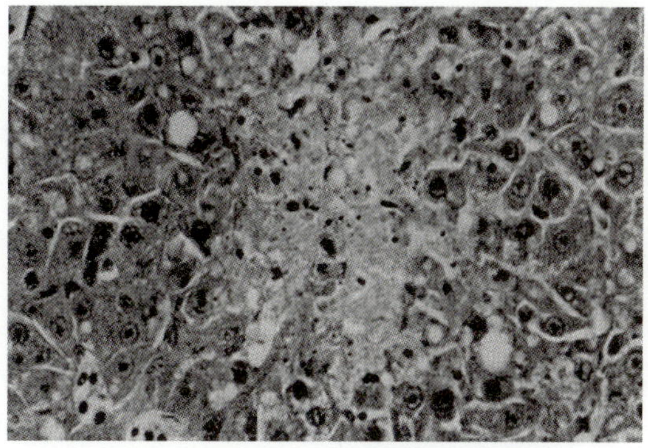

그림 1-108 간 실질세포의 괴사 x600.

에는 현저한 변화가 없다.

넙치에서는 체중 1~2.4 g의 치어에 발병하며, 복수의 축적과 눈이 없는 쪽의 뇌 부근의 두부에 출혈을 특징으로 하는 증상이 생기는데, 방어와는 달리 복수의 축적과 상관없이 생긴다. 방어의 VDV처럼 척추측만은 생기지만, 복수의 축적은 거의 찾아볼 수 없다는 점과 병리조직학적으로 췌장의 괴사가 없다는 것이 YTAV와의 차이점이다.

진단은 특징적인 증상이 있는 개체의 내장 전부 또는 큰 개체일 경우에는 5마리에서 간장의 일부 또는 복수를 채취하여 혼합한 다음 여과 멸균하여 RTG-2 또는 CHSE-214에 접종하여 20°C에 2주간 배양하여 CPE의 유무를 관찰한다. CPE가 생기면 항YTAV혈청과 반응시킨 다음 CHSE-214에 접종하여 중화반응을 시킨다.

대책으로는 자연산 어류 또는 친어의 난소가 보균하였다가 수직 또는 수평감염이 생김으로 이의 관리가 필요하다. 이 병과 VHS가 동시에 발병하면 YTAV 단독 발생보다 사망률이 낮아지는데 이는 약독주인 YTAV가 감염됨으로써 인터페론이 형성되어 2차 감염된 VHSV의 감염이 억제되기 때문으로 생각되고 있다. 그러나 YTAV에 Edward병 또는 연쇄구균병이 병발하면, 세균단독 감염보다는 사망률이 높다.

### (2) 방어 치어의 바이러스성 변형증(Viral deformity, VD)

같은 Birnavirus에 속하면서 방어 치어 감염되어 회전 유영, 광분 돌진 등의 이상행동을 보이며, 척추가 변형되어 높은 폐사율을 나타내는 질병으로 바이러스성 척추변형증(Viral deformity, VD)이 있다.

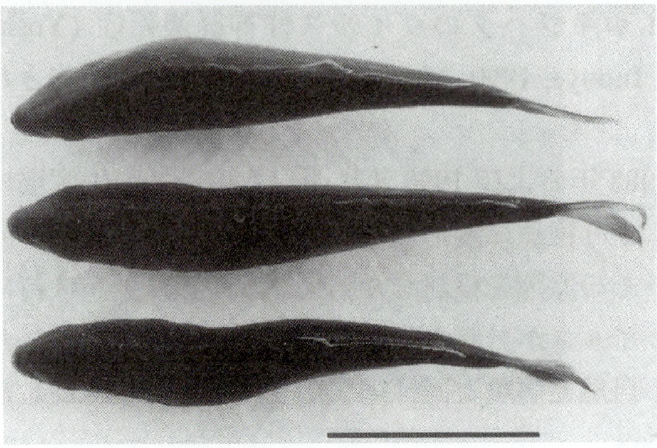

그림 1-109 등쪽에서 본 VD감염 척추 변형 방어. Bar = 3 cm.

VD는 육상수조나 가두리에 사육 중인 평균체중 1 g 전후에서 수 g까지의 방어 치어에 주로 발병되며 누적 사망률은 최대 26%에 달한다. 발병은 수온이 20°C 이상 되는 무렵에 갑자기 발병하여 사망개체가 나오지만, 25°C 이상이 되면 자연 종식된다.

병어는 수조표면을 광분유영하는 개체와 척추의 가벼운 측만곡 증상을 나타내면서 사망한다. 그러나 척추의 변형이나 골절은 발견할 수 없다. 사망한 개체는 황색을 띠며, 주둥이 부근의 가벼운 궤양, 꼬리지느러미, 가슴지느러미 및 아가미 뚜껑에 가벼운 출혈이 생긴다. 해부하여 보면 간장에 출혈, 복강 내에 소량의 복수가 축적되어 있다.

병어의 간장, 신장 및 비장을 혼합하여 조직액을 만든 다음 CHSE-214에 접종하여 20°C에 배양하면 36~48시간 후에 현저한 핵농축을 특징으로 하는 CPE가 나타난다.

VD는 병리조직학적으로 간의 현저한 울혈과 간세포 세포질의 호염성에 대한 친화성의 증가가 현저하다. 또한 신장 조혈조직은 국소적 출혈, 빈혈 및 수종상을 띠지만, 세뇨관에는 이상이 없다. 비장 실질세포는 심한 빈혈을 일으키고 그곳에 염증세포의 침윤이 관찰되지만 외분비부에는 이상이 없다.

중추신경계의 소뇌(cerebellum), 시엽(optic lobe) 및 후엽 등에 심한 울혈이 생기는데 이러한 뇌의 병변이 광분 유영과 척추변형과 밀접한 관계가 있다고 생각된다.

VD는 항YTV토끼 혈청을 사용한 중화시험에서 YTV와 거의 유사한 중화항체가를 나타내기 때문에 서로가 밀접한 바이러스라는 것을 알 수 있다. 그러나 YTV가 알칼리에 안정한 반면, VD는 약간 불안정하다. 두 바이러스 모두 핵농축을 동반한 감염세포의 붕괴를 특징으로 하는 CPE가 생기는 것은 동일하다. 그러나 YTV는 30°C에 잘 증식하는 반면, VD는 전혀 증식하지 못한다. 또한 병리학적으로도 척추의 변형이 생기지만, YTV처럼 복수의 축적이 현저하지 않다는 점과 YTV에서처럼 췌장의 괴사가 전혀 없다는 것이 큰 차이점이라 할 수 있다.

수온과 사망률과의 관계를 고려할 때 20°C에서는 모든 감염 개체가 사망하지만 17°C와 23°C에서는 사망률이 낮아지며, 26°C에서는 전혀 사망하지 않기 때문에 치어를 25~26°C에 사육하면 이 병의 발생을 예방할 수 있다.

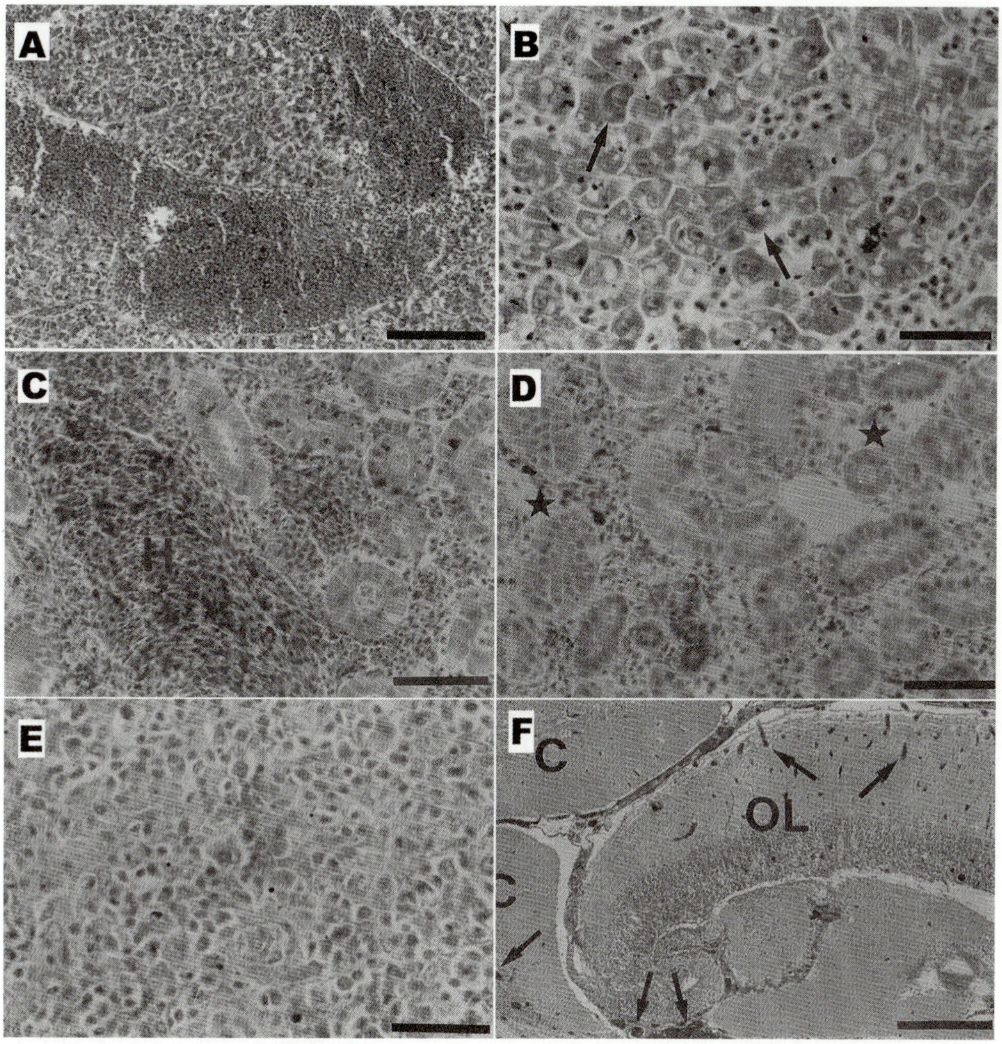


그림 1-110 VD감염 방어의 병리조직상. A: 간장의 울혈, B: 간세포 세포질의 호산성 친화도의 증가, C: 신장 조혈조직 내의 출혈(H), D: 신장 조혈조직의 수종(★)과 빈혈, E: 비장 실질세포의 빈혈, F: 소뇌(C)와 시엽(OL)의 울혈(화살표).

## (3) 전염성 췌장괴사증(Infectious pancreatic necrosis, IPN)

IPN은 췌장 외분비부 선세포에 특이적으로 친화성을 가진 IPNV의 감염에 의한 것으로 연어 송어류의 부화 직후의 자어에 감염되기 쉽다. 1940년대에 처음 발견되었는데 바이러스 입자는 직경 70 nm인 정 20면체로 envelope가 없다. 이 바이러스는 분리 당시에는 reovirus나 piconaviurs에 가까운 것으로 생각되었지만, 최근에 birnavirus에 속하는 것으로 재분류되었다.

IPNV(infectious pancreatic necrosis virus)는 RTG-2세포나 FHM세포에 명확한 세포 변성을 나타내는데 배양적온은 20°C이다. 그러나 일부의 주는 FHM에 CPE가 나타나지 않기 때문에 CPE로 바이러스를 동정하기 위해서는 RTG-2세포로 배양하는 것이 좋다.

IPNV는 RTG-2세포로 20°C에서 2~3일 배양하면 plaque의 관찰이 가능하며, 감염 세

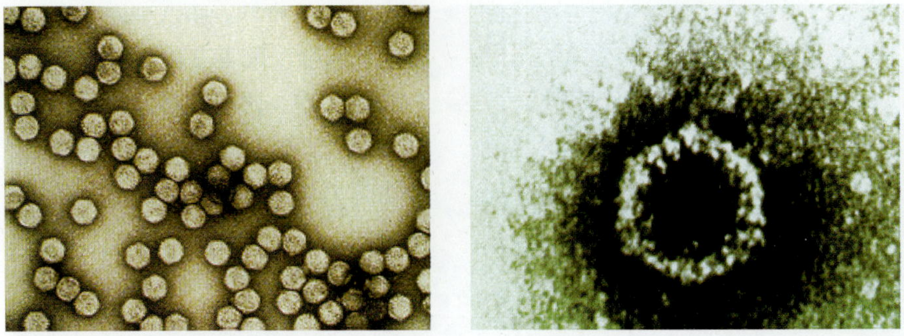

그림 1-111 IPNV의 전자현미경상.

포는 핵농축을 일으키고 세포가 가늘게 되어 서로의 간격이 멀어지면서 배양 용기벽에서 박리된다. 그러나 IPNV에 대한 저항력은 세포에 따라 차이가 있어, 저항력이 강한 세포는 핵농축은 일어나지만 박리되지 않아 plaque가 망상으로 보이며, plaque의 바깥쪽은 건강한 세포와 변성세포가 혼합하는 양상을 띠며, plaque가 크게 되더라도 일부의 살아 있는 세포가 plaque의 내부에 존재하는 경우도 많다.

IPNV는 접종하는 바이러스의 희석도에 따라 CPE에 차이가 생기는데 접종 바이러스의 희석도가 낮으면 낮을수록 바이러스의 증식도 느리며, CPE의 발현도 명확하지 않게 되는 동종간의 간섭(homologous interference)이 있다. 이러한 간섭은 계대배양 중인 바이러스에도 나타난다.

IPNV가 감염되는 것은 주로 체중 1 g 이하의 부화 후 8주경의 치어이다. 무지개송어의 이 병에 대한 연령별 감수성의 차이를 조사하여 보면 수온이 10°C인 경우, 부화 1~2주에 감수성이 최대로 높으며 사망률도 최대로 된다. 그 후는 연령이 증가함에 따라 직선적으로 저하되어, 20주령의 어류는 사망이 거의 없다. 또한 같은 연령의 무리 중에서도 외견상 건강해 보이는 대형 어류가 최초로 감염되는 경향이 있으며, 잠복기는 12~14°C에서는 1주일이지만, 성장함에 따라 잠복기는 길어지며, 보통 증상이 보이기 시작하면 급사하는 경향이 있어 수 주일 내에 80% 이상의 높은 사망률을 나타낸다. 이때 급사하는 어류는 외관적으로 이렇다 할 증상은 없고 체축을 기준으로 하여 회전하다가 얼마 안가서 양어지 바닥에 가라앉아 때때로 광란하면서 1~2시간 이내에 사망한다.

그림 1-112 무지개송어의 IPN.

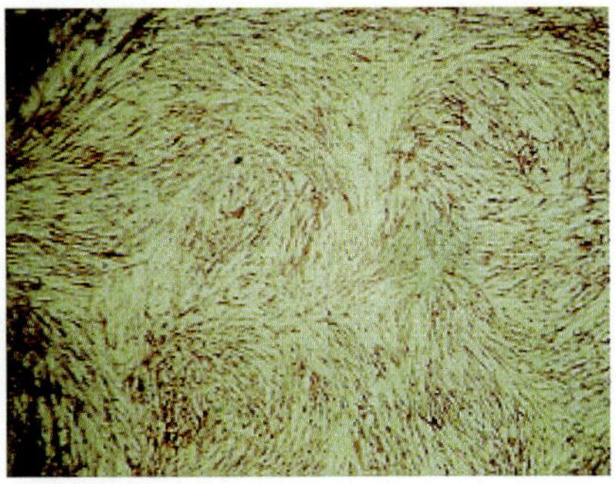

그림 1-113 IPNV의 plaque.

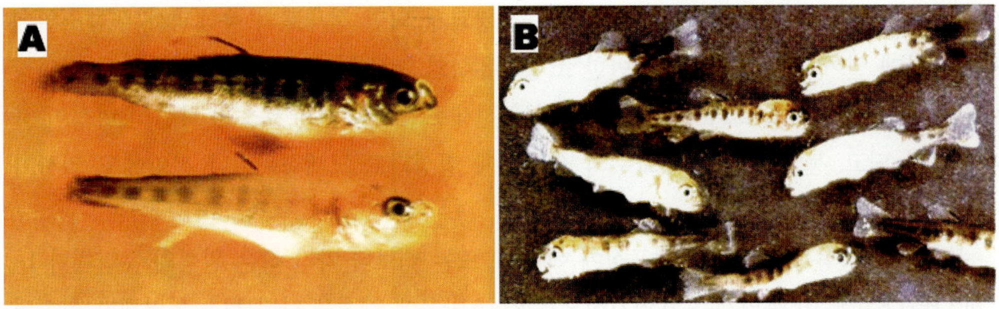

그림 1-114 IPN감염 병어. A: 정상어(상)와 복부 팽만과 미병부 흑화의 병어(하), B: 미병부는 흑화되는 반면 두부는 부풀어 오른 느낌이 있음.

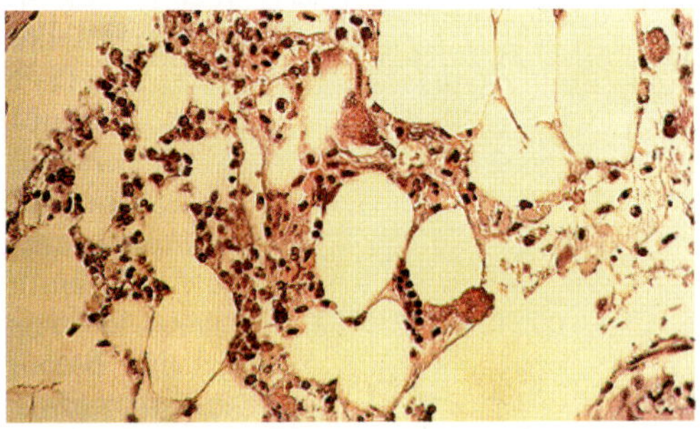

그림 1-115 분비선 세포가 핵농축을 일으키고 있는 초기의 IPN.

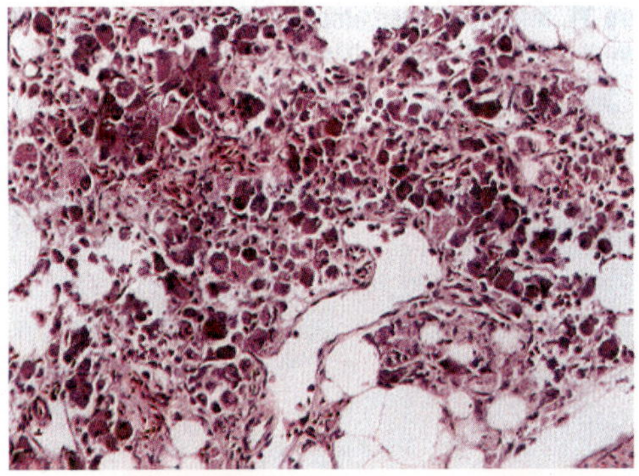

그림 1-116 광범위한 변성과 괴사를 일으키고 있는 급성의 IPN.

감염된 치어는 체색이 검게 변하고, 안구돌출, 복부팽만, 지느러미기부, 복부에 발적이 보이며, 실모양의 변을 항문에서 늘어 뜨리고 있다. 한편 치어기에 살아남은 어류는 보균어로 되어 수중으로 계속하여 바이러스를 방출하며 이러한 어류를 친어로 사용하게 되면 난을 통하여 수직감염이 일어날 수 있다.

병어를 해부하여 보면, 유문수에 점상의 출혈과 괴사된 작은 백점, 간장과 췌장에 빈혈이 보이고, 위와 소화관 내에는 먹은 먹이는 없지만, 젖 모양의 점액물질이 보인다.

IPN의 병리조직학적으로 급성과 만성의 두 형이 있는데, 특징은 급성의 카타르성 장염(acutecatarrhalenteritis)과 췌장의 괴사(pancreatic necrosis)라 할 수 있다.

췌장의 선방 및 랑게르한스섬의 많은 세포가 핵농축을 동반한 괴사로 붕괴되어 있으며, 붕괴되지 않은 세포 내에는 메칠그린피로닌염색에 붉게 염색되는 세포질내 봉입체가 보인다. 췌장에 인접해 있는 지방조직에서 때로 괴사가 생기며, 간장의 부분적 괴사, 점액박리성 위장염, 신장 조혈조직과 세뇨관의 괴사, 체측근 섬유의 초자변성과 단열이 관찰된다. 증상이 나타나는 형은 크게 췌장 분비부 선세포의 융해괴사형과 선세포에 봉입체가 형성되고 응고괴사를 주 특징으로 하는 봉입체 형성형으로 나눌 수 있다.

융해괴사형은 췌장 소엽의 모세혈관 주위에 있는 선세포에 핵농축, 핵붕괴와 세포질의 호산성화에서부터 세포가 융해되는 융해괴사가 나타난다. 초기 괴사의 단계에서는 선세포에 괴사가 특이적으로 일어나지만, 질병이 진행되게 되면 선세포의 융해괴사는 췌소엽에 광범위하게 일어나 지방변성을 동반한 소성섬유성의 망상으로 바뀌게 되어 파라핀 절편상에서도 느슨한 조직으로 나타난다. 남아 있는 선세포의 대부분은 효소원 과립의 형성이 불완전하게 되고, 봉입체는 극히 소수의 선세포에 형성되고 모세혈관이나 복막에도 괴사가 생겨난다.

봉입체 형성형은 선세포의 세포질에 핵 크기 또는 핵보다 약간 작은 원형의 봉입체가 1~2개 나타나는데, 이 봉입체는 호염기성으로 RNA반응에 양성을 나타낸다. 봉입체가 형성된 선세포는 효소원 과립이 많은 것 또는 없는 것, 핵농축이나 핵붕괴를 동반한 응고괴사가 일어난 것 등 변화가 다양하다.

췌장에 있어서의 퇴행성변화가 비교적 가벼운 병어에서는 신장조혈조직의 류동 세망내피세포가 종내되거나 적혈구를 탐식하고 있거나 괴사하는 등의 변화가 보인다. 또한 비장의 세망세포도 적혈구를 탐식하고 있는 경우도 있다.

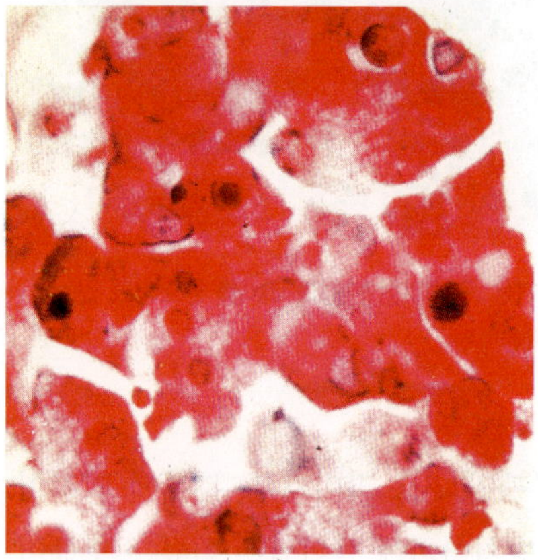

그림 1-117 IPN의 봉입체.

췌소엽이 광범위한 범위에 걸쳐 퇴행화한 중증어의 경우에는 퇴행성변화를 보이는 소엽에 인접하고 있는 유문수나 위의 장막과 근육층 및 복막에 핵붕괴나 복막에 핵붕괴나 핵농축을 동반한 괴사상이 관찰된다. 간세포는 당질이 소실되어 위축됨으로써 간세포, 성세포 및 류동내피에 산발적인 괴사상이 관찰된다.

신장의 조혈조직은 조혈조직의 수적 감소로 위축되어 있다. 구간근조직, 심장심근층, 흉선에는 경미한 괴사가 여기저기서 관찰된다.

장의 관공 내에는 소화되지 않은 먹이 등이 있는데, 이것은 췌장이나 간장의 장애에 의해 소화가 방해를 받았기 때문으로 생각된다. 소화관벽의 에오진호성 과립층(stratum granulosum)에 과립세포가 증가하며 간장에 마크로파아지나 호중구의 침윤이 보인다.

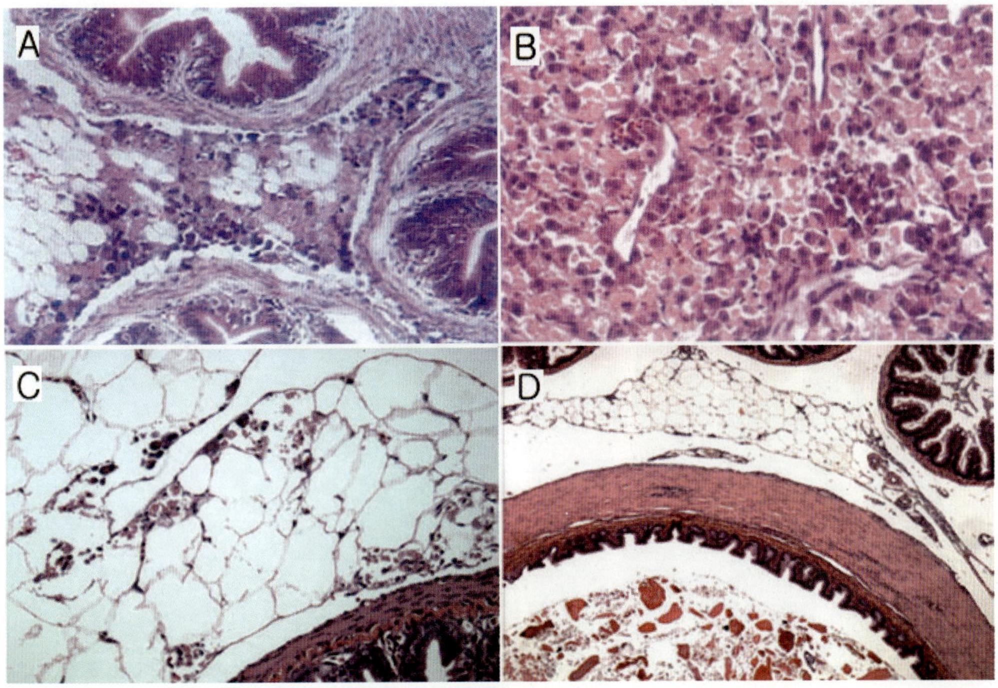


그림 1-118 A: 췌장 외분비부가 괴사되어 있지만 내분비부와 지방조직은 정상. B: 광범위한 간의 괴사. C: 췌장의 외분비부는 완전히 괴사. D: 췌장 외분비부의 괴사와 장의 점막상피의 편평화.

### (4) 뱀장어의 Birnaviral pillar cell necrosis

송어류의 IPNV와 유사한 birnavirus는 유럽산 뱀장어에서 분리되는데, 우리나라산 뱀장어에는 병원성이 약하고 외부 증상이 거의 없기 때문에 무시되어 왔다. 그러나 최근 들어 발병의 빈도가 점차 높아지고 있다.

감염어는 식욕을 상실하여 쇠약해지며 뚜렷한 외부증상은 없지만, 거의 모든 병어는 새변에 맥류가 모여 혈종이 형성되어 피의 흐름이 장애를 받아 새변이 붕괴되게 된다.

병리조직학적으로는 아가미에서의 병변이 가장 현저하여 새변의 벽주세포가 심하게 괴사되어 핵 융해를 일으키고 모세혈관에서 관찰되는 적혈구는 모여서 덩어리를 형성하게 된다. 이 때문에 모세혈관이 확장되어 혈종이 형성된다. 새변 모세혈관 상피세포의 기저막의 하부에는 섬유소가 침착하기도 한다. 이러한 혈종이 형성된 부분의 상피세포는 증생될 뿐만 아니라 때로는 적혈구가 증생된 상피세포 내로 침투하게 된다. 혈종이 형성된 아가미의 혈관은 혈행정지를 일으켜 적혈구가 새변의 결합조직으로 흘러들어가게 되는 경우도 있다. 이처럼 아가미에 혈종이 형성된 병어는 예외 없이 위의 위선에 괴사가 생겨 있다. 위의 괴사소는 괴사된 위선세포가 포함되어 있고, 괴사소는 위선 조직에 있는 편평세포가 둘러싸고 있는 빈 공간으로 대체되게 된다. 드물게는 신장과 간장에 울혈과 출혈병소가 생기기도 한다. 그러나 송어류의 IPNV처럼 췌장이 괴사되는 IPNV특유의 병리상은 결코 발견되지 않는다. 이러한 병리조직학적 변화로 보아 원인바이러스가 최초로 아가미의 상피세포에 감염되고 이어서 벽주세포로 전파되던가 아니면 아가미 흡충 등의 기생에 의해 손상을 당한 상피세

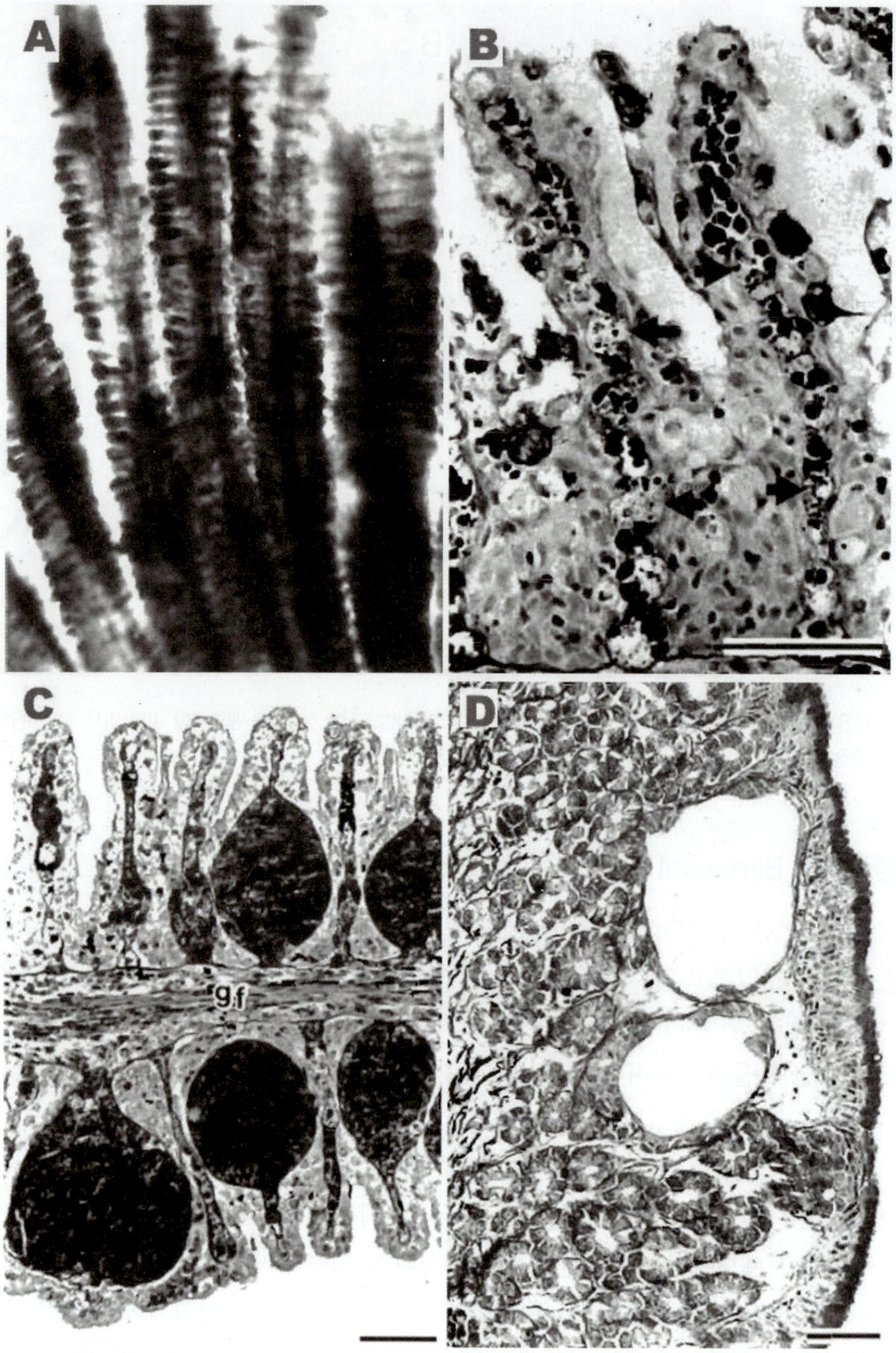


그림 1-119 새변의 혈관에 혈종이 형성되어 혈행정지를 일으킴, B: 벽주세포는 괴사되어 모세혈관 내에 융해된 핵이 발견됨. C: 혈종이 발생한 부위의 상피세포의 증생. gf: 1차 새변. D: 위의 위선이 괴사되고 편평세포가 연결된 빈 공간으로 대체됨. Bar = 50 μm.

포를 지나 직접 벽주세포에 감염되는 것으로 추정된다.

어류에 감염되는 Birnavirus는 대부분이 serogroup A에 속하며, 비교적 소수가 serogroup B에 속하는 것으로 구분할 수 있다. Serogrop A에는 WB(West Buxton, VR 299), Sp, Ab, He, Te, C1(Canada 1), C2, C3 및 Ja(Jasper)의 9개의 serotype이 존재한다.

미국에서 분리되는 것은 담수 해수를 불문하고 대개 WB serotype에 속하며, 캐나다 균주는 4개의 serotype(C1, C2, C3 및 Ja), 유럽균주는 4개의 serotype(Sp, Ab, He 및 Te)에 속하지만 아시아와 남미에서 분리되는 것은 Ab, Sp 및 Wb에 속한다.

송어류의 IPNV와 Aquabirnavirus의 아미노산의 상동성을 기준으로 분류한 genogroup I은 IPNV의 WB serotype, Genogroup II에는 IPNV의 Sp serotype과 Ab serotype이, marine birnavirus(MABV) genogroup에는 MABV가 속하는데, 뱀장어 감염되는 birnavirus는 genogrop II의 IPNV Sp serotype에 속하는 것으로 송어류의 IPN처럼 췌장에는 결코 병변을 초래하지 않는다. 유럽산 뱀장에 감염되는 것은 Sp serotype과 Ab serotype에 속한다.

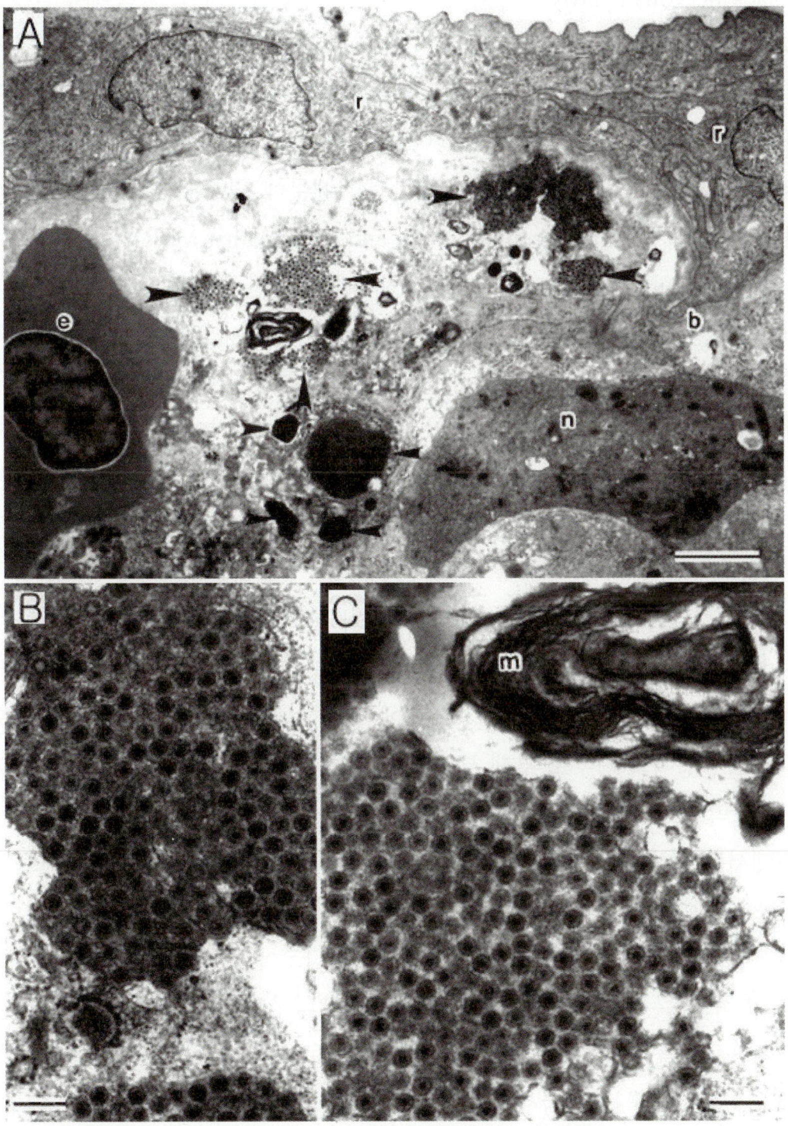


그림 1-120 A: 핵붕괴를 일으키고 있는 감염 벽주세포 세포질 내의 전자밀도가 높은 봉입체와 myelin 구조물. B~C: 바이러스 입자의 확대도. b: 기저막, e: 적혈구, n: 호중구, r: 호흡상피, m: 미엘린상의 구조물.

전자현미경적으로는 감염 벽주세포의 세포질 내에 전자밀도가 높은 봉입체가 형성되지만 감염초기의 벽주세포의 세포질내 소기관과 핵은 거의 정상에 가깝다. 심하게 감염된 벽주세포는 핵이 붕괴되고, 세포질 내의 미토콘드리아를 비롯한 소기관이 변성을 일으켜 최종적으로 세포질은 액상으로 변한다. 세포질내 봉입체가 형성된 경우에는 전자밀도가 높은 미에린 유사 구조물이 형성된다.

## 3) Nodavirus

### (1) 바이러스성 신경괴사증(Viral nervous necrosis, VNN)

1980년 일본에서 인공종묘생산한 줄전갱이의 자어에 발생하여 줄전갱이신경괴사바이러스(striped jack nervous necrosis virus, SJNNV)라 보고되었지만, 돌돔에서 발생한 바이러스성신경괴사증(viral nervous necrosis, VNN)과 동일한 질병으로 구명되어 그 후 이 병명으로 불리게 되었다. 그 후 이 병은 넙치, 농어, 붉바리, 양태 등에도 발생하고 있으며, 호주와 동남아시아에서는 barramundi와 능성어, 유럽에서는 농어, 터봇, halibut(Hippogossus hippoglossus) 등에서 발병하여 그 특징적인 증상 때문에 뇌척수염(encephalomyelitis) 또는 바이러스성뇌망막증(viral encephalopathy and retinopathy, VER)이라 불리고 있다. 감염은 친어의 난을 통한 수직감염과 소화선 및 생식소를 통한 수평감염이 확인되었다.

원인바이러스는 크기가 25 nm 정도로 envelope를 가지지 않은 Nodavirus이다. 보통의 주화세포에서는 발육하지 않지만 striped snake head유래의 SSN-1과 baramundi유래의 SB 세포에 배양하면 분리 가능하다. 이 바이러스는 50 μg/ml의 차아염소산나트륨, 차아염소산칼륨, 염산벤잘코니움, 요오드 등의 소독제에 10분, 1,000 μg/ml의 크레졸에 10분, 60°C에 10분, pH 12에 10분 처리에 불활화되며, 410 μW/cm$^2$에 4분 및 0.1 μg/ml의 오존에 2.5분에 불활화된다.

전갱이의 경우 부화 후 2~10일경에 먹이섭취가 불량해지며 유영이 불활발하여 물 표면에 부상하여 폐사하는데 부레의 위쪽의 척추가 만곡되어 있는 경우가 많다. 조직학적으로는 척수, 척수신경절 및 뇌(연수) 등의 신경조직에 현저한 공포변성이 생기는 것 이외에 다른 증상은 없다. 줄전갱이의 경우도 부레 부근의 척수의 신경조직에 괴사와 공포변성이 생기고, 뒤이어 뇌와 망막에도 공포변성이 생긴다.

Halibut에서는 체색이 퇴화되고, 먹이를 섭취하지 않기 때문에 장이 빈 상태로 되어 있으며, 좀 더 큰 개체에 발병한 경우에는 체색이 심하게 검어지며, 회전유영 등의 이상행동을 하거나 무기력해져 수조 바닥에 누워 있는 경우가 많다.

병리조직학적으로는 망막, 뇌, 척수 및 말초신경계의 신경절 등에 변화가 생긴다. 망막에서는 변성과 공포화를 특징으로 하는 망막증(spongiform retinopathy)은 거의 모든 병에서 발견되는데, 대형의 공포는 쌍극세포층의 무축삭세포(amacrine cell)와 바깥쪽의 신경세포층에 주로 생기며, 간체추체층에도 소수의 공포가 생긴다.

어떤 개체에는 단구의 침윤이 동반된 안구염(opthalamitis)이 발견되는데, 이런 염증세포

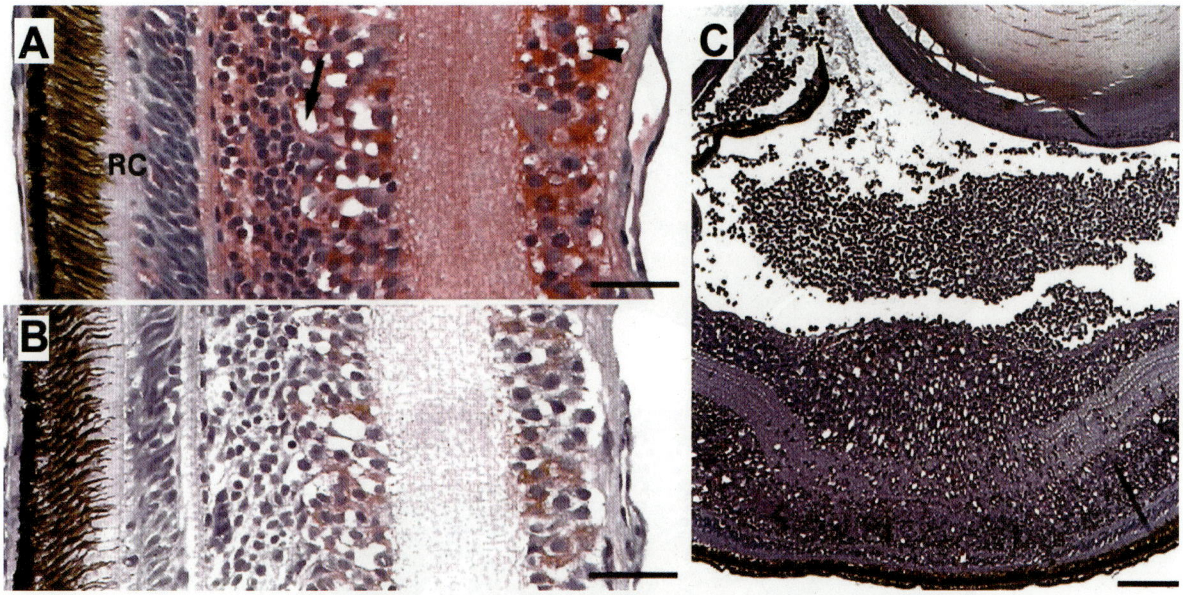


그림 1-121 VNN에 감염된 Halibut의 망막(A&B)과 눈(C). A와 B: 공포변성이 쌍극세포층의 무축삭세포(화살표)와 간체추체층(RC)에도 소수 보이며, 신경세포층(화살촉)에 관찰. C: 망막 앞과 뒤에 많은 단구가 침윤해 있으며, 일부는 망막 표면과 망막 내에도 침윤. A & C: Avidin biotin alkaline phosphatase, 항SJNV혈청 및 Mayer hematoxylin. B: Avidin biotin peroxidase complex method와 Mayer hematoxylin. Bar = 100 μm(A&B)와 300 μm(C).

는 망막의 앞쪽과 뒤쪽, 망막의 표면 및 망막조직 내에도(망막염, retinitis) 침윤해 있다. 염증세포는 형태가 다양하여 림프구 또는 마크로파아지와 유사한데, 단구의 일부는 수정체와 망막 사이의 투명한 부분인 초자체(corpus vitreum)에도 침윤해 있다.

뇌와 척수의 공포화는 회질 부분(grey matter)에서 현저한데 개체에 따라서 집중적으로 또는 산재된 상태로 공포화가 생긴다. 중추신경계는 시개(optic tectum)에서 공포가 가장 현저하다. 심하게 공포화된 부위에는 신경세포는 핵농축을 일으킨다. HE만으로 염색한 경우에 신경세포는 종대되고 호염기성의 닛슬소체(Nissle body)가 결여되어 거의 세포질이 균질하게 보인다.

줄전갱이 자어는 이상유영이 없지만, 돌돔, 능성어, halibut 등은 선회운동 등의 이상 유영을 하며, 특히 능성어의 경우에는 복부를 위로 하여 유영하는 개체가 많다. 이러한 증상을 나타내는 것으로 질병을 단정하기보다는 중추신경계의 공포변성을 확인할 필요가 있다.

대책으로는 수직감염을 차단하기 위하여 친어의 생식소의 감염 유무를 확인하거나 특히 줄전갱이의 인공종묘생산과정의 산란 유발을 위해 호르몬주사와 가온사육을 실시하는데 이것이 친어에 스트레스로 작용하여 어체 내의 바이러스를 증식시키는 것이 입증되었고, 또한 친어의 산란 횟수가 15회 이상 되면 VNN양성으로 바뀌는 친어의 수가 많아짐으로 산란회수를 10회 정도로 한정하는 것도 좋은 예방대책이다. 또 오존 0.5 μg/ml에 30초간 2회 난소독을 실시하면 효과적이다.

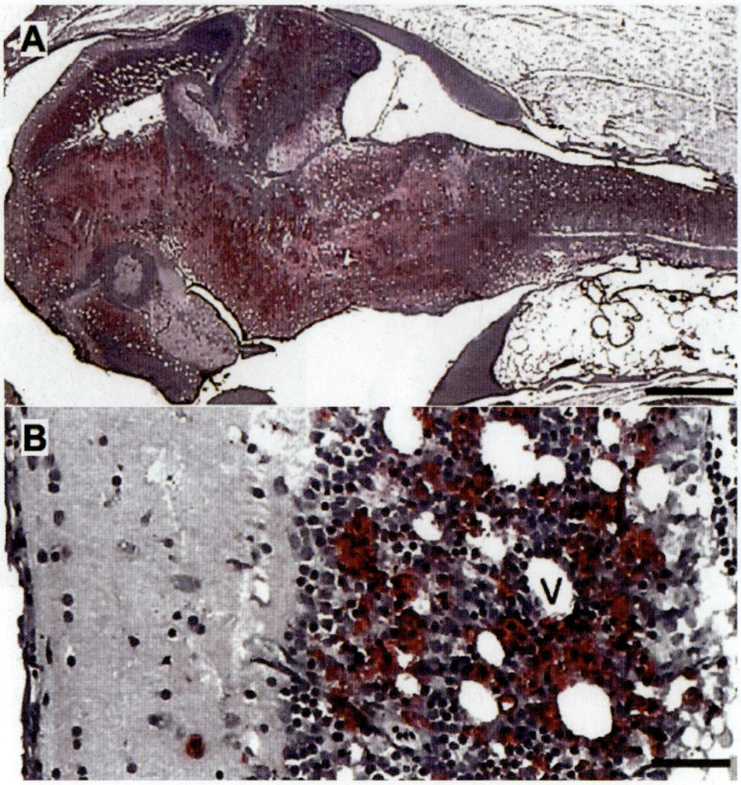


그림 1-122 VNN에 감염된 halibut의 뇌와 척수(A) 및 시개(B). A: 뇌와 척수에 공포화가 현저하다. B: 시개 안쪽의 stratum periventriculare의 신경세포에 공포화가 현저하다.

어류에 감염되는 nodavirus는 유전적 구조 분석에 의해 4개의 형으로 구분할 수 있는데, 이 중에서 발병어종수와 발병빈도에서 가장 중요시 되는 것은 날치나 농어에 감염되는 RGNNV형이다.

표 1-8 Nodavirus의 유전형과 감염 어종

| 유전형 | 증식온도(배양 세포) | 감염 어류 |
|---|---|---|
| SJNNV | 20~25°C | 전갱어 등 |
| TPNNV | 20°C | 자주복 단일종 |
| RGNNV | 25~30°C | 농어, 능성어 등의 온수어 |
| BFNNV | 15~20°C | Halibut, 날치 등의 냉수어 |

VNN은 종묘생산시설과 종묘생산한 다음 양성을 위해 해상 가두리에 수용한 1~2주 후에 빈발하고 있다. 종묘생산시설에서의 발병은 친어의 생식소에 증식하고 있던 VNN은 부화자어 또는 자어에 감염되는 수직감염의 형태이다. 그럼으로 VNN무감염 친어를 사용하여 채란한 다음 소독 사육수로 육상수조에서 사육하면 발병을 예방할 수 있다. 그러나 이렇게 발병 없이 사육한 종묘의 보균 유무를 확인한 다음에 해상 가두리로 옮기면 발병하여 이식 60일 후에는 누적 사망률이 50%를 상회할 때도 있다. 이는 종묘의 보균이 아니라 해상 가두

리 주변의 자연산 어류가 보균어가 될 수 있다는 사실을 의미하고 있다. 실제로 자연산 어류를 대상으로 PCR법에 의한 보균 유무를 조사하면 47~94%가 양성반응을 나타낼 뿐만 아니라 이 모두가 RGNNV와 100%일치한다는 점과 해산 가두리가 없는 해역에 서식하는 자연산 어류에서도 VNN양성 반응이 나타나며, 양성 반응을 나타내는 자연산 어류 중에서 정어리나 고등어 등은 해산 양식 어류의 먹이로 사용된다는 사실 때문에 양성 중의 어류에서 VNN을 예방하기는 난제임이 분명하다. 이 때문에 백신의 요구성이 증대되어 개발에 착수하였지만 백신 접종 후에 어체 내에서 충분한 중화항체가 생산되기까지는 2~3주간 소요됨으로 실제의 양식에서는 종묘에 접종 후 곧 바로 가두리에 이식할 수 없어 실용화에 문제점으로 대두되었다. 이러한 문제점을 해결하고자 시도한 것이 송어류에 전염성 조혈기 괴사병(IPNV)을 유발하는 aquabirnavirus는 외견상 건강한 해산어에서도 분리되며, 해산어에는 병원성이 낮다는 사실을 활용한 시도이다. 즉 병원성이 낮은 aquabirnavirus를 어류에 접종하면 어체내에서 어느 정도 증식하지만 3주 정도 후에 어체 내에서 소멸된다. 이때 바이러스에 감염된 세포가 생산한 인터페론에 의해 주변에 있는 세포는 바이러스의 감염에 대한 저항성을 획득하게 된다. 이렇게 어체 내에 생산된 인터페론은 바이러스의 종류를 불문하고 비특이적으로 숙주에 감염되는 바이러스에 저항성을 유발시킨다. 실제로 VNN을 접종한 다음 7일 또는 14일 후에 aquabirnavirus를 접종하면 사망률이 현저히 낮아진다. 그럼으로 백신과 aquabirnavirus를 동시에 접종하는 것이 접종 후 곧바로 가두리에 수용하여 사육할 수 있는 예방대책이 될 수 있다.

표 1-9 백신과 aquabirnavirus와의 차이점

| 종류 | 효과 | 지속 기간 | 방어 인자 | 예방 대상 질병 |
|---|---|---|---|---|
| 백신 | 투여 2~3주 후 | 3개월 이상(길다) | 항체 | 특정 바이러스병 |
| Aquabirnavirus | 투여 1일 이내 | 3주일 정도(짧다) | 인터페론<br>관련 단백질 | 불특정 바이러스병 |

## 4) Togavirus

### (1) 적혈구 봉입체 증후군(Erythrocytic inclusion body syndrome, EIBS)

EIBS는 미국 북서지역과 노르웨이에서 연어 송어류의 적혈구에 발생하는 바이러스병의 하나로 병어는 무기력하며 심한 빈혈 증상을 나타낸다. 이 병에 의한 직접적인 사망률은 낮지만 2차적으로 세균이나 곰팡이의 침입을 받게 되면 사망률은 증가하게 된다.

병리조직학적으로는 신장의 협조직과 신장의 조혈조직에 혈철소의 침착과 울혈이 관찰된다. 이 병의 감염유무는 혈액을 도말하여 Giemsa염색을 하면 난형의 호염기성의 세포질내 봉입체(0.8~3 μm)를 발견할 수 있으며, 광학현미경 하에서 바이러스 입자는 적색을 띤다. 바이러스의 분리는 아직 성공하지 못하고 있다.

Pinacyanol chloride염색은 도말표본을 건조시킨 다음 100%메탄올에 5분간 고정하고,

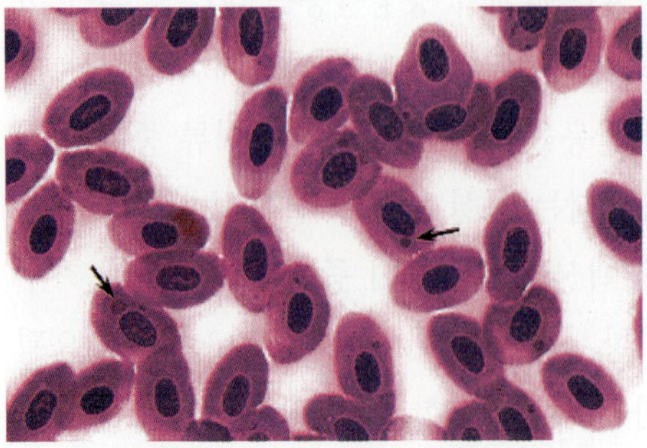

그림 1-123 세포질내 호염기성 봉입체.

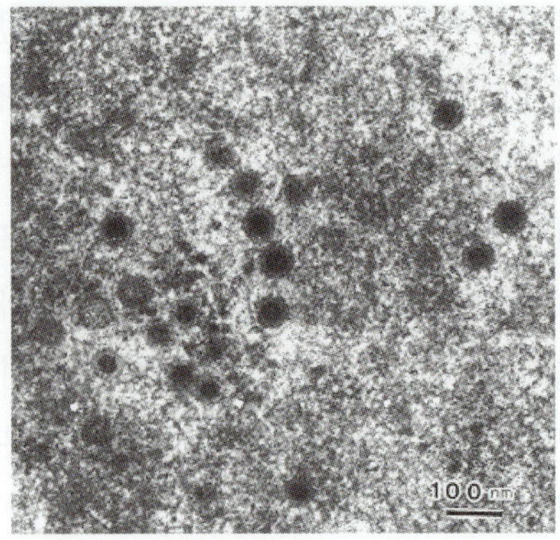


그림 1-124 적혈구내의 EIBSV.

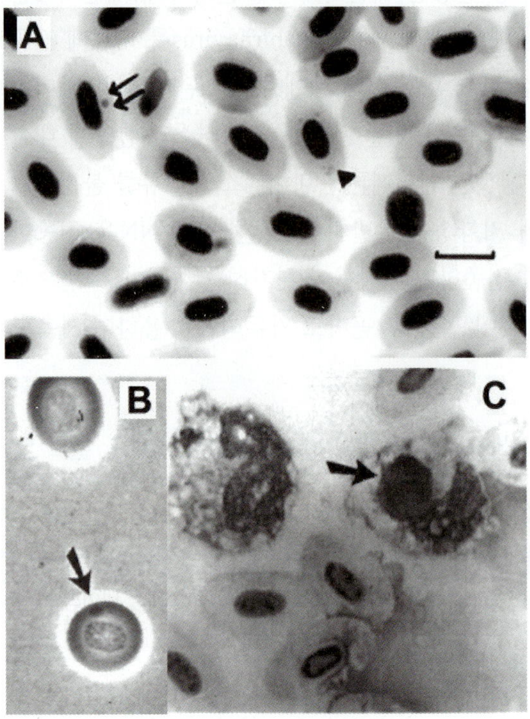


그림 1-125 EIBS감염 혈액상. A: 적혈구 세포질내에 봉입체. B: 무염색 위상차 현미경 관찰 적혈구내의 봉입체. C: 대형 변성핵을 가진 마크로파아지의 세포질 속에는 조직파괴물이 탐식되어 있다.

pinacyanol chloride액(pinacyanol chloride 2.5 g을 95% ethanol 36.7 ml, 증류수 132.5 ml에 용해하여 제조)에 2분간 염색한 다음 봉입하여 관찰한다. Acridine orange(AO)염색은 혈액도말표본을 메탄올과 에탄올을 1:1로 혼합한 고정액에 고정한 다음 100%, 70%, 50% 에탄올에 순차적으로 탈수시킨다. 그 후 0.1% AO에 염색하고 PBS로 세척한 다음 형광현미경으로 검경하면 EIBS는 적색, VEN은 녹색의 형광을 발한다.

## 5) Alphavirus

### (1) 연어류 췌장병(Pancreatic disease of salmon, PD)

1976년 스코틀랜드에서 늦은 6월에서 12월 초에 걸쳐 해수에서 양식 중인 대서양 연어에 처음으로 발생하여 아일랜드, 노르웨이에서도 발생하고 있다. 최근에는 해수 양식 대서양연어의 모든 성장단계에서 발생하고 있으며, 사망률은 아일랜드에서는 1~48%이며, 평균 지속기간은 141일(61~288일)정도이다. 이는 해수에 원인바이러스가 존재하고 있다는 것을 의미하는 것으로 수직 또는 수평으로 감염된다. 수온과의 관계를 보면 수온이 상승할 때 발병하면 급성으로 진행되며 사망률도 높지만, 반대로 수온 하강기에 발생하면 만성적으로 진행된다.

원인바이러스는 직경 65.5±4.3 nm의 타원형으로 envelope를 가지고 있다. Chloroform에 감수성이 있고, pH 3.0과 50°C에서 불활화되며, 1.20 g/ml의 cesium chloride보다 가벼워 뜨기 때문에 Togavirus라 생각되었지만, 정확한 동정은 되지 못하다가 2000년에 유전자 분석을 통하여 Togavirus속 중의 Alphavirus로 동정되었으며, 2002년에 Salmonid alphavirus라는 종명이 제기되었다.

**표 1-10 Salmonid alphavirus(SAV)의 감염 상황**

| 바이러스명 | Virus type | 발병 나라 | 발병 어종 | 병명 | 실험 감염어 |
|---|---|---|---|---|---|
| Salmon pancreas disease virus | SAV 1 | 아일랜드<br>스코틀랜드 | 대서양연어 | 췌장병 | 대서양연어<br>brown trout |
| Sleeping disease | SAV 2 | 프랑스, 영국, 독일<br>스코틀랜드, 이탈리아 | 무지개송어 | 수면병 | 대서양연어<br>brown trout |
| Norwegian salmon aiphavirus | SAV 3 | 노르웨이 | 대서양연어<br>무지개송어 | 췌장병 | 대서양연어<br>무지개송어 |

*SAV 2는 비정형 Alphavirus이며, SAV 3는 SAV 1과 SAV 2와 각각 91.6%와 92.9%의 유전적 상동성을 가지고 있음.

감염어는 식욕이 저하되고, 무기력해지며, 가두리 내에 변의 양이 증가하면서 사망이 발생한다. 대부분의 감염어는 수중에서 평형감각을 상실하여 몸을 제대로 가누지 못하기 때문에 해류에 떠밀려서 체표, 지느러미가 쉽게 손상을 당함으로 부식과 궤양이 생긴다. 또한 선별과 운반 등과 같은 스트레스에 민감하여 이러한 작업 뒤에는 갑자기 사망하게 된다.

그림 1-126 *Salmonid alphavirus* subtype-1에 감염된 대서양연어. 체구가 소형화되고 내부 지방조직이 감소되어 있다.

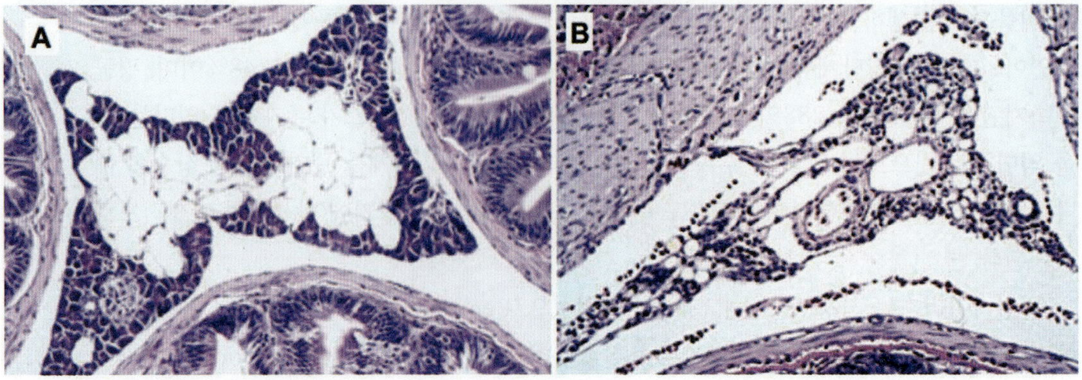


그림 1-127 대서양 연어의 췌장. A: 정상 췌장. B: 췌장병의 췌장으로 외분비부의 세포가 현저하게 감소되어 있다.

해부하였을 때 가장 쉽게 발견할 수 있는 것은 장에 먹이가 존재하지 않고, 항문에 변을 달고 다니며, 유문수와 유문수 주변의 지방조직에 점상의 출혈이 발견된다. 감염의 말기에는 먹이를 거의 섭취하지 않아, 비만도가 낮아지고 체지방이 줄어들기 때문에 췌장의 회복은 불가능하고 도리어 기생충 또는 세균의 2차 감염을 받기 쉬워진다.

또 다른 형태는 정상적인 비만도를 가지고 있지만, 회전유영을 하거나 또는 바닥에 죽은 것처럼 움직임이 없다가 건드리면 다시 움직이는 것들은 대개 골격근에 병소가 생겨 정상적

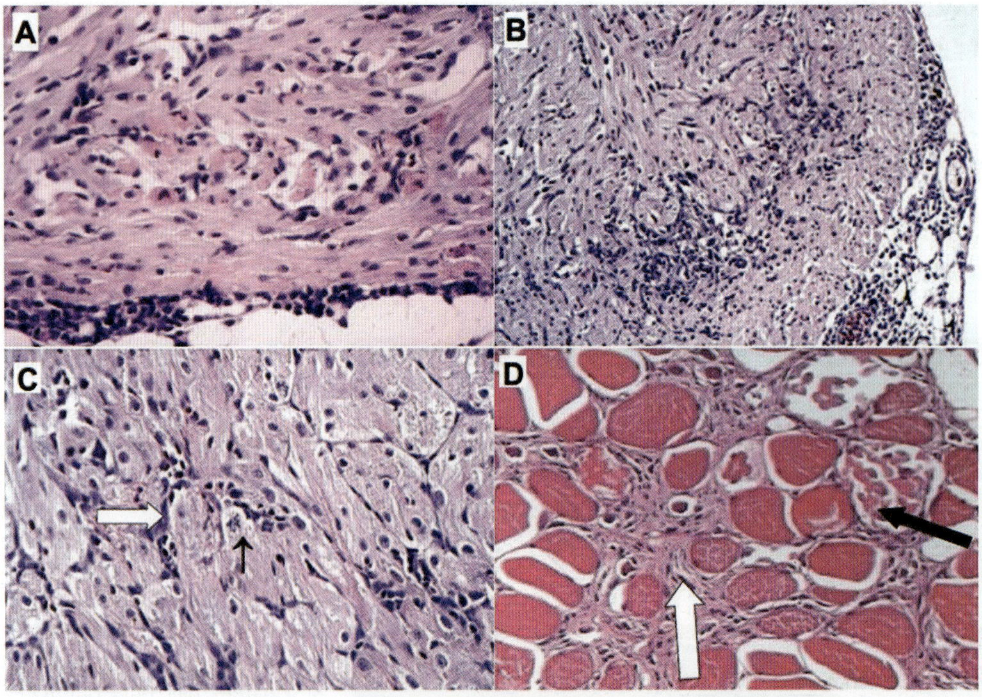


그림 1-128 SAV 1에 감염된 대서양 연어. A: 강호산성의 세포질 위축과 핵농축 및 급성과 관계있는 심외막염. B: 심방의 스폰지층과 치밀층의 경계면에 내막세포의 증식과 단구의 침윤. C: 심내막세포의 증식(⇐)과 심근세포의 분열상(←). D: 급성(←)과 만성(⇐)의 백색근(골격근)의 병소. HE, ×1000(B는 ×500)

인 유영이 불가능하기 때문이다. 한편 외관상 건강하게 보이는 개체도 때로는 심장근과 골격근의 병소 때문에 갑자기 사망하는 경우도 있다.

처음 발견되었을 때 이 병을 병리조직학적으로 조사하여 심근 골격근 myopathy라 하였는데, 그 후 식도근과 췌장에서도 병소가 발견되었다. 췌장과 심근의 병소는 항상 동시에 발생하지만, 외관상 건강한 어류에서는 심장의 병소는 그다지 심각한 편은 아니다. 그러나 가장 특징적인 병리상이 심근의 심한 변성이지만 이러한 심근의 변화는 가축에서 발생하는 영양성 또는 독성 myopathy, 또는 과밀사육과 같은 관리 부실에 의해서도 발생하며, 대서양연어의 경우에는 비타민 E와 selenium의 결핍증에서도 발생하고 있다. PD에서의 심근과 골격근의 병소는 췌장의 손상에 따른 외분비 기능의 저하와  먹이를 먹지 않기 때문에 발생한다고 생각되고 있다.

심장의 병소는 췌장 외분비부의 괴사와 동시에 또는 약간 늦게 발생하는데 위축, 핵농축 및 강호산성 세포질의 특성을 나타내는 괴사가 심방과 심실의 근육에 나타난다. 심실의 스폰지층과 치밀층의 경계면에 심근의 핵 비대가 관찰되는데, 이는 회복단계를 의미하고 있다. 또 어린 개체에서는 괴사된 심근을 보충하기 위하여 심근의 분열상이 보이지만, 고연령어에서는 이러한 변화를 관찰할 수 없다.

골격근의 병소는 심근과 췌장의 병소가 나타난 감염 3~4주 후에 나타나기 때문에 골격근의 환부를 확인할 수 있는 것은 병이 진행된 후기의 병어에 한한다. 근섬유는 초자변성을 나타내는데, 호산성의 근형질이 종대되고, 핵의 중심이동 및 마크로파아지의 근형질내 침윤 등을 관찰할 수 있는데, 이러한 골격근의 변화가 병어의 힘없는 유영과 폐사와 밀접한 관계가 있다.

수면병(sleeping disease, SD)은 담수 양식 무지개송어의 전염성 질병으로 모든 성장단계에서 발병한다. 이 병은 프랑스, 영국 등에서 발병하며 사망률은 약 22% 정도이다. 병명에서 알 수 있듯이 병어는 수조의 바닥에 몸을 옆으로 하여 잠자듯이 누워 있는데, 이는 일정한 속도로 지속적으로 헤엄칠 때 사용하는 적색근의 괴사에 기인한 것이다.  그 외 췌장 외분비부와 심장의 변화는 SAV 1과 비슷하다.

그림 1-129 수면병(sleeping disease, SAV 2)에 감염된 무지개송어 치어. 수조 바닥에서 잠자는 형태, 안구돌출 및 복부 팽만의 전형적인 증상을 나타내고 있음.

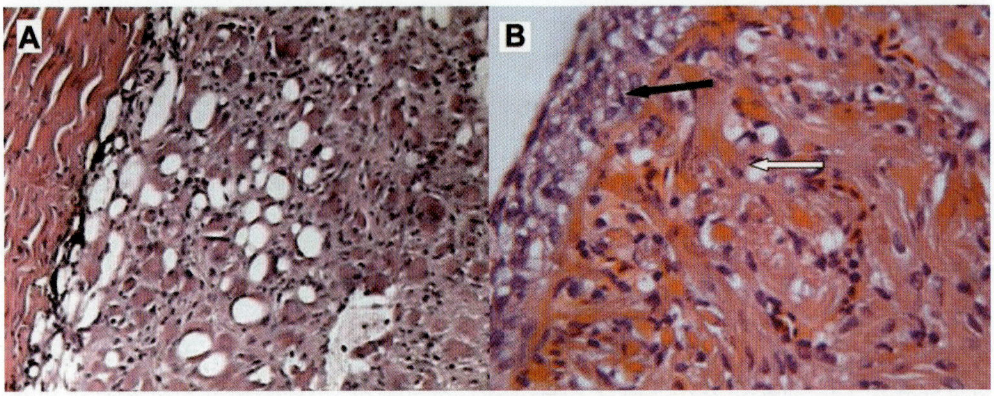


그림 1-130 SAV 2에 감염된 무지개송어의 심근. A: 측선근의 대부분을 포함하는 적색근의 병소. B: 심한 심근의 변성(⇐)과 심외막염(←), HE, ×500.

PD와 SD의 원인바이러스는 병어의 신장 추출물을 CHSE-214에 접종하여 10~15°C에 배양하면 세포가 불규칙하게 변하면서 핵농축과 공포화가 일어나는 CPE를 관찰할 수 있다.

PD는 해수 사육 중인 대서양 연어를 사육할 때 해수 이식 당년도에 발병하여 심한 피해를 초래하는 질병으로 1976년 스코틀랜드에서 처음 보고되어 현재는 노르웨이, 미국, 스페인, 프랑스, 일본 등지에서 발병되고 있다. 원인바이러스는 직경 65.5±4.3 nm의 타원형으로 envelope를 가지고 있다. Chloroform에 감수성이 있으며, pH 3.0과 50°C에서 불활화되며, 1.20 g/ml의 caesium chloride보다 가벼워 뜨기 때문에 Togavirus라 생각되었지만 정확한 동정은 되지 못하다가 2000년에 유전자 분석을 통하여 Togavirus속 중의 Alphavirus로 동정되었으며, 2002년에 Salmonid alphavirus라는 종명이 제기되었다.

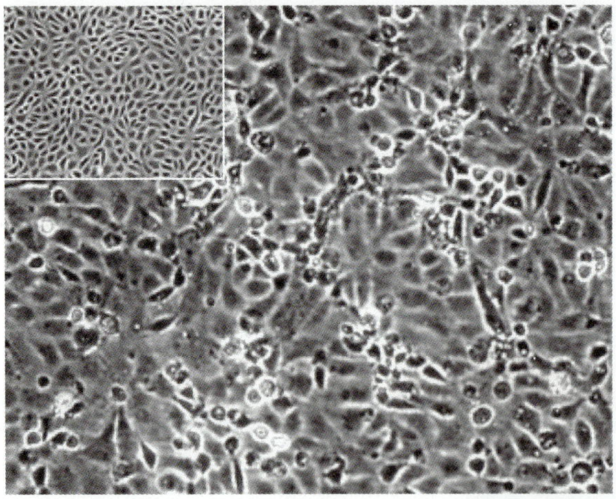

그림 1-131 CHSE-214에 접종한 SAV 1의 CPE. 전형적인 핵농축, 세포질의 공포화, 불규칙한 세포형태(Insert: 미접종 CHSE-214)

병어는 무리(schooling)에서 이탈하며, 먹이에 대한 반응이 없어지고(anorexia), 최종적으로는 물속에서 몸의 균형을 유지할 수 없을 정도로 쇠약해진다. PD는 대서양연어를 해수로 옮긴 6~11월 사이에 발생하는데 일단 해수로 옮기면 일시적으로 종식되는 것처럼 보이지만, 일단 감염된 것은 해수로 옮긴 직후인 6~8월에 반드시 발생하는 경향이다.

그림 1-132 성장이 불량한 병어(상)와 정상(하).

해수 이송 후 사육관리에 주의하면 수 주일 내에 회복되는 수도 있지만, 해수에서 2년간 사육한 어류에서의 회복은 변화가 심하여, 회복되지 못하는 어류는 점차 여위어 체중이 감소하기 때문에 손상당한 췌장의 분비선 세포가 재생되지 않으며, 세균의 2차적 감염을 받기 쉬워지기 때문에 일단 발병하면 폐사함으로 경제적 손실은 더욱 커진다. 그러나 해수 사육 2년어에 발병하게 되면 면역이 형성되기 때문에 재감염은 일어나지 않는다고 한다.

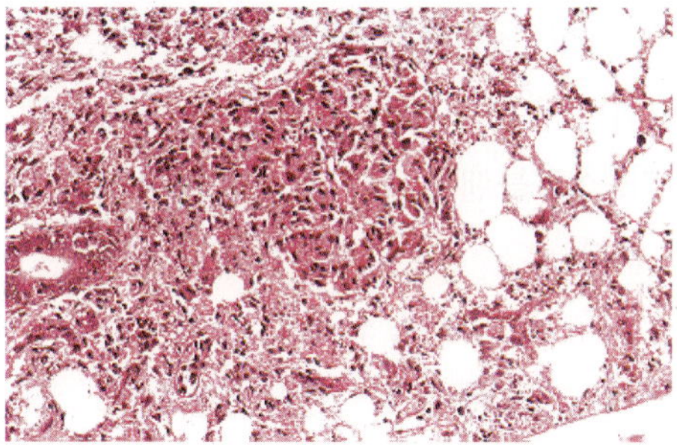

그림 1-133 분비선이 괴사된 PD병어. HE.

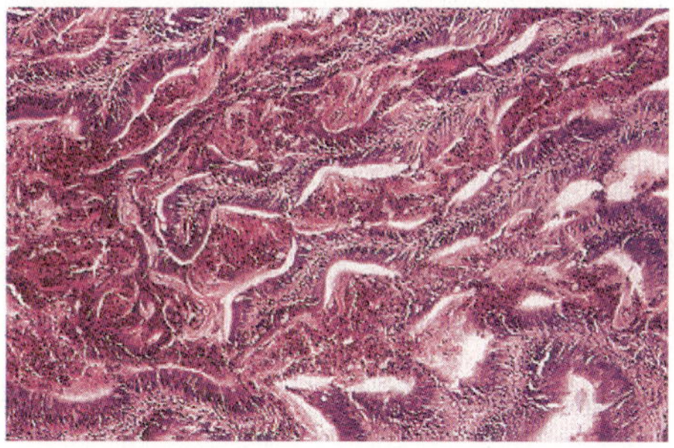

그림 1-134 급성의 PD. 장의 내강에 출혈. HE.

PD는 병리조직상은 병의 진행 상태에 따라 몇 개의 유형으로 구분할 수 있다. 초기의 만성 상태에서는 국소적 혼탁종창, 효소원과립의 유착, 괴사, 백혈구의 침윤, 출혈과 림프관의 팽창이 생기고 분비선 세포에는 소형의 호염기성 공포가 생기며 혈관주변의 섬유화와 지방 축적이 일어난다.

급성에서는 분비선 전체에 괴사가 일어나 호산성과립으로 남게 되어, 관공 내에는 텅 비게 된다. 또 백혈구의 침윤을 동반한 출혈과 섬유화도 일어나지만 췌장의 관과 랑게르한스 섬은 손상되지 않은 채로 남아 있다.

후기 만성단계에서는 손상부위의 섬유화와 췌장의 수축이 일어나고 분비선, 랑게르한스 섬 및 지방이 소실된다. 이러한 후기 만성의 단계에서 대부분의 어류는 회복으로 향하게 되는데 조직학적으로는 섬유화된 췌장 조직의 변성 분비세포가 여러 곳에 산재하며, 분비부의 조직이 점차 확대되면서 외형상 정상에 가까운 모양으로 된다.

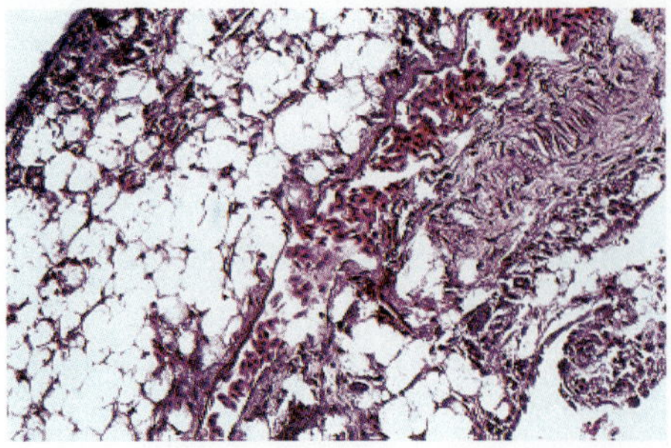

그림 1-135 분비선이 소실된 PD 후기의 병어. HE.

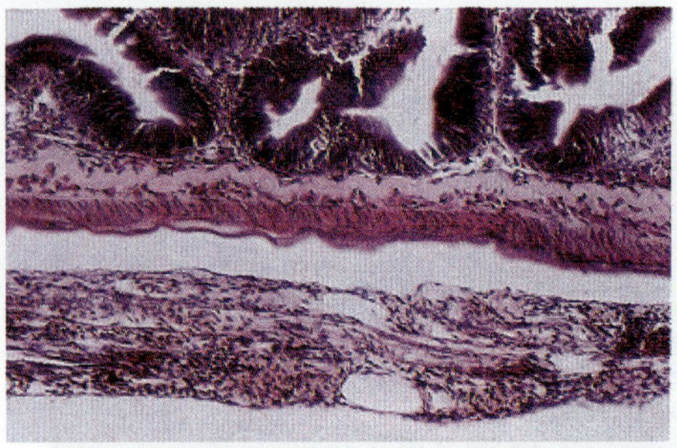

그림 1-136 만성의 PD. 축척 지방의 감소와 분비선 조직의 감소. HE.

## 6) Orthomyxovirus

### (1) 연어의 전염성 빈혈증(Infectious salmon anemia, ISA)

ISA는 1984년 이후부터 노르웨이의 양식 대서양연어에 높은 폐사율을 나타내는 질병으로 해수를 펌핑하여 담수와 혼합한 사육수로서 해수에 적응 중인 어류에 처음 발병하였지만, 그 후 노르웨이 연안에서 양식되고 있는 거의 모든 어류에 발병하는 것으로 밝혀졌다. 따라서 해수 순치와 pH조정을 위하여 해수를 담수와 혼합하여 사육 중인 부화장에서는 거의 발생하고 있다. 이 병의 발생은 수온의 급변과 밀접한 관계를 가지고 있어 주로 봄에 발생하지만 가을에도 발생하는데 1990년대 이후 캐나다, 스코틀랜드, 남미의 칠레에서도 발생이 관찰되고 있으나 아직 아시아권에서의 발견 예는 없다.

병어는 무기력하여 가두리의 밑바닥에 가라앉는 경향이 있으며, 급성인 경우에는 짧은 기간에 높은 폐사율을 나타내지만 만성의 전 단계에서는 거의 폐사가 일어나지 않는다.

그림 1-137 안구돌출과 출혈을 일으키고 있는 대서양 연어의 ISA.

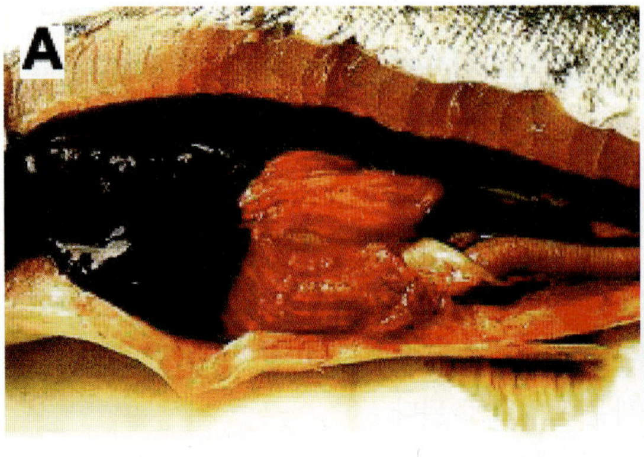


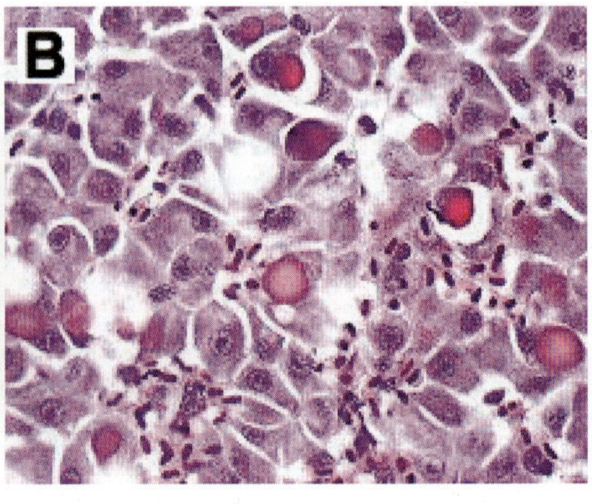


그림 1-138 ISA에 감염된 대서양 연어. A: 간의 흑화와 유문수의 출혈이 현저. B: 간세포의 적혈구 탐식상.

병어는 빈혈과 복강면에 점상출혈, 복수, 장전반부의 울혈, 비장과 신장의 울혈과 비대가 관찰된다. 만성으로 되면 무기력한 상태가 수일간 지속되며 과민반응과 체축을 중심으로 회전운동을 한다. 이 만성상태에서는 복부는 팽창되고 비늘의 부종, 아가미 빈혈, 안구내에 점상출혈이 일어나면서 안구돌출이 생기고 내부에는 복수, 울혈, 비장비대 및 간장의 암적화, 체강내 지방조직에 점상출혈과 정전반부에 울혈이 관찰된다. 감염초기의 조직상은 괴사, 울혈과 간세포의 종창이지만 감염후기에는 국소적 출혈을 동반한 간세포의 변성이 일어나 간의 색구조가 붕괴되지만 중심정맥은 그대로 남아 있다.

장 전반부의 점막고유층(lamina proria)에는 울혈이 생기는데 때로 심한 출혈을 동반하기도 하며 비장에서는 적혈구의 탐식상과 울혈이 생긴다. ISA의 혈액학적 변화는 적혈구의 세포질에 공포가 출현하고 백혈구수와 평균적혈구의 용적이 감소하여 심한 빈혈을 초래한다.

원인체인 ISAV(infectious salmon anemia virus)는 orthomyxovirus과로 분류되는 크기가 100~200 nm인 RNA바이러스로 대서양연어 두신유래의 SHK-1세포를 이용하여 병원체의 배양이 가능하게 되었다(Dannevig et al, 1995).

ISA의 전염은 보균어의 이동에 의해서도 일어나지만 어류의 가공시설에서 나오는 물과 혈액을 통하여도 감염되는데, 실험적으로도 감염어의 혈액, 피부점액, 변을 통하여도 감염된다는 것이 입증되어졌다. IPAV가 잠복상태로 있을 수 있는 기간은 6개월 이상이다.

이 병의 발생을 방지하기 위하여 감염어의 이동을 가능한 억제하고 어류 가공공장에서 방출되는 혈액과 물을 소독 처리하여 방출함으로써 현재는 상당량 감소되고 있는 실정이다. 증상으로 어느 정도 진단할 수 있지만 정확한 진단을 위해서는 바이러스의 배양 등을 하여야만 하지만 최근에는 어류를 죽이지 않고 아가미의 점액을 채취하여 RT-PCR로 진단하는

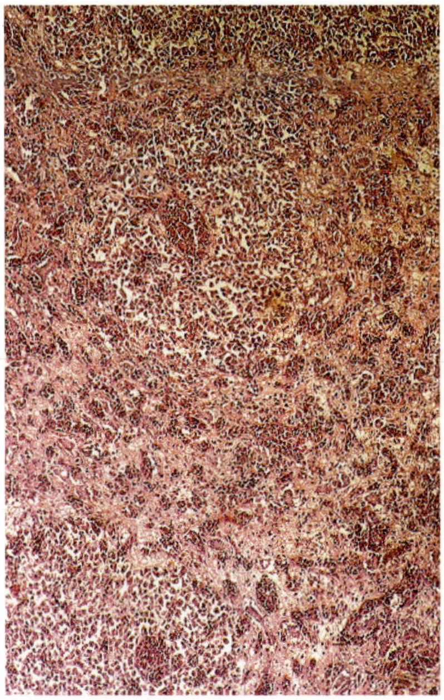

그림 1-139 ISA병어의 간 중심정맥동 주변의 출혈.

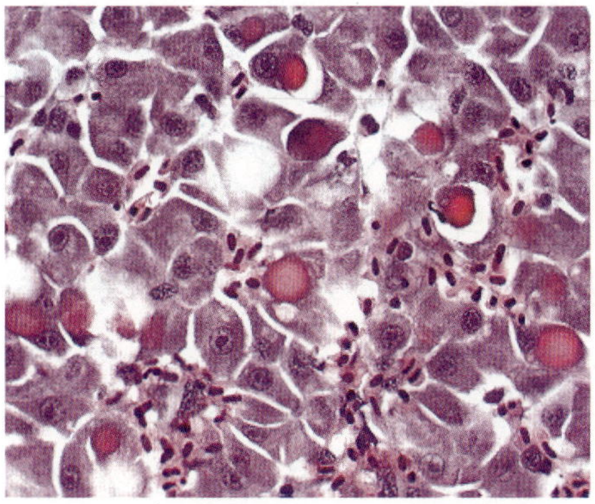

그림 1-140 적혈구를 탐식하고 있는 간세포.

그림 1-141 내장의 출혈과 신장비대 및 아가미 빈혈상을 나타내는 ISA병어.

그림 1-142 간의 암적화와 유문수의 출혈이 현저한 대서양연어의 ISA.

기법이 개발되어 효과적으로 사용되고 있다.

원인바이러스의 소독에는 iodophor, chloramine-T, chlorine dioxide등에 5분간 처리하는 것이 효과적인 것으로 밝혀졌으며, 현장의 양식장은 5~6 km 정도 간격이 필요하며, 가공시절에서 나오는 배출물도 철저히 소독할 필요가 있다.

## 7) Retrovirus

### (1) 형질세포성 백혈병(Plastmacytoid leukaemia, PL)

PL은 1988년 이후부터 미국과 캐나다의 서부 해역에서 사육 중인 연어 송어류에 발병하기 시작한 해산어 빈혈증으로 사망률은 매우 높다.

감염된 시누크연어는 체색이 검어지고 아가미의 빈혈과 두 안구가 돌출이 생긴 채로 대개 물의 표면에 힘없이 떠 있다. 비장과 신장이 확장되고 체장, 간, 골격근 등에 점상의 출혈이 생긴다. 병소를 현미경으로 관찰하면 대량의 번식성 형질아세포가 침윤하고 있다. 형질아세포는 분절상의 핵을 가지고 있으며, 대형의 핵소체를 가지고 있다. 병리조직상은 미국의 태평양연안에서 발생하고 있는 미포자충의 조직상과 매우 유사하여 구별이 불가능할 때도 있다.

간에서 채취한 혈액도말표본 중에 많은 미숙혈구가 존재하는 것과 조직상으로 신장의 간질에서의 형질아세포의 증생을 기준으로 진단하고 있다.

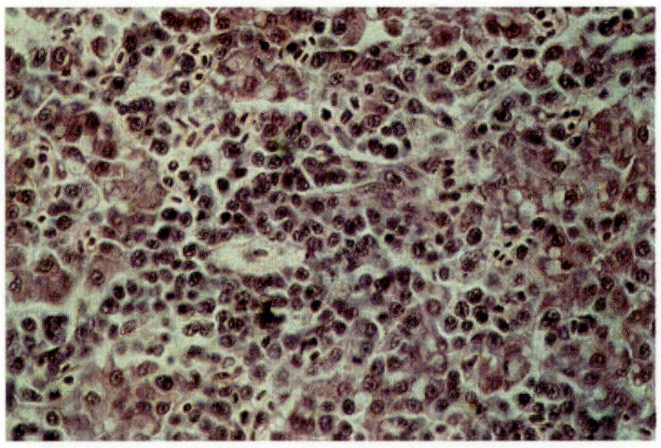

그림 1-143 형질아세포가 증식하고 있는 간. HE.

### (2) 바이러스성 선회병(Viral whirling disease, VWD)

연어 송어류 및 은어류에 감염되지만 치어와 성어의 증상에 차이가 있다. 치어에서의 발병은 산발적으로 일어나며 감염어는 회전회면서 선회유영을 한다. 성어는 외부와 내부에 별다른 이상은 발견할 수 없으며, 수조 벽이나 바닥에 옆으로 드러눕는 증상을 나타내며, 척추골에 변형이 생기기도 한다. 원인바이러스인 VWDV의 발육 최적온도는 15°C이며, CHSE-214에 배양하면 약간 각진 구형상의 CPE가 나타난다.

병리조직학적으로는 신장의 괴사, 뇌혈관의 확장 및 신경세포의 괴사가 생기는데 특히 신경축삭의 괴사가 특징적이다. 이러한 신경세포의 괴사가 회전선회의 원인으로 생각된다. 감염어는 뚜렷한 외부 증상이 없지만 이상 유영을 나타내는 어류가 발견되면 질병은 상당히 진행된 상태이며, 대개 20~40%가 감염되어 있다고 생각된다. 또한 이 질병의 단독 감염보다는 보통 IHN 과 EIBS와 혼합감염이 생기는 것이 보통이다.

## 8) Reovirus

### (1) 차넬메기의 레오바이러스병(Catfish reovirus disease)

CCVD와 비슷한 메기류의 바이러스병으로 catfish reovirus(CRV)는 폐사율은 낮은 편이며 병어에서는 아가미의 호흡상피의 증생과 새변 상피의 유착이 보통으로 관찰된다. CCVD와 마찬가지로 합포체를 형성하며 CCVD에 비해 크지만, 단층배양세포 전체에 변성을 일으키지는 못한다.

## 9) Myxovirus

### (1) 유럽산 뱀장어 바이러스증(Viremia of the European eel)

유럽산 뱀장어의 두부 특히 아래턱 또는 윗턱의 끝부분에 대형의 유두종이 형성되는 것을 특징으로 하는 질병이다. 유두종이 분홍색 또는 회백색을 띤 부드러운 사마귀모양의 돌기가 많이 모여서 얼핏 보기에 서양의 채소인 cauliflower에 닮아 있기 때문에 cauliflower disease라는 병명으로 불리고 있었다. 충분히 자란 유두종은 직경이 3~5 cm 정도로 조직학적으로는 전형적인 상피성 종양으로 상피세포와 점액세포로 구성되어 있으며, 이들 세포사이에 진피성의 결합조직이 나뭇가지 모양으로 침입하여 여러 개의 부분으로 나누고 있다. 결합조직 속에 혈관이 존재

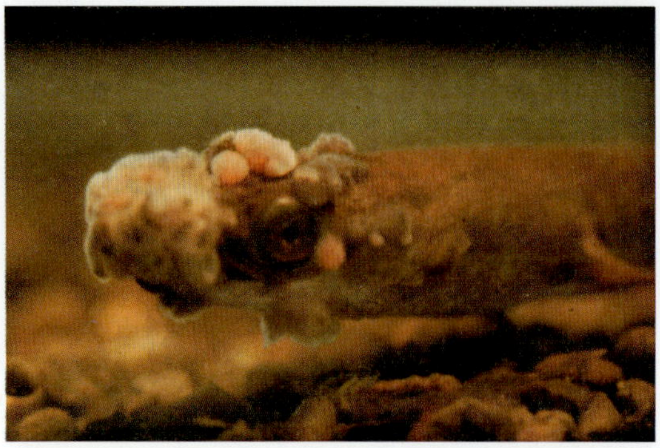

그림 1-144 유럽산 뱀장어의 유두종.

하는 경우에는 상피성 결합조직을 통해서 보이기 때문에 종양의 색깔이 붉게 보이게 된다.

병어는 건강한 개체에 비해 체중이 심하게 감소되는데 특히 간과 소화관의 김량이 현저하다. 이러한 체중의 감소는 주둥이 부근에 생긴 종양 때문에 먹이를 먹을 수 없게 되는 것에 기인한다. 이 병에 의해 어류가 사망하지는 않지만, 종양이 커지게 되면 입을 여닫을 수 없게 되어 질식사하는 경우는 있다.

이 병의 지리적 발생을 보면 발틱해로부터 유럽 북서해안(독일과 덴마크 해역)에서의 발병률이 가장 높아 이 해역에서 체포한 뱀장어의 20~30%가 이 병에 감염되어 있고, 계절적으로는 가을에 가장 많이 발생하며 봄에는 유두종을 가진 뱀장어를 전혀 발견할 수 없다고 한다.

EV는 유두종을 가진 뱀장어로부터 FHM세포에 CPE를 나타내는 바이러스를 분리하여 EV-1이라는 명칭을 부여하였는데 EV-1은 FHM세포에 핵농축을 일으켜 세포를 단축시켜 괴사시키며 합포체를 만드는 것이 특징이었다. 그런데 동결보존 중인 EV-1를 재검토한 결과 EV-1과는 다른 성상을 가진 바이러스가 분리되었기 때문에 EV-1과 구분하기 위하여 EV-2라는 명칭을 부여하였다. EV-2는 EV-1과는 FHM세포에 대한 CPE는 동일하였지만, RTG-2세포에서는 증식하지 못하였다. 이들 바이러스의 뱀장어에 대한 병원성은 아직 입증되지 않고 있다.

이 병에 바이러스가 관계하고 있기는 하지만, 바이러스가 직접적인 원인이라기보다는 다른 요인과 밀접한 관계를 가지고 발병하는 것으로 생각되고 있다. 즉 뱀장어는 펄 속에 잠입하는 습성이 있기 때문에 펄에 축적된 퇴적물에 의한 자극과 환경악화가 간접적인 원인으로 작용하여 질병을 유발시키는 것으로 생각하고 있지만 확실한 증거는 아직 없다.

### (2) 블루길 바이러스성 상피낭종(Bluegill viral epitheliocystis)

1969년 피부, 지느러미, 아가미에 직경 15~85 μm의 작은 cyst가 형성된 블루길을 조사한 결과 cyst의 모양은 림포시스티스와 유사하지만 조직학적으로는 완전히 달라 표피조직 내에 상피세포와 점액세포가 비대화되어 있어 상피낭종(epitheliocystis)이라는 병명을 붙이고, 이 비대화된 세포를 에피셀리오시스티스세포라 명명하였다.

림포시스티스세포는 비대화된 세포 내에 비대화한 핵과 세포질 속에 봉입체가 있을 뿐

세포질에는 이렇다 할 것은 들어 있지 않은 반면 이 세포는 세포질 속에 아주 미세한 원형 또는 난형의 호염기성이 커다란 덩어리를 형성하고 있으며, 비대화된 핵은 과립의 덩어리 때문에 편재하고 있다. BF-2세포를 배양하면 CPE가 나타난다.

병리조직학적으로는 아가미에 감염된 경우 아가미 상피세포의 현저한 증생으로 새박판과 새변에 변형이 생긴다. 이 병에 관한 숙주 범위를 보면 블루길뿐만 아니라 돔류나 숭어류에도 발병되는 것으로 알려져 있다.

## 10) 기타

### (1) 자연산 넙치의 빈혈증

주로 겨울철에 발병하는 경향이며 병의 진행은 아주 만성적이다. 감염어는 심하게 여위어 있으며, 아가미가 엷은 핑크색에서 거의 백색으로 퇴색되는 경우도 있다. 눈이 없는 쪽의 체표는 심한 빈혈 때문에 엷은 청색을 띠는 경우도 있지만 빈혈을 제외한 육안적 증상은 거의 발견할 수 없다. 해부하여 보면 복수가 축적된 개체도 있으며, 간장이 위축되어 있다. 또한 Ht치가 정상인 개체는 소수에 불과하고 대개 1.0~12.6%로 심한 감소를 나타낸다. 이러한 빈혈 증상을 나타내는 넙치는 수송 등의 스트레스에 매우 취약하여 수송 후에 60~70%가 폐사한다. 그러나 병어로 부터는 흡혈 기생충이나 세균은 분리되지 않는다.

병어의 말초혈액 또는 해부한 다음 신장과 비장을 예리한 면도날로 절단한 다음 stamp 표본을 만들어 May-Grunwald Giemsa염색하면 말초혈액의 적혈구는 방추형으로 그 양쪽 끝이 가늘게 길게 늘어난 형상을 하고 있다. 이 때문에 적혈구의 세포질은 정상 적혈구에 비해 현저히 적으며, 정상 세포에 비해 세포질의 염색성도 약하게 염색되거나 전혀 염색되지 않는 경우도 있다. 이러한 적혈구의 핵은 심하게 농축을 일으키고 있다. 또 대형의 핵과 청회색으로 염색되는 소량의 세포질을 가진 미숙 적혈구 또는 전구라고 판단되는 혈구의 비율이 높은데, 이러한 세포의 세포질에는 공포가 관찰되기도 하며, 변형 적혈구처럼 세포의 양끝이 실 모양으로 길게 늘어나 있다. 그러나 신장과 비장의 스탬프 표본에서 혈구의 형태 이상은 발견하기 어렵다.

병리조직학적으로는 조혈조직에서만 변화를 나타낸다. 즉 신장 조혈조직은 죽은 세포의 잔해로 추정되는 것, 농축되거나 절단 핵을 가진 원형의 위축세포가 점상으로 관찰된다. 그러나 병어가 빈혈이 현저함에도 불구하고 조직의 괴사는 광범위하지는 않다. 조혈조직 내의 멜라노마크로파아지 센터도 형태적으로는 정상이다.

비장은 신장보다 더욱 명확한 변화가 관찰되는데, 혈관 주변에 백혈구의 집합체가 관찰된다. 백혈구의 집합체내부에는 신장 조혈조직에서 관찰되는 죽은 세포가 높은 빈도로 관찰된다.

신장과 비장의 전자현미경상은 섬유상의 과립을 가진 과립구 내에 바이러스 모양의 입자가 관찰된다. 바이러스 입자를 가진 과립구는 바이러스 입자를 가지고 있지 않는 과립구에 비해 정상 과립의 수가 적고, 미토콘드리아가 팽윤되기 때문에 그 내부의 전자 밀도가 낮아져 있다. 또한 소포체도 불규칙한 형태로 내부의 부정형의 물질이 고여 있는 것이 관찰되

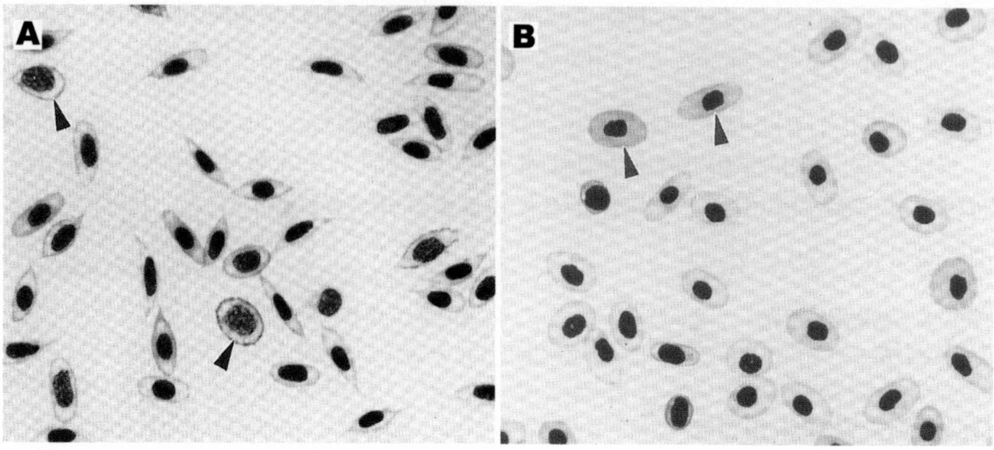

그림 1-145 빈혈증을 나타내는 넙치의 혈액도말표본. A: 길다란 실모양의 돌기를 가진 방추형의 적혈구와 미숙 적혈구(화살표), B: 정상의 염색을 나타내는 적혈구의 세포질(화살표)과 염색성이 저하된 변형 적혈구. May-Grunwald Giemsa.

기도 한다. 또 일부의 적혈구도 불규칙하게 확장된 소포체를 가지고 있는 경우도 있으며, 세포질에 바이러스의 입자가 관찰되기도 한다.

어류에서의 빈혈은 용혈, 출혈 및 조혈조직의 기능 장애 등에 의해서 유발되지만, 병어는 용혈을 의미하는 황달 또는 혈색소의 침착이 관찰되지 않았다. 또한 체표에도 출혈을 의미하는 외상도 관찰되지 않는다. 그렇지만 병어의 적혈구의 형태 이상과 세포질의 염색성의 저하는 조혈 기능에 이상이 있다는 것을 의미한다. 그럼으로 이 질병은 조혈조직의 세포에 친화성을 가진 바이러스의 감염에 의해 조혈기능이 장애를 일으켜 발생하였을 가능성이 높다고 추정된다.

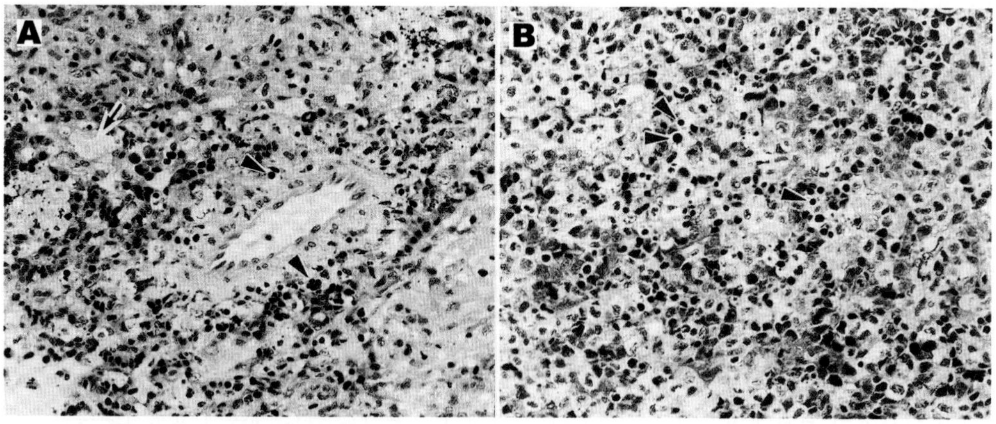

그림 1-146 A: 비장, 혈관주변의 림프구 사이에서 관찰되는 농축 핵을 가진 괴사 세포(화살표)와 괴사세포의 잔해로 추정되는 공포 모양의 구조물, B: 두신에서 관찰되는 핵농축을 일으킨 원형의 괴사 세포(화살표). HE.

# 제 2 장

# 세균성 질병

## – 어류의 세균성 질병 –

## 1 개요

수중에는 수많은 종류의 세균이 서식하고 있으며 이들 세균은 수중생태계에서 물질의 합성자로서 또는 분해자로서 작용하고 있는데, 이들 중에는 어류에 질병을 유발시키는 세균도 있지만 비병원성인 균도 있다. 어류의 질병을 일으키는 세균의 대부분은 어체를 떠나 수중에서 장기간 생존 가능한 것이 대부분이지만, 생존에 어체를 필요로 하는 균도 소수 있다. 그러므로 이들 수중의 세균이 어체에 들어간다고 하여 반드시 질병을 유발시키는 것이 아니며, 어체 내에서 아무런 장애를 초래하지 않은 채로 살아가는 경우도 있지만, 산란이나 외부로부터 스트레스를 받게 되면 어류의 생리에 변동이 생겨 질병으로 진행되는 것이 보통이다. 그럼으로 어류의 세균성 질병의 발생을 병원균뿐만 아니라 환경과 어류와의 상관관계도 고려하여야만 한다. 즉 어떤 병원체에 감수성이 있는 어류가 병원성의 세균이 특정한  환경조건 하에 놓여 있을 때 질병이 발생한다는 것을 명심하여야 한다.

어류의 세균성 질병은 숙주, 원인균, 또는 환경에 따라 병리상이 달라질 수 있지만, 기본적으로 표재성(superficial), 패혈성(septicemic)과 육아종성(granulomatous)의 숙주반응이 나타난다. 질병이 진행되는 동안에 3종류의 숙주반응이 동시에 나타나기도 하지만 그 중에 한 가지 반응이 항상 우세하게 나타난다. 병원성이 강한 Listonella (=Vibrio) anguillarum, Aeromonas samonicida, Yersinia ruckeri 등은 모두 패혈증을 일으키기 때문에 어체의 거의 모든 기관에서 원인균이 발견되며, 증상으로 피부와 내장의 모든 기관에 출혈, 충혈, 복수 및 안구돌출이 생긴다. 한편 병원성이 약한 균도 패혈증을 일으키기는 하지만, 병소가 주로 피부, 피하조직 또는 근육에 만들어지는데  이는 원인균이 가지고 있는 효소나 생산하는 독소가 광범위하게 피부를 괴사시켜 궤양을 형성함으로써 수중으로 세균이 방출되게 된다. 어떤 병원균의 질병은 만성적으로 진행되어 점진적인 괴사와 조직의 증식과 수복이 동시에 일어나기 때문에 육아종성의 반응을 나타내는 것이 보통인데 이러한 병원균에는 Renibacterium salmoninarum, Mycobacterium spp. Pasteurella piscicida(=Photobacterium damsella subsp. piscicida) 등이 속한다. 클라미디아속(Chlmydia)과 Piscirickettsia가 속하는 클라미디아과(Chlamydiales)와 리케챠과(Rickettsiales)는 세포내 기생체로서 숙주세포 내에서 증식한다. 어류의 질병과 관련이 있는 주요한 병원균을 요약하면 표 2-1과 같다.

표 2-1 어류의 주요 세균성 병원균

| 병원균 | 질병 |
| --- | --- |
| **1. 그람 음성균(Gram negative bacteria)** | |
| Vibrionaceae | |
| *Vibrio anguillarum*(= *Listonella anguillarum*) | Vibriosis |
| *Vibrio ordalii* | Vibriosis |
| *Vibrio harvey* | Vibriosis |
| *Vibrio salmonicida* | Cold water vibriosis |
| *Aeromonas salmonicida* | Furunculosis |
| *Aeromonas hydrophila* | Septicaemia |
| *Aeromonas caviae* | Septicaemia |
| *Aeromonas sobria* | Septicaemia |
| Enterobacteriaceae | |
| *Edwardsiella tarda* | Edwardsiella septicaemia |
| *Edwardsiella ictaluri* | Enteric septicaemia of catfish |
| *Yersinia ruckeri* | Enteric red mouth(ERM) |
| Pasteurellaceae | |
| *Photobacerium demsella* subsp. *piscicida* | Pasteurellosis |
| Flavobacteriaceae | |
| *Flavobacterium psychlophilum* | Peduncle disease |
| *Flavobacterium columnare* | Columnaris disease |
| *Tenacibaculum maritimus*(= *F. maritimum*) | Seawater columnris |
| *F. psychlophilum* | Rainbow trout fry anemia |
| Flavobacteriaceae | |
| *Flavobacterium branchiophilum* | Bacterial gill disease |
| Pseudomonadaceae | |
| *Pseudomonas fluorescence* | Septicamia |
| *Pseudomonas anguilliseptica* | Red spot disease |
| *Francisella piscicida* | |
| **2. 그람 양성균(Gram positive bacteria)** | |
| *Renibacterium salmoninarum* | Bacterial kidney disease(BKD) |
| *Carnobacterium piscicola*(= *Lactococcus piscicola*) | Pseudokidney disease |
| *Vogacoccus salmoninarum* | |
| *Streptococcus* sp(= *Lactococcus garviae*) | Streptococcosis |
| *Streptococcus iniae* | Streptococcosis |
| *Streptococcus parauberis* | Streptococcosis |
| **3. 항산성균(Acid fast bacteria)** | |
| Mycobacteriaceae: | |
| *Mycobacterium marinum* | Mycobacteriosis |
| *Mycobacterium fortuitum* | Mycobacteriosis |
| *Mycobacterium chelonae* | Mycobacteriosis |
| Nocardiaceae | |
| *Nocardia asteroides* | Nocardiosis |
| *Nocardia kamphachi* | |
| **4. 리케차와 클라미디아(Rickettsias and Chlamydias)** | |
| *Piscirickettsia salmonis* | Salmonid rickettsiosis |
| Epitheliocystis organism | |

# 2 에로모나스

## 1) 절창병(Furunculosis)

원인균인 Aeromonas salmonicida subsp. salmonicida는 전염성이 있는 병원세균으로써 자연산이나 양식산 연어 · 송어류에 감염된다. 이 균은 정형균으로 독력이 강하며 다른 두 종류의 아종인 A. salmonicida subsp. achromogenes와 A. salmonicida subsp. mosoucida는 소위 비정형이라 불리는 균주들이다. A. salmonicida subsp. achromogenes는 salmonicida 보다 독력이 약하기 때문에 발생되는 지역에 제한이 있어 아이슬랜드에서는 대서양연어에 중요한 질병이라고 한다. A. mosoucida는 일본에서 연어과 어류에 질병을 일으키는 것으로 알려져 있다.

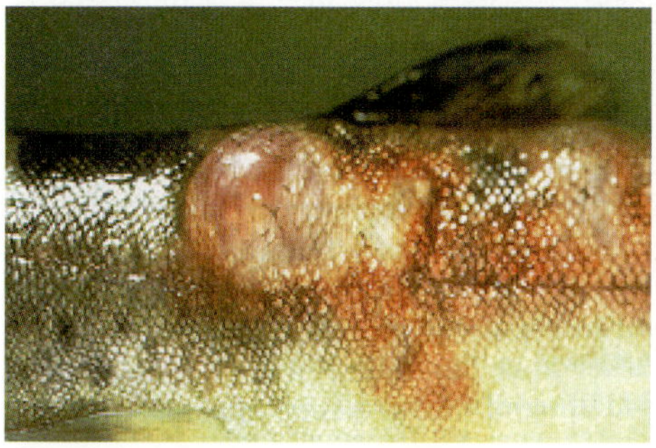

그림 2-1 절창병의 부스럼.

그림 2-2 절창병의 근육내 출혈.

병어의 증상은 질병의 진행과정과 밀접한 관계가 있는데 급성으로 진행되는 경새감염과 만성으로 진행되는 경피감염의 2형이 있다. 경새감염형은 외관상 별다른 증상이 없이 급사하는 형으로 죽기 전에는 먹이를 먹지 않는 것이 보통이다. 경피감염형은 체색 흑변, 무기력, 식욕부진, 지느러미 기부의 점상출혈, 아가미 빈혈, 체표에 융기환부가 생기며, 융기환부는 병이 진행됨에 따라 조직의 괴사물과 세균이 방출되고 궤양화된다. 해수 사육 중일 때는 아가미에 심한 출혈이 생기는 것이 보통이다. 내부증상은 내장기관에 광범위하게 급성 또는 만성의 출혈이 생기며 간은 퇴색되고, 신장은 연화되고 비장은 종대된다. 병어가 사망하는 것은 원인균이 생산하는 독소가 실질장기의 기능과 혈액순환에 장애를 초래하는 패혈증 때문이다. 세균의 독소는 조직을 액화시켜 부종을 동반한 심한 염증을 초래하며 이렇게 만들어진 병소 내의 조직 파괴물과 세균이 방출되고 병소는 궤양화되면서 병소에서 유출된 병원균이 새로운 감염원으로 된다.

원인균은 leucocidin이 주성분인 강력한 외독소를 생산하는데 이는 nerutoxin과 2종류의 protease로서 작용한다(Ellis, 1991). Leucocidin은 탐식성이 있는 마크로파아지와 단구를 파괴하며, 림프구를 용해시키기 때문에 병리표본상에서 세균의 집락에 대한 백혈구의 반응이 전혀 일어나지 않으며, 조직손상이 심하게 일어나게 된다. 이러한 백혈구의 파괴 때문에 조혈조직인 신장과 비장에서의 백혈구는 감소하게 된다.

Protease는 주로 근육의 결합조직에 작용하지만, 세균의 집락이 만들어지는 곳에 있는 모든 결합조직에 작용하기 때문에 내장의 모든 기관에 점상의 출혈을 일으키고 신장의 결합조직을 분해시키기 때문에 신장이 액화되어 신장을 연화시킨다. 또 병리조직상의 하나의 특징은 소화관의 장막하조직에 있는 호산구의 탈과립 현상이다.

절창병의 특징적 증상은 구간부의 임의의 부분에 보통 1군데 때로는 수 군데에 생기는 융기환부(절창 또는 부스럼)이지만, 이 환부가 반드시 생기는 것은 아니다. 절창은 최초 진피내에 세균이 집락을 형성하면서 섬유성 부종을 동반한 충혈이 생기고 뒤이어 마크로파아지를 비롯한 염증세포의 침윤을 초래하고 괴사소의 중심에는 섬유소의 침착을 동반한 액화괴사가 일어나는데, 이 액체 속에는 많은 수의 세균과 근육 및 다른 조직의 괴사물, 적혈구 등이 포함되어 있다.

구간부에 팽윤한 환부가 경피감염을 통하여 시작되는 경로는 주로 피부를 통한 감염으로 특히 피부의 상처가 중요한 감염의 문호가 된다고 추정하고 있다(Miyajaki and Kuboda, 1975) 아가미 감염형에서는 새박판상피나 모세혈관에 우선 세균의 집락이 형성되어 혈행장애가 일어나고, 세균이 더욱 증식하게 되면 균집락의 발달과 병행하여 전이가 일어난다. 또 새박판상피의 비후, 새박판의 변형, 그리고 새박판의 지지구조의 붕괴가 일어나 육안적으로도 식별할 수 있을 정도의 점상출혈이 아가미에 많이 나타난다. 이때부터 세균은 혈액 속으로 들어가 심장, 비장, 간장 등에 전이병소를 형성시켜 어류를 폐사시킨다(Miyajaki and Kuboda, 1975). 또 모세혈관에 세균집락이 나타나는 것에 관해서는 아가미 손상부를 통하여 세균이 침입하는 것으로 보고되고 있지만, 아가미혈관의 세균집락이 아가미를 통한 감염에 의한 것인가는 명확하지 않다.

장을 통하여 감염시키면 심한 카타르성염을 일으켜 패혈증으로 진행된다. 그러나 일반적으로 병어는 소화관에 병변이 보이지 않는 경우가 많고 때로는 장의 일부분 특히 장후반부에 울혈, 출혈, 충혈에 의한 발적 증상을 띠게 되어, 장내에는 혈액이 섞인 점액모양의 물질을 가지고 있는 경우가 많다.

이 병은 신장, 비장 및 간장을 심하게 손상시키는데, 신장에는 세균집락이 간질에 다수 만들어지므로 실질조직이 괴사되게 되고, 그 결과 신장은 전체적으로 연화, 종대되며 부분적인 융해가 일어나며, 사구체나 세뇨관이 괴사된다. 비장은 협조직과 기타부위에 세균집락이 형성되어 변성, 괴사가 일어난다. 외관적으로는 비장이 종대되어 엷은 적색을 띠고 있는 것이 많지만 암적색을 띠는 경우도 있다.

간장은 퇴색되고 지방질이 증가되는 경향이 있으며, 류동이나 혈관 밖에도 세균의 집락이 형성되며 이 세균집락에 접해있는 조직은 변성, 괴사를 일으킨다. 간장의 곳곳에 울혈과 내출혈이 생긴 경우가 많아 류동은 허혈상태로 되는 경우도 있다. 심장은 내외의 양 근층의 근조직간 결합조직에 커다란 세균집락이 형성되어 이곳의 근섬유는 파괴되어진다. 또한 복막은 출혈성염증이 보이는 경우가 많다.

## (1) 경새감염형

주요 증상은 감염초기에 있어 새박판의 호흡상피와 모세관 내에 미세한 세균집락이 출현하는 것이다. 호흡상피에 형성된 세균집락은 기저막에서 부터 벽주세포에 걸쳐 형성되며, 세균집락에 접하는 세포는 괴사된다. 새박판 모세혈관에 세균집락이 형성되면 그 부분의 호흡상피는 부풀어 오르지만, 혈행장애는 일어나지 않는다.

새박판 모세혈관의 세균집락이 점차 커지게 되면, 그 모세혈관은 벽주구조가 붕괴되기 때문에 현저하게 확장되어 해당 새박판과 인접 새박판상피가 현저하게 부풀어 올라 새박판이 유착된다. 이렇게 부풀어 오른 상피층에는 점액세포와 에오진호성으로 파스반응과 메타크로마지에 음성반응을 나타내는 과립세포의 증생이 보인다. 세균집락이 더욱 증대되어 새박판에서 새변상피, 새변 결합조직까지 확대되면 이 조직들은 괴사 붕괴하게 되어 새변동맥에 세균집락이 나타나기 시작한다. 이러한 세균의 색전이 발달한 새변 동맥은 혈행정지를 일으키며, 세균집락주위의 적혈구는 급성으로 사망하게 되고 혈관은 현저하게 확장된다. 따라서 이 동맥의 지배를 받는 새변과 새박판의 상피는 현저한 부종을 띠게 된다.

아가미에서 세균집락에 의한 세균 색전증이 진행되게 되면 동시에 전신감염이 일어나게 된다. 그리고 심장의 심외막이나 심근층에 크고 작은 몇 개의 세균집락이 나타나며 대형의 세균집락에 둘러싸인 심근섬유는 응고괴사를 거쳐 융해된다. 심근층에 형성된 세균집락은 증대되어 심내막을 파괴하고 심강 내에 심근이 노출되는 경우도 있다. 심근층의 세균집락의 주위에는 마크로파아지의 침윤이 있다.

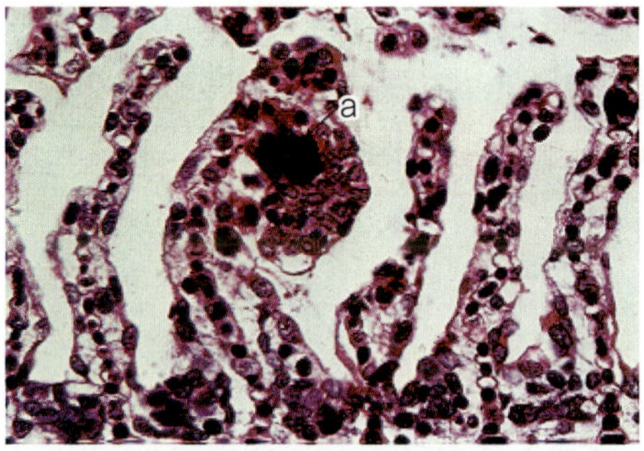


그림 2-3 아가미의 초기감염 병소. 새박판 상피에 세균의 작은 집락(a)이 형성되고, 이 때문에 새박판이 변형을 일으키고 새박판상피는 증생을 일으킴. HE, ×320.

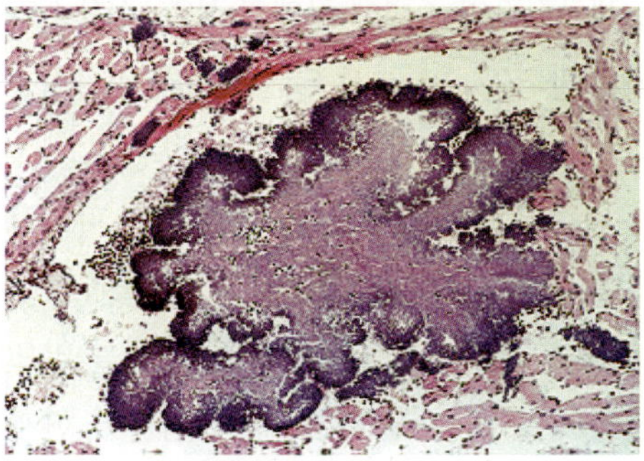

그림 2-4 심실의 심근층에 세균집락이 형성되어 심근섬유는 변성을 일으킴. HE, ×80.

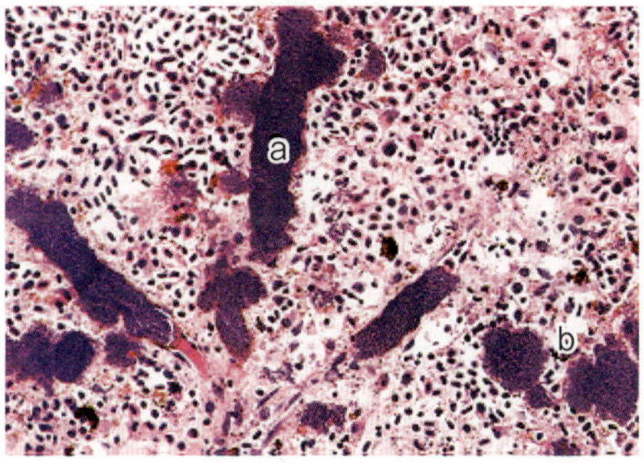


그림 2-5 협동맥(a)과 비수(b)에 세균이 집락을 형성하여 괴사를 유발시킴. HE, ×160.

전이병소는 심장에 이어 신장 조혈조직에 잘 생긴다. 조혈조직에서는 류동의 세망내피세포가 활발한 식균작용을 하지만, 세균은 세포 내에 증식하여 세포가 죽으면 균구로 되어 류동내로 떨어져 나온다. 그 결과 세균은 그 주위의 수질 내에 흩어져 조혈조직에 감염병소가 생기게 된다. 세균은 조혈조직 내에서 다시 증식하여 커다란 집락을 형성한다. 이 대형집락에 둘러싸인 조혈조직이나 세뇨관 상피는 세균의 침입을 받지 않지만, 얼마 되지 않아 변성이나 괴사하게 된다. 조혈조직 중의 세균증식이 현저한 경우에는 신정맥에도 거대한 세균의 색전이 생긴다. 또 사구체모세혈관에도 작은 세균집락이 가끔 관찰된다.

비장에는 협조직내에 다수의 세균집락이 형성되고 그 주변 괴사된다. 비수는 우선 울혈을 일으키며 나아가 출혈을 동반한 괴사가 일어난다. 비장의 괴사가 현저한 경우에는 혈해상(血海狀)을 띤다.

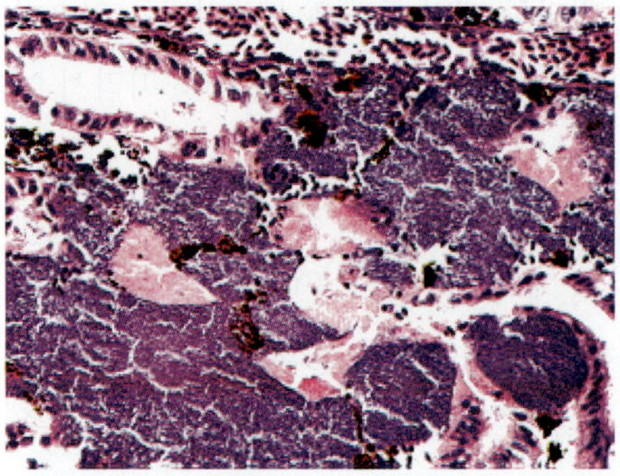

그림 2-6 류동 내에 세균집락이 증대되어 주변의 세뇨관상피 및 조혈조직을 침입하고 있다. 집락 내의 세뇨관상피는 괴사. HE, ×100

간장은 혈액이 없는 상태로 확장된 류동 내나 실질조직 내에는 소형의 세균집락이 여기저기 형성되어 있으며, 간세포는 당원이 소실되어 위축되며 최종적으로 지방변성을 일으킨다.

그 외 소화관이나 구간근조직 등은 모세혈관의 세균 색전이나 가벼운 출혈을 동반한 미소한 감염병소가 관찰된다. 또 중증어의 장에서는 자기소화가 일어나기 쉬운 경향이 있다.

### (2) 경피감염형

경증어의 체표의 작은 병소에서는 부분적으로 표피의 결손이 일어나, 결손부위 바로 밑의 진피의 소성결합조직에 작은 세균의 집락이 만들어지며, 세균집락의 주변에 장액의 삼출, 섬유소의 석출 및 가벼운 출혈이 보인다. 세균이 피하지방조직에 전파되어 증식하게 되면 진피와 피하지방조직까지 조직괴사와 순환장애가 일어난다.

중증어에서는 체표가 부풀어 오를 정도의 커다란 병소가 형성되어 있으며, 세균은 피하지방조직까지 확산되어 혈합근 조직, 근격막, 체측근조직에도 거대한 감염병소가 만들어진다. 이 거대한 병소의 표피는 광범위하게 박리되고, 진피는 괴사되던가 또는 수종성 소개를 일으킨다. 세균이 증식된 피하지방조직에는 출혈이나 장액의 삼출, 마크로파아지의 침윤이 현저하다. 혈합근 조직에도 출혈이 현저하며, 근섬유는 육장괴의 출현과 세열을 일으키며, 세균집락에 둘러싸인 근섬유는 응고 괴사되어 소실된다.

체측근섬유로 세균이 전파되는 것은 혈합근 조직이나 근격막에서 증식된 세균이 그 유래이며, 감염병소는 근절 단위까지 만들어진다. 병소중심의 세균증식이 현저한 근절은 대형 세균 집락이 만들어져 근절의 광범위한 범위에 걸쳐 출혈이나 장액의 삼출이 일어난다. 이 근절의 근섬유는 혼탁종창, 초자변성, 세열, 서상괴사, 융해괴사 등의 조직상을 나타낸다.

또한 세균증식이 현저한 근절뿐만 아니라 그것에 인접하고 있는 근절의 간질에서도 출혈과 섬유소석출이 일어나며, 섬유소도 여러 가지의 변성 괴사된 조직상을 나타낸다. 근격막은 세균증식이 현저한 부분에서는 융해 괴사되며, 마크로파아지의 침윤번식과 마크로파아지에 의한 탐식이 관찰된다. 그러나 근격막에 있는 체절동맥이나 정맥의 혈관벽에서의 세균의 증식은 미약하다.

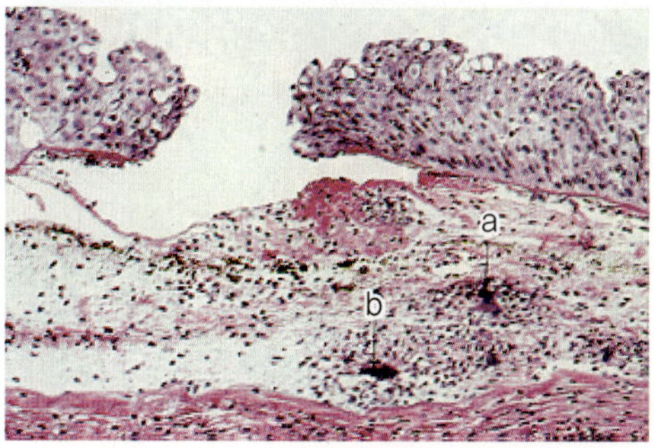


그림 2-7 피부의 초기 병소. 표피는 부분적으로 손상되고, 그 밑의 진피의 소성결합 조직에 세균의 집락(a)이 형성되어 있으며, 출혈(b)을 일으키고 있다. HE, ×100.

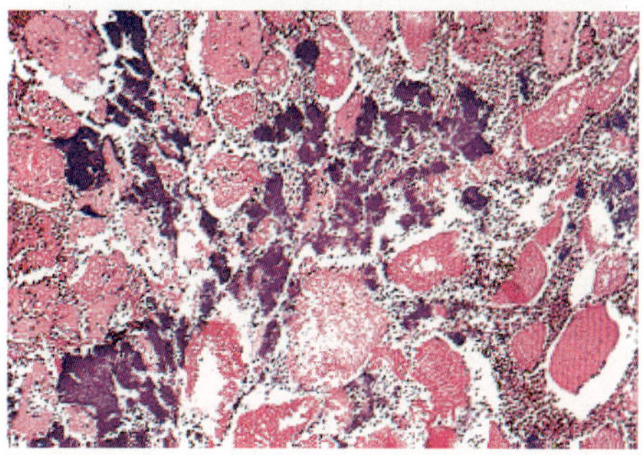

그림 2-8 체측근의 병소. 세균의 증식, 괴사, 출혈, 마크로파아지의 침윤과 식균상이 보임. HE, ×100.

최종적으로 근조직의 감염병소는 괴사되어 붕괴되며 세균, 적혈구, 석출섬유소, 조직괴사물의 부스러기가 섞여 있는 상태로 된다. 또한 괴사 찌꺼기는 연화 융해되어 진피의 붕괴와 더불어 체외로 방출된다. 괴사 찌꺼기가 세균과 더불어 체외로 방출된 병소주변에는 육아조직에 의한 분계선이 형성되는 경우도 있다.

경피감염형은 경새감염형에 비해 전신감염으로 진전되는 경향은 약함으로 중증어에서도 신장조혈조직, 비장, 심장에 작은 감염병소가 몇 군데 형성될 뿐이다. 또 이 병은 겨울철에는 생기지 않는 것으로 알려져 있지만, 겨울철에도 새박판 호흡상피 등에 미소한 세균집락이 관찰되는 것으로 미루어 겨울철에는 잠복기의 상태에 있다고 생각된다. 최근에 MIA에 0.01% coomassie brilliant blue(CBB)를 첨가한 CBB에 배양하면 진한 농청색의 콜로니가 형성됨으로 예비 진단이 가능하게 되었다.

## 2) 미국산 뱀장어(*Anguilla rostrata*)의 에로모나스병

수온이 낮은 봄과 가을에 주로 발생하며 여름과 겨울에는 거의 발생하지 않는 질병으로 병원균인 A. salmonicida의 증식온도와 발병은 밀접한 관계가 있다.

증상은 한국산 뱀장어의 두부궤양병과 유사한 증상으로 궤양 병소가 형성되는 질병으로 감염초기에는 피부에 직경 5 mm 정도의 소형의 퇴색부분이 생기지만, 얼마 안 되어 직경 5~30 mm의 궤양병소가 형성되어 근육이 노출된다. 이러한 궤양은 두부를 비롯하여 미병부 아가미, 내장기관에도 형성되는데, 두부의 경우에는 처음에는 두부의 꼭대기 부위가 팽윤된다. 두부에 궤양이 형성된 병어는 거의 각막의 부종에 의해 안구가 백탁된다. 미병부에 형성된 궤양은 경계가 명확하며, 타원형 또는 난형이지만 두부의 궤양은 불규칙한 모양이 대부분이다.

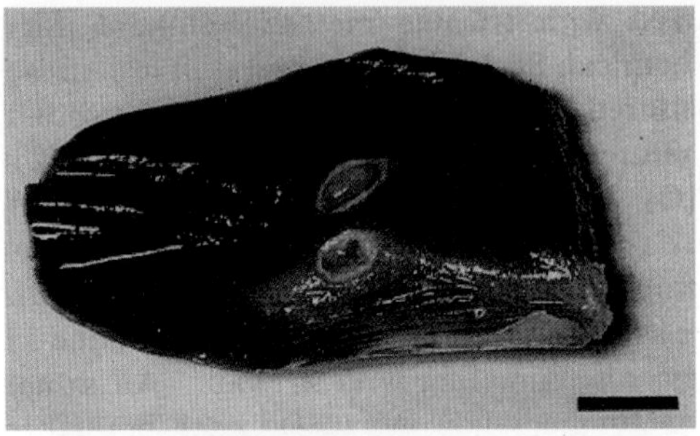

그림 2-9 미병부의 궤양병소.

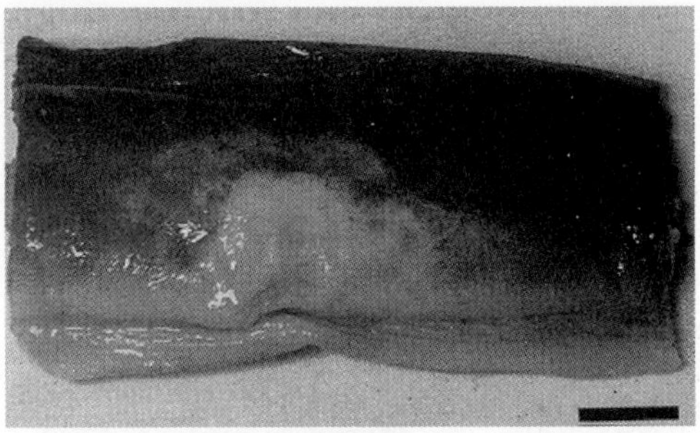

그림 2-10 체측부의 퇴색 병소.

감염초기의 퇴색된 피부는 기저막에 이르기까지 상피가 붕괴되어 있고 진피에 소수의 단핵구가 침윤하여 있지만, 병소가 커져 궤양화되면서, 궤양은 진피에까지 도달하여, 진피에 소량의 단핵구 침윤과 부종이 일어나는데 특히 콜라겐의 축적이 현저하지만 흑색색소포는 거의 괴사되어 찾아볼 수 없다.

퇴색 병소가 더욱 커지면 기저막과 진피의 부분적인 붕괴가 일어나고 진피와 피하조직의 심한 괴사에 의해 진피와 피하조직의 두께가 정상어보다 5배 이상의 두께로 팽창되고 진피와 피하조직 및 근육층에 단핵구의 침윤이 현저하다. 피부의 이런 퇴색 부위는 수종과 콜라겐의 축적에 의한 것으로 병원균인 A. salmonicida는 궤양소에 소형의 집락을 형성하고 있다.

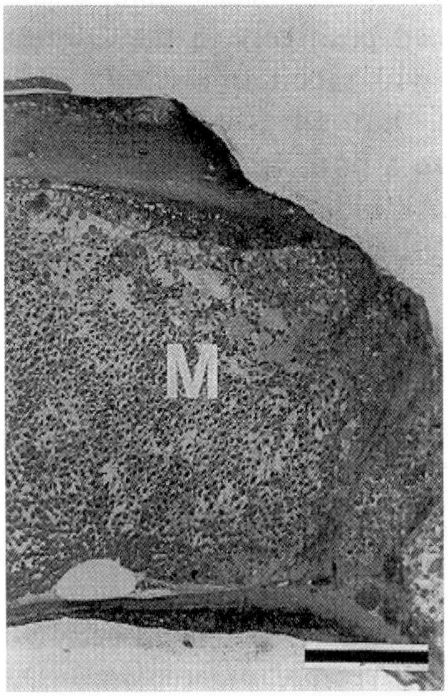


그림 2-11 진피까지 궤양화되어 있으나 염증세포의 침윤은 미약.

그림 2-12 진피까지 궤양화되어 있으며 단핵구의 침윤이 현저.

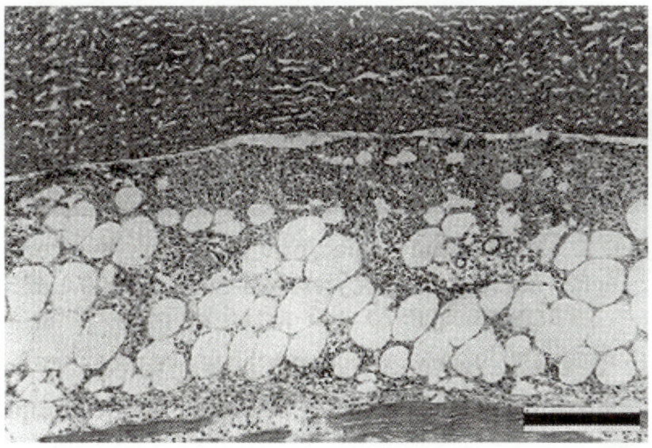

그림 2-13 피하지방조직의 염증세포 침윤.

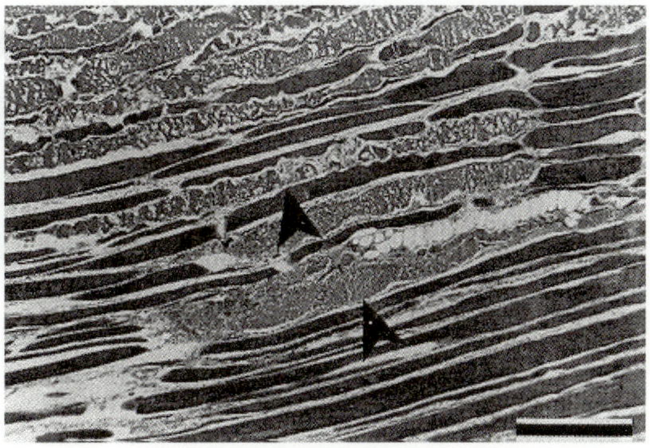

그림 2-14 궤양병소의 근섬유 괴사.

궤양의 경계가 명확한 궤양병소는 피하조직으로부터 진피가 떨어져 나오기 때문에 붉게 보이는 것으로 많은 단핵구의 침윤, 근섬유의 괴사, 마크로파아지에 의한 괴사 근섬유의 탐식상 및 진피와 피하조직의 심한 부종이 일반적으로 관찰된다.

궤양의 바깥부분이 두껍게 보이는 것은 체액과 콜라겐의 축적에 의한 것으로 섬유아세포의 수가 많은 것으로 보아 상처의 수복과 관련이 있는 것으로 생각된다.

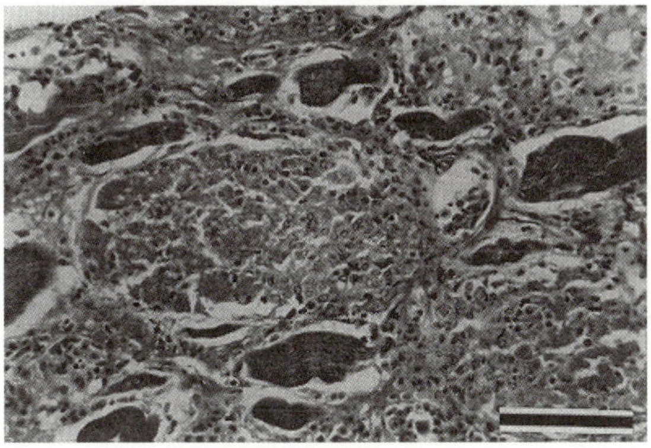

그림 2-15 마크로파아지에 의한 괴사 근섬유의 탐식.

두부에 궤양이 형성되면 어김없이 아가미에도 전이되어 상피세포와 점액세포의 비대와 증생 및 1차 새변의 끝부분에 부분적 괴사가 생긴다.

## 3) 비정형(Atypical *Aeromonas salmonicida*)

### (1) 뱀장어

뱀장어의 두부가 부풀어 오르는 소위 “두부궤양병”이라는 질병으로 두부와 주둥이에 발적과 팽윤 또는 궤양의 형성, 안구백탁 및 돌출, 구간부의 발적과 궤양, 지느러미의 발적이 생기는 질병이다. 해부하여 보면 간장의 울혈, 위액이 축적, 복막의 출혈이 관찰되며 주로 발생하는 시기는 수온이 18°C 부근으로 최종 사망률은 60% 정도이다. 비닐하우스 가온 사육을 하고 있는 현재의 양식 시스템에서는 발생하기 어렵지만, 동계에 가온하지 않고 사육하는 시

그림 2-16 비정형 *A. salmonicida*에 감염된 뱀장어 두부의 궤양.

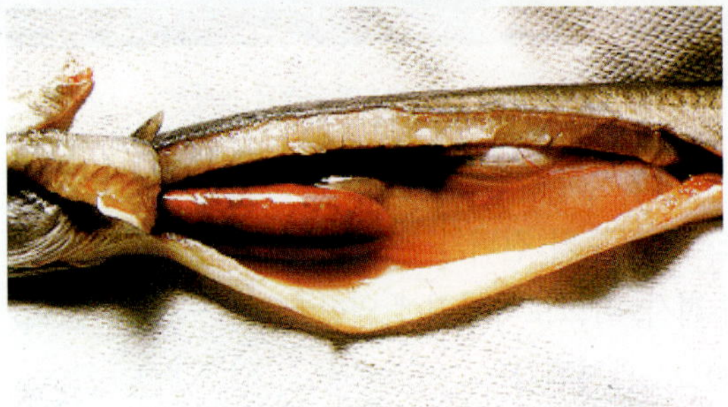

그림 2-17 뱀장어의 위 내에 위액의 저장.

기 또는 출하를 위하여 냉수에 사육할 때 발병할 가능성이 있다.

분리균을 이용한 감염실험에서 발병가능 수온은 15~22°C이며, 25°C에서는 병원성이 약해지며, 30°C에서는 전혀 사망개체가 나오지 않는 것으로 보아 적점병과 마찬가지로 온도를 27°C 이상으로 상승시키는 것이 예방 및 치료방법의 하나가 될 수 있다.

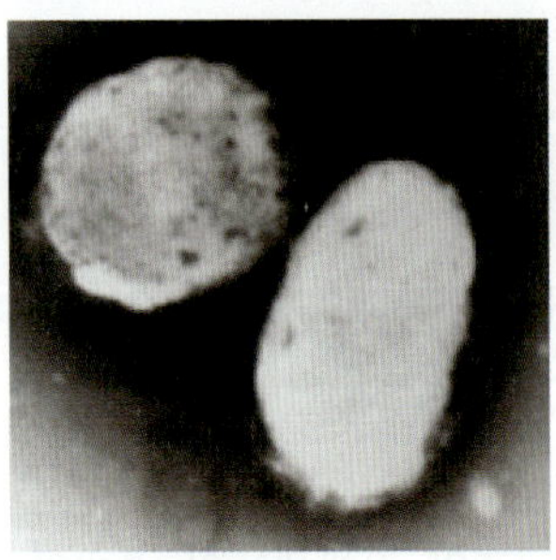

그림 2-18 비정형 에로모나스균.

해산어인 넙치, 조피볼락에도 수온이 7~20°C에서 비정형 에로모나스병이 발생하고 있는데 넙치에서는 간장의 퇴색과 출혈, 신장의 종대 및 뇌 주변부의 출혈을 주 증상으로 하며, 조피볼락은 대개 체중이 100 g 전후의 크기에서 발생하는데, 체표에 궤양이 형성되는 것이 특징으로 간장의 출혈과 퇴색, 복수 등의 증상이 보이지만 수온이 20°C이상이 되게 되면 병원성은 상당히 낮아지며 침지에 의한 공격실험은 재현성이 없다.

### (2) 가자미

봄-초여름에 걸쳐 종묘 생산하여 수온 17°C 전후에서 사육중인 가자미 치어(평균 체중 0.6~ 4.0 g)에 발생하며, 일간 사망률은 3~21%, 누적사망률은 80% 이상이다.

병어는 외관적으로 눈이 없는 쪽의 체표의 발적이 특징적이며, 내부 증상은 간장과 신장이 퇴색된다. 병어의 신장을 1% 식염첨가 TSA에 배양하면 비정형 Aeromonas salmonicida가 거의 순수 상태로 분리된다. 분리균은 엷은 갈색 색소를 생산하며, 넙치나 가자미에 근육주사하면 강한 병원성을 나타낸다.

병리조직학적으로는 근육, 새박판, 심장의 심근층, 신장 조혈조직, 소화관 결합조직 및 간

그림 2-19 비정형 *Aeromonas salmonicida*에 감염된 가자미.

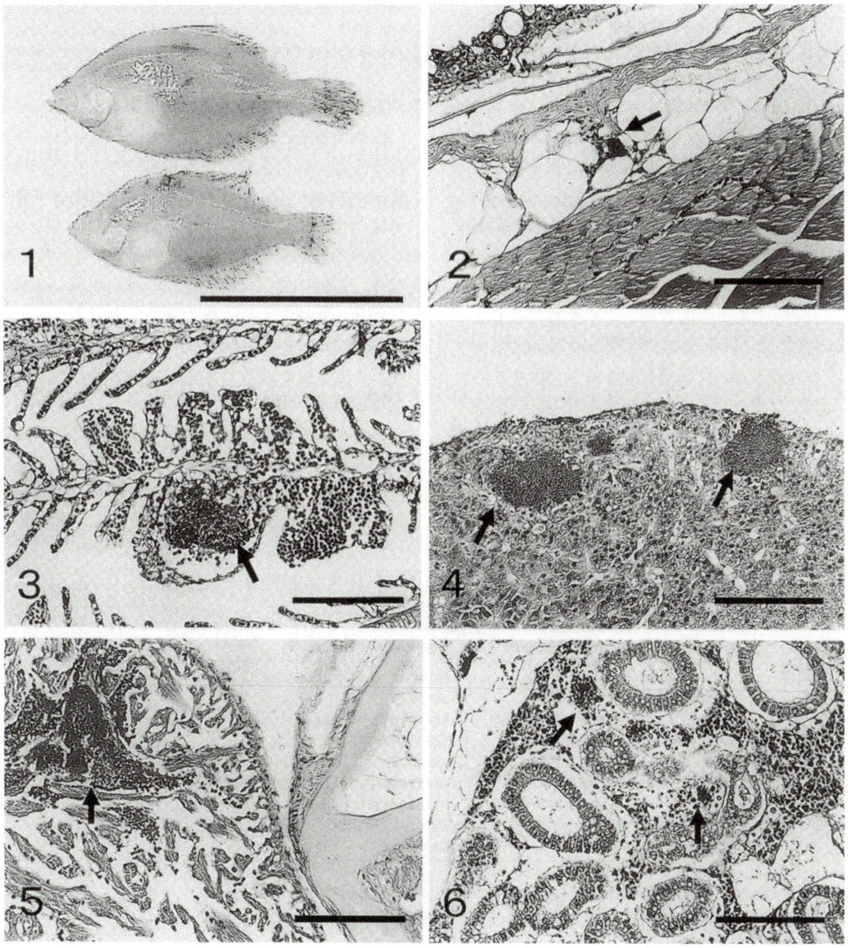


그림 2-20 1: 체표에 출혈병소가 형성된 비정형 *Aeromonas salmonicida* 감염 가자미. 2: 피하지방 조직 내의 세균 집락. 3: 새변의 세균 집락. 새변은 세균의 증식과 출혈로 괴사된다. 4: 간 실질 내에 세균 집락(화살표), 5: 심근 내의 세균집락으로 근섬유는 변성을 일으킨다. 6: 신장의 조혈조직 내에 세균 집락이 형성되고 조혈세포는 괴사된다. 2~6: Giemsa 염색. Bars = 100 μm.

장 등에 세균의 집락이 관찰되고, 세균의 집락이 형성된 부근의 조직에는 괴사와 출혈이 관찰된다.

### (3) 조피볼락

주 발생시기는 수온이 낮은 겨울이나 봄철로서 발병수온은 대개 16~17°C 또는 20°C부근으로 크기에 관계없이 발병하지만 체장 20 cm 전후, 무게 140 g 전후에 빈발하는 경향이다.

병어는 입을 크게 벌린 채 무기력하게 수조의 표면에서 힘없이 헤엄치거나, 아가미뚜껑을 벌리고 물 표면이나 수조의 가장자리 또는 구석에서 힘없이 헤엄치고 있다.

병어의 아가미는 빈혈로 퇴색되며, 체표 또한 퇴색되지만 현저한 내부증상은 발견할 수 없다. 그러나 온도가 높은 20°C에서 발병하게 되면 증상에 약간의 차이가 생기는데 간장의 출혈과 퇴색이 현저해지며, 복수가 차는 경우가 대부분이다.

아가미를 절취하여 현미경으로 검경하면 호흡상피가 증생되어 아가미가 유착되어 곤봉상으로 보이며, 아가미의 끝부분이 구부려져 있거나 아가미에 피가 고여 있는 맥류를 쉽게 발견할 수 있다.

원인균의 분리는 신장 또는 비장에서 TSA를 사용하여 25°C에 배양하면 가능한데, 은어의 Pseudomonas plecogloccida의 분리에 사용되는 modified TSA [TSA 20 g, Muller-Hinton agar 19 g, sucrose 10 g, glucose 1 g, sodium citrate 1.25 g, iron(III) ammonium citrate 0.025 g, sodium thiosulfate, 0.025 g, brom cresol purple 0.02 g, phenol red 0.005 g]를 사용하면 더욱 효과적이다.

병리조직학적으로는 병의 경중에 따라 차이가 있는데 가장 현저한 변화가 생기는 기관은 아가미로 감염초기에는 상피에 소형의 세균 집락이 형성되는데 때로는 세균 집락이 아가미의 상피에서 떨어져 나와 있는 경우도 있다. 그러나 벽주세포, 아가미 모세혈관 및 새변에는 현저한 변화는 발견할 수 없다.

병이 어느 정도 진행되면 아가미의 상피세포는 심하게 증생되어 새변이 유착되게 되고, 아가미의 모세혈관 내와 결합조직에서 세균 집락이 발견되며, 모세혈관 내의 세균의 색전 때문에 벽주세포가 괴사된다. 중증어에서는 증생된 아가미에 세균의 집락을 가진 맥류가 형성되고, 심하게 증생된 상피세포는 핵농축 또는 핵붕괴를 일으키며 괴사되어 있고, 염증세포의 침윤이 일어난다.

그 외의 장기에서 비장의 협조직, 두신의 조혈조직 및 심근에 세균이 포함된 국소적 괴사소가 형성되며, 신장의 세뇨관 상피는 초자적 변성과 혼탁종창을 일으킨다. 간세포는 비대되거나 혼탁종창을 일으키지만 소화관계는 이상을 발견할 수 없다.

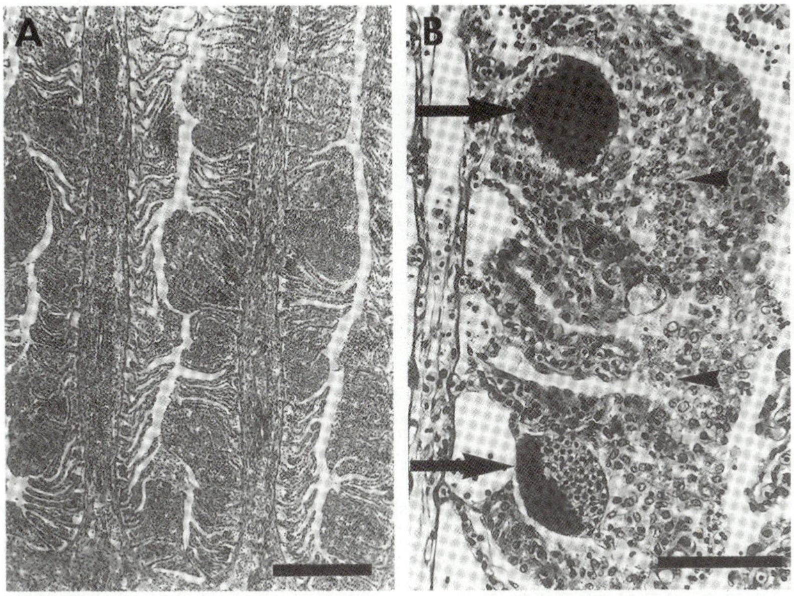


그림. 2-21 A: 아가미 상피세포의 증생으로 새변이 공봉화됨, B: A의 확대상. 세균의 색전이 혼합된 맥류가 증생된 상피세포 사이에 있고, 심하게 증생된 상피의 부분에서는 핵농축과 핵붕괴(화살표)된 괴사세포이다. HE. Bar, A=200 μm, B=50 μm.

## 4) 운동성 에로모나스 패혈증(Motile *Aeromonas hydrophila*)

Aeromonas hydrophila는 담수중에 상재하는 균으로 10°C 이상의 수온에서 수질이 나쁠 경우 자연산 및 뱀장어, 금붕어, 은어 등의 양식산 어류에 운동성 에로모나스패혈증이 생긴다. 이 감염증의 특징은 안구돌출을 동반한 아가미와 항문주변의 국소적 출혈, 복부팽만이다. 꼬리나 지느러미에 괴사소가 형성되고, 빈혈과 혈액의 색깔을 띈 복수가 고이기도 한다. 피부에 출혈이 생겨 있는 부위는 보통 수종을 일으켜 최종적으로는 궤양화되어 수생균의 2차 감염을 받게 된다. 비장은 종대되고 신장은 액화괴사를 일으킨다.

병리조직학적으로는 슈도모나스병과 유사한데 전신적 패혈증과 여러 조직에 국소적 괴사소가 형성된다.

장염을 주 증상으로 하는 것이 보통이지만, 체표에 궤양이 형성되는 것이 주증상인 것도

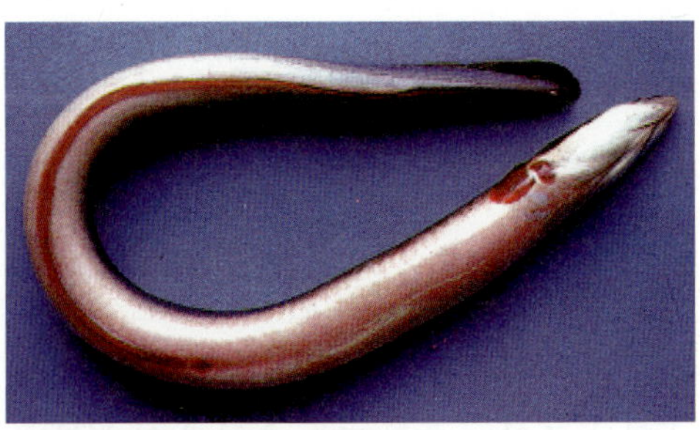

그림 2-22 뱀장어의 기적병.

그림 2-23 안구돌출을 일으킨 은어.

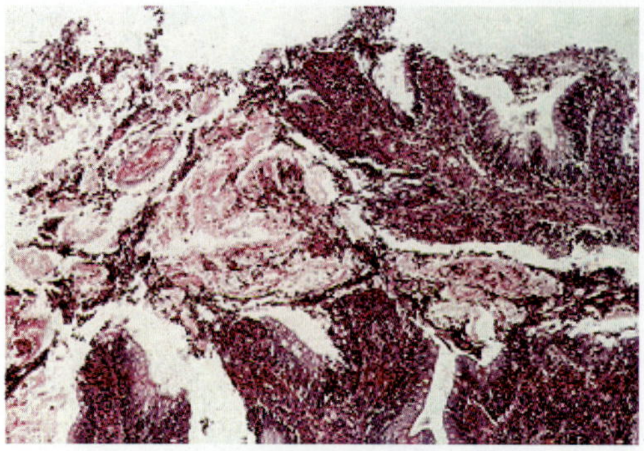

그림 2-24 장의 병소, 점막상피의 박리, 림프구의 침윤 및 관공 내에 세균이 증식과 모세혈관의 확장. HE, ×100.

있다. 장염을 주 증상으로 하는 것은 에로모나스균이 소화관 내에 증식하여 일어나는 장염, 세균독소가 장에서 흡수되어 생기는 독혈증, 세균이 소화관 내에 침입하였기 때문에 일어나는 균혈증을 특징이라 할 수 있다.

에로모나스균은 어류의 장내세균 중의 하나로 소화관 내의 먹이 속에서 증식함으로 소화관내는 항상 이 균이 존재하는 것이 보통이지만, 건강한 어류의 소화관 융털에는 아무런 이상도 일으키지 않는다. 병어의 경우에는 위에 가까운 장의 전반부의 소화관 내에 있는 먹이 속에서 세균이 증식하여, 세균이 함유된 먹이와 접하는 장 상피에는 림프구의 침윤, 부종, 상피세포의 위축 및 괴사가 생기며, 점막고유층의 모세혈관 확장, 미분화간엽계세포의 활성번식이나 림프구의 침윤이 보인다. 세균의 증식이 현저한 경우에는 이러한 병변의 범위는 더욱 넓어지며 또한 심하게 되어, 점막상피의 괴사와 박리 및 노출된 점막고유층의 괴사가 일어나 박리성 카타르성장염으로 진행된다. 세균은 박리된 점막상피세포의 부스러기에서도 증식되는 것 같다. 그러나 노출된 점막고유층으로 세균이 침입하는 가는 아직 확실하지 않다. 또 경우에 따라서는 박리된 부위에 재생상이 보이는 경우도 있다. 위와 같은 세균의 증식은 소화관 내에 국한되어 있어, 장 상피에서 침입한 세균은 균혈증만 일으키며 전이병소는 거의 만들지 않는다.

구간부나 두부의 배쪽의 피부나 뒷지느러미 그리고 때때로는 가슴지느러미가 울혈에 의해 발적되며, 증상이 진행됨에 따라 점상출혈이나 출혈반이 나타나며, 어떤 경우에는 어체 전체가 전면적으로 발적하는 경우도 있다. 또한 구간의 등쪽이나 등지느러미에 발적이 나타나는 경우도 있다. 그러나 이러한 심한 발적은 반드시 나타나는 증상이 아니고 죽을 때가 가까워져도 경미한 경우도 있다.

증상이 어느 정도 진행된 병어는 먹이를 먹지 않으며 못의 벽에 가까이에 정지하여 있는 경우가 많다. 그 중에서도 머리를 위로 하고 꼬리를 밑으로 한 채 힘없이 헤엄치고 있는 개체도 있는데 이러한 것들은 수일 내에 사망한다.

에로모나스병은 수생균에 2차 감염되는 경우가 많은데, 수생균에 2차 감염되기 전에 에로모나스병어의 두부, 구간부, 미부의 여러 곳의 피부에 작은 적색 부분이 생기는데, 이곳의 표피는 두터워져 있다. 이 체표 환부는 점차 커지면서 환부 주위는 충혈 또는 출혈에 의해 붉게 테두리 모양이 만들어진다. 그리고 비후된 표피는 중심에서부터 문드러져 붕괴되기 시작하며

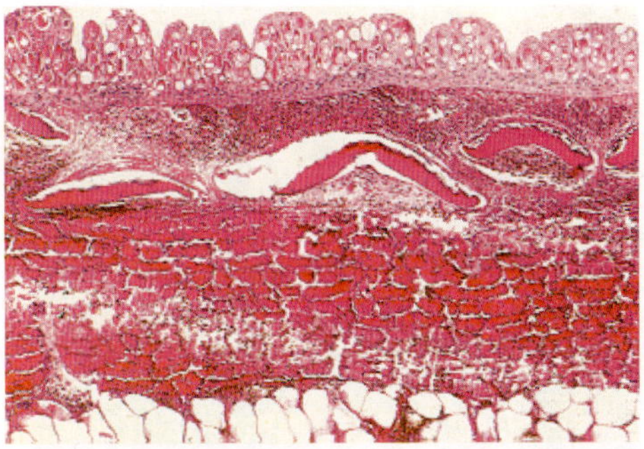

**그림 2-25** 뱀장어의 피부. 진피에 세균의 침입이 없이 출혈이 생겨 있으며, 소성결합조직에 류섬유소 변성이 생겨 있다. HE, ×50.

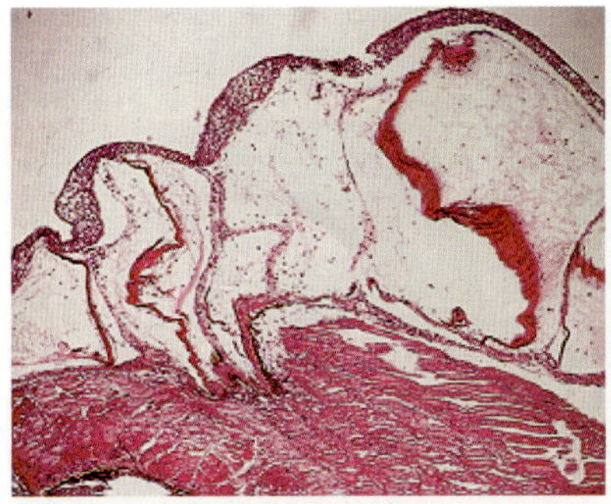

**그림 2-26** 금붕어의 피부. 진피의 비늘주머니에 장액이 고여 확장되어 비늘이 일어서고 표피를 밀어올리고 있다. HE, ×32.

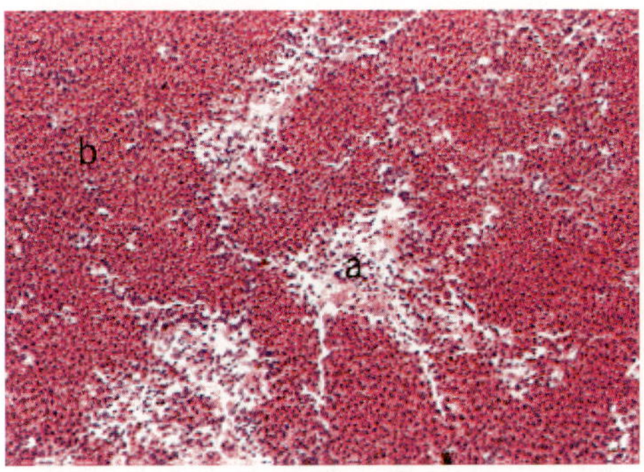


**그림 2-27** 은어의 비장. 협동맥(a)이 괴사되고, 비수(b)는 적혈구로 충만되어 있다. HE, ×160.

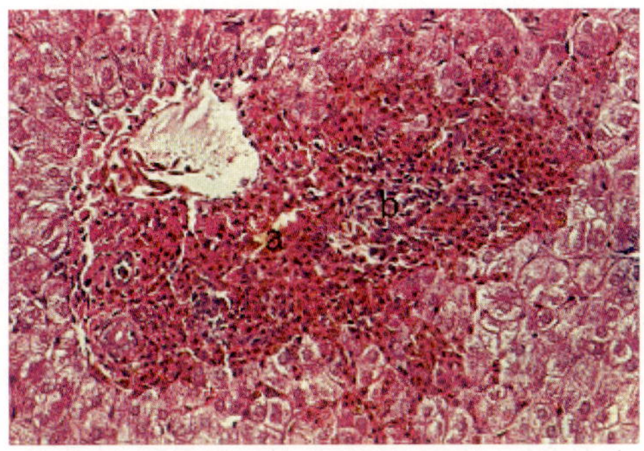


**그림 2-28** 뱀장어의 간. 간문맥의 혈관벽과 주위의 실질세포에 출혈(a) 및 출혈소 내의 간세포(b)의 위축. HE, ×160.

그 밑의 진피는 변성, 괴사, 연화되지만, 쉽사리 붕괴되어 궤양화되지는 않는다. 궤양화되는 경우는 감염된 환부에 수생균이 2차적으로 감염되어 증식하게 되면 수생균의 증상을 나타내게 되는데 이때 수생균의 집락과 더불어 괴사된 피부가 탈락되어 궤양화하는 경우가 많다. 다만 비교적 고수온기에는 피부가 발적하게 되면 빠르게 환부가 확대되어 수생균의 2차 감염이 없이도 궤양화되는 경우도 있다.

감염초기 환부의 비후된 표피의 기저막부근에서 원인균이 분리되는 경우가 많지만, 반드시 분리된다고는 할 수 없다. 근육에 감염병소가 생기는 경우는 드물다. 아가미에 때로 심한 울혈이 보이지만, 일반적으로 육안적으로는 식별하기 어렵다. 병이 진행된 상태에서는 아가미는 빈혈 증상을 나타내며 퇴색된다. 또 에로모나스병이 저수온기에 발생한 경우에는 아가미의 상피의 현저한 증생으로 인하여 새박판의 유착, 새변이 곤봉화되는 예도 많지만, 이것은 에로모나스병에 국한된 특이적인 것은 아니다.

복강벽에 때로 점상출혈이 보이지만, 복수는 차지 않는다. 간장은 보통 심한 울혈로 암적색을 띠며 때로는 출혈반도 관찰된다. 간세포는 지방변성이 문맥주변을 중심으로 광범위하게 보이는 경우가 많다. 이러한 변성이 현저한 세포는 괴사되어 있지만 괴사된 세포에 세균의 증식은 보이지 않는 것이 보통이다.

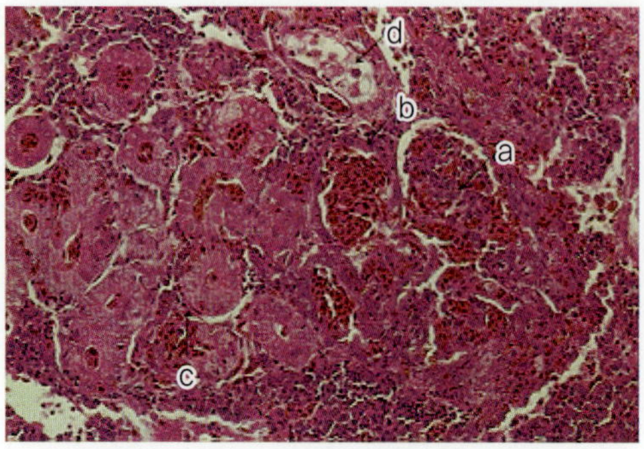


그림 2-29 뱀장어의 신장. 사구체(a)에서 빠져나온 적혈구가 세뇨관공 내에 있고, 세뇨관상피는 위축(b), 혼탁종창(b), 괴사(c) 및 괴사(d)되어 있다. HE, ×100.

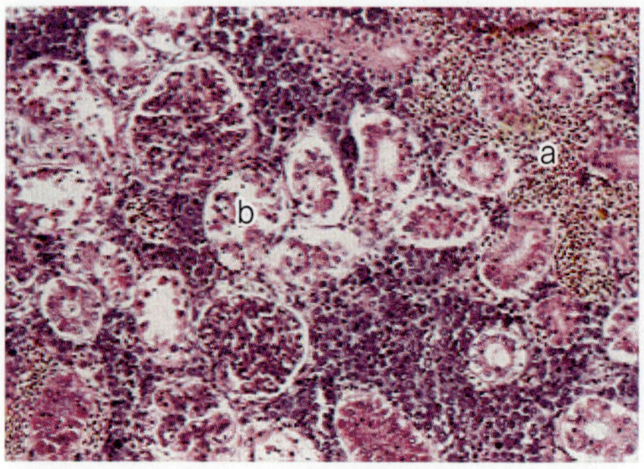


그림 2-30 은어 신장. 조혈조직의 소상출혈(a)과 세뇨관상피의 괴사(b)가 보인다. HE, ×160.

비장은 종대되어 암적색을 띠는 경우가 많은데 특히 정맥, 모세혈관의 울혈이 심하여 전체가 소위 혈해상을 이루고 있다. 때로는 비장이 빈혈상태로 되어 퇴색되어 있는 경우도 있다.

신장에는 보통 심한 병변이 생기는데 사구체 모세혈관의 울혈과 출혈, 사구체의 붕괴, 보우만 주머니 내에 단백질과 유사한 물질의 출현 등이 자주 관찰된다. 또 세뇨관 상피세포의 혼탁, 초자적 변성, 괴사, 붕괴 등이 보통으로 관찰되지만 사구체나 세뇨관의 어느 병변부에도 세균감염병소는 관찰되어지지 않는다. 신장의 간질은 일반적으로 울혈이 현저하다.

심장은 심방, 심실의 심근조직의 간질에 출혈이 심하고, 이 출혈이 간질 전체에 걸쳐 생기는 경우도 있다. 장은 외관적으로는 부분적 또는 전체가 붉게 변한 경우도 있지만, 빈혈로 탄력성이 없는 경우도 있다. 장에는 먹이가 없고, 황색 혹은 유백색의 피가 섞인 점액모양의 물질이 들어 있는 경우가 많은데, 이것은 박리된 장점막상피와 그 변성물, 각종 혈구와 그 변성물과 세균이 섞여 있는 것이다. 장점막의 병변은 심한 편으로 병의 증상이 심하지 않은 경우에도 상피세포가 박리되며, 상피세포층과 기저막 사이 또는 고유층 등에 림프구와 식세포의 침윤과 모세혈관의 울혈과 고유층의 출혈 등이 보인다. 증상이 심한 경우는 장 섬모의 끝부분이 주로 붕괴되어 최종적으로는 전체가 붕괴된다.

위는 현저한 병변은 없는 것이 보통이지만 때로는 위 점막의 부분적 붕괴가 일어날 때도 있다. 그러나 다음과 같이 독혈증이라 추정할 수 있는 병변이 관찰되는 경우도 있다. 독혈증의 경우 간장 실질세포는 저장하고 있던 당원의 량이 줄어들거나 소실되며, 위축, 혼탁종창, 지방변성 등이 일어난다.

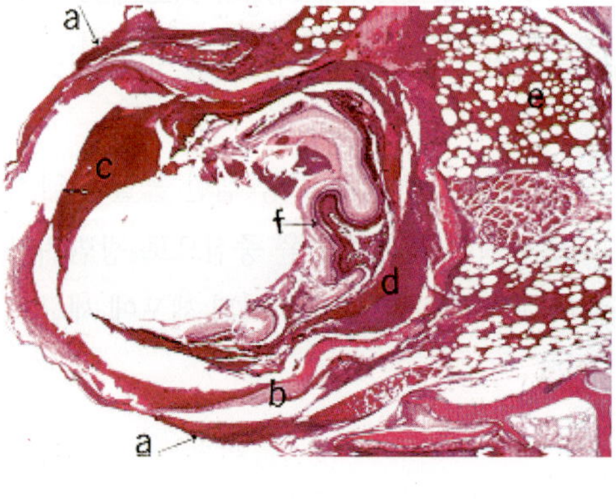


그림 2-31 은어의 눈. 결막(a), 공막(b), 홍채(c), 맥락막(d) 및 안와지방조직(e)에 출혈이 생겨 안구가 안와에서 돌출되어 있으며, 안구에는 망막박리(f)가 일어나고 있다. HE, ×10.

신장은 세뇨관 상피세포의 혼탁종창, 초자적 변성, 괴사박리 등이 보이며 사구체도 붕괴된다. 비장은 협조직에 출혈을 동반한 괴사가 생기는 경우도 있다. 위의 점막하조직에는 때로 소상출혈과 수종이 생긴다. 발적된 부분의 진피와 피하지방조직에는 여출성출혈이 생기며 그 주위의 표피는 박층화되어 있다.

## 3 슈도모나스병

### 1) 뱀장어의 적점병

매우 사망률이 높은 Pseudomonas anguilliseptica의 경피감염에 의해 생기는 뱀장어의 질병으로 유럽산 뱀장어에 감염된 예는 별로 없다. 폐사할 때쯤이면 체표에 작은 출혈점이 나타나며, 망으로 병어를 잡아 올리면 망목에 피가 묻어나오는 질병으로 체표에 형성되는 점상의 출혈 때문에 적점병(red spot disease)이란 병명을 사용한다.

그림 2-32 체표에 점상출혈이 생긴 병어.

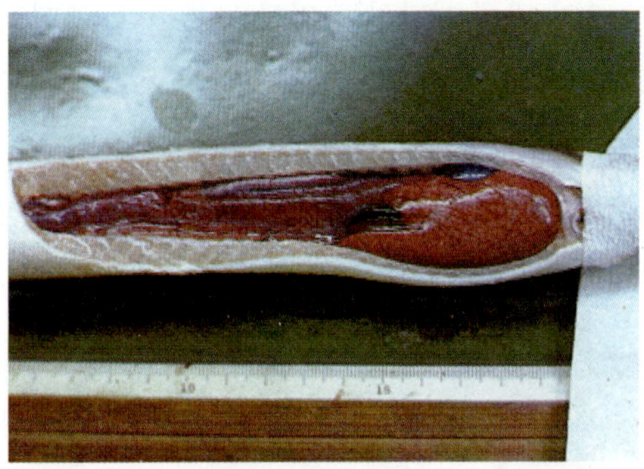

그림 2-33 전신적 순환장애에 의한 간울혈, 비장 종대 및 소화관의 혈관 확장.

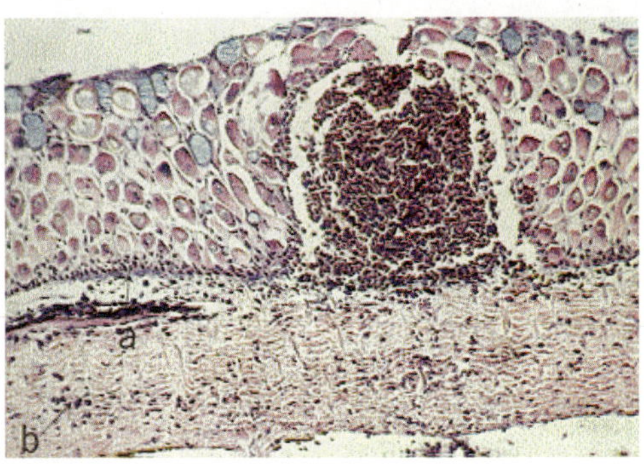


그림 2-34 체표의 점상출혈 병소. 세균이 진피(a)에 침입하여 진피에서 표피에 걸쳐 소상괴사를 일으키고 있으며, 진피(b)에 대식세포의 침윤이 보인다. GS, ×100.

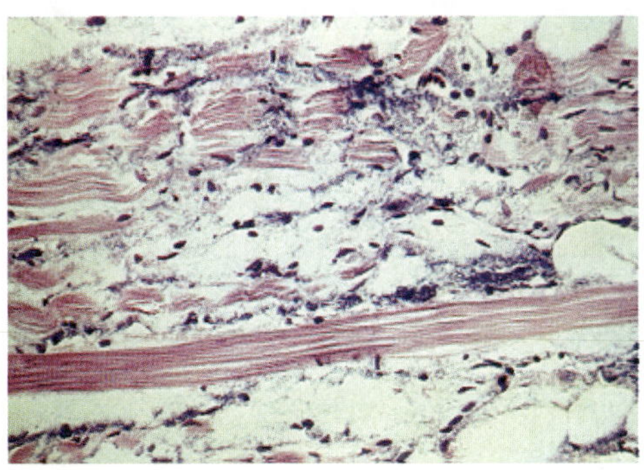

그림 2-35 혈합근조직의 병소. 혈관근내에 세균이 증식하여 조직의 괴사와 수종 및 대식세포의 침윤 등의 병변이 보임. GS, ×200.

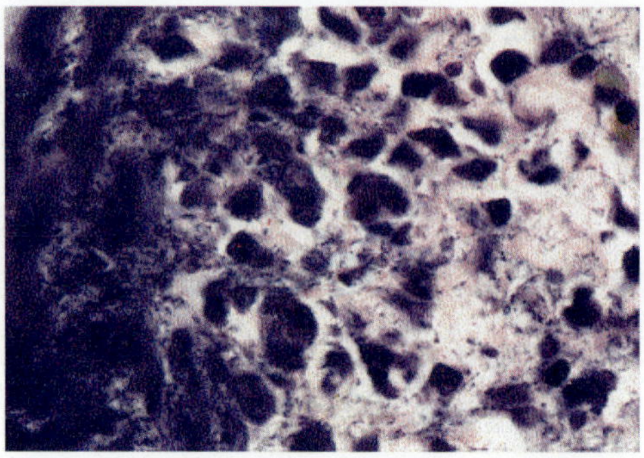

그림 2-36 동맥구의 병소. 동맥구 외막 및 중에 세균의 증식과 외막에 대식세포의 침윤이 보이지만 탐식상은 없다. GS, ×800

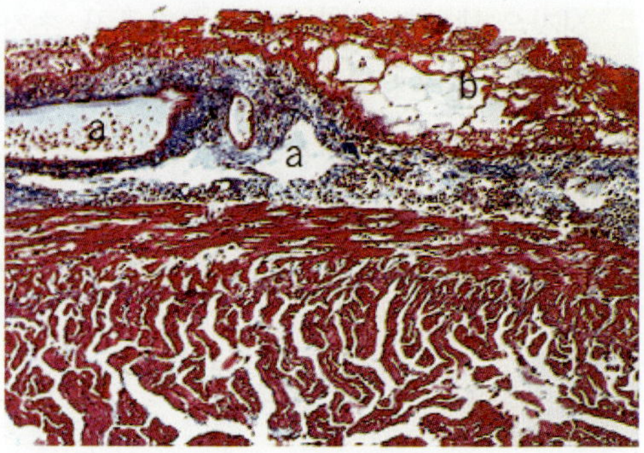


그림 2-37 심외막의 병소. 혈관확장(a), 수종성 소개, 대식세포 침윤, 섬유소석출(b)을 동반한 심외막염이 생겨 있다. Azan, ×80.

본병의 특징인 체표의 작은 출혈점은 체표 곳곳에 생기지만, 특히 아랫턱에서부터 아가미뚜껑 부위와 가슴지느러미 기부와 구간부의 배쪽에 많이 생긴다. 이러한 출혈점이 나타나면 2~3일 내에 사망하는 것이 보통이다. 출혈점이 나타난 소위 폐사직전에 있는 병어를 다른 용기에 옮기면, 어류가 요동치면서 용기에 부딪친 체표 부위에는 갑자기 출혈점이 나타나고, 용기 내에는 혈액이 섞인 점액이 보이게 된다. 또한 출혈점이 생긴 어류를 손으로 만지면 손에 어류의 혈액이 묻어 나오는 것은 에로모나스병이나 에드와드병에서는 볼 수 없는 이 병의 특이한 현상이다.

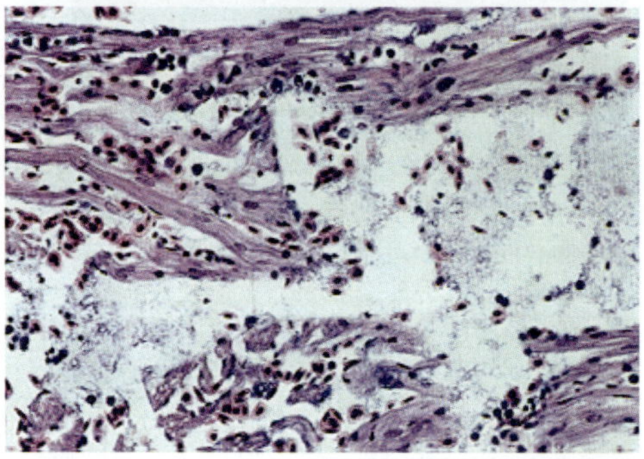

그림 2-38 심근의 감염병소. 심내강에 세균이 침입하여 있고, 심근에 대식세포의 침윤을 동반한 심근염. GS, ×200.

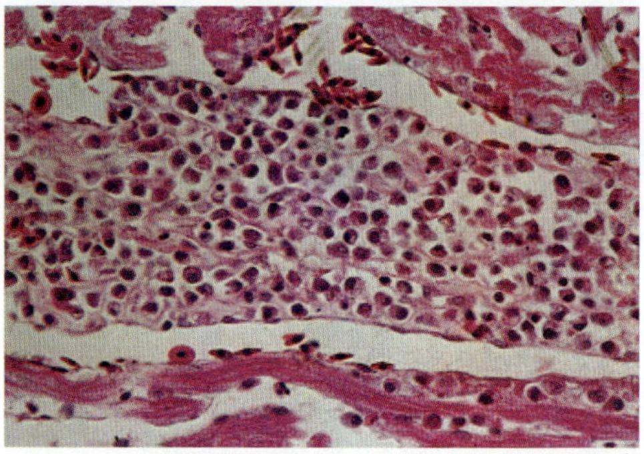

그림 2-39 심내막의 병소. 대식세포가 심내막에 침윤하여 있다. HE, ×400.

중증어를 해부하여 보면, 대부분의 경우 복막에 출혈점이 많이 생겨 있고, 간장은 종대되어 울혈이 현저하여 망목상 또는 반문상으로 보이는 암적색 부위를 발견할 수 있다. 신장에서도 종대, 연화, 울혈, 출혈에 의한 암적색의 반문이 관찰된다. 비장도 종대되어 암적색을 띠는 것이 많지만 반대로 위축되어 퇴색되어 있는 경우도 있다.

소화관은 혈관이 확장되어 전체적으로 붉은 감이 있으며, 출혈점이 생긴 곳도 있다. 위는 이완되어 희게 변화되어 있는 경우도 있다.

피부를 통하여 침입한 세균은 일차적으로 피부나 구간근조직의 간질결합조직에서 증식한 후, 심장, 혈관계로 전파되어 전신감염을 일으키며 패혈증으로 발전한다. 이 과정에서 체표의 넓은 범위에 걸쳐 점상출혈이 나타나게 되는데, 이때는 병이 어느 정도 진행된 중증 상태이다.

감염병소에는 삼출성염을 동반한 번식성염증이 일어나게 되는데, 이 번식식염은 마크로파아지의 침윤번식과 미분화간엽계세포의 활성번식에 의한 것이다. 마크로파아지는 적혈구보다 크고, 돌기모양의 위족을 내며, 호염기성이며 파스반응에 양성을 나타내는 세포질과 1~2개의 핵인이 있는 염색질이 풍부한 원형의 핵을 가지고 있다. 미분화 간엽계세포는 소형의 단방추형의 세포와 유약조혈세포에 닮은 대형유약세포의 2형이 있다. 소형의 단방추형세포는 섬유세포의 핵정도의 크기의 세포로 염기성색소에 진하게 염색되는 원형의 핵과 호염기성이면서 파스반응에 양성을 나타내는 세포질로 되어 있으나 세포질의 양은 극히 적다. 대형유약세포는 조혈세포와 거의 같은 모양이지만, 세포질이 파스반응에 양성반응을 나타낸다.

최초로 만들어진 감염병소는 감염 초기 단계에서는 관찰하기 곤란하지만, 전신감염이나 패혈증의 단계의 중증어에서는 피부에 점상출혈이 밀집하여 나타나고, 이 부분의 근육의 절단면을 보면 발적되어 수종을 일으키고 있다.

피부는 진피표층의 소성결합조직에서의 세균의 현저한 증식과 모세혈관의 확장 그리고 삼출성 출혈, 파정성출혈, 장액삼출, 마크로파아지를 비롯한 염증세포의 침윤이 일어나며 부위에 따라서는 출혈이 진피의 바깥쪽으로 번져, 기저막을 포함한 표피 밑층에 출혈 덩어리가 형성된다. 이러한 피부의 출혈 부위가 적점으로 보이는 것이다. 피부의 소성결합조직처럼 심하지는 않지만, 진피의 결합조직에도 교원섬유다발과 혈관 벽에 세균이 침입하여 증식되어 염증을 일으킨다. 피하지방조직이나 근조직간, 결합조직, 근격막 및 이곳에 분포하는 혈관에도 균이 칩입하여 세균의 증식과 염증이 생기는 경우가 많다.

최초 감염된 병소에서 세균이 혈액을 타고 전파되어 전신감염을 일으켜 패혈증을 나타내는 단계에서는 거의 모든 내장기관에 전이병소가 만들어진다. 전이병소가 생기는 곳은 심장과 혈관계가 가장 현저한데, 심장은 심외막, 심근층 및 동맥구 외막에 병소가 형성되어 장액

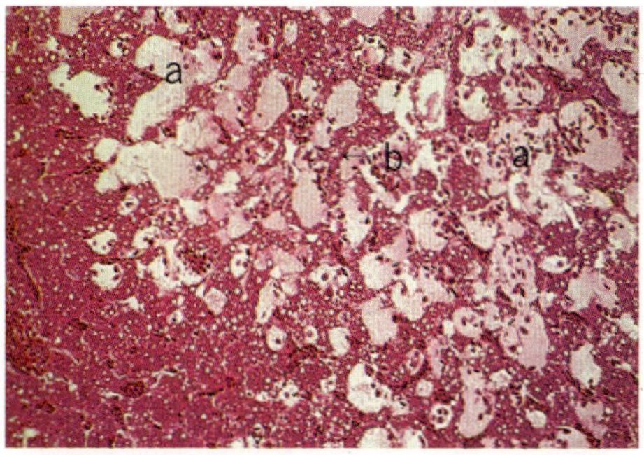


그림 2-40 간장. 혈관에 세균이 침입하여 울혈과 류동의 확장(a)에 의해 실질부(b)가 위축과 수종을 일으키고 수종부의 간세포는 위축과 지방변성을 나타냄. HE, ×100.

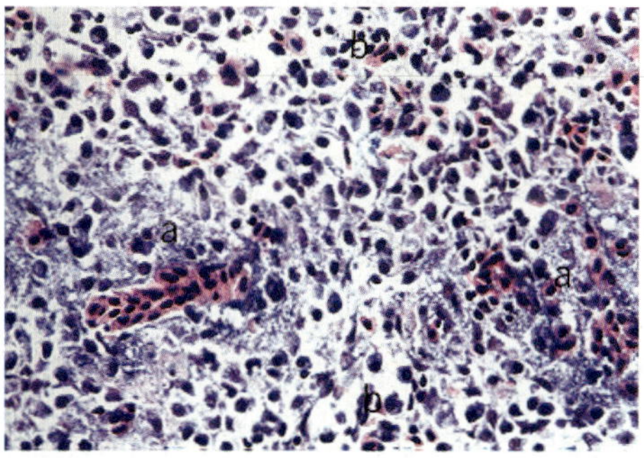


그림 2-41 비장. 협동맥의 협조직(a)에 증식하여 조직괴사와 비수의 수종(b)이 보이며 세망세포의 증식도 현저하다. CS, ×320.

성 섬유소성 번식성 심외막염, 번식성심근염 및 심내막염을 일으킨다. 전신으로 퍼져나가는 동맥과 정맥계의 혈관 외막에도 세균이 전파되어 장액성 번식성 심외막염이 생긴다. 또 패혈증의 단계에서는 심장과 혈관의 관공내에 세균이 관찰된다.

간장은 울혈상을 나타내며 실질세포는 저장당원을 소실하거나 혼탁종창을 나타내는 경우가 많다. 심장과 혈관계의 병변이 현저한 경우의 간장은 울혈과 울혈성 수종에 의한 순환장애가 일어나, 실질세포는 위축 또는 지방변성을 일으키며, 수종이 현저한 부분에는 간세포 색이 격자상 섬유에서 떨어져 나와 색구조를 관찰하기 어렵다.

전신 감염 단계의 비장은 협조직에 세균이 전파되어, 비수는 림프구가 줄어든 반면 세균의 현저한 활성번식이 일어나, 유리된 상태의 세망세포가 비수나 협조직에 다수 관찰된다.

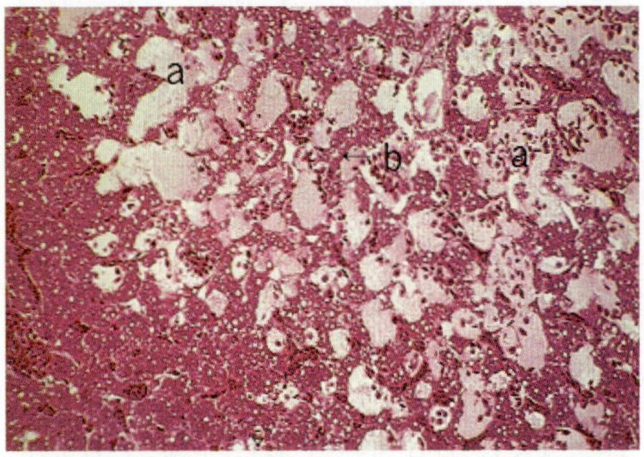


그림 2-42 간장. 혈관에 세균이 침입하여 울혈과 류동의 확장(a)에 의해 실질부(b)가 위축과 수종을 일으키고 수종부의 간세포는 위축과 지방변성을 나타냄. HE, ×100.

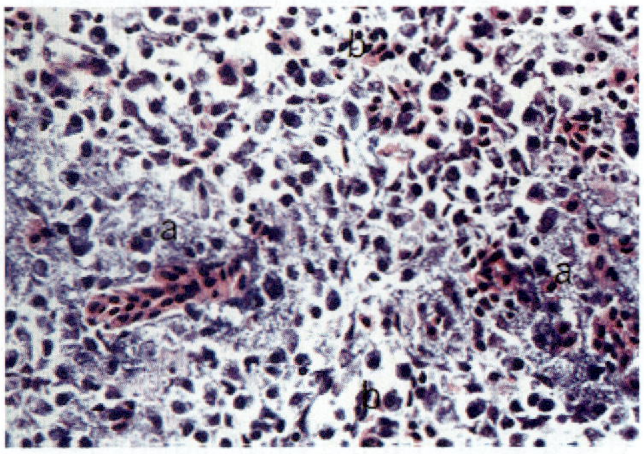


그림 2-43 비장. 협동맥의 협조직(a)에 증식하여 조직괴사와 비수의 수종(b)이 보이며 세망세포의 증식도 현저하다. CS, ×320.

패혈증 단계에서 협조직은 세균의 심한 증식으로 협대원세포가 줄어들고 기질의 교원섬유가 융해됨으로 위축된다. 비수에서는 림프구와 유리된 세망세포가 소실되어 수종성소개가 생긴다. 또 세망세포의 번식은 억제되어 세망세포의 세포 단위까지의 괴사와 세망섬유망공의 개열이 일어난다. 전신 감염 단계의 신장은 사구체 모세혈관이나 보우만주머니내에 마크로파아지의 이동과 유출을 동반한 사구체의 염증, 세뇨관 상피 세포의 초자적 변성 등이 관찰된다. 조혈조직은 류동세망내피계의 활성종대가 현저한다.

패혈증 단계로 진행되면 신장은 사구체 모세혈관에 세균 색전이 생기고 조혈조직에서는 류동세망내피세포의 당단백질변성에서 괴사 박리에 이르기까지 변화 및 수질의 조혈 조직의 감수위축상이 관찰된다.

전신감염에서 패혈증 단계의 위나 소화관은 점막하조직에 분포하고 있는 정맥주변에 세균이 전파되어 번식성염을 일으킨다. 소화관은 점막고유층에 미분화간엽계세포의 활성번식이 관찰된다. 아가미에서는 새변동맥 주위 결합조직에 세균이 침입하여 번식성염을 일으킨다.

이 병의 병리조직학적 특징은 한마디로 피부와 순환기관 및 혈관이 많은 결합조직에서의 병원균의 현저한 증식과 균의 증식에 수반되는 심한 염증반응, 심한 울혈과 출혈이다. 또 병

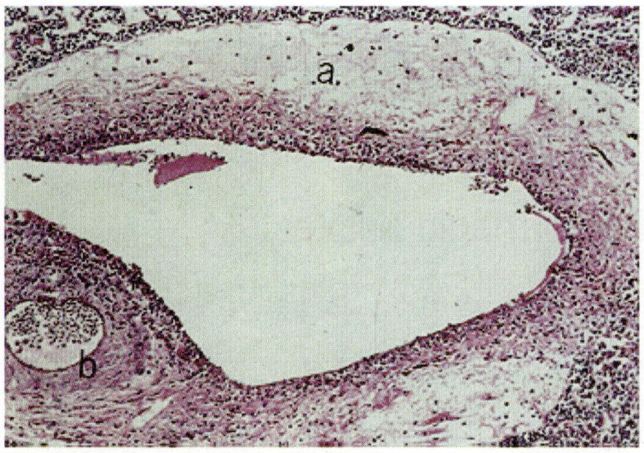


그림 2-44 신장. 혈액을 통하여 운반된 세균이 혈관벽을 침입하여 신정맥(a)과 신동맥(b)에 대식세포와 수종을 동반한 혈관염이 일어남. PAS, X80.

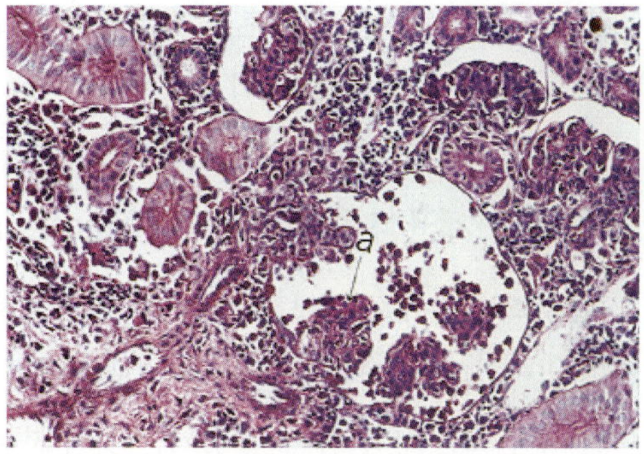


그림 2-45 신장. 사구체(a)에 세균이 침입하여 대식세포의 침윤을 특징으로 하는 사구체염이 생겨 있고, 조혈조직은 감수위축을 일으킴. PAS, X160

원균의 침입과 증식이 실질세포나 실질 조직 속에서는 거의 관찰되어지지 않는 것도 특징이라 할 수 있다.

이 병에 감염된 병어는 수온을 상승(25~30°C, 수일간)시키면 전신 감염된 병어라 할지라도 비교적 쉽사리 회복하는 수가 있다. 이러한 처리를 하여 살아남은 개체에서는 감염병소에 번식성염이 더욱 진전되어 있기 때문에 조직학적으로 감염병소에서 세균을 찾아내기 어려울 정도로 균수가 줄어들어 있다.

원인균이 피부를 비롯한 아가미, 소화관 등의 상처부위를 통하여 침입한 다음 진피의 소성 결합조직 속에서 증식하면서 감염병소를 만들고 여기서 증식된 병원균이 혈관계로 들어가 전신에 전이병소를 만들게 되는 것으로 생각되고, 병어가 사망하는 원인은 침입한 세균의 증식에 따른 염증에 의해 심장기능의 부전과 혈관의 탄력성 상실에 의한 순환장애로 생각된다. 중증어인 경우 패혈증도 관찰되어짐으로 이것도 사인의 하나라고 생각된다.

분자생물학적 진단을 위해서는 병어의 신장, 비장 또는 뇌에서 DNA를 분리한 다음 특이 primer인 Psan-F(5′-TTG GGA GGA AGG GCA GTA ACC-3′)와 Psan-R(5′-TGC GCC ACT AAA ATCTCA AG-3′)을 사용하여 initial denaturation 95°C 3분한 다음 35사

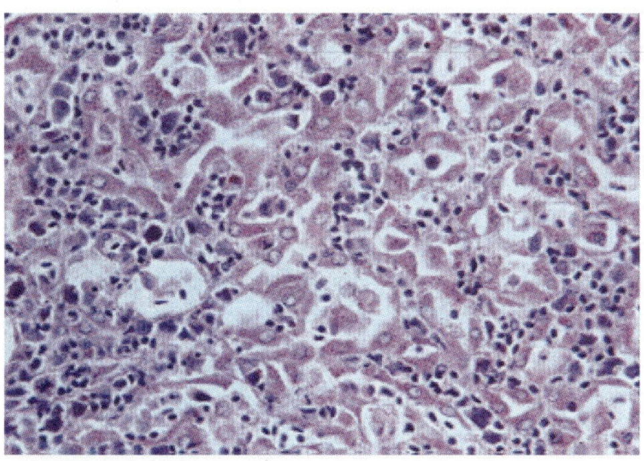

그림 2-46 신장. 류동의 세망내피계의 증상이 현저하지만 식균상은 보이지 않음. PAS, ×400.

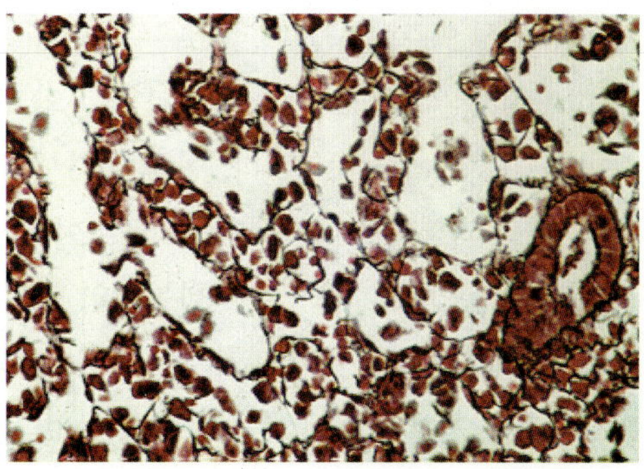

그림 2-47 신장. 조혈조직의 감수위축과 류동의 확장. W-SI, ×320.

이클(95°C 20초; 63°C 20초; 72°C 30초) 후 final extension을 72°C 5분간 하면 특이 밴드인 418 bp의 산물이 얻어진다.

## 2) 은어의 세균성 출혈성복수증(Bacterial hemorrhagic ascites)

양성지에 종묘를 방양한 10일 후에 발병하는 경향이며, 발병수온은 15~20°C인 5월~7월경에 빈발한다. 대개의 경우 세균성 냉수병과 혼합발생이 많지만, 세균성 냉수병 치료를 위한 수온 상승 또는 투약 후에 발병되는 것이 보통이다.

원인균은 그람음성 간균인 Pseudomonas plecoglossicida로, 2개의 극모(총모)를 가지고 있어 운동성 있지만 비운동성 균주도 존재한다. 배지상의 집락은 무색이지만, 갈색색소를 생산하는 균주도 존재한다. 발육온도는 10~30°C, 발육가능 식염농도는 0~5%, pH는 5~9이다. King B배지에 배양하면 형광색소(플루오레세인)를 생산한다. APINE에서의 profile은 1-140~457이다. 원인균의 분리용 배지로는 BHI 또는 modified trypto-soya(MTS) agar에 접종하여 25°C 배양하면 백색집락이 형성된다. MTS 배지의 조성은 trypto-soya agar 20 g, Mueller-Hinton agar 19 g, lactose monohydrate 10 g, saccharose 10 g, dextrose anhydrous 1 g, sodium citrate 1.25 g, iron(III) ammonium citrate 1.25 g, sodium thiosulfate 0.025 g, bromocresol purple 0.02 g, phenol red 0.005 g이다.

운동성 균주에 감염된 병어는 안구 출혈, 항문 확장 및 출혈, 발적(두부 및 하악), 아가미 빈혈을 나타낸다. 해부하여 보면 혈액이 혼합된 복수 축적, 복강벽 및 내장의 점상출혈 및 직장의 내출혈이 관찰된다. 한편 비운동성 균주에 감염된 병어는 아가미 퇴색(빈혈이 주요 증상), 새변 끝부분의 충혈, 가슴지느러미와 배지느러미 기부의 발적과 내부증상으로는 내장의 퇴색 및 비장 및 신장의 종대가 관찰된다.

감염은 피부(체표의 상처)나 아가미를 통하여 감염되어 신장 및 비장을 표적기관으로 하고 있다.

병리조직학적으로는 신장과 비장에 변화가 가장 현저하여 세균의 침입을 받은 비장은 광범위하게 괴사되며, 괴사세포는 핵농축, 핵융해 및 핵막 과염상을 나타낸다. 증상이 심한 경우의 비장 괴사소는 부종, 섬유소 침착과 출혈이 생긴다. 비장의 협동맥과 비수내 동맥도 괴사되어, 염증세포의 침윤, 유섬유소 변성이 생긴다. 복수 증상을 나타내는 병어에서는 일반적으로 섬유소성 염증이 생기며, 때로는 비장에 화농성의 막이 없는 농창이 형성되기도 한다

한편 비장은 조혈조직에 수종과 유동의 확장을 동반한 괴사소가 형성되며, 실질인 세뇨관상피는 기저막에서 박리된다. 이들 괴사세포는 비장의 괴사세포와 마찬가지로 핵농축, 핵융해 및 핵막 과염상을 나타낸다. 또한 조혈조직에 농양이 형성되는 경우도 있지만 이들 농양에는 비장의 농양과 마찬가지로 화농성의 막은 형성되지 않는다. 중증인 경우의 괴사소는 섬유소 침착과 소량의 출혈이 생기기도 한다. 신장의 세뇨관 상피는 초자적 변성 또는 혼탁종창을 일으키고 있지만 상피에 세균의 증식은 없다.

간장은 간질질에 괴사소가 형성되며 유동은 확장된다. 괴사세포는 핵농축, 핵 융해, 핵막 과염 및 응고가 일어난다. 중증인 경우에 간 실질에 농양이 형성되는데 농양 속에는 세균, 세

표 2-2 *Pseudomonas plecoglossicida*의 진단을 위한 primers와 반응조건

| PCR | Primer 이름 | Primer sequence(5′ to 3′) | 반응조건 | | |
|---|---|---|---|---|---|
| | | | Denaturation | Annealing | Extension |
| *gyr*B universal | GYR-1<br>GYR-1R | CAYGCNGGNGGNAARTTYGA<br>CCRTCNACRTCNGCRTCNGT | 94°C, 15s | 48°C, 20s | 72°C, 60s |
| Nested-external | PL-G1F<br>PL-G1R | CACAGGCTCCAATGGCTGTA<br>AGCCCAGTGCAGTGATCAGC | 94°C, 15s | 66°C, 20s | 72°C, 60s |
| Nested-internal | PL-G2F<br>PL-G2R | TGCTGAAGGACGAGCGTTCG<br>ATCATCTTGCCGACAACAGC | 94°C, 15s | 66°C, 20s | 72°C, 60s |

모든 PCR 반응을 initial denaturation 94°C에 5min, final extension은 72°C에서 5min, 35 cycles.

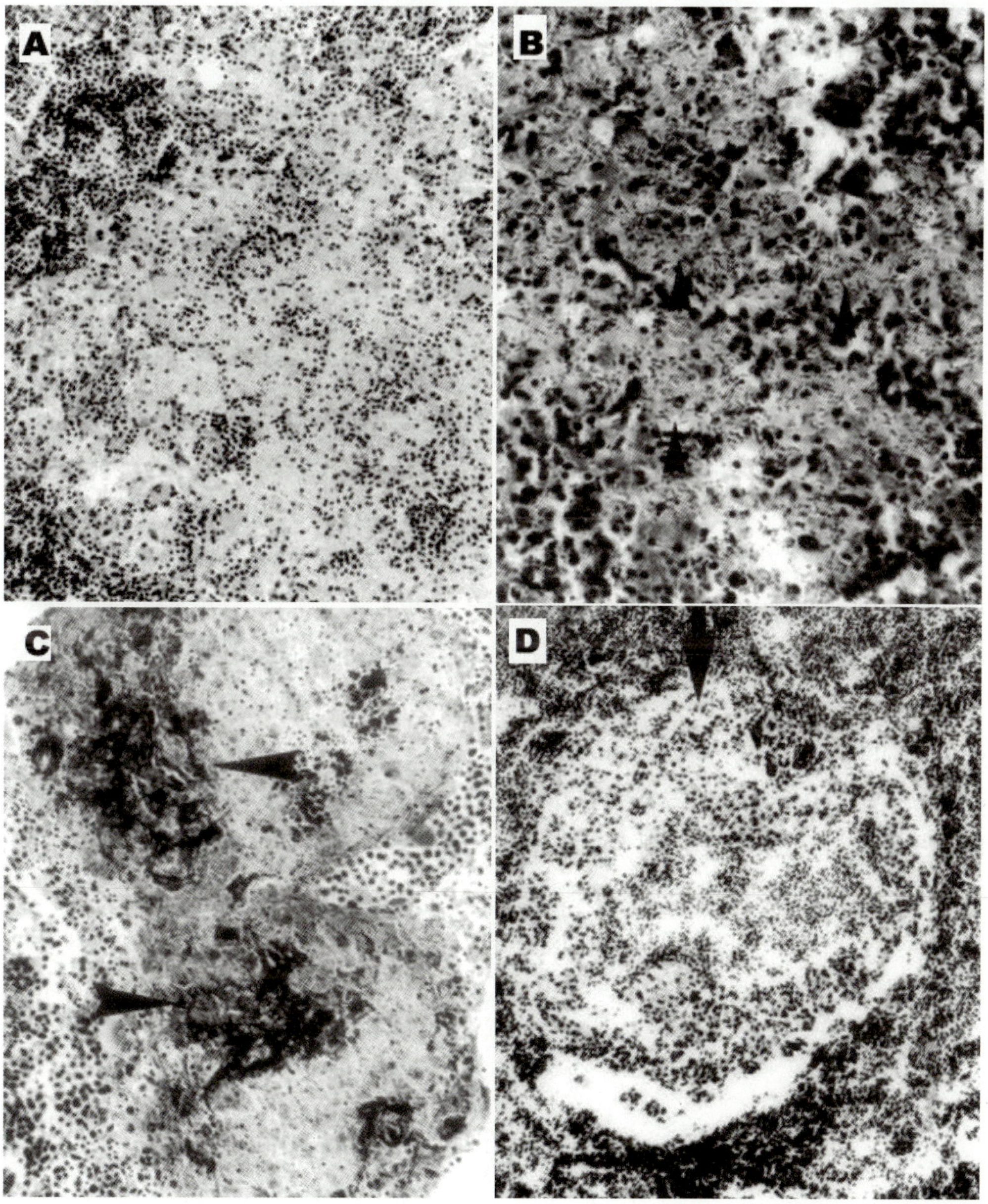


그림 2-48 세균성 출혈성 복수증에 감염된 은어의 비장. A: 수종과 출혈을 동반한 비수의 광범위한 괴사, HE. B: 괴사소 내의 간상의 세균(화살표), Giemsa. C: 괴사소와 협동맥 내의 섬유소 침착(화살표), Azan. D: 세균, 호중구, 세균을 탐식한 호중구, 괴사세포 및 적혈구 등이 들어 있는 화농성의 막이 없는 농양(화살표)의 내부, Giemsa.

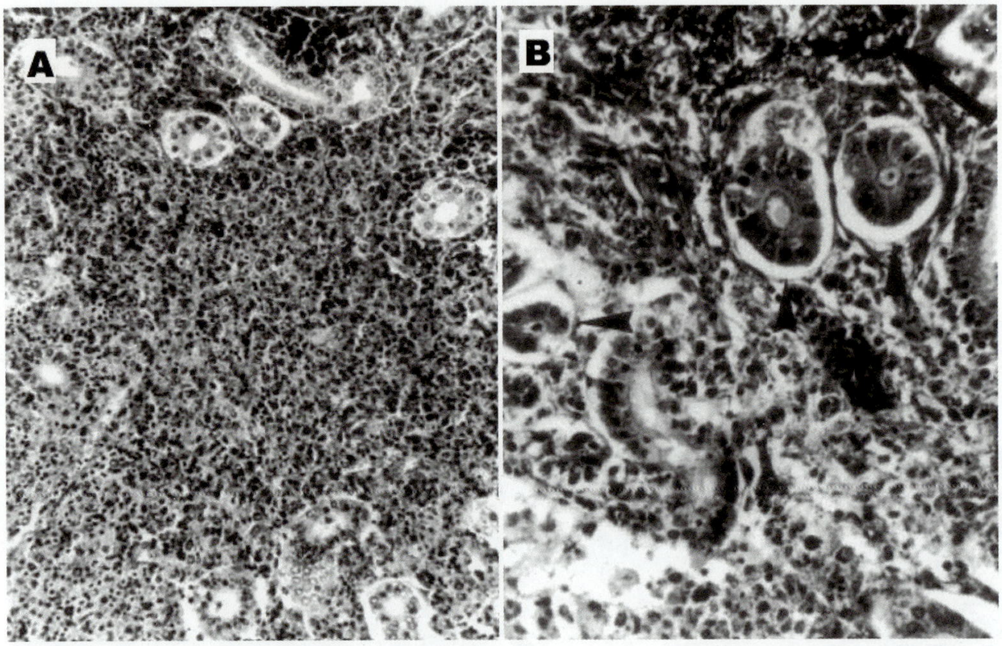


그림 2-49 세균성출혈성복수증에 감염된 은어의 비장. A: 광범위한 괴사를 나타내는 신장 조혈조직, HE. B: 괴사소 내의 섬유소 침착(화살표), 세뇨관 상피세포는 기저막에서 박리되고 있지만 상피세포 내에 세균의 증식은 없음. Azan.

균을 탐식한 호중구, 괴사 간세포 및 적혈구 등이 들어 있다. 이 중에서 세균을 탐식하고 있는 호중구는 괴사되지만 호중구의 세포질속에는 세균의 증식은 없다. 간에 형성되는 농양도 비장과 신장에 형성되는 농양과 마찬가지로 화농성의 막은 없다. 농양주변에 있는 간세포는 심하게 위축되거나 변형되어 혼탁종창을 일으키고 있다. 이러한 변성 간세포의 글리코겐은 현저하게 감소되어 있지만 간세포내에 세균의 증식은 없다. 어떤 경우에는 비장과 신장의 괴사에도 불구하고 간에는 이렇다 할 변화가 없는 경우도 있다.

Pseudomonas plecoglossicida는 16S-rDNA 수준에서 P. putida와 99%의 상동성을 보인다. 그럼으로 구분에 어려움이 많았지만, DNA gyrase(gyrB)의 B units에 coding된 chromosal DNA를 이용한 특이 primer를 제작하여 신장과 장을 시료로 하여 PCR법으로 정확하게 진단할 수 있다. PL-G1F와 PL-G1R의 primer를 사용하여 1차 PCR을 한 다음(978 bp), PL-G2F와 PL-G2R을 사용하여 두 번째 PCR을 하는 nested PCR법에 520 bp의 산물을 얻어 정확하게 진단할 수 있다.

대책으로는 Page인 PPpW-3와 PPpW-4의 경구투여와 근육주사가 효과적인 것으로 나타났지만 아직 실용화는 되지 못하고 있다.

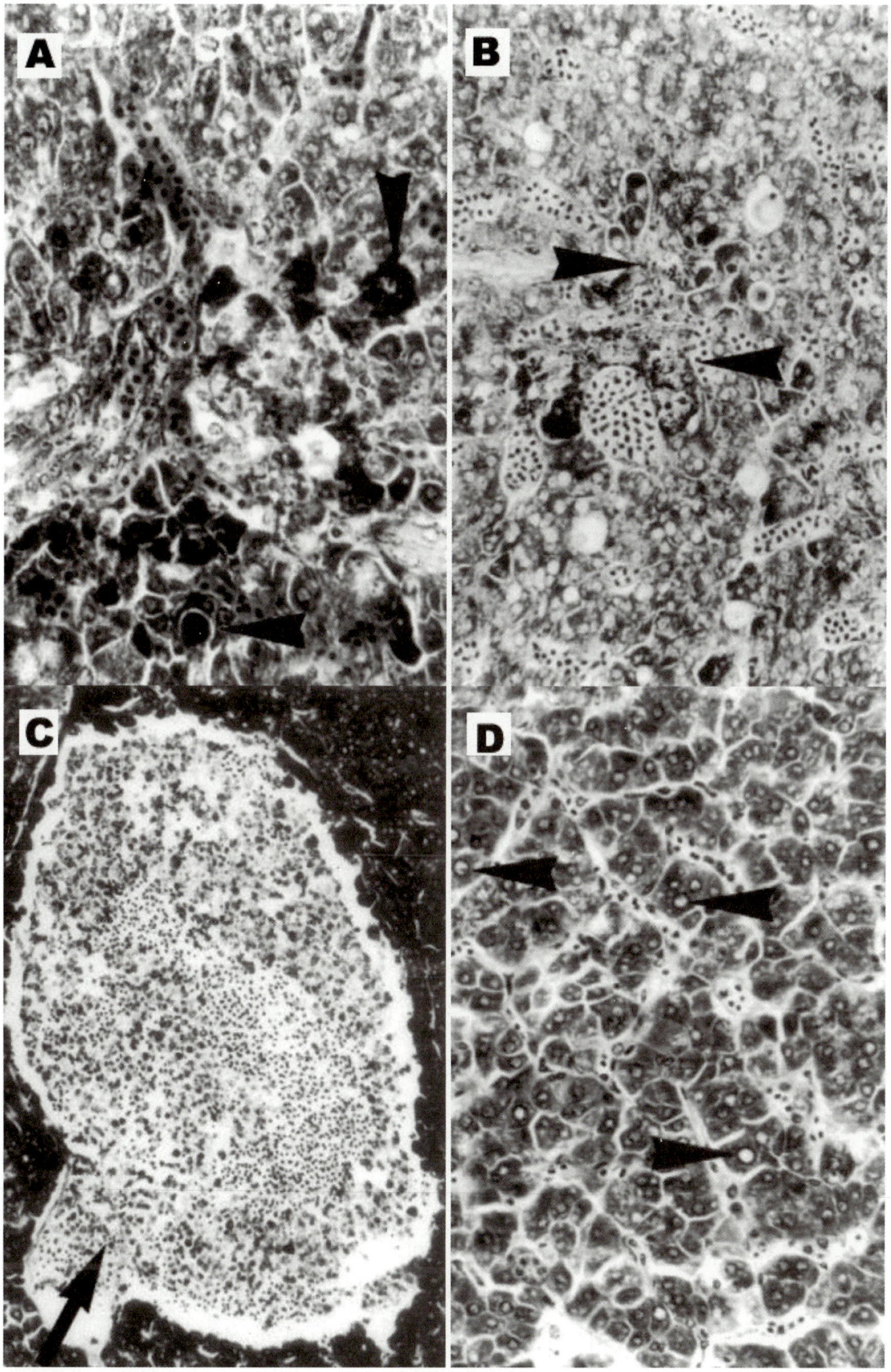


그림 2-50 세균성출혈성복수증에 감염된 은어의 간장. A: 핵농축, 핵융해, 핵막과염 및 응고를 나타내는 괴사 간세포(화살표), Azan. B: 괴사소 내의 세균(화살표), Giemsa. C: 세균, 호중구, 세균 탐식 호중구, 괴사세포 및 적혈구 등이 함유된 농양의 내부(화살표), Giemsa. D: 위축과 핵이 확장되면서 혼탁종창을 나타내는 간세포는 세포질내의 글리코겐 함량이 감소됨, HE.

## 3) 기타 슈도모나스병(Pseudomond septicemia)

### (1) 해산어

해산어의 종묘생산장이나 양성장에서는 주로 저온수기에 슈도모나스병이 발생하고 있다. 급성으로 진행되어 사망하는 경우가 많지만, 성어는 만성적으로 진행하는 경우가 대부분이다. 증상은 치어인 경우 피부의 퇴색, 아가미 뚜껑의 출혈 및 지느러미 부식 등의 증상이 생기지만 현저하지는 않고, 가장 현저한 특징은 구간부의 체표에 생기는 농양을 함유한 융기 환부로 이 환부는 시간이 경과되면 피부가 붕괴되어 궤양화된다. 또 항문에서 백색의 실모양의 점액물질이 나와 있다.

양성 중인 어느 정도 성장한 개체에서도 치어와 마찬가지로 체표에 농양물을 함유한 융기 환부가 생기는 것이 보통이며, 치어는 급성으로 진행되어 사망하는 경우가 많지만 성어는 만성적으로 진행하는 경우가 대부분이다.

해부하여 보면 심한 장염으로 장은 팽창되어 엷은 황토색을 띠고 있으며, 유문수에도 출혈이 보인다. 간은 급성인 경우에는 암적색을 띠지만 만성인 경우에는 엷은 황토색을 띤다. 이병의 원인균으로는 Pseudomonas fluorescence와 P. putida가 보고되어 있다.

슈도모나스병은 체색 흑변과 체표에 원형 또는 난원형의 궤양병소가 형성되는 것이 담수어 해산어를 불문하고 공통적인 증상으로 발병과 수질 환경과는 밀접한 관계가 있어 나쁜 환경에서 발생한다. Pseudomonas fluorescence는 확산성의 황녹색 색소를 생산하는데 King B 배지에 배양한 다음 자외선을 쪼이면 형광을 발한다.

### (2) 잉어

사육 수온이 낮은 노지 또는 하천수를 이용하여 유수식으로 사육 중인 어류에 발생하는 질병으로 병어의 체표 전체에 점액이 이상으로 과잉 분비되어 두부, 등쪽, 꼬리지느러미 등에 점액이 두꺼운 막처럼 덮여 있어, 수중의 어류는 전체가 희게 보이게 됨으로 백운병이라고도 한다. 병어에는 비늘이 서 있는 것도 있고, 체표의 일부에 갈황녹색을 띠는 것도 있으며, 비늘이 탈락하거나 체표나 지느러미에 출혈과 복부가 팽만되어 있는 것도 있다. 병어의 비늘 주머니액, 혈액, 복수, 신장에서는 협막을 가진 간균이 다수 관찰된다.

### (3) 은어

6~7월경 수온이 18~20°C일 때 체중 8 g 전후의 어류에 아가미의 퇴색을 주 증상으로 하는 질병으로 누적 사망률은 약 30% 정도이다. 병어는 새변 끝부분의 충혈과 출혈, 아래턱의 발적, 가슴지느러미와 배지느러미의 기부의 발적이 보이는 정도이다. 해부하여 보면 내장 전체의 퇴색과 비장의 종대 및 신장의 종창이 특징적이다. 신장을 시료로 하여 cytophaga배지에 접종하여 18°C에서 배양하면 노적상의 투명하면서 광택이 있는 중앙부가 약간 황색인 변두리가 원활한 작은 집락이 형성되며, BHIA에서는 담황갈색기미의 유백색의 보다 큰 집락이 만들어진다. 이 병원균은 아직 정확한 동정은 이루어지지 않았다.

또 구간부의 궤양과 출혈을 주 증상으로 하는 Pseudomonas anguilliseptica병이 있다. 발생은 대개 6~7월의 수온이 17~22°C로서 병어는 유영시에 구간부에 회백색의 환부가 보이고, 증상이 진행되면 궤양화된다. 개체에 따라서는 안구 및 안구주변의 출혈, 아가미 뚜껑, 지느러미 기부, 복부, 체측에 점상출혈 또는 띠 모양의 출혈반, 혈액이 섞인 복수 축적 등의 증상이 나타남으로 진균성 육아종증 또는 비브리오병과 혼동하기 쉽다. 옥소린산의 경구투여로 1주일 정도에 대개 완치된다.

### (4) 전갱어

전갱어도 Pseudomonas fluorescence 감염증이 발생하는데, 발병 시기는 2월부터 4월까지로 수온은 14~16°C, 어체의 크기는 대개 300 g 정도이다. 일간 폐사율은 0.1~1%정도이지만 누적 폐사율은 30%로 매우 높은 편이다. 병어는 주둥이 부위와 아가미 뚜껑의 출혈 및 뇌의 발적을 주 증상으로 하며, 뇌에서 원인균을 순수 분리할 수 있다.

### (5) 틸라피아

병어는 체색이 검어지고 안구의 백탁과 출혈을 동반한 안구돌출 및 간의 퇴색, 비장이 종창, 부레의 관공에 우유 빛의 액체가 고이는 부레염, 아가미의 빈혈과 신장, 비장 및 간장의 백점형성이 주 증상이다.

조직학적으로 감염부위와 병의 진행 정도에 따라 다르다. 돌출한 안구에는 안와지방조직, 시신경, 맥락막, 공막, 결막 및 동안근에 출혈을 동반한 화농성염이 일어나고, 안구가 심한 염증 때문에 안와에서 밀려나고 있다. 안구의 각막이 변성을 일으켜 각막 상피가 박리되고 있고, 망막도 세균의 침입이 없지만 박리되어 있다. 세균은 무정형의 삼출물 속에 증식하고 있지만 침윤한 호중구에 탐식당하고 있지는 않다. 안와의 괴사조직과 염증성 삼출물은 류상피세포에 분획되어 육아종이 형성되며, 육아종의 내부에는 응고괴사가 일어나 있다.

그림 2-51 각막의 백탁을 동반한 안구돌출 및 부레 벽의 염증성 비후와 부레내의 농.

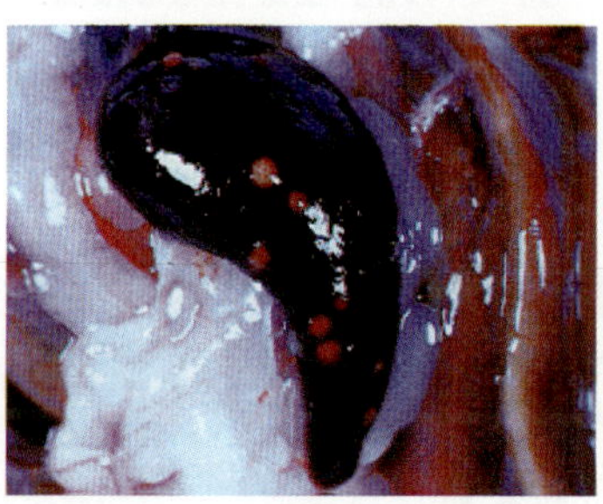

그림 2-52 비장의 백색결절.

비장, 신장, 간장 및 아가미에 보이는 백색의 결절은 세균의 증식에 의한 농양으로 섬유소에 의해 분획되어 있다. 백점이 형성된 비장의 비수는 혈액이 충만되어 있고, 세균의 증식과 호중구, 마크로파아지의 침윤을 동반한 소상괴사를 일으키고 있다.

간장은 비장과 마찬가지로 소상괴사와 육아종이 형성되고 있으며, 괴사소의 간세포에 세균이 전파되어 있으며, 섬유소가 침착된다. 육아종은 실질에 형성되는데 육아종의 내부에는 응고물이 들어 있고 세균은 거의 찾아볼 수 없다. 또 세균이 전파되지 않은 간세포도 비대 또는 공포변화를 일으키고 있다.

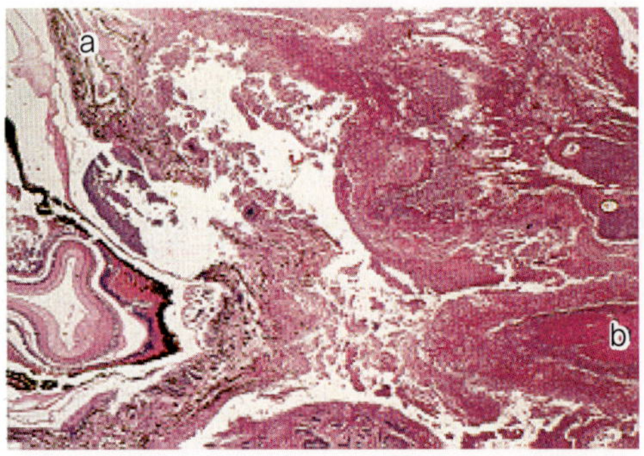


그림 2-53 눈. 안구가 돌출한 급성의 경우 안와 지방조직에 세균이 증식하여 심한 화농성염을 일으키고 있다. 화농성 병소는 공막(a)과 시신경다발(b)에도 형성되어 있으며, 망막은 박리되고 있다. HE, ×10.

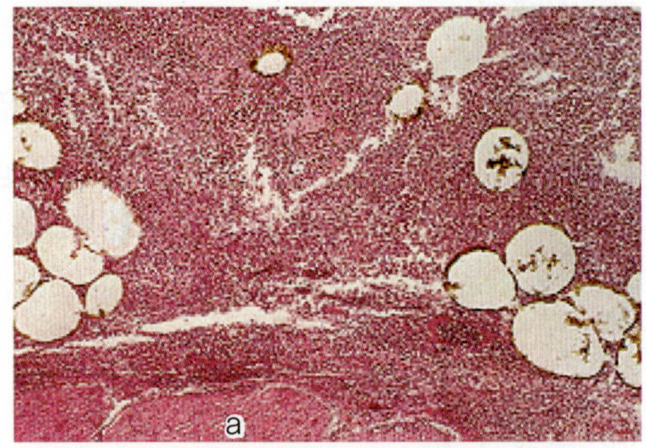


그림 2-54 안와지방조직. 세균이 침입하여 화농성염을 일으키고 있다. 염증은 시신경 다발(a)에도 발생하고 있다. HE, ×50.

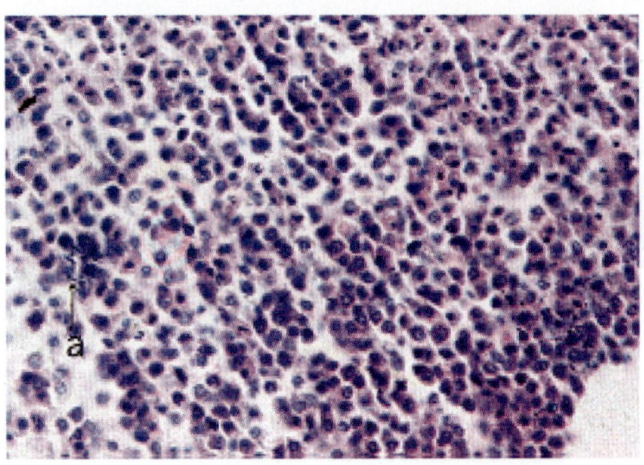


그림 2-55 안와지방조직 병소. 세균의 증식(a)에 따라 호중구가 모이지만 식균상은 관찰되지 않는다. GS, ×320.

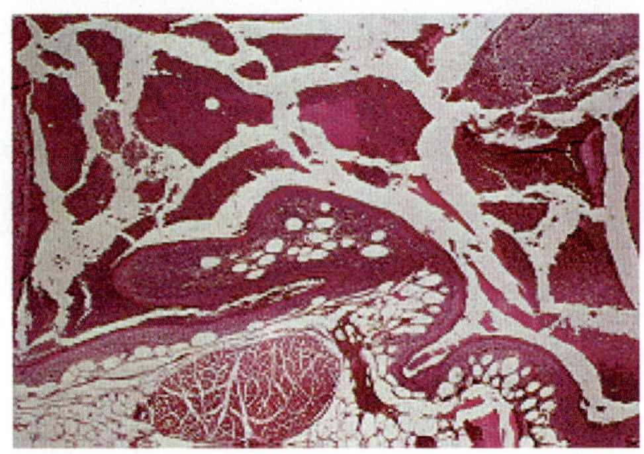

그림 2-56 만성의 눈. 화농성병소가 유상피세포를 포함한 육아조직에 피포 분획되고 피포된 내부의 화농성삼출물은 응고된다. HE, ×20.

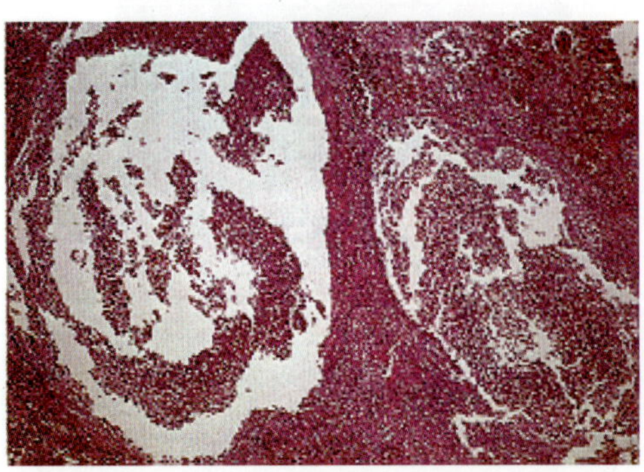

그림 2-57 급성예의 비장. 비수에 세균이 증식하여 크고 작은 농양이 형성 되어 있다. HE, ×32.

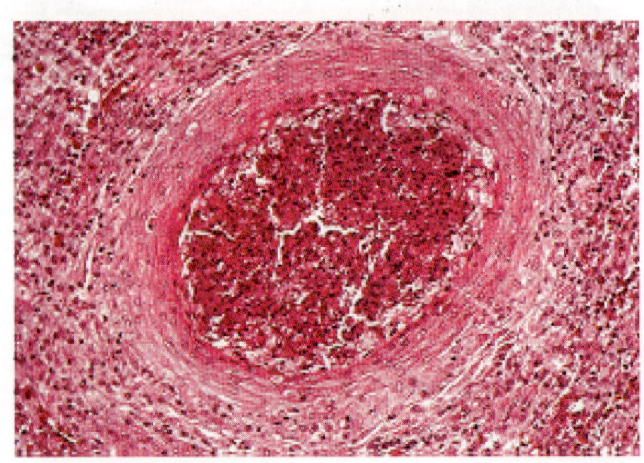

그림 2-58 만성예의 비장. 농양이 류상피세포에 완전히 피포되어 육아종화되어 있다. 육아종 내의 염증성 삼출물은 응고되고 세균은 소실됨. HE, ×160.

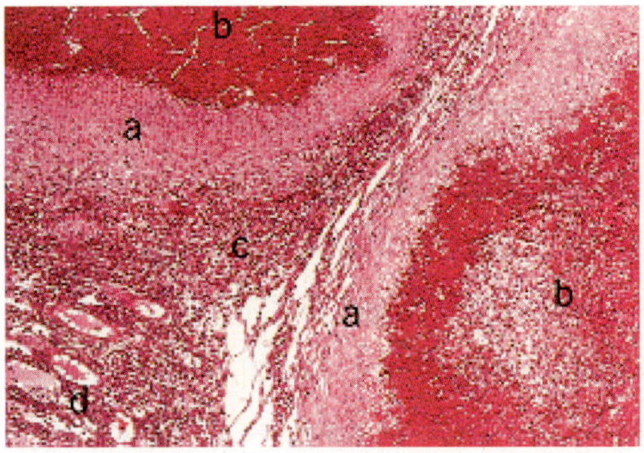


그림 2-59 부레. 농양이 류상피세포(a)에 의해 피포되고 내부의 염증성 삼출물(b)은 응고되어 있다. 육아종주위에는 육아조직(c)이 증식하여 적선(d)에까지 증식하고 있다. HE, ×80.

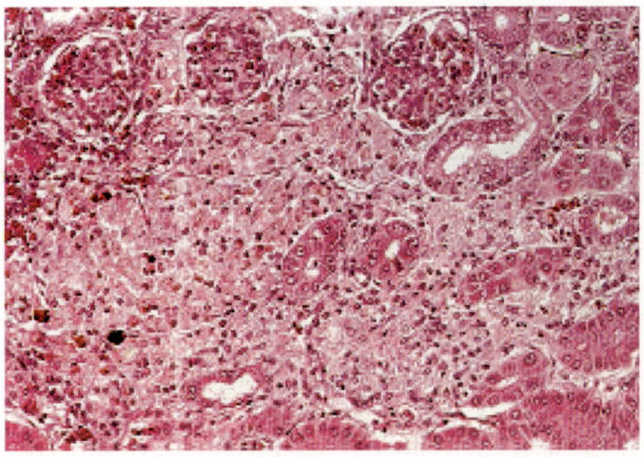

그림 2-60 신장. 조혈조직 내에 세균의 전파에 의해 괴사된 부위의 조혈조직에 육아종이 형성된 전형적인 만성 예. HE, ×8

신장은 조혈조직에 괴사소나 육아종이 관찰되는데, 괴사소에는 세균이 전파되어 있고, 염증세포의 침윤과 섬유소의 침착이 보인다. 이러한 괴사소는 사구체나 세뇨관에서도 관찰되는 경우가 있다. 육아종의 내부에는 다른 부위에 형성된 육아종과 마찬가지로 응고괴사물이 들어 있지만 세균은 찾아볼 수 없다.

아가미는 새변의 결합조직에 세균이 침입하여 부분적인 괴사와 염증세포의 침윤 및 섬유소의 침착이 생긴다. 때로는 이러한 괴사소에 대식세포의 침윤이 현저함에도 불구하고 세균은 관찰되지 않는데 이러한 괴사소의 부위에는 상피의 증상이 관찰된다.

부레는 세균의 침입에 의해 확장되고, 호중구의 침윤과 육아종이 관찰된다. 호중구는 부레의 벽이나 적선(red body) 및 관공 등에 많이 침윤하지만, 식균상은 거의 찾아볼 수 없다. 한편 육아종은 류상피세포에 의해 분획되고 염증성 삼출물은 응고된다.

슈도모나스병 원인균인 Pseudomonas fluorescence는 출혈성패혈증을 일으키는데, 이세균의 병원성에는 단백질분해효소(proteolyticenzyme)가 관계하고 있다고 한다(Bullock, et al, 1970). 이 균에 의한 유럽산 뱀장어의 병리 조직상은 멜라노마크로파아지센터의 붕괴를 동반한 조혈 조직의 괴사인데 비해, 틸라피아에서는 부분적 괴사와 농창 및 육아종이 형성되는 것으로, 육아종은 항상 호중구와 감염조직을 피포하는 등 조직상에 명백한 차이가 난다.

틸라피아의 슈도모나스병은 세균에 의해 농양과 국소적 괴사가 생긴 다음 이것이 육아종으로 대체되는 것으로 이러한 병리상은 다른 어류의 슈도모나스병에서는 관찰되지 않는다.

## 4 비브리오병

비브리오병은 은어의 Listonella(=Vibrio) anguillarum, 뱀장어의 V. sp.(V. anguillicida), 연어 송어류의 V. ordallii, 방어, 잿방어, 전갱어, 참돔 등의 해산 양식어류의 V. anguillarum 또는 V. harvey 감염증이다. 각 어종의 병리조직상은 병원균의 종류에 따라 어느 정도 조직상의 특이성이 있다.

### 1) 은어

치어기에 비브리오병에 감염되면 감염환부는 백탁 또는 발적된다. 병리조직학적으로는 지느러미나 체표 등을 통하여 경피적으로 침입한 세균이 진피 또는 피하결합조직 내에 증식한 다음 근격막을 거쳐 구간근조직, 척추주위 결합직, 두개골주변 결합조직, 복막에 비만적으로 침입하여 증식한다. 이러한 감염병소는 수종과 가벼운 괴사가 일어나며 때로는 출혈도 관찰된다.

전신 감염의 상태에서는 비장의 협조직이 괴사되어 울혈이 생기며, 신장의 조혈 조직은 류동의 세망내피세포가 괴사된다. 장은 카타르성염이 생기며, 기타 혈관이나 심장의 공내, 복강의 체액 내에 세균이 발견된다.

어린 개체에서는 체표에 부분적 발적과 황백색의 띠 모양의 얕은 궤양이 형성되는 경우가 많다. 이러한 병소는 세균이 진피의 옆 방향으로 전파되어 수종성 소개, 괴사, 표피박리 등이 생긴다. 발적된 가운데 부위는 세균이 피하지방조직에서 근조직까지 침입하여 지방조직은 출혈을 동반한 괴사가 일어나며, 근조직 간질에는 출혈이 생겨 근섬유에 초자변성, 세열, 융해괴사 등이 생긴다.

대형어에서는 명확한 출혈이 있는 병소가 구간부에 형성되며 때로는 부풀어 오르는 팽윤병소로 되는 것도 있다. 이러한 팽윤병소에는 진피에 있어서의 세균의 전파된 범위가 좁고 피

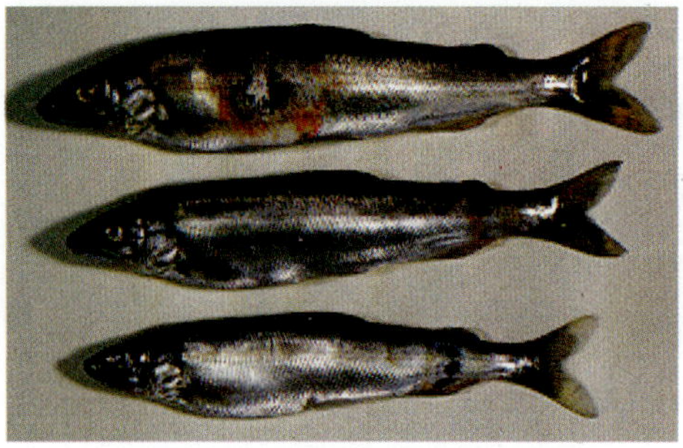

그림 2-61 발병초기에는 반문상 또는 띠모양의 퇴색 부위가 생기지만 출혈을 일으켜 궤양화된다.

그림 2-62 체측부에 궤양성 또는 출혈병소가 있으며, 가운데 것은 돌출환부가 보임.

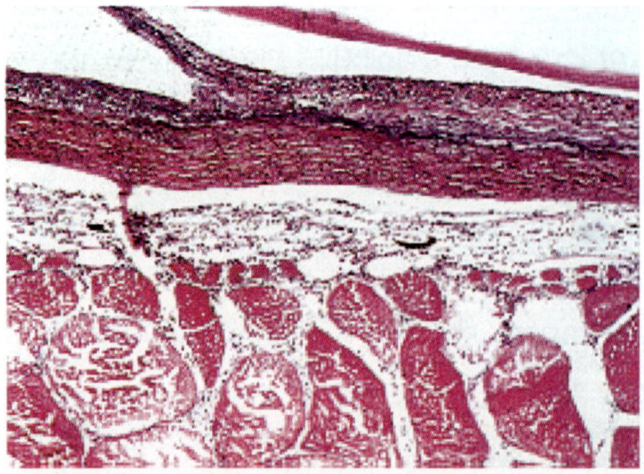

그림 2-63 체측부의 궤양병소. 세균이 침입하여 표피박리, 진피의 출혈과 괴사 및 피하조직에 출혈이 생김. HE, ×80.

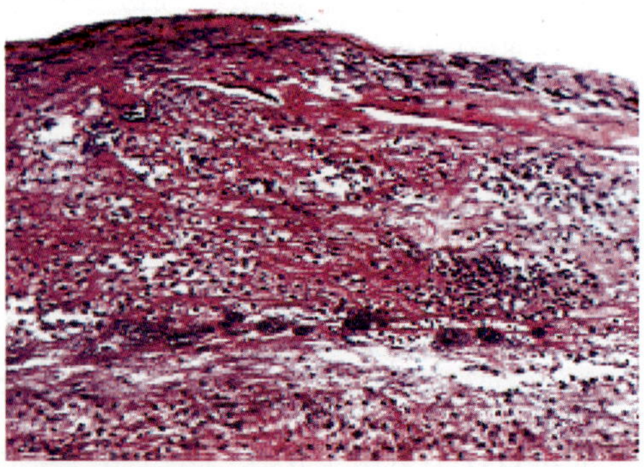

그림 2-64 진피의 확대도. 진피에 세균증식, 류섬유소 괴사 및 출혈이 보임. HE, ×200.

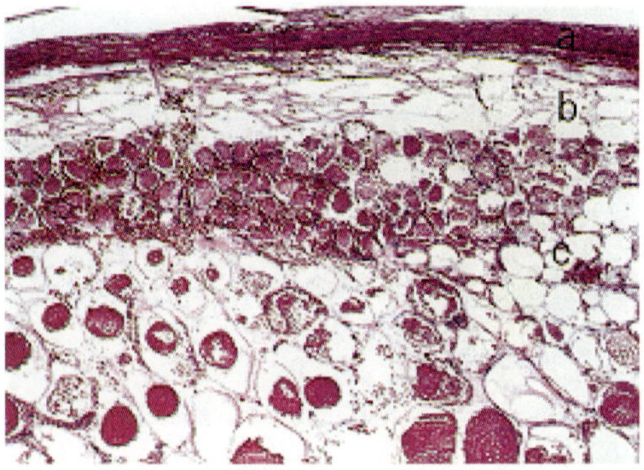


그림 2-65 돌출환부. 진피, 지방조직 및 체측근 조직이 세균침입으로 괴사, 수종, 출혈을 일으키며 특히 근섬유의 퇴행화가 현저. HE, ×50.

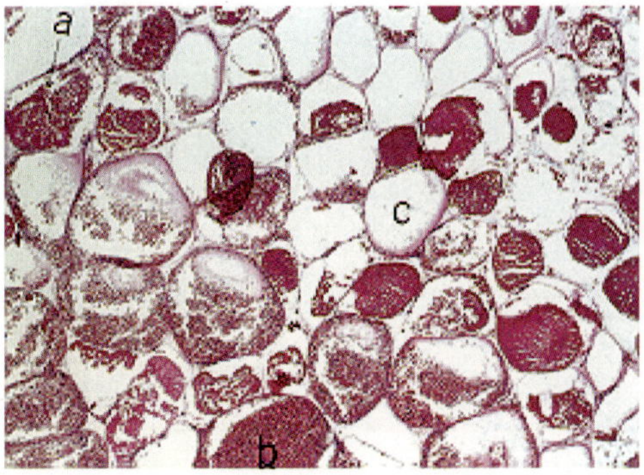


그림 2-66 체측근조직의 병소. 근섬유는 괴사(a) 소실되고, 대신에 적혈구(b)나 장액(c)이 충만되어 있다. HE, ×100.

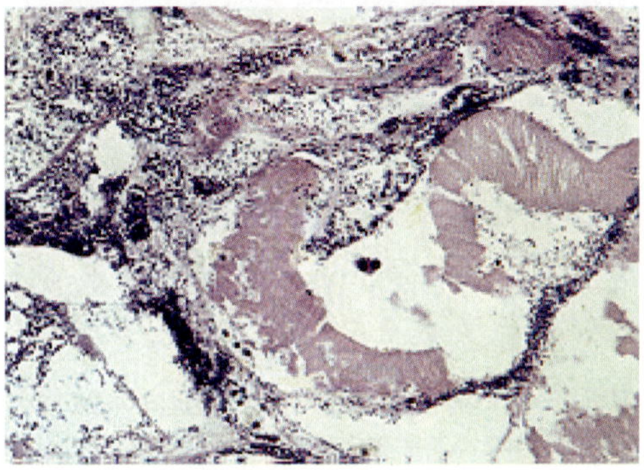

그림 2-67 체측근의 병소. 근조직의 간질과 근섬유에 세균이 증식하여 있다. GS, ×320.

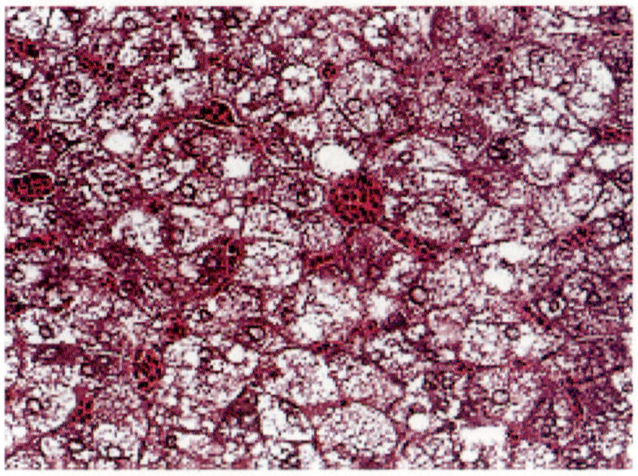

그림 2-68 간장. 실질에 세균의 침입은 없지만 간세포는 공포변성, 류동은 확장되어 있다. HE, ×200.

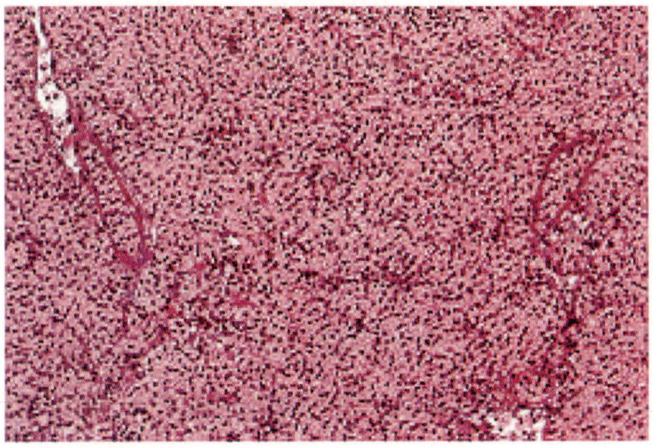

그림 2-69 비장. 협동맥이 세균 침입으로 괴사되고, 비수는 출혈. HE, ×160

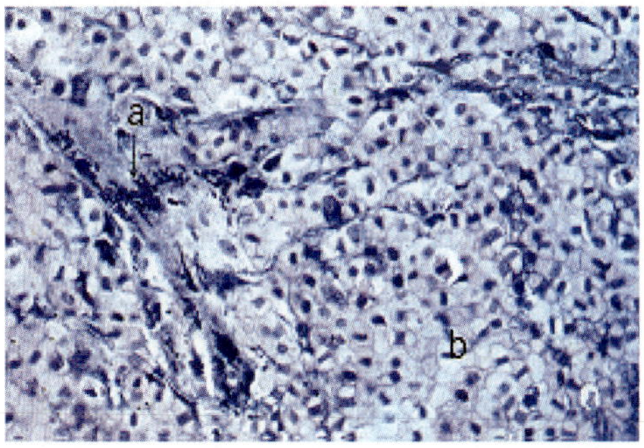


그림 2-70 비장의 확대도. 협동맥(a)에 세균이 침입, 협동맥의 괴사와 비수가 출혈(b)을 일으켜 혈해상을 이룸. GS, ×500.

하지방조직, 근격막, 근조직간 결합조직에 세균이 침입하여 광범위하게 다수의 세균집락이 형성되어 있다. 이러한 감염병소는 충혈, 울혈, 출혈 및 심한 수종성소개가 생겨 괴사한다. 또 근내막에 세균이 침입한 근섬유는 팽화, 세열, 과립상 붕괴, 융해괴사 등이 일어나며, 괴사된 근섬유내에도 세균이 침입하여 있다.

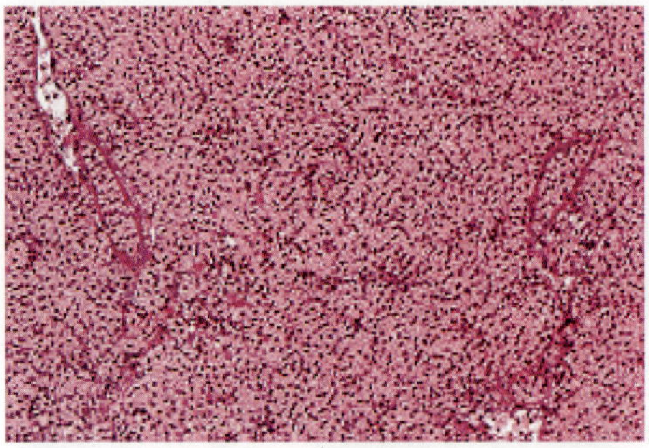

그림 2-71 비장. 협동맥이 세균 침입으로 괴사되고, 비수는 출혈. HE, ×160

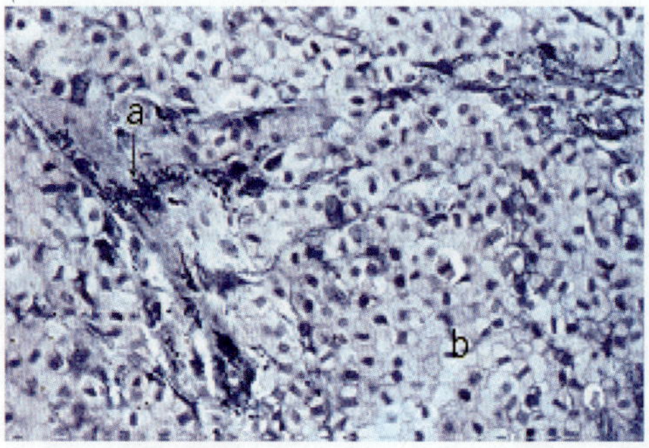


그림 2-72 비장의 확대도. 협동맥(a)에 세균이 침입, 협동맥의 괴사와 비수가 출혈(b)을 일으켜 혈해상을 이룸. GS, ×500.

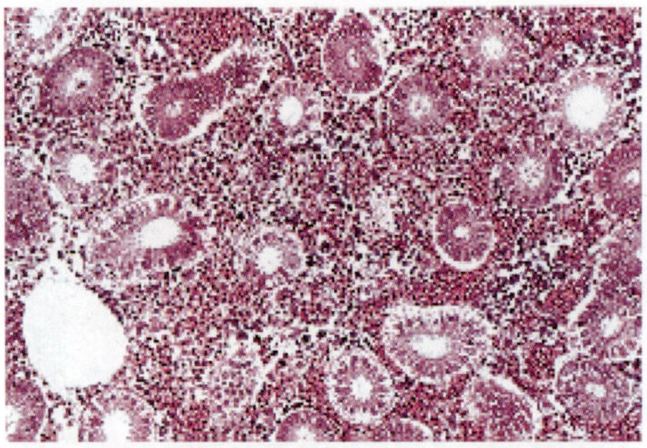

그림 2-73 신장. 실질에 세균의 침입은 없지만 조혈조직은 세균의 침입으로 괴사와 출혈. HE, ×160.

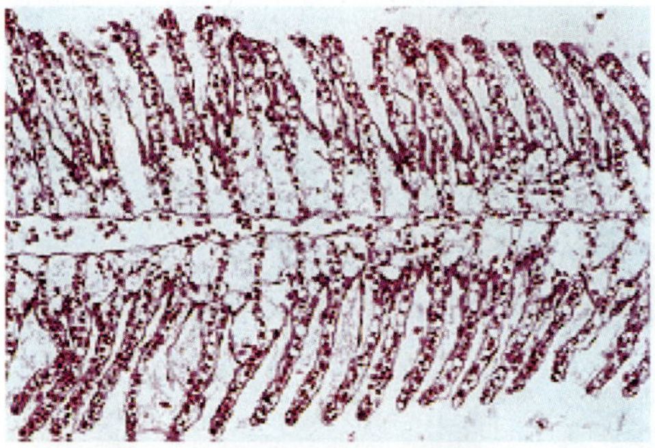

그림 2-74 아가미. 새박판에 세균이 침입하여 있고, 새박판과 새변은 수종을 일으킴. HE, ×160.

세열이나 융해소실한 근섬유의 열초는 장액이나 적혈구로 가득 채워져 있다. 병소의 증상이 더욱 진행되면, 병소 중심부에 있는 근절은 괴사되어 붕괴된다. 일반적으로 근격막에 분포하는 체절동맥이나 정맥의 혈관벽에 세균의 번식이 현저하여 혈관벽의 괴사와 혈장 속에 세균이 보인다. 감염 병소 내에 있는 두터운 혈관에서 세균의 번식이 현저하게 되면, 전신에 감염되어 패혈증으로 발전한다.

세균이 칩입한 비장은 출혈이 생겨 괴사되며, 신장조혈조직은 수종성 소개를 동반한 괴사가 일어난다. 간장은 실질세포가 위축, 공포변성, 지방변성 등을 일으킨다. 심장의 심근층이나 심강내 및 새변동맥 주위 결합조직에도 세균이 관찰되지만 소화관의 현저한 변화는 없다.

## 2) 송어류

무지개송어, 산천어 등의 비브리오병은 체표에 문드러지면서 팽윤되는 감염병소와 안구돌출 등이 생긴다. 진피소성결합조직에 경피적으로 침입한 세균은 이 결합조직층에 넓게 전파되며 마크로파아지와 호중구로 구성된 염증성 세포침윤과 수종성소개가 생긴다.

세균은 피하지방직까지 전파되어 근격막을 거쳐 구간근조직의 간질결합조직에 침입하여 광범위하게 근절에 퍼져 나가면서 척추 주위의 결합조직 및 복막에 이르기까지 비만적으로

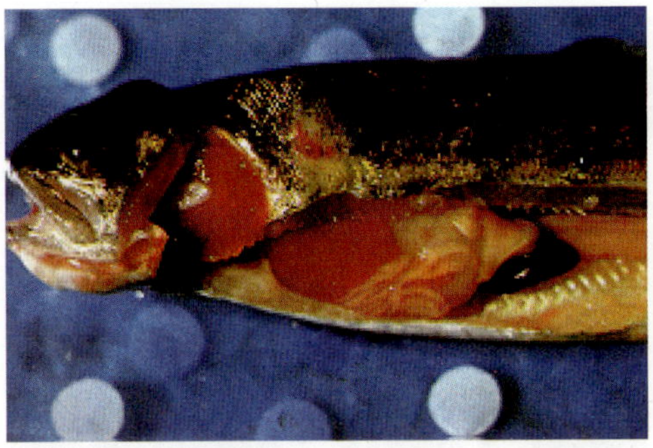

**그림 2-75** 두부에 돌출환부, 체측부에 출혈성 궤양, 안구돌출, 비장의 종대가 보임.

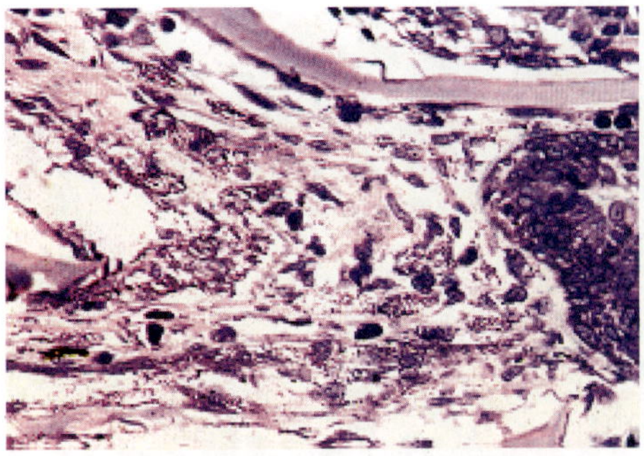

**그림 2-76** 피부의 초기 병소. 진피에 세균이 증식하고 대식세포의 번식과 식균상이 보임. GS, ×320.

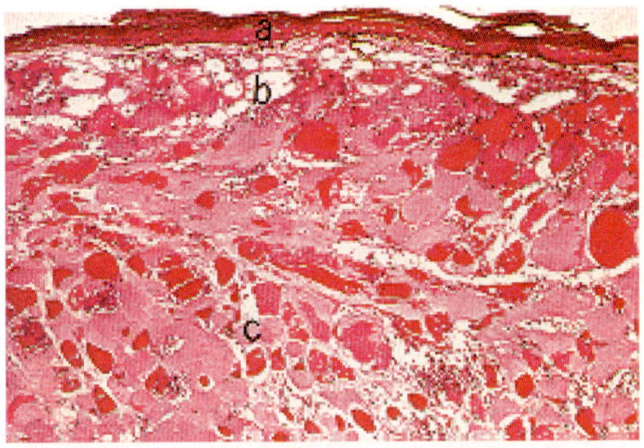


**그림 2-77** 궤양환부. 피부(a), 피하지방직(b)에 침입하여 있고 특히 체측근조직에 심하게 증식하여 집락을 형성. 진피는 괴사, 피하지방 직은 괴사와 출혈, 백색근섬유는 괴사와 수종. HE, ×50.

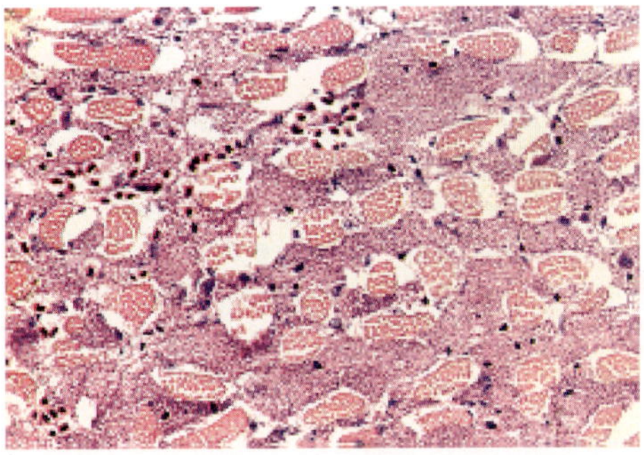

**그림 2-78** 혈합근조직. 간질결합직에 증식하여 집락을 형성하고 있고 근섬유는 괴사되어 있다. GS, ×200.

분포하게 된다. 침입한 세균의 증식이 미미한 초기 단계에서는 피하지방조직, 근격막, 근조직 간질결합조직에 충혈, 울혈과 경미한 출혈, 미분화간엽계세포의 활성종대, 마크로파아지의 번식과 식균상이 관찰된다.

근내막을 침입당한 혈합근 섬유는 핵의 중심화, 위축, 육장괴의 출현 등을, 체측근섬유는 가벼운 위축과 핵의 중심화를 나타낸다. 또한 감염국소에 세균번식이 현저하게 되면, 피하지방조직은 출혈을 동반한 괴사가 일어나며, 근조직의 간질결합조직은 출혈과 수종성 소개가 일어나고 거기에 커다란 세균집락이 형성된다. 이 큰 세균집락에 둘러싸인 근섬유는 위축, 초자변성, 세열을 거쳐 융해 소실된다. 근조직에서의 세균증식과 괴사가 심한 부분의 피부는 괴사되어 피하조직에서 떨어져 나오게 된다.

구강상피를 통하여 세균이 칩입하게 되면, 구강, 식도, 유문수에 걸쳐 비만적인 감염병소가 때때로 형성되며, 세균이 점막고유층이나 점막하조직, 근층에 증식하여 조직이 심한 수종성 소개를 일으켜 점막상피가 박리된다.

또 두부를 통하여 침입한 세균은 두개골 주위의 소성결합조직, 동안근조직, 아가미 뚜껑을 움직이는 근조직 등에 여기저기서 증식하며, 감염병소에는 장액삼출, 출혈 및 마크로파아지

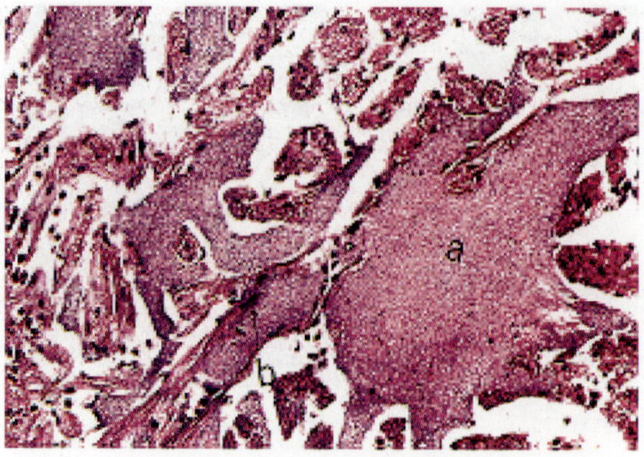


그림 2-79 심장. 심실의 심근층에 세균의 집락이 형성되어 있고, 근섬유는 변성(b)을 일으키고 있다. GS, ×160.

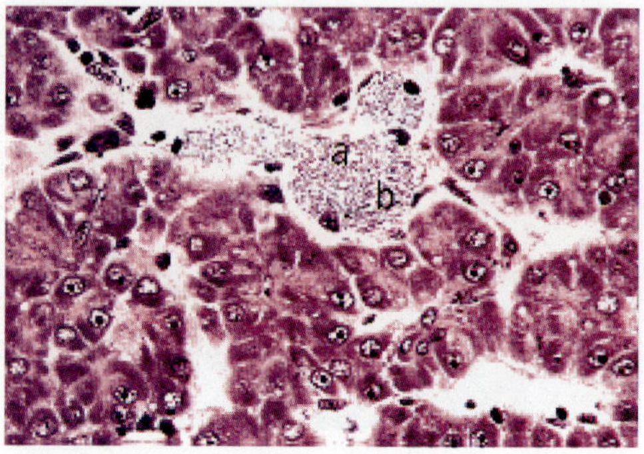


그림 2-80 간. 류동 내에 세균색전(a)이 형성되고 세균의 일부는 대식세포에 탐식(b)되어 있다. 주변의 실질세포는 거의 정상. GS, ×320.

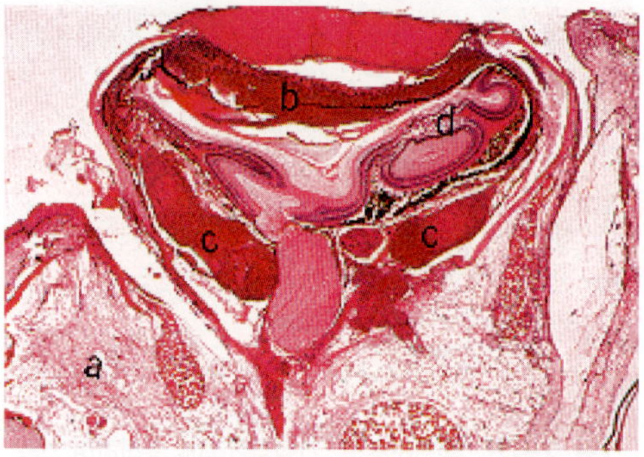


그림 2-81 눈. 안와 지방직(a)에 증식하여 수종을 일으켜 안구가 돌출되고 있다. 안구의 홍채(b)와 맥락막(c)의 혈관은 적혈구로 충만되어 곳곳에 출혈소를 형성하고 있고 망막(d)은 박리되고 있다. HE, ×10.

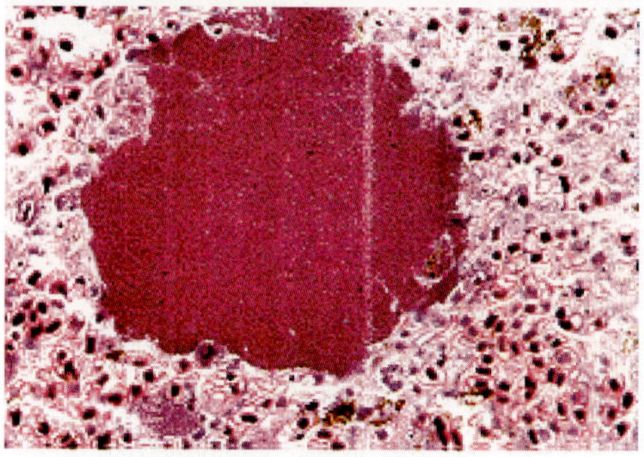

그림 2-82 비장. 비수 내에 대소의 집락을 형성되어 비수는 괴사되어 있다. GP, ×320

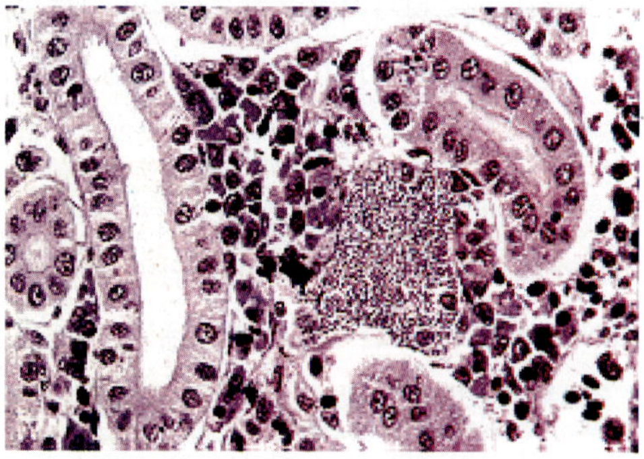

그림 2-83 신장. 류동 내에 색전을 형성하고 일부는 세망내피세포에 탐식 당하고 있다. 실질과 조혈조직은 거의 정상.GS, ×320

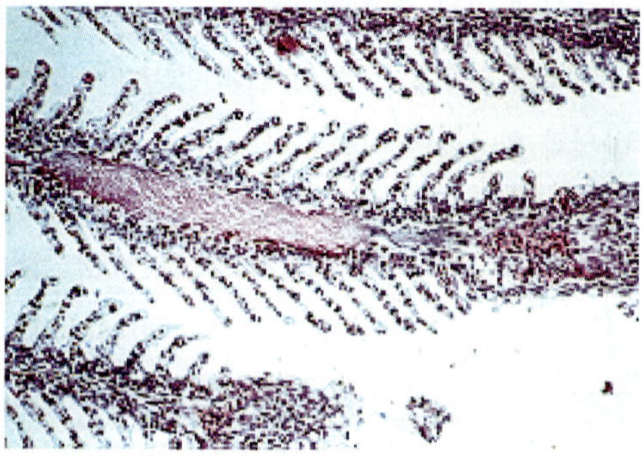

그림 2-84 아가미. 새변동맥 내에 세균색전을 형성하고 있지만 세균의 조직침입은 없음. HE, ×50.

의 침윤번식이 일어난다. 이때 안구에는 맥락막의 모세혈관 다발이 현저하게 확장되고 맥락막과 막 사이에는 수종이 생기며, 색소상피층의 괴사에 의해 망막이 떨어져 나오고 홍채에 출혈, 각막 상피의 박리와 고유층이 초자화된다.

전신 감염 단계의 병어는 신장조혈조직, 비장의 협조직, 심장의 심근층에 거대한 세균집락이 형성되고 집락에 둘러싸인 세포나 조직은 괴사된다. 또 신장조혈조직의 류동, 새박판 모세혈관, 새변 동맥, 소화관이나 복막의 모세혈관 등에 세균 색전이 형성되며 간실질세포는 위축이나 지방변성을 일으킨다.

### 3) 뱀장어

감염초기에 피부에 생긴 붉은 반점의 병소에서는 세균이 진피의 소성결합조직층에서 진피 지방조직층에 침입하여 감염병소는 수종을 동반한 괴사가 생기고 진피에 접하는 표피는 기저세포층만을 남기고 박리된다.

융기된 병소에서는 세균이 진피의 측방으로 전파되어 혈합근조직, 근격막, 체측근조직까지도 전파된다. 진피의 감염병소에서는 수종과 괴사가 일어남으로 표피가 박리된다. 피하지방조직은 세균증식이 활발해짐에 따라 수종성 팽화와 출혈을 동반하여 괴사된다.

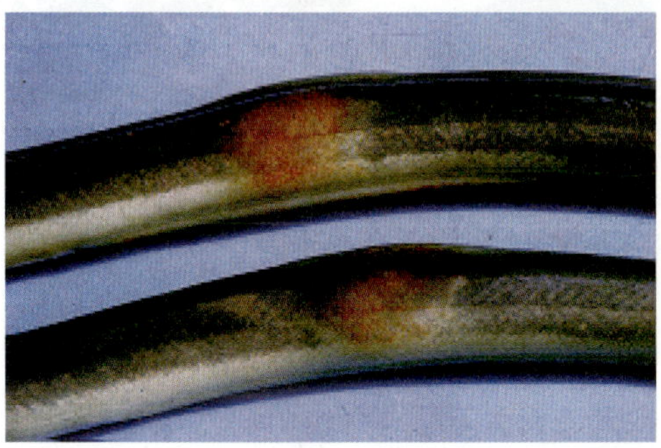

그림 2-85 체측에 출혈과 궤양을 동반한 돌출 환부를 가짐.

그림 2-86 해부도. 간의 울혈과 장전반부에 장염이 일어남.

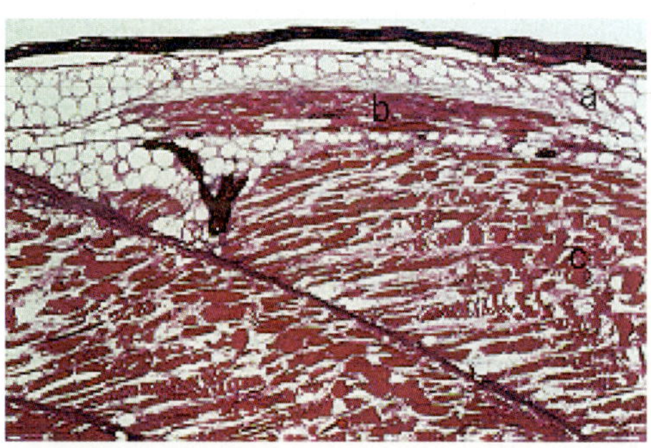


그림 2-87 돌출환부. 표피가 소실되고 궤양형성. 세균은 진피, 피하지방직 및 체측근조직에 전파되어 각 부분이 괴사되어 있고 지방조직(a)과 백색근조직(c)에는 수종이, 혈합근조직(b)에는 출혈이 생김. HE, ×40

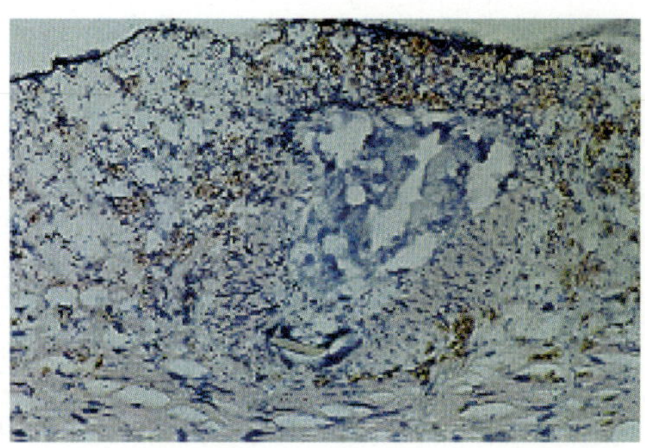

그림 2-88 진피의 병소. 진피에 세균이 증식되어 상피는 소실되어 있다. 진피의 소성결합조직은 괴사, 수종성소개 및 출혈이 현저하다. GS, ×200.

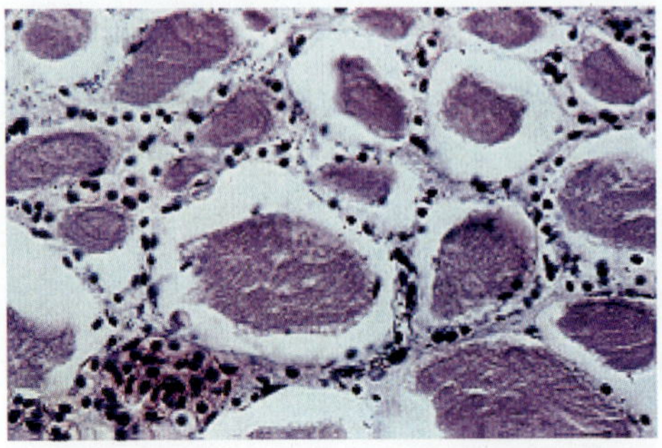

그림 2-89 혈합근 조직. 간질 결합직에 세균이 증식하여 출혈과 근섬유의 변성을 일으키고 있다. GS, ×40.

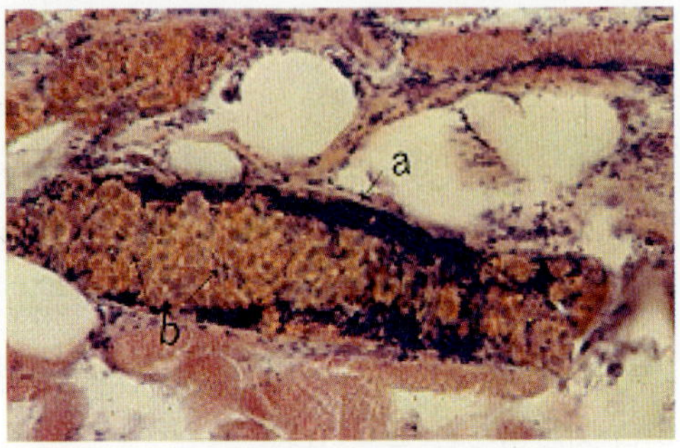


그림 2-90 백색 근조직. 세균이 근격막에 증식하여 근격막 내에 있는 체절동맥의 혈관벽(a)에 세균의 증식이 심하고 관공 중의 혈액에도 세균이 침입하여 있다(b). 이상은 패혈상을 나타낸다. GS, ×400.

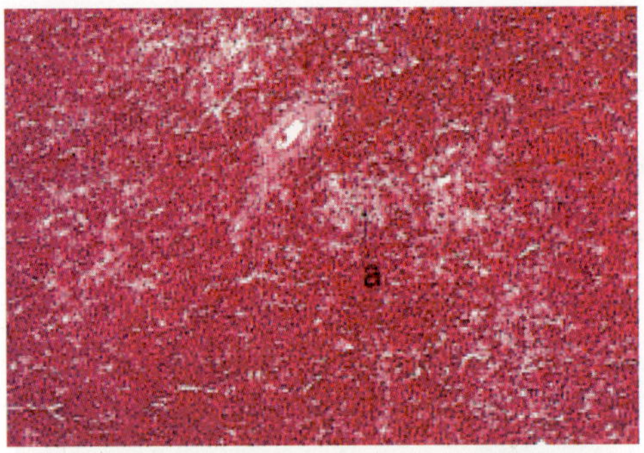


그림 2-91 비장. 협동맥에 세균이 증식하여 괴사(a)되고 비수는 적혈구로 충만되어 있다. HE, X100.

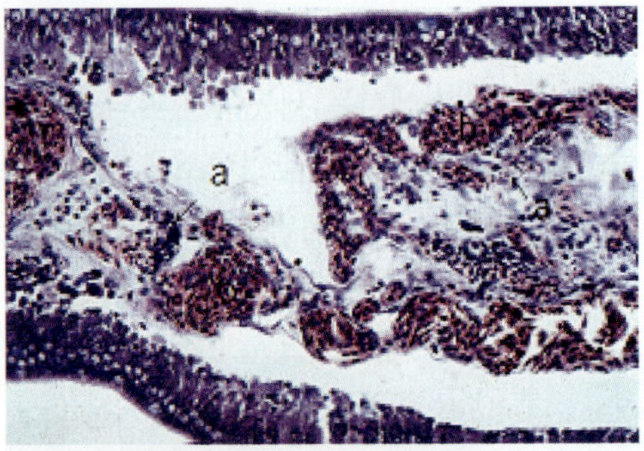


그림 2-92 장. 세균이 융털의 모세혈관과 그 주변에 침입하여 증식(a)함으로 모세혈관의 확장(b), 고유층의사(c) 및 점막상피가 박리. Azan, X50.

근조직에 침입한 세균은 간질결합조직에서 증식하여 작은 세균집락을 다수 형성함으로 결합조직은 충혈, 울혈, 수종성 팽화를 일으켜 괴사된다.

근내막에서의 세균증식이 미약한 근섬유는 위축이나 초자변성을 일으키지만 괴사까지는 진행되지 않고, 증식이 활발한 경우에는 광범위하게 근섬유가 위축, 초자변성, 횡단열, 세열, 과립상 붕괴 등의 퇴행성변화가 생긴다.

혈합근조직과 체측근조직 사이의 지방조직이나 근격막에 있는 체절 동맥이나 정맥의 혈관벽에서는 세균증식이 활발하여 커다란 세균집락이 형성되기 때문에 혈관벽이 괴사되어, 증식된 세균이 혈액 속으로 들어오게 되어 패혈증을 일으킨다. 또 피부, 피하지방조직, 근조직의 감염병소에서의 염증성세포반응은 일반적으로 미약하다.

내장기관 중 비장의 협조직에서는 균혈증의 단계에서 세균이 보이고, 세균의 전파가 심한 전신감염의 단계에서는 협조직과 비장에 괴사가 일어남으로 심한 출혈에 의한 소위 혈해상을 나타낸다.

소화관의 점막고유층으로의 세균의 전파는 전신 감염의 단계에서 현저하게 되며, 세균은 확장된 모세혈관의 주위에 증식하여 작은 집락을 형성한다. 이 때문에 점막고유층은 수종성

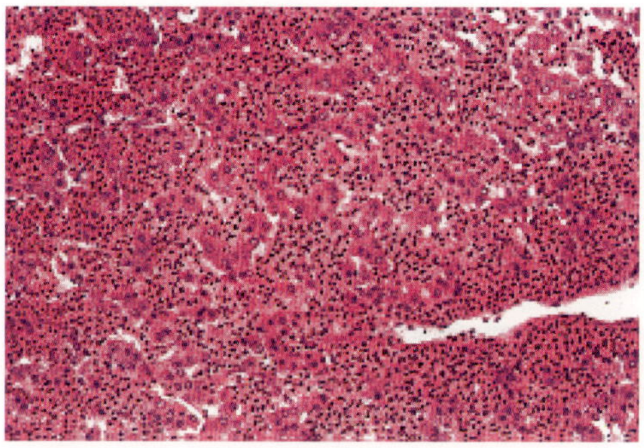

**그림 2-93** 간장. 류동에 침입하여 심한 울혈이 생겨 실질의 색구조가 파괴되고 각각 압박위축을 일으킴. HE, ×160.

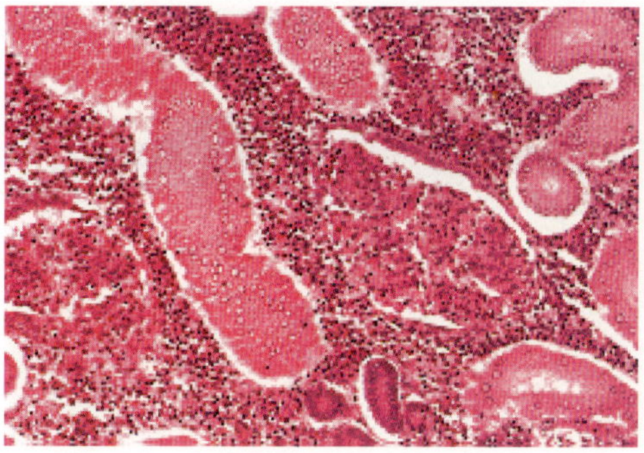

**그림 2-94** 신장. 조혈조직과 사구체 모두 괴사되어 있다. HE, ×160.

소개를 동반한 괴사로 점막상피가 박리된다. 또한 전이병소가 다수의 융털에 생긴 때는 심한 박리성 카타르성장염이 생긴다.

그 외의 내장기관으로의 세균전파는 비장이나 소화관에 비하여 약간 늦은 경향이 있어, 전신감염으로 진행되어 패혈증이 생긴 단계에서 명확한 전이병소를 확인할 수 있다. 간장의 세균은 혈관벽이나 류동의 주위에서 관찰되는데, 류동의 심한 울혈과 실질 내에 여출성출혈이 생김으로 실질세포는 당원소실과 압박위축을 일으킨다.

신장은 조혈조직에 세균이 침입하여 조혈세포나 류동의 세망내피세포가 괴사되게 된다. 조혈조직의 괴사가 심한 때는 출혈이 동반하는 경우도 있다. 일반적으로 패혈증의 단계에서는 사구체 모세혈관에 세균의 색전이 관찰된다.

아가미에서는 새박판모세혈관의 기저막에 많은 세균이 침입하여 모세혈관은 심하게 충혈되며, 새박판의 호흡상피와 새변상피는 부종을 일으킨다.

심장 심외막, 췌장이나 복막 등의 혈관벽에도 세균의 전파가 관찰된다. 이처럼 병원균은 혈관 벽에 침입하기는 하지만, 혈관염을 일으키지 않는 것이 에로모나스병과 다른 점이다.

## 4) 해산어의 저수온기 비브리오병

가을에서 겨울에 걸친 저수온기에 유행하는 질병으로 병어의 체표에 발적을 동반한 문드러짐과 진피에까지 이르는 궤양이 형성된다. 이러한 병소에 세균이 더욱 증식하게 되면, 피부는 괴사되어 피하지방조직에서 떨어져 나옴으로 근육이 노출되는 궤양으로 진행된다.

이 병은 체표의 상처나 변패사료중독증, 활주세균증에 감염된 어류에 잘  발생되며, 특히 참돔은 2차 감염에 의한 것이 대부분이다.

병원세균은 체표의 상처 또는 피부말단의 모세혈관의 혈행장애에 의해 생긴 문드러진 부분을 통하여 침입하여 진피의 소성결합조직에서 증식한다. 세균은 진피의 소성결합조직, 비늘주머니 주위의 결합조직 등 진피의 표층부분에서 활발히 증식함으로 이러한 조직은 혈행정지나 삼출성 출혈을 동반하여 괴사된다. 진피가 괴사되어 박리됨으로써 광범위한 범위에 걸쳐 상피박리 또는 비늘 탈락이 일어난다. 비늘주머니 주변의 결합조직에서 증식한 세균은

그림 2-95 방어 병어. 체표에 출혈을 동반한 궤양 환부가 보임.

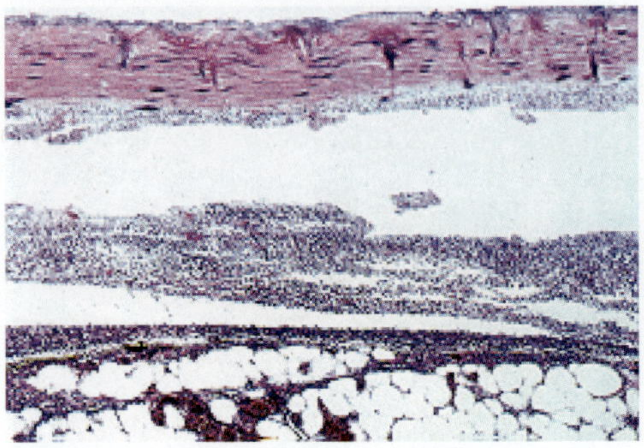

그림 2-96 궤양환부. 세균이 진피에서 피하지방조직까지 침입하여 진피는 박리되고 그 밑의 피하지 방직에 염증세포의 침윤과 출혈이 보임. HE, ×50.

그림 2-97 세균이 증식한 진피 확대도.

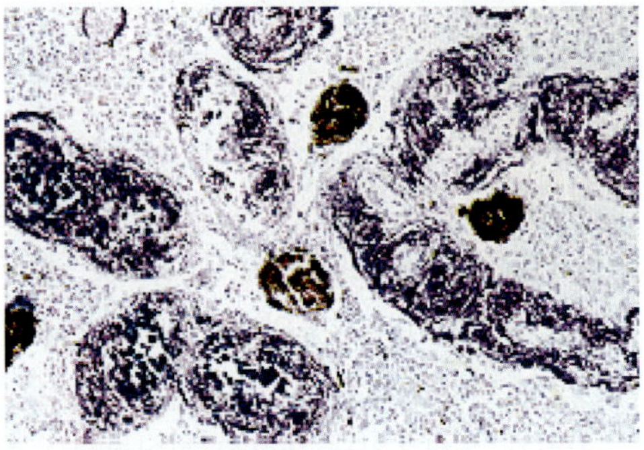

그림 2-98 비장. 세규의 침입은 없지만 협동맥의 협조직은 류섬유소변성을 일으킴. Wf, ×160.

치밀결합조직에 있는 말단혈관의 혈관벽을 통하여 치밀결합조직의 깊은 곳의 지방조직까지 전파되어 그곳에 많은 작은 세균집락을 만든다. 세균이 전파됨에 따라 진피에는 마크로파아지의 침윤번식과 미분화간엽계세포가 활성화되고 염증성세포의 탐식상이 나타난다. 그러나 세균의 전파가 빨리 진행되는 경우에는 염증성세포의 반응은 미약하다.

진피 또는 피하지방조직에 세균이 활발히 증식하게 되면, 피하지방조직은 충혈, 울혈 및 마크로파아지의 침윤번식이 일어나며, 조직의 괴사가 더욱 진행되어 괴사된 진피가 피하지방조직에서 박리된다.

육안적으로 조직의 괴사가 현저하여 근육이 노출된 궤양 병소에서는 세균이 혈합근에서 체측근조직의 표층부까지 침입하여 간질의 결합조직에서 증식하고 있다. 근격막에 세균이 침입한 경우 근섬유는 팽화, 세열, 서상괴사 등의 퇴행성변화를 일으킨다.

참돔에 활주세균증이 1차적으로 감염된 경우에는 진피 또는 근육의 병변은 2차적으로 비브리오균의 침입을 받아 더욱 심하게 된다. 이 비브리오균은 균혈증은 일으키지만, 전신감염까지는 진행되지 않는다. 방어에서는 비장의 협조직에 류섬유소괴사와 비수의 세망세포의 번식이 일어나며, 간실질 세포는 위축을 일으킨다.

참돔의 경우는 1차적 원인으로서 변패사료의 중독증이 있는데, 진피의 말단혈관계의 장애 때문에 생긴 표피의 박리국소를 통하여 비브리오균이나 활주세균이 침입하게 된다. 근조직에는 감염국소 이외의 부분에도 근섬유의 퇴행성 변화가 비만적으로 생기고, 간장, 비장, 신장조혈조직 및 복막에는 지원성색소를 지닌 세포덩어리가 많이 출현한다.

## 5) 방어

치어에서 2년어, 3년어를 불문하고 감염되는데, 병어의 증상은 감염경로 등에 의해 다를 수도 있지만 보통은 체표에 궤양성의 환부가 만들어져서, 병이 진행됨에 따라 장을 비롯한 내장기관에 병변이 나타난다. 그러나 때로는 체표에 궤양이 형성되지 않음에도 불구하고 장을 비롯한 내장기관에 병변이 생기는 경우도 있어, 궤양이 형성되는 것을 피부염형, 피부에 궤양이 형성되지 않고 내장에 병변이 생기는 경우를 장염형이라 부르는 수도 있다.

체표의 궤양은 두부, 구간부 및 지느러미 등에 생기지만 주둥이 부근에 가장 많이 나타난다. 궤양은 초기에는 출혈을 동반한 작은 원형의 소백점이지만, 점차 불규칙하게 되면서 크기도 커지고 궤양의 깊이도 깊어지기 때문에 궤양의 중심부에서는 진피가 붕괴되어 근육이 노출된다. 이러한 궤양의 주변 피부는 보통 출혈, 충혈에 의해 붉게 보인다. 이러한 체표 궤양의 초기에는 피하조직에 충혈이 보일 뿐 이렇다 할 변화는 없지만, 점차 피하 결합조직과 피하지방조직에 출혈이 생겨, 피부조직이 붕괴되면서 궤양으로 된다.

이러한 환부가 가슴지느러미나 꼬리지느러미에 형성되면 지느러미는 부분적으로 탈락된다. 체표의 궤양과는 별도로 안구, 구강 벽 또는 혀에 출혈반이 생기는 경우가 많아, 안구백탁, 실명, 안구탈락이 생기는 수도 많다. 또 항문은 발적되고 종창되어 황색의 점질물이 흘러나오는 경우도 있다.

아가미는 초기에는 울혈상을 띠지만 증상이 진행됨에 따라 빈혈을 일으켜 퇴색되어 가는데 만성적일수록 빈혈의 정도는 심하다.

체표의 궤양과는 상관없이 장에 심한 장염이 일어나 표재성의 혈관은 울혈을 일으키기 때문에 장의 바깥 면은 광택이 없는 엷은 적갈색을 띤다. 장염은 카타르성 장염으로 장점막이 붕괴됨으로 창자 내에는 황색 또는 피가 섞인 점질 물질이 들어 있고 때로는 장에 궤양이 형

그림 2-99 체표에 궤양.

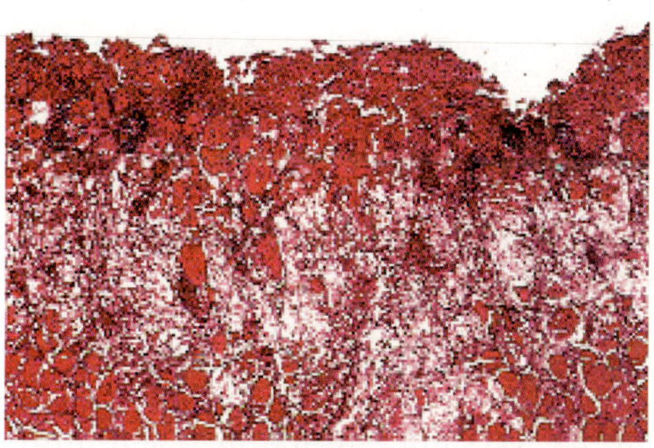

그림 2-100 궤양병소. 혈합근조직에 까지 궤양화되어 있으며, 근섬유는 세균의 침입으로 괴사와 출혈을 일으키고, 궤양표면은 섬유소가 석출되어 있다. HE, ×80.

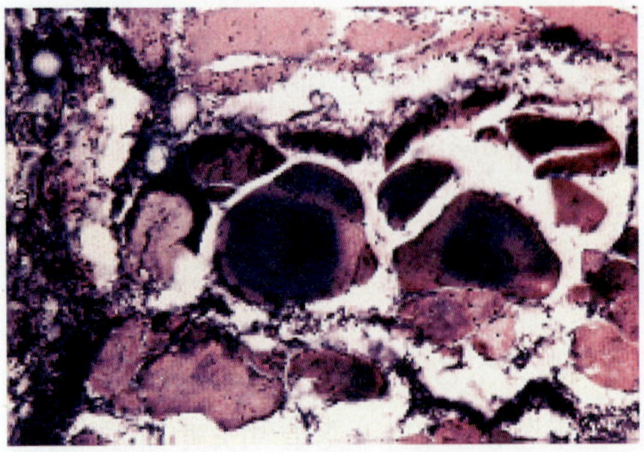

그림 2-101 궤양의 확대도. 세균이 섬유소석출층(a)에서 혈합근조직 내까지 증식하여 있고 침입당한 근섬유는 괴사됨. GS, ×320.

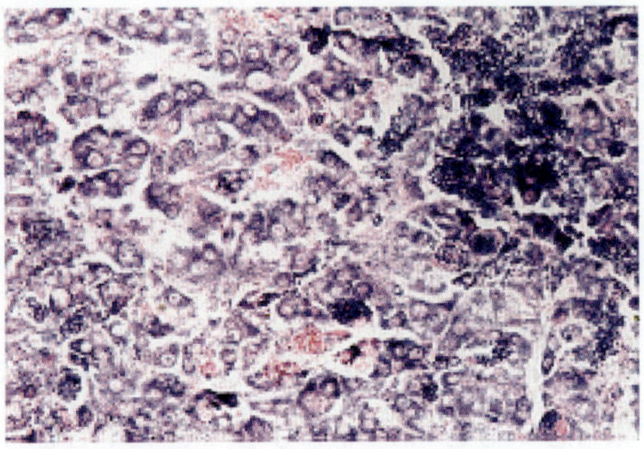

그림 2-102 간장. 간실질에 침입하여 간세포는 괴사되어 있다. 나머지 간세포는 위축되어 있다. GS, ×320.

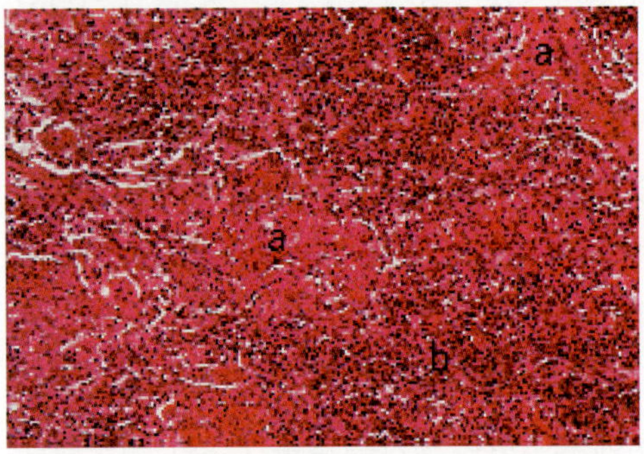


그림 2-103 비장. 협동맥의 협조직에 류섬유소괴사(a), 비수는 괴사(b)를 일으킴. HE, ×160.

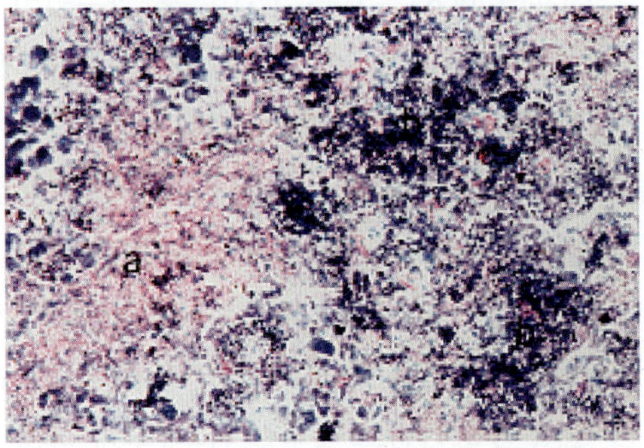


그림 2-104 비장의 확대도. 협동맥(a)과 비수(b)의 세균이 증식 특히 비수에서의 증식이 현저함. GS, ×320.

성되는 경우도 있다. 유문수는 충혈되고 그 내부에는 점액물질로 충만되어 있으며, 점막면 또는 주변지방조직에 출혈과 융털의 붕괴가 보인다.

위는 수축되어 단단한 것이 보통이다. 점막에는 충혈, 출혈 및 궤양이 보인다. 병어에 따라서는 위가 반대로 심하게 이완되어 내부에 물이 고이는 경우도 있다. 또 위에서 장으로 이행되는 부위에 심한 충혈성 발적, 점상출혈 및 출혈반이 관찰되는 경우도 많다.

간장은 울혈로 암적색을 띠면서 종대된다. 증상이 가벼운 경우에는 간 표면에 울혈반, 심한 경우에는 출혈점 또는 출혈반이 생긴다. 간세포는 수종변성을 일으켜 최종적으로 괴사된다. 또 간장이 부분적으로 황색 또는 황갈색으로 되면서 바깥쪽에 화농, 괴사 및 궤양이 생기는 수도 있다.

비장은 울혈로 인해 암적색 또는 흑적색을 띠는 경우가 많지만, 빈혈 때문에 퇴색되는 경우도 있는데 협조직의 변성, 협동맥의 충혈과 확장 및 혈해상이 나타나는 경우가 많다.

신장은 체신부를 중심으로 혈성 종창이 생겨 연화되어 화농화되는 수도 있으며, 간질의 출혈, 세뇨관상피의 수종변성 및 붕괴가 일어난다.

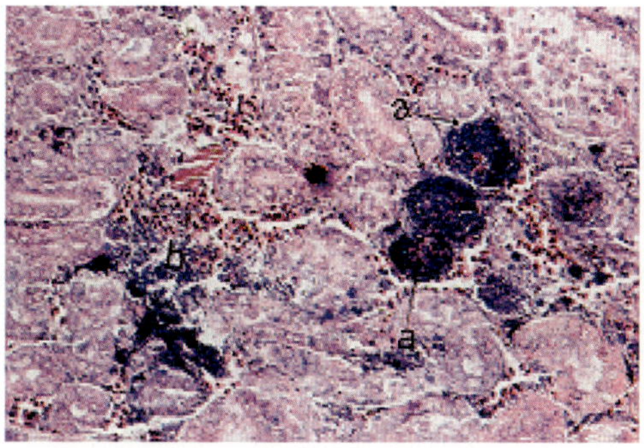


그림 2-105 신장. 사구체(a)와 조혈 조직(b)에 증식하여 괴사되지만 세뇨관은 정상. GS, ×200.

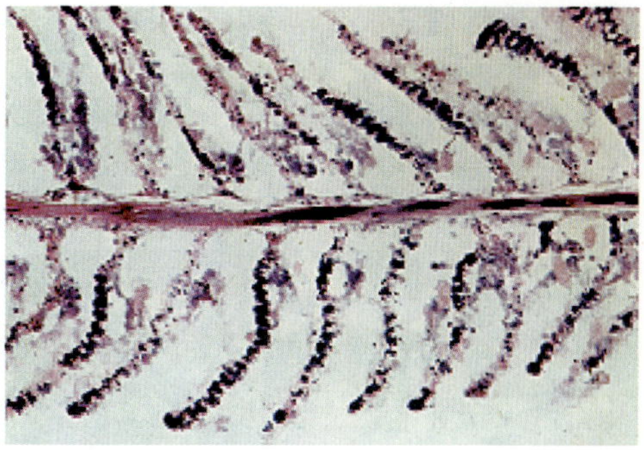

그림 2-106 아가미. 새박판모세혈관에 세균 색전이 형성, GS, ×200.

## 6) 넙치의 장관백탁증(Intestinal necrosis of flounder larvae)

부화 후 2주경부터 착저기에 들어가기 전의 자치어(전장 10 mm전후)에 발생하는 질병으로 주로 사망 개체가 나오는 것은 변태의 중기 또는 변태 직후에 많다. 병어는 유영상태가 불활발하고, 평형감각을 상실하여 무기력한 상태로 되어 에어레이션의 흐름에 따라 떠올랐다 가라앉았다 하다가 최종적으로는 바닥에 가라앉아 사망한다. 체색의 흑화, 소화관의 백탁 및 위축, 복부의 함몰 등이 주요 증상으로 하며, 병어는 전혀 먹이를 섭취하지 않아 발병지에는 먹이 찌꺼기가 많아지는 경향이다.

병어는 소화관의 일부만 백탁되어 있는 개체도 있는 반면 소화관 전체가 백탁되어 있는 개체도 있으며, 백탁된 소화관의 관공에는 운동성이 있는 단간균이 무수히 관찰된다. 일부의

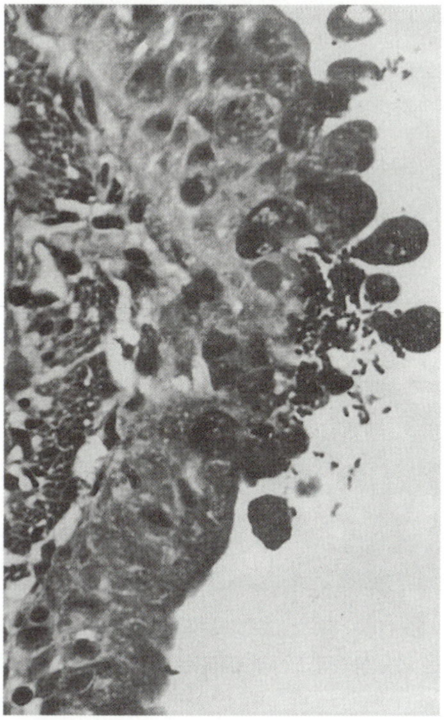

그림 2-107 장후반부의 초기 병소. 간상과 콤마상의 균이 장막에 침입하여 있고, 상피세포는 괴사박리되고 있다. GS.

개체는 복수 때문에 복부팽만을 일으키고 항문에서 변을 달고 다니는 개체도 있다. 발병 시의 먹이는 윤충, 알테미아 또는 배합사료로 양어장마다 차이는 있지만, 일단 발병하면 3~5일 내에 폐사가 일어나며, 부화 초기에 발생할수록 사망률은 높아 90% 이상 폐사한다.

발병시의 수온은 18~20°C로 부화 후 대개 25~30일 사이에 많이 발생하는 경향이며, 실체현미경으로 병어의 소화관을 무균적으로 적출한 다음 marine agar에 접종하여 25°C에서 2일간 배양하면 직경 1 mm정도의 정원형, 약간의 요철이 있는 회백색의 투명감이 있는 집락이 거의 순수상태로 분리된다.

장의 후반부에 경미한 백탁증상을 나타내는 감염초기의 병어는 장후반부에서 직장에 걸쳐 점막상피에 여러 군데의 감염병소가 만들어진다. 점막상피의 병소에는 콤마상의 세균 또는 단간균이 침입하여 상피세포는 공포변성 또는 괴사를 일으키며, 기저막에서 박리되어 방울모

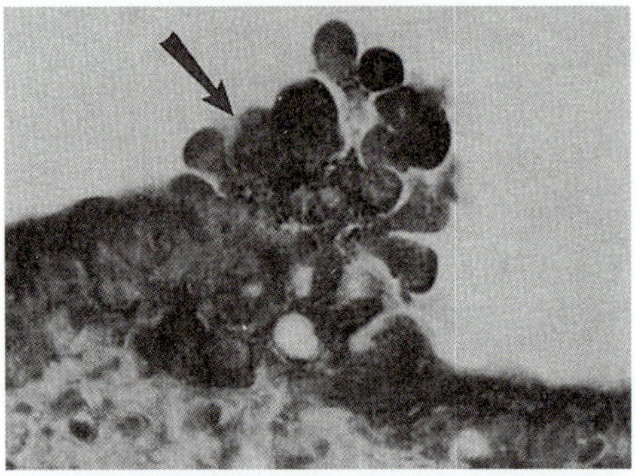

그림 2-108 점막층에 침입한 세균 GS.

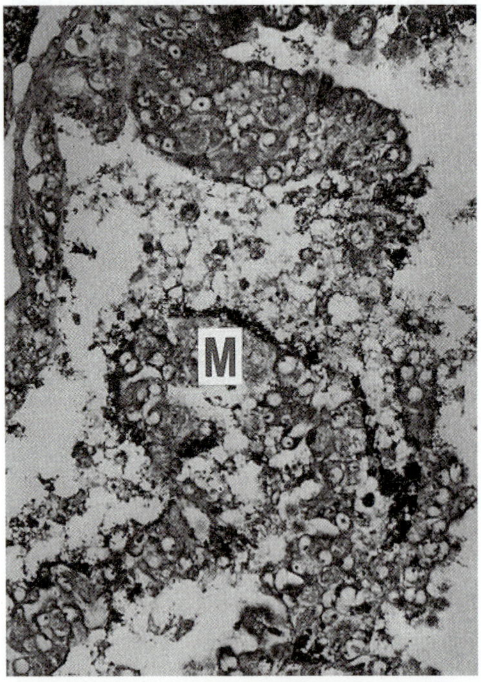


그림 2-109 점막(M)에 균의 증식으로 점막고유층과 점막하조직에 괴사와 수종을 일으킴. GS.

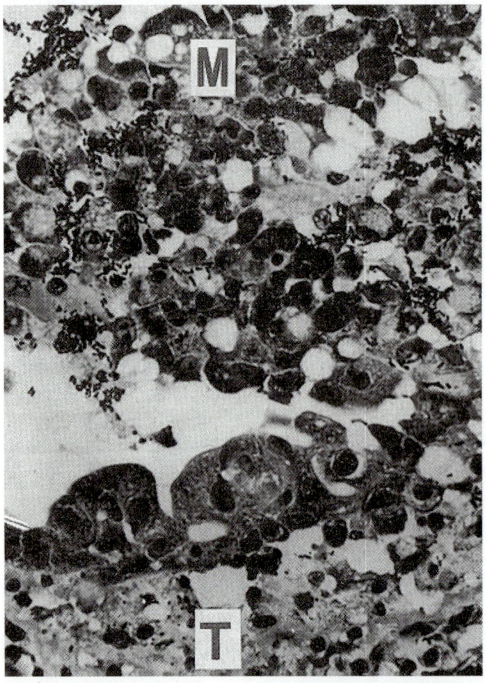


그림 2-110 점막(M)과 점막고유층(T) 균이 증식하여 장막은 괴사 붕괴되고 점막 고유층은 괴사와 수종을 일으킴. GS.

양 또는 구형으로 변형된다. 그 밑의 점막고유층과 점막하조직에는 세균의 침입은 없다.

백탁이 소화관 전체에 일어난 병어는 장의 후반부뿐만 아니라 장의 전반부의 일부 및 직장에 박리성 카타르성염이 생긴다. 장의 관공 내에는 소화물은 없고, 많은 세균을 함유한 조직의 붕괴물로 가득 차 있다. 이러한 조직의 붕괴물은 장의 병소에서 역류하여 위의 내부에까지 도달하여 있다. 소화관의 병소에는 점막상피에서 근층에 이르기까지 콤마상 또는 단간균이 침입하여 점막상피와 점막고유층내에 현저하게 증식하고 있다.

세균의 침입을 받은 점막상피는 박리되어 구성세포가 개개로 분리되면서 구형화, 공포변성 및 괴사상을 나타낸다. 박리된 점막상피 밑의 점막고유층은 세균의 증식과 함께 괴사되며, 점막하조직에는 마크로파아지의 침윤과 가벼운 수종과 출혈이 생긴다. 간장의 간세포는 저장당원과 지방의 감소 및 류동이 확장되어 위축되어 있고, 신장은 세뇨관 상피 세포의 위축과 조혈조직의 수종이 보인다.

심실과 심방의 내강에는 많은 호중구가 침윤되어 있다. 비장, 아가미 및 체측근과 피부에는 현저한 변화가 없다. 이 병원균은 장의 후반부에서 직장에 걸쳐 점막상피를 통하여 침입하여 초기에는 국소적 괴사병소를 만들지만, 점차 점막상피에서 점막고유층으로 침입하여 증식함에 따라 장에 전면적인 박리성 카타르성염이 일어난다.

이 박리성 카타르성장염이 이 병의 가장 특징으로 장조직의 붕괴가 어류에게는 커다란 장애로 작용하여 식욕 상실로 인하여 간에 저장 중인 당원과 지방을 소모하게 된다. 이러한 장의 장애와 간의 당원과 지질의 소모로 병어는 쇠약하여져 폐사한다고 생각된다. 또 복수에 의

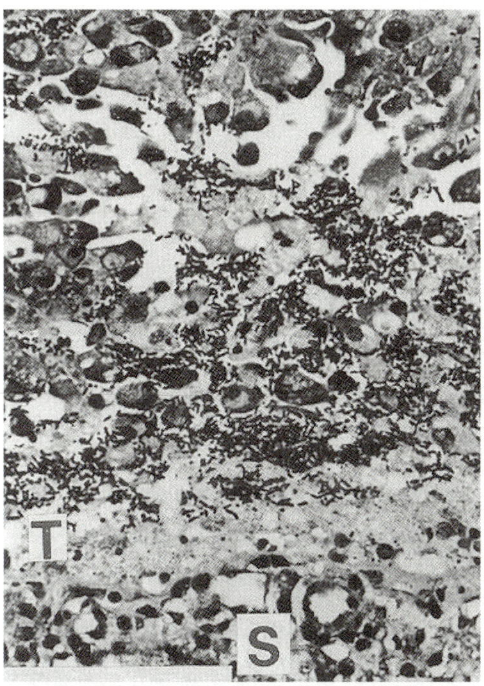


그림 2-111 점막이 균증식으로 괴사되고 상피세포는괴사붕괴,점막고유층(T) 은 균증식과 괴사, 점막하조직(S)에 마크로파아지의 침윤. GS.

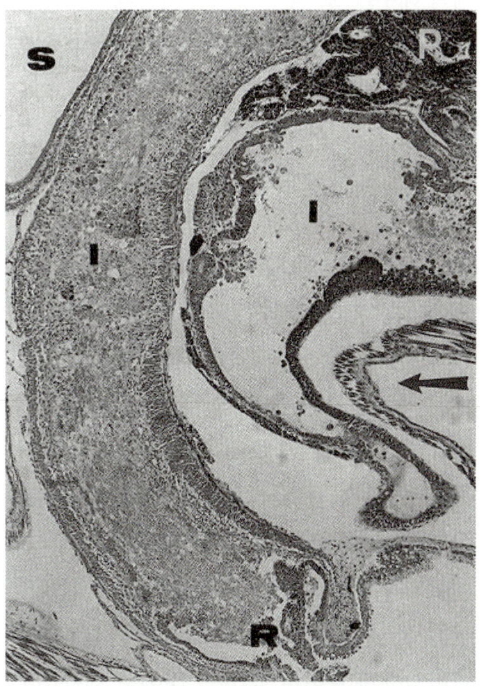


그림 2-112 장의 후반부(I)와 직장(R). 장은 카타르성염을 일으켜 복벽(화살) 은 변형. P: 췌장, S: 위, HE.

해 복부팽만을 일으키고 있는 병어는 장의 병소에서의 순환장애에 의해 장액이 삼출되어 복강 내에 저장되었기 때문이며, 복부에 함몰이 생기는 개체는 장의 병소에서의 장 변형 때문이라고 추정되고 있다.

넙치의 비브리오병은 INFL그룹(V. ichthyoenteri) 이외에 Listonella anguillarum에 의한 감염증도 발생한다. 발병 수온은 약 18°C의 수온에서 사육 중인 전장 15~25 mm정도의 치어에 체색의 흑화와 머리를 위로하고 헤엄치는 것과 같은 이상 유영을 특징으로 한다. 병어는 모두 여위어 있으며, 지느러미막의 파손, 지느러미 연조의 끝부분이 노출되어 있다.

간은 퇴색되어 있고, 소화관은 소화되지 않은 것으로 생각되는 황백색의 덩어리가 들어 있지만 소화관의 팽화나 복수는 관찰되지 않는다. 일간 사망률은 대개 5~10% 정도이다. 이 병원균을 수조에 현탁시켜 재감염시키면 감염이 성립되지 않기 때문에 넙치에 대한 병원성은 약한 것으로 생각되며, 수질과 저질의 악화가 이 병의 발생과 밀접한 관계가 있어 착저 생활에 들어가는 넙치가 수조바닥의 오물과 병어 또는 사어와 직접 접촉하게 되는 넙치류 특유의 생태가 생체방어력을 저하시켜 발병하게 되는 계기로 작용하였다고 생각된다.

원인균은 병어에서 사육수에 방출되면 사육수 중에서 약 8시간 이상 생존 가능함으로 이때 사육수를 4,000 μW/cm$^2$/초 이상 또는 포비돈 요오드 50 ppm에 10부간 처리하면 불활화된다.

폐사원인은 표피세포의 이상 증식에 의해 산소섭취가 저하됨으로 고산소 사육이 유효한 방법이다. 또한 체표에는 삼투압을 조절하는 세포가 존재하는데, 병어는 삼투압 조절세포의 기능이 저하되기 때문에 사육수의 염분 농도를 체액의 삼투압에 가까운 저염분(1/2 또는 1/4 희석 해수)으로 사육함으로 대량폐사를 방지할 수 있다.

또는 자어가 변태하기 전에 갑상선 호르몬으로 처리하여 인위적으로 변태를 유도한 경우 감염은 성립되지 않기 때문에 이러한 방법은 넙치를 조기에 성장시킴으로써 상피증생증을 예방할 수 있는 방법이다.

### 7) 조피볼락의 *Vibrio ordalii*

V. ordalii는 V. anguillarum의 A형과 공통항원을 가진 균으로 지금까지는 연어과 어류나 은어에서 발병되고 있는 질병이였지만, 해산어인 조피볼락의 종묘생산 중에 치어에도 발생하고 있다. 발병시의 수온은 14~19°C로 부화 후 2달 정도 경과된 어류로, 유수식 사육이며 먹이는 알테미아나 배합사료이다. 빈사상태에 있는 병어는 대부분이 두부에 이상이 있으며, 아가미 뚜껑이 두꺼워져 발적되어 있다. 등쪽을 절단하여 신장을 노출시켜 TSA로 25°C에 4일간 배양하면 1 mm 전후의 집락이 거의 순수상태로 분리된다.

조직학적으로는 두부 전체의 소성결합조직에 세균의 광범위하게 비만적으로 증식하고 있어 출혈, 수종성 소개, 마크로파아지의 침윤 및 탐식상이 관찰된다. 출혈은 비공의 주변에도 광범위하게 보이며, 두개골 내에도 세균이 침입하여 뇌주변의 혈관 속에도 세균이 관찰된다.

안구에는 맥락막 모세혈관 다발의 심한 확장, 맥락막과 공막 사이의 심한 수종이 일어난다. 또 구간근이나 미부에는 세균의 침입은 없지만 피하결합조직의 수종성 소개가 생기며 어떤

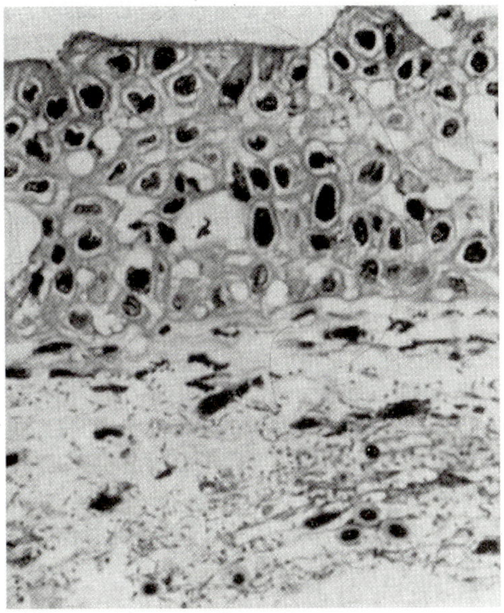

**그림 2-113** 두부의 피부. 피하결합 조직에 세균의 증식과 수종성개. Giemasa, ×400.

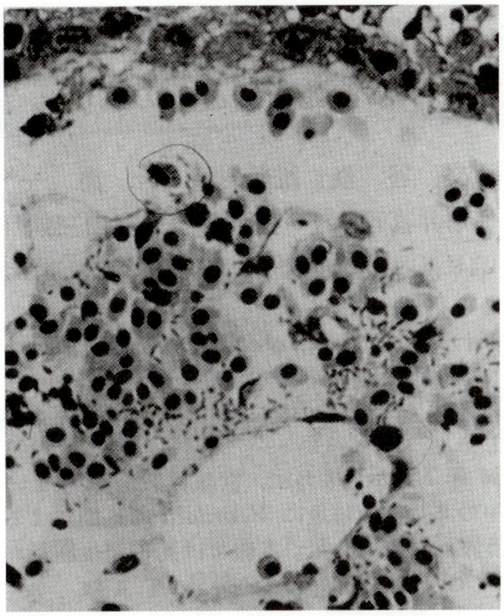

**그림 2-114** 두부의 상악소성 결합조직. 세균의 증식과 수종성소개, 출혈, 마크로파아지의 침윤. Giemsa, ×400.

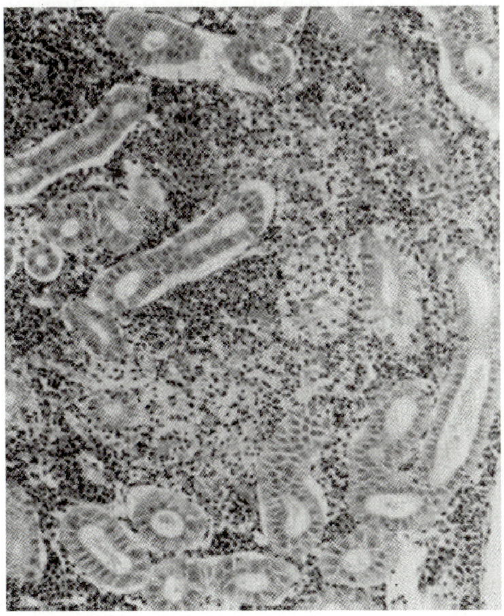

**그림 2-115** 신장. 간질에 세균의 증식과 출혈이 보이고, 조혈 조직은 변성 · 괴사 되어 있다. HE, ×100.

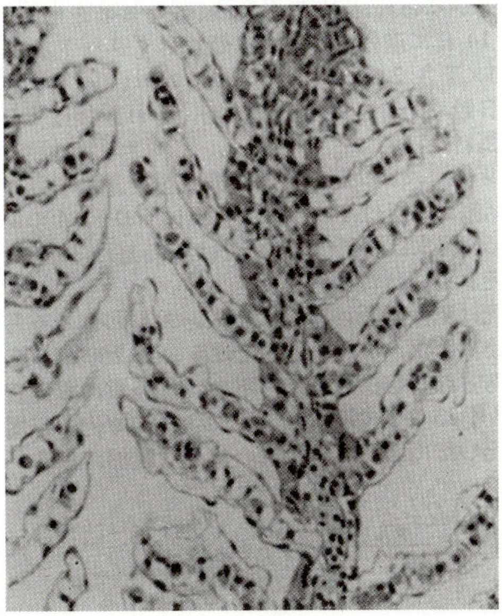

**그림 2-116** 아가미. 수종과 울혈을 일으키고 있다. HE, ×200.

개체에서는 피하결합조직, 근육조직 간질 결합조직에 세균이 증식과 마크로파아지의 침윤이 보인다. 세균은 척수 주변의 혈관 내에도 침입하여 증식하고 있어, 심한 경우에는 주위의 결합조직과 신경절 내에도 침입하여 있다.

신장의 간질과 비장에도 세균이 비만적으로 증식하고 있어 조혈 조직과 비세포에 변성과 괴사가 생긴다. 신장에는 출혈과 세뇨관상피에 공포변성, 초자적 변성과 괴사가 관찰되며, 비장은 비세포수가 줄어들어 간격이 약간 느슨하게 되어 있으며, 심한 울혈이 일어나 있다.

간장은 간세포의 위축과 류동이 확장되어 있고, 류동 내와 간정맥과 동맥 내에 세균이 관찰된다. 심장은 심내막과 심외막에 부종이 생기며, 위심강내 출혈이 일어나 있고 출혈된 부분과 심강 내의 혈액 중에 세균이 다수 관찰된다.

아가미는 심한 부종을 일으키고 있으며, 새변 동맥과 새박판 동맥 내부에 세균이 관찰된다. 복강 내에는 복수가 축적되어 있으며, 복수 중에는 적혈구, 마크로파아지 및 세균이 관찰되지만 위나 소화관에는 현저한 변화는 없다.

V. ordalii는 구강 또는 후강의 점막을 통하여 침입하여 상악에서 병소를 확대시킨 다음 혈류를 따라 전신에 감염되는 것으로 염증 반응이 미약하며 전신적 부종이 수반되는 것으로 보아 급성패혈증을 일으켜 사망하는 것으로 생각된다.

## 8) 은어의 새로운 *Vibrio*병

은어의 비브리오병은 Vibrio anguillarum의 감염에 의한 것이었지만, 1990년경부터 발병이 드물어지고 대신에 Flavobacterium psychrophilum, Pseudomonas plecoglossicida 등이 빈발하게 되었다. 최근에 수온이 15.5~19°C인 5~6월경에 안구돌출(exophthalmos), 두부의 발적 및 척추의 굴곡을 특징으로 하는 질병으로 내부에는 뚜렷한 증상은 없지만, 사망률은 20~80%정도 이다..

발병어는 모두 종묘생산한 다음 해상의 가두리에 사육하던 치어를 육상의 수조에 이식한 15일 후에 발병하는 경향이다. 병어의 신장과 뇌를 TSA, HIA 및 BHIA에 접종하여 18°C에 배양하여도 균의 발육은 없다. 그러나 시판의 HIA에 비정형 Aeromonas salmonicida만이 발육에 필요한 것으로 알려진 Hemin을 25 μg/ml 이상 첨가하거나 sheep blood agar(SBA)에 배양하면 발육한다. 원인균은 주모를 가지며, 발육에 hemin의 요구 및 포도당을 제외한 당의 비이용 등이 기존의 비브리오병의 원인균과 차이가 나며, 뇌에 강한 친화성을 가진 균으로 Vibrio ordalii와 가장 유사한 균이지만 생화학적으로 V. anguillarum 및 V. ordalii와 차이가 나며, 다른 기관에 비해 뇌에서 세균수가 가장 많아 뇌를 표적기관으로 하는 세균으로 추정되

그림 2-117 안구돌출, 두부의 발적 및 척추의 굴곡을 나타내는 병어.

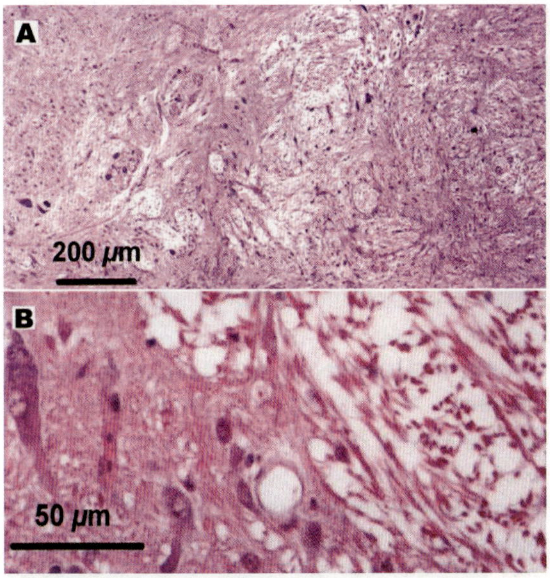


그림 2-118 뇌의 병리조직상(B는 A의 확대도). 괴사소가 형성되지만 균의 발육은 없음.

지만 뇌에 세균이 없이 심하게 괴사되는 경우도 있다.

병리조직학적으로는 뇌의 괴사가 현저하며, 눈에서도 관찰할 수 있지만, 그 외의 조직에서는 비장에 hemosiderin의 침착이 있는 것 이외에 간, 심장 및 아가미의 변화는 없다.

## 9) 복어의 비브리오병

4월경에 부화하여 5월 중순에 콘크리트수조에 사육하면 생물 사료나 배합사료를 투여하여 사육하면 약 1개월 후인 수온이 19~22°C인 6월경부터 대량 폐사가 발생한다. 발병시의 크기는 대개 전장 10~15 mm정도이며 일간 폐사율은 10%정도로 매우 높은 편이며, 부화 후 60일경에 생잔율은 약 4%정도로 매우 낮은데, 생물 사료를 투여한 경우가 생잔율이 더욱 낮다.

병어는 수면 부근을 힘없이 헤엄치고, 체색이 검어지며 미병부에 부종이 생기지만 이것 이외는 이렇다 할 증상은 없다. 해부하여 보면 간장에 발적이 생긴 개체가 많지만 육안적으로 이상은 거의 찾아볼 수 없다.

## 10) 자주복의 *Vibrio harveyi*

양식 자주복 1세어에서 3세어가 8월 중순에서 11월 하순에 걸쳐 발생하며, 누적 사망률은 약 30%정도이다. 병어는 식욕을 상실하여 먹이를 섭치하지 않음으로 쇠약해져 폐사한다. 증상은 다른 비브리오병과 달리 체표에 궤양이 형성되지는 않는다는 것이 특징이다.

아가미 뚜껑을 절개하면 아가미 뚜껑의 기부에서 아가미 뚜껑의 내면에 커다란 농양병소가 관찰되며, 아가미 뚜껑의 바깥면에도 결절 병소 및 내출혈이 생긴다. 또한 아가미에 점액의 과다 분비와 새변에 미소한 농양이 관찰된다.

병리조직학적으로는 샛강의 결합조직에 심한 육아종성염이 증식하고 육아종의 내부에는 크고 작은 농양과 농양을 피포하는 육아조직이 형성된다. 농양과 육아조직 내에는 세균의 증

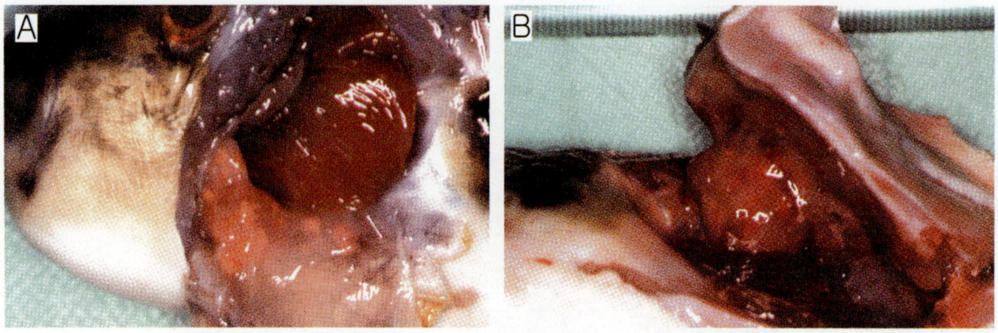


그림 2-119 A: 아가미 뚜껑의 기부와 내부에 농양의 백색 결절, B: 흉선 부근에 있는 아가미 뚜껑의 내부에 대형의 농양 병소가 형성

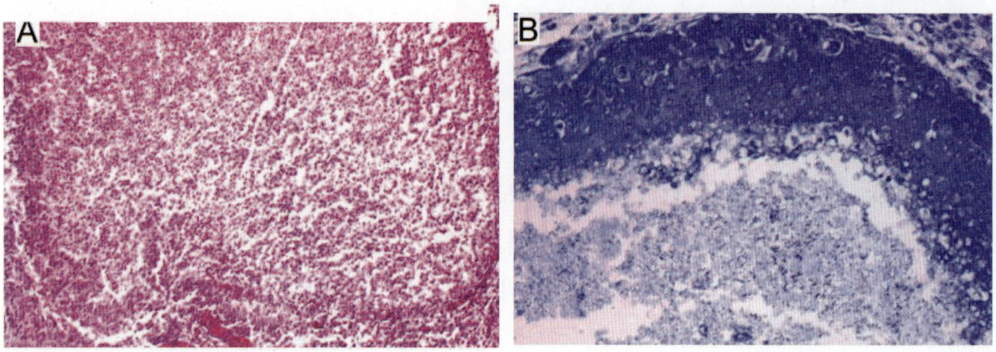


그림 2-120 A: 새강 내부의 형성된 농양의 육아조직상, B: 육아종의 내부에는 세균의 증식이 현저하고 그 외부를 류상피세포가 둘러싸고 있는 육아종의 농양.

식이 현저하다. 이러한 농양은 신장 및 비장에 형성되며, 심근에는 출혈이 생긴다.

원인균은 다른 비브리오균과 마찬가지로 25°C에 배양함으로써 쉽게 분리하며, 용혈성이 현저한 균이다. OTC를 경구 투여함으로써 치료할 수 있다.

### 11) Turbot 치어의 지느러미 부식병

종묘생산장에 인공종묘생산한 치어에만 발생하고 성어에는 발생하지 않는다. 발생에는 수온이 깊은 관련을 가지고 있어, 수온이 20°C 이상인 경우 발병빈도도 높고 폐사율도 높다. 치어의 체장에 따라 증상이 약간 차이가 있는데, 체장 3 cm 이하에 발생한 경우 체색이 검어지며, 쇠약해져 무기력해진다. 지느러미는 투명한 백색으로 변화면서 기조만 남게 되며 환부에는 출혈이 생기지 않는다. 이 체장 크기에 발생하면 5~6일 만에 90% 이상이 폐사한다.

체장 6 cm 이상에 발병한 경우에는 발생초기에는 지느러미가 백색을 띠다가 출혈에 의해 점차 붉게 변하고 이어서 지느러미가 완전히 부식하게 되며, 지느러미가 부식된 병어는 곧 폐사한다. 병어는 지느러미의 환부 이외에 체색이 검어지며, 아가미는 빈혈에 의해 회색으로 변색되고 간장도 적변한다. 때로는 입 주변과 체표에 출혈이 발생하기도 한다. 그러나 지느러미

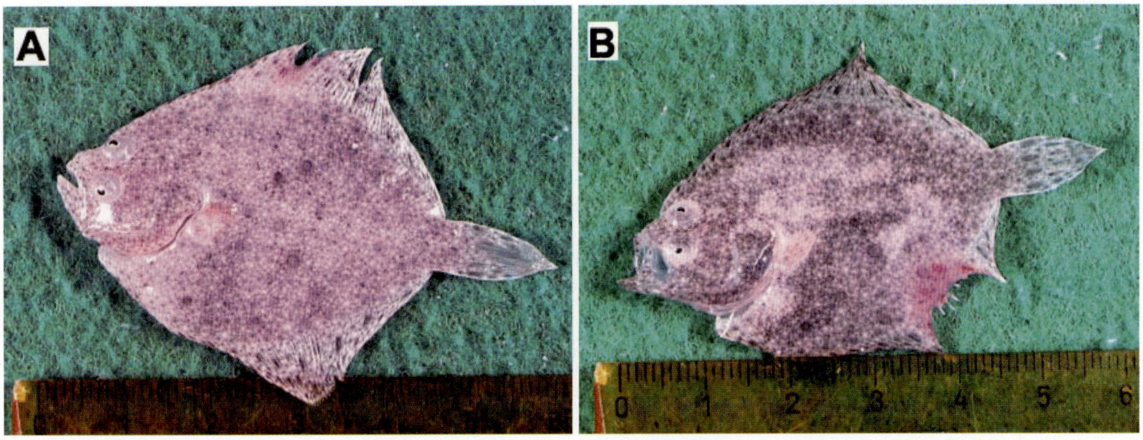

그림 2-121 Turbot의 *V. anguillarum* 감염에 의한 지느러미 부식병. A: 감염초기에는 지느러미가 백탁되면서 출혈이 동반. B: 감염 후기에는 출혈이 동반되면서 부식이 발생하지만 체표에 궤양은 형성되지 않음.

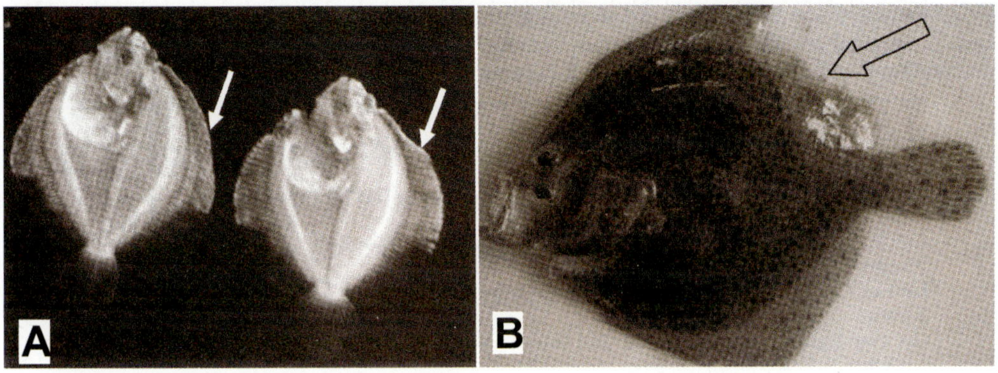

그림 2-122 A: 감염초기에는 지느러미가 백탁. B: 체장이 큰 개체에서는 부식이 발생하며 폐사됨.

의 부식 이외에 체측근에 궤양이 형성되는 경우는 거의 없다.

원인균인 V. angillarum은 지느러미 환부, 간, 아가미 및 신장에서 분리할 수 있는데 분리균의 균액을 만들어 치어에 0.05 ml씩 접종하면 $10^4$ cuf/ml에 70% 이상이 폐사하며, $10^3$ cuf/ml를 접종한 경우에는 약 20%정도가 폐사한다.

병리조직학적으로는 지느러미, 아가미, 비장, 간장 및 소화관에 심한 변성과 괴사가 발생하며 특히 신장, 비장 및 근육 내에 출혈이 현저하다. 치료를 위해서는 내장기관에 균이 침투하여 있기 때문에 약욕만으로 치료는 불가능함으로 퀴놀렌계열 약제의 경구투여를 병행하면 효과적이다. 그러나 발생이 turbot의 사육 적온보다 높은 곳에서 잘 발생함으로 수온을 20°C 이상으로 올려서 사육하지 않는 것도 발생을 예방하는 한 방법이다.

## 12) 보리새우

수온 18~27°C, 특히 25°C 전후의 시기에 발생하는 수가 많으며, 새우의 크기는 1~45 g에 감염되지만 15~25 g의 새우에 많이 걸리는 경향이다. 이 병의 특징적 증상은 새사에 점점으로 생기는 갈색의 반점을 들 수 있다. 또 제 6복절의 근육이 백탁되는 것이 일반적이지만 반드시 그렇지는 않다. 해부하여 보면 중장선의 앞쪽에 있는 1쌍의 주머니모양의 림프기관의 백탁과 종창과 그 표면과 심부에 크고 작은 갈색반점이 형성되는 것이 진단상의 중요한 자료가 된다. 병든 새우는 혈액의 응고성이 저하되고 혈구수도 현저하게 감소되며 혈액 중에 많은 세균을 관찰할 수 있다.

가장 병변이 심한 기관은 림프기관이며, 초조직에 현저한 세균의 증식과 초조직의 완전한 괴사가 생긴다. 세균은 괴사조직 내에 크고 작은 집락으로서 또는 여러 곳에 흩어져 존재하고 있다. 대부분의 초조직은 구성세포가 붕괴되어 그 원형을 찾아볼 수 없이 녹아 있는 상태이다. 중심의 혈관은 이완 확장되고 초와 초 사이의 동은 확대되어 조직붕괴물들이 산재되어 있다. 이 때문에 림프조직 전체가 부풀어 올라 보인다. 괴사된 각 조직에는 크고 작은 결절 모양의 것이 관찰되는데, 이것의 중심에 세균의 집락이 있으며 그것을 둘러싸고 있는 두꺼운 멜라닌색소 침착층이 있으며 이것의 바깥쪽에 편평화된 혈구가 층을 이루고 둘러싸고 있다. 이 혈구층의 바깥층의 혈구는 괴사되어 있다. 한편 혈구층이 얇아서 거의 멜라닌 덩어리로만 보이는 것도 있다. 이러한 결절 모양은 주변의 조직과는 독립하여 존재함을 결절이라고 불러도 상관은 없지만, 섬유아세포나 섬유로 둘러싸여 있는 조직상은 전혀 관찰되지 않는다. 이러한 결절은 작은 것은 직경 10 μm, 큰 것은 직경 100 μm도 넘는 것도 있으며, 육안적으로는 갈색반점으로 보인다. 인위감염을 위해 균액에 새우를 균욕시키면, 초기에는 림프기관에 괴사가 전혀 관찰되지 않는 초조직 내에 결절 모양의 구조물이 만들어지는데, 그 중심부는 세균집락이고 주위를 멜라닌색소를 가진 혈구가, 그 바깥을 다시 편평화된 혈구가 둘러싸고 있는 것을 볼 수 있는데 이는 아마 처음에 소수의 세균이 침입하여 증식함에 따라 숙주의 방어기능이 작용하여 결절 모양의 구조물이 만들어지지만, 재차 세균이 침입하여 증식을 계속하게 되면 림프기관은 괴사되게 되는 것으로 생각된다.

세균을 둘러싸고 멜라닌 포함 혈구가 모이게 됨에 따라 생기는 흑점은 심장, 아가미, 근육, 중장선, 생식선 등 거의 모든 기관에서 볼 수 있으며, 중장선의 맹낭, 생식선의 난소정소맹낭, 난낭정낭의 바깥쪽 결합조직에도 흑점이 생긴다. 이러한 기관의 실질 조직에는 보통 세균의 침입도 병변도 관찰되지 않지만, 심근이나 제 6복절 근육에는 세균의 집락 형성 때문에 작은 괴사소가 관찰되는 경우도 있지만 위, 장 안테나선, 신경, 조혈조직에는 명확한 병변은 관찰되

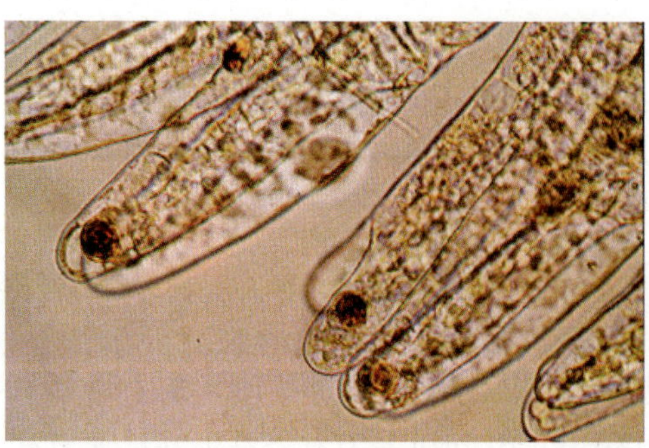

그림 2-123 아가미에 보이는 갈색반점.

그림 2-124 림프기관의 백탁과 반점.

지 않는다.

이러한 것을 종합하여 생각하면 병원균은 림프기관에 친화성이 매우 강하며 체내에 침입한 균이 혈류를 따라 림프기관에 도달하여 증식하게 됨에 따라 조직을 괴사시키며, 혈액 중에 세균이 많이 관찰되는 것 등으로 보아 림프기관 내에 증식한 세균에 의한 패혈증이 중요한 사인으로 생각되고 있다. 그러나 혈액성상의 급격한 변화(응고력 저하, 혈구수 감소) 등도 사인일 가능성도 있다. 새우의 비브리오병의 원인균은 처음에는 Vibrio sp.로 보고되었지만, 최근에 V. penaeicida로 명명되었는데, 이 균은 보리새우 양식장의 상재균으로 외관상 건강한 새우도 대부분 이 균을 보균하고 있기 때문에 환경 악화에 의한 스트레스가 발병을 유발시키는 계기라 생각되고 있다.

## 13) 보리새우의 *Vibrio nigripulchritudo* 감염증

새우류에서 수온 20~30°C의 범위에서 발생하는 'summer syndrome"의 원인균으로 알려진 Vibrio nigripulchritudo의 감염에 의한 것으로 이 수온 범위 내에서는 수온이 높으면 높을수록 폐사율은 높다. 체중 10 g 전후의 보리새우에 감염되며 일간 폐사율은 7%, 누적폐사율은 80%이다.

표 2-3 *Vibrio tapetis*와 *Vibrio nigripulchritudo*의 생물학적 및 생화학적 성상의 비교

| Characteristics | *V. nigripulchritudo* | *V. tapetis* | *V. nigripulchritudo* |
|---|---|---|---|
| Salinity range of growth (%) | 3~6 | 1~5 | 3~5 |
| Temperature range of growth (°C) | 20~30 | 4~22 | 20~30 |
| O/129 test | S | S | S |
| Oxidase | + | + | + |
| β-Galactosidase | + | + | + |
| Arginine dihydrolase | − | − | − |
| Lysine decarboxylase | − | − | − |
| Ornithine decarboxylase | − | − | − |
| Citrate | + | − | + |
| $H_2S$ prodiction | − | − | nd |
| Urease | − | − | − |
| Tryptophan deaminase | − | − | nd |
| Indole prodiction | + | + | + |
| Voges-Proskauer | − | − | − |
| Gelatinase | + | + | + |
| D-Glucose | + | + | + |
| D-Mannitol | − | − | − |
| Inositol | − | − | + |
| D-Sorbitol | − | − | + |
| L-Rhamnose | − | − | − |
| Sucrose | − | − | − |
| D-Melibiose | + | − | + |
| D-Amygdalin | + | + | + |
| L-Arabinose | − | − | − |

감염 새우는 행동이 둔해지고, 회전 유영을 하는 외에 사망한 개체에도 뚜렷한 외부 증상은 없다. 그러나 해부현미경으로 아가미를 관찰하면 소형의 갈색 반점이 관찰된다. 심장과 근육을 2% 식염 첨가 BHIA 또는 marine agar에 접종하여 25°C에 배양한다. Marine agar에 배양하면 3일 후에 집락의 중앙이 흑색이며 주변 원활한 집락이 발육한다.

분리균은 그람 음성, 단편모에 의한 운동성이 있는 oxidase 양성으로 0/129엑 감수성을 나타내며, TCBS배지에서는 녹색의 집락이 형성된다. API 20E에서는 바지락의 BRD의 원인균인 Vibrio tapetis와 유사한 124605의 profile을 보인다. 그러나 V. tapetis는 4°C에서는 자라지만 30°C에서는 발육하지 않는다. V. nigripulchritudo는 20~30°C에서는 발육하지만, 4°C, 15°C 및 37°C에서는 발육하지 않으며 또한 식염 1%첨가 배지에서는 발육이 불량하다. 이 균은 새우 양식장의 물 또는 저질에서도 쉽게 분리되는데 특히 건조기에도 저질에 수분이 남아 있을 경우 장기간 생존 가능하다. V. nigripulchritudo는 암피실린, 아목시실린, 에리스로마이신 및 옥시테트라사이크린에 감수성을 나타낸다.

병리조직학적으로는 심장, 뇌, 아가미, 위, 간췌장, 림프기관, 안테나선, 근육 등에서 단간균이 관찰되는데 특히 심장, 결합조직, 혈관과 혈동에서 많은 수의 세균이 관찰된다. 심장과 아가미 표본에서는 직경 20 μm정도의 원형 결절상의 구조물이 관찰된다. 림프조직의 간질에

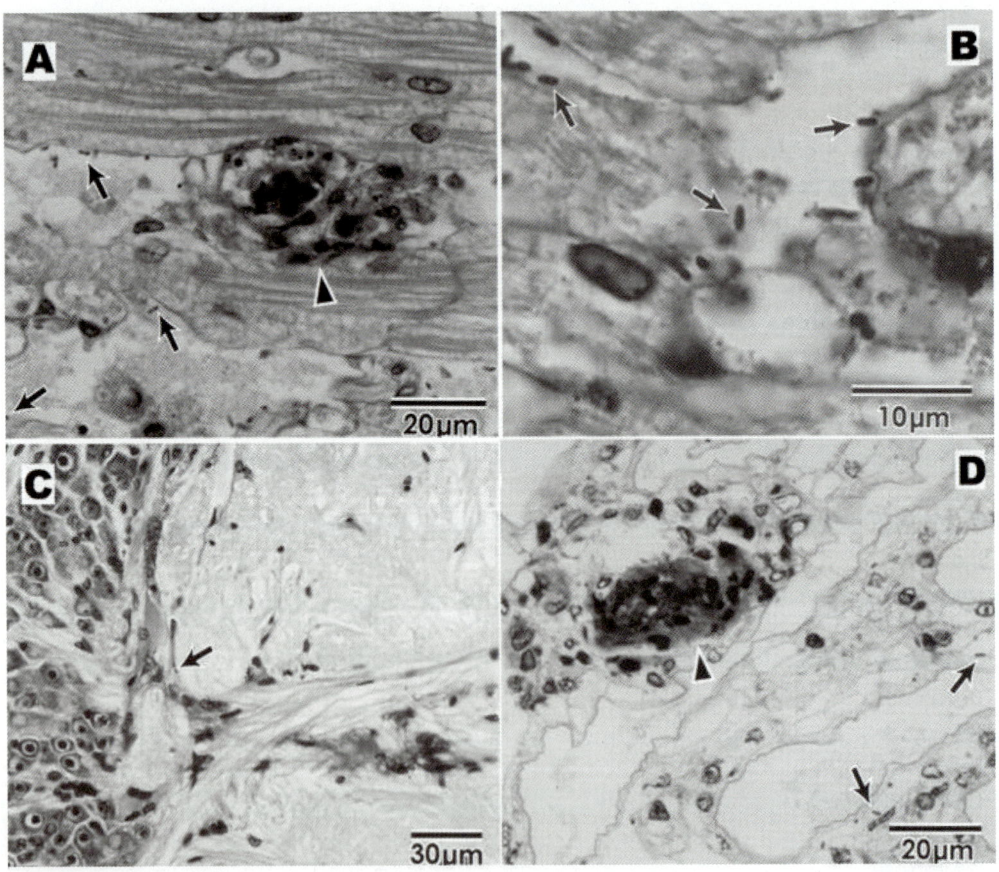


그림 2-125 *V. nigripulchritudo* 감염 보리새우의 병리조직상. A&B: 심장, C: 뇌, D: 아가미, May-Grunwald Giemsa 염색.

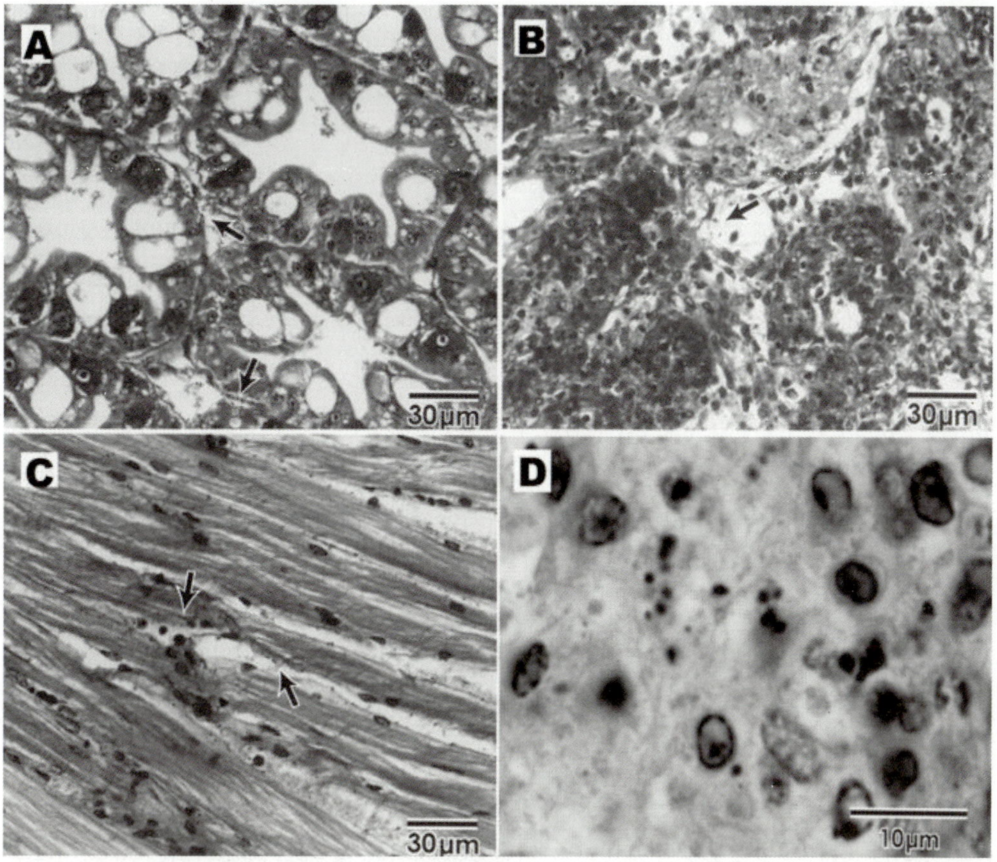


그림 2-126 *V. nigripulchritudo* 감염 보리새우의 병리조직상. A: 간췌장, B: 림프기관, C: 근육, D: 핵농축과 핵붕괴상을 띠는 림프기관. A-C: May-Grunwald Giemsa 염색. D: HE.

는 염증세포의 침윤이 있고 핵농축과 핵붕괴를 동반한 괴사가 관찰된다. 그러나 세균의 침입에도 불구하고 심장, 아가미, 림프조직을 제외하고는 숙주의 반응은 그다지 현저하지 않다.

## 5 활주세균병

### 1) 콜룸나리스병(부식병)

콜룸나리스병은 고수온기의 담수어의 아가미나 체표에 감염되며, 감염부위에 따라 아가미부식병, 꼬리부식병, 지느러미부식병 등의 병명을 붙이고 있다.

아가미 부식병은 담수어의 아가미에 감염되어 아가미가 괴사되던가 순환장애를 일으킨다. 증상이 심한 경우에는 아가미에서의 출혈 때문에 전신적인 빈혈상태에 빠진다. 아가미의 초기변화는 가장 안쪽의 새엽의 새변에서 일어난다.

감염은 새변의 끝부분의 새박판에 원인세균(Flavobacterium columnare)이 부착되어 호흡상피 표면에 세균집락이 형성된다. 아가미 감염부위에 나타나는 증상은 어종에 따라 약간의 차이가 있는데, 뱀장어는 아가미의 괴사와 순환장애가 잉어, 금붕어 및 붕어는 아가미의 괴사와 새변의 곤봉화를 특징이라 할 수 있다.

### (1) 뱀장어

새박판상피의 표면에 부착한 원인균이 상피속으로 들어가 활발히 증식하게 되면서 상피세포는 팽화되어 괴사 박리된다. 새박판 모세혈관의 기저막도 부풀어 올라 부분적으로 파괴되어 가벼운 출혈이 생긴다. 증식한 세균은 반원모양의 집락을 만드는 경우도 있는데, 형성된 균 집락의 바깥쪽의 세균은 장간균인 반면 중앙부에 있는 세균은 단간균이다. 상피 속에서 증식한 세균은 새변 상피에서 동맥주변의 결합조직에까지 침입하여 증식하면서 새변의 기부 쪽으로 전파된다.

감염된 새변은 결합조직, 혈관, 상피 및 새박판에 이르기까지 광범위하게 괴사되어, 새변의 끝부분이 연골부분만 남기고 붕괴된다. 이 단계에서는 새변 기부의 입새동맥에 혈전이 생겨서 피의 흐름이 정지되고, 새변의 거의 모든 부분에 걸쳐 빈혈성 경색이 일어난다. 그 결과 새변의 괴사는 더욱 촉진됨과 동시에 괴사 부분에서의 출혈은 없어진다. 또 새변 기부에 생긴 혈전국소에 있는 동맥 주변 결합조직에 활발히 증식되지만 육아조직이 발달하게 됨에 따라 세균의 전파나 괴사가 멈추어지는 경우도 있다. 세균의 증식과 전파가 심한 경우에는 새변의 괴사가 새엽에 광범위하게 나타나 모든 새엽이 괴사되는 경우도 흔히 있다.

또 다른 병리상으로는 세균이 부착된 새박판이 괴사되지는 않고, 혈행장애가 심하게 나타나는 것이다. 이때는 감염국소의 새박판은 변형되어 인접한 몇 개의 새박판끼리 서로 선단부가 유착되게 된다. 이렇게 된 후는 이들 새박판의 모세혈관에서 여출성의 출혈이 생겨, 적혈구가 새박판의 호흡상피에서 새변 상피의 밑쪽에 걸쳐 모여, 커다란 혈종이 형성되어 새변 상피를 새박판의 끝부분까지 밀려 올리게 된다. 이러한 혈종 형성은 세균이 전파됨에 따라 새변에 넓게 파급된다. 혈종이 만들어진 새변은 곤봉화되고, 혈종의 표면은 중층의 상피로 덮이게 된다. 이러한 상피 내에 점액세포가 증식하여 분비 활동이 활발하게 된 때는 세균의 자취는 상피 표면에서 거의 찾아 볼 수 없다.

또 다수의 새변에 혈종이 형성되면 몇 개의 새변이 서로 유착될 때도 있다. 이처럼 서로 유

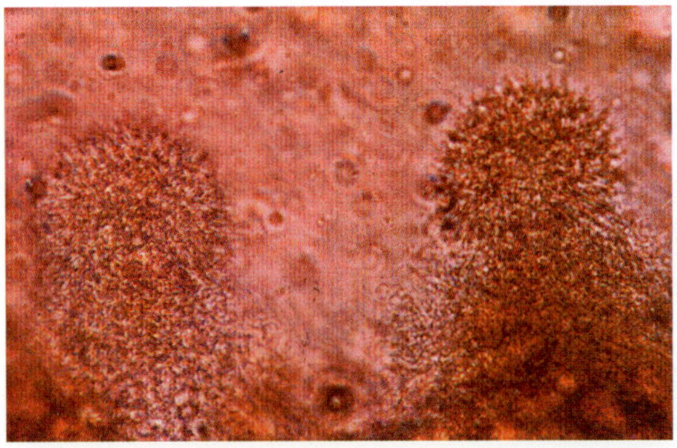

그림 2-127 아가미부식병의 원인균의 반구상 또는 원주상 집락.

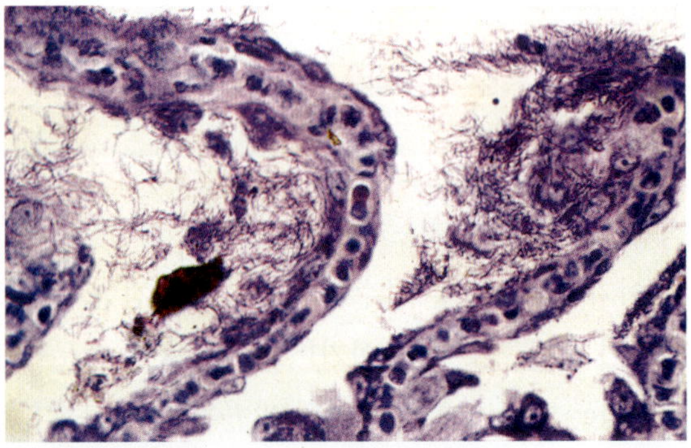

그림 2-128 아가미의 초기병소. 장간균이 새박판에 침입하여 호흡상피가 괴사됨. GS, ×320.

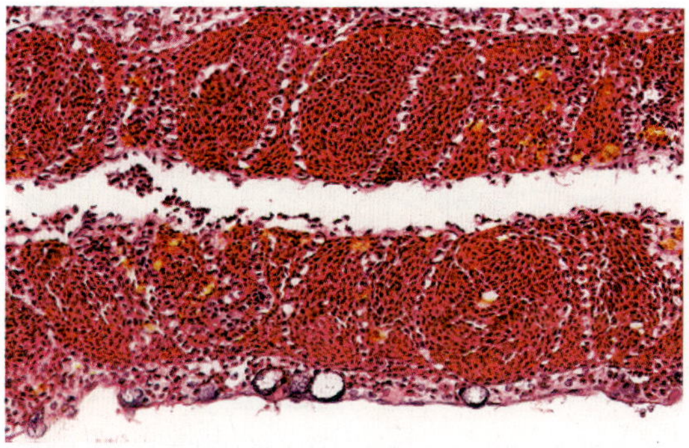

그림 2-129 출혈이 새박판의 호흡상피와 새변 상피를 새박판의 끝으로 밀어올려서 새변이 곤봉화되어 있다. HE, ×160

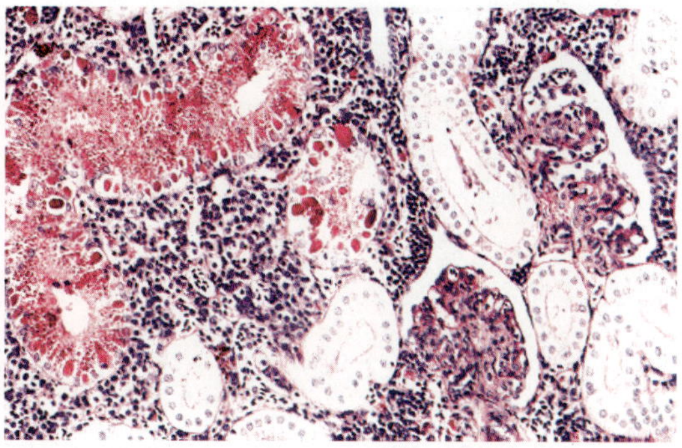

그림 2-130 병어의 신장. 세뇨관 상피세포에 초자적 변성이 보이지만 조혈조직에는 이상이 없음. HE, ×160.

착된 새변의 사이에는 많은 양의 섬유소가 석출되든지 개개의 새변 상피가 괴사되든지 한다. 그 결과 인접 새변의 혈종과 서로 융합되던가 비만적인 출혈이 생기던지 한다. 유착된 새변의 표면은 많은 점액세균과 곤봉상세포가 섞인 중층상피로 덮이게 된다. 일반적으로 이 유착 부위에는 소수의 염증성 세포가 관찰된다. 감염국소의 새박판의 상피는 가끔 비후되는데 이것은 세균의 부착 자극에 의해 새박판 호흡상피의 신생이 비정상적으로 촉진되었기 때문이다. 상피의 비후는 아직 편평화되지 않은 미숙의 타원형의 새변 상피로 이행되기 때문에 생긴다. 상피세포의 이행이 현저하지 않은 상피는 중층화되고, 그 결과 새박판의 전체에 유착이 일어난다. 이러한 현상이 생기면 점액세포의 이행도 일어나, 점액의 분비가 활발하게 되면 상피세포의 표면에서 세균은 볼 수 없게 된다.

이처럼 아가미의 감염 부위에는 여러 가지 변화가 일어나지만, 새변의 괴사는 대체로 단독으로 나타나는 경향이며, 새박판의 호흡장애와 호흡상피의 비후는 동시에 생기는 경향이다.

아가미의 괴사와 순환장애가 현저한 병어에서는 간장 실질 세포에 혼탁종창이 생기고, 신장의 세뇨관 상피에 혼탁종창과 초자적변성이 관찰된다. 아가미의 괴사가 특히 심한 어류는 간장의 실질세포가 지방변성을 일으키고, 비장의 비수는 헤모시데린 덩어리가 많이 나타나며, 신장의 조혈 조직의 증생이 명확하게 관찰된다. 어린 뱀장어에서는 간실질세포에 초자체 변성이 생기는 경우도 있다.

## (2) 잉어와 금붕어

콜룸나리스병에 감염되면 맨 먼저 세균의 침입을 받은 새박판이나 새변은 괴사되어 붕괴된다. 이 맨 처음으로 괴사된 새변에 인접하고 있는 새변의 새박판 호흡상피에 세균이 전달되어, 새변 상피세포가 증생하게 됨으로서 새박판의 끝부분에 이르기까지 비후된다. 세균의 전파와 더불어 새변 상피도 비후되어 새변이 곤봉화되고, 곤봉화된 새변은 인접하는 곤봉화된 새변과 서로 유착된다.

아가미의 괴사가 현저한 병어의 간 실질세포에는 초자적 변성이 일어나며, 신장의 세뇨관 상피세포에는 혼탁종창과 초자적 변성이 일어난다.

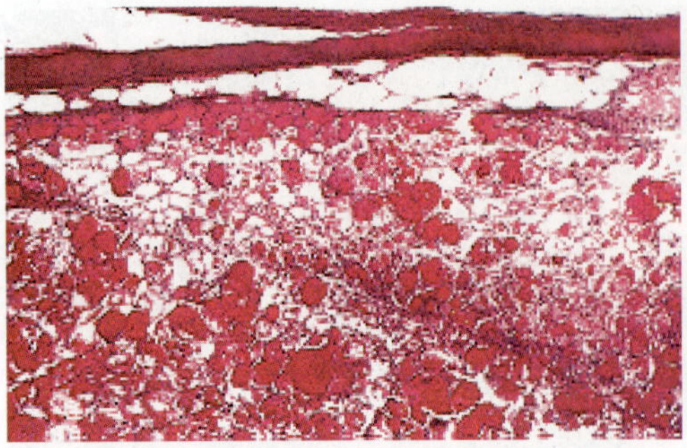

그림 2-131 금붕어의 피부병소. 진피에 세균이 침입, 증식하여 진피와 근육이 괴사됨. HE, ×80.

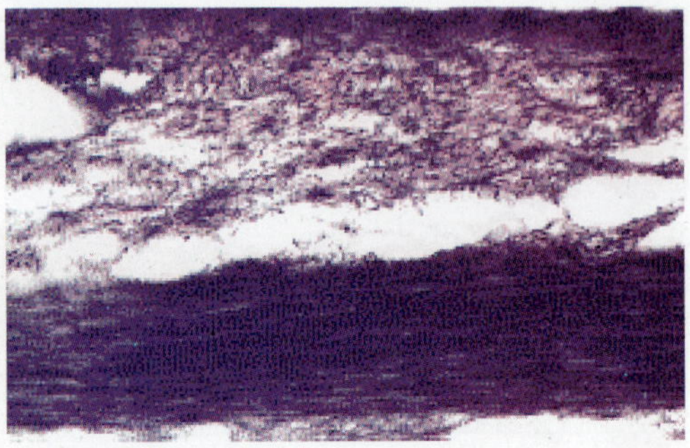

그림 2-132 진피. 장간균이 진피 내에 증식하여 조직을 괴사시킴. GS, ×500.

## 2) 꼬리 부식병

꼬리부분의 등지느러미, 뒷지느러미 및 꼬리지느러미 등에 생긴 상처 또는 기타 여러 가지 원인 때문에 손상이 생긴 부위에 콜룸나리스균이 침입하여 생긴다. 이때는 교원섬유성결합직에 특히 균의 친화성이 강하기 때문에 병소는 주로 진피를 통하여 어체 표면에 걸쳐 퍼져 나가지만, 전신 감염을 일으키는 경우는 없다.

감염 초기에는 표피가 부분적으로 결손되고, 이때 노출되는 진피에 세균이 침입하여 증식하여 환부의 조직을 괴사시킨다. 감염부위의 피하소성결합조직은 충혈, 울혈, 여출성의 출혈, 수종성팽화 등이 생기고, 지느러미 동맥근섬유는 초자변성을 일으킨다. 그 후 세균은 진피로 전파되어, 지느러미의 진피에서 체측진피로 세균은 전파된다.

세균의 침입을 받은 진피는 보통 응고괴사를 일으키지만, 세균의 증식이 더욱 활발하게 되면 반대로 융해괴사를 일으켜 그 밑에 있는 혈관은 혈행정지, 여출성출혈을, 피하지방조직은 수종성팽화를 일으켜 박리되고, 감염병소의 바깥 부분은 엷은 층으로 된 표피가 남게 된다. 피부가 괴사된 병소의 중앙부는 환경수가 침투하기 때문에 혈합근 조직이나 체측근조직 표층부분의 근섬유는 수종으로 팽화된다.

진피로 전달된 세균의 증식이 점차 활발해짐에 따라 감염병소는 더욱 넓어져서, 소형어나

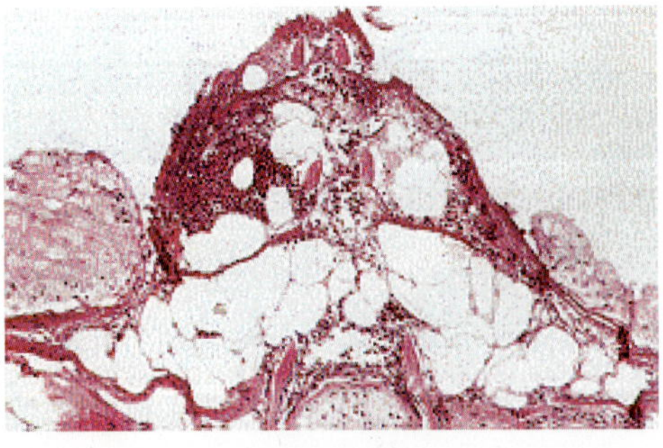

그림 2-133 등지느러미의 초기병소. 표피가 괴사되고 결합조직에도 출혈과 괴사가 일어남. HE, ×100.

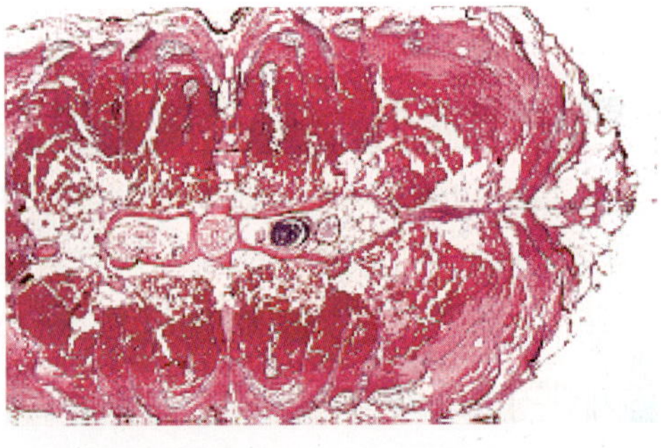

그림 2-134 미부의 병소. 진피에까지 세균이 침입하여 증식함으로써 피부와 근조직이 변성, 괴사되어 붕괴되고 있다. 미동맥에 혈전이 형성되어 있음. HE, ×20.

치어에서는 꼬리부분에서 항문 바로 뒷부분에까지 확대된다. 그리고 지느러미는 연조만을 남기고 붕괴되고, 피부는 괴사 박리된다. 이러한 진피의 감염병소가 점차 커짐에 따라 미부동맥에 혈전이 형성되기 때문에 꼬리부분은 빈혈성 경색을 일으킨다. 이 때문에 미동맥이 흐르는 부분의 근조직에는 근섬유의 비만적 응고괴사가 생기기 때문에 진피나 피하지방조직에 손상이 생겨도 출혈이나 염증반응은 보이지 않는다. 환부의 혈합근 조직과 피하지방조직 표층부의 근섬유는 괴사된 다음 물의 침입을 받게 됨으로 에오진에 엷게 염색되는 세로이드 모양의 물질로 변질된다. 최종적으로 괴사된 진피 및 근조직 표층부에 다른 세균이 침입하게 되고 또 괴사된 근섬유가 침투된 물에 의해 붕괴됨으로 미추골이 노출되게 된다.

꼬리부분에 넓게 감염병소가 만들어진 병어는 신장조혈조직의 류동이 허혈화되고 이 때문에 세망내피세포의 여기저기에 괴사가 생긴다. 간 실질세포에는 혼탁종창이나 초자체변성이 보인다.

## 3) 저수온성 활주세균증

활주세균에 속하는 세균인 Flavobacterium psychlophilum의 감염에 의한 것으로 냉수성 어류 또는 저수온기의 담수성 온수어나 해산어의 아가미나 체표에 감염되어 아가미병이나 궤양병을 일으킨다.

### (1) 송어류의 활주세균성 아가미병

아가미는 비후됨과 동시에 혈행장애를 일으켜 백색으로 변한다. 아가미의 최초변화는 새변 끝부분의 새박판 호흡상피에 세균이 부착하여 증식함으로써 새박판 호흡상피가 비후되든가 새박판의 배열이 흩으려져 인접 새박판의 끝부분 또는 기부에서 유착이 생긴다. 이러한 새박판의 호흡상피의 비후는 콜룸나리스병과 마찬가지로 세균의 자극에 의해 상피세포의 교체가 비정상적으로 촉진되었기 때문이다. 새박판 상피에서 미숙한 원형의 상피세포나 점액세포가 새박판으로 이동하여 지금까지 새박판을 덮고 있던 편평상피에 이동한 미숙상피나 점액세포가 합쳐지기 때문에 호흡상피의 비후는 더욱 촉진된다.

그림 2-135 피부가 부식되고 체측근에 여러 개의 궤양병소가 형성.

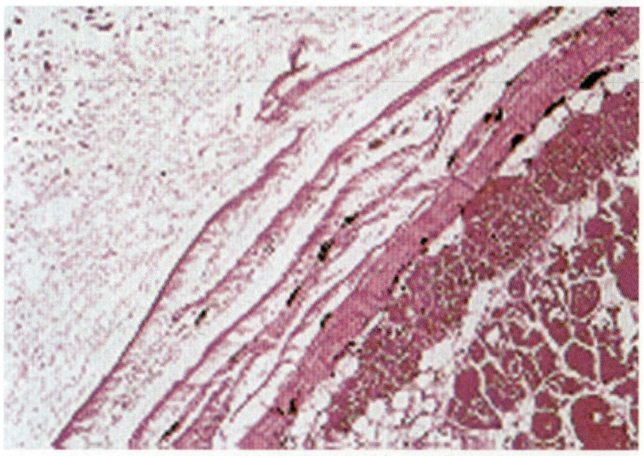

그림 2-136 체측근의 단면. 표피가 괴사되고 근조직이 변성을 일으킴. HE.

그 결과 호흡상피는 중층화되어, 몇 개의 새박판은 완전히 유착되게 된다. 유착된 부분의 새박판의 끝부분에서는 노화된 상피세포가 탈락되고 새변 상피 내에는 활발한 유사분열상이 관찰된다. 또 새박판 모세혈관의 벽주세포도 증생되기 때문에 모세혈관의 혈행이 멈추게 되어 허혈적으로 된다. 새박판의 유착과 모세혈관 벽주세포의 증생에 의한 허혈화가 더욱 진행되면 비후된 새박판의 상피세포는 위축되게 되어 그 표면에서 세균이 보이지 않게 되는 경우가 많다. 세균이 새변의 기부 쪽으로 전파됨에 따라 새박판의 유착도 기부 쪽으로 옮아오면서 새변의 끝부분은 곤봉화된다. 이 병의 병원균은 전신적 감염을 일으키지 는 않지만 새박판의 혈행장애가 현저한 병어에서는 간 실질 세포에 혼탁종창이나 지방변성이 생기고, 신장의 세뇨관상피도 혼탁종창이나 초자적 변성을 일으키는 경우도 있다.

Flavobacterium의 extracellular galactosamine glycan(cartenoid pigment) 생산을 확인하기 위하여 Anaker-Ordal agar(AO agar. bacto-tryptone: 0.5 g, yeast extract: 0.5 g, sodium acetate: 0.2 g, beef extract: 0.2 g, agar: 9 g, distilled water: 100 ml)에 자란 독립된 집락에 congo red액 1~2방울을 적하시킨 다음, 2분 후에 집락을 증류수로 세척한다. 양성의 집락은 색깔이 적색으로 발현한다. 적색으로 변한 집락은 여러 시간 동안 적색을 띠고 있다. Congo red액은 0.01% congo red 수용액으로 congo red 10 mg을 증류수 100 ml에 녹인 다음 실온에 보관한다. AO agar에 접종 방법은 면봉을 사용하여 어체의 감염 부위(피부 또는 아가미)를 채취한 다음 배양하면, 2~5일에 노란색의 수지상의 집락이 형성되면서 옆으로 엷게 퍼져 있다. 이때 평판의 배경을 청색으로 관찰하면 더욱더 분명하게 구분할 수 있다.

Flavobacterium의 flexirubin색소 생산성 확인 방법은 슬라이드 글라스 도말법과 한천 평판법의 2가지 방법으로 조사할 수 있다.

슬라이드글라스 도말법은 백색의 종이를 놓고 그 위에 슬라이드 글라스를 위치시킨다. AO agar에서 자란 집락을 슬라이드 글라스에 도말하고, 20% KOH를 충분량 적하시키고 색깔의 변화를 관찰한다. 이때 적자색 또는 갈색으로 변색되면 양성으로 판정한다.

한천 평판법은 AO 평판에 자란 집락에 직접 20% KOH를 적하하여 색깔의 변화를 관찰

그림 2-137 AO에 5일간 배양한 다음 배경을 청색으로 하여 근접 촬영한 *F. columnare*의 집락으로 노란색을 띠며, 평판에 엷게 퍼진 형태로 주변이 불규칙하게 나무뿌리 모양으로 되어 있다.

하는 방법이다. 단 성장이 충분하지 않으면 색깔의 변화를 관찰하기 곤란한 경우가 있다. 또 적하 후 적자색 또는 갈색으로 변색한 양성 집락에 다시 산성 용액을 떨어뜰이면 본디의 색깔로 되돌아간다.

### (2) 뱀장어의 저수온기 활주세균성 아가미병

일반적으로 수온이 하강하기 시작하는 초가을에 발생하여 다음해 봄까지 유행하는 병이지만, 가온하우스에 의한 순환여과식으로 사육하는 곳에서는 잘 발생되지 않는다. 아가미에 나타나는 병변은 수온과 계절의 변화와 밀접한 관계가 있는데, 비교적 수온이 높은 초가을에는 새변의 괴사가 현저하고, 늦가을에서 초겨울 동안의 수온하강기에는 새박판의 혈행장애가 심하게 일어나며, 겨울에서 다음해 봄까지의 저수온기에는 새변의 곤봉화가 현저하다. 그러나 이러한 병변의 계절적 변화는 야외에서 사육 중인 뱀장어에만 생기는 것으로, 야외에서 발병한 병어를 치료를 위하여 실내의 가온사육수조에 옮기면 순환장애가 심하게 나타나게 되고 새변의 곤봉화는 없어지게 된다. 보통 병어의 혈액은 암적색이며 헤마토크리트치가 높다.

아가미에 나타나는 초기 변화는 새박판 호흡상피표면에 활주세균의 부착 증식과 새박판의 변형이다. 세균은 일반적으로 새변의 끝부분에서 기부 쪽으로 또한 제일 안쪽의 새변에서 바깥쪽으로 전파되는 경향이 있음으로, 아가미의 병변도 가장 안쪽 새변에 가장 현저하게 나타난다. 그러나 이러한 경향이 콜룸나리스병에서도 관찰됨으로 반드시 활주세균병의 특징이라고는 말할 수 없다.

아가미의 감염병소와 내장기관의 병변을 계절과 수온의 변화에 따라서 설명하면 다음과 같다.

① 이 병이 처음으로 발병하기 시작하는 비교적 수온이 높은 시기에는 새박판 호흡상피에 부착한 세균이 새박판으로부터 새변에 침입하여 증식함으로 새변이 괴사되는 경우가 많다. 괴사된 새변은 기부만 남게 되고, 남은 기부에는 새변의 결합조직이 증식하게 됨으로 그 표면은 점액세포를 포함한 중층상피로 덮이게 된다. 이 때문에 기부의 새박판 모세혈관으로의 피의 흐름이 방해를 받게 되는데, 이러한 새변의 괴사와 결손은 아가미의 안쪽일수록 심하다.

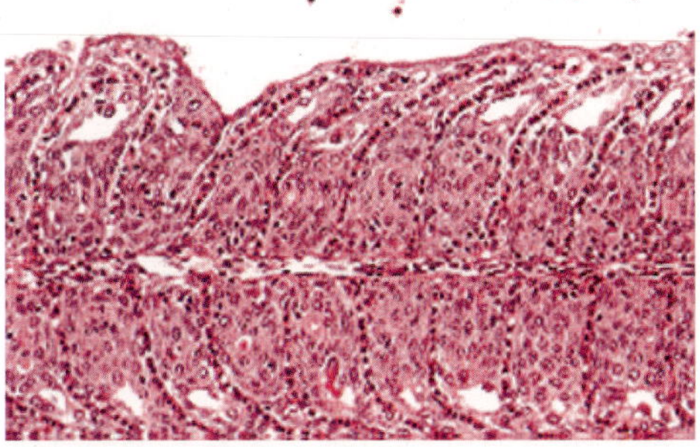

그림 2-138 새박판의 변형과 끝부분의 유착 및 상피세포가 증생되어 새변이 곤봉화되어 있다. HE, ×160.

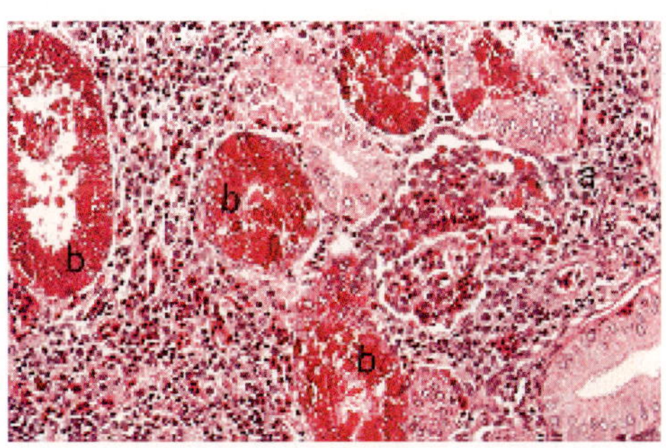


그림 2-139 새변이 곤봉화된 병어의 신장. 사구체의 podocyte(a)와 세뇨관 상피세포(b)에 초자적 변성이 보임. HE, ×160.

새변의 결손이 현저한 병어는 신장의 세뇨관 상피세포의 혼탁종창이 현저하고, 사구체계제의 과형성반응을 나타내는 신소체도 관찰된다. 간 실질세포는 저장당원이 줄어들어 위축이나 혼탁종창을 일으킨다.

② 가장 심하게 유행되는 늦가을에는 감염 부위의 새박판 모세혈관의 순환장애가 심하게 나타나 장액의 삼출이나 여출성출혈이 생겨, 새박판의 호흡상피에서 새변 상피에 이르기까지 부종과 혈종이 생긴다. 부종과 혈종은 감염국소의 여러 곳에 나타나며, 인접하고 있는 몇몇 새박판의 방향이 흐트러져 그 끝부분이 유착되어지면 이러한 순환장애는 더욱 대규모로 나타난다. 부종과 혈종이 생긴 국소에는 새박판 호흡상피와 새변 상피 등이 새박판의 끝부분까지 밀려 올라오게 되고, 밀려 올라온 상피는 제일 바깥쪽의 세포만을 남기고 탈락하여 떨어져 나가기 때문에 위축과 괴사가 일어난다. 떨어져 나온 세포는 삼출액 중에 떠다니면서 적혈구와 섞이게 되는 수도 있다. 이러한 순환장애는 세균이 새변 기부 쪽으로 전파됨에 따라 점차 넓어지게 되고 결국 새변 전체에 순환장애가 생기게 된다.

특히 여출성의 출혈은 세균이 심하게 감염되는 제일 안쪽의 새엽에 강하게 나타나며, 이 새엽의 새변은 혈종이 많이 생기기 때문에 새변의 유착이 생기는데, 이러한 유착이 새변 전체에 걸쳐 생기는 경우도 있다. 유착된 부위는 콜룸나리스의 경우와 마찬가지의 조직변화상을 나타내지만, 특히 유착된 새변의 결합조직에 다수의 호중구, 마크로파아지, 소원형세포, 섬유아세포 등의 침윤과 번식이 콜룸나리스병보다는 현저하다. 또 순환장애를 일으킨 아가미에 수생균이 2차적으로 침입하게 되면 아가미의 괴사와 붕괴는 더욱 현저하다.

이러한 시기는 감염국소의 새박판 상피가 비후되어 새박판의 유착이 일어나지만, 일반적으로 이러한 국소에는 여출성의 출혈이 함께 일어난다.

이상과 같이 늦가을에는 아가미의 순환장애가 특징적으로 강하게 나타난다. 순환장애가 현저한 병어는 간 실질세포의 혼탁종창과 위축이 생기고, 신장의 세뇨관 상피세포는 심한 혼탁종창과 초자적 변성이 일어나며, 신소체의 사구체계제는 과형성 반응을, 사구체 상피세포는 초자적 변성과 박리를, 보우만주머니는 주머니 내에 단백질모양의 물질로 채워지고, 사구체는 위축과 붕괴가 일어난다. 아가미의 감염병소에 염증성침윤이 현저한 병어에는 조혈조직의 조혈세포가 증생된다.

③ 겨울에서 이른 봄까지의 저수온기는 새변의 곤봉화가 다음의 2~3가지 형으로 생겨난다. 이 시기의 일반적 병의 특징은 감염국소의 새박판이 변형되어, 인접하는 새박판에 변형 새박판의 끝부분이 붙게 되던가 또는 새박판이 새박판 상피에 접할 정도로 굴곡되어 유착되는 것이다. 유착된 새박판과 새변 상피와의 사이에는 외부와 차단되는 공간이 만들어지고, 여기에 단간균으로 변형된 활주세균이 가두어져 있기도 하며 괴사 박리된 상피세포가 들어 있다. 이 새박판 유착부위는 각각의 새박판상피의 비후와 기부의 새변 상피세포의 증생이 일어나 새박판의 유착에 의해 만들어진 공간을 메우면서 새변의 곤봉화가 진행된다. 또 새박판의 굴곡이 심하면 새박판의 유착과 더불어 새변 상피도 유착되어 새변의 곤봉화도 일어나게 된다.

또 다른 곤봉화의 양식은 감염국소의 새변 상피가 활발히 증생하여 새박판의 끝부분까지

상피세포가 비후되어 새변이 곤봉화되는 것이다. 새변이 곤봉화까지 진행되지 않는 경우에는 감염국소의 새박판의 끝부분의 호흡상피가 비후되든지, 새박판과 새박판 사이에 증생한 새변 상피세포가 젖꼭지 모양의 돌기를 만드는 경우도 있다.

이러한 새변의 곤봉화 반응은 세균의 침입이 끝나더라도 계속해서 일어나는데, 그 정도는 세균침입의 강도와 관련이 있다.

병원균의 침입에 의한 새변의 곤봉화는 상당 기간 지속되며, 비후된 새변 상피나 결합조직에 다수의 소원형세포, 마크로파아지, 호중구의 침윤이 관찰되며, 얼마 안되어 새변 상피세포가 위축을 일으키는데 이 단계에서는 새변 표면에 활주세균의 모습은 찾아볼 수 없게 되는 경우도 있다.

새변의 곤봉화가 현저한 병어는 간 실질세포에 혼탁종창이 현저하며, 비장의 림프구나 세망세포의 숫자가 줄어들어 위축을 일으키고 있다. 신장의 세뇨관상피는 심한 혼탁종창과 초자적 변성을 일으켜 괴사 박리되는 경우도 있다. 사구체의 상피나 계제부의 세포에는 초자적 변성이 현저하게 되어 사구체가 붕괴되기 쉬워진다. 세뇨관 상피세포가 심한 초자적 변성을 일으키면 세포가 극도로 종대되기 때문에 세뇨관의 관공이 폐쇄되어, 보우만주머니 속에 단백질 모양의 물질이 고여 확장되게 됨으로 사구체가 붕괴되는 경우도 있다.

### (3) 은어의 냉수병(Bacterial cold water disease, BCWD)

무지개송어 치어의 냉수병 원인균인 Flavobacterium psychlophilum의 감염에 의한 것으로 양식어뿐만 아니라 자연산 은어에도 발병하고 있다. 양식 은어는 연중 발생하는 경향이지만 자연산 은어는 6~7월에 집중적으로 발병한다. 병어는 체표에 궤양과 턱의 결손이 생기며, 이들 환부에서 출혈에 의한 급격한 혈액의 손실로 심한 빈혈을 일으키는 것이 사인이라고 추정된다.

원인균의 분리는 비장, 신장, 아가미 및 체표의 환부에서 분리할 수 있다. 그러나 체표 환부를 시료한 경우 원인균을 분리할 수 없는 경우가 대부분이다. 이는 원인균의 발육속도가 느리기 때문에 혼재된 발육이 빠른 세균과의 경쟁에 의해 증식이 억제되기 때문이다. 그럼으로 이러한 경우에는 tobramycin 5 mg/l(Calbiochem, Germany)을 첨가한 한천배지(Anacker & Ordal' s agar: 0.5% tryptone, 0.05% yeast extract, 0.02% beef extract, 0.02% sodium acetate, pH 7.2~7.4)를 사용할 것을 권장하고 있다. 최근에는 분리용 배지로서는 tryptone-yeast extract-salt agar(TYESA, tryptone 4.0 g, yeast extract 0.4 g, $CaCl_2 \cdot 2H_2O$ 0.2 g, $MgSO_4 \cdot 7H_2O$ 0.5 g, agar 10 g, DW 1l)와 tryptone-yeast extract-salt broth(TYESB, tryptone 4 g, yeast extract 0.4 g, $CaCl_2 \cdot 2H_2O$ 0.2 g, $MgSO_4 \cdot 7H_2O$ 0.5 g)는 물론 TYESA와 TYESB에 glucose를 0.5 g/l 첨가한 tryptone-yeast extract-salt agar(FLPA)와 broth(FLPB)를 사용한다. 한천배지로 분리하면 FLPA가 고형배지 중에서 가장 좋으며, 그 다음이 tryptone을 성분으로 만든 한천배지였으며, 질소원으로 peptone을 첨가한 배지는 성장이 나쁘다. 또 액체배지인 경우에도 FLPB, TYESB순으로 양호하여 18°C에서 100 rpm으로 배양하였을 때 25시간 후에 580 nm에서 최대의 흡광도를 나타낸다.

원인균의 발육 가능 수온은 5~23°C이며, 최적 발육온도는 15°C 전후이지만, 균주에 따라

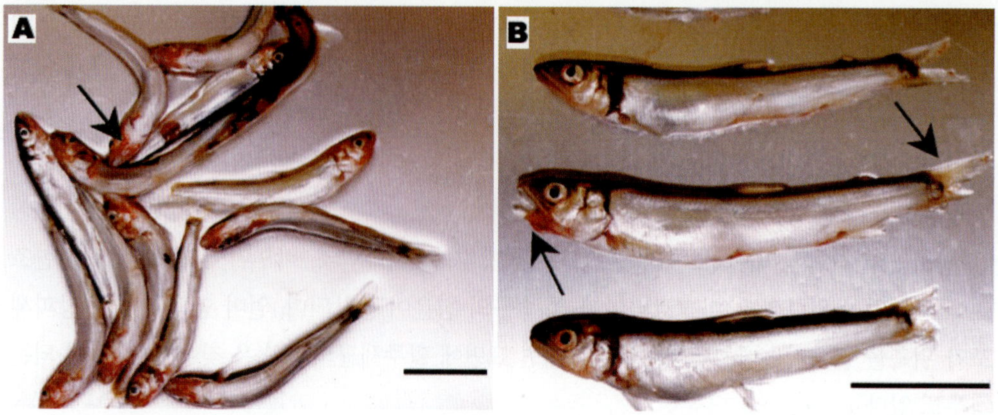


그림 2-140 은어의 냉수병의 전형적 증상. A: 아가미 뚜껑과 턱의 아래 부분의 출혈, B: 꼬리 지느러미의 부분적 부식.

서는 3°C와 25°C에서 발육하는 것도 있다. 원인균을 한천배지에 접종하여 15°C에서 며칠간 배양하면 노란색의 주변이 불규칙한 파상의 테두리를 가진 집락과 표면이 평활한 원형의 집락이 형성되는데, 전자는 활주운동성이 있는 균주이며, 후자는 운동성이 거의 없는 비운동성 균주이다. 또 액체배지(Anaker & Ordal's broth: 0.3 % tryptone, 0.2% yeast extract, 0.02% beef extract, 0.02% sodium acetate, pH 7.2)에 배양하였을 때는 강한 자발응집을 일으키기 때문에 커다란 덩어리를 형성하는 균주도 있는 반면 자발응집반응을 전혀 일으키지 않는 균주도 있다.

냉수병의 원인균에 감수성을 나타내는 어류는 무지개송어와 은어 이외에도 감염어종의 범위가 매우 넓어, 거의 대부분의 연어 · 송어류, 뱀장어, 잉어, 붕어, 미꾸라지, 피라미, 황어 및 밀어 등의 경골어류와 칠성장어와 같은 연골어류에서도 분리된다. 또한 어류 이외에도 부착조류나 개흙 등의 수계 환경에서도 검출되기 때문에 거의 모든 생태계에서 검출된다고 보는 것이 적합할 것이다. 그러나 은어의 냉수병 원인균은 독특한 혈청형과 유전자형을 가진 병원체로서 gyrase subunit B(gyrB) 유전자를 표적으로 한 PCR반응을 실시하면 290bp의 단편이 얻어진다. 이 290bp의 단편에는 2종류의 유전자형인 A형과 B형으로 구분할 수 있으며, 은어에 냉수병을 유발하는 형은 대부분이 "A형"에 속한다. 이 유전자의 primer sets인 GYR1(CAY GCN GGN GGN AAR TTY GA)와 GYR1R(CCR TCN ACR TCN GCR TCN GT)를 external primer pair로 PSY-G1F(TG CAG GAA ATC TTA CAC TCG)와 PSY-G1R(GTT GCA ATT ACA ATG TTG T)을 internal primer로 하여 nested PCR을 한다. External primer로서 denaturation 94°C 15sec, annealing 48°C 20sec, extension 72°C 60sec로 첫 번째 PCR을 한 다음 PCR증폭물을 1/10 TE buffer(1 mM Tris-HCl, 0.1 mM EDTA, pH 8.0)으로 5%가 되도록 희석시킨다. 희석된 PCR산물을 internal primers를 사용한 두 번째 PCR(denaturation 94°C 15sec, annealing 56°C 20sec, extension 72°C 60sec의 DNA mold로 사용한다. 이 nested PCR은 정상의 아가미에 부착하고 있는 원인균을 찾아내는데도 아주 유용한 방법이다. 즉 어류 한 마리의 모든 아가미를 절취하는데, 서로 다른 개체에서 각각 채취한 새변 10개를 pool한 다음 phosphate buffered saline 3 ml를 첨가하여 강하게 교반시켜 새변 표면의 원인균을 세척하여 분리시킨다. 새변 세척액 1.5 ml를 다른 시험관에 옮겨 10,000 g에 10분간 원심하여 상청을 버리고 pellet 부분을 50 μl의 PBS에 부유시킨 다음 DNA분리용 시료로 사용한다. 또한 gyrase subunit B(gyrB) 유전자 표적단변의 하부인 peptidyl-prolyl cis-trans isomerase C gene(PPIC)에 특이한 primers인 fpPPIC1F(5′-GTA CCA TGA TAC AGT CAG GTT TTT ATA CCA-3′)와 fpPPIC1R(5′-GCG TTT TTA AAT CCA ACT CTT GCT TCG-3′)를 사용한 PCR은 initial denaturation 95°C 1분 후, 3-step cycle(denaturation 95°C 15sec, annealing 60°C 30sec, extension 72°C 30sec)를 35~40 cycle 반복한 다음 전기영동하면 346bp의 특이 밴드를 얻을 수 있다.

### (4) 해산어의 저수온기 활주세균성 궤양병

해산어에 해수의 활주세균이 지느러미나 체표에 감염되어 지느러미의 괴사, 결손과 체표에 궤양병소가 생기는 질병으로, 가을에서 겨울에 걸친 저수온기에 방어나 참돔에 많이 생기는 질병이다. 이 병이 생기게 되는 근본원인은 체표의 손상, 냉해와 영양장애(변질사료 중독)에 의한 진피의 혈행장애 등으로 생긴 표피 박리 부위에 활주세균이 침입하기 때문이다. 침입한 활주세균은 우선 진피의 소성결합조직에서 증식하게 되고, 그 후 진피의 치밀결합조직으로 전파되어 활발하게 증식한다. 그 결과 감염국소는 괴사되고 비늘이 탈락하며, 체표가 박리된다. 진피에서 증식한 세균은 피하지방 조직에서 구간근조직의 표층 부위까지 도달된다. 이러한 단계에서는 피하지방 조직에 울혈과 충혈 및 여출성 출혈이 생겨 괴사가 일어나며, 근조직에 전파된 세균은 간질결합조직과 근섬유 내에서 증식함으로써 근섬유가 초자변성과 세열을 일으킨다. 이러한 피하지방 조직과 근조직의 괴사가 심하게 되면 피부는 박리된다. 또 비브리오균의 2차적 침입이 있으면, 피부와 근조직은 보다 광범위하게 괴사된다. 또 방어에서는 내장기관에 현저한 병변은 보이지 않지만, 참돔에서는 전신적 지원성 색소가 침착된다.

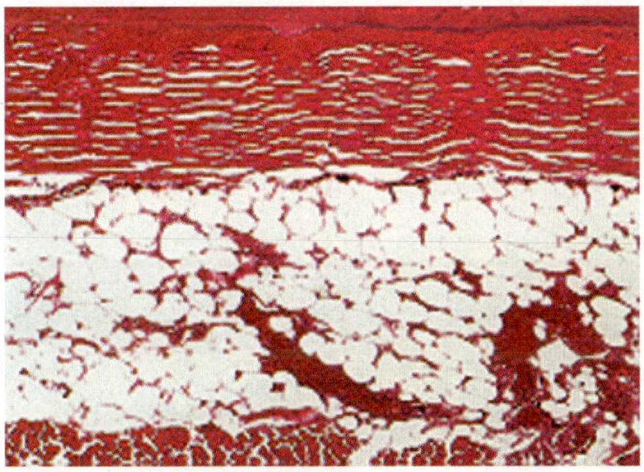

그림 2-141 방어의 피부 병소. 표피는 박리되고 진피의 괴사, 지방직에 출혈과 혈관확장이 있지만 혈합근은 정상. HE, ×50

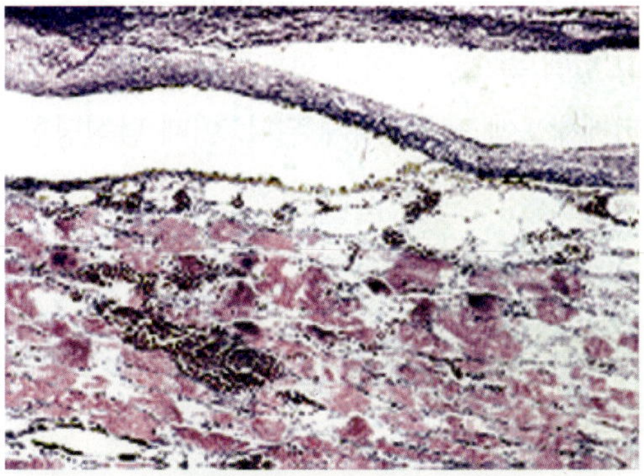

그림 2-142 참돔의 피부환부. 진피가 세균의 증식 때문에 박리되고 있음. 근조직도 세균침입에 의한 순환장애로 괴사. GS, 80.

# 6 에드와드병

## 1) *Edwardsiella tarda*

신장이 주로 침해당하는 형(조혈조직염형)과 간장이 주로 침해당하는 형(간염형)의 2가지형이 있는데, 2장기가 동시에 침해당하는 경우도 드물게 있다.

외관적인 증상은 양형 간에 상당한 차이가 있다. 중증어는 항문이 심하게 발적되어 있고 항문을 중심으로 구간부가 언덕배기 모양으로 부풀어 오르고, 부푼 곳 근처의 여러 곳의 피부에 충혈과 출혈을 동반한 연화와 변색된 부분이 생기는 것이다. 이것은 신장의 후반부가 침해당한 어류에서 보통으로 볼 수 있는 증상이다. 또 부레의 등쪽에 위에 있는 신장의 전반부만 심하게 침해당한 경우가 있는데, 이러한 개체는 외부적인 증상은 없는 것이 많다. 한편 복부의 앞쪽 부분이 현저하게 종창 되던가 앞쪽 복부 아래쪽의 복벽에 커다란 구멍이 생기고, 복부 각 부분의 피부에 출혈을 동반한 연화와 변색부분이 나타나는 개체가 있다. 이것은 간장이 심하게 침해당한 경우의 외부증상이다. 그러나 이 2형 모두 구간 복부측 피부 전체와 뒷지느러미가 심한 울혈과 다수 형성된 출혈점 때문에 심하게 발적된다. 또한 이병의 병어는 빈혈을 나타내는 것이 보통이다.

신장과 간장에는 많은 수의 농양병소가 형성되어 전체적으로 종대되고 연화되어 있다. 장기의 표층에 형성된 대형의 농양병소가 터지게 되면 내부의 농즙이 방출되고 커다란 구멍만 남아 있는 것도 있다. 또한 장기의 반 이상이 융해 소실되어 있는 것도 있다. 농양에서 빠져나온 농은 심한 악취가 난다. 이처럼 구멍이 뚫힌 장기가 연결되는 곳에 접하는 근육조직이나 그 외측의 피부조직은 연화 변색되어 그 주변이 충혈 또는 출혈에 의한 붉은 원모양에 둘러싸인 병변도 보통으로 보인다. 이러한 상태가 극단으로 진행되면 근육이나 조직이 붕괴되어 구멍이 생기는 경우도 있다. 이 병이 장에 병소를 만드는가는 문제가 많이 남아 있지만, 장염이 생기는 경우도 있다.

피부나 경구적으로 침입한 세균은 최초 침입한 곳에 명료한 초기 감염병소를 형성하지 않고 혈액 속으로 들어가 혈류를 따라 조혈조직이나 간장으로 운반된 다음, 류동에 있는 세망내피계세포에 탐식당하게 된다. 이때 탐식당한 세균은 세망세포 내에서 증식하게 됨으로 세망

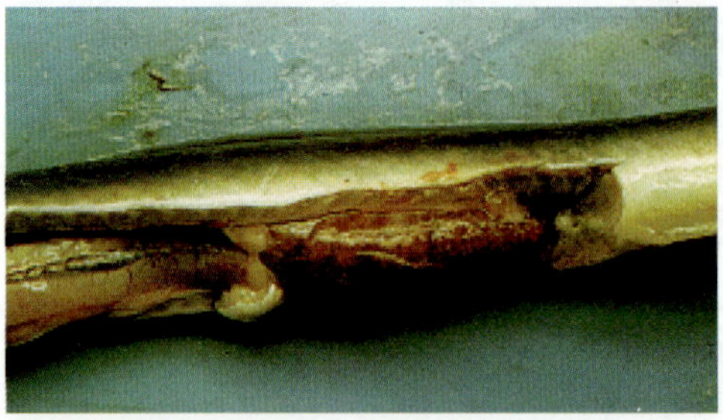

그림 2-143 조혈조직염형. 신장에 많은 농양이 형성되어 종대되어 있다.

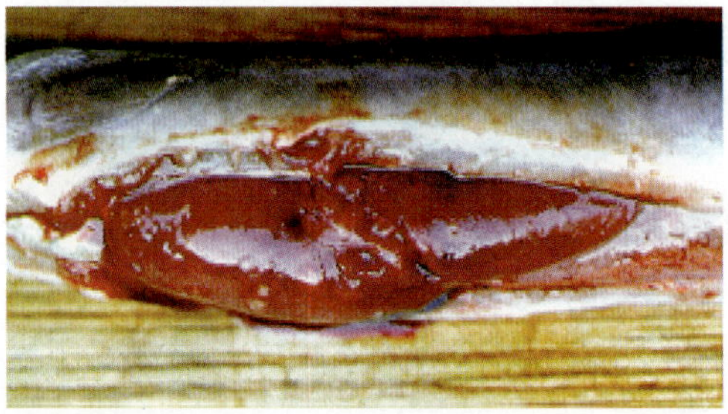

그림 2-144 화농성간염형. 간장에 백색의 농양과 화농병소, 인접 근육에 화농병소가 형성되어 있으며, 배농된 농이 복강 내에 고여 있다.

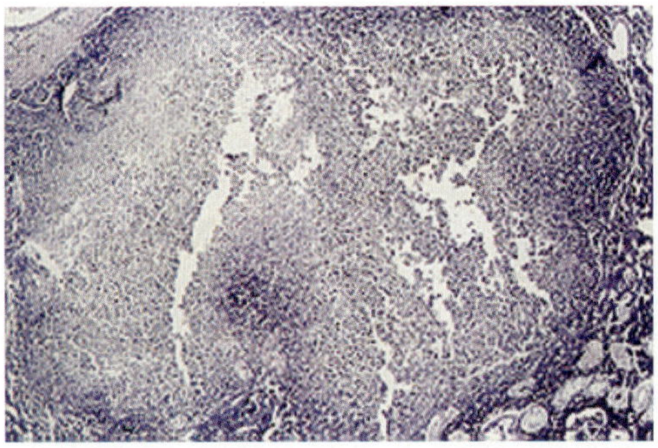

그림 2-145 조혈조직의 농양이 주변 조직을 압박하고 있다. GS, ×40.

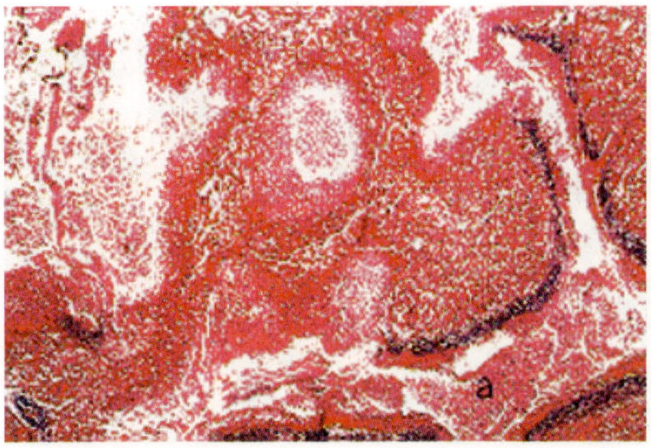

그림 2-146 간의 농양. 섬유소에 의해 분획되어 있고, 간세포는 위축을 일으키고 있다. 농양의 일부가 간정맥에 침입하여 농색전(b)을 일으키고 있다. AZ, ×32.

세포는 균구가 되어 죽게 된다. 그 후 죽은 세망세포가 중심이 되어 류동 내에 미소한 화농성 혈전이 만들어져 최초의 감염병소가 만들어진다. 그 후 균구로 되어 죽은 세포가 붕괴되어 세균이 세포 밖으로 방출되는데, 방출된 세균은 침윤하여 온 호중구 등에 탐식되어 다시 탐식한 세포 내에서 증식하게 된다. 이러한 일련의 과정을 거치면서 세균이 증식하게 되며, 이러한 세균증식과 세균증식에 따른 호중구의 붕괴가 염증을 일으키는 자극으로 작용하게 되어, 더 많은 호중구가 침윤하여 집합하게 됨으로 류동 주변의 실질세포에 커다란 농양을 형성하게 된다.

류동 내에 형성된 작은 농양을 중심으로 세균이 증식하여 점차 류동 주변의 조직에 침입하여 조직을 괴사 융해시킨다. 그 결과 세균의 증식은 한층 더 활발하여지지만, 한편으로는 세균처리를 위하여 호중구가 침윤, 집합하게 됨으로 거기에 농양이 형성된다. 이러한 화농병소가 장기 내에 많이 형성되면, 각 농양은 크기가 커져감에 따라 서로 합쳐져서 더욱더 커다란 병소를 형성하게 된다.

농양은 일반적으로 석출 섬유소층으로 둘러싸여 있는데, 농양주위의 류동이나 혈관 내에는 많은 수의 호중구가 침윤하여 있다. 농양을 구성하고 있는 호중구는 대부분이 원형의 핵과 미소한 호중성과립을 가진 약호염기성의 세포질을 가지고 있는 미숙형이다. 호중구는 세균을 탐식하지만, 세균이 호중구 내에서 증식하게 됨으로 결국은 균구로 된다. 또한 농양 내에는 소수의 마크로파아지도 침윤하여 주로 죽은 세포나 그 부스러기를 탐식한다. 호중구 내에서 균이 증식함으로써 호중구는 균구가 되어, 결국은 붕괴되는데, 호중구가 붕괴되면 농양은 연화 융해를 일으키고, 내부의 세균이 농양 밖으로 방출된다. 방출된 세균은 호중구의 괴사 부스러기 속에서 활발히 증식한 후, 농양주위의 석출 섬유소층으로 전파되어 이 층을 융해시키고, 나아가 주변의 조직 속으로 전파된다. 이러한 병소의 확대과정에서 농양부근의 두터운 혈관에 세균이 침입한 경우에는 혈관공내에 수많은 세균이 들어 있는 농이 들어가서 농색전이 형성되어, 색전 형성된 이후의 부분에 농양이 많이 만들어진다. 농색전이 만들어진 혈관은 내피가 박리되어, 혈관벽에 수종성 소개와 염증성세포 침윤이 있지만, 시간이 경과하면 혈관벽은 증식한 섬유세포로 바뀌어 섬유화된다. 또 장막이 침입을 받아 붕괴되면, 개구성 농양으

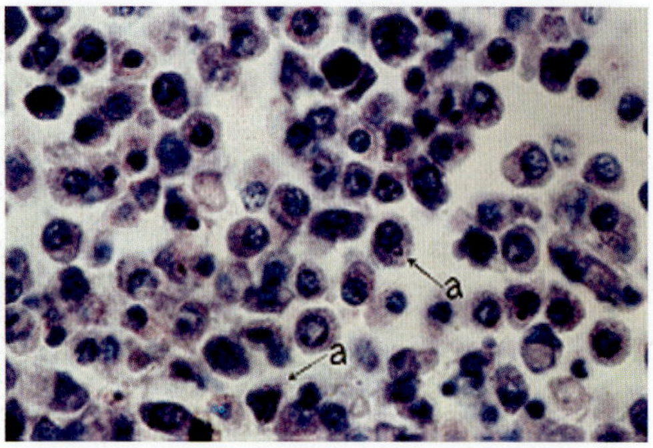


그림 2-147 농양의 내부. 원형핵을 가진 미숙 호중구로 충만되어 있고, 호중구의 탐식상(a)이 보임. GS, ×800.

로 되어 복강 속으로 농이 배출되어 다른 장기에도 병균이 전파됨으로써 괴사병소가 많이 형성된다.

장기의 표면에 이러한 농양이 형성되면 결국에는 모두 터져서 병소 내의 농이 배출되고 커다란 구멍만 남게 된다. 병소 내에서 빠져나온 농속에 들어 있는 세균은 부근의 근육조직 또는 피부조직에 침입하여 증식하게 됨으로 거기서도 화농병소가 만들어진다. 신장에서 농이 오줌과 함께 배출되면, 비뇨생식공과 항문이 심하게 감염되어 발적을 일으키지만 직장은 이상이 없는 것이 보통이다.

간장에서 복강 내로 농이 흘러나오게 되면 복막, 복강 벽의 근육과 그 바깥층의 피부, 소화관, 비장, 장간막, 부레 등에 전이 병소가 만들어진다.

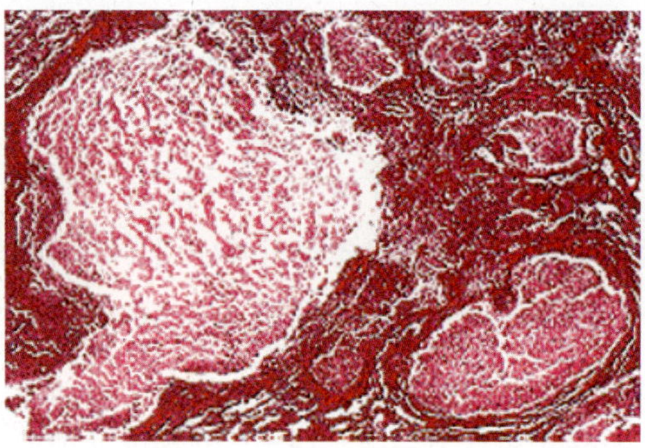

그림 2-148 농양의 융해와 함께 섬유소의 석출에 의해 분획되고, 주변조직은 농양에 압박당하고 있다. Az, ×20.

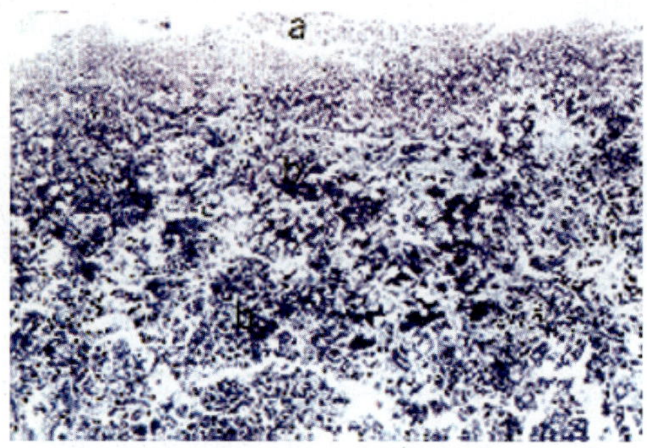


그림 2-149 간의 농양 융해로 농양 내의 세균이 간 실질에 전파되어 괴사를 일으킴. GS, ×160.

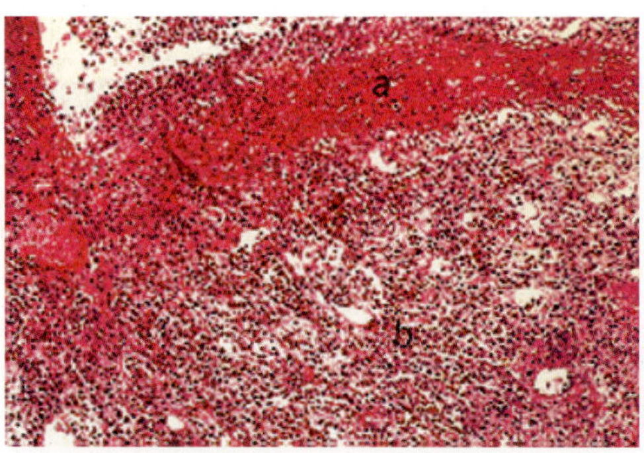


그림 2-150 농양이 배농되고 섬유소의 벽에 피포되고 (a), 그 바깥에 육아조직(b)에 의해 분획됨. HE, X100.

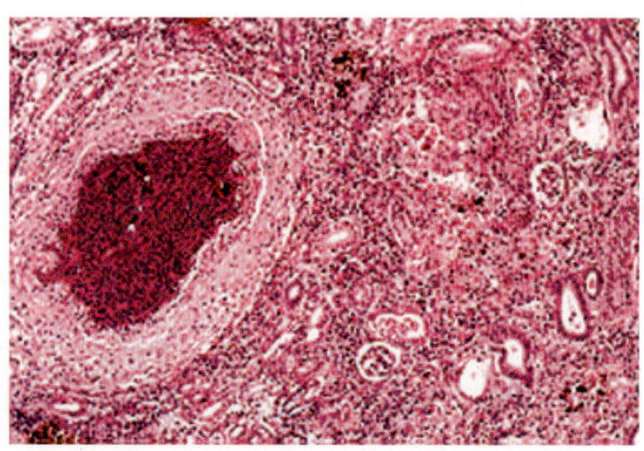

그림 2-151 신장에 육아조직성 염이 생겨 육아종이 만들어지고, 육아종 내부의 균은 사멸됨. HE, X100.

이 병은 어느 단계가 지나면 전신감염을 일으키게 됨으로 심장, 비장 기타 여러 장기에 전이병소를 만들게 되고, 최종적으로는 패혈증에 일으켜 병어는 죽게 된다.

한편 농을 배출하고 빈 공간으로 된 농양병소는 두터운 석출 섬유소층으로 둘러 싸여지고, 섬유소층 주변의 조직내에 많은 섬유아세포가 번식하여 섬유소층으로 침윤하여 농양막을 형성한다. 농양막내에는 많은 호은성의 가는 섬유가 새로 생기고, 간장에서는 재생 간세포가 나타나며, 최종적으로는 농양병소와 석출 섬유소층은 육아조직으로 대체되어 기질화된다.

## (1) 조혈조직염형

커다란 농양이 형성된 조혈조직에서는 보통 농양주변의 감염이 되지 않은 부분의 조혈조직에 조혈세포의 증생과 류동 내의 세망내피세포의 활성종대가 관찰된다. 그러나  농양이 연화 융해되면 병소가 확대되어 전파성 농양(膿瘍)이 생겨 비감염부위의 조혈조직은 조혈세포가 감수 위축되고, 류동은 혈액이 없는 상태에서 확장된다. 병소가 신장의 신정맥이나 후미정맥에까지 확대되면 전신감염이 성립된다.

간장은 간문맥에 화농성혈전이나 섬유소성혈전이 많이 생기며, 실질부에 작은 괴사소가 나타나며, 실질세포는 지방변성을 일으키는 것이 일반적이다.

비장에서는 많은 수의 세균이 여러 곳에 침입하여 협조직의 위축과 비수의 수종성 소개를 일으키든지 또는 비장을 거의 모두 괴사시킨다. 극히 드물기는 하지만 비장에 소형의 농양이 만들어지는 경우도 있다.

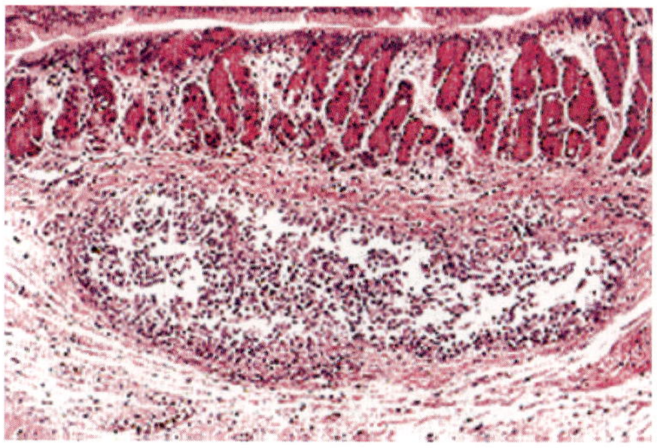

그림 2-152 위의 점막하조직에 세균이 전파되어 농양이 형성. HE, ×100.

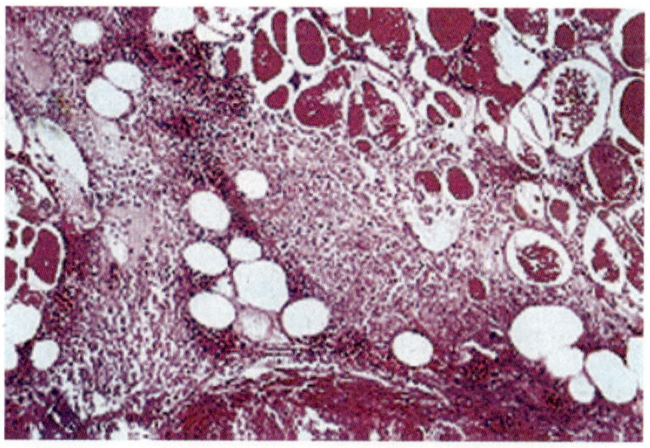

그림 2-153 근육의 화농병소. 농양과 접하는 복막과 근조직에 세균이 전파되어 화농성염이 생겨 근섬유는 괴사됨. HE, ×50

## (2) 간염형

최초 감염단계의 간장은 감염되지 않은 실질세포에는 현저한 변화는 없다. 그러나 농양이 연화되어 융해되게 되어 병소가 확대되면 세균이 간장 내에 비만적으로 퍼져서 농색전이나 섬유소혈전이 만들어지고, 간 실질부에는 작은 농양이 많이 형성된다. 이러한 상태의 간 실질세포는 지방변성을 일어나고 류동에 다수의 호중구나 마크로파아지가 관찰된다. 또한 병소가 간정맥까지 확대된 경우에는 세균이 혈류 속으로 들어가 심장의 혼합혈전이나 심근층에 융과직염, 새변 동맥

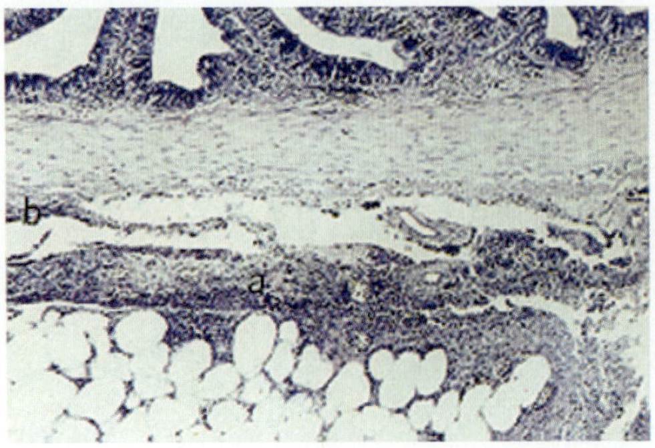

그림 2-154 복막. 간장유래의 농이 복막(a)과 장막(b)을 침입하고있다. GS, ×80.

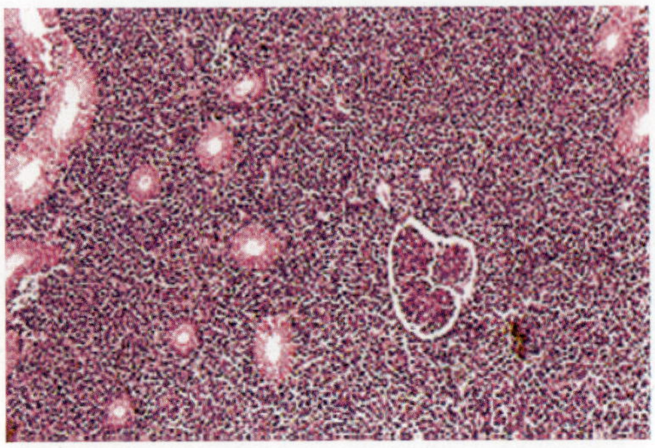

그림 2-155 신장의 세균 전파는 미약하며 농양의 형성도 없지만, 호중구와 조혈조직의 증생이 현저하여 실질이 분산되어 있다. HE, ×80.

의 혈전증과 주변결합조직 및 새박판에 괴사소가 만들어진다.

일반적으로 비장 및 신장조혈조직에로의 세균의 전파는 경미하다. 비장은 협조직과 비수에 많은 호중구의 침윤과 세망세포의 번식이 현저하다.

신장조혈조직에는 조혈세포의 활발한 증생과 류동 세망내피세포의 활성종대가 일어난다. 간염형의 경우도 조혈조직염형과 마찬가지로 농양병소가 터져 농이 배출되면, 많은 세균을 포함한 농이 복막에 도달하게 됨으로 세균이 근격막에 전파되어 근조직, 피하지방조직, 피부 등에 번져 호중구의 침윤을 일으키게 함으로 융과직염을 일으킨다. 이러한 병소는 얼마 후 연화 융해되어 복강에서 체표에 이르기까지 부풀어 오르게 된다.

## 2) *Edwardsiella ictaluri*

### (1) 메기

E. tarda와 함께 장내세균과에 속하는 세균으로 차넬메기의 주요한 질병의 하나(enteric septicaemia of catfish, ESC)이지만, 최근에는 차넬메기과 이외의 어류인 한국산 메기에도 발병되었다. 대개의 경우 급성으로 병이 진행되지만 때로는 만성으로 진행되는 수도 있다. 외부증상의 가장 특징적인 것은 두 눈 사이의 두개골에 궤양병소가 형성되며, 머리를 위로 한 채 꼬리를 밑으로 하고 수면 가까이서 회전운동을 한다는 것이다.

병어는 보통 목과 입 부근 피부에 점상의 출혈이 있으며, 아가미 빈혈, 안구돌출, 복부팽만 등의 증상을 나타낸다. 내부증상은 신장과 비장이 종대되고, 간에 출혈과 괴사소가 관찰되며, 복강 내에는 혈액이 혼합된 복수로 충만되어 있고 근육에도 점상의 출혈이 생긴다. 한국산메기에서의 증상을 보면 차넬메기에서의 증상 이외에도 가슴지느러미 바로 후방에 궤양병소, 가슴지느러미의 기부 출혈 및 항문주변의 발적과 융기 등이 관찰되는 전형적인 패혈증의 증세를 나타내고 있다. 이 병의 발생은 수질 및 수온과 밀접한 관계가 있어 유기물이 많은 사육지에서 빈발하며, 치어인 경우 대개 30°C 부근에서 빈발하지만, 어체가 커지게 되면 25°C에서도 빈발하게 된다.

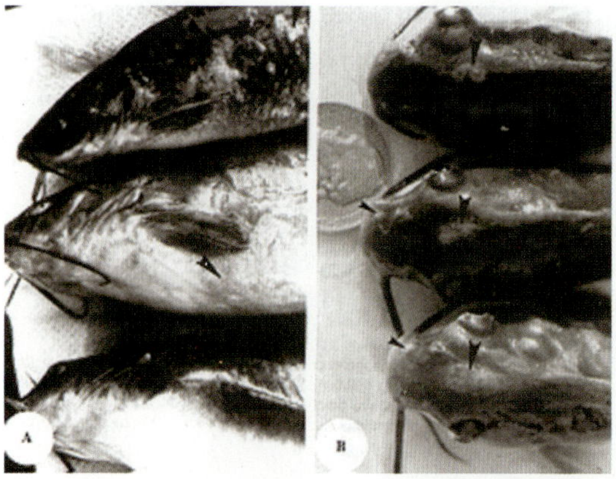


그림 2-156 차넬메기의 ESC.
A: 상, 피부의 퇴색(화살표)을 나타내는 초기 감염어, 중: 피부에 점상출혈(화살표), 하: 정상어,
B: 두개골의 궤양(큰 화살표), 코 부근의 궤양병소(작은 화살표) 및 안구돌출을 가진 전형적인 만성 병어.

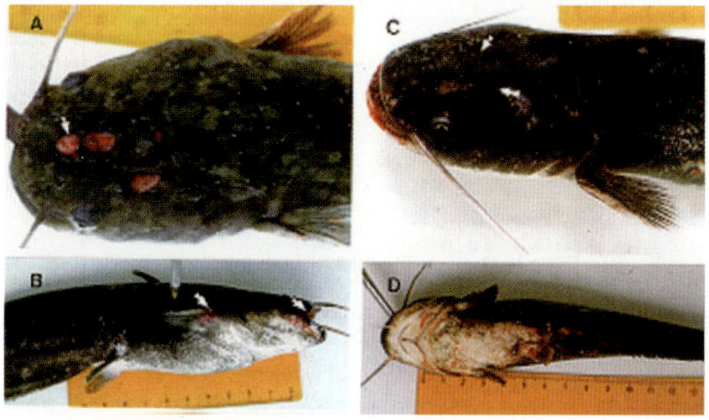


그림 2-157 한국산메기의 *E. ictaluri* 감염증.

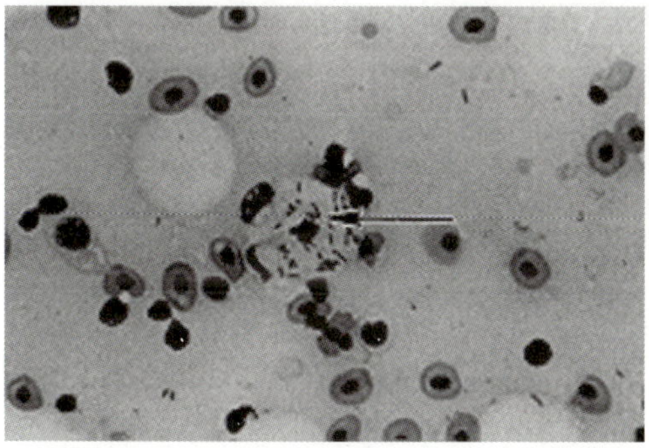

그림 2-158 두개골의 궤양병소의 도말표본. 마크로파아지의 탐식상. HE.

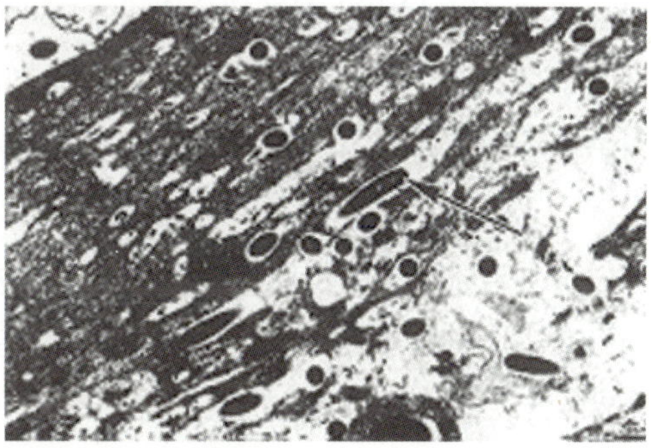

그림 2-159 병원체(화살표)가 후각기관의 조직에 침투하여 있는 전자현미경상.

가장 손쉬운 진단은 혈액 도말표본을 만들어 Giemsa 염색한 다음 세균을 탐식하고 있는 호중구를 관찰함과 동시에 뇌로부터 원인균을 분리하는 것이다. 이 병의 감염경로는 2가지로 생각되는데 장을 통하여 침입한 경우 혈류를 따라 전신에 병소를 만들기 때문에 이렇다 할 외부증상이 나타나지 않지만 대개가 수면에서의 현수회전유영, 아가미 빈혈, 복부팽만, 안구돌출, 체표의 퇴색과 소형의 점상출혈이 생긴다. 한편 비공을 통하여 침입한 균은 후각신경을 통하여 뇌로 이동하여 소위 두개골 부위에 궤양병소가 형성되는 만성의 상태로 질병이 진행되며, 기타 외부소견은 급성형과 유사하게 나타난다.

혈액학적으로 병어는 헤마토크리트치, 헤모글로빈, 혈당치 및 혈당 단백질의 양이 현저하

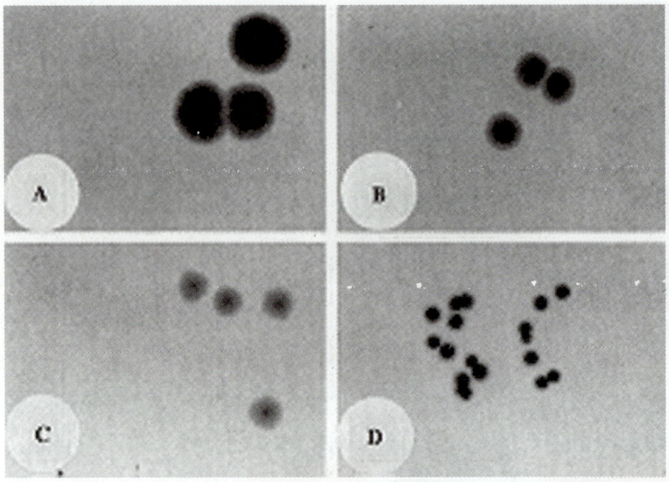


그림 2-160 EIM에서의 *E. iclaturi.* A: *A. hydrophila*, B: *E. tarda*, C: *E. ictaluri*, D: *P. fluorescence*.

게 감소되어 있고 심한 빈혈을 일으키는데, 원인균이 용혈소를 생산하지 않음에도 불구하고 이러한 혈액학적 변화가 생기는 것은 외독소가 관련되어 있다고 생각된다.

병리조직학적으로 가장 심하게 손상을 당하는 기관은 두신과 비장으로 심하게 괴사되며, 간도 수종으로 팽대된다. 피부의 근육층에 균 집락을 형성하기 때문에 피부의 퇴색과 출혈 및 괴사가 생기며, 이러한 염증부위의 마크로파아지는 균을 탐식하고 있다. 후구(olfactory sac)에 염증이 생겨, 최종적으로 뇌의 후엽(lofactroy lobe)에 도달되기 때문에 말기에는 회전유영운동을 한다.

원인균은 BHIA 또는 TSA로 쉽게 분리할 수 있지만, 다른 균에 비해 발육이 매우 느리기 때문에 선택배지로 EIA(Edwardsiella ictaluri isolation medium)을 사용하면 편리하다. 이 배지에서 E. ictaluri는 녹색의 집락이 형성되며, 다른 그람양성균의 증식은 억제된다. 다른 그람음성 병원균은 이 배지에서 잘 발육하지만, 집락의 모양에서 차이가 나기 때문에 쉽게 식별할 수 있다. 즉 E. tarda는 중심부가 흑색인 소형집락, A. hydrophila는 E. ictaluri보다 큰 갈색의 집락, P. fluorescence는 점상의 흑점으로 자란다.

### (2) 은어

자연산 은어에 수온이 20°C 이상인 8월 중순에서 10월 하순에 발생하며, 병어는 외관상 현저한 증상이 없는 경우도 있지만, 안구돌출, 복부팽만 및 항문주변의 발적을 띤다. 해부소견은 생식소의 충혈 반점이 특징적이다. 내장 기관의 stamp 표본을 검경하면 단간균이 거의 순수상태로 관찰된다.

신장을 SS 평판배지에 접종하여 25°C에 배양하면 원형, 투명, 표면이 원활한 집락 또는 집락 주변의 배지의 색이 황색으로 변화되어 있다. 순수 분리한 다음 그람음성, 옥시다제 음성을 확인하고, SIM에 접종하여 48시간 배양하여 황화수소 생산 음성, 인돌 음성 및 운동성

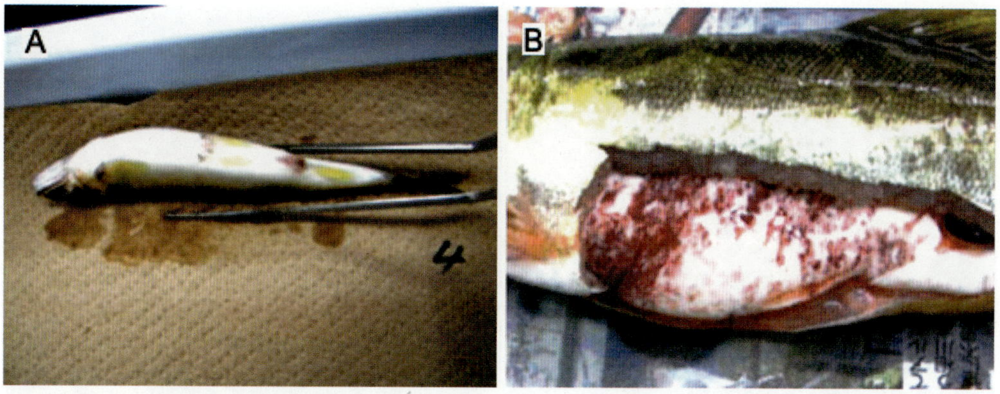


그림 2-161 A: 복부팽만과 항문 주변의 발적, B: 생식소의 충혈과 혈액의 혼재된 복수의 축적.

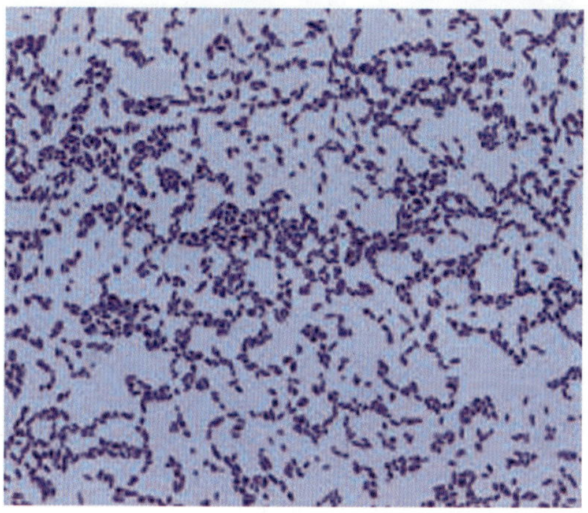

그림 2-162 *E. icatluri.*

양성을 확인한다.

병리조직학적으로는 심장과 심외막 내에 단간균 모양의 세균이 관찰되고 심외막염이 관찰되거나 위심강 내에 출혈이 생기기도 한다. 원인균은 신장에서도 발견되며 비장의 협조직이 붕괴되고 간장의 실질세포의 국소적 괴사 및 혈중 백혈구의 숫자가 증가한다. 아가미, 위 및 뇌에서의 병변은 발견되지 않는다.

자연산 은어의 보균 검사는 신장을 무균적으로 적출하여 호모게나이즈한 다음 TSB에 접종하여 25°C에 24시간 배양한 다음 발육한 배지의 일부를 100°C 30초간 열처리한 다음 PCR 검사용 시료로 사용한다.

보균 검사를 위해서는 신장 TSA에 접종하여 발육한 집락에서 DNA를 분리하여 Edward의 primer인 Eta 21 (5′-TCG GGC ATG CCA TCA GAT GAA-3′)와 Eta2-490r(5′-TTC TGT AGG TAA CGT CAA TTG TGA-3′)을 사용하여 initial denaturation 94°C 2분 후 40사이클(94°C 30초; 55°C 30초; 72°C 1분)을 반응시킨 후 final extension을 72°C에 5분간 실시한 다음 전기영동하여 288 bp의 특이밴드를 확인한다. 이 반응의 결과 E. tarda나 E. ictaluri는 똑같이 band가 형성됨으로 TSA에 자란 것을 다시 SS에 접종하여 집락의 주변이 황색으로 변하는 것을 확인하여 E. ictaluri로 단정할 수 있다.

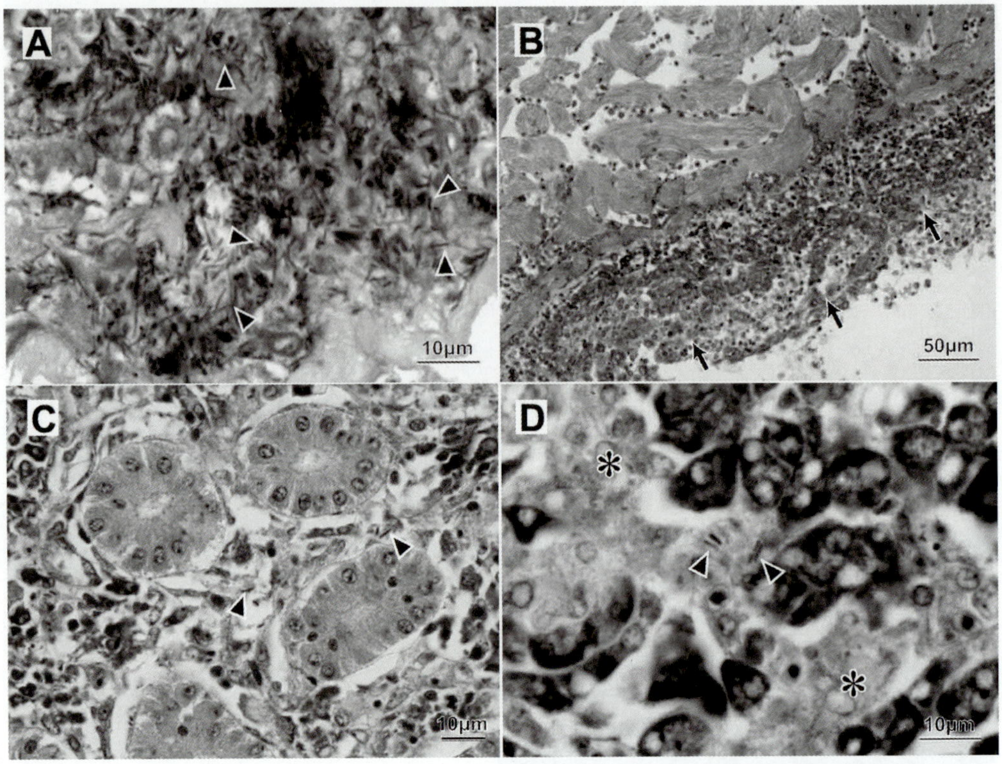


그림 2-163 심외막(A & B), 신장(C) 및 간(D)의 변화. 간균상의 세균(삼각형), 심외막염(화살표) 및 간세포의 국소적 괴사(*). May-Grünwald Giemsa.

### (3) 동남아산 메기(*Pangasius hypothalmus*)

병어는 수조 표면을 힘없이 유영한다. 외부 증상은 출혈성 복수의 축적에 의한 복부 팽만과 복부의 점상출혈이 현저하며, 각 지느러미의 기부와 항문 주변에 출혈이 생긴다.

내부 증상은 아가미가 빈혈로 심하게 퇴색되고, 간장이 출혈 때문에 적색을 띠며, 신장 특히 두신과 비장 및 간장의 표면에 많은 수의 농양이 백색 반점(직경 1~2 mm)으로 보이는 것이 특징이다.

원인균은 TSA 또는 BHIA를 사용하여 24~48시간 배양하면 반투명의 집락이 형성된다. 어체에서 분리할 당시에는 크기가 일정하지 않은 1.2~15 × 0.6 μm의 간균이지만, 계대배양을 계속하면 크기도 일정하게 되면서 길이도 짧아져 단간균으로 된다. 이러한 형태적 변화가 진단할 때 중요한 특징이 됨으로 어체에서 분리하여 순수 분리한 다음 크기가 일정하지 않은 그람음성의 간균을 확인하면 된다.

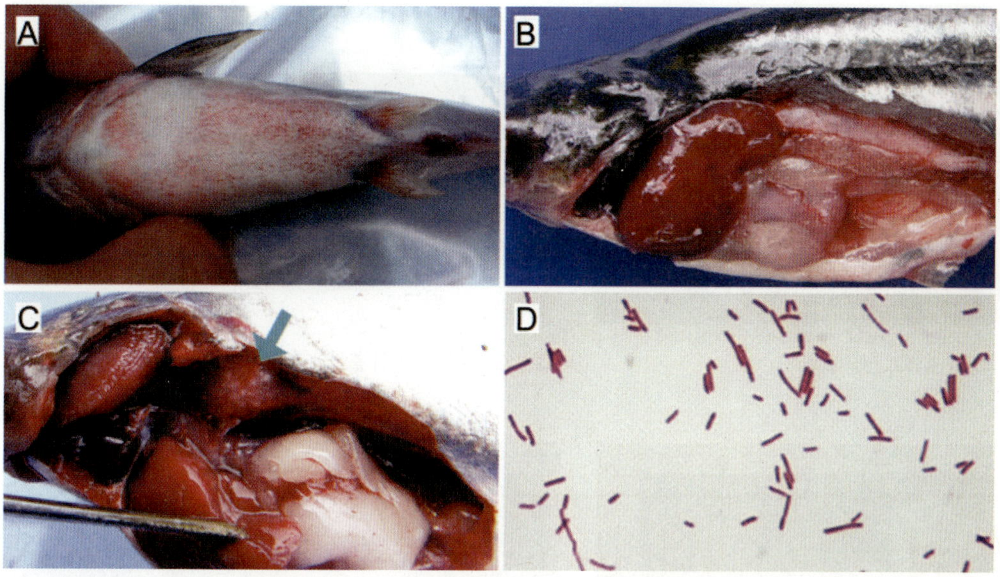


그림 2-164 A: 복부 점상출혈, 복부팽만, 지느러미 기부 발적 및 항문 주변의 발적, B: 출혈로 인한 간장의 적변, C: 두신 표면의 백색 결절(화살표), D: 분리 초기의 그람음성 대소 부동 크기의 원인균.

## 7 *Yersinia ruckeri* 감염증(Yersiniosis)

그람음성의 운동성 간균이며 카탈라제 양성 및 옥시다제 음성인 장내세균과에 속하는 Yersinia ruckeri가 무지개송어의 치어에 감염되어 일으키는 질병으로 "enteric red mouth(ERM)"라 불리는 질병으로 주로 담수 양식 중에 발병하였지만, 최근에는 해수 사육 중인 송어류에서도 발생하여 경제적 손실을 입히고 있다. 또 외관상 아무런 이상이 없는 잉어, 금붕어 및 유럽산 뱀장어에서도 분리되고 있다.

수온이 10°C 이상일 때는 사망률이 낮은 것이 보통이며, 수중의 구리와 같은 물질에 노출되는 것이 발병과 관계가 깊은 것으로 스트레스를 받게 되면 수일 이내에 증상이 나타나고 사망률도 70% 정도로 현저히 증가한다. 불현성 감염어, 감수성이 낮은 송어류 이외의 어류 및 조류를 매개체로 하여 수평 감염된다.

그림 2-165 병어의 복부 출혈.

그림 2-166 아가미뚜껑과 하악의 출혈.

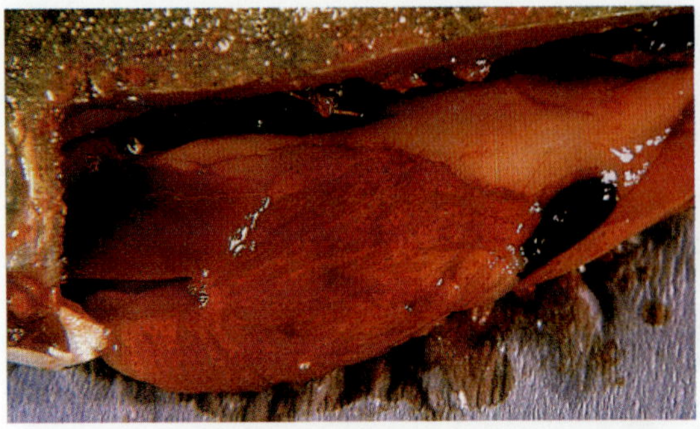

그림 2-167 내장의 출혈과 신장 종대.

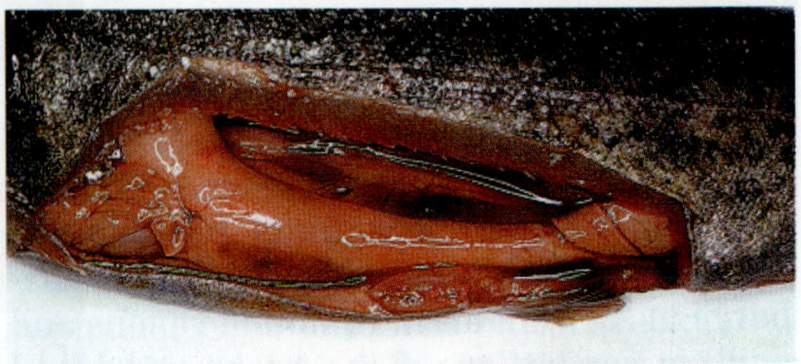

그림 2-168 내장의 출혈과 복수.

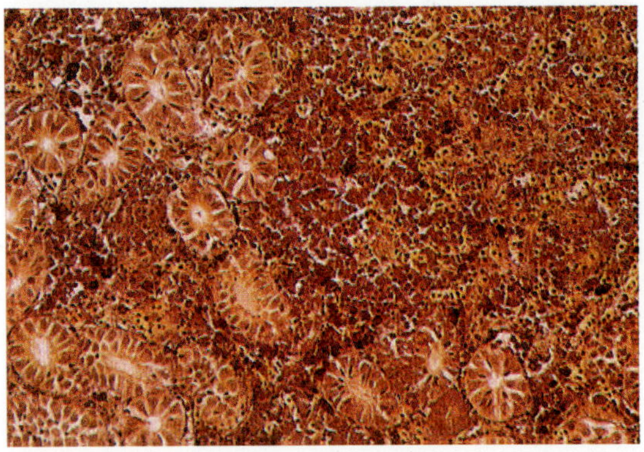

그림 2-169 신장의 괴사와 흑색대식세포의 증가. Gram.

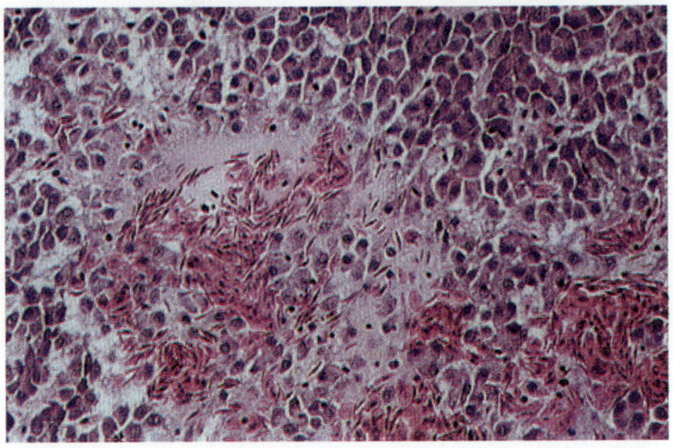

그림 2-170 간의 출혈과 괴사. HE.

증상은 체색의 흑변, 입 주변에 궤양과 출혈을 동반한 울혈 및 피하의 점상출혈이 생기며, 새변의 끝부분의 출혈과 안구돌출이 특징이다. 입과 턱 주변의 발적은 점막하조직의 국소적 충혈 때문에 생기는 것으로 발병초기에는 나타나지 않고 만성감염의 후반기에만 관찰된다.

내부적으로는 근육, 장, 간 등의 점상출혈과 신장과 비장의 종대가 특징적이다. 소화관은 물모양의 불투명한 또는 혈액이 섞인 물질로 가득 채워져 있고, 항문으로부터는 노란색의 물질이 나오고 있다. 뇌의 정맥과 모세혈관의 울혈 등이 관찰된다.

세균의 침입에 의해 신장과 비장의 조혈조직의 괴사가 생겨 빈혈을 일으킨다는 것이 이 병의 가장 특징적인 병리조직학적 특징이라 할 수 있다. 아가미, 간 또는 근육에 세균이 전파되면 그곳의 모세혈관의 팽창, 출혈 및 부종에 이어 국소적 괴사가 생긴다.

## 8 류결절증(Pasteurellosis)

원인균인 Photobacterium damsela subsp. piscicida(=이전의 Pasteurella piscicida)는 그람음성의 통성혐기성 간균으로 병어에서 처음 분리할 때는 한천배지에서 발육한 집락은 점조성이 현저하다. 그러나 계대배양을 계속하면 점조성도 저하되면서 병원성도 약해진다. 해수 중에서는 병원성을 유지한 채 휴면상태로 존재하는 것이 증명되어 환경수중에 상재하는 것으로 생각된다. 병어는 외관적 증상이 거의 없지만 해부하여 보면 예외 없이 신장과 비장에 1 mm 전후의

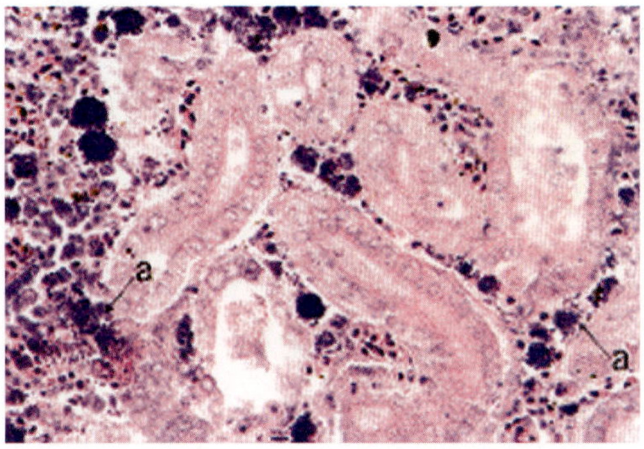


그림 2-171 신장의 초기 감염병소. 세망내피세포가 탐식에 형성된 균구가 세균의 집락을 형성. GS, ×320.

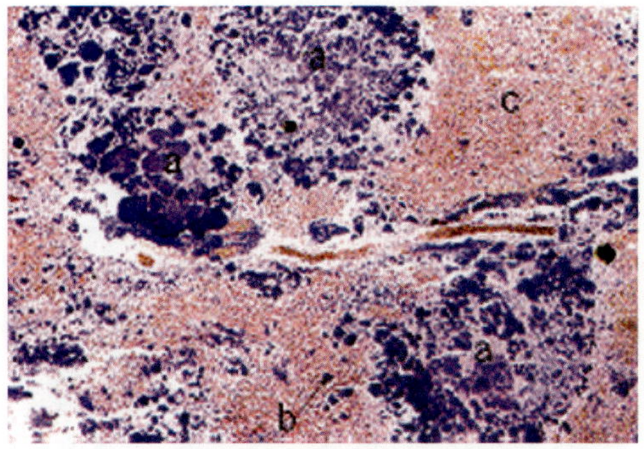


그림 2-172 비장. 대형집락은 협조직(a), 소형집락은 비수(b)에 출현, 비수에 출혈(c)이 보임. GS, ×80.

작은 백색결절이 관찰된다. 이 백색결절은 병원균이 류상피세포에 둘러싸여 만들어진 것이다. 질병의 발생은 사육수중의 COD의 상승과 장마기의 강수에 의한 원인균의 발육조건의 호전 및 천연수역의 보균어로 존재하는 감성돔과 돌돔의 존재 등이 발병요인으로 생각되며, 발병에 최적의 염분농도는 1.2~2%인 것이 밝혀졌다.

병어는 외부증상도 별로 없고 발광유영을 하거나 무리에서 이탈하여 가두리 또는 수조의 밑바닥에 가만히 정지하여 있다가 그대로 사망하게 됨으로 사망의 주 원인은 색전이 전신적으로 서서히 진행되기 때문이라 생각된다. 내부증상은 신장과 비장에 백색의 결절이 형성되는 것이 특징적으로 다른 장기에도 결절이 형성되기는 하지만, 육안으로 관찰하기 곤란하다. 이러한 백색의 결절도 급성으로 진행될 때에는 결절을 육안으로 관찰할 수 없으며 단지 신장과 비장이 종대되고 신장과 비장이 선홍색을 띠고 있을 뿐이다. 만성으로 진행될 경우 비장에 부정형의 대형 결절이 형성되면서 비대되어 정상어의 수배에 이르게 된다.

체내에 침입한 세균은 혈류를 따라 비장과 신장 조혈조직으로 운반되어 비장의 세망세포나 조혈조직의 세망내피세포에 탐식 당하지만, 세포 내에서 증식하게 됨으로 결국 탐식세포는 죽게 되어 균구로 된다.

균구가 붕괴되면서 흘러나온 균은 인접의 세포에 다시 탐식되게 되고, 다시 세포내 증식으로 균구가 되는 과정을 반복하면서 전파되어 가기 때문에 주변조직에 많은 결절을 형성하여, 최종적으로는 조직 내에 세균집락과 세균 색전으로 이루어진 병소가 만들어진다. 이 병소 내에서 세균이 급격히 증식함에 따라 거대한 세균집락이 만들어져 조직은 응고괴사되고, 병소의 중심부는 건락화가 일어나 세균은 죽게 된다.

투약 등에 의해 감염병소가 한정적으로 되면, 감염병소 주변에 마크로파아지의 집단이 출현하고 이것이 번식하여 류상피세포층을 형성하여 병소를 둘러싸면서 육아종이 형성되는데, 육아종 내부는 건락화되고 세균은 사멸된다. 이러한 육아종의 주변에는 섬유아세포의 번식과 섬유화가 관찰되기도 한다.

비장에는 협조직과 비수에 균구가 형성됨으로 협조직이 괴사되어 거대한 세균집락이 형성된다. 그러나 비수에도 균구는 출현하지만 거대집락으로 증식하지 않으면서 출혈을 일으

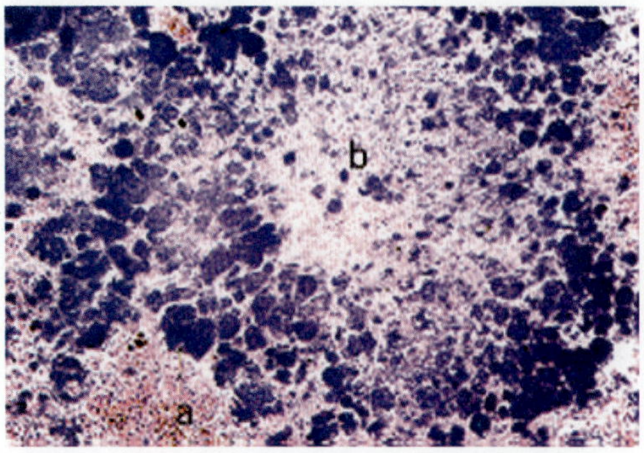


그림 2-173 비장의 세망세포에 탐식된 세균이 세포내 증식으로 균구(a)로 됨. 대형집락은 소형집락이 모인 것으로 중심부는 응고 괴사됨(b). GS, ×160

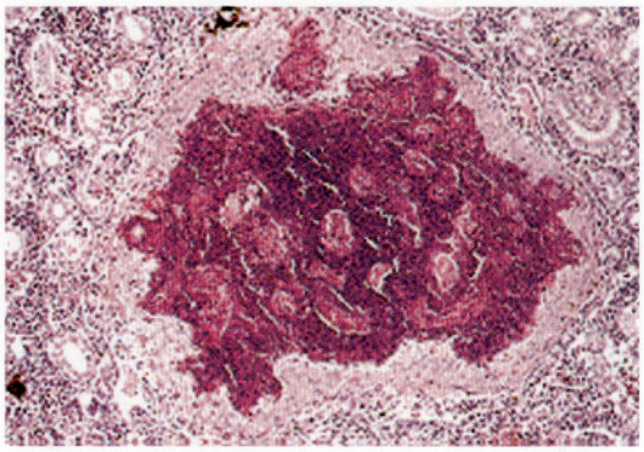

그림 2-174 병소가 류상피세포에 피포되어 육아종으로 됨. 내부의 염증세포와 신실질은 응고괴사되고 세균은 소실되어 있다. HE, ×100.

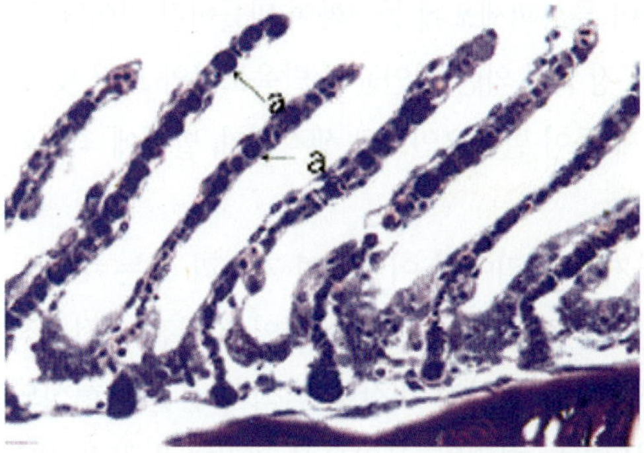


그림 2-175 새박판 모세혈관의 벽주세포에 증식하여 있다. GS, ×320.

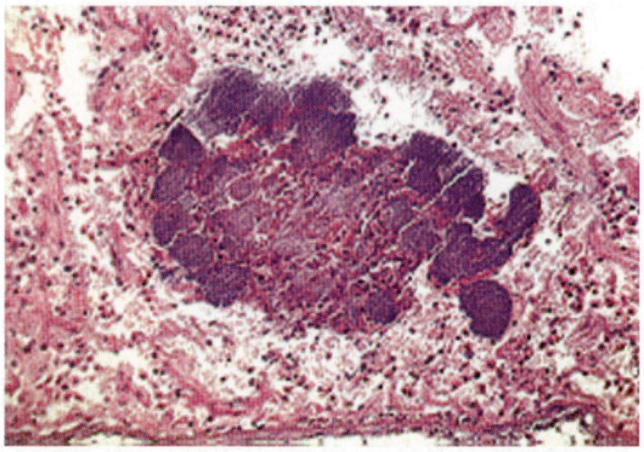

그림 2-176 심근층에 세균의 집락(a)이 형성되어 근섬유는 응고괴사됨. HE, ×200.

켜 비수가 괴사된다. 비장의 협조직에도 신장에서 육아종이 형성되는 것과 마찬가지의 과정에 의해 육아종이 형성되는데, 이러한 육아종의 형성은 병소의 확대가 억제되는 것을 의미하는 것으로 육아종이 많은 어류는 때로 회복할 수 있다. 감염어는 대개 전신감염을 일으키고 있기 때문에 아가미에도 새박판 모세혈관의 벽주세포에 침입하여 증식함으로 벽주세포가 균구로 된다. 심장의 근육층과 간장의 실질부에 미소집락이 관찰되며 간실질세포는 일반적으로 위축을 일으킨다.

## 9 세균성신장병(Bacterial kidney diesase, BKD)

그람양성, 비운동성, 비항산성의 미소 쌍간균 Renibacterium salmoninarum의 감염에 의한 것으로 연어과 어류의 중요한 세균성 질병 중의 하나이다. 현재는 KDM-2배지에 의한 배양법이 확립되었지만, 발육집락을 관찰하기까지는 2~6주간 걸린다. 부화 후 수개월간 동안은 전혀 발병이 없지만 그 후 점차 발병어가 나타나기 시작하여 장기간에 걸쳐 폐사가 일어나는데 외부증상이 전혀 나타나지 않는 것도 있지만 대개 식욕이 저하되어 불활발하다.

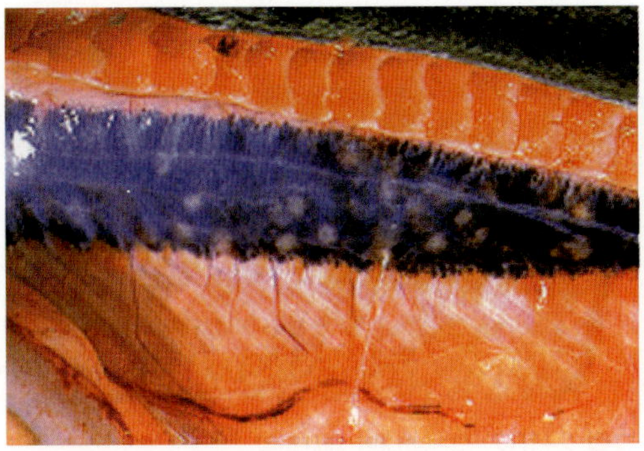

그림 2-177 신장의 육아종성 결절.

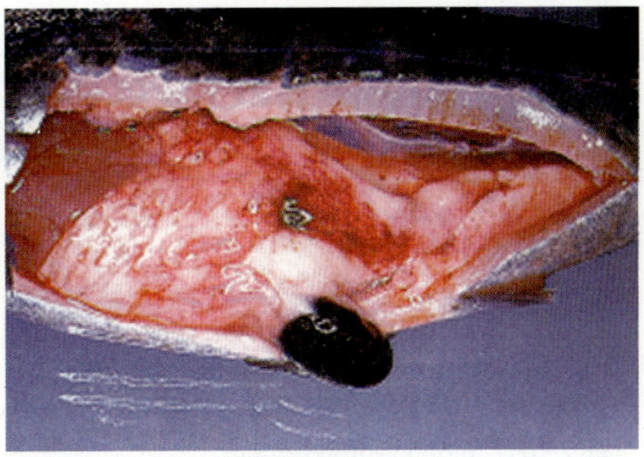

그림 2-178 출혈과 신장비대.

가장 특징적인 것인 신장의 종대(splenomegaly)와 전신적 빈혈이며, 이외에 간장의 퇴색, 신장과 부레의 종대 및 복수의 축적을 들 수 있다. 종대된 신장은 회색을 띠며 표면에 백색의 결절이 형성되어 있다. 장에는 노란색의 액상의 물질에 혈액이 혼합되어 있다.

조직학적으로는 혈류를 따라 운반된 원인균은 신장의 조혈조직에 운반되어 류동의 세망내피세포에 탐식 당하게 된다. 탐식 당한 균은 세포내 증식으로 세포가 붕괴되고 세망세포의 망공을 따라 이웃의 조혈조직 내로 전파되어 세포내 증식을 반복함으로써 조혈세포유래의 균구로 되는 과정을 반복하면서 소상의 병소를 형성한다.

질병이 만성적으로 진행될 때에는 증식성육아종이 조혈조직에 형성되는 것이 특징으로 소상의 감염병소 주변에 많은 섬유아세포와 대단핵세포가 번식 침윤하여 병소를 둘러싸게 된다. 세균의 전파는 거의 전신적이지만 전이 병소는 탐식능력이 있는 세망내피계세포가 분포하는 기관이나 조직에 나타나기 쉬워, 비장에서는 협조직과 비수의 세망세포 및 림프아세포의 세포내에 증식함으로써 조직은 괴사되고 그 속에 많은 균구가 나타난다.

간장에는 실질세포에 대한 침습성은 매우 약하여 혼탁종창되며, 허혈로 확장된 류동의 성세포나 혈관 및 세담관주변의 간엽계 세포 등에 침입하여 증식한다. 심장의 심근층이나 심외막에 탐식한 대단핵세포가 나타나 세균의 전파와 증식이 심한 경우에는 덩어리를 형성하기도 한다.

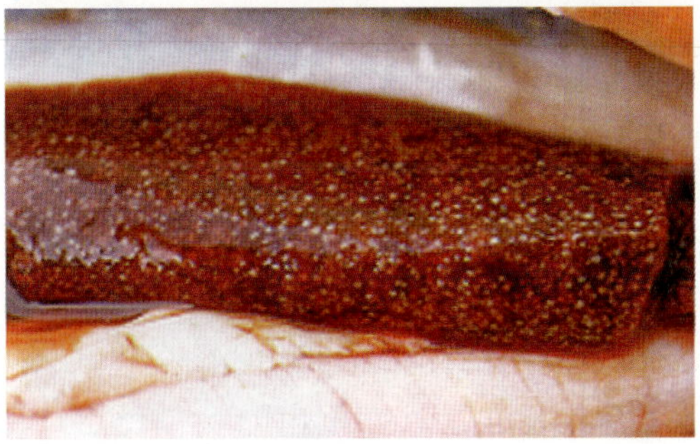

그림 2-179 신장의 무수한 육아종.

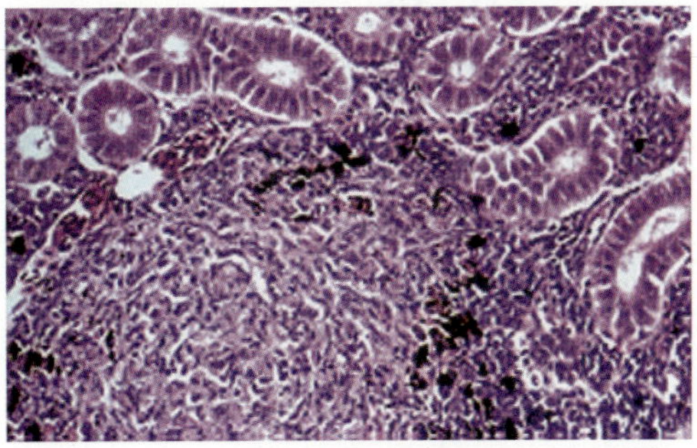

그림 2-180 두신의 육아종. 흑색대식세포가 증가되어 있지만 조혈조직은 거의 정상. HE.

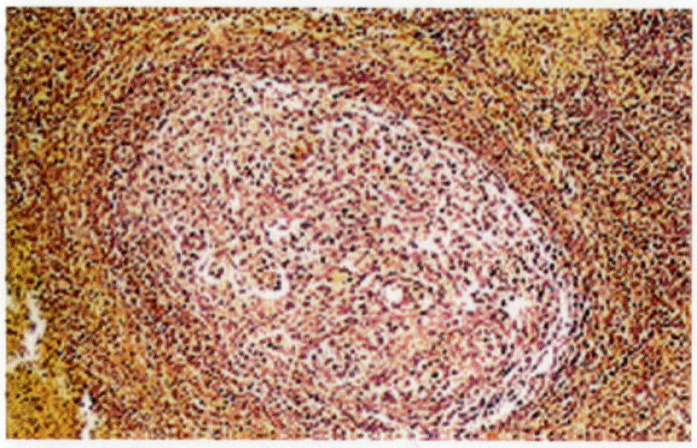

그림 2-181 비장의 육아종의 섬유화.

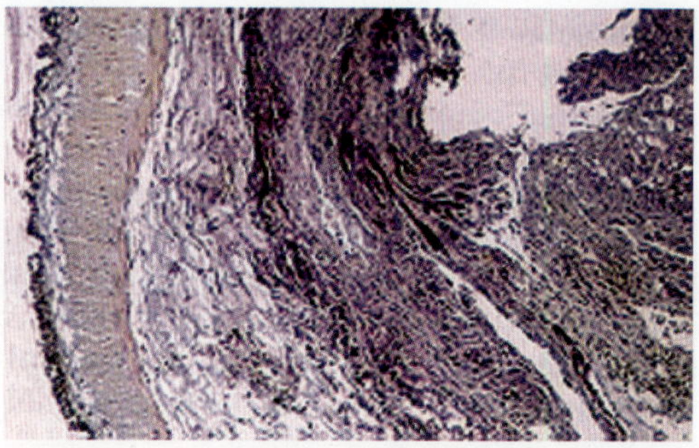

그림 2-182 부레벽내의 세균집락.

## 10 연쇄구균병

방어에 처음 발병하여 막대한 피해를 초래하였으며 현재는 해산어인 전갱어, 돌돔 및 넙치와 담수어인 무지개송어, 은어와 틸라피아에도 발병하고 있다. 방어에서 분리한 원인균은 α용혈성의 Streptococcus sp.로 불러왔으나 1991년 Enterococcus(장구균)속으로 재분류되어 현재는 E. seriolicida라는 종명으로 바뀌었지만 현재는 다시 Lactococcus garvieae로 변경되었다. 한편 돌돔이나 넙치 및 담수어의 연쇄구균증의 원인균은 방어의 원인균인 Lactococcus garvieae와는 달리 β용혈성의 Streptococcus iniae이며, 그 외에 비용혈성의 Stretpococcus sp.도 있다. 또한 방어에서는 β용혈성의 Streptococcus equisimilis가 분리되기도 하지만 그다지 흔하지는 않다.

Lactococcus garvieae의 PCR진단법으로 특이 primers인 SA1B10-F(5′-CAT TTT ACG ATG GCG CAG-3′)와 SA1B10-R(5′-CGT CGT GTT GCT GCA ACA-3′)를 이용하여 denaturation 95°C 30초, annealing 58°C 30초, extension 71°C 1분으로 30 cycle 반응시키면 907 bp의 특이 밴드를 얻을 수 있다.

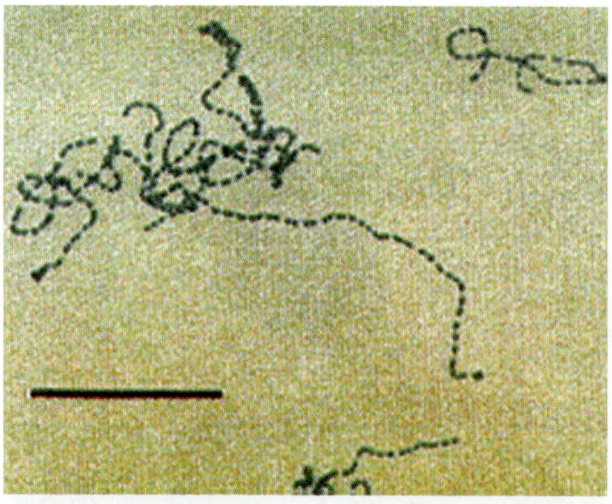

그림 2-183 *E. seriolicida*의 메틸렌블루단 염색.

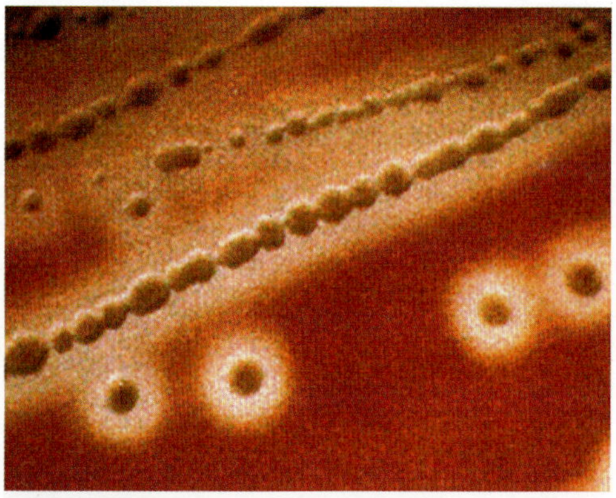

그림 2-184 *S. iniae*가 혈액한천배지에서 투명환을 형성.

## 1) 해산어

방어는 여름철 수온이 높을 때 발생되기 쉽지만, 초여름이나 가을에 발생하기도 한다. 1년생어, 2년생어에 걸리기 쉽고, 3년생어도 가끔 감염된다. 증상은 일반형과 뇌염형으로 대별할 수 있는데, 일반형은 안구 내에 심한 염증과 출혈로 인하여 안구가 종대되어 돌출되는 안구돌출과 아가미뚜껑내부의 심한 출혈이다. 수온이 약간 낮은 시기에 발병한 경우에는 지느러미의 피부가 문드러지며, 지느러미기부에 농이 고이던지 하며, 미병부 또는 두부에 혈농 때문에 부풀어 오른 융기환부나 궤양이 생기는 때도 있다. 미병부는 피하지방조직에 농양이 형성되어 그곳에 육아종이 만들어짐으로 결절화되는 수도 있다.

내장에는 간장에 심한 출혈이 생기며 지방변성이 일어나 퇴색되어 있다. 장은 보통 심한 염증과 점막의 붕괴가 보이고 그 외 심외막, 유문수, 비장, 신장 등에 출혈점이나 출혈반이 형성된다. 때로 심외막에 육아종이 형성되지만 류결절증의 육아종과는 달리 육아종 내의 세균은 죽지 않고 오랫동안 생존하는 것이 특징이다. 뇌염형은 뇌의 염증에 수반되는 발광유영의 형으로 일반형에서처럼 특징적인 증상은 나타나지 않는다.

한편 넙치에서도 안구 백탁과 돌출 및 복수가 고이게 된다. 돌돔에서는 눈과 미병부에 병소가 생기기 쉽다.

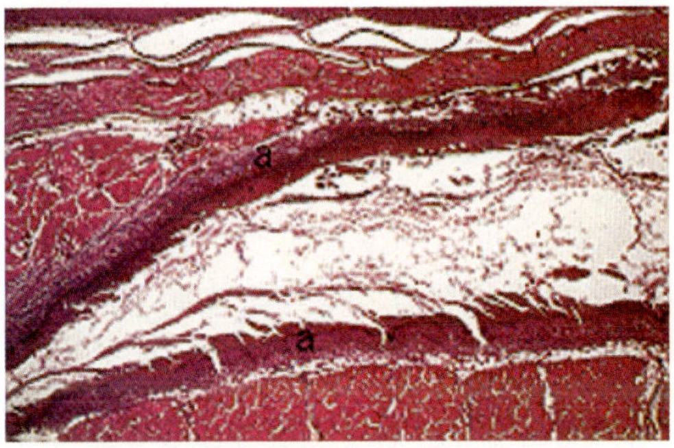


그림 2-185 방어의 피부 병소. 류상피세포(a)층이 육아조직을 형성, 농양을 피포하여 육아종 형성. HE, ×10.

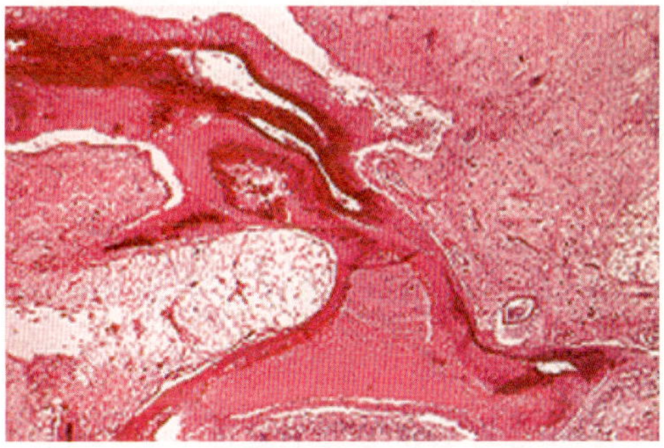

그림 2-186 연수내 감염병소. 제 4뇌실의 세균침입부위에 육아종 형성. HE, ×20.

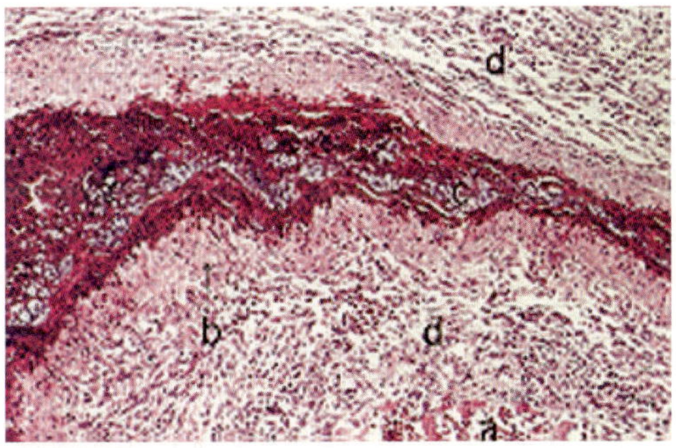


그림 2-187 심방(a)의 표면의 육아종(b), 육아종이 세균(c)와 염증성 삼출물을 둘러싸고 그 주변에 육아조직 증식, HE, ×100.

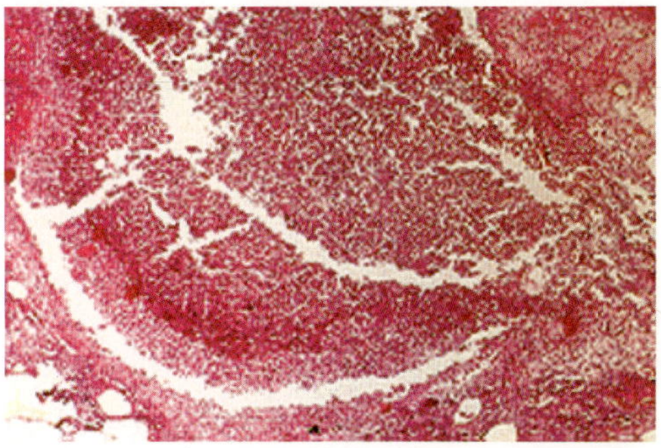

그림 2-188 넙치 미병부. 피하지방직의 농양형성. HE, ×50.

## 2) 무지개송어

병어는 외관상 특이한 이상은 없지만, 해부하여 보면, 장과 항문부의 울혈이 현저하고, 장내에는 적색기미의 점액이 보인다. 간장은 암적색 또는 지방변성으로 퇴색되어 있다. 신장은 종대 되지만, 색깔은 거의 정상이다.

조직학적으로는 심장, 간장, 장, 신장에 괴사와 조직의 붕괴가 관찰되어진다. 심장혈액, 비장, 간장, 신장의 도말표본을 Giemsa염색하여 보면, 구균의 존재를 확인할 수 있다.

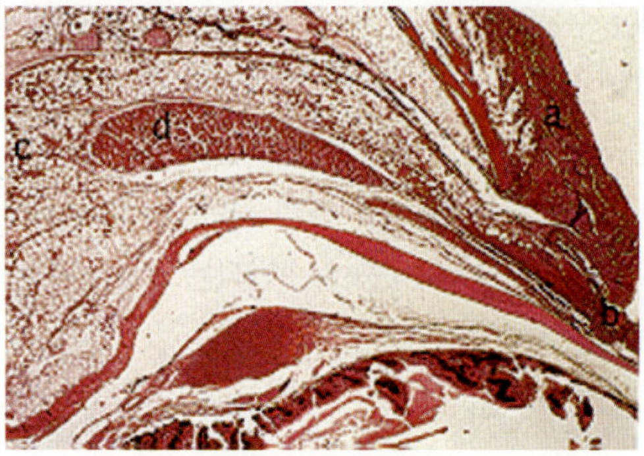


그림 2-189 안검(a), 안와지방직(b), 동안근(c)에 세균증식, 괴사, 출혈 및 염증성 침윤. HE, ×10.

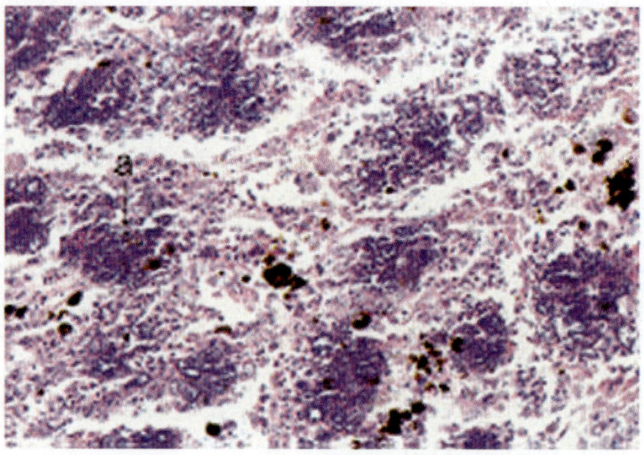


그림 2-190 비장의 협조직의 협대원세포(a)의 세포내 세균증식. GS, ×160.

## 3) 은어

안구돌출 및 안구주변의 출혈, 아가미뚜껑 내부의 발적, 복부의 점상출혈, 항문의 확장과 그 주변의 발적과 미병부의 발적을 주 증상으로 한다. 해부하면, 복강내벽의 출혈, 복수, 간장의 울혈, 장의 염증 등이 관찰된다. 20~30 g 이하의 소형어에서는 위의 전형적인 증상을 나타내면서 사망한다.

병어는 안구의 발적과 돌출, 아가미뚜껑 내부에 농이 포함된 발적, 미병부나 지느러미기부에 농양에 의한 융기환부가 생긴다. 돌출된 안구를 누르면 비강에서 농이 나오는 수도 있으며, 치어인 경우에는 안구가 탈락하는 경우도 있다. 해부하면 심외막염, 간장의 출혈반을 동반한 울혈과 황갈색으로의 퇴색이 보인다.

이 균은 피부를 통하여 감염되는 것이 많고, 안구나 안구 밑, 아가미뚜껑 내부, 미병부 또는 지느러미기부에 형성된 병소가 최초의 감염병소이다. 미병부나 아가미뚜껑 내부는 진피, 피하지방조직, 피하결합조직 및 근조직의 일부에 감염병소가 만들어지고, 눈에서는 결막, 동안근조직, 안구 밑 지방조직에 감염병소가 만들어진다. 초기에는 세균이 침입하여 증식하는 국소에 괴사가 일어나고 그 주변에 호중구의 침윤, 충혈, 울혈, 출혈, 혈전증, 섬유소침착이 생긴다. 세균의 전파가 심한 경우에는 이러한 병소가 여러 곳에 생기며 침윤한 호중구가 괴사국소에 모여 크고 작은 농양을 만든다. 이 농양주변에는 육아조직이 증식하여 농양막을 형성함으

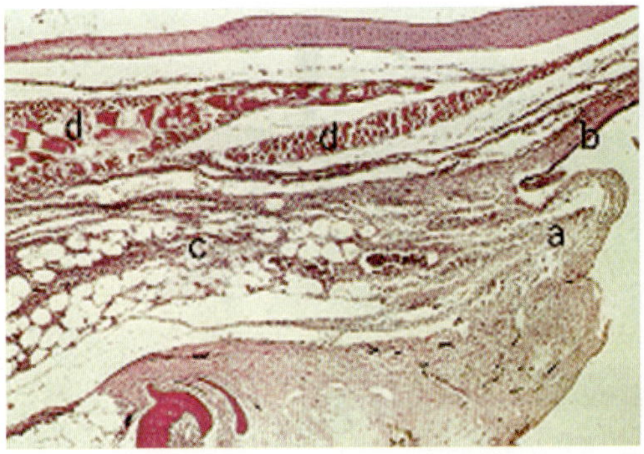


**그림 2-191** 안검(a), 결막(b), 안와지방직(c), 동안근(d)의 세균침입과 호중구 침윤, 출혈, 괴사를 일으킴. HE, × 40.

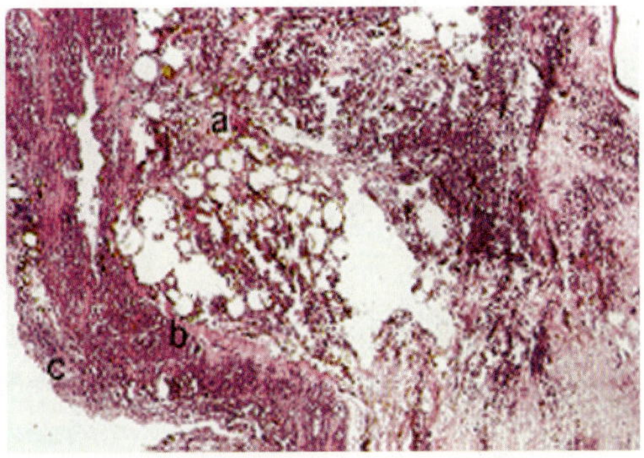


**그림 2-192** 항문 주변의 결합조직(a)에서 항문근층(b), 융털(c)에 세균이 침입, 괴사, 출혈 및 호중구 침윤 HE, × 40.

로 농양이 분획되지만, 농양의 연화 융해에 의해 세균의 증식이 더욱 활발해져 농양막 내의 모세혈관에도 세균이 번져간다.

## 4) 방어의 신형 연쇄구균병

처음에는 양식 잿방어에 발생하는 주요한 질병으로 8~12월에 주로 발생하며 최근에는 수온을 상승하는 시기를 시점으로 하여 연중 발생하고 있다. 수온이 25°C 이상인 때 사망률이 높지만 저수온기에도 발병되고 있다. 지금까지 방어의 연쇄구균병의 원인균인 α-용혈성 연쇄구균인 Lactococcus garvieae와 유사한 증상을 나타내며, 원인균이 소나 돼지 등의 유방염이나 기관지염을 일으키는 축산업계에서 분리되는 세균이며, 어병을 유발한다는 보고가 없었기 때문에 무시되었었다. 또한 원인균은 유전학적으로 축산 유래의 Streptococcus dysgalactiae와 현저한 차이가 난다.

양식 방어에는 1 kg 이상의 대형어에 감염됨으로 피해가 심각하며, 망갈이나 기생충 치료할 때 미병부의 특징적인 궤양병소가 형성된 것을 종종 발견할 수 있다.

원인균은 Lancefield가 세포벽의 다당체의 항원성이 근거하여 분리한 혈청형중 Lancefield C 그룹에 속하는 Streptococcus dysgalactiae의 감염에 의한 것으로 지금까지 방어에 발생하는 연쇄구균병의 원인균과 다르기 때문에 "신연쇄구균병"이라 부르고 있다.

원인균은 그람양성의 연쇄구균으로 보통 한천배지 또는 액체배지에서는 잘 자라지 못하고, 혈액한천배지 또는 brain heart infusion agar(BHIA)에서의 발육은 양호하다. 또한 염분에 대한 저항성이 낮기 때문에 시판되는 배지 중에서 식염이 2% 함유된 배지는 발육이 불량함으로 사용할 수 없다. 원인균의 최적 발육온도는 37°C이지만 어병세균 배양에 많이 이용되는 25°C에서도 발육하는데 시간은 걸리지만 발육은 양호하다. 시료를 접종하여 배양하면 한천배지상에 연쇄구균의 특징인 소형의 집락이 형성되지만, 때로는 대소 2종류의 집락이 형성되는 경우도 있어 오염균인지의 여부를 판단할 필요가 있다.

진단은 미병부 궤양병소의 스탬프표본을 만들어 그람염색 후 검경하면 2~6개 정도의 연쇄상으로 연결된 구균을 관찰할 수 있다. 현미경상에서는 기존의 연쇄구균인 Streptococcus

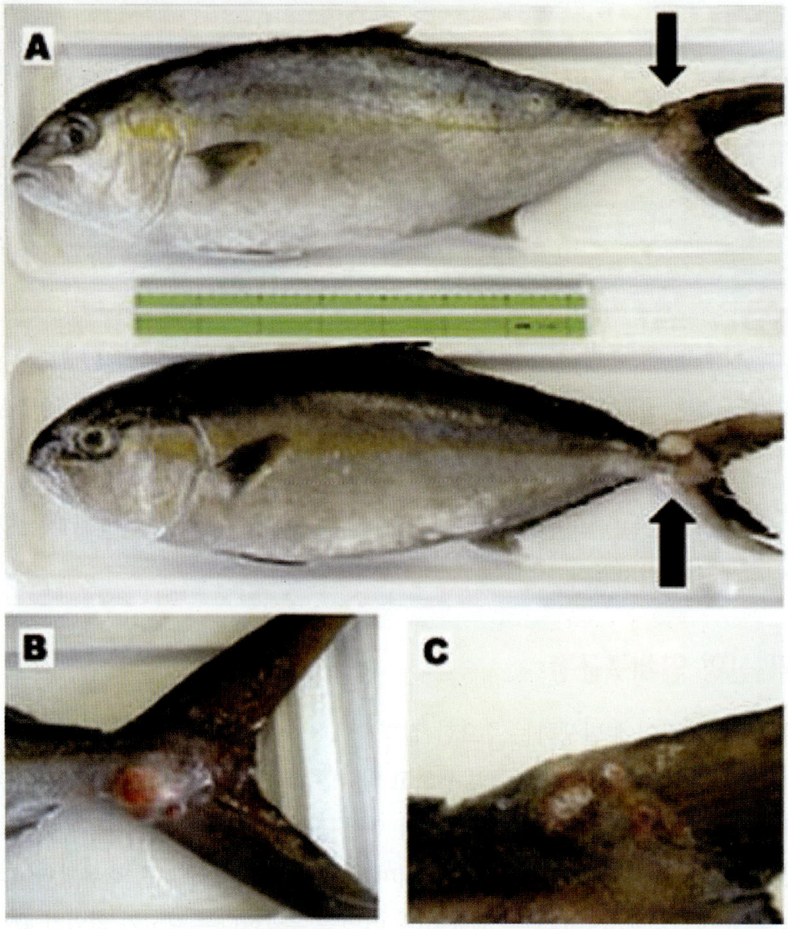


그림 2-193 *Streptococcus*에 감염된 잿방어. 미병부의 특징적 괴사(A~C).

garviae와 유사하기 때문에 현미경상으로는 구분할 수 없다.

원인균의 분리에는 미병부의 궤양병소를 시료로 하여 식염을 첨가하지 않은 Todd-Hewitt 또는 BHI를 사용하여 37°C에 배양하면 비브리오균 등의 잡균의 발육이 억제되어 효율적으로 분리할 수 있다. 통상의 배양에서는 25°C에 48~72시간 배양하면 백색의 소형집락이 발육한다.

세균 분리용 시료로서는 신장, 비장 및 뇌에서도 분리할 수는 있고, 외부인 아가미뚜껑 내의 농양 또는 심외막염이 현저한 경우에는 이곳에서도 분리 가능하지만, 가장 효율적인 부위는 역시 미병부의 궤양병소를 사용하는 가장 좋고 분리율도 높다. 그러나 사망 직전의 병어의 신장 또는 비장으로부터는 원인균을 분리할 수 없는 경우가 많다. 혈액 한천배지에서 배양 72시간까지는 α-용혈이지만, 배양시간이 이보다 길어지면 β-용혈로 변화된다.

원인균은 자발 응집성이 강하기 때문에 특이항체를 사용한 슬라이드응집반응과 유사한 응집덩어리를 형성하기 때문에 항혈청을 사용한 응집반응으로서는 이 병을 진단할 수 없다. 그럼으로 원인균의 확인을 위해서는 PCR법과 Lancefield혈청형을 확인하여야만 한다.

분리균을 침지 또는 근육 주사하여도 자연 발병어와 유사한 증상이 생기지만 동일 균주를

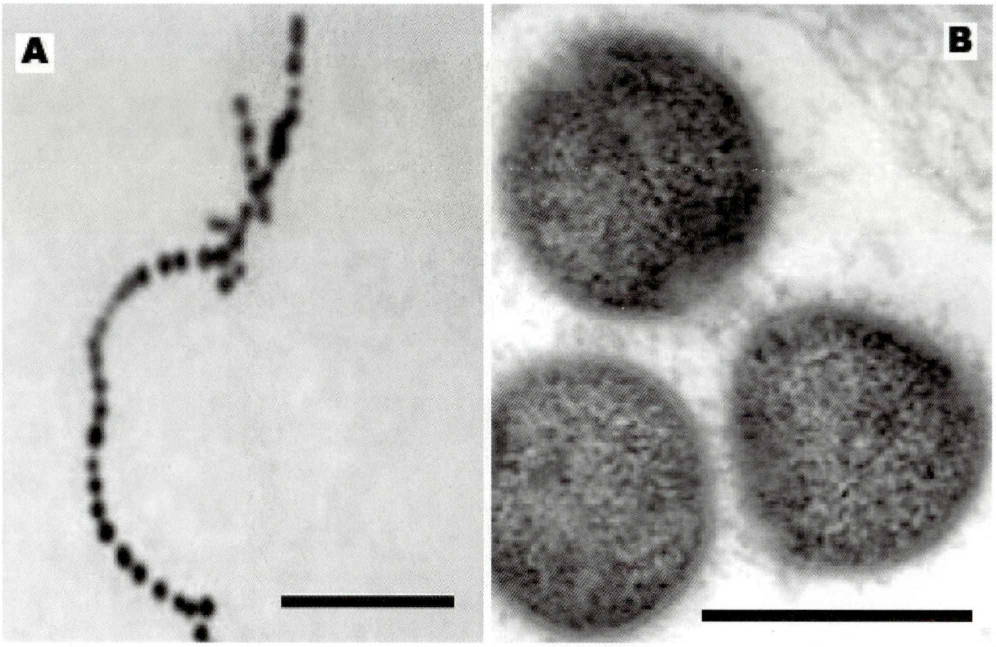


그림 2-194 Todd-Hewitt broth에 2일간 배양균. A: Gram 염색, bar = 10 μm, B: 집락의 표면에 술구조(fimbriae-like structure)를 나타내는 전자현미경상, bar = 1000 nm.

사용한 경우라도 사망률은 일정하지 않고 많은 변동을 나타낸다.

병어의 가장 특징적인 증상은 미병부의 기부가 괴사되어 생기는 궤양병소이고, 그 외에 아가미뚜껑 내부의 농양병소, 가슴지느러미 기부의 염증 및 심외막염으로 기존의 연쇄구균병의 증상과 매우 유사함으로 증상만으로 2병을 구분할 수는 없다.

병리조직학적으로는 미병부 골격근과 심장에 현저한 변화가 관찰된다. 즉 미병부 골격근 섬유의 초자변성과 괴사로서 일부의 섬유화에 의해 대체된다. 또한 여러 개의 화농성 육아종성 병소의 내부에는 괴사 조직과 세균의 덩어리가 있고 그 주변에는 과립구와 림프구 등의 염증세포와 결합조직이 둘러싸고 있다. 간질인 결합조직 내에도 염증세포의 침윤이 현저하고 표피 부근에서는 비늘의 융해, 조직의 괴사를 동반한 궤양화가 생긴다. 한편 심장의 심외막은 현저한 심외막염으로 두꺼워지며, 세균의 집합체를 중심으로 그 주위에 과립구나 림프구, 결합조직이 피포하는 화농성 육아종성 병소가 다수 관찰된다. 심근에서는 심근섬유의 다발 사이에 과립구나 림프구의 가벼운 침윤이 보인다.

PCR을 위한 특이 primers는 16S-23S rDNA를 증폭시키는 STRD DY-1(5′-TGG AAC ACG CGT TAG GGT CG-3′)와 dys-16S-23S-2(5′-CTT AAC TAG AAA AAC TCT TGA TTA TTC-3′)으로 증폭시키면 239 bp의 특이밴드를 확인할 수 있다.

분리균은 암피실린, 에리스로마이신, 린코마이신에 감수성이 있지만 옥시테트라사이클린에는 내성을 나타내어 내성유전자를 가지고 있는 것이 확실하다.

표 2-4 분리균의 생화학적 특징

| Chraracteristics | Fish isolates (*n* = 10) | | | *Streptococcus dysgalactiae* sub sp. *dysgalactiase* ATCC 43078 | | *Streptococcus dysgalactiae* sub sp. equisimllis ATCC 35666 | | *Streptococcus equi* ATC 33398 | |
|---|---|---|---|---|---|---|---|---|---|
| | Conventional | API 20 STREP 25°C | API 20 STREP 37°C | Conventional | API 20 STREP (37°C) | Conventional | API 20 STREP (37°C) | Conventional | API 20 STREP (37°C) |
| Gram stain | + | | | + | | + | | + | |
| Sedimentation in broth | + | | | + | | + | | + | |
| Haemolysis (5% sheep blood agar) | α | | | α | | β | | β | |
| Cell morphology | Cocci | | | Cocci | | Cocci | | Cocci | |
| Catalase | − | | | − | | − | | − | |
| Resistance to 40% bille | − | | | − | | − | | − | |
| Bacitoracin | − | | | − | | − | | − | |
| Growth at 10°C | − | | | − | | − | | − | |
| 45°C | − | | | − | | − | | − | |
| 6.5% | − | | | − | | − | | − | |
| pH 9.6 | − | | | − | | − | | − | |
| Voges-Proskauer test | | − | − | | − | | − | | − |
| Hydrolysis of hippurate | | − | − | | − | | − | | − |
| Escullin | | − | − | | − | | − | | + |
| Pyrolldonylamidase | | − | − | | − | | − | | − |
| α-Galactosidase | | − | − | | − | | − | | − |
| β-Galactosidase | | + | + | | + | | + | | + |
| β-Galactosidase | | − | − | | − | | − | | − |
| Alkaline phosphatase | | + | + | | + | | + | | + |
| Leucine arylamidase | | + | + | | + | | + | | + |
| Arginine hydrolysis | | d(1) | d(3) | | − | | − | | + |
| Acid from | | | | | | | | | |
| Ribose | d(4) | d(1) | d(8) | + | + | + | + | − | − |
| Arabinose | − | − | − | − | − | − | − | − | − |
| Mannitol | − | − | − | − | − | − | − | − | − |
| Sorbitol | − | − | − | − | + | − | − | − | − |
| Lactose | − | − | − | + | + | − | − | − | − |
| Trehalose | + | d(6) | + | + | + | + | + | − | − |
| Inulin | − | − | − | − | − | − | − | − | − |
| Raffinose | − | − | − | − | − | − | − | − | − |
| Sucrose | + | | | + | | + | | + | |
| Amygdaline | + | d(7) | + | + | + | + | + | + | + |
| Glycogen | | d(4) | d(5) | | − | | − | | + |
| Group antigen (Lancefield group) | C | | | C | | C | | C | |

## 5) 감성돔의 *Lactococcus garviae*

5~9월에 걸쳐 횡전유영, 입 올림 등의 이상행동을 하며, 외부 증상은 체색은 퇴색, 안구돌출 또는 탈락, 항문의 발적을 특징으로 한다. 그러나 이러한 증상 이외에 체표에 궤양 병소, 아가미뚜껑의 발적이 있는 개체도 있다.

내부적으로는 아가미와 간장에 가벼운 빈혈이 보이는 것이외에 뚜렷한 이상은 없다. 뇌, 간장, 신장 및 비장을 개량 TSA(modified trypto-soya agar, MTS: trypto-soya agar 20 g, Mueller Hinton agar 19 g, lactose monohydrate 10 g, saccharose 10 g, dextrose anhydrous 1 g, sodium citrate 1.25 g, iron (III) ammonium citrate 1.25 g, sodium thiosulphate 0.025 g, bromocresol purple 0.02 g, phenol red 0.005 g, DW 1 L)에 접종하

여 25°C에서 24시간 배양하면 황색의 원형 집락이 형성된다.

원인균은 모든 장기에서 분리 가능하지만 특히 뇌와 비장에서는 모든 병어에서 분리 가능하다. 혈액학적으로는 병어는 Ht치와 전구수가 건강어에 비해 현저히 감소하고 있다.

병리조직학적으로는 비장의 협조직에 많은 세균이 침입함으로 식세포가 괴사되고 세균은 집락을 형성한다. 조직 내의 세균은 대부분이 협조직의 식세포 내에서 증식함으로 식세포는 균구로 되어 괴사된다. 괴사된 식세포는 공포화되고 공포주변에 세균이 관찰된다. 이처럼 식세포의 괴사가 현저한 협조직은 수종성 소개를 일으키고 있는 경우가 많다.

심장은 심외막에 세균이 침입하여 염증세포의 침윤, 출혈 및 섬유소의 침착이 관찰된다. 침윤한 식세포는 세균을 탐식하고 있지만 세균의 세포내 증식으로 인하여 균구로 된다. 중증어의 심장은 섬유소의 침착을 동반한 괴사병소가 심외막에 형성되어 심외막이 두터워진다. 심근에는 세균의 침입은 거의 없다. 이러한 비장과 심장의 조직학적 변화는 거의 모든 병어에서 관찰된다.

안구돌출의 경우에는 맥락막, 동안근조직 및 안와지방조직에 세균이 침입하여 안와지방조직에는 침윤한 호중구의 세포 내에 세균이 증식함으로 균구화되고, 중증인 경우에는 이러한 병변 이외에 수종 및 섬유소의 침착이 현저하며, 동안근조직까지 병소가 확대되고 공막하에도 농양이 형성되는 경우가 있다.

신장은 류동의 세망내피계세포 내에 세균이 증식하여 세망내피계는 괴사된다. 조혈조직의 증생이 현저하지만 세균의 침입과 현저한 변화는 없다. 일부의 세뇨관은 관공이 확대되어 상피세포의 혼탁종창 및 초자적 변성을 동반한 변화가 많고. 사구체의 위축과 붕괴상도 보이지만 세뇨관과 사구체의 세균 침입은 없다. 이러한 신장의 변화는 신장의 변화가 심한 어류에서만 관찰가능하고, 대개의 경우에는 세균의 침입이 없고, 가벼운 류동의 확장과 세뇨관의 혼탁종창 및 초자적 변성이 있는 개체도 많다.

뇌에는 국소적으로 뇌수막에 세균이 침입하여 마크로파아지나 호중구 등의 염증세포의 침윤이 현저하지만 뇌 실질에는 세균의 침입은 전혀 관찰되지 않는다.

아가미는 새변결합조직, 새박판 상피에 세균이 침입하여 괴사병소와 염증세포의 침윤이 관찰되며, 일부 개체는 새박판의 증생이 보이지만 세균의 침입이 관찰되지는 않는다.

소화관은 점막고유층에서 근층 및 장막에 이르기까지 세균이 침입이 관찰되기도 하며 염증성세포의 침윤을 동반한 괴사병소가 국소적으로 나타난다. 장에 이상이 있는 경우 장의 섬모는 점막상피에서 박리되고 있는 경우가 대부분이다. 그러나 이러한 뇌와 아가미 및 소화관의 변화는 모든 병어에서 관찰되지만 그 정도는 아주 경미하다.

간장은 실질세포에 세균의 침입은 없지만 간세포의 위축, 류동의 확장, 글리코겐과 지방의 감소가 현저한 개체가 많다.

방어, 돌돔 및 전갱어의 Lactococcus감염증은 심장과 뇌에 육아종이 형성되지만, 감성돔의 경우에는 육아종이 형성되지 않는 것이 병리학적인 차이점이라 할 수 있다. 또 감성돔의 Streptococcus iniae감염증과는 병리상이 매우 유사하다. 이처럼 감성돔에 육아종이 형성되지 않는 이유는 체내에 침입한 세균이 전신에 전파되는 속도가 빠르기 때문에 육아종이 형성

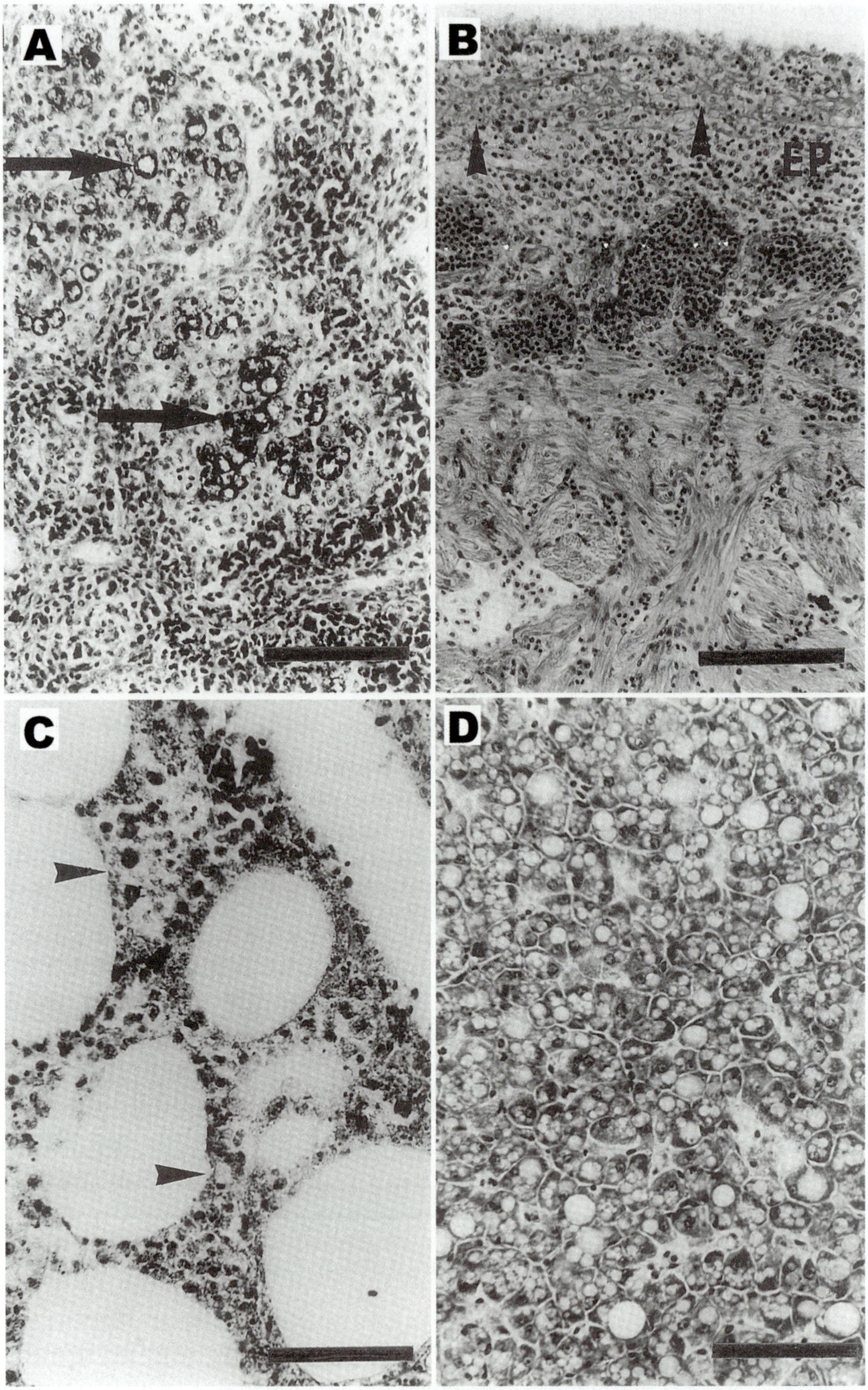


그림 2-195 A: 비장의 협조직 내의 식세포는 세균의 세포내증식으로 괴사(Giemsa), B: 염증세포의 침윤과 섬유소 침착(화살표)된 심외막(EP), C: 안와지방조직에 세균의 침입(화살표)에 의해 염증세포의 침윤과 출혈(Giemsa), D: 간실질세포의 위축(HE). Bar = 50 μm.

되기 전에 감염어가 사망하기 때문으로 생각된다. 감성돔에 급성으로 세균이 전파되는 원인으로서는 감성돔은 냉수를 좋아하는 어종이지만, 발병시기가 고수온기임으로 고수온에 의한 스트레스에 의해 병세가 급성으로 진행된 것으로 추정되고 있다.

### 6) 넙치의 *Streptococcus parauberis*

5월경에 크기 15 cm전후의 양식 넙치에 감염된다. 감염어는 입, 눈, 가슴지느러미 주변에 출혈과 복수의 축적에 의해 복부팽만을 일으킨다. 내부증상은 간의 종대와 퇴색이다. Turbot의 경우에는 가슴지느러미와 눈 주변에 출혈을 일으킨다.

원인균의 분리는 병어의 간장을 식염을 1.5% 첨가한 BHIA에 접종하여 25°C에 24시간 배양하면 그람 양성의 소간균(cocci-bacilli)이 분리된다.

그림 2-196 눈과 가슴지느러미(A)와 입 주변(B)의 발적을 특징으로 하는 *Streptococcus parauberis*에 감염된 넙치.

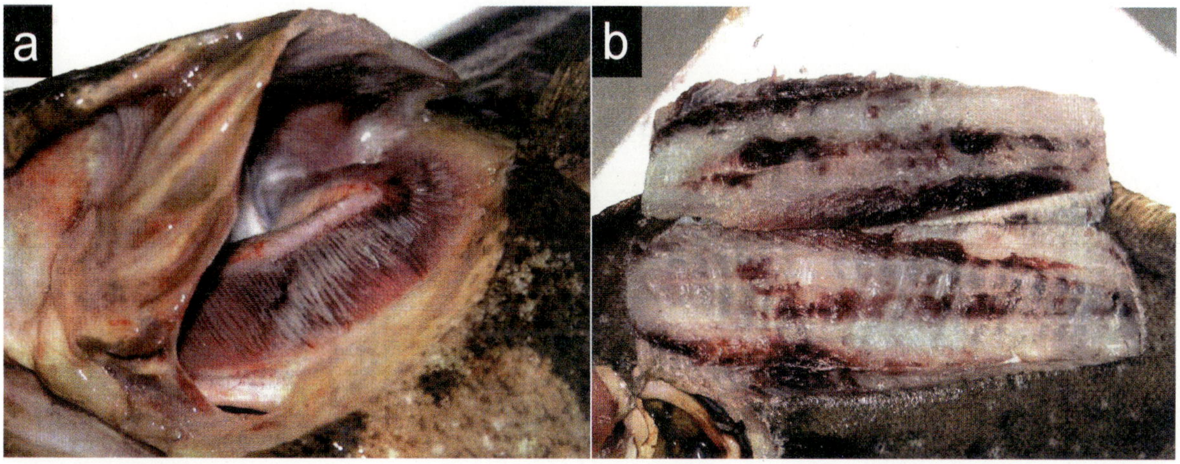


그림 2-197 *Streptococcus parauberis* 감염 넙치. A: 아가미의 괴사, B: 체측 근육내 출혈. 그 외의 증상으로 안구돌출, 체표의 발적 또는 궤양, 신장과 비장의 종대 등이 특징적으로 *Streptococcus iniae*의 체색흑화, 안구 백탁, 출혈 또는 돌출은 거의 없다.

넙치에 감염되는 연쇄구균은 현재는 대부분이 St. parauberis 또는 Lactococcus garviae로 이전의 St. iniae는 거의 분리되지 않는다.

연쇄구균의 동정을 위해서는 multiple pcr법을 사용하면 S. iniae, Lactococcus garvieae와 S. parauberis를 쉽게 구분할 수 있다. 즉 각 primer를 0.05 μM을 사용하여 initial denaturation(94°C, 5min), 30사이클(94°C 30 sec; 50°C, 30 sec; 72°C, 30 sec)후 final extension(72°C 7 min)을 실시한 다음 전기영동하여 특히 밴드를 확인한다.

표 2-5 넙치에서 분리되는 연쇄구균의 생화학적 특징

| API 20 STREP test | *L. garviae* (3 isolates)* | *S. parauberis* (18 isolates)* | API ZYM test | *L. garviae* (3 isolates)* | *S. parauberis* (18 isolates)* |
|---|---|---|---|---|---|
| Voges Proskauer | + | + | Alkaline phosphatase | − | + |
| Hippuric acid | − | + | Esterase | + | − |
| Esculin | + | − | Esterase lipase | + | + |
| Pyrrolidony arylamidase | + | + | Lipase | − | − |
| α-galactosidase | − | − | Leucine arylamidase | + | + |
| β-glucuronidase | − | − | Valline arylamidase | − | − |
| β-galactosidase | − | − | Cystine arylamidase | − | − |
| Alkaline phosphatase | − | + | Trypsin | − | − |
| Leucine amino peptidase | − | + | α-chymotrypsin | − | + |
| Arginine dihydrolase | − | + | Acid phosphatase | + | + |
| Ribose | + | − | Naphthol-AS-BI- | + | + |
| Arabinose | − | − | phosphohy drolase | + | + |
| Mannitol | + | + | α-galactosidase | − | − |
| Sorbitol | + | − | β-galactosidase | − | − |
| Lactose | − | + | β-glucuronidase | − | − |
| Trehalose | + | + | α-glucosidase | + | + |
| Inulin | + | − | β-glucosidase | − | − |
| Raffinose | − | − | N-acety-b-glucosaminidase | + | − |
| Amidon | − | − | α-mannosidase | − | − |
| Glycogen | − | − | α-fucossidase | − | − |

* †+; positive, −; negative

표 2-6 넙치에서 분리되는 연쇄구균의 Multiple PCR을 위한 primer

| Primer | Nucleotide sequence (5′-3′) | Target region | Pathogen |
|---|---|---|---|
| sin 1b | CTAGAGTACACATGTAGCTAAG | 300 bp | *Streptococcus iniae* |
| Sin 2 | GGATTTTCCACTCCCATTAC | | |
| Spa 2152 | TTTCGTCTGAGGCAATGTTG | 718 bp | *Streptococcus parauberis* |
| Spa 2870 | GCTTCATATATCGCTATACT | | |
| pLG1 | CATAACAATGAGAATCGC | 1100 bp | *Lactococcus garvieae* |
| pLG2 | GCACCCTCGCGCGGGTTG | | |

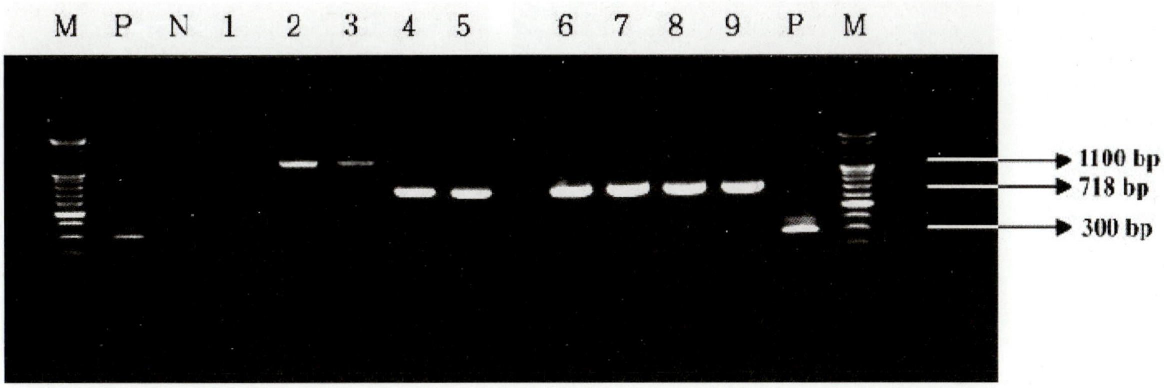


그림 2-198 Multiple PCR의 결과. P(*Streptococcus iniae*, control(N과 1), *Lactococcus garviae*(2와 3), *S. parauberis*(4-9)

## 11 노카르디아병

### 1) 방어

그람음성, 호기성의 분지상의 사상균인 Nocardia seriolae(Nocardia kampachi)가 양식 방어에 감염되어 생기는 질병이지만 최근에는 양식 넙치에도 발병하고 있다. 일단 발병하면 만성적으로 폐사가 지속되고 대책이 없기 때문에 심각한 질병 중의 하나이다. 감염원으로서는 발병된 양어장의 저질 등에 원인균이 정착되어 이것이 새로운 감염원으로 되어 감염이 반복된다.

방어에서의 증상은 크게 구간 결절형과 아가미 결절형으로 대별할 수 있는데, 구간결절형은 구간부의 피하나 근육에 농양이나 결절이 형성되어 이 부분의 피부가 융기되는데 이러한 돌기의 주변은 발적된다. 농양은 크기가 매우 다양한데 농양의 내용물은 버터색 또는 적갈색을 띄고 있는데 붕괴되어 융해과정에 있는 지방조직이나 지방, 각종 혈구세포 또는 그 변형물 및 원인균의 집락이 주성분이다.

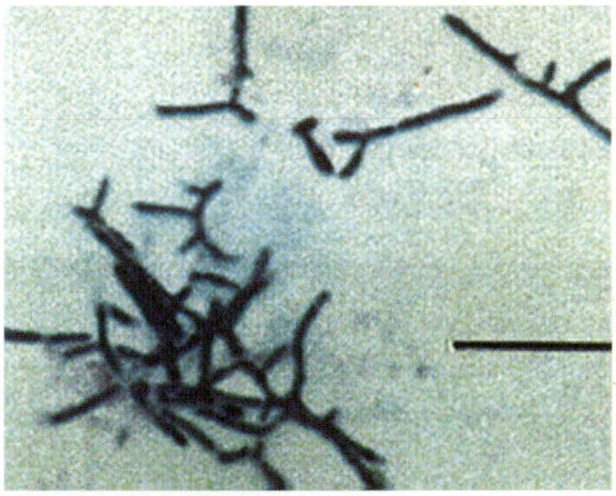

그림 2-199 노카르디아균. 메틸렌 블루

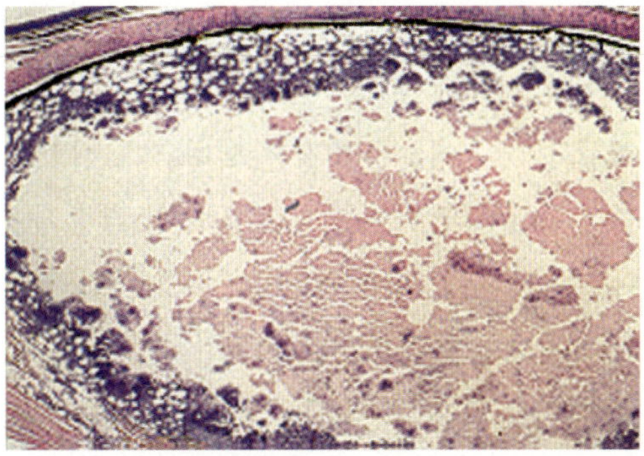

그림 2-200 피하지방직. 육아조직에 싸인 대형 농양. 농양 내의 세균은 집락을 형성하여 증식하고 있고 표피는 박리됨. GS, ×20.

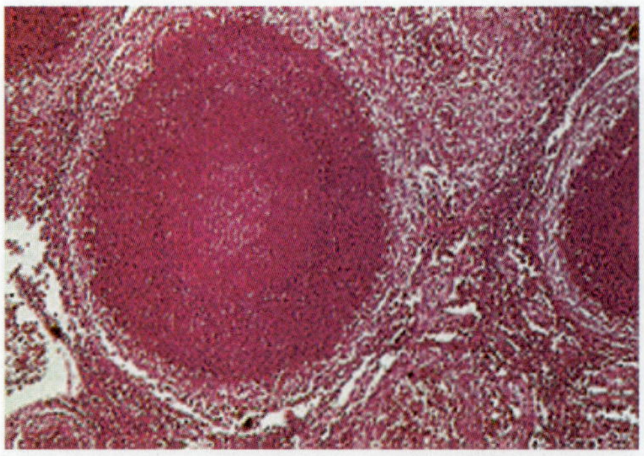

그림 2-201 비장. 대식세포가 층을 형성하여 피포하고 있다. HE, ×100.

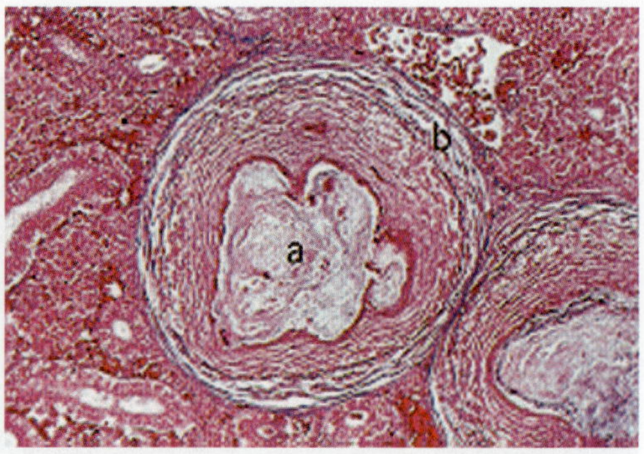


그림 2-202 신장. 뇌쇠한 육아종.내부의 염증성 삼출물은 건락괴사(a)되고, 육아종을 둘러싼 육아조직은 섬유화됨. Az, ×160.

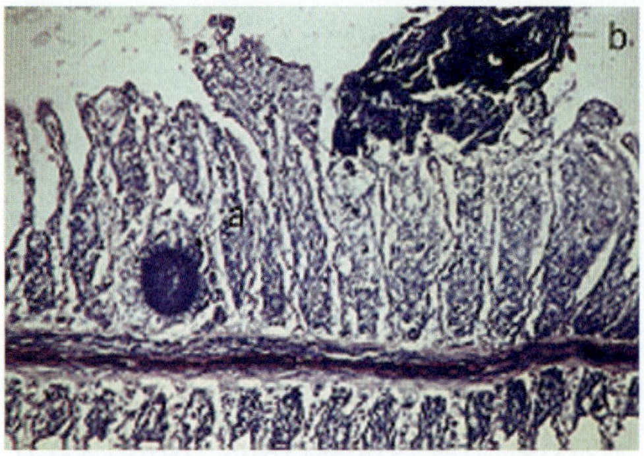


그림 2-203 아가미의 초기병소. 유착된 새변 사이에 증식된 균(a). b는 기생충. GS, ×160.

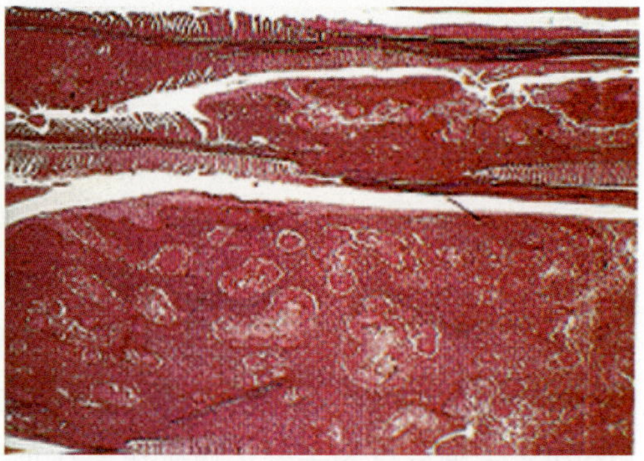

그림 2-204 새변의 결합조직에 전파되어 육아조직의 증식. Az, ×20.

이러한 농양이 터지면서 내용물이 빠져나오면 궤양화된다. 신장과 비장 등의 내부 장기에도 많은 수의 결절이 형성된다. 이러한 농양물의 도말표본을 만들어 직접 검경하면 방선균류 특유의 Druse가 관찰되며, 그람 염색 후에는 양성의 사상균이 쉽게 관찰된다.

아가미 결절형은 저수온기에 형성되기 쉬운 경향으로 아가미가 심하게 퇴색되며 새변의 기부에 유백색의 커다란 결절이 형성되지만, 피부, 근육 등 아가미 이외의 기관에는 육안적으로는 별다른 이상이 없다.

내부 장기에 생기는 결절은 숫자나 크기가 다양하지만 보통 비장에 가장 많은 수의 결절이 형성되고 이 때문에 비장은 비대된다. 신장도 퇴색되고 비대해지며, 간장은 울혈반과 점상의 출혈이 생긴다. 이러한 내부 장기의 결절 내부는 주로 류상피세포로 채워져 있고 그 바깥 쪽에 발육단계의 결절은 섬유아세포나 림프구 등이, 노쇠한 결절은 교원섬유가 있으며 그 바깥을 섬유가 둘러싸는 피낭이 형성되어 있다.

비장과 신장에 만들어진 결절 주변조직에는 기질화가 일어나기 쉬워 잘 발달된 피낭을 가지고 있다. 한편 기질화되지 않고 급속히 대형화되는 결절도 있는데, 그 주변은 류상피세포나 림프구가 침윤하여 층상을 이루고 있다. 이처럼 내부 장기에 생긴 결절은 실질을 압박하게 되어 신장에서는 세뇨관의 위축, 붕괴 및 괴사가 관찰된다. 한편 잿방어는 입술부근에 결절이 형성되어 출혈이 생기지만 방어처럼 피부에 돌기나 농양은 형성되지 않는다. 병어의 혈액성상은 적혈구수, Ht 및 Hb가 현저하게 낮아져 있다.

## 2) 부세와 가물치의 *Nocardia*증

종묘생산하여 양식 중인 부세에 8~9월에 Nocardia seriolae가 감염되어 심장, 비장 및 신장의 표면에 직경 0.1~0.2 cm의 백색결절이 형성된다. 감염어는 초기에는 무기력하며 외부 증상은 없지만, 시간이 경과됨에 따라 체표에 궤양이 형성된다. 내장기관에 형성된 결절을 도말표본하여 그람 염색하면 그람 양성의 가지가 있는 사상균이 관찰되며, Ziehl-Neelsen의 항산성 염색에 항산성을 나타낸다. 내장기관을 TSA에 접종하여 28°C에 7~10일간 배양하면 직경 1~2 mm의 황백색의 집락이 형성된다.

양식 가물치는 7월경에 발생하여 한 달 동안의 누적 사망률은 약 30%이다. 증상은 부세와 마찬가지로 신장, 비장 및 간장에 백색의 결절이 형성된다. 감염어는 무기력하게 힘없이 유영하다가 피부와 지느러미에 충혈이 생기며, 복부 팽만이 생겨 폐사한다.

기중 균사체의 관찰을 위해서는 TSA에 접종하여 14일간 배양한 균을 45°C로 냉각한 TSA와 혼합한 다음 TSA 약 1 ml를 피펫을 사용하여 슬라이드 글라스에 적하시킨 다음 습윤상자에 넣어 28°C에 배양하면서 균사의 형성을 관찰하면 기중 균사는 형성하지 않는다.

TSA에 접종하여 28°C에 배양한 다음 증류수에 현탁시켜 균액을 만들어 피펫으로 Parafilm에 한 방울 적하한 다음 formvar-carbon coated 200 mesh cupper grid를 균액의 위에 5분간 부유시킨 다음 grid를 uranyl acetate로 3~5분간 염색한 다음 건조시켜 전자현미경으로 검경한다.

신장의 환부의 전자현미경 표본을 검경하면 절단 방향의 차이에 의해 난원형 또는 긴 막대기 모양의 균체가 발견되며 충체의 가장자리는 3층의 막에 의해 까칠까칠한 모양을 하고

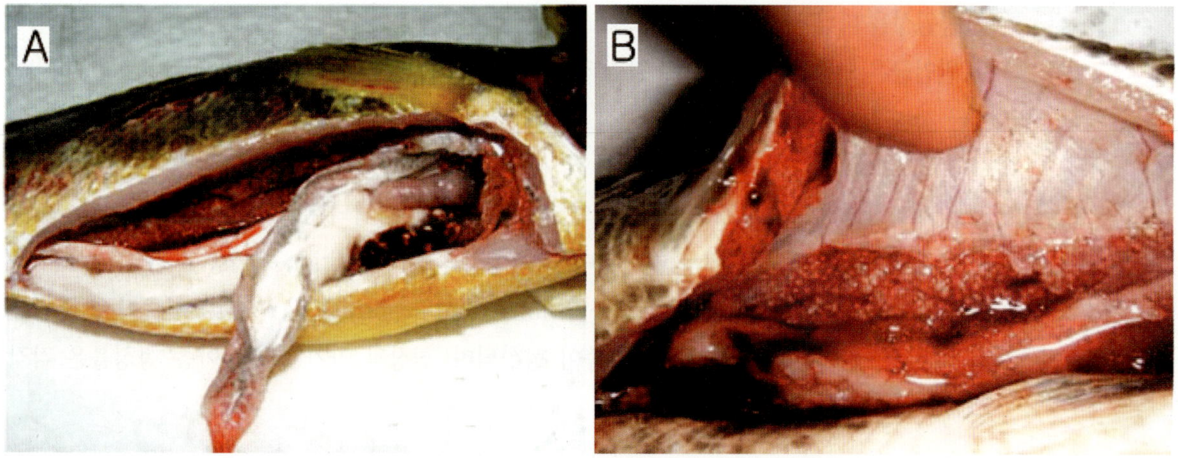


그림 2-205 부세(A)와 가물치(B)의 노카르디아증. 체표에 궤양과 내장기관에 백색의 결절이 형성됨.

있다. 전자밀도가 높은 peptidoglycan층은 전자밀도가 낮은 세포막과 분리되어 있고, 외막은 전자밀도가 낮은 murein층에 의해 분리되어 있다.

### 3) 넙치

Nocardia seriolae가 감염되어 체표에 7~15 mm의 결절상 융기가 생기는데 눈이 없는 쪽에 생긴 경우에는 엷은 적색을 띤다.

아가미에 백색의 반점이 생기고 특히 비장과 신장에 백색 결절이 명료하게 생성되지만, 방어의 결절에 비해서는 크기는 작다. 슬파모노메톡신을 200 mg/어체중 kg당 투여한다.

## 12 양식 방어의 *Mycobacterium* 감염증

여름에서 가을철에 걸친 고수온기에 발생하여 만성적으로 진행된 경우에는 겨울철에도 산발적으로 발병이 확인된다. 병어는 식욕 부진으로 무기력하며, 복수의 축적에 의한 복부 팽만, 아가미뚜껑과 주둥이 부근의 출혈, 체표에 출혈을 동반한 궤양병소 또는 붉은 반점상의 결절이 형성된다. 드물기는 하지만 안구돌출, 각막 궤양 등이 관찰되는 개체도 있다.

해부하여 보면 신장, 비장, 간, 심장 및 아가미 등의 내장기관에 육안으로도 확인할 수 있는 백색결절이 생겨 있다. 이러한 백색결절은 비장과 신장에 더욱 더 많이 발견된다. 또 괴사와 황달을 동반한 간비대와 신장과 비장의 종대도 관찰된다. 백색결절을 도말하여 항산성염색을 하면 항산성을 나타내는 적색으로 염색되는 간균이 거의 순수상태로 발견된다.

원인균은 신장, 비장, 아가미 또는 간장의 소편을 절취한 다음 4% NaOH를 첨가하여 10분간 호모게나이즈하여 조직액을 만든 다음 백금이를 사용하여 1% Ogawa 배지 또는 OADC을 첨가한 Middlebrook 7H10 한천배지를 사용하여 분리한다. 원인균은 그람양성의 항산성 비운동성균으로 발육 온도는 15~37°C이며, 최적 발육온도는 25°C이다. 그러나 식염 5%에서는 발육하지 않는다. 분리균을 100 g에 방어에 104~106의 균액 0.2 ml를 근육주사하면 고농도에서는 접종 23일 후에 전량폐사하고 저농도에서는 28일 후에 전량폐사되는 높은 병원성을 나타낸다.

원인균은 담수어나 해산어에 감염되는 것으로 알려진 항산성균인 Mycobacterium이지만, 지금 까지 어류의 병원균으로 알려진 M. marinum, M. fortuitum, M. chelonae와 비교하여 보면 M. marinum으로 동정된다.

병리조직학적으로는 Ziel-Neelsen염색에 적색으로 염색되는 무수한 항산성균이 육아종 또는 감염된 실질세포 내에서 발견된다. 육아종성 근염(myositis), 육아종성 간염(hepatitis), 육아종성 비장염(splenitis), 간질성 신염(interstitial nephritis) 및 아가미 염증이 관찰된다. 신장, 비장 및 아가미는 100% 육아종이 형성되며, 심장과 아가미의 육아종 형성율은 각각 75%와 29%이다.

그림 2-206 복수의 축적에 의해 복부 팽만을 나타내는 *Mycobacterium* 감염 방어.

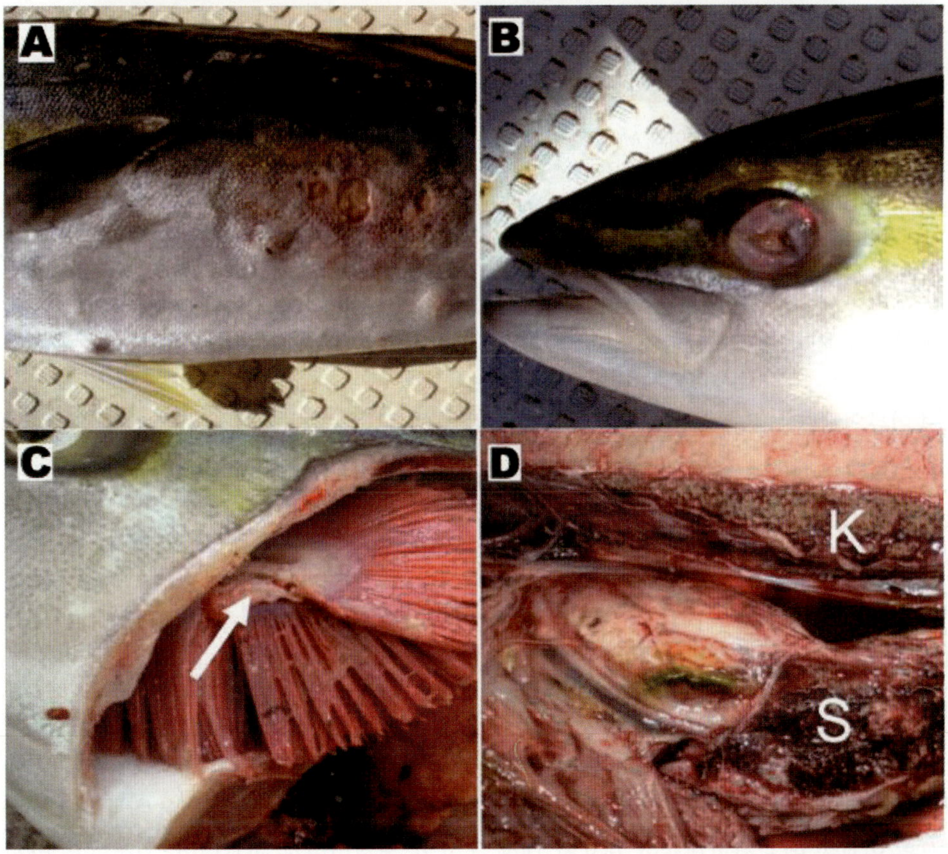


그림 2-207 방어의 *Mycobacterium* 감염증. A: 체표의 궤양과 피하에 형성된 육아종, B: 안구돌출과 안구의 붕괴, C: 백색결절(화살표), D: 무수한 결절을 가진 신장(K)과 비장(S)의 종대.

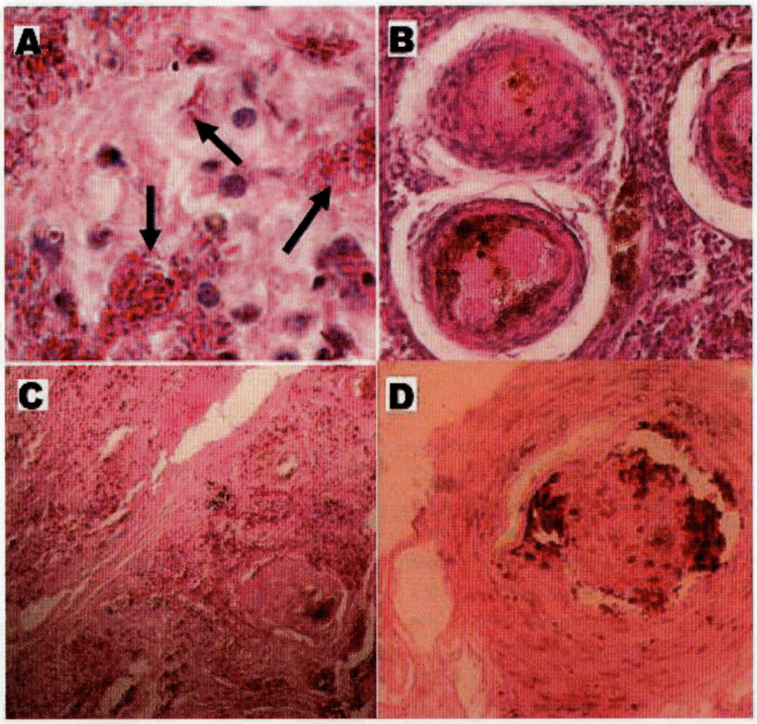


그림 2-208 방어의 *Mycobacterium*의 병리조직상. A: Ziehl-Neelsen염색에 양성을 나타내는 심장 내의 항산성균(화살표), B: 육아종성 비장염, C: 육아종성 신염, Ziehl-Neelsen염색, D: 아가미의 육아종, Ziehl-Neelsen염색.

## 13 Pseudokidney disease

송어류의 질병으로 수온이 17°C에서 25°C로 급상승시 발병하며 특히 친어가 산란으로 인한 심한 스트레스 때문에 산란 후 빈발하는 경향이다. 원인균은 Carnobacterium piscicola(이전의 Lactobacillus piscicola)로 송어류의 장내 상재 유산균의 일종이다. 그 외 송어에서 분리되는 비정형 유산균인 Vogacoccus salmoninarum, Lactococcus piscium 등도 있다.

병어는 양측 안구돌출 및 안구 주변 출혈, 체색의 흑변, 복수의 축적, 간의 점상 출혈, 지느러미 기부 혈종, 피하 출혈, 신장과 비장 및 간장의 종대, 정소와 장 및 근육에 출혈이 생기며, BKD와 같은 회색의 막으로 덮이는 경우도 있다.

병리조직학적으로는 눈, 신장, 비장, 췌장 및 근육에 변화를 초래한다. 눈은 안구 주변, 안와지방조직에 심한 출혈이 동반되며 염증세포가 침윤한다. 신장은 세뇨관 상피세포는 초자적 변성을 일으키거나 상피세포의 세포질 내에 공포가 형성되면서 괴사되며, 적혈구를 탐식한 마크로파아지가 많이 발견되며, 국소적으로 출혈이 생기기도 한다. 간장은 유동이 심하게 울혈되어 색구조가 파괴되며 때로는 간세포가 괴사하기도 한다. 비수는 수종, 출혈과 염증세포의 침윤이 있다. 소화관 점막상피의 괴사, 근육섬유의 괴사 및 췌장 외분비부가 괴사되지만 위, 유문수 및 뇌에는 변화가 없다.

원인균은 모든 조직에서 관찰 가능하지만 특히 비장세포, 비장 내의 마크로파아지 및 괴사

**그림 2-209** *C. piscicola*에 감염된 무지개송어의 양측 안구돌출과 안구주변의 출혈.

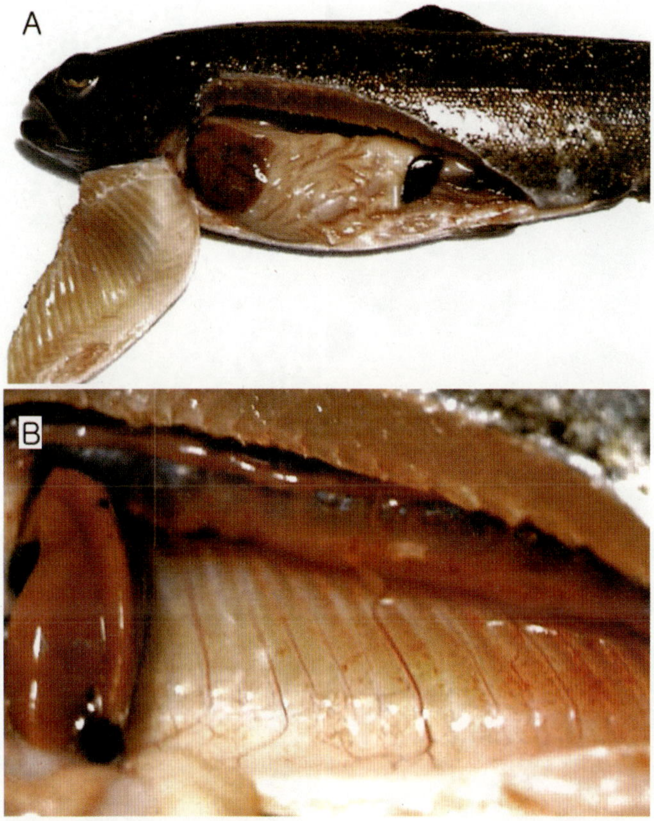


**그림 2-210** 체색의 흑변과 간의 점상 출혈(A) 및 근육과 부레의 출혈(B).

췌장 내에서 높은 비율로 발견된다. 이러한 병리상은 또 다른 유산균인 C. piscicola는 신장과 비장의 변화가 미약하며, 눈과 근육에는 이상이 없는 경우도 있다.

진단은 신장, 눈 및 병소를 TSA 또는 BHIA도말 접종하여, 25°C에서 2~3일 배양하면 직경 2 mm 이하의 백색 원형집락이 형성된다. 집락은 pin point상이며, 색소가 함유되어 있지 않아 투명하다. 원인균은 비운동성, 그람양성 간균(직선상) 또는 짧은 연쇄상간균이지만 장기간 배양하면 그람 염색성에 변화가 생기게 된다.

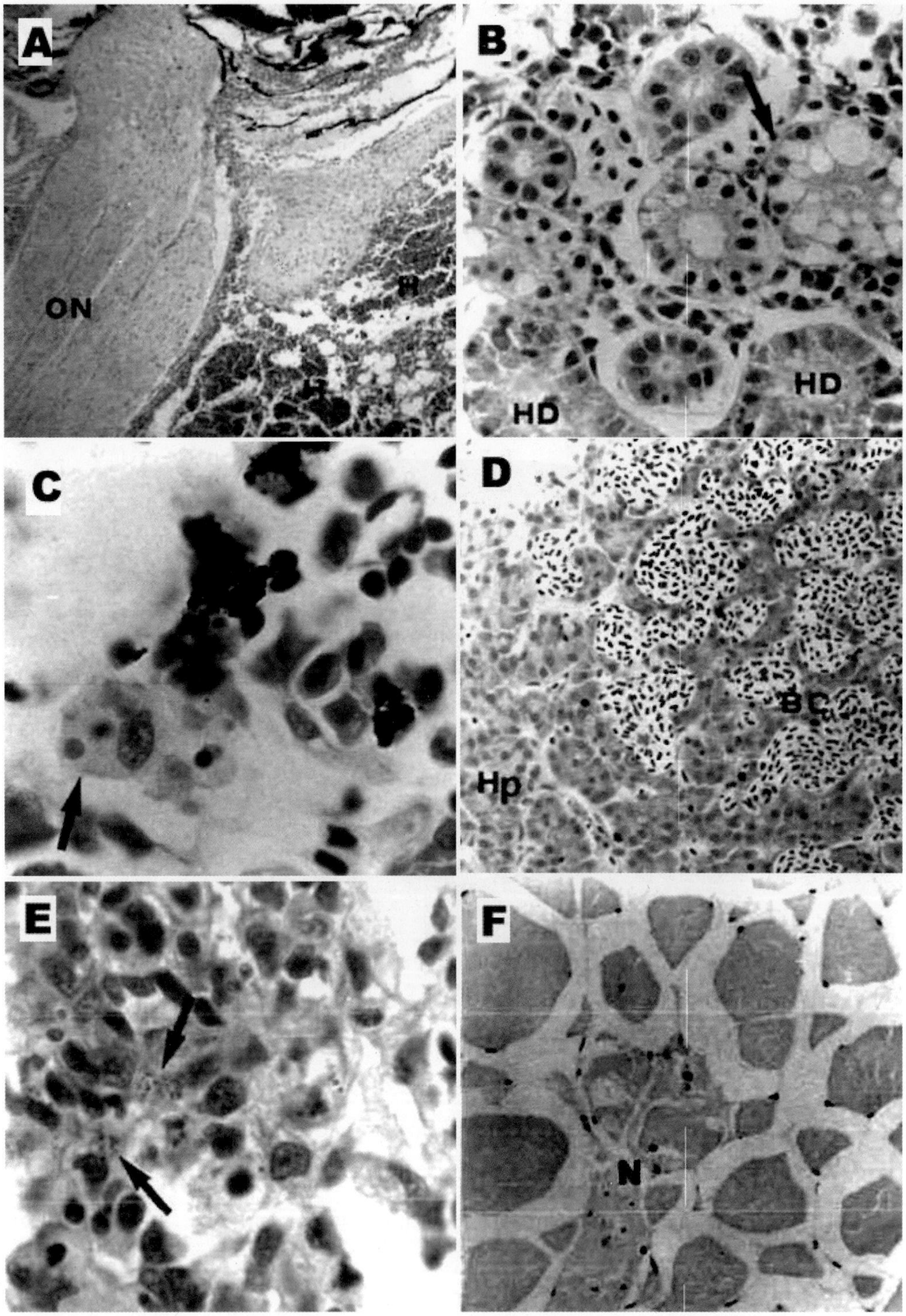


**그림 2-211** *C. piscicola* 감염 무지개송어. A: 안와지방조직의 심한 출혈, B: 신장 세뇨관 상피의 초자적 변성, C: 신장내 적혈구를 탐식하고 있는 마크로파아지(화살표), D: 간 유동은 울혈로 확장되지만 간세포(Hp)는 정상, E: 수종상의 비수와 비세포내의 원인균(화살표), F: 근육의 괴사(N).

## 14 *Vogacoccus salmoninarum*

담수 사육 무지개송어의 질병으로 600~4,000 g의 개체가 감수성이 높으며 사망률은 연간 50%정도이다. 병어는 무기력하며, 평형감각을 상실하고 유영이 불활발하다. 눈의 출혈이 발생하며 때로는 안구가 돌출하기도 한다. 체측면의 체표와 아가미 뚜껑 부위에 부식이 생긴다. 내부 증상은 아가미의 퇴색과 점상출혈, 신장과 간장의 비대와 충혈이 생긴다. 소화관은 비어 있으며 때로 장염을 나타내기도 한다. 질병이 진행되면 복강과 심장의 병소에 섬유성 삼출물이 축적되기도 한다.

그람양성 구균에 의한 질병은 크게 2가지로 나눌 수 있는데, 하나는 15°C 이상에서 발병하는 것으로 원인균은 Lactococcus garviae, St. iniae 및 St. parauberis등의 감염에 의한 것과 12°C 이하의 온도에서 발병하는 것으로 원인균은 V. salmoninarum및 Carnobacterium

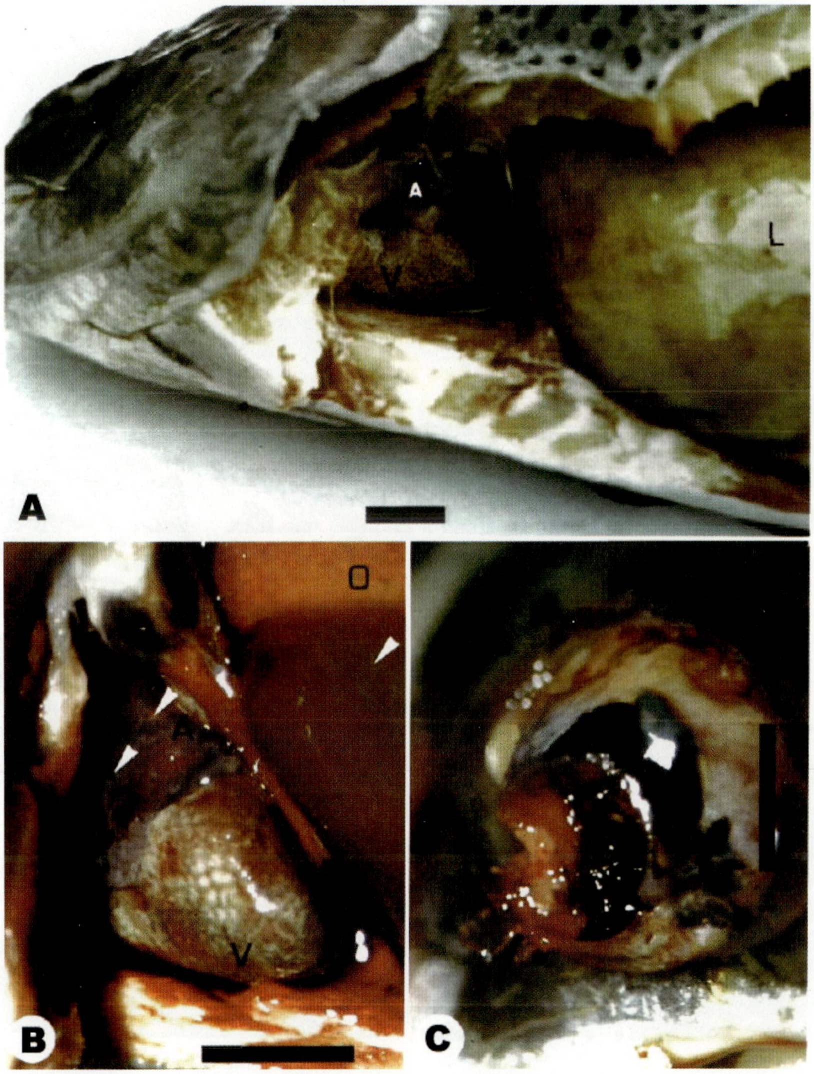


그림 2-212 *Vogacoccus salmoninarum* 감염 무지개송어. A: 심외막염과 간위의 섬유성 삼출물의 침착, B: 심실의 심외막염과 간에 경미한 섬유성 삼출물의 침착(화살표), O-난소, C: 안구돌출.

piscicola(=Lactobacillus piscicola) 및 Lactococcus piscium의 감염에 의한 것이다.

송어류에 있어 V. salmoninarum감염은 10~12°C의 산란용 친어 또는 산란 후의 친어에 잘 발생하는 경향이다.

원인균은 병어의 신장, 뇌 또는 눈을 탈섬유 양혈액을 5%첨가한 blood agar 또는 TSA 및 bile-aesculin-azide agar에 접종하여 20°C에 48시간 배양하면 직경 0.5~1.0 mm의 소형 백색 원형 집락이 형성된다.

원인균은 구형 또는 난형의 그람 양성균으로 감염조직 내에서는 언제나 쌍구균의 형태로 발견되지만 액체 배지에 배양하게 되면 연쇄상으로 배열하게 된다. 통성 혐기성으로 운동성은 없으며 포자도 형성하지 않는다. 옥시다제와 카타라제는 모두 음성으로 Lactococcus와 Enterococcus와 성상이 유사하다.

PCR법으로 진단할 때는 특이 primer인 pSa-1(5′-GTT TTA GCC GCA TGG CTG AGT TAT-3′)와 pSa-2(5′-AGG TGG GAA CAG TTA CTC TCC CA-3′)를 사용하여

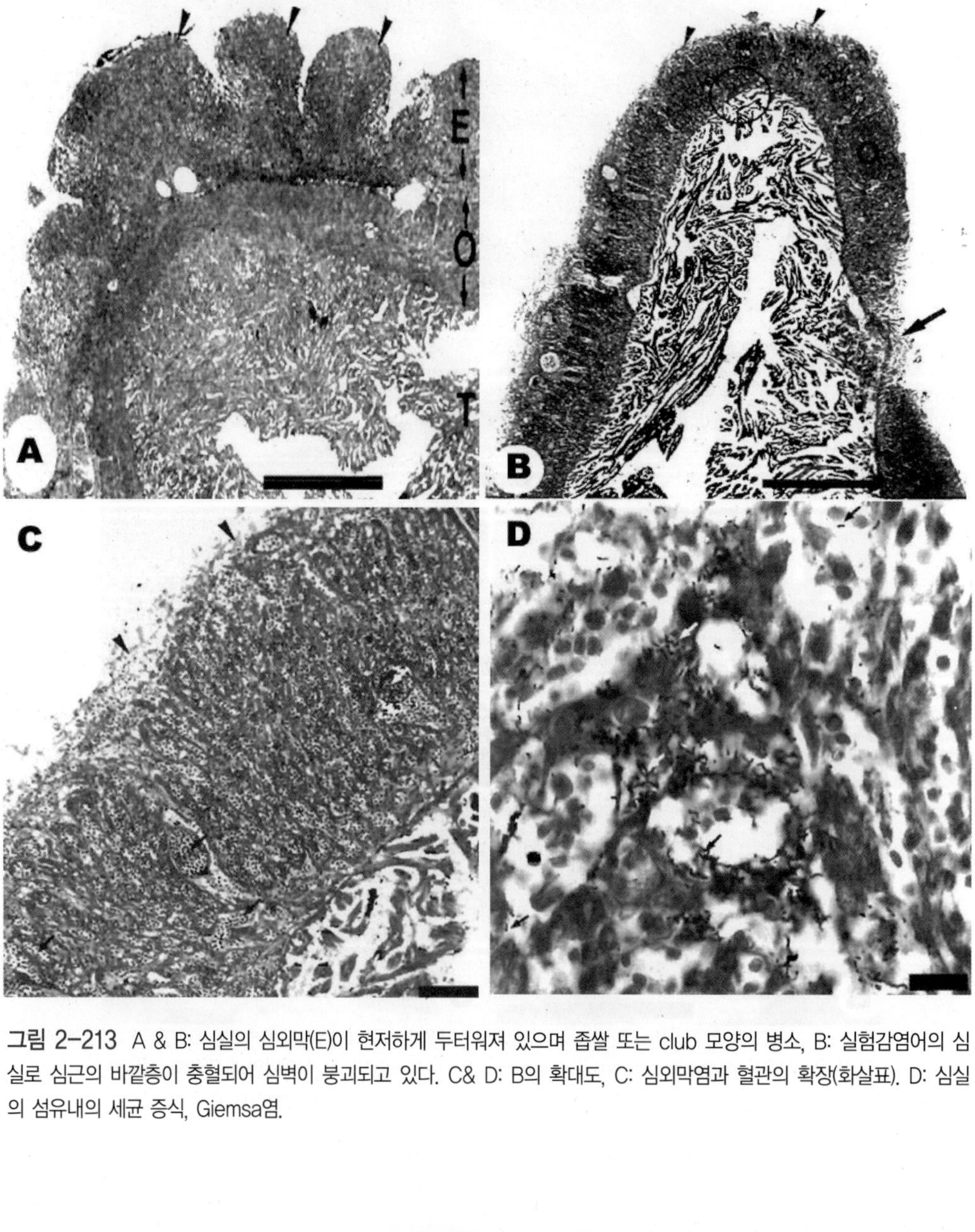


그림 2-213 A & B: 심실의 심외막(E)이 현저하게 두터워져 있으며 좁쌀 또는 club 모양의 병소, B: 실험감염어의 심실로 심근의 바깥층이 충혈되어 심벽이 붕괴되고 있다. C& D: B의 확대도, C: 심외막염과 혈관의 확장(화살표). D: 심실의 섬유내의 세균 증식, Giemsa염.

94°C에서 3분간 initial denaturation시킨 다음 35 cycle(94°C 1 min, 55°C 1 min, 72°C 1 min) 후 72°C 1 min간 final extension시킨 다음 agarose gel에서 전기영동하면 300 bp의 특이 밴드가 형성된다.

병리조직학적으로는 모든 조직에 울혈과 부종이 생기는데 가장 특징적인 것은 심외막염이다. 감염어의 심외막은 두터워져 있고 확장된 혈관의 관공, 단구 및 섬유성 조직 내에서 많은 그람 음성구균이 발견된다. 또한 시험의 백질, 간과 신장의 모세혈관 내에도 많은 세균이 발견되는 전형적인 패혈증상을 나타낸다. 피부의 환부에는 표피, 진피 피하 지방층 및 근육층 모두에 마크로파아지와 림프구의 침윤이 현저하지만 그람염색이나 김자염색 후에도 세균은 발견되지 않는다. 피부의 심한 염증반응으로 피부가 두터워지며 상피가 붕괴되어 탈락되는 퇴행성 변화를 나타내기도 한다. 병어의 안구돌출은 출혈성 삼출물의 축적에 의한 것으로 세균은 발견되지 않는다.

원인균은 erythromycin과 oxytetracycline에 감수성이 있기 때문에 경구투여하면 사망률을 감소시킬 수 있다.

## 15 해수 사육 대서양 연어의 *Pasteurella skyensis*

1998년 7월 영국 스코틀랜드의 Sky섬 주변에서 가두리로 양식 중인 대서양 연어에 처음 발생하였지만, 그 후 4~10월 사이에 발생하며 누적 사망률은 6%정도이다. 폐사어는 백내장(cataract)이 생겨 있어, 체중이 심하게 감소되어 있다. 폐사어 또는 빈사어를 해부하여 보면 소화관에는 먹이가 거의 없다. 증상은 병의 경과에 따라 많은 변화가 생기지만, 초기에는 caecal fat

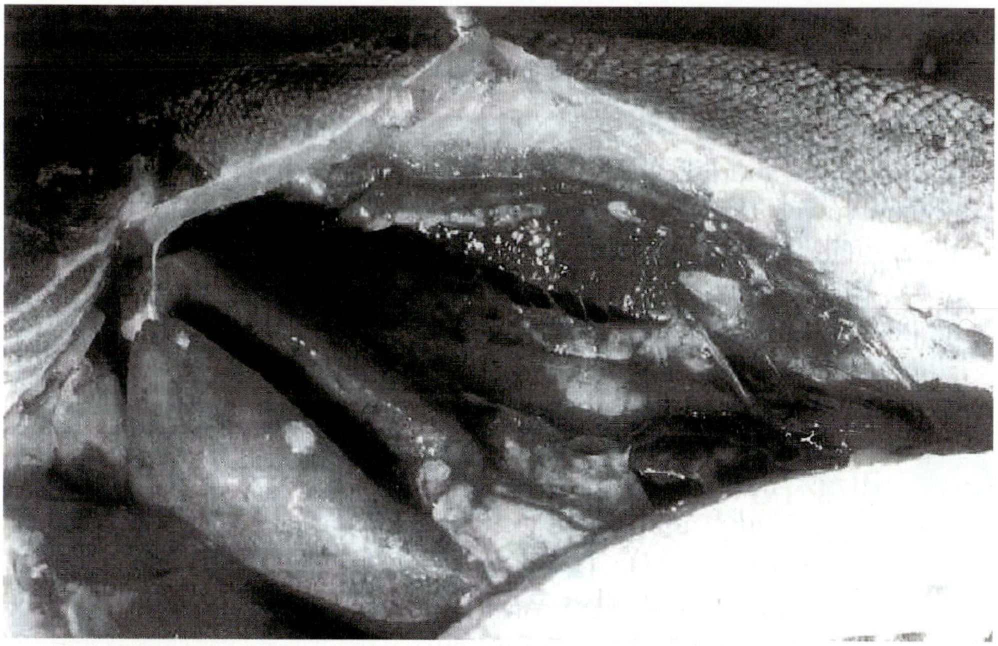

그림 2-214 심한 복막염을 일으키고 있는 병어.

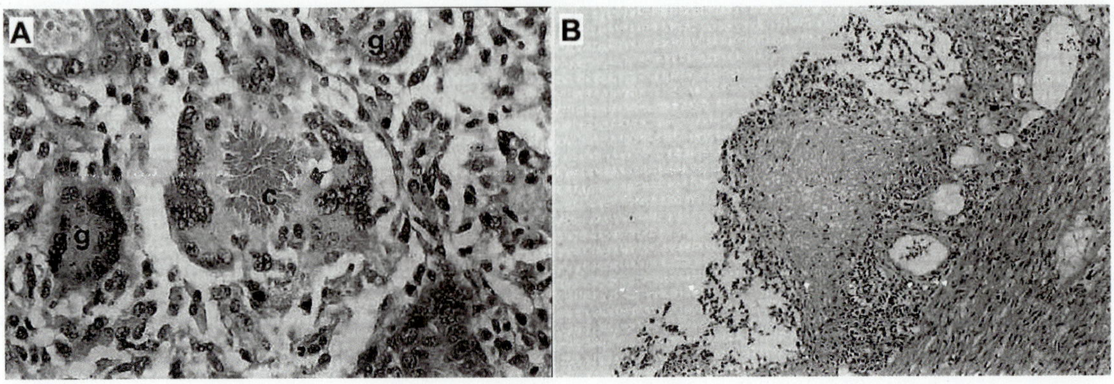


그림 2-215 A: 거대세포(g)에 둘러싸인 신장의 응고 괴사소(c). B: 육아종 형성을 동반한 심외막염. HE, bar = 400 μm(A)와 100 μm(B).

와 복강 표면에 점상의 출혈과 신장, 비장 및 심장에 백색의 환부가 형성된다. 발병 후기에는 심외막염과 육아종의 형성을 동반한 복막염이 형성되며, 복강 내에는 딸기색의 복수가 축적된다.

원인균인 Pasteurella skyensis는 호염성세균으로 발육에는 혈액을 필요로 한다. 그럼으로 분리에는 병어의 신장을 TSA에 1.5%의 식염과 5%의 탈섬유소 혈액을 첨가하여 배양한다. 혈액 첨가 배지에 접종하여 22°C 48시간 배양하면 발육이 매우 느리기 때문에 소형의 원형 회색 집락이 형성된다. 원인균은 그람 음성, oxidase 음성 또는 약 약성, 비운동성의 비용혈성 간균으로 발육 가능온도는 14~33°C이며, 37°C에서는 발육하지 못한다. 기존의 Pasteurella 균과는 달리 catalase와 nitrate reduction test가 음성 반응을 나타낸다. 계대배양은 식염 1.5%와 citrated sheep (or horse) blood를 10% 첨가한 TSA배지(TSSBA)에 배양한다. TSSBA에 접종하여 22°C 48시간 배양하면 직경 0.5 mm의 회색 집락이 형성된다.

병리조직학적으로도 증상과 마찬가지로 병의 진행에 따라 많은 변화가 있다. 가장 현저한 변화는 신장, 간장 및 비장에 여러 곳에 응고괴사소가 형성되는 것으로 괴사소의 중앙부는 호염기성으로 염색되며 주변에는 테두리가 형성되는 육아종으로 다양한 거대세포와 호중구가 모여 있다. 감염 후기에는 심외막염과 복막염이 현저하게 된다. 원인세균은 발견하기 힘들지만 만성적으로 진행된 경우에는 부레의 염증을 일으키고 있는 장막사이에 존재하는 식세포 내에서 발견된다.

치료는 trimethoprim + sulphadiazine을 어체중 kg당 40 mg씩 7일간 경구투여하면 호전되지만 동계에 수온이 저하되면 사망률은 자연 감소하게 된다. 또 다른 방법으로 비타민 C의 양을 늘려서 투여하면 비특이 면역기능이 증강되어 사망률이 감소하게 된다.

## 16 리케챠병(Rickettsial septicaemia)

### (1) 연어 · 송어류

클라미디아(Chlamydia)와 리케챠(Piscirickettsia)는 연어과어류 및 기타어류에 감염되는 세포내 증식 병원체로서 그람염색에 음성반응을 나타낸다. 이중 Piscirickettsia salmonis는 그람

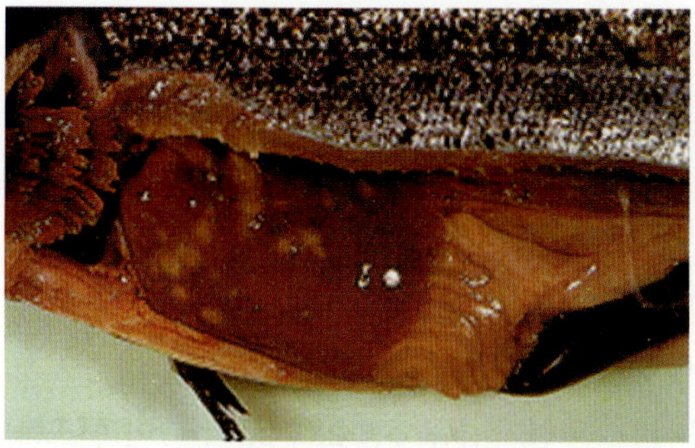

그림 2-216 대서양연어. 아가미 빈혈, 신장 비대, 간의 크림상의 결절.

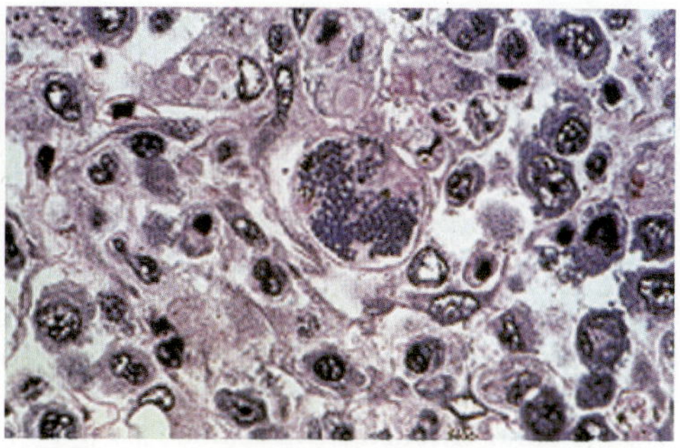

그림 2-217 마크로파아지의 세포질 내의 리케챠. HE.

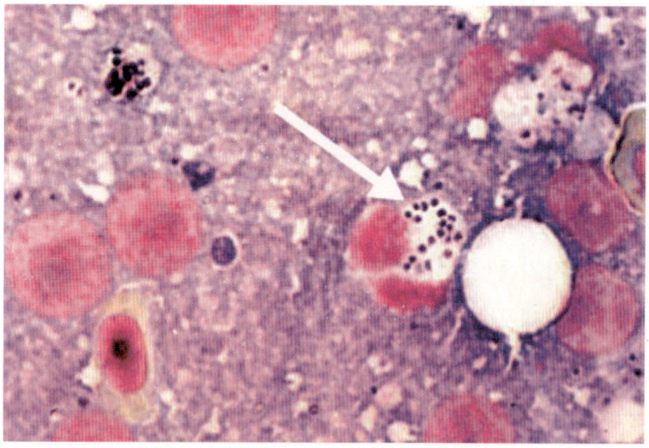

그림 2-218 병어의 신장 도말표본의 Giemsa염색 후의 병원체(화살표).

음성, 항산성, 비운동성의 방추형 또는 구형(직경 0.4~1.5 μm)으로 조직표본을 HE, 메틸렌블루 또는 Giemsa로 염색하면 세포질 내에서 관찰되는데 특히 병소의 조직세포에서 쉽게 관찰할 수 있다. 리케챠는 간조직인 경우 간세포의 세포질의 공포 내에서 관찰되며 때로 세포질의 외부에서도 관찰된다. 해수 양식 중인 연어과 어류에 발생하는 것으로 알려져 왔지만 최근에는 담수양식 중인 무지개송어에도 발병이 확인되었다.

병어는 외부증상이 전혀 없는 경우도 있지만 수면 가까이를 힘없이 헤엄치거나 체색이 검어져 있다. 아가미는 빈혈을 일으키고 있으며 출혈에 의해 비늘이 융기되어 있다. 내부증상은 복수, 간장의 크림색의 결절, 부레의 종대 및 신장이 회색으로 퇴색된다.

이 병의 병리조직상 가장 특징적인 신장의 조혈조직이 부종을 동반하면서 괴사되는 것으로 섬유화와 염증세포의 침윤이 수반되고 사구체염과 보우만주머니가 확장된다. 따라서 정상의 조혈조직은 이러한 염증물질로 대체된다. 또 부레나 장에도 점상출혈이 보이며 심장에도 심외막염이, 아가미에는 상피세포의 증상이 보인다.

진단은 신장의 스태프 표본을 만들어 간접형광항체법으로 진단할 수 있다. 즉 0.01 M 인산완충용액(PBS, pH 7.2)로 희석한 시판의 항 Piscirickettsia salmonis 양혈청의 희석액을 만재하여 습윤 상자에 넣어 30분간 반응시킨다. 그 후 PBS로 3회 세척한 다음 PBS로 희석한 시판의 FITC 표식양 IgG 토끼 항체를 만재하여 다시 30분간 반응시킨 다음 PBS로 3회 세척한다. 물기를 제거하고 글리세린으로 봉입한 다음 형광현미경으로 검경하면 숙주세포 내에 형광을 발하는 구형의 병원체를 확인할 수 있다.

또한 PCR에 의한 진단방법은 특이 primer로 RTS1(5′-TGA TTT TAT TGT TTA GTG AGA ATG A-3′)와 RTS4(5′-ATG CAC TTA TTC ACT TGA TCA TA-3′)를 사용하여 initial denaturation 94°C 2분 후 39사이클(94°C 30 sec; 50°C 30 sec; 72°C 30 sec)반응시킨 다음 final extension으로 72°C에 7분간 반응시킨 후 전기영동하면 284 bp의 특이 밴드를 확인할 수 있다.

### (2) 능성어의 *Piscirickettsia*

크기 1.2~1.5 kg의 능성어가 수온 22°C일 때 발병하며 10일간의 사망률은 약 1%정도이다. 감염어는 체색이 검어지며 내장기관에는 광범위한 울혈과 비장이 종대되어 있다. 종대된 비장에는 백색의 결절이 형성되어 있다.

혈액은 물처럼 묽으며 혈액, 신장, 비장 및 아가미의 혈구세포의 세포질 내에 공포와 수많은 다형성의 호염기성 입자가 관찰된다. 이처럼 세포질 내에 염기성 입자를 가진 세포는 단구 또는 마크로파아지로 이들 세포의 핵은 편재되게 된다.

병리학적으로는 비장, 신장 및 간장의 혈관계에 혈전이 형성되어 광범위한 괴사소가 형성되며, 조혈조직에는 현저한 염증세포의 침윤이 생긴다. 리케챠는 변성 또는 괴사된 세포와 마크로파아지의 세포질 내에서 관찰된다. 또한 위와 장의 장막하조직에서도 유사한 병소가 형성되며 괴사세포가 형성되기도 한다. 감염어의 비장을 1:10으로 희석하여 원심한 다음 상청액 0.1 ml를 복강주사하면  유사한 증상이 발현된다.

Rickettsia 검사를 위한 acridine orange염색은 acridine orange(AO) 20 mg을 sodium acetate buffer(1 M $CH_3COONa.3H_2O$ 100 ml, 1 N 90 ml) 190 ml에 녹인 후 1 N HCl로 pH를 3.5로 조정하여 보존액을 만들어 갈색병에 넣어 보관한다.

신장(간 또는 비장)의 도말표본을 만들어 공기 중에 건조시킨다. 시료는 살아 있는 고기에서 채취하고, 도말표본을 만든 다음 즉시 염색이 불가능할 때는 −20°C에 보관한다. 도말표본

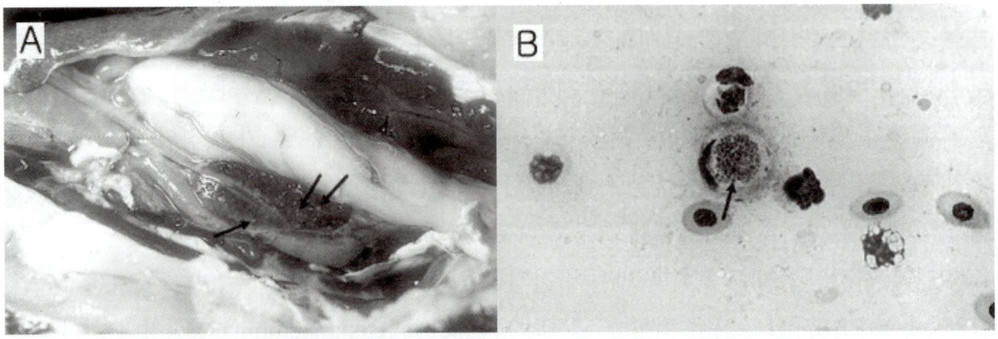


그림 2-219 능성어의 리케챠 감염. A: 비장의 종대와 백색결절(화살표), B: 마크로파아지의 세포질 내의 리케챠. Giemsa염색, ×1000.

을 만든 다음 4°C에서 보관하면 결과는 부정적이다. 도말표본은 무수 메탄올로 5분간 고정한다. AO액을 만재하여 2분간 염색한 후 도수로 세척하고 공기 중에 건조시킨다. Oil을 떨어뜰여 형광현미경으로 검경한다.

형광현미경하에서 리케챠는 밝은 오렌지 또는 녹색으로 보인다. 크기는 0.5~1.5 μm정도이며 모양은 다양하지만, 일반적으로 구형이 대부분이며, 때로는 쌍을 이룬 간균으로 보일 때도 있다. 도말표본을 만들 때에 Giemsa염색용 표본도 만들어 동시에 염색하면 좋은 결과를 얻을 수 있다.

## 17 *Francisella piscicida*

### 1) 벤자리

그람음성의 소형 간구균 또는 간균으로 숙주의 마크로파아지 내에 기생하는 세포내감염세균으로 한천배지에서의 집락은 Brucella의 그것과 유사하다. 수온 17~30°C의 초여름부터 초겨울에 걸쳐 양식 벤자리(three-line grunt, Parapristipoma trilineatum)에 발생하는 질병으로 발병적온은 24~25°C이지만 겨울철에 들어 수온이 하강하면 자연 종식된다.

발병은 10 g이하의 0세어부터 500 g의 3세어에 이르기까지 연령에 상관없이 발병한다. 그러나 사망률은 일간 사망률이 6.7%, 누적 사망률은 60%이지만, 대형어는 일간 사망률이 0.04%~0.6%, 누적 사망률은 30%범위로 소형어일수록 사망률이 높은 경향이다. 또한 이 질병은 일단 발생하면 현재까지 알려진 세균성 질병과는 달리 1~3개월간에 걸쳐 장기간 지속한다는 것도 이 병의 특징이라고 할 수 있다.

병어는 항문의 발적, 체표와 새변의 출혈이 보이고, 해부하여 보면 거의 신장과 비장 또는 드물게는 간장에 직경 0.2~1.0 mm의 소형 백점이 관찰되는데, 특히 거의 모든 병어의 신장에서는 소백점이 발견된다.

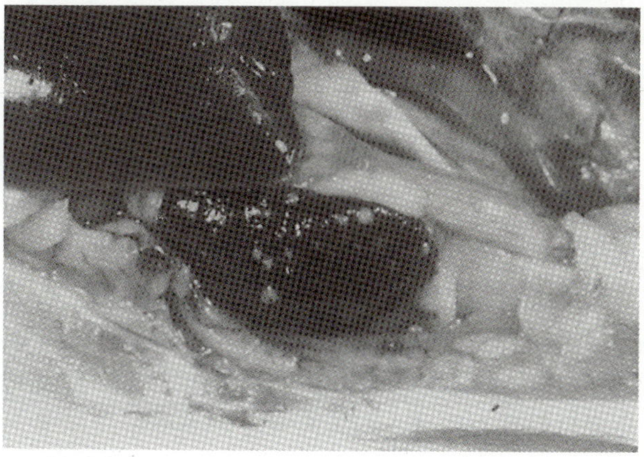

그림 2-220 자연 발병어의 비장 표면의 소형 백색결절.

신장의 도말표본을 만들어 methylene blue 또는 Giemsa염색을 하면 세포 내에 직경 0.5~1.0 μm인 구형의 세포내 기생세균(intracellular bacterium, ICB)이 발견된다. 또한 도말표본 내의 세균은 Rickettsia의 검출에 사용되는 형광염색인 acridine orange염색에서는 황등색을 나타내며, TB Quick stain(BBL)을 사용한 항산성염색에서는 양성반응을 나타내는 세균은 관찰되지 않는다. Francisella속의 세균은 세포내감염의 막대모양 비운동성 호기성 병원균이다.

병리조직학적으로는 신장과 비장의 간질에 육아종이 형성되는 것이 특징적이다. 신장과 비장에는 여러 개의 육아종이 형성되며, 육아종의 주변에는 염증세포의 침윤도 관찰되지만, 육아종의 중심에는 괴사소가 형성되고 그 주변을 류상피세포가 둘러싸고 있을 뿐 섬유아세포의 형성은 없다. 육아종내부 또는 육아종 주변의 세포에는 세포질 내에 작은 원형의 세포내세균이 관찰된다. 이러한 세포내세균은 그람음성을 나타낸다.

감염어의 비장을 적출하여 19배량의 PBS를 가한 다음 분쇄하여 0.1 ml를 복강 내에 접종하면 5일 후부터 사망이 증가하기 시작하여 16일후에 전부 폐사하며, 신장과 비장의 스탬프 표본에서는 자연 발병어와 마찬가지로 세포내 세균이 확인된다. 이러한 세균은 유사한 증상을 나타내는 Piscirickettsia salmonis의 단크론항체와 primers를 사용한 PCR반응에 음성을 나타낸다.

비장을 1% 헤모글로빈(w/v)을 첨가한 cystein heart agar(Difco)에 접종하여 25°C에 2주간 배양하면 소형의 회색 또는 녹색의 집락이 형성된다. 발육적온은 25°C이며, 37°C에서는

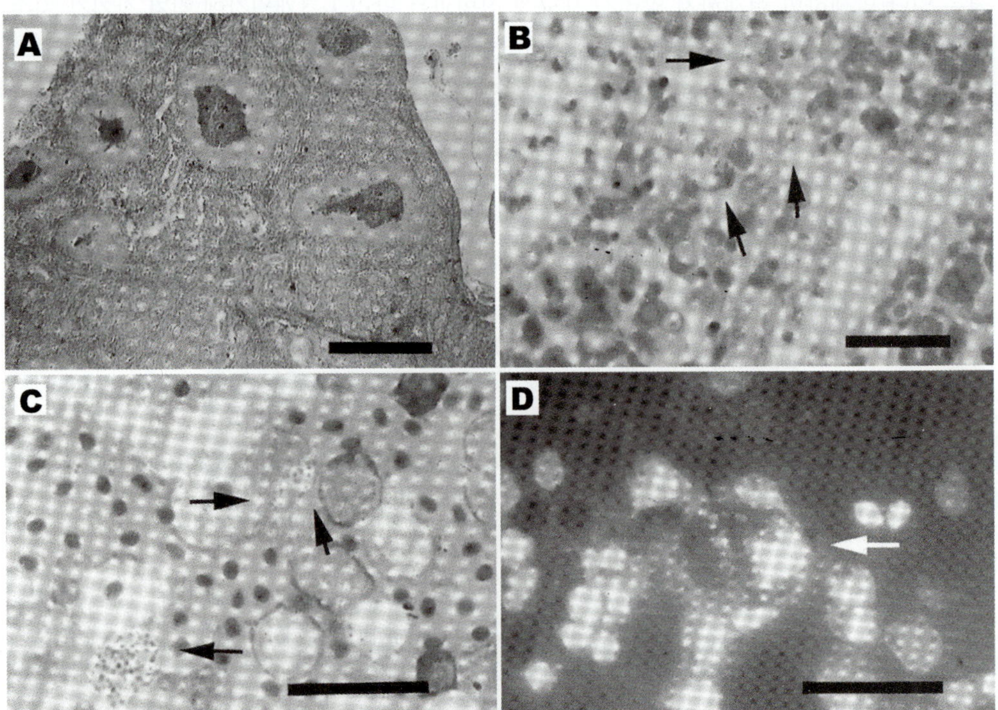


그림 2-221 발병어의 병리조직(A&B)과 스탬프표본(C&D). A: 신장 내의 육아종(HE), B: 신장 내의 세포내세균(Giemsa), C: 비장 내의 세포내세균(Giemsa), D: 신장 내의 세포내세균(acridine orange). Bar = 0.5 mm(A)와 20 μm(B~D).

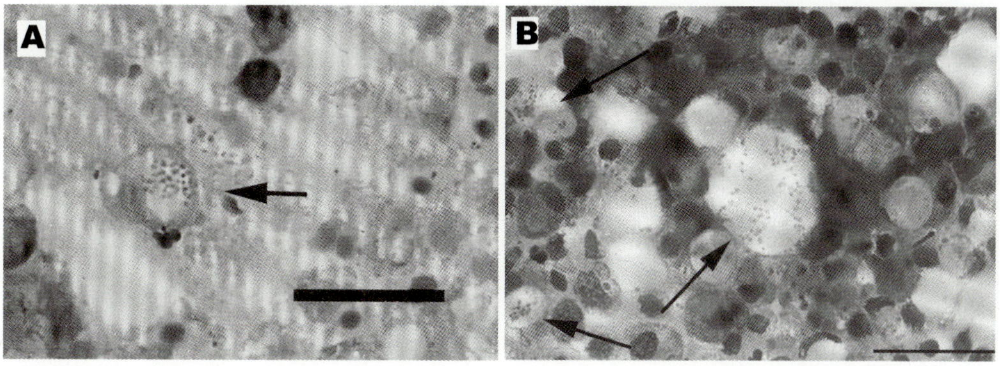


그림 2-222 비장분쇄 복강접종어의 신장도말표본(A)과 분리균을 근육접종어의 비장도말표본(B)의 Giemsa염색. Bar = 20 μm(A), 10 μm(B).

발육하지 못한다. 대량배양을 위해서는 1% 헤모글로빈 첨가 Eugon agar(BBL) 또는 2 mM $FeCl_3$첨가 Eugon broth(BBL)를 사용할 수 있다. Eugon broth를 만들 때는 별도로 여과 멸균하여 둔 1 M $FeCl_3$액을 첨가하여 제조한다.

진단을 위해서는 Isaki-60(5′-GTC GAA CGG TAA CAG GTC TTC GGA-3′)과 Isaki-840r(5′-GCC ACT AGA TCC TTT ACA CCG AAT-3′)를 사용하여 30사이클(94°C, 30초: 55°C, 30초: 72°C, 1분)의 조건으로 PCR 반응시키면 788 bp의 밴드를 확인할 수 있다.

## 2) 틸라피아(*Oreochromis* spp.)

병어는 피부 궤양과 신장과 비장을 비롯한 내장에 백색결절 형성을 질병이 발생한다. 환부의 도말표본을 만들어 Liu의 그람 감별법 또는 Gram염색하면 세포질 내에 다형성을 나타내는 그람음성의 세포내세균이 관찰된다. 환부를 Thayer-Martin agar에 접종하여 23°C에 3~6일간 배양하면 회색의 주변 원활한 집락이 형성된다. 30°C에서는 발육이 매우 느리거나 발육하지 않고, 35°C에서는 발육하지 못한다.

병리조직학적으로 육아종이 발견되는 곳은 신장과 비장은 100%, 간, 아가미, 생식소, 소화관 심장 부레 및 눈의 순서로 육아종이 많이 형성된다. 감염초기에는 세포질 내에 공포상으로 보이는 구조를 가진 세포가 여러 곳에 모여서 중심부가 점차 괴사되면서 바깥 부분이 섬유소로 둘러싸이게 된다. 육아종의 괴사소에서는 대형의 공포를 가진 세포가 자주 발견되는 것도 매우 흥미로운 현상이다. 세포내 세균을 전자현미경으로 관찰하면 식세포 내에 1.45±0.35 × 0.35±0.15 μm 크기로 관찰된다. 더 고배율로 관찰하면 몇몇 세균은 전자밀도가 낮은 좁은 테두리로 세포질과 격리되어 있다는 것을 알 수 있다.

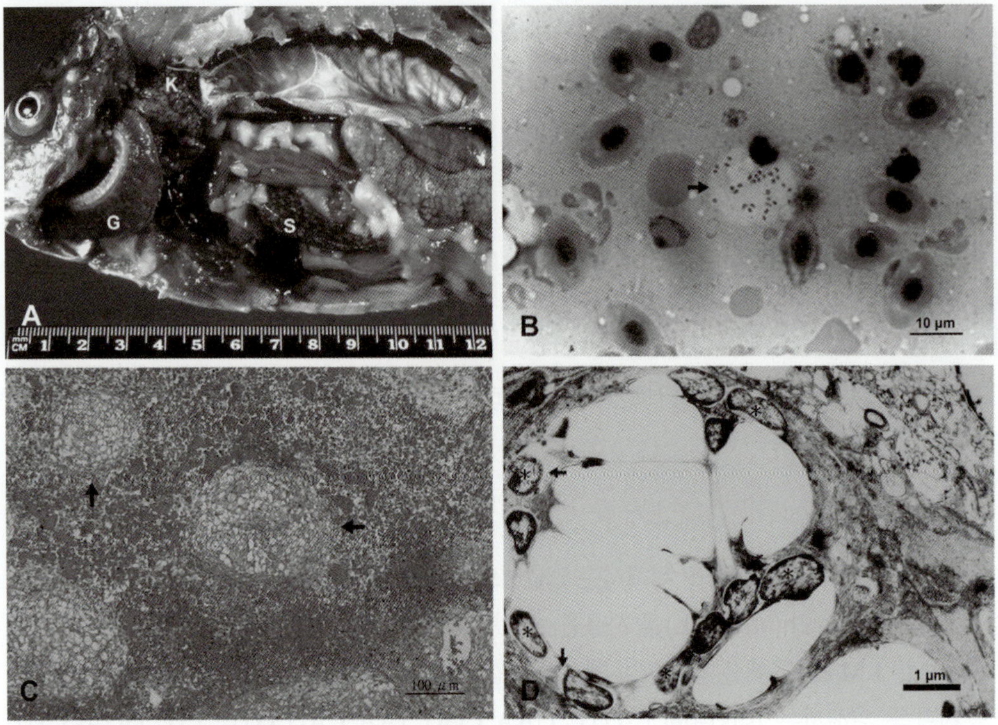


그림 2-223 A: 비장(S), 신장(K) 및 아가미(G)에 백색결절이 형성된 틸라피어 병어. B: 신장의 도말표본 내의 식세포에서 세포질 내의 공포 속에 많은 그람음성 세균(Gram 염색), C: 신장 내의 육아종의 중심부는 괴사되어 있고 바깥은 많은 층의 유상피세포 또는 공포가 있는 세포 및 섬유소(화살표)로 둘러싸여 있다. D: 신장의 전자현미경상, 세포내 세균은 모양이 불규칙한 다형성으로 식세포의 세포질내 공포 내에서 발견되며 1개의 엷은 공간이 식세포의 세포질과 격리시키고 있다.

### 3) 대서양 대구(*Gadus morhua*)

노르웨이에서 양식 중인 대서양 대구가 수온 14.5°C에 발생하기 시작하여 5개월 동안 지속적으로 사망하여 누적 사망률이 40%에 달한다. 대구의 경우에는 대형의 어류가 잘 감염되는 경향으로 발병초기에는 아무런 증상이 없지만 시간이 경과함에 따라 힘없이 유영하고 먹이에 전혀 반응을 나타내지 않는다. 또한 피부에 융기된 출혈성 결절이 형성되며 안구돌출 및 백탁이 생긴다. 해부하여 보면 비장, 심장, 신장 및 간장에 다양한 크기의 많은 백색결절이 관찰된다. 신장과 비장은 종대되고 소화관의 점막층이 두터워져 있다.

병리조직학적으로 육아종은 신장과 비장의 간질과 간의 실질, 소화관의 점막고유층에 형성된다. 또 심장의 심외막에 육아종과 육아종성염이 발견되며, 백색근, 아가미의 새변, 동안근에서 육아종이 발견된다. 육아종 내에 가장 많은 세포는 비대한 세포질내 공포를 가진 마크로파아지이다. 보다 대형의 육아종의 중심부에는 변성 유상피세포로 판단되는 소형의 흑색핵과 호산성의 세포질을 가진 소형세포가 모여 있다. 육아종을 둘러싸고 있는 결합조직이 확인되지만 거대세포는 거의 관찰할 수 없다. 세균은 육아종 내의 마크로파아지의 세포내 공포 속에 들어 있지만 세포의 바깥에서는 전혀 발견할 수 없다.

원인균의 분리는 5% sheep blood첨가 cysteine heart agar(CHA)에 접종하여 22°C에

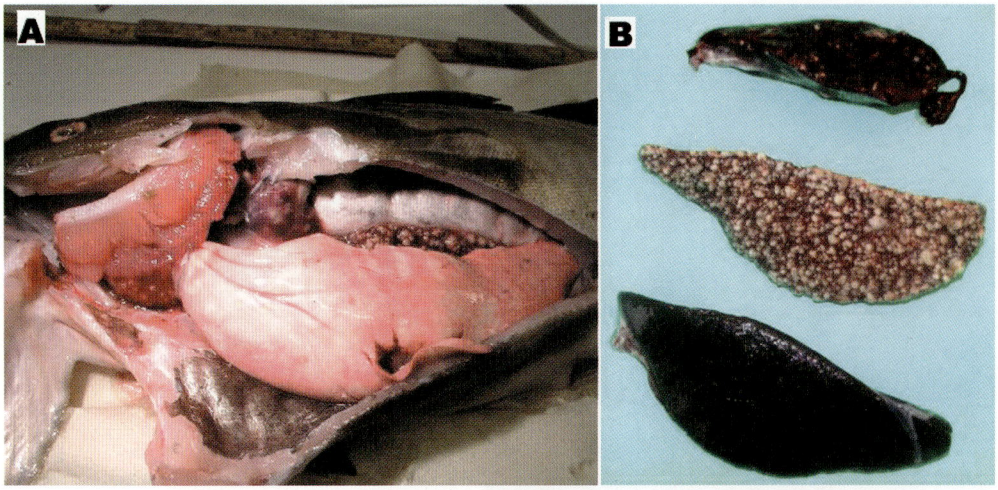


그림 2-224 A: 심장, 신장 및 비장의 백색 육아종, B: 백색의 반점 또는 결절을 가진 대서양 대구의 비장.

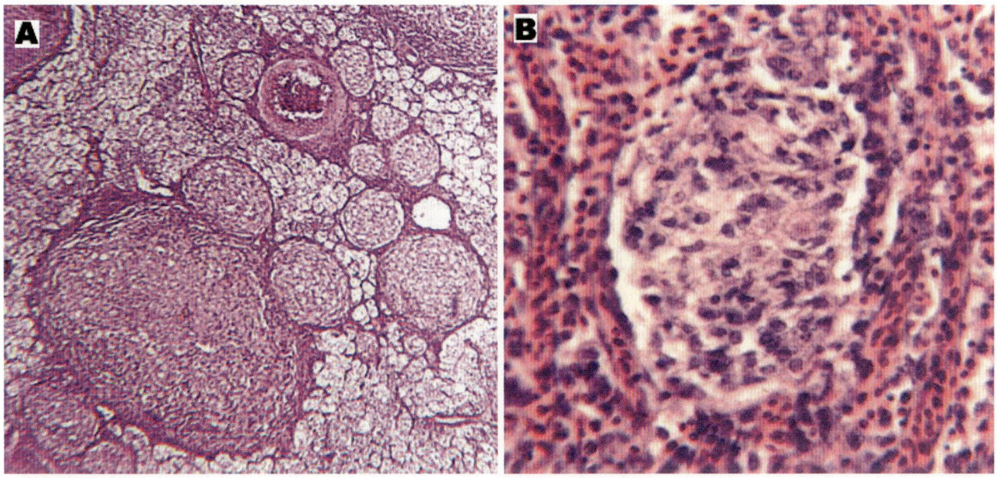


그림 2-225 A: 많은 육아종이 형성된 간장. B: 육아종이 형성된 맥락막. HE.

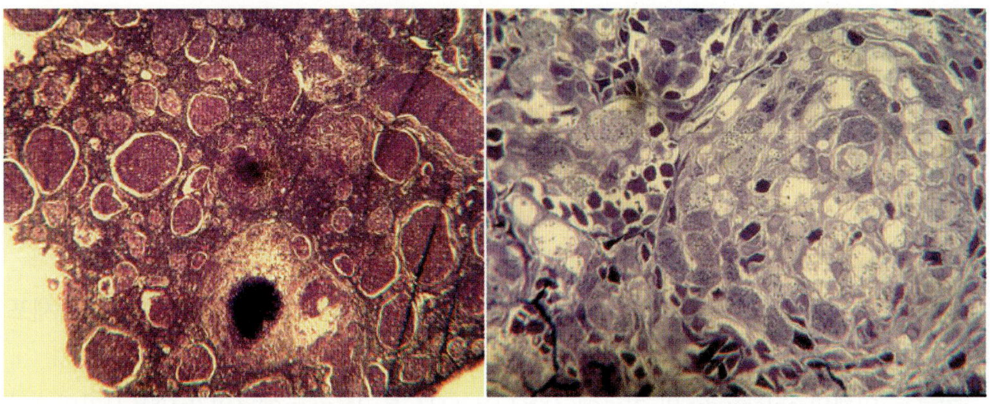

그림 2-226 비장 내의 크고 작은 육아종과 육아종 내부의 식세포의 세포질 공포 내의 세균.

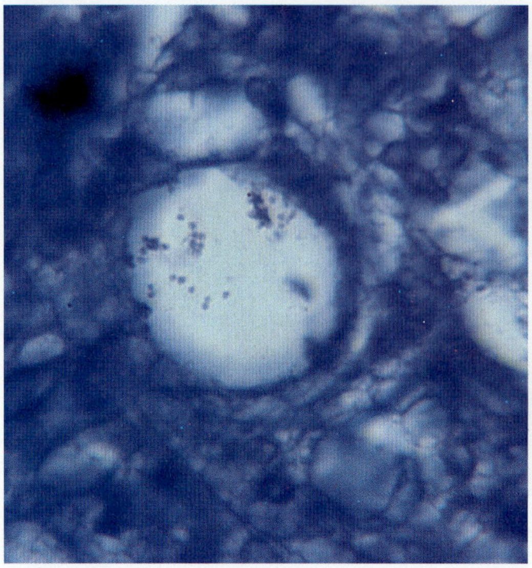

그림 2-227 육아종 내의 식세포의 공포내에 세균 (May Grunwald Giemsa, 1000배).

3일간 배양하여 집락이 형성되고 더 배양하면 직경 2~3 mm의 비용혈성균이 발육하며 배지는 약간 녹색으로 변색된다. 그러나 혈액을 첨가하지 않은 CHA에서는 전혀 발육하지 못한다.

## 18 Epitheliocystis

그람 음성, 비운동성의 Chlamydia-like organism이 살아 있는 세포(Acanthoamoeba) 내에 증식에 발생하는 질병이다. 감염부위는 주로 아가미이며, 드물게는 위새 또는 피부에 감염되기도 한다. 감염어는 직경 −1 mm까지의 백색결절의 환부가 형성되는데 백점병과 림포시스티스병과 유사한 증상을 나타냄으로 증상으로 진단할 때는 주의를 요한다. Epitheliocytis는 감염력은 있지만 증식성은 없는 기본소체(elementary body, 소형세포)와 기본소체가 어체에 침입하여 증식성을 같게 된 망상구조체(reticululate body)로 구성되어 있다.

감염어는 일반적으로 숙주반응은 없거나 심한 상피세포의 증생이 생긴다. 그러나 심한 감염일 때만 숙주반응이 있고, 가벼운 감염에서는 염증반응만 유발하는 것이 보통이다. 또한 숙주반응도 어종에 따라 현저한 차이를 나타냄으로 단정해서 설명할 수는 없다.

담수산 큰입 bass의 경우에는 수온 15°C에서 유수식으로 양식 중인 10~13 cm의 큰입베스에 감염되며, 일간 폐사율은 1%였다. 새변의 도말표본을 만들어 무염색으로 검경하면 새변 상피의 증생과 새변 사이를 가득 채우고 있는 epithelyocystis를 발견할 수 있다.

병리조직학적으로는 호염기성의 과립으로 충만된 거대 원형세포와 발육단계의 미숙세포를 관찰할 수 있다.

치료는 인체의 chlamydia의 치료에 사용되는 OTC를 25 ppm에 3일간 약욕시키면 3일 후부터 사망률이 현저하게 저하되면서 치료된다.

최근에는 해산 가두리 양식의 조피볼락의 아가미에서도 감염되고 있다. Cyst가 형성된 부

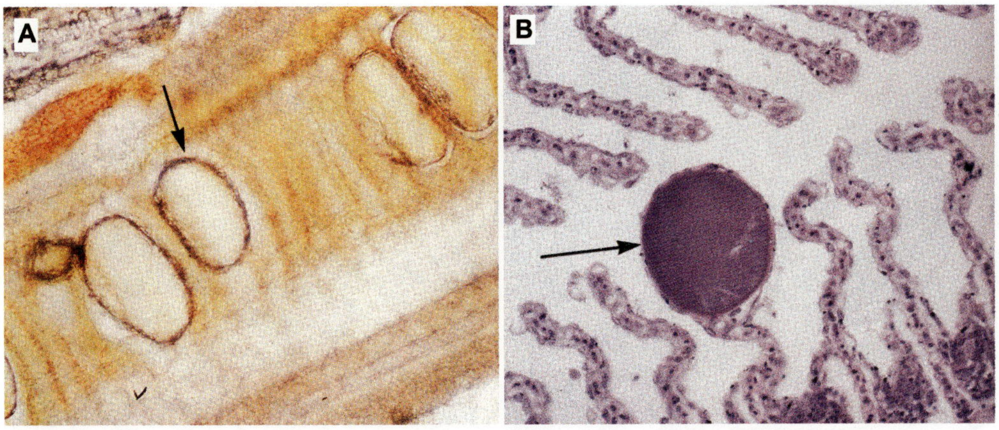


그림 2-228 Epitheliocystis 감염증. A: 아가미의 무염색 표본으로 비대한 세포질 내에 균질성의 봉입체를 가지고 있다. B: 비대화된 세포질 전체를 1개의 대형 호염기성 과립성 봉입체가 차지하고 있다. 봉입체의 내부는 coccoid bodies로 구성되어 있는 것이 진단상의 특징이다. HE염색 표본.

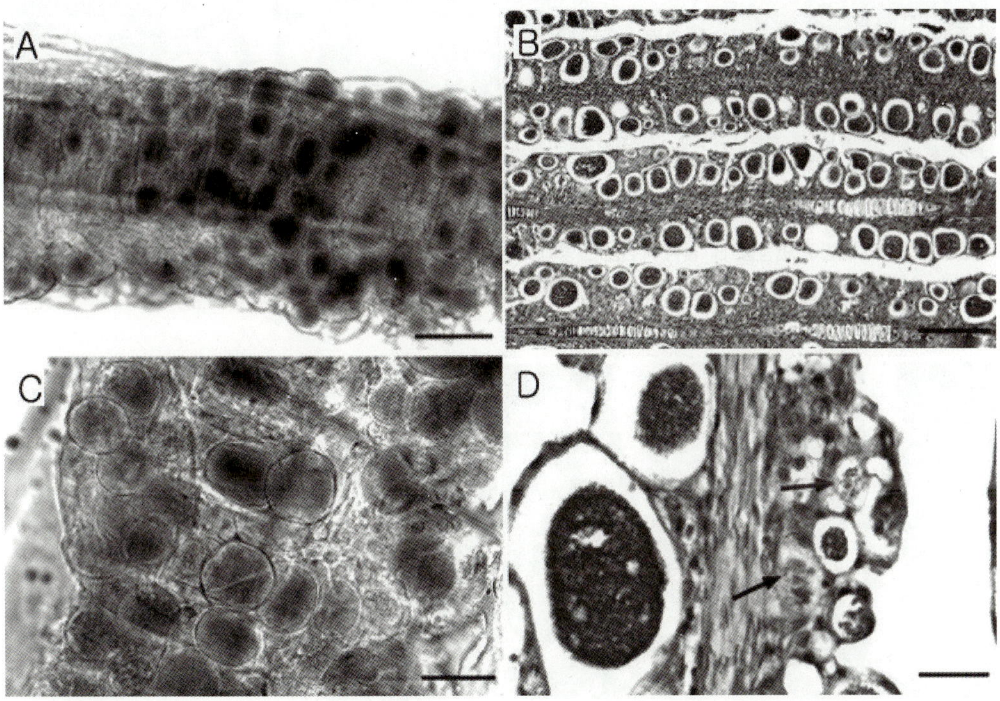


그림 2-229 A: 새변의 도말표본, 회색의 타원형의 epithelyoccystis 세포, 무염색. B: 새변 상피세포의 증생과 새변 사이에 형성된 cyst. C: A의 확대도. 새변의 상피의 증생과 cyst 내의 epithelyocystis. D: B의 확대도. 숙주세포 내에서 발육 중인 미숙의 epithelyocystis(화살표).

위의 2차 새변은 상피세포의 증생으로 새변의 변형 및 유착이 생기며, 2차 새변의 상피세포에 점액세포가 관찰된다. 특히 cyst가 2차 새변의 중간 부위에 형성된 경우에는 그 새변의 기부에는 상피세포의 증생이 현저하고 또한 새변의 상피세포에는 미약하나마 점액세포의 수가 증가되어 있었다. 그러나 cyst 형성부위에 상관없이 아가미에서의 변화는 현저하지는 않아 숙주반응이 미약한 것으로 생각된다.

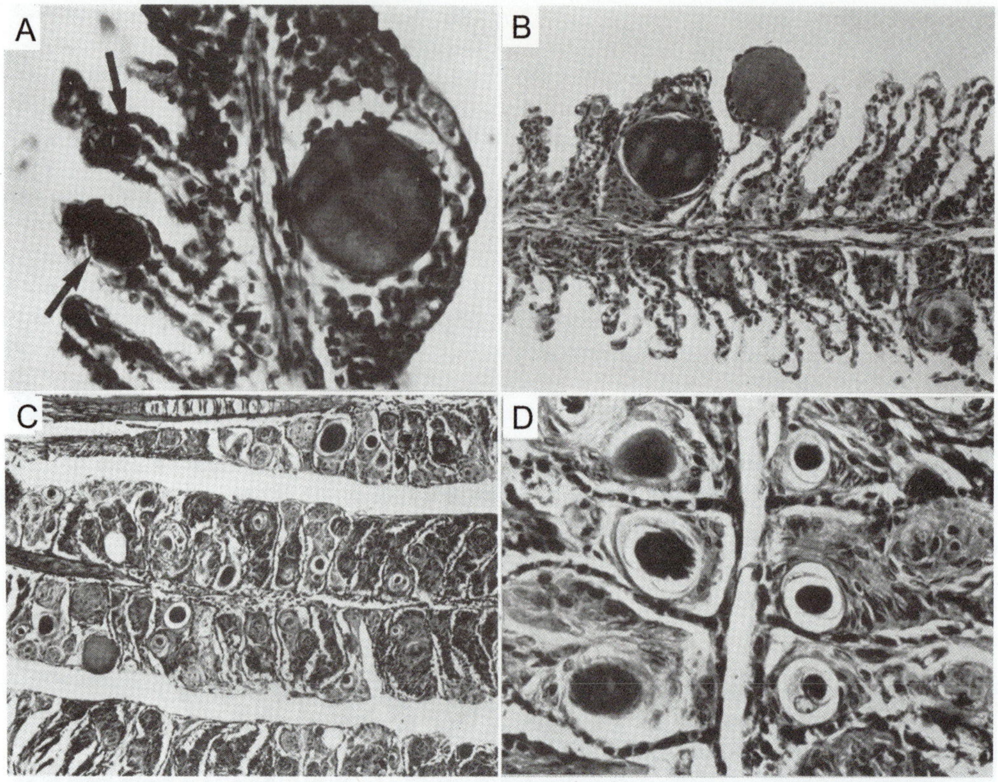


그림 2-230 Epitheliocystis. A: 참돔의 감염초기의 cyst(화살표)로 새변 상피의 모세혈관 아래에 형성되어 있고, 상피세포가 증생되어 새변이 변형됨. B: 감염 새변은 변형되고 상피세포는 증생으로 새변이 유착됨. C: 심한 감염의 참돔 아가미, D: C의 확대도로 cyst의 내부는 수축되고, 주변부에는 조각 모양의 봉입체가 보임.

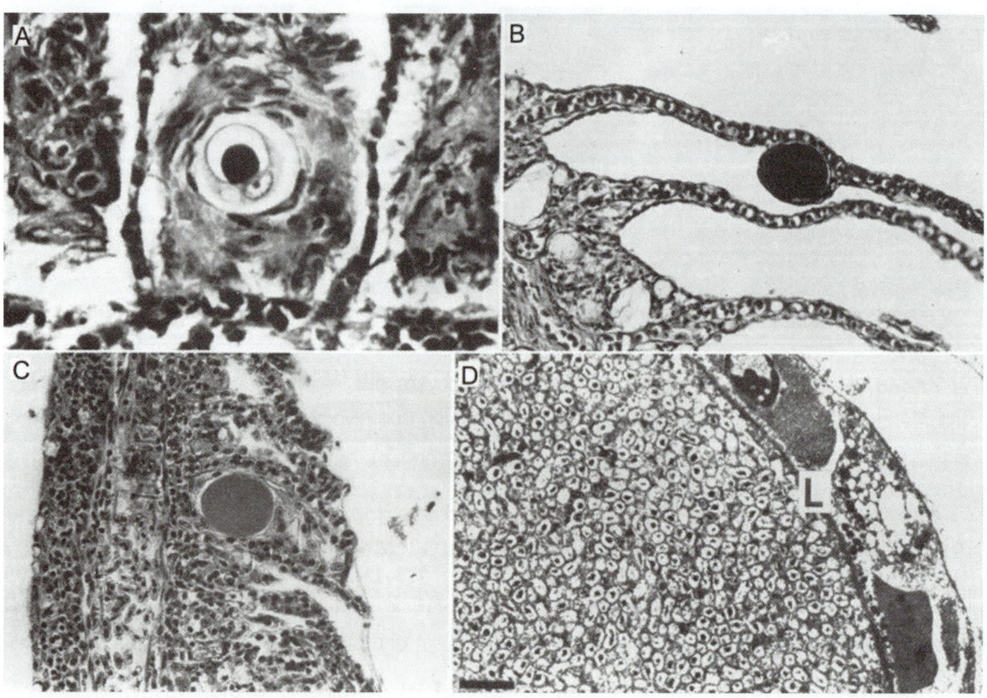


그림 2-231 A: 핵과 핵인이 뚜렷한 변성 epitheliocystis cyst의 상세도. B: 황복, 모세혈관 아래에 형성된 cyst. C: 잉어의 아가미 새변 사이에 형성된 cyst. D: Cyst의 전현상, 내부는 원형의 입자로 충만되어 있고 주변을 세포유래의 전자밀도 치밀층이(L) 숙주유래의 capsule로부터 격리시키고 있다.

# 제 3 장 기생성 질병

## - 어류의 기생충 -

## 1 개요

어류에 기생하는 기생충은 원생동물인 원충, 편형동물인 단생충, 흡충, 조충, 선충 및 구두충과 연체동물인 이매패류, 환형동물인 거머리, 절지동물인 갑각류 등 매우 다양하게 구성되어져 있다.

원생동물은 1개의 세포로도 생명의 영위가 가능한 진핵세포로 되어 있으며, 세포 내에 먹이 섭취, 운동, 삼투압조절 및 생식이 가능하도록 수많은 세포기관을 가지고 있어 진화과정에서 조직의 분화가 일어나지 못하고 단세포의 형태로 머물러 있다. 이러한 원충은 대개 어류의 피부, 아가미, 근육, 신경 및 내장기관 등에 기생하는데 모든 기생체가 숙주에 나쁜 영향을 끼치는 것이 아니라 숙주와 기생체가 균형을 이루고 있다가 어떠한 요인에 의해 이 균형이 깨어져 기생체의 수가 증가하게 되면 숙주는 질병의 상태에 빠지게 된다. 특히 2분열에 의해 무성적으로 급격히 증식하는 것은 양어지뿐만 아니라 사육어의 밀도가 높은 곳에서는 급격히 증가하기 때문에 질병을 유발하기 쉽다. 또 숙주에 직접적으로 나쁜 영향을 미치지 않지만 방어나 참치의 근육에 기생하는 Kudoa 같은 것은 식품의 가공과정에 프로테아제를 내어서 근육을 융해시켜 젤리상으로 만들기 때문에 상품으로서의 가치를 상실하게 한다.

원충류를 제외한 기생충은 기생생활을 하는 것과 자유유영생활을 하는 것이 있는데 기생생활을 하는 것은 대개의 경우 복잡한 생활사를 가지고 있어 어류에 기생하고 있는 경우는 복잡한 생활사의 단지 일부에 불과한 경우도 적지 않다. 이러한 기생충은 숙주에 대한 특이성이 강하기 때문에 기생충의 종류에 따라 기생하는 숙주도 거의 결정되어지며 기생부위, 기생방식 및 기생하는 시기가 거의 일정하다고 할 수 있다.

## 2 편모충병

### 1) *Oodinium*증(Oodiniosis, Amyloodiniosis)

식물성 편모충류인 Oodinium ocellatum(Amyloodium ocellatum)가 해산어, O. pillularis와 O. limneticum이 담수어의 아가미, 피부, 지느러미 등에 기생하지만 주 기생부위는 아가미이다. 어류 중에서 점액층이 두꺼운 어류나 낮은 DO에 잘 견디는 어류는 이 병에 저항성이 강하다. 틸라피아는 기수역에서 양식하게 되면 이 병에 잘 걸리는 경향이 있다.

기생충이 어체에 기생하고 있을 때는 구형 또는 난형으로 한쪽에 가근상 돌기(rhizoid)를 가지고 있으나 편모가 없기 때문에 편모충으로 보이지 않지만, 성숙하여 어체에서 수중으로 떨어져 나오면 시스트를 형성하여 시스트의 내부에서 분열을 일으킨 다음 쌍편모를 가진 유주자(dinospore)가 만들어지기 때문에 편모충임을 알 수 있다. 유주자는 수중을 자유로이 유영하면서 숙주를 만나게 되면 편모가 소실되면서 기생하게 되는데 이것을 영양체(trophont)라 한다.

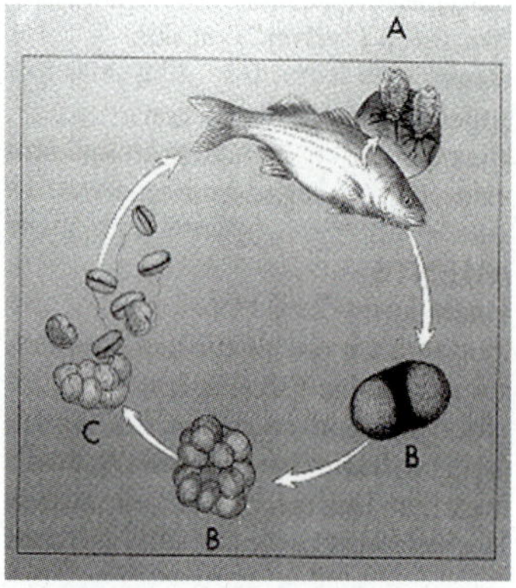


그림 3-1 *Oodinium*의 생활사. A: 영양체, B: 자충, C: 유주자.

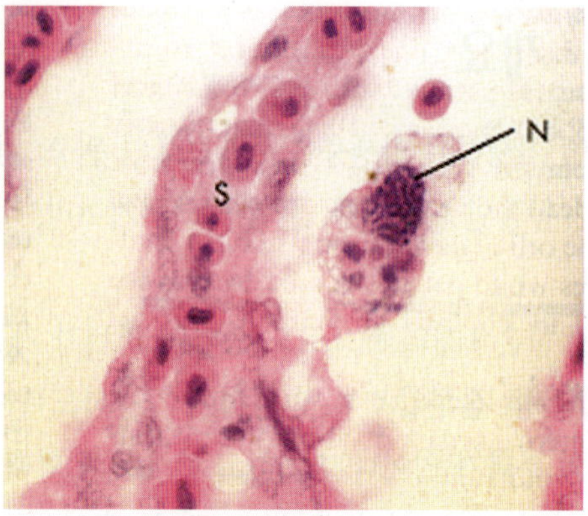


그림 3-2 아가미에 기생한 *Oodinium*. N: 핵 S: 2차 새변. HE.

아가미에 기생한 경우 새변과 새박판 사이에 자유로운 상태로 존재하는 것, 증생된 상피에 의해 서로 유착된 새박판에 둘러싸여 있는 것 등 출현양식은 다양하다. 영양체는 족부로 아가미조직에 부착하여 상피세포 내로 가근상 돌기를 내어 영양분을 취한다. 이 때문에 기생부위의 상피세포는 변형되어 혼탁종창, 증생, 염증, 출혈이 나타나고 이어서 괴사 붕괴된다. 이러한 상피세포의 붕괴에 의한 호흡장애, 삼투압조절의 장애 및 2차적 세균감염이 주요한 사망의 원인이다. 피부기생의 경우 표피조직에 감염되지만, 어류가 죽는 경우는 드물다.

한편 육상수조에서 사육 중인 숭어에 발병한 경우 아가미의 색이 정상 또는 퇴색된 것 이외에는 이렇다 할 증상은 없고, 해부 소견으로도 이상은 없었다. 아가미의 도말표본의 무염색 표본에서는 충체의 가운데에 밝게 보이는 원형 또는 난원형의 핵을 가진 수많은 원형 또는 타원형의 크고 작은 검은 충체가 관찰된다. 이 중 소형의 충체는 핵이 충체의 대부분을 차지하며, 대형의 충체에 비해 밝게 보인다.

아가미의 무염색 표본에서의 충체의 평균 크기는 43.5 μm(18.2~72.7 μm, n=20) 정도이다. 또한 Lugol액을 떨어뜨려 검경한 표본의 충체는 무염색표본과 마찬가지로 원형 또는 타원형의 흑색으로 염색되는데, 그 중에서는 충체의 한 쪽이 밝게 함몰되어 보이는 개체도 있다. Lugol염색 표본에서 충체의 크기는 51.1 μm(20.0~80.0 μm, n=20)이다. 또 Diff-Quick solution III액을 떨어뜨려 검경하였을 때는 청색으로 관찰되는데, 충체의 크기는 56.3 μm

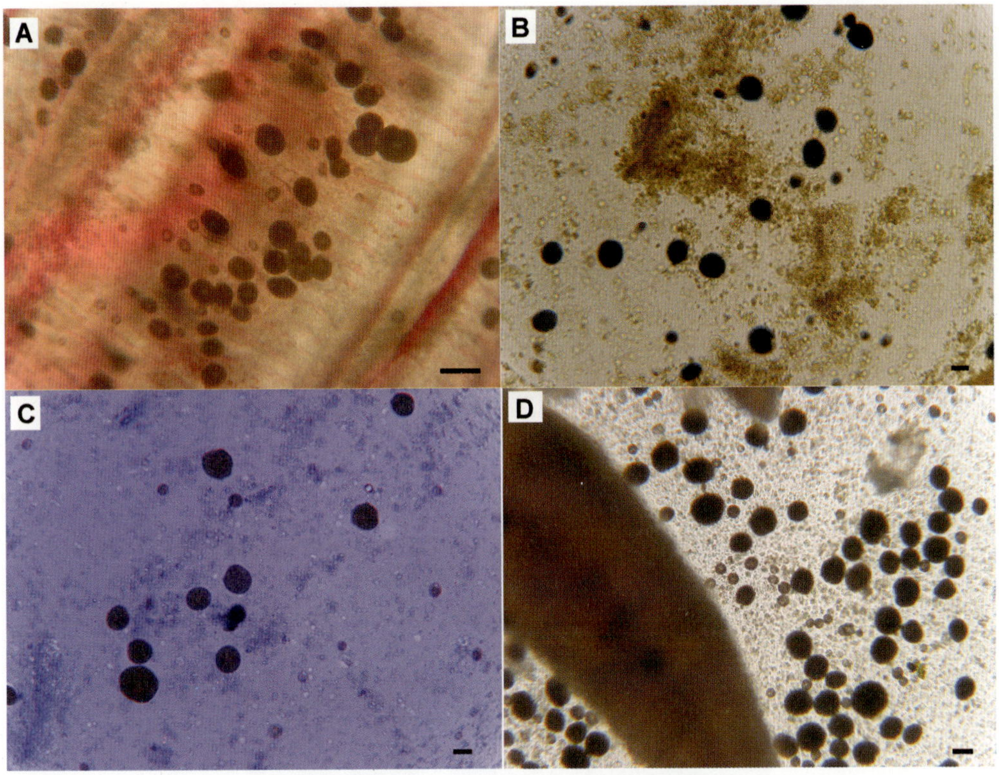


그림 3-3 숭어의 아가미에 기생한 *Amyloodinium* sp.의 영양체. A, 무염색 표본, B & D, 루골액 첨가, C, Diff-Quick solution Ⅲ 첨가; D. 황산동 5 ppm에 24시간 약욕 후의 도말표본. Bar: 100 μm in A, and 50 μm in B–D.

(25.0~100.0 μm, n=20)이다. 무염색 표본에서 관찰되는 소형의 충체는 Lugol액이나 Diff-Quick solution Ⅲ의 염색 표본에서도 이들 염색액에 대한 친화도가 낮아 대형보다는 엷게 염색된다.

병리조직학적으로 병어의 아가미는 상피세포의 증생으로 새변의 유착이 현저하며, 이로 인해 새변은 곤봉화되는데, 새변의 곤봉화는 새변의 끝부분일수록 현저하다. 또한 새변의 기부에서도 상피세포의 증생이 현저하였고, 때로는 상피세포가 박리된다. 새변에는 4.80~6.31 × 4.55~4.80 μm의 배 모양의 성체가 한 끝에 돌출된 발과 같은 부착기 즉 가근상 돌기로 상피세포에 부착하고 있으며, 새변과 새변 사이에 부착한 성체의 영향으로 새변 맞물림 현상과 새변의 뒤틀림 현상이 현저하다.

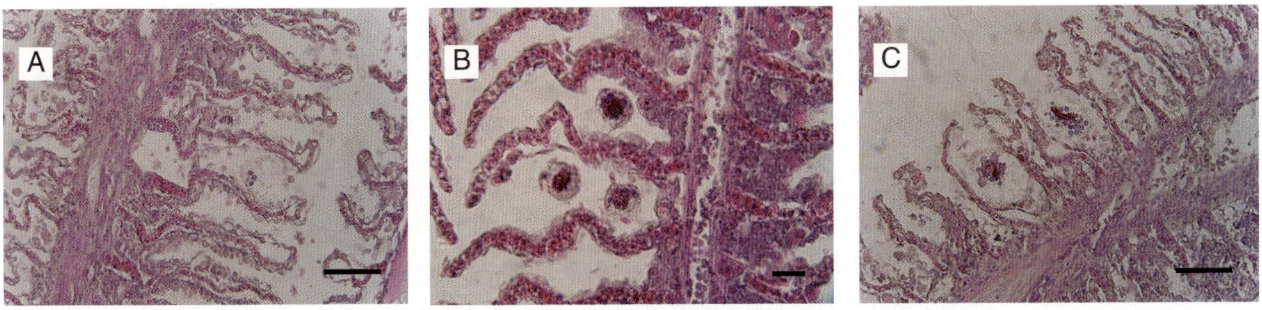


그림 3-4 숭어의 아가미에 감염된 *Amyloodinium* sp.의 영양체. A & B, 상피세포의 증생과 새변의 유착; C, 새변 사이에 가근상돌기로 부착한 충체, 새변은 상피세포와 점액세포의 증생을 나타냄. H&E. (Bar = 50 μm).

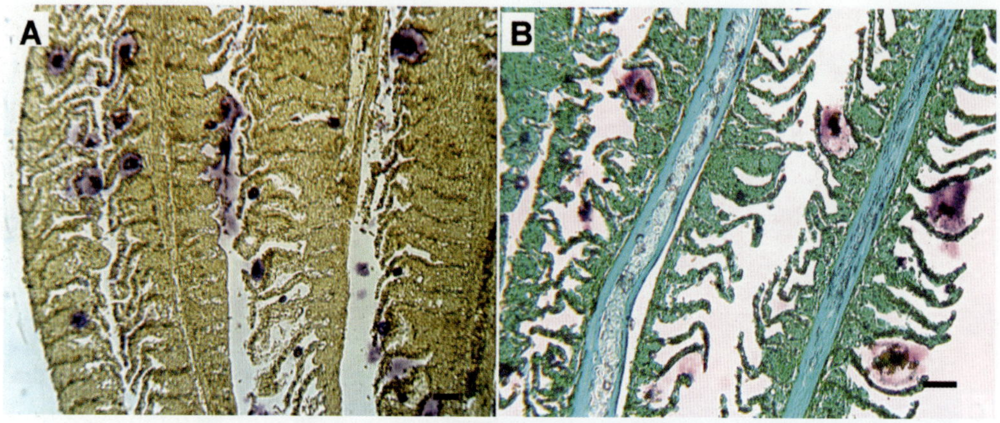


그림 3-5 *Amyloodinium* 영양체의 10배 희석 Lugol액(5 min) (A)과 0.1% light green염색(1 분). Bars = 50 μm.

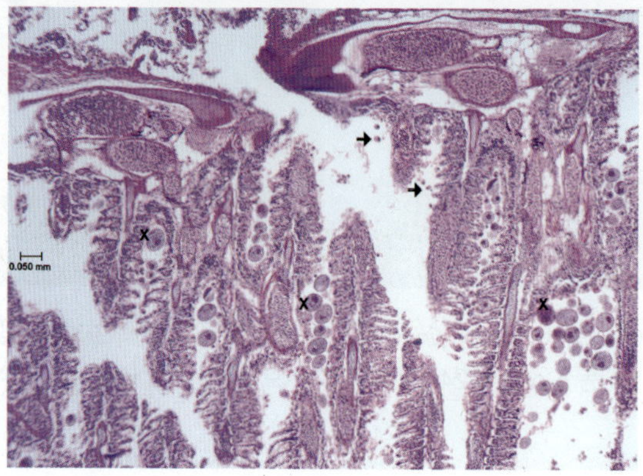


그림 3-6 담수어에 기생하는 *Piscinoodinium* (X)이 심하게 감염된 어류 아가미의 조직 표본. HE. 감염 초기 단계(화살표).

아가미의 파라핀 조직 절편을 탈파라핀 후 함수시킨 다음 10배 희석 루골액 또는 0.1 % light green액과 증류수로 10배 희석 Lugol액으로 이중염색한 조직상은 새변 사이에 충체는 진한 보라색으로 염색되는 핵과 Lugol액과 전분반응을 나타내어 옅은 보라색으로 염색되는 세포질이 명확하게 구분된다.

## 2) *Cryptobia*(Cryptobiosis)

동물성 편모충류인 Cryptobia salmositica가 어류의 아가미, 피부, 또는 내장에 기생하는 질병으로 송어류에 잘 감염된다. 감염에는 거머리의 매개를 필요로 하지만 어류에서 어류로 직접 감염되는 수도 있다. 감염된 송어류를 해수역으로 옮겨서 사육하여도 치료에는 전혀 효과가 없다. 미국에서 송어류에 기생된 예를 보면 혈액 속에 기생하는 혈액기생충(hemoflagellate)으로 그 기생수가 적혈구수보다 많은 경우도 있다. 이 기생충이 혈액 속에 다수 존재하기 때문에 아가미의 모세혈관은 팽창되던가 폐쇄되던가 하며 때로는 수종이 생기는 경우도 있다. 또 안구돌출, 신장비대, 복수저장에 의한 복부팽만 등이 나타나고 신장에 기생하게 되면 사구체에 수종이 생긴다.

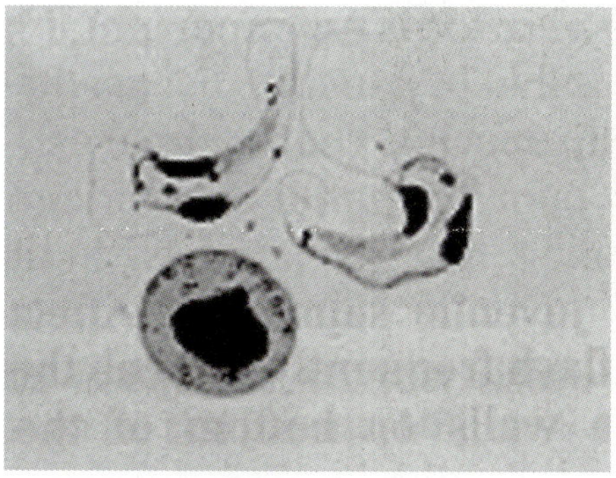

그림 3-7 송어 혈액도말 표본. GS.

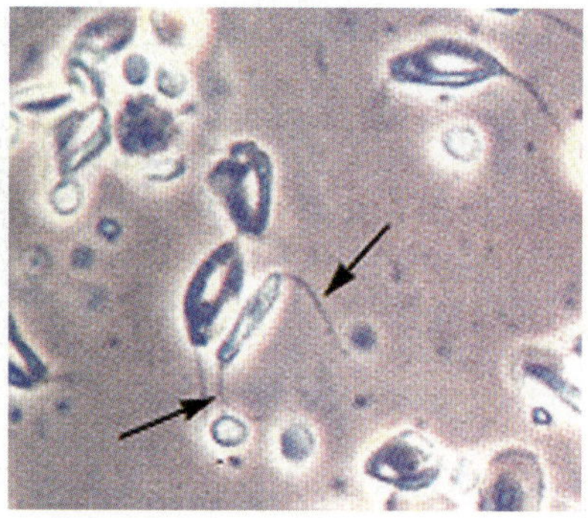

그림 3-8 아가미 도말표본. 무염색.

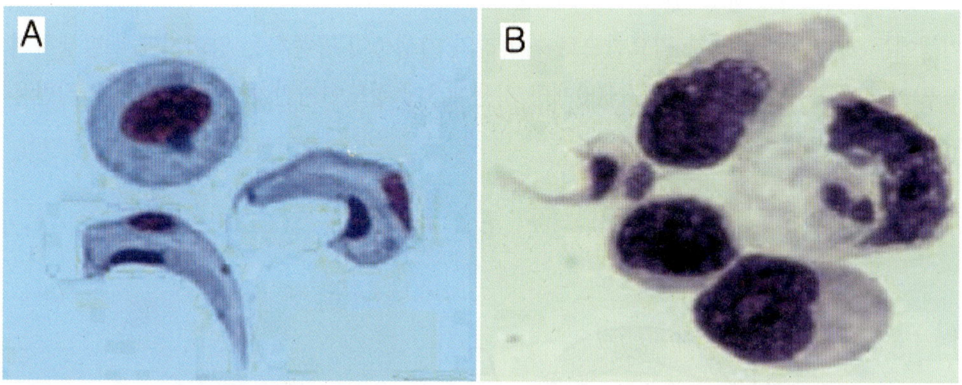


그림 3-9 A: *Cryptobia*(*Trypanoplasam*) *salmositica*, Giemsa. B: *Cryptobia*를 탐식하고 있는 복강 내의 마크로파아지.

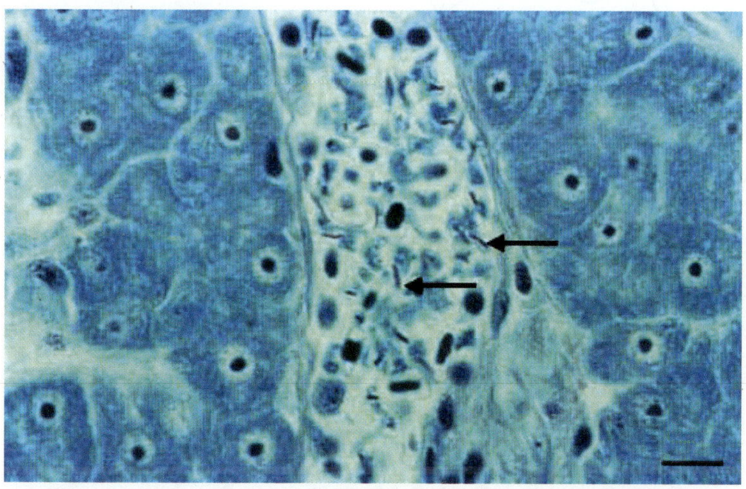

그림 3-10 중심 정맥 내의 *Tryphanosoma* ( = *Cryptobia*) *salmositica*로 진하게 염색되는 kinetoblast(화살표)가 막대기 모양으로 길게 늘어나 있다. May-Grünwald Giemsa, 10 μm.

병리조직 표본에서는 Giemsa, Janus green 또는 Fuelgen염색을 하면 조직 내의 혈관 내부에 핵과 kinetoblast를 가진 충체를 확인할 수 있다. 그러나 말초혈액의 도말표본을 Giemsa염색한 표본이 조직표본에서보다 핵, kinetoblast, 파동막 및 편모를 더욱 명확히 확인할 수 있다. Giemsa염색하면 세포질은 푸르게 염색되며, 핵, kinetobalst 및 편모는 적색 또는 자주색으로 염색된다.

### 3) 뱀장어의 *Trypanosoma*

뱀장어의 혈액 속에 기생하는 동물성 편모충류로서 기생율은 상당히 높지만, 뱀장어에는 무해한 것으로 생각되고 있다. 충체는 가늘고 길며 앞쪽에 긴 편모를 가지고 있으며, 뒤쪽은 뾰족하다. 동핵(blepharoplast)은 난형으로 몸의 앞쪽에 위치하며, 몸체와 명확히 구분되는 파상막(undulating membrane)이 있고, 핵은 충체의 중앙에 위치하고 있으며, 원형질은 호중성의 무구조로 공포를 가지고 있다. Cryptobia는 편모가  충체의 전후에 1개씩 있으며, 파상막이 없기 때문에 이것으로 서로 구분하고 있다.

기생에는 거머리의 매개가 필요함으로 거머리와 기생충이 공존하는 양어지에서 발생하기 쉽다. 많이 기생할 경우에는 적혈구 100개당 기생체 2개 정도이지만 어류는 별다를 조직반응을 나타내지 않는다.

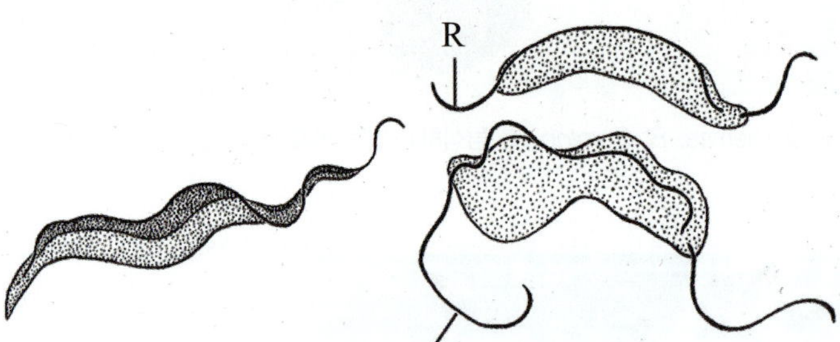


그림 3-11 *Trypanosoma*와 *Cryptobia*의 모형도.

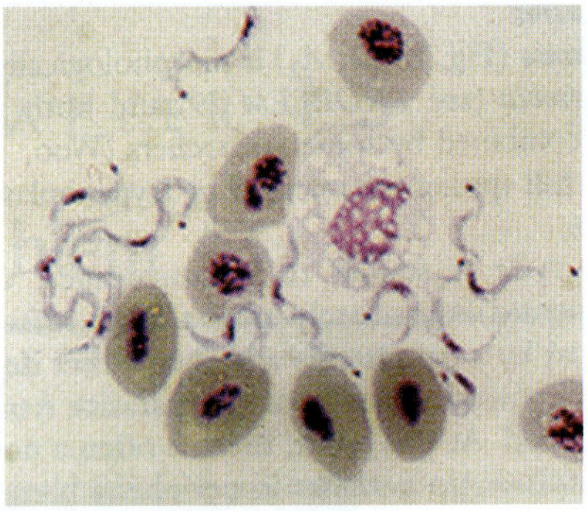

그림 3-12 혈액도말표본. GS.

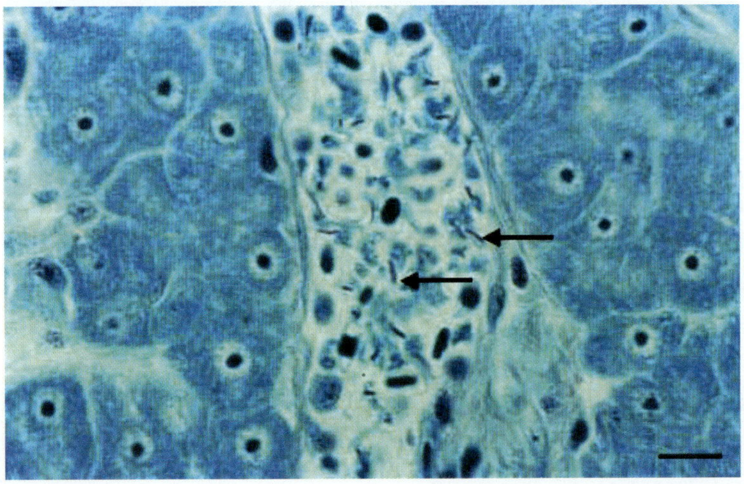

그림 3-13 중심 정맥 내의 *Trypanosoma* ( = *Cryptobia*) *salmositica*로 진하게 염색되는 kinetoblast (화살표)가 막대기 모양으로 길게 늘어나 있다. May-Grünwald Giemsa, 10 μm.

조직 표본에서는 Giemsa, Janus green 또는 Fuelgen염색을 하면 조직 내의 혈관 내부에 핵과 kinetoblast를 가진 충체를 확인할 수 있다. 그러나 말초혈액의 도말표본을 Giemsa염색한 표본이 조직표본에서보다 핵, kinetoblast, 파동막 및 편모를 더욱 명확히 확인할 수 있다. Giemsa염색하면 세포질은 푸르게 염색되며, 핵, kinetobalst 및 편모는 적색 또는 자주색으로 염색된다.

## 4) *Ichtyobodo*증

편성 동물성 편모충류인 Ichtyobodo necator(Costia necator)는 어류의 적혈구 정도의 크기로 치어나 난에도 감염된다. 자유 유영기에는 난형 또는 신장형이지만 감염기에는 쐐기모양 또는 배 모양을 하고 있다. 종전에는 주로 담수어에만 기생하였으나 현재는 기생충이 해수에 적응하여 해수 사육중인 송어류, 넙치류, 복어류 및 오징어에 감염되고 있다.

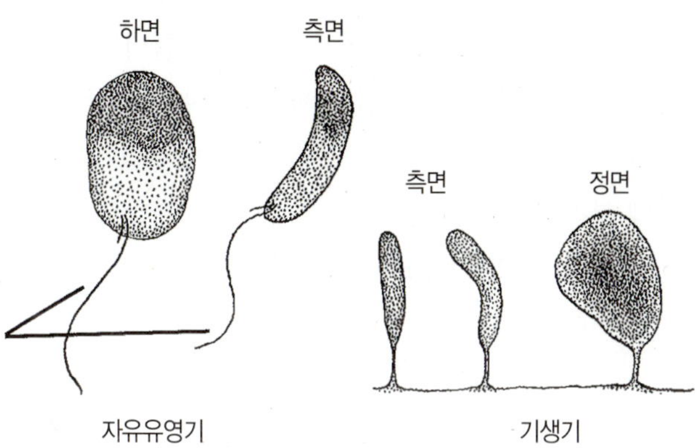


그림 3-14 *Ichtyobodo necator*의 모형도.

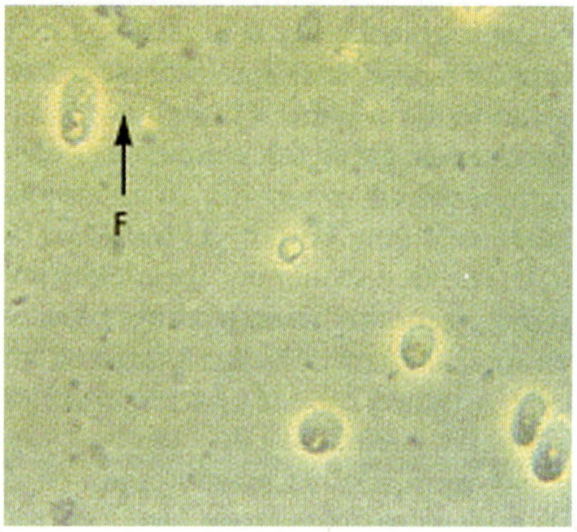


그림 3-15 아가미의 도말표본. F: 편모.

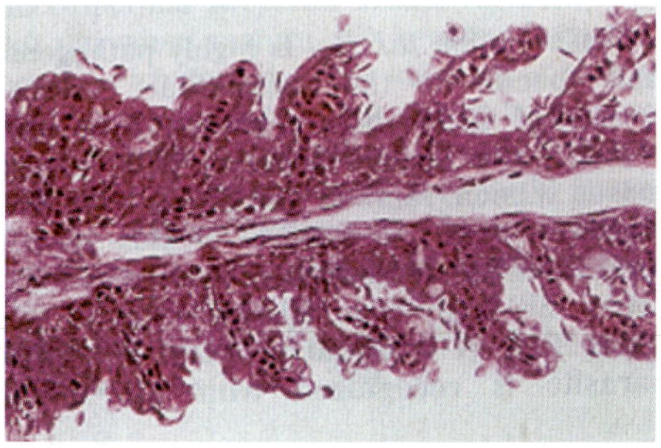

그림 3-16 무지개송어의 새변. 상피의 증생과 퇴행화.

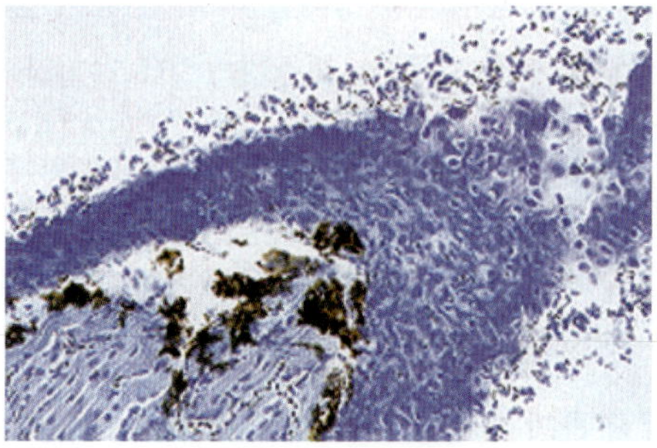

그림 3-17 피부의 *Ichtyobodo*의 심한 감염. GS.

담수어인 잉어나 무지개송어의 피부 또는 아가미의 상피세포를 파괴하여 섭취함으로써 영양을 취한다. 특히 무지개송어에 기생하는 종은 숙주의 강해성에 적응하여 해수에서도 생잔할 수 있는데, 이 기생충에 감염된 송어류는 해수에 대한 적응력이 현저히 약화되기 때문에 바다로 내려간 직후에 대량으로 폐사하게 된다. 송어류는 점액이 과잉 분비되어 체색이 검어

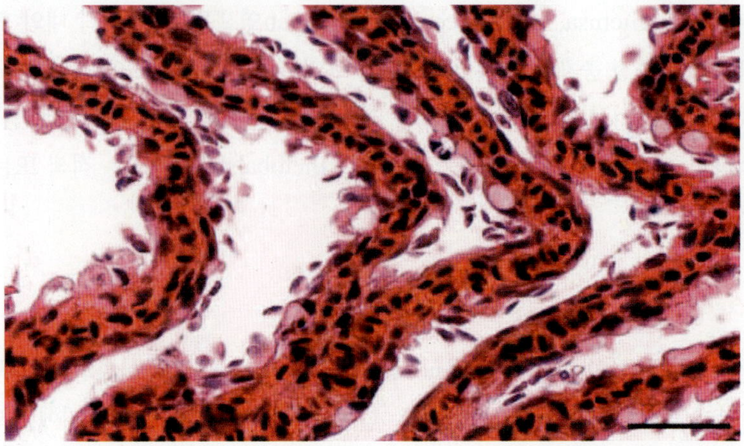

그림 3-18 아가미의 표면에 부착한 *Ichthyobodo necator*. 아가미 상피세포의 비대와 증생. H&E, 50 μm.

지며, 수조 벽이나 바닥에 몸을 문지르기 때문에 체표에 출혈이 생기기도 한다. 아가미의 상피세포는 증생되어 새변이 유착되며 1차 새변에 호산성의 과립세포가 다수 관찰되는데 어류는 호흡곤란으로 죽게 된다. 넙치나 복어에 기생하는 것은 담수어에 기생하는 종과는 다른 Ichtyobodo sp.이다.

병리 조직 표본에서는 아가미나 피부에 부착되어 있는 충체의 편모는 보통 관찰하기 어렵다. HE또는 Giemsa염색 표본에서 핵은 식별할 수 있으며, Feulgen염색에서는 점과 같은 많은 kinetoblast를 확인할 수 있다.

## 5) *Spironucleus*(= *Hexamita*)증

연어과 어류의 치어나 수족관의 관상어에 유행하는 질병으로 난형 또는 서양배 모양의 길이가 7~12 μm인 기생충 Spironucleus salmonis의 감염에 의한 것이다. 충체는 앞쪽에 3쌍, 뒤쪽에 1쌍의 편모를 가진 납작한 형태를 하고 있다. 용존산소의 저하와 같은 부적절한 환경 또는 부적절한 사료 투여에서 오는 스트레스가 발병요인이라 생각된다.

주 기생 부위는 위의 전반부 또는 유문수이지만 때로는 부레를 비롯하여 모든 장기에 감염될 때도 있다. 병어는 쇠약해 보이며, 장속에 액체가 충만되기 때문에 복부가 팽만되고, 안구가 돌출할 때도 있다. 조직학적으로는 소화관 점막상피 속이나 소화관 관공 내에 기생함으로 카타르성 염증이 생기는 것이 특징이며, 간과 신장에 출혈과 괴사가 일어나며 때로는 모든 조직의 혈관이 기생충으로 메꾸어질 때도 있다. 폐사어의 소화관 내용물을 검경하면 충체의 체내에 과립상 또는 덩어리 모양의 글리코겐을 가지고 있기 때문에 요오드액에 갈색으로 염색되는 소구상체(小球狀體)가 관찰되며, 점막하조직에는 호에오진성의 백혈구의 침윤도 일어난다.

대서양 연어는 등쪽 근육에 종기모양의 병소가 생기는 것이 특징이며, 비장, 간장 및 신장에 괴사소가 형성되어 육아종으로 발전한다.

그림 3-19 대서양 연어 등지느러미의 종기 모양의 병소.

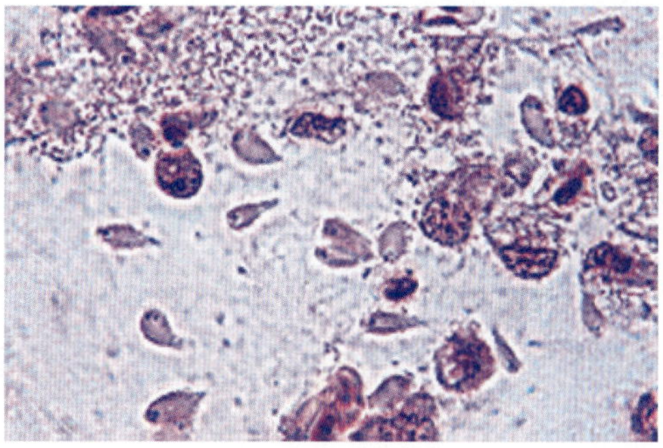

그림 3-20 간의 도말표본. 앞쪽에 2개의 핵. GS.

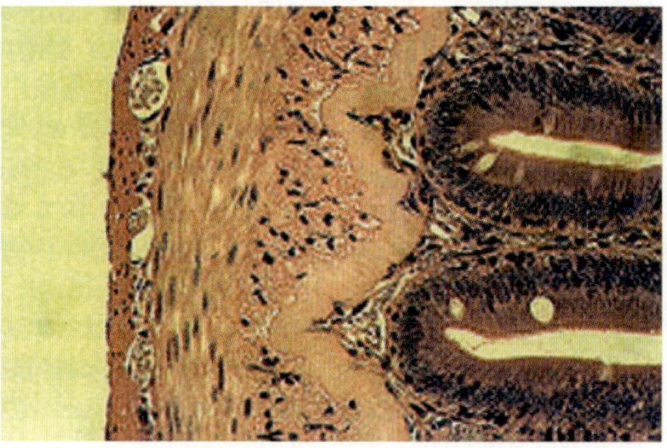

그림 3-21 장의 종단면, 혈관속에 기생충. HE.

진단을 위해서는 슬라이드 글라스에 수도수, 증류수 또는 생리식염수를 적하한 다음 소화관 내용물을 현탁시켜서 검경하면 운동성이 활발한 방추형 또는 신장형으로 6개의 앞쪽 편모와 2개의 파동 편모를 가진 충체를 확인할 수 있다. 이러한 운동성도 점조성 물질인 protoslo을 떨어뜨리면 운동성은 현저히 감소한다. 전신 감염인 경우에는 혈액도말표본을 Giemsa염색하면 충체의 확인이 가능하다. 또한 도말표본을 DAPI염색한 다음 형광현미경으로 검경하면 청색 또는 자주색의 특징적인 쌍을 이루고 있는 핵(paired nucleus)을 관찰할 수 있다.

병리조직표본에서는 장의 주름 사이에서 발견되며, 이때는 장의 주름의 증생, 위축, 염증 또는 괴사가 생긴다. 2개의 핵이 진단할 때 매우 중요한 포인트이며, 영양체의 편모는 조직표

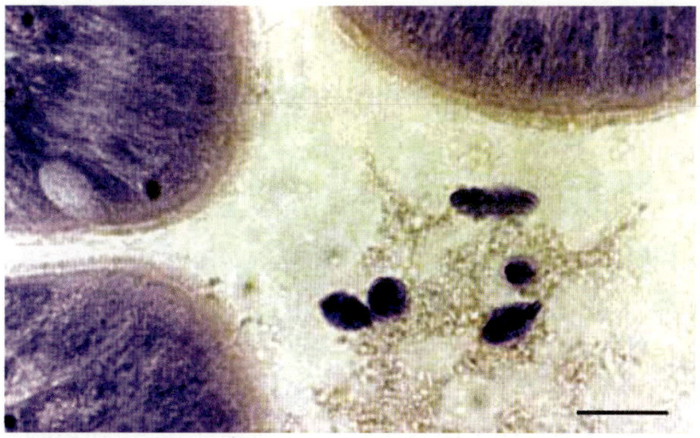

그림 3-22 무지개송어의 유문수 관공 내에 감염된 편모충류 *Spironucleus*(= *Hexamita* or *Octomitus*) *samonis*. 충체의 앞쪽에 2개의 핵과 충체의 뒷부분에 flagellar pocket가 있지만, 이 표본에서는 편모는 관찰 불가능함. May-Grünwald Giemsa, 10 μm.

본에서는 거의 발견할 수 없다. 그러나 충체의 캡슐은 HE, Giemsa, Feulgen염색으로 확인할 수 있다.

### 6) 붉바리와 황다랑어의 *Ichthyodinium* sp. 감염증

종묘생산 과정 중 수정란과 부화 자어에 육질편모충류인 Ichthyodinium sp.가 감염된다. 감염된 수정란의 난황과 부화자어는 모두 불투명해지고, 타원형의 물질로 충만됨으로 진단은 아주 싶다.

발병시의 수온은 25.7~31°C이고, 수정 후 첫날부터 4일까지의 발병률은 각각 4.5%, 3.6%, 57.4% 및 100%이다. 사망란은 수조의 바닥에 가라앉는 반면, 건강한 것은 물에 부유하고 있다. 수정 12시간 후 난화에 1~2개의 소형 단핵 schizont(분열체, 핵이 여러 개로 분열된 다음 세포질이 분열하여 핵을 둘러싸기 시작하는 단계)가 처음으로 관찰된다. 15시간 후에는 10개 이상으로 증가되고 이때의 schizont의 직경은 55~101 μm(평균 69.2 μm)로 되면서 다핵의 plasmodium(합포체, 여러 개의 핵이 융합된 원형질세포)으로 변한다.

수정 20시간 후 schizont의 수는 20개에서부터 계수 불가능할 정도 많은 것 등 많은 차이가 난다. 직경이 35~90 μm(평균 70.9 μm)인 schizont의 대부분에서는 많은 짧은 혹 같은 돌출물이 생긴다. 감염된 난은 대개 부화되기 전에 붕괴되지만 어떤 것은 정상의 난보다 시간이 걸리기는 하지만 수정 25시간 또는 이보다 늦게 부화되기도 한다. 이렇게 부화된 자어는 schizont로 충만된 난황이 부풀어 올라 있다.

난황 속의 schizont는 여러 발육 단계가 관찰되는데, 길이가 33-57 μm(평균 48.3 μm)인 타원형의 schizont는 세포의 한쪽에 지방구가, 다른 한쪽에는 핵이 있다. 핵이 있는 쪽은 세포가 62~105 μm로 신장함에 따라 핵이 2개로 나누어진다. 난황에 들어 있는 schizont는 타원형으로 직경은 22~35 μm(평균 30.7 μm)이다.

충체로 충만된 난황은 붕괴되는데 부화 후에 난황이 붕괴되기까지의 소요시간은 다양하다. 즉 어떤 개체에서는 부화 직후에 난황이 붕괴되지만 어떤 것은 난황이 붕괴되기까지는 부화 후에 10시간 이상이 걸린다. 감염란에서 부화된 자어는 죽게 되는데 폐사 자어에서 방출된 schizont는 타원형으로 난황 속에 있는 schizont보다는 크기가 작으며, 어떤 것은 분열 중에 있는 것도 있다. 이렇게 난황이 파괴되고 빠져나온 schizont는 방출 10분 이내에 편모를 사용하여 유영하기 시작한다. 한편 대서양 정어리에 감염되는 I. chabelardi는 난황에서 빠져나온 schizont가 zoosporangium으로 변화되어 zoospore로 되는 반면, 붉바리에 기생하는 이종은 zoosporangium으로 변화하지 않고 schizont에서 바로 zoospore로 변화한다는 것이 커다란 특징이다. 그러나 이러한 수정란의 원충감염도 산란 직후의 수정란을 멸균해수에 수용한 경우에는 부화자어에 감염이 없기 때문에 감염원충은 산란 후 사육수를 통하여 어란 내에 침입하는 것으로 생각된다.

수정란의 감염 유무는 특이 18S rRNA로부터 제작한 특이 primers인 1321f(5′-CCG GAA CTT TAG AGT ATC GG-3′)와 1679R(5′-TCG GTT CAG ACT GAA CCA AG-3′)를 이용하여 PCR을 반응시키면 359bp의 특이 밴드가 얻어진다. PCR의 조건은 initaial

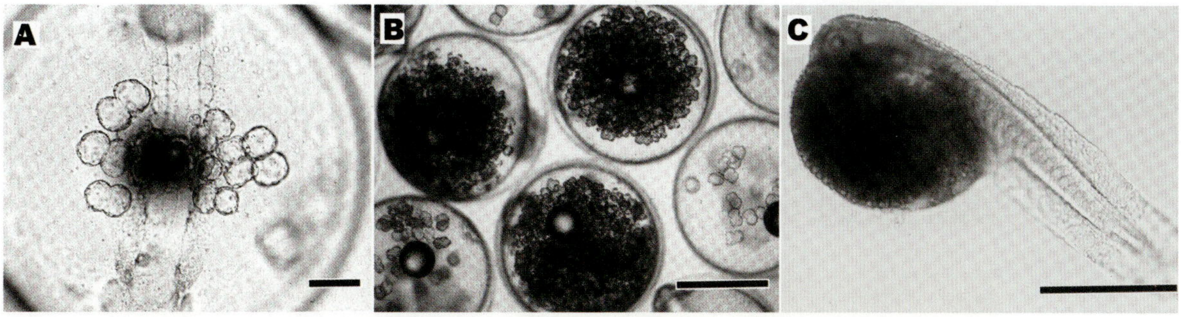


그림 3-23 난황에 감염되는 Ichthyodinium sp. A: 수정 15시간 후의 난황내의 schizonts(bar=100 μm), B: 수정 20시간 후의 난에 감염된 schizont(bar= 500 μm), C: 난황내에 schizont가 충만한 부화 자어(bar=500 μm).

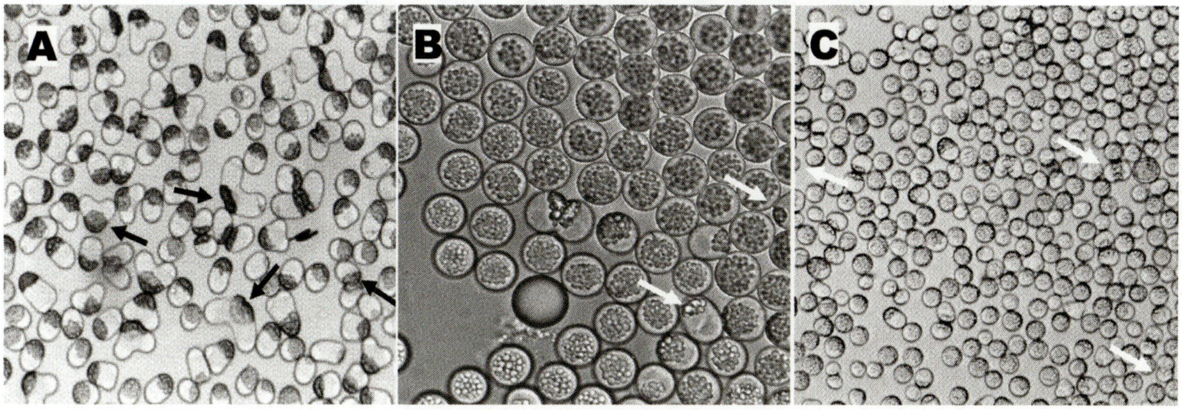


그림 3-24 A & B: 난황내에서 꺼집어 낸 schizont로 A의 화살표는 분열중인 schizont, B의 화살표는 신장된 schizont, C: 난황이 파열후 방출된 schizont로 백색 화살표는 분열중인 schizont. Bar=100 μm.

denaturation 95°C 5 min 후 35cycle(denaturation 94°C 30sec, annealing 58°C 30sec, elongation 72°C 30sec)반응시킨 다음 최종 elongation을 72°C 7min간 행한다. 이때 수정란은 90% 에탄올에 고정하였다가 10개를 사용하여 충체의 DNA를 추출하여 사용할 수 있으며, 해산어의 종묘생산장에서 감염되는 것은 모두 단일종으로 수평감염에 의해 전파된다.

## 3 섬모충증

### 1) 킬로도네라증(Chilodonellosis)

자유유영생활을 하는 기생충으로 Chilodonella piscicola와 C. hesasticha의 2종이 어류에 기생하는데, 이중 C. piscicola가 담수어 및 기수어 치어의 체표, 지느러미 및 아가미에 기생하여 문제시된다. 충체는 뒤쪽 끝에 함몰이 있는 난형으로 섬모열을 가지고 상피세포 위를 활주운동을 하면서 상피세포를 먹이로 섭취하기 때문에 상피의 손상이 심하며 숙주의 반응이 강하게 나타난다.

병어는 점액이 과다하게 분비되어 체표가 푸른색기미를 띤 회색의 막으로 덮이게 되든지 또는 부분적으로 상피가 백탁되어 박리되는 질병이다. 충체의 배쪽을 어체에 흡착시켜 자극함으로써 점액분비 과다 및 염증이 생겨 조직을 괴사시킨다. 아가미에 많이 기생하게 되면 상피세포의 증식이 현저하여 새변은 유착되어 곤봉화되고, 그 표층의 상피세포는 변성되어 괴사 붕괴되는데 상피세포의 증생에 의한 호흡장애가 주 사인으로 작용하며, 2차적으로 세균이 감염될 때도 있다. 때로는 숙주에 시스트를 형성하여 장기간 생존하기도 한다.

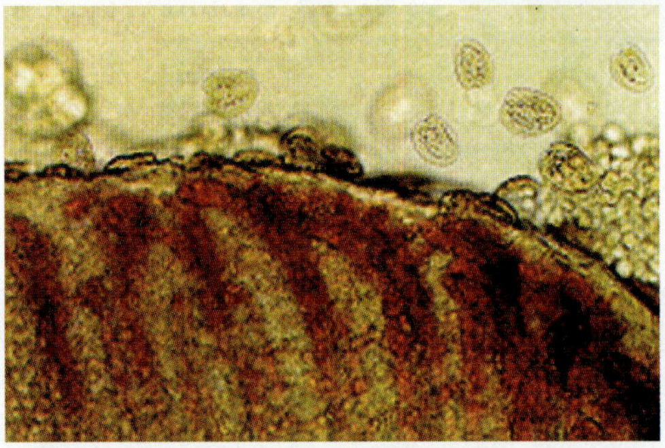

그림 3-25 송어 아가미의 기생충.

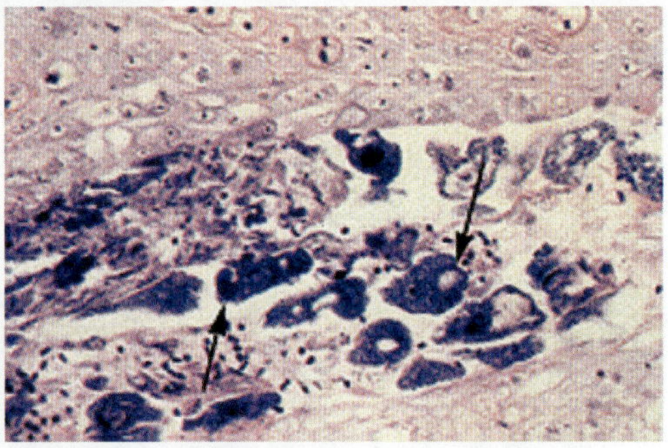

그림 3-26 아가미의 조직. GS.

## 2) 트리코디나증(Trichodinosis)

어체 표면에 주로 기생하는 종류와 아가미에 주로 기생하는 종류로 대별할 수 있지만, 때로는 구강, 비공, 방광, 수뇨관, 수정관 등의 내강에 기생하는 것도 있다. 부적절한 사료, 과밀수용 등이 감염을 유발하는 요인이다. 감염은 어류에서 다른 어류로 직접 감염되며, 수중에 떨어져 나와서도 1~2일간은 생존할 수 있다. 이 기생충의 해작용은 주로 흡착과 회전운동에 의한 자극으로 기생체의 수가 적을 때는 아가미에 별다른 이상이 없는 것이 보통이다. 그러나 기생체의 수가 많은 경우에는 숙주에 전신적인 영향을 끼쳐 점액분비 촉진, 상피 증생 등을 유발시킨다.

체표기생의 경우에는 두부나 등쪽의 앞부분에 기생하는 수가 많으며 또 지느러미의 기부에 무리를 형성하고 있는 경우도 있다. 기생된 부위의 체표는 부풀어 올라 약간 백탁되어 보인다. 아가미 기생의 경우에는 점액이 과다하게 분비되고 새박판의 상피세포의 증생을 일으

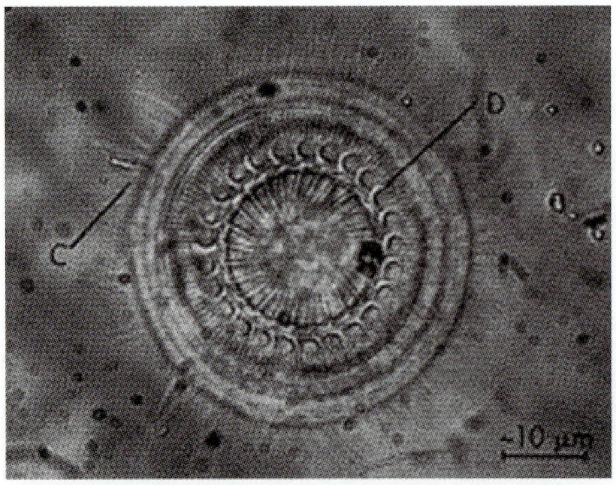

그림 3-27 트리코디나 .C: 섬모, D: 치상돌기.

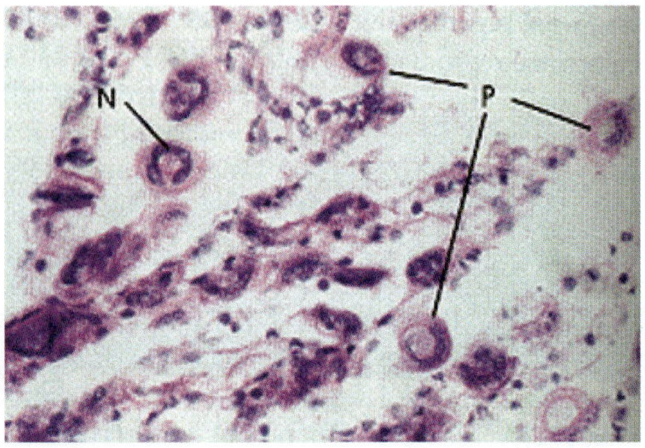

그림 3-28 금붕어의 아가미. N: 핵, P: 기생충. HE.

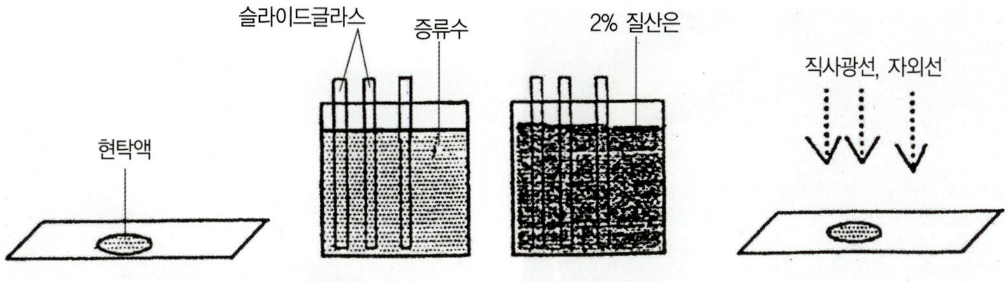


그림 3-29 *Trichodina* 등 섬모충의 도은염색법.

켜 호흡장애가 생기지만 육안적 이상은 없다. 아가미의 상피에 영구히 부착하는 것이 아니라 기생자극에 의한 상피세포의 증생과 박리가 가장 심한 병해이다.

Trichodina 등 섬모충류는 도은염색하면 형태를 관찰하기 용이하다. Trichodina충의 채집은 충체가 붙어있는 아가미를 절취(어체 표면에 붙은 경우에는 어체 전체를)하여 1:4000으로 희석시킨 포르말린에 1시간 정도 담가 두면 어체에서 충체가 떨어져 나온다. 그 후 아가미와 어체를 제거하고 액을 모아서 150 g에 15분간 원심한다. 상청액을 제거하고 다시 5% 포르말린액으로 고정한다. 고정 후 포르말린을 제거하기 위하여 증류수에 옮겨 overnight한다. 충체는 무염색 위상차현미경으로 검경하거나 또는 슬라이드에 슬라이드 도말표본을 만들어 건조시킨 다음 부착판의 관찰을 위하여 도은염색하거나 핵 관찰을 위해 HE염색을 한다.

도은 염색은 염색액으로 2% 질산은 용액을 제조하여 갈색병에 넣어 보존한다. 염색법을 위해서 Trichodina류의 현탁액을 slide glass에 한 방울 떨어뜨리고 풍건한다. 표본은 이것 이외에도 조직의 stamp표본과 도말표본도 사용할 수 있다.

시료를 해수에서 채취하여 만든 도말표본인 경우에는 증류수에 담구어 염분을 제거한 다음 풍건한다. 도은 염색액 7분간 담그고, 증류수로 수세한다. 그 후 직사일광 또는 자외선을 20~30분간 쬐어준다. 풍건하여 canada balsam으로 봉입한다.

### 3) 백점충(Ichthyophthiriosis)

담수산 백점충인 Ichtyophthirius multifilis가 피부상피나 아가미의 새박판 사이, 또는 증생된 새박판 상피에 묻혀서 직경 0.5 mm내외의 흰점으로 보이는데, 이 흰점이 충체 그 자체이지만 백점주변의 체표도 약간 희게 변색되어 있다.

감염초기에는 체색이 검어지며 호흡이 빨라지면서 수조의 벽이나 바닥에 몸을 문지르면서 빠르게 헤엄치곤 하는데 어류의 성장에도 영향을 미친다. 피부나 지느러미의 기생할 때는 상피세포의 하층 또는 기저막 위에 잠입한다. 국소에 기생충이 밀집하게 되면 표피는 문드러져 결국은 박리된다. 이 병의 영향이 큰 것은 아가미에 기생하였을 때로 점액의 과잉분비, 상피의 증생, 붕괴 등이 생겨 호흡에 현저한 지장을 초래한다.

이 충은 상피세포와 그 붕괴물 또는 침윤세포 및 혈구 등을 먹이로 하지만, 해작용은 이러한 식해보다는 기생부위에서 끊임없이 섬모로 운동하든가 또는 이동함으로 생기는 자극으로

그림 3-30 백점증의 생활사. a: trophont, b: tomont, c: tomite.

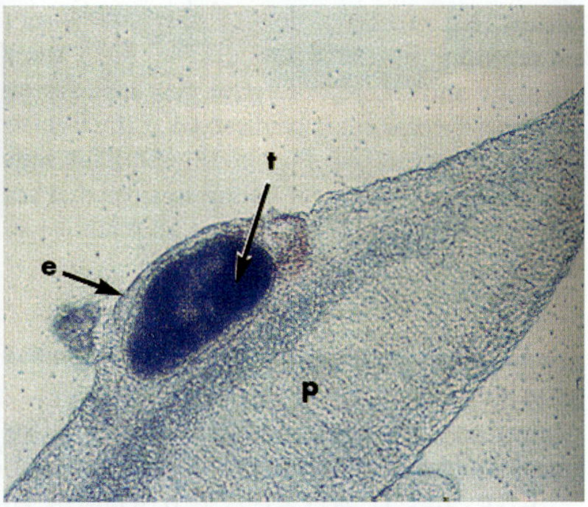


그림 3-31 1차새변(P)의 상피(e)중의 기생충의 trophont(t).

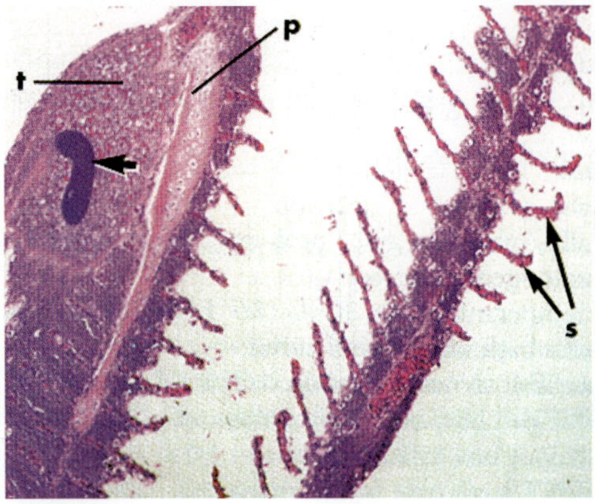


그림 3-32 말굽형의 핵을 가진 충체(t). P: 1차새변, s: 2차새변.

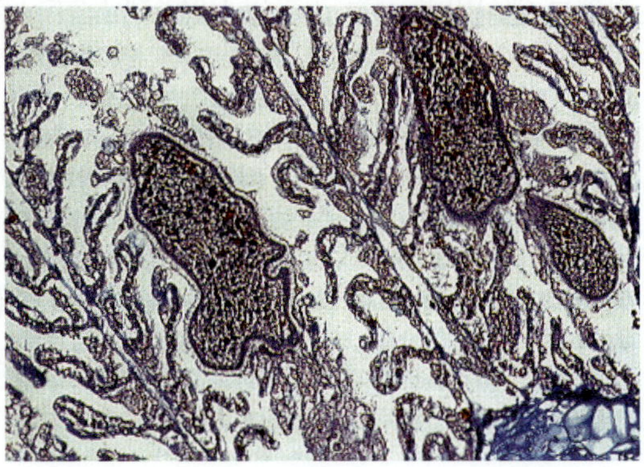

그림 3-33 1차새변 내의 감염 trohont.

서 상피세포에 염증, 침윤, 증생 등의 변화를 초래하며 세균의 2차적 감염의 문호가 된다는 것이다. 감염부위와 그 주변의 진피의 표층에는 예외 없이 충혈, 세포침윤, 수종 등이 관찰된다.

어체에 기생하고 있는 충체는 원형 또는 난원형으로 몸 전체가 섬모로 덮여 있다. 성숙은 숙주의 상피층에서 이루어지는데, 성숙하게 되면 어체를 떠나 수중에서 물체에 부착하지 않고 부유한 상태에서 체표에 젤라틴의 막이 형성되면서 시스트를 형성하여 분열하게 된다.

어체 내에서 성숙하는 것은 시스트 내에서 핵과 세포질만이 분열하여 배모양의 수많은 자충(tomites, 먹이를 먹지 않음)이 만들어진다. 시스트가 붕괴되면서 수중으로 방출된 자충(tomite, 자유유영기 자충, 먹이 먹지 않음)은 섬모를 가지고 있어 수중을 헤엄치면서 새로운 숙주를 찾게 되면 숙주의 표면에 부착한 다음 표피 밑의 진피 바로 위층으로 이동하여 2분열을 반복하면서 수많은 trophont(영양체)로 발육하게 된다.

수중으로 방출된 자충이 새로운 숙주를 구하지 못할 때는 사멸하게 된다. 충체가 성숙하여

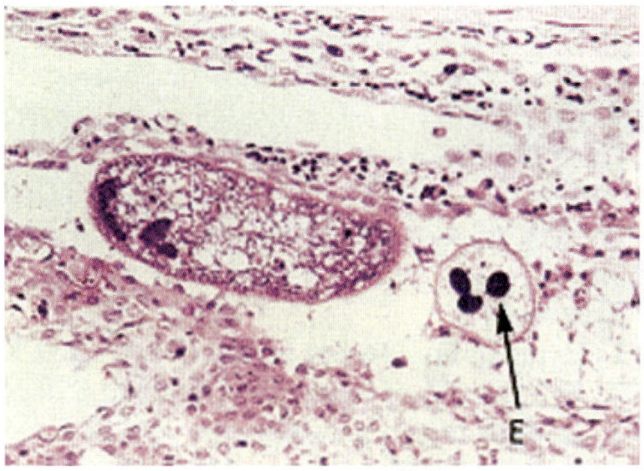


그림 3-34 상피세포 밑의 백점충(E).

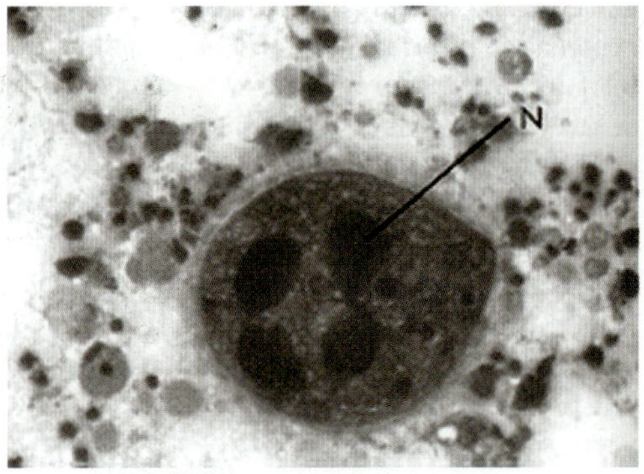


그림 3-35 영양체의 도말표본. N: 핵.

어체를 떠나 시스트를 형성하는 기간은 7°C에서는 20~21일, 14°C에서는 14~15일, 19.3°C에서는 7~8일 정도로 수온 상승이 번식을 자극하여 번식 가능온도(5.6~ 25.1°C) 내에서는 수온이 높을수록 번식은 촉진된다. 그러나 수온을 25°C이상으로 상승시키면 자충이 시스트 내에서 이탈되지 못함으로 새로운 감염을 차단할 수 있다. 영양체는 조직표본에서는 보통은 불규칙한 형태이며, 섬모는 관찰하기 어렵다.

해산어의 백점병(Cryptocaryonosis)은 담수산 백점충과 모양이 유사하지만 크기가 약간 작은 Cryptocaryon irritans의 감염에 의한 것으로 이전에는 수족관의 관상어에 주로 발생하였으나 최근에는 온수성 해산어류의 중요한 병으로 대두되었다. 해산백점충의 핵은 4개의 구상체가 염주상으로 연결된 형태로 담수산의 말발굽형과 구별된다. 해산백점충의 병리는 담수 백점충과 비슷하다.

**표 3-1 담수 백점충과 해산 백점충의 비교**

| | 담수 백점충 | 해산 백점충 |
|---|---|---|
| 번식 적온(℃) | 14~18(저온성) | 25~30(고온성) |
| 기생 기간 | 7일 | 3일 |
| 수중에 이탈 후 감염 자충이 생기기까지의 소요 기간 | 1일(빠름) | 7일(느림) |
| 수중에서의 숙주 없이 생존기간 | 1~2일 내에 숙주에 부착하지 못하면 사멸됨 | |

참돔 및 돌돔에서의 해산 백점충의 이탈 시기는 육상 수조와 가두리 양식장에서 약간의 시간적 차이는 있다. 즉 육상수조에서는 낮 시간대에는 이탈개체수가 적고, 저녁에서 한밤중에 이탈개체수가 증가한다. 따라서 15:00시부터 이탈개체수가 점차 증가하기 시작하여, 0:00~3:00가 최대의 피크로 전체 이탈 충체의 61%였으며, 3:00~6:00까지가 17%, 6:00~12:00는 거의 이탈하지 않는다.

또 해상 가두리에서는 이탈경향은 육상 수조와 마찬가지지만, 3:00-6:00가 최대의 피크로 전체 이탈 충체의 36%였으며, 6:00~12:00는 10%로 이탈률이 감소한다. 이러한 경향은 숭

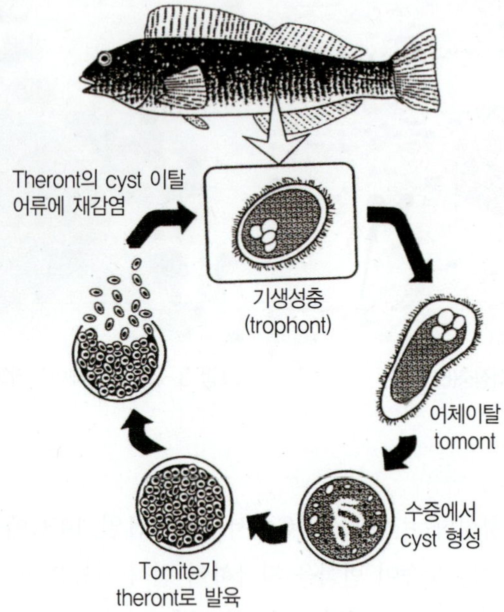


그림 3-36 해산 백점충의 생활사의 모식도.

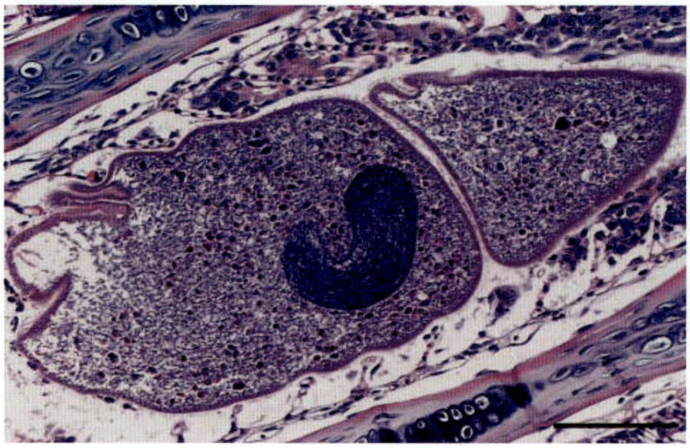

그림 3-37 아가미에 감염된 담수산 백점충(*Ichthyophthirius multifiliis*)의 영양체. 말굽 모양(초승달 모양)의 대핵이 명확하지만, 섬모는 구분하기 곤란함. H&E, 200 μm.

어의 경우 저녁에서 심야에 걸쳐 방출되는 것과는 시간적인 차이가 나지만, 공통점은 야간에 일어난다는 것은 동일하다. 그럼으로 해산 백점충의 감염 대책으로 하나로 가두리를 이동시킬 경우에는 심야에서 이른 아침에 옮기는 것이 재감염을 방지하는 좋은 대책이 될 것이다.

해산 백점충이 어류에 기생하는 기간은 보통 4~5일로서 영양체가 된 다음 어체에서 이탈하여 바닥으로 가라 앉아 cyst를 형성하며, cyst 내에 약 200개 정도의 자충이 형성된다. Cyst에서 방출된 자충은 어류에 감염하게 되는데, 보통 감염력을 유지하는 것은 1일 이내라 생각되며, 어류에서 이탈되어 재감염을 위한 자충이 수중에 방출되기까지는 6일 전후라 한다. 그러나 바닥에 가라앉은 cyst가 저용존산소 상태 또는 과포화용존산소 조건에서는 자충의 형성이 정지되고 휴면상태로 된다.

저용존산소상태에서 휴면상태인 cyst에 다시 산소가 공급되면(포화용존산산소 상태) 자충의 형성이 재개되어 감염자충이 유출되게 되는데, 산소 공급을 개시한 다음 약 10~11일 후에 자충이 유출되게 된다. 이 때문에 해산백점충의 발생이 가을철에 빈발하는 이유는 해수의 수온 약층의 붕괴, 태풍 등에 의한 해수의 교반에 의해 저질에 산소 공급과 밀접한 관계가 있다고 생각되고 있다.

## 4) *Carpiniana*

섬모충의 흡관류인 주머니 모양을 한 Carpiniana piscium(= Trycophyra)이 담수어의 아가미에 부착한다. 충체는 어체에 부착하고 있는 반대쪽에 10~65개의 흡관을 가지고 있다. 먹이는 수중의 세균이나 다른 섬모충으로 어류에는 병해가 없다고 생각되지만 많이 기생하게 되면 아가미에서의 물의 흐름을 방해하여 산소의 섭취에 장애를 초래하며, 감염 자극에 의해 점액이 분비됨으로 용존산소가 낮은 양어지에서는 문제가 된다.

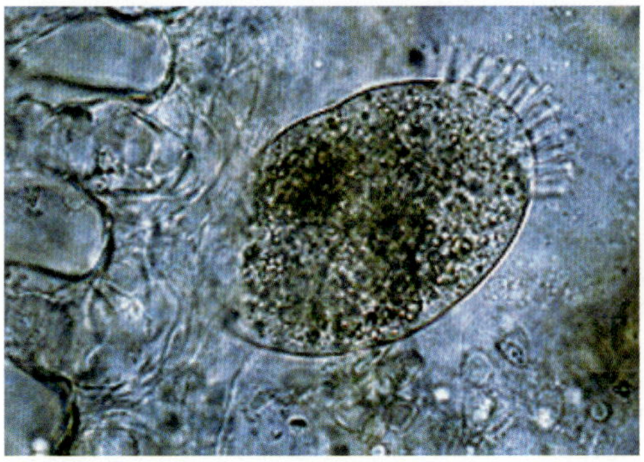

**그림 3-38** 연어 아가미의 충체.

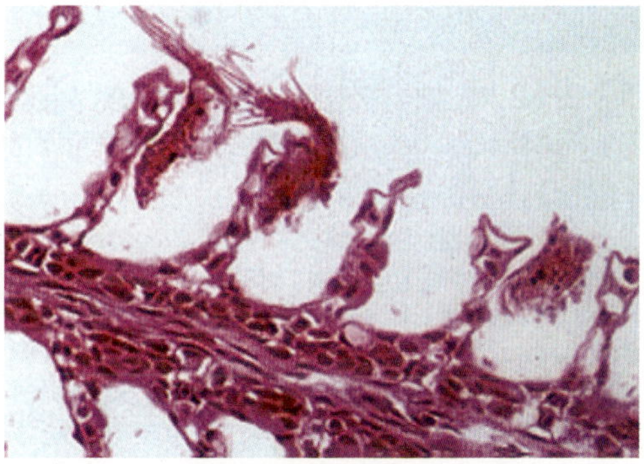

**그림 3-39** 무지개송어 2차새변에 부착한 충체. HE.

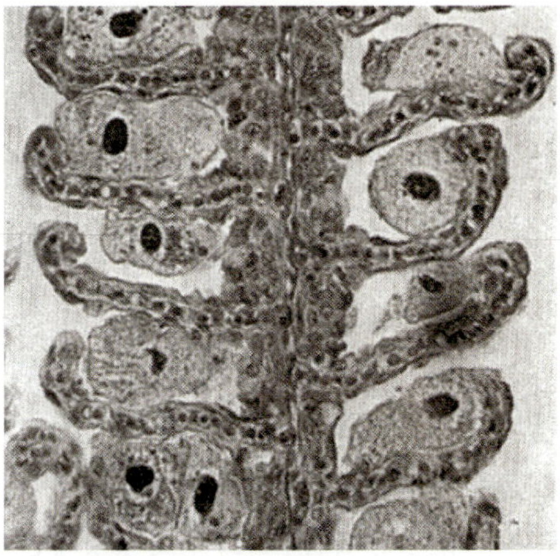

**그림 3-40** 뱀장어 아가미의 충체.

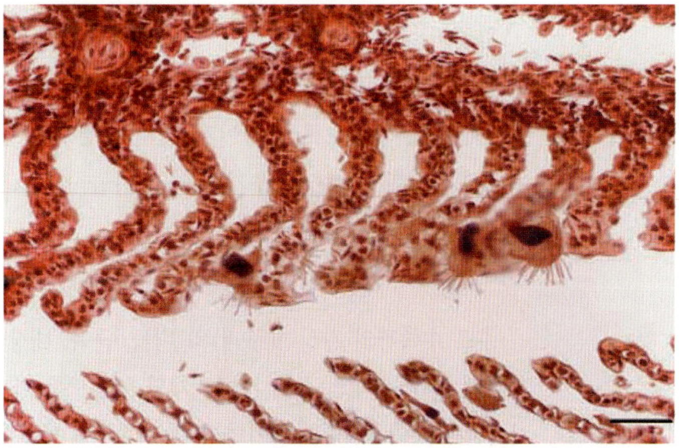

**그림 3-41** 무지개송어의 2차 새변에 부착한 *Carpriniana*( = *Trycophrya*). 1개의 난형 대핵과 특징적인 막대기 모양의 흡관을 가지고 있지만 숙주 반응은 미약하다. H&E, 20 μm.

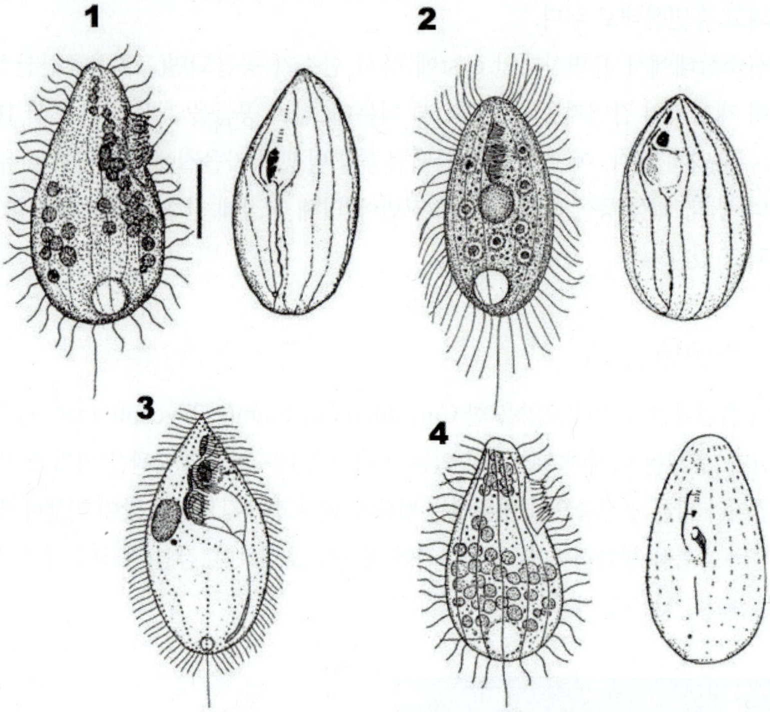


그림 3-42 해산어에 기생하는 스쿠티카 섬모충. 1: 우리나라 넙치에 기생하는 *Uronema marinum*, 2: 스페인 turbot 기생 *Philasterides dicentrachi*, 3: 중국 양식 넙치 기생 *Miamiensis avidus*, 4: 호주 지역 기생 *Uronema nigricans*.

## 5) *Scutica*

섬모충류인 Miamiensis avibus 또는 Uronema marinum의 감염에 의한 것으로 충체는 방추형이며 충체 표면이 섬모가 밀생하고 있다. 충체의 크기는 30~50 × 10~20 μm으로 중앙부에 크기가 4~40 μm인 핵을 가지고 있다. 세포질에는 식포와 수축포가 관찰되며, 꼬리 부분에 1개의 긴 미섬모(caudal cilium)를 가지고 있다.

감염어는 체색이 흑변되며, 지느러미의 출혈 및 체표에 백색 반점이 형성되지만 시간이 경과되면 근육에 궤양병소가 형성된다. 감염은 피부를 통하여 침입한 다음 혈관을 통하여 뇌에 도달하여 하게 됨으로 감염어가 넙치인 경우 안구돌출이 생긴다. 대책으로 포르말린의 약욕이 유효하지만 이는 감염초기일 때만 가능하다.

## 6) *Tetrahymena corlissi*

주로 수족관의 관상어(구피)의 비늘, 근육, 내장에 감염되지만 안와 또는 신경계에 감염하는 경우도 있다. 충체의 끝 부분에 1개의 미섬모를 가지고 있지만, T. pyriformis는 미섬모가 없다. 사육지에 식염 0.5%를 첨가하여 사육하면 발병을 예방할 수 있으며, 식염수욕과 면역 증강제 C-UPIII의 경구 투여한 경우에는 발병이 없다. 어류의 꼬리를 산성 용액에 침지하면 발병하는 것으로 보아 체표의 상처가 감염 문호라 생각된다.

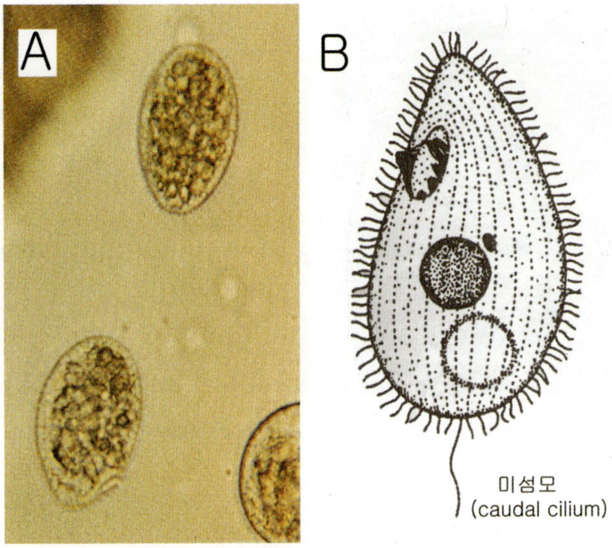


그림 3-43 *Tetrahymena*의 포르말린 고정표본(A)과 충체 모식도(B).

## 7) *Brooklynella hostilis*

수족관 및 동남아시아 양식어의 아가미, 산호초지역에 서식하는 자연산 어류에 감염되며 숙주에 대한 특이성은 없다. 충체는 Chilodonella와 유사하며, 배쪽의 가장자리의 좌측에 12~15개의 섬모열, 우측에 8~11개의 섬모열을 가지고 있다. 충체의 앞부분이 nocthed되어 있는 것이 형태적인 특징으로 매우 중요하다. Chilodonella와의 형태적 차이점은 복부의 아랫부분에 부착 보조기관인 벽이 있고, 다수의 소핵을 가지고 있다는 점이다.

## 8) 에피스틸리스

군체를 형성하는 섬모충으로 어체난 난에 기생하기도 하지만 어류의 주기생 부위는 피부나 아가미이다. 주로 발병되는 개체는 스트레스를 받았거나 쇠약한 어류로 감염초기에는 구간부 특히 측선 부근에 1-수개소의 백색융기부가 보이고 이것이 점차 확대되어 황색의 점질 덩어리로 되는데, 이 부분의 피부는 발적되고 더 확대되면 비늘의 탈락, 진피의 붕괴, 근육의 노출로 궤양화된다. 이 점질 덩어리에는 충체와 조직의 붕괴물뿐만 아니라 2차적 감염이라 생각되는 활주세균이나 트리코디나가 보통으로 발견된다. 아가미에 감염된 경우에는 상피세포의 증생으로 새변이 유착된다. Epistylis는 세균이나 수중의 소형생물을 먹이로 하며 어류는 단지 부착기질로서 이용하고 있기 때문에 이 병의 발생은 수중의 세균의 밀도가 높은 유기물이 매우 많은 오염된 물의 증거가 된다. 사인은 충체에 병해보다는 세균의 2차적 감염에 의해 일어난다.

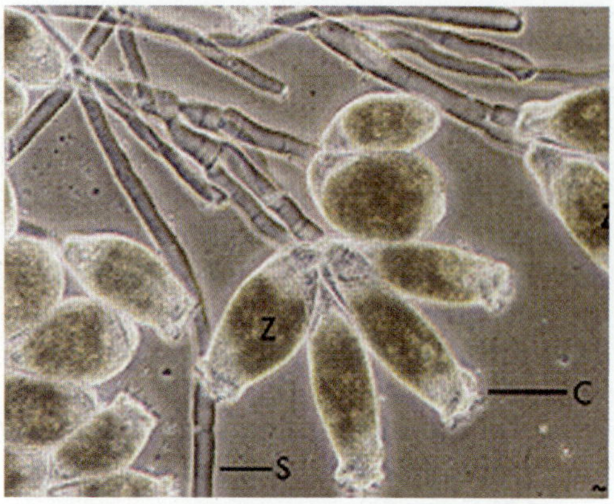


그림 3-44 피부의 도말표본. Z: (zooid), C: 섬모, S: 자루.

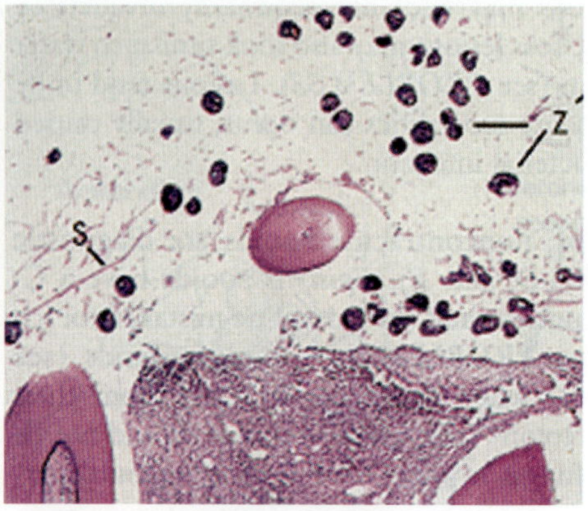


그림 3-45 피부 병소. Z: 개충, S: 자루.

## 4 아피콤플렉스류(첨복포자충)

숙주에 기생하기 위하여 충체의 앞부분에 apicomplexus라는 구조물을 가지고 있으며 경구 감염되는데, 주로 치어에서 1년생의 소화관 점막, 점막하조직 또는 담낭 상피에 기생하는 질병으로 코크디니움장염(enterococcidiosis) 또는 코크디니움결절증(nodular cocccidiosis)이라 불린다.

감염어는 복부가 팽만, 항문에서 황색의 점질물질을 내고 있다. 또한 어류는 심하게 여위어 눈이 함몰되며, 지느러미가 잘려나가서 동작이 완만하게 된다. 대표적인 종은 Goussia carpelli(= Eimeria capelli)이다.

포자는 방추형 또는 난형으로 내부에 2개의 종충(sporozoite)을 가지고 있다. 4개의 포자가 원형의 피막에 둘러싸인 낭포자(oocyst)를 형성한다. 감염은 이 낭포체를 먹이와 함께 섭취하게 되면 장에 도달한 다음, 낭포체가 파열되어 내부의 포자가 방출된다. 방출된 포자내의 종충은 포자막에 있는 구멍을 통하여 빠져나와 소화관 상피에 침입하여 형태가 난형으로 변화하게 된다.

장 상피에 감염한 난형의 세포는 핵이 분열 증식하고 이어서 각각의 핵이 소량의 세포질에 둘러싸인 많은 딸세포(merozoite, 분열소체)로 된다. 그 후 상피세포가 파괴되면서 분열소체는 소화관공 내로 방출되어 다시 새로운 상피세포에 감염되는 과정을 반복하면서 상피세포를 파괴시킨다. 이렇게 형성된 분열소체의 일부가 대배우자 모세포(macrogametocyte) 또는 소배우자 모세포(microgametocyte)로 된다. 대배우자모세포에서는 1개의 대배우자(macarogamete, macrogamont)가 만들어지고, 소배우자 모세포는 몇 회의 핵분열을 반복한 다음에 많은 수의 소배우자(microgamete, microgamont)를 형성한다.

소배우자는 2개의 편모를 가지고 활발히 운동하면서 상피세포를 빠져나와 대배우자와 접합하여 접합자(zygote)가 되면 튼튼한 피막에 둘러싸인 낭포자(oocyst)로 된다. 낭포자 내의 핵은 2회 분열하여 4개의 핵으로 되고, 이것이 4개의 포자(sporocyst)가 만들어진다. 4개의 포자는 각각 다시 한 번 핵 분열하여 2개의 종충을 형성한다. 이렇게 만들어진 낭포자는 소화

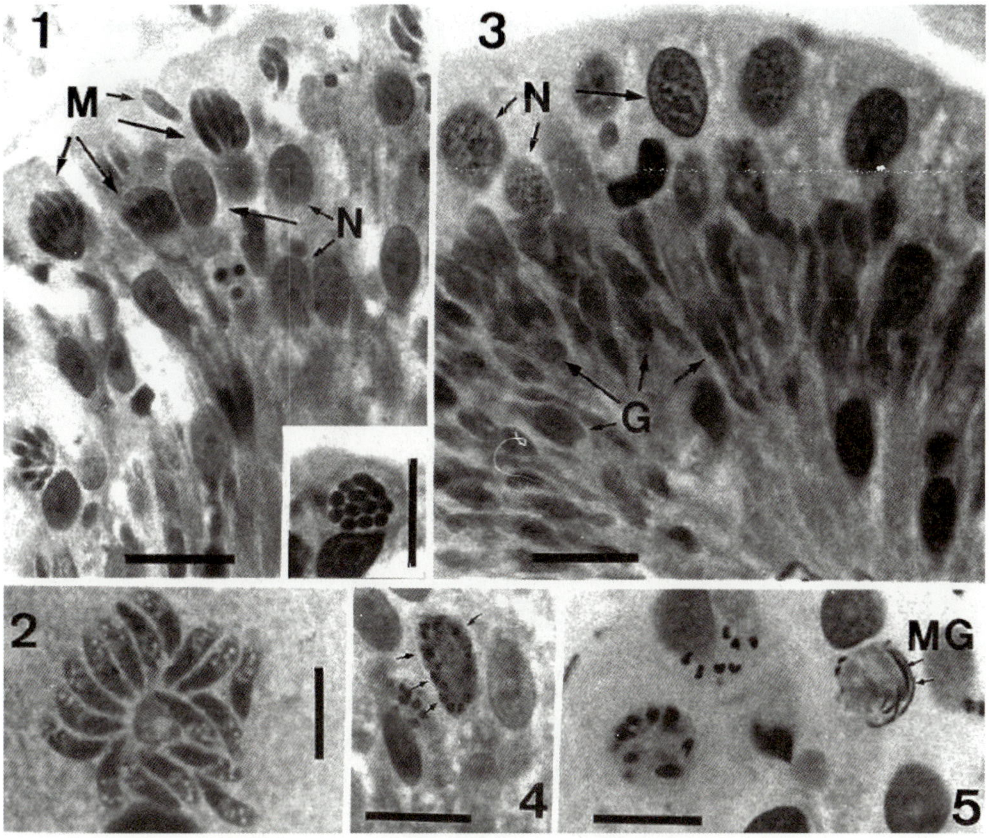


그림 3-46 *Goussia carpelli*의 발육과정-1. 1: 장상피 세포의 핵(N)위에 위치하고 있는 감염초기의 meront(M), 2: 장 도말표본에서 관찰되는 분열소체(merozoites), Giemsa염색, 3: 장상피세포의 핵(N)의 아래쪽에 유치한 초기 배우자모세포, 4: 핵의 세포의 주변에 위치한 초기 대배우자모세포(화살표), 5: 소배우자세포(MG)를 가지고 있는 소배우자모세포.

관공으로 나와 변과 함께 수중으로 방출되면 새로운 감염원으로 된다. 어류에서 변과 함께 방출될 때는 엷은 황록색의 젤리상의 물질에 쌓여 있는 미숙상태이지만, 수중에 방출되어 성숙된다.

### 1) *Goussia carpelli*(= *Eimeria capelli*)

Oocyst(낭포자)는 구형(직경 10 μm)으로 부서지기 쉬운 엷은 막에 싸여 있으며, 그 속에 4개의 sporocyst를 가지고 있다. Sporocyst(포자)는 난형(6 × 4 μm)으로 2개의 껍질에 싸여 있으며, 한 쪽 끝이 약간 부풀어 오른듯한 개체의 섬모충 모양의 종충(sporozoite)과 잔유소체를 가지고 있다.

잉어 또는 비단잉어의 소화관의 점막 상피조직에 주로 기생하지만 때로는 점막고유층에도 기생하며, 장 중에서도 장의 후반부에 기생이 많은 경향이다.

감염 잉어는 유영이 불활발하며, 여위어 있지만, 복수의 축적에 의한 복부 팽만과 장염이 생기며 항문에서 황록색의 점질물질이 누출되기도 한다.

진단은 장의 도말표본을 만들어 자외선하에서 관찰하면 노란색의 형광을 발하는 물체에 둘러 쌓인 낭포자를 발견할 수 있다. 이 종 이외에 잉어의 소화관에 기생하는 종으로

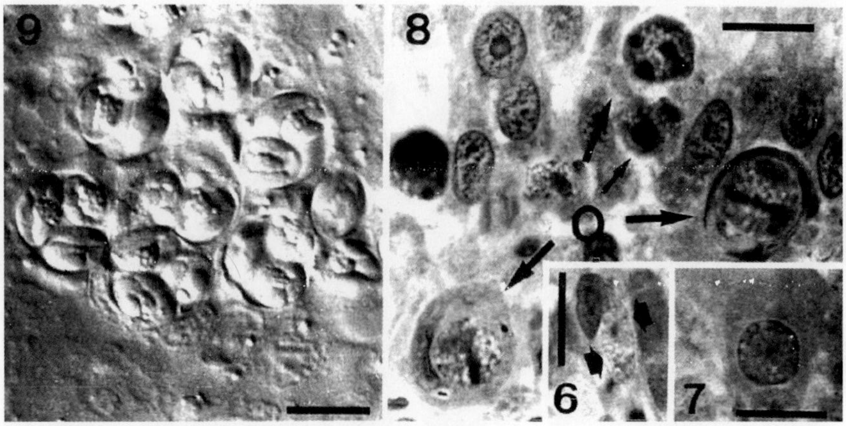


그림 3-47 *Goussia carpelli*의 발육과정-2. 6: 불규칙한 형태의 초기 대배우자(화살표), 7: 성숙 대배우자, 8: 소화관 점막고유층에 낭포자의 형성, 9: 포자 방출한 낭포자의 위상차 현미경상.

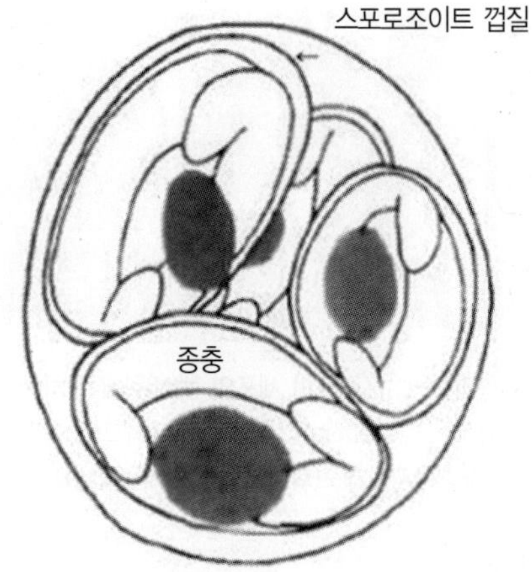


그림 3-48 *Goussia carpelli*의 낭포자(oocyst)의 모식도. 내부에 포자(sporocyst), 포자내부에 종충(sporozoite)와 잔여소체가 있다.

G. subepitheliasis가 있는데, 감염부위와 병리상은 같다. 구포자충병의 치료에는 아직까지 두렷한 대책은 없다.

병리조직표본에서는 여러 발육 단계가 관찰되는데 충체는 숙주세포 내에 숙주세포막과 결합된 공포 내에서 발견된다. Eimeria는 숙주세포의 세포질막 바로 아래쪽에서 발견된다. 특히 Epieimeria와 Goussia는 숙주세포막 바로 아래에서 발견되는 세포막 위에서 존재하는 것이 진단상 중요한 지표이다.

Meront는 막결합성이며 성숙 merozoites는 다발 내에 꽉 채워져 있는 rosette형상이거나 또는 흩어져 있다. Merozoites는 소시지 또는 바나나 모양으로 HE염색에 호염기성으로 염색된다. Macrogametocyte는 1개의 대형 중심핵과 많은 amylopectin과립을 가진 세포질로 되어 있으며, 호산성을 띠고, 세포질 내의 amylopectin과립은 PAS에 양성반응을 나타낸다. 숫적으로 적은 microgametocytes는 많은 수(100개 이상)의 주변 핵을 가지고 있고 HE염색에 macarogametocytes보다는 더 진하게 호염기성으로 염색된다.

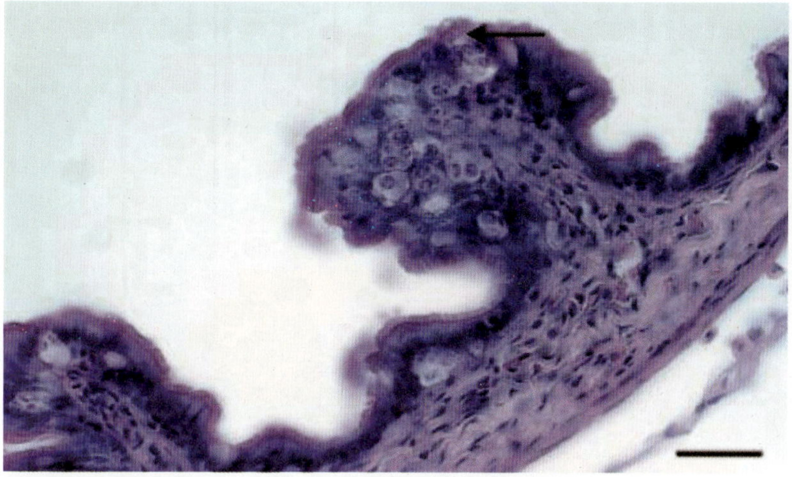

그림 3-49 농어의 장 점막 고유층의 *Eimeria*의 수많은 oocyst. H&E, 30 μm.

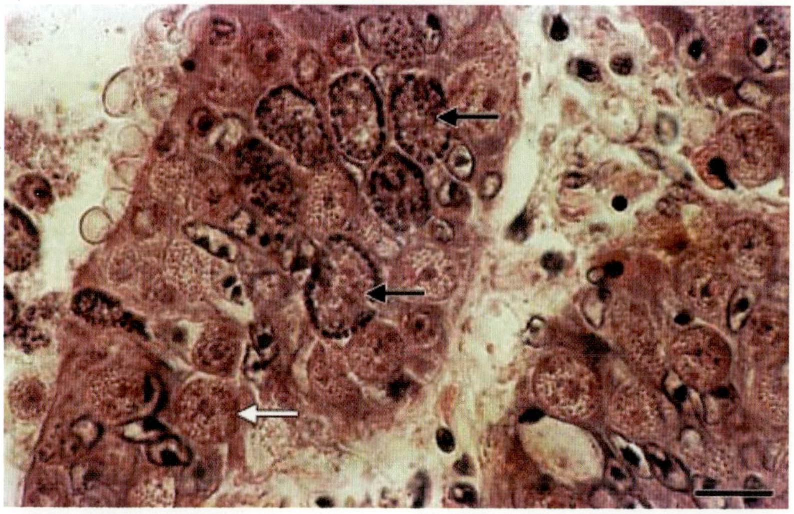

그림 3-50 유럽 양식 잉어의 장 상피 내의 *Goussia subepithelialis*의 macrogametocytes와 microgametocytes. 특징적인 중심핵과 세포질 내에 amylopectin 과립의 존재를 특징으로 하는 macarogatocytes(백색 화살표)의 수는 많은 소형의 주변 핵을 특징으로 하는 microgametocytes(검정 화살표)보다 숫자가 많다. H&E, 15 μm.

여러 성숙단계의 oocyst가 발견되는데 포자 형성한 oocyst 내에는 두꺼운 막을 가진 2~8개의 sporocyst가 들어 있고, 그 sporocyst내에는 타원형, 장갑 또는 소시지 모양의 sporozoites가 들어 있다. 조직표본을 항산성염색하면 oocyst 내의 sporozoites를 발견할 수 있다. 또한 sporocyst 내에 PAS양성 amylopectin과립을 가지고 있는 residual body도 발견할 수 있다.

Oocyst와 sporocyst의 구조는 종을 동정하는데 중요한 지표가 된다. Cryptosporidium oocyst는 sporocyst가 없는 4개의 sporozoites가 들어 있고, Eimeria나 Goussia의 oocyst는 oocyst벽을 덮고 있는 엷은 막처럼 보이는 “yellow bodies” 또는 1개 이상의 oocyst가 들어 있

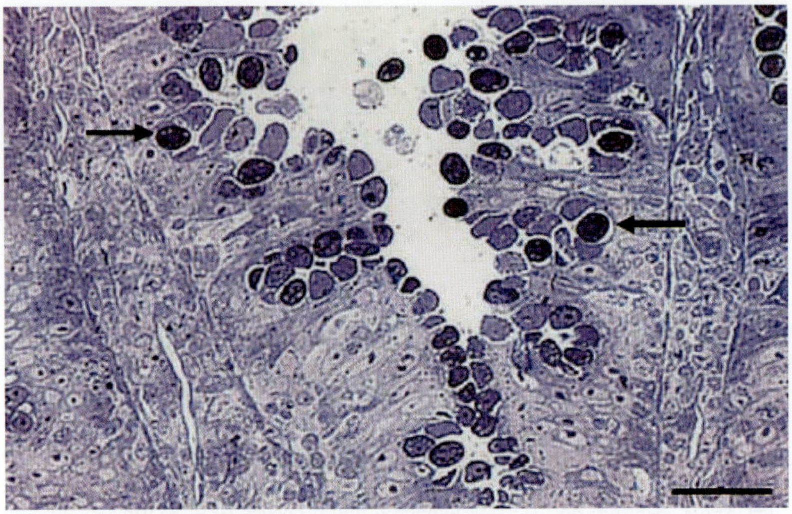

그림 3-51 황어의 소화관 내의 *Goussia janae*. 충체(화살표)는 소화관 상피세포의 microvilli 내의 원형질막 바로 아래에 위치하고 있다. 이처럼 막 바로 아래에 위치하는 것을 epicytoplasmic 또는 epicellular라 하는데, 충체는 extracelluar인 것처럼 보인다. Semi-thin section, tolidine blue, 20 μm.

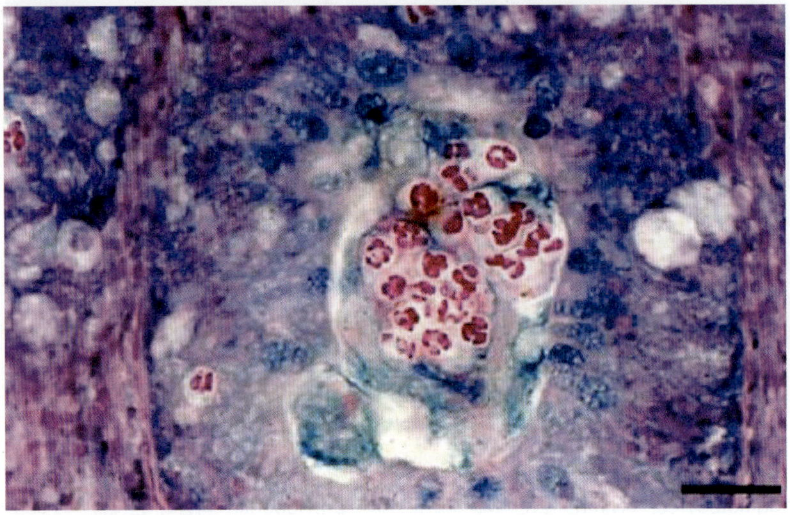

그림 3-52 잉어의 소화관 내의 *Goussia carpelli*의 oocyst 내의 sporocyst 내의 sporozoite는 항산성 염색에 양성이다. Ziehl-Neelsen, 20 μm.

는 대형의 형태가 없는 무정형으로 보이는 내부에 들어 있다. Yellow body는 macrogametocyst가 침입하여 완전히 분해된 잔존물로서 세포분해산물인 lipofuscin, ceroid 및 amylopectin 과립이 들어 있다.

## 5 점액포자충병(Myxosporida)

점액포자충은 무척추동물 및 어류에 한정되어 기생하는 편성기생충으로 숙주의 조직이나 관공에 기생의 세포내 기생으로 조직 특이성이 매우 강하다. 포자는 1개의 이분엽핵 또는 2개의 단

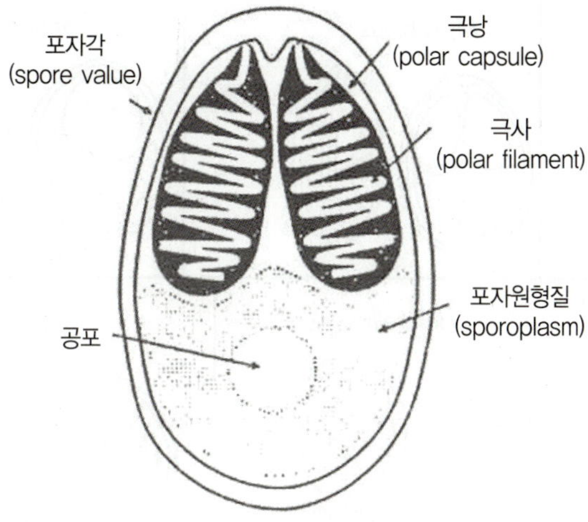


그림 3-53 점액포자충 포자의 모식도.

핵을 가진 포자원형질(sporoplasm), 극사(polar filament)가 나선상으로 들어 있는 극낭(polar capsule), 2~6개의 포자각(shell valve)을 가지고 있다. 포자 원형질내부에는 1개의 공포가 존재한다. 숙주가 포자를 섭취하게 되면 이것이 자극으로 작용하여 극낭에서 극사가 탄출되어 장의 점막에 달라붙은 다음 포자각이 이탈되면서 감염성이 있는 영양체로 되어 장벽을 통하여 혈류를 따라 친화성이 있는 조직으로 이동하게 된다. 감염에는 환형동물을 중간숙주가 필요하며 포자의 전파는 어류를 먹이로 취하는 조류의 변을 통하여 확산이 조장된다.

점액포자충과 방선포자충의 2강으로 분류하였지만, 결국 서로 다른 숙주에서 포자를 만들지만 방선포자충은 점액포자충의 지령이 내에 기생종에 불과함으로 방선포자충강은 없어지게 되었다. 다시 바꾸어 말하면 담수산 점액포자충은 빈모류와 어류의 다른 2종의 숙주를 필요로 하는 생활사를 가지고 있다고 말할 수 있다. 이때 2종의 중간숙주에서 모두 포자가 형성됨으로 중간숙주와 종숙주를 구별할 수는 없게 된다. 그럼으로 빈모류를 점액포자충의 중간숙주라는 용어를 사용하지 않고 "교대숙주(alternative host)"라 부르고 있다. 단 해산점액포자충은 아직 이러한 교대숙주가 발견되지 않고 있다.

포자충의 Fluorochrome Uvitex 2B염색법은 시약인 Fluorochrome Uvitex 2B(4,4-BIS (2- di (2hyroxyethyl)-amino-4-(3-sulfophenylamino)-1,35-triazine-6-ylamino)-stilbene-2, 2-disulfonic acid, sodium salt(Ciba Geigy, Swiss)를 phosphate buffered saline(PBS)에 1%가 되도록 녹인다. 또 evans blue도 PBS에 0.5%가 되도록 녹인다.

병어에서 감염된 부위 또는 의심스러운 부위를 10% 포르말린 또는 부안액에 고정한 다음 파라핀에 포매하여 5 μm의 절편을 만든다. 상법의 조직염색법과 같이 탈파라핀 과정을 거치고 함수과정을 마친다. 그 후 Uvitex 2B에 10분간 염색한 다음 증류수로 세척하고 다음에 보통의 HE염색을 한다. 염색 종료 후 형광현미경만 또는 광학현미경만으로 관찰하거나 광학현미경조건하에 형광을(Double exposure with UV and normal light) 관찰하면 모두를 알 수 있다(200배). 형광현미경 하에서는 청색 형광을 발한다. Uvitex 2B염색 후 HE염색을 하지 않을 때는 Uvitex염색 후 증류수로 세척하고 evans blue로 30초간 대비 염색한 다음 증류수

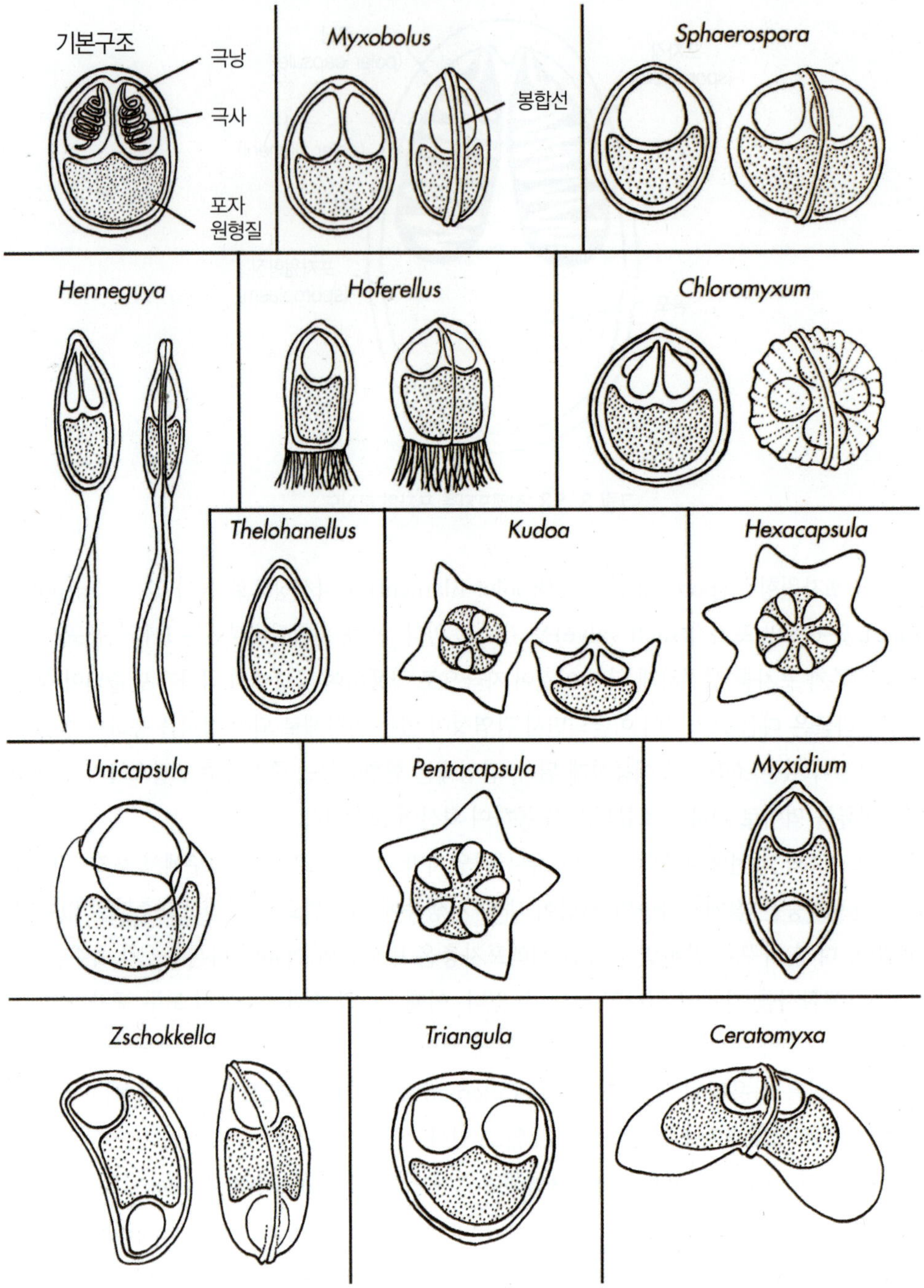


그림 3-54 어류 기생 주요 Myxozoa 포자의 모식도. 모든 Myxozoa의 포자는 극낭, 극사를 가지고 있으며, 극사는 광학현미경으로는 관찰 불가함으로 표기하지 않았음.

로 세척하고 건조시킨 다음에 형광현미경으로 검경한다.

이 방법의 장점으로는 위에서 언급한 것처럼 조직표본에 대해서는 탈파라핀한 표본을 대상으로 으로 HE와의 이중염색이 가능하다는 점 이외에 감염부위의 도말표본 또는 squash표본(steel mesh sieve에 조직을 으갠 다음 500 g에 10분간 원심 분리하여 supernatant는 버리

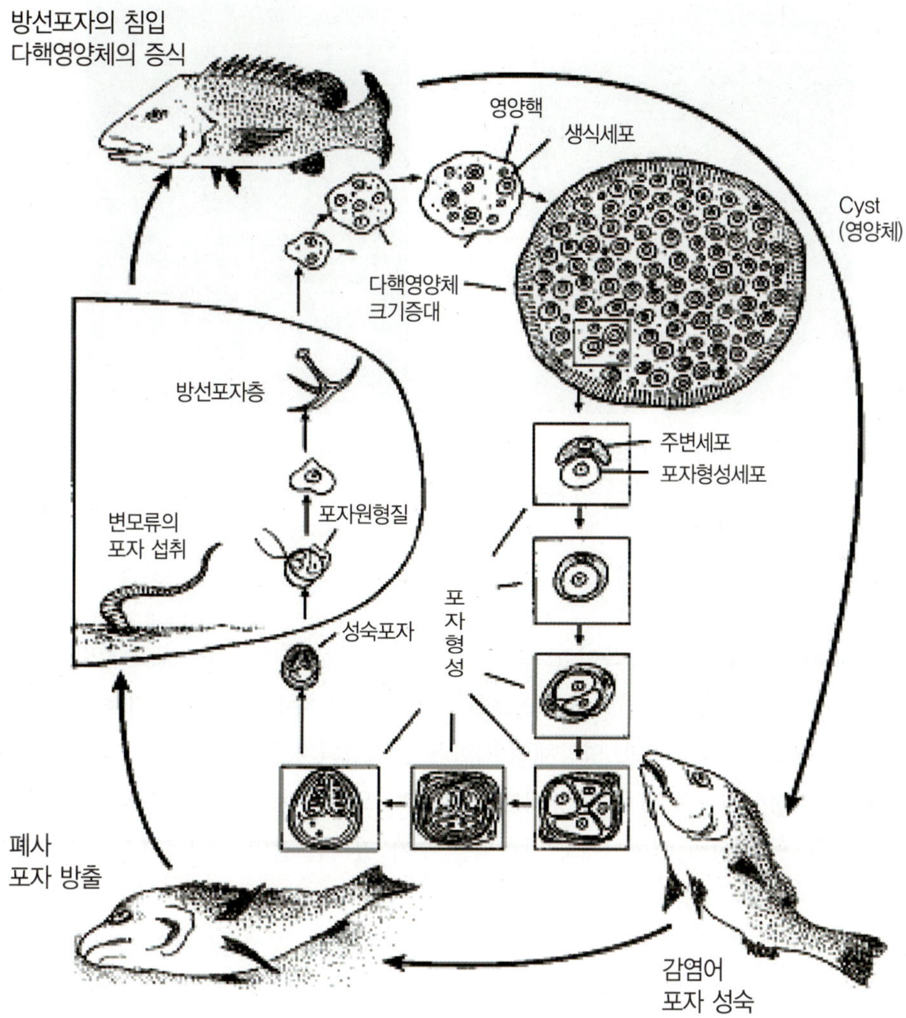


그림 3-55 점액포자충의 생활사의 모식도.

고, 펠렛을 슬라이드글라스 위에 직경 15 mm에 도말한 다음 건조시키고 메탄올로 고정한 다음 세척 건조시킨 것)으로는 1시간 내에 관찰할 수 있다.

그러나 단점으로는 Uvitex는 chitin과 결합함으로 키틴성의 세포벽이 만들어지지 않은 미숙포자는 염색되지 않는다는 점과 이 염색만으로는 종의 구분이 곤란하다는 점을 들 수 있다.

## 1) 믹소보루스증

### (1) 잉어 및 금붕어

잉어나 금붕어 당년어의 아가미에 기생하여 조직내에 크고 작은 시스트를 형성함으로써, 시스트에 의해 아가미 뚜껑이 밀려 올라가게 되어 아가미 뚜껑이 열리게 됨으로 호흡장애를 일으켜 폐사되는 질병이다.

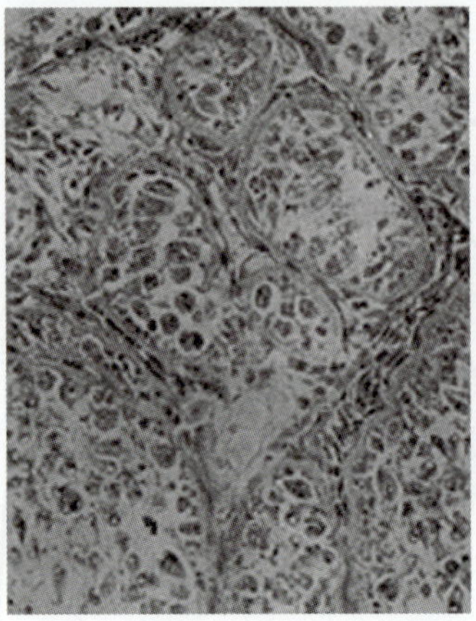

그림 3-56 아가미의 시스트. 숙주의 결합조직에 싸인 영양체가 모여 있고 그 사이에 모세혈관이 발달.

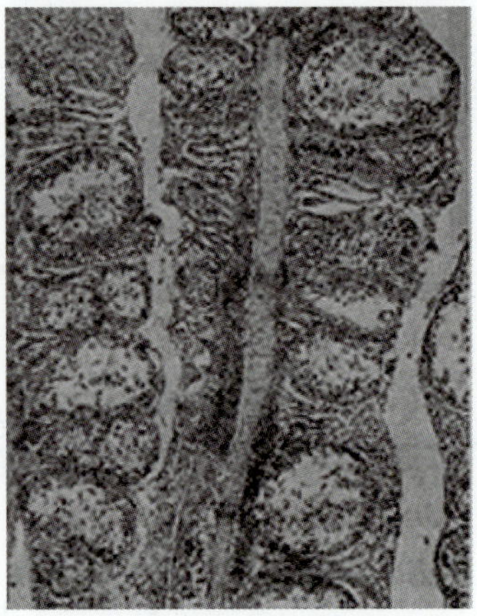

그림 3-57 증생한 상피세포에 시스트가 싸여 있다.

Myxobolus sp.의 포자는 앞쪽이 뾰족하고 뒤쪽이 둥근 서양배 모양으로 2개의 극낭, 극간돌기 및 포자원형질에 요오드친화성의 공포를 가지고 있다. 주로 여름에서 가을에 걸쳐 많이 발생하며 중증어는 사망하지만, 영양체의 집합체가 형성되지 않거나 형성되더라도 그 수가 적을 때는 포자형성이 완료된 후 영양체가 붕괴되면 포자가 방출되고 자연 치유되는 경우도 있다. 또한 2년생 이상의 대형어에도 감염되는 수가 있지만 감염되어도 시스트의 크기는 1 mm이하로 매우 작아 사망하는 경우는 거의 없다.

이 병의 특징적 증상은 아가미에 크고 작은 시스트가 많이 형성됨으로 아가미는 울혈되어 암적색을 띠게 되고 동시에 여러 군데서 출혈이 보인다. 시스트의 크기는 수 mm에서 5 mm에 이르는 대형과 1 mm이하인 소형의 2형으로 나눌 수 있는데, 대형은 구형, 난형 또는 불규칙한 모양으로 집단을 형성함으로 옅은 분홍색 또는 적색기미를 지니고 있는 반면 소형은 새엽의 한쪽면에만 나타남으로 희게 보인다. 대형의 시스트는 새변의 결합조직 내에 0.1~1 mm 정도의 영양체의 집합체가 모세혈관이 많은 결합조직성의 막과 상피세포에 둘러싸인 복잡한 구조를 하고 있다. 따라서 이러한 대형의 집합체가 형성된 곳은 주변의 모세혈관이 압박을 받아 울혈이 생기고, 출혈과 모세혈관의 퇴행화도 보인다. 또 대형의 집합체가 아가미에 나타남으로 인해 아가미의 여닫기가 장애를 받게 된다. 아가미의 점액분비도 과다하게 되고 새엽 전체에 걸쳐 상피세포가 증생 되어 심한 호흡장애가 생긴다.

소형의 시스트는 흰 백점상으로 새박판 사이에 위치하게 됨으로 증생한 상피세포층이 영양체를 둘러싸게 됨으로 구형이다. 이러한 경우 주변의 새변은 대개 변형되어 시스트에 의해 압박을 받게 됨으로 울혈이 생기고 모세혈관이 파괴되어 내출혈이 생기는 경우도 있다.

또한 드물기는 하지만 새박판의 모세혈관세포와 기저막과의 사이, 표피세포내 모세혈관세포 내에 시스트가 형성되는 경우도 있고, 극히 드물지만 심장, 간장, 신장, 장에도 시스트가 형성되는 경우도 있다.

한편 아가미에 직경 0.5 mm이하의 원형 또는 난원형의 백색입자가 산재되어 출현하는 경우도 있는데 이는 M. sp와 닮아 있는 M. toyamai의 기생에 의한 것으로 M. toyamai는 2개의 극낭의 크기가 서로 다르기 때문에 M. sp.와 구분할 수 있다.

믹소보루스병은 시스트의 도말표본을 만들어 김자 염색 후 포자의 형태를 관찰함으로써 진단할 수 있다.

### (2) 송어류의 선회병

Myxobolus(Myxosoma) cerebralis는 바닥이 흙인 곳에서 사육하고 있는 연어류 특히 무지개송어의 치어기에 빈발하는 질병으로 치어가 부상하여 먹이를 먹기 시작하는 수 주간이 주 감염시기이다. 자어에 감염되었을 때는 2~8주간의 잠복기를 거쳐 이 병의 특징적인 증상인 꼬리부분의 흑화와 선회운동의 증상이 나타나지만, 1년어는 감염될 수 있는 연골이 거의 없기 때문에 아가미의 연골에 감염되어 잠복되어 있다가 새로운 감염원으로 작용하게 된다.

먹이와 함께 또는 피부 및 구강을 통하여 침입한 포자는 연골에서 성숙하게 되면 변과 함께 방출되는 수도 있지만 거의 대부분의 포자는 연골조직에 어류가 죽을 때까지 남아 있게 되는데, 이러한 병어를 조류가 먹게 되면 조류의 변을 통하여 새로운 곳으로 옮겨지게 된다. 이렇게 수중 또는 조류에 의해 전파된 포자는 오염 환경에 서식하는 빈모류인 Tubifex tubifex에 먹힌 다음 포자 포자원형질의 방출되어 소화관 벽에서 3~4개월 동안 유성생식과 무성생식을 한 다음 방선포자충(acinosporean)으로 변형된 다음 수중으로 방출된다. 수중으로 방출된 방선포자충의 포자는 감염체인 sporont를 방출하고 이것이 어류의 아가미나 구강 또는 체표상피를 통하여 어체에 침입하게 된다. 또 빈모류를 어류가 직접 섭취함으로써도 감염된다. 감염체는 숙주 내에서 핵분열을 반복하면서 두부 연골에 도착하여 여기서 영양형이 된다. 영양형의 핵은 sporont로 되고, 다시 이것이 핵 분열하여 sporoblast가 되어 포자로 성숙하게 된다.

선회운동은 영양체가 두개골의 청각 평형기를 둘러싸고 있는 연골낭에 침입하여 연골의 동공 내에서 시스트 모양의 류상피성 육아조직에 의해 싸여 있는 상태로 존재하기 때문이며 평형감각이 상실하였기 때문이며, 영양체가 척추골의 연골부에 기생하면 교감신경이 장애를 받아 꼬리부분의 색소가 확산된 채로 집합이 이루어지지 않기 때문에 검게 변하게 된다. 이러

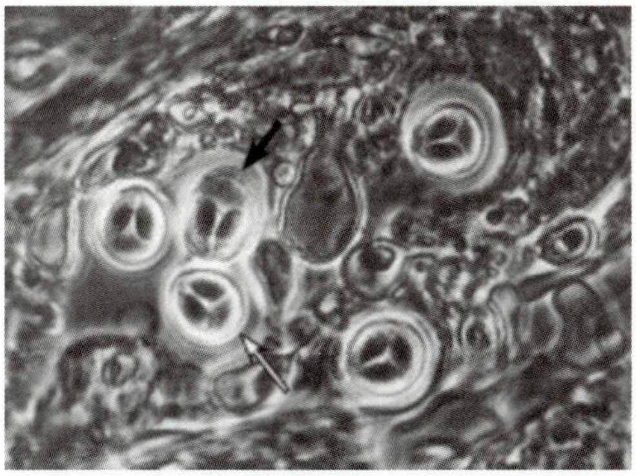

그림 3-58 송어의 두개골 속의 기생충.

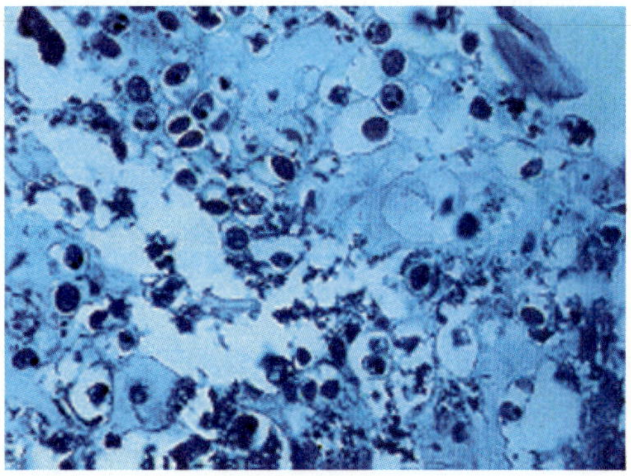

그림 3-59 두개골 연골속의 기생충. GS.

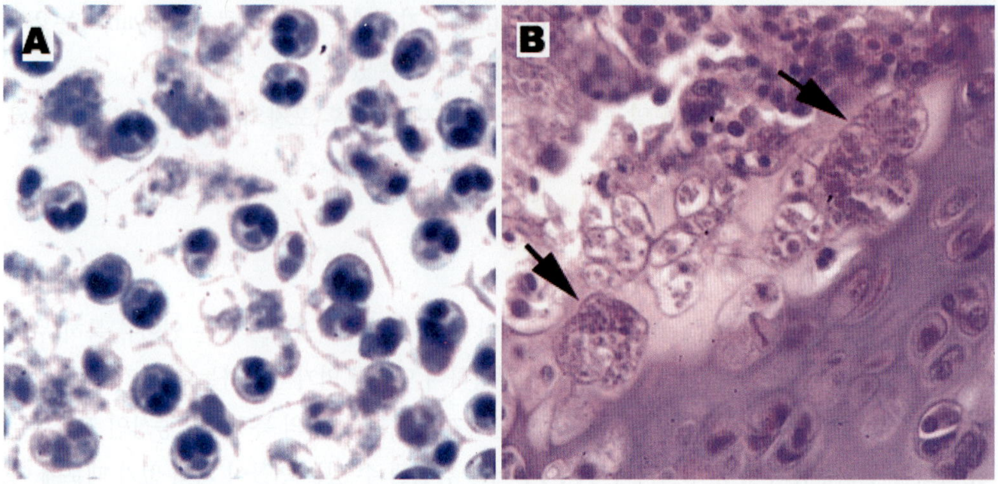


그림 3-60 서양배 모양의 극낭을 가진 *Myxobolus cerebralis* 포자. B: 연골 내의 *Myxobolus cerebralis* 영양체 (화살표).

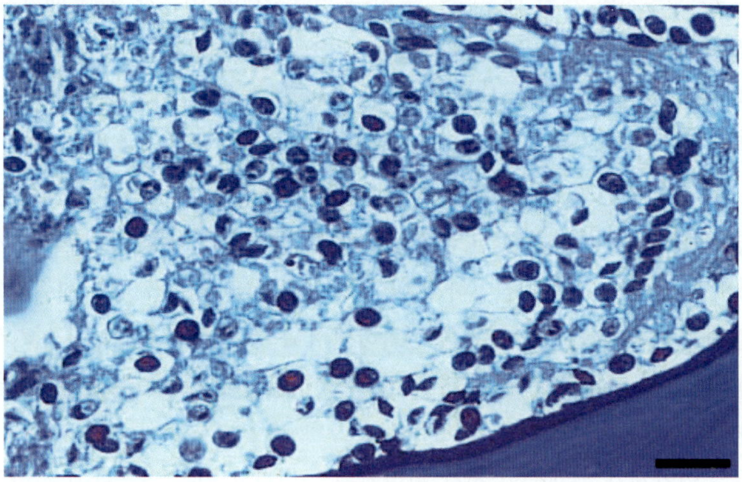

그림 3-61 무지개송어의 연골 내의 *Myxobolus cerebralis*의 포자. 두부와 척추 연골에 감염되며, 포자 내에는 2개의 극낭이 보인다. Giemsa, 80 μm.

한 꼬리부분의 흑화는 부화 후 3~6개월 정도의 치어에 특징적인 증상이지만 감염에도 불구하고 장기간 어류가 생잔하게 되면 미부흑화는 점차 관찰할 수 없게 된다. 감염된 후 생잔한 개체에는 척추만곡, 눈의 뒤쪽의 함몰 및 아래턱을 벌리고 있는 것과 같은 증상을 나타내는 개체가 많은데 이는 감염당한 연골에 류상피세포성 육아종이 형성되기 때문이다.

이 병의 특징적인 증상인 꼬리부분의 흑화와 척추골의 변형은 송어류에서는 비타민 C의 결핍에 의해서도 일어나기 때문에 정확한 진단을 필요로 한다.

### (3) 방어

Myxobolus acanthogobil(= 이전의 Myxobolus buri, 2004)가 뇌의 중뇌 뇌실과 소뇌와 연수가 접하는 곳에 있는 제 4뇌실에 기생함으로써 척추가 굽어지는 질병으로 감염은 양식 초기에 일어나지만, 척추가 굽어지는 것은 다음해에 일어난다. 제 4뇌실에는 0.5 mm정도의 구형의 시스트가 형성되면 척추의 변형이 생기지만 시스트가 연수를 침해하게 되어 척추측만곡의 직접적인 원인으로 되어 신경을 압박하게 됨으로써 체측근의 활동에 이상을 초래하여 척추골을 만곡시킨다고 생각된다. 시스트의 내부에는 원형의 양쪽 볼록렌즈모양의 직경 10 μm의 포자가 들어 있다.

양식 방어에서 시스트가 처음으로 형성되는 것은 중뇌로 이때에는 숙주에 이상이 없지만 늦가을에 제 4뇌실에 시스트가 형성되기 시작하면서 척추측만곡이 일어난다. 이러한 병어는 식욕이 저하되어 쇠약해지는데 측만곡만으로서는 활동과 성장에는 전혀 지장이 없지만 시스트의 수가 증가함에 따라 측만곡에 상하만곡 등이 생겨 복잡한 만곡을 나타나게 된다.

분자생물학적 진단(Nested PCR)은 뇌를 시료로 하여 DNA를 분리하여 첫 번째 PCR은 Ma-fwd1(5′-TAC AAC ACG CTG CGC TGT AG-3′)와 Ma-rev(5′-CCA CAC AGT CTC CAC TGC A-3′)을 사용하여 30 cycle(denaturation 95°C 30sec, annealing 64°C 30sec, extension 72°C 30sec)을 반응시킨 다음에 95°C에 4분간 initial denaturation 및 최종적으로 72°C에 7분간 extension한 산물은 727 bp가 얻어진다.

2번째 PCR은 Ma-fwd3(5′-GCC ATG CAT GTG AGT AGT AC-3′)와 Ma-rev4(5′-GAT CCG AAT CTT TGG CAC CA-3′)를 1번째 PCR산물 1 μl를 증류수 20 μ에 첨가한 것을 DNA mold로 하여 1차 반응과 같은 조건에서 실시하지만, cycle수는 15회, annealing 온도는 60°C로 바꿔 실시하면 산물은 671 bp가 얻어진다.

### (4) 문절망둑의 *Myxobolus acanthogobii*

문절망둑(yellowfin gobi, Acanthogobius flavimanus) 병어는 특이한 외부증상은 없지만, 골격의 변형이 특징적이다. 그러나 심하게 감염된 경우에는 가벼운 안구돌출과 눈 주변이 부풀어 오르는 경우도 있다. 뇌를 노출시키면 뇌의 표면, 후각 신경 및 척추에 수많은 완두콩 모양의 흰색 cyst를 발견할 수 있다.

포자의 관찰은 뇌에서 추출한 cyst를 즉시 또는 냉장고 혹은 −80°C에 보존한 다음 슬라이드글라스에 미리 용해시켜 놓은 1.5% 한천에 포매한 다음 현미경으로 검경한다. 극사의 탄출은 potassium hydroxide (0.2 mol/l)를 포자와 혼합하여 관찰한다.

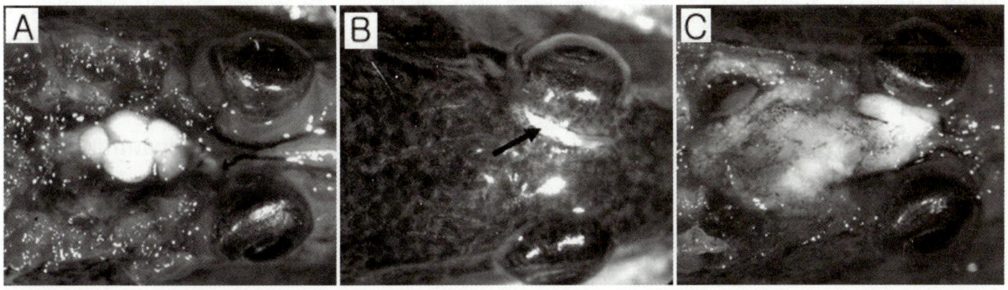


그림 3-62 A: 미감염 문절망둑의 뇌, B: 심한 감염어는 안구돌출과 눈 주변의 종창으로 안구 주변에 틈이 형성, C: 뇌에 형성된 다수의 기생충의 cyst.

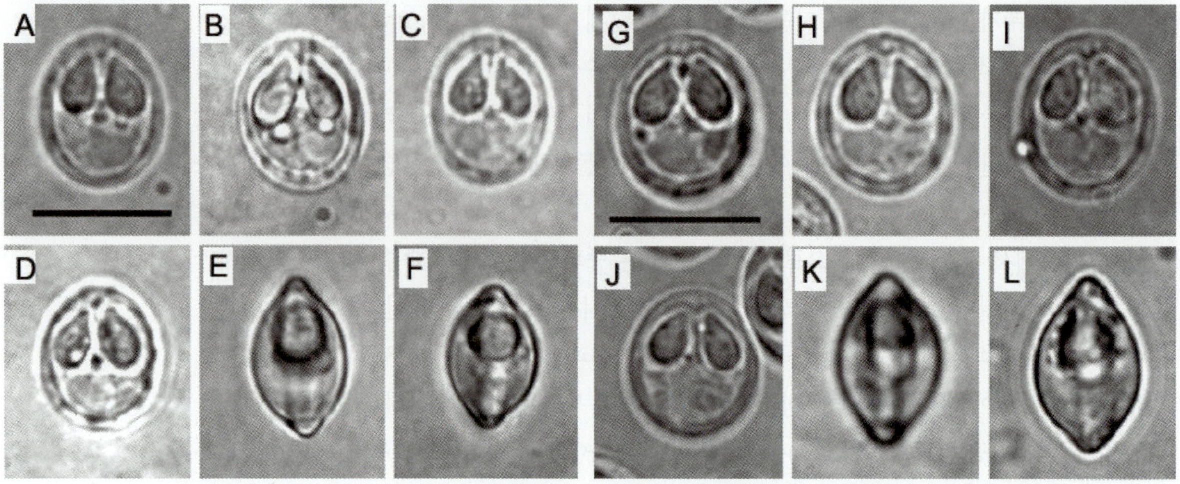


**그림 3-63** A~F: 방어에서 분리한 *Myxobolus buri*의 포자, G~L: 문절망둑에서 분리한 *Myxobolus acanthogobii*의 포자. A~D와 G~J: 정면도, E~F와 K~L: 측면도. Bar = 10 μm.

**표 3-2** *Myxobolus buri*와 *Myxobolus acanthogobii* 포자의 크기(μm) 비교

| 종류 | 포자 | | | 극낭 | | 극사의 길이 | 감염 숙주 |
|---|---|---|---|---|---|---|---|
| | 평균 길이 | 평균 너비 | 평균 두께 | 평균 너비 | 평균 길이 | | |
| *Myxobolus buri* | 10.6(9.9~11.4) | 9.1(8.6~9.8) | 6.9(6.4~7.3) | 4.8(3.9~5.3)<br>4.3(3.8~4.6)<br>4.5(3.9~5.3) | 2.8(2.6~3.2)<br>2.5(2.0~2.9)<br>2.8(2.5~3.2) | 23.8(19.7~28.2) | *Seriola quinqueradiata* |
| *Myxobolus buri* | 10.6(9.2~11.8) | 9.2(7.9~10.2) | 6.6(5.5~7.3) | 4.5(3.9~5.4) | 2.8(2.5~3.4) | 30.6(17.1~40.3) | *Seriola quinqueradiata* |
| *Myxobolus acanthogobii* | 10.3(9.8~10.7) | 8.5(8.0~9.1) | 6.6(6.2~7.4) | 4.2(3.9~4.5)<br>3.8(3.5~4.3)<br>4.0(3.5~4.5) | 2.5(2.2~2.6)<br>2.3(2.0~2.5)<br>2.4(2.0~2.6) | 21.7(16.0~31.2) | *Acanthogobius flavimanus* |
| *Myxobolus acanthogobii* | 9.8(8.0~11.8) | 8.1(6.7~9.6) | 6.2(5.3~7.2) | 3.5(2.9~4.3) | 2.2(1.9~2.9) | ND | *Acanthogobius flavimanus* |

ND: not determined

포자는 원형 또는 방추형으로 끝 부분이 약간 뾰족한 형태이다. 2개의 극낭이 있지만 크기는 약간 차이가 나는 경우도 있다.

분자생물학적으로는 포자의 cyst를 proteinase 100 μg/l가 되도록 첨가한 고농도의 urea buffer 0.4 ml와 혼합하여 균등액을 만든 다음 56°C에 하룻밤 방치하여 용해시킨다. 시판의 kit 등을 사용하여 DNA를 분리한 다음 primer로서 Ma-fwd 5′-TAG GTA GTA CAC ACG ACA CC-3′와 Ma-rev 5′-CCA CAC AGA CTC CAC TGC A-3′을 사용하여 PCR 반응시킨다. 반응조건은 95°C에 4분간 initial denaturation시킨 다음 30 cycles(denaturation 95°C, 30sec; annealing 55°C, 30 sec; extension 72°C, 30 sec) 증폭시킨 다음, 72°C에 7분간 final extension시키면 750 bp의 특이 밴드가 형성된다.

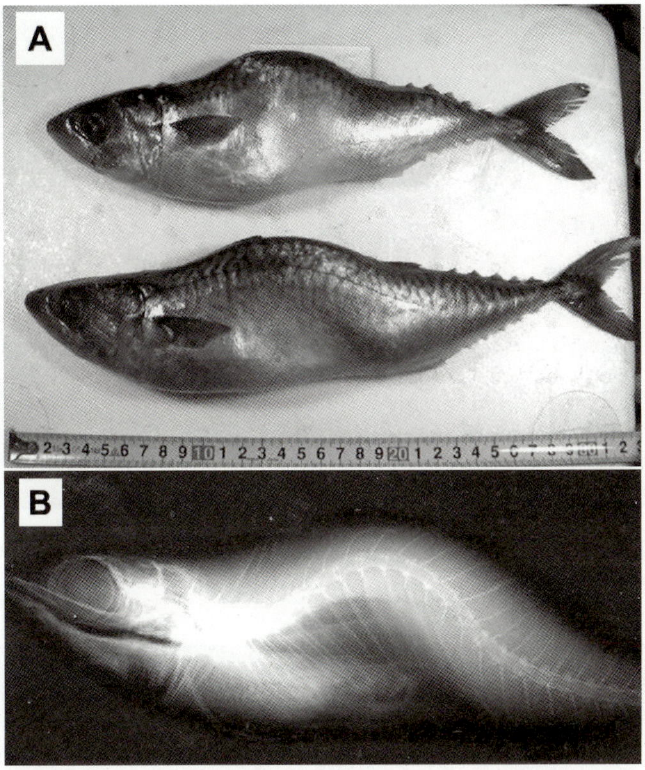


그림 3-64 A: *Myxobolus acanthogobbii* 감염에 의한 척추의 S자 변형, B: X-ray 사진.

## (5) 삼치의 척추 후만증

감염 삼치(Japanese mackerel, Scomber japonicus)는 척추가 등 쪽으로 휘는 변형으로 척추후만증(척추 후골증, kyphosis)으로 5번째와 7번째 사이의 척추가 등 쪽으로 밀려올라가고 그 뒤의 척추는 다시 아래로 휘는 형태로 전체적으로 "S"자의 형태로 굽어진다.

병어의 뇌를 살펴보면 후엽(olfactory lobe)의 표면, 연수(medula oblongata)의 앞쪽 끝부분 및 뇌강 내에 원형의 백색 cyst가 다량으로 발견된다. 감염률은 봄과 여름에 감염이 증가하기 시작하여 7~8월에 최대에 달하며, 가을 이후는 다시 감소하는 경향이다. 감염률은 척

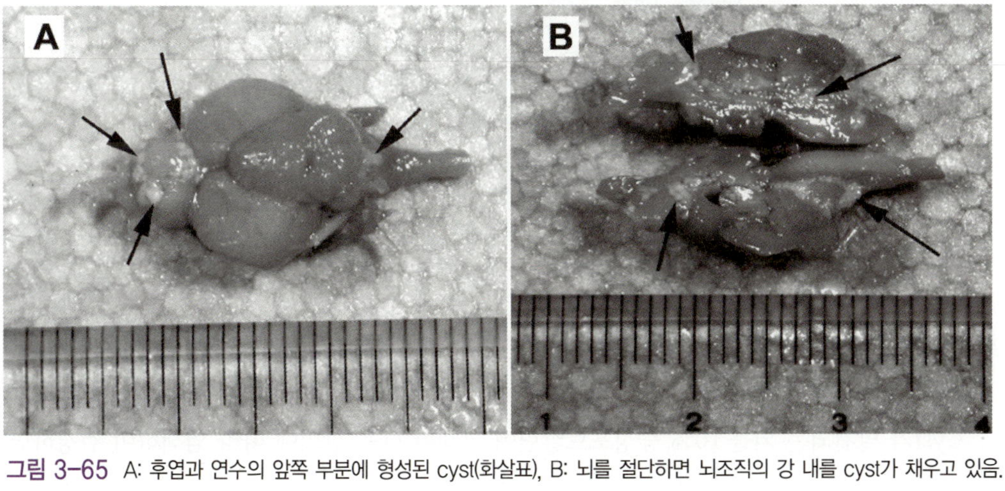


그림 3-65 A: 후엽과 연수의 앞쪽 부분에 형성된 cyst(화살표), B: 뇌를 절단하면 뇌조직의 강 내를 cyst가 채우고 있음.

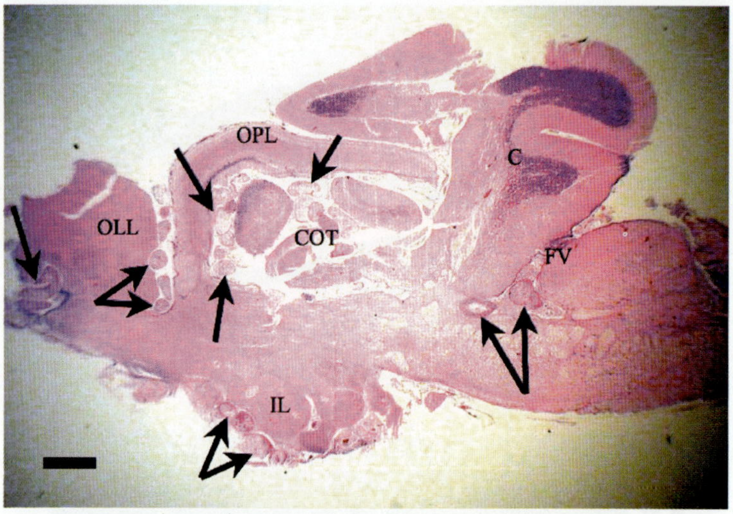


그림 3-66 뇌의 횡단면. *M. acanthogobii*의 cyst(화살표),C: 소뇌, OLL: 후각엽, OPL: 시엽, COT: 시개 강, FV: 제 4뇌실, IL: 하엽, HE, Bar = 1 mm.

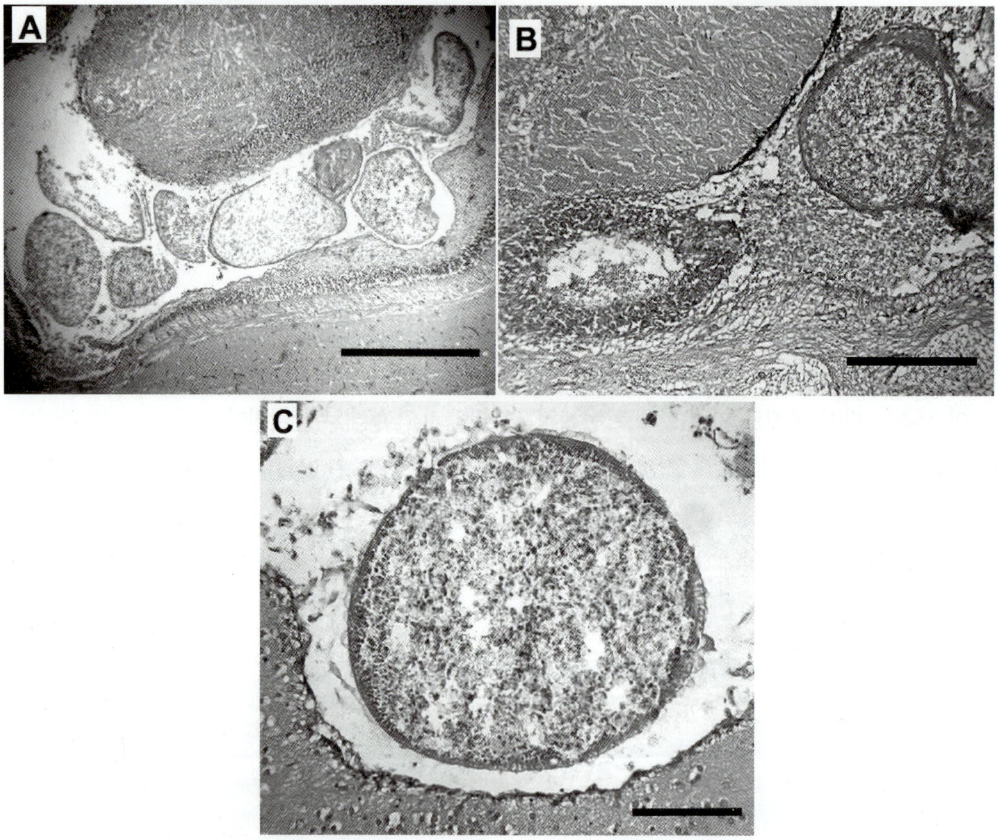


그림 3-67 A: 시개 강 내의 cyst. 몇몇 cyst는 포자를 방출하고 붕괴, Bar = 500 μm, B: 제 4뇌실 내에서 포자의 확산에 따른 림프구의 침윤, Bar = 300 μm, C: cyst의 확대도, Bar = 100 μm. HE.

추가 변형된 어류는 100%, 외관상 건강하게 보이는 어류도 12.2%정도 감염되어 있으며, 감염율이 최대일 경우는 약 40% 정도의 어류가 감염되어 있다.

Cyst가 발견되는 뇌를 10% 중성포르말린에 고정한 다음 상법에 따라 염색하여 검경하면

cyst의 크기는 직경 0.3~1 mm으로 숙주 유래의 콜라겐성 물질에 둘러싸여 있고, 내부에는 여러 가지 성숙 단계의 포자가 들어 있다. 성숙 후 포자가 확산됨에 따라 신경조직의 국소적 변성, 림프구의 침윤 및 육아종성 염증이 생기기도 한다.

포자는 방어나 문절망둑에 감염되는 포자와 비슷하며 원인 기생체는 Myxobolus acanthogobii로서 분자생물학적으로 PCR반응을 시켜보면 동일하다는 것을 알 수 있다.

### (6) 금붕어의 지느러미에 기생하는 *Myxobolus diversus*

지느러미의 연조 내에 1~1.8 mm의 타원형의 변형체가 형성되며, 어류 당 형성되는 변형체의 숫자는 1~11(평균 5.8)개이다. 지느러미 중에서도 주로 꼬리지느러미에서 발견되지만 때로는

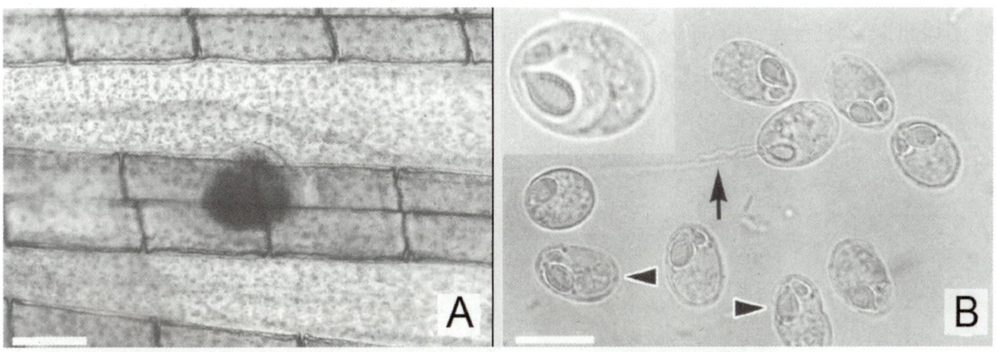

그림 3-68 A: 지느러미의 연조 내의 변형체. B: 성숙 변형체에서 방출된 포자. 1개는 극사를 내고 있는 포자와 변형된 포자. (삽입-포자의 확대도).

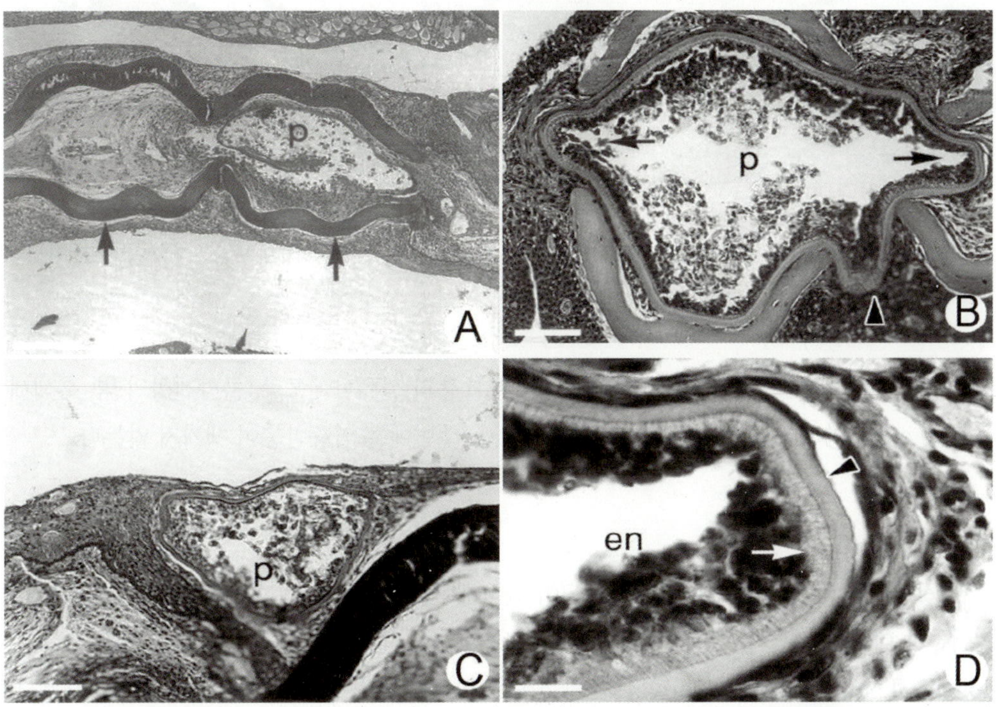

그림 3-69 A: 연조(화살표) 내의 변형체(P). B: 성숙된 변형체(P)는 인접 연조의 관공 내로 돌출(화살표). C: 연조의 외부에서 발육 중인 변형체(P). D: 변형체의 거품 모양의 외막(흰색 화살표)과 내부의 내막(en). 외막은 숙주 유래의 연골성의 피막(화살표 머리)에 싸여 있다. HE, bar = 200 μm(A), 40 μm(B & C) 및 120 μm(D).

다른 지느러미에서도 발견된다. 2개의 극낭 중 1개는 거의 원시적인 것이 특징이며 포자 원형질 내에는 요오드 친화성 공포가 없다.

변형체는 관 모양을 하고 있는 연골성의 연조 내에 형성된다. 변형체는 2개의 막으로 싸여 있는데 내부는 기생충 기원이며, 외부는 숙주 기원의 연골성의 막으로 그 바깥에는 결합조직이 둘러싸고 있다. 병리학적 변화는 분명하지 않지만, 변형체가 성장함에 따라 결합조직는 부피가 감소한다. 시간이 경과하면 연조의 내부에 변형체로 충만되어 혈관과 신경을 압박하게 된다. 그러나 연골의 변화와 염증 반응은 발견되지 않는다.

#### (7) 붕어의 *Myxobolus turpisrotundus*

턱, 입술, 아가미 뚜껑 및 표피에 cyst가 형성되기 시작하여 점차 피부나 각 지느러미로 확대되어 간다. 내부적으로는 인두와 새궁에도 cyst가 형성되며, 장의 전반부에도 cyst가 형성된다. 감염률은 계절성이 뚜렷하여 겨울에 최대로 되며, 여름에는 거의 발견되지 않으며, 기생충의 감염에 의한 폐사도 확인되지 않는다.

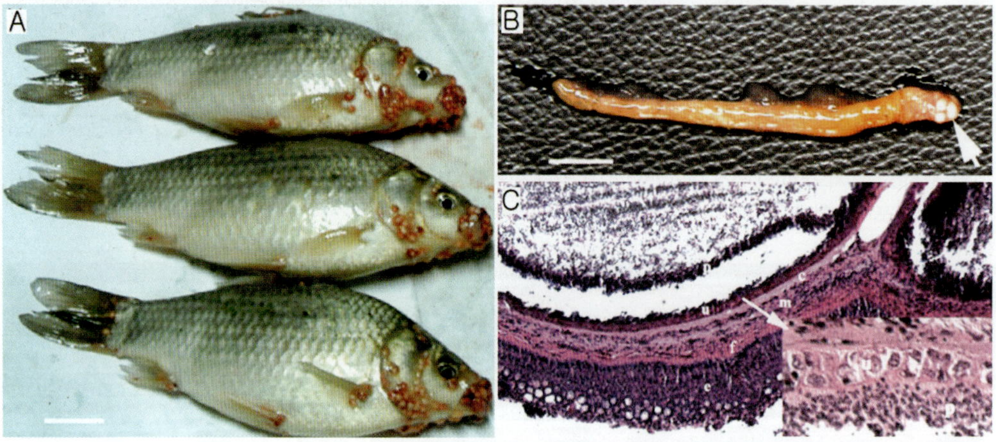


그림 3-70 A: 기생충의 cyst와 감염에 의한 피부의 퇴색. B: 장의 전반부에 형성된 3개의 cyst. C: 피부의 cyst. p: pre-spore, u: cup-like cell, c: 교원성의 섬유아세포막, m: 흑색색소포층, f: 섬유아세포층, e: 숙주의 상피세포. Bar = 10 cm(A&B), C는 400배와 800배.

병리조직학적으로는 cyst는 피하에 형성되며, 1층의 섬유아세포층, 콜라겐성의 막, 흑색세포층 및 cup모양의 세포층으로 구성되어 있고 cyst주변에는 염증반응이 생기지 않는다.

### 2) Thelohanellus

Thelohanellus sp는 잉어에서만 보고되어 졌는데, 최초는 러시아의 Amur강에 서식하는 야생 잉어류의 아가미, 간, 피부, 지느러미 및 결합조직에서 각각 T. acuminatus, T. amurensis, T. dogieli, T. nikolskii 및 T. hovorkai의 5종을 발견하였다. 그 후 지느러미에 기생하는 T. nikolskii는 T. cyprini로 개명되기도 하였으며, T. dogieli는 T. nikolskii, T. cyprini와 같은 종,

T. hovorkai는 T. dogieli와 T. acuminatus는 T. fuhrmanni와 같은 종으로 불리기도 하였다.

그러나 최근에 잉어의 지느러미에 기생하는 종은 T. nikolskii, 결합조직에 기생하는 것은 T. hovorkai로 재분류되었다. 이 중 지느러미에 기생하는 T. nikolskii는 연령이 높은 잉어에 감염되었을 때는 변형체가 지느러미의 끝부분에 만들어지는 경우도 있다.

병리조직학적으로도 2종은 감염부위가 차이가 나기 때문에 현저한 차이를 나타내고 있다. 즉 T. nikolskii는 지느러미의 연조 위에 대형의 plasmodium을 형성하기 때문에 연골성분이 파괴되어 지느러미가 탈락되지만, T. hovorkai는 체표에 심한 출혈을 일으키는 특징이 있으며, 중간숙주는 각각 아가미 지렁이(Branchiura sowerbyi)와 Tubifex tubifex이다.

중간숙주의 사육은 멸균된 흙이 있는 수조에 수용하여 어류 사료의 부스러기와 흙의 오염도를 증가시키기 위해 계분을 첨가하여 사육한다. 사육온도는 B. sowerbyi는 18~22°C, T. tubifex는 22~24°C로 조정하여 준다.

이들 중간숙주에 성숙포자를 첨가하여 사육하면 T. hovorkai는 B. sowerbyi만 감염되고 Tubifex나 Limnodrilus는 감염되지 않는다. 감염된 중간숙주는 체벽이 두텁고 장에 내용물이 충만되어 있기 때문에 현미경으로 검경하여도 외부에서 감염 유무는 발견할 수 없다. 감염된 Branchiura에서 처음으로 actinopore가 방출되는 것은 감염 104일째부터이며, 방출된 actinospore는 물속에서 20일간 존재하였는데, 방출된 actinospore는 전형적인 aurantiactinomyxon이다. 반면에 T. nikolskii는 Tubifex tubifex에만 감염되는데, 감염 6일 후에 수중에 수많은 aurantiactinospore가 발견된다.

T. hovorkai는 Branchiura 내에서 감염 93일 후에 처음으로 발견되는데, 발육의 초기 단계는 장 상피 내에 미숙 또는 성숙한 pansporocyst가 발견된다. 성숙한 pansporocyst는 직경이 24~48 μm로 감염 101일 째에 장의 중간 부위에서 원형의 cyst모양으로 발견되는데 내부에는 8개의 성숙 중인 aurantiactinospore가 들어 있다.

Pansporocyst내의 성숙한 aurantiactinospore는 장의 상피를 통하여 소화관 관공 내로 방출된다. 이때가 되면 포자 내의 2차 포자와 꼬리 부분을 명확하게 식별할 수 있다. 중간숙주

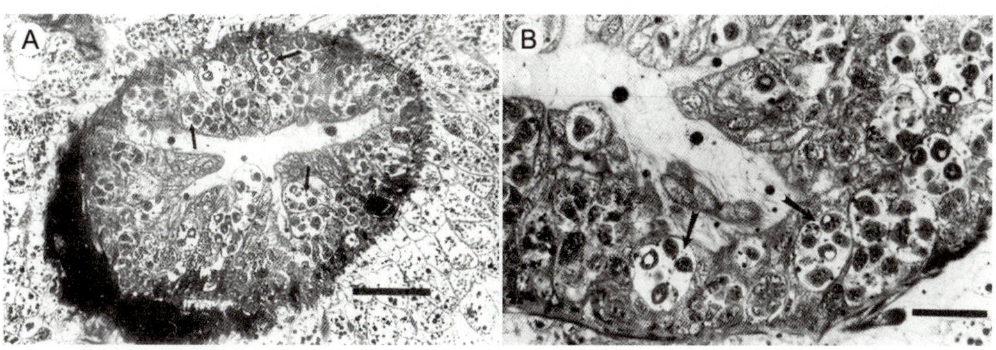


그림 3-71 *Thelohanellus hovorkai*의 성숙 actinospore를 감염시킨 *Branchiura soweryi*의 Semithin section. A: 장 상피에서 발육 중인 *T. hovorkai*의 aurantiactinospore. B: 장 상피의 확대도. 명확히 식별되는 극낭(화살표). Bar = 200 μm (A)와 80 μm (B).

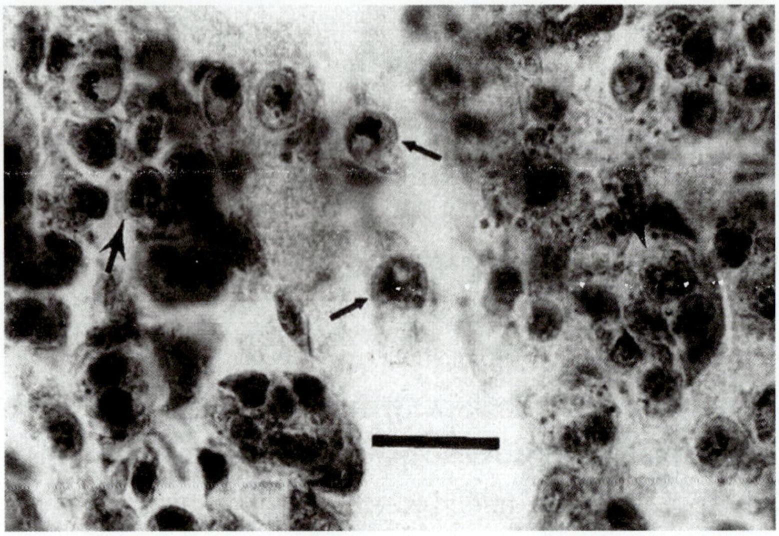

그림 3-72 Actinospore로 감염시킨 *Branchiura sowerbyi*의 장. 장 상피 내에 성숙한 *Thelohanellus hovorkai*의 aurantiactinospore를 가지고 있는 pansporocyst(큰 화살표)와 장 상피를 통하여 관공으로 방출된 aurantiactinospore(작은 화살표)는 미부돌기를 식별할 수 있다. HE, 부안액, bar = 60 μm.

내의 발육상태를 확인하기 위해서는 actinospore가 방출되는 중간숙주를 2% 오스뮴산에 고정한 다음 cacodylate buffer로 여러 번 세척한 다음 resin포매하여 유리칼로 0.5~1.0 μm의 semithin section을 만들어 0.1% methylene blue로 염색하면 쉽게 발견할 수 있다.

B. sowerbyi에서 방출되는 T. hovorkai의 aurantiactinospore는 3개의 타원형의 극낭과 globate를 가지고 있고, 3개의 비교적 긴 삼각형의 미부돌기가 있는 불규칙한 모양의 포자 원형질이 포자를 둘러싸고 있다. 포자체의 직경은 18.6 μm(18.3-18.9), 극낭의 길이와 너비는 각각 3.42 μm(3.4~3.5), 3.36 μm(3.3~3.4)이다. 미부돌기의 길이는 29 μm(28.2-29.6)이고 위에서 보았을 때 포자체 기부에서의 미부돌기의 너비는 9.2 μm(8.1~10.2)이다. 두 미부돌기의 끝부분에서 가장 긴 간격은 65.2 μm(65.1~65.3)이며, 감염력이 있는 세포수는 32이다.

한편 Tubifex에서 방출되는 T. nikolskii aurantiactinospore는 3개의 타원형의 극낭, 비교적 짧은 3각형의 미부돌기가 있는 공 모양의 포자원형질(globate sporoplasm)이 포자체를 둘러싸고 있으며 봉상체(style)는 없다. 포자체의 직경은 21.1 μm(21~21.2), 극낭의 길이와 너비는 각각 21.1 μm(21~21.2)와 2.1 μm(2.0-2.2)이다. 미부돌기의 길이는 13.4 μm(11.3~15.5)이며, 위에서 보았을 때 포자체 기부의 폭은 9 μm(8.5~9.6)이다. 미부돌기 끝 부분의 가장 긴 거리는 40.5 μm(40~41)이며, 감염세포의 수는 16이다.

이 2종의 aurantiacinospore를 비교하면 T. hovorkai가 T. nikolskii에 비해 포자체의 직경이 작은 반면 미부돌기의 길이가 더 길다는 것과 감염력이 있는 2차 세포의 수가 차이가 나는 것이 큰 차이점이다.

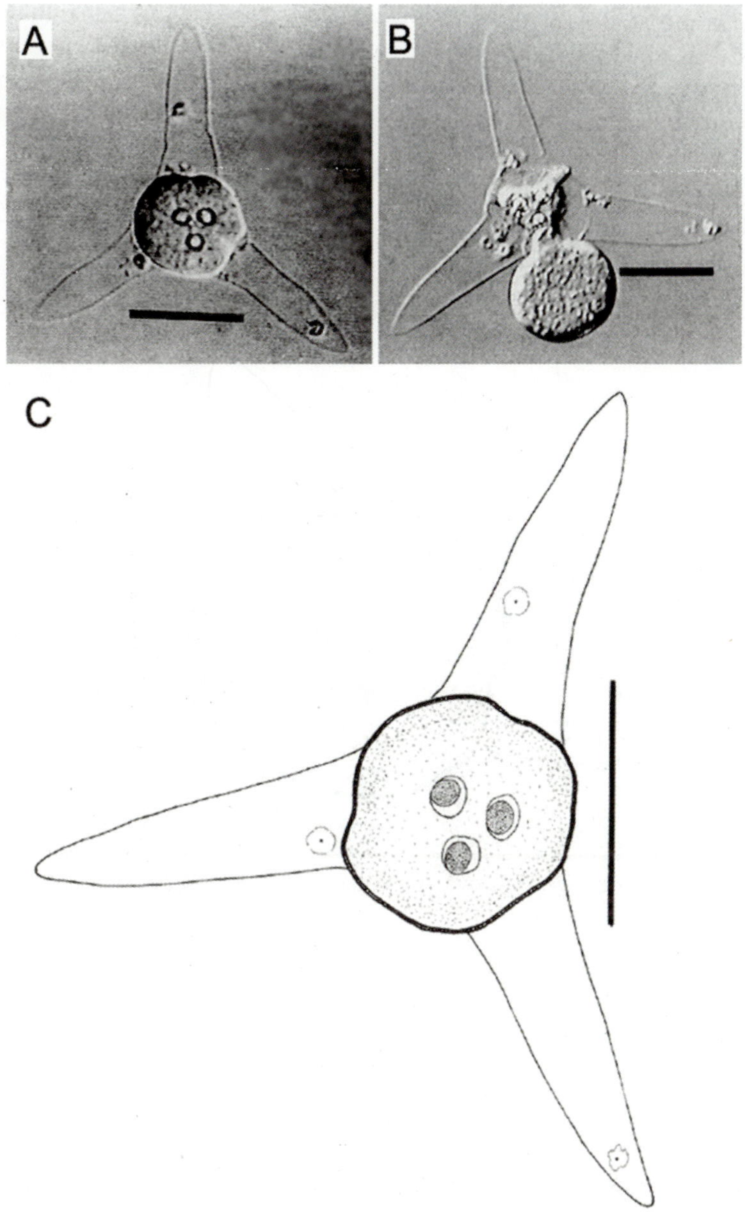


그림 3-73 A: *Thelohanellus hovorkai*의 aurantiactinospore. B: 포자 원형질을 방출하고 있는 aurantiactinospore. C: *Thelohanellus hovorkai*의 aurantiactinospore의 모식도. Bar = 20 μm.

### (1) 잉어의 장포자충

장포자충인 Thellehanellus kitauei가 장에 기생하여 여름철 고수온기에 대량으로 폐사한다. 4~ 5월의 저수온기에는 나타나지 않으나 7~8월의 고수온기에 출현빈도가 높고 사망률 또한 높다. 수온이 낮아지는 10월 이후부터는 병어는 체색과 아가미색이 엷어지며, 행동이 완만해지고, 항문의 발적과 항문주변부에 발적과 출혈이 생기며, 복부가 심하게 팽만되어 있다. 또 항문에서 점액상 또는 유백상의 액체가 유출되고 있다. 해부하여 보면 심한 장염과 함께 장관의 점막에 크고 작은 종유가 형성되어 있으며 소화관내에 반투명의 액체가 충만되어 있다.

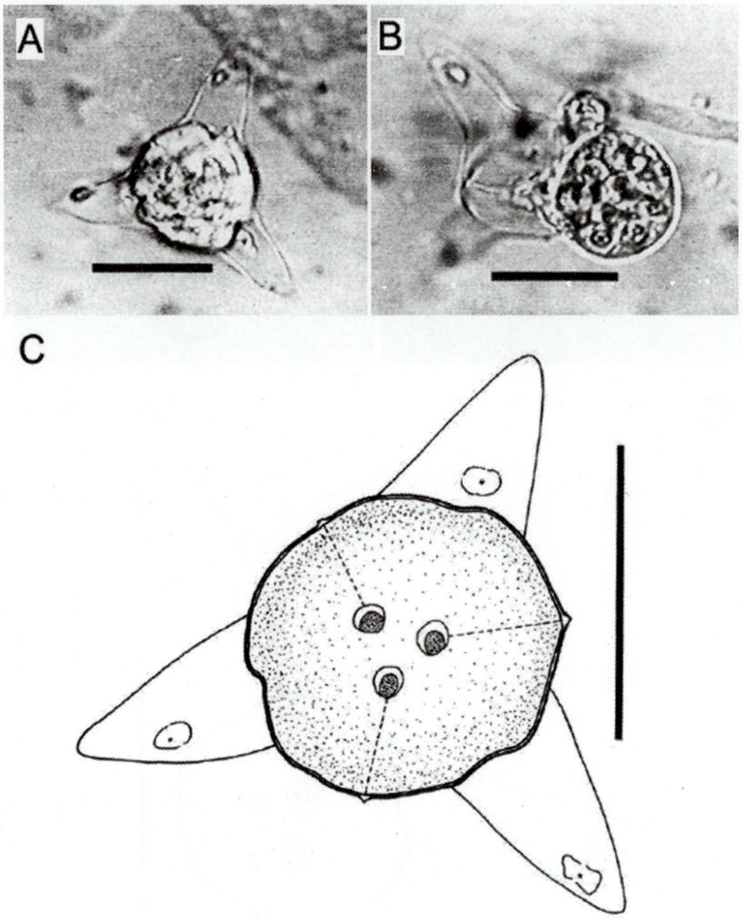


그림 3-74 A: *Thelohanellus nikolskii*의 aurantiactinospore. B: 포자 원형질의 방출. C: aurantiactinospore의 모식도. Bar = 20 μm.

2포자성의 작은 영양형이 소화관의 점막고유층과 점막하조직에 많이 형성되었을 때 이 영양체를 둘러싸는 육아종이 발달하여 장의 관공 쪽으로 돌출되는 종유가 만들어지지만 장이나 다른 장기에는 별다른 병변은 없다. 종유의 표면은 변형된 장점막상피로 덮여 있고, 종유에 밀려서 팽창하게 되어 섬모구조가 편평하게 되지만, 소화관의 기본 형태는 유지하고 있다.

종유가 커져서 돌출이 현저하게 되면 돌출된 장에 의해 주변의 간, 췌장, 혈관을 심하게 압박함으로 충혈과 빈혈이 생기고 위축되게 된다. 큰 종유가 여러 개 형성되게 되면 장과 췌장은 모두 약해지고 고기는 먹이를 먹지 않게 됨으로 빈혈을 일으켜 점점 쇠약해져서 결국은 죽게 된다. 한편 포자 형성이 완료되면 영양체는 붕괴되어 성숙된 포자를 소화관 관공 내로 방출하고 종유는 위축된다.

최근에 월동한 잉어의 체표에 감염되어 대량 폐사가 발생하는 경우가 있는데 주로 두부의 중심에 1~2 mm정도 황갈색 융기부가 생기는 것과 비늘 위에 0.5~2 mm정도의 작은 혹 같은 것이 산재하는 것처럼 보이기 때문에 백점충이나 Ichtyobodo감염증과 혼동하기 쉽지만 체표를 현미경으로 검경하면 영양체를 발견할 수 있다. 병어는 행동과 먹이 섭취에는 아무런 장애가 없고 수온이 25~30°C로 상승하면 포자가 방출되고 자연 치유된다.

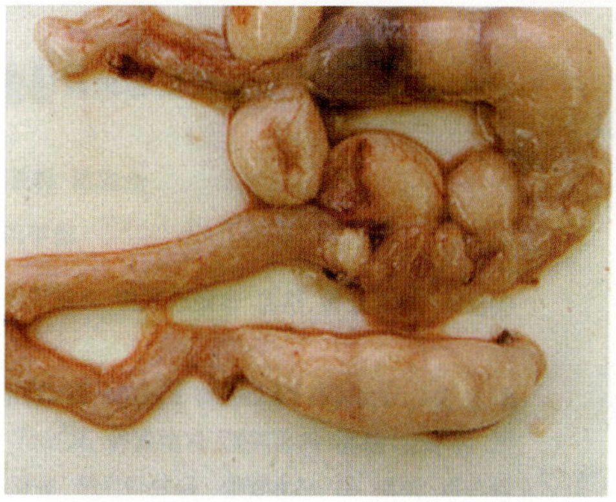

그림 3-75 병어의 창자.

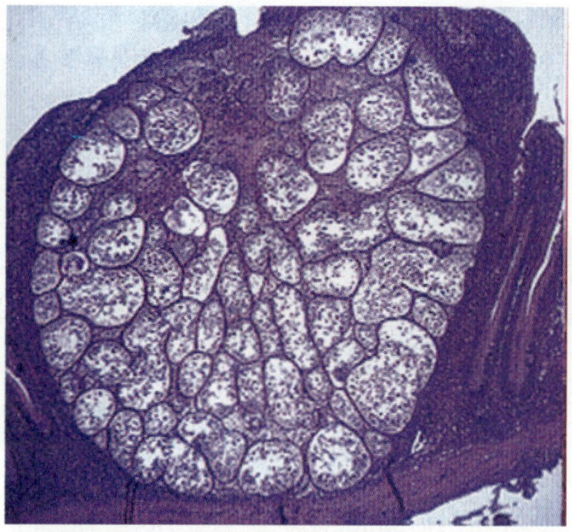

그림 3-76 미숙의 영양체. HE.

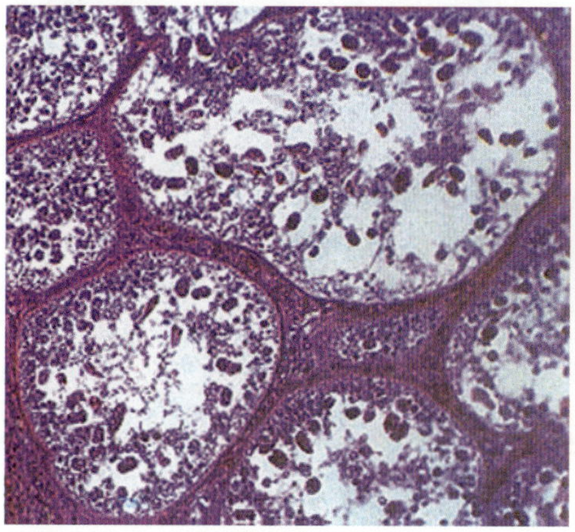

그림 3-77 성숙한 영양체내의 포자 형성.

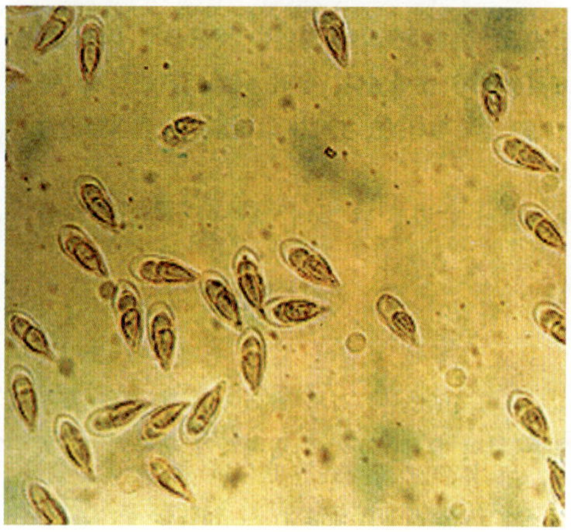

그림 3-78 장포자충. Iodine x 200.

### (2) 이스라엘 잉어 지느러미 *Thelohanellus nikolskii*

감염 초기의 병어는 지느러미에 직경 1~2 mm의 백색 또는 흑색의 cyst가 관찰된다. 어떤 개체는 지느러미 부분이 탈락되거나 Flavobacterium이 2차적으로 감염되어 있다. Cyst의 중심부에는 성숙 포자로 채워져 있고, cyst의 벽은 숙주의 상피세포와 콜라겐성의 섬유층으로 둘러싸여 있다.

포자는 길이 15 μm, 폭 11 μm로 대부분의 포자는 직경 6 μm인 1개의 극낭을 가지고 있지만, 때로는 2~3개의 극낭을 가진 변형 포자도 발견된다. 변형 포자는 1개의 극낭을 가진 포자에 피해 폭이 넓은 것이 특징이다.

### (3) 잉어의 결합조직 감염 *Thelohanellus hovorkai*

첫 발생은 종묘 생산에 친어로 사용한 어류를 종묘생산에 사용한 다음인 무렵에 발생하여 가을과 겨울을 거치면서 점차 회복하는 경향이다. 병어는 무기력하여 수조 표면 부근을 힘없이 헤

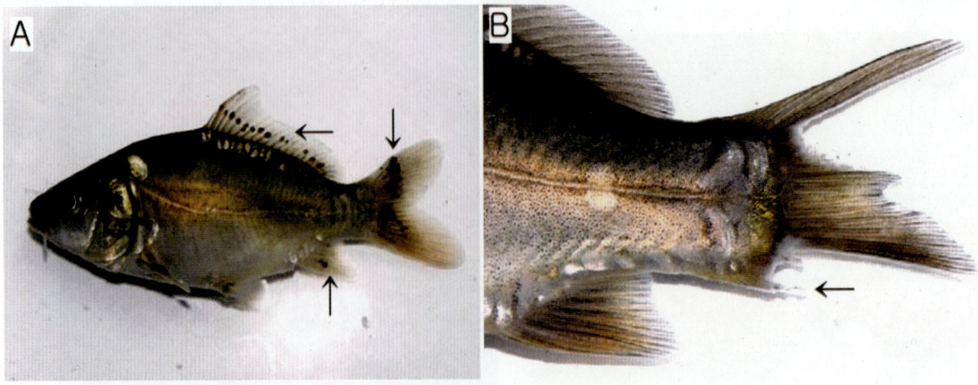


그림 3-79 A: 지느러미의 cyst. B: 충체 감염후 지느러미가 탈락된 병어.

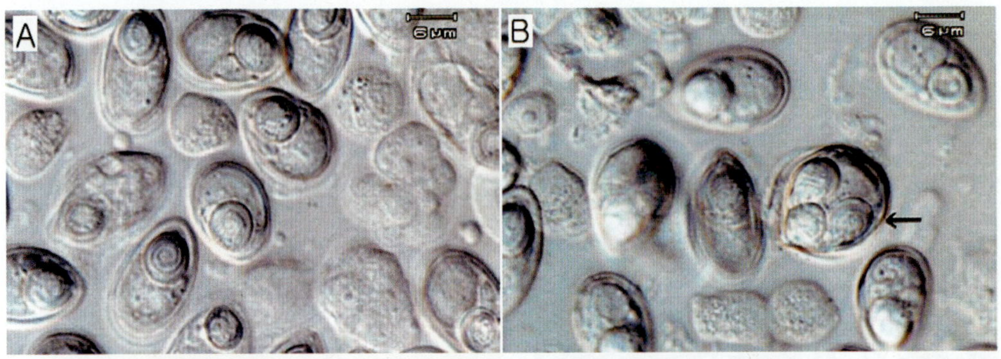


그림 3-80 1개의 극낭을 가진 포자(A)와 3개의 극낭을 가진 변형 포자.

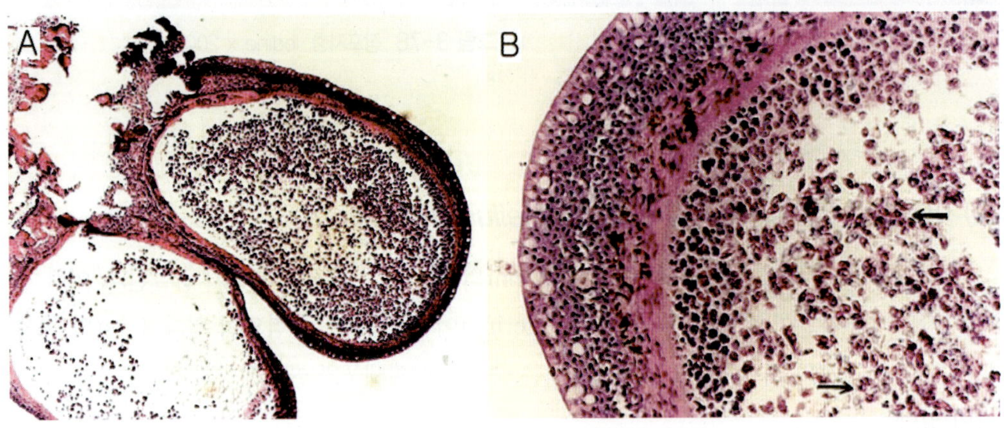


그림 3-81 A: 지느러미에 형성된 cyst. B: A의 확대도. Cyst의 바깥에는 숙주의 상피세포, 흑색세포층 및 콜라겐성의 섬유층으로 싸여 있고, 내부에는 성숙중인 포자와 성숙된 포자로 채워져 있음.

엄치거나 수조 바닥에 움직임이 없이 멈춰 있다. 병어의 특징적인 증상은 체표에 출혈로 특히 복부와 주둥이 부근이 가장 심하다.

피부 점액도말 표본을 검경하면 많은 포자를 발견할 수 있다. 발병 6개월 이후에도 체표의 점액에서는 여전히 원인 포자충인 Thelohanellus hovorkai가 발견된다. 체표의 점액 도말표본을 만들어 검경하면 원인 충체의 포자를 발견할 수 있지만, 포자의 관찰은 3% agar액에 신선 포자를 포매한 다음 광학현미경으로 검경하면 포자가 움직이지 않기 때문에 관찰이 용이하다. 감염은 아가미를 통하여 감염되는 것이 확인되었다.

양식장 바닥에 서식하는 중간 숙주인 몸의 후반부에 특징적으로 아가미가 있는 아가미지렁이(Branchiura sowerbyi)를 채집하여 조사하면 지렁이에서의 aurantiactinospore와 발병과는 밀접한 관계를 가지고 있다. 즉 5월에 지렁이의 감염률은 73%이지만 6월에 최대인 81%가 되며, 그 후 점차 감소하여 겨울철인 11월에는 0%로 된다.

원인 포자충은 수온이 21~29°C인 경우 지렁이 체내에서 완전히 성숙하는 데는 약 2주가 소요되며, 기생충 전체로 1 cycle이 완성되는데는 약 2~3개월이 소요됨으로 1년에 여러 번의 감염이 있을 수 있다.

포자는 끝이 뾰족한 난원형으로 느슨한 막으로 싸여 있고 내부에는 방추형의 극낭이 1개 있다. 극낭내부에는 극사가 이중 코일 모양으로 배열되어 있다. 포자의 길이는 20.1 μm(18.0~21.0), 너비는 10.2 μm(9.5~10.5)이며, 극낭은 길이와 너비가 각각 9.2 μm(7.5~10.5)와 8.2 μm(6.5~9.5)이며 포자를 싸고 있는 막을 포함한 전체의 길이는 24.4 μm(21.0~26.0)이다.

병리조직학적으로는 소화관, 새궁, 신장, 간 및 피하조직 등의 결합조직에 크기가 50~80 μm인 plasmodium이 형성된다. Plasmodium내에서 포자가 성숙하게 되면 인접 조직으로

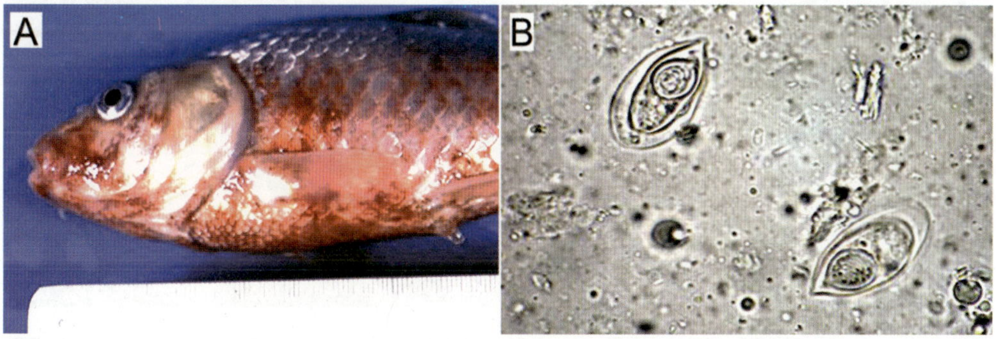


그림 3-82 A: 피부에 심한 출혈이 특징인 병어. B: *Thelohanellus hovorkai*포자의 무염색 표본.

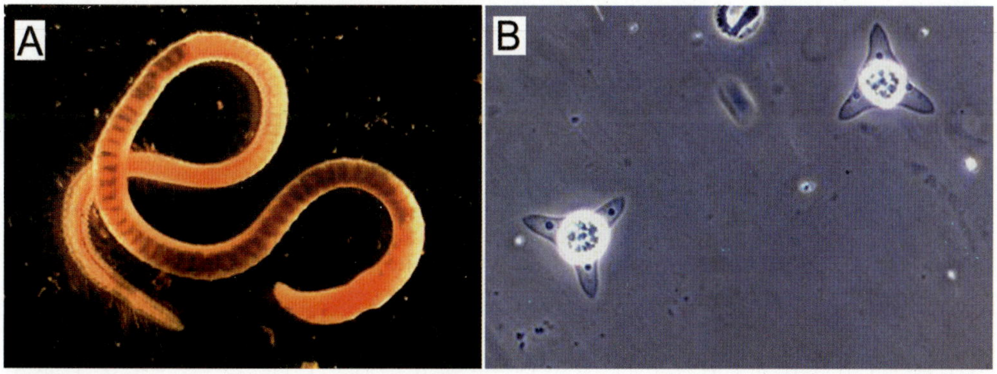


그림 3-83 A: 중간 숙주인 아가미지렁이(*Branchiura sowerbyi*). B: 중간 숙주에 방출된 aurantiactinospore.

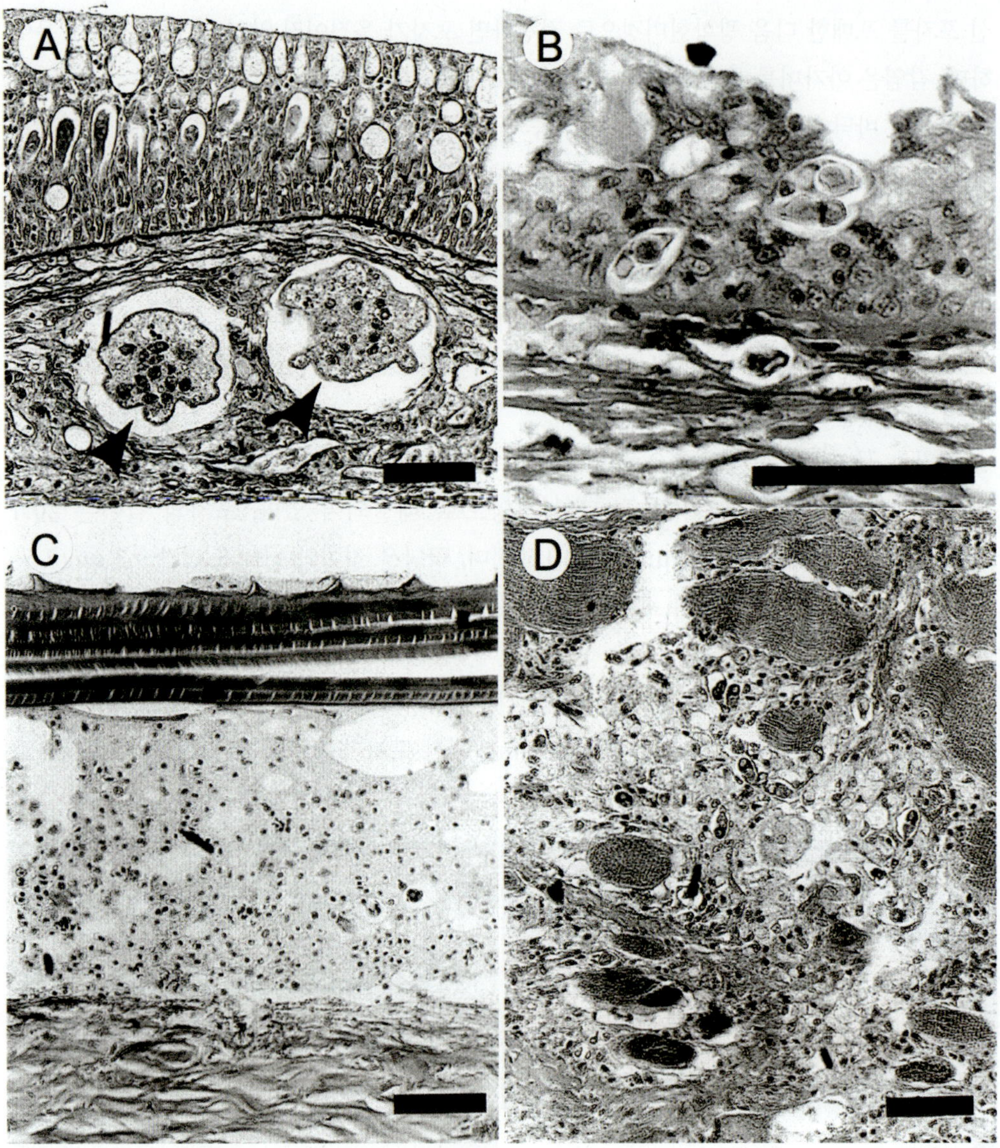


그림 3-84 A: 체측 결합조직 내에서 형성된 plasmodium 내부의 포자형성. B: 성숙 포자의 방출에 의한 상피세포의 박리. C: 피하 조직의 출혈과 부종. D: 체측근 환부 내의 현저한 염증세포의 침윤. HE, bar = 50 μm.

퍼져나가게 된다. 때로는 식세포에 탐식당한 포자가 피부에서 떨어져 나오기도 하고, 성숙포자가 방출될 때는 상피가 박리되게 된다. 체표에 출혈이 심한 병어는 방출된 성숙포자가 피하조직에서 확산되기 때문에 피하조직에 출혈과 부종이 생긴다. 방출된 포자는 마크로파아지에 탐식되기도 하고 때로는 신장의 멜라노마크로파아지 센터에서도 발견된다.

병리조직학적 변화로부터 성숙포자의 방출이 모세혈관을 파괴하여 출혈을 일으켰다고 생각된다. 또 다른 포자충인 Myxobolus artus는 근육에서 아가미로 포자가 운반된 다음 아가미에 축적하여 출혈성 빈혈을 유발하는데, 이 질병의 경우에는 포자가 축적되기 때문에 아가미의 빈혈과 신장의 종대가 일어나지만 T. hovorkai의 경우에는 이러한 변화는 발견할 수 없다. 또 2종류는 포자의 크기에서, T. hovorkai는 24×10 μm, M. artus는 8×11 μm로 상당한 차이가 있을 뿐 아니라 병리상에도 차이가 난다.

양어지 바닥에 서식하는 아가미지렁이를 채집하여 24 well plate에 1마리씩 넣고 1주일간 actinospore의 방출을 현미경으로 확인한다. 이 중 방출되지 않는 개체만 선택하여 양어지 바닥에서 채집한 흙을 149 μm 나이론망으로 여과하여 자갈을 제거하고 70°C에 1시간 가온한 다음 물을 600 ml 채운 감염용 수조에 깊이가 1cm정도 깔아 준다. 20°C의 감염용 수조당 50 개체의 지렁이를 넣고 aeration을 공급하면서 먹이는 어류 사료의 분말을 넣어주고, 증발된 분량만큼의 물은 항시 보충해 준다. 감염용 T. hovorkai의 포자는 감염어류에서 모아서 지렁이 1마리당 $2\times10^4$, $2\times10^5$, $2\times10^6$이 되도록 수조에 첨가하여 준다. 3일이 경과하면 물을 완전히 교체하면서 버리는 물은 20 μm의 나이론 망으로 여과하여 actinospore의 존재 유무를 확인한다.

감염 경로를 밝히기 위해서는 발병이 확인된 양어지의 바닥에 서식하는 지렁이를 채집한 다음 24 well plate의 각 well에 수도수 2 ml를 넣고 1마리씩 수용한 다음 위상차현미경으로 관찰하면서 방출되는 actinospore를 모아서 20 μm의 나일론망으로 여과하여 모은다. 모아진 actinospore는 형광색소인 5(6)-carboxyfluorescein diacetate, succinate-ether(CFSE)로 표식하여 사용하면 편리하다. 즉 모아진 actinospore는 100% dimethylsulphoxide에 10 mM로 용해시킨 5°C에 보관하여 둔 CFSE보존액과 혼합하여 표식한다. Actinospore 2,000-3.000개체/ml당 10 μl의 CFSE보존액을 첨가한 다음 잘 혼합하여 한 다음 실온에서 15분간 표식시킨다. 표식 후 20 μm(aurantiactinmyxospore)-50 μm(triactinomyxospore 및 raabeia)의 나이론 망으로 여과한 다음 50 ml의 수도수 또는 증류수에 재 부유시킨다. 표식완료 후 소량을 1%포르말린액에 고정한 다음 형광현미경으로 관찰하여 형광의 표식정도를 확인한 다음 사용한다. 표식 actinospore의 포자 원형질에서 특히 강한 녹색 형광이 발하며, 형광은 고정 표본에서도 변화가 없다.

100 ml의 비커에 어류를 넣고, 어류당 $1\times10^4$, $1\times10^5$, $1\times10^6$이 되도록 actinospore를 첨가하여 5, 10, 15, 30 및 60분 후 어류 2마리를 채집하여 PBS(pH 7.2)에 2%의 농도로 희석시킨 paraformaldehyde액에 고정한 다음 아가미를 절취하여 형광현미경으로 아가미를 관찰하거나 상법에 따라 병리조직표본을 만들어 검경하면 감염경로를 확인할 수 있다.

CFSE표식 actinospore는 감염 5분 후에 아가미의 상피세포에서 포자원형질이 부착된 것을 확인할 수 있다. 아가미 상피에서의 포자원형질의 숫자는 점차 증가하여 감염 30분 후에 최대에 도달한 다음 그 후 60분까지는 급격히 감소한다. 감염시킨 다음 병리조직학적으로 조사하면 아가미의 상피세포 표면에 다핵의 원형 또는 타원형의 물체가 부착한 다음 10분 후에는 상피세포를 통과하여 침입하는 것을 확인할 수 있다. 이러한 결과는 상피세포의 점액세포의 개구부, 아가미의 호흡상피, 구강, 식도의 앞부분 또는 소화관을 통하여 침입하는 Myxobolus cerebralis와는 달리 아가미의 상피세포를 통하여 침입한다는 것을 알 수 있다.

아가미의 상피를 통하여 침입한 포자 원형질은 감염 1~3주 후에 피하조직, 간, 간췌장 및 체측근의 결합조직 내에서 어린 plasmodium으로 발견된다. 감염 3~5주 후에는 성숙 포자가 발견되며 5~7주 후에는 plasmodium이 붕괴되면서 성숙포자가 방출된다.

치료에는 fumagillin 0.1%를 첨가하여 7일 이상 투여하면 효과적이다. 그러나 투여 시기는 비단잉어인 경우 지렁이에서 방선포자충이 방출되는 5~9월에 연속 투여하여만 한다. 그러나 fumagillin의 장기간 투여는 무지개송어의 경우처럼 성장 둔화, 신장 간질의 양 감소 등이 부작용이 있음으로 주의하여야 하며, 실제로 비단잉어에 투여하면 유영상태 등에는 이상이 없지만, 성장이 지연되는 것은 사실이다.

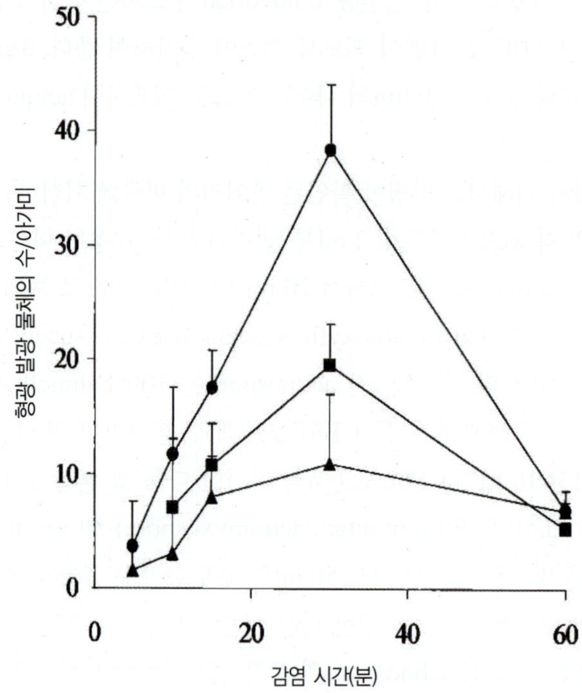


그림 3-85 Actinospore에 노출시킨 잉어 아가미에서의 형광 발광 포자 원형질의 숫자의 변화. 잉어 개체당 $10^6$(●), $10^5$(■), $10^4$(▲)의 actinospore.

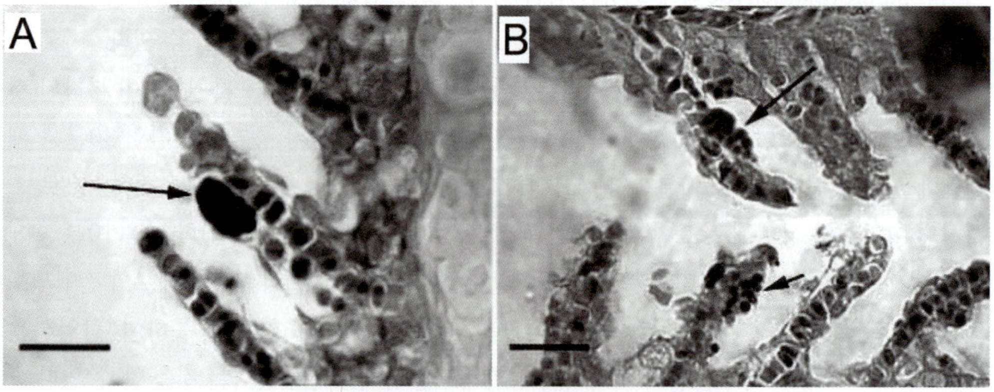


그림 3-86 A: Actinospore를 감염시킨 잉어의 아가미 상피에 침입하고 있는 *T. hovorkai*의 포자 원형질 물질. Diff-Quick, 20 μm. B: 감염 후의 아가미에서의 T. hovorkai의 발육. HE, 50 μm.

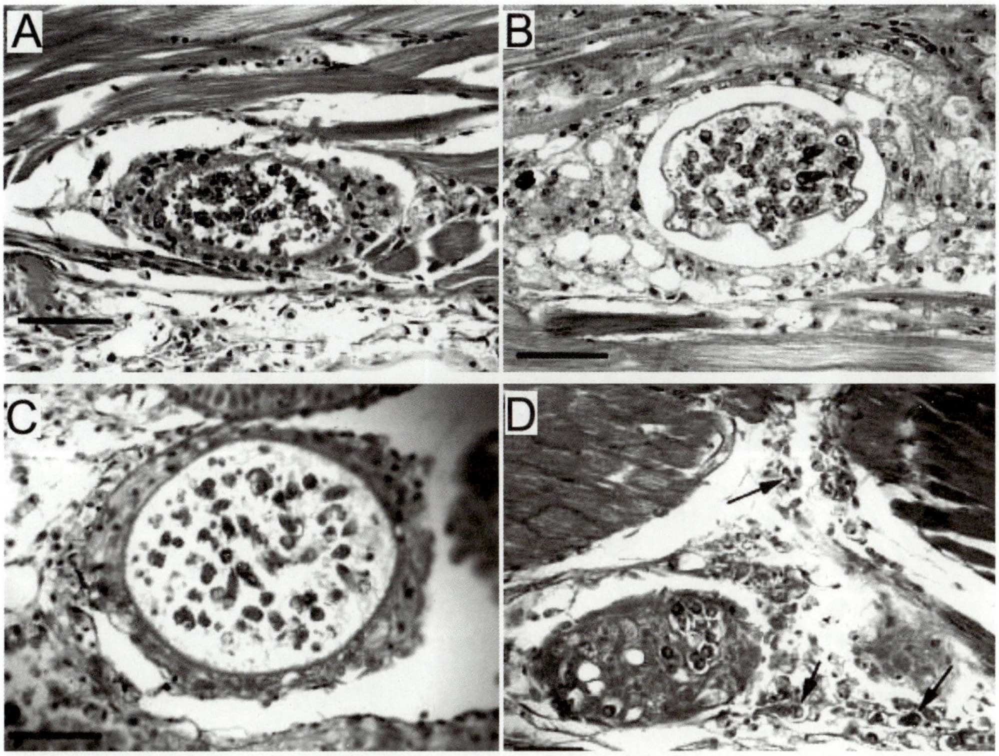


그림 3-87 A: 감염 1주일 후의 피부 결합조직 내의 plasmodium. B: 감염 2주 후의 근육결합조직 내의 발육 중인 plasmodium 내의 영양체와 미숙 포자. C: 감염 5주 후의 plasmodium 내의 거의 성숙한 포자. D: 감염 7주 후의 피하 결합조직 내의 붕괴된 plasmoidum과 방출된 포자(화살표). HE.

또 중간숙주는 바닥이 모래나 자갈인 것보다는 흙으로 된 것을 선호하기 때문에 바닥이 모래인 곳에 방류하여도 스스로 흙으로 된 바닥으로 이동한다. 그럼으로 양어지의 바닥을 흙보다는 모래로 바꾸는 것도 중간숙주의 서식량을 감소시킴으로 이 병의 발생을 줄일 수 있는 좋은 방법이라 할 수 있다.

형광표식 triactinomyxon은 송어류의 지느러미와 피부를 통하여 침입하여 포자의 극낭부착시킨 다음 포자 원형질이 침투한다. 침투한 포자 원형질은 분열한 다음 조직의 심부로 이동함에 따라 형광은 점차 약해지지만 극낭은 여전히 형광을 발하고 있다.

Rabeia의 침투는 금붕어와 잉어의 피부와 지느러미를 통하여 일어나지만, 아가미를 통한 침투는 발견되지 않는다. 침투한 포자 원형질은 잉어와 금붕어에서는 성숙포자로 완성되지 못한다.

위의 2종과 달리 Thelohanellus 등의 aurantiacinospore는 아가미를 통하여 침투한다. 아가미의 새변 사이에 포자각이 열리고 포자 원형질이 침투한 것이 발견된다. 침투한 포자 원형질은 원형 또는 막대기 모양으로 새변의 기부 또는 끝부분에서 관찰된다. 침투한 포자 원형질이 성숙포자가 되기까지는 잉어에서는 3~4개월이 걸리지만 금붕어에서는 성숙포자가 만들어지지 않는다.

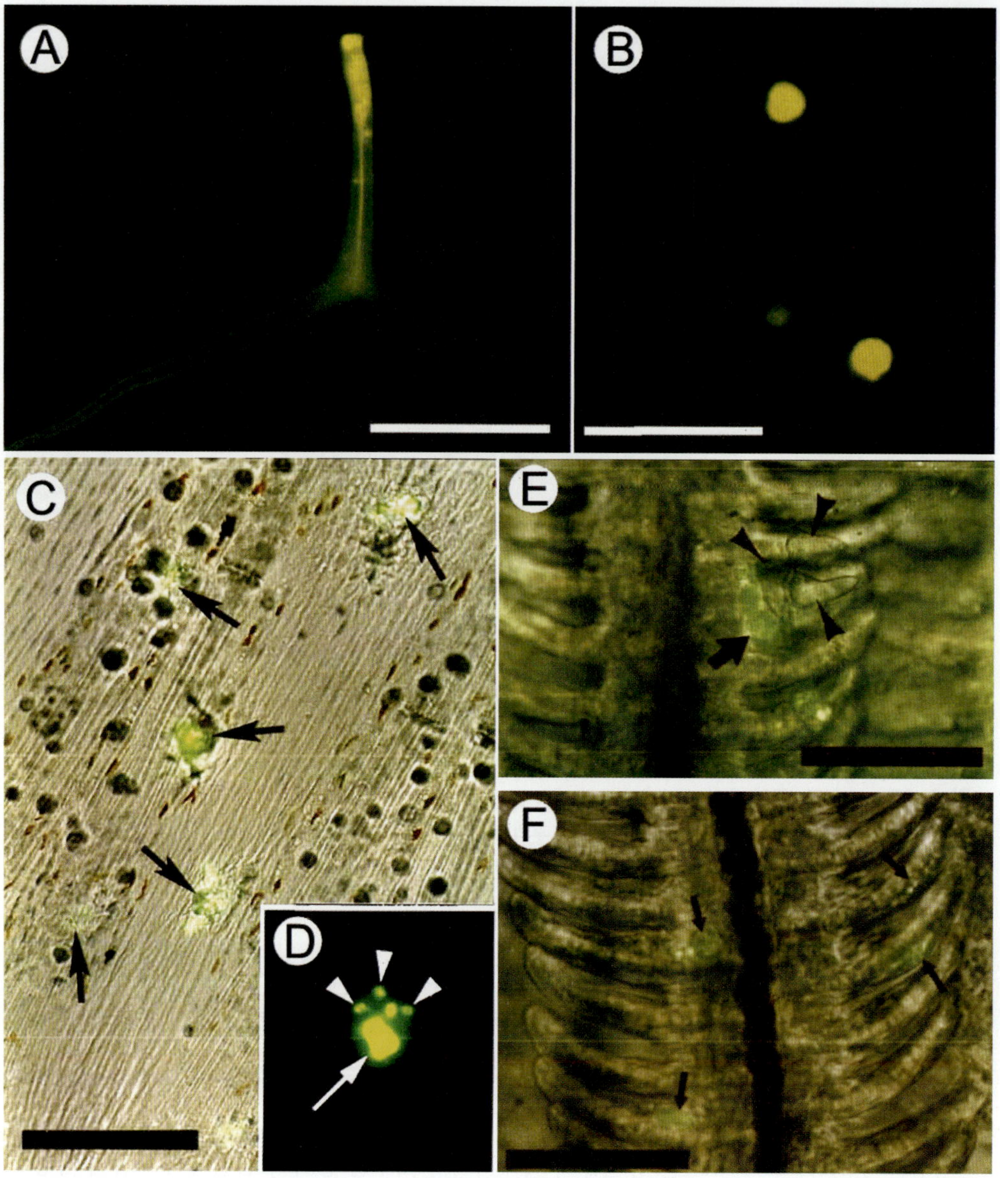

그림 3-88 A: CFSE표식 *Myxobolus arcticus*의 triactinomyxospore. B: 형광표식 *T. hovorkai*의 aurantiactinospore. C&D: Triatinomyxospore의 포자원형질이 지느러미를 침투하고 있음. D: 극낭의 부착(화살표)과 포자 원형질의 침투(화살표 머리). E: 형광 표식 *T. hovorkai*의 aurantiactinospore 포자각의 개구(화살표 머리)와 새변 상피세포 사이의 감염세포(화살표) F: 형광표식 *T. hovorkai*의 aurantiactinospore의 포자 원형질의 새변으로의 침투. C, E&F: double exposure. Bar = 100 μm.

## 3) 구도아증

점액포자충인 Kudoa가 해산어의 근육 또는 위심강에 기생하여 시스트를 형성하는 질병으로 담수산의 은어에도 발병되고 있다. 치사성이 약하기 때문에 치명적인 것은 아니지만 구간근속에 크기가 1~3 mm정도의 백색 과립물로 된 시스트가 다수 만들어지면 상품가치를 상실하게 된다.

먹이를 통하여 감염된 포자는 위심강 내의 시스트는 발견되기 어렵기 때문에 상품 가치에

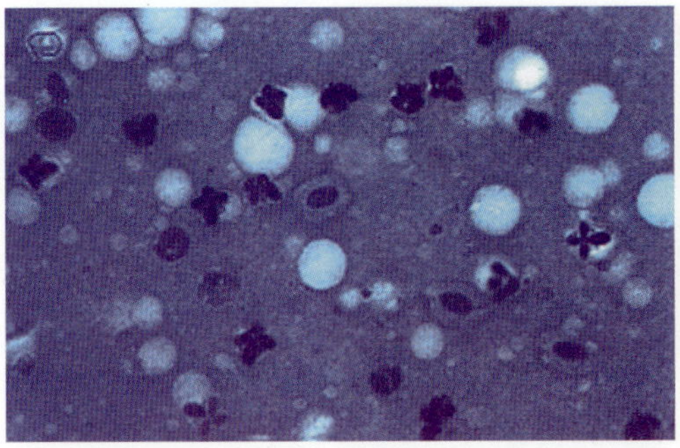

그림 3-89 인공위성모양의 *Kudoa*.

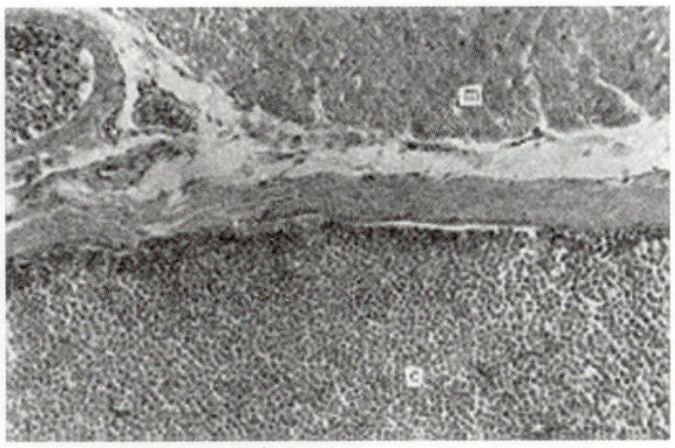

그림 3-90 방어의 구간근 내의 뚜꺼운 막에 싸인 시스트. c: 시스트, m: 근육.

는 문제점이 없지만, 시스트의 숫자가 많게 되면 심장의 기능장애를 초래할 가능성이 있다. 위심강 내의 시스트는 심실 또는 동맥구의 외막에 만들어질 뿐만 아니라 증생한 엷은 막상의 결합조직에도 형성된다. 시스트는 영양체를 숙주유래의 막에 의해 둘러싸이게 됨으로 영양체의 속에는 많은 포자로 채워져 있다.

근육과 위심강에 기생하는 구도아는 같은 종이 아니라 서로 다른 종으로 보고되고 있는데, 그 기생 방식에 있어서 다음과 같은 차이가 있다.

구간근에 많은 시스트가 만들어져 있는 경우 소화관의 근육을 제외한 거의 모든 근육과 간장, 소화관, 유문수, 부레 등의 장막 및 아가미, 안구, 아가미 뚜껑, 지느러미, 피하조직 등 전신적으로 시스트가 형성되지만, 위심강에는 시스트가 형성되지 않는다. 한편 위심강에 시스트를 만드는 것은 구간근에 시스트가 형성되지는 않아 서로 다른 질병인 것을 알 수 있다. 그럼으로 병명에 있어서도 근육구도아증과 위심강 구도아증으로 부르고 있다.

해산어의 근육에 기생하는 Kudoa의 영양체는 2가지 형태로 존재한다. 즉 숙주유래의 두꺼운 막에 둘러싸여 광택이 있는 백색의 원형 또는 난형의 시스트를 형성하는 형과 시스트의 윤곽이 명확하지 않고 근육조직 내에 흩어져서 존재하는 것으로 그 부분의 근육이 유백색으로 보이고 이 부분은 어류의 사후 젤리상으로 변하게 된다.

## (1) 방어의 *Kudoa megacapsula*

감염 방어는 외관상 이상을 발견할 수 없지만 척추를 중심으로 좌우의 근육을 절단한 체측근의 단면 내에 길이 2~3 mm의 길다란 섬유상 또는 콤마상의 검은 cyst가 발견된다. 이러한 cyst는 근육의 심부에서 체표에 가까운 곳까지 골고루 분포하고 있다. 많을 경우에는 1개체당 100개 이상의 cyst가 발견된다.

점액포자충 Kudoa megacapsula의 기생에 의한 것으로 cyst를 절취하여 wet mount로 검경하면 4개의 돌기와 1개의 대극낭 및 3개의 소극낭을 가진 포자(34.6 × 28.9 μm)를 관찰할 수 있다. 다만 1년어에서는 변성 cyst가 발견되는데, 여기에 들어 있는 포자는 붕괴가 일어나 돌기가 파괴되어 관찰할 수 없고 대극낭만 관찰할 수 있는 경우가 많다.

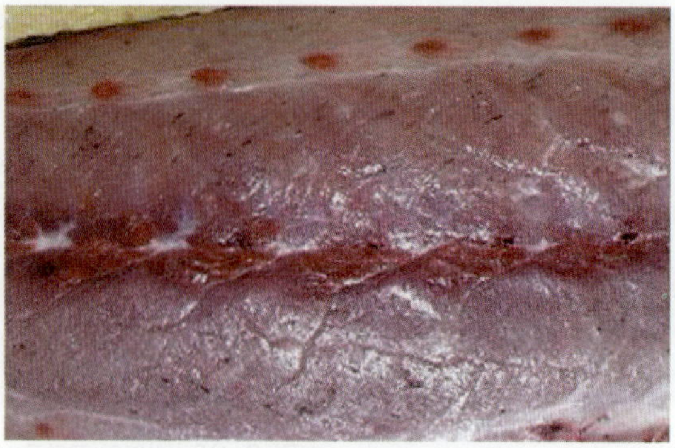

그림 3-91 방어 체측근내의 흑색의 가늘고 긴 *Kudoa* cyst.

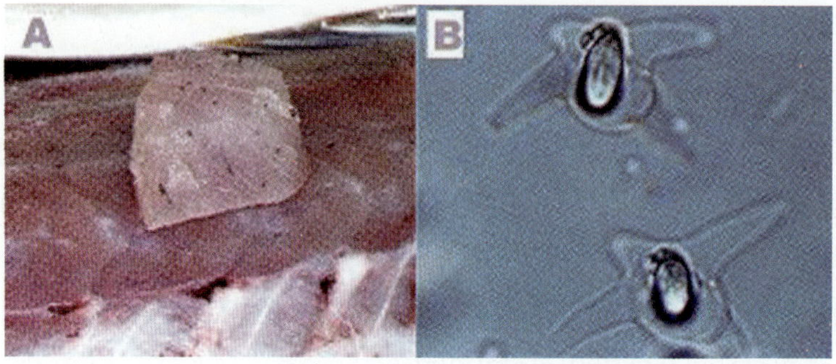


그림 3-92 근육의 심부에 형성된 흑색 cyst(A)와 무염색으로 관찰한 *Kudoa*의 포자 (B).

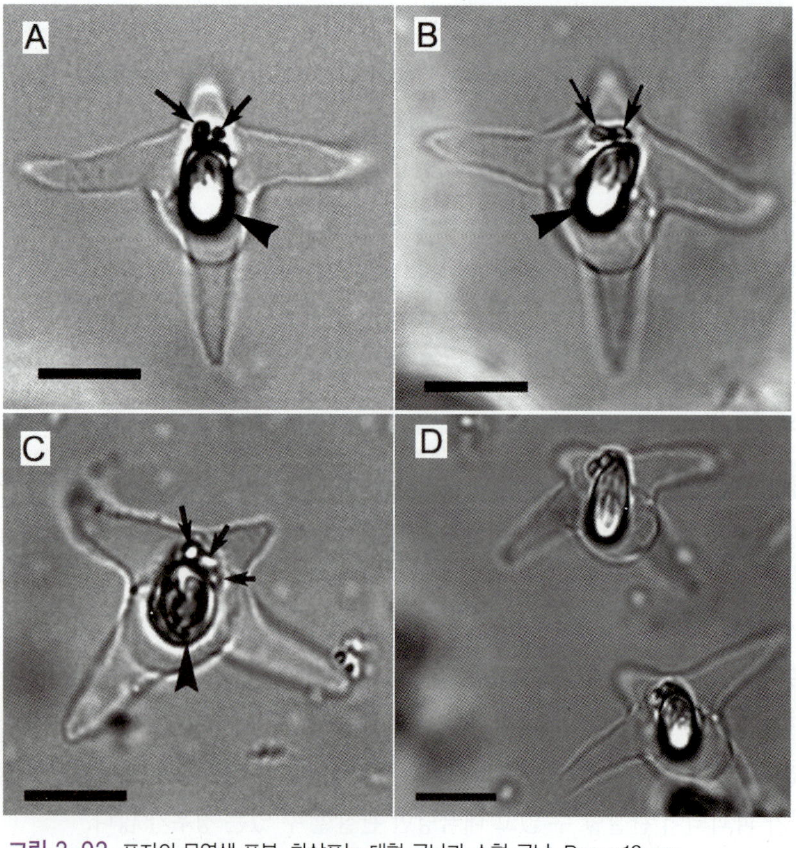


그림 3-93 포자의 무염색 표본. 화살표는 대형 극낭과 소형 극낭. Bar = 10 μm.

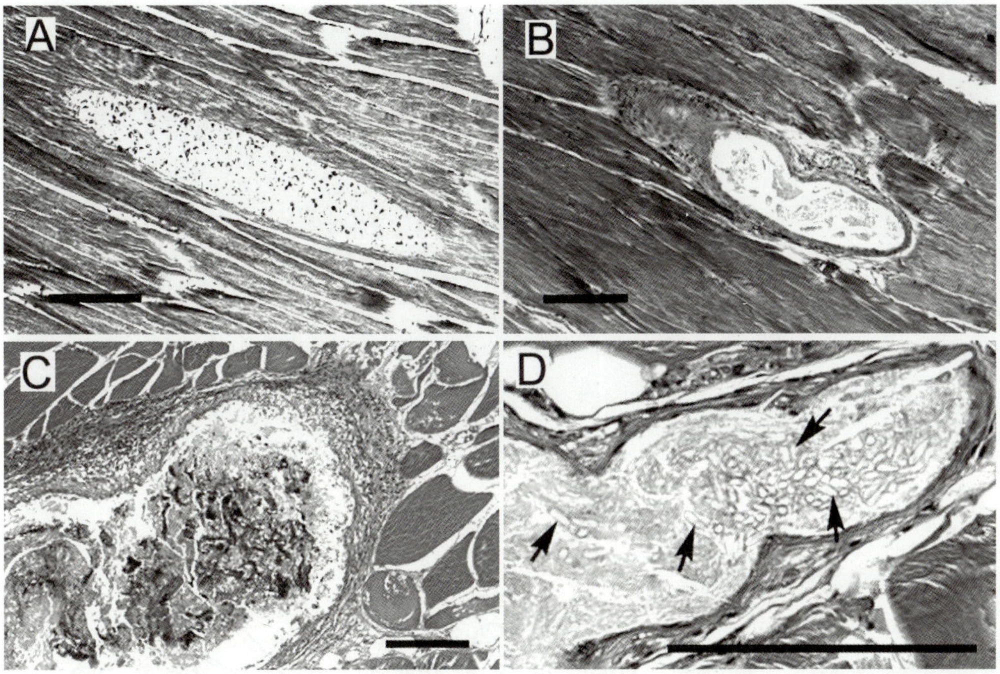


그림 3-94 감염 방어 근육의 병리조직. A: 당년어 근섬유 내에 발육 중인 방추형의 변형체. B: 피낭에 둘러싸인 소형 변형체. C: 1년생어의 근육 내에 조직 붕괴물, 흑색색소 및 변성 중인 포자가 들어 있는 대형 육아종. D: 육아종 내에 모여 있는 변성 중인 대형 극낭(화살표). HE. Bar = 100 μm.

병리조직학적으로는 근섬유의 근형질 내에 발육 중인 또는 성숙한 포자가 충만된 다핵의 변형체가 형성되지만 숙주반응은 거의 없지만 때로는 소형의 변형체가 capsule에 둘러싸인 형태도 발견된다. 1년어에서 발견되는 흑색의 cyst는 붕괴된 포자와 침윤한 식세포가 두터운 섬유아세포에 둘러싸여 있는데, 이것이 다른 Kudoa의 경우와는 달리 근육의 연화를 일으키지 않는 원인으로 추정된다. 1개의 대형 육아종을 형성하는 육아종성 염증이 특징적으로 육아종의 중심부에는 조직 괴사물, 흑색색소 및 변성 과정에 있는 극낭이 들어 있다.

## (2) 넙치의 *Kudoa* 감염증

(ㄱ) Kudoa septempunctata

넙치의 체측근에 형성되지만 육안적으로 관찰은 불가능하며 체측근의 부위를 trypsin소화시킨 후 검경하면 발견할 수 있다. Trypsin소화는 체측근의 병소(2개소)를 절취하여 가위로 잘게 쓴 다음 Dulbecco(−) phosphate bufferd saline(pH 7.2)에 용해시킨 0.04% trypsin액을 첨가하여 37°C 4시간 교반시켜 육질을 분해시킨다.

Trypsin소화시킨 다음 125 μm mesh로 여과한 다음 PBS를 첨가하여 최종량이 200 ml가 되게 한 후 실온에 1시간 방치한다. 상청액을 버리고 하층의 침전물 20 ml에 다시 PBS를 첨가하여 200 ml가 되게 한다. 2시간 방치 후 상청액을 버리고 침전물 12 ml를 15 ml 시험관에 옮긴다. 1시간 방치한 다음 침전물의 일부를 슬라이드글라스에 도말한 다음 위상차현미

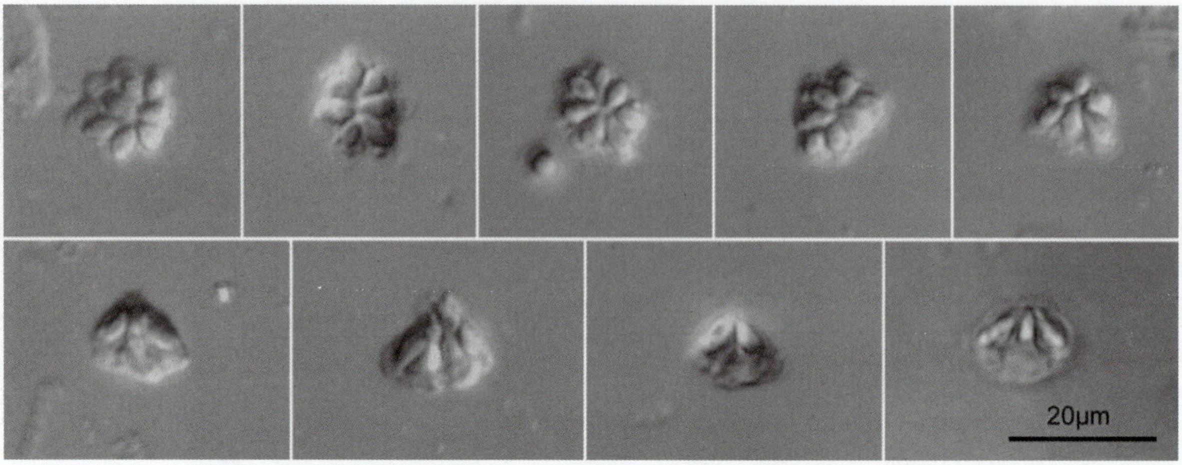


그림 3-95 포자의 위상차현미경상.

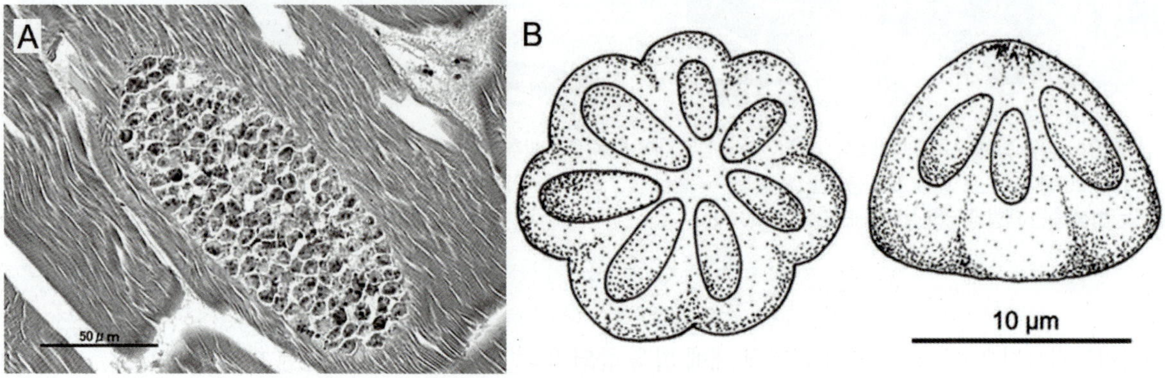


그림 3-96 A: 근섬유 내의 충체의 pseudocyst. B: 포자의 모식도.

경으로 검경한다.

충체의 감염에 의해 근육의 액화가 일어나는지의 여부는 감염어의 근육과 건강어의 근육을 절취하여 페트리접시에 넣고 봉한 다음 실온에서 3일간 방치하여 근육의 액화(myoliquefaction)을 광학현미경으로 확인한다.

감염어의 근육을 실온에 방치하여도 감염에 의한 근육의 액화는 일어나지 않는다. 병리 조직학적으로는 근섬유 내에 많은 Kudoa 포자의 집합체가 발견되지만, 숙주반응은 일어나지 않는다.

포자는 대부분이 7개의 포자각과 7개의 극낭을 가지고 있지만 때로는 6개의 포자각을 가진 것도 있다. 포자각의 앞쪽에 방추형의 극낭이 위치하고 있다. 극낭의 길이는 포자각의 약 70~90%정도이다.

(ㄴ) Kudoa thyrsites

외부증상은 없지만 판매를 위하여 체측근의 pellet을 만들 때 근육이 액화된 부분이 발견된다. 충체의 포자의 크기는 변화가 심하다. 병리조직학적으로 감염 근육을 관찰하면 충체는 근섬유의

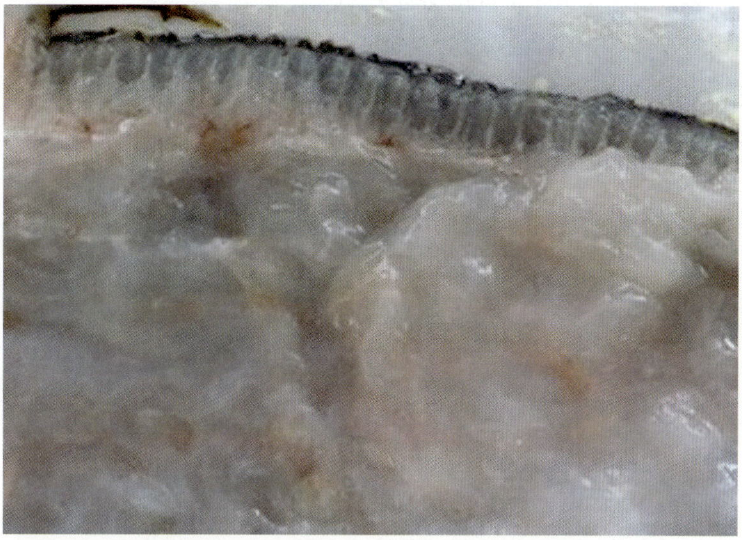

그림 3-97 충체의 감염에 의해 근육이 젤리 모양으로 액화된 넙치의 근육.

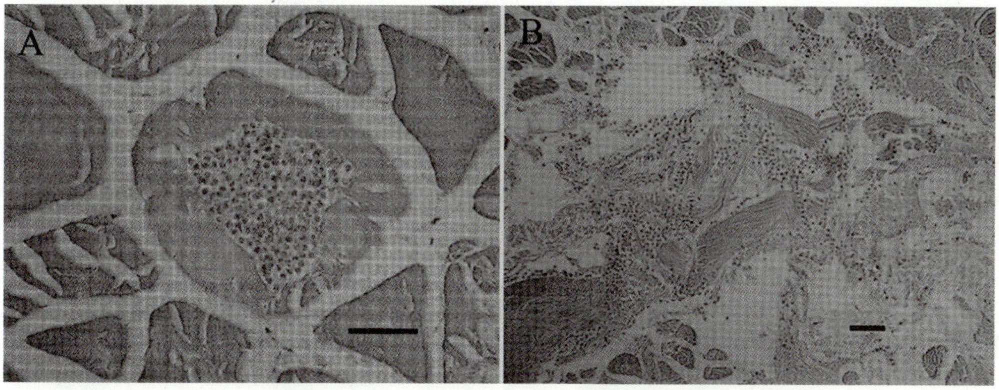


그림 3-98 A: 근섬유 내의 변형체. B: 포자 방출에 의해 액화된 근육의 조직상. HE, bar = 50 μm.

내부에서 발견되지만 염증반응은 일어나지 않는다.

충체가 성숙하여 포자 형성이 완료되면 붕괴된 근섬유의 사이로 방출되기 때문에 근육의 액화가 일어난다고 생각된다.

성숙포자는 인공위성 모양으로 크기가 서로 다른 서양배 모양(pyriform)의 4개의 극낭을 가지고 있다. 포자는 두께 14.7 μm(12.9~17.8 μm), 폭은 긴 곳은 10.0 μm(7.9~11.9 μm), 짧은 곳은 7.6 μm(6.9~7.9μm)이며, 길이는 7.8 μm(6.9~8.9 μm)이다. 대형 극낭의 길이와 폭은 5.0 μm(4.0~5.9 μm)와 2.5 μm(1.5~3.0 μm)이며, 소형 극낭은 2.8 μm(2.0~4.0 μm)와 1.6 μm(1.5~2.5 μm)이다.

Hexacapsula, Trilospora, Unicapsula도 역시 해산어의 근육조직 기생으로 어류 사후에 근육조직이 융해된다.

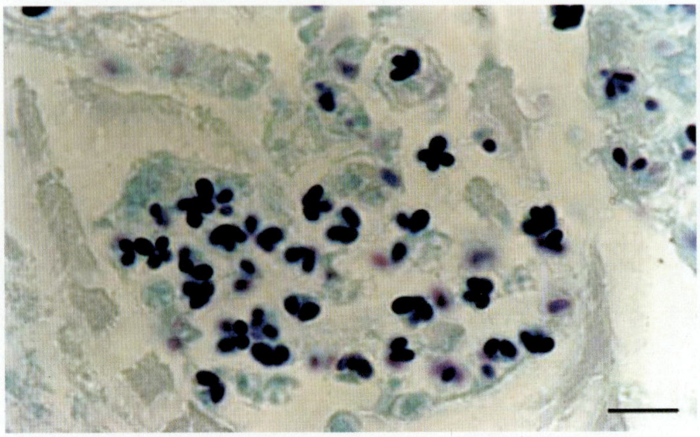

그림 3-99 대서양연어의 근육내 기생 *Kudoa thyrsites*로 4개의 극낭이 각각 별도의 포자각에 의해 구분되어진다. Giemsa, 80 μm.

### (3) 참돔의 심근내 기생 *Kudoa pagrusi*

충체가 근육에 기생함으로써 넙치와 마찬가지로 사후 근육이 액화되어 상품성이 상실됨으로 경제적 손실을 초래하는 질병이다.

충체의 변형체는 심장의 근육에서 발견되는데, cyst는 백색의 타원형으로 길이는 1.64±0.4(1.27~2.2) mm, 너비는 0.6(0.7~0.86) mm 정도이다.

성숙포자는 위에서 보면 거의 사각형(quadrate)으로 포자막은 매우 얇지만 내부의 구조는

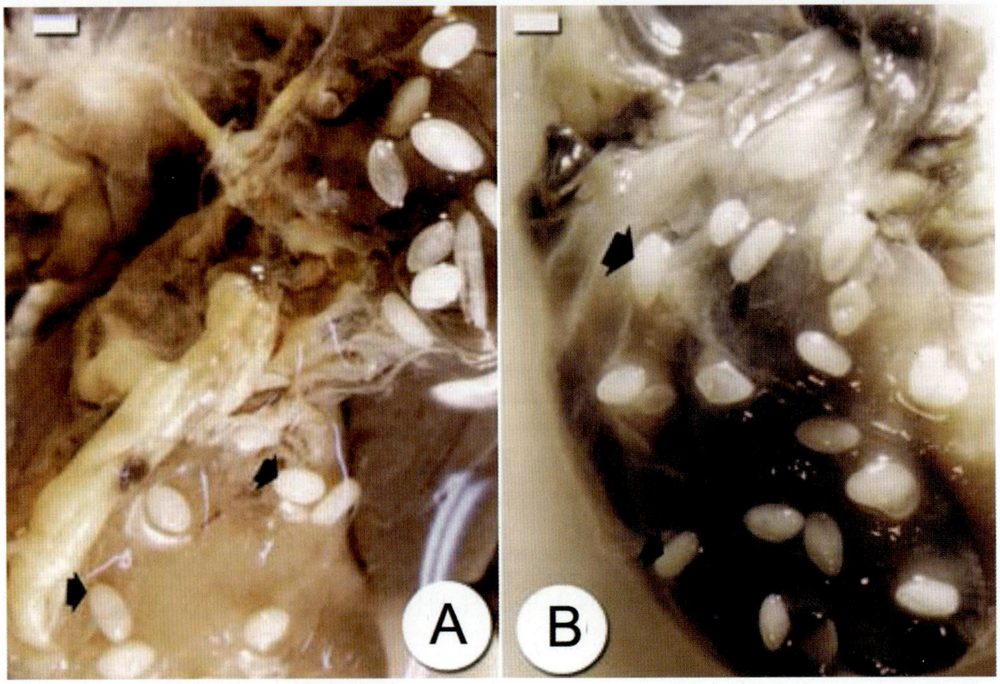


그림 3-100 심장의 근육에 형성된 cyst. Bar = 1 mm.

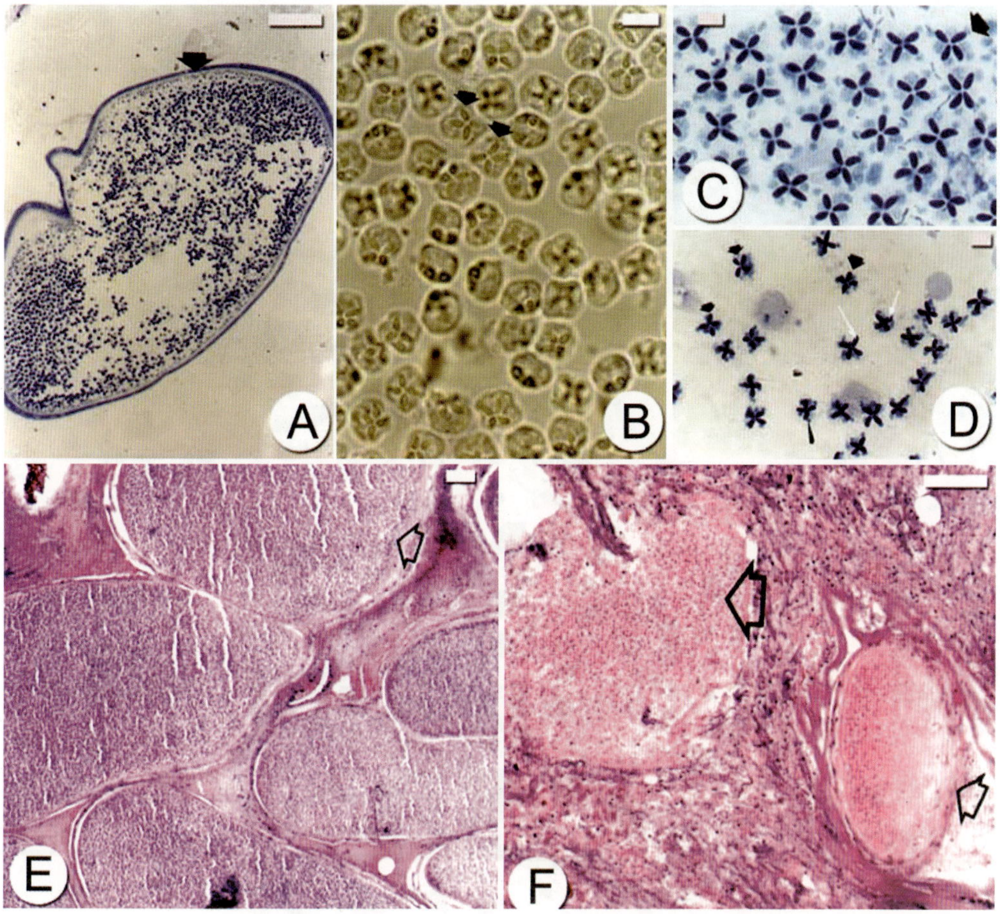


그림 3-101 A: 숙주 유래의 결합조직에 피포된 cyst. Tolidine blue. B: 포자의 도말표본. C & D: Giema염색에 염색된 포자의 극낭. E & F: 심근 내의 cyst는 결합조직에 피포되어 있다. Bar = 0.2 mm(A), 5 μm(B~D), 0.1 mm(E) 및 0.5 mm(F).

아주 뚜렷하다. 4개의 극낭은 방추형으로 크기는 길이가 3.7±0.3(2.6~4.2) μm, 너비는 1.5±0.2(1.0~1.8) μm로 거의 동일하다. 극낭 속의 극사는 관찰하기 힘들지만 탄출되었을 때의 길이는 10~12 μm로 극낭 길이의 4배 정도이다.

병리조직학적으로는 심근 내에서 변형체가 발견되며, 내부에 성숙한 포자가 들어 있다. 충체의 감염에 의한 숙주반응은 일어나지 않고 단지 두터운 결합조직층이 변형체를 피포하는 반응만 관찰된다.

## 4) 금붕어의 점액포자충 *Sphaerospore*

어류에 기생하는 Sphaerospore에는 붕어와 잉어의 아가미에 기생하는 S. carassius와 잉어 기생하는 S. branchialis가 알려져 있지만 S. carassius는 S. molnari로, S. branchialis는 S. chinensis로 변경되었다.

수온이 17°C무렵에 노지에서 양식 중인 2 g정도의 금붕어에 비정상적인 사망률을 초래하

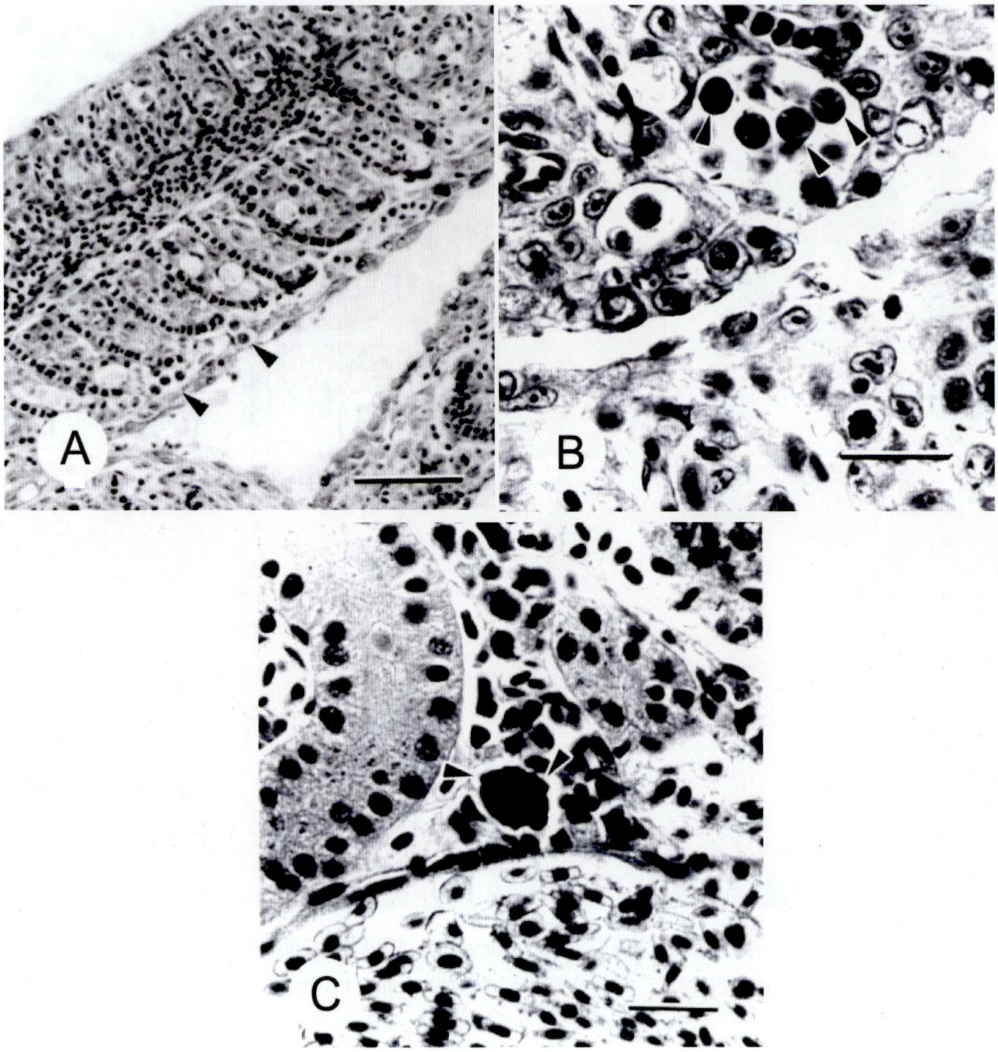


그림 3-102 A: *Sphaerospore*의 감염(화살표)에 의한 금붕어의 새변 상피세포의 증생. B: 인접 2차 새변 상피세포와의 사이에서 발견되는 *Sphaerospore*(화살표). C: 아가미에서 *Sphaerospore*가 발견되는 금붕어 신장 간질에 존재하는 다핵(화살표). HE. Bar = 10 μm 100 μm(A)와 (B&C).

는데, 병어는 아가미가 빈혈로 창백한 것 이외는 거의 정상이다. 피부나 아가미를 검경하면 Ichthyobodo가 많이 감염되어 있는 경우가 대부분이다.

병리 조직학적으로는 아가미 호흡상피가 증생되어 유착되어 있는데, 고배율로 관찰하면 아가미의 상피세포 내에 발육 단계에 있는 많은 spaerospore가 발견된다. Prespore단계는 세포질이 확산되어 있는 pseudoplasmodium의 내부에 1~6개의 내부 세포가 들어 있다.

포자는 길이와 너비가 약 6.3 μm정도로 동일한 타원형으로 포자각은 봉합선(suture)부위가 약간 투텁다. 내부에는 2개의 극낭이 들어 있고, psudoplaspodium 내에서는 보통 1개의 성숙포자가 만들어지지만 때로는 2개인 경우도 있다.

포자가 성숙 또는 방출됨에 따라 아가미의 상피세포는 빈공간이 형성되며, 새변과 새변 사이에 여러 개의 포자가 발견된다. 그러나 잉어류의 신장 간질에서는 다핵의 집합체가 발견되는데 이것은 잉어에 감염되는 Sphaerospora sp.의 혈액단계의 특징과 비슷하다. 그러나 S. molnari처럼 포자 형성단계가 신장의 관공이나 혈액에서는 발견되지 않는다. 금붕어에서 발견되는 종의 형태는 극동지역의 잉어에서 발견되는 S. chinesis와 매우 유사하다.

## 5) 믹시디움증

늦은 봄에서 초여름에 걸쳐 뱀장어의 피부에 Myxidium matsui가 기생함으로써 시스트가 많이 만들어져 외관상 환부가 백점 또는 백반으로 보이기 때문에 백반병이라 불러왔다. Myxidium matsui는 방추형으로 양끝이 뾰족하며, 양끝에 각각 1개의 극낭을 가지고 있다. 체표의 백점은 크기는 3 mm정도 또는 그 이상의 것도 있으며, 체장 30 cm 이상의 뱀장어가 걸리는 수가 많고 이보다 작은 어류에는 그다지 생기지 않는다.

이 병에 의해 직접적으로 뱀장어가 죽는 경우는 드물다. 그러나 시스트가 파열되어 내부의 포자가 방출되어지면, 환부는 자연 치유됨으로 직접적 피해는 없지만, 병어의 외관이 추악함으로 상품가치가 없게 된다.

6~7월경이면 피부에 형성된 시스트 내에서 포자가 형성되지만 이때는 백반부위의 피부 진피상층부가 파괴되어 주변에 출혈이 생겨 보기 싫은 모양으로 된다. 기생충의 영양체는 주로 진피의 비교적 표층부위인 비늘주머니 부근 또는 비늘주머니 벽에 처음으로 나타나서 계속적으로 핵 분열하여 영양체의 크기가 커지면 대부분 비늘주머니 속으로 들어가 이곳을 점거하게 됨으로 비늘주머니를 현저하게 확대되고, 비늘은 변형되어 붕괴되게 된다. 영양체는 구형, 난형의 것이 많고 크기는 대개 1~3 mm정도이다. 이러한 영양체는 보통 숙주유래의 막에 의해 둘러싸여 있다. 때로 진피의 치밀조직 속에 대형의 영양체가 만들어지는 경우도 있는데 이러한 경우는 영양체를 둘러싸고 있는 막이 없다. 영양체가 성장되고 시스트가 형성됨에 따라 진피는 비후되고 피부표면에 작은 돌기가 생긴다.

시일이 경과함에 따라 시스트 주변의 진피에는 초자변성이 생기고, 세포의 침윤이 현저하고 그 상부의 표피는 위축되어 얼마안가 시스트 위쪽의 진피조직은 괴사되어 붕괴된다. 이 무렵이 되면 시스트 내의 포자형성이 완료되어 시스트가 파열되어 포자는 수중으로 방출된다.

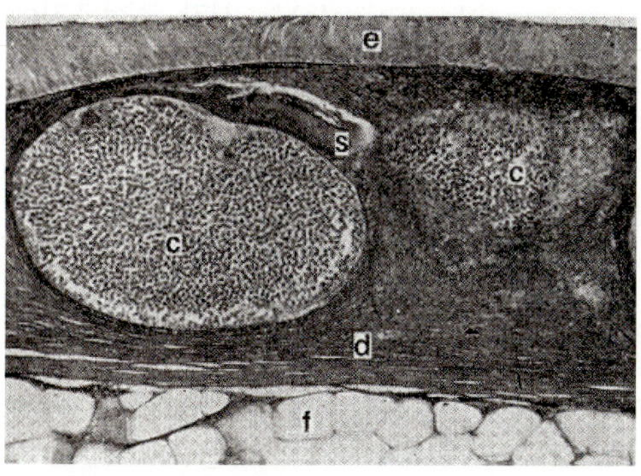


그림 3-103 뱀장어 근육 내의 시스트(c), e: 표피, d: 진피, s: 비늘, f: 지방조직.

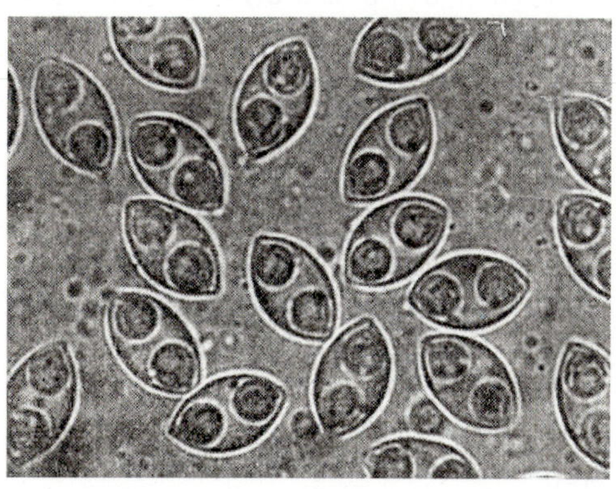

그림 3-104 *Myxidium*의 포자.

또 다른 물질과의 기계적 마찰에 의해서도 변성을 일으키고 있는 환부의 피부가 파열되는 수도 있는데, 이때는 파열에 따른 출혈이 동반되는 것이 보통이다. 포자는 보통 시스트내에서 만들어지지만 진피조직 내에서 작은 영양체가 섬유아세포에 둘러싸인 상태로 이곳저곳의 여러 곳에 만들어지는 경우도 있다. 이처럼 진피조직 내에서 포자가 만들어질 때는 주위에 있는 진피조직의 붕괴는 일어나지 않는 것으로 생각되고 있으며, 그 후 포자가 어떻게 되는지는 밝혀지지 않았다.

이처럼 시스트 내에서 만들어진 포자는 성숙하게 되면 시스트 위쪽의 진피조직을 붕괴시킨 다음 시스트 자체도 파열되어 내부의 포자는 진피와 표피의 경계에 모여서 표피 기저막을 통과하여 표피 속으로 들어가 별다른 병적변화를 유발시킴이 없이 바깥쪽으로 이동하여 외계로 빠져나오게 된다. 한편 진피 속에서 만들어지는 포자는 직접 위와 같은 방식으로 빠져나오게 된다.

포자가 빠져나간 후에는 기저막이 돔 모양 또는 원뿔 모양으로 위쪽으로 뻗어 올라오는데, 이 속에 진피의 붕괴된 부스러기 등이 관찰된다. 이러한 원뿔 모양으로 위로 뻗은 돌기는 더욱 뻗어남에 따라 점점 가늘어져 실 모양으로 되는데 이러한 과정은 피부 내에 생긴 괴사조직이 배제되지 않았을 때 일반적으로 볼 수 있는 것이다.

때로는 아가미에 기생되어 있는 수도 있는데 모세혈관 또는 입새동맥, 출새동맥 내에 작은 영양체가 만들어짐으로 육안적으로 확인하기 어렵다. 아가미 기생의 경우 때로는 새변의 연골을 따라 결합조직 내에 장난형의 커다란 영양체가 만들어지는 수도 있는데, 이때는 숙주유래의 막 구조가 만들어짐으로 시스트가 형성되기 때문에 육안적으로 백점으로 보임으로 식별이 가능하다. 혈관 내에 영양체가 만들어지는 경우에는 피의 흐름이 장애를 받게 되어 국소적으로 울혈과 충혈이 생기지만 어류에게는 미치는 피해는 거의 없고, 새변조직 내에 커다란 영양체가 많이 만들어진 경우에도 어류에 대한 피해는 거의 없는 것 같다.

## 6) 신종대증(proliferative kidney disease, PKD)

### (1) 송어류

송어류의 증식성 신장병(proliferative kidney disease, PKD)의 원인균인 Tetracapsuloides bryosalmonae(= Tetracapsula bryosalmonae, Tetracapsula renicola)는 신장 조혈조직에 만성염증을 유발하며, 감염 충체는 염증세포인 마크로파아지에 의해 둘러싸이게 된다.

포자형성은 세뇨관에서 일어나 단세포성의 pseudoplasmodium으로 된다. 그러나 세뇨관에서 형성되는 포자는 아직도 미숙으로 생각된다. 포자는 난형으로 크기는 12 × 7 μm로 포자각은 불분명하고 2개의 극낭을 가지고 있다.

감염부위는 신장이지만, 이외에도 혈관이 풍부한 아가미, 간, 췌장 및 비장에도 감염되어 신장에서와 유사한 병리상을 나타낸다. 혈관 내에 기생한 경우 충체는 혈관벽의 괴사를 유발한다.

송어류 치어의 주요한 질병으로 부화 후 첫해의 수온이 15°C이상인 여름에서 가을에 빈발

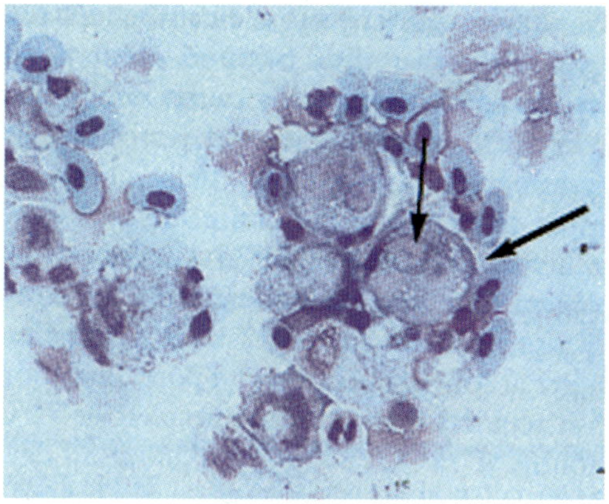

그림 3-105 모세포 내의 딸세포가 특징적.

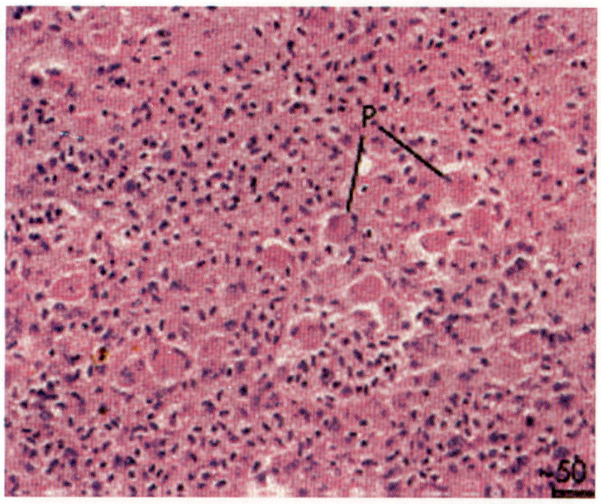


그림 3-106 호염기성의 기생충(P)과 호산성의 막을 형성하고 있는 마크로파아지와 림프구. HE.

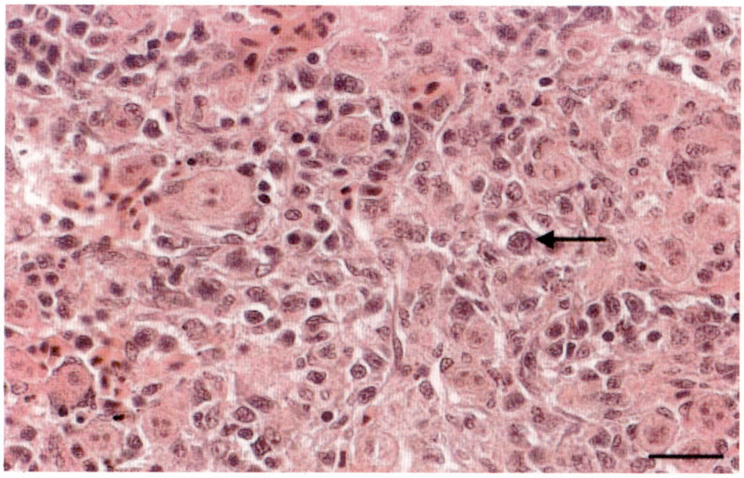

그림 3-107 *Tetracapsuloides bryosalmonae*에 의한 무지개송어의 PKD. 신장의 간질에 외생 포자는 호산성의 아메바 모양과 거품상의 세포질을 가지고 있다. 보통 염증세포(화살표)가 충체에 부착되어 있거나 충체를 싸고 있다. 고배율로 검경하면 2차, 3차 딸세포의 확인도 가능. H&E, 40 μm.

한다. 병어는 식욕 상실, 2차 감염 및 면역반응이 억제되어 최종적인 사망률은 80%이상이다.

병어는 체색이 검게 변하며, 안구돌출, 복부팽만, 신장과 비장의 비대가 특징적인데 가장 현저한 변화는 신장으로 신장이 여러 곳에서 종대되기 때문에 결절 모양으로 보인다. 심한 빈혈로 내장기관의 핏기가 없어지며, 복수가 고여 복부가 팽만하게 된다.

감염초기에는 신장의 간질에 조혈조직의 증생이 일어나지만, 말기에는 마크로파아지와 단구에 의한 육아조직으로 바뀌게 된다. 신소체나 흑색대식세포의 수는 현저하게 감소하며 섬유화가 일어난다. 감염된 조직에는 과립상의 세포질과 2차 세포를 가진 대형의 호염기성, PAS양성의 PKD세포를 찾아볼 수 있는데, 이것에 마크로파아지나 림프구가 접해 있는 것이 보통이다.

자연 상태에서는 잉어류가 숙주로서 송어류에 감염된 것은 감염의 변형이기 때문에 송어류의 체내에서는 포자의 성숙은 일어나지 않는다. 충체는 신소체에 침입하여 사구체의 상피에 1개 또는 집합체로서 존재하게 된다.

병리 조직학적으로는 HE염색으로 진단할 수 있다. 영양체는 신장의 간질에 아메바 형상을 하고 있으며, 크기 5~20 μm의 호산성의 거품상의 세포질이 있고, 1차 딸세포 내에는 핵인이 명확한 1~3개의 영양핵이 있고, 그 속에는 1~7개의 2차 딸세포가 들어 있다. 진하게 염색되는 숙주세포가 충체에 붙어 있거나 충체를 싸고 있다. 조직표본에서는 항상 타원형의 극낭의 후반부에 2개의 명확한 막성의 핵이 발견된다.

### (2) 금붕어

점액포자충인 Hofferellus carassii(= Mitraspora cyprini)가 금붕어나 붕어의 신장 세뇨관, 집합관, 수뇨관 등의 세포와 관공 내에 기생함으로써 신장이 이상적으로 비대하여 복부가 팽만하여 이상관이 심하게 종대되어 복부의 한쪽만이 돌출하게 됨으로 구간부가 굽어지게 된다. 보통 10월경부터 복부 팽만어가 발견되는데, 포자는 신장 또는 세뇨형으로 봉합면의 양 끝에 1개씩의 극낭을 가지고 있으며, 뒷부분에 7~10개의 필라멘트를 가지고 있다.

병어는 신장의 종대 때문에 부레가 심하게 압박당하게 되어, 평형감각이 상실하게 됨으로 정지 시에는 부상하거나 옆으로 뒤집히는 경우가 많다. 그러나 다른 내부 장기도 압박당하지만 이렇다 할 이상은 없다. 이러한 신장의 종대는 신장의 모든 세뇨관의 종대에 의한 것이 아니라 일부의 세뇨관이 심하게 확장되기 때문에 신장 전체가 종대된 것처럼 보이면서 퇴색된다.

시간이 경과되면 신장은 수두상으로 부풀어 오르기 때문에, 신장은 크기가 서로 다른 수두 덩어리로 보인다. 간질은 정상으로 수두상의 딩어리 사이에 적색의 반점으로 보인다. 세뇨관 상피 내에 기생하고 있는 포자충이 더욱 발육하여 포자형성이 시작되면 수포 내에는 황백색의 액체로 채워진다.

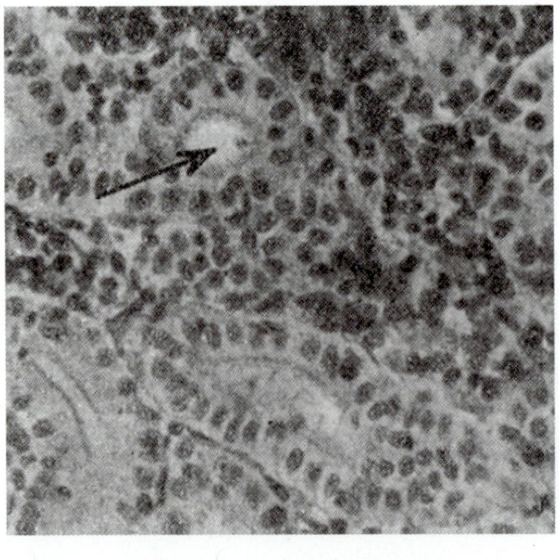

그림 3-108 감염 초기. 세뇨관 관공의 아메바 모양의 충체.

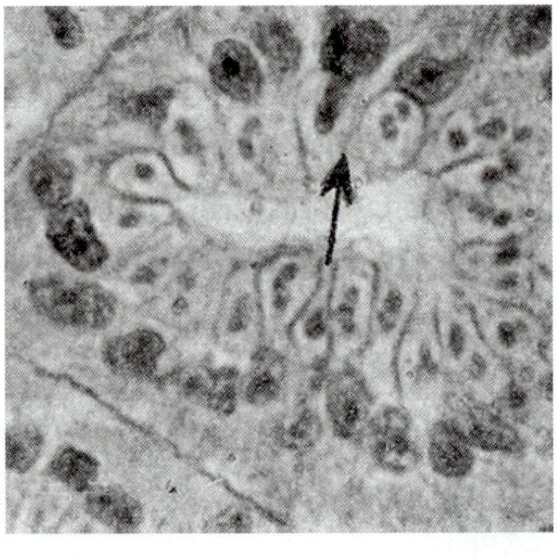

그림 3-109 상피세포내의 2~3핵의 아메바 모양의 충체. 증원생식.

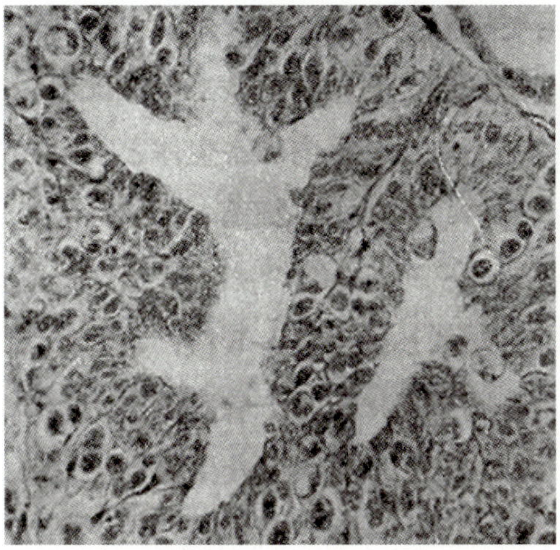

그림 3-110 영양체의 발육 개시.

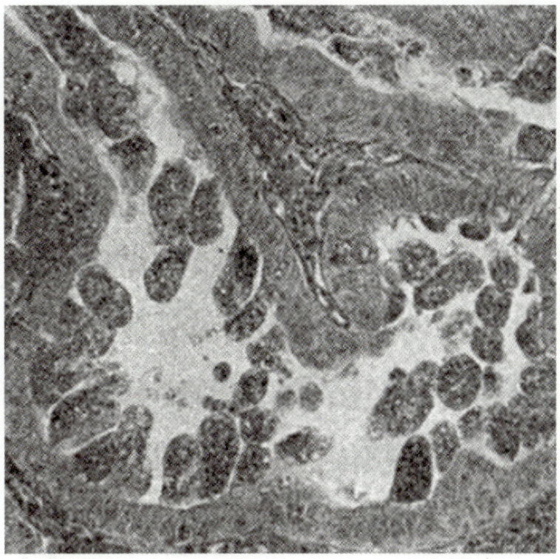

그림 3-111 세뇨관 관공 내의 영양체. 포자형성이 완료되어 있다.

장에서 혈관계로 들어가 사구체의 혈관을 거쳐 세뇨관공에 도달한 기생충이 세뇨관의 관공에 2개의 핵을 가진 구상체가 관찰되며 세뇨관상피에 1~3개의 핵을 가진 아메바 모양의 물체가 들어 있다. 상피세포는 기부에 초자적 변성이 나타날 뿐 이렇다 할 변화는 없고, 기생자극에 의해 상피세포가 증식하게 되지만 서로 중첩되지 않기 때문에 세뇨관의 관공은 점차 확대된다. 그러나 시간이 경과되면 상피세포가 서로 중첩하게 관공 내로 돌출하게 되어 신장이 최대로 종대된다. 이때까지도 관공 내에는 전혀 영양체가 관찰되지 않으며 투명한 물과 같은 물질로 충만되어 있지만, 이러한 세뇨관은 일부의 세뇨관에 불과하기 때문에 배설에는 장애가 없다.

영양체의 발육이 더욱 진행되면 생식핵의 주변에 독립된 세포질을 갖게 되면서 영양체 자체의 크기도 커지면서 상피세포의 위층에서 아래층으로 이동하여 핵분열이 시작되면서 상피세포의 핵은 종대 되어 염색성이 저하되면서 핵소체가 명확하게 된다. 이때에는 상피세포의 배열이 흐트러지면서 불규칙한 증층의 배열을 하게 된다. 영양체가 발육을 계속하여 4~8핵(주로 6핵)으로 되면 상피세포에서 떨어져 관공으로 나온다.

관공 내로 나온 것은 아메바 모양 또는 몇 개가 합쳐서 커다란 영양체로 되어 있는데, 영양체 내부에는 핵 분열이 계속되어 영양체는 점점 커지게 된다. 영양체가 이탈 후 중층화되어 배열에 혼란이 생겨 있던 상피세포는 단층으로 회복되지만 상피세포의 수는 그대로이기 때문에 확장된 관공은 늘어나 있는 상태 그대로 이다. 이렇게 단층으로 회복한 상피세포도 2~3개의 핵을 가진 영양체가 관찰된다.

병어는 가을에 나타나기 시작하여 이른 봄에 포자형성이 완료되어 수중으로 배출되면 빈모류인 아가미지렁이, Branchiura sowerbyi에 먹혀 소화관의 벽에서 발육하여 방선포자충(Neoactinomyxon)으로 변태하여 여름이 되면 수중으로 나와 다시 금붕어에 감염되게 된다. 따라서 예방법으로는 양어지를 콘크리트로 개조하여 수중의 빈모류를 제거하는 것이 감염을 방지하는 최선의 방법이다.

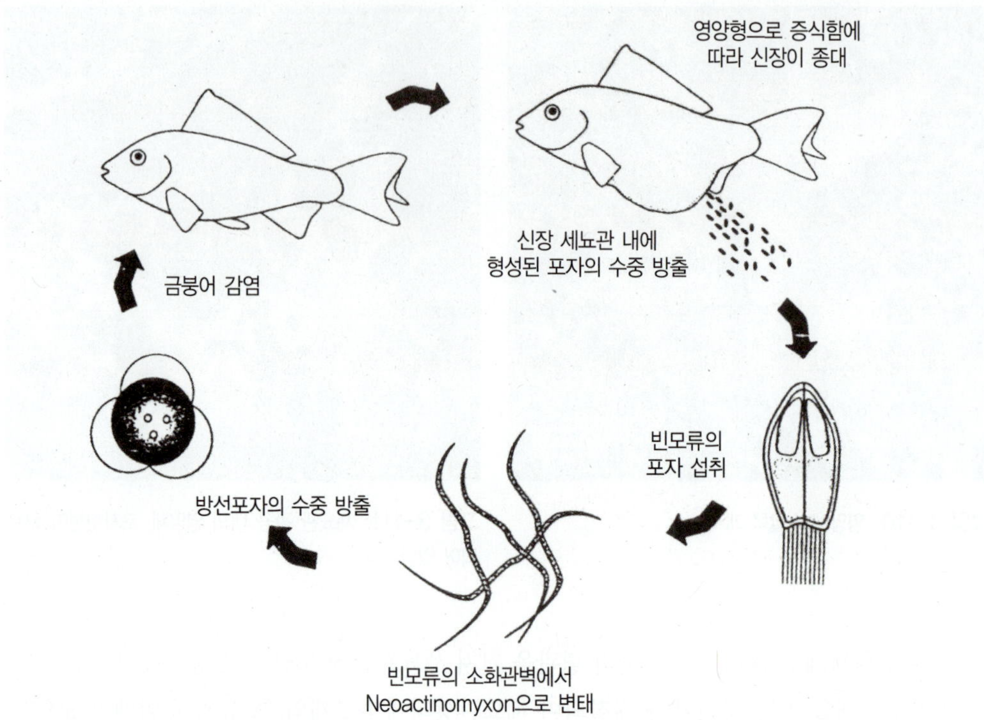


그림 3-112 금붕어의 신종대증의 원인인 *Hoferellus carassi*의 생활사.

## 7) *Henneguya*

### (1) 차넬메기의 증식성 아가미병(Proliferative gill disease)

봄철에 차넬메기에 점액포자충인 Henneguya ictaluri가 감염되어 발생하녀, 중간숙주로서 환형동물인 Dero digitata가 필요하다. 환형동물에서 변태되어 방출되는 것은 방선포자충 단계인 Aurantiactinomyxon spp.이다. 주로 미국에서 발생하고 있으며, 우리나라에서는 아직 확인되지 않았다.

환형동물에서 방출된 방선포자충을 경구적으로 섭취함으로써 감염되며 치어가 대형어보다 감수성이 높다.

감염어는 아가미에만 적색 또는 백색의 병소가 형성되며 아가미는 종창을 일으키거나 출혈 괴사가 생기며, 아가미 연골이 붕괴되거나 새변이 탈락하기도 한다. 이 때문에 병어는 심한 호흡곤란을 일으킨다.

병리학적으로는 아가미에 충혈, 출혈 및 염증세포의 침윤을 동반한 육아종성 아가미염이 형성되며, 새변 상피는 증생과 비대를 일으킨다. 조직 표본 상에서 충체는 호염기성이며, 영양체가 아가미 이외의 조직인 비장, 신장, 뇌, 간에서도 관찰되지만, 아가미에서와 같은 염증 반응은 없다.

진단을 위해서는 병어의 아가미를 조사하여 출혈 및 울혈을 동반한 새변 상피 증생에 의한 곤봉화와 아가미 연골을 검경 연골의 붕괴 확인하면 되지만 병리 표본에서 영양체를 확인할 필요가 있다.

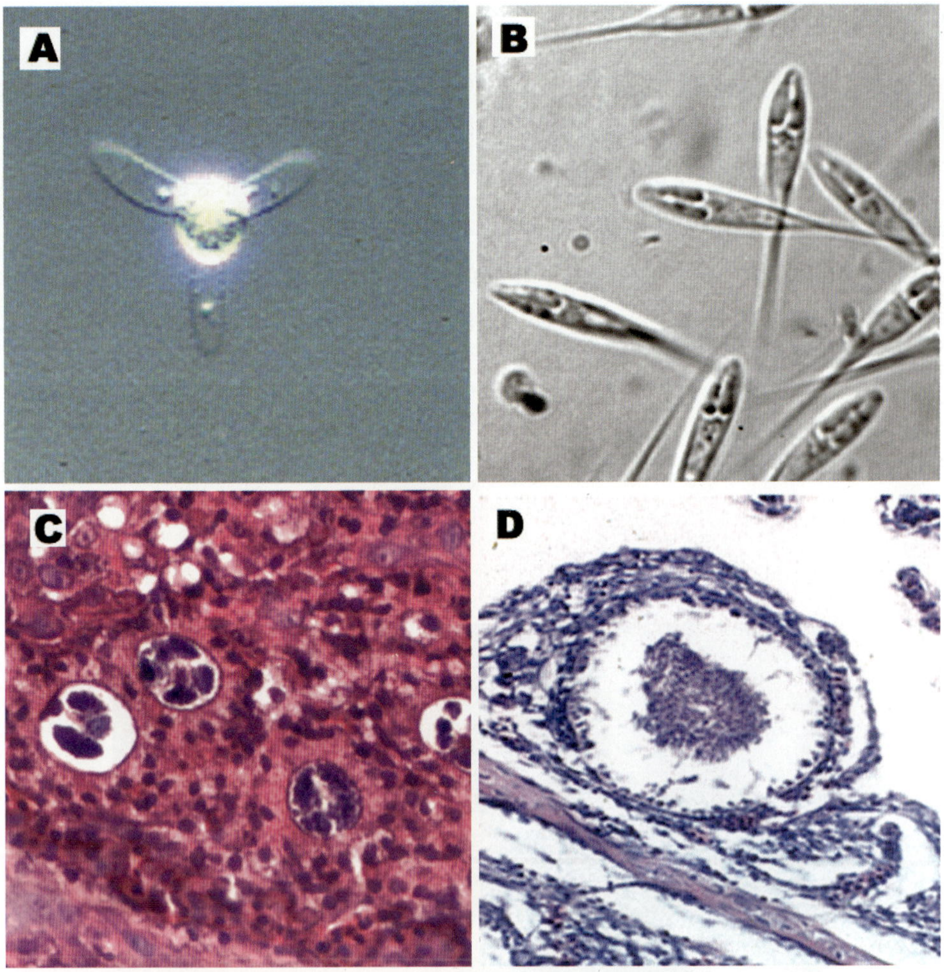


그림 3-113 *Henneguya*의 감염에 의한 차넬메기의 증식성 아가미병. A: 환형동물에서 수중에 방출된 방선포자충 *Aurantiactinomyxon* sp. B: 아가미 cyst 내의 *Henneguya*, C: 아가미에 형성된 감염 초기 영양체, D: 아가미에 형성된 cyst.

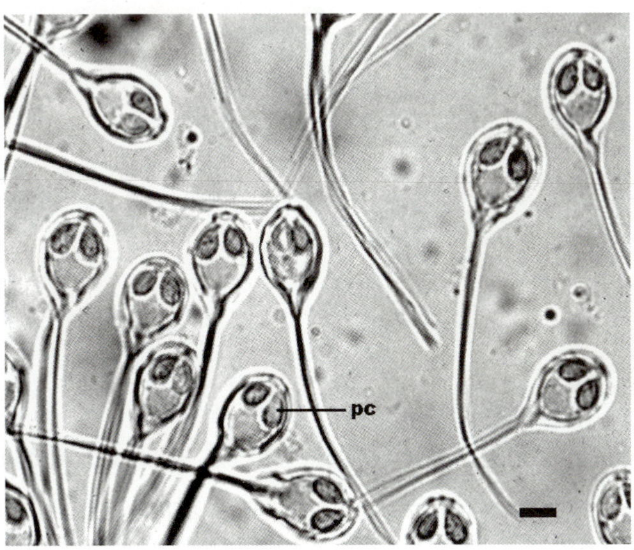


그림 3-114 *H. salminicola*의 포자. pc: 극낭.

### (2) 참돔의 심장 *Henneguya*증

8월에서 11월에 걸쳐 양식 참돔 치어(체중 50 g)에 점액포자충의 일종인 Henneguya pagri가 감염되어 발병한다. 감염률은 약 8월에 최대인 75%정도이지만, 이후부터는 점차 감소한다.

병어는 아가미와 심장의 빈혈, 위심강 내의 출혈 및 동맥구의 비대 등을 특징적으로 한다. 이러한 증상은 12월에 발생하여 이듬해 6월까지 폐사가 일어나는 농어의 H. lateolabracis감염증의 무기력, 아가미의 빈혈과 점액분비 과다, 동맥구의 확장 등의 증상과 유사한 증상을 나타낸다. 아가미를 절취하여 현미경으로 관찰하면 많은 점액포자충의 포자가 새변 모세혈관 내에 충만 되어 있다.

성숙 포자는 난형으로 1개의 포자원형질 평균 체장은 10.5 μm(9.9~11.9), 평균 체폭은 7.5 μm(6.5~8.4 μm), 포자의 두께는 5.9 μm(5.4~6.4 μm), 극낭의 길이는 3.1 μm(2.5~4.0

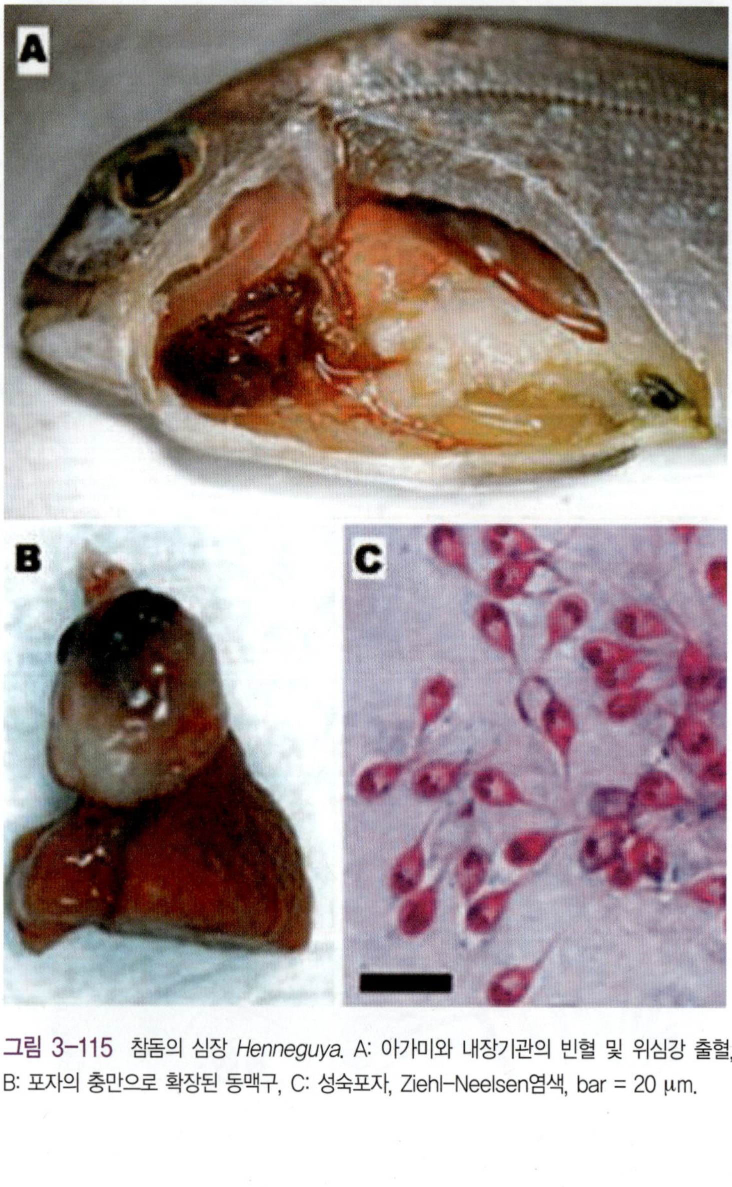


그림 3-115 참돔의 심장 *Henneguya*. A: 아가미와 내장기관의 빈혈 및 위심강 출혈, B: 포자의 충만으로 확장된 동맥구, C: 성숙포자, Ziehl-Neelsen염색, bar = 20 μm.

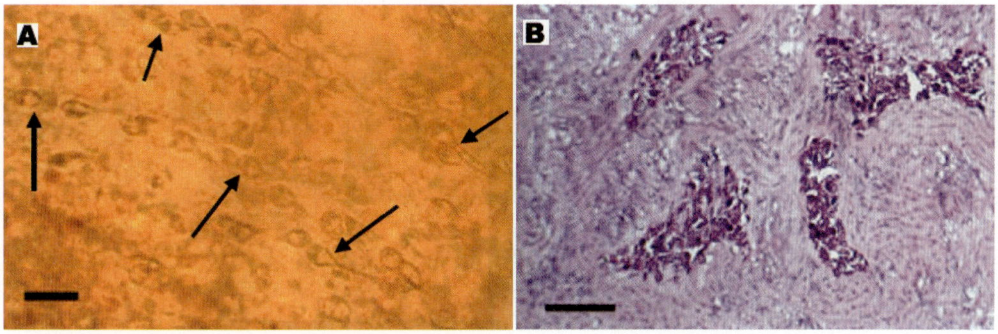


그림 3-116 A: 포자(화살표)가 모세혈관의 내부를 채우고 있는 아가미의 도말표본, 무염색, Bar=20 ㎛. B: 동맥구 내에서 발육중인 plasmodium, Ziehl-Neelsen염색, bar = 100 μm.

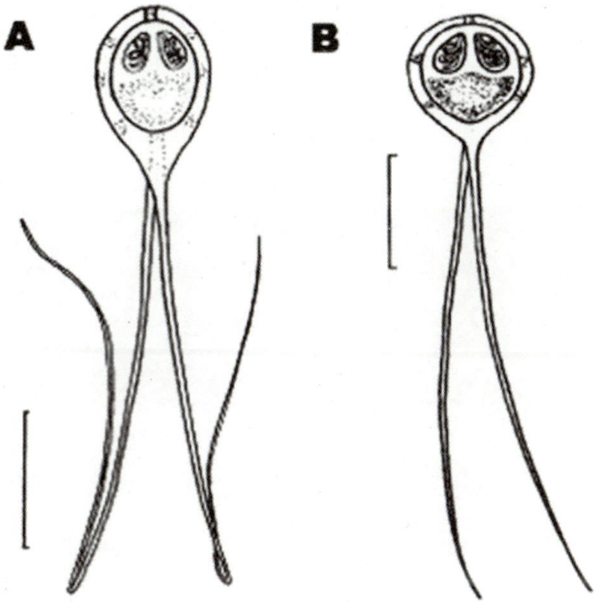


그림 3-117 *H. pagri*와 *H. lateolabracis*포자의 모식도. bar = 10 μm.

μm), 극낭의 폭 1.6μm(1.5~2.0 μm)이다. 이는 농어에 기생하는 H. lateolabracis와 차이가 없지만, 꼬리 끝부분의 돌기가 29.6 μm(24.8~34.7 μm)로 H. lateolabracis의 38 μm보다 약간 짧으며, 꼬리 끝부분 돌기의 끝부분이 가는 실모양으로 길게 늘어나 있는 것이 차이점이다. 그러나 이러한 것들은 광학현미경적으로는 구분하기 힘들다. 도말표본의 포자는 Ziehl-Neelsen(TB Quick Stain kit)에 잘 염색되며 2개의 미부 돌기는 채찍 모양으로 길이는 같고, 처음부터 끝까지 2개는 분리되어 있다.

충체는 심장의 동맥구 조직 내에 포자를 형성한 다음 많은 수의 포자를 새변 내의 모세혈관내로 유입하게 된다. 이 때문에 새변 모세혈관은 폐쇄 또는 울혈을 일으키고, 새변의 곤봉화, 새변 상피의 박리 등이 생기는 것도 H. lateolabracis와 유사한 증상이다. 또한 심장에서

표 3-3 *Henneguya* 성숙 포자의 비교.

| 종 류 | 포자 길이 | 포자 폭 | 포자 두께 | 극낭 길이 | 극낭 폭 | 미부 부속지 길이 | 감염 부위 | 감염 숙주 |
|---|---|---|---|---|---|---|---|---|
| *H. pagri n.sp.* | 10.5 (9.9–11.9) | 7.5 (6.4–8.4) | 5.9 (5.4–6.4) | 3.1 (2.5–4.0) | 1.6 (1.5–2.0) | 29.6 (24.8–34.7) | 동맥구 | *Pagrus major* |
| *H. lateolabracis* | 10.7 (9.9–11.9) | 7.5 (6.4–7.8) | 6.2 (5.9–6.4) | 3.4 (3.0–4.0) | 1.7 (1.5–2.0) | 37.7 (30.7–49.5) | 동맥구 | *Lateoabrax sp.* |
| *H. otolithi* | 10–12 | 6–8.5 | 4–5 | 3–4 | 2–2.5 | 35–40 | 동맥구 | *Otolithus rubber, O. maculatus* |
| *H. sebasta* | 15.1 (13.0–17.5) | 9.2 (5.6–11.0) | 7.1 (5.0–8.7) | 4.5 (3.7–5.6) | 2.4 (1.8–3.1) | 62 (32.5–87.5) | 동맥구 | *Sebastes paucispinis* |
| *Henneguya sp.* | 12.91 | 7.83 | ND | 4.5 | 2.5 | 23.20 | 동맥구 | *Sparus aurata* |
| *Henneguya sp.* | 13.4 | 9.47 (8–10) | ND | 4.75 (3.5–6) | 2.25 (1.5–3) | 26.5 (18–31.1) | 아가미? | *Sparus aurata* |
| *H. vitiensis* | 13.7 (12.1–15.8) | 7.8 (6.7–8.8) | ND | 3.2 (2.7–3.7) | 1.7 (1.5–2.0) | 29.1 (22.7–35.5) | 심장 | *Leiognathus fasciatus* |
| *H. yoffensis* | 13.3 (12–15) | 9.1 (8–11) | ND | 3.4 (3–4) | 1.3 (2–3) | 32.1 (24–36) | 심장, 아가미 | *Sparus caeruleostictus* |

ND, 미측정

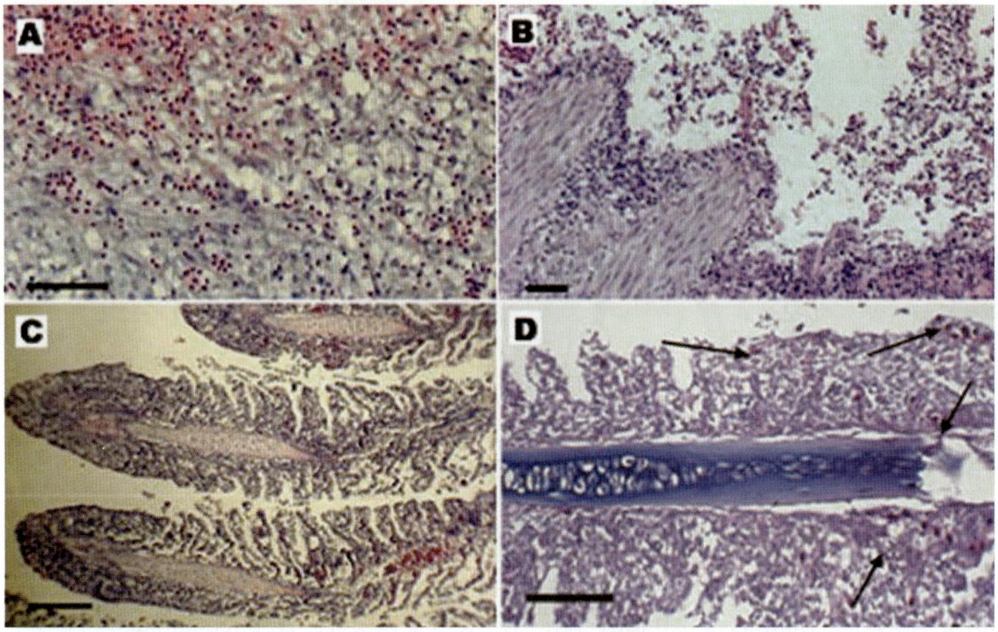


그림 3-118 심장 *Henneguya*. A: 동맥구 심근의 공포화. B: 포자의 방출에 의한 심근조직의 붕괴, C: 새변의 유착, 상피세포의 붕괴 및 모세혈관의 울혈, D: 유리 포자에 의한 새변 상피 증생에 의한 증식성 아가미염. A~C: HE, D: Ziehl-Neelsen, A–D: bars = 100 μm.

는 염증반응과 심근 섬유의 공포화와 심외막의 변성과 같은 심근염이 생긴다. 성숙포자를 함유한 plasmodium은 심근염이 있는 곳에서는 내피세포에 둘러싸여 육아종을 형성한다.

뚜렷한 대책은 없지만 발병되었을 때 사료의 양을 줄이고, 사육환경을 좋게 유지함으로써 산소 결핍을 방지하면 포자가 배출되고 서서히 회복된다.

### (3) 농어(*Lateolabrax* sp)의 심장 *Henneguya*(cardiac henneguyosis)

병어는 식욕이 감퇴하고 무기력하다가 폐사한다. 아가미는 심한 빈혈이 생기며 점액이 과잉으로 분비되어 있고, 동맥구는 변형체의 형성에 의해 종대되면서 변형되게 된다.

발병은 종묘생산한 해의 겨울에 시작하여 다음 해까지 지속된다. 일간 사망률은 0.2%이며 누적 폐사율은 4.7%정도이다.

아가미의 도말표본을 무염색으로 검경하면 2차 새변 모두에서 많은 양의 포자가 발견되는 것으로 미루어 2차 새변의 혈관이 붕괴된다는 것을 알 수 있다.

포자를 1.5% agar에 포매한 다음 검경하거나 도말표본을 만들어 Diff-Quick염색하여 형태를 관찰하면 Henneguya lateolabracis인 것을 알 수 있다. 이 포자충은 동맥구에 감염되며, 포자는 뒤쪽이 뾰족한 난원형이다. 크기가 동일한 부속지가 완전히 분리되어 있고, 가장자리에 몇 개의 주름이 있는 sutural ridge, 같은 크기의 극낭 2개를 가지고 있다.

병리조직학적으로는 동맥구의 외막층(adventitial layer)과 중막층(medial layer)에 변형체가 형성되어 있다. 발육 중인 변형체는 원형 또는 불규칙한 형태로 탄성의 근육섬유 사이에 만들어지지만 숙주의 결합조직에 의해 피포되어 있지는 않다.

포자형성이 완료된 후 방출되는 성숙포자가 동맥구의 관공에 모이게 되고, 이것이 아가미의 모세혈관 내로 들어가 혈관을 폐쇄함으로써 충혈, 새변의 유착 및 상피세포의 증생과 새변의 뒤틀림이 생기게 된다. 포자가 아가미 혈관을 폐쇄하게 됨으로 2차 새변 상피의 박리와 붕괴가 일어나게 된다.

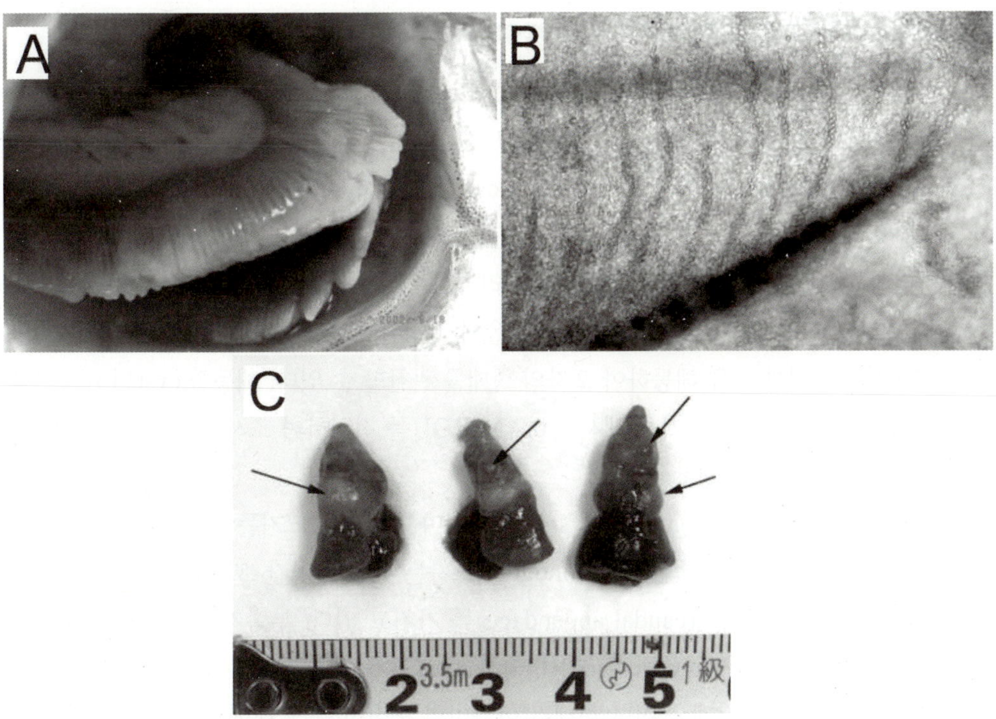


그림 3-119 A: 아가미의 빈혈과 과잉의 점액 분비. B: 아가미 모세혈관내에 충만된 포자. C: 변형체의 형성(화살표)에 의한 동맥구의 확장과 변형.

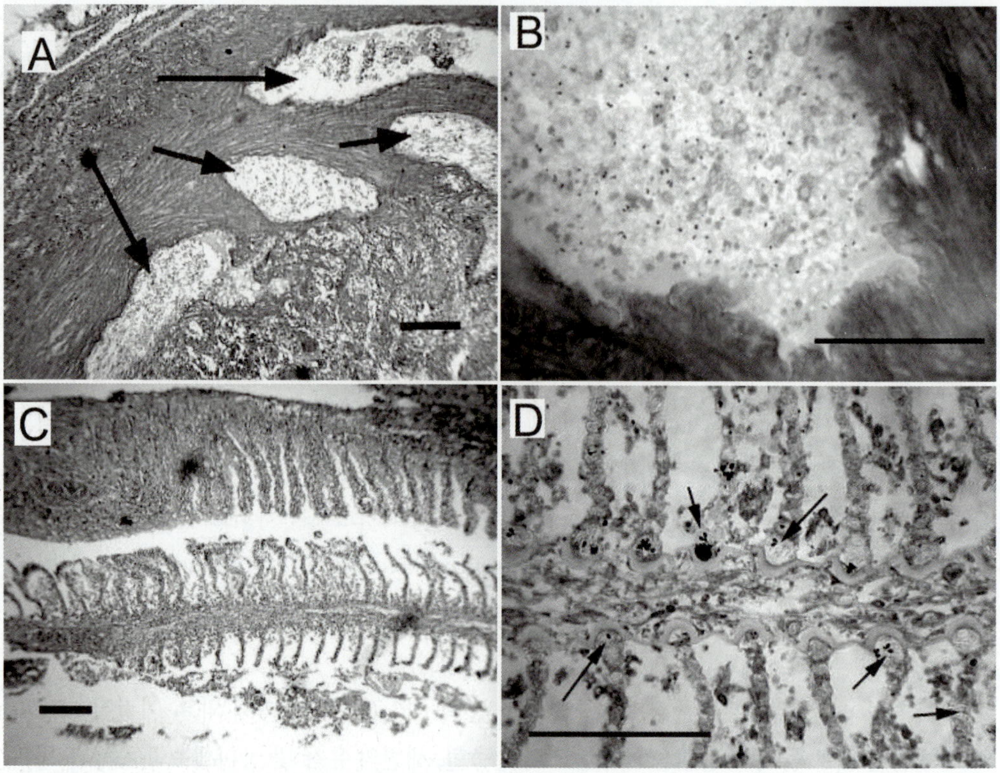


그림 3-120 A: 동맥구의 중막 내에 발육 중인 불규칙한 모양의 변형체. B: 변형체와 근육의 경계면, C: 2차 새변의 유착, 상피세포의 증생 및 새변의 변형. D: 포자(화살표)가 동맥을 차단함으로 인한 상피세포의 박리와 붕괴. HE(A & C), Diff-Quick(B & D).

### (4) 갈문 망둑(Rhinogobius)의 *Henneguya pseudorhinogobii*

감염된 어류는 육안으로도 확인할 수 있을 정도로 수많은 대형 cyst가 아가미에서 발견된다. 현미경으로 아가미를 관찰하면 형태적으로는 유사하지만 유전학적으로 차이가 나는 크기가 다른 크고 작은 2형태의 cyst를 식별할 수 있다. 대형 cyst와 소형 cyst의 비율은 각각 75%와 58.3%이다. 또한 2형태의 cyst의 아가미에서의 위치도 분명히 차이가 난다.

아가미의 cyst를  확인한 다음 아가미를 병리조직표본을 위해서는 10% 포르말린에 고정하거나 분자생물학적 조사를 위해 99.5%에탄올에 고정한다. 포자를 곧 바로 조사할 수 없을 때는 −20°C에 동결한 다음 해동하여 포자의 형태를 관찰할 수 있다. 해동한 cyst의 내용물을 꺼내어 극사의 탄출을 조사하기 위해서는 0.2 M KOH를 적하하여 조사하고, 슬라이드 도말표본은 May-Grunwald Giemsa염색한다.

대형은  Henneguya rhinogobii의 cyst로 백색이며 난형으로 크기는 0.5~1 mm로 육안으로도 쉽게 발견할 수 있다. 성숙한 H. rhinogobii포자는 뒤쪽이 약간 뾰족한 방추형으로 2개의 크기가 거의 같은 부속지(caudal appendage)를 가지고 있다. 부속지는 완전히 분리되어 있고, 측면에서 관찰하면 sutural ridge가 명확하고, 크기가 같은 2개의 극낭을 가지고 있다. 변형체(plasmodium)는 길게 늘어난 형태로 아가미의 구심성 동맥 내에 존재하기 때문에 새변이 현저하게 종대되는데, 이러한 형태를 “intrafilamental type”라 한다. 변형체 내에는 성

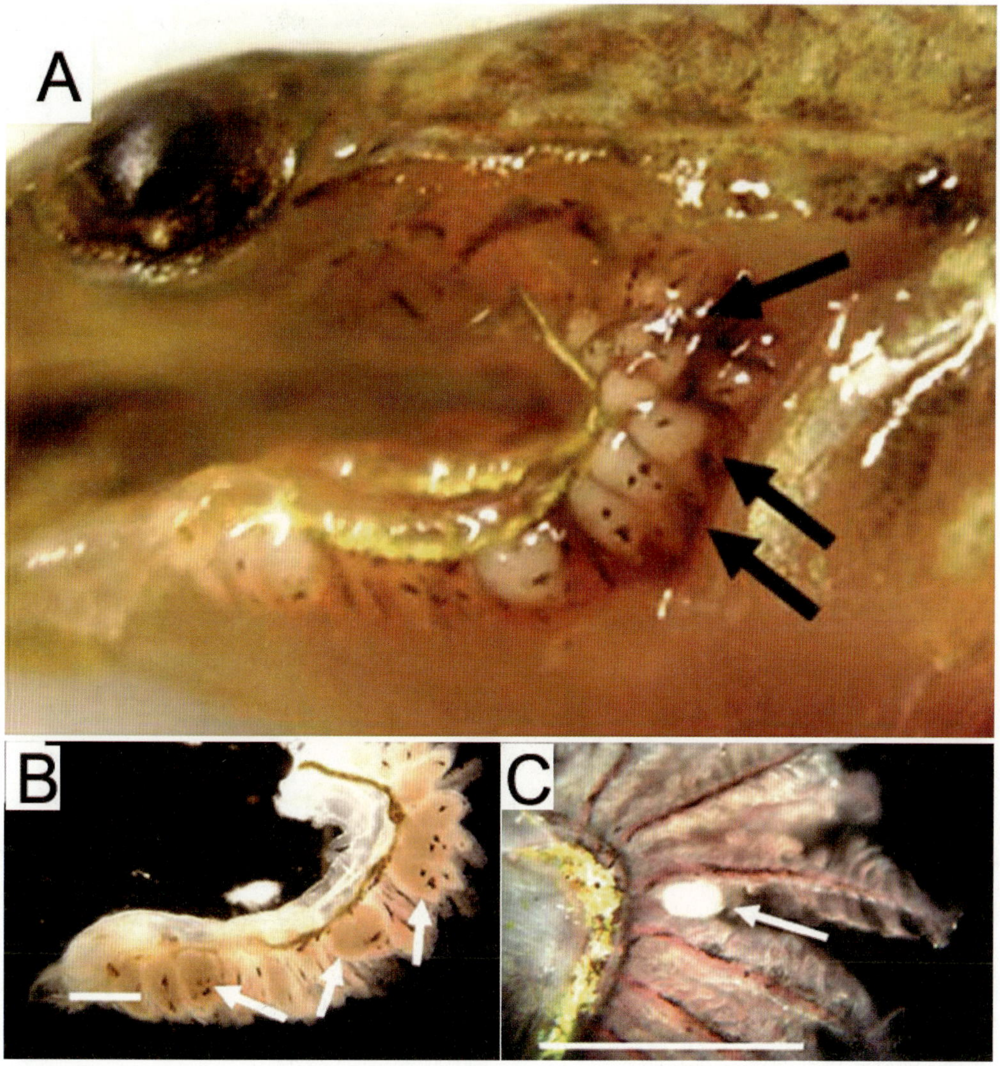


그림 3-121 A: 아가미의 대부분을 차지하고 있는 cyst. B: *H. rhinogobii*의 대형 cyst 때문에 종대된 새변. C: 2차 새변에 형성된 *H. pseudorhinogobii*의 소형 원형 cyst. Bar = 1 mm.

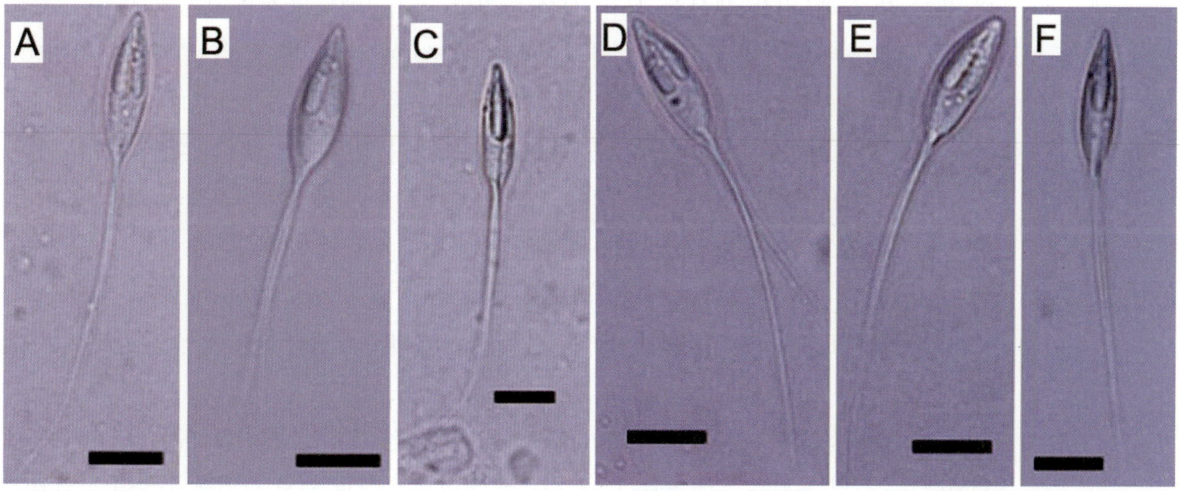


그림 3-122 *H. rhinogobii* 포자의 정면(A & B)와 측면도(C). *H. pseudorhinogobii* 포자의 정면(D & E)과 측면도(F). Bar = 10 μm.

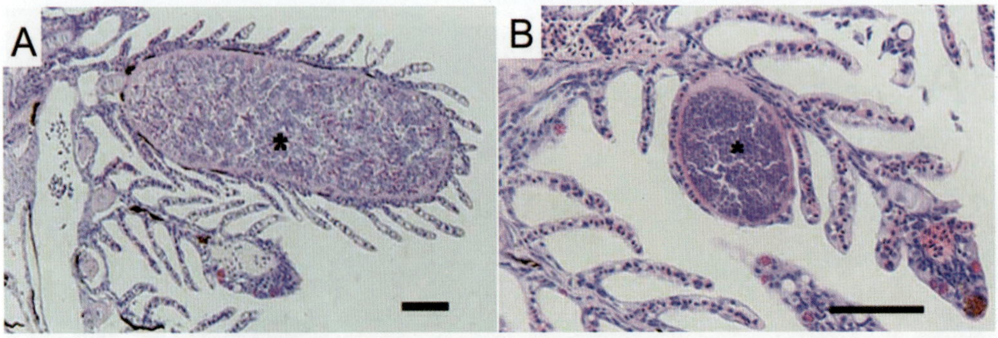


그림 3-123 A: 1차 새변 내의 *Henneguya rhinogobii*의 성숙포자. B: 2차 새변 내의 *H. pseudorhinogobii*의 성숙포자. HE. Bar = 60 μm.

숙단계 또는 성숙한 포자로 충만되어 있다.

소형 원형은 H. pseudorhinogobii의 cyst로 2차 새변에 크기가 50~250 μm인 백색으로 관찰된다. 포자의 형태는 H. rhinogobii포자와 유사하다. 2차 새변에 위치하고 있는 원형의 변형체는 2차 새변의 한쪽 면에만 형성되기 때문에 2차 새변의 한 쪽면만 종대됨으로 "interlamellar type"라 한다. 변형체는 숙주 유래의 편평 상피세포와 결합조직에 둘러싸여 있다.

## 8) *Ceratomyxa*

해산 양식 송어류에 Ceratomyxa shasta이 감염된 것으로 중간 숙주인 지렁이 Manayunkia speciosa에서 방선포자충을 섭취함으로써 감염이 성립한다. 수온이 10°C이상일 때 사망하지만, 4°C이하일 때는 잠복상태로 된다. 비중이 15 ppt이상인 경우 예방 가능하며, 일단 감염이 성립되면 해수에서도 병의 진행은 계속된다.

감염어는 체색 흑변, 복부 팽만, 안구 돌출, 항문 돌출 및 출혈이 생기며, 내부 증상으로는 소화관의 종대 및 괴사, 관공 내 출혈성 점질물질, 소화관과 유문수가 카제인 물질로 연결된다. 또한 간, 부레, 비장, 생식소, 심장, 신장, 아가미, 골격근에도 출혈과 괴사가 생긴다. 소화관의 뒷부분에 백혈구 침윤, 섬유소, 마크로파아지의 침윤을 동반한 급성 염증 유발된다.

진단을 위해서는 장의 뒷부분 또는 복수의 도말표본을 Giemsa염색하여 영양체를 확인하거나 장의 병리조직표본을 만들어 HE, Giemsa염색하여 영양체나 포자를 확인하여야 한다. 조직표본의 Giemsa염색에서는 청색의 다핵 영양체가 할로에 둘러싸인 흑색의 karyosome을 가진 핵을 가지고 있다. 성숙형의 포자는 신장 모양이며, 포자의 대부분이 장에서 발견되지만 때로는 신장, 부레, 유문수에서도 발견되기도 한다.

김자 염색 표본에서는 대핵의 영양체는 밝은 청색, 핵은 투명한 halo에 쌓인 채로 진하게 염색된다.

송어류 이외의 해산 양식어류의 Ceratomyxa가 강해성 어류인 송어류의 담수 사육기에 감염된다. 주 감염 부위는 부레 또는 담낭으로 장 후반부의 상피 세포 감염를 통하여 감염되어

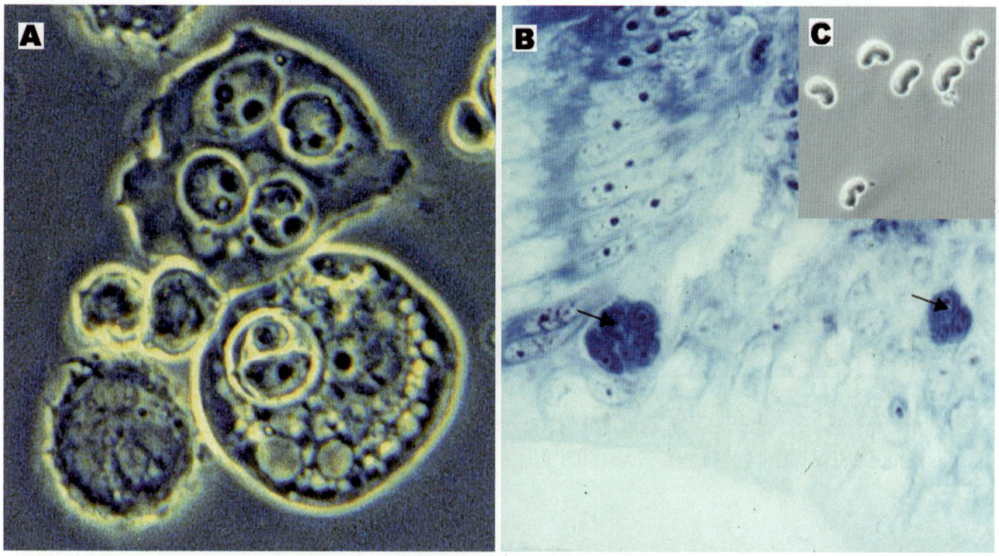


그림 3-124 A: 후반부의 장벽의 도말표본, 무염색. B: 장의 조직표본의 Giemsa염색, 다핵영양체는 엷은 청색으로 염색되며 그 속에 진하게 염색되는 핵의 주변에는 halo가 있다. C: 특징적인 신장 모양의 성숙 포자, 장의 도말표본.

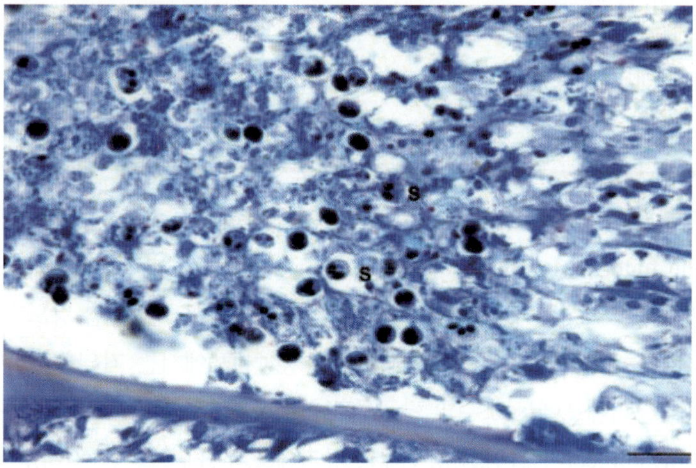


그림 3-125 Chinook salmon의 내장내의 *Ceratomyxa shasta*. 포자각이 길게 신장되기 때문에 포자(s)는 부메랑(boomerang) 또는 신장과 같은 형태를 하고 있다. 진하게 염색되는 2개의 극낭은 포자의 앞쪽 봉합선 가까이에 위치함. May-Günwald Giemsa, 20 μm.

소화관 전체 및 다른 내장 기관에도 감염되게 된다. 감염어는 복부 팽만(복수), 무기력, 체색 흑변, 안구돌출 등의 증상을 나타낸다.

## 9) 점액포자충성 여윔병(Myxosporean emaciation disease)

양식 황복 및 넙치를 비롯한 해산어에 눈이 함몰되며(enophthalmia), 두개골이 솟아오르면서 극도로 여위는 질병임으로 여윔병이라 한다. 병어를 해부하여 보면 장벽이 엷어져 있으며 소화관의 내부에는 점액질의 물질이 고여 있다. 넙치의 경우에는 팽만되며 탈장이 생기기도 한다. 감염어가 여위는 이유는 소화관의 점막상피가 붕괴되어, 물의 흡수가 저하되어 탈수 증상을 일으

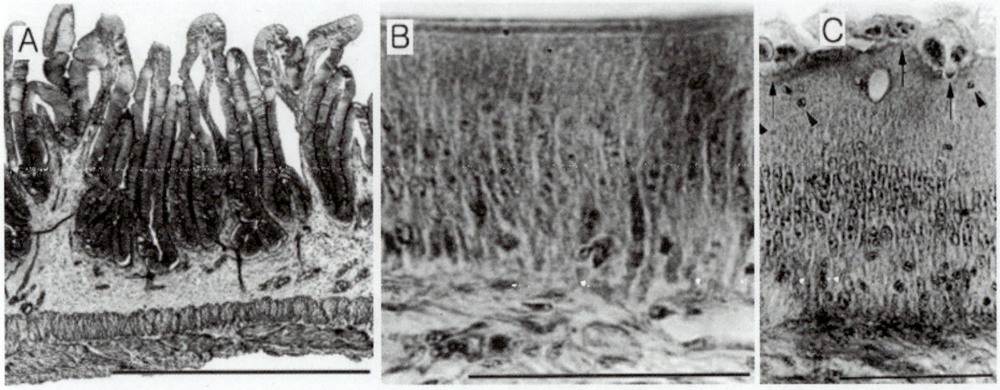


그림 3-126 A& B: 황복의 정상 점막상피, C: *Enteromyxun fugu*감염어의 소화관 상피세포에는 충체의 plasmodium(호살표)와 충체 주변에 림프구(삼각형)가 침윤.

키기 때문으로 추정되고 있다.

발병은 5~6월에 1년생 어류가 주로 발생하기 시작하여 8-9월에 집중적으로 발생한다. 사망률은 지역에 따라 다르지만 약 20~60%정도이다. 소화관을 절개한 다음 장 내용물을 멸균 생리식염수로 세척하여 버리고 점막상피의 도말표본을 만들어 무염색, Diff-Quick염색 또는 1% Uvitex 2B와 대비 염색인 0.5% evans blue염색을 실시한다.

황복의 소화관 도말표본에서는 Enteromyxun fugu(= Myxidium fugu), Leptotheca fugu 및 Enteromysun leei의 3종류의 점액포자충과 미포자충이 관찰된다. 이 중 점액포자충은 여러 가지 발육 단계가 관찰되지만 계절적인 변동과는 무관하다.

Enteromyxun fugu(= Myxidium fugu)가 감염된 경우에는 병리 조직학적으로 기생충은 소화관 상피 표면에 부착하는데, 감염 강도가 낮을 때는 드문드문, 감염 강도가 높을 때는 상피전체를 덮고 있다. 이러한 감염은 상피세포에는 정상세포에서는 거의 림프구의 관찰이 불가능한 반면 감염 상피세포에는 소수의 림프구도 침윤한다.

한편 Enteromysun leei가 감염된 경우에는 상피세포의 표면보다는 기저부에 감염되어 있으며 여러 가지 발육 단계가 관찰된다. 감염의 초기에는 점막고유층에 염증세포의 침윤이 보이고, 약간 길다란 핵과 김자 양성, PAS 약 양성의 세포질을 가진 소형의 마크로파아지가 기저막 부위에 작은 집합체를 형성하여 기생충체에 부착되어 있다. 이러한 숙주반응은 모든 소화관에 일어나는 것은 아니며, 소화관 상피에 국소적 집합체로 관찰되는 경우도 있다. 이들 숙주세포에 둘러싸인 충체는 사멸된 것이며, 다른 것들은 마크로파아지의 부착이 없는 상태로 있는데, 이러한 충체는 소수에 불과하다.

충체의 감염에 의해 소화관 상피는 원주상의 독특한 구조를 상실하고, 점막고유층이 소화관 관공으로 떨어져 나온다. 이 기생충은 복어의 소화관 점막상피에서 영양체 형태로 발육하는 도중에 영양체의 형태로 변과 함께 배설되어 다른 어류가 먹이와 함께 섭취하게 되면 새로운 감염이 유발되게 된다.

3번째 충체인 Leptotheca fugu는 병해가 약한 것으로 상피 세포 내에 presporogenic stage, sprogonic stage 및 포자도 관찰된다. 감염 초기에는 상피세포가 약간 불규칙하게 되는

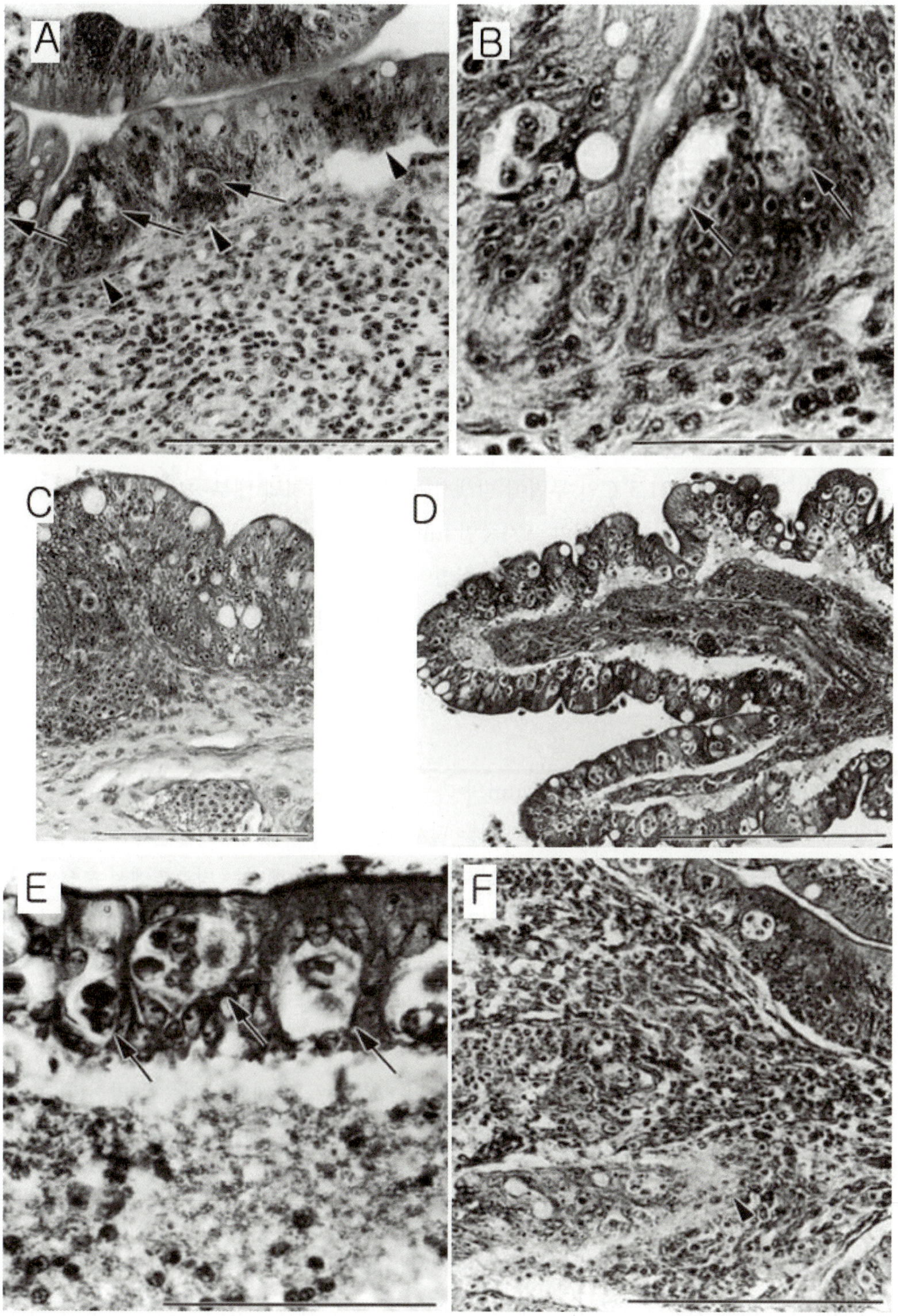


그림 3-127 *Enteromyxum leei*감염 황복. A: 상피세포와 점막고유층에 염증세포의 침윤과 기저부의 마크로파아지(화살표) 침윤, B: A의 확대도, 마크로파아지에 의해 사멸된 충체(화살표), C: 상피세포의 변형, D: 상피세포의 변형과 고유층의 박리, E: 충체(화살표) 감염 상피세포의 박리에 의한 관공내의 세포 파괴물, F: 변성을 일으킨 점막고유층의 박리.

것 이외에 병리적 변화는 없다.

최초의 숙주반응은 고유층의 모세혈관의 종창, 고유층과 상피세포의 기저부에 염증세포의 침윤이 생긴다. Enteromyxun leei와 마찬가지로 기저부에 마크로파아지가 집합체를 형성한다. 다른 Myxidium감염증과 마찬가지로 상피세포에는 마크로파아지가 집합체를 형성하는데, 이러한 마크로파아지의 집합과 충체의 성숙에 의해 상피세포의 대부분을 마크로파아지와 감염 충체가 차지하게 된다.

마크로파아지는 충체에 부착하여 커다란 집합체를 형성하며 그 속에 때로는 10개 이상의 plasmodium이 들어 있다. 이러한 마크로파아지와 기생충이 합쳐진 대형 집합체는 상피세포의 기저막 부근에 중점적으로 분포하고, 고유층과 장막하조직에는 육아종이 형성된다. 림프구와 마크로파아지를 주체로 하는 염증세포는 상피세포에 침윤한다. 감염의 말기에는 상피세포가 괴사되고 상피가 떨어져 나온다.

넙치인 경우 수온이 21.5°C인 무렵에 발생하며 감염된 넙치의 내부 증상은 복수, 복부팽만 및 장의 창백화가 특징이다. 원인 포자충인 Enteromyxum leei(= Myxidium sp. TP)가 넙치의 소화관 점막상피에 감염되어 발병되는 질병이다.

여윔병의 진단은 감염어의 장 표면을 훑어 도말표본을 만든 다음 Diff-Quick염색한 표본에서는 여러 가지 발육 단계의 점액포자충을 발견할 수 있다. 소화관장 도말표본의 무염색 표본에서는 1개 또는 2개의 딸세포를 가진 포자충의 영양체가 천천히 회전하는 아메바상 운동을 하고 있다.

Diff-Quick표본에서는 직경 10~20 μm의 타원형인 pre-sporogonic plasmodium은 핑크색의 핵과 1개 또는 2개의 청색으로 염색되는 딸세포를 가지고 있다. 포자 단계는 거의 발견하기 어렵고, 발견된다고 하더라도 거의 모두가 미숙 포자이다. 포자는 방추형에서 초승달 모양으로 길이는 15.6(14~18 μm), 폭은 8.8(7~10 μm)이다. 길이가 5.5(4.5~6.5 μm)이며 폭이 2.7(2~3 μm)인 2개의 극낭을 가지고 있다. Enteromyxum leei는 1/4해수 (약 0.8%)이하의 저염분에서는 거의 감염능력을 상실한다. 감염된 어류의 장을 잘게 썬 다음 경구투여하면 황복이나 넙치 모두 감염된다.

병리조직학적으로 넙치는 장의 점막상피에 여러 가지 발육 단계의 포자충을 발견할 수 있다. 이러한 포자충의 발육에 의해 점막상피는 증생을 일으키고, 충체가 증식함에 따라 상피가 탈락 붕괴되기도 한다. 장 상피에 기생하고 있는 plasmodium은 Uvitex 2B염색하여 형광현미경으로 관찰하면 양성반응을 나타낸다.

분자 생물학적 진단에 사용되는 기생충별 특이 primers는 다음 표에 표시하였다.

DNA의 분리를 위해서는 경증인 어류가 아닌 심하게 감염된 어류의 소화관의 중간 지점을 잘라내어, 소화관을 절개한 다음 점막을 멸균 면도날로 훑어서 시료로 한다. PCR의 조건은 denaturation 95°C 10분 후 35 사이클(95°C 30초, 55°C 30 초, 74°C 30초)후 74°C에 7분간 방치한다.

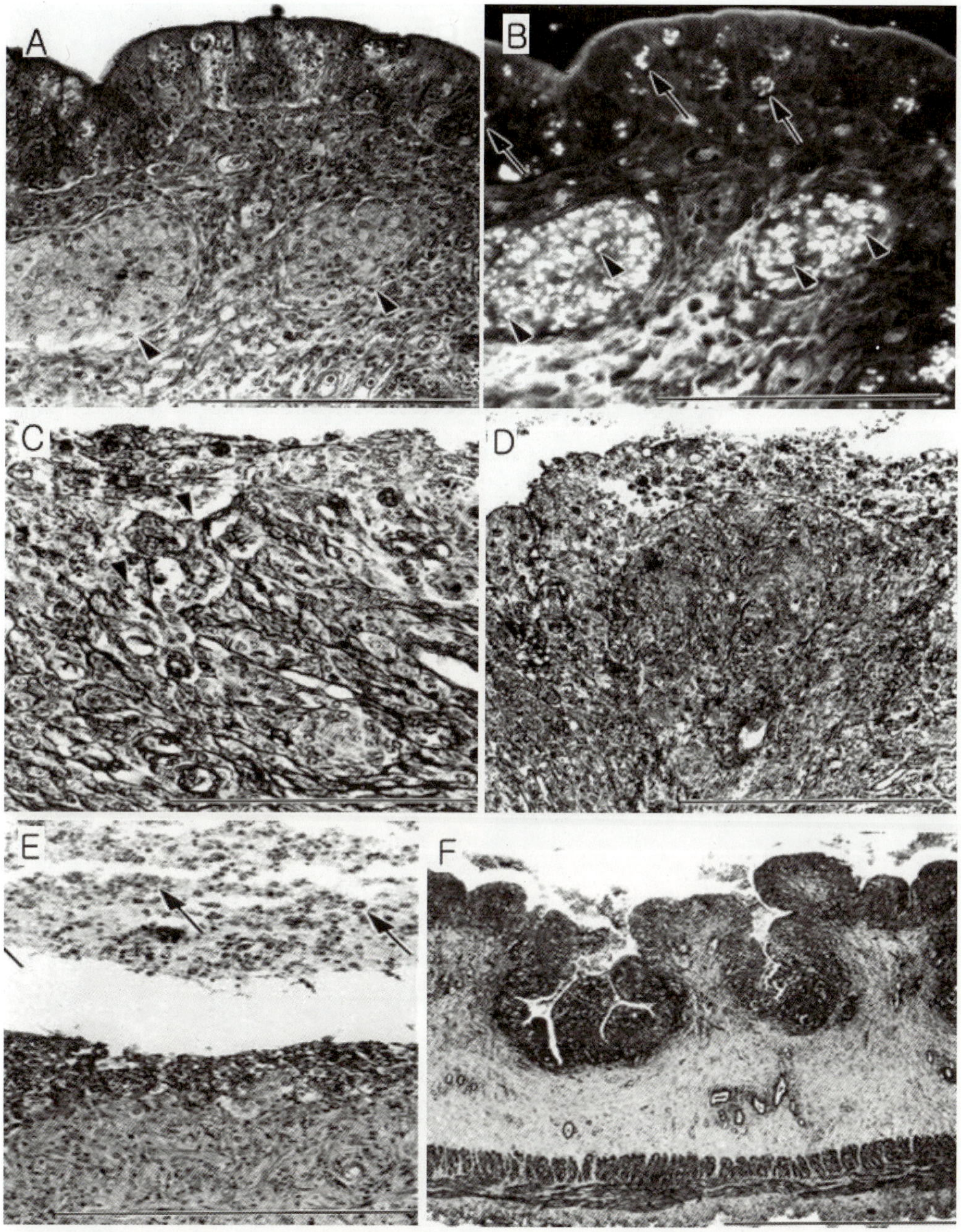


그림 3-128 *Leptotheca fugu*와 microsporea 감염 황복. A: 점막고유층에 가운데에 마크로파아지(삼각형)를 가진 육아종, B: Uvitex 2B염색 형광현미경상. 상피세포(화살표)와 마크로파아지센터(삼각형)내의 미포자충의 포자, C: 중증어의 기저막(화살표)은 배열이 교란, Azan, D: 변성 점막상피의 주름, E: 변성 점막상피, 관공 내의 충체(화살표)와 괴사 숙주세포, F: 점막 주름의 수축.

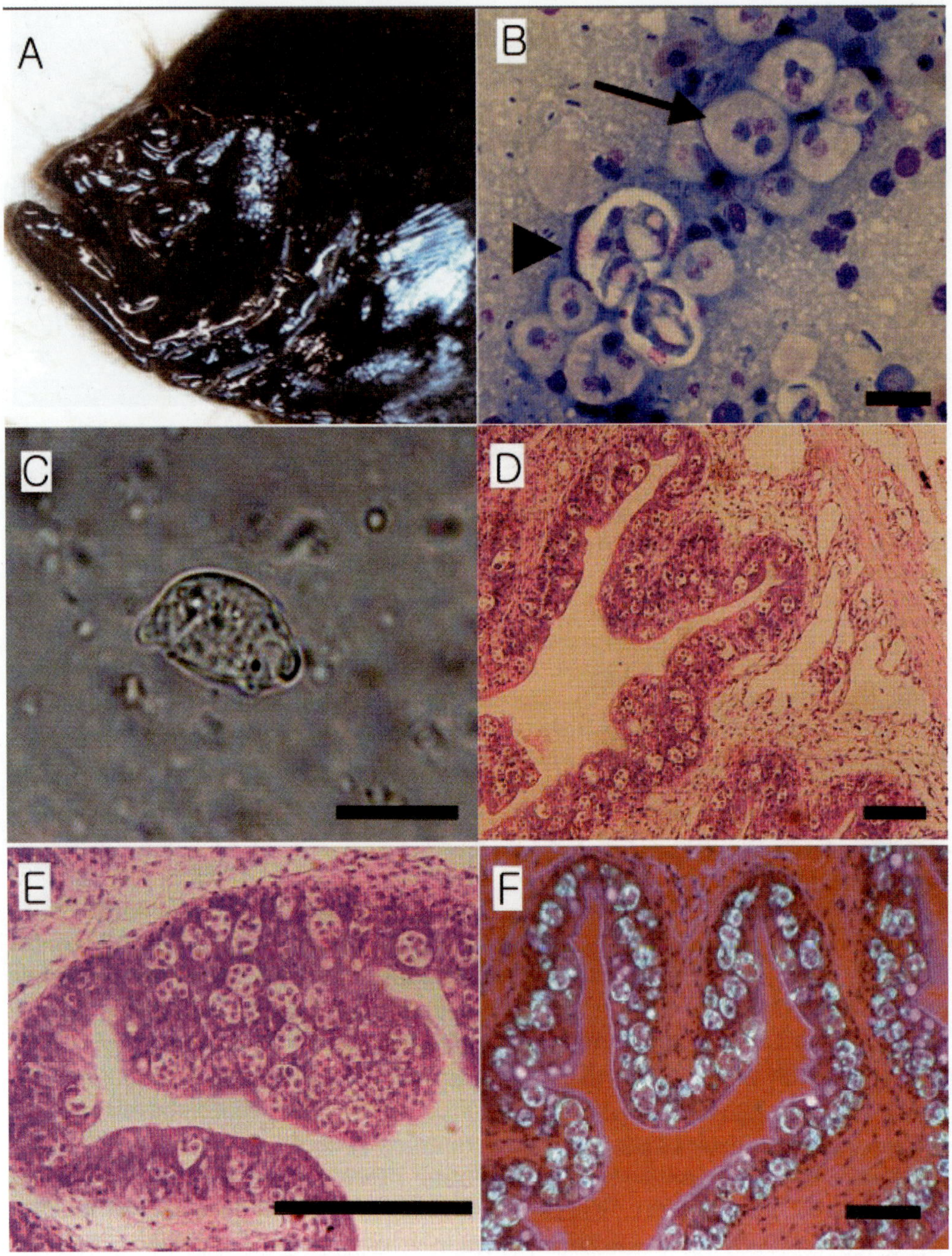


그림 3-129 *Enteromyxum leei*감염 넙치. A: 두개골이 솟아 있는 병어, B: pre-sporogonic stage(화살표)와 sporogonic stage(삼각형), C: 장 상피 도말표본상의 미성숙 포자, D & E: 장상피의 현저한 증생, F: Uvitex 2B와 HE 염색 장 조직, double exposure.

표 3-4 황복의 장상피 기생에 기생하는 점액포자충 3종의 진단을 위한 primers

| 기생충 | Primers | Sequences (5′ to 3′) | Location | PCR 산물(bp) |
|---|---|---|---|---|
| *Enteromyxum fugu* | EF-F<br>EF-R | GGAGCAGTTCCAATGGGATT<br>AGAACCTACAATTGGTCTGT | 443-462<br>1297-1316 | 873 |
| *Enteromyxum leei* | EL-F<br>EL-R | GGATATTGTCAGAGTATGTT<br>AGAAGCCAACGTATATGATTTA | 591-610<br>1004-1024 | 433 |
| *Leptotheca fugu* | LF-F<br>LF-R | ATCTTGAATAAAAGCCACC<br>TGAACGAATCGATCTATGC | 1026-1044<br>1637-1655 | 631 |

### (1) *Enteromyxum fugu*(= *Myxidium fugu*)

소화관 또는 직장의 상피세포에 기생하며, 때로는 위의 점막상피에 기생하기도 한다. 포자는 완두콩 형태이며, 앞쪽이 약간 둥글고, 뒤쪽은 움푹하다. 크기가 60 μm(50~75 μm) × 2.2 μm(2.0~3.0 μm)인 극낭은 클럽 모양으로 포자의 양 끝에 1개씩 있다. 극사와 sutural line은 분명하지 않다

핵분열, 세포질 분열, 핵의 수, 1차 세포 내의 세포수를 기준으로 발육 단계를 구분하면 아래 그림과 같다. 가장 초기 단계는 영양핵과 직경 12 μm정도인 1개의 딸세포를 가진 1차 세포 내에서 발견된다. 세포질은 핑크 또는 엷은 청색으로 염색된다. 1차 세포 내의 딸세포 핵은 2개로 나누어지지만, 세포질은 아직 완전히 나누어지지 않고 가운데 부분에 깊은 함몰이 생긴다. 이후의 발육 단계에서 부터는 모두 2개의 영양핵이 관찰되기 시작한다.

딸세포의 2개의 핵은 다시 나누어져 4개로 되고, 다시 4개 중에서 2개만이 핵분열하여 1개의 딸세포는 총 6개의 핵을 가지게 된다. 6개의 핵 중에서 2개는 약간 소형으로 더 붉게 염

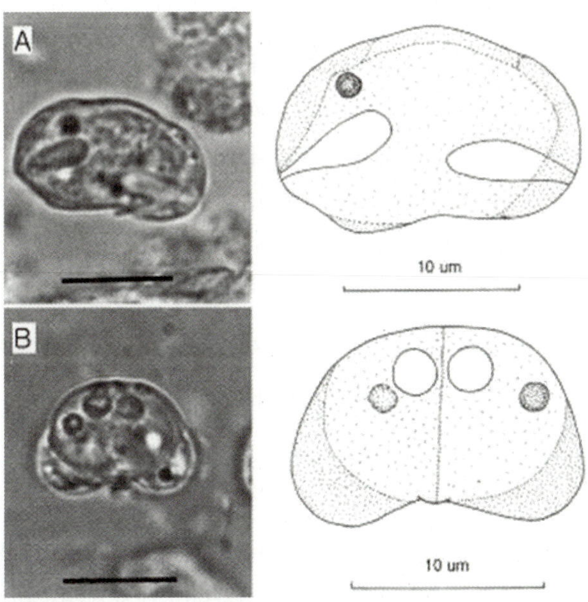


그림 3-130 A: *Enteromyxum fugu*(= *Myxidium fugu*)의 성숙포자, B: *Leptotheca fugu*의 성숙포자. 무염색 표본.

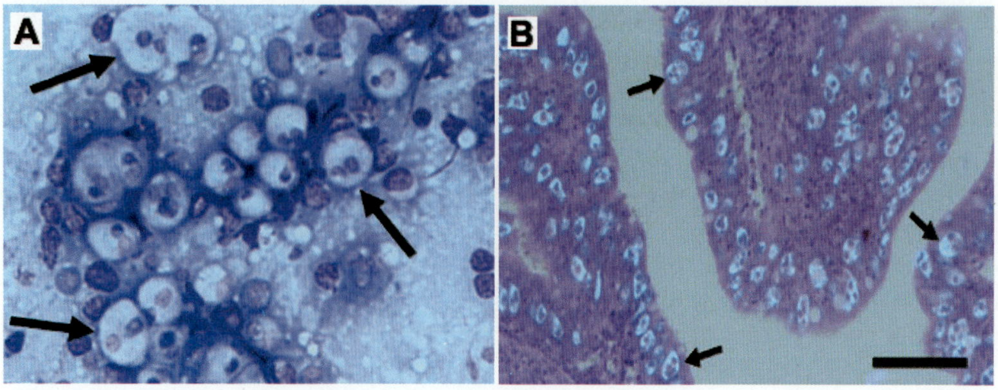


그림 3-131 참돔의 소화관 내에서 발육 중인 *Enteromyxum leei*의 영양체(화살표). A: 도말표본의 Diff-Quick염색, B: 병리조직표본, Uvitex 2B-HE염색.

색되는 경향이다. 이렇게 6개의 핵을 가진 딸세포가 완전히 분열하면 1개의 딸세포는 2개의 핵을, 다른 1개의 딸세포는 4개의 핵을 가지게 된다. 4개의 핵을 가진 딸세포는 2개의 영양핵은 약간 소형이며 더 진하게 염색된다. 이후 발육이 진행되면 4개의 핵 중에서 2개는 짙은 청색으로 염색되는 세포질에 의해 둘러싸이게 되고, 2개의 핵을 가진 딸세포의 핵도 분열하여 12개의 핵을 가지게 된다.

이렇게 12개의 핵이 있는 딸세포의 세포질은 4개의 핵을 가지고 있던 딸세포의 세포질보다는 진하게 염색된다. 이처럼 2개의 딸세포를 가진 plasmodium은 presporogonic stage와 sporogonic stage의 2단계로 구분할 수 있다.

포자형성 단계에 있는 plasmodium은 딸세포는 2개로 나누어져 각각 6개의 핵을 가지게 되어 각각 2개의 극낭, 2개의 포자각, 2개의 포자원형질이 만들어진다. 결국 1개의 1차 세포에서 2개의 포자가 만들어진다.

참돔과 강담돔에도 Enteromyxum leei의 감염에 의한 여윔병이 발생하고 있다. 증상은 자주복의 증상과 유사하지만 때로는 녹간이 발생하기도 한다. 참돔의 소화관의 도말표본을 만들어 검경하면, 포자충의 영양체의 특징적인 "cell-in-cell"의 형태가 소화관의 상피세포 내에 관찰된다. 참돔의 경우에는 당년생의 사망률이 10%정도이지만 월동 후의 살아남은 참돔에는 감염이 확인되지 않는다. 감염경로는 불확실하지만, 감염된 자주복과 동거시키면 감염이 성립된다.

병리 조직학적으로는 영양체가 소화관의 상피 세포 내에 증식함에 따라 장 상피는 심하게 증생되고 뒤이어 상피세포의 박리가 발생하게 된다.

### 10) Turbot의 *Enteromysum scophthalmi*

감염초기의 병어는 무기력하며 점차 병이 진행됨에 따라 안구돌출 및 여위어 두부의 뼈대 윤곽이 분명해진다. 해부하여 보면 체강 내에 복수가 저장되며 내장기관이 빈혈과 신장의 종대가 관찰된다.

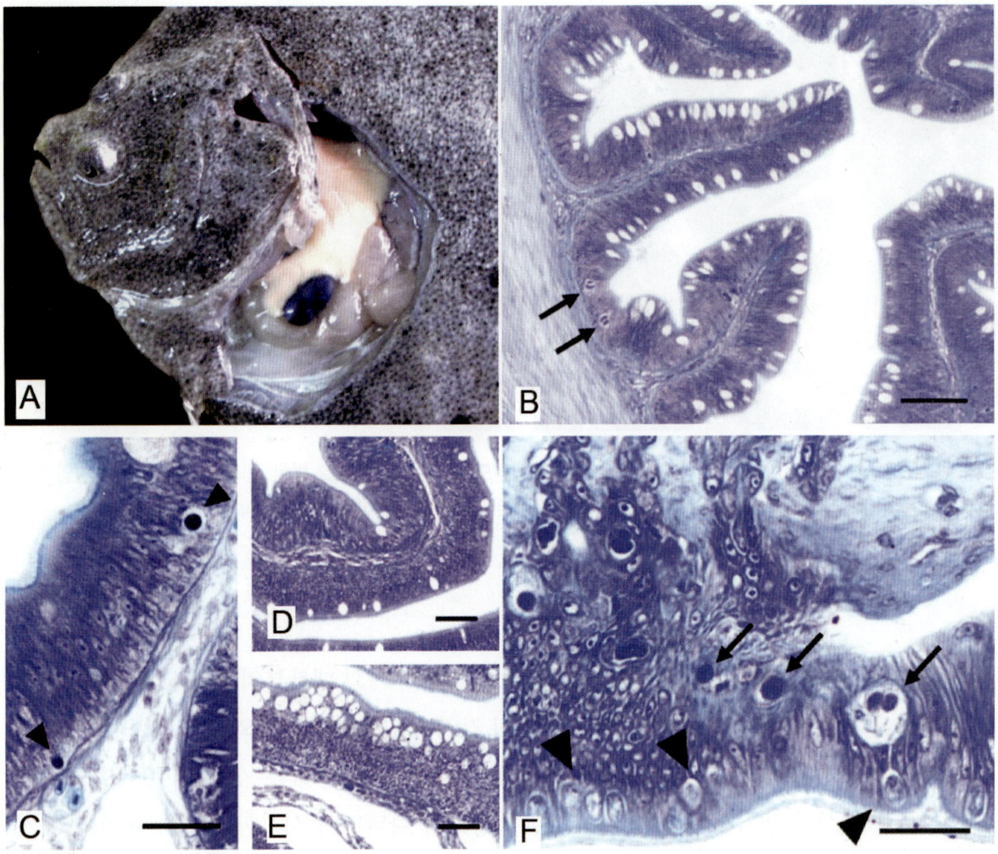


그림 3-132 A: 안구돌출, 내장기관의 빈혈, 신장 종대 및 소화관의 종대. B: 가벼운 감염의 유문부. 감염초기의 충체는 상피세포의 기저부에 발견됨. C: 점막상피하부의 충체는 호염기성의 원형으로 모양이 점액포자충의 영양체 또는 예정세포사의 형태와 유사. D: 정상의 소화관. E: Goblet cell이 증가되어 있는 감염 개체의 점막상피. F: 점막상피 내에서 발육 중인 충체(화살표)와 많은 goblet cell(화살표 머리). Tolidine blue, bar = 60 μm(B), 20 μm(C & F), 30 μm(D &E).

감염어는 소화관 상피가 붕괴되어 심한 카타르성 장염을 유발하기 때문에 사망률이 거의 100%에 가깝다.

소화관을 10%중성포르말린에 고정하여 상법에 따라 1~3 μm의 절편을 만들어 tolidine blue염색하면 쉽게 충체를 발견할 수 있다.

병리조직학적으로는 감염 초기에는 소화관의 점막상피 기부에 충체가 발견되지만 숙주반응의 거의 없다. 감염초기의 충체는 대개 유문부 또는 장의 전반부에서 발견되며, 충체가 발육함에 따라 장의 후반부로 확대되어 간다. 감염 초기의 충체는 원형의 호염기성으로 점액포자충의 영양체 또는 예정세포사의 형태와 흡사하다. 감염된 점막상피에는 goblet cell과 rodlet cell의 숫자가 증가되어 있다. 염증반응은 아주 미약하여 점막 고유층 또는 점막상피의 기부에 단구를 주체로 하는 염증세포가 소수 출현하고 소화관을 제외한 다른 장기에는 변화가 없다.

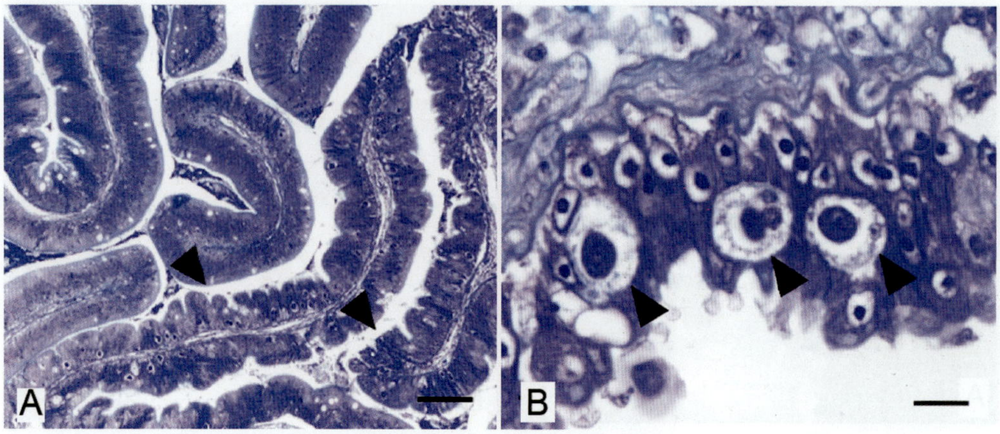


그림 3-133 A: 유문수 내의 여러 발육 단계의 충체와 감염으로 가리비 모양으로 변한 점막상피(화살표). B: 감염 점막 상피의 핵은 비대되고, 염색질은 중앙으로 이동하여 핵의 주변에 빈공간이 형성. Bar = 60 μm(A)와 6 μm(B).

충체가 발육하여 질병이 어느 정도 진행되면 소화관의 거의 대부분의 점막상피에서 충체를 발견할 수 있지만, 가장 많이 발견되는 곳은 초기 감염이 있었던 유문수와 장의 전반부이다.

이처럼 감염 부위가 소화관 전체로 확대됨에 따라 소화관은 카타르성 장염이 유발되고 점막의 주름에 변화가 생기며 상피세포의 기부에 공포가 나타나기 시작한다. 충체에 인접한 세포는 핵의 중심화를 동반한 핵 비대와 핵의 주변에 빈공간이 형성된다. 염증반응은 미약하지만 충체가 많이 감염된 상피세포의 기부에서는 가벼운 염증반응과 림프구의 침윤이 생긴다. 소화관이외의 장기인 비장과 두신에 멜라노마크로파아지 센터의 크기가 커지고 숫자도 증가하게 된다.

심한 감염은 거의 모든 점막상피에 충체가 발견되는 단계로 점막상피는 공포가 증가하여 거품 모양으로 괴사 또는 예정세포사의 형태를 띠게 된다. 이 단계에서는 점막상피에 증가되었던 goblet cell과 rodlet cell이 현저하게 감소되어 거의 발견되지 않는 곳도 있다. 시간이 경과되면 점막상피는 박리되어 관공으로 떨어져 나오게 되며 관공에 떨어져 나온 상피세포는 원형의 빈 공간이 발견된다. 상피세포가 박리됨에 따라 점막의 주름에는 완전히 상피세포가 없어진 상태로 되며, 일부에서는 새롭게 형성된 입방상피로 덮인 경우도 있다.

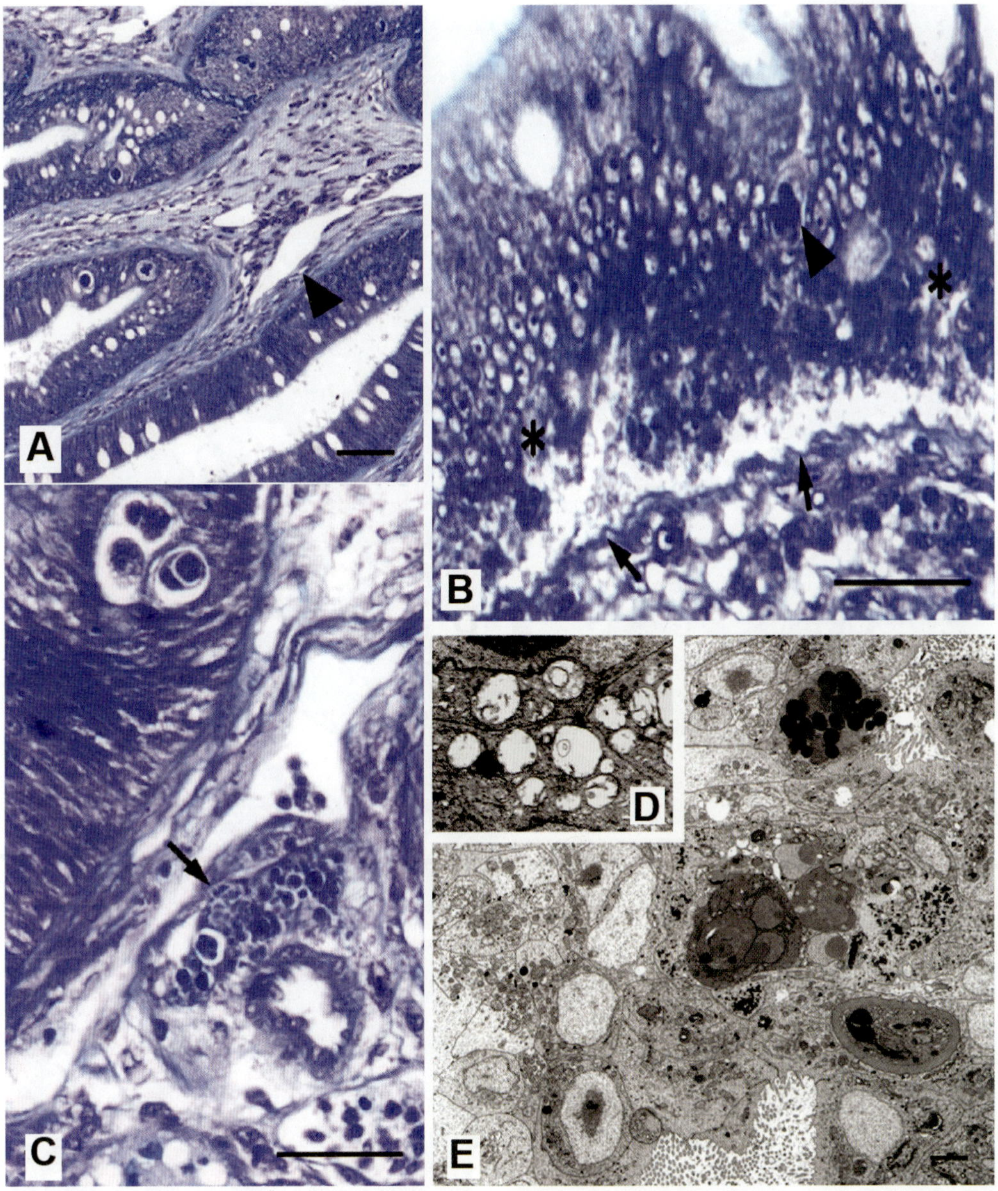


그림 3-134 A: 점막고유층의 단구를 주체로 하는 가벼운 염증반응. B: 장 전반부 상피세포기부의 단구의 침윤(화살표)과 박리 중인 상피세포 기부의 공포(*) 및 충체(화살표 머리). C: 장전반부의 점막고유층 내의 혈관에 인접한 곳의 멜라노마크로파아지센터(화살표). D: 점막상피의 미토콘드리아의 손상. E: 핵의 염색질의 농축과 세포질이 감소된 점막상피. Bar = 30 μm(A) 20 μm(B & C) 및 2 μm(D).

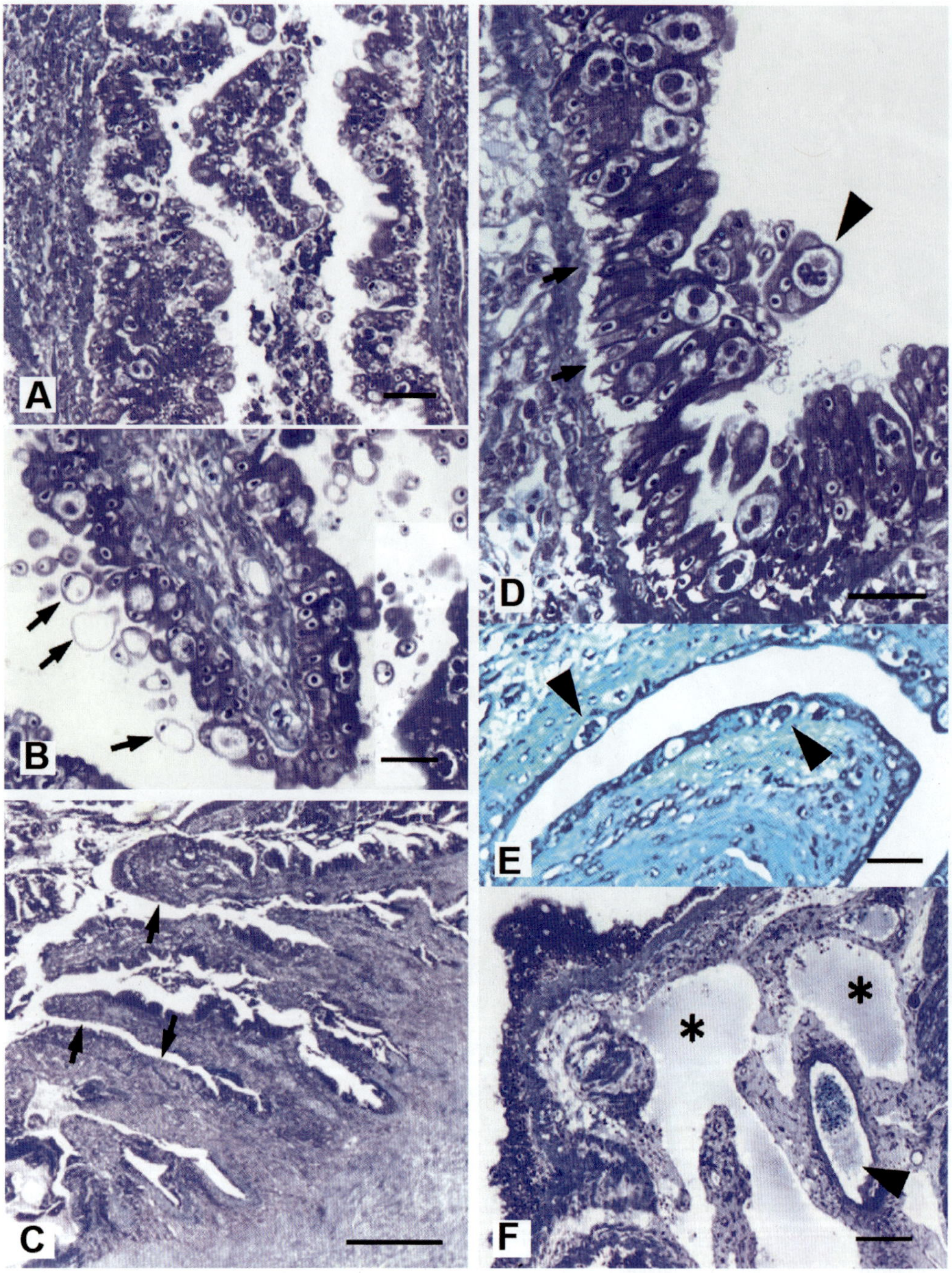


그림 3-135 A: 중증 감염어의 점막상피. B: 점막상피의 박리와 관공 내의 박리된 상피. 장의 전반부. 점막상피와 고유층 사이의 수종과 점막상피의 박리. 점막상피는 원형화와 수축되어 변형됨. C: 소화관 관공 내의 박리된 상피세포와 박리 상피세포의 일부에는 원형의 빈 공간이 형성. D: 상피가 완전히 떨어져 나간 유문수와 고유층의 염증. E: 점막상피는 새롭게 형성된 입방상의 상피로 덮여 있고, 새로운 상피에도 충체가 감염되어 있다. F: 혈관의 종대와 고유층내에 림프구가 침윤한 장의후반부. Bar = 30 μm(B), 20 μm(C & E), 120 μm(D), 60 μm(F).

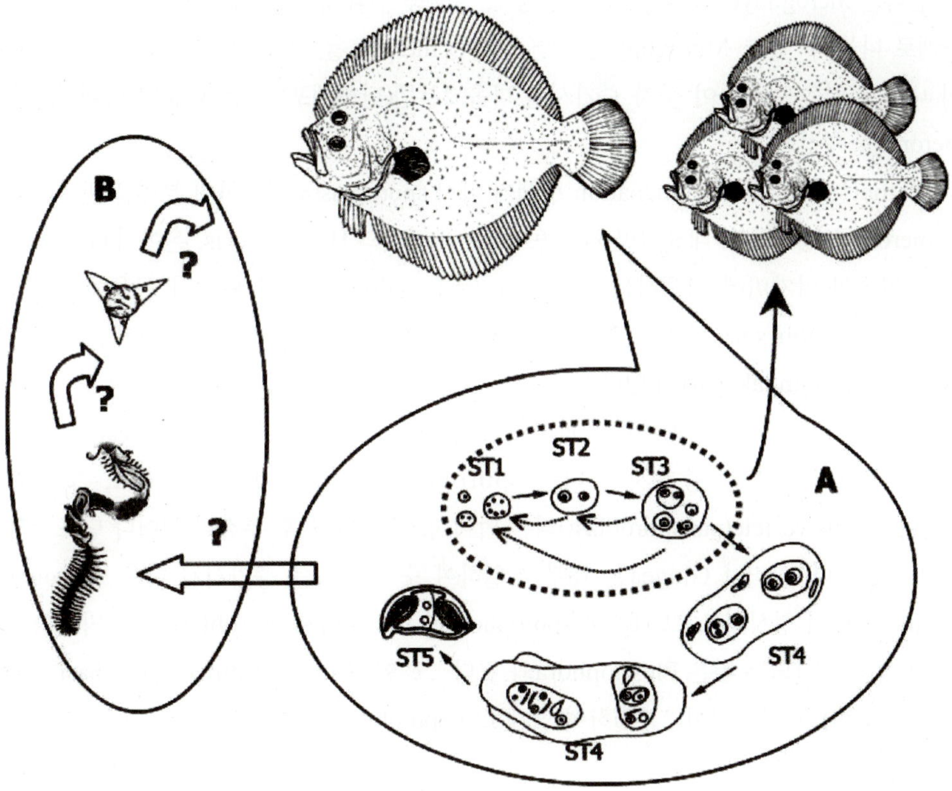


그림 3-136 *Enteromyxum scophthalami*의 생활사. A: 증식 및 포자형성기. ST1-ST3은 어체에 감염 단계이며, ST2와 ST3이 감염어의 변과 함께 배설되어 다른 어류로 전염되는 단계. ST4-ST5는 점액포자충의 정상적인 포자형성 단계이지만 ST5는 거의 어체내에서 발견되지 않음. B: 빈모류가 중간숙주로 추정되지만 의심스러운 점이 많음.

### 11) Pseudohexacapsula증(*Pseudohexacapsula cerebralis*)

농어의 뇌, 연수 및 척추 등의 신경계에 감염되어 척추변형 또는 이상 유영의 증상을 나타낸다. 포자에는 6~7개의 극낭이 있는 것이 특징이다.

## 6 미포자충증(Microsporida)

모두가 세포내 기생성이며, 어류를 비롯한 곤충류 및 갑각류 등에도 기생한다. 포자는 소형의 장난형 또는 단난형으로 포자원형질(sporoplasm)과 극관(polar tube)및 극모(polar cap)로 구성된 돌출기관(extrusion apparatus)을 가지고 있다. 경구 섭취된 포자는 소화관 내에서 극관이 탄출되면서 숙주세포에 꽂히고 포자 원형질의 극관을 통하여 숙주세포 내로 들어간다. 이후의 생활사는 종에 따라 다양하지만 기본적으로는 영양생식기(merogony), 포자형성기(sporogony) 및 포자기로 나눌 수 있다. 어류에 기생하는 미포자충에는 11속이 알려져 있는데 전생활사를 통하여 미토콘드리아는 가지지 않는다. 또 기생부위는 종에 따라 특이성이 강하여 각 생활사의 단계 단계에 따라 숙주에 특이한 장애를 초래한다.

번식은 merogony(schizogony, 증원생식, 분열증식)와 sporogony(포자형성의 과정)의 2 단계로 나눌 수 있다. Merogony는 감염 단계인 meronts를 생산하는 과정으로 sporoplasm이 내부 분열을 반복하여 숫자 증가시킨 다음 2분법(단핵세포) 또는 다분열(다핵세포)하여 meronts를 형성한다.

Meront는 내부에서 segmenation이 생겨 다시 sporoplasm 형성하여 분열을 반복하여 많은 meront를 형성한다. 대표적인 기생종으로는 뱀장어의 Heterosporis, 은어의 Gluegea, 연어과 어류의 아가미에 기생하는 Loma sp. (= L. salmonae) 및 방어의 근육에 기생하는 Microsporidium seriolae 및 연어 송어류의 근육과 심장에 기생하는 다게타 미포자충(Microsporidium takedai)이 있다

Sporogony는 포자를 생성하는 과정으로 종간에 약간의 차이가 있다. Plesistophora는 내부분열하여 숫자를 증가시킨 다음 sporogonial plasmodium이 되고, 그 내부에 sporophorous vesicle(pansporoblast)라는 막이 형성된다. 그 후 분절이 일어나 단포자의 포자가 형성된다. 그러나 Glugea는 내부 분열하여 숫자 증가를 증가시킨 다음, sporogonial plasmodium이 형성되고, 그 내부에 sporophorous vesicle(pansporoblast)라는 막이 형성되고 이 막이 분할되는 것은 Plesitophora와 같다. 그 후 막이 분할되어 모 sporolbast가 형성(mother cell)되고, 이것이 2분열하여 딸세포인 spoloblast가 형성되고, 이것이 포자로 성숙하여 간다.

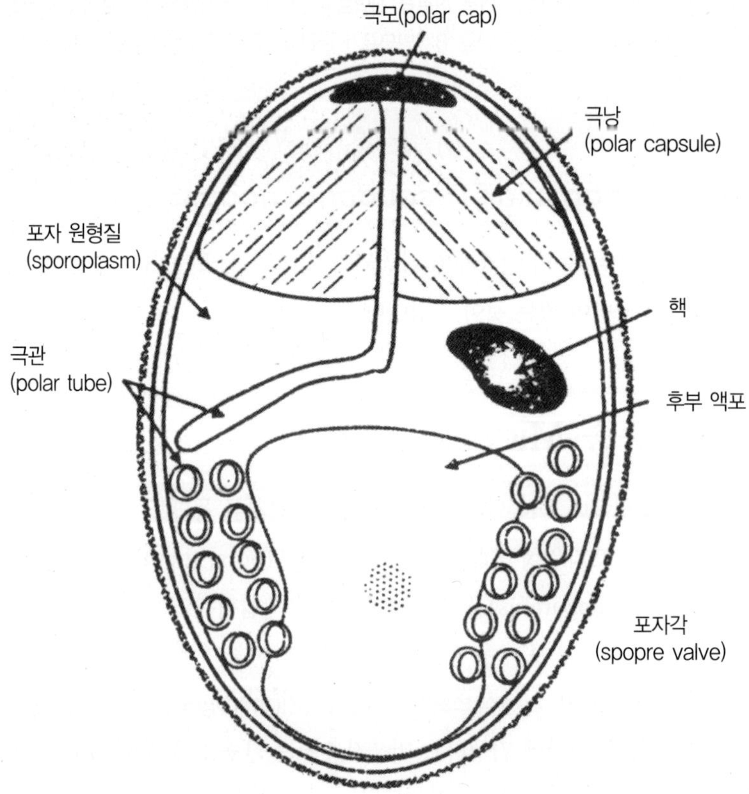


그림 3-137 미포자충 포자의 모식도.

진단은 도말표본을 만들어 포자의 후반부에 위치한 대형의 posterior vacuole를 확인하는 것이다. 충체의 극관의 탄출은 2% KOH를 첨가하면 확인할 수 있다. 포자의 극모는 포자의 앞쪽에 PAS양성 반응을 나타내며, 조직표본의 Giemsa염색표본에서는 암청색, 과립상이다.

## 1) *Heterosporis*

오래 전부터 뱀장어에 알려진 병으로 미포자충인 Heterosporis(= Plesistophora) anguillarum이 구간근 조직에 기생해서 근육조직을 괴사 융해시킴으로 구간 표면에 외관적으로도 쉽게 식별할 수 있는 요철이 생김으로 요철병이라 불러왔다.

체장 10 cm미만의 유어에서 성어에 이르기까지 발병되며, 특히 실뱀장어기의 가온 사육

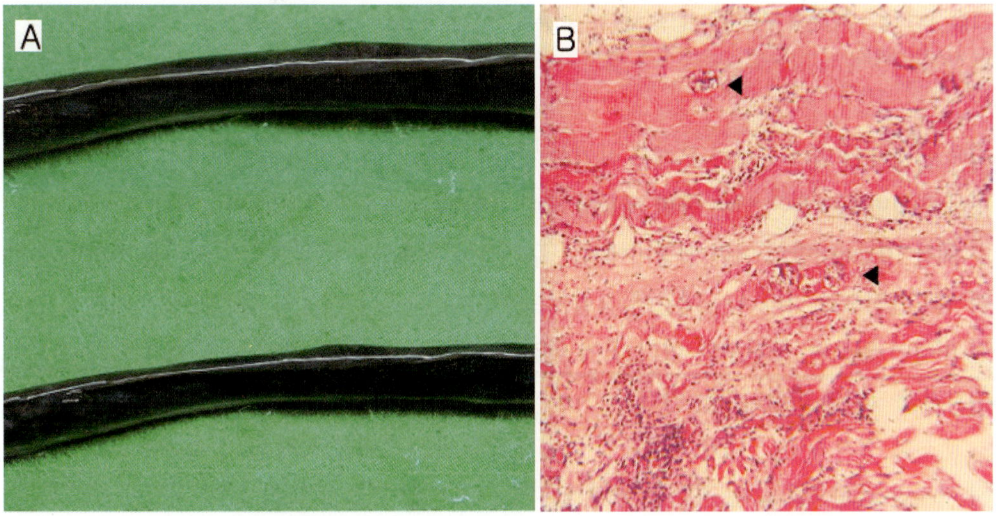


그림 3-138 *Heterosporis*감염 뱀장어(A)와 근육 내에 형성된 cyst(B).

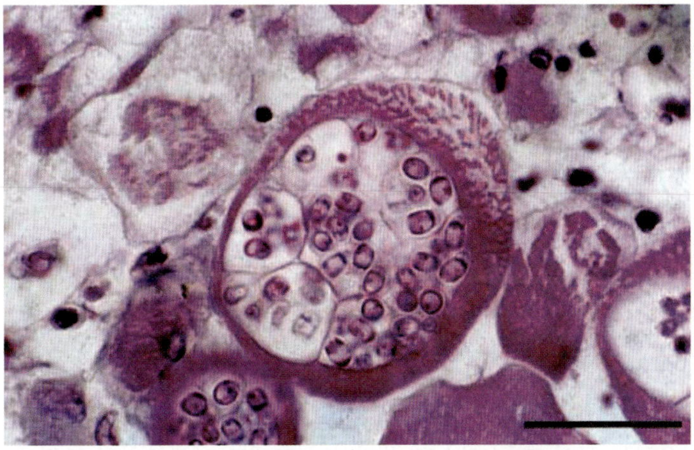

그림 3-139 뱀장어의 근육내 기생 *Heterosporis anguillae*(= *anguillarum*). 포자가 들어 있는 sporophorus vesicles에 둘러싸인 sporophorocyst. Microspore와 macrospore가 형성되며, 포자는 뒤쪽에 대형의 공포를 가지고 있다. H&E, 40 μm.

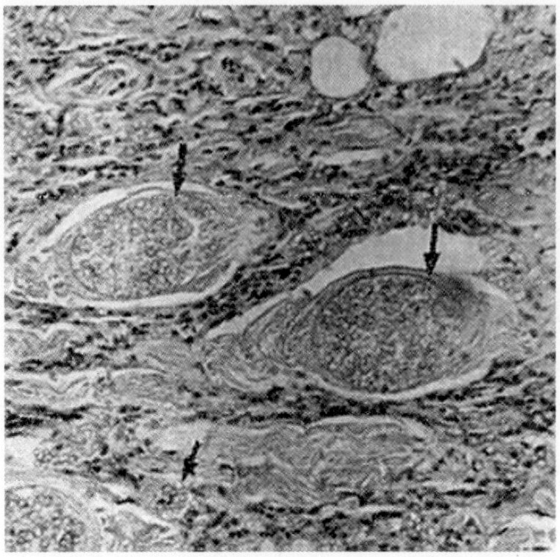

그림 3-140 구간근의 구형 및 난형의 시스트 및 붕괴된 시스트(아래쪽).

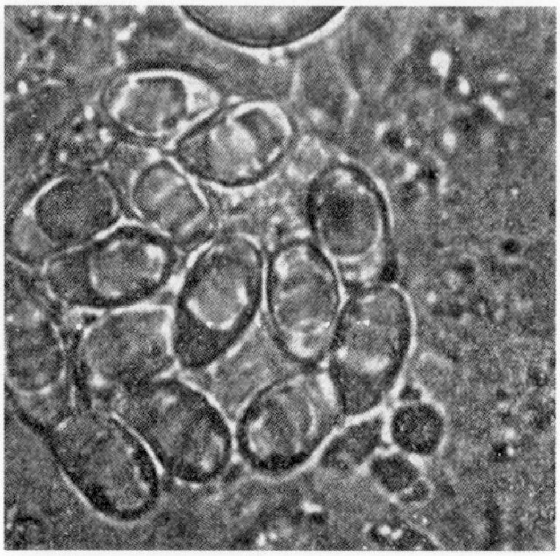

그림 3-141 충체의 도말표본.

시에 발병하게 되면 심각한 문제를 야기할 정도로 피해는 크지만, 1년생어 또는 2년생어에 발병하게 되면 폐사율은 낮은 반면 체표에 생긴 요철 때문에 상품가치가 저하된다.

체장 10 cm미만의 어린 뱀장어에서는 구간근에 존재하는 기생병소가 외관상 뚜렷하게 황백색의 반점으로 나타나기 때문에 식별이 용이하다. 그러나 대형의 뱀장어에는 외관상 아무런 이상이 없으며, 구간부의 여러 곳에 약간의 함몰된 부분이나 반대로 부풀어 오른 부분이 생기지만 그다지 명확하지는 않다.

전신에 걸쳐 구간근 내에 기생충이 침입한 경우에는 먹이를 먹지 않기 때문에 점점 쇠약해져 가지만 급성으로 죽는 경우는 없다 할지라도 회복될 가능성 또한 없어 시장에 판매할 수 있는 크기까지 성장할 가능성은 거의 없다.

병어의 환부를 잘라 보면 근육조직은 약간 흰색 또는 황백색으로 변해 있고, 누르면 젖모양의 물질이 새어나오는데 이것을 현미경으로 보면 기생충의 포자와 숙주의 각종세포가 섞여 있다.

조직 절편을 보면 근육근섬유 내에 크고 작은 많은 시스트가 형성되어 있는 것을 확인할 수 있으며, 이 시스트는 영양체 주위에 숙주 유래의 막구조가 만들어지기 때문에 형성된다. 시스트를 둘러싸고 있는 근섬유는 변형되어 배열이 흩트러져 있으며 초자변성을 일으키고 있다. 또 근섬유가 붕괴된 곳에는 많은 수의 포자가 흩어져 있는 것을 볼 수 있는데, 이는 포자가 성숙되어 시스트가 파열되어 포자가 빠져나오면 주위의 근섬유가 융해되기 때문이다. 한편 초자변성을 일으킨 근섬유 사이에는 포자가 윤곽이 명확한 시스트를 만드는 일은 없고, 몇 개씩 군을 형성하여 산재하는 경우도 있다. 이러한 경우에는 시스트를 형성하는 것과 영양체 형성과정이 다르다.

영양체가 발육하는 동안 또는 시스트가 형성된 후에도 기생부위의 조직에는 현저한 병변은 보이지 않지만, 포자가 성숙되어 시스트가 붕괴될 시기가 되면 근섬유가 융해되고 많은 림프구와 기타 유주세포가 침윤해 오며 드물게 출혈도 생긴다. 가끔 보이는 현상으로서 근섬유의 대부분이 융해되어 거기에 각종의 유주세포가 그곳을 채우고 있지만, 모세혈관의 발달은 없고 출혈도 거의 없는 경우도 있다. 이러한 병변은 시스트가 파열되어 포자가 다수 분산되어 있는 장소 부근에 보이기 때문에 어떤 요인에 의해 그곳에 있던 포자가 사라지게 되었다고 생각되고 있지만 어떠한 경로를 거치는지는 밝혀지지 않고 있다. 때때로 단핵구가 포자를 탐식하고 있는 것도 관찰된다.

뱀장어 이외에 Golden shiners의 난소에 기생하는 난소 기생 미포자충인 Ovipleistophoriasis (Pleistophora) ovariae가 있다. 이 충은 절대 세포 내 기생충으로 숙주의 난세포 내에서 분화가 완성된다.

난세포 내에서 증원생식(merogony, schizogony)과 포자형성(sporogony)이 완료된다. 이 충의 생활사는 숙주의 난세포의 증식 사이클과 동조성을 이루고 있으며, 수직 또는 수평 감염된다. 감염은 포자를 경구 섭취한 다음 난소에 감염되는 것이다.

감염어는 외부 증상은 없지만, 감염 암컷은 체장이 길어지고 몸통도 퉁퉁해 보인다. 그러나 정상 난소는 투명한 반면 감염 난소는 백색 불투명의 반점이 있다. 진단은 난의 백색 불투명 반점의 확인으로 가능하지만, 난소(특히 산란 전)를 절취하여 으깬 다음 -식염수 적하하여 수 분간 흡수시킨다. 원심 분리하여 저층의 조직 파괴물을 제외한 상청부를 슬라이드글라스에 적하하여 검경하여 충체를 확인한다. 또 난소의 도말표본을 만들어 tolidine blue염색하면 극모는 암청색, 극사는 청색으로 염색된다. PAS에서 극모와 극사는 엷은 적색을 띤다. HE 염색에서는 1개의 암청색의 girdle-like ring과 어두운 핵내 반점을 발견할 수 있다. 또한 Giemsa염색표본에서 극모는 청색, 핵은 자주색으로 염색된다.

병리조직 표본을 0.1% tolidine blue 또는 metachromatic blue 염색(포자 관찰에 가장 양호)하면 포자는 중간에 1개의 검은 band가 있고 끝부분이 검은 청색으로 염색된다.

## 2) Glugea증

미포자충 Glugea plecoglossi이 은어의 복강을 비롯한 몸의 각 부분에 백색 과립상의 시스트를 만드는 것이 특징으로, 이 병에 의해 은어가 죽는 경우는 없지만, 성장이 느리고 식품으로서의 가치가 떨어짐으로 문제시되는 병이다.

시스트의 크기는 1~3 mm, 때로는 5 mm정도의 백색 원형으로 몸의 각 부분의 여러 곳에 만들어지는데, 특히 잘 형성되는 곳은 유문수와 장 부근의 지방조직이다. 유문수, 장, 구간근육, 피하조직, 복막, 복강내, 비장, 생식소 등에도 만들어지며 때로는 새엽, 간장, 심장에도 형성된다. 성숙한 생식소에 특히 많은 수의 시스트가 만들어지기 때문에 성숙하게 되는 환경요인인 고수온과 성숙 자체가 이 병의 발생과 관계가 있는 것으로 생각되고 있다. 이러한 생식소에 많은 수의 시스트가 만들어진 때는 시스트의 주변에 심한 충혈이 생겨 적색의 원으로 둘러싸여 있는 것처럼 보인다.

이 병의 숙주에 미치는 영향에 대해서는 불명한 점이 많지만, 성장이 나빠져 여위든지 하지만, 2차적 감염이 일어나지 않는 한 폐사되는 경우는 드물다. 포자가 성숙한 뒤에 시스트가 붕괴되어도 주변 조직에 현저한 변성이나 괴사는 생기지 않는다. 다만 많이 형성되는 시스트

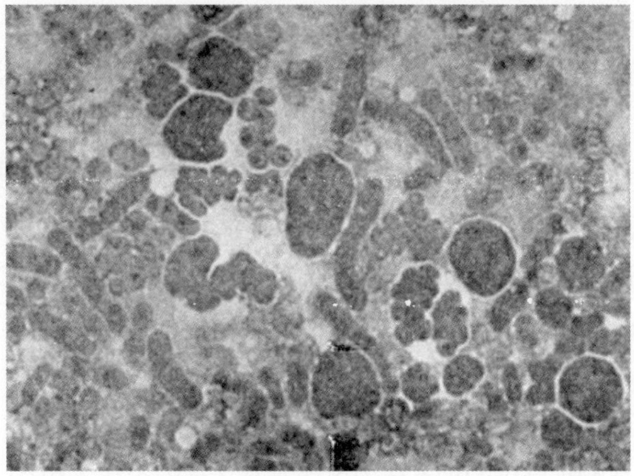

그림 3-142 Xenoma의 도말표본. GS.

때문에 장기 조직이 압박을 받게 될 가능성은 배제할 수 없다.

포자를 형성하는 과정은 포자충이 경구적으로 감염된 후 소화관 내에서 극관을 돌출시켜 소화관 점막조직에 삽입시켜 포자 원형질 또는 그 일부가 극관을 통하여 조직 내로 칩입한 후 점막고유층에서 침윤되어온 마크로파아지에 탐식되어, 마크로파아지 내에서 증식하게 개체수를 증가시켜 간다.

이러한 기생충의 기생 자극에 의해 마크로파아지의 핵도 증식하여 대형으로 변형되고 조직구 자체의 크기도 커져 간다. 이러한 숙주세포와 기생체의 복합체를 xenoma라고 한다. 초기의 작은 xenoma는 소화관조직 속 또는 소화관조직 밖으로 나와 비대해지면서 유주를 계속하면서 복강 내의 장기의 장막에 도달하게 되어 바깥쪽에 숙주 유래의 류상피세포의 얇은 막으로 눌러싸이게 된다. 그 후에도 내부의 세포핵의 분열 증식과 기생체의 증원생식은 계속되어 xenoma는 비대되어, 최종적으로 크기가 1~5 mm인 백색의 구상체로 된다.

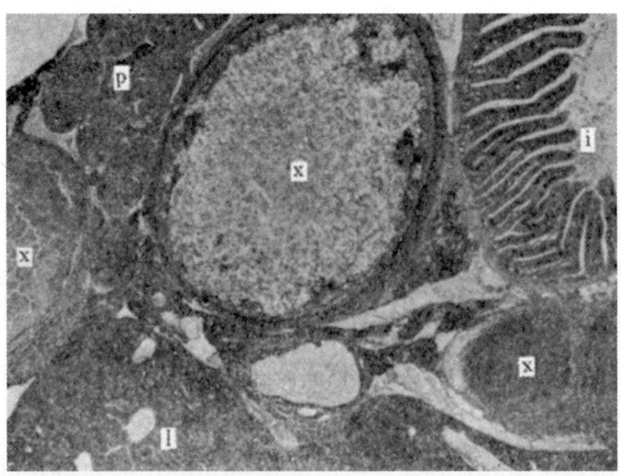


그림 3-143 내장의 시스트. p: 유문수, i: 장, l: 간장. 중앙의 시스트(x)는 두꺼운 막으로 싸여 있고, 좌측의 막은 섬유구조로 변화되어 내부에 포자가 충만.

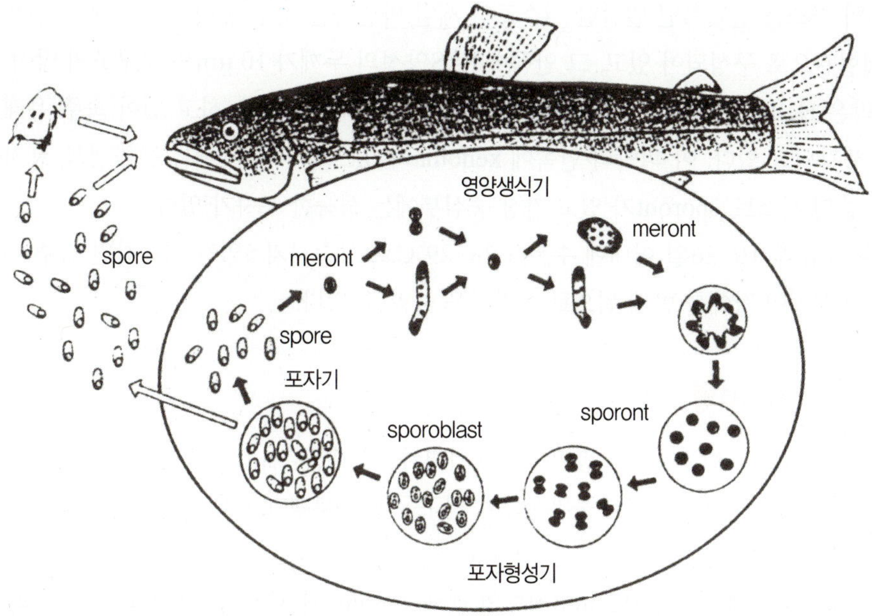


그림 3-144 은어 미포자충 *Glugea plecoglossi*의 생활사.

발달된 xenoma의 내부의 가장자리에는 숙주 유래의 많은 비대화된 핵과 세포질이 있고, 이것의 안쪽에 증원생식기 및 포자 형성기에 있는 영양형과 sporont가 있으며, 중앙에는 형성된 포자로 가득 채워져 있다. 최종적으로 xenoma 내의 숙주 유래 세포핵과 세포질은 없어지고 완성된 포자만이 xenoma에 충만되게 되면 숙주세포는 죽게 되고, 그것을 둘러싸고 있던 숙주 유래의 결합조직막도 붕괴되어 포자의 덩어리가 노출된다. 이때에 xenoma의 주변에 육아종이 생기게 됨에 따라 포자 덩어리 속으로 육아종이 침입, 마크로파아지에 의한 탐식이 일어난다.

포자는 피하조직 또는 체표부근에 만들어진 xenoma부터는 직접 몸 밖으로, 생식소 표면의 xenoma로부터는 방란 방정이 일어날 때 몸 밖으로 나가는 것으로 생각되고 있지만, 조직의 심층부에서 만들어진 포자가 어떻게 밖으로 나가는지 밝혀지지 않았다.

Xenoma이 많이 형성되면 주변조직을 압박함으로 울혈과 충혈이 생겨서 결과적으로 조직을 위축시키게 된다. 전신에 걸쳐 xenoma가 만들어지면, 어류는 여위고 구간부나 꼬리부분에 만곡이 생기기도 하지만 정상어와 거의 차이가 없는 경우도 있어 xenoma에 대한 어체의 숙주반응은 거의 없다고 할 수 있다.

그러나 xenoma 내의 포자형성이 완료되어 시스트가 붕괴되는 시점에서는 현저한 숙주반응이 일어난다. 즉 xenoma을 둘러싸고 있는 류상피세포, 섬유아세포, 호중구, 조직구 등이 나타나 육아종을 만들어간다. 육아종은 xenoma 내의 포자덩어리에도 침입하여 포자를 탐식하게 되지만, 그 후의 경과는 아직 밝혀지지 않고 있다. 그러나 포자가 주변 조직에 퍼져 나가지만, 뱀장어 폴리스토포라병에서와 같이 포자 확산과 동시에 부근의 근조직이 융해되는 현상은 일어나지 않는다.

시스트의 구조를 살펴보면 발달한 시스트의 제일 바깥쪽은 숙주 유래의 유주세포, 섬유아세포, 모세혈관으로 구성되어 있고, 그 안쪽에 PAS양성의 두께가 10 μm의 무구조의 막이 있는데, 이 막은 Helly고정액에 고정하여 만든 표본에서는 섬유모양을 하고 있어 숙주 유래의 피막으로 생각되고 있다. 이 피막의 안쪽에 xenoma가 있으며, 주변부에는 증원생식, 포자형성이 진행 중인 시스트, sporont가 있고 가장 중심부에는 성숙한 포자가 있다.

이 병은 감염 후 10~26일 이내에 수온을 28~29°C로 상승시켜 5일간 사육하면 숙주 내에서 시스트의 형성이 장애를 받게 됨으로 사망률을 줄일 수 있다.

### 3) 송어류의 Loma병

Loma salmonae가 담수양식의 송어류의 아가미가 주 기생부위로 사망률은 10%정도이다. 감염어는 호흡장애를 일으켜 유영이 불완전하며, 안구돌출, 복부팽만, 아가미 뚜껑의 점상출혈 등의 증상을 나타낸다.

병어의 여러 조직에서 직경 0.5 mm정도의 백색 xenoma가 관찰되지만 특히 아가미의 새박판의 벽주세포 주변에 많이 형성된다. 이러한 xenoma주변에는 육아조직이 형성되고 모세

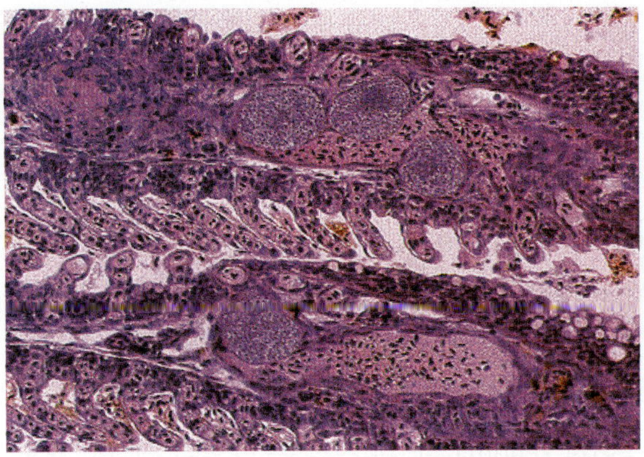

그림 3-145 무지개송어의 1차새변에 있는 xenoma.

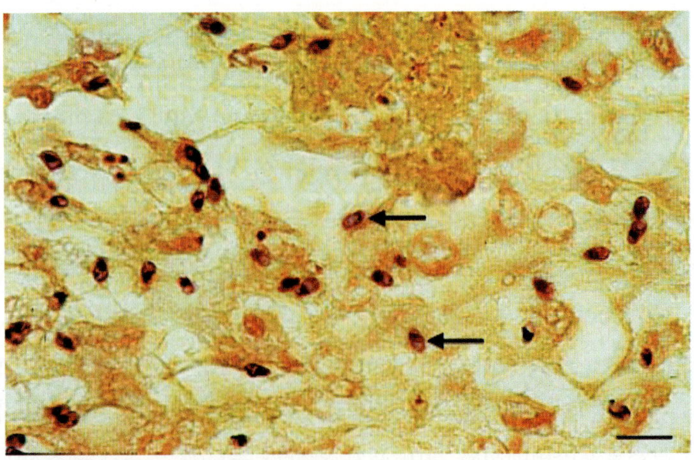

그림 3-146 심실 근육 육아종에 흩어져 있는 *Loma salmonae*의 방추형의 포자. Gram염색, 10 μm.

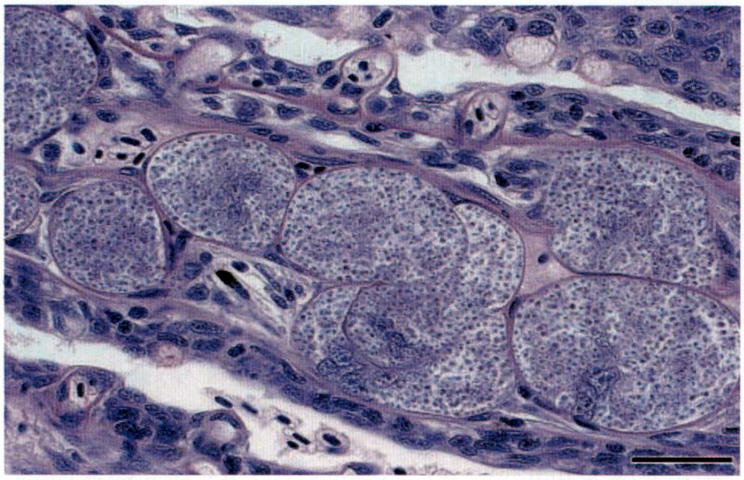

그림 3-147 무지개송어 아가미의 *Loma samonae*. xenoma는 엷은 상피세포에 싸여 있고, xenoma는 주로 벽주세포 또는 혈관 가까이에 형성되어 있다. 그러나 숙주반응은 미약한 편이다. H&E, 20 μm.

혈관의 폐쇄 등이 관찰되며, 심장에도 심외막염과 관상동맥주변의 염증이 관찰된다. Xenoma의 벽의 뚜께는 1.5 mm정도로 포자가 성숙하면 벽이 붕괴되면서 내부의 포자가 방출되기 때문에 심한 염증을 일으킨다.

## 4) Microsporidium

### (1) 방어 치어의 미포자충병

방어 치어의 체측근에 Microsporidium seriolae가 기생하여 근조직을 융해시킴으로 조직에 함몰이 생기기는 것이 특징으로 발병도 산발적이며 피해 또한 크지 않아 그다지 문제시는 되지 않고 있다.

발달한 영양체는 모양과 크기가 다양한 덩어리로서 숙주 유래의 엷은 막에 싸여 백색의 과립 모양으로 나타남으로 시스트라고 부른다. 이러한 영양체의 발달과정에 대한 숙주의 반응은 거의 없지만, 시스트 내에서 포자 형성이 완료되면 주변 조직에 광범위한 융해가 일어남

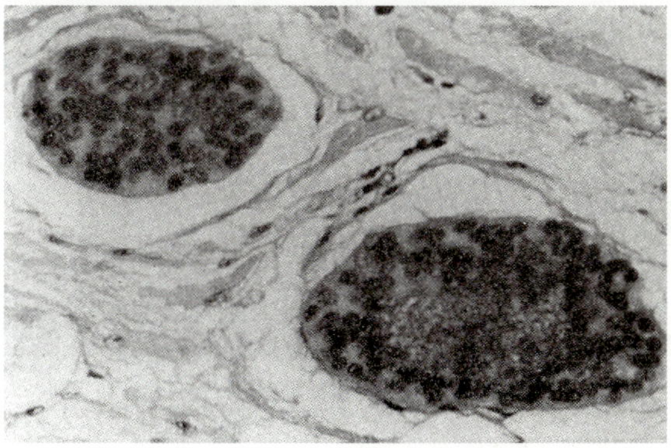

그림 3-148 방어의 구간근내의 시스트. 주변의 근조직은 융해되어 있다. 진하게 염색되는 것은 다핵체, 중심부의 염색질은 염색 안됨. PAS.

으로 바깥쪽에 있는 체표에 함몰이 생긴다.

시스트가 붕괴되어 주변 조직에 포자가 퍼져나가게 되면 탐식세포에 의한 탐식이 현저하여져 환부의 숫자가 적은 경우에는 포자가 모두 탐식되어, 근육이 융해된 부분에 육아조직이 생겨나서 치유되게 되지만, 환부의 숫자가 많을 때는 융해된 부분에 세균의 집락도 발달하게 되어 결국은 죽게 된다.

### (2) 범가자미(*Verasper variegatus*)의 *Microsporidium*

발병은 수온이 약 23°C인 7월 초순~9월 말에 발병하며 누적 사망률은 약 20%정도이다. 병어는 체표에 움푹 들어간 환부가 형성되는데 특히 눈이 있는 쪽에 많이 발생한다. 이러한 환부의 근육을 절개하면 길이가 2~5 mm인 백색의 방추형의 cyst가 발견된다. Cyst주변에는 출혈이 생겨 있다.

감염률은 6월이 100%, 9월은 60%정도이며, 근육내의 평균 cyst수는 6월에는 24.5개, 9월은 6.8개이며, 최대로 많은 수는 약 60개 정도 형성된다.

포자는 난원형 또는 방추형으로 포자의 후방에 극낭이 1개 있다. 포자의 크기는 3.07 μm(2.8~3.8) × 2.13 μm(1.8~2.3)이며, 과산화수소, KOH, 건조 또는 가열처리하여도 극관은 탄출되지 않는다. 극관이 탄출되지 않는 것은 방어의 Microsporidium의 포자가 건조나 가열처리에 극관을 탄출한다는 점과 차이가 난다.

절취한 cyst를 10%중성포르말린에 고정한 다음 상법에 따라 조직표본을 만들어 Uvitex 2B-HE염색하여 검경한다. 병리 조직학적으로 근육 내의 cyst는 7월경은 원인체의 presporogonic 또는 sporonogic단계로 숙주반응은 거의 없지만, cyst주변에 출혈이 있을 뿐이다. Cyst주변의 근육조직은 현저한 액화 또는 위축을 일으키고 있다.

그러나 9월경에는 cyst내부에는 성숙한 포자로 충만되어 있거나 때로는 붕괴된 것이 발견된다. 이때는 충체 주변에 염증세포가 침윤하여 방출된 포자를 탐식하고 있다.

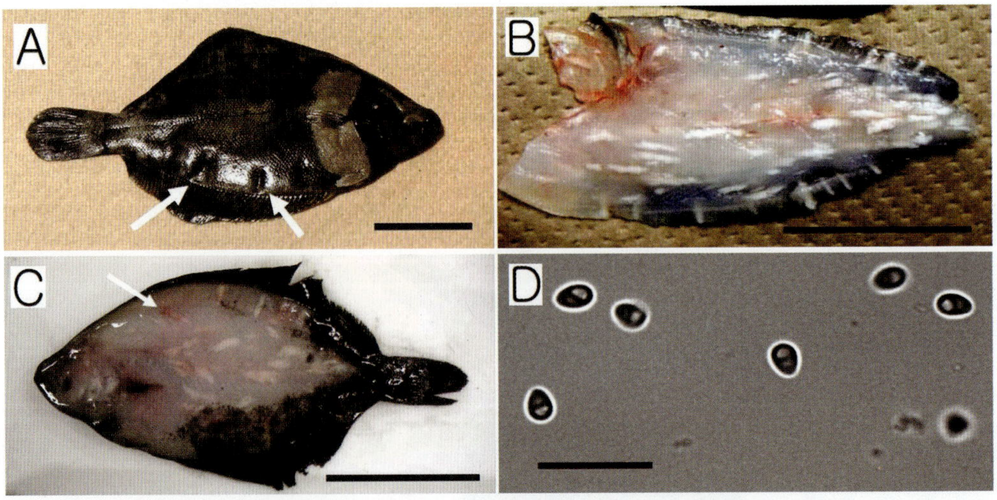


그림 3-149 A: 유안측 체측근의 움푹 패인 환부. B: 근육내의 cyst. C: cyst주변의 출혈. D: 포자의 도말표본. Bar = 3 cm(A~C)와 10 μm(D).

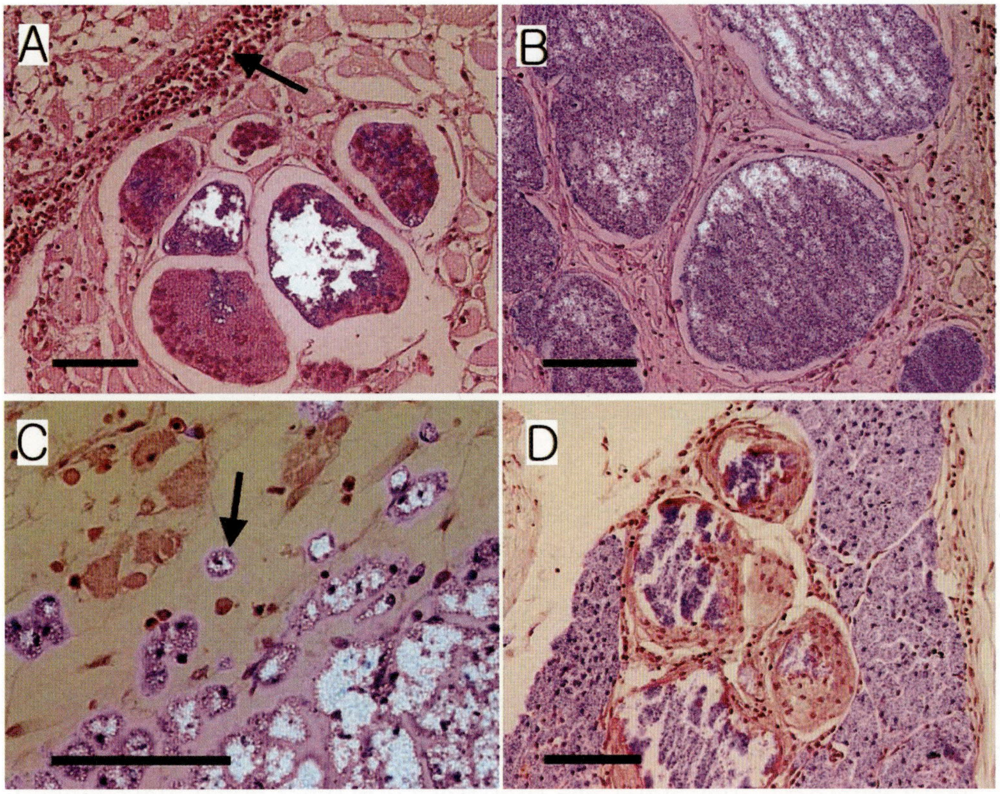


그림 3-150 A: cyst 내의 미성숙포자(무형광)와 성숙포자(형광) 및 cyst주변의 출혈(화살표). B: 성숙포자가 충만된 cyst. C: 변성을 일으키고 있는 cyst와 탐식된 포자(화살표). D: 마크로파아지센터의 형성. Uvitex 2B-HE. Bar = 50 μm.

Cyst주변조직에는 괴사와 변성이 생기고 숙주의 섬유 조직에 의해 의한 피포가 일어나 마크로파아지센터에 축적되게 된다.

## 5) 다께다 미포자충

현재까지 연어과 어류에만 감수성이 있는 것으로 밝혀져 있으며, 산업적으로 문제시 되고 있는 것은 무지개송어이다.

원인 미포자충인 Kabatana takedai(= Microsporidium takedai, 2001) Pleistophora, Nosema, Glugea 등으로 분류되었지만. 현재는 모두 통틀어 Microsporidium속에 넣었다. 충체의 생활사는 영양생식기, 증원생식기, 포자형성기 및 포자기로 구분할 수 있다.

포자는 난형(길이 3~5 μm)으로 영양생식에 의해 메론트(meront, 기둥모양의 다핵체), 스포론트(sporont)되며, 이것이 분열하여 2개의 포자가 형성된다. 포자는 방출되어 덩어리를 형성하는데, 포자의 덩어리는 숙주세포와 사이에 경계막을 가지고 있지 않은 것이 특징이다. 감염 후의 충체의 발육은 온도에 영향이 크며, 15°C이하에서는 영양체가 형성된다.

증상은 만성형과 급성형으로 구분할 수 있다. 즉 만성형은 심장과 근육에만 침입하여, 외관상 이상 없고 사망 또한 없다. 한편 급성형은 심장 근육은 물론 체측근육에 3~4 mm정도인 방추형의 백색 영양체 덩어리(시스트)가 형성된다. 이 때문에 체표의 융기, 심장이 비대되고,

심장 표면에 돌기가 형성된다. 급성형은 저산소에 약하며, 병리 조직학적으로 근섬유에는 세포 침윤, 단열, 괴사가 생겨 폐사가 발생된다.

진단을 위해서는 심장과 근육에 백색 시스트의 존재 유무를 실체 현미경으로 관찰하거나 심장의 압인표본을 만들어 Giemsa염색하여 영양체와 포자의 형태 관찰한다. 대책으로는 저수온기에는 감염되어도 충체의 발육이 방해받아 발병하지 않기 때문에 수온을 13°C로 하여 사육하면 감염예방 효과 있다.

### 6) 증식성 신장병(Proliferative kidney disease)

수온이 12°C일 때 주로 1년 미만인 송어류 치어에 미포자충인 Tetracapsuloides bryosalmonae (Tetracapsula bryosalmonae)의 감염에 의한 것으로 중간숙주로서 Bryozoan(Plumatella emarginata, Fredericella sultana)이 필요하다.

신장 간질 또는 혈관계가 풍부한 조직에서 포자 형성 전기에 발생되며, 신장 세뇨관에 감염된 경우에는 포자 형성이 불완전하게 된다. 감염 후 살아남은 어류는 재감염에 저항성이 있으며, 세균성 또는 기생충이 2차 감염될 때는 사망률이 높아진다.

병어는 외부적으로는 체색 흑변, 안구돌출, 복부의 측팽만, 아가미 빈혈, 복부팽만이 생기며, 내부 증상은 복수, 비장과 신장의 종대, 신장이 회색으로 변색되며 세뇨관이 확장된다.

병리조직학적으로는 신장 간질이 최초 감염 부위로서 만성적인 간질성 신염(interstitial nephritis)이 유발된다. 또 감염초기에는 신장 조혈조직의 증식에 의한 만성 염증이 유발된다.

혈관에도 감염되는 경우가 있어 충체가 혈관 벽에 부착하기 때문에 혈관염이 유발된다. 그 외 혈관계가 발달한 조직인 아가미, 간, 비장 및 췌장에도 감염되어 신장과 유사한 병리상을 나타낸다.

진단을 위해서는 신장의 후부 또는 비장의 스탬프 표본을 만들어 Giemsa염색하면 충체는 원형으로 세포질이 엷게 염색되며, 많은 공포를 가지고 있다. 충체의 1차 세포 내의 세포질 내에 1~7개의 딸세포(2차 세포)를 가지고 있으며, 감염 충체에 진하게 염색되는 염증세포가 부

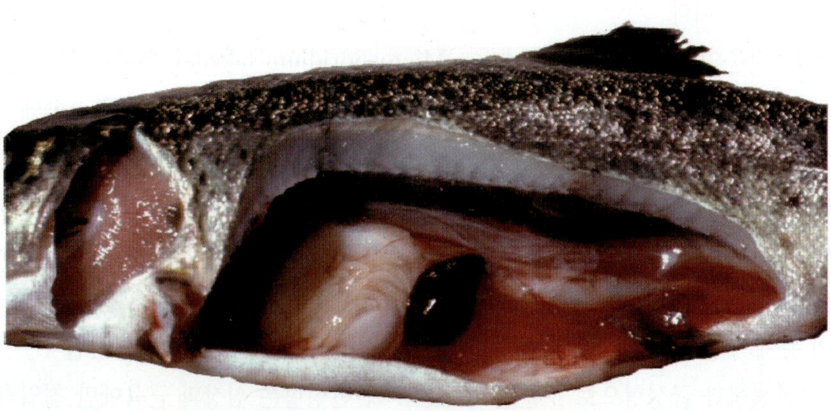

그림 3-151 PKD 감염 무지개송어. 혈액이 섞인 복수의 축적, 신장의 종대, 아가미 빈혈과 신장의 뒷부분의 종대.

착하거나 둘러싸고 있는데, 충체는 세포막과 소형의 핵이 존재함으로 숙주세포와 구분할 수 있다.

정확한 진단을 위해서는 장의 간질의 병리조직 표본의 HE염색하면 충체는 아메바 모양으로 공포성의 호염기성 세포질을 가지고 있다. 1차 세포는 1~3개의 핵을 가지고 있으며, 핵 내에는 1개의 대형 강호산성의 핵인을 가지고 있다. 또 1차 세포 내에는 보통 타원형으로 진하게 염색되는 1~7개의 딸세포를 가지고 있다. 이때도 마찬가지로 숙주의 염증세포가 충체에 부착하거나 둘러싸고 있다.

또 신장과 비장 조직의 스탬프 표본을 GS-1 specific lectin염색하면 정확한 진단을 할 수 있다. 즉 가능한 수분이 적도록 하여 스탬프 표본을 만들어 실온에서 30분간 건조시킨다. 건조 표본은 20°C에서 10분간 aceton-ethanol(60:40)에 10분간 고정하고 다시 건조시킨다. 이때에 바로 염색하거나 −70°C에 보관한 다음 나중에 염색하여도 무방하다.

GS-1 lectin(Sigma L-37359)을 0.01 M phosphate buffer(pH 6.8)에 5~10 μg/l로 용해시킨 액을 슬라이드글라스에 적하시켜 25°C에 1시간 염색한 다음 PBS로 3회 세척한다. 그 후 fluorescine(30 μg/l)을 적하시킨 다음 25°C, 30분간 배양하고 다시 PBS로 3회 세척한 다음 수분을 제거하고 mount(HEPES:glycerol=1:9)한 다음 형광현미경으로 검경한다. 충체는 과립성의 세포질을 가진 brilliant apple green으로 염색되며, 핵과 딸세포는 흑색의 타원

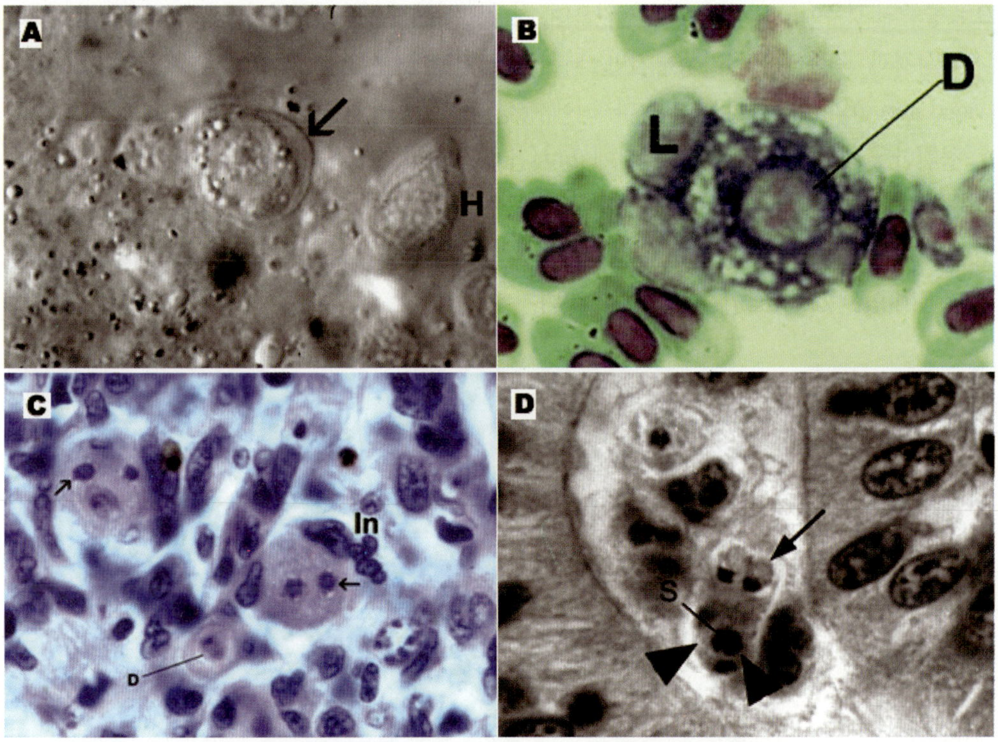


그림 3-152 A: 무지개송어의 신장 도말표본 내의 영양체의 핵은 숙주세포의 핵(H)보다 현저히 소형이고, 명확한 세포막(화살표)을 가짐, 무염색. B: 신장도말표본의 충체는 공포성의 세포질과 세포질 내에 딸세포(D)를 가지고 있으며 주변을 림프구가 둘러싸고 있다, Giemsa염색. C: 신장 간질 내의 충체, 1차 세포(화살표) 내에 딸세포의 핵(D)이 있고, 충체 주변에는 염증세포가 침윤해 있다, HE. D: 세뇨관공 내의 충체 포자의 극낭(화살표)과 포자의 핵(S), HE.

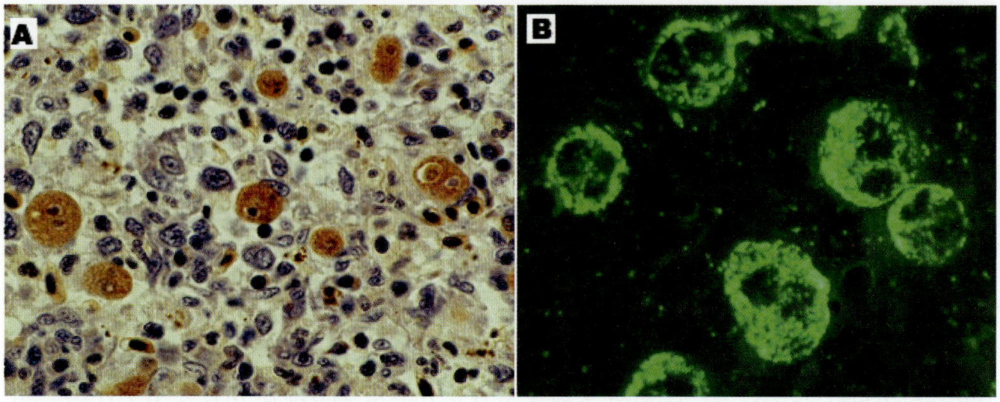


그림 3-153 신장의 조직표본(A, 광학현미경)과 스탬프 표본의 GS-1 lectin염색(B, 형광현미경상). 형광현미경상에서 충체는 과립상의 세포질을 가진 녹색으로 염색되며, 핵과 딸세포는 충체 내에 어둡게 염색된다

형으로 염색된다. GS-1 specific lectin염색은 도말표본뿐만 아니라 조직표본을 탈파라핀한 다음에 염색하여도 무방하다.

### 7) 황아귀의 미포자충 *Spaguea americana*

미포자충인 Spaguea americana가 중추신경계에 기생하여 백색의 덩어리를 형성하는 질병으로 중증인 경우에도 외관상 이상은 없으며, 성장도 정상적으로 일어난다.

뇌신경과 척추신경에 기생하지만, 뇌신경의 최고 뒷부분인 신장 부근에 있는 미주신경(vagal nerve)의 기생률이 가장 높다. 뇌에 형성되는 cyst의 직경은 약 1~20 mm정도이다.

절취한 xenoma를 10%포르말린에 24시간 고정한 다음 알코올 계열로 탈수하여 5 μm의 파라핀 절편을 만들어 Uvitex 2B염색한 다음 형광현미경으로 관찰하면 성숙포자의 chitin은 밝은 blue-white로 염색되는 반면 염색되지 않는 부분은 포자의 벽이 아직 완성되지 않은 발육 단계에 있는 xenoma임을 의미하고 있다.

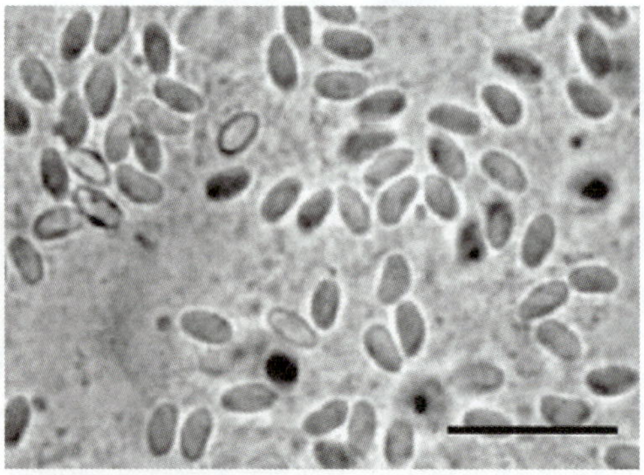

그림 3-154 신경세포에 감염된 신선 미포자충의 포자의 광학현미경상. Bar = 10 μm.

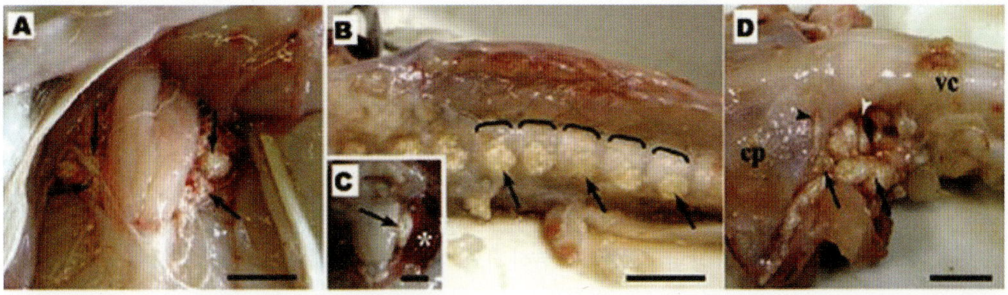


그림 3-155 A: 신장 부근에 위치한 미주신경에 대형의 xenoma 집합체(흑색화살표), B: 각각의 척추(괄호)에서 빠져나가는 신경척수신경에 발육 중인 xenoma(화살표). C: 왼쪽 신장(백색 별표) 부근에 형성된 xenoma(화살표), D: 중추신경계에서 두개골판(cranial plate, CP)이 합치는 척추(vertebral column, VC)에 있는 미주신경(백색화살표)과 설인두신경(glossopharyngeal nerve)은 미포자충의 감염에 의해 확장(흑색화살표)되어 있다.

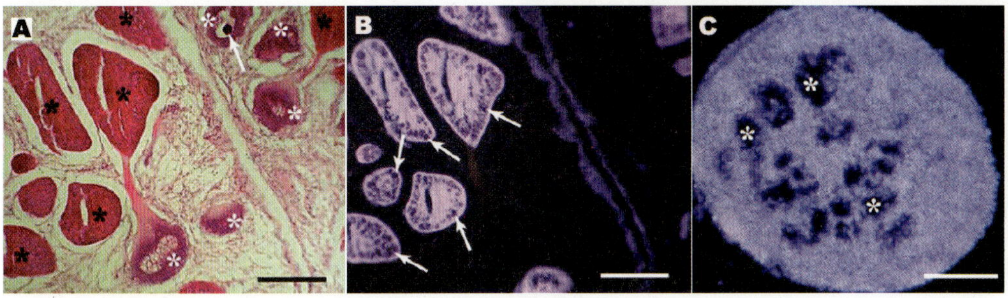


그림 3-156 A: 비대한 신경세포(ganglion cell)의 끝부분에 한정되어 생기는 xenoma(흑색 별표)와 감염되지 않았지만 심하게 비대화된 신경세포의 핵(백색 별표), HE, B: 조직절편의 Uvitex 2B염색, 밝은 blue-white로 염색되는 미포자충의 포자와 무염색의 pre-spore stage단계의 포자(백색화살표), 200 μm, C: 성숙 xenoma의 Uvitex 2B염색, xenoma에서 염색되지 않는 부분(백색 별표)은 B에서와 마찬가지로 발육 중인 포자를 나타낸다. 50 μm.

병리조직학적으로는 시스트는 소형의 xenoma(0.2-0.5 mm)의 집합체로 시스트가 다시 여러 개 모인 것의 직경은 20 mm에 달한다. Xenoma는 신경세포의 돌기부분에 한정적으로 형성되어, 현저하게 비대해지만 기부에 있는 신경세포의 핵은 감염되지 않는다.

시스트 내에는 크기가 3.4 × 1.8 μm인 쌀알 모양의 포자와 분열 중인 세포도 관찰된다. 또한 이보다 대형의 포자인 크기가 4.3 × 2.0 μm인 포자도 가끔 발견된다. 감염된 어류를 사람이 먹어도 인체에 영향은 없다

## 7 근족류(Rhozopoid)

### 1) 아메바성 아가미병(amoebic gill disease)

편성 기생충인 Paramoeba pemaquidensis가 해수 사육 중인 송어류나 담수 사육의 무지개송어에 감염된다. 해수 사육 중에 발생하는 것은 담수에서 해수로 옮긴 여름철에 잘 발생하며, 발

생하는 원인은 밀식, 망목의 막힘으로 인한 조류소통 불량 및 다른 요인에 의해 아가미가 손상을 입었을 때 잘 발생하는 경향으로, 병어는 힘없이 수면 가까이를 유영하는데 이러한 증상이 일어나기 전에 혈장의 Na농도가 상승함으로 조기 진단할 때 중요한 지표로 활용할 수 있다.

병어는 아가미의 점액이 과잉으로 분비되기 때문에 아가미 뚜껑이 위로 밀어 올려져 열려 있는 상태로 아가미에 충체가 부착한 부분은 백색의 반문으로 보인다. 충체는 대개 아가미의 표면에 부착하는데 때로는 상피세포에 침투하기도 한다. 충체 주변의 상피세포는 기생 자극으로 비대 또는 증생이 일어나 새변 사이에 공포가 만들어진다. 상피세포의 핵은 핵농축이 일어나지만 인은 명확하게 관찰할 수 있다. 상피세포가 괴사되기 전에 호중구나 단구와 같은 염증성세포의 침윤이 관찰된다.

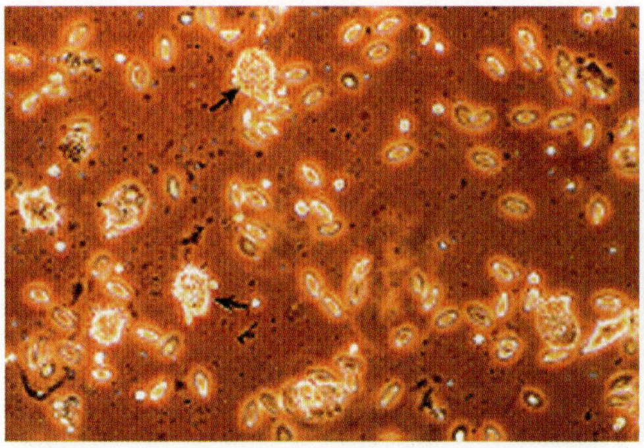

**그림 3-157** 대서양연어의 표본. 혈액과 기생충(화살). 무염색.

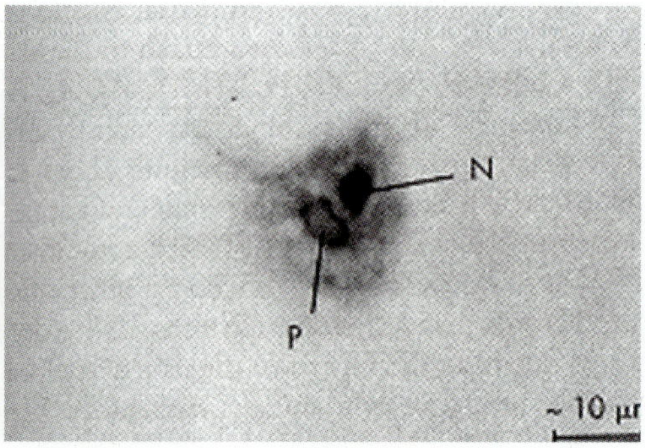


**그림 3-158** 충체의 Feulgen염색. N: 핵, P: 부핵(parasome).

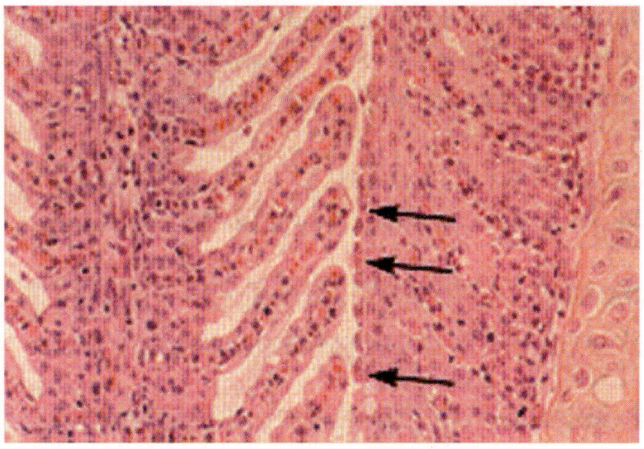

**그림 3-159** 무지개송어의 아가미. 기생충(↑)

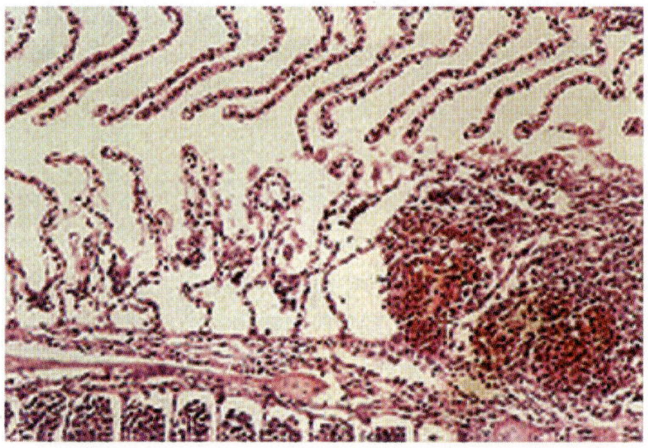

**그림 3-160** 대서양 연어의 아가미. 상피 세포에 출혈, 괴사 및 박리가 일어남. HE.

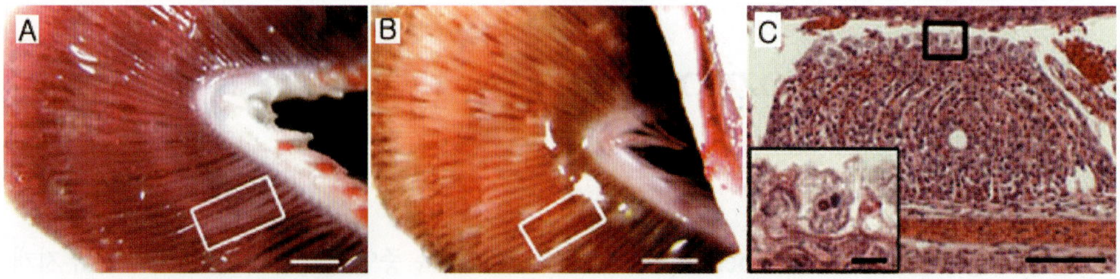


**그림 3-161** 대서양연어의 아메바성 아가미병. A와 B: 병어의 아가미와 시료채취를 위한 부분(사각형). C: 아가미의 변화와 *Perkinsiella amoeba*-like organim.

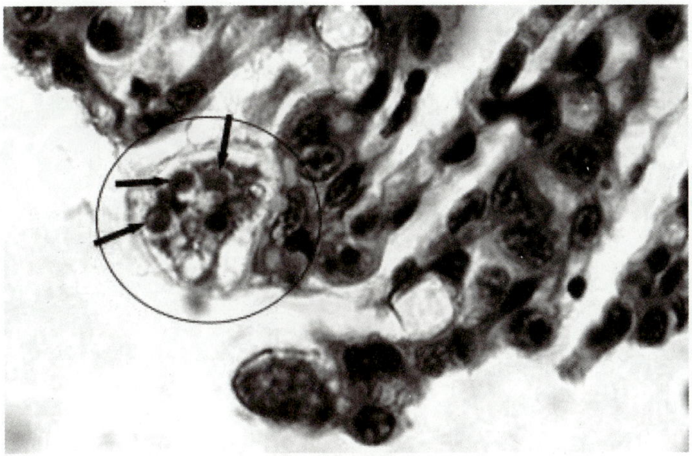

그림 3-162 대서양 연어의 아가미에 감염된 *Paramoeba*. 특징적인 3개의 부핵을 가짐.

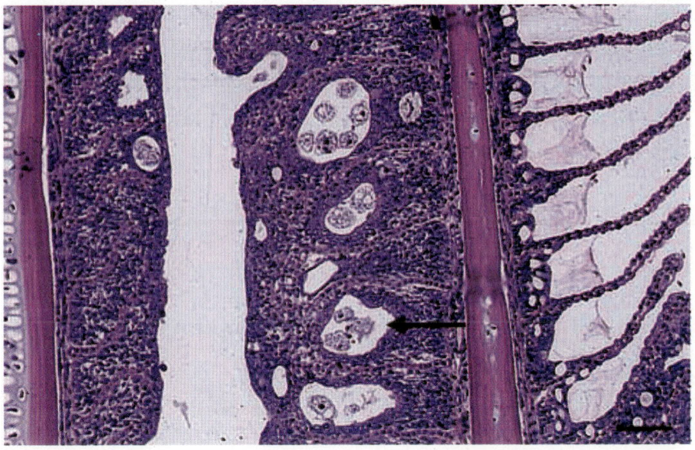

그림 3-163 Turbot의 2차 새변 사이의 *Neoparamoeba* sp. 아가미에서 발견되는 영양체는 항상 증생되어 점액세포수가 증가되고 새변이 유착된 아가미 사이에서 발견된다. 이때 새변에는 특징적인 공간(cavity, 화살표)이 만들어진다. H&E, 50 μm.

무지개송어의 경우에는 2차 새변의 기부에 결절이 형성되는 것이 특징임으로 결절성 아가미병(nodular gill disease)이라고도 한다. 아가미의 도말표본을 무염색으로 관찰하면 발가락 모양의 위족을 내고 있는 충체를 관찰할 수 있는데, 슬라이드글라스상에서는 1시간 이내에 유리면에 부착함으로 부핵(parasome)을 관찰할 수 있다.

부핵의 관찰은 부안액이나 Davidson액과 같은 고정액에 고정하거나 Feulgen염색을 실시하여도 관찰할 수 있다. 고정액에 고정한 경우 바깥 부분에 과립상의 원형질을 가진 초자 모양의 외형질을 관찰할 수 있다.

해수 사육 중에 발병한 경우 충체는 포르말린에 저항성이 강하기 때문에 병어를 기수역으

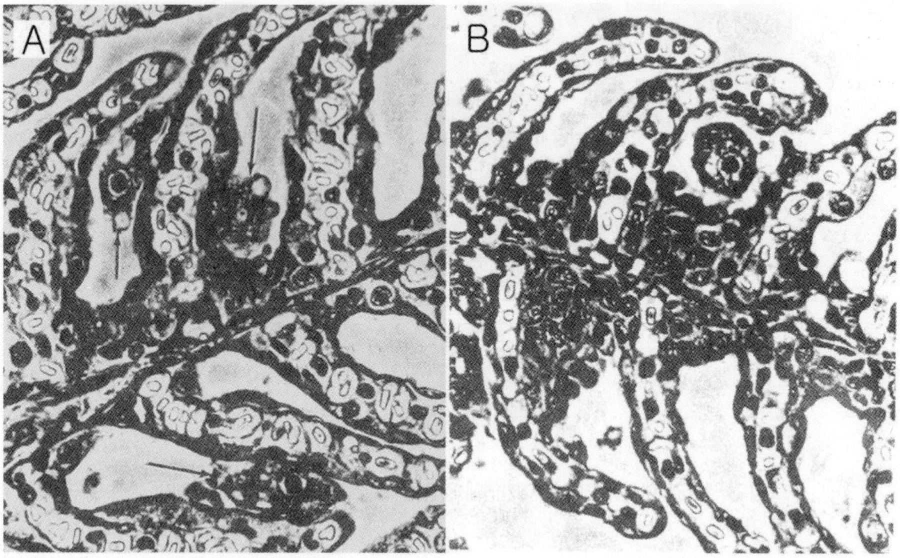


**그림 3-164** A: 아메바는 주로 새변과 새변 사이에 기생하고 있으며, 충체가 부착한 부위의 새변은 비정상적으로 두꺼워져 있다. B: 해수 양식 송어의 아가미에 기생한 *Paraamoeba*로 가리비의 모양(scalloped appearance)처럼 보인다(핵이 각정 부분으로 생각하면 쉽다). 기생충 때문에 새변은 주름이 잡히고 새변의 기부쪽에는 현저한 세포증식이 생긴다. 이 때문에 조직표본이 아니라도 외관상 새변은 길이가 짧아지고 폭은 비정상적으로 넓게 보인다. 조직표본이라 할지라도 광학현미경보다는 위상차현미경으로 관찰하는 것이 더욱 선명한 상을 얻을 수 있다. 해산어에 기생하는 종은 *Paraamoeba* 또는 *Neoparaamoeba*이며, 담수어에 기생하는 종은 *Acanthoamoeba*라 한다.

로 옮기는 것이 최선의 방책으로, 충체도 사멸할 뿐만 아니라 아가미의 손상에서 오는 삼투압 조절의 장애도 해소하는 이점이 있다. 담수사육 중인 무지개송어에 발병한 경우에는 포르말린 약욕이 효과적이다.

상피세포의 증생에 의한 아가미 2차 새변의 현저한 유착이 생기며, 아메바는 주로 유착된 아가미의 끝부분에 위치하고 있고, 그 속에는 1개 또는 여러 개의 호염기성 물질이 들어 있다.

어류에 기생하는 종은 Neoparamoeba(= Paramoeba), Thecamoeba, Trinema 등이 있고, 장에 감염되는 것은 Naegleria, 다수의 기관에 감염되는 것은 Acanthamoeba, Hartmanella, Vahlkampfia, Vexillifera 등이 있다.

잉어의 간에 감염되는 Acanthamoeba가 잘 감염되는데 세포질 내의 공포 때문에 세포질 내에 여러 개의 빈공간이 보인다(foamy appearance).

병리조직 표본에서 운동, 먹이 섭취에 사용되는 기관이 보이지 않고 또한 고정과 염색 후에 종의 특징이 많이 사라지기 때문에 amoeba의 종을 구분하는 것은 매우 어렵다. 그러나 amoeba의 특징인 세포질 내의 공포, 핵의 크기 및 핵인의 위치 등은 발견할 수 있다.

아가미에 기생하는 Thecamoeba는 외형질의 테두리와 주름 등을 Heidenhain hematoxylin 또는 Feulgen 반응 후 Fast green으로 대비 염색한 표본에서는 찾을 수 있다. 또 송어류의 AGD(amoebic gill disease)의 원인인 Neoparamoeba의 특징적인 원형 또는

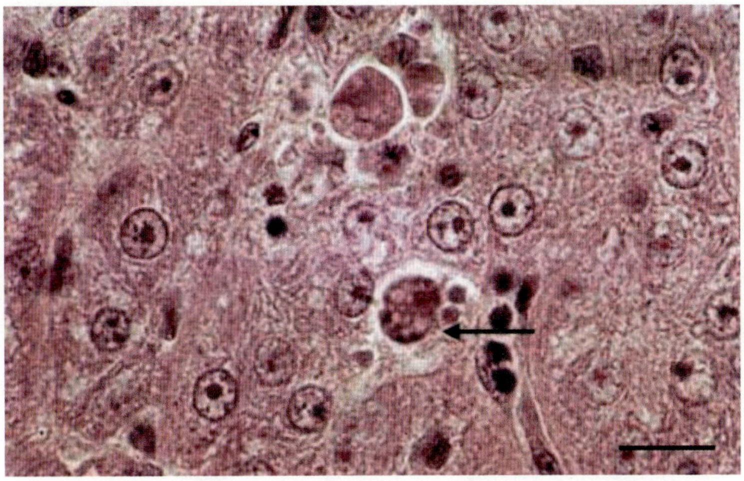

그림 3-165 잉어의 간에 기생한 *Acanthamoeba*의 영양체. 충체는 세포질 내에 뚜렷한 공포를 가지고 있기 때문에 거품방울 모양(foamy appearance, 화살표)을 하고 있다. H&E, 25 μm.

난원형의 부핵은 Feulgen반응의 조직표본에서 찾을 수 있다. 이때 부핵은 Feulgen반응에 양성이며 충체 1개체 당 1개 이상의 부핵이 존재한다. 이러한 부핵은 Perkinsiella amoebae에서도 발견된다. 또 Neoamoeba는 alcian blue에 염색된다.

## 8 편형동물(Plathelminthes)

### 1) 단생류(Monogenea)

자웅동체이며, 거의 대부분이 어류의 외부 기생충이지만 양서류나 파충류의 체내에 예외적으로 두족류나 포유류의 외부에 기생할 때도 있다. 몸의 뒤쪽에 있는 숙주에 부착하는 고착기관의 구조에 따라 단후흡반류(monoposthocotylea)와 다후흡반류(poly- opisthocotylea)로 나누고 있다.

단후흡반류의 고착기관은 흡반의 중앙에 있는 1~2쌍의 갈고리로 흡반의 주변에는 7~8쌍의 주변소구가 있어 이러한 갈고리를 사용하여 어류의 아가미나 체표에 기생하여 표면의 상피세포를 섭취한다. 어류의 해 작용은 기생충의 자극에 의해 점액분비의 과잉과 식해에 의한 조직의 손상 등을 들 수 있다.

다후흡반류는 아가미의 기생충으로 흡반에는 아가미에 부착하기 위하여 많은 파악기가 있다. 파악기의 모양, 수, 배열은 종에 따라 차이가 나며 어류에 기생하여 흡혈하기 때문에 어류는 빈혈에 빠진다.

단후흡반류 중 Gyrodactylus는 태생이지만, 그 외는 모두가 난생이다. 단후흡반류는 자궁이 작아 난이 만들어지면 곧 산란하여 버리지만, 다후흡반류는 자궁이 커서 1,000개 이상의 난을 가지고 있을 때도 있으며 자궁 내의 난은 일시에 산란한다. 산란 후 부화된 유생을

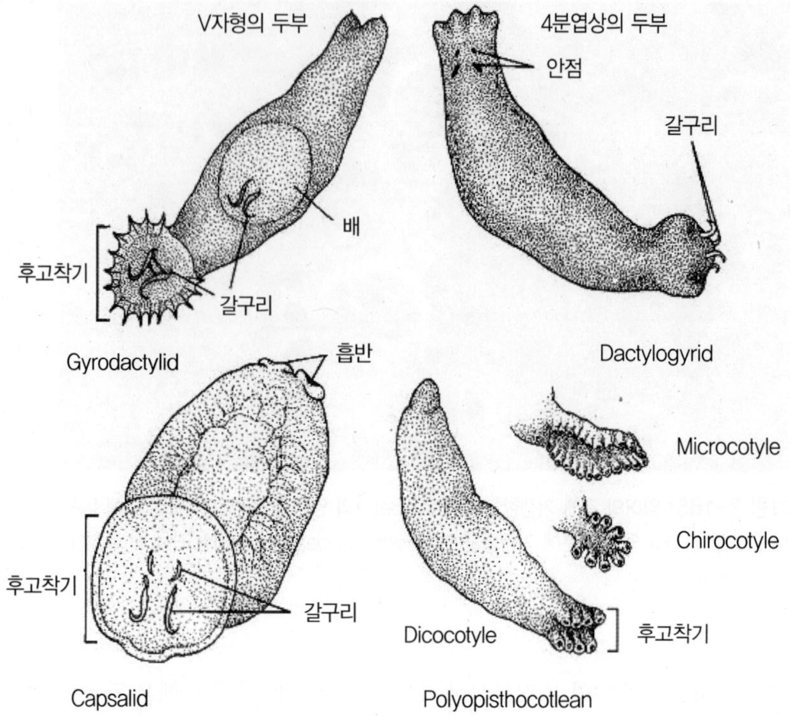


그림 3-166 어류에 기생하는 단생류의 모식도.

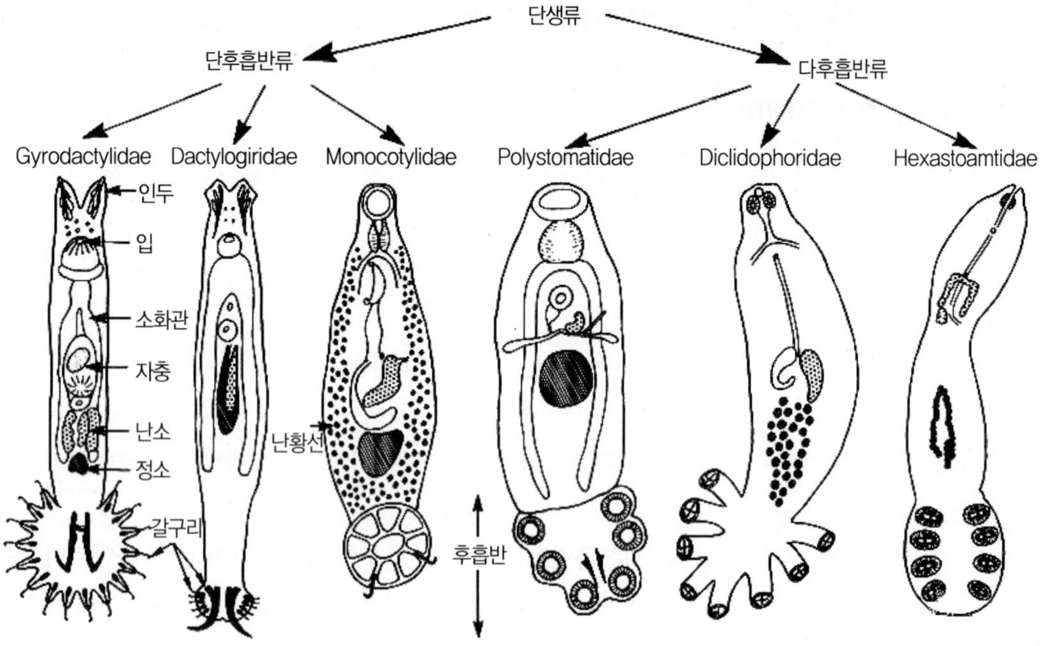


그림 3-167 편형동물 단생류의 모색도.

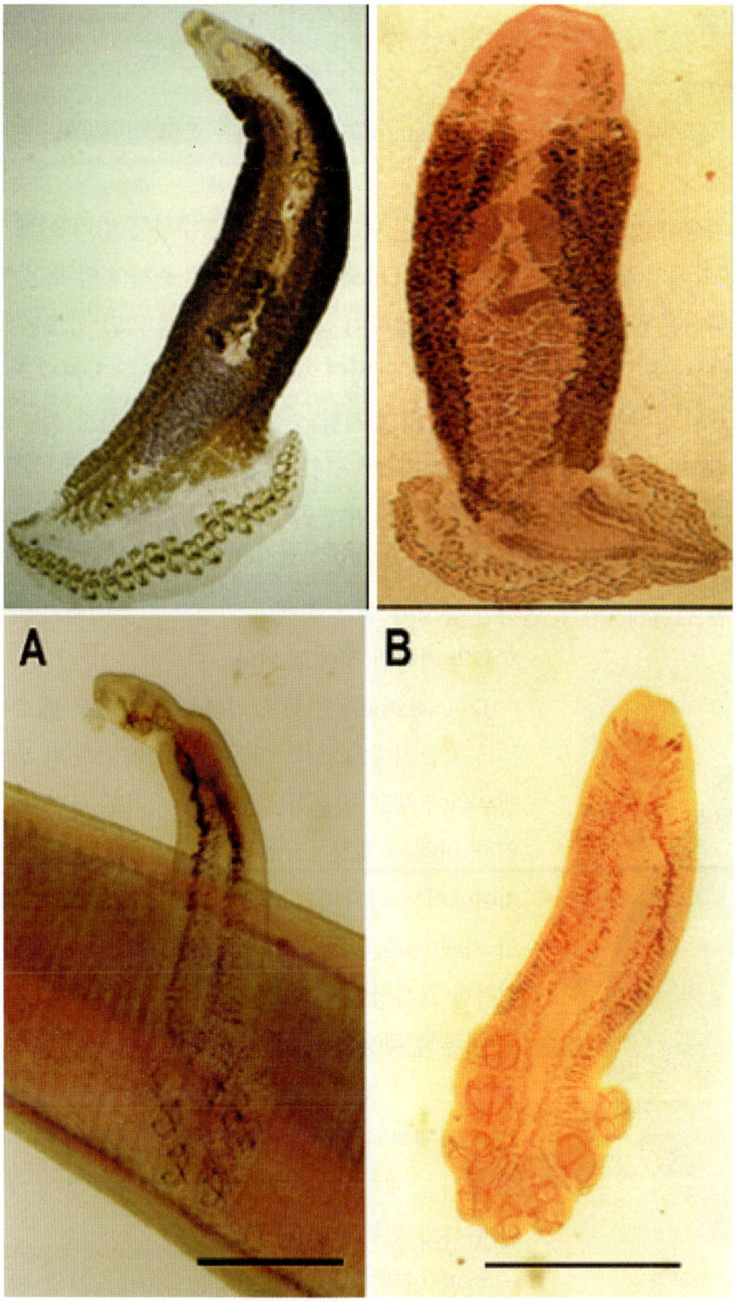


그림 3-168 다후반류. 상(좌): *Heteraxine*, 상(우): *Microcotyle*. *Heterobothrium*의 무염색표본 하-A)과 Carmine염색 표본(하-B ).

Oncomiracidium은 섬모를 가지고 있어 수중을 유영하면서 숙주를 찾게 된다.

단후흡반류에는 Dactyologyrus, Pseudodactylogyrus, Benedenia. Gyrodactylus 등이 있으며, 다후흡반류에, Bivagina, Heteraxine, Heterobothrium, Microcotyle 등이 있다.

### (1) 단후흡반류

① Dactylogyrus

난생의 단후흡반류인 Dactylogyrus vastator가 온수성어류 특히 잉어류의 아가미에 기생함으로 생긴다.

아가미에 기생하고 있는 성충에서 배란된 난은 숙주의 호흡수류를 따라 어체 밖으로 나와 양어지의 밑바닥에서 부화한다. 부화자충인 Oncomiracidium은 충체의 앞쪽, 중앙부 및 후부에 섬모대로 나선운동을 하면서 수중을 유영하여 숙주에 도달하게 되면 섬모는 퇴화된다. 주로 새변의 선단부근의 새박판 기부부근에 기생하여 후흡반의 중심구를 상피세포 내로 뻗치고 있어, 상피세포의 끝부분에서는 호흡상피의 현저한 증생이 시작되어 차차 새변의 기부 쪽으로 진행된다. 또 새박판의 비후, 유착, 변형도 일어나고, 증생 상피세포의 압박 때문에 모세혈관이 변형되거나 붕괴되고 심한 경우에는 아가미 연골이 변형되는 때도 있다. 또 인접하는 새변의 끝부분이 서로 유착될 때도 있다. 따라서 새변의 끝부분은 점차 퇴색되어서 갈색 기미를 나타낸다. 한편 점액세포에도 현저한 증생이 생겨 점액이 과잉으로 분비되기 때문에 이것이 호흡의 커다란 장애로 된다.

그림 3-169 D. extensus.

D. vastator는 주로 상피세포를 먹지만, 때로는 혈액도 먹는다고 알려져 있는데, 이러한 식해와 흡구의 부착 때문에 기생부위에 세포 침윤과 출혈이 생기기도 한다. D. vastator 에 의한 피해는 체장 25 mm의 치어에서 심각한 편으로, 이는 치어에서는 아가미의 발달이 아직 완전하지 못하고, 기생충의 기생에 따른 상피세포의 증생으로 아가미의 유착이 생겨 심각한 호흡장애를 유발하기 때문이다.

어류의 체장이 35 mm이상이 되면 아가미 조직이 완전히 발달하고, 기생충이 기생되어 생기는 상피세포의 증생도 아가미 전체까지는 생기지 않음으로 새변은 부분적으로 정상의 것이 남게 되어 어류는 부분적으로 호흡에 장애가 생기지만 쉽사리 죽지는 않는다.

한편 어체의 크기와 기생충의 치사 기생 미수의 관계도 어체 크기가 작을수록 소수의 기생에도 치사가 생기고, 성장이 나쁜 군일수록 상피세포의 증생에 의한 기생체의 탈락의 효과가 낮아짐으로 그 피해는 더 커진다. 따라서 감염기생충의 많고 적음이 바로 피해 정도를 결정 짓는다고 할 수 있다.

그러나 보통 체장 60 mm이상이 되면 잘 감염되지 않는 것은 획득면역에 의한 것으로 생각되며, 이는 한번 감염된 치어에 재감염되기 어렵다는 것이 실험적으로 증명되었다.

② Pseudodactylogyrus

Dactylogyrus와 비슷한 생활사를 가지고 있으며 기생부위 또한 아가미이다. 기생충인 Pseudodactylogyrus에는 현재 P. bini, P. anguillae, P. microrchis 등이 알려져 있으며 숙주의 상피세포나 점액세포 등을 영양원으로 섭취하여 성숙한다.

기생부위는 종에 따라 약간의 차이가 있어 P. bini는 새변의 끝부분, P. microrchis는 새변의 기부쪽에 기생하지만 보통은 2종이 혼합되어 감염된다. P. bini는 중심구의 끝부분을 새변축의 상피기저막에까지 삽입하고 있어 기저막 밑에 현저한 세포 침윤이 일어나고 때로 출혈도 관찰되는데 기저막은 돔 모양으로 융기되어 있다.

기생부위에는 염증과 상피세포의 증생, 점액세포의 증생이 현저하고, 새박판의 비후, 변형, 유착 등이 생겨 새변의 곤봉화된 것을 쉽게 볼 수 있다. 이러한 병변은 기생충의 흡구 부착, 식해 또는 기생충의 이동할 때 기생충에 의한 접촉 자극에 대한 숙주반응으로 생각되고 있다. 물론 점액세포가 증생됨으로 아가미의 점액분비도 현저하게 된다. P. microrchis는 새변의 기부쪽 부근에 많지만 숙주반응은 P. bini 만큼 현저하지는 않다.

뱀장어의 경우는 수온 28~30°C에서 빈발함으로 수온을 35°C로 하여 5일간 사육하면 충체가 탈락되면서 치유될 뿐만 아니라 바이러스병인 혈관내피괴사증의 예방에도 도움이 된다.

③ Gyrodactylus

예로부터 잘 알려진 어류의 외부 기생충으로 해산어에 기생하는 것도 있지만, 대부분이 담수어 기생이며, 담수어 중에서도 대부분이 온수성 어류이다.

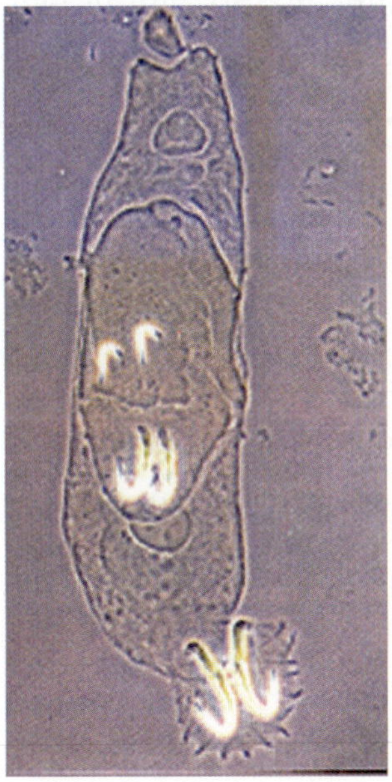

그림 3-170 Gyrodactylus.

주 감염부위는 피부나 지느러미이지만 오직 아가미에 기생하는 종도 있다. 이 종의 최대의 특징은 난태생으로 성충의 자궁 내에 있는 자충의 자궁 내에 다시 손자충이 들어 있어 3대충(三代蟲)이라고도 한다.

후고착반과 부소구로서 피부나 아가미에 고착하여 상피세포 등을 영양분으로 섭취한다. 기생충의 흡착과 식해 때문에 상피세포가 손상을 받게 되고 점액세포의 증생에 의해 다량의 점액이 분비된다. 기생체가 극단으로 많을 때는 상피세포가 괴사 박리되어 점액과 함께 섞여 체표에 백운상으로 나타난다.

이 기생충의 번식 특성상 자궁에서 빠져나온 자충은 유영능력이 없기 때문에 물에 떠 있는 동안에 바로 숙주를 구하게 됨으로 어류와의 접촉 기회가 감염에 중요하다. 따라서 고밀도 사육의 경우에는 이 기생충의 전파가 쉽게 일어난다고 할 수 있다.

충체 표본을 제작하고자 할 때는 1:4,000의 포르말린 수에 감염조직을 15~45분간 고정한 다음 2~3분간 교반하여 충체를 탈락시킨다. 그 후 어체조직을 제거하고 나머지를 길이가 긴 시험관에 옮겨 30분간 방치한 다음 상청액을 버린다. 찌꺼기를 샤레에 옮겨 현미경으로 관찰하면서 피펫으로 슬라이드글라스에 옮기고, 커버글라스를 덮은 다음 AFA 또는 5% formalin으로 고정한다.

④ Benedenia

Benedenia seriolae가 방어나 참돔 등의 해산어 구간부의 피부에 주로 기생하며 특히 구간의 앞 등 쪽의 기생률이 높고 지느러미에는 거의 기생하지 않는다. 몸 뒷쪽의 고착반과 앞쪽의 1쌍의 흡반을 이용하여 피부에 강하게 흡착하여 상피세포, 침윤세포, 혈액 등을 영양원으로 섭취한다. 이 때 어류 피부의 색소포도 함께 섭취하게 됨으로 기생충의 소화관은 청색 기미를 띠고 있는 1 cm전후의 편평한 원형에 가까운 약간 투명한 기생충이다.

난은 1개의 수 mm나 되는 긴 필라멘트를 가진 사면체로 수심 2~3 m의 가두리의 망목 등에 가장 많이 부착한다. 이것이 부화된 감염 자충은 몸의 앞부분과 뒷부분 양쪽 및 원반 모양의 후반부의 섬모가 있고 주광성을 지니고 있음으로 수면 가까이로 유영하여 숙주를 구한다.

많은 수의 기생충이 감염되면 기생 자극에 의해 다량의 점액이 분비되어 체표에 부분적 백탁이 생기고, 피부의 색소포가 확산되기 때문에 체표가 어두운 청색으로 보이기도 한다. 또한 감염어가 망목에 몸을 비비기 때문에 체표 무수한 상처가 생겨 출혈이 생기며 이곳을 통하여 비브리오균의 2차 감염을 받아 궤양이 형성되어 근육이 노출하는 수도 있다.

병어는 식욕이 저하됨으로 빈혈상태에 빠져 여위게 되고, 중증어는 심한 영양실조를 일으킨다. 병어가 약해지는 것은 환부로 부터 해수가 유입되기 때문으로 생각된다. 최근에는 이 종과 유사하지만 Benedenia가 갈고리가 2쌍인데 비해 갈고리가 3쌍인 Neobenedenia girellae가 쥐치와 쟀방어에 발생하고 있다. 병어는 안구, 등지느러미, 가슴지느러미 및 뒷지느러미에 기생충이 감염되어 있다. 말기에는 안구가 발적되어 손상이 시작되며 활주세균과 혼합되어 발생하기 때문에 폐사율이 높다.

치료법으로는 병어를 담수에 5분 정도 담구거나 과산화수소를 주성분으로 하는 구충제로 완전히 구충할 수 있지만, 정기적 망갈이로서 망목에 부착한 난을 제거하는 것이 예방면에서 효과적이다.

잿방어 등에도 감염에 감염되는 Neobenedenia girellae는 소형으로 최대 최장 7 mm로 가늘고 긴 형태이며, 질을 가지고 있지 않다. 이 종은 숙주 특이성이 낮기 때문에 다른 해산어류에도 감염될 가능성이 매우 높다. Benedenia속의 동정은 후단부 고착반의 격벽(septa)의

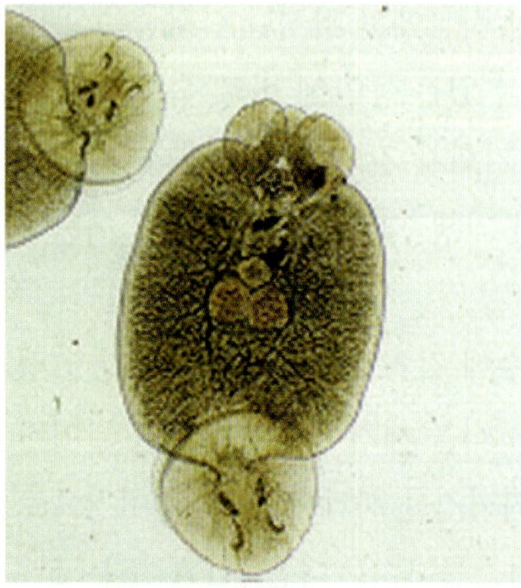

그림 3-171 *Benedenia*.

그림 3-172 *Benedenia*의 난.

유무를 기준으로 판단한다.

1. 격벽 있음--Megalobenenenida
2. 격벽 없음--Benedenida, Neobenedenia
   질이 있음--Benedenia
   질이 없음--Neobenedenia

**⑤ 붉바리의** Pseudorhabdosynochus epinepheli **감염증**

붉바리의 종묘생산과정에 친어로 사용하기 위해 체포한 자연산 어류에서 감염이 확인된 기생충으로 어류가 대량 폐사하는 경우는 없지만 채란이 곤란하게 됨으로 종묘생산과정에서 문제시되는 질병이다.

어체의 크기에 관계없이 치어나 성어에 감염되며 수온 10~25°C의 범위에서는 1년 내내 감염이 발견되지만 기생률은 수온이 낮은 동계에는 낮고, 수온 15~25°C에서는 감염률이 높은 경향이다.

감염어는 수조의 벽에 아가미 뚜껑을 문지르는 이상행동을 하며, 이 때문에 체표에 찰과상 또는 출혈이 생긴다. 이러한 상처를 통하여 세균이 2차적으로 침입하여 세균과의 혼합감염증도 유발된다.

많이 기생된 어류는 식욕이 저하로 쇠약해져 유영능력이 현저히 저하된다. 이 때문에 수조의 바닥에 가만히 정지하여 있던가 또는 수조 표면을 힘없이 헤엄치고 있다. 이러한 쇠약어는 점점 여위어, 체색백화, 아가미나 내장기관의 퇴색 등의 육안적 증상이 발견되는데 이러한 상태에서는 다른 기생충인 Benedenia나 Tricodina 등도 기생되어 있는 개체가 발견된다.

Diplectanum epinepheli로 분류되던 단생류인 Pseudorhabdosynochus epinepheli가 아가미에 기생한 것으로 다른 붉바리류에 Epinephelus aeneus가 기생된 예가 있다. 충체는 후단부에 특징적인 고착기관인 갈구리를 사용하여 아가미에 기생한다. 많이 기생되었을 때는 새변 10개당 50충체가 감염된 경우도 있다.

감염어는 과산화수소 700 ppm해수에 10~15°C에서는 45분, 20~25°C에서는 15분간 약

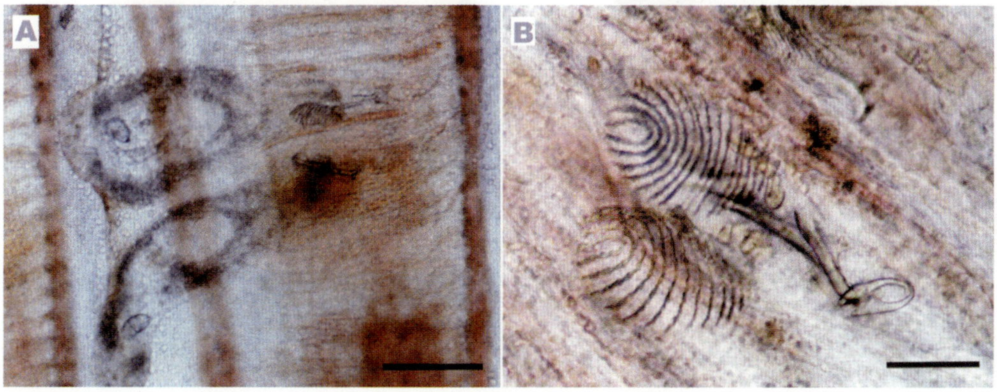


그림 3-173 A: 아가미에 기생하고 있는 *Pseudorhabdosynochus epinepheli*, B: *P. epinepheli*의 고착기관.

욕시킴으로 치료할 수 있다. 그러나 25°C에서 30분 이상 약욕시키면 어류도 폐사하지만, 10~20°C에서는 60분간 약욕하여도 어류의 폐사는 없다.

⑥ Ligictaluridus와 Cleidodiscus

차넬메기의 아가미에 기생하는 Ligictaluridus과 blue gill의 아가미에 기생하는 Cleidodiscus이 있다. 모두 난생이며 부화되어 섬모를 가진 oncomiracidium이 어체에 부착함으로써 감염이 성립된다.

충체가 감염되어 산란을 하는 기간은 20°C에 약 14일 만에 1세대가 완성된다.

감염어는 아가미 기생임으로 호흡곤란, 점액분비 및 부착기(haptor)의 부착에 의한 상피세포의 증생이 생긴다. 진단은 아가미를 검경하여 충체를 확인하여야만 한다.

### (2) 다후흡반류

① Heteraxine

Microcotyle에 속하는 Heteraxine heterocerca가 주로 방어의 아가미에 기생하여 피를 빨아먹기 때문에 아가미 흡충이라고 하며 가두리 양식 이후에 문제시된 질병이지만, 천연산 방어에도 감염이 확인되고 있다.

주 기생부위는 새궁이며 특히 2새궁에 가장 많고, 제 3, 제 1, 제 4새궁의 순으로 기생률이 낮아지는 경향이다. 새궁의 두 새변 사이의 깊숙한 곳에 후고착기의 파악기로 부착하여 새궁에 매달려 길게 늘어진 모양을 하고 있다. 드물게는 새박판에 부착하여 새변 사이의 수류에 꼬리를 물이 흘러오는 쪽으로, 머리를 반대쪽으로 하고 있는 경우도 있다.

체장이 4~5 mm정도가 되면 산란을 하는데, 주 산란기는 여름이지만 봄에서 늦은 가을까지 산란한다.

그림 3-174 *Heteroaxine.*

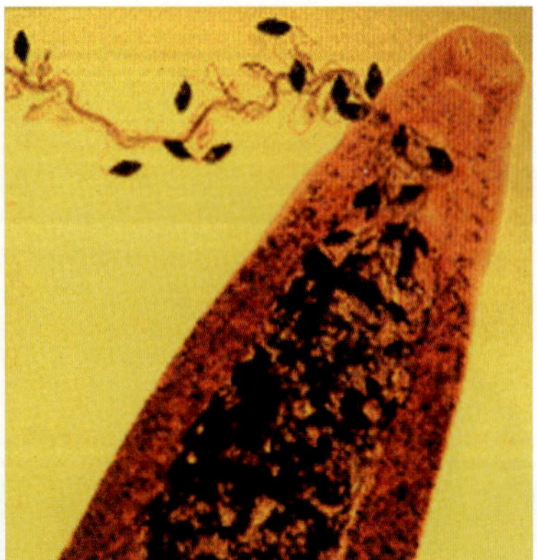

그림 3-175 아가미에 부착된 충란.

난은 계란 모양으로 1개의 긴 필라멘트(점착사)를 가지고 있어 서로 뒤엉켜서 커다란 난 덩어리를 형성하여 수심 1~3 m의 망목에 부착하고 있다.

부화 자충은 몸의 3곳에 섬모띠를 가지고 있어, 회전하면서 수중을 자유유영하여 숙주를 찾게 되는데, 부화 후 6시간 정도가 경과하면 섬모상피가 박리되어 버리기 때문에 유영능력을 상실하게 된다. 따라서 이 시간 이내에 새로운 숙주에 부착하여야만 한다. 자충은 주광성이 있어 주로 수면 부근에 모이는 경향이 있다.

흡혈기생충인 기생충이 많이 기생하게 심한 빈혈로 아가미 색깔이 엷은 적색을 띠게 되며 체색도 점차 검어지면서 여위어 가고 유영능력도 약해진다. 충체는 새엽 사이에 작은 흑점으로 관찰된다. 감염된 아가미는 새변이 붕괴되기도 하고 출혈이 생기는 곳도 있다.

② Heterobothrium

복어의 양식이 활발해짐에 따라 발병이 증가된 질병으로 현재 복어류에서 가장 중요한 기생성 질병이다. Heterobothrium okamotoi가 복어류의 아가미에 기생하여 피를 빨아먹는다.

기생충은 미성숙의 상태에서 파악기를 이용하여 아가미의 새변에 기생한 다음 아가미에서 떨어져 나와 부근의 새강 벽에 기생하여 성숙하게 되어 교미를 하게 된다. 충체는 가늘고 긴 방추형이며, 뒤 끝의 고착반에 4쌍의 파악기를 가지고 있다.

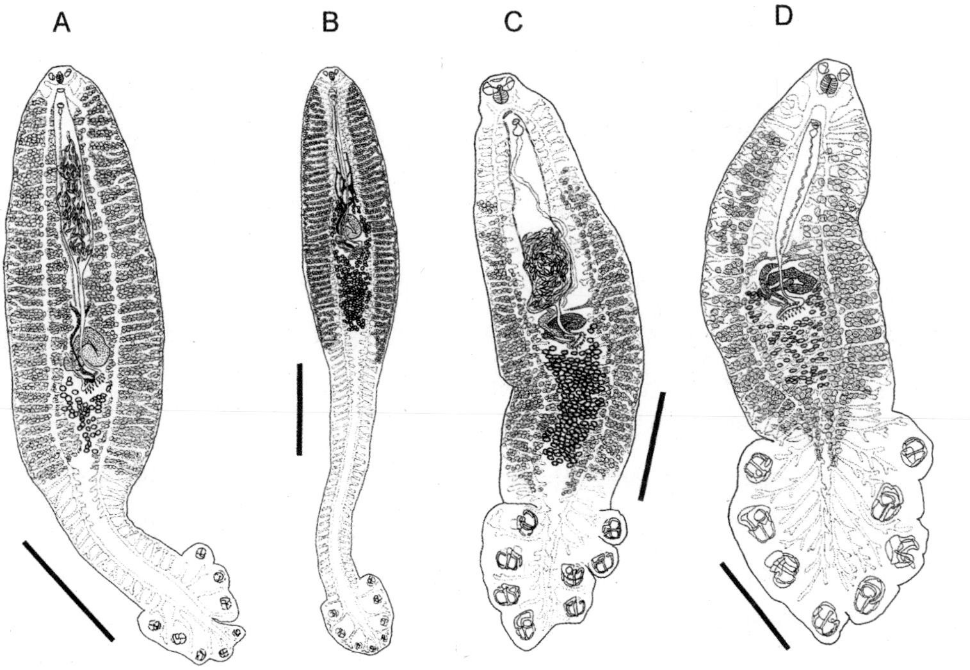


그림 3-176 복어류의 아가미에서 발견되는 4종의 *Heterobothrium*. A, *Heterobothirum tetrodonis*; B, *H. okamotoi*; C, *H. yamagutii*; D, *H. shinagawai*. Bars = 3 mm in A and B, 2 mm in C and D.

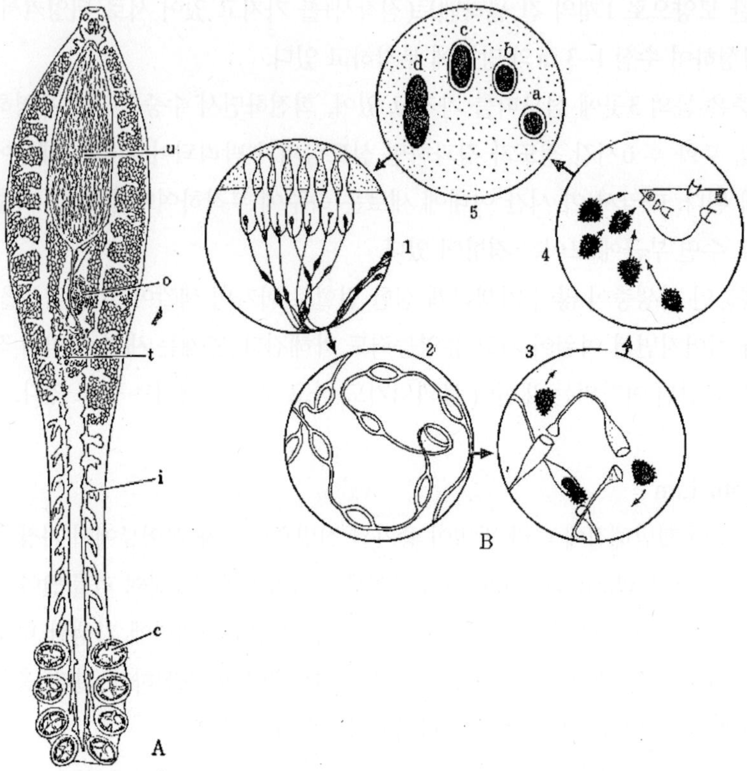


그림 3-177 *Heterobothrium*의 성충(A)과 생활사(B).(Goto, 1894 와 Okamoto, 1963) c: 파악기, i: 장, o: 난소 t: 정소, u: 자궁. B 1: 기생하여 산란하는 성충, B 2: 숙주를 이탈한 난, B 3: 부화, B 4: 온코미라시디움의 감염, B 5: 숙주에 도달한 온코미라시디움과 발달 단계.

성충은 뒤쪽 반 정도를 새강 벽 내에 삽입시킨 형태로 기생하면서 흡혈하게 된다.

기생충의 난은 황록색의 방추형으로 양끝에 필라멘트를 가지고 있어 성체에서 산란될 때 1,000개 이상의 난이 서로 연결된 염주 모양의 난 덩어리를 형성하여 어류가 헤엄치는 동안에 가두리의 망목이나 부유 해조 등에 부착된다.

난각 내에서 발생이 진행되어 섬모를 가진 자충이 만들어져, 난 뚜껑이 열리면서 헤엄쳐 나와 감염능력이 있는 자충으로 된다. 이 섬모를 가진 자충은 숙주에 도달하게 되면 섬모는 소실되고 막 모양의 껍질을 만들어 그 속에서 성장한다. 어느 정도 커지면 막 모양의 껍질은 사라지고 편평하면서 혀 모양을 한 성체와 비슷한 모양으로 된다.

감염 초기의 충체의 크기가 작을 때는 새엽에 기생하지만, 커지면 새강 내의 육질부로 이동하여 몸 뒷부분의 파악기를 사용하여 육질부 깊숙이 고착함으로 심한 염증반응이 일어나고 뒤이어 환부를 통하여 해수가 침투하기 때문에 기생부위는 괴사되면서 썩게 된다. 보통 몇 마리가 모여서 군데군데 집중적으로 기생하게 됨으로 고착 부위의 밀려 올라온 주변 조직 속에 몸의 후반부를 묻고 있는 것처럼 보인다.

기생충의 흡혈 때문에 어류는 심한 빈혈 상태로 되고 식욕이 저하되어 점점 쇠약해진다. 또 아가미에는 점액이 과다하게 분비되고, 기생충이 붙은 새변은 끝부분이 붕괴되어 점액과

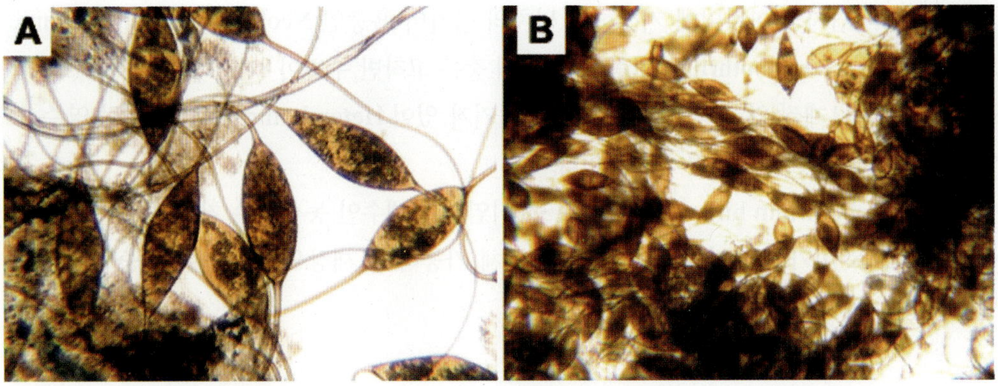


그림 3-178 자주복 감염 *Heterobothrium*의 난.

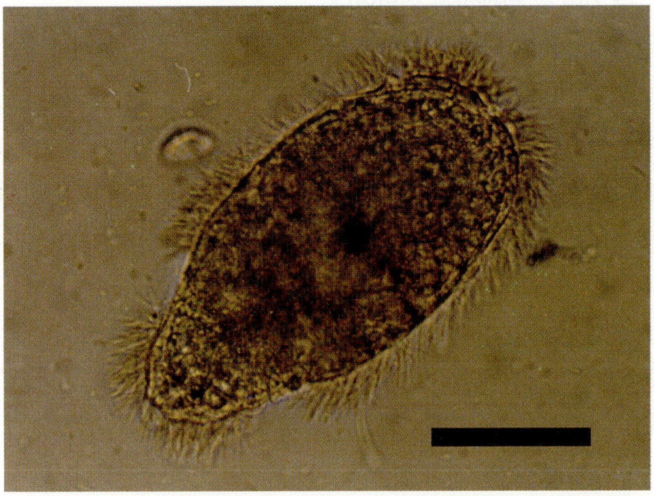

그림 3-179 Lugol용액을 적하 후 관찰한 *Heterobothrium*의 부화 유생. Bar = 50 μm.

뒤섞여 어류가 살아 있는 동안에도 썩은 냄새가 난다.

해부하여 보면 위 내벽이 문드러지고 위에 황록색의 액체가 고여 있으며 간장의 변성붕괴가 생겨 있는데, 이러한 것은 기생충의 기생에 의한 것인가는 명확하지 않다. 기생하고 있는 유충과 성충은 약제 및 삼투압의 변화에 저항성이 강하고 또한 숙주 특이성이 강하여 복어에만 기생하고 있다.

병어의 새변에 부착한 유생, 새강 벽의 성충은 약제나 삼투압에 저항성이 강하며, 충체의 일부를 숙주에 삽입함으로 충체가 쇠약해도 탈락하는 일은 거의 없다.

과산화수소 제제의 약욕은 새변에 부착한 미숙 유생은 효과가 있지만, 새강 벽으로 이동한 성충은 효과 없음으로 새강 벽으로 이동하기 전에 구충하면 효과적이다. 그럼으로 기생 유생이 아가미에 머무는 기간은 약 1개월임으로 1개월에 한 번씩 구충작업 실시하면 매우 효과적이다. 약제는 Benzimidazole계 화합물인 febantel의 경구투여 또는 망갈이가 대책으로서 효과적이다.

한편 양식 넙치의 아가미에 기생하는 넙치의 아가미 흡충인 Neoheterobothrium hirame의 기생생태는 Heterobothrium과 동일하다. 이 충은 고착반 주변이 8개로 나누어져 있고, 그 끝에 파악기가 1개씩 있고, 난의  양 끝에 긴 돌기가 있어 Heterobothrium의 난처럼 염주 모양으로 연결되지 않는 것이 큰 차이점이다.

Neoheterobothrium hirame의 치료는 3%식염첨가 해수인 농식염수 처리에 60분간 약욕이 효과적으로 아가미의 미숙 유생은 완전 구체 가능하며, 새강으로 이동한 성충도 일부는 탈락시킬 수 있다.

③ Microcotyle(= Bivagina)

당년산 또는 1년산 양식 참돔의 새엽에 Microcotyle(= Bivagina) tai가 기생하여 극도의 빈혈을 일으키는 저수온기에 잘 발생하는 질병이다.

충체는 좌우 대칭의 가늘고 긴 버들잎 모양이다. 충체의 앞쪽 끝에 2개의 흡반과 뒤쪽에 30~50개의 파악기를 가지고 있다.

난은 갈색의 방추형으로 양끝이 뾰족하며 각각의 끝에 필라멘트가 뻗어 나와 있다. 필라멘트 중 1개는 짧고 1개는 긴데, 긴 것을 사용하여 물체에 부착하게 된다. 산란된 난은 최초에는 새엽에 덩어리로 되어 부착되어 있지만 나중에 아가미에서 떨어져 나와 가두리의 망목에 부착하게 된다.

충체는 보통 흑갈색을 띠고 있기 때문에 육안으로도 식별이 가능하지만 극도로 빈혈을 일으켜 아가미가 백색으로 변한 경우에는 충체도 반투명에 가까운 상태임으로 육안 식별은 곤란하게 된다. 일반적으로 극도의 빈혈로 활기가 없으며 여위어 있고 폐사가 생기는 경우도

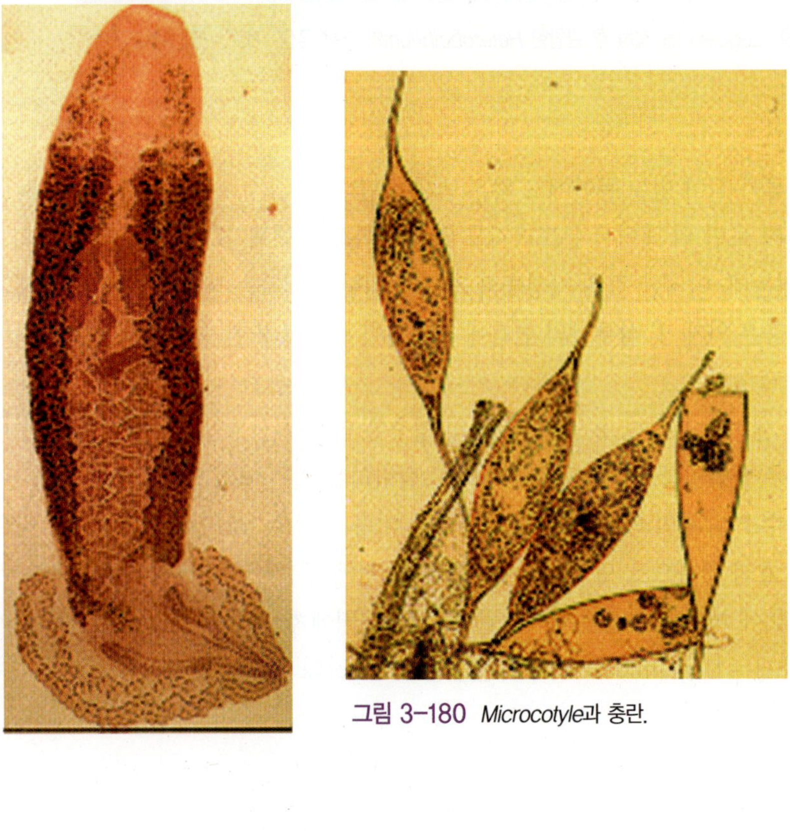

그림 3-180 *Microcotyle*과 충란.

있다.

치어나 1년생 참돔에 많이 기생하고 1년생 이후에는 그다지 문제가 되지 않으며, 기생된 병어는 세균 감염증이 함께 발생하는 경향이 많다. 다른 기생충과의 다른 점은 겨울철에도 피해가 심각한 것을 들 수 있다.

흡혈 때문에 병어는 심한 빈혈 상태로 되고 중증일 때는 아가미 전체에 핏기는 찾아보기 힘들고 간과 신장도 퇴색되어 있다. 일시적으로 대량 폐사하는 경우는 드물지만, 장기간에 걸쳐 폐사가 지속되고 기생에 의해 생긴 상처를 통한 세균의 2차 감염에 의해 체표에 궤양이 형성되기도 한다.

최근 쏨뱅이에도 Microcotyle sebastes가 아가미의 새변에 기생하여 폐사하고 있는데 병어는 외관상 뚜렷한 증상이 없지만 기생충의 흡혈 때문에 아가미와 내장기관이 백색에 가까운 상태로 심한 빈혈상태로 되어 쇠약해져 서서히 죽어간다. 치료는 7%식염첨가해수에 3분간 2일 연속 침지하던가 1% 포르말린에 1분간 약욕시키면 치료할 수 있으나 어체에 심한 영향을 미침으로 주의를 요한다.

④ Chriocotyle

Choriocotyle elongata가 참돔의 구강벽 특히 양턱 내의 벽 부근에 많고 구강 중앙부나 구강 깊은 곳에도 보이는데 때로는 새궁 및 새파에도 기생하는 수도 있지만 새엽에는 기생하지 않는다.

충체는 진한 회갈색이며 파악기는 4쌍이다. 난은 방추형이며, 한쪽 끝이 돌출되어 있어 덩어리를 형성하여 새엽에 부착한다. 병어는 심한 빈혈을 일으켜 활력이 없으며 점차 여위어 폐사하게 된다. 담수에 3분간 담구는 것이 가장 효과적인 치료법이다.

## 2) 흡충류(Digenea)

자웅동체가 대부분이며 최종숙주는 포유류이지만 어류는 중간숙주이면서 최종숙주로도 된다.

어류를 종숙주로 하는 경우에는 소화관의 관공에 기생하는 것이 대부분이지만 혈관 내에 기생하는 혈관내흡충도 있다.

어류를 중간숙주로 하는 경우에는 피낭이 없는 경우도 있지만, 거의 대부분이 어류의 여러 조직이나 기관 내에 피낭에 둘러싸인 metacercaria로서 존재하게 된다. 종에 따라 기생부위가 거의 일정하지만 크기는 매우 다양하고, 구흡반과 복흡반의 2개의 흡반을 가지고 있는데, 입이나 생식기관의 위치를 기준으로 분류하고 있다.

중간숙주는 보통 2단계 이상으로 제 1중간숙주는 권패류 드물게는 환형동물로서 어류는 종숙주 또는 제 2중간숙주이다.

흡충류의 생활사의 개략을 살펴보면 단생목과 차이가 있다. 난에서 부화한 자충인 miracidium은 체표에 섬모를 가지고 있어 물속을 헤엄치면서 제 1중간 숙주(패류)의 조직 내에 침입하여 섬모가 탈락되면서 변태하여 주머니 모양의 sprocyst로 된다.

이것의 몸 벽에 있는 많은 배세포가 성숙하여, 단위 생식으로 발생하여 많은 수의 주머니

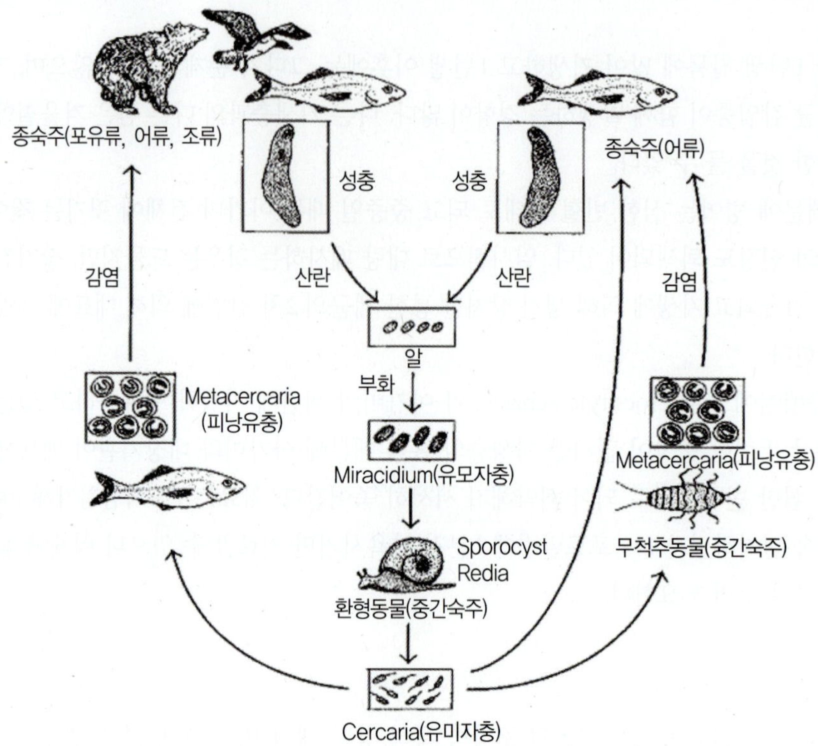


그림 3-181 흡충류 생활사의 모식도.

모양의 redia로 변태하고, 이것이 다시 성숙하여 단위생식으로 발생하여 운동성이 있는 cercaria(유미유충)로 된다.

Cercaria는 운동성이 있는 꼬리를 가지고 있기 때문에 숙주에서 떨어져 나와 수중을 다시 유영하면서 제 2중간 숙주인 어류를 찾게 된다. 어류에 도달하게 되면 꼬리는 탈락하고 어류의 조직내로 들어가 스스로 분비물을 생산하여 피낭을 만들어 metacercaria(피낭유충)로 된다.

피낭 내에서 어느 정도 성장하게 되면 비로소 최종 숙주에 감염할 수 있는 능력을 갖추게 된다. 종숙주가 메타세르카리아를 가진 중간숙주를 섭취함으로서 감염이 성립되게 된다.

**표 3-5 흡충류와 조충류의 차이점**

| 구분 | 흡충류(tremadoda) | 조충류(cestoda) |
|---|---|---|
| 실질기관 내의 석회질성 구상체 | 없음 | 있음 |
| 체절 구조 | 체절 없음 | 있음 |
| 소화관 | 있음 | 없음 |
| 부착기관 | Oral or ventral sucker | Scolex |
| 충체 외막 | 엷은 cuticle | 두꺼운 층상 cuticle<br>(기저막 있음) |
| Cuticle하부 근육층 | 있음 | 없음(실질기관 내에 근육층) |
| 생식기관 | 독립 | 식별 곤란 |
| Body spine 또는 papillae | ± | |
| 생식기관 | + | 각 체절에 암수 생식기 |

### (1) 흑점병

이생목 흡충류인 Metagonimus yokogawai(요코가와흡충)의 메타세르카리아가 은어의 비늘이나 체표층에 기생함으로써 기생표면의 체표에 작은 검은 점이 나타나는 병이다.

자연산 은어에는 널리 기생하지만, 양식 은어에도 다슬기 등이 많이 서식하는 저수지, 샘물 또는 하천수를 사용할 경우에는 발생한다.

제 1중간숙주는 다슬기, 제 2중간숙주는 어류, 제 3중간숙주는 사람을 포함한 포유류로 장의 점막이나 점막하조직에 기생하게 된다. 붕어나 금붕어, 잉어에 기생하는 것은 M. takahashi (다카하시흡충)로 은어에 기생하는 것과 다른 종이다. 또 붕어에는 Posthodiplostomum cuticola가 감염되는 경우도 있다.

메타세르카리아는 비늘 내에 기생하며 많을 때는 1개의 비늘에 5~6마리가 기생하고 있는 경우도 있으며 때로는 구간부 근육의 표면에 가까운 근육 내에 기생하고 있다. 이러한 기생충의 감염에 의해 생기는 체표의 흑점은 흑색색소포의 증생에 의한 것이 아니라 기생충의 메타세르카리아 체내의 배설낭 속에 있는 배설 과립이 외부에서 보면 검게 보이기 때문이며 감염된 병어에는 별다른 나쁜 영향을 끼치지 않는 것 같다.

봄철 수온 14°C이상 상승하면 하천에 서식하는 중간숙주에서 세르카리아가 방출되기 시작하여 25°C가 가장 많이 방출된다. 그럼으로 감염은 봄-여름에 이루어지게 된다. 감염어의 어류에 대한 영향이 적지만, 사람이 섭취시의 식품위생학적인 의미가 더 크다

진단은 흑점으로 보이는 부분의 비늘을 현미경으로 검경하여 시스트내의 메타세르카리아를 확인하여야 하며, 치료 대책은 없다.

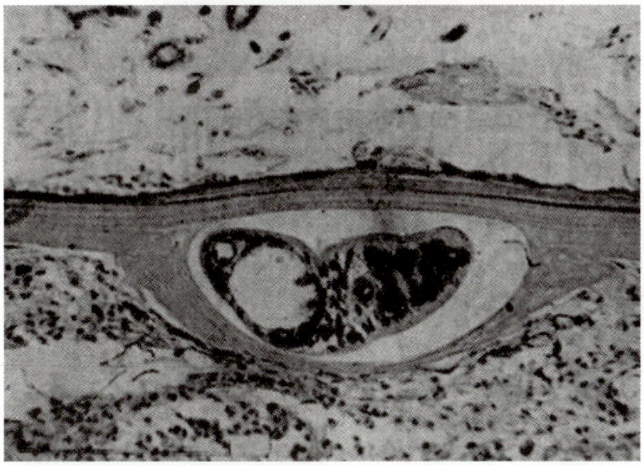

그림 3-182 기생된 비늘의 단면. 빈공간 내에 metacercaria가 기생.

### (2) 송어류의 흡충성 백내장증(Diplostomiasis)

Diplostomium sp.는 양식어나 야생어의 안구에 기생하여 생기는 질병으로 특히 육상에서 양식중인 무지개송어에 Diplostomum spathaceum의 메타세르카리아가 송어류의 안구내에 기생함으로 안구가 백탁됨으로 흡충성 백내장이라 한다.

최종숙주인 조류의 변과 함께 배출되어 제 1 중간숙주를 거쳐 세르카리아로 된 다음, 어류

그림 3-183 무지개송어의 백내장.

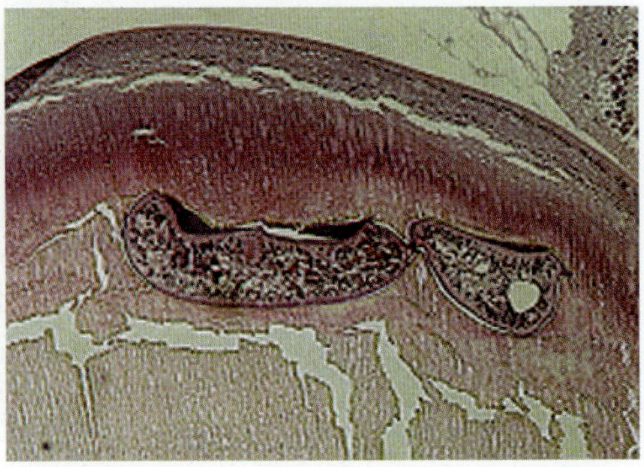

그림 3-184 안구 내에 감염된 cercaria.

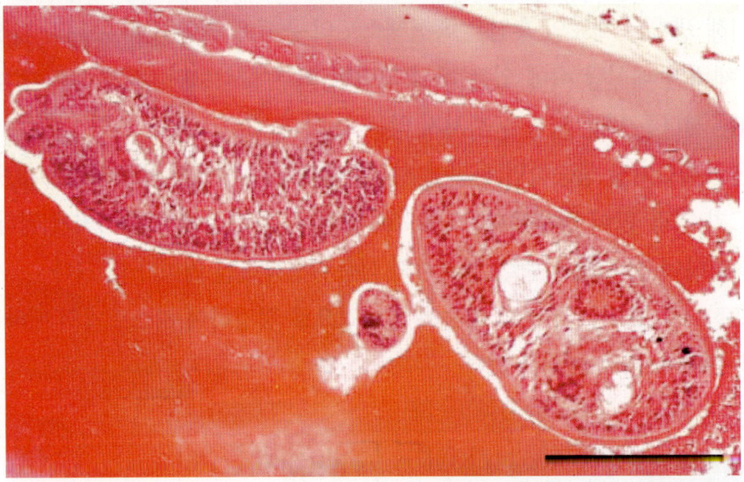

그림 3-185 무지개송어의 안구 렌즈내의 *Diplostomum spathaceum*의 메타세르카리아. H&E, 25 μm.

에 안구에 들어가 렌즈 내에서 메타세르카리아로 되고, 이것을 조류가 먹게 되면 조류의 소화관 내에서 성충으로 된다.

안구에 감염된 메타세르카리아의 수가 많은 병어는 안구돌출, 안구내출혈, 백내장 및 성장저하가 일어나며 만성적으로 감염된 병어는 안구의 백탁과 안구부근의 함몰 및 망막의 박리가 일어난다.

성숙한 기생충체는 병어를 잡아먹은 조류의 소화관에서 발견되는데, 조류의 변을 통하여 수중으로 방출된 다음 부화하여 섬모가 있는 miracidium으로 된다. 미라시디움은 달팽이(Lymnea sp.)에 침입하여 4~10주 정도 성숙한 다음 sporocyst에서 세르카리아를 수중으로 방출한다.

수중으로 방출된 세르카리아는 활발히 유영하면서 어류에 침입하여 metacercaria로 변하게 된다. 메타세르카리아가 형성된 안구는 안구 상피의 액화와 증식이 일어나 실명하게 됨으로서 포식자인 조류에 잡아먹히게 된다.

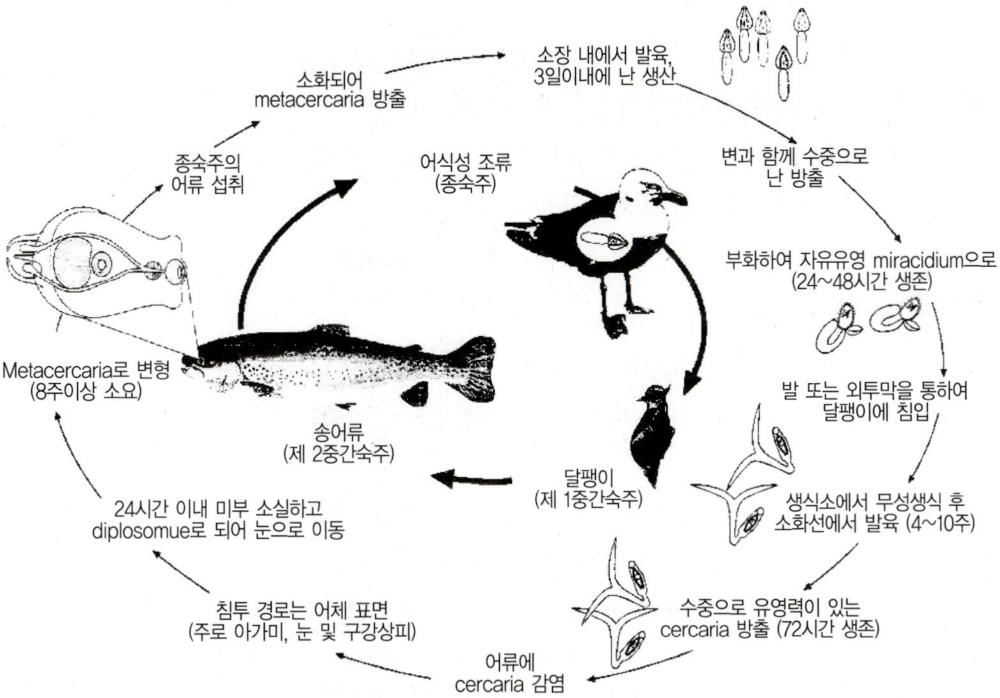


그림 3-186 *Diplostomum spathaceum*의 생활사 모식도.

가장 손쉬운 진단법은 실명한 안구의 렌즈 내를 검경하여 충체를 확인하는 것이다. 뚜렷한 치료 대책은 없음으로 중간숙주를 차단하기 위하여 양어지 내의 권패류를 제거하는 것이 최선의 방법이다.

### (3) 해산어의 흡충성 선회병

흡충류 Galactosmum의 메타세르카리아가 방어나 돌돔의 간뇌에 기생함으로써 발광하다가 죽게 되는 병으로 주 발생시기는 8~9월경이다.

어류는 제 2중간숙주로 최종숙주인 갈매기에서 배출된 난이 해수 중에서 부화하여 제 1중간수주인 해산 고동류에 침입한 다음, 세르카리아로 되어 제 2중간 숙주인 방어, 돌돔, 멸치, 전갱어, 복어, 까나리 등의 어류에 기생하면서 메타세르카리아로 되는 것으로 추정하고 있다. 참돔에 감염된 보고는 없고 대개 1년어에 감염되는 것 같다.

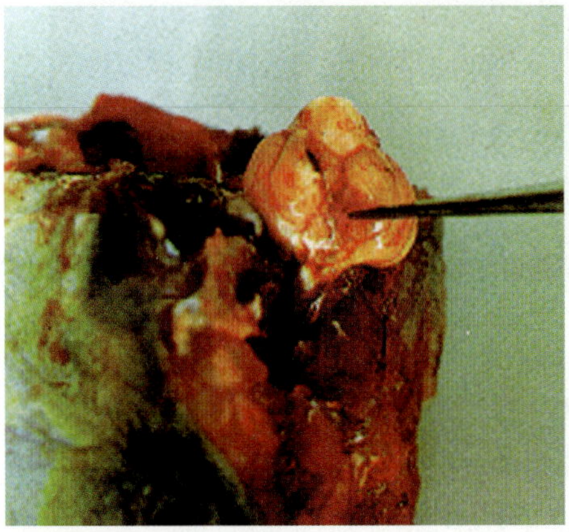

그림 3-187 방어의 간뇌.

병어는 외관 또는 내장기관에도 이렇다 할 변화는 없고 수면 가까이를 발광유영하다가 어체에 경련을 일으키면서 선회하다가 결국은 1~2일 이내에 죽게 된다. 광란의 상태는 어종에 따라 약간의 차이가 있어 돌돔과 방어의 경우에는 심하지 않다.

기생 부위인 간뇌는 기생충의 메타세르카리아가 주변 신경을 압박함으로 변성 괴사하게 되나 다른 내부 장기에는 별다른 이상은 생기지 않는다.

역학적으로는 일본 대마도와 우리나라 남해안에 존재하고 있는 것이 확인되었으며 8월 상순~9월 상순의 24~27° C일 때 발병하지만 대책은 없다.

### (4) *Clinostomum*증

금붕어, 붕어 및 미꾸라지에 발생하는 질병으로 Clinostomum complanatum이 1년어의 두부, 가슴지느러미 또는 배지느러미의 기부 부근의 결합조직 내, 근육표층 등에 기생함으로 생기는 병이다.

충체는 얇은 피막에 쌓여 있는데 기생개체가 적을 때는 외관상 이상을 발견할 수 없지만, 많이 기생하게 되면 기생부위가 융기되며, 어류의 성장은 저하된다.

이 충은 흡충 중에서도 비교적 큰 것으로 피막을 제거하고 충체를 끄집어 내면 신축을 반복한다. 종숙주는 백로와 같은 어식성 조류로서 이들의 구강이나 식도에 기생함으로 이들이 양어지에 날아들지 못하게 하거나 제 1중간숙주인 권패류를 양어지나 수로에서 번식하지 못하게 하는 것이 중요하다.

미꾸라지에 감염된 경우에는 피하나 근육 속에 1.5~2.0 mm정도의 작은 황백색 종유가 돌출하여 어류는 상품가치를 상실하게 된다.

충체는 2개로 접힌 상태로 피낭 속에 들어 있어 하부의 근육층을 압박하기는 하지만 치명적이지는 않고, 대량으로 기생하게 되면 성장이 느려진다. 단 치어인 경우 폐사하는 경우도 있다. 이 충이 감염된 어류를 생식하게 되면 사람에게도 감염된다고 한다.

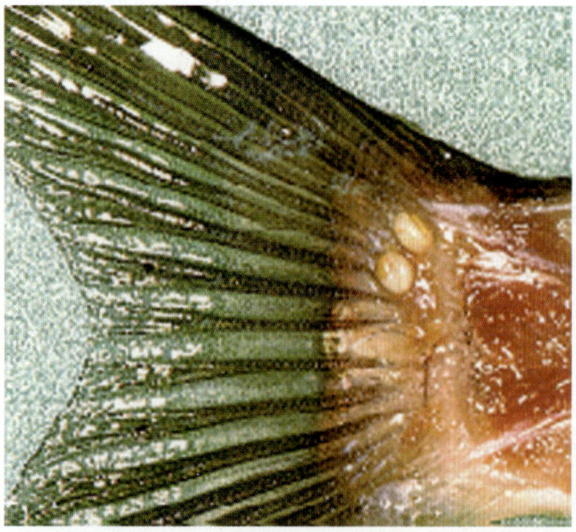

그림 3-188 피막에 싸여 피하에 기생하고 있는 충체 (붕어).

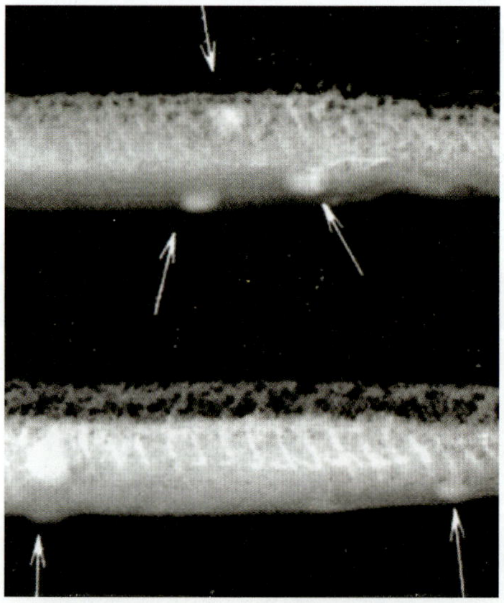

그림 3-189 체표에 종유가 돌출된 병어.

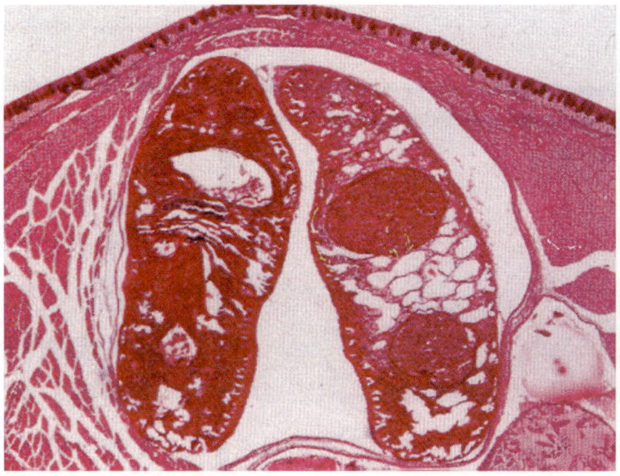

그림 3-190 피하의 피낭 속에 들어 있는 충체.

## (5) 혈관내 흡충병

### ① 잿방어

입새동맥과 심장 내에 크기가 2~3 mm인 가늘고 긴 편평한 형의 흡반이 없는 흡충인 Paradeontacylix grandispinus와 P. kampachi가 기생하게 된다. 현재는 잿방어에만 감염되고 있으며 다른 종에 기생한 예는 없다.

충체 옆면의 배 쪽에는 소극이 발생하여 있다. 사어나 빈사어의 아가미는 심장과 아가미에 기생하고 있는 기생충이 산란한 충란으로 가득 채워져 있는데, 심장이나 아가미의 혈관에도 기생충이 충만되어 있으며, 난은 심근에서도 발견된다. 난은 타원형으로 약 50 μm정도로 출새동맥에서는 발견되지 않는다.

새변의 동맥은 감염하고 있는 기생충이 산란한 난이 충만되어 모인다. 이 때문에 동맥의 내피세포가 증생되어, 유두상의 돌기를 형성하기 때문에 동맥의 관공이 좁아지게 됨으로 새박판으로 들어오는 혈액의 흐름이 방해를 받아 어류는 질식하게 된다. 충란 주변을 류상피세포가 둘러싸면서 결절이 만들어지지만, 아가미에서는 대부분이 정상적으로 발육하여 부화된다.

### ② 비단 잉어

흡충인 Sanguinicola의 감염에 의한 것으로 감염에 의한 직접적인 병해는 없지만, 저산소에는 약하게 된다. 그러나 주요 내장의 혈관 내에 기생하며, 기생충의 난을 둘러싸는 육아종이 형성되기 때문에 장기의 기능은 저하될 수밖에 없다.

진단은 새변을 절취하여 검경하여 충체를 확인할 수 있지만 병리조직학적 검사도 병행하여야만 한다.

병어는 외관상 증상은 없지만 병리조직학적으로는 아가미 새박판의 유착 및 새변의 곤봉화, 기새충의 알, 미라시디움을 둘러싸고 있는 육아종이 관찰된다. 이러한 육아종은 아가미뿐만 아니라 심장, 간장, 신장, 비장, 소화관 및 체측근 결합조직에서도 관찰된다.

충체로 보이는 것들이 아가미의 입새동맥, 간장과 신장의 동맥, 심장에서 관찰되며, 때로는 동맥의 내피가 증생되어 있다.

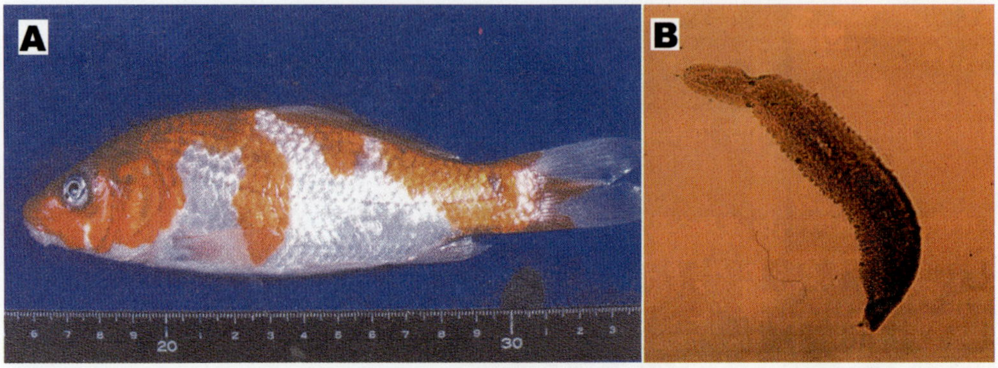


그림 3-191 혈관내 흡충에 감염된 비단잉어(A)는 외부 증상은 없지만, 아가미를 검경하면 충체(B)를 발견할 수 있다. 알코올 고정 표본.

## 3) 조충류(Cestoda)

자웅동체이며 종숙주는 어류를 포함한 척추동물의 소화관이다. 중간숙주는 1단계 또는 2단계로 제 1중간숙주는 갑각류 또는 연체동물로서 어류는 종숙주 또는 제 2중간숙주도 된다.

성충은 두절부, 경부 및 체절부의 3부분으로 되어 있으며, 두절부에는 침, 흡반, 흡엽 및 흡구 등 고착 또는 흡착에 필요한 기구가 있는데 이것이 분류상 중요한 형질이다.

성충의 몸의 대부분은 체절부분으로 같은 구조의 체절이 수없이 많이 연결되어 있다. 체절은 경부에서 만들어지는데, 경부에서 멀어질수록 성숙되어 있다. 각 체절에는 암수 1조의 생식기가 있다. 종숙주에 감염되기 위해서는 반드시 중간숙주를 섭취할 필요가 있다.

종숙주 내의 성충이 산란하면 수중에서 부화하여 자충이 되어 중간숙주에 섭취되어 1~3기까지 발육한다. 3기 유생의 전단부에는 종숙주에 침입하기 위한 천치(booring tooth)가 생

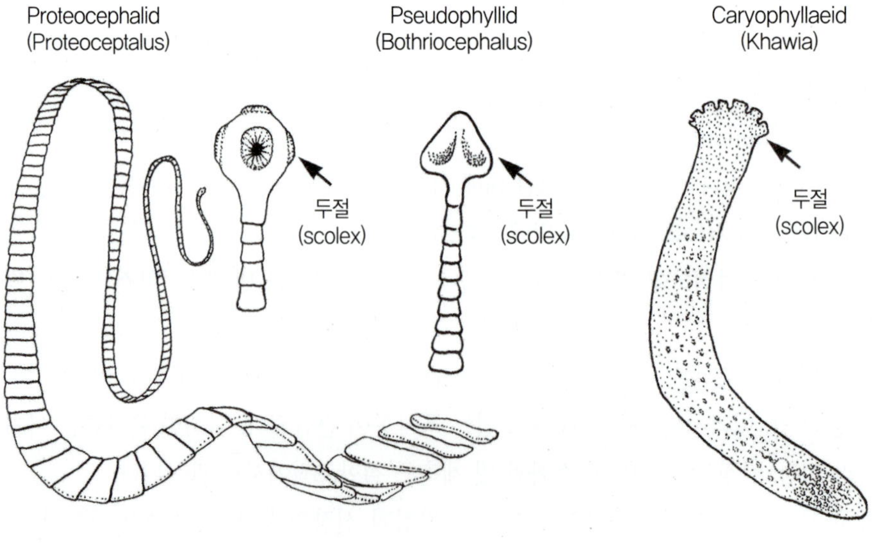


그림 3-192 전형적인 조충류(Eucestoda)의 모식도.

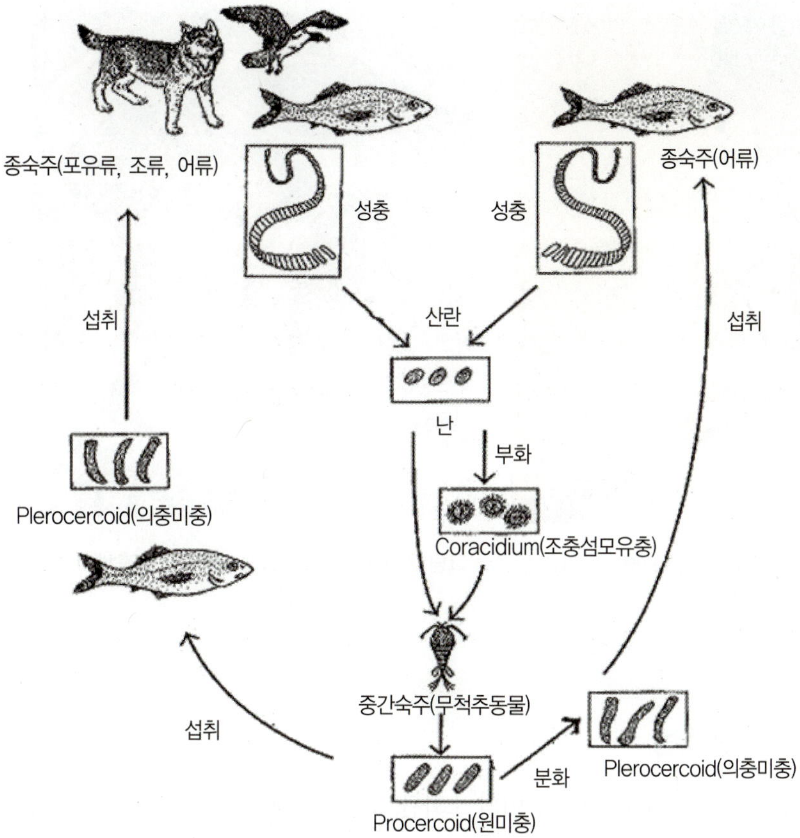


그림 3-193 조충의 생활사의 모식도.

겨나오고, 종숙주에 침입하여 2회 탈피한 다음 성충이 된다.

어류가 종숙주인 경우 중간숙주인 갑각류를 섭취한 경우이며, 이때 중간숙주인 갑각류가 운반숙주인 소형어류에 포식되고 이것을 종숙주인 어류가 섭취한 경우도 해당된다. 운반숙주의 체내에서는 소화관을 관통하여 각종 조직으로 옮겨가서 3기 유생인 채로 피낭에 쌓이지만 탈피는 일어나지 않는다. 어류가 중간숙주인 경우 제 3기 유생이 조직이나 관공 내에 기생하게 된다.

## (1) 잉어의 흡두조충

Bothriocephalus acheilognathi가 2개의 흡엽을 사용하여 잉어의 소화관에 흡착함으로 장상피가 결손되어, 점막고유층이 노출되며, 점막고유층이나 점막하조직의 여러 곳에 울혈과 출혈이 생기지만, 외관상 정상어와는 아무런 차이도 없다.

특징적인 삼각형의 두절(scolex)에는 부속기가 없는 대신에 좌우 양측에 흡구(bothrium)가 깊게 함몰되어 있는 것이 진단상 중요한 특징이 된다.

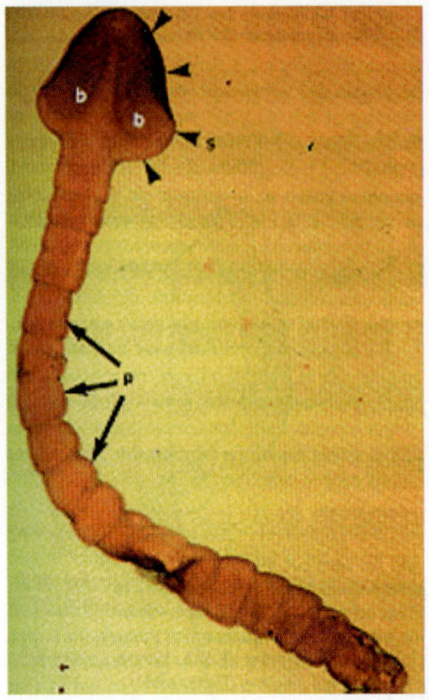


그림 3-194 흡두조충. 흡구(b), 두절(s), 편절(p).

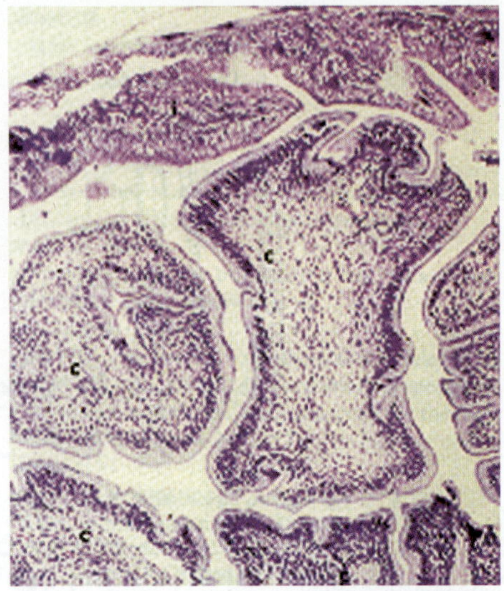

그림 3-195 장의 관공(i) 내에 충만된 충체(c). GS.

### (2) 은어의 배두조충병

Proteocephalus plecoglossi가 은어의 소화관, 유문수에서 관찰되며, 어류의 성장에는 아무런 영향을 미치지 않지만, 활어 수송할 때 생잔율이 떨어진다. 충체는 두부에 4개 두정부에 1개의 흡반을 가지고 있으며 체절은 20~50개 때로는 90개인 경우도 있다.

### (3) 방어의 낭충병

방어의 체강 내에 기생하는 것은 Callotetrarhynchus niponica의 유충인 충미충으로 순백색의 큐티클 모양의 얇은 피막과 종주근과 윤주근의 튼튼한 막에 싸여 앞쪽이 약간 두껍게 부풀어 오르고 뒤쪽은 약간 가늘어진 모양으로 격벽, 복강벽, 장간막, 부레 등의 막 사이, 위, 간장, 유문수 등에 피복된 상태 또는 복강 내에 유리상태로 피복되어 있다.

병어는 실험적으로 성장이 나빠진다. 자연산 전갱어 또는 까나리의 체강 내에 기생하고 있는 것을 방어가 섭취하게 되면 유벽을 뚫고 방어의 체강에 도달한 다음 성충이 되어 산란한다.

산란된 난이 부화하여 coracidium(육구유충, 六鉤유충)이 되고, 이것을 copepoda에 섭취되고 다시 전갱어에 섭취되게 된다. 예방책으로 자충이 들어 있는 까나리를 투여하지 말아야 하며, 냉동 까나리는 자충이 죽게 됨으로 투여해도 상관없다.

## 9 선형동물(Nematoda)

선충은 육상에서 수중에 이르기까지 다양한 환경에 적응하여 생활하고 있으며, 기생종도 많다. 자웅이체이며 몸은 원통형으로 큐티클로 덮여 있기 때문에 성장 과정에 탈피를 하게 된다. 난 속에서

1~2회 탈피한 다음에 부화하는 종도 있기는 하지만, 보통은 4회 탈피하고 제 5기가 성충이 된다.

제 1중간숙주는 갑각류이며, 어류는 제 2중간숙주 또는 종숙주가 된다. 4번 탈피한 후 제 5기가 성충이다. 어류가 종숙주인 경우 소화관과 같은 관공에 기생하는 것이 대부분이지만 Philometroides seriolae처럼 체측근에 기생하는 종도 있다. 또한 문절망둑의 체강에 기생하는 Hysterorhylacium haze는 중간숙주가 없이 충란이 문절망둑의 소화관 내에서 2기 유생으로 부화하고, 소화관 벽에서 3기 유생으로 변화하여 체강 내로 나와 성숙된다. 이때 갯지렁이나 소형갑각류가  부화유생의 운반숙주가 되는 경우도 있다. 문절망둑의 체강 내에서 성충이 산란하여 그곳에서 부화되어 체강 내에서 성충으로 성장하기 때문에 자가 감염이라고도 한다. 이 때문에 중간숙주가 없다는 것이다. 자가감염에 의해 기생 강도가 상승하여 숙주인 문절망둑이 사망하게 되면 충란과 부화 유생은 수중으로 방출되어 운반숙주에 섭취되어 새로운 감염원으로 된다. 선충은 중간 숙주 내에서 적어도 1회 이상은 탈피를 하지만 운반숙주인 경우 숙주의 체내에서 탈피가 일어나지 않는 숙주를 말한다.

어류가 중간숙주인 경우 선충은 3기 유생의 단계에서 어류의 조직 또는 관공 내에 기생하게 된다. 어류가 제 2중간 숙주인 경우 포유류와 조류가 종숙주가 된다.

충체의 체강 내에 들어 있는 소화관은 실질 기관 내에 관 모양으로 되어 있는데, oral opening, 인두, 장, 직장 및 항문의 부분으로 나누어져 있다. 액체로 채워져 있는 체강은 이동을 할 수 있도록 하며, 충체를 충체의 두부에서 미부로 절단하였을 때는 비세포성의 외피를 비롯한 선충류의 특징을 쉽게 관찰할 수 있다. 충체의 외피 cuticle은 다층으로 표면에 부속물이 있을 수 있다. 충체의 앞쪽 끝은 입주면 cuticle성의 부속물이 있는데 이것은 잘 절단된 표본에서만 발견할 수 있다. Hypodermis(=epidermis)라는 엷은 세포성의 층이 cuticle층과 근육층 사이에 있다. Hypodermis층은 근육층에 비해 매우 얇은 것이 보통이지만 일부의 종에서는 hypodermis층이 pseudocoelom속으로 돌출된 "lateral chords"라는 돌출부가 있다.

근육층은 치밀한 수축성으로 세포질은 매우 얇기 때문에 coelomyarian이라 불린다. 근육세포는 횡단면에서는 U자형이지만 체강 속으로 잘 뻗어져 나와 있다. 또 다른 근육으로 hypodermis내어 크지만, 수적으로 적은 platymyarian muscle이 드물게 체강 속으로 뻗어 있다.

조직 표본에서 소화관은 종의 동정 지표가 된다. 충체의 종단면에서 식도는 방사상으로 뻗어 있고 관공은 삼각형임으로 쉽게 확인할 수 있는데 때로는 과립상의 조직이 근육 사이에 흩어져 있을 경우도 있다. 내장의 상피세포도 종 분류에 중요한 지표가 된다. 상피세포는 대형의 다핵세포로 입방 상피 또는 원주 상피이다. 상피세포 핵의 크기와 위치는 중요한 분류상의 중요한 특징의 하나로 상피 표면의 microvilli의 존재와 microvilli 층의 높이가 중요한 형질이다.

생식관도 조직 표본에서 발견할 수 있는데, 대부분이 자웅이체로 암컷이 수컷보다 크기가 크다. 성숙 수컷은 vas deferens 내에 정자를 생산하는 정소로 이루어진 1개의 생식관이 있다. 정자는  HE에 호염기성 핵을 가진 소형, 난형의 호산성으로 염색된다. 암컷은 1개 이상의 생식관이 있으며, 난소에서 수란관이 나와 자궁으로 연결된다. 자궁에는 발육 단계의 난 또는

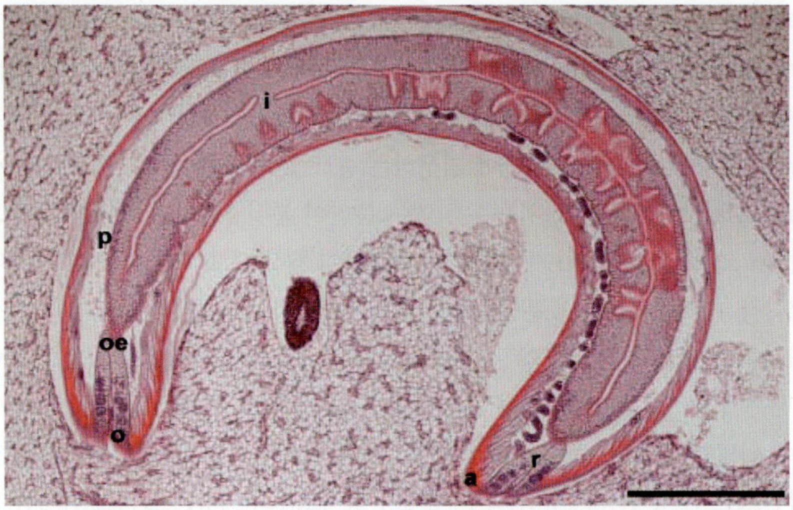


그림 3-196 Sand goby에 감염된 선충류의 종단면. 체벽과 소화관사의 빈공간인 pseudocoelom(p), 체강 내의 소화관은 관속에 관이 들어 있는 형태로 입쪽에 oral opening(o), 인두(oe), 장(i) 및 직장(r)과 항문(a)으로 나누어진다. H&E, 600 μm.

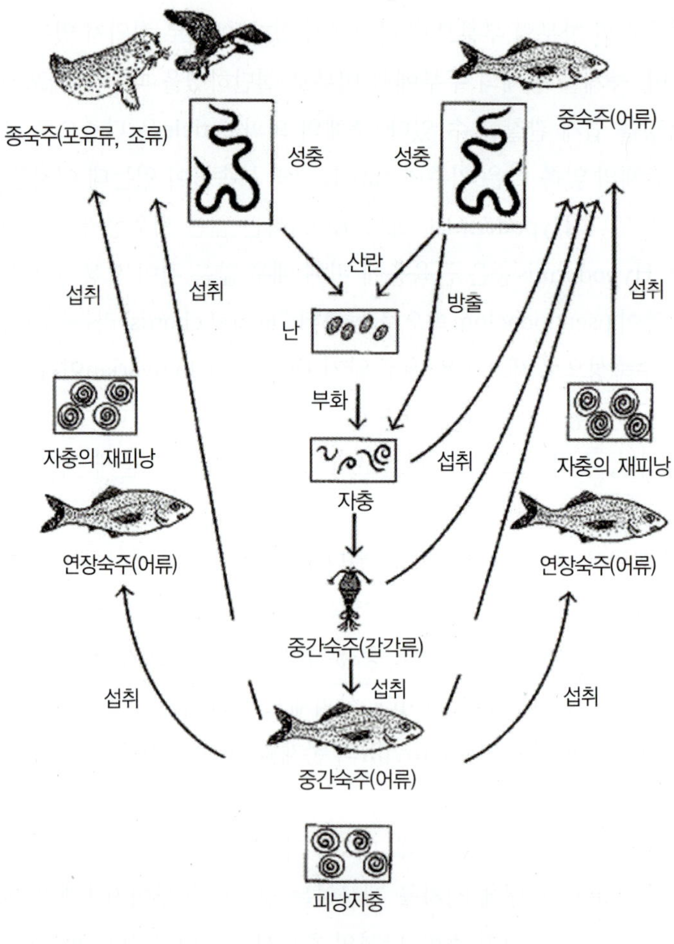


그림 3-197 선충의 생활사의 모식도.

배가 들어 있고 자궁의 끝부분을 seminal receptacle이라 하는데, 이전에 교접할 때 들어온 정자가 들어 있을 수도 있다.

## 1) 사상충병

### (1) 잉어

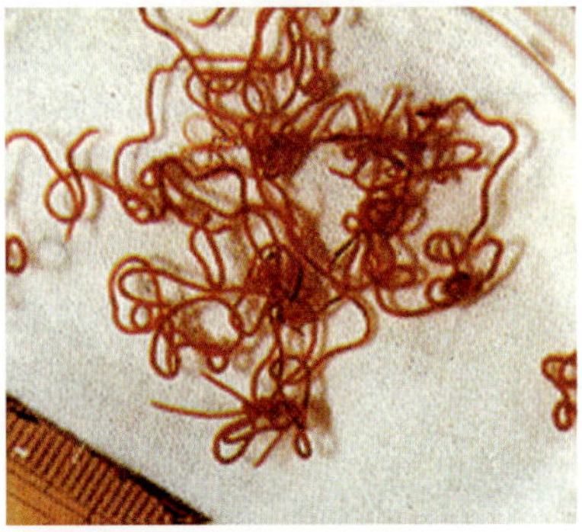

그림 3-198 잉어의 피부 선충.

붉은색의 실 모양의 선충 Philometroides cyprini의 암컷이 비늘 밑에 기생하여 생기는 병으로 암컷만 기생하며 일명 피부 선충병이라 부른다. 식용 잉어는 상품 가치가 떨어지지만, 성장에는 문제가 없다.

보통 한 곳에 2~3마리 기생하는데 비늘 밑에서 돌돌 말린 모양으로 덩어리를 형성하여 비늘을 위로 밀어 올리기 때문에 비늘이 탈락되기 쉽고, 기생 부위의 부분적으로 피부가 변색되거나 출혈이 생겨 세균이나 원충류의 2차 감염에 의한 장애가 생기는 수도 있다.

비늘 밑에 감염되어 있는 충체의 체강은 대부분을 자궁이 차지하고 있으며, 이 속에 난 또는 자충이 들어 있다.

수온이 17°C정도인 이른 봄이 되면 암컷의 자궁 내에 자충이 보이기 시작하여 10일 정도에 거의 난은 자충으로 변한다. 자충의 형성이 완료된 수온이 15~20°C에서 암컷의 충체 일부를 비늘 밑에서 어체 밖으로 내밀어 자궁이 파열되면서 갈색의 펄 모양의 자충 덩어리를 수중에 방출한다.

자충 방출시에 피부의 상처를 통하여 세균의 2차감염이 생길 수도 있다. 자충의 방출이 끝나면 어미의 충체는 죽어서 희게 변하여 어체에서 떨어져 나온다.

난은 부화되어 중간숙주인 검물벼룩에 감염되어 혈체강 내에서 6~7일 만에 감염자충이 된다.

어류가 중간숙주를 섭취하게 되면 중간숙주의 혈체강 내에 있던 3기 유생은 어류의 소화관에서 체강으로 빠져나와 1개월 동안 부레, 생식소, 신장 등을 돌아다니면서 성장하게 된다. 성장하면 암수의 구별이 가능해지며 성숙이 완료되면 교미하게 된다. 교미가 끝나면 암컷은 다시 어류의 비늘주머니내로 이동하여 암컷만 기생하게 된다.

### (2) 방어

Philometroides seriolae가 근육에 기생함으로 생기는 병으로 어류에 대한 영향은 거의 없다.

길이가 30~40 cm인 등적색의 대형의 선충이 근육 또는 혈합근에 둘둘 말린 상태 또는 근육이나 피하에 길게 늘어진 모양으로 기생하고 있다.

충체는 선홍색으로 원통형이며, 발견되는 것은 모두가 암컷이다. 봄부터 가을에 걸쳐 성숙한 암컷은 체표 부근으로 이동하여 충체의 일부를 어체 밖으로 내어 몸의 일부가 파열되면서

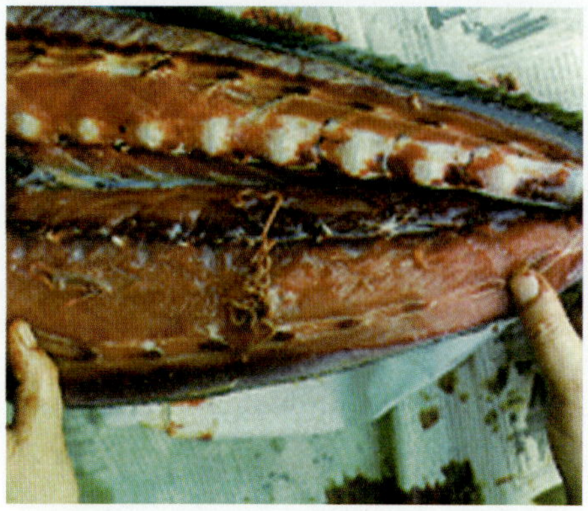
그림 3-199 방어의 혈합근속의 선충.

자궁 내의 자충을 수중으로 방출하고 성충은 죽는다. 이 때문에 여름철에는 자연 치유될 가능성이 높지만, 기생충이 기생함에 따라 복강내에는 황백색의 점성이 있는 액체가 고이던지 함으로 상품가치를 저하시킨다.

감염이 치어기에 일어나며, 감염어는 외부 증상이 없기 때문에 중간숙주를 차단하는 등의 방법을 강구할 수 없어 현재로서는 대책은 없다.

### (3) 참돔

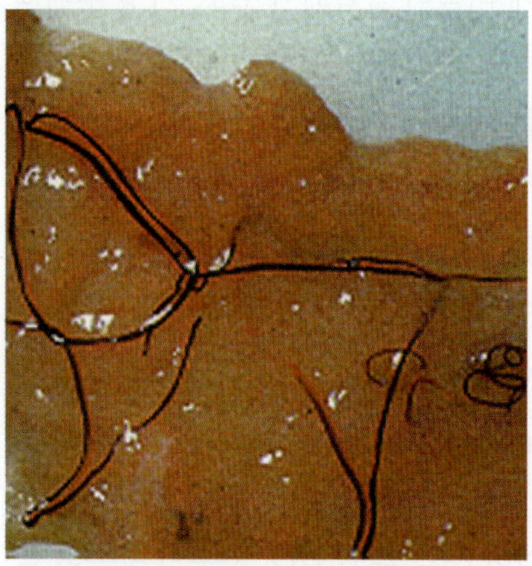
그림 3-200 생식소에 기생한 선충.

Philometra lateolabracis가 돔류의 암컷 생식소에 기생하는 것으로 2~3년어에 주로 기생한다. 현재는 농어나 벤자리에도 감염하는 것으로 보고되었으며, 자연산 흑돔의 부레와 체강 내에서도 검출되고 있다.

충체는 적색 또는 회흑색으로 늦은 봄에서 초여름에 체색이 검게 되고 복벽에 출혈반점이 생겨 활력이 없는 여윈 돔은 이 병에 걸린 가능성이 높지만, 숙주에 미치는 영향에 대하여는 명확하지 않다.

참돔에 감염되면 당세어의 소화관 내에서 미성숙선충이 여름철에 체강으로 이동하게 되고, 1년어가 되는 봄-여름에 생식소로 이동하여, 2세어가 되면 참돔도 성숙이 완료되고 기생 선충도 성숙이 완료되게 된다. 5~6월에 성충의 자궁 내에 유충이 발견되며, 7월에는 부레 내에 산란하고 죽어서 위축된 검은색의 충체가 발견됨으로 5~6월이 산란기로 추정되며,

### (4) 기타 선충

붉바리의 지느러미 안에 기생하는 P. pinnicola와 산란시에 숙주 밖으로 나와 몸을 파열시켜 자궁 내의 충란 방출하는 연어과 어류의 체강에 기생하는 P. oncorhynchi가 있다.

## 2) 뱀장어 부레선충병

뱀장어의 부레에 Anguillicola crassisus의 암컷이 기생하여 성장을 저해하며 때로는 폐사를 유발시킨다. Anguillicola crassus의 유충은 부레의 벽을 먹이로 하지만, 성충은 부레의 내부에 들어가서 혈액을 먹이로 취한다.

그림 3-201 혈액을 섭취하여 검게 보이는 부레 선충.

부레 선충의 감염과 항문의 색깔의 변화는 밀접한 관계를 가지고 있어, 감염 기생충의 숫자가 증가함에 따라 점차 노란색, 더 많은 경우에는 적색으로 변화한다.

해부하였을 때 부레에 감염된 충체가 외관상 암갈색으로 보이는 것은 흡혈성인 충체가 먹은 숙주의 혈액이 변색된 것이다.

많은 수가 기생하게 하여 부레를 채우게 되면, 부레는 확대되어 외관상 구간부의 배쪽이 팽대되어 보이고, 먹이 섭취는 불량하게 되며, 쇠약해져 죽게 된다. 또 부레가 팽대됨으로 내장기관을 압박하여 혈행 장애를 일으킨다. 부레 벽에도 염증이 생기고 심할 때는 부레가 파열되어 충체가 복강으로 유출되어 복막염을 일으켜 죽는 경우도 있다. 가장 심한 경우는 부레 내에서 충체가 파열되어 자충을 부레내에 방출한 경우로 부화 자충의 대부분이 부레벽 조직에 잠입하게 됨으로 점막층과 근섬유는 붕괴되고, 근막하의 결합조직은 침입한 자충 때문에 부풀어 오르며 심한 염증을 일으킨다.

산란 후 성체가 사망하게 되면 사망 충체의 붕괴물이 부레 내에 충만하게 되고 이어서 기도를 통하여 소화관에 유출되어 심한 염증반응을 유발한다. 충체의 감염에 의해 감염어는 부력조절기능이 장애를 받게 되어 성숙 친어가 산란장에 도달하지 못하고 폐사하게 됨으로써 수산 자원학적인 측면에서 문제시되고 있다.

감염상태는 종류에 따라 차이가 있어 유럽산이 한국산 뱀장어보다 감수성이 높은 것으로 알려져 있다.

부레 내의 성충은 부레 내부에 산란하거나 또는 2기 유생의 자충으로 산출하게 된다. 난에서 부화한 자충은 부레 벽을 침입하게 됨으로 부레 벽이 두꺼워지게 된다. 그 후 자충은 기도를 따라서 소화관으로 이동하여 변과 함께 수중에 방출된다. 중간숙주가 자충을 섭취하게 되고 이것을 뱀장어가 섭취하게 되면 뱀장어의 위벽을 통과하여 체강으로 이동하여 부레 내에 모이게 된다.

## 10 구두충병

구두충의 성충은 척추동물의 소화관 내에 기생한다. 자웅이체로 중간숙주는 1단계 또는 2단계이며, 제 1중간숙주는 갑각류이며, 어류는 제 2중간숙주로 되는 경우도 있고 최종숙주가 되는 경우도 있다.

어류가 제 2중간 숙주일 때는 수생 포유동물이 종숙주이며, 어류질병상 문제가 되는 것은 어류가 최종숙주가 될 때로 주로 기생하는 부위는 장이다.

구두충의 성충은 주둥이(probosci, 문부), 경부(목) 및 몸통(동부)의 3부분으로 되어 있다.

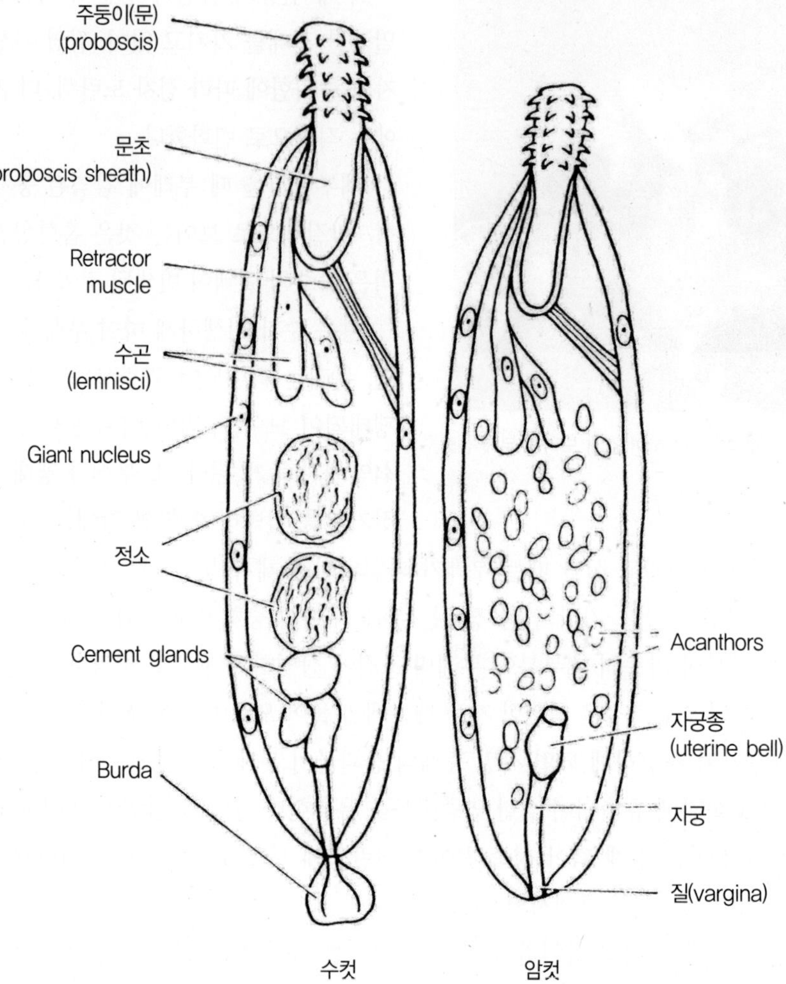


그림 3-202 구두충의 형태.

주둥이 부분은 원통형으로 밀생하고 있는 침으로 숙주의 소화관에 고착하여 기생한다. 충체의 주요 부분은 몸통부분으로 여기에 생식소가 들어 있으며, 몸통의 표면을 통하여 영양분을 흡수하기 때문에 입과 소화관이 없는 특이한 종이다.

Acanthocephalus의 생활사를 보면, 난은 타원형으로 알의 내부에 앞쪽에 3쌍의 갈고리와 체표에 가시를 가진 acanthor라는 유생이 들어 있어 부화하지 않은 채로 종숙주의 소화관을 통하여 수중에 방출된다.

수중에 방출된 난은 중간숙주인 요각류에 먹혀 소화관 내에서 부화한 acanthor유생은 소화관을 뚫고 체강으로 들어가 acanthella라는 유생으로 된다. 이것이 약충으로 성장하여 변태되어 성체와 거의 비슷한 형태를 갖춘 약충으로 발육한 다음, 숙주의 조직 내에서 피낭에 싸인 채로 휴면상태로 지내게 된다(cystacantth라 함). 이것을 어류가 포식하게 되면 소화관 내에서 탈피낭하여 기생하면서 성충으로 된다.

조직표본에서 주둥이 이외에 구두충을 특징지을 수 있는 것은 엷은 비세포성의 cuticle성 체벽과 유주근 및 종주근의 엷은 띠로 덮여, 여러 층의 섬유층으로 보이는 hypodermis이다.

충체의 종단표본에서 각피 밑의 각피아래 쪽으로 뻗어 있는 난원형 또는 원형으로 보이는 관망계(lacunar channel)가 관찰된다. 또 다른 독특한 특징은 충체의 앞쪽에 주둥이 인접하여 주둥이의 기부에서 몸통 내에 관에 수직으로 뻗어 있는 곤봉상의 주머니인 기능 불명의 수곤(lemnisci)이라는 돌출 부분이 있다는 것이 있고, 체표 밑의 각피하층 속을 달리고 있는 관망계(lacunar system)의 연장부가 수곤을 관통하고 있다. 구두충의 발견은 HE염색 또는 trichrome염색을 일반적으로 실시한다.

무지개송어의 경우에는 Acanthocephalus acantho가 겨울철에서 초봄에 걸쳐 소화관 점막하조직에서 주둥이(proboscis)을 삽입함으로 인해 장점막상피의 점액 분비 과다와 상피의 변성과 탈락을 동반한 만성 카타르성염을 유발하며, 유문수나 소화관의 점막하조직에 호산성 세포가 침윤되고 기생충성의 육아종이 생성된다. 그러나 외형상은 이렇다 할 이상은 찾아볼 수 없고 성장이 다소 불량하게 된다.

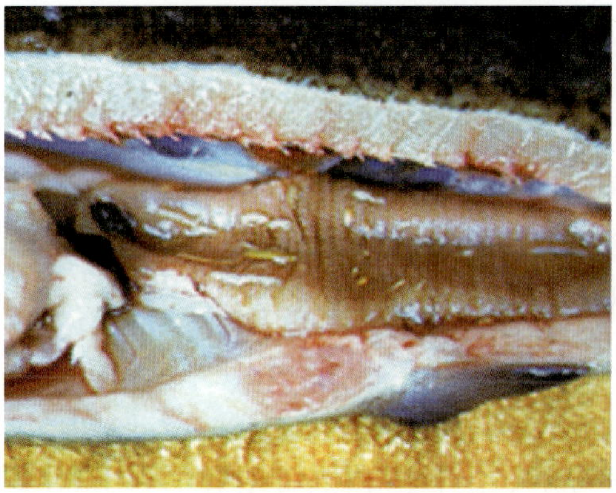

그림 3-203 절개한 무지개송어의 장.

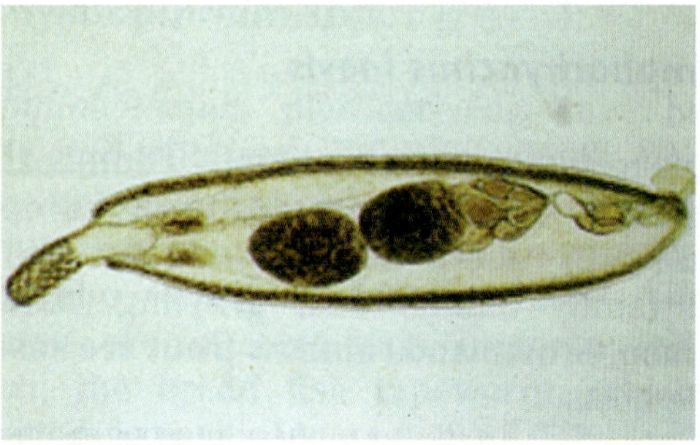

그림 3-204 충체.

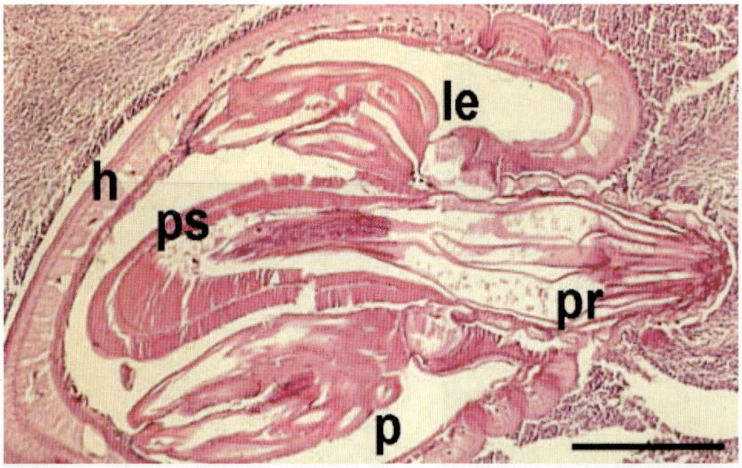


그림 3-205 소화관에 감염된 *Acanthocephalus* 암컷 앞부분의 횡단면. 가시를 가진 주둥이(pr), 문초(ps), 두꺼운 hypodermis(h)를 가진 체벽, 체강속으로 돌출된 2개의 맹낭 모양인 수곤(le). H&E, 100 μm.

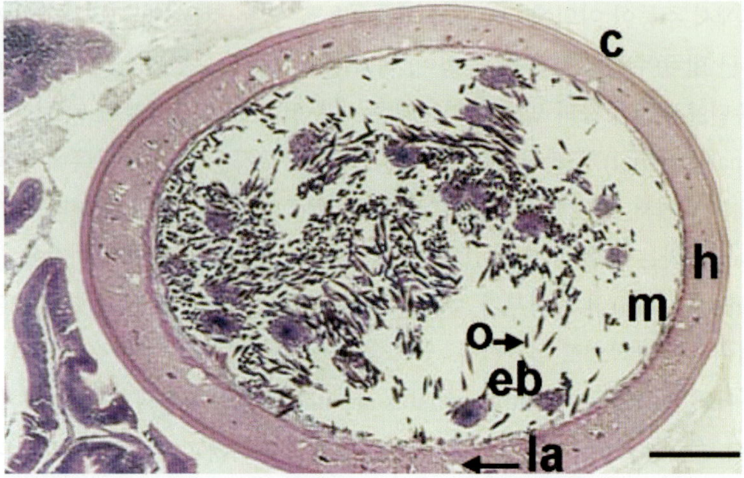


그림 3-206 장내 기생 *Acanthocephalus*암컷의 종단면. 비세포성의 외피(c), 여러 층의 섬유층으로 구성된 두꺼운 hypodermis(h), 관망계(lacunar channel, la), hypodermis 아래의 엷은 체근육층(m). 구두충은 소화관이 없어, 체강 내에 난(o)와 난에서 분화된 egg ball(eb)이 들어 있다. H&E, 100 μm.

성충에서 산란된 난은 방추형으로 소화관을 통하여 수중으로 방출된 다음 수중에 서식하고 있는 등각류인 물벌레에 섭취되며, 이것을 어류가 섭취하기 때문에 감염된다.

양어지 내에서 이 병이 발생하게 되는 근본 원인은 중간 숙주인 등각류의 증가라 할 수 있는데, 상류의 양어지에 등각류가 대량으로 발생하면 하류역의 양어지로 이 병이 확대된다. 또한 야생어에 기생한 구두충에서 나온 난이 양어지의 구두충의 공급원으로 될 수 있다. 물벌레의 먹이인 낙엽 등의 침강물을 제거하여 등각류의 발생을 억제하는 것이 양어장에서의 대책이다.

참돔의 경우에는 Longicollum pagrosomi가 직장의 상피에 경부까지 삽입하여 기생함으로써 상피에 발적과 출혈이 생기지만 먹이 섭취와 성장에는 영향이 없다. 그러나 충체가 다량으로 기생하게 되면 항문으로부터 직장이 돌출하는 탈장이 일어나며, 복부팽만과 항문부근에

그림 3-207 탈장을 일으킨 참돔.

그림 3-208 동부가 등황색인 충체.

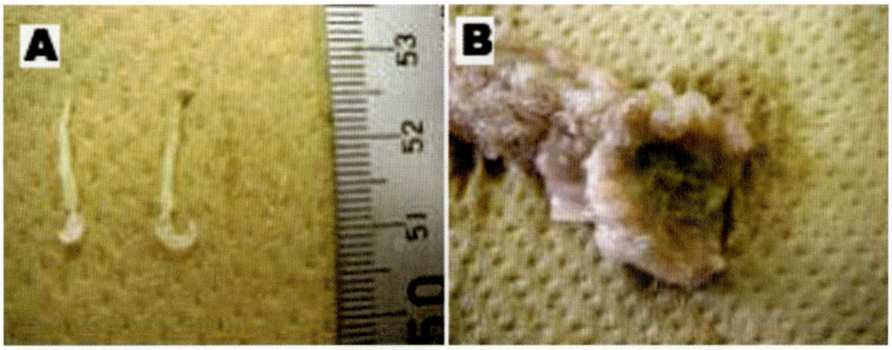


그림 3-209 A: *Longicollum pagrosomi*의 충체, B: 대량으로 기생한 참돔의 소화관.

발적이 생긴다. 때로는 충체가 소화관을 뚫고 나와 소화관 밖에서 보일 때도 있다. 중간숙주는 가두리에 부착하여 수중 소동물 또는 수중 현탁물을 먹이로 섭취하는 단각류로서 충체의 충란을 먹이로 섭취하게 된다. 이 종은 참돔 이외에도 감염되지만, 이런 어류에서는 완전히 성숙하지 못하는 것으로 알려져 있다.

Longicollum pagrosomi생활사는 수중에 산란되어 부유하고 있는 난이 갑각류인 포식되어 체강 내에서 감염단계인 siswtoacantho유생으로 성장한다. 이때 갑각류를 종숙주인 참돔이 탐식함으로써 소화관 내에 기생하게 된다. 참돔의 체내에서 성충은 변과 함께 난을 수중 방출하게 된다.

## 11 절지동물

갑각류 중 요각류, 새미류 및 등각류가 기생성이며 자웅이체로 탈피에 의해 성장한다. 어류에 기생하는 종은 중간숙주를 필요로 하지 않으며, 외부에 기생하는 것이 대부분으로 부속지의 일부가 파악기 또는 흡반 모양으로 되어 어류에 부착한다.

어류에 기생하는 것은 대부분이 요각류이지만, 기생생활에 적응한 것은 운동성이 없고 자유유영 생활기도 짧아지는 것이 보통으로 어류의 체액을 먹고 산다.

### 1) 요각류(Copepoda)

#### (1) 닻벌레병

물이목, 닻벌레과에 속하는 Lernaea속의 기생에 의한 것으로 이 속에는 종류가 많지만, 온수성 양식어에 기생하여 피해를 주고 있는 것이 엷은 갈색의 L. cyprinacea이다.

15°C이상에서 관찰되지만, 여름철인 7~9월에 가장 많이 기생하며, 12°C이하에서는 성장 정지 월동에 들어간다. 닻벌레라는 이름에서 알 수 있듯이 부착기로서 닻을 어체 표면에 삽입하여 기생하지만, 기생하는 것은 암컷으로 몸은 각상돌기가 있는 두부와 체절이 유합되어 원통모양으로 긴 자루모양의 몸통부로 되어 있으며, 두부의 등쪽과 배쪽에 각상돌기가 있으며

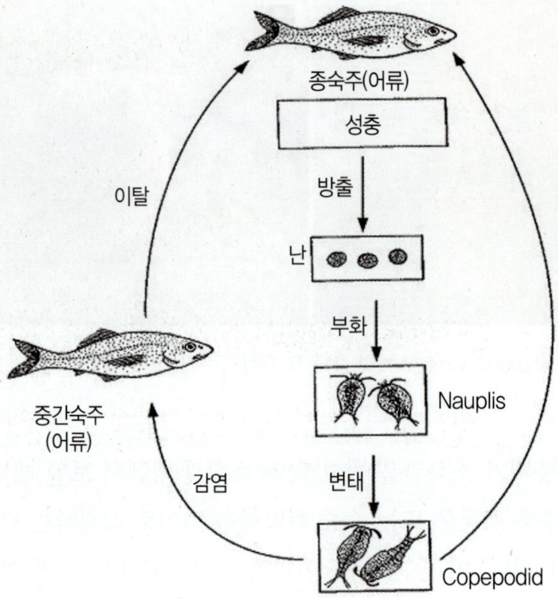


**그림 3-210** 기생성 요각류 생활사의 모식도.

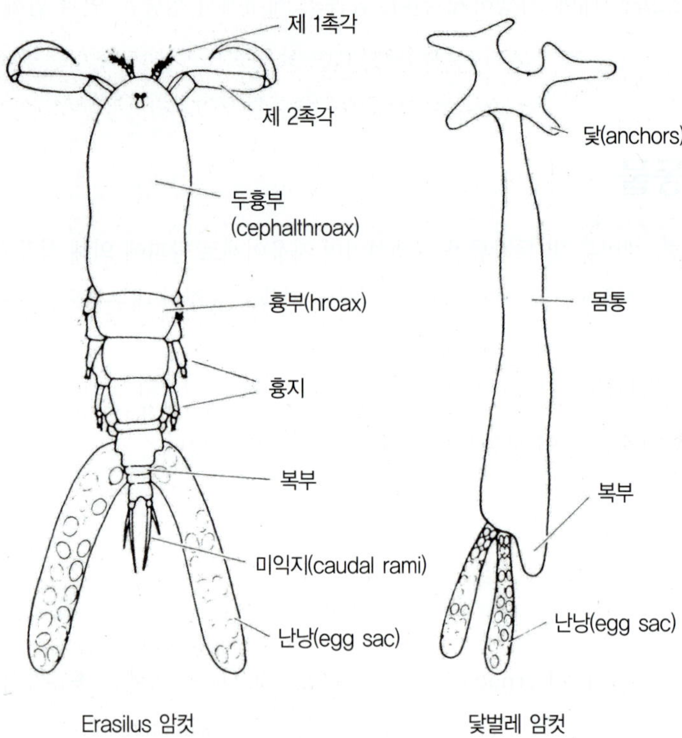


**그림 3-211** *Ergasilus*와 닻벌레 암컷의 모식도.

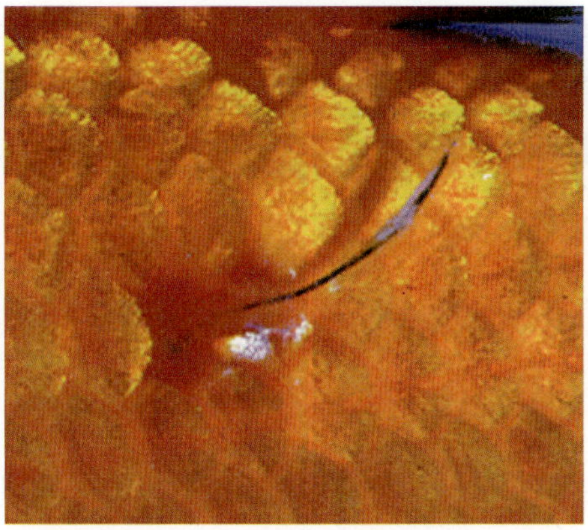

그림 3-212 금붕어에 감염된 닻벌레.

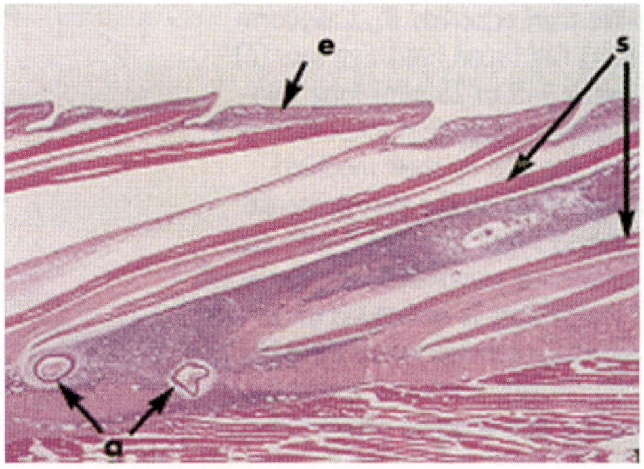


그림 3-213 두개의 비늘(s) 사이에 침투해 있는 닻벌레. a: 닻, e: 상피세포. HE.

배쪽이 길고 끝이 둘로 나누어져 있다.

암컷의 성충은 동부에 1쌍의 난낭을 가지고 있다. 부화 유생은 먹이를 먹지 않는 nauplius로 3회 탈피한 다음 어류에 감염하는 copepodid로 변태한다. 어류에 제 2촉각과 악각을 사용하여 어류에 부착한다.

감염 후 어체를 돌아다니는 이동 기생기에는 숙주의 조직을 섭취하여 5회 탈피한 다음 성충이 된다. 교미 후 수컷 성충은 죽고, 암컷 성충은 고착기생기로 들어가기 위한 형태적 변화가 생긴다. 즉 충체가 대형화되고, 체절과 부속지는 퇴화되며, 두부에 각상돌기가 출현, 구기는 퇴화된다. 두부에 있는 각상돌기를 사용하여 어체에 고착하여 고착 기생기에 들어가게 된다.

암컷 성충의 수명은 여름철에는 약 1개월 반 정도이지만 월동하게 되면 6개월 정도이며, 일생 동안 10회 이상 산란한다.

기생 부위는 잉어나 금붕어는 체표지만 뱀장어와 미꾸라지는 거의 대부분이 구강 벽에 기생한다.

고착기생을 하는 암컷은 숙주의 혈액을 섭취하거나 붕괴된 세포와 조직액을 영양원으로 하고 있는 것으로 생각되고 있다. 따라서 기생 부위에서는 각상돌기의 고착에 따른 주변조직의 압박과 출혈에 의해 생기는 염증과 궤양이 직접 간접 영향으로 나타나며, 삽입부위를 통한 삼투압조절 장애, 세균과 곰팡이의 2차적 침입에 의해 숙주조직의 붕괴와 괴사가 일어난다.

구강 벽에 다수의 충체가 기생하게 되면, 입의 개폐가 불완전하게 되고 턱이 변형되게 됨으로 어류는 먹이를 먹을 수 없어 쇠약해진다.

기생 부위의 피부와 근육은 삽입된 닻의 압박으로 괴사되고, 괴사소에는 가벼운 수종과 호중구, 마크로파아지의 침윤이 일어나고 이어서 섬유아세포가 나타나 섬유세포로 되면서 콜라겐의 침착, 모세혈관의 신생이 생겨 기생체의 각상돌기와 두부를 둘러싸고 육아조직이 형성된다.

닻을 삽입한 부위는 육안적으로 붉게 보이지만, 충체의 기생에 의한 출혈인 경우도 있고 그렇지 않은 때도 있다. 그러나 닻 삽입 부위에는 출혈과 궤양이 생기는 것이 보통인데 이는 충체의 두부 삽입에 세균 또는 섬모충 등의 기생충이 감염에 의한 것이 많다. 치어기는 충체의 감염에 따른 스트레스, 피부염, 궤양 형성으로 치사되는 것이 많다.

### (2) 담수어의 *Ergasilus*증

기생성 요각류의 암컷이 잉어, 뱀장어, 은어, 무지개송어, 부루길, 차넬메기 등의 아가미에 주로 기생한다.

암컷의 갈고리 모양의 제 2촉각이 새변의 연골을 찍어서 부착하기 때문에 아가미의 혈관이 압박을 받게 되어 울혈과 출혈이 생김과 동시에 부착 부위의 아가미조직이 파손되며, 충체 주변의 새변에 충체의 기계적 자극으로 상피세포와 점액세포의 증생과 림프구를 주로 하는 세포의 침윤이 현저한 염증이 생긴다. 점액분비가 과다하게 일어남으로 충체의 전반부과 점액덩어리에 둘러 쌓이는 때도 있다.

이러한 아가미 조직의 파괴, 혈행 장애, 상피세포의 증생에 의해 새박판은 비후, 유착하게 되어 호흡면적이 감소하게 되고 점액의 과잉분비로 아가미의 환류가 장애를 받게 됨으로 호흡장애가 유발되어 기생충체의 수가 많을 때는 치사의 원인으로 된다. 또한 기생 부위를 통하여 세균, 진균류 및 섬모충의 감염이 일어나기 쉬워 아가미의 병변은 더욱 악화되는 경우가 많다.

은어는 종묘를 방양한 직후 먹이 섭취가 불량해지며 폐사가 만성적으로 생길 때 아가미를 관찰하면 Pseudergasilus zocconis의 암컷이 제 2촉각을 이용하여 새변에 기생하고 있는 것을 육안으로도 발견할 수 있다. 또 대개의 경우 아가미 뚜껑 사이로 충체의 난낭이 밖으로 나와 있는 것을 발견할 수 있다.

### (3) 해산어 *Caligus*

그림 3-214 새변 사이에 부착된 충체.

자연산 또는 양식산 해산어의 새궁과 구강 벽에 요각류의 암컷 성체가 기생한다.

충체의 입이 관상으로 끝이 갈고리 모양으로 되어 있어 숙주의 상피세포에 상처를 내어 상피세포를 영양분으로 취한다. 이 때문에 식해, 충체의 기생에 따른 스트레스, 충체와 난사가 새엽을 자극하게 됨으로 점액 분비의 과다로 인한 호흡장애 및 기생충의 다수 기생에 의해 입 주위를 망목 등에 비비게 되어 생기는 입 주변부의 염증과 이곳을 통한 세균의 2차 감염 등이 숙주에 미치는 해라고 할 수 있다.

이 충이 어류에 감염되어 어체가 쇠약해졌다기보다는 쇠약하여 유영력이 저하된 어류에 감염되어 증식되었다고 생각된다.

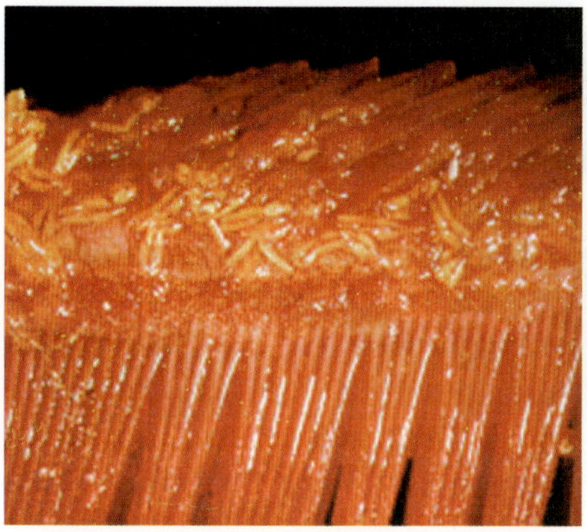

그림 3-215 방어의 새궁에 기생된 충체.

방어나 잿방어의 경우에는 아가미 뚜껑을 들어 올려 보면 투명감이 있는 유백색인 Caligus spinosus가 새궁, 새파, 구강 벽 등에 충체가 새파 쪽을 향하여 줄지어 기생하고 있는 것을 발견할 수 있다.

기생 부위는 약 70%가 새궁과 새파에 기생하여 구강 내가 붉게 변하고, 체색이 검어지며, 여위어져 수면 가까이를 힘없이 헤엄치는 것이 많으며, 극단적으로 쇠약해진 것은 죽게 된다. 또 가두리인 경우 망목에 주둥이 부근을 문지르기 때문에 이 부분에 세균의 2차 감염을 받게 되기도 한다.

최근에 전갱어의 체표나 지느러미에 Caligus longipedis가 감염되어 가두리의 표면을 이상 유영하게 되는데 병어는 망목에 몸을 비비기 때문에 체표에 출혈이 생긴다.

충체는 암컷이 4~5 mm, 수컷이 3~7 mm로 암컷은 1쌍의 난낭을 가지고 있다. 성충은 두흉부, 흉절, 뇌절 및 생식절로 구성되어 있다. 제 2촉각과 제 2악각의 끝부분이 갈고리 모양으로 변형되어 어체에 부착하며, 등쪽 앞부분에 흡반과 같은 1쌍의 lunule를 가지고 어체에 흡착한다. 암컷 성충은 생식절의 말단에 1쌍의 난낭을 가지고 있다.

난에서 부화한 nauplius는 1일 정도에 2번 탈피하여 감염력이 있는 copepodid로 변태한다. 어류에 감염하면 머리 끝부분에서 전액사를 내어 체표나 지느러미에 부착하게 된다. 기생 후에는 2회 탈피하여 전성충(preadult)이 되고, 전액사가 소실되면서 성충과 형태가 유사하게 되면서 교미 능력을 갖게 된다. 교미 후 2회 탈피하여 성충이 된다. 성충으로 되는데 수온이 20°C일 때 부화에서 성충이 되기까지는 약 20일이 소요된다.

그 외 기수지역 서식 어류의 체표에 기생하는 Caligus orientalis는 염분농도 6.4‰에서 가장 활발하며, 18.7‰에서는 30분, 담수에서는 2시간에 불활발하게 된다.

복어류의 체표에 기생하는 Pseudocaligus fugu는 흉부 제 4각이 퇴화되고, 체절이 없음으로 Caligus와 구분 가능하며, Caligus fugu는 복어의 구강 벽에 기생한다.

### (4) 송어류 *Salmincola*

요각류의 암컷 성체가 주로 새강내 특히 아가미 뚜껑의 안쪽과 새강벽에 기생하며 드물게는 가슴지느러미의 기부에도 기생하기도 한다.

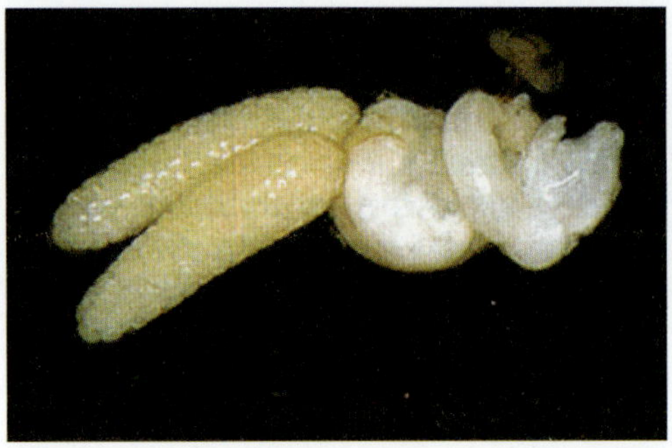

그림 3-216 *Salmonicola carpionis.*

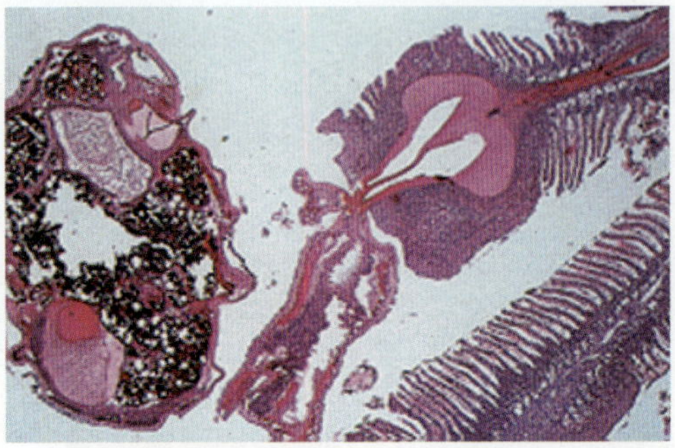

그림 3-217 충체가 부착된 새변의 증생. HE.

기생충은 갈고리를 조직 속에 삽입함으로 상피세포가 증생되어 피부가 부풀어 오르고 림프구가 침윤해 온다.

새강 내에서는 기생충체가 아가미와 접촉하게 되어 새변의 여러 곳에 결손이 생기든가 아니면 굽어지든가 한다. 새변 상피세포가 증생함에 따라 새변의 유착과 울혈이 현저하며, 닻을 삽입하고 있는 부위는 상피와 결합조직이 비후되고 근육의 근절구조가 붕괴된다.

닻이 아가미 뚜껑에 삽입된 경우는 아가미 뚜껑의 뼈는 비후되고 기생이 장기화되면 근육이 노출되면서 골조직이 파괴됨으로 아가미 뚜껑에 구멍이 생긴다.

### (5) 송어류의 *Leophtheirus*

L. salmoni는 자연산 송어류의 외부 기생충으로 자연산 송어류는 감염되어 있는 것이 보통이지만 송어류를 바다에서 양식할 때 때때로 감염되어 문제시된다.

병어는 머리와 등지느러미 및 배지느러미의 기부에 소형의 회백색 반점이 나타나고 뒤이어 표피가 붕괴되면서 피부에 원형의 병소가 형성된다. 이러한 부위에는 마크로파아지의 침윤에 의해 섬유화가 일어나고 병소주변에는 핵농축을 동반한 괴사가 일어나게 된다. 충체가 체표 조직을 섭취함에 따라 기저막 하부의 진피 조직까지 붕괴되게 되면, 심한 궤양, 출혈, 부종을 일으켜 두개골과 결합조직이 노출되기도 한다. 이러한 병어는 삼투압 조절에 심한 장애

그림 3-218 피부위의 충체.

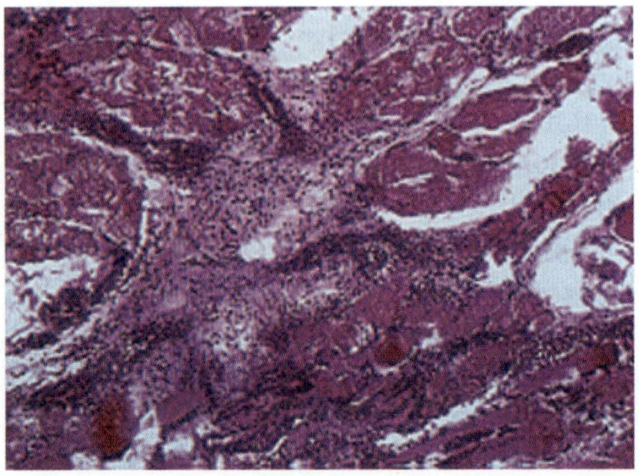

그림 3-219 근육의 마크로파아지 침윤과 출혈.

가 수반되기 때문에 폐사하게 되며, 세균의 2차 감염을 받아 폐사량은 더욱 증가하게 되는데, 충체는 유영능력이 뛰어나기 때문에 건강한 어류보다는 병들거나 쇠약한 어류에 주로 감염된다. 그러나 숙주가 담수에 들어가게 되면 자연적으로 어체에서 탈락한다.

## 2) 새미류(Branchiura)

### (1) 물이병

**① 온수성 담수어의 물이병**

기생성 갑각류인 물이 Argulus japonicus는 몸 전체가 둥근 기미로 편평하며 투명한 엷은 녹색을 하고 있으며 숙주의 적혈구를 용혈시켜 흡수하는 흡혈동물이다.

충체는 두흉부, 흉절 및 복절로 구성되어 있으며, 흉부에 4쌍의 유영각이 있고, 두흉부의 배갑이 신장되어 배갑을 형성한다. 제 1촉각은 갈고리 모양, 제 2소악은 흡반으로 변형되어 이것들을 사용하여 어체에 고착한다.

기생 부위는 거의 어체의 모든 부분이지만, 지느러미 기부에 특히 많이 부착하며 대형어류인 경우에는 구강 벽내에도 기생한다.

어류에 기생하게 되면 어체는 방어수단의 하나로서 기생충을 떨어 떨이기 위해 난폭하게 날뛰든지 또는 양어지벽에 몸을 비비게 되는데, 이것이 기생충이 지느러미 기부에 모이게 하는 요인으로 추정하고 있다.

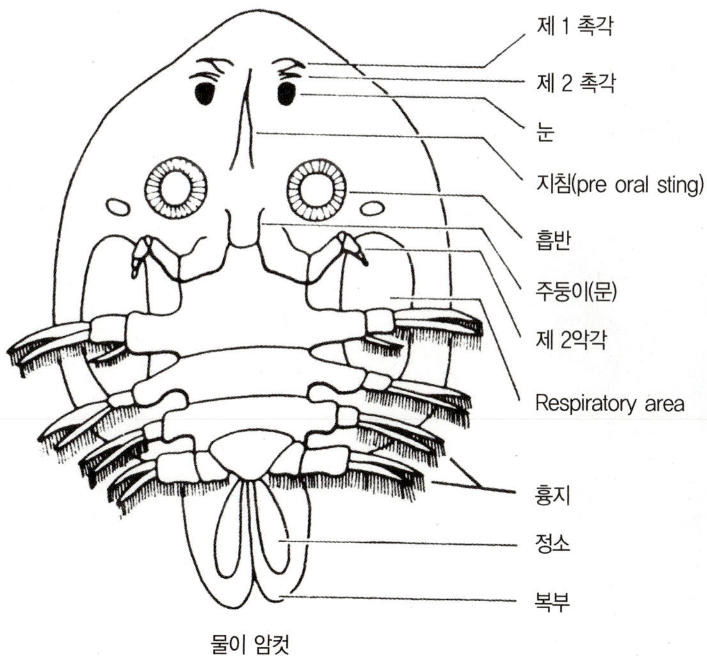


그림 3-220 물이 암컷의 모식도.

구기에 있는 자침으로 숙주의 피부를 찔러 독선에서 독액을 주입하기 때문에 상피층의 파괴되어 염증이 생기고 궤양으로 진행된다. 또한 몸 전체가 흡반으로서 어체의 피부에 강하게 흡착하기 때문에 피부가 함몰되어 붉게 변하며 주변의 상피세포가 비후되게 되며 이 부분을 통하여 세균이 감염되게 되면 궤양으로 진행되는 등 숙주에 미치는 영향은 크다. 또 침에 찔린 부위는 염증을 일으켜 세균이나 기생충의 감염 장소로 되기 때문에 어류에 미치는 영향은 크다고 할 수 있다.

수온 10°C이상인 3~12월까지가 활동기이며, 부화는 5~6월, 겨울철에는 월동 상태로 들어간다. 겨울철의 난도 부화하지 않고 난 상태로 월동하게 된다.

난에서 부화되어 부화되면서 감염력이 있는 copepodid로 된다. 제 1촉각과 한 쌍의 악각을 이용하여 어체에 부착하여 감염된 다음 탈피가 진행된다. 제 5기 유생단계에서 제 2소악이 흡반으로 변형되며, 제 9기가 전성충이며 제 10기가 성충이다.

기생충이 산란을 할 때는 어체에서 떨어져 나와 야간에 수조벽면이나 수초위에 난 덩어리의 형태로 산란하는데 이는 젤라틴 물질이 덮여 있어 점착성이 있기 때문이다.

#### ② 냉수성 담수어의 물이병

기생성 갑각류 Argulus coregoni가 무지개송어, 강송어, 은어 등에 기생하고 있지만, 이들의 증상 및 병리는 온수성 담수어의 경우와 유사하며, 숙주의 사육 수온이 낮기 때문에 충체에 의해 생긴 상처로 수생균이 2차적으로 감염되어 수생균병으로 될 위험성이 많다.

그 외 해산어에 기생하는 해산어의 Argulus scutiformis도 있다.

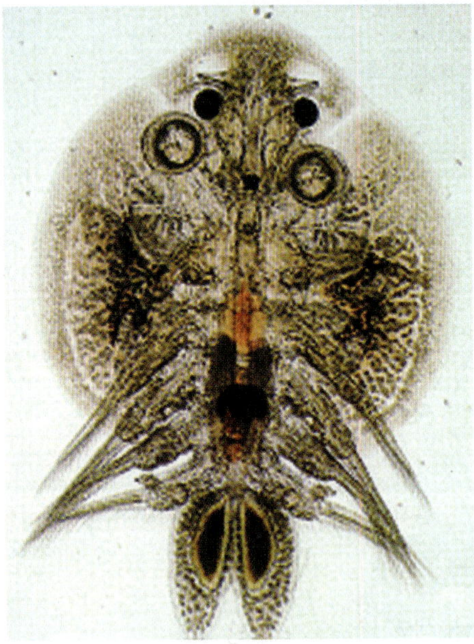

그림 3-221 물이.

## 3) 등각류

### (1) 해산어의 *Nerocilia*증

해산어의 체표나 지느러미에 등각류인 Nerocilia acuminata가 기생한다. 지느러미 중에서도 가슴지느러미와 배지느러미에 기생하는 경우가 많은데, 이때는 지느러미가 체표로 향하고 있는 쪽에 많이 기생하고 있다. 1개체가 기생하는 경우가 대부분이며 2개체가 기생한 경우는 드물다. 또 감염어는 등각류가 기생하더라도 기생 부위에도 현저한 증상을 나타내지는 않지만, 같은 장소에 여러 마리가 기생한 경우에는 출혈과 미란 등의 병변이 생기는 경우도 있다. 이것은 기생충체의 흉지 지절의 끝부분을 숙주의 피부에 깊게 삽입하는 것과 기생충의 구기에 의한 먹이 섭취활동 및 이빨로 깨무는 행동이 원인이다.

수컷의 성체는 타원형으로 등과 배쪽은 편평하며, 체장이 20~25 mm이다. 살아 있을 때는 등쪽은 진한 녹갈색이며, 등쪽 정중앙선상에 머리에서 꼬리 쪽으로 진한 갈색의 세로 띠가 있고, 그 띠 다시 노란색의 세로 띠가 있다.

반면 암컷 성체는 배쪽에 볼록 솟아오른 육방(보육방)이 있고, 흉부 다리의 마디가 갈고리 모양이 숙주에 부착할 때 사용한다. 암컷의 육방 내에서 부화한 유생은 수중으로 헤엄쳐 나와 유체로 되어 숙주에 기생하게 된다.

기생한 유체는 처음에는 수컷으로서 살아가다가 그 후 암컷으로 성전환이 생겨 새로이 기생한 수컷과 교미하여 산란하게 된다. 이 기생종과 유사한 종으로는 Nerocilia japonica가 있다.

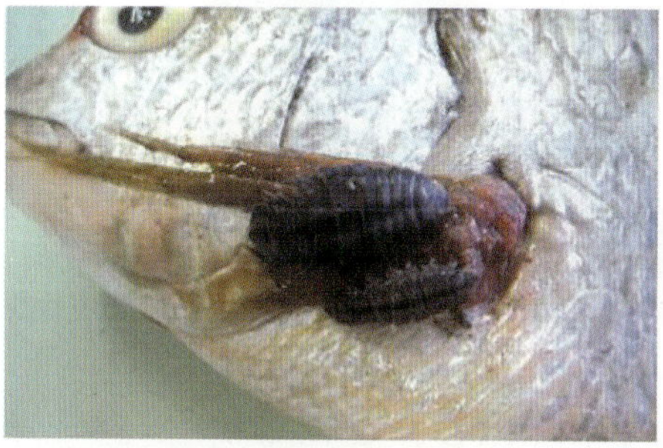

그림 3-222 가슴지느러미에 *Nerocilia acuminata* 2개체가 감염된 어류.

그림 3-223 해산어의 *Nerocilia acuminata* 감염. A: 가슴지느러미의 기생충체, B: 암컷 성충. 등의 정중앙선에 갈색의 띠가 있고 그 띠 좌우에 노란색의 띠가 특징적임.

# 12 거머리

## 1) 붕어의 *Limnotrachelobdella*증

아가미 뚜껑의 안쪽에 기생하여 가늘고 긴 충체의 앞쪽 부분을 아가미 뚜껑 밖으로 노출시키고 있다. 감염어는 기생충의 흡혈에 의해 빈혈증상을 나타내고 흡착부위에는 부착에 따른 미란과 출혈이 생긴다. 때로는 세균의 2차 감염을 받게 되는데 세균성 냉수병의 원인균인 Flavobacterium columnare가 분리되는 경우가 많다.

거머리과에 속하는 Limnotrachelobdella sinensis는 살아 있을 때는 길게 늘어난 형태를 하고 있지만 포르말린 등으로 고정하였을 때의 체장은 3.8 × 4.9 cm 정도이다.

충체의 뒤쪽 끝에 원통형의 흡반이 있고, 앞쪽 끝에도 흡반이 있다. 전흡반의 크기는 후흡반의 1/3~1/4 정도이다. 또 전흡반의 등쪽 부위에는 2쌍의 안점이 있고, 몸의 뒤쪽 측면에는 수포상의 돌기모양 11쌍이 있다.

충체의 기생에는 계절성이 뚜렷하여 기생이 확인되는 것은 12월부터이며, 감염된 충체가

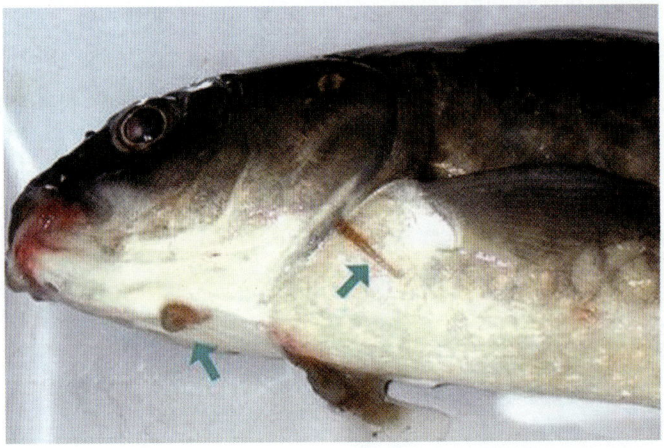

그림 3-224 아가미뚜껑 내에 *Limnotrachelobdella sinensis*가 감염된 붕어. 아가미 뚜껑 뒤쪽으로 충체의 앞쪽 부분에 빠져나와 수중에 노출되어 있다.

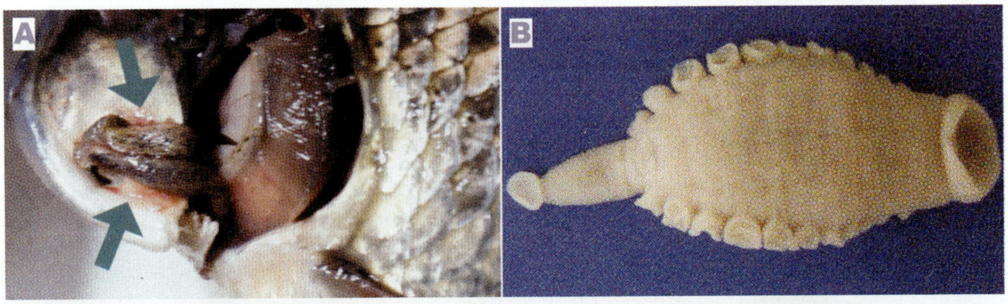


그림 3-225 A: 아가미뚜껑 내부에 후흡반을 사용하여 부착하고 있는 충체(화살표), B: 포르말린에 고정한 충체로 좌측의 전흡반과 우측의 후흡반의 크기가 차이가 있다.

점차 성장하게 되면 다음 해의 3월경에 숙주에서 이탈한다. 5~11월에는 기생이 확인되지 않는데, 이때는 수중의 바닥에서 산란하여 부화된 유충이 가을-겨울에 다시 어류에 기생한다고 생각된다.

## 2) 떡붕어의 *Limnotrachelobdella*

동계에서 5월 중순까지 저수지에 자연서식하고 있는 떡붕어(Carassius cuvieri)가 대량 폐사하여 물 표면에 부상하게 된다.

병어는 여위어 있었으며, 아가미 뚜껑에 원형의 반투명의 구조물이 관찰되었으며, 새공(gill cleft)의 바깥으로 원형의 충체 일부가 돌출되어 움직이고 있는 것을 확인할 수 있다.

아가미 뚜껑을 절단하면 아가미 뚜껑의 내측에 적갈색의 충체가 한쪽 아가미에 평균 3~5미가 부착되어 있었으며, 충체를 떼어내었을 때는 외견상 관찰되었던 아가미 뚜껑의 원형구조물의 위치와 충체의 부착위치는 동일한 위치였다. 병어의 아가미는 심한 빈혈과 국소적 발적 및 등쪽 부위에 위치한 새변의 흑화가 특징적이다.

그림 3-226 거머리가 감염된 떡붕어의 아가미 뚜껑에는 거머리가 부착한 원형의 반점이 있다.

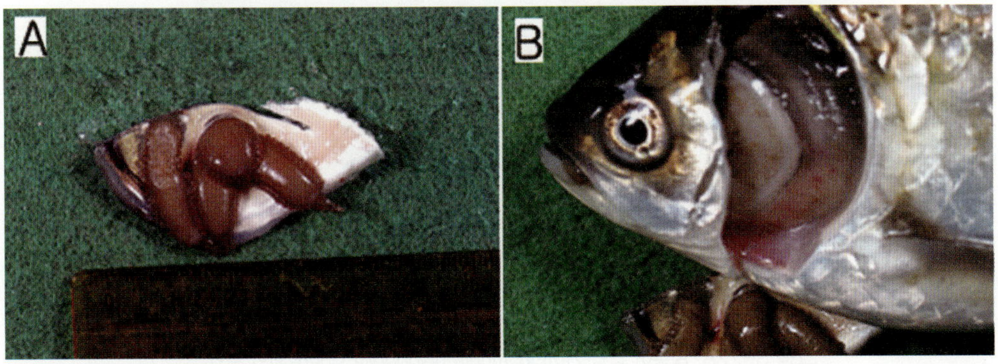


그림 3-227 A: 감염 거머리. B: 감염어의 새변에 보이는 출혈반점.

충체는 짧고 측편의 원통형으로 수축되었을 때의 길이는 2.3~4.5 cm, 폭은 0.4~0.8 cm정도이며, 작고 가느다란 전부와 크고 폭이 넓은 몸통부의 2부분으로 구분할 수 있다. 동부의 뒤쪽에 원형의 잘 발달된 후흡반과 경부의 끝에 전흡반을 가지고 있다. 또 충체의 몸통부는 체절구조를 하고 있으며, 각 체절의 양쪽에는 1개의 돌출부를 가지고 있어 한쪽에 11개의 커다란 원통형의 크기가 거의 비슷한 측방돌출부를 가지고 있지만, 체절에 강모는 없다.

환형동물중 담수산 어류에 기생하는 것은 거머리강(Hirudinaea)에 속하는 것이 대부분이며, 담수어에 기생하는 거머리류는 전흡반의 유무와 체절에 강모의 존재유무를 기준으로 2개의 목으로 분류하고 있다. 즉 전흡반이 없고, 복면에 강모가 있는 모질목(Acanthodbellea)과 전흡반이 있고, 체절에 강모가 없는 문질목(Rhynchobdellea)으로 나누고 있다.

문질목은 다시 충체가 편평하고 측방돌출부가 없는 넙적 거머리과(Glossiphoniade)와 충체가 원통형이고 경부와 몸통부의 구분이 명확하며 측방돌출부가 있는 바다거머리과(Piscicolidae)로 구분하고 있다.

Piscicolidae는 다시 Limnotrchelobdella, Codonobdella, Cystobranchus 및 Piscicola의 4속으로 나누고 있으며, Limnotrchelobdella sp.의 기준으로 충체가 짧지만 매우 두꺼우며, 두부와 경부가 분화되어 있고, 측방돌출부를 가지고 있으며, 후흡반에는 류안점이 있는 것과 없는 것이 있다.

기생충은 아가미 뚜껑의 내면에 원형의 후흡반으로 고착하여 전흡반을 아가미에 부착시켜 흡혈함에 따라 빈혈을 일으키고 흡혈한 부위가 발적의 형태로 남게 되며, 새변의 흑화는 충체가 흡혈을 위하여 신장하였을 때 아가미부분의 수류의 일시적 정체의 의한 것으로 생각된다. 또 충체가 아가미 뚜껑내에 부착되어 있어 충체의 폭만큼 아가미 뚜껑을 위로 들어 올리는 결과가 되거나 또는 충체의 일부를 아가미 뚜껑의 뒤쪽부인 새강의 바깥으로 돌출시키기 때문에 아가미 뚜껑이 항상 열려 있는 상태가 되어 아가미에서의 가스 교환에 지장을 초래하게 된다. 따라서 떡붕어는 아가미에 본 거머리의 기생 개체가 많기 때문에 흡혈에 의한 빈혈과 충체의 기생에 따른 아가미에서의 가스교환의 불량으로 대량으로 사망하게 된다.

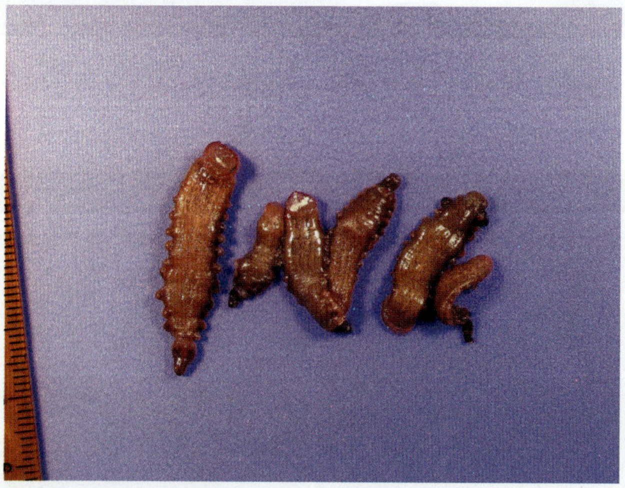

그림 3-228 떡붕어 감염 거머리(*Limnotrchelobdella sinensis*)의 모양.

## 어류 기생 후생동물의 동정 도식표

1. A: 상어나 철갑상어(paddle fish)의 난에 기생하는 종으로 Polypodium hydiforme 단일종, 감염난은 종대되고 내부에 대형의 stolon 또는 현미경적 planula가 들어 있음. 알에서 빠져나온 stolon은 촉수를 가짐 ··························· 히드라(Hydrozoa)

상어 알 유래의 히드라 stolon

B: 1-A가 아니지만 어류의 알에 감염 ································· 2

2. A: 현미경적인 대칭의 포자를 생산하는 종. 포자는 cyst 같은 capsule인 변형체(원형체, plasmodium)의 내부 또는 외부에 있음, 포자는 현미경적이며 집합체를 형성하지만 숙주 유래의 세포에 의해 둘러싸이지는 않음 ····················· 점액포자충(Myxozoa),

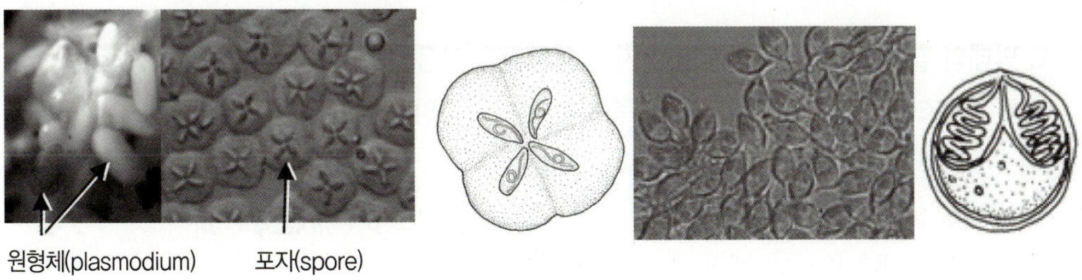


B: 충체는 육안으로 관찰 가능하지만 소형이나 유충은 현미경적임. 집합체를 형성하기도 함 ································································· 3

3. A: 연골 또는 경골의 외골격을 가진 어류 ··························· Craniata

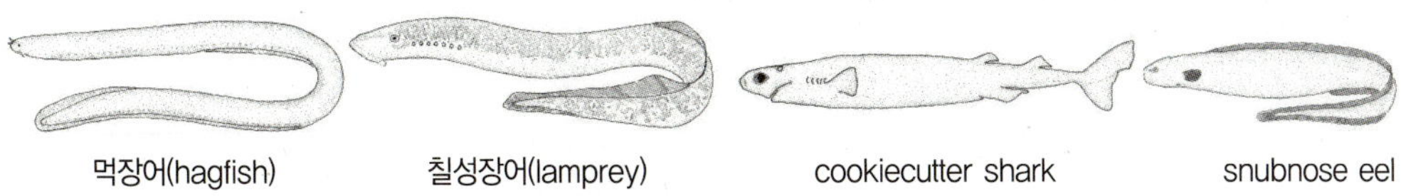


B: 연골 또는 경골의 외골격이 없고, 어류는 아님 ························· 4

4. A: 패각을 가진 고동류 ································ 복족류(gastropoda)

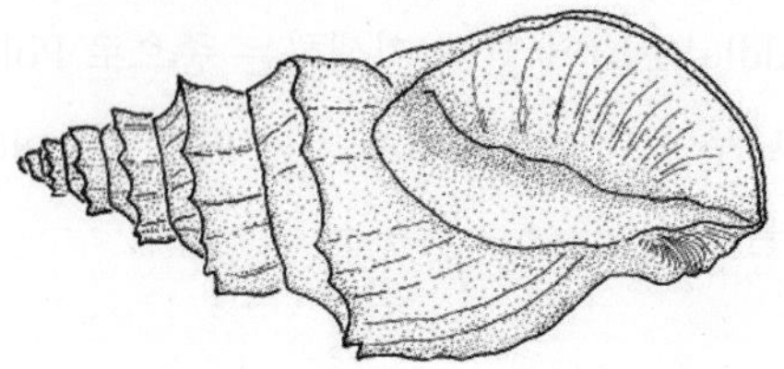

B: 패각이 없음 ································ 5

5. A: 어류의 아가미, 지느러미 및 체표를 붙잡는 2개의 패각을 가진 소형 2매패류, 부속지가 없음, cyst를 형성하기도 함 ································ 부족류(pelecypoda)

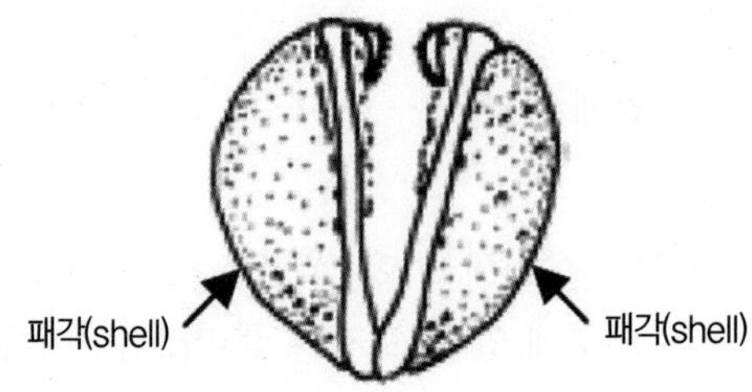


B: 2개의 패각을 가진 소형 2매패류가 아님 ································ 6

6. A: 벌레와 같은 기생충, 체절 구조이지만 외골격은 없음 ································ 7

B: 체절구조이며 외골격이 있지만 부속지는 현미경적임 ································ 18

7. A: 몸의 중심 체축을 따라 체절 구조, 체절 구조는 유충인 경우에는 불분명 ································ 8

B: 몸의 중심 체축을 따라 체절 구조가 없음 ································ 10

8. A: Oral opening에 쌓인 전흡반이 있음, 소화관과 후흡반이 있음, 안점은 있는 경우와 없는 경우도 있음 ································ 거머리류(hirudinia)

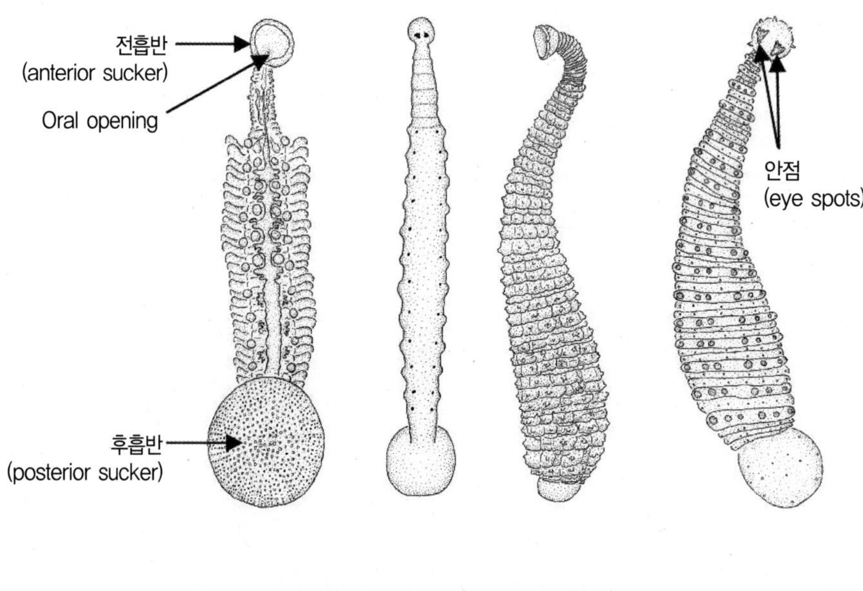

B: 전흡반과 후흡반이 없음, 소화관은 있는 경우와 없는 경우가 있음 ··············9

9. A: 소화관이 있음, 내개의 앞쪽 calw(조)가 두부의 양쪽에 각 1쌍 배열, cyst를 형성할 수 도 있음 ·······························porocephalida

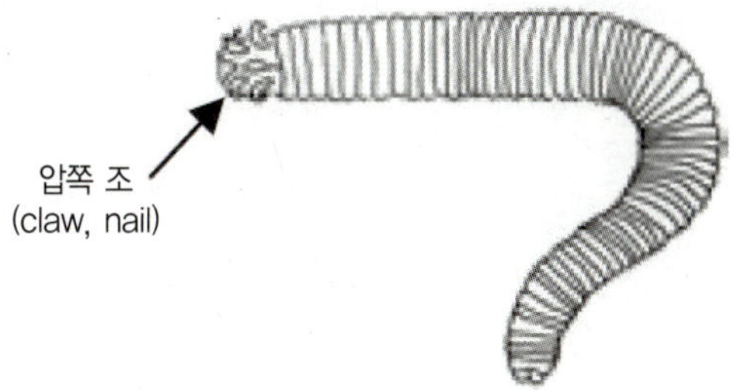


B: 소화관이 결여, 두부에 갈고리와 가시가 있는 촉수가 있고, 유충은 cyst형성 또는 피낭에 쌓임 ·······························체절이 있는 조충류

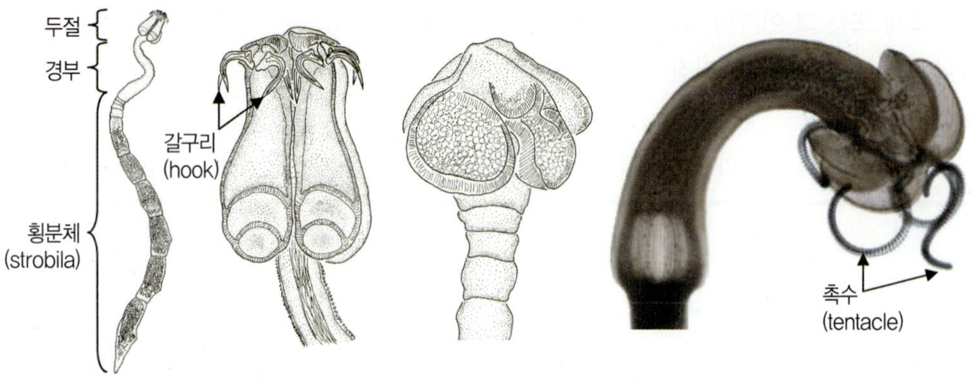


10. A: 두부 쪽에 가시가 있는 문(proboscis)이 있음, 소화관은 결여 ······Acanthocephala

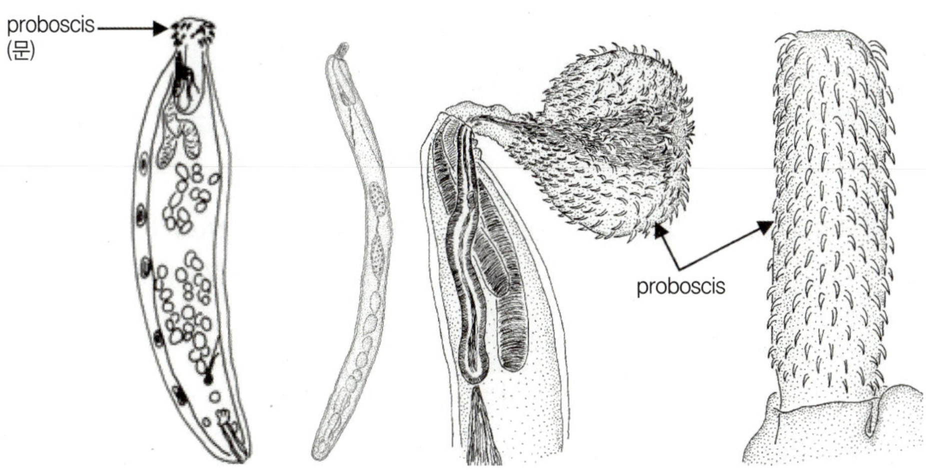


B: 가시가 있는 문이 없음 ·······························11

11. A: 장이 없음 ·································· 조충류인 Caryophyllideae & Spathebothriidea

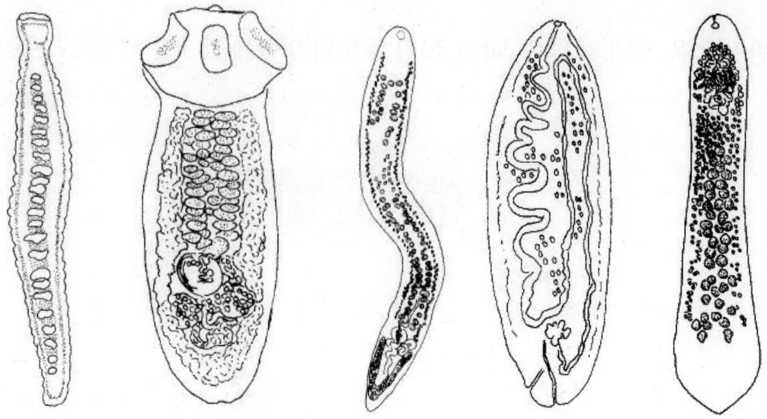

B: 소화관이 있음 ································································· 12

12. A: 2개 이상의 흡반 또는 rugae를 가짐 ·············································· 13

B: 2개 또는 그 이하의 흡반 같은 부착기가 있으며, 원반형의 부착기는 다시 원반형으로 다시 몇 부분으로 나누어짐 ······················································ 14

13. A: 충체의 체축을 따라서 1-여러 개의 흡반(rugae)가 있음 ··················· Aspidogastrea

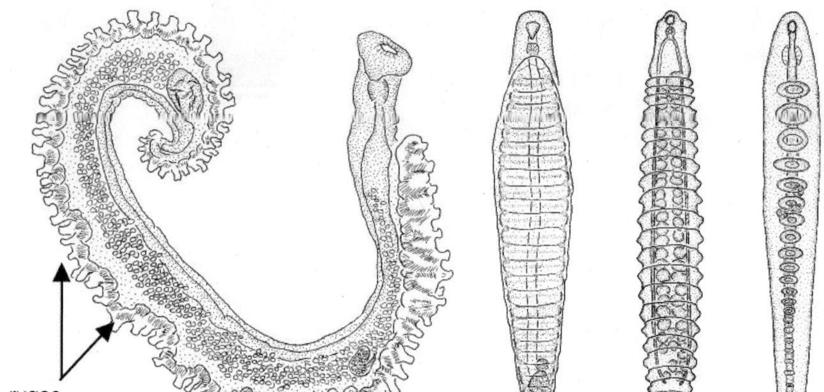


B: 갈고리가 있는 3~4쌍의 흡반과 부속 경피을 갖춘 후고착기(haptor)가 있음·········· ······························· 단생류 다후흡반류(polyopisthocotylea)

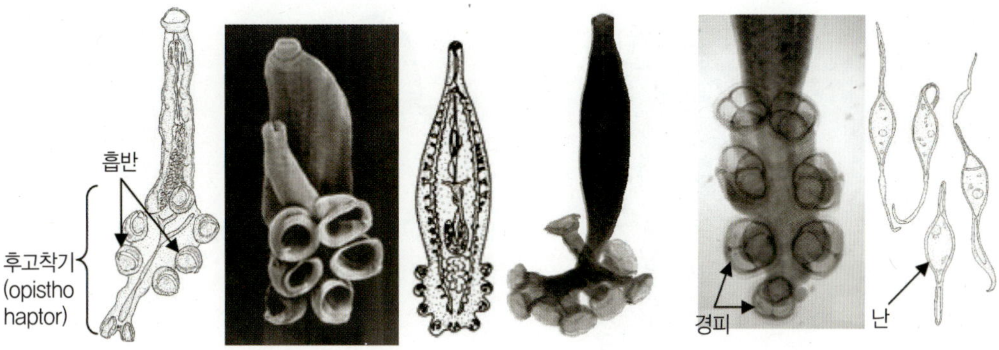


14. A: 충체의 최 후방부에 부착기관이 있음 ································15

B: 부착기관이 있지만 충체의 최후방이 아니라 후방 부근에 있음 ················17

15. A: 갈구리가 있는 접시 모양의 흡반 또는 갈구리가 없는 항아리 모양의 흡반 속에 부착기가 있음 ···························단생류의 단후흡반류(monopisthocotylea)

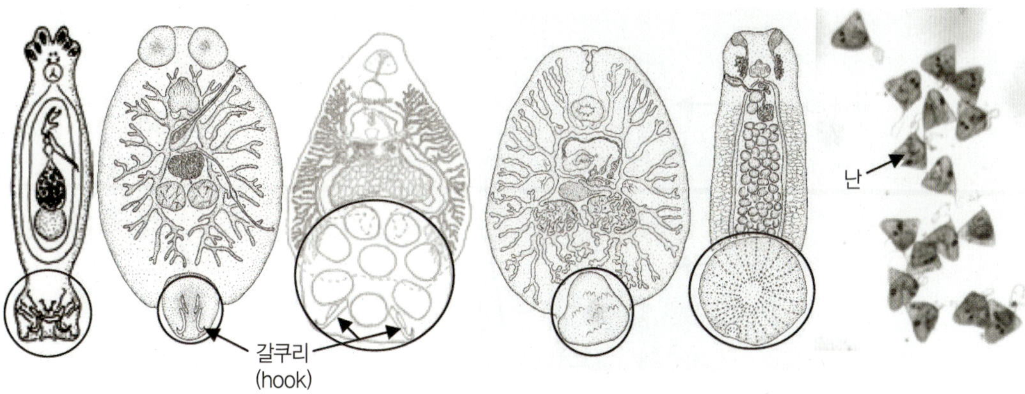


B: 갈고리가 없는 불분명한 또는 분화가 덜된 후부착기를 가지만, 15A의 그림과 같은 후고착기는 아님 ··························································16

16. A: 안점이 있으며, 충체 외벽에 섬모 있음, 완전한 소화관을 가짐 ··········Tricladida

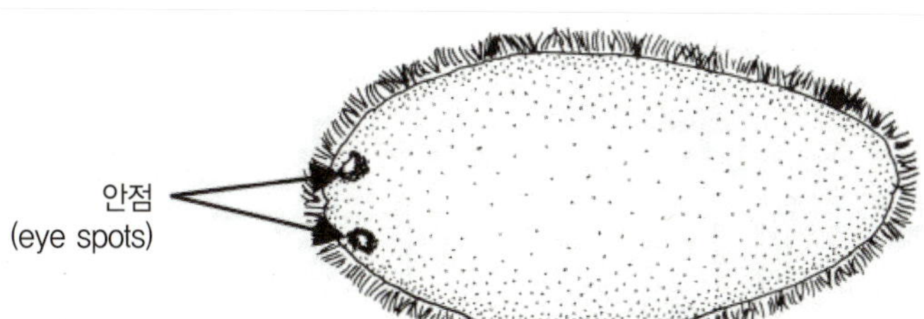


B: 완전한 소화관계 및 안점과 외부 섬모가 없음 ··················Gyrocotylidea

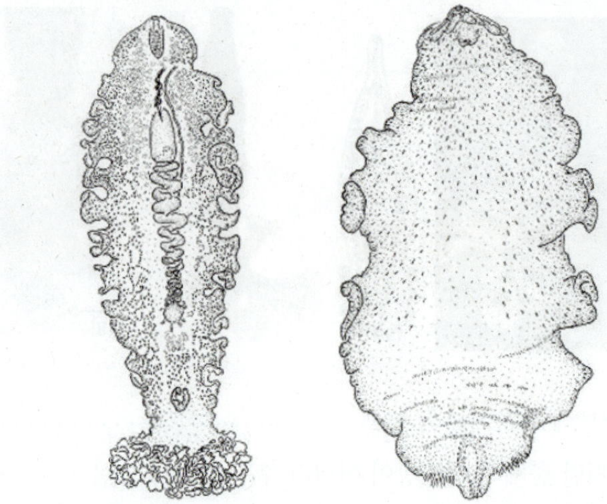

17. A: 구흡반(oral sucker)와 acetabulum(복부 흡반)의 2개의 흡반을 가짐. 자웅동체, 충체의 신장이 가능, 유충은 어체의 근육, 아가미, 뇌, 심장 또는 안구 내에 cyst형성 내에 형성 ........................................................ 이생목 흡충류

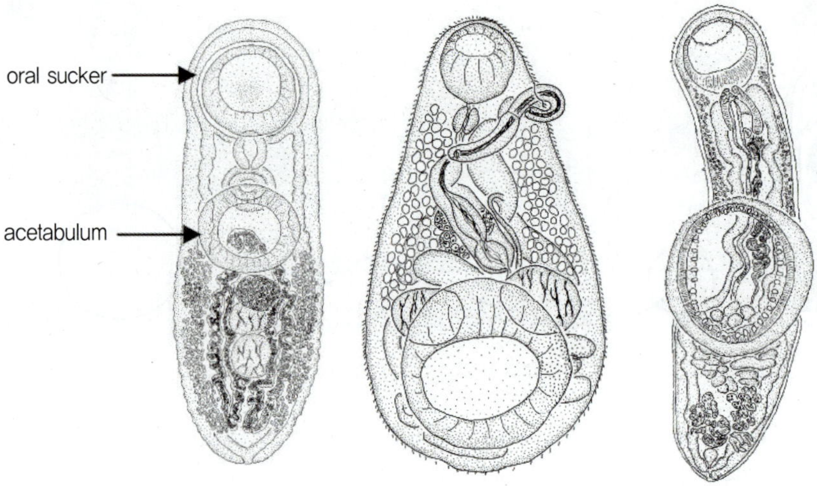


B: 흡반이 결여, 충체는 원통형으로 cuticle성의 외피, 시그모이드 또는 흔드는 동작으로 움직임, 유충은 cyst형성 또는 capsule내에 봉쇄, 성충은 lid와 꼬리를 가짐, 성충은 capsule에 쌓이지 않음 ........................................ 선충류(nematoda)

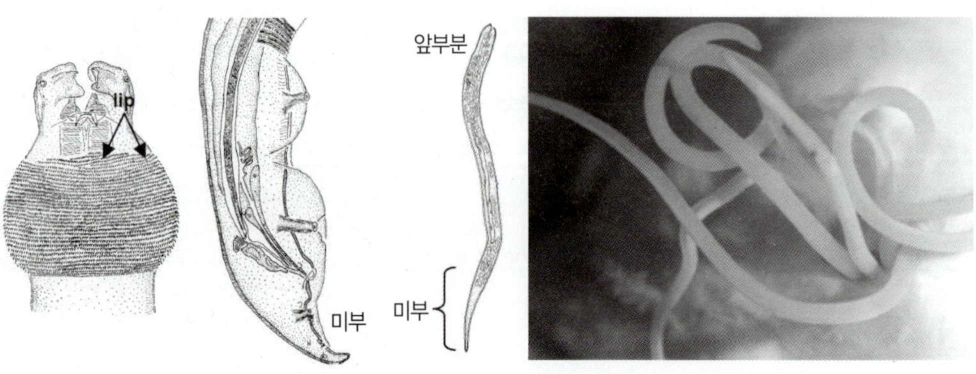

18. A: 3~4쌍의 보각을 가짐, 모든 부속지는 분지하지 않음, 다리수염(pedipalp)이 있고, 충체는 진드기에 유사함, 유충은 capsule에 쌓임 ···················· 진드기류(acari)

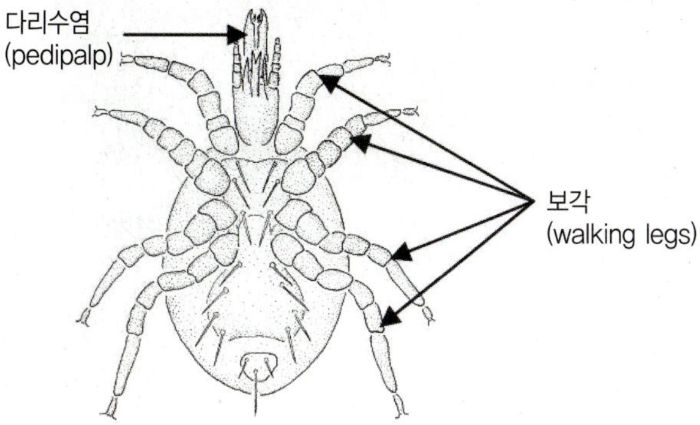


B: 2갈래로 된 부속지를 가짐. 충체는 진드기형이 아님, 숙주 내에 침입 ··········20

19. A: 2개의 패각, 심장, 충체 및 부속지를 쌓고 있는 측편형의 갑각(carrapace)을 가짐 ······························································Ostracoda

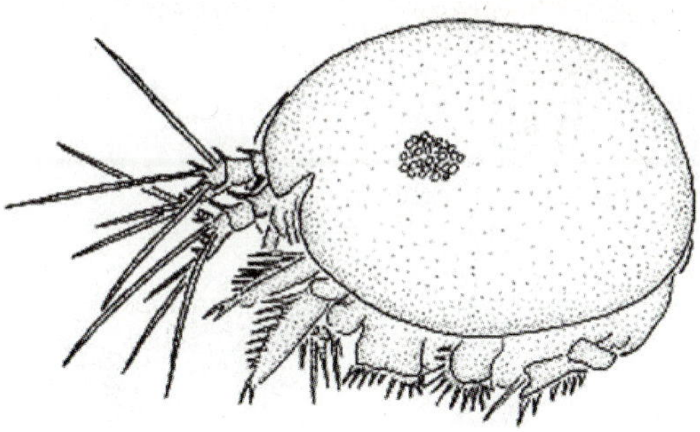

B: 갑각이 없음·····················································21

20. A: Peduncle로 고착생활 ······································Cirripedia

B: Pednuncle로 숙주에 부착하지 않음···································21

21. A: 복안이 없지만, 복안이 아닌 눈은 구비하고 있음 ···················· Copepoda

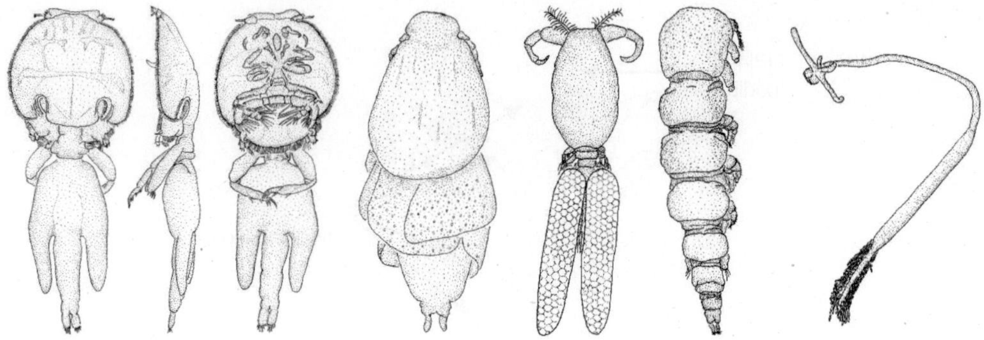

B: 복안을 가짐 ······························································ 22

22. A: 충체는 납작한 모양으로 4쌍의 2갈래로 나누어진 모상의 발을 구비, Arugus 종은 복부에 흡반과 같은 2개의 부속지가 있음 ···························· Argulidea

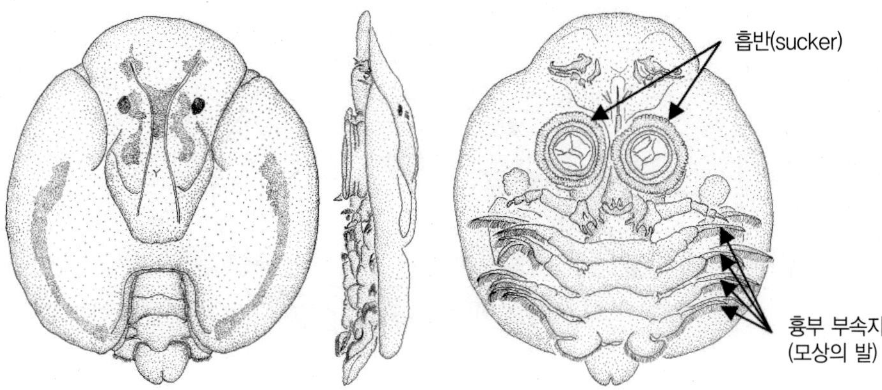


B: 흡반과 같은 부속지가 없음 ············································ 23

23. A: 측변형의 충체 ···················································· Amphipoda

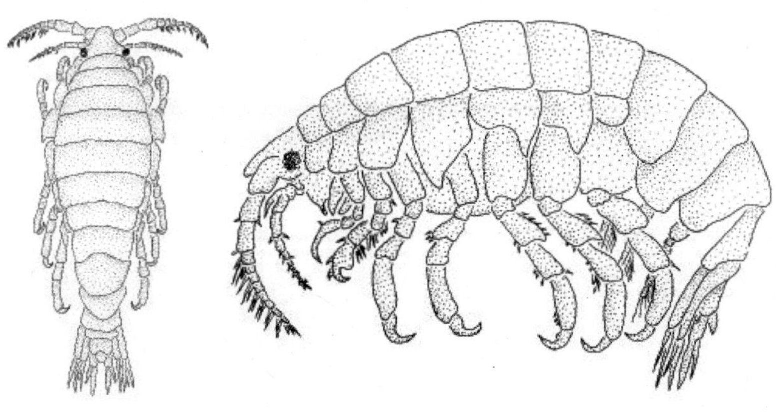

B: 납작한 모양의 충체, 또는 둥근 기미의 충체 ······························Isopoda

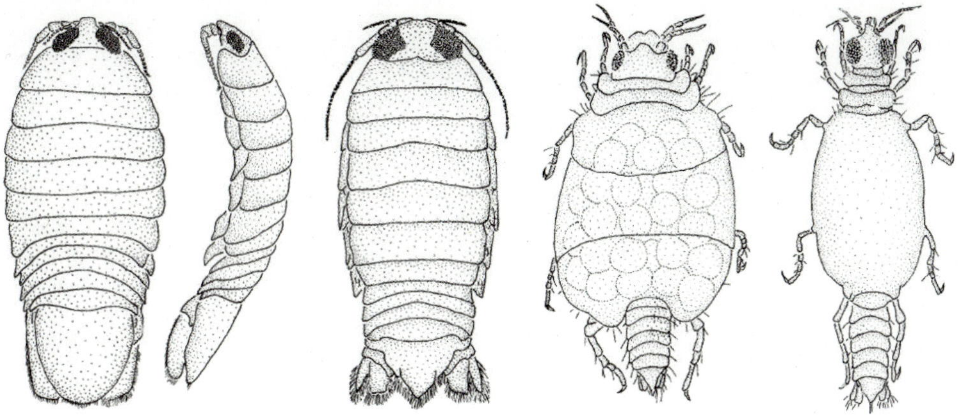

# 제 4 장 곰팡이성 질병

## 1 개요

어패류에 발생하는 곰팡이성 질병은 수중에 존재하는 곰팡이 또는 먹이와 함께 유입된 곰팡이에 의해서 유발되는 것으로 분류상의 문제는 있기는 하지만 대략 아래와 같은 것들이 원인으로 된다.

어패류에 감염되는 곰팡이는 변형균류(Myxomycota)와 진균류(Eumycota)로 대별하는데 변형균류에는 멕시코 연안의 굴에 기생하는 Labyrinthulomyces marina가 알려져 있을 뿐이고 나머지 거의 대부분이 진균류로 분류되고 있다.

진균류에는 편모균류(Mastigomycotina), 접합균류(Zygomcotina), 자낭균류(Ascomycotina), 담자균류(Basidiomycotina)및 불완전균류(Deutermycotina, Fungi imperfecti)로 구분하지만 편모균류와 접합균류는 하등균류라 하고 나머지 균류는 고등균류라 한다. 하등균류는 균사(hypha)가 10 μm 또는 그 이상으로 두텁지만 균사에 격벽(septa)이 없는 반면 고등균류는 균사의 직경이 가늘지만 균사에 격벽이 있는 것이 특징이다.

하등균류 중 편모균류는 편모가 있어 운동성이 있는 포자(zoosprore, 유주자)를 생산하지만 접합균류는 편모가 없어 운동성이 없는 부동포자(zygospore, 접합포자)를 생산하는데 어패류의 곰팡이성 질병 중 수생균병은 편모균류, Ichthyophonus는 접합균류에 속한다.

고등균류 중 자낭균류는 붉은 대게에 기생하는 Tricomaris 1종이 알려져 있으며, 담자균류에 의한 질병은 밝혀지지 않았다. 불완전균류는 대개가 실모양을 하고 있지만 효모처럼 구형 또는 원형의 단세포 모양을 하고 있는 것도 있는데, 분생자의 형성 또는 출아에 의해 번식한다. 어패류의 불완전균류병으로는 Phoma, Candidia, Fusarium, Ochroconis, Exophiala, Scytalidium 등이 있다.

### 1) 편모균류

Dermocistium, 수생균목의 3속인 Saprolgenia, Achyla 및 Aphanomyces, Branchiomyces가 여기에 속한다. Dermocistium은 원생동물학에서는 단포자충류(Haplosporidia)로 분류되는 것으로 곰팡이에 속하는 가는 의문시되고 있는 균류의 분류학상으로는 편모균류에 속한다.

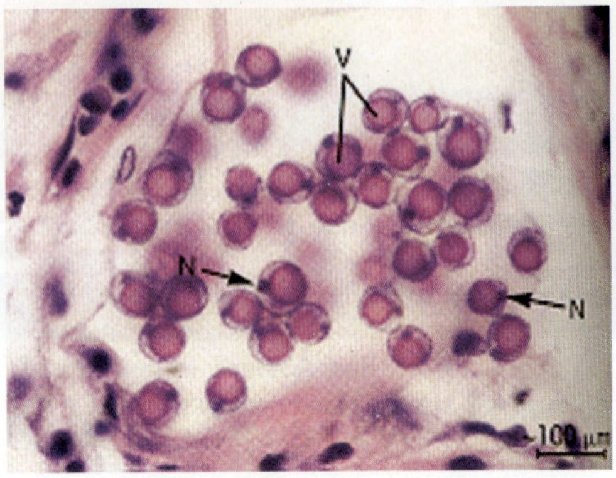


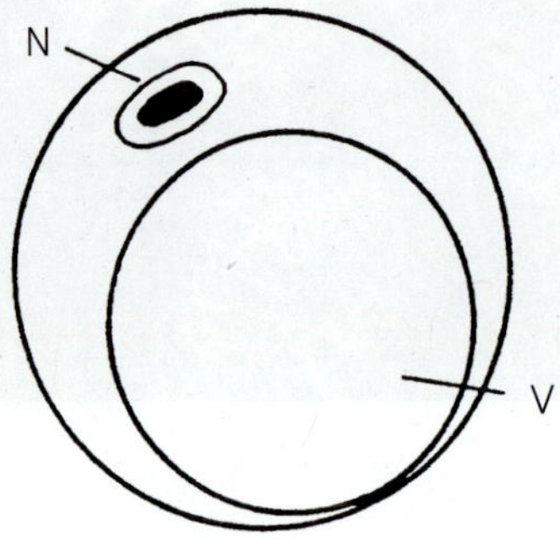


그림 4-1 *Dermocystium* 포자와 포자의 모식도. N: 핵, V: 구상봉입체.

Dermocistium의 영양체 내에는 원형의 포자가 무수히 들어있으며, 각포자의 내에 세포의 바깥쪽에 위치하고 있는 소형의 핵과 포자의 대부분을 차지하고 있는 대형의 원형 봉입체를 1개씩 가지고 있는 것이 분류상 가장 중요한 특징이다.

봉입체는 PAS에 양성 반응을 나타내지만, HE에는 염색되지 않기 때문에 공포(vaculole)라고도 한다. 이것에 속하는 것으로는 잉어의 피부에 기생하는 Dermocystium koi, 송어류에 기생하는 Dermocystium sp.와 유럽산 뱀장어에 기생하는 D. anguillae 등이 있다.

수생균류의 유주자는 측면에 길이가 서로 다른 편모를 2개 가지고 있는데, 유주자낭(sporangium) 내에서 빠져나온 것을 1차 유주자라 하고, 1차 유주자가 휴면한 다음 만들어지는 것을 2차 유주자라 하는데, 이것이 부착할 기질로서 어체에 부착하여 발아하여 균사체로 된다.

유주자낭에서 방출된 1차 유주자는 방출 후 얼마 동안은 운동성이 있지만, 곧 정지되어 구상체로 되어 휴면하게 된다(1차 휴면). 일정한 기간이 경과하게 되면 1차 휴면포자에서 2개의 편모를 가진 2차 유주자가 방출되고 이것도 잠시 동안 운동한 다음 정지하여 구상체로 되면서 다시 휴면(2차 휴면)한 다음 어체에 감염되게 된다.

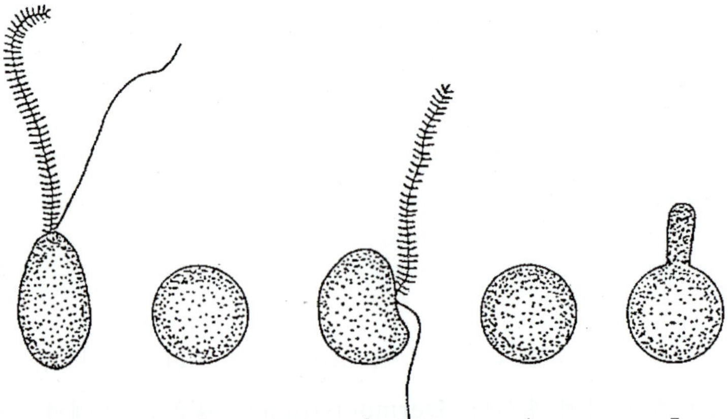


그림 4-2. 수생균의 유주자의 형태적 특징. 1: 1차 유주자, 2: 1차 휴면포자, 3: 2차 유주자, 4: 2차 휴면포자, 5: 발아.

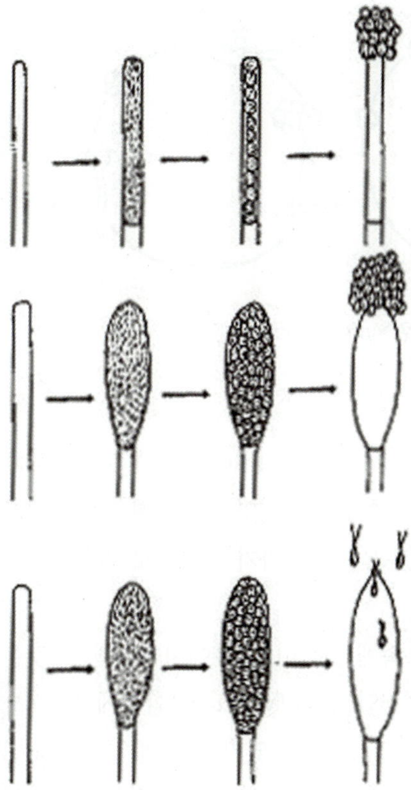

그림 4-3 수생균 3속의 유주자 생산 방식의 모식도.
상: *Aphanomyces*,
중: *Achyla*,
하: *Saprolegnia*.

수생균류에 속하는 3속은 유주자를 생산하는 방법(무성생식의 방법)에 따라 구분하고 있다. 즉 Saprolegnia는 유주자낭 내에 여러 줄로 배열되어 있는 유주자는 유주자낭에서 방출된 다음 곧 바로 유주자낭에서 떨어져 수중에서 1차 휴면포자로 되고, Achyla속은 유주자낭에 들어 있는 포자는 Saprolegnia속과 마찬가지로 유주자낭의 윗부분은 여러 줄로 배열되어 있지만 유주자낭의 아래쪽은 일열로 배열되어 있으며 유주자낭에서 방출된 유주자는 유주자낭의 끝부분에서 덩어리를 형성하여 1차 휴면포자로 된다. 한편 Aphanomyces속은 유주자낭에서의 유주자의 배열이 위의 2속과 달리 한 줄로 배열되어 있으며, 유주자낭에서 방출된 후에는 Achyla속과 마찬가지로 유주자낭의 끝부분에 덩어리를 형성하여 1차 휴면포자로 된다.

유주자낭을 형성하는 것을 알아보기 위해서는 Saprolegnia와 Achyla는 삼씨를 100°C에서 30분간 끓여 껍질을 벗겨낸 다음 다시 증류수에 넣어 고압 멸균한 것 2~3개를 멸균 수도수(30 ml)가 들어 있는 페트리접시에 넣는다. 여기에 한천배지에서 배양한 균사를 절단하여 넣고 15~20°C에서 4~5일간 배양하면 유주자낭이 만들어지는 삼씨배양법(hemp seed water culture method) 또는 한천 배지상에서 균사체가 자란 한천을 약 5 mm × 5 mm의 크기로 잘라내어 멸균수도수를 30 ml정도 넣은 페트리디쉬에 옮겨 배양하면 한천조각에서 자라난 균사의 끝부분에 유주자낭이 만들어지고 얼마안가 유주자가 방출되는 물배양(water culture)을 한다.

Aphanomyces는 삼씨 배양법으로는 유주자낭이 잘 형성되지 않기 때문에 분리한 한천배지의 한천조각을 GY액체배지(1% glucose, 0.25% beef extract)에 넣어 25°C에서 1주일간

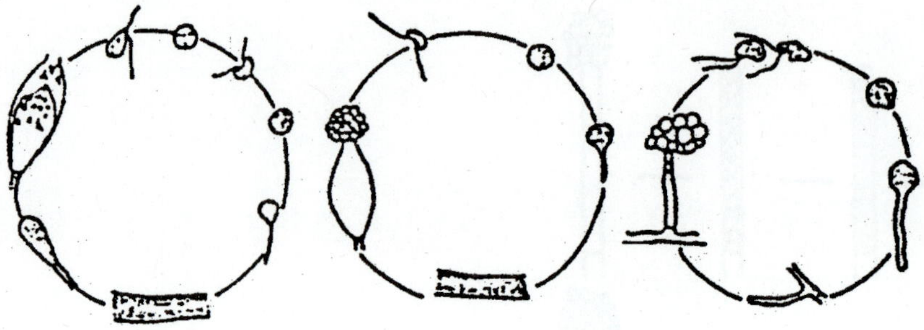

그림 4-4 수생균 3속의 무성생식법. 좌: *Saprolegnia*, 중: *Achyla*, 우: *Aphanomyces*.

배양한 다음 자라난 균사체를 멸균한 수도수로 여러 번 세척하여 약 30 ml의 멸균수도수가 들어있는 페트리접시에 옮기면 유주자가 형성된다. 이는 수생균을 영양이 풍부한 액체배지에서 우선 배양한 다음 영양이 전혀 없는 환경으로 균을 옮기면 유주자가 다량으로 만들어지기 때문이다.

어류의 수생균병의 원인균의 대부분은 Saprolegnia속에 속하며, 환부에서 분리되는 것은 거의 S. diclina로 동정된다. 그러나 이 종에도 병원성이 있는 종(Type 1)과 환부에 2차적으로 부착하여 부패의 역할을 담당하는 병원성이 없는 종(Type 3)이 있기 때문에 양자를 구별하기 위하여 병원성을 조사할 필요가 있지만 보통은 현미경 관찰에 의한다. 즉 물배양 또는 삼씨배양을 하여 유주자의 방출방식을 확인한 다음 페트리접시의 바닥에 발아한 포자가 있으면 페트리접시의 내용물을 다른 곳으로 옮기고 발아한 포자만을 남긴 다음 바닥에 커버글라스 2~3장을 덮은 다음 위상차현미경의 100배의 배율로 포자를 찾아낸 다음 400배의 배율로 발아 방식과 포자의 내부구조를 관찰한다. 간접발아이며 포자표면에 구상모(hooked-hairs, 鉤狀毛)가 있으면 Type 1이고, 직접 발아방식이며 포자표면에 구상모가 없으면 Type 3으로 분류한다.

그러나 Type 1은 보통은 유성생식기관을 형성하지 않기 때문에 S. parasitica로 분류되어지기도 한다. 따라서 이러한 모순점을 해결하기 위하여 물 배양한 다음 만들어지는 유성생식기관의 조정지의 기원과 난포자의 내부구조를 기준으로 동정으로 있다.

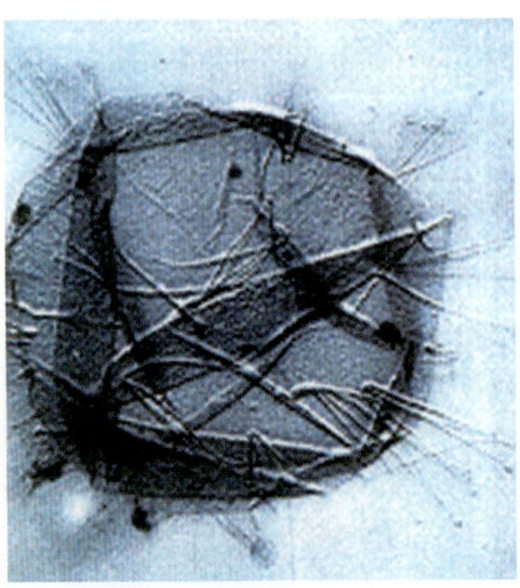

그림 4-5 *Saprolegnia* 2차 휴면포자 표면의 구상모.

수온 20°C이상에서 사육 중인 온수성 담수어류의 아가미 혈관내에 기생하는 진균으로 수질이 부영양화되고 식물성플랑크톤의 발생이 많은 수조에 어류를 과밀 사육하였을 때 잘 발생하게 된다. 감염어는 아가미가 부식되며, 입올림을 하게 된다.

이 균은 분류상 위치가 불분명하지만 겔내 침강반응의 결과 수생균목에 넣고 있다. 균사는 만곡되어 있으며 격벽이 없고 균사체의 내부에 많은 원형의 포자가 관찰되지만, 유주자낭이라 생각되는 것은 형성하지 않고 균사에서 바로 유주자가 만들어진다.

### 2) 접합균류

자라의 등에 백색의 반점이 형성되는 백반병의 원인균인 Mucor sp.는 균사는 몸밖으로 나오지 않고 조직 내에서만 발육한다.

어류병원균으로 잘 알려진 Ichthyophonus hoferi는 자연산 해산어류에 감염되어 있기 때문에 계균의 분석에 한 형질로서 사용되기도 하지만 이것에 감염된 천연 해산어를 사료로서 투여하였을 때 양식어류에 발생되어 문제가 된다.

이 균은 1%혈청(어류 유래) 첨가 thioglycolate agar(식염 0.8% 첨가)에 배양하면 쉽게 배양되며 배지 중에서 번식 방식도 관찰 가능하다. 직경 100 μm의 다핵구상체를 형성하는 것이 이 균의 특징이다.

### 3) 불완전균류

어패류에 원인균으로는 냉수성인 송어류의 위 내에서 번식하기 때문에 위가 심하게 확장되어 복부가 팽만하게 되는 위고창증(확대증)의 원인균인 Candidia sake, 보리새우의 검은 아가미병의 원인균인 Fusarium solani, 차넬메기와 대서양연어 신장에 각각 육아종을 형성하는 Exophiala pisciphila와 E. salmonis, 은어의 치어의 아가미에 침입하여 전신 감염을 일으키는 Phoma sp., 인공종묘 생산된 전갱어 치어의 체표에 발생하여 체표에 궤양이 형성되는 Scytalidium sp. 등이 주요한 질병이다.

## 2 진균성질병

### 1) 편모균류

#### (1) *Dermocystium*

**① 잉어와 유럽산 뱀장어**

잉어의 피부에 Dermocystium koi가 감염되어 발적과 궤양을 동반한 부풀어 오른 병소가 만들어진다. 균사상의 영양체는 진피의 소성결합조직에서 잘 자라는데 직경은 40~300 μm로 변화가 심하고 그 내부에 많은 포자를 갖고 있다.

포자는 직경 6~12 μm정도로 작은 공 모양이며 특징적으로 도장 모양의 세포이다. 이러한 포자의 내부에는 PAS반응과 지방염색에 양성인 초자모양의 작은 소구(小球)가 1개 있고, 그 주변에는 호염기성으로 굴광성이 강한 미세과립이 들어 있는 세포질이 둘러싸고 있으며, 핵은 1개로 매우 크며 편재되어 있다.

진균의 균사 주변에는 육아종이 형성되며, 감염 부위에는 육아조직이 증식하고 있다.

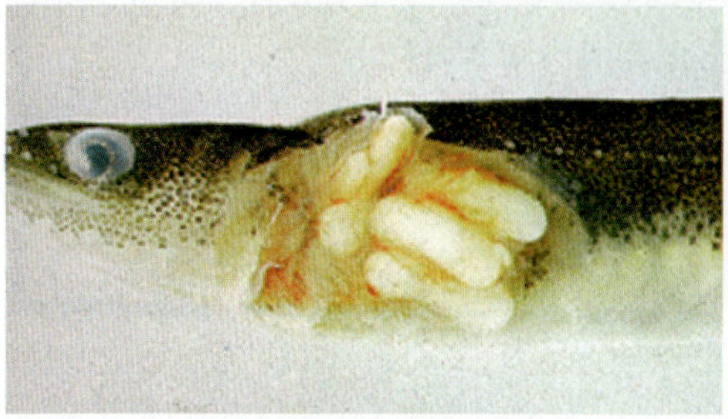

그림 4-6 아가미에 신장형 또는 소시지 모양의 시스트가 형성된 뱀장어.

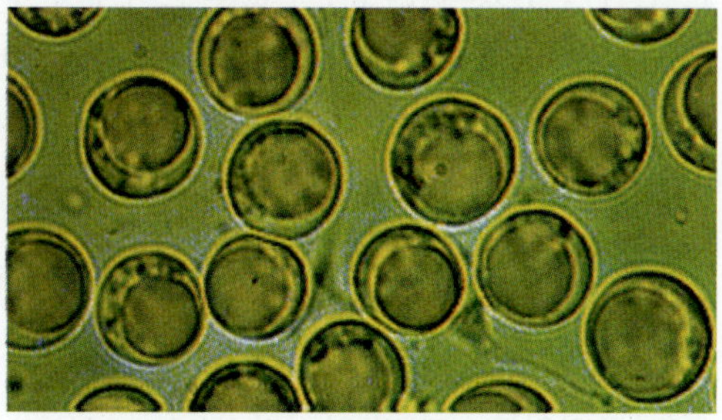

그림 4-7 포자는 거의 원형이고 내부에 핵과 구상봉입체를 1개씩 가지고 있다.

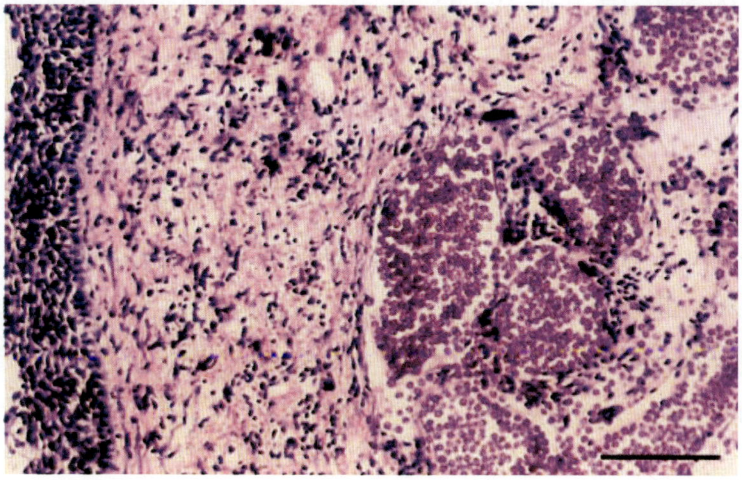

그림 4-8 잉어의 피부에 감염된 *D. koi*의 구형의 포자. H&E, 200 μm.

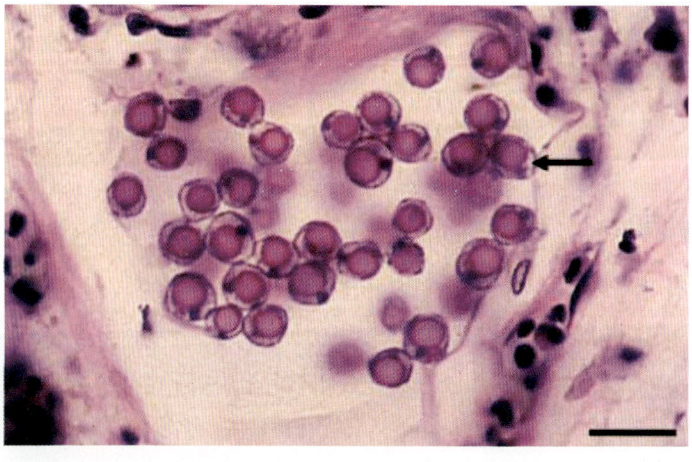

그림 4-9 *Dermocystidium koi*의 포자. 대형의 중심 봉입체인 vacuoplast(화살표)와 포자의 테두리의 좁은 범위에 핵과 세포질이 존재하는 것이 특징임. H&E, 50 μm.

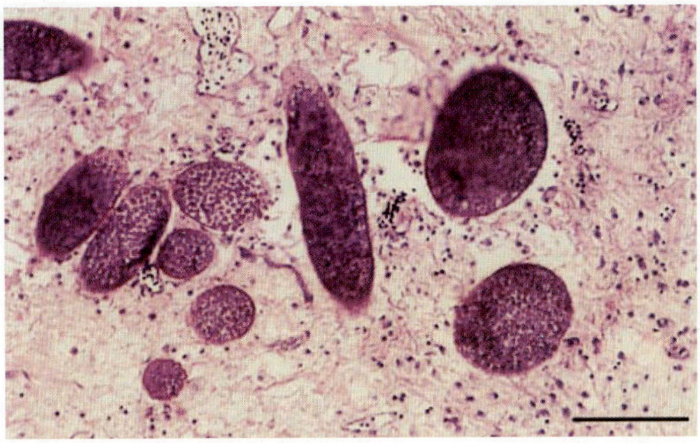

그림 4-10 잉어의 피하조직 내에서 발육 중인 *D. koi*의 포자. 균사가 발육하여 다핵과 단핵세포로 된 다음 이것이 포자로 변화된다. H&E, 200 μm.

Dermocystium anguillae는 6~7월경에 유럽산 뱀장어 치어의 아가미에 특이적으로 기생한다. 영양체의 모양은 소세지형, 서양 배 모양, 신장형 등 다양하며, 크기는 0.6~10.5 × 1.6~ 4.1 mm정도로 보통 2~8개의 영양체가 아가미에 형성된다.

대형의 영양체가 아가미에 많이 만들어지게 되면 아가미 뚜껑을 닫을 수 없을 상태로 밀어 올리게 되고, 중증인 경우에는 수면에 부상하여 죽게 된다. 심한 경우에는 수온을 약 30°C로 올리면 영양체가 붕괴되어 아가미에서 사라짐으로 유효한 치료법이다.

② 송어류

대서양연어나 무지개송어의 새엽에 주로 기생하지만 때로는 구강 벽, 비장, 피부에 기생하기도 하며 작은 백점의 시스트가 감염부위에 형성된다.

병어는 복부가 동그랗게 팽만되며, 복강과 아가미에 직경 1 mm미만의 소형 시스트를 육안으로 발견할 수 있다. 아가미에 많은 수의 시스트가 형성되면 아가미 뚜껑을 닫을 수 없어 가스교환이 불완전하게 되어 산소부족현상으로 죽게 된다.

시스트의 내부에는 많은 수의 단원형의 포자가 들어 있다. 포자는 1개의 편재된 핵과 굴절성이 강하며 김자염색에 분홍색으로 염색되는 volutin body를 가진 소포가 있다.

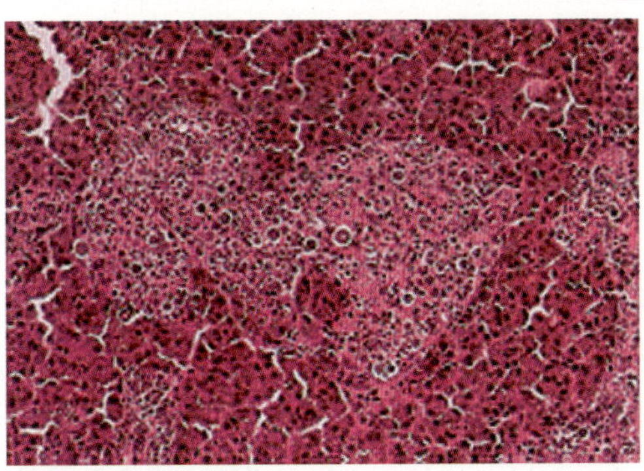

그림 4-11 무지개송어 간세포내의 포자.

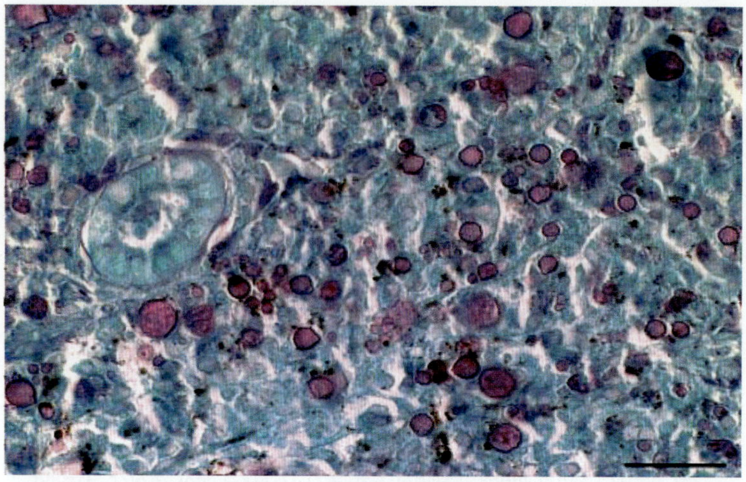

그림 4-12 대서양연어의 신장 내의 *Dermocystidium*. 다양한 크기의 포자가 조혈조직에 형성되고 포자벽은 강한 PAS양성 반응. PAS, 50 μm.

시스트의 주변에는 출혈, 증생 및 수종성 변성을 동반한 심한 염증반응이 일어난다. 마크로파아지와 섬유아세포를 비롯한 침윤세포가 출현하며, 상피세포는 증생을 일으켜 새박판이 유착하게 되고 최종적으로는 새변 전체가 유착되게 된다. 비장에 기생된 경우에는 비장은 울혈을 일으키며 기생체의 주변에 섬유세포가 증식된다.

포자는 혈액 속으로 들어가 전신으로 운반되는데 비장과 간장에 육아종이 형성되는 것과 백혈구의 수가 증가하는 것이 특징적이다.

**③ 메기**

감염 메기는 무기력하고 수조 표면에서 천천히 유영한다. 체표의 환부는 피하결합 조직 내에 하얀 벌레 또는 실처럼 보이는 구조물로 덮여 있다.

체표를 덮고 있는 실과 같은 구조물은 원인 곰팡이인 Dermocystidium의 cyst로서 피부나 지느러미에서만 발견되며 다른 기관에서는 발견되지 않는다. Cyst의 크기는 다양하여 0.15~0.35 mm × 3~20 mm이며, 뒷지느러미 속에 cyst가 들어 있는 것처럼 보인다. 피부의 감염 부위는 충혈과 부종을 일으키며, 표피는 붕괴되거나 부식되기도 한다.

감염 피부를 절취하여 무염색 또는 포르말린 고정한 다음 현미경으로 검경하면 충체의 포자를 발견할 수 있다.

포자는 직경 3.2~15 μm의 타원형 또는 난원형으로 직경 2.1~10.8 μm의 1개의 굴광성의 소구를 가지고 있다. 같은 cyst 내의 포자라할지라도 크기가 동일한 것이 아니라 모양과 크기는 차이가 있다.

조직 표본 내의 cyst는 진피 속에 존재하며 cyst의 벽은 증생된 결합조직에 의해 쌓여 있고, 단구를 주체로 하는 염증세포가 주변에 침윤해 있을 때도 있다. 그러나 염증세포의 침윤은 일반적으로 경미하기 때문에 cyst에 대한 염증반응은 미약하다고 할 수 있다.

Cyst 위의 표피층은 괴사되어 붕괴되고 때문에 관찰할 수 없는 경우가 대부분이지만 때로

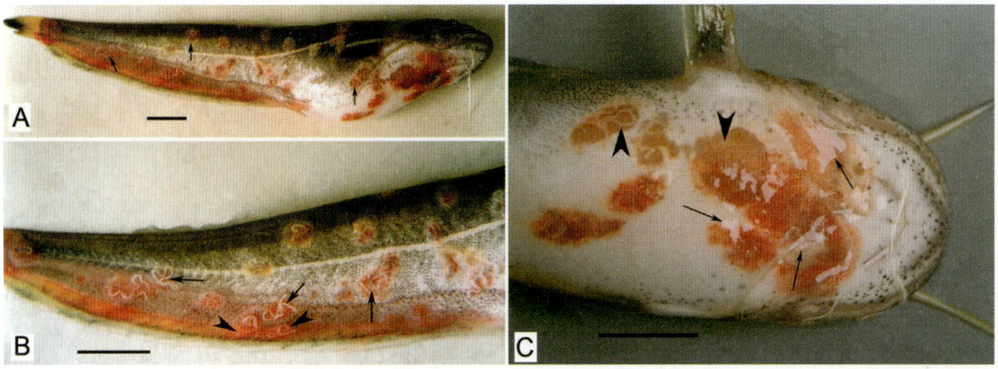


그림 4-13 A: 체표 및 지느러미의 적색 감염 부위. B: Cyst 내의 실과 같은 구조물. C: 감염 부위는 충혈 및 부종을 일으키고, 표피는 붕괴되어 탈락함. Bar = 1 cm.

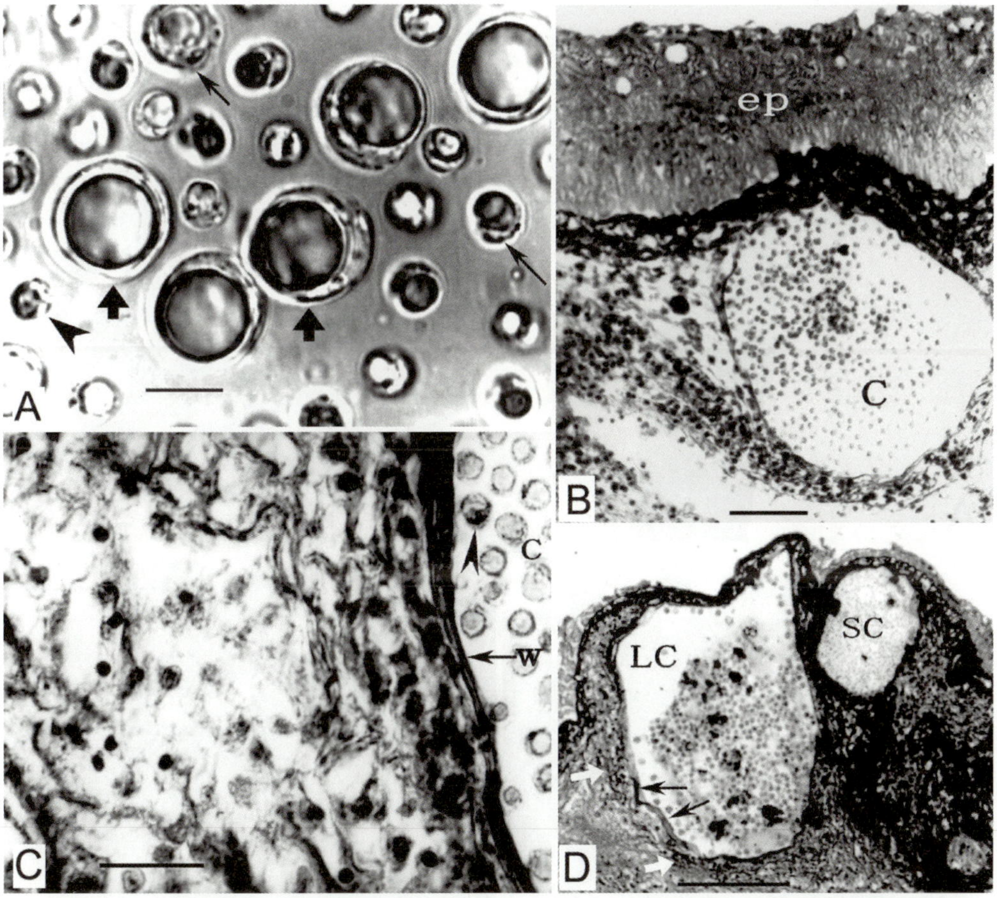


그림 4-14 A: Cyst의 무염색 표본. 같은 cyst내의 포자도 크기가 매우 다양. B: 진피 내의 cyst(C)와 상부의 잔존 표피(ep). C: Cyst의 확대도. cyst(c)내부의 포자(화살표), cyst 벽(w) 및 좌측 주변의 경미한 염증세포의 침윤. D: 대소 2개의 cyst(LC, SC). Cyst벽(흑색 화살표)주변에 섬유성 결합조직의 증식(백색 화살표)되어 있고, cyst위층의 표피는 붕괴 탈락. HE, Bar = 10 μm(A), 50 μm(B), 20 μm(C) 및 200 μm(D).

는 표피가 남아 있는 경우도 있다.

전자현미경으로 cyst를 관찰하면 cyst벽은 세포성도 아니고 막성도 아닌 부정형의 균질성 물질로 되어 있다. 포자는 크기는 관계없이 동일한 구조인 엷은 cyst 벽, 1개의 대형 굴광성의 소체, 편재하는 타원형 또는 난원형의 핵 및 미토콘드리아와 공포를 가지고 있다.

소형의 포자는 핵인을 가진 대형 핵을 가지고 있고, 크기가 다양한 여러 개의 공포 및 여러 개의 미토콘드리아는 관찰되지만 굴광성의 소체는 없다. 중간 크기의 포자는 편재성의 핵과 미토콘도리아, 공포 및 굴광성의 소체가 있다. 대형의 포자는 포자의 대부분을 차지하는 대형의 굴광성의 소체가 특징적이며, 핵인이 없는 편재성의 소형 핵 및 소수의 세포내 소기관을 가지고 있다. 충체 내의 굴광성의 소체는 공포가 형성된 다음에 만들어지는데, 이는 성숙 포자가 새로운 숙주에 침입할 때 영양분으로 제공되는 것으로 생각된다. 그럼으로 포자 내의 굴광체의 소체의 존재 유무와 크기에 따라 포자의 성숙도를 판정할 수 있다. 즉 공포를 가지고

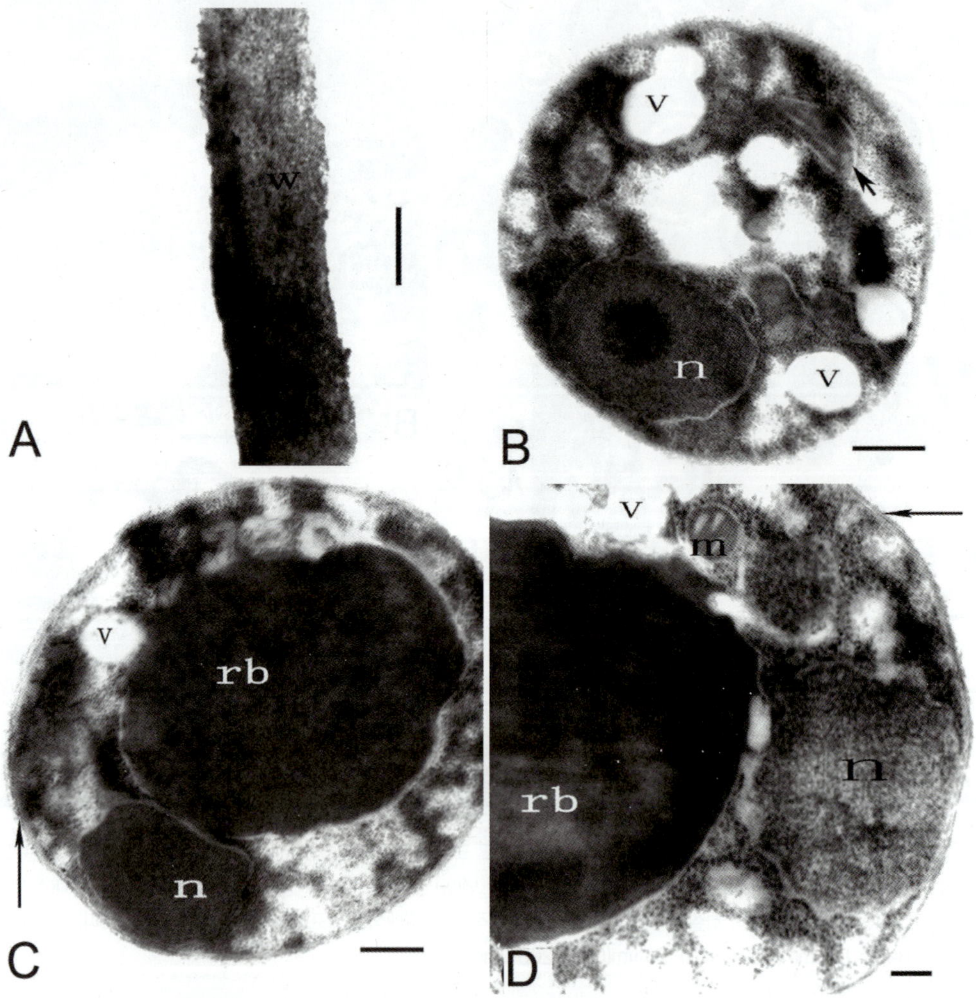


그림 4-15 포자의 크기에 따른 TEM상. A: Cyst벽. B: 핵(n), 미토콘드리아(작은 화살) 및 공포(v)는 존재하지만 굴광성의 소체는 없는 소형 포자. C: 핵(n), 중간 크기의 굴광성소체(rb) 및 공포를 가진 중간 크기의 포자와 포자막(화살표). D: 핵(n), 미토콘드리아(m), 공포 및 대형의 굴광성의 소체를 가진 대형 포자. Bar = 0.2 μm(A & D), 0.5 μm(B) 및 0.7 μm(C).

있지만 굴광성의 소체가 없는 포자가 소형의 굴광성이 있는 포자로 발육하며 이어서 대형의 굴광성의 소체를 가진 포자로 성숙한다고 생각된다.

## (2) *Saprolegnia*

**① 뱀장어**

사육 수온이 20°C 이하일 때, 체표의 상처나 기적병 등으로 생긴 출혈병소, 에로모나스병이나 기타 세균성질병 때문에 체표에 형성된 궤양병소 등에 2차적으로 수생균이 감염되는 질병이다.

체표 특히 두부와 꼬리부분에 균사체가 번식하여 솜 모양으로 수생균이 붙어 있는 것이 특징으로 병어는 수면을 천천히 헤엄치던가 또는 서서 헤엄치는 모양을 보이다가 폐사한다.

수생균이 체표에 감염되게 되면, 수생균의 균사가 감염 부위 주변의 표피 속으로 뻗어 나가게 되어 표피는 괴사되어 탈락되게 됨으로 최초 감염 부위를 중심으로 하여 궤양은 점점 확대되어 간다.

수생균의 균사의 신장이 현저한 경우에는 표피는 물론 진피, 피하지방 조직, 구간근조직까지 뻗어 나오게 되어 가벼운 국소출혈이 생기고 근섬유는 변성, 괴사된다. 균사의 끝부분에서 많은 유주자가 만들어져 새로운 감염원으로 된다.

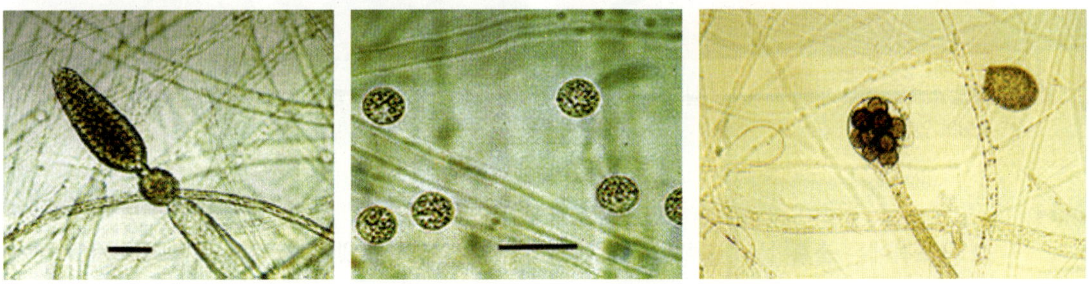

그림 4-16 수생균의 유주자낭(좌), 유주자(중) 및 조란기(우).

**② 연어 · 송어류**

선별이나 채란할 때 생기는 체표의 미세한 상처, 성 성숙, 세균감염증 또는 치료 시에 항생제의 투여 등의 원인에 의해 수생균이 체표에 기생하게 되어 발병한다. 은연어는 체장 10 cm전후의 치어에 잘 발생하는 경향이다.

수생균은 두부나 꼬리부위에 착생하기 쉬운 경향으로 감염된 수생균의 증식이 현저한 경우에는 체표 거의 전체가 균사로 덮이게 되는 수도 있으며, 때로는 지느러미나 꼬리가 괴사되어 없어지는 경우도 있다.

체표의 미세한 상처 때문에 생기는 짓무름이나 궤양 병소에서는 수생균이 직접 이곳을 통하여 침입하는데, 균사의 신장이 현저한 경우에는 균사가 표피 내까지 신장하게 되어 광범위하게 체표가 괴사된다.

균사가 진피, 피하지방 조직, 구간근조직내에 신장하게 된 경우 균사의 침입을 받은 진피는 곰팡이에서 방출되는 효소에 의해 괴사되고, 피하지방 조직에는 충혈, 울혈, 출혈이 생기

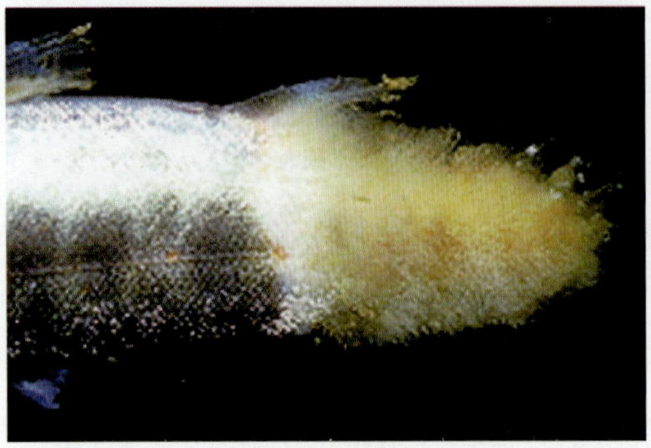

그림 4-17 꼬리 부분에 감염된 수생균.

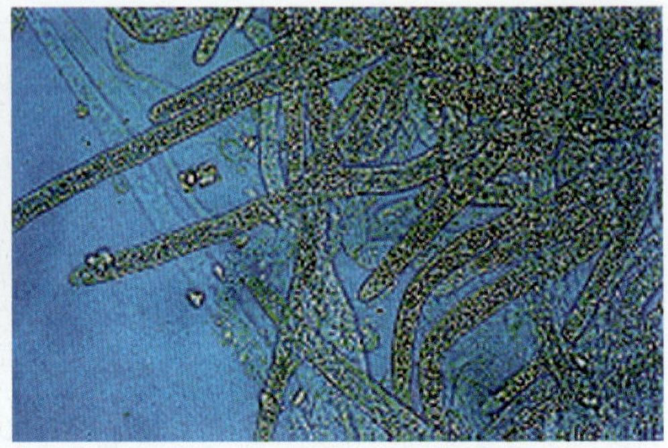

그림 4-18 수생균의 균사체.

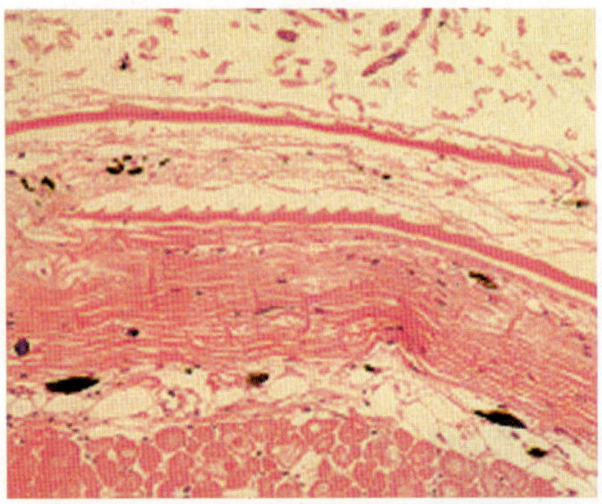

그림 4-19 피부 환부. 표피가 소실되고 진피가 노출되어 있다.

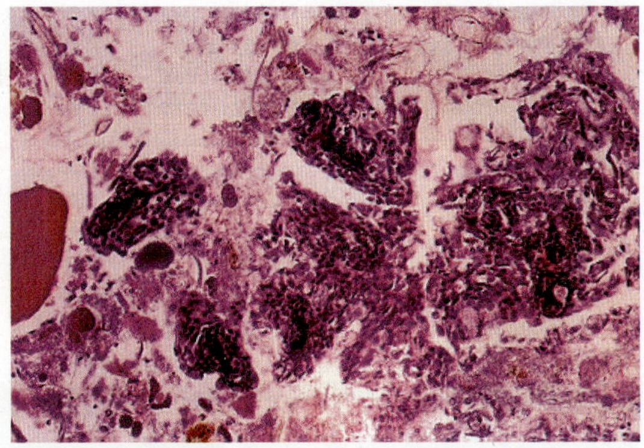

그림 4-20 아가미 병소. 새박판의 괴사.

고 근조직에는 출혈 등의 혈행장애와 근섬유의 변성괴사가 생긴다. 특히 피부의 괴사가 현저한 경우에는 물이 침투하게 됨으로 근섬유의 괴사, 수해가 더욱 심화되어 근조직은 붕괴되어진다.

그러나 균사의 침입에 대한 숙주의 조직반응은 약한 편으로 육아종이나 육아조직이 형성되어지지 않는 것이 특징이며 어류가 폐사하는 원인은 삼투압 조절기능의 파괴 때문으로 생각되고 있다.

### ③ 연어 · 송어류 치어의 내장진균증

Saprolegnia diclina 또는 미동정의 사상진균이 내장에 감염된 것으로 부화 후 1~2주 경과된 치어에 많이 발생하지만, 치어가 성장함에 따라 감염은 사라진다.

병어는 체색이 현저히 검어지고 유영이 불활발하고 무리에서 떨어져 못 밑바닥에 옆으로 눕든가 또는 배수구 부근까지 수류에 떠밀려 가서 죽는다. 병이 진행되게 되면 전체적으로 체색이 퇴색되고 복부가 고임으로 복부 전체 또는 위 부근이 부풀어 오르고 팽출된 체표에는 출혈반이 보이는 경우가 많다.

해부하여 보면 내장 표면이나 복강 내에 곰팡이의 균사체가 기생되어 균사에 의해 복강 벽

그림 4-21 팽만된 복부의 출혈반을 가진 병어.

그림 4-22 내부 장기의 균사체.

과 장기가 서로 봉합되어 있는 것처럼 보이며, 균사의 발육이 현저한 경우에는 체표에까지도 균사가 뻗어 나온다.

Saprolegnia diclina의 균사가 위의 유문부의 관공에 있는 사료 속에서 발육하여 점막상피를 거쳐 평활근섬유까지 침입한다. 균사가 침입한 부위에는 카타르성염이나 점막상피의 괴사가 일어난다. 균사는 근층에서 잘 발육하게 되면 위벽을 뚫고 복강 속까지 뻗어나오게 되는데, 이때 위벽의 혈관 속에 균사가 침입하게 되면 균사 혈전으로 되어 혈행정지, 혈관확장, 장액이나 적혈구의 삼출 등의 순환장애가 생긴다. 또 때로는 균사가 문맥을 통하여 비장에까지 침입하는 경우도 있다.

위의 관공내부나 벽에 진균의 균사 발육이 현저하면 그 부위는 심한 괴사, 붕괴가 일어나고 유문수나 배 쪽의 근육조직에도 균사가 뻗어 들어가 괴사를 유발시킨다. 또 극히 드문 예이기는 하지만, 소화관 내에도 진균의 균사가 발육하여 소화관 벽에서 복막이나 신장에까지도 균사가 뻗어 들어가는 경우도 있다.

위나 소화관 내에서 진균이 증식하고 있는 경우에는 소화관을 조사하여 보면 모두 단단한 이물질이 소화관을 가득 메우고 있어, 장 폐쇄가 일어나 음식물이 소화관내 머물게 됨으로 진균이 증식된 것이다.

격벽에서 분지되는 미동정의 사상진균이 부레 내에 사료와 함께 들어가 발육하게 되어 균사가 부레 앞쪽 끝의 벽을 관통하여 담낭, 신장, 간장, 유문수 식도 및 근조직에까지 뻗어 들어가게 된다. 이러한 조직에 침입한 균사는 비만적으로 신장하며, 혈관 내에 들어가 균사 혈전으로 되기도 하여 조직에 괴사와 심한 혈행장애를 일으킨다. 위벽에 침입한 균사는 위벽을 관통하여 위 관공 내까지 신장되는 수도 있다. 이러한 병의 발생은 극히 드물지만, 기도에 이상이 생긴 어류가 걸리기 쉬운 것으로 생각되어지고 있다.

### (3) *Aphanomyces*

**① 담수어의 Aphanomyces(진균성 육아종증)**

처음에는 은어에 발생하기 시작하였지만. 현재는 금붕어, 붕어, 가물치 및 숭어 등의 어류에 발생하고 있다. 유주자낭의 모양은 단순하여 균사와 굵기가 같거나 끝은 뾰족하다. 유주자는 유

그림 4-23 은어 체표의 출혈 팽대부.

그림 4-24 숭어의 초기 병소.

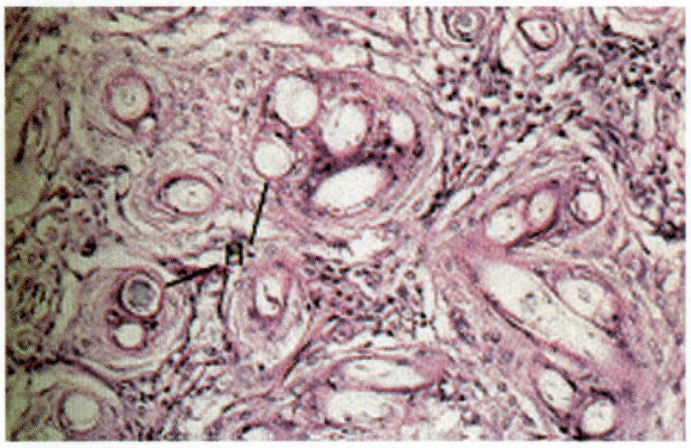


그림 4-25 병소의 격벽이 없는 균사체(H)와 만성염증 반응. HE.

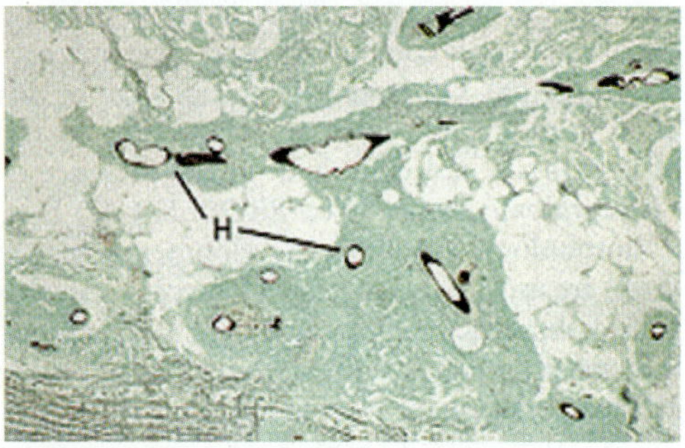


그림 4-26 병소의 도은염색. H: 균사체. Gomorimethenamine silver.

주자낭 내에 간격이 일정하지 않은 상태의 일렬로 배열되어 있으며, 유주자낭에서 유출되어 유주자낭의 끝에서 1차 휴면포자로 된다. 발아하여 측생의 편모를 가진 유주자로 되었다가 다시 휴면한 다음 발아하여 감염되게 된다.

근육에 기생하여 궤양화될 무렵에 균사체에서 유주자낭이 형성된다. 환부 내의 균사체는 격벽이 없으며 부정형으로 분지되어 있다.

격벽이 없이 분지하는 약간 파상(波狀)의 균사를 가진 Aphanomyces piscicida의 감염에 의한 질병으로, 균사가 경피적으로 침입하여 근육 내에서 발육함에 따라 육아종이 형성되는 것이 특징이다.

감염 초기의 외관적 특징은 체표에 1개 또는 여러 군데에 생기는 출혈점과 약간 넓은 범위에 걸쳐 부어오르고, 부풀어 오른 피부에는 머지않아 출혈반이 나타나는 것이 전형적인 특징이다. 감염병소는 번식성염이 생긴 후 육아종성염으로 나타난다.

이 병의 원인진균은 어류의 근육 추출물을 첨가한 배지에서 잘 자라는데 주 발병 시기는 여름에서 가을(수온 15~30°C) 동안에 양식 또는 자연산 담수어나 기수어에 발생된다.

원인이 되는 진균은 체표의 상처를 통하여 침입하여 진피, 피하지방조직, 구간근조직에 까지 뻗어가며 특히 구간근 조직에서 잘 자람으로 근섬유에 대한 침입이 현저하다. 균사가 침입한 근섬유는 내장진균의 출현이나 세열이 생겨 소실되고, 균사 주위에 많은 대단핵세포가 침

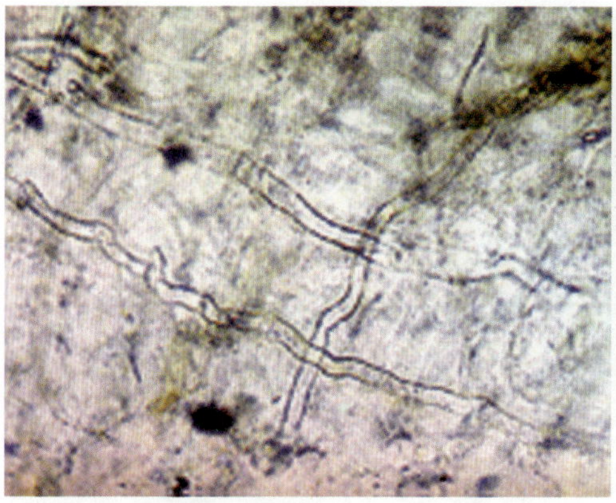

그림 4-27 환부내의 균사체.

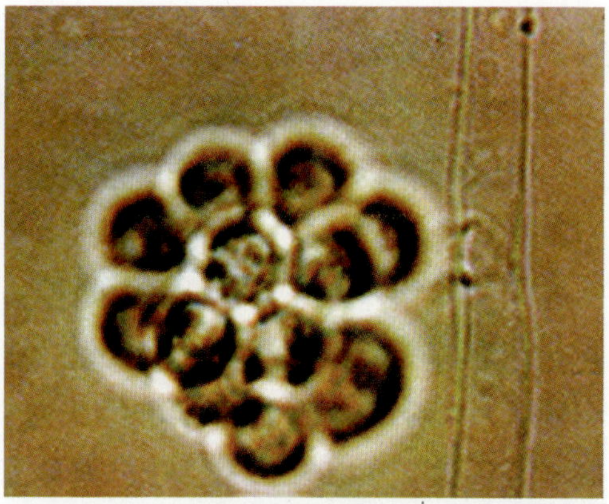

그림 4-28 유주자의 방출 방식

윤 번식하여 균사를 둘러싸게 된다. 이 대단핵상피세포가 류상피세포로 되어 육아종을 만들게 되고, 육아종 내부에 들어 있는 대단핵세포, 류상피세포는 응고괴사되어 건락화되게 되는 경우가 많다.

균사의 발육이 현저하여 많은 근섬유가 괴사되어 소실되게 되면, 진균의 균사를 둘러싸고 있는 육아종도 발달하게 되어 육아종 주변에 대단핵세포나 미분화 간엽계세포 등이 풍부한 육아조직이 틈새를 메우는 형태로 생겨나게 된다. 또 어종에 따라 육아종 외에 균사를 세포 내에 끌어들이는 이물거세포나 랑거한스형 거세포가 나타나기도 한다.

근조직까지 신장된 균사는 근조직에서 발육이 현저하게 되면 복막을 관통하여 내장, 연골조직을 관통하여 뇌의 내부까지 침입하여 조직을 괴사시키고, 균사 주변에는 육아종이 만들어지게 된다.

병이 만성화되면 각각의 육아종 구조는 더욱 치밀하여 위축되고, 육아종 주변의 육아조직 내에는 많은 작은 원형세포나 재생근섬유가 나타나 육아조직의 섬유화가 진행되게 된다.

감염병소의 염증은 어종에 따라 다소 차이가 있어 은어 등에서는 이물 거세포나 랑거한스형 거세포의 출현이 현저하지만, 금붕어, 잉어, 붕어, 블루길, 숭어 등에서는 거세포의 출현이 거의 없다.

② Epizootic ulcerative syndrome(EUS)

담수어, 기수어 등의 근육에 감염되어 육아종을 형성하는 질병이다. 저수온인 18~22°C에 강수 후에 빈발하는 경향이며 이러한 조건이 Aphanomyce invandans의 포자형성에 좋은 조건이며, 저수온은 어류의 생체 방어 메커니즘이 oomycete의 감염에 대한 염증반응을 지연시키기 때문이다.

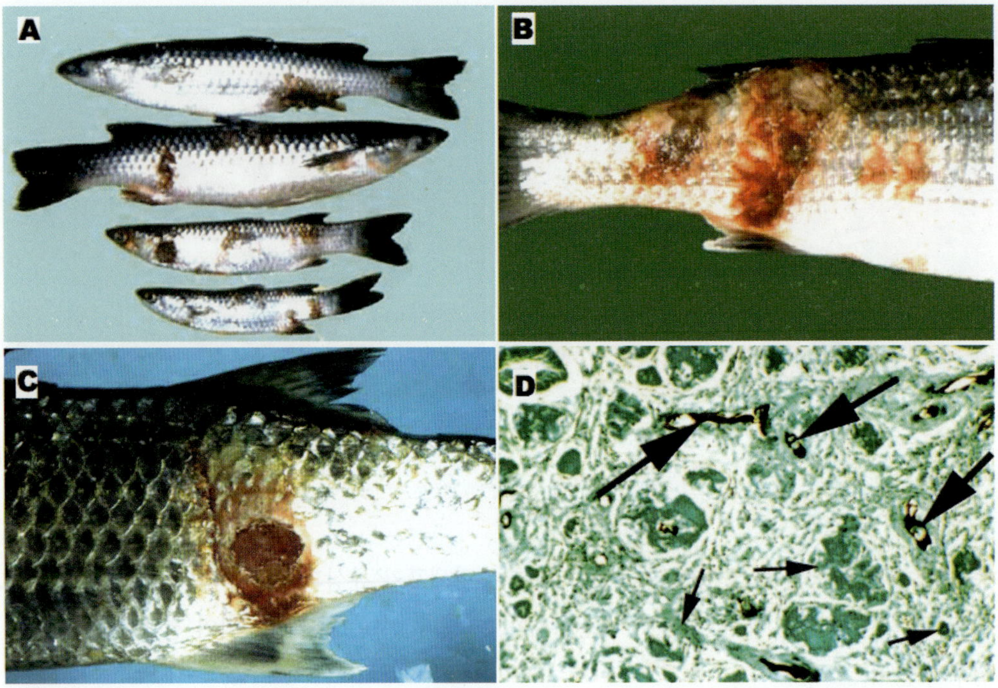


그림 4-29 EUS감염 숭어. A: 체표에 출혈성 환부, B: 궤양화, C: 육아종 탈락 후 근육 심부까지의 궤양화, D: Gomori methenamine silver염색 조직

진단은 전형적인 증상과 병리조직학적으로 확인한다. 감염초기는 식욕을 상실하고 체색이 검어지며 수조표면에 힘없이 부유하고 있다가 갑자기 헤엄치는 이상 유영을 보이며, 체표에는 발적과 궤양이 생겨 있다. 체표에 형성된 발적 부위가 점차 부풀어 오르면서 그 주변에 반상의 출혈이 생기고 최종적으로 근육 내에 형성된 육아종은 피부가 붕괴되어 수중으로 탈락하게 된다. 체표, 두부, 아가미 뚜껑 및 미병부의 발적, 적색 또는 갈색의 테두리를 가진 궤양병소는 감염후기에 관찰되며, 육아종성 주변에는 현저한 염증반응이 수반된다.

궤양병소의 테두리 부분을 squash표본을 만들어 검경하면 직경 12~25 μm의 격벽이 없는 균사체가 다수 관찰된다. 그러나 이러한 도말표본에는 항상 세균과 진균이 혼재되어 있기 때문에 조직학적으로 진균성 육아종의 형성과 원인 진균을 분리할 필요가 있다.

병리조직표본을 제작할 때는 궤양병소의 테두리 부분을 시료로 하는 것이 좋다.

분리는 궤양병소의 비늘을 제거한 다음 궤양의 바깥부분을 주의 근육부분을 포함되도록 절취(2 $mm^2$)하여 penicillin G(100 units/ml)와 oxolinic acid(100 μg/ml)를 첨가한 glucose/peptone(GP) agar(3 g/l glucose, 1 g/l peptone, 0.128 g/l $MgSO_4 \cdot 7H_2O$, 0.014 g/l $KH_2PO_4$, 0.029 g/l $CaCl_2 \cdot 2H_2O$, 2.4 mg/l $FeCl_3 \cdot 6H_2O$, 1.8 mg/l $MnCl_2 \cdot 4H_2O$, 3.9 mg/l $CuSO_4 \cdot 5H_2O$, 0.4 mg/l $ZnSO_4 \cdot 7H_2O$) 위에 얹어 실온 또는 25°C에 배양하면서 매일 관찰한다. 순수분리는 발육한 균사의 끝부분을 새로운 GP agar에 오염균이 없을 때까지 반복한다.

또 다른 방법은 penicillin-K 100 units/ml와 oxolinic acid 10 μm/ml를 첨가한 GP medium에 접종하여 25°C에 배양하면서 12시간 이내에 도립현미경으로 관찰한다. 순수분리는 GP 12g/l, penicillin-K 10 units/ml, streptomycin sulfate 10 μg/ml가 함유된 GP medium을 사용하여 오염이 없을 때까지 반복한다. 배양된 Apanomyces는 GP agar에 접종하여 10°C에 배양하면서 7일 간격으로 계대 배양한다. 분리된 oocyteme는 GY agar(1% glucose, 0.25% yeast extract, 1.5% agar)에 접종하여 25°C 1달 간격으로 계대 배양한다.

Aphnaomyces invandans는 유성생식기관을 형성하지 않기 때문에 형태만으로 동정할 수는 없다. 그러나 분리된 oomycete를 사용하여 포자 형성을 유발시키거나 무정생식기관의 특징을 관찰함으로써 할 수 있다.

A. invandans는 배양할 때 매우 느리게 자라며 37°C의 GPY agar(GPY broth + 12 g/l agar)에서는 발육하지 않는다.

GPY broth(GP broth + 0.5 g/l yeast extract)를 넣은 샤레에 균사체가 잘 자란 크기 3~4 mm의 한천 조각을 넣고 20°C에 4일간 배양한다. 접종한 한천조각은 멸균한 사육수로 5회 세척하여 제거하고 멸균 사육수에 넣어 20°C에 하룻밤 방치한다. 12시간 후에 1차 유주자가 형성됨으로 방출되는 운동성의 2차 유주자를 현미경으로 검경한다.

인공 감염은 100개의 유주가 들어 있는 유주자액 0.1 ml를 근육 주사하여 20°C에 수용하여 접종 7일 후에 병리조직학적으로 근육 내의 무격벽의 균사와 접종 14일 후에 진균성 육아종의 형성을 확인한다.

분자생물학적 진단은 glucose/peptone/yeast(GPY) medium에 자란 균사 약 50 mg을 11 ml의 lysis buffer(50 mM Tris/HCl, pH 8.0, 20 mM EDTA, 2% SOD)와 호모게나이즈 한다. 이 혼합액의 proteinase K를 최종농도가 1 mg/ml가 되도록 첨가한 다음 37°C에 하룻밤 방치한다. 얼음 위에서 10분간 냉각한 다음 5 ml의 포화 NaCl액을 첨가한 다음 잘 혼합하고 다시 5분간 냉각시킨다. 2000 g에 15분(4°C)간 원심하여 침전된 단백질을 제거하고 상청액을 새 튜브에 옮겨 다시 한번 원심하여 침전물이 없음을 확인한다. RNAase를 20 μg/ml가 되도록 첨가하고 37°C에 30분간 배양한다. 2배량의 100% ethanol을 첨가하고 잘 혼합한 다음 20°C에 하룻밤 방치한다. 2000g, 15분(4°C)에 원심하여 침전된 DNA를 10 ml의 냉각 75% 에탄올을 첨가하여 세척하고 다시 5분간 원심한다. 이것을 진공 건조한 다음 200 μg의 이중 증류수에 현탁시켜 DNA액을 만든다.

PCR반응에 사용되는 Primers는 FP 1(5′-AAG GCT TGT GCT GAG CTC ACA CTC-3′)와 FP2(5′-GAT GGC TAA GGT TTC AGT ATG TAG-3′)를 사용하여 initial denaturation 95°C 3분, 30 사이클(95°C 30 sec, 68°C 30sec, 72°C 30sec)과 final extension 72°C 5분하여 1.5% agarose gel로 분리하면 98 bp의 특이 밴드가 생성된다.

### (4) 자라의 *Aphanomyces sinensis*

종묘생산하여 30°C에 사육하던 새끼 자라를 20°C에 옮긴 다음에 갑장에 백색 병소가 생겨 10~20일 후에 폐사한다. 갑장의 작은 조각을 멸균해수에 세척한 다음 ampicillin과

streptomycin을 각각 500 mg/ml첨가한 glucose-yeast agar(1% glucose, 0.25% yeast extract, 1.5% agar)에 접종하여 25°C에서 4~6일간 배양한다.

GY에 발육한 균사체의 가장자리를 절단하여 GY broth에 접종하여 25°C에 3일간 배양한다. 발육한 균사체를 멸균해수로 세척한 다음 유주자를 생성시키기 위하여 다시 멸균해수에 부유시킨다.

최적발육온도는 GY에서 발육한 집락의 한천 블록을 절단하여 새로운 GY의 정중앙에 놓고, 15. 20, 25, 30, 35 및 45°C에서 배양하여 집락 주변의 직경을 측정하여 판정한다.

최적발육 pH는 멸균 GY broth의 pH를 5 N NaOH와 5 N HCl를 사용하여 2~13까지 조정한 다음 0.2 μm필터로 여과하고 대조구의 pH는 6.6으로 한다. GY에서 발육한 한천 조각을 GY broth 10 ml가 담긴 시험관에 넣고 25°C에서 3, 5 및 7일간 배양하면서 균사체의 발육을 비교한다.

원인 곰팡이는 25~30°C에서 최적의 발육 상태를 나타내며, 35°C이상에서는 균사체의 발육이 억제되고, 40°C에서는 발육하지 못한다. 또 균주에 따라 다르기는 하지만 발육 pH는 5~11범위이다.

21의 비커에 수량이 500 ml가 되도록 한 다음 멸균해수에 배양하여 얻은 유주자의 농도를 2,000개체/ml와 200개체/ml로 조정한 다음 갑장 4 cm정도의 새끼 자라를 5시간 침지한다. 침지 후 자라는 꺼내어 수도수에 옮긴 다음 14일간 20°C에서 관찰한다.

저농도의 유주자액에 침지한 경우 4일 후에 갑각에 흰색 반점이 나타나지만 폐사는 발생하지 않지만, 고농도에 침지한 경우에는 4일 후에 흰색 반점이 나타나고 6일 후에 폐사되기 시작한다.

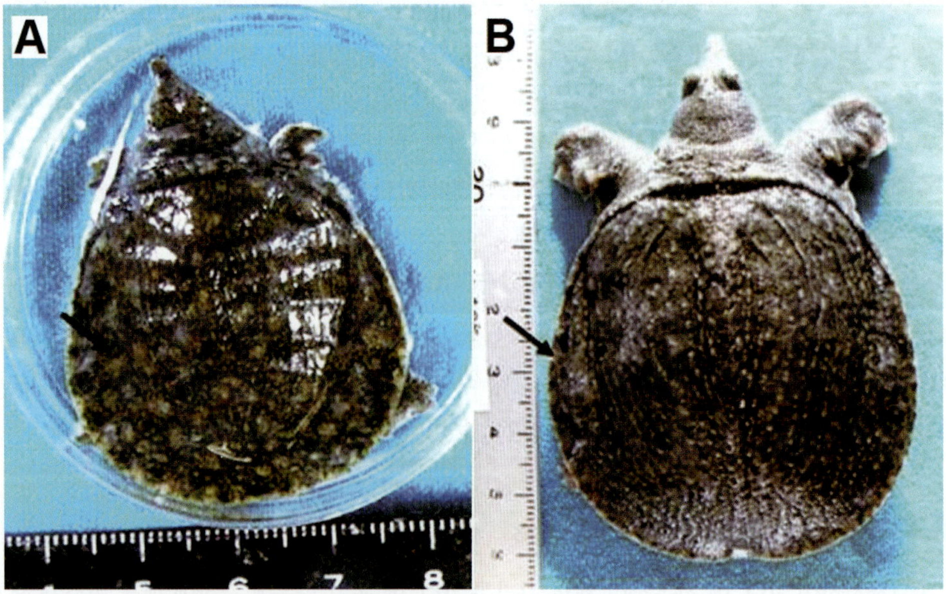


그림 4-30 분리한 Aphanomyces 유주자액에 5시간 침지한 새끼 자라는 갑각에 백색 환부가 형성.

병리조직표본은 개체 전체를 10%중성포르말린에 고정한 다음 5%포르말린을 첨가한 EDTA용액으로 탈회하여 상법에 따라 조직절편을 만들어 HE염색 또는 Uvitex 2B-HE염색한다.

Uvitex 2B염색법의 원법은 Uvitex 2B로 염색한 다음 0.5% evans blue로 30초간 대비염색한 다음 증류수로 세척하고 건조시킨 다음 형광현미경으로 관찰하는 방법이다. 그러나 곰팡이의 염색법에서는 Uvitex 2B염색 후 0.5% evans blue로 후 염색하는 대신에 기존에 널리 사용되는 HE염색을 후 염색으로 사용하는 방법이다.

Uvitex 2B-HE염색은 5 μm의 조직절편을 PBS(pH 6.5)에 1%로 용해시킨 Uvitex 2B액에 10분간 염색한 다음 HE염색한다. 어병학에서 Uvitex 2B-HE로 염색할 수 있는 곰팡이의 특성을 나타내면 아래 표와 같다.

곰팡이의 염색법 중에서 Schmorl법은 균사체에 검은 melanin색소를 함유한 곰팡이의 염색에 한정적으로 사용되고, PAS는 oomycete의 곰팡이를 제외한 대부분의 곰팡이 염색에 사용된다.

Grocott와 Uvitex 2B-HE는 조직속의 수생 곰팡이를 염색하는 방법이다. Grocott법은 염색의 기술을 필요로 하며 silver nitrate 또는 chromic acid와 같은 독성물질을 사용한다는 단점이 있다. Uvitex 2B-HE는 Grocott에 비해 빠른 시간 내에 oomycete를 비롯한 대부분의 곰팡이의 균사체를 염색할 수 있을 뿐 아니라 감염초기에 균사체의 양이 소량일 때도 쉽게 발견할 수 있다는 장점이 있다.

병리조직학적으로는 갑장의 상피 세포 내에 많은 균사체가 발견되지만 진피에는 균사체

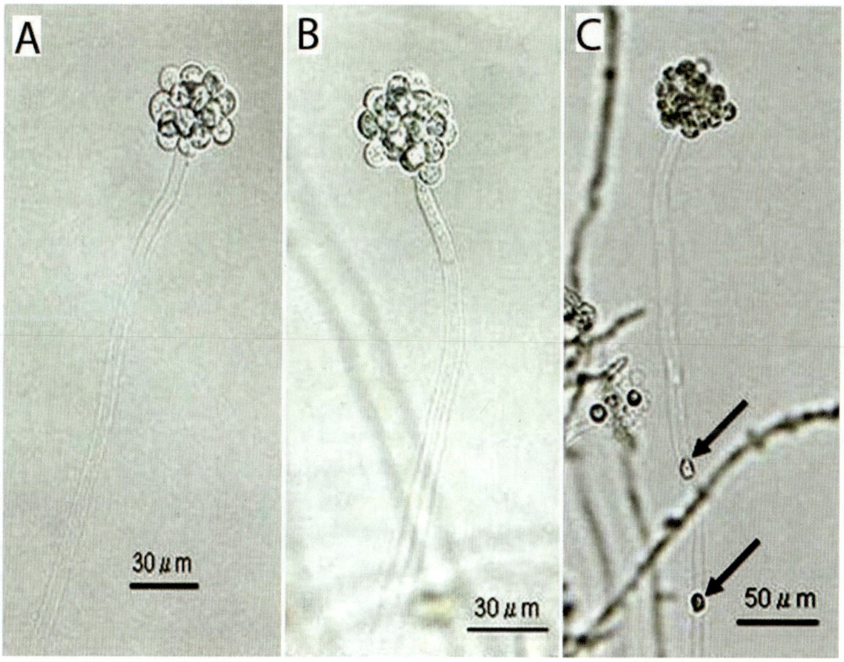


**그림 4-31** A & B: 유주자낭의 끝부분에 모여 있는 1차 유주자. C: 1차 휴면후 유주자낭에서 이탈하고 있는 유주자(화살표).

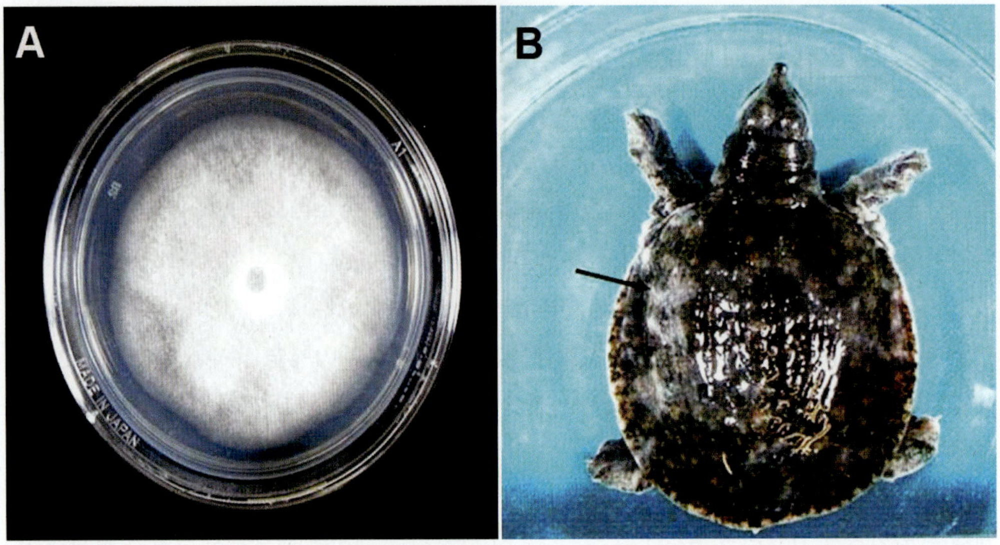


그림 4-32 A: GY에 배양(20℃, 5일)한 균사체. B: 저농도의 유주자액에 5시간 침지 감염시킨 새끼 자라의 갑각의 백색 반점(화살표).

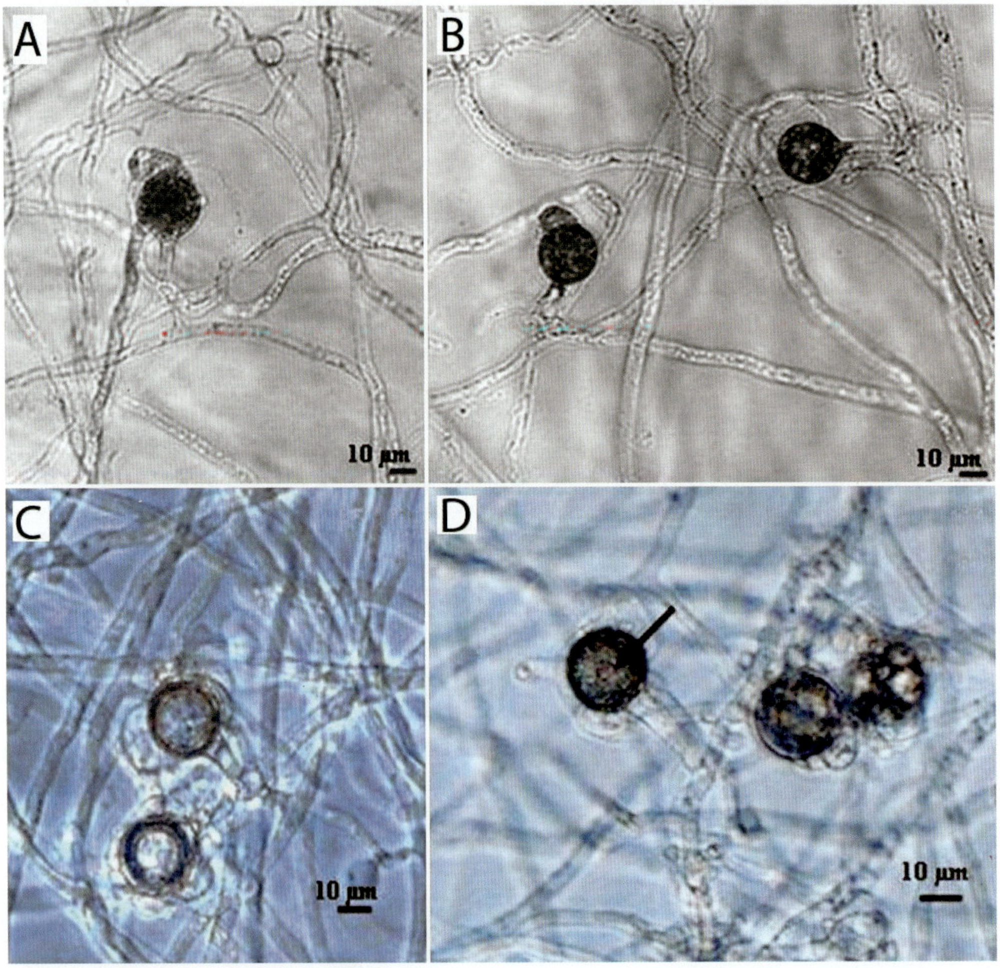


그림 4-33 A & B: 미숙 조란기. C & D: 성숙 조란기. 난자의 중앙에 위치한 핵(화살표). Bar = 10 μm.

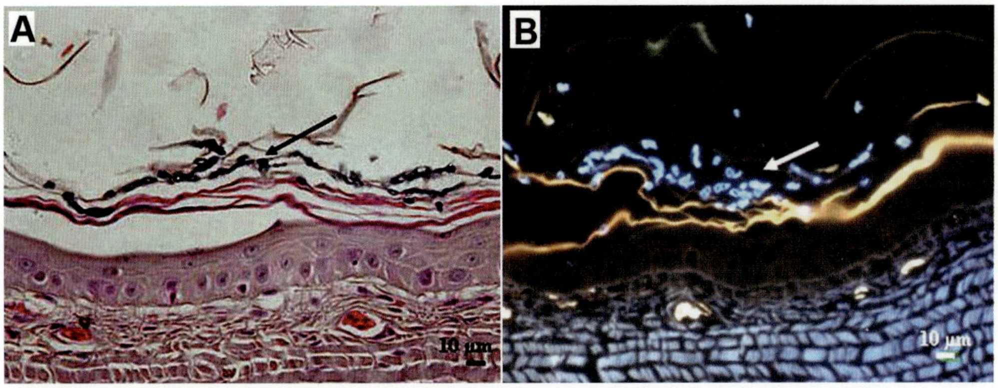


그림 4-34 자라의 갑장의 상피세포 내에 발견되는 균사체(화살표). A: Grocott-HE. B: Uvitex 2B-HE. Bar = 10 µm.

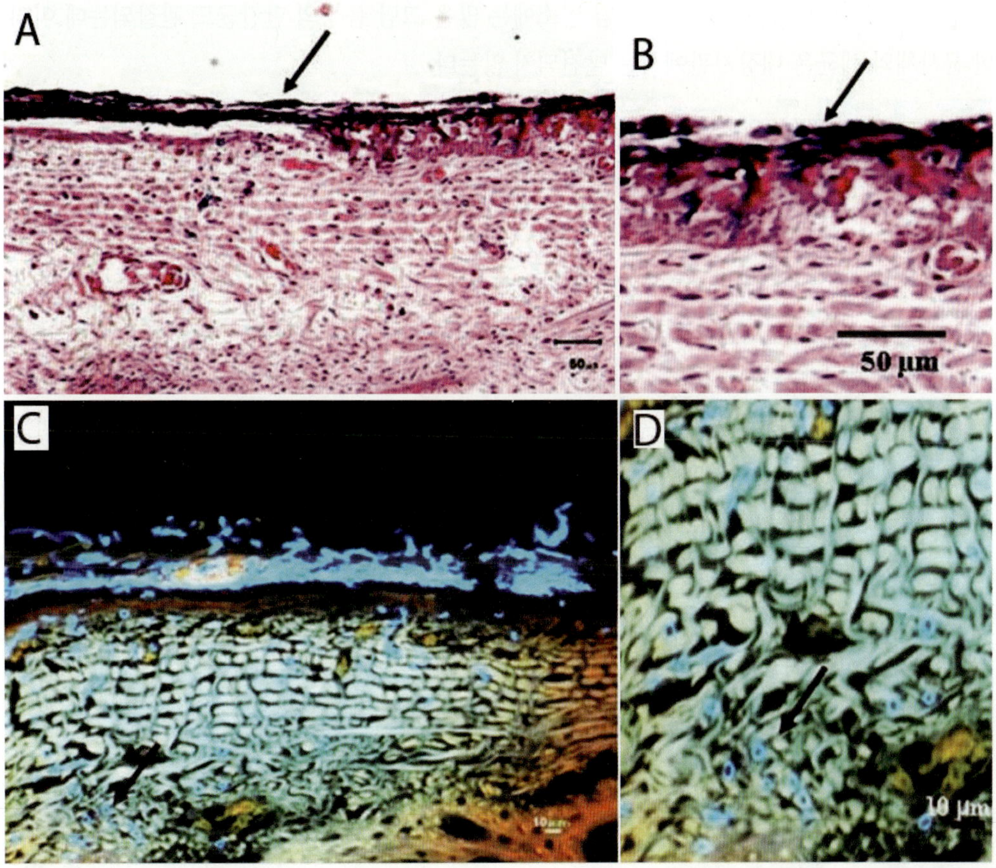


그림 4-35 저농도의 유주자액에 침지감염 자라의 조직 변화. A: 갑각 상피 내의 많은 균사체. Grocott-HE. B: A의 확대도. C: 진피 내로 침투하여 있는 균사체(화살표). Uvitex 2B-HE. D: C의 확대도. Bar = 50 µm(A & B)와 10 µm(C & D).

표 4-1 곰팡이를 염색하기 위한 염색 방법의 안정성

| 곰팡이의 종류 | 안정성 | | | |
|---|---|---|---|---|
| | Schmori | PAS | Grocott | Uvitex 2B-HE |
| *Ochroconis humicola* | ++ | ++ | ++ | ++ |
| *Cladosporidium* sp. | ++ | ++ | ++ | ++ |
| *Fusariumsolani*-A | − | ++ | ++ | ++ |
| *Fusarium solani*-B | − | ++ | ++ | ++ |
| *Ichthyophonus hoferi* | − | ++ | ++ | ++ |
| *Saprolegnia parasitica* | − | ± | + | ++ |
| *Aphanomyces piscidida*-A | − | ± | + | ++ |
| *Aphanomyces piscidida*-B | − | ± | + | ++ |
| *Lagedinium myophilum* | − | ± | + | ++ |

가 침투하지 못한다. 또한 곰팡이 감염 병소에는 많은 그람 음성의 단간균도 관찰되는데 이러한 균사체와 세균은 내장기관에서는 발견되지 않는다.

## (5) *Branchiomyces*

### ① 뱀장어

병에 걸린 뱀장어는 식욕이 없으며, 주수구 부근에 모이는 경향이 있으며 중증어는 입올림을 한다. 외관상 이상은 없지만 아가미의 반상 출혈과 울혈반, 반대로 빈혈에 의한 퇴색 반점 등이 보이고 점액의 분비가 많다.

뱀장어의 아가미에 감염되는 곰팡이의 격벽이 없는 균사는 분지를 내어 불규칙하게 만곡된다. 보통 아가미 조직 내에서는 성장하지만, 다른 조직 외로 균사를 뻗지는 않는다.

균사의 직경은 7~25 μm, 균체내 포자의 직경은 4~7 μm로 균사체는 Branchiomyces sanguinis와 거의 같다. 진균의 균사는 새변동맥이나 새박판상피의 모세혈관 내에서 잘 자라서 많은 균체내포자를 만든다.

포자는 핵이 여러 개이며, 호염기성이 강한 굴광성의 미세과립을 세포질 내에 갖고 있는데 미숙한 포자는 부정형이지만 성숙하게 되면 구형으로 되고 세포질 또한 호산성으로 된다.

그림 4-36 아가미가 괴사되어 적갈색을 띠며, 새궁에 구멍이 뚫림.

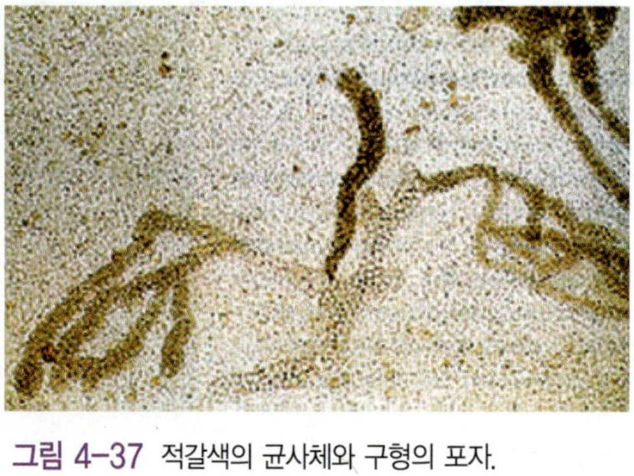

그림 4-37 적갈색의 균사체와 구형의 포자.

새박판에 진균의 균사가 침입하게 되는 것은 새변 동맥 내로 뻗은 균사의 분지, 신장과 동맥내의 균사로부터 만들어져 방출되는 포자에서 유래한 것이다. 균사나 포자가 도달한 직후의 새박판 모세혈관에는 현저한 변화는 찾아볼 수 없지만, 균사가 성장하여 균체내 포자를 만들기 시작하면 새박판 모세혈관에 심한 순환장애가 일어나며, 모세혈관의 벽주구조의 파괴를 수반한 혈관확장, 기저막으로의 삼출성출혈, 기저막 붕괴에 의한 출혈과 혈종, 기저막의 류섬유소변성이 생겨 새박판호흡상피는 중층화된다. 또 심외막이나 비장에 균사나 포자가 침입하여 전이 병소를 만드는 경우도 있다.

**② 송어류**

수온 10°C이상일 때 담수양식 중인 무지개송어에 B. sanguinis가 감염되어 전형적인 아가미부식을 일으킨다.

병어는 식욕이 없으며 아가미에 점액분비가 증가되고 심한 빈혈을 일으킨다. 아가미는 혈관 내에 곰팡이가 자라게 되어 희게 보이며 최종적으로는 괴사된다. 혈관 내의 혈전과 울혈로 아가미는 암적색을 띠게 된다. 감염된 새박판은 변형되거나 증생되어 최종적으로는 서로 유착되어 다른 곰팡이 질병과 마찬가지로 박리된다.

이 병의 진행은 수온이 상승하거나 밀식의 정도에 따라 병의 진행속도도 빨라지는데 격벽이 없는 분지된 균사체로서 동정할 수 있다.

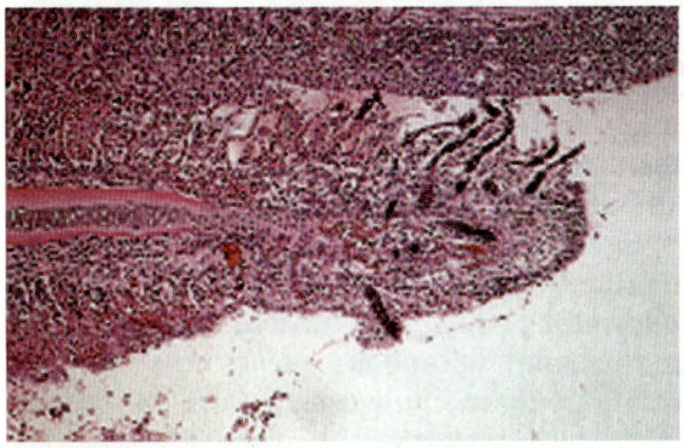

그림 4-38 무지개송어의 아가미. 새박판의 연골 내의 균사체. 새박판은 증생과 괴사. Azan & Tolidine.

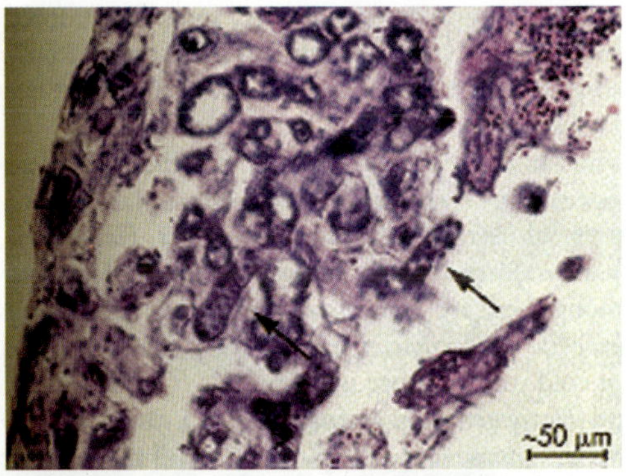


그림 4-39 포자를 형성 중인 아가미의 균사체(화살표). GS.

**③ 차넬메기**

노지 양식지의 수온이 28~30°C의 고수온기에 주로 2~4 cm의 치어에 빈발한다. 병어는 아가미의 여러 곳에 울혈과 출혈이 있는 것을 제외하고 현저한 증상은 없다.

아가미의 도말표본을 만들어 검경하면 1차 새변의 기부와 새궁으로 곰팡이 균사가 뻗어 있는 것을 발견할 수 있다. 균사는 밝은 갈색의 굴광성이며, 분지되지만 격벽은 없다. 폭은 10~35 µm, 균사의 가운데는 8~15 µm의 과립상 물질인 포자가 들어 있다.

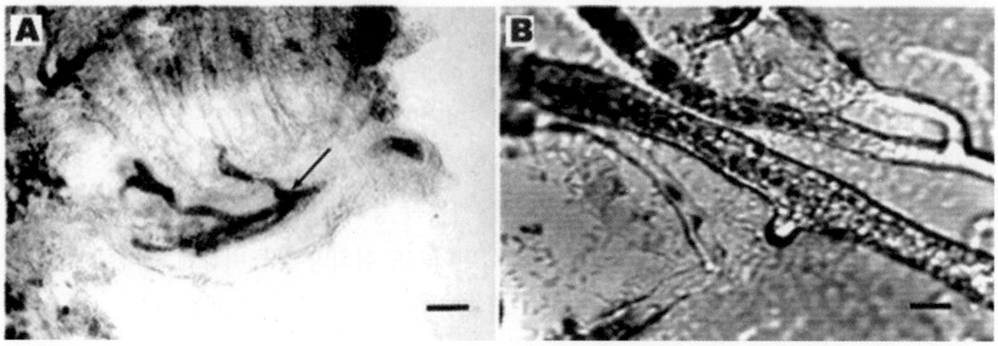

그림 4-40 A: 새궁과 1차 새변에 침투한 균사체, 도말표본, B: corn meal agar에서 발육한 균사체.

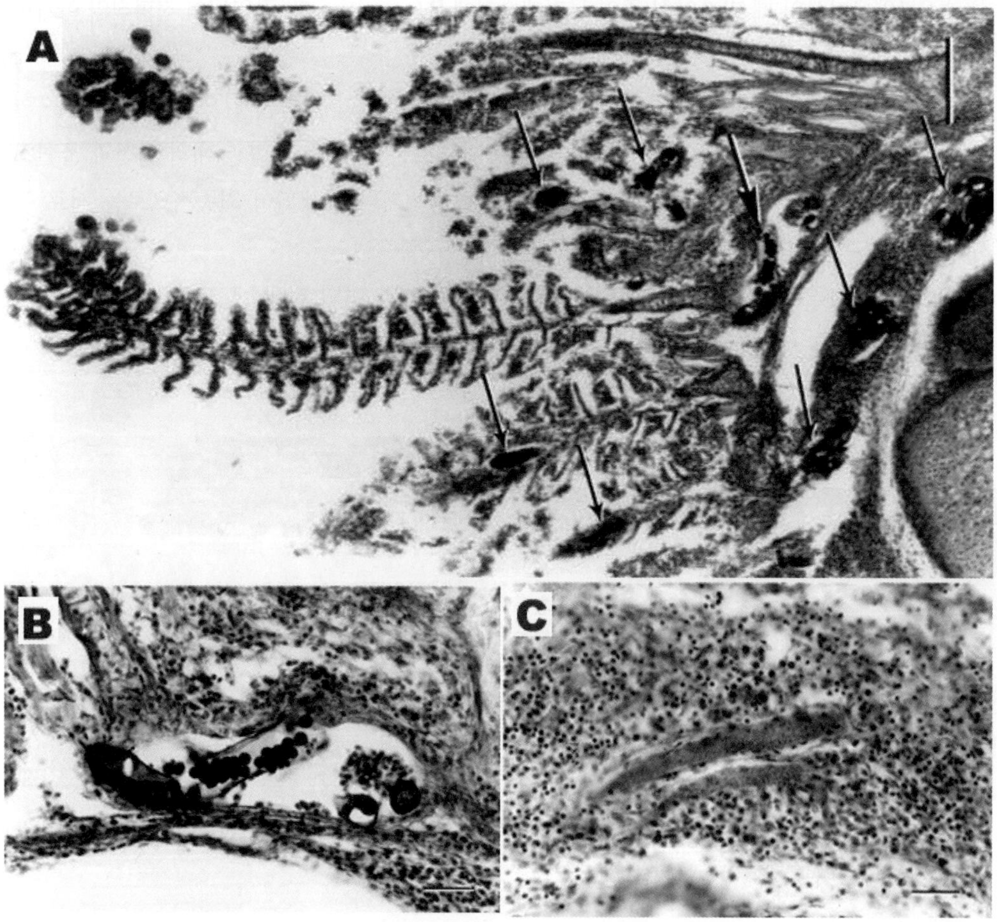

그림 4-41 A: 새궁과 1차 새변 혈관 내의 균사체, Gomori-methenamine silver (GMS)와 H&E 이중염색, Bar = 150 μm. B: 새궁 혈과내의 균사체와 균사체내의 포자, Gomori-methenamine silver (GMS)와 H&E 이중염색. Bar = 40 μm, C: 단구와 마크로파아지가 균사체주변을 둘러싸는 육아종성염, HE, Bar = 40 μm.

병변은 아가미에 한정하여 발생되는데 가장 대표적인 것은 아가미의 혈관이 곰팡이의 균사체로 메워진다는 것이다. 때로는 소수의 염증세포가 혈관 내의 균사체 주변에 출현하기도 하지만 최종적으로는 균사체 주변에 육아종이 형성된다. 감염 새변의 끝부분은 상피세포가 소실되어 괴사된다.

균사는 HE염색에 폭 1 μm미만의 굴광성의 호산성 세포벽을 확인할 수 있으며, 균사의 폭은 최대 30 μm인 것도 있다. 균사체의 중앙에는 1~2 μm의 호산성 또는 호염기성의 과립상 물질로 채워진 직경 4~6 μm의 호산성의 포자가 있다.

곰팡이의 분리는 아가미절 절취하여 수도수 70 %, 증류수 30%, chloramphenicol 0.035 mg/ml, pimaricin 0.0025 mg/ml의 혼합액을 0.22 μm필터로 여과한 세척수로 세척한 다음 새로운 세척액으로 옮겨 실온에서 30분간 방치한다. 그 후 corn meal agar(CMA)에 옮겨 실온에서 배양한다.

## 2) 접합균류

### (1) 이크치오포누스병

무지개송어치어의 외관상 증상은 체색흑화와 약간 여윈 상태이다. 해부하면 경증어에서는 이상을 찾을 수 없지만, 중증어에서는 간장과 비장 표면에서 흰점과, 신장이 국소적으로 종대되어 있는 것을 볼 수 있다.

성어에서는 체색흑화, 복부팽만, 안구돌출, 척추만곡 등이 보이며 성장이 느리다. 중증어는 복수가 고이며, 신장이 종대되기 때문에 복부가 팽창되어 있다. 이러한 병어는 빈혈과 심장 간장, 비장 및 소화관에 백색 또는 적색의 결절이 보인다.

원인 생물인 이크치오포누스는 하등의 조균류의 일종으로 영양체는 두꺼운 세포벽으로

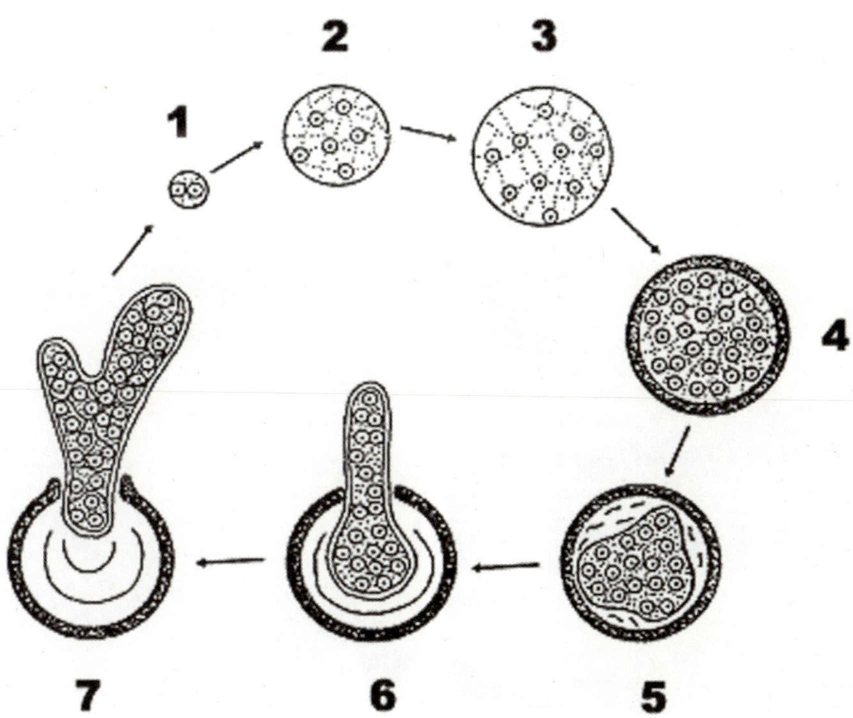


그림 4-42 *I. hoferi*의 생활사. 1: 사상체 포자, 2-4: 다핵구상체, 5: 세포벽에서 원형질 분리,6: 발아, 7: 균사모양의 사상체 형성.

둘러싸인 다핵구상체이다. 환부 내의 다핵구상체는 성숙하면 발아하여 균사체 모양의 사상체로 되는데 사상체의 내부에서 2핵체의 사상체포자가 만들어져, 이것이 조직 중으로 방출된다.

사상체포자는 포체 내에 지방과 단백질을 축적시켜가면서 핵을 분열시켜 핵의 숫자를 늘려감과 동시에 크기도 커져 세포벽이 두꺼운 직경 140 μm정도의 다핵구상체로 발달한다.

감염은 병어에서 방출된 다핵구상체를 경구적으로 섭취함으로써 성립되게 되는데, 다핵구상체는 위의 점막상피에서 발아하여 신장된 균사체가 점막상피내로 침입하게 되고 여기서 사상체포자를 생산하게 된다. 사상체포자는 혈류를 따라 감염국소로 운반되어 발육하여 다시 많은 포자를 생산함으로써 다핵구상체가 만들어지게 된다.

무지개송어는 겨울에서 초봄에 걸쳐 치어에 감염되며 연령이 높아질수록 만성화되지만, 방어는 치어기에 감염되어 여름에 대량으로 유행하게 되며, 가을에 접어들면서 끝나는 경향으로 월동시킨 방어에서는 발병되지 않는다.

이 병의 원인생물은 경구적으로 감염되어 위, 장, 유문수의 점막에서부터 점막하조직까지 침입하여 성장 번식하는 것으로 생각되고 있다. 성장 번식된 후 방출되는 포자는 혈액을 따라 간장, 심장, 아가미, 위새선, 안구맥락막, 뇌, 비장, 췌장, 신장 및 근조직 등에 전파되어 성장 번식을 반복하여 전신감염을 유발한다.

이크치오포누스의 침입과 성장 번식이 일어나고 있는 조직에는 많은 수의 다핵구상체가 만들어지기 때문에 실질세포가 압박을 받아 심한 기능장애를 일으켜 병어는 폐사하게 된다. 이러한 경우에는 감염 부위의 염증반응은 대단히 미약하다.

이크치오포누스의 감염이 비교적 가벼운 상태에서는 조직 내에서 성장한 다핵구상체가 대단핵세포 또는 이물거세포, 섬유아세포 등에 의해 둘러싸이게 된다. 또 사상체가 발아하여 포자를 형성하고 있는 것은 이물거세포가 포함된 육아종에 둘러싸이게 된다. 이 육아종은 내생포자의 방출과 함께 그 내부가 융해괴사를 일으키기 쉽기 때문에 포자가 육아종 밖으로 나오는 경우도 있지만, 일반적으로 육아종 내부에서 계속적으로 성장함에 따라 육아종도 점점 커져 다세대성육아종으로 된다.

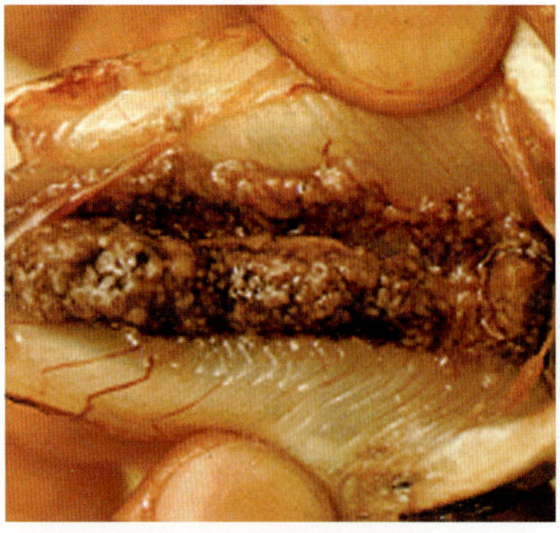

그림 4-43 신장의 백색 또는 적색 결절.

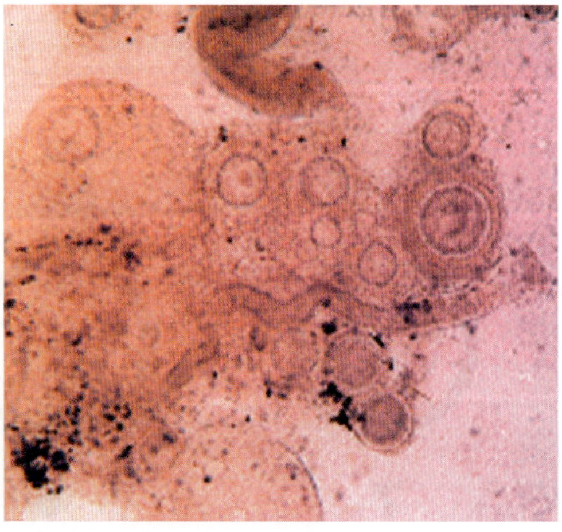

그림 4-44 신장 도말표본. 많은 다핵구상체.

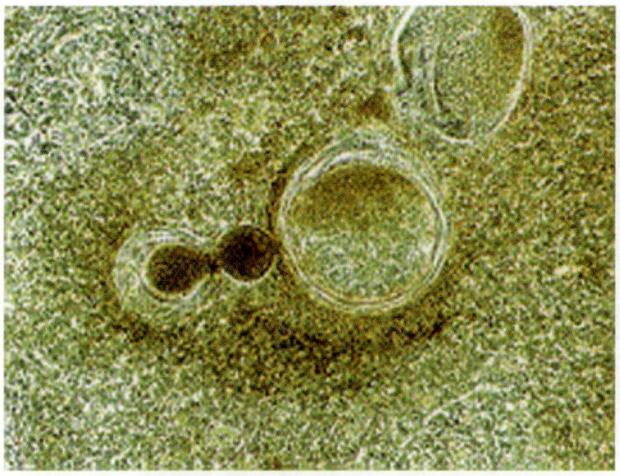

그림 4-45 발아하고 있는 포자. 무염색.

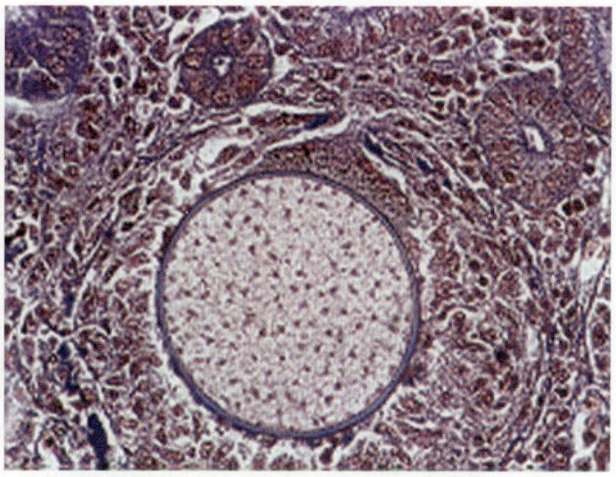

그림 4-46 무지개송어의 신장 내의 육아종 내의 포자. 전형적인 2중벽을 가지고 있다. Masson's trichrome.

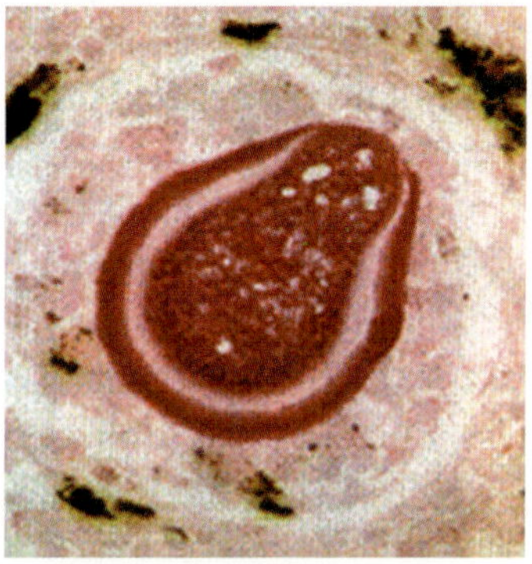

그림 4-47 다핵구상체의 발아.

무지개송어는 다년생일수록 만성화되는 예도 있지만, 이것은 감염이 약하고 어체의 저항이 강하여 이크치오포누스가 천천히 번식한 경우에만 만성화된다. 이때는 간장, 비장, 신장, 심장 등에 2-수세대의 이크치오포누스가 들어 있는 다세대성 거대육아종이 만들어지는 것이 특징이다. 이 거대육아종은 대단핵세포, 류상피세포, 거세포, 교원섬유세포, 섬유아세포로 구성되어 있어 매우 치밀하고 경계가 명확하고 실질부는 심하게 압박되어 있다. 이러한 육아종이 증대됨에 따라 압박 위축되어지는 조직은 순환장애에 의한 기능장애가 일어나 어류는 죽게 된다.

다세대육아종의 오래된 세대는 세포벽만 남게 되지만 대단핵세포의 탐식을 받아 붕괴된다. 또 두꺼운 세포벽을 가지고 있는 새로운 세대의 다핵구상체는 대단핵세포에 둘러싸이게 되어 육아종이 되는데 내부에는 구상체의 신장과 포자 형성이 관찰된다.

뇌에는 일반적으로 다세대성의 육아종은 형성되지 않으며 세포벽의 잔해만 남은 오래된 세대의 주위에 다수의 다핵구상체가 집합적으로 나타나는데 각각 대단핵세포에 둘러싸여 있으며, 그 부분의 조직은 괴사되어 있다.

병어가 죽게 되면 조직 내에 들어 있는 다핵구상체는 크기에 관계없이 동시에 발아하여 사상체를 뻗는다. 이러한 현상은 약 10°C의 수온에서는 24시간 이내에 일어나며 발아한 사상체는 죽은 어류의 조직 속으로 뻗어 나가 2~3일만에 포자를 형성하지만, 죽은 어류의 조직이 융해하게 되면 사상체도 죽게 되는 것으로 생각되고 있다. 단지 아가미에 감염된 이크치오포누스는 아가미의 붕괴와 동시에 환경 수중으로 빠져나오게 됨으로 이것이 새로운 감염원으로 된다고 추측하고 있다.

방어에는 7월경에 치어에 발생하는 경우가 있지만 외관상 증상은 뚜렷하지 않고, 해부하여 보면 무지개 송어와 같은 증상을 나타내고 있다. 이 병의 원인균의 발육온도는 20°C이하

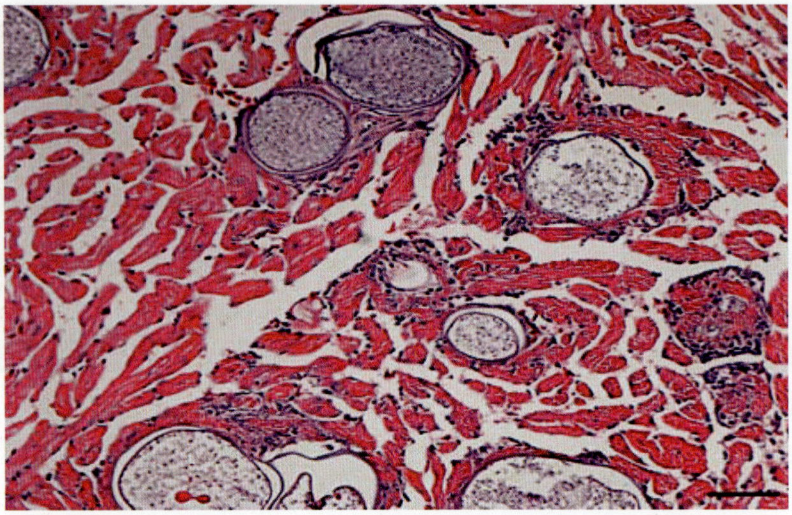

그림 4-48 심장(심실)에 감염된 *Ichthyophonus*의 다핵 휴지단계의 포자. 대부분의 포자에 대한 숙주반응은 만성염증, 섬유화가 있지만 전체적으로 미약한 편임. H&E, 50 μm

로서 20°C를 넘게 되면 자연종식되며 특이하게 위가 없는 무위어에서는 발병하지 않는 것이 특징이다.

### (2) *Mucor*병

자라를 유수지와 같은 투명한 곳에 사육하게 되면 접합균에 속하는 Mucor sp.가 자라의 피부에 기생하여 생기는 질병이다.

곰팡이는 등, 다리, 머리, 목 및 꼬리 등 거의 모든 부위에 감염되기 때문에 육안으로 피부에 흰 반점으로 관찰되는데 시간이 경과하게 되면 피부는 박리된다. 환부의 조직편을 배양하면 흑색의 포자낭이 형성되기 때문에 쉽게 진단할 수 있다.

식물성 플랑크톤이 대량으로 번식하여 물의 색깔이 녹색을 띠고 있는 사육지에서 사육하

그림 4-49 병든 자라.

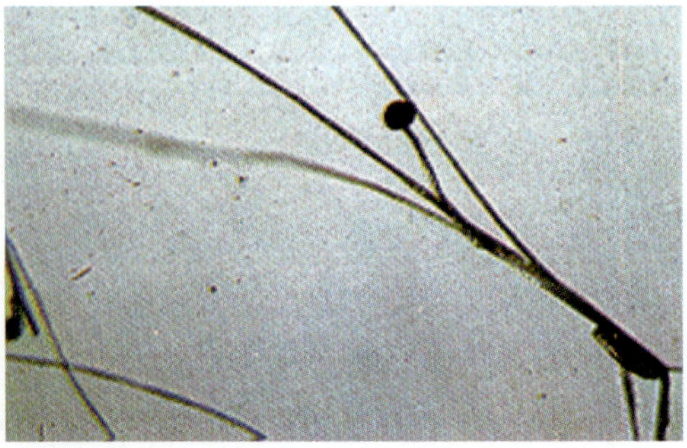

그림 4-50 배양 후 형성된 흑색의 포자낭.

면 거의 발생하지 않으며, 치료에는 염소를 유효농도가 10~20 ppm이 되도록 살포하여 3~5 시간 약욕시키면 치료할 수 있다.

## 3) 불완전균류

### (1) 검은 아가미병

불완전 균류인 Fusarium solani가 보리새우의 아가미에 기생함으로 아가미의 새사가 검게 변화는 것이 특징이며 폐사율도 상당히 높은 편이다.

감염은 무성적으로 만들어진 분생자(conidia)가 아가미의 표면이 부착하여 발아하여 균사를 냄으로써 성립되는 것이 확인되었다. 즉 분생자가 아가미의 표면에 부착하여 발아한 균사가 아가미조직 내에 침입하게 되면 주변에 혈구가 모임으로 멜라닌이 침착되게 되는데 이러한 염증부의 흑변은 멜라닌 색소의 침착에 의한 것이라는 것이 실험적으로 증명되었다.

균사가 침입한 새사의 혈관은 혈구와 혈구 변성물로 가득 채워지고, 새사 내벽과 격벽의 내피세포는 괴사 붕괴되어 혈류의 흐름이 폐쇄되는 경우도 있다. 멜라닌 색소의 침착은 멜라닌을 가진 혈구가 모이게 됨으로 생김으로 혈류가 정지된 새사에서는 균사의 침입이 있어도 검게 변하지 않는다.

흑변한 새사에 인접하고 있는 새사는 내부조직이 붕괴되어져 벽의 큐티클과 침입한 균사로 충만되어 흑변이 전혀 관찰되지 않을 때도 있는데, 이것도 혈행의 정지 때문이다.

아가미에서 자라난 균사는 혈관 속으로 뻗어 들어가 아가미 기부에서 새강의 가슴 쪽 체벽조직에까지 침입하여, 이곳을 검게 변하게 할 때도 있다. 감염조직 내에 발육한 균사는 조직 내에서 분생자를 만들지만, 큐티클층을 뚫고 조직 밖으로 뻗어 나와 많은 수의 분생자를 만들어 수평 감염원으로 되기도 한다.

감염한 수가 많을 때는 비교적 단시간 내에 사망하며 대부분의 아가미가 거의 비슷하게 심하게 흑변되어 있는데, 이때의 균의 침입과 발육은 아가미에 한정되어 있어 부속지나 흉부 체벽의 흑변은 없다.

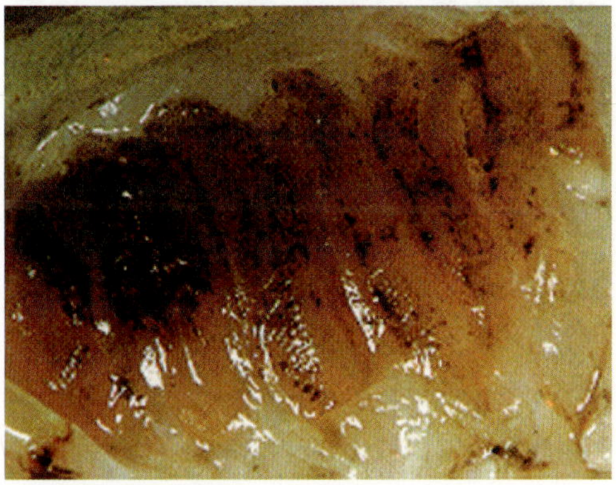

그림 4-51 아가미에 보이는 흑색반점.

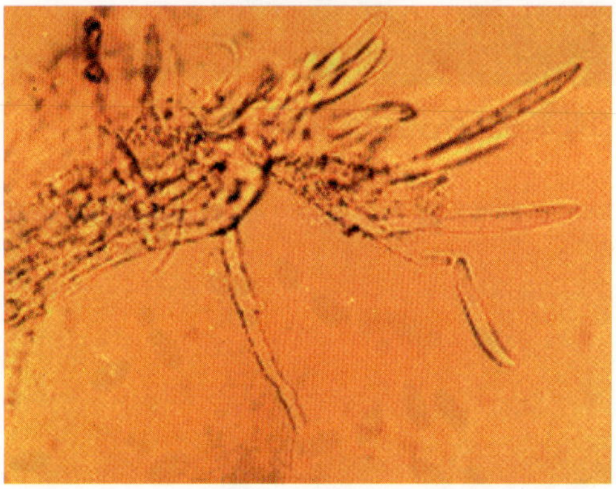

그림 4-52 *Fusarium*의 균사체.

감염량이 적을 때는 흑변의 정도가 아가미에 따라 차이가 있어 심하게 침입당한 아가미는 붕괴되고 함몰되며 그 기부의 체벽이 검게 변하는데, 이때는 근육조직에서 흉부중추신경계까지 병변이 관찰된다.

균사는 신경절, 신경색에도 침입하여 병변을 일으키므로 주위에 멜라닌이 침착되어 신경조직은 단단하게 된다. 균사의 침입이 복행동맥에까지 미친 경우에는 혈관이 균사, 혈구, 괴사조직으로 채워져 부풀어 오르는 경우도 있다.

이 병의 진행은 빠르지 않으며 주요 사인은 아가미 조직의 괴사 및 혈행 장애에 따른 호흡장애로 생각되고 있다. 또 신경장애나 복행동맥의 혈류장애와 균이 생산하는 효소나 독소 때문에 생기는 혈청단백질의 농도 저하, 혈당 저하, 혈구수 감소, 응고능력 저하, SGOT의 상승 등의 혈액성분의 변화도 사인으로 생각될 수 있다.

최근에는 F. moniliform와 F. graminiarum가 원인인 질병도 발생되고 있는데, F. solani는 긴 필라멘트의 끝부분에 분생자가 덩어리 모양으로, F. moniliform는 소분생자(micro conidia)가 연쇄상으로 형성되며, F. graminiarum는 소분생자는 만들어지지 않고, 대분생자(macro conidia)만이 형성되는 것이 특징이다.

### (2) *Phoma*병

송어류를 담수어에 사육할 때 발병하는 것으로 가장 특징적인 것은 부레 벽이 두꺼워지며 복수와 내장기관이 유착되는 것으로, 병어는 평형감각을 상실하게 된다. 때로는 항문이 종대되고 부레 내부가 회백색의 물질로 충만되기도 한다.

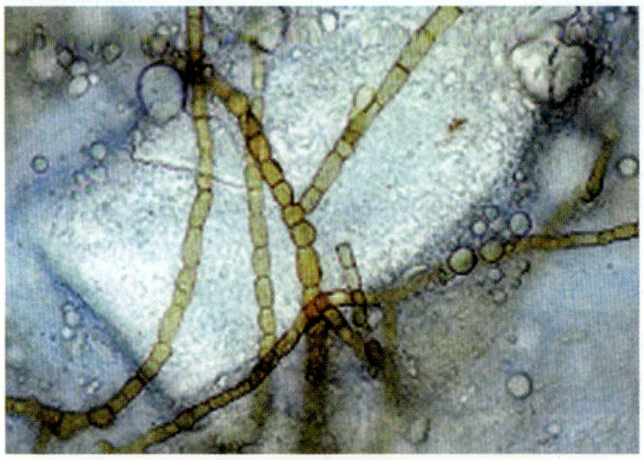

그림 4-53 *Phoma*균의 균사체.

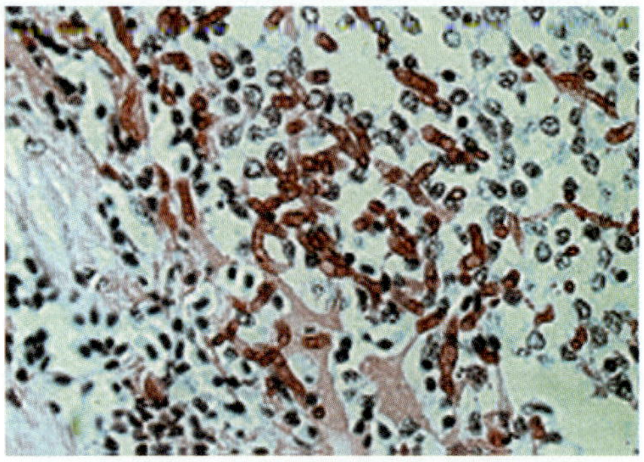

그림 4-54 심근 중의 균사체. PAS.

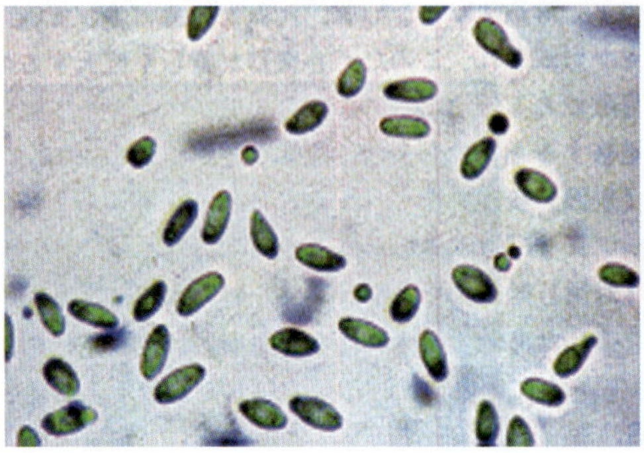

그림 4-55 GY배지에서 배양한 분생자각 내의 투명한 타원형의 분생자.

균사체는 괴사된 부위와 부레벽에서 발견되는데, 균사체가 분지되어 주변의 조직으로 번져감으로써 심한 육아종성염을 일으킨다. 인간의 경우 기관지를 통하여 감염되는 것으로 알려져 있지만, 감염된 어류에는 분포자각(pyncidium, 분생자각)이 없기 때문에 어류에 감염된 것은 비정상적인 감염으로 생각된다.

은어는 10월 중순에서 하순에 걸쳐 종묘 생산된 은어에 발생하며. 성어에는 감염되지 않는다. 병어는 복부가 희게 보이며 그곳에서 균사체가 밖으로 나와 있는 경우도 있다.

균사체는 신장, 복강, 비장 및 구간부 근육에서 발견되지만, 양적으로는 신장에서 가장 많이 발견된다. 원인균이 경구적으로 침입하여 부레에서 증식한 다음 분지하여 다른 장기로 번져간다.

### (3) *Ochroconis*병

**① 송어류의 내장 진균 Ochroconis 감염증**

14°C전후의 지하수로 사육 중인 산천어나 은연어 및 무지개송어에 감염되는 것으로 원인진균의 균사는 색깔이 담갈색이며, 배지상에서는 흑갈색의 집락을 형성하기 때문에 흑색진균으로 분류되어지는 O. tshawytschae와 O. humicola의 2종류가 알려져 있다.

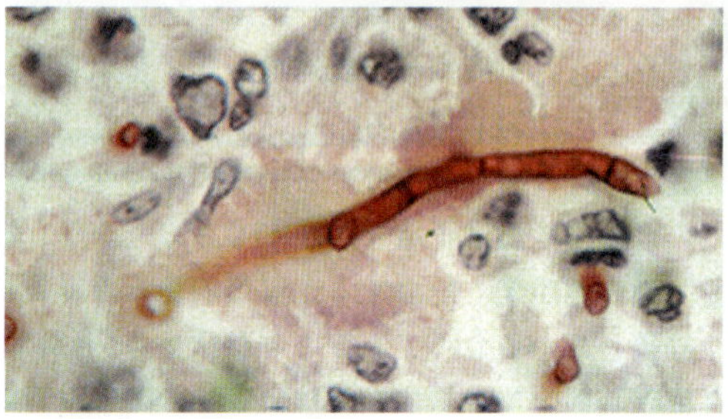

그림 4-56 신장의 균사체.

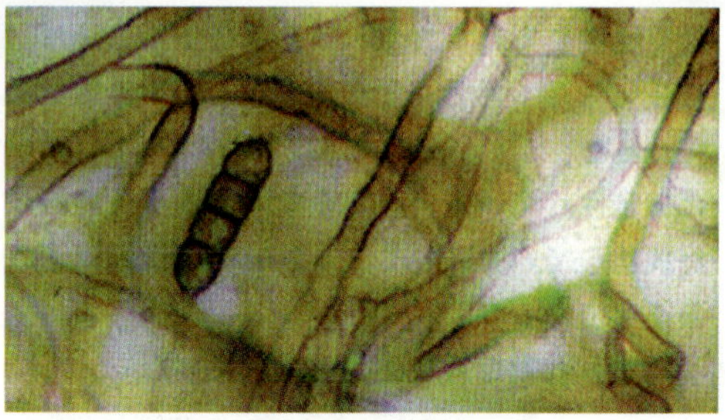

그림 4-57 4세포성의 장타원형의 분생자

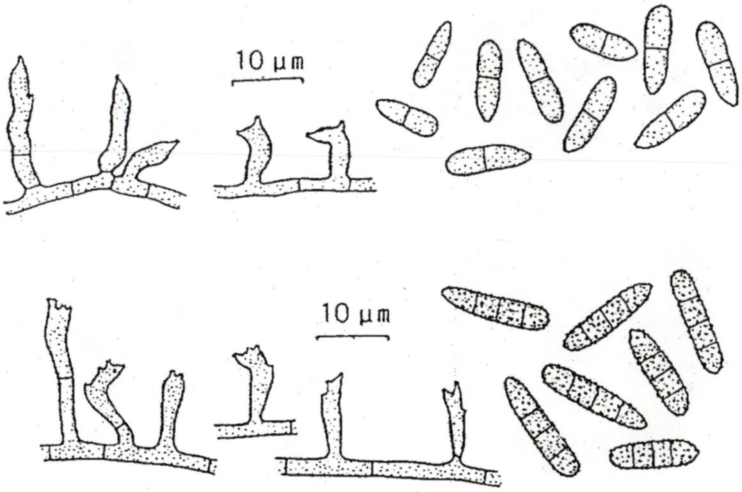



그림 4-58 분생자 자루와 분생자의 형성 방식 및 분생자의 모양.
위: *O. humicola*, 아래: *O. tshawytschae*.

최근 일본에서는 O. humicola와 유사한 균이 전갱어, 참돔 등의 해산어 치어에 발생되고 있다고 한다. 분생자는 난형 또는 원통형이지만 O. tshawytschae는 3격벽 4포자성인 반면, O. humicola는 1격벽 2포자성의 분생자를 생산한다.

병어는 항문부근의 가벼운 발적, 빈혈, 복부팽만 또는 체표에 소형의 궤양이 형성되어 있는 것이 고작이다.

해부하면 신장에 부분적인 백색 반점이 보이며 종대되어 있는데, 이러한 신장의 종대는 중증어일수록 신장의 후반부가 특히 심하다. 대형의 어류에 발병한 경우에는 체표에 궤양이 만들어지고 복수가 고임에 따라 복부가 팽만되며, 종대된 신장에 균사체가 자라나 있는 것이 관찰된다.

신장의 도말표본을 만들어 검경하면 많은 직경 1.5~2.5 μm의 격벽이 있는 Ochroconis의

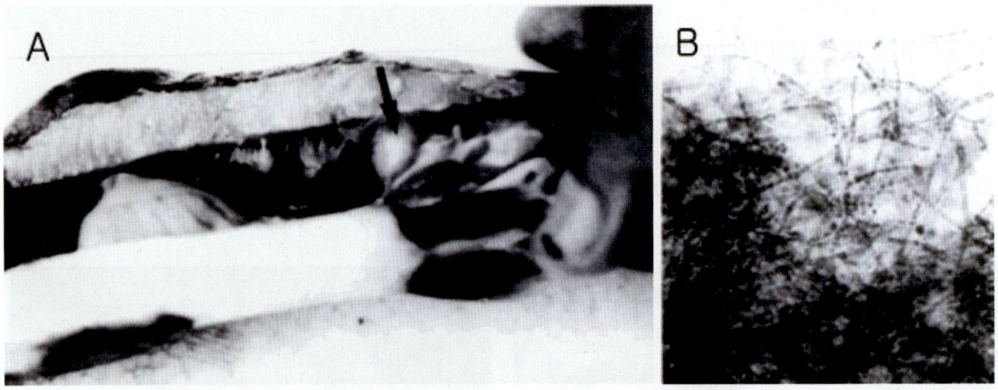


그림 4-59 A: 체신의 종대(화살표)와 퇴색을 나타내는 병어. B: 신장 도말표본 내에 균사체.

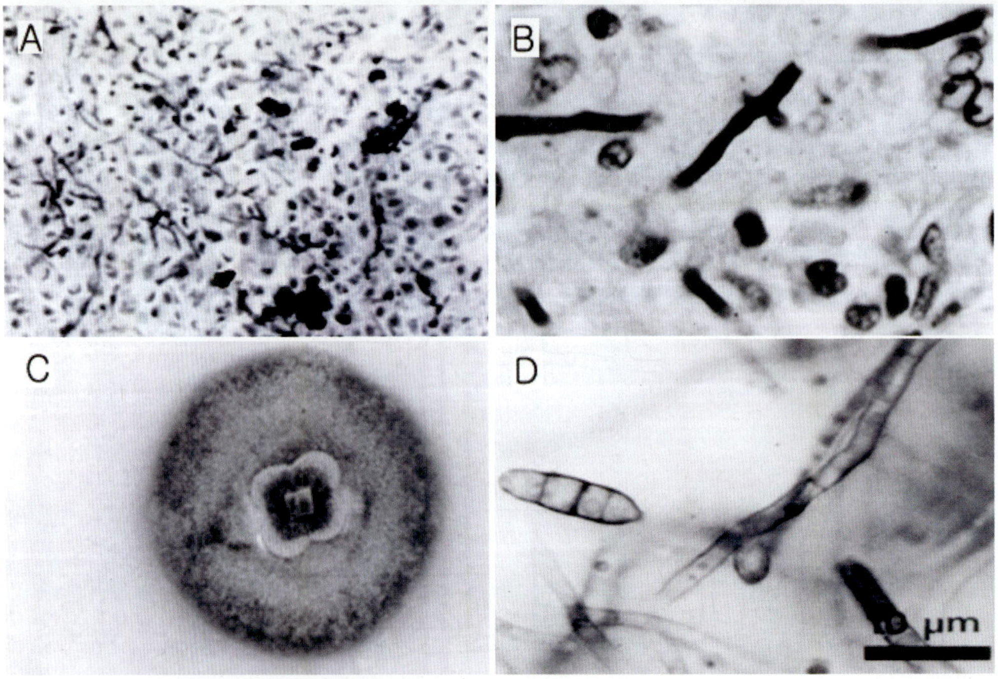


그림 4-60 A: 신장에 형성된 육아종 내의 균사, PAS. B: 육아종 내의 균사체의 확대도, PAS, C: PYGS agar에서 25°C에 30일간 배양한 집락. D: 4세포성의 분생자

갈색 균사체가 발견되는데 다른 기관에서는 거의 발견되지 않는다.

감염된 해산어는 등지느러미 기부 또는 체측부에 궤양이 형성되지만 근육이나 신장에 균사체가 자란 것은 발견할 수 없다. 환부의 도말표본을 만들어 현미경으로 관찰하여 담갈색의 가는 균사체가 발견되면 흑색진균에 의한 곰팡이병으로 진단할 수 있다.

병리조직학적으로는 체신에 균사체와 이물거대세포를 포함하는 육아종의 형성이 특징이지만 전신에서는 이러한 병변을 발견할 수 없다. 조직 내의 균사체의 주변에는 림프구, 호중구 및 마크로파아지를 비롯한 염증세포가 침윤해 있다.

진균성 육아종은 단구, 호중구, 류상피세포 등으로 구성되어 있으며 그 속에는 랑거한스형 거대세포가 발견되기도 한다. 드물기는 하지만 간과 비장에 소형의 육아종이 발견되기도 한다. 신장의 후반부의 종대는 조직 내에 형성된 육아종에 기인하는 것이다.

**② 전갱어의 Ochroconis증**

양식 전갱어(흑점줄전갱어) 치어(6~10 cm)에 불완전균류의 흑색진균인 Ochroconis humicola가 감염되어 대량폐사가 발생한다. Ochroconis는 참돔, 쏨뱅이 등의 종묘생산시설에서 발생하지만 대량폐사는 유발하지는 않는다.

병어는 체표에 갈색의 반점이 생기지만, 궤양은 형성되지 않는다. 그러나 치어에 발생한 경우에는 체표에 궤양이 형성되기도 한다. 내부 증상은 신장이 종대되어 복부가 팽만되며 신장과 비장의 표면에 백색의 결절이 형성되며, 결절 형성 부위에는 갈색의 균사가 뻗어 나와 있다. 모든 병어가 결절이 형성되는 것은 아니지만 거의 대부분의 병어는 신장의 종대에 의해 복부가 팽만되게 된다.

원인 곰팡이의 분리는 병어의 신장을 peptone yeast extract glucose seawater(PYGS) agar; peptone 12.5 g, yeast extract 1.25 g, glucose 3 g, artificial seawater 37.6 g, agar 12 g에 ampicillin과 streptomycin을 첨가하여 25°C에서 10~30일간 배양한다.

병리조직학적으로는 감염 부위에 균사체를 둘러싸고 수많은 육아종이 형성되는 것이 특징이지만, 치어의 경우에는 육아종이 형성되는 것은 드물다.

진균용 한천 배지를 사용하여 배양하면 엷은 갈색의 집락이 형성되는데, 집락의 표면보다는 뒷면을 관찰하면 갈색은 더욱 선명하다.

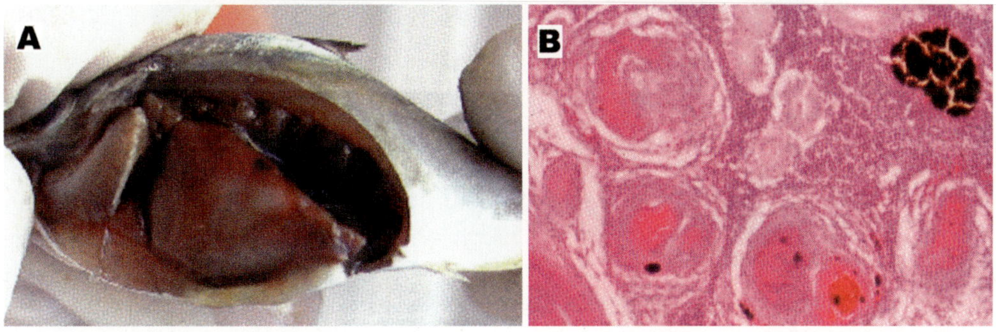


그림 4-61 전갱어의 *Ochroconis*증. A: 신장의 백색 결절, B: 신장 내의 육아종.

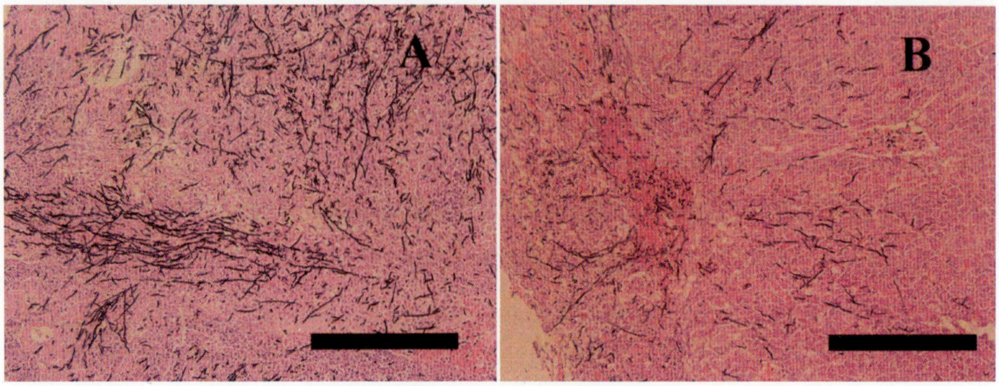


그림 4-62 A: 단구의 침윤은 관찰되지만 육아종은 형성되지 않은 반면 많은 균사체가 발견됨. B: 간장의 육아종으로 많은 균사체가 유상피세포에 완전히 피포되지는 않음. Grocott HE, 100 μm.

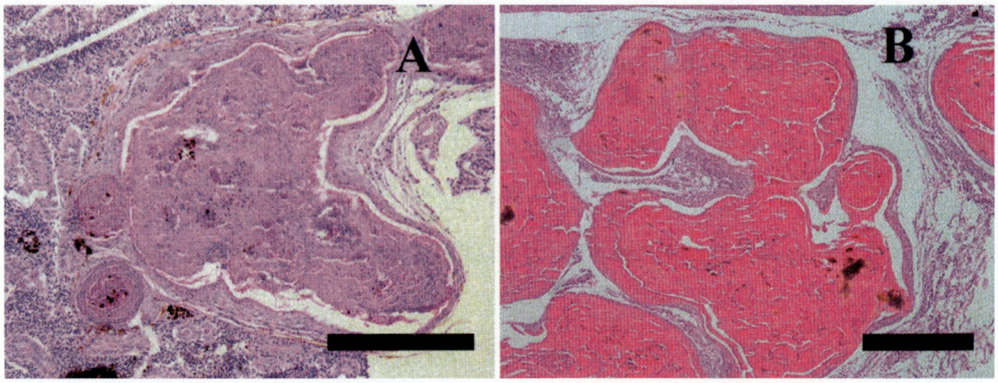


그림 4-63 중증어의 조직상. A: 신장의 육아종은 서로 합쳐져 뒤틀린 형상이며 육아종의 중심부는 괴사됨. PAS, 100 μm, B: 간장내에 융합에 의해 불규칙한 형상의 육아종. Grocott HE, 300 μm.

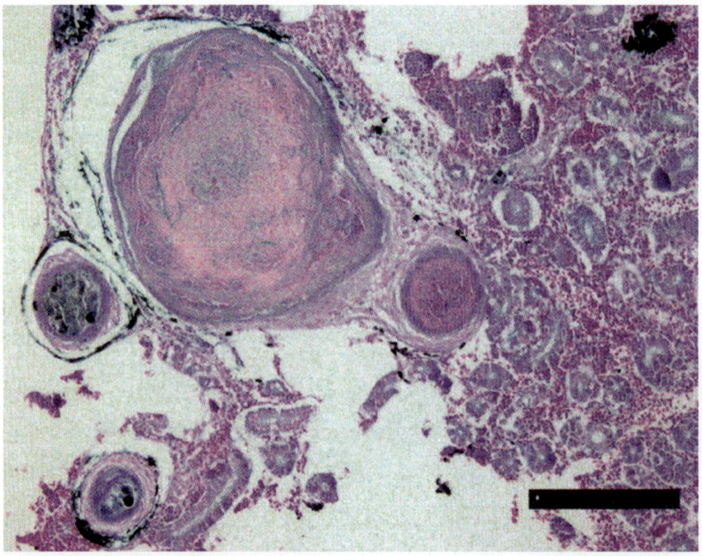

그림 4-64 경증 감염 생잔어의 신장으로 육아종도 소형이며 서로 융합도 발생하지 않음. Schmorl, 75 μm.

균사를 현미경으로 검경하면 분생자낭의 끝부분에 1격벽 2세포성의 분생자를 형성하는 것이 특징이다. 치료 대책은 없으며, 수온이 상승하면서 어체의 저항력이 증대되기를 기다리는 수밖에 없다.

감염 후 생잔어는 많은 육아종이 형성되는데, 육아종은 여러 개의 육아종이 서로 합쳐지면서 모양이 뒤틀린 형태로 변형되면서 중앙부는 괴사된다. 이러한 경우에는 대개 육아종 내부에서만 균사체가 발견된다. 그러나 감염이 경미한 상태에서 살아남은 경우에는 소형의 육아종이 서로 합쳐짐이 없이 조직 내에 산재하게 되는 것이 중증 감염어와의 차이점이다.

**③ 참돔과 쏨뱅이의** Ochroconis humicola

4~6월경에 크기 1~1.2 g의 치어에 감염된다. 참돔은 등지느러미 기부 주변에 심한 궤양이 생기는 반면 쏨뱅이는 입주변에 부식 또는 궤양병소가 생긴다.

원인균을 분리하기 위해서는 감염된 근육의 일부분을 세균의 번식을 억제하기 위하여 ampicillin과 streptomycin sulfate를 각각 500 μg/ml첨가한 yeast extract-peptone-seawater(PYGS) agar에 접종하여 25°C에 배양한다.

발육 집락은 돔 형상으로 솜털이 있으며, 엷은 갈색을 띈다. 균사체를 검경하면 격벽이 있는 엷은 갈색이다.

분생자는 2세포성의 엷은 세포막을 가진 끝이 둥근감이 있는 갈색의 원통형이다.

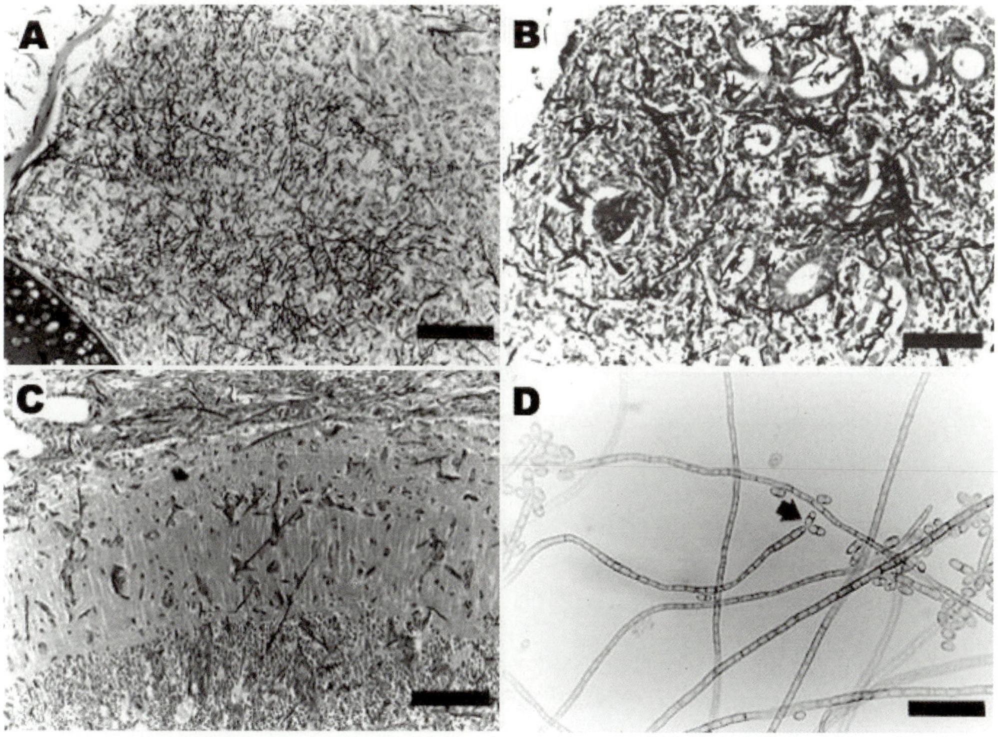


그림 4-65 A: 진피내의 균사체, Grocott-Giemsa, B: 두신에 침입한 균사체와 세뇨관에 까지 침투한 균사체, Grocott-HE, C: 두개골뇌에 산재하는 균사체, Grocott-HE. D: Glucose-yeast extract-peptone-seawater에 배양한 곰팡이의 2세포성의 분생자. Bar는 D(20 μm)이외는 모두 100 μm.

PYGS agar로 순수 분리한 다음 슬라이드 배양하여 분생자의 모양을 현미경으로 관찰하여 동정한다.

병리조직학적으로는 진피층에 격벽이 있는 균사체가 변성된 세포의 파괴물과 다량으로 혼재되며 많은 균사체는 근육 및 두신과 후신에까지 침입하여 있다. 신장의 세뇨관과 사구체에서도 균사체가 발견되며, 두개골에도 침입하여 미약한 염증반응을 일으키고 있다. 피부나 근육층에 존재하는 균사체는 유상피세포에 피포되어 육아종이 형성되지만 이물거대세포는 발견되지 않는다.

균사의 폭은 1.5~2.0 μm으로, 균사체는 Grocott-HE 또는 Grocott-Giemsa염색으로 쉽게 발견할 수 있으며 HE에는 엷은 갈색, PAS에 양성반응을 나타내는 특징으로 melanin색소를 가진 불완전균류에 속하는 것을 알 수 있다.

### (4) 넙치의 *Exophiala* 감염증

육상 수조식으로 양식 중인 넙치에서 발병되며, 발병할 때의 수온은 약 15°C(17~21°C)로서 수온이 20°C이상으로 상승한 8~9월에도 발병되는 수도 있다. 이 병에 의한 폐사율은 약 0.2%정도로 낮은 편이다.

감염어는 체표 특히 눈이 있는 쪽의 후방부인 미병부에 미란 또는 궤양이 형성되는 것이 특징이며, 두부 부근이나 눈이 없는 쪽에는 궤양이 형성되지 않는다. 체표에 궤양이 형성된 병어라 할지라도 먹이 섭취와 유영상태는 활발하며, 내장기관에는 이상을 발견할 수 없다.

불완전사상균류인 Exophiala sp.의 감염에 의한 것으로 체표에 형성된 환부를 도말하여 검경하면 진균의 균사를 확인할 수 있다. 병리조직학적으로는 균사가 진피 내에 번식하여 염증반응을 일으키고 있다. 병어의 체표에 형성된 궤양은 염증반응 때문에 생기는 조직장애라고 생각된다.

원인균의 분리는 환부의 조각을 PYGE agar(0.125% peptone, 0.125% yeast extract, 3% glucose, 1.2% agar 해수 1 L) 위에 접종하고, 접종 부위 주변에 소량의 ampicillin과

그림 4-66 *Exophiala* sp.의 감염으로 넙치의 미병부에 형성된 궤양 병소.

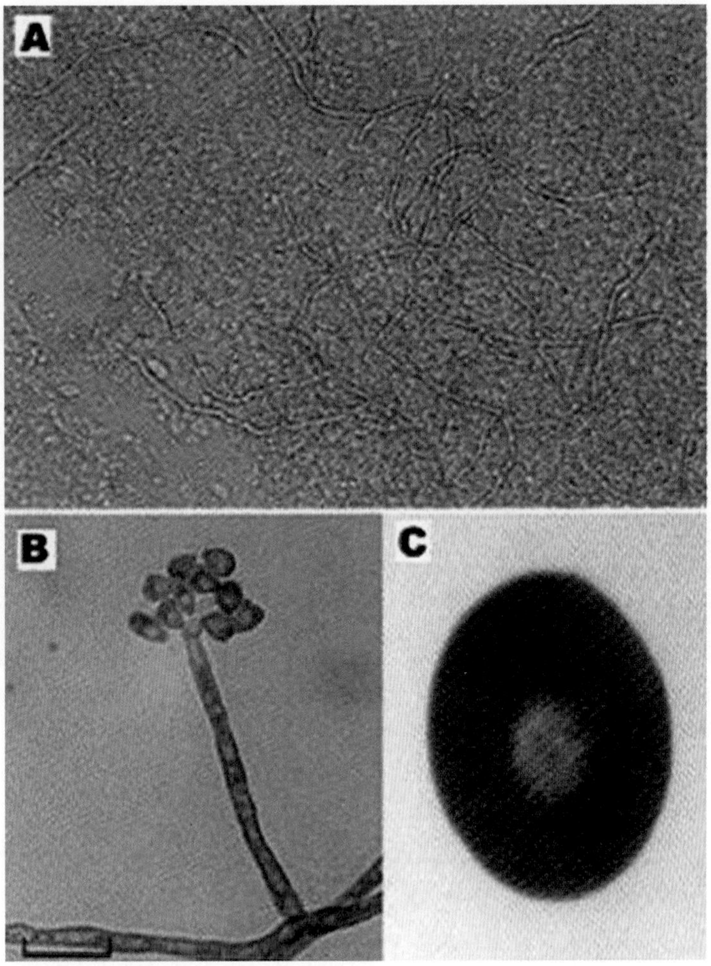

**그림 4-67** 환부도말표본 내의 균사(A), 원인 진균인 *Exophiala* sp.의 균사와 분생자(B), 배지상에서 발육한 *Exophiala* sp.의 집락.

streptomycin을 뿌린 다음에 20°C에서 배양한다. 발육한 집락은 흑갈색에서 흑색을 띠며, 분생자를 형성한다.

Schmorl's stain은 melanin색소를 입증하기 위한 방법으로 melanin은 ferricyanide를 ferrocyanide로 환원하는 능력이 있어 철이온의 존재하에서는 prussian blue가 형성된다.

염색에는 1% ferric chloride수용액, 1% potassium ferricyanide(사용할 때마다 제조)하여 사용액은 1% ferric chloride 30 ml, 1% potassium ferricyanide를 첨가한 다음 증류수 6 ml를 첨가하여 혼합한 다음 30분 이내에 사용한다.

염색은 탈파라핀을 거쳐 함수시킨 다음 사용액에 10분간 반응시키고 수세한다. 그 후 Van Gieson염색(포화 피크린산 100 ml와 1% acid fuchsin수용액 10 ml를 혼합하고 3분간 끓인 다음 냉각시키고 여과하고 나서 농염산 0.25 ml를 첨가하여 제조)으로 2분간 대비 염색한다. 알코올 계열로 수세한 다음 봉입하여 검경하면, melanin은 어두운 청색으로 핵은 적색으로 염색된다.

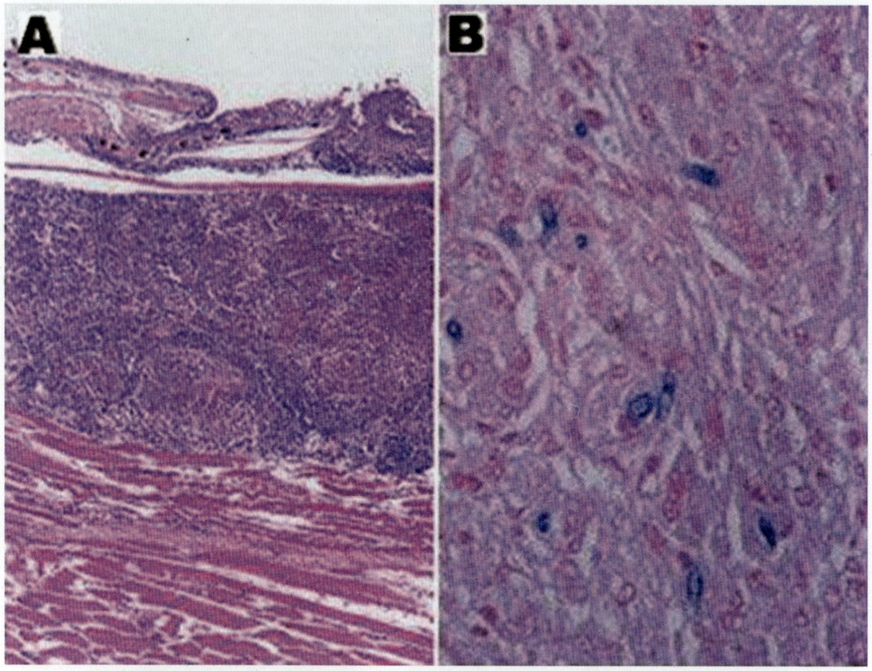


그림 4-68 염증세포가 침윤해 있는 진피의 HE염색상(A)과 염증반응 내의 shumol반응에 청색으로 나타나는 균사체(B)

### (5) 전갱어의 *Exophiala*

병어는 복부가 팽만되며 신장이 종대된다. 그러나 송어류나 메기에서처럼 체표에 궤양은 거의 형성되지 않지만 감염되어 있다. 종대된 신장을 도말표본을 만들어 염색하지 않고 현미경으로 검경하면 엷은 갈색의 수많은 격벽이 있는 곰팡이의 균사체를 확인할 수 있다. 한 달간의 사망률은 약 8.6%정도이다. 원인균은 배양하면 검은색의 집락이 형성되기 때문에 흑색진균이라 부르고 있다.

병어의 신장을 PYGS agar(peptone 1.25 g, yeast extract 1.25 g, glucose 3 g, artificial sea water 37.6 g, agar 12 g)에 접종하여 배양한 다음 발육한 conidium을 PDA에 접종하여 순수배양한다.

원인 곰팡이의 동정은 25°C에 1달간 배양한 다음 PDA를 이용하여 slide culture한 다음 lactophenol cotton blue로 봉입하여 형태를 관찰한다. PDA에 25°C에서 1주일간 배양하면 검은색의 효모와 같은 집락이 형성되지만 계속 배양하면 점차 양모와 같은 갈색의 집락으로 변화지만 4주간 배양하여도 샤레를 뒤집어 관찰하면 집락의 뒷면 여전히 검은색을 띠고 있다.

균사는 격벽이 있으며 직경은 1.8~3.0 μm의 갈색을 띄고 있다. 곰팡이는 식염 0%에서는 발육하지만 9%에서는 발육이 불량하며 11%에서는 발육하지 못한다.

병어의 아가미, 신장 및 심장을 병리조직학적 표본을 만들어 HE염색 또는 Gorcott's -HE 염색을 하면 수많은 균사체와 타원형의 분생자가 발견된다. 균사체와 분생자의 주변에는 괴사가 발생하며 단구를 주체로 하는 염증세포가 침윤한다.

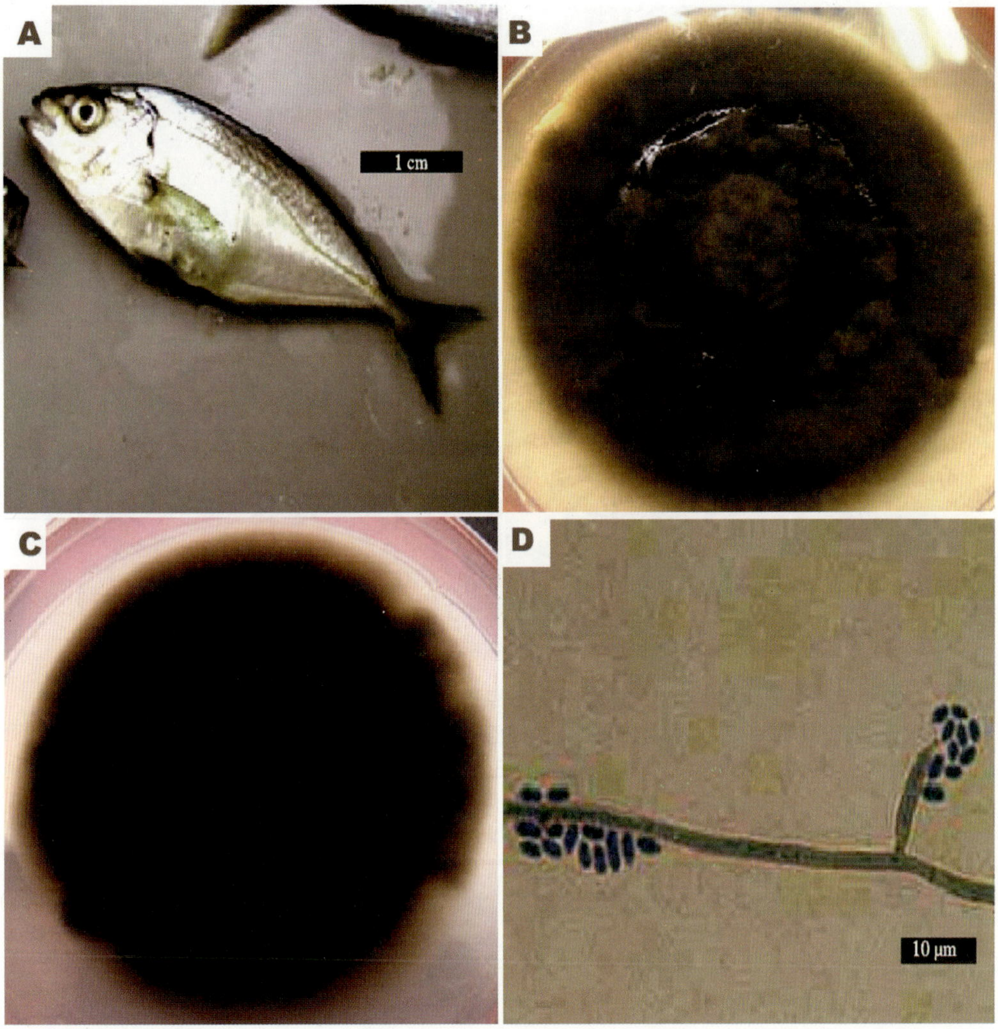


그림 4-69 A: 복부 팽만의 병어, B: PDA에 4주 배양한 집락으로 표면은 습윤성의 양모이지만 계속 배양하면 색깔이 갈색으로 변함, C: 배양샤레의 뒷면에서 본 집락은 여전히 흑색 집락. D: PDA로 슬라이드 배양한 lactophenol cotton blue염색한 분생자.

곰팡이의 균사체는 새변의 기부에 모여 집합체를 형성함으로 새변은 유착과 증생을 일으키며, 육아종성염이 소수 발견된다. 육아종의 중심부는 에오진호성의 괴사세포와 균사체로 구성되어 있다. 아가미에서 균사체의 집합이 많은 점으로 미루어 아가미를 통하여 침투한 다음 순환계를 통하여 전파되는 것으로 추정되고 있다.

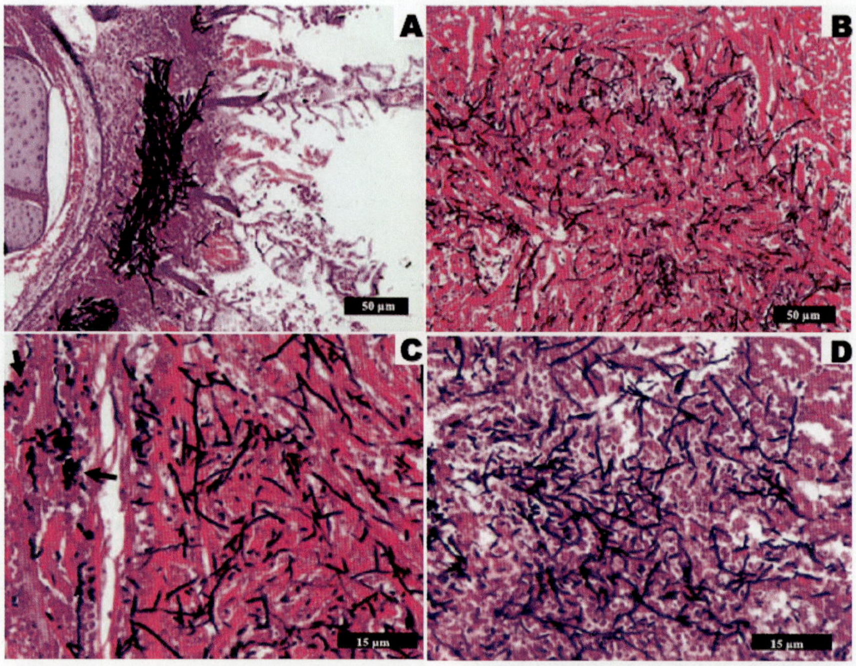


그림 4-70 A: 새궁 속의 수많은 균사체가 새변으로 침투하고 있다. B: 심장 내의 균사체, C: 심장 내의 균사체의 확대도로 분생자를 형성(화살표), D: 신장 내의 균사체 때문에 조직은 괴사되고 단구를 주체로 하는 염증세포의 침윤이 현저함. Grocott' s-HE.

### (6) 참돔 치어의 *Scytalidium infestans*

체중 5 g정도의 치어 체표의 등쪽에 궤양병소가 관찰된다. 불완전균류에 속하는 원인균은 감염병소의 근육을 세균이 증식을 억제하기 위하여 ampicillin과 streptomycin을 각각 500 µg/ml 첨가한 glucose-yeast extract-peptone seawater(PYGS) agar에 접종하여 25°C에 배양하여 발육한 집락을 potato dextrose agar(PDA)에 순수 배양한다.

PDA에서의 집락은 배양 14일 후에 직경이 14~16 mm정도로 umbonate, velvety의 중앙부가 약 3~4 mm융기된 집락이 형성된다.

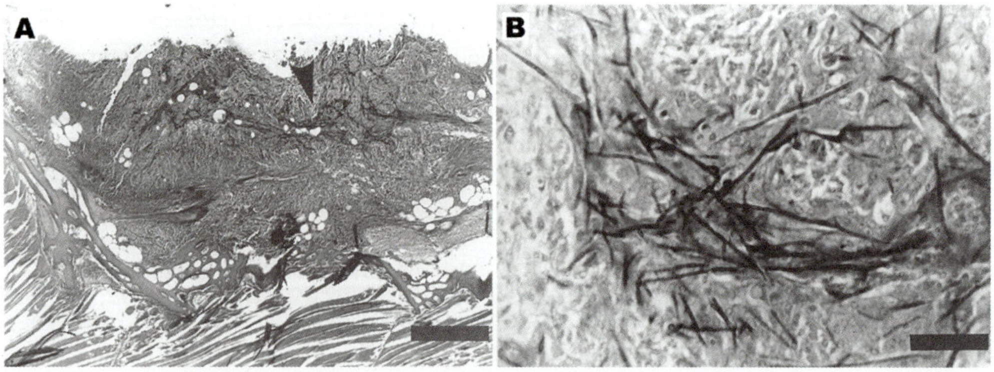


그림 4-71 A: 균사체의 침입에 의해 괴사와 육아종성염(화살표)을 일으키고 있는 등쪽 부위의 병소, B: 육아종내부의 Grocott-양성 균사체. Grocott' s HE. Bar는 500 µm(A)와 50 µm(B).

병리조직학적으로 피부나 근육의 병소에서 격벽이 있는 균사가 관찰된다. 그러나 균사는 내장기관에서는 발견되지 않는다. 괴사소는 중심부에 호산성의 괴사소가 있고 그 주변에 유상피세포가 피포하여 육아종을 형성한다. 균사는 주로 괴사소의 중심부에서 관찰되지만 때로는 유상피세포층 또는 육아종의 외부에서도 발견된다. 균사는 Grocott' s HE염색에 쉽게 발견할 수 있으며, HE염색에 엷은 갈색, PAS에 양성반응을 나타내며 균사의 폭은 약 2 μm 정도이다.

### 4) 효모

송어류에 어종, 크기 및 계절에 관계없이 발병하는 만성적 질병으로 병어는 먹이 섭취가 불량하여 죽게 된다.

병어는 복부가 심하게 팽창되어 정상적인 유영이 불가능하여 천천히 헤엄치게 된다. 해부하여 보면 위가 심하게 확장되어 이 때문에 복부가 부풀어 올랐다는 것을 알 수 있다. 위의 내부에는 회갈색의 액체로 충만되어 있을 뿐만 아니라 가스의 기포도 다량으로 발견되는데 위 내용물을 검경하면 효모인 Candida sake를 발견할 수 있다.

그림 4-72 위가 심하게 확장된 산천어.

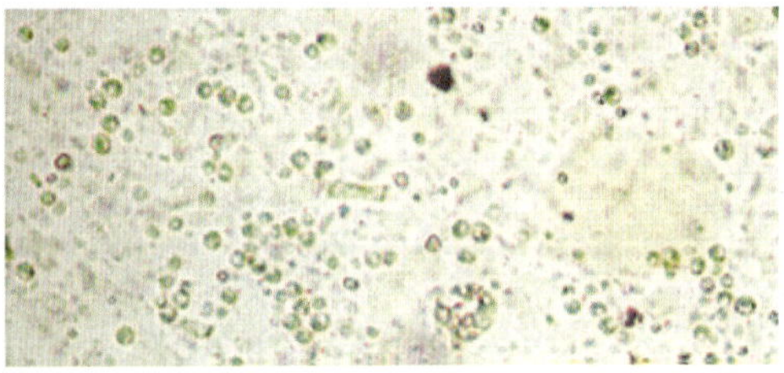

그림 4-73 위 내용물 중의 효모.

# 제 5 장

# 영양성 질병

## 1 기아(Starvation)

수산 양식에 있어 기아가 발생하는 원인은 먹이 부족, 사료 공급 부족, 사료 섭취를 장애물이나 어류의 먹이 섭취 행동이 방해하는 요인 등에 의해 발생한다. 사료 공급 부족은 사육 기술의 낙후, 또는 과밀 사육시에 공급되는 먹이의 양이 부족할 때 생긴다. 또한 어류의 먹이 섭취 행동을 방해하여 먹이 섭취가 불가능하게 되었을 때와 자연산 어류를 체포하여 인공사료로 사육하는 경우 인공사료에 순치되지 않았기 때문에 먹이를 인식하지 못하거나 인식한다 하더라도 극소량만 섭취하기 때문에 생긴다.

자연산 어류를 체포하여 먹이 순치를 시킬 경우 먹이를 먹지 않더라도 1개월 정도는 생존할 수 있지만, 순치 기간 동안에 먹이를 먹지 않거나 또는 극소량만 섭취하기 때문에 영양 장애로 질병에 대한 저항성이 감소하기 때문에 이 기간 동안에 발생하는 감염증에 의해 대량으로 감모가 생기기 쉽다.

어류는 필요한 양의 사료가 공급되지 못하면 성장이 느려지거나 또는 전혀 성장하지 못한다. 특히 여름과 겨울철의 수온차가 심한 곳에 서식하고 있는 천연산 담수어의 먹이 섭취는 서식지역의 수온과 밀접한 관계를 가지고 있음으로 실제적으로 먹이를 섭취할 수 있는 기간은 연중 수온이 높은 여름철의 3-4개월에 불과하다. 수온이 낮은 나머지 기간 동안의 생잔은 먹이 섭취가 가능하였던 여름철 동안에 체내에 축적한 영양에 의존하지 않을 수 없다.

실험적으로 송어류를 기아상태로 유지하면 조직 내에 비타민과 체내 지방과 포도당의 양이 급격히 감소하는 것은 이것의 좋은 예라고 할 수 있다.

건강한 잉어 혈청의 albumin과 globulin의 양을 비교하여 보면, 건강한 어류는 albumin의 globulin에 대한 비율(A:G)가 0.40이지만, 기아상태의 잉어는 0.12~0.0으로 되는데, A:G의 비율을 기준으로 잉어의 건강상태를 4단계로 구분하는 연구도 있지만, 이것 외에 적혈구수, 헤마토크리트치, 헤모글로빈량 및 혈청 단백질 함량을 함께 측정하면 더욱 더 유용한 자료가 될 것이다.

표 5-1 잉어의 건강도 판정을 위한 혈청의 A: G 비

| 잉어의 건강상태 | Albumin: globulin의 비 |
|---|---|
| 아주 좋음 | 0.40~0.28 |
| 좋 음 | 0.28~0.21 |
| 불 량 | 0.21~0.12 |
| 매우 불량 | 0.12~0.00 |

잉어를 월동시킬 때에 가장 중요한 것은 사육지의 용존산소에 따라 적혈구수와 헤모글로빈농도가 크게 변하는 것이다. 이는 월동에 있어 가장 중요한 환경요인이 수중의 용존산소라는 것을 의미하는 것으로, 용존산소가 풍부한 경우 2인자의 수치는 서서히 감소하여, 수온이 상승하는 4월경에는 회복하는 경향이다. 그러나 평균정도의 용존산소인 경우에는 낮아진 용존산소의 역할을 보완하기 위하여 동계에도 적혈구수가 많고 헤모글로빈의 농도 또한 높다. 한편 용존산소의 양이 낮은 경우에는 2인자가 수온이 낮아짐과 동시에 보통 정도의 용존산소일 때와 마찬가지로 높은 수치를 유지하고 있지만, 3월경에 이러한 보완 능력을 상실하고 2수치가 급격히 하락하게 된다.

이를 종합하여 보면 겨울철에 용존산소가 충분할 때는 저온상태의 대사능력에 적합한 적혈구수와 헤모글로빈을 유지하지만, 용존산소가 낮을 경우에는 낮은 용존산소를 이용하기 위해서 적혈구수와 헤모글로빈의 양이 증가됨을 알 수 있다.

이처럼 동계의 용존산소가 낮은 상태에 월동한 잉어를 해부하여 보면 복강에 노란색-핑크색의 복수가 축적되어 있으며, 소화관은 얇은 양피지 모양으로 투명하며 탄력성이 없으며 때로는 장상피가 염증을 일으켜 상피세포가 박리되어 궤양이 형성되기도 한다.

이러한 상태의 잉어는 Aeromonas나 Pseudomonas에 쉽게 감염되어 출혈성 패혈증으로 대량폐사가 유발되기도 한다.

그럼으로 무급이 상태에서 저온으로 어류를 월동시키기 위해서는 좋은 환경을 유지하는 것이 필수적인데, 산소를 충분히 공급하면서 좋은 수질을 유지하고 밀식을 피하면서 가능한 수온을 높은 상태로 유지하는 것이 그 후의 성장도 빠르고 사망률도 낮아진다.

표 5-2 월동 기간 동안의 용존산소에 따른 잉어의 헤모글로빈 농도와 적혈구수의 변화

| | 용존산소 | | | | | |
|---|---|---|---|---|---|---|
| | 3.7 ppm | | 2.5~2.6 ppm | | 1.8~1.9 ppm | |
| | Hg | RBC(x$10^6$) | Hg | RBC(x$10^6$) | Hg | RBC(x$10^6$) |
| 11월 | 11.0 | 2.82 | 10.9 | 2.77 | 10.7 | 2.82 |
| 1월 | 6.2 | 1.58 | 9.6 | 2.42 | 8.3 | 2.49 |
| 2월 | 4.5 | 1.15 | 11.7 | 2.92 | 13.1 | 3.33 |
| 3월 | 4.3 | 1.11 | 11.8 | 2.98 | 1.0 | 0.23 |
| 4월 | 8.2 | 2.04 | 7.5 | 1.90 | 2.1 | 0.53 |

기아 상태에 있는 어류는 정상어에 비해 체색이 검고, 어체가 연약하며, 치어인 경우 두부만 크고, 체조직 내의 단백질이 분해되었기 때문에 구간부가 여윈 소위 "pin head"상태로 된다. 또 아가미는 빈혈로 퇴색되며, 기생충이 많이 감염되어 있는 경향이다.

내부 소견으로는 복부 지방이 부족할 뿐만 아니라 먹이가 장 내로 유입되지 않아 담즙이 배출되지 않기 때문에 담즙이 담낭에 축적됨으로 담낭이 팽대되어 있다. 또 내장의 모든 실질 장기도 영양 결핍에 의해 위축되어 있다.

병리학적으로는 근섬유의 근형질이 양이 현저하게 감소하며, 근섬유에 공포화 또는 근초핵의 중심 이동이 현저하게 관찰된다. 또 소화관과 다른 장기에 섬유아세포나 콜라겐의 양이 증가하며, 췌장의 내분비조직의 흑화와 위축이 생긴다. 멜라노마크로파아지센터(melanomacrophage center)의 집합이 현저할 뿐만 아니라 수적으로도 증가하는데, 이는 체조직 성분의 분해가 일어났다는 것을 의미하는 것이며, 멜라닌과 리포푹신과 같은 색소의 양이 증가하게 된다.

## 2 사료 성분의 결핍 또는 불균형에 기인한 질병

### 1) 단백질

어류는 체단백질합성을 위한 아미노산원으로서 뿐만 아니라 포도당신생(gluconeogenesis)을 위하여 많은 양의 단백질을 요구하고 있다. 그러나 어류 사료의 단백질은 다른 성분에 비해 가격면에서 비싸기 때문에 사료 제조업자는 가능한 한 사료 중의 함량을 줄이려고 하는 성분이기도 하다.

모든 단백질이 영양가가 동일한 것은 아니며, 아미노산의 함유량과 함유 아미노산이 어느 정도 이용될 수 있는가를 나타내는 생물가(biological value)가 중요하다. 단백질은 어체의 유지, 성장, 생식뿐만 아니라 회유나 산란 후의 감모된 조직의 회복과 체내 에너지 생산원으로 사용된다.

어체 내의 세포에서 합성할 수 없는 것으로 단백질의 영양가를 판정하는 매우 중요한 요소인 필수 아미노산은 어류에서도 포유류나 조류와 마찬가지로 약 10가지 정도가 중요하다고 밝혀졌다. 지금까지 밝혀진 필수 아미노산으로는 arginine, histamine, isoleucine, leucine, lysine, methionine, phenylalanine, threonine, tryptophan과 vaniline 등이다.

정상적인 조건 하에서 필수 아미노산은 체내에 보존되지만, 아미노산의 흡수가 제한을 받게 되면 저장된 필수 아미노산은 비필수 아미노산으로 대사 전환될 수도 있다. 그럼으로 양식에서 어류에 영양적으로 만족한 사료란 성장과 어체 유지에 필요한 필수 아미노산뿐만 아니라 비필수 아미노산도 충분히 함유하고 있는 것을 말한다.

한편 아미노산이 충분히 함유하고 있는 사료라 할지라도 때로는 영양결핍이 생기게 되는데, 이는 단백질이 완전히 소화되지 못하거나 또는 함유하고 있는 어떤 종류의 아미노산이 어류에 이용되지 못하기 때문에 생기는 영양결핍이다. 예를 들면 lysine이 가지고 있는 아미노기는 단백질 사료에 들어 있는 탄수화물과 결합하여 가성화합물(additional compound)을 형성하기 때문에 실제 함량은 충분히 많음에도 불구하고 어류가 실제로 이용할 수 없게 된다.

## 2) 아미노산 결핍

필수 아미노산이 결핍되게 되면 식욕이 저하되며, 성장이 정체되는 것이 공통적인 증상이다. 그러나 특정의 아미노산이 부족할 경우에는 특이한 소견의 증상이 나타나기도 한다. 즉 lysine결핍은 등지느러미가 부식, tryptophan, leucine, lysine, arginine 또는 histamine이 결핍된 경우 척추변형이 생기는데, 특히 tryptophan이 부족한 연어 · 송어류에서는 척추측만곡(scoliosis) 또는 척추전만곡증(lordosis)이 빈번히 발생한다. 또 methionine과 tryptophan 결핍시에는 백내장이 생긴다. 척추 측만곡증을 일으킨 송어류는 조직학적으로 근절의 충혈과 괴사 및 척색을 둘러싸고 있는 섬유성 기질초가 돌출된다. 또 신장, 척색과 척색초를 둘러싸고 있는 골성판에 칼슘의 이상 침착이 관찰된다.

### (1) 방어의 taurine결핍 녹간증

녹간증의 일반적인 원인으로는 기생충이 담관을 폐쇄함에 따라 담즙이 역류한 경우, phenyhydrazine에 의한 용혈의 증가, 저온에 의한 생리적 부적응 등을 들 수 있다. 그러나 양식

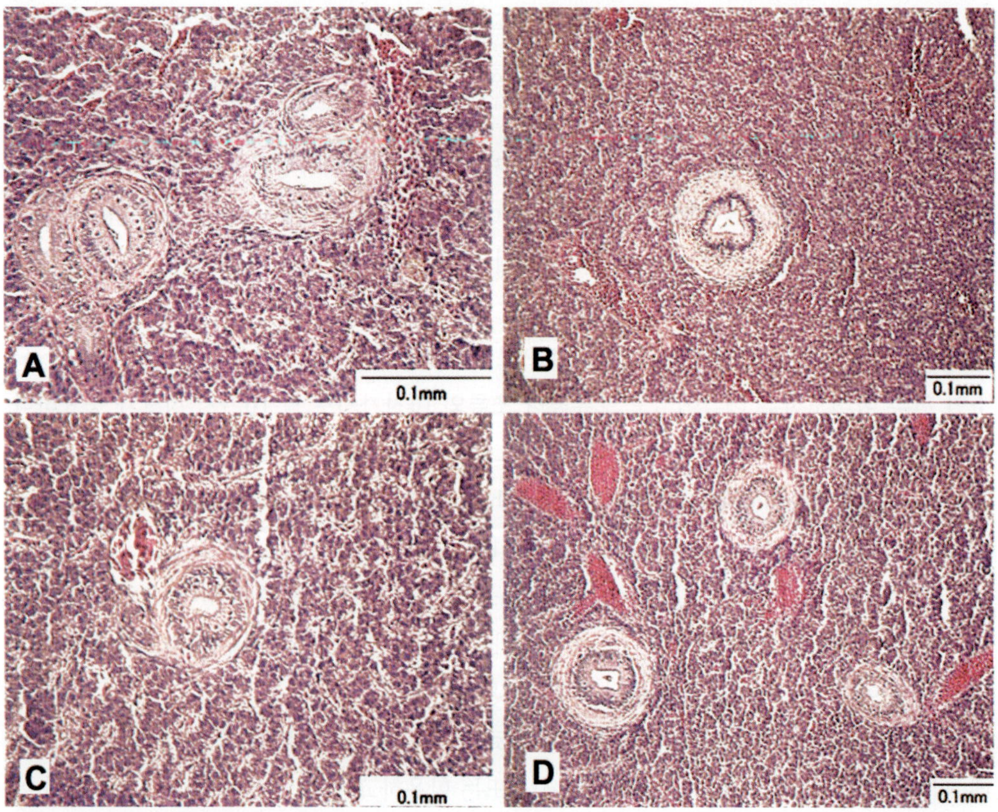


그림 5-1 타우린 결핍사료(A)를 투여한 간도 다른 사료와 마찬가지로 담관 내에 기생충이나 간조직에 담즙의 저류는 없다. HE.

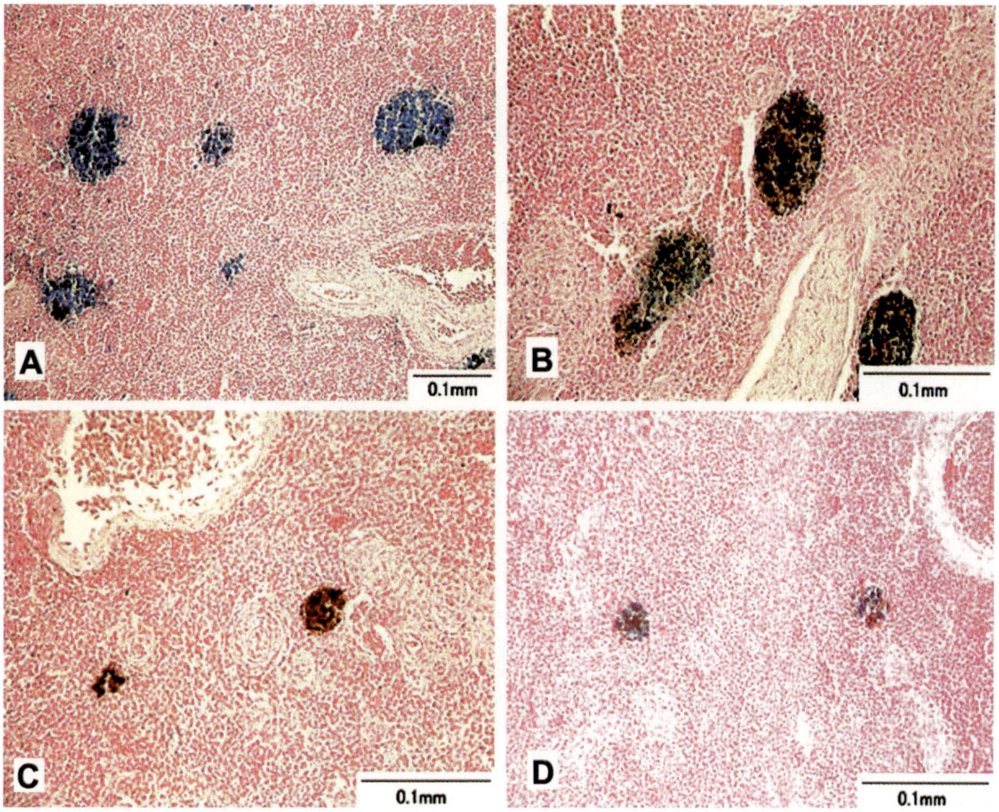


그림 5-2 타우린 결핍사료(A)의 경우 비장의 마크로파아지센터 내에 hemosiderin의 침착(청색)이 다른 사료에 비해 증가. Berlin blue stain.

방어의 경우에는 이러한 원인 이외에 타우린 결핍사료로 사육한 경우 여위며, 녹간의 빈도가 높아 정상사료를 투여한 경우에 비해 66.3%로 사망률이 높다.

혈액학적으로는 적혈구수, 헤모글로빈의 농도 및 헤마토크리트치가 결핍된 먹이의 투여일수가 경과함에 따라 감소한다. 또한 평균적혈구용적, 평균 적혈구 헤모글로빈량 및 평균적혈구헤모글로빈의 농도와 같은 적혈구 항수도 현저하게 감소한다. 담낭도 현저하게 종대된다.

병리조직학적으로는 비장의 현저한 헤모시드린 침착이 특징적이다. 비장의 헤모시드린의 축적은 용혈의 증가를 의미하며, 용혈의 결과 biliverdin이 과잉으로 생산되어 녹간증을 일으켰다고 추정되고 있다.

## 3) 탄수화물

어류의 사료성 탄수화물의 대사 능력은 포유류나 조류에 비해 월등히 낮은 것이 일반적이며, 육식성인 송어류의 탄수화물 이용성은 매우 낮다. 그러나 틸라피아나 차넬메기 등은 사료 중의 탄수화물을 에너지원으로 효과적으로 이용할 수 있다. 만약 사료 중의 탄수화물의 함량이 너무 높게 되면 잉어과 어류에서는 간세포의 변성과 과잉의 글리코겐 축적이 생긴다.

### 4) 지질

어류의 영양성 질병은 사료 중의 많은 비중을 차지하고 있는 지질 때문에 발생한다. 지방산은 영양적으로 활발한 사료성 지방성분이지만, 지방의 극소수만이 어체 내에서 유리지방산으로 존재하고 있을 뿐, 대부분은 triglycerides와 phospholipids의 형태로 존재하고 있다. 사료 중의 지방 성분은 필수 지방산뿐만 아니라 에너지원으로 공급하여야만 한다. 필수 지방산의 대부분은 해산 또는 육상 식물 유래의 다가 불포화지방산이다. 다가 불포화지방산, 즉 2개 이상의 2중결합을 가진 것으로 쉽게 산화된다. 이 때문에 사료 중의 지질의 산화는 양어용 사료에 발생하는 공통적인 문제점 중의 하나로 필수 지방산이 파괴되거나 조직 속의 해독성분을 고갈시키거나 또는 독성물질이 생성함으로서 영양성 질병을 유발시킨다. 그럼에도 불구하고 양식 업계에서는 빠른 성장을 위해 높은 에너지원(고지방)의 사료를 찾게 됨으로써 사료 중의 지질의 산화는 어류 양식업자간에 관심의 대상이 되고 있다.

지방산은 화학적으로 연쇄 중에 1~6개의 2중결합을 가진 CH원자(hydrogenated carbon atoms)로 구성되어 있다. 지방산 개개의 연쇄는 2개의 숫자에 의해 정의되는데, 최초의 숫자는 지방산 중의 탄소원자 수를 나타내며, 2번째의 숫자는 2중 결합의 숫자를 의미한다. 이 중 2중 결합의 수가 지방산의 물리적 영양적 특성을 결정하는데 중요한 것으로 메틸기(methyl group)에 가장 가까운 최종의 2중결합 위치를 오메가(ω)로 표시한다. 예를 들면 18 : 3ω9는 3개의 2중결합을 가진 탄소수가 18개인 지방산으로 메틸기에 가장 가까운 2중결합은 메틸기에서 9번째의 탄소 원자이다.

어체 내에서 카르복실기(carboxyl group)의 끝에서 분자의 신장에 의해 지방산의 연쇄가 늘어나게 되면 같은 생물학적 특성을 지닌 형태의 지방산이 생긴다.

#### (1) 필수 지방산의 결핍

어류는 ω7와 ω9계열의 지방산은 체내 합성이 가능하지만, ω3(linolenic)와 ω6(linoleic)계열은 합성할 수 없다. 체내에서 합성할 수 없는 2계열의 지방산은 포유류와 마찬가지로 어류에게도 필수 지방산으로서 2계열의 지방산의 양이 부족하거나 아니면 이것들보다 더 긴 연쇄를 가진 지방산이 사료 중에 함유되어 있지 않게 되면 결핍증상이 나타난다. 특히 ω3 및 ω3보다 더 긴 연쇄의 지방산은 어류의 성장에 필수적임으로 이들의 요구량은 사료의 약 1%이다.

어체 내에서 ω3불포화지방산의 연쇄를 늘리는 능력은 어류에 따라 차이가 있는데, 연어 · 송어류는 사료 중의 oleate(18:1) 및 linoleate(18:2)를 arachidonate(20:4)로, linolinate (18:3)을 eicosapentanoic acid(20:5)와 dososahexanoic acid(20:6)로 변환시킬 수 있다. 그러나 turbot는 linoleate를 arachidonate로, linolinate를 dososahexanoic acid로 변환시키는 능력이 없어, 이들 지방산이 많이 함유된 사료를 투여하였을 경우 간과 지방조직에 지방이 다량으로 축적된다. 또 사료에 지방산이 부족하게 되면 어류의 조직 내에 20:1ω9가 축적된다.

필수 지방산 결핍의 일반적인 병리로는 간에 지방이 침윤함으로 간의 종창, 간으로부터 hematopoietin의 분비 장애로 조혈이 불완전함으로 발생하는 빈혈 때문에 필수 지방산 결핍

증상을 나타내는 어류의 사망률은 매우 높다.

### (2) 지방간(Lipoid liver)

양식용 어류 사료의 공급에 있어 가장 중요한 것은 사료 중의 필수 지방산인 ω3와 ω6를 포함한 다가 불포화지방산이 공기 중의 산소와 결합하여 산화되는 것을 방지하는 것이다.

사료 중의 지방이 산화되면 어류의 지방산 이용이 불가능하게 될 뿐만 아니라 지방의 산화된 산패물에는 free radicals, peroxide aldehyde 및 ketone 등이 들어 있어, 어류에 독성을 나타내는 것은 물론이고 사료 중의 다른 성분과 반응하여 어류의 사료 이용도를 현저하게 감소시킨다. 그럼으로 어류가 산화된 지질을 함유한 사료를 섭취하게 되면, 항산화제 역할을 하는 조직 내의 tocopherol, vitamin C의 함량이 현저하게 감소하여, 막투과성의 변화와 막손상 등과 같이 생물막에 변화를 초래한다.

사료를 고온에서 장기간 보관하면 항산화제의 결핍이 가속화되며 그 결과 지방이 산화되어 생기는 지방 산패는 지방간을 초래하게 된다. 이 때문에 양어용 사료에 항산화제로서 상당량의 tocopheryl(vitamin E)을 첨가하고 있으며, vitamin E원으로서 첨가하는 tocopherol (α-tocopheryl acetate)은 사료에서 항산화제로 작용할 뿐만 아니라 생물학적인 활성도 지니고 있기 때문에 조직 내의 해독제로서도 작용하게 된다.

어유는 α-tocopherol이 다량으로 함유되어 있는 반면 식물성 기름은 다른 형태의 tocopherol(β, δ, σ)을 함유하고 있기 때문에 생물학적인 활성은 없지만 기름의 항산화제로서 매우 유용하다.

사료에 항산화제로서 첨가하는 또 다른 성분인 ascorbic acid나 EDTA는 free radicals을 방출하는 역할을 하는 금속 양이온을 제거한다. 인공적으로 합성한 저가인 ethoxyquin도 어유에 첨가하여 양어용 사료에 사용하기도 한다.

산패지질은 그 자체가 유독성일 뿐만 아니라 단백질과 반응하여 단백질의 생물가를 저하시키고, vitamin A와 vitamin C에 대하여 유해한 효과를 나타낸다. 그럼으로 지방간의 특징은 지방간 변성에 산패지질의 어떤 성분이 작용하였는가에 따라 달라진다.

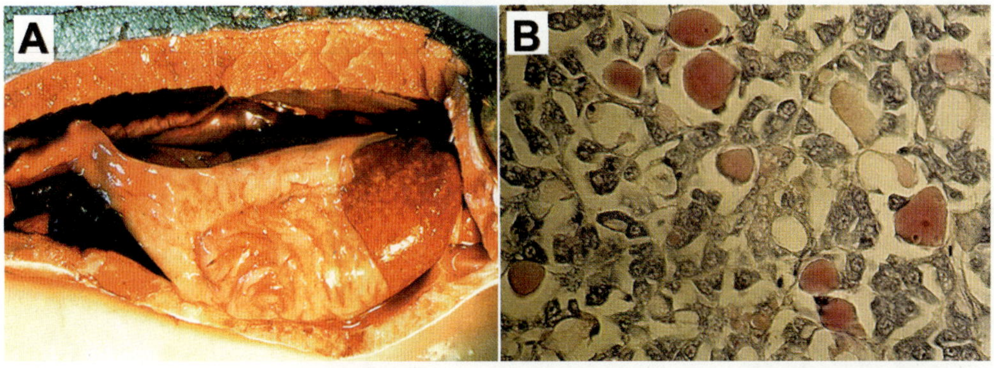


그림 5-3 송어류의 지방간. A: 간이 노란색-오렌지 색깔을 띠고 둥근감이 있다. B: 간세포 내에 항산성 물질이 존재(Ziehl-Neelsen염색).

지방간 변성을 일으킨 어류는 아가미가 퇴색되거나 적혈구가 쉽게 파괴되기 때문에 소적혈구성의 심한 변혈이 생기며, 심장이 갈색을 띠면서 둥글어지고, 간 자체도 둥그렇게 종대되고, 복수가 축적된다.

병리조직학적으로는 간세포에 지질이 다량으로 침윤되기 때문에 간세포의 세포질이 염색되지 않고, 간의 세포벽이 뒤틀리게 된다. 또 비장과 신장 조혈조직의 마크로파아지센터 내에 다량의 엷게 염색되는 색소가 출현하는 변성이 생기고, 마크로파아지가 침윤한다. 핵이 농축된 변성 간세포가 간 전체를 차지하게 된다. 간에 축적된 ceroid는 PAS와 Ziehl-Neelsen염색에 진한 적색으로 염색되고, 자외선을 쪼이면 형광을 발한다. 또 심외막 조직과 문맥주변에서는 보조적인 조혈작용이 일어나고 있는 경우도 있다. 적혈구의 붕괴로 인해 아가미는 빈혈, 비장에는 헤모시데린이 축적된다. 간의 지방 변성에 작용한 시간의 길이와 사료 중 지방의 산화 정도 및 지방의 종류에 따라서 phospholipids의 분해산물인 세로이드(ceroid)를 탐식한 마크로파아지가 간장에 침윤하는 정도에 차이가 난다.

모든 연어 · 송어과 어류는 지방간 변성이 발생하기 쉽기 때문에 송어류 양식에는 심각한 문제로 대두되고 있다. 지방 변성이 가벼운 송어류는 완전히 회복할 수 있지만 일단 심한 변혈과 간에 ceroid가 침착되면 발생 이전의 사료 전환율로 완전히 회복하기는 불가능하다. 심한 변혈과 간의 지방 침착 이외에 산패지질을 투여하였을 때의 증상으로는 안구돌출, 지방조직염(steatitis), 체색의 흑변, 비장의 헤모시데린 침착, 체측근의 myopathy 등이 발생한다고 보고되고 있다.

지방간의 사인으로서는 간 기능장애와 빈혈 때문에 발생하며, 간의 변색과 병리조직 표본에서 간세포의 지방 침윤을 기준으로 진단할 수 있다.

### (3) 지방조직염(Steatitis)

지방조직염은 내장 지방조직의 염증을 의미하는 것으로, 염증이 생긴 지방조직은 단단하고 정상조직에 비해 노란색 또는 회색의 색조가 강하다. 또 부레의 표면에는 회색의 색조를 띈 노란 줄무늬가 생기면서 불투명하게 된다.

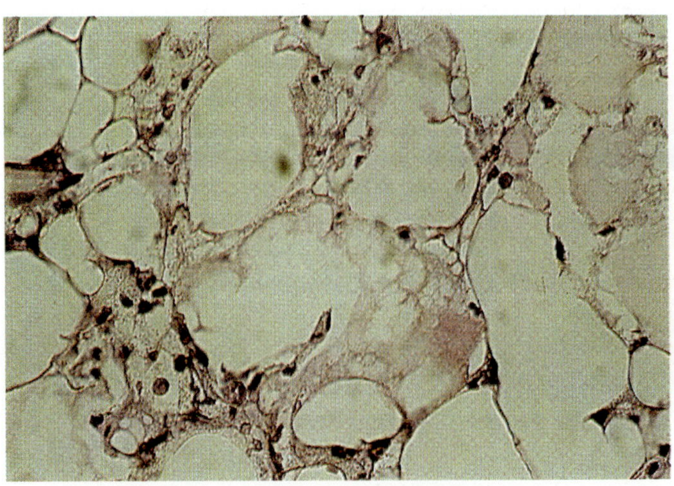

그림 5-4 내장 지방조직의 지방조직염(steatitis).

병리조직학적으로는 지방조직의 지방세포의 세포벽이 두꺼워지며, 염증세포의 침윤과 색소가 침착된다. 이러한 장소에는 다핵거대세포와 호산성 봉입체가 중심에 위치한 육아종성 염이 발생하는 것이 보통이다. 또 지방조직염은 췌장염의 후유증으로도 발생할 수는 있지만, 일반적으로 비타민 E결핍이나, 산패지질이 함유된 사료를 투여하였을 때 특별히 잘 생기는 특발성 질병(idopathic disease)이다.

## 5) 비타민

비타민은 저분자의 매우 복잡한 유기물로서 여러 가지 대사 과정에 필수적으로 사료에 첨가하는 양은 소량이지만 성장기, 산란기나 또는 고에너지 사료일 경우에는 첨가량을 증가시켜야만 한다.

비타민은 크게 지용성 비타민과 수용성 비타민으로 구분되는데 비타민 다음에 붙은 A, B...와 같은 알파벳은 발견된 순서대로 붙인 것으로 이전에는 모든 비타민은 1개의 성분으로 구성되어 있다고 생각되었다. 그러나 현재는 같은 비타민이라도 서로 다른 기능을 하는 여러 종류의 분자가 모인 것으로 생각하고 있기 때문에 알파벳으로 표기하는 것은 옳지 않지만, 대체할 적당한 화학명이 없을 경우에는 아직도 알파벳 표기를 하고 있다.

### (1) 지용성 비타민

지용성 비타민은 A, D, E, K 및 P는 여러 가지 다른 형태로 발견되었는데 체내의 간에 저장될 수 있어, 매우 천천히 대사되기 때문에 대량으로 투여하였다 할지라도 축적성 비타민 과다증(hypervitaminoses)은 발생하지 않는 반면, 수용성 비타민을 다량으로 투여한 경우 비타민 자체가 지용성 비타민에 비해 빨리 대사되기 때문에 축적성 비타민증이 생길 수도 있다.

Retinol(vitamin A)

비타민 A에는 3종류의 활성형인 retinol(A1), retinal 및 retinoic acid 등이 있다. Retinol(A1)은 주로 해산어에서 발견되는 반면 담수어에서는 retinol과 dehydroretinol(A2)가 발견된다.

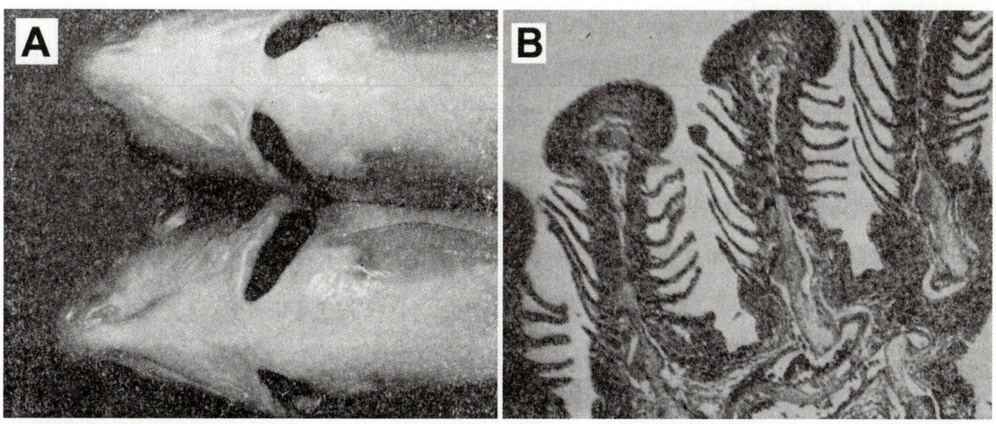


그림 5-5 잉어의 비타민 A 결핍증. A: 아가미 뚜껑의 끝부분이 두꺼워지면서 반곡되어 있다. B: 새변 끝부분의 2차 새변이 유착되어 곤봉화되어 있다.

식물에 들어 있는 전구물질인 carotenoids는 소화관 점막에서 retinol로 바뀌는 지용성 색소이다. β-카로텐은 carotenoids 중 가장 생물학적 활성이 높아, 쥐에게 투여하면 retinol의 50%의 활성을 나타내는 반면 닭에게 투여하였을 때는 겨우 10%의 활성을 나타낸다. 비타민 A는 시각에 필수적인 비타민으로 발생, 점막의 유지 및 막 투과성에 관여한다.

어류의 비타민 A결핍증은 성장 불량, 각막 연화, 눈이 멀어지거나, 안구돌출 및 지느러미 기부의 출혈, 새궁과 아가미 뚜껑의 반전으로 나타난다. 실험적으로만 밝혀진 비타민 A과다증은 송어류에 고래간이 많이 함유된 사료를 투여하였을 때, 점막상피가 편평화되는 화생, 간 종대, 비장 종대 및 골 장애, 안구의 각막과 맥락막의 염증 등이 발생하지만, 심하지 않는 경우에는 대개 회복된다. 이처럼 과다증은 고래나 곰의 간을 사료 제조업자가 고의로 사용하는 경우를 제외하고는 양식에는 거의 발생하지 않는다.

실세 사료에 첨가할 때는 산화된 사료성 지질에 영향을 받지 않는 형태인 acetate, palmitate 및 propionate ester의 형태로 첨가하고 있다.

잉어의 비타민 A결핍증은 식욕부진, 체색흑화, 성장 저하, 아가미와 피부의 출혈, 아가미 뚜껑 주변 피막의 반곡과 비후 및 아가미 뚜껑의 반곡과 안구 돌출이 생기며, 병리조직학적으로는 새변 끝부분의 새박판이 유착되어 곤봉화되면서 종창될 뿐만 아니라, 아가미 뚜껑 주변 연골조직이 비후된다.

Carciferol(vitamin D)

열에 매우 안정한 스테로이드류로서 포유류에서는 구루병의 예방에 사용된다. Erocalciferol (D2)은 식물에서, cholecalcifero(D3)는 동물에서 발견된다. 무지개 송어에서는 2개 중에서 D3는 D2보다 3배의 비타민 D활성을 나타낸다.

결핍증은 연어 · 송어류나 차넬메기에서 실험적으로 발생시킬 수 있으며, 과다증은 brook salmon에 사료 kg당 375000 IU의 D3를 투여하였을 때 발생하며, 무지개 송어에는 1,000,000 IU/kg을 투여하여도 발생하지 않는다. 과다증의 증상으로는 hypercalcaeia와 헤마토크리트치가 증가한다.

Tocopherol(vitamin E)

Tocopherol은 생물학적 또는 항산화 활성이 차이가 있지만, 서로 밀접한 관계가 있는 화합물이다. 생물학적으로 가장 활성이 높은 것이 α-tocopherol이다.

토코페롤의 대사는 일반적으로 항산화 능력이 있어, 사료 중에 다량으로 존재하는 셀레늄의 대사와 밀접한 관계가 있다. 그러나 사료 중에 함유된 비타민 E가 어류가 섭취하기 전에 산화되어, 항산화제 또는 대사에 충분한 양이 남아 있지 않게 되면 결핍증상이 나타나게 된다. 그럼으로 사료에는 어류에게 충분한 양을 공급하기 위하여 사료의 저장 중에도 산화되지 않는 안정한 형태인 α-tocopherol acetate를 premix형태로 첨가하고 있다.

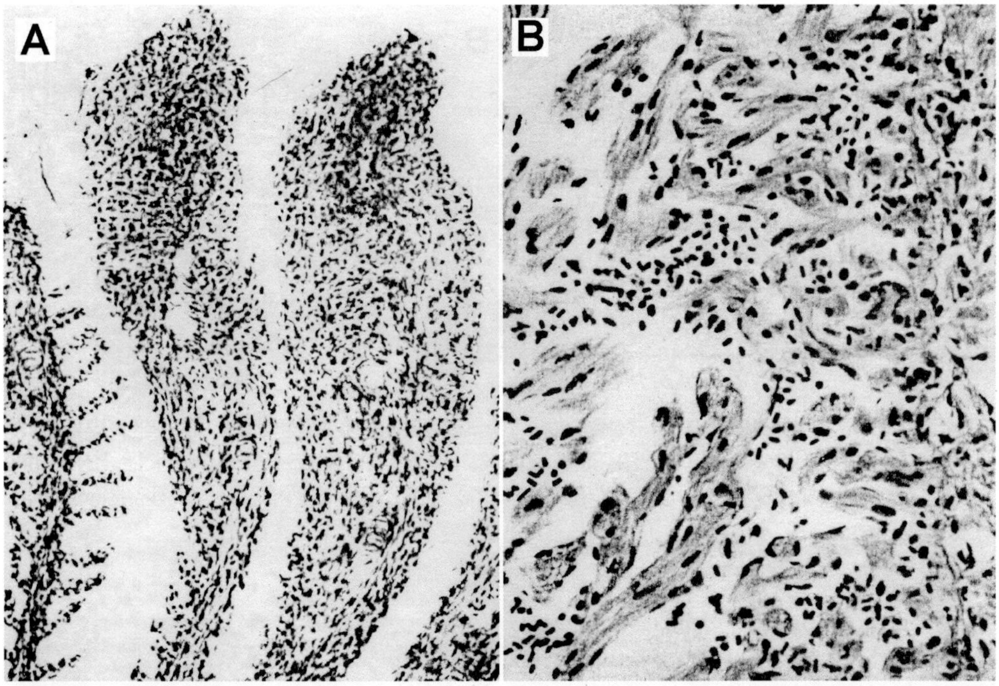


**그림 5-6** Chinook salmon의 비타민 E 결핍증. A: pantothenic acid 결핍에 의한 영양성 아가미병과 유사한 증상을 나타내는 새변의 곤봉화. B: 심근의 부종.

비타민 E는 사료 중에서와 마찬가지로 조직 속에서 free radicals의 독성으로부터 조직을 보호하는 중요한 역할을 하고 있다. Tocopherol은 free radicals에 양자(protons)를 제공하여 free radicals을 화학적으로 안정한 물질로 변환시켜 주는 역할을 하는 항산화제이다. 조직 속에서 비타민 E의 분해에는 셀레늄이 관여하고 있다. 어류가 산화된 지질이 함유된 사료를 섭취하게 되면 tocopherol의 분해 속도가 tocopherol의 산화 속도보다 느리게 됨으로써, 막 결합성 또는 세포내 tocopherol의 양이 급격히 감소하여 결핍증상이 나타난다. 비타민 E의 또 다른 역할은 생물막 구조의 조정이다.

일반적으로 결핍증상을 나타내는 어류는 비타민 E의 2가지 기능의 부전에 의한 변화가 나타나는데, 이 과정에는 셀레늄이 관여하고 있다.

송어류의 결핍증상은 성장 저하, 안구돌출, 복수, 적혈구의 파괴성의 증가, 빈혈, 아가미의 곤봉화 및 비장의 ceroid침착이지만, 실험적으로 재현하기는 매우 어렵다.

비타민 E 겹핍 증상은 매우 다양하지만, 공통적인 것은 근이영양증(muscular dystrophy), 지방조직염 및 부레, 소화관과 심근에서의 변화 및 빈혈이라고 할 수 있는데, 빈혈은 적혈구의 세포막의 파괴에 기인한 것이다.

한편 논쟁의 여지는 남아 있지만 비타민 E결핍과 밀접한 관계가 있다고 여겨지는 것으로서 대서양연어를 해수에 사육할 때 발생하고 있는 다발성 근원성근질환 증후군, polymyopathy syndrome(PMS) 등이 있다.

PMS는 바이러스성인 췌장병과 cardiomyopathy syndrome(CMS)과도 관계가 깊은데, 췌장병은 해수 사육의 첫 해에, CMS는 더 사육하였을 때 발병하는 경향이다. PMS를 일으킨

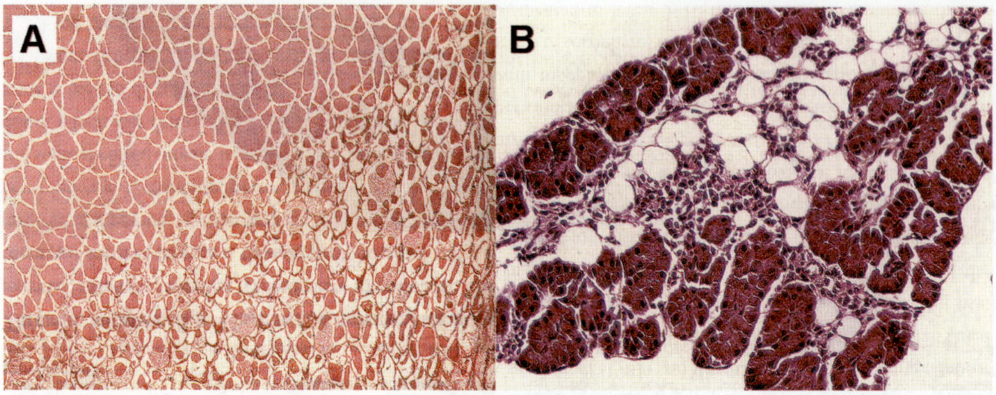

그림 5-7 송어류의 비타민 E결핍증. A: 근섬유 다발이 위축되고 근형질 내에 과립상의 물질이 축적되어 있지만, 염증 세포의 침윤은 없는 근섬유의 변성(근이영양증). B: 마크로파아지가 침윤한 췌장 지방조직염으로 외분비선은 정상임. 이러한 지방조직염은 바이러스성 질병인 전염성 조혈기괴사증이나 췌장병에도 발생하지만, 바이러스성인 경우 분비선의 괴사가 현저함.

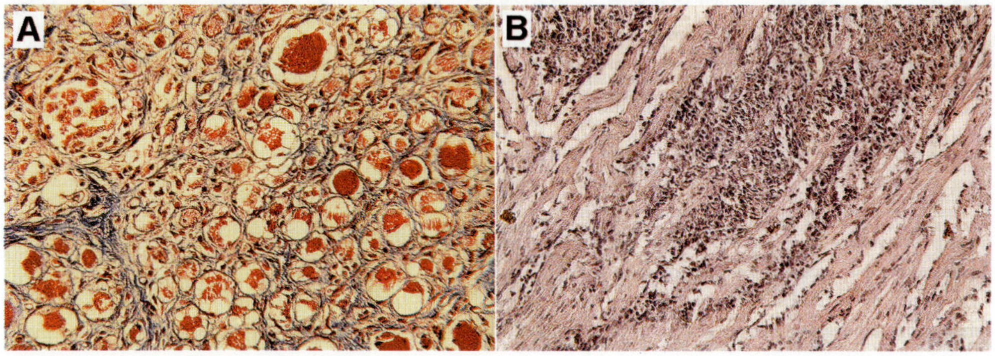

그림 5-8 A: 췌장병의 적색근의 myopathy. trichrome염색. B: 심근의 변성, 마크로파아지의 침윤 및 혈전의 형성을 특징으로 하는 대서양연어의 심근 myopathy.

대서양 연어는 체색흑변, 식욕부진, 복부 근육의 수축과 빈혈 증상을 나타내고, 간의 tocopherol함량이 낮아지며, creatine kinase의 양이 높아지지만, 셀레늄의 양은 거의 변화가 없다. 결핍어는 비타민 결핍 자체의 의한 사망률은 낮은 편이고 주로 2차 감염에 의해 결핍어는 폐사된다.

PMS는 병리학적으로 식욕부진에 기인한 polymyopathy와 지방조직의 섬유화와 마크로파아지의 침윤을 특징으로 하는 췌장 외분비선의 병변을 들 수 있다. 사료 중에 충분한 양의 비타민 E가 있음에도 불구하고 조직 내의 비타민 E 함량이 낮은 것은, 아마도 바이러스의 감염에 의해 식욕이 부진함에 따라 비타민의 섭취가 원활하지 못하기 때문으로 추정된다.

Vitamin K

자연계에서 생산되는 2종류의 형태인 phylloquinone과 farnoquinone은 모두가 methylnaphthoquinone류이다. Phylloquinone은 녹색식물에서 합성되며, farnoquinone은 미생물에 의해 합성된다. 모든 척추동물에서 vitamin K의 기능은 혈액응고에 관여할 뿐만 아니라 정균 작용 또는 조효소적 특성도 가지고 있다.

어류의 결핍증상은 혈액의 응고시간이 길어지며, 근육과 내장에 출혈이 생기며, 만성적인 경우에는 빈혈이 생긴다. 어류의 만성 결핍증상은 바이러스성 출혈성 패혈증(VHS)과 유사하기 때문에 구분에 주의하여야만 한다.

송어류에 결핍 사료를 투여하면 16주 내에 혈액의 응고시간이 길어지고, 헤마토크리트치가 정상어에 비해 낮아진다. Vitamin K는 쥐약으로 사용되고 있어 저장 중의 어류 사료에 섞여 들어갈 수 있는 dicoumarols(warfarin)에 대한 길항작용이 있다. Warafin 중독의 증상은 vitamin K결핍 증상과 매우 유사하다.

### (2) 수용성 비타민

사료 중에 들어 있는 수용성 비타민은 지용성 비타민에 비해 어류의 이용도가 높기 때문에 결핍증의 발생 빈도는 지용성 비타민 결핍증보다 낮다고 할 수 있다. 이러한 수용성 비타민의 일반적인 결핍증상은 성장의 정체와 체색의 흑변이며, 결핍증상이 나타날 때까지 걸리는 기간이 성어는 치어나 자어에 비해 2~3배 오래 걸린다. 그 이유는 치어인 경우 조직 내의 수용성 비타민의 저장량이 적고 또한 빠르게 성장하기 때문에 소모 또한 빨라서 성어에 비해 결핍 증상이 빨리 발현된다.

Thiamin(vitamin B1)

탄수화물의 대사를 촉매하는 여러 가지 효소의 조효소인 thiamin pyrophosphate 형태로서 소화, 생식 및 중추신경계와 말초신경계의 작용에 관여하고 있다.

잉어과 어류를 비롯한 여러 종류의 어류나 패류의 조직 속에는 thiaminase가 다량으로 들어 있어, 그들의 육질을 그대로 사료로 사용하게 되면 thiamin을 파괴시킨다.

어류의 결핍증상은 지느러미 기부의 변색과 출혈이지만, 실제로 가장 빈번히 관찰되는 것은 마비를 동반한 이상흥분 또는 이상유영이다. 이러한 행동적 이상은 뇌 속의 thiamin pyrophosphate가 근육 속의 thiamin pyrophosphate보다 빨리 줄어들기 때문에 발생하는 것이다. 조직학적 이상은 주로 뇌에서 발견되는데, 뇌실 주변 조직에 출혈과 핵의 변성이 생긴다.

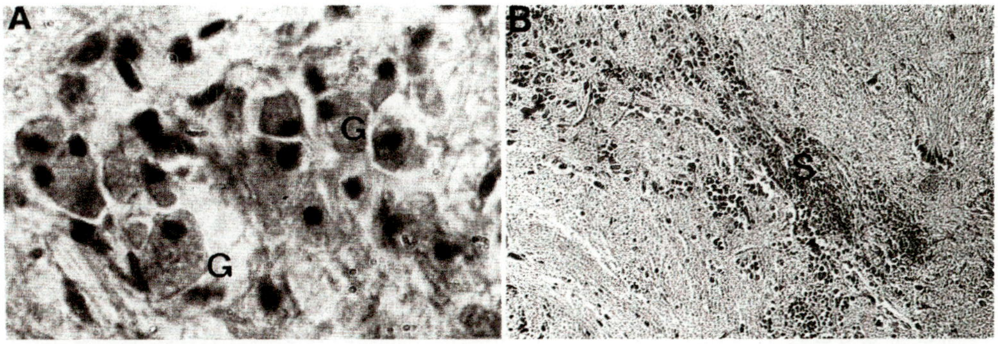


그림 5-9 Thiamin 결핍어의 뇌의 신경세포의 괴사. A: 대형원세포(gemastocytes)의 괴사와 대형의 투명한 식세포의 침윤. B: 회복된 결핍어의 시상(thalamus)의 신경교의 반흔(S).

Riboflavin(vitamin B2)

산화효소계의 조효소로서의 활성을 지니고 있어 눈의 각막과 같이 혈관계의 잘 발달하지 못한 조직의 호흡에 매우 중요한 역할을 하고 있다.

Riboflavin은 동 · 식물의 조직에 넓게 분포하고 있지만, 자외선을 조사하게 되면 쉽게 파괴된다. 결핍증상으로는 잉어는 근육과 내장의 점상출혈, 차넬메기는 선천성 단구증(congenital dwarfism)이 생긴다. 그러나 가장 일반적인 결핍증상은 각막 주변부의 모세혈관이 안쪽으로 뻗어 나와 출혈이 생기기 때문에 안구 백탁을 특징으로 하는 안염이 생긴다.

안구 백탁은 항상 양쪽의 눈에 발생하는 경향인데 이러한 안구가 백탁된 어류 망막의 단백질은 정상어와 또는 다른 원인에 의해 생긴 안구 백탁어의 단백질과는 차이가 난다.

그림 5-10 Riboflavin 결핍 증상으로 각막 주변의 모세혈관이 각막의 표면으로 신장함과 동시에 출혈이 발생하여 각막이 백탁된 무지개 송어.

Pyridoxine(B6)

Pyridoxine은 탈아미노 반응계에서 아미노산의 탈아미노반응에 관여하는 조효소이기 때문에 고단백 사료를 투여하고 있는 어류에게는 특히 중요한 비타민이다. 따라서 고단백의 사료를 투여한 어류는 더 많은 양의 pyridoxine이 필요하게 된다.

Pyridoxine은 효모, 곡류나 동물의 조직에 많이 함유되어 있기 때문에 결핍증상은 잘 발생하지 않지만, 자외선을 쪼이면 파괴된다.

어류 조직에 들어 있는 활성형 pyridoxine는 pyridoxal phosphate이며, 이 비타민이 부족하게 되면 조직에서 점차 양이 줄어들게 되어 결핍 증상이 나타난다. 결핍어는 신장, 난소 및 간에 변성이 생기며, 조혈조직이 증생을 일으키고 과민 반응을 나타낸다.

Pantotenic acid

Pantotenic acid는 음식물에 다량으로 함유되어 있으며 지방과 탄수화물의 대사의 조효소로서 작용한다. 결핍증은 소위 영양성 아가미병으로 불리는데, 2차 새변의 곤봉화를 동반한 1차 새변의 증생이 생긴다.

새변의 증생은 1차 새변의 끝부분부터 시작됨으로 어류는 심한 식욕부진을 일으킨다. 이러한 영양성 아가미병은 송어류에서 Flavobacterium의 감염에 의해 새박판의 끝부분에서 증

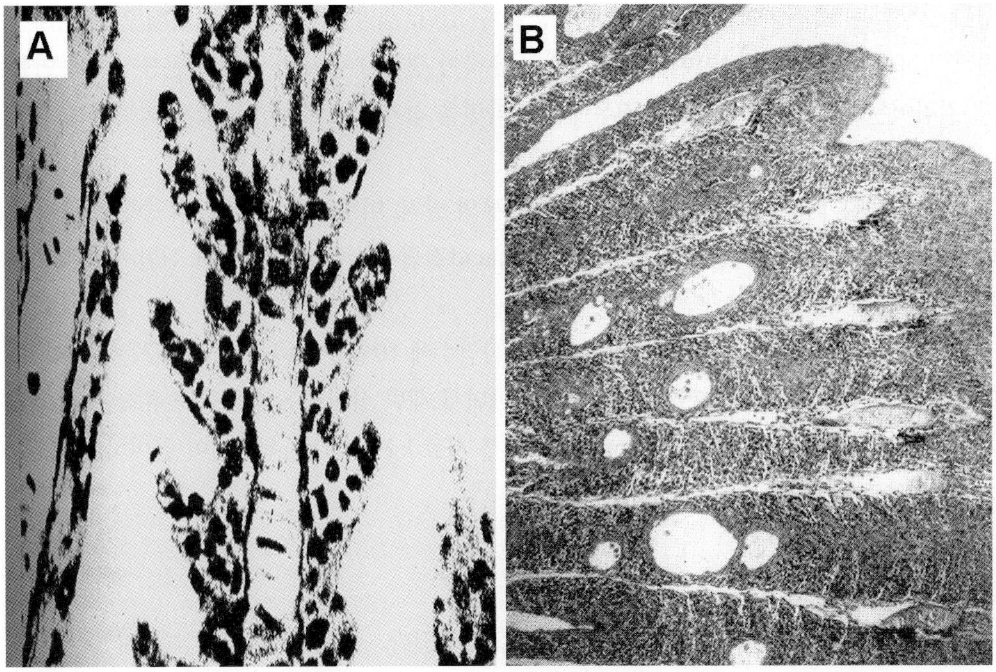


그림 5-11 Pantotenic acid 결핍증상. A: 감염초기로 2차새변 기부의 상피세포의 증생. B: 감염 후기의 아가미로 2차 새변의 증생이 현저하여 새변이 유착되어 아가미 전체가 곤봉상을 나타냄.

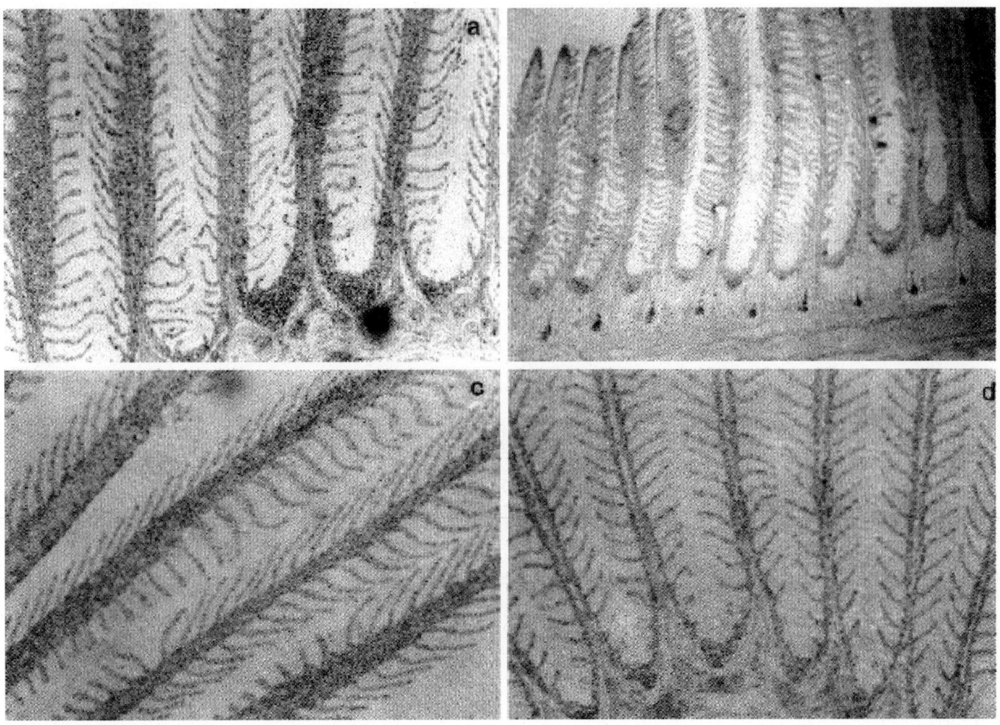


그림 5-12 Pantotenic acid를 사료 kg당 10 mg 첨가하여 5일(A), 10일(B), 15일(C) 및 25일(D) 투여 후의 동자개 아가미 조직상. 투여 일수가 길어짐에 따라 새변의 유착이 완화되어 25일 후에는 정상어의 상태로 회복.

생이 시작되는 세균성 아가미병과 쉽게 구분할 수 있다. 새박판의 증생으로 인해 이웃의 새박판과 접하게 됨으로써 이 병의 특징인 새변의 유착이 생겨, 1차 새변 전체가 곤봉상으로 변한다. 결핍어는 증상이 심하지 않은 경우에는 비타민을 첨가하여 투여하면 쉽게 회복하는 경향이다.

한국산 동자개는 주둥이와 가슴지느러미 기부의 발적, 미부 체표 박리 등의 증상이 나타난다. 아가미를 검경하면 다른 어류의 pantotenic acid결핍 증상과 마찬가지로 심한 빈혈과 2차 새변의 유착이 생긴다.

결핍어의 사망을 완화하기 위해서 0.6%의 식염수에 10일간 사육하면 대조구는 100% 사망하지만, 식염수 사육구는 75%의 생존을 보이면서 새변 상피세포의 증상과 유착이 감소하지만 완치는 불가능하다. 한편 pantotenic acid를 사료 kg당 10 mg첨가하여 급이하면 25일 후에는 거의 정상 상태로 회복된다.

Inocitol

결핍어는 성장이 느려지며, 피부에 궤양병소가 생긴다. 송어류의 결핍증상은 지느러미 부식병과 매우 유사한데, 현미경으로 검경하여 보면 조직이 괴사되어 박리되어 있다.

잉어의 결핍증상은 피부에 궤양이 형성되는데, 치어가 성어보다는 덜 심각한 편으로 잉어는 비타민을 첨가하여 투여하면 비교적 잘 회복된다.

Naiacin

결핍증은 잉어, 뱀장어, 차넬메기 및 송어류에 발생하며, 근육의 경련과 위 점막의 수종이 생긴다. 이것보다 더 빈번한 것은 피부염으로 자외선에 노출되어 피부가 벗겨지는 것처럼 부식된다.

Chinook salmon의 경우에도 햇빛에 2~3주간 노출시킨 것처럼 "sun-burn" 또는 "back-peel"과 같은 피부염이 생긴다.

Biotin

지방과 탄수화물 대사의 조효소로서 필수 불가결 비타민으로 사료 속에 많은 양이 들어 있을 뿐 아니라 장내 세균에 의해 합성되기 때문에 결핍증은 거의 발생하지 않아 실험적 결핍증이 아니고는 쉽게 찾아볼 수 없다.

잉어류나 송어류는 소화관 점액세포의 모양과 점액 분비에 이상이 생기는데, 보통 점액세포의 수가 증가하고, 점질이 더 강한 큐티쿨성의 glycoprotein을 분비한다.

Cholin

성장이 느려지는 것이 일반적인 결핍증상이지만, 어종간에 많은 차이가 있다. 즉 chinook salmon은 신장의 출혈이 생기지만, 다른 어종에서는 발견되지 않으며, 상어는 소화관 근층의 두께가 얇아지고 췌장에 변성이 생긴다.

Cyanocobalamin(vitamin B12)

결핍되면 어류에 혈액질환이 발생하지만, 그 메카니즘은 잘 알려져 있지 않다. Coho salmon은 체색이 검어지고 성장이 느려지며 적혈구 생산에 장애가 생긴다.

Folic acid

조혈에 관계하는 조효소로서 결핍되면 적혈구성 빈혈을 일으킴으로 항빈혈 비타민으로 알려져 있다.

결핍어는 보통 정색소성 거대혈구성 빈혈이지만, 가물치는 저색소성 빈혈을 나타낸다. 그러나 일반적인 결핍증상은 거대혈구성 빈혈이라고 부르고 있고, 적혈구의 변형이 매우 심각한 편으로 핵이 방출되어 버리거나 또는 분절되는 경향이다.

그 외 혈액학적 성상으로 적혈구 수의 감소, MCV의 상승, MCH는 적혈구가 커지기 때문에 상승한다. 그러나 비타민을 첨가하여 투여하면 쉽게 회복된다.

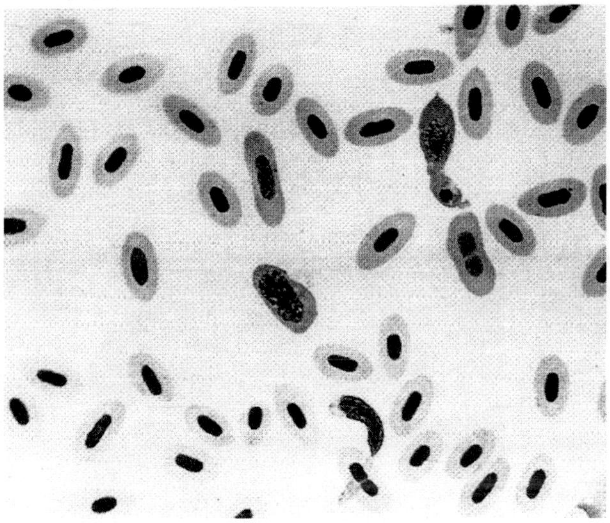

그림 5-13 Folic acid결핍어의 말초혈액. 적혈구의 대소부동증(anisocytosis)과 소형적혈구가 핵의 분절화 등의 모양의 변화가 심한 변형적혈구증(poikilocytosis)이 특징이다.

Ascorbic acid(vitamin C)

Ascorbic acid는 항괴혈병 비타민으로 신선한 과일에 많이 함유 있는데, 어류 사료에 있어 필수원이며 영양적으로 매우 중요하다. Ascorbic acid의 결핍증은 2가지의 변화로 하나는 물질대사 활성과 관련된 척추변형이며, 또 다른 하나는 상처의 수복에서의 이상이다.

Ascorbic acid는 proline을 교원섬유의 필수성분인 hydroxyproline으로 변화시키는 hydroxylation반응의 조효소로 결합조직, 아가미나 골격의 발달과 관계가 있으며, 창상의 치유, 육아조직의 섬유성조직으로의 전환 등에 영향을 미친다. 현재까지 어류에서 밝혀진 대부분의 결핍증상은 척추골의 변형과 불완전한 창상 치유라고 할 수 있다.

어류에서의 결핍증은 포유류의 괴혈병과 차이가 있지만, 기본적인 병리상은 괴혈병과 같다고 할 수 있다. 즉 결합조직, 연골 및 경골의 가장 튼튼한 성분인 교원섬유 생산 장애이다.

결핍증과 관련된 척추의 변형은 척추 측만곡증(scoliosis)과 전만곡증(lordosis), 스트레스성 골절, 아가미 뚜껑과 새변의 변형 등으로 결핍사료를 투여하면 연골의 변화가 현저해지고 뒤이어 경골 조직이 석회화되기 전의 미숙한 형태로 대체되는 변화인 골양 변화가 생기는 것이 송어류와 틸라피아 등에서 보고되었다. 이러한 경골조직의 변화는 추체의 끝부분에 골절이 쉽게 발생하는 요인으로 작용한다. 이처럼 척추골에 골양 변화가 생기면, X-ray로서 골 투명도의 현저한 감소가 생긴 것을 확인할 수 있다.

병리조직학적으로 척추에 변형이 생긴 곳은 변형된 추체 내부 또는 추체 주변에 심한 출혈이 보이고, 아가미의 새변은 초자연골이 증식하여 뒤틀리거나 지그재그 모양으로 굽어지거나 방추형상으로 연골 부위가 넓어진다.

틸라피아의 창상치유의 과정에서 ascorbic acid 결핍어는 섬유 증식(fibroplasia)이 반흔조직(cicatrix tissue, 흉터)으로 변화하지 못하는 결핍 증상이 확인되었지만, 체측 궤양 병소에서의 상피세포의 이동과 섬유의 증식은 ascorbic acid의 양과 관계없이 진행된다.

또 차넬메기나 메기에서의 결핍 증상으로는 특히 골절로 인한 심한 척추변형이 생기는데, 변형어는 척추 변형 이외에도 체색의 퇴색과 성장이 느려진다. 그러나 골절이나 변형에 의한 두개골의 유착에 세균이 감염되었을 때의 특징적인 두개골의 형태인 crackhead는 일반적인 양식에서 고밀도로 사육하여도 발생하지 않는다.

결핍에 의한 crackhead의 경골은 정상어에 비해 X-ray사진에서 불투명도가 현저하게 감소하여 있고, 두개골을 가볍게 두드리면 울리는 소리(공명)가 난다.

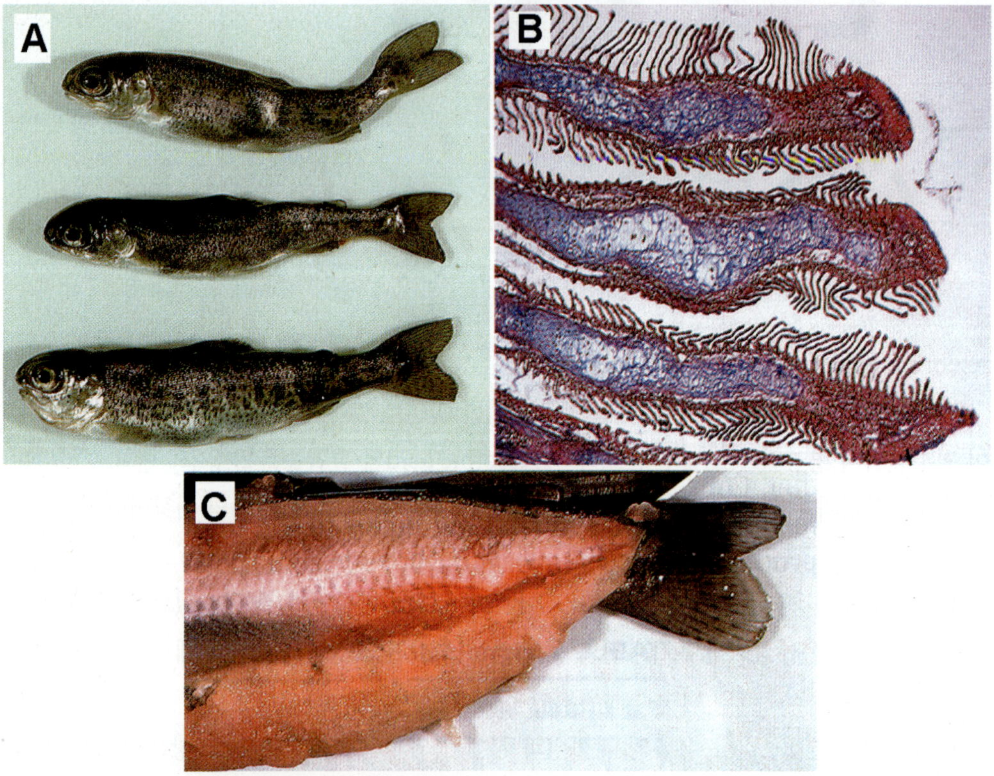


그림 5-14 Ascorbic acid 결핍증상. A: 척추 변형을 일으킨 무지개송어. B: 두께가 두꺼워지고 뒤틀린 1차 새변의 연골(azan염색). C: 척추 측만곡증과 변형된 미부 척추골의 추체 주변의 출혈과 척추골의 증식으로 변형된 부위가 두꺼워져, 새변이 뒤틀려지고 넓어진 부위가 방추형으로 보인다.

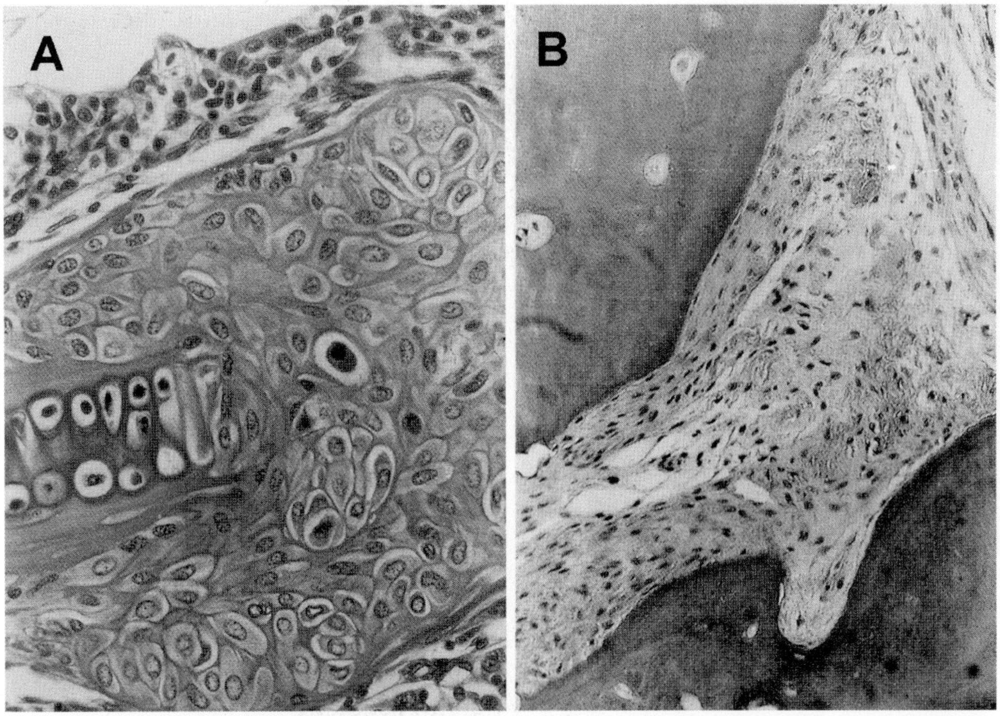


**그림 5-15** 무지개 송어의 ascorbic acid 결핍증상. A: 1차새변의 연골이 증식하여 폭이 넓어져 있다. B: 두개골의 골절 부분을 섬유성 연골에 대체하고 있다.

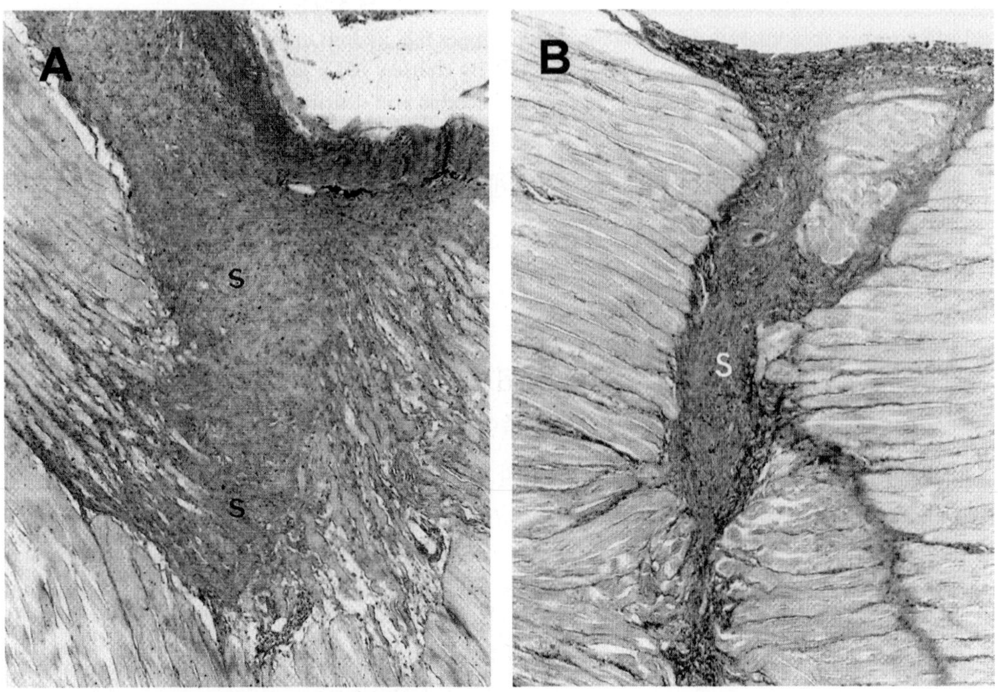


**그림 5-16** 틸라피아의 ascorbic acid 결핍증상. A: 반흔조직(scar tissue, S)의 섬유화가 정체되어 완전히 치유되지 않은 상태로 남아 있지만, 정상사료를 먹인 어류(B)는 근육 및 진피의 창상이 교원섬유성 반흔조직(S)으로 수축되어 있다.

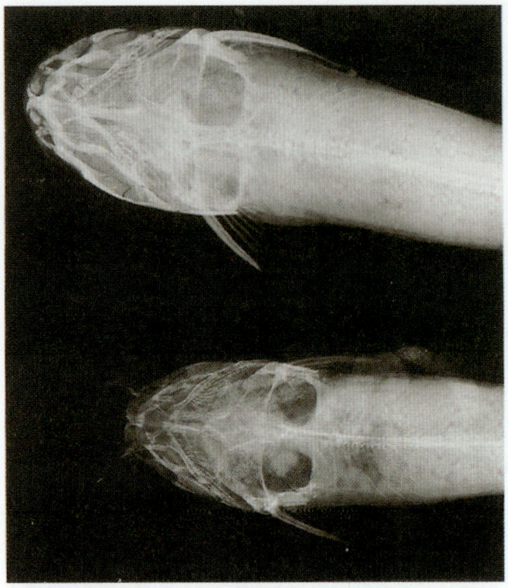

그림 5-17 Ascorbic acid결핍 메기의 두개골의 X-ray 사진. 결핍어는 불투명도가 감소하여 있으며, 두드리면 소리가 난다.

결핍어는 창상 치유가 불완전하다는 실험적 자료로서 coho salmon의 등지느러미 아래 체측근과 복부를 길이 1 cm로 절개한 다음 다시 봉합하여 사육한 결과 정상어는 3주 후에 상처가 치유되고 봉합부분이 탈락되었지만, 결핍어는 창상 부위에 염증이 생기면서 치유되지 않고 반 정도가 폐사하였다. 또 복부 절개어는 상처가 치유되지 않고, 절개 부위를 통하여 침투한 물이 복강 내로 유입되었다.

## 6) 영양분 과잉증

어류에 필요량 이상의 단백질이 함유된 사료를 투여하면 어류는 단백질의 분해산물인 질소성분을 배출하기 위하여 여분의 에너지를 사용하게 됨으로 성장이 느려진다. 그러나 질소성 대사산물의 대부분을 아가미를 통하여 배출하기 때문에 육상의 고등동물에 비해서 피해는 심각하지는 않다.

사료에 라드(lard, 돼지비계 기름)나 라드와 옥수수전분을 과잉으로 첨가하여 투여하면 내장기관인 간과 췌장에 지방이 과잉으로 축적된다. 이러한 췌장의 지방축적은 내분비계를 압박하게 됨으로 랑거한스섬의 크기가 심하게 줄어들게 된다. 이처럼 지방과 당을 과도하게 첨가하여 투여한 어류의 췌장은 사람의 당뇨병과 유사하게 췌장 랑거한스섬 세포는 핵 농축을 일으킨다. 또 사료 중의 과잉의 탄수화물로 인한 간세포의 글리코겐 축적이 종묘 생산장에서 주로 발생하고 있다.

불포화지방 또는 산화지방을 투여하였을 때 생기는 질병을 지방간병 또는 세로이드증(ceroidosis)이라 하며, 간 유동의 마크로파아지(Kupffer cell, 성상세포 또는 parenchymal cell) 내에 색깔이 있는 불용성의 지방이 축적되는 것이 특징이다. 이러한 세로이드의 침착은 간뿐 아니라 신장, 비장 및 부신 피질에도 침착된다.

세로이드가 침착된 간은 엷은 황갈색을 띠고 있어, 정상 간의 붉은색과 쉽게 구분할 수 있으며, 간의 여러 군데에 엷은 황갈색의 반점이 보이는 것은 바로 Kupffer세포 내에 ceroid가

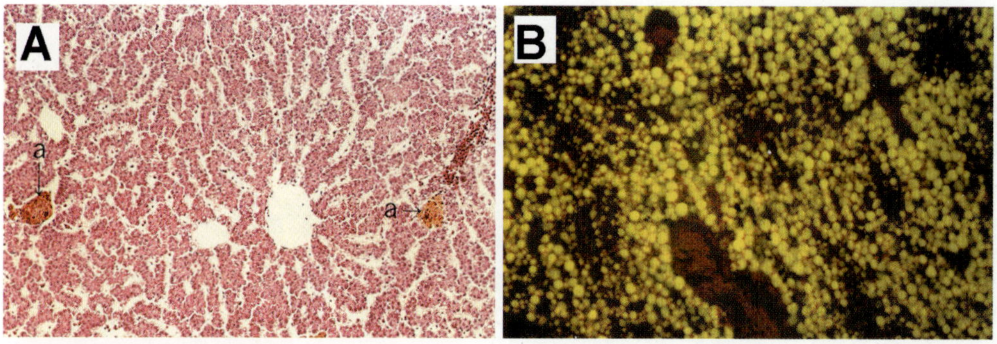


그림 5-18 간세포의 마크로파아지 내의 ceroid 침착(A-a)과 침착된 세로이드는 암시야 형광현미경으로 관찰하면 노란색의 형광을 발한다(B).

침착되었기 때문이다.

이러한 간의 병리조직 표본은 거의 모든 Kupffer세포가 ceroid에 의해 손상을 당하거나 붕괴되어 있다. 이 때문에 섬유화가 진행되어 색구조가 파괴되기 때문에 간의 기본구조가 파괴되게 된다. 또 더욱 심한 병어에서는 심장에도 지방 침착이 관찰된다. 그러나 이러한 간의 ceroid침착은 바이러스성이나 세균성 질병에 의해서도 생길 수 있는데, 이러한 경우에는 대개 심한 빈혈을 동반하고 있다.

## 7) 독성물질

### (1) 구리

사료 중의 구리는 성장이 느려지고, 체색이 변화하게 된다. 또 사육수 중의 구리는 아가미를 통하여 흡수되는데, 중독된 어류는 아가미, 간, 소화관에 울혈과 체색이 검어지며, 구리의 신경독성 때문에 건드려도 반응이 느려진다. 고농도의 구리에 노출된 경우 병리조직학적으로 간세포의 핵 붕괴와 세포질의 공포화가 일반적으로 관찰된다. 또 신장의 조혈조직 내에 과립구의 조혈이 촉진되며, 적혈구의 파괴가 증가하게 된다.

### (2) Aflatoxins

목화씨에 자라는 Aspergillus flavus의 독성 대사산물로서 무지개송어에 간암을 유발하는데, 0.01 ppb의 농도에 간암을 유발시킬 수 있다. 송어류의 간암은 사료에 0.1~0.5 ppb의 aflatoxin B1을 함유된 사료를 4~6개월 먹이면 발생하는데, 이보다 다량인 경우에는 간장이 출혈을 동반되어 엷은 노란색 또는 크림색을 띠게 되고, 아가미는 심한 부종을 일으킨다.

Aflatoxin에 의한 간암은 악성의 소주상(trabecular) 간암임으로 주변 조직에 비해 진하게 염색되며, 정상조직보다 더 윤곽이 명확함으로 초기 단계에서도 쉽게 구분할 수 있다. 아가미는 상피세포와 모세혈관 사이에 혈장으로 채워진 공간이 형성되어 상피세포가 박리된다. 내장의 지방조직, 소화관 및 다른 내부기관에 출혈 반점과 상피세포의 괴사가 관찰된다.

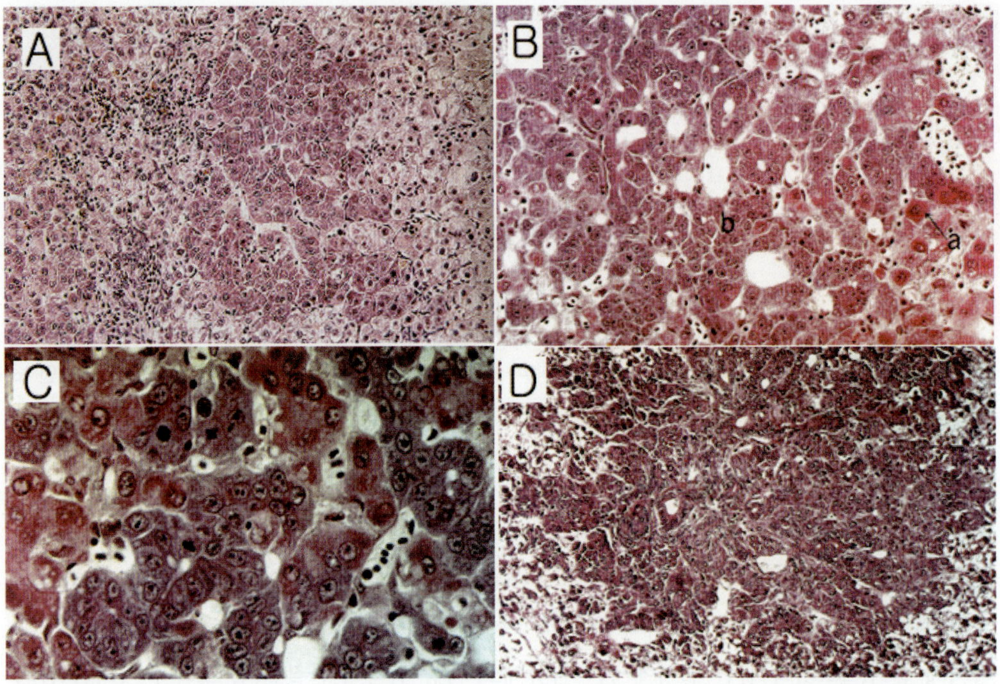


그림 5-19 Aflatoxin 중독성 간암. A: 초기의 소주성 간암으로 암조직은 주변의 정상 조직에 비해 진하게 염색된다. B: 간실질세포가 변성 소실(a)되고, 세포질이 호염기성을 나타내는 어린 종양세포(b)가 과형성되어 종양으로 진행되고 있다. C: B의 확대도. 초기 종양세포는 정상세포에 비해 경계가 분명하며 핵의 유사분열상이 현저하다. D: 간 종양이 더욱 진행되어 호염기성의 세포질을 가진 종양세포가 주변의 간실질에 침윤적으로 침투하고 있다.

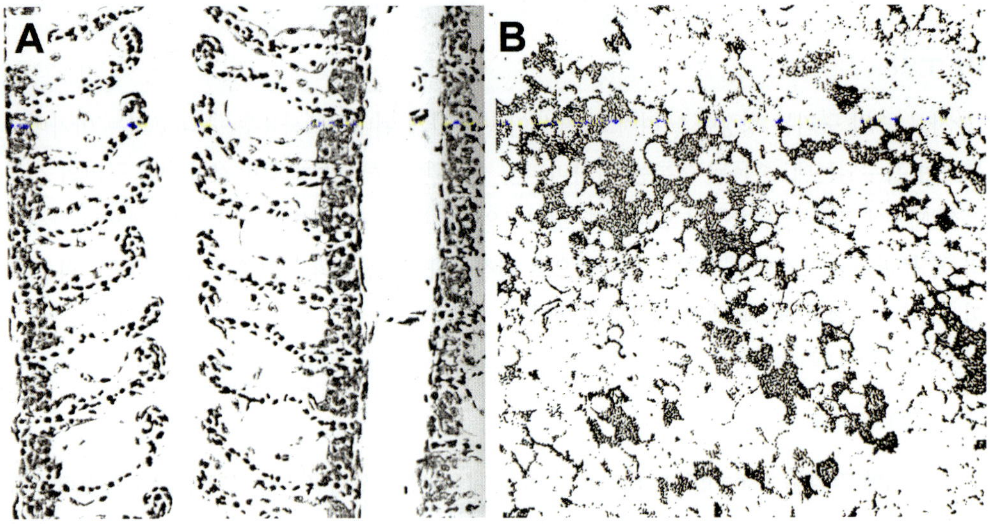


그림 5-20 Aflatoxin을 5 mg/kg 투여한 무지개송어 아가미의 심한 수종(A)과 내장지방 조직의 울혈과 출혈(B). 아가미는 상피세포와 모세혈관과의 사이에 공간이 생겨 모세혈관으로부터 박리되고 있다.

사료 중에 극소량 존재할 경우 병리학적인 변화는 없지만, 성장이 느려지고 헤모글로빈의 감소, 적혈구수의 감소 등의 변화가 생긴다.

### (3) 등여윔병

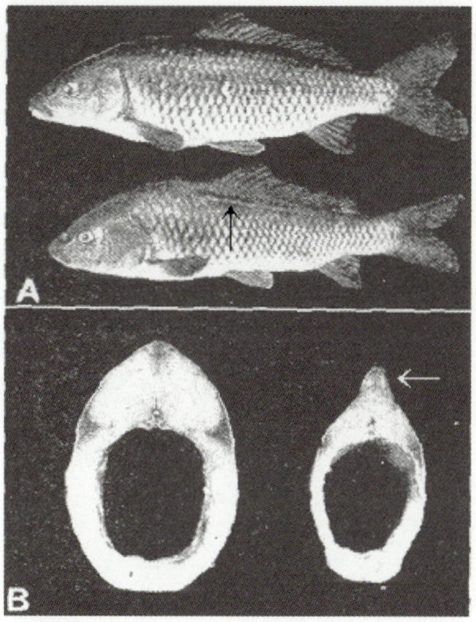


그림 5-21 등여윔병의 잉어. 등지느러미 앞쪽을 절단하였을 때의 등여윔 모양(화살표).

양식용 사료가 생사료 또는 자가 제조 사료에서 상업용 배합사료로 대체된 후부터 이러한 등여윔병은 거의 발생하지 않고 있지만, 단백질원으로서 누에 번데기를 잉어에 투여하였을 때 나타나는 특징적인 증상으로 고등동물의 당뇨병과 유사하다.

외관적인 등여윔 현상의 특징으로 특히 등지느러미 바로 앞쪽 부위를 절단하여 보면 지느러미 부분의 등쪽의 부피가 현저하게 감소되어 있다.

병리학적으로는 췌장의 랑거한스섬의 내분비부의 괴사, 안구 백탁, 동안근, 망막 및 맥락막의 변성 등을 들 수 있다.

### (4) 중독성 아가미병

사료성 또는 수계의 독성물질에 노출되면 아가미 상피의 증생과 새변에 혈액이 축적되어, 새변에 원형 또는 타원형의 붉은 반점이 형성되는데, 이러한 상태를 중독성 아가미병(toxic gill disease)이라 한다. 이처럼 새변에 혈액이 고이는 것은 출혈성이 아니라 혈관종(angiomata) 또는 아가미 모세혈관 확장증(telangieetases)으로, 영양성 또는 세균성 아가미병과는 완전히 다르다.

이러한 중독성 아가미병은 어류를 thiourea, DDT, aflatoxin 등에 노출시켰을 때 발생하는데, DDT는 간보다는 아가미의 병변이 심하고, 반면에 aflatoxin은 아가미보다는 간의 병변이 심하다.

# 제 6 장

# 환경성 질병과 스트레스

## 1 환경성 질병

### 1) 용존산소

수중의 용존산소는 수온, 기압, 수중의 총생물량 등에 의해 변동한다. 어류의 호흡에 필요한 용존산소량은 수온의 변동이 심한 담수어인 경우 3~4 ppm이지만, 냉수성어족은 사육수에 용존산소가 많이 녹아들어갈 수 있기 때문에 담수어의 2배인 6~8 ppm이다.

용존산소가 결핍한 환경에 놓여 있는 어류는 아가미의 피의 흐름이 느려지면서, 모세혈관이 충혈되어 모세혈관이 확장된다. 이 때문에 혈액 속의 혈장 성분 중 수분이 혈관을 빠져나가게 됨으로 조직은 부종상을 띈다. 또한 혈액 속의 탄산가스가 방출되지 못하고 혈액 속에서 탄산으로 변화하고, 무기호흡의 결과 젖산이 생김으로 혈액의 pH가 저하되어 용혈이 생기기 쉽다.

용존산소가 부족하여 폐사한 어류는 입을 벌리고 있으며, 아가미가 종대되어 손상되어 있다. 폐사한 어류를 새궁과 함께 적출하여 보면 아가미의 끝부분에 맥류가 형성되어 있으며, 병리조직학적으로도 아가미의 여러 곳에 맥류가 형성되어 있다.

### 2) pH의 변화

부영양화된 수조에서는 식물성 조류가 번무하기 때문에 낮에는 이들 조류의 탄소동화작용에 의해 수중에 탄산가스가 방출되어 pH가 산성으로 변화하고, 반대로 밤에는 호흡이 강해짐으로 수중의 산소는 감소하게 되는 일간 변화가 심하게 일어난다. 일반적인 순환여과식 수조의 정상 pH는 7부근이어야 하지만, 부분 환수에 의해 급이 양식을 계속하게 되면 pH는 산성으로 변화하게 된다.

뱀장어 양식장에서는 pH가 5부근까지 내려가지만 뱀장어는 저항성이 강하기 때문에 먹이 섭취와 성장에 영향이 적은 반면 냉수성 어류는 pH의 변화에 민감하여 송어류는 pH 3.5와 9.8이면 사망한다.

산성수와 알칼리수는 어체에 대한 침투력이 강하기 때문에 어류는 어체로의 유입을 방지하기 위하여 점액분비를 강화하게 되고 그 결과 어체의 표피 또는 아가미의 표면은 점액층으로 덮이게 된다. 또한 사육수에 노출되어 있는 각막은 백탁되며, 소화관을 통하여 환경수가 들어감으로 소화관 상피가 괴사된다.

### 3) 온도

어류는 서식할 수 있는 온도 범위에 따라 온수성, 열대성 및 냉수성 어족으로 구분하는데, 각 온도 범위에는 상한선과 하한선이 있다. 서식 수온보다 높은 수온에 사육한 어류는 호흡곤란을 일으키기 때문에 양어지 내에서 산소가 많이 녹아 있는 주수구 부근에 모여, 아가미 뚜껑을 벌린 채 입올림을 한다. 이때 어류는 식욕을 상실하고 전혀 먹이를 섭취하지 못한다. 입올림을 하고 있는 어류의 아가미는 퇴색되어 점액이 다량으로 분비되어 있고, 2차 새변의 모세혈관에 점상의 울혈 또는 출혈이 생긴다. 심한 경우에는 2차 새변의 끝부분이 융해되고 새변이 곤봉상을 하고 있다.

한편 수온이 낮을 때는 어류는 면역 기능이 저하됨으로 곰팡이나 세균성 질병에 대한 감수성이 증가하게 된다. 월동한 잉어에 Pseudomonas병이 잘 발생하는 것은 저수온에 의해 면역 기능이 저하된 것이 커다란 원인으로 작용한 것이라 할 수 있다.

저온일 때는 수중의 DO는 고온일 때보다 많이 포함되어 있지만 이것이 도리어 어류의 호흡률과 심장 박동을 억제하는 요인으로 작용하여 산소가 많이 녹아 있음에도 불구하고 산소를 충분히 받아들일 수 없게 되기 때문에 어류에 저산소증을 유발하게 된다.

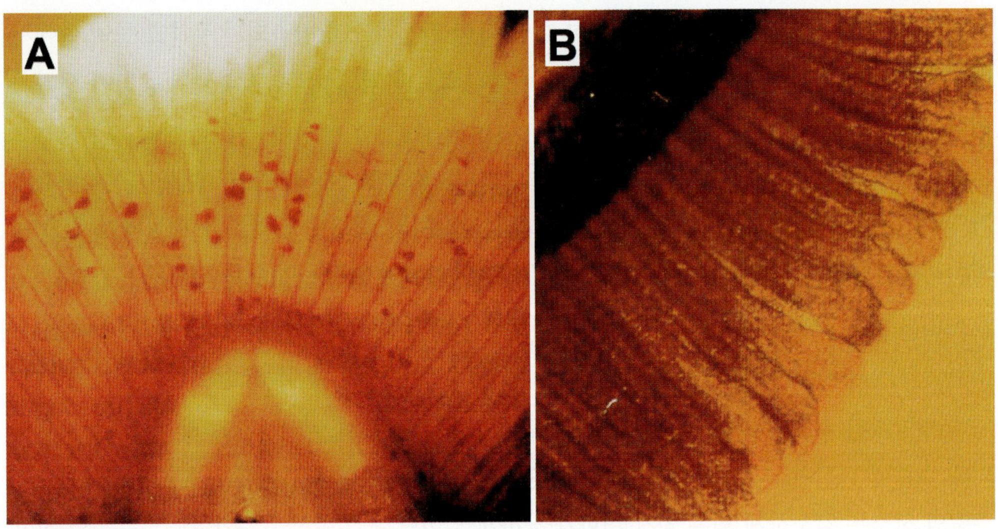


그림 6-1 고수온 사육시의 아가미 변화. 울혈(A)과 2차 새변의 곤봉화(B).

### 4) 유기인계 살충제

농업에서 사용하는 살충제 성분에 유래하는데, acethylcholin esterase의 작용을 방해함으로써 골격에 이상이 생겨 척추 변형이 생기고, 그 결과 신경계에 이상이 생기며, 척추의 변형에 의해 내장기관에도 이상을 초래하게 된다.

농약임으로 독극물로 작용함으로 어류는 수중의 살충제 성분으로부터 어체를 보호하기 위하여 아가미의 점액이 과잉으로 분비된다. 이 때문에 아가미에서는 가스 교환이 불완전하게 됨으로 모세혈관에서의 혈액 흐름이 느려지고 정체되어 울혈이 생기고, 어체 내에 유입된 살충제 성분을 해독을 담당하는 간세포는 공포화를 일으키며 괴사되어 부분적으로 괴사소가 생긴다. 또 배설을 담당하는 신장의 사구체는 비대되면서 핵농축을 일으키고, 세뇨관 상피는 괴사된다. 소화관을 통하여 들어온 살충제 성분에 의해 소화관 상피의 점액 분비가 촉진되고, 상피세포 아래의 결합조직인 점막하조직에 염증이 생긴다,

### 5) 시안화물

독극물임으로 아가미가 울혈을 일으켜 혈관이 확장됨으로 아가미에 혈종이 생긴다. 이 때문에 아가미의 색깔은 검게 변하게 되고, 염증성의 호산성 과립세포가 침윤한다. 또 소화관 상피와 세뇨관도 괴사된다.

### 6) 유기도료

어망이나 선박에 해적 생물의 부착이나 부식을 방지하기 위해 사용하는 도료에서 유래되는 것으로 장기간 노출되면 어류는 척추 만곡을 일으킨다.

### 7) 가스병(기포병)

수중에 기체 상태로 녹아 있는 질소나 산소가 과포화일 때 발생하며, 증상은 가슴지느러미와 꼬리 지느러미 등이 지느러미, 아가미 모세혈관 내에 기포가 축적된다. 또 안와 내의 가스 축적과 안구 돌출 등이 생긴다. 뱀장어에는 두부에 생기는 혹 모양의 돌기가 특징적이다.

질소가 과포화일 경우에만  혈관 내의 가스 기포가 색전으로 작용하여 어류가 사망하지만,

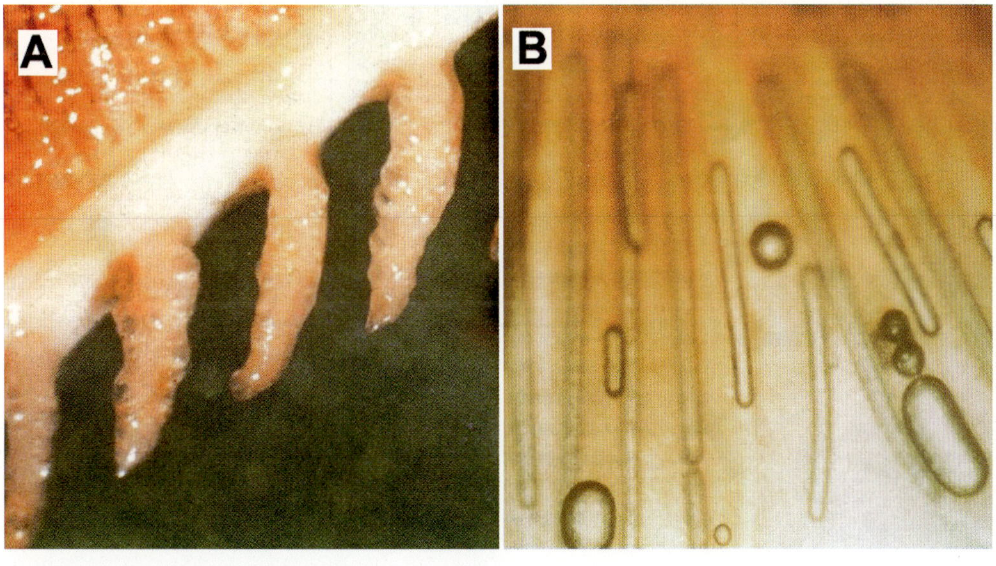


그림 6-2 가스병의 아가미. 새파(A) 내의 기포와 모세혈관 내의 기포 색전(B).

산소가 과포화일 경우에는 색전을 일으키는 않은 대신에 혈액으로 부터 탄산가스의 배출이 억제되어 혈액이 acidosis를 일으켜 어류가 사망하게 된다.

산소 가스병은 주로 여름철에 수중식물의 탄소동화작용이 증가한 경우에 생기며, 식물성 플랑크톤이 많이 번식한 노지 양식장의 뱀장어, 잉어 및 금붕어 등의 자 · 치어에 잘 발생한다. 실험적으로 수중의 용존산소를 포화도가 약 350%를 넘으면 가스병이 생기지만 발병률은 낮고, 이보다 높은 400~500%에 도달하였을 때 높은 비율로 발병된다.

생물학적 활성이 있는 산소는 과포화상태라 할지라도 점차 소비되기 때문에 어류에 피해를 초래하는 경우는 드물어, 환수를 통한 식물성 플랑크톤의 밀도를 낮추던가 또는 수온을 올려 포화도를 낮추어 준다.

그러나 생물학적으로 활성을 지니지 못한 질소는 산소에 비해 낮은 포화도에서도 수중의 용존 질소가 어류의 체내에서 가스화되고, 체내에 형성된 기포는 잘 없어지지 않기 때문에 어류에 더 많은 장애를 초래한다.

용존 질소의 포화도가 120~130%일 때 2주 이내에 반수 이상의 어류가 가스병의 증상이 생기며, 120~140%일 때는 반수 이상이 치사한다고 한다. 이처럼 수중에 질소가스가 많이 녹아들어가게 하는 주된 원인은 양수 펌프나 밸브에 조그마한 간격이 있거나 바늘 모양의 구멍이 생겨 이곳을 통하여 공기가 수류에 녹아들어가 과포화로 된다고 한다. 또 다른 원인으로는 깊은 우물에서 퍼 올린 지하수의 용존 질소가 고압, 수온 상승에 의해 과포화로 되는 2가지 원인을 들 수 있다.

### 8) 암모니아 중독

어류는 질소성 대사산물의 약 50~80%를 암모니아의 형태로 아가미에서 배출하고 있다. 암모니아는 체내에서 만들어질 때 에너지 소모가 적고 또 물에 잘 녹아 확산이 용이하기 때문에 질소성 대사산물을 암모니아로 배설하는 수중생물에게는 커다란 이점이라 할 수 있다.

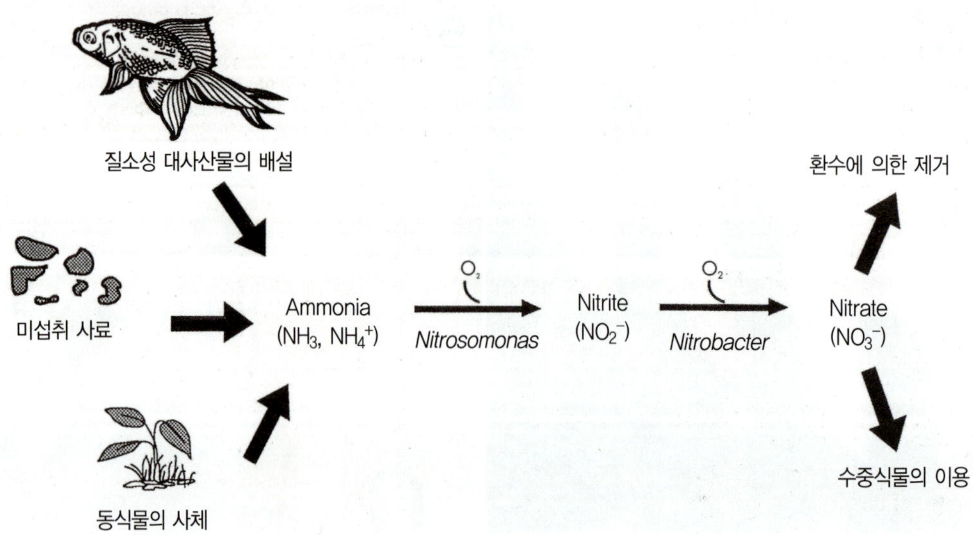


그림 6-3 수계 생태계에서의 질소의 유입과 제거 과정의 모식도.

그러나 암모니아는 생체 특히 중추신경계에 독성이 강하기 때문에 수중에 방출된 암모니아는 수중의 질소순환계를 통하여 재빨리 아질산 등의 독성이 약한 물질로 바꾸어야 한다. 그러나 고밀도 사육에서는 단백질 함량이 높은 사료를 투여하기 때문에 암모니아가 수중에 축적되어 중독증이 생기기 쉽다.

급성독성인 경우에는 근육의 경련, 안구의 회전 반사의 장애, 이상 유영을 하면서 폐사한다. 아급성 또는 만성중독인 경우에는 아가미의 점액분비의 항진되지만 곧 점액이 감소되고, 상피세포의 비대와 증생이 생기고 뒤이어 출혈과 괴사가 생긴다. 간장, 비장 및 신장 등의 실질세포도 종창, 출혈 및 염증과 빈혈이 생긴다. 이러한 암모니아중독이 생긴 어류는 성장이 느려지고 질병에 대한 저항성이 약화된다.

수중의 암모니아는 물과 반응하여 언제나 해리 암모니아($NH_4^+$)와 비해리 암모니아($NH_3$)가 평행상태를 이루고 있다.

$$NH_4^+ + OH^- = NH_3 + H_2O$$

평형상수는 온도 및 pH에 영향을 받아 온도가 높을수록, pH가 높을수록 비해리 암모니아의 비율이 높아진다. 또 해수에서의 비해리 암모니아와 해리 암모니아의 비율은 염분 농도에 따라 달라진다. 어류에 대한 독성은 비해리 암모니아가 많을수록 강하며, 어류의 저항성은 어종에 따라 차이가 있다. 즉 무지개송어의 24시간 반수치사농도는 0.07~0.1 mg $NH_3$-N/l, 방어는 0.4~0.6 mg $NH_3$-N/l라 한다. 또 용존산소가 낮을수록, 탄산가스의 양이 많을수록 장애가 크다고 한다.

암모니아 중독의 진단은 혈장 중의 $NH_4^+$를 측정하면 되는데, 잉어나 송어류는 공복시 또는 먹이 투여 후의 혈장 중의 $NH_4^+$농도가 400~500 μg/100 ml를 초과한 경우 암모니아 중독으로 판정한다.

### 9) 아질산 중독(메트헤모글로빈혈증, methemoglobinemia)

순환여과방식에 의한 집약적 양식하고 있는 뱀장어 양식장에서는 어류에서 배출되는 질소성 대사산물의 주체인 암모니아를 질화과정의 중간산물인 아질산으로 변환시키는 것은 생물 여과막의 종속영양세균에 의존하고 있다.

수중의 암모니아는 질화세균에 의해 산화되어 아질산으로 변화되며, 이것이 다시 산화되어 질산으로 되어 수중의 식물에게 이용되고, 일부는 탈질소 반응에 의해 질소가스로 되어 공기 중으로 방출된다. 아질산의 독성은 암모니아에 비해 낮지만, 고밀도 사육 양어지에 비정상적으로 높은 농도로 존재하면 중독증(메트헤모글로빈혈증)이 생긴다.

수중의 아질산은 아질산과 아질산 이온이 평형을 이루고 있으며 어류에 독성을 일으키는 것은 아질산이다.

$$NO_2^- + H_2O = HNO_2 + OH^-$$

이 평형에서 평형상수는 온도, pH, 염소이온 등에 따라 변화가 생기는데, pH가 내려갈수록 독성은 강해지며, 염소이온 농도가 높아질수록 독성은 낮아진다. 아질산은 질화세균에 의해 산화되어 질산으로 되지만, 질산의 독성은 아질산보다는 낮기 때문에 질산이 축적되어도 어류의 중독은 생기지 않지만 양어지의 pH는 낮아진다.

아질산 중독증을 유발시키는 아질산의 농도는 어종에 따라 커다란 차이가 나는 것으로 알려져 있다. 아질산은 새변의 소금세포를 통하여 어체의 혈장으로 유입됨으로 혈장에서의 아질산의 농도는 환경수의 수십 배에 달하게 되며, 혈장 내의 아질산은 다시 적혈구로 이동하여 Hb의 2가의 철이온을 $Fe^{3+}$로 산화시켜, Met-Hb으로 변화시키게 된다. 그럼으로 혈장의 Met-Hb의 농도가 상승하면 할수록 적혈구의 산소운반 능력은 저하하게 된다.

아질산 중독에 걸린 어류는 전신적으로 부종이 생기며, 아가미와 혈액의 색깔이 초콜릿색으로 변색되며, 심한 빈혈이 생긴다.

아질산 중독의 특징은 아질산의 강한 산화력 때문에 적혈구의 헤모글로빈이 메트헤모글로빈으로 변화되어 생기는 것으로 혈액의 변색과 더불어 산소를 운반하는 능력을 상실하게 된다.

건강한 뱀장어 혈액의 Met-Hb의 비율은 1%정도지만, 아질산 중독증의 Met-Hb의 비율은 4~66%로 혈액, 아가미 및 간장이 갈색으로 퇴색되며, 병리조직학적으로는 적혈구 핵의 농축과 융해를 동반한 변성, 비세포의 적혈구 탐식 및 아가미 혈관 내의 혈전 형성, 간장과 비장의 헤모시데린 색소의 침착 등이 생기는 것으로 보고되었다.

메트헤모글로빈은 적혈구의 환원 메커니즘에 의해 헤모글로빈으로 환원되기 때문에 가벼운 중독인 때는 수중의 아질산의 농도를 내리면 회복된다. 그러나 장기간에 걸쳐서 고농도의 아질산에 노출된 경우에는 적혈구의 원형질이 변성되어, 환원 메커니즘이 장애를 일으켜 적혈구는 핵농축, 핵붕괴가 생기고 뒤이어 세포막이 파괴되어 용혈된다. 이 때문에 양어지 내의 아질산의 농도가 급증하게 되는 경우가 뱀장어의 성장과 생잔에 위험 요소로 작용하게 된다.

순환여과식 또는 가온사육식 뱀장어 양식장에서 종종 발생하여 피해가 생기는데, 수온이 20°C 이상, $NO_2^-$-N 15 mg/l인 상태에서 먹이를 계속 투여한 결과 30일 후부터 발병 폐사가 발생하였는데, 이때의 농도는 $NO_2^-$-N 30 mg/l였다.

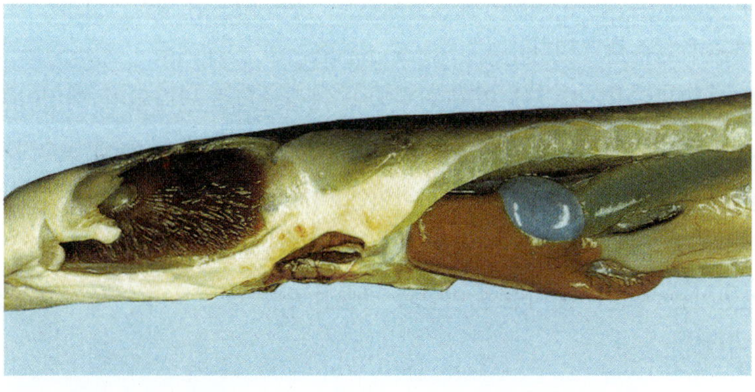

그림 6-4 메트화율 66%의 뱀장어. 아가미와 간이 초콜릿 색깔을 나타내고 있는 전형적인 메트헤모글로빈혈증.

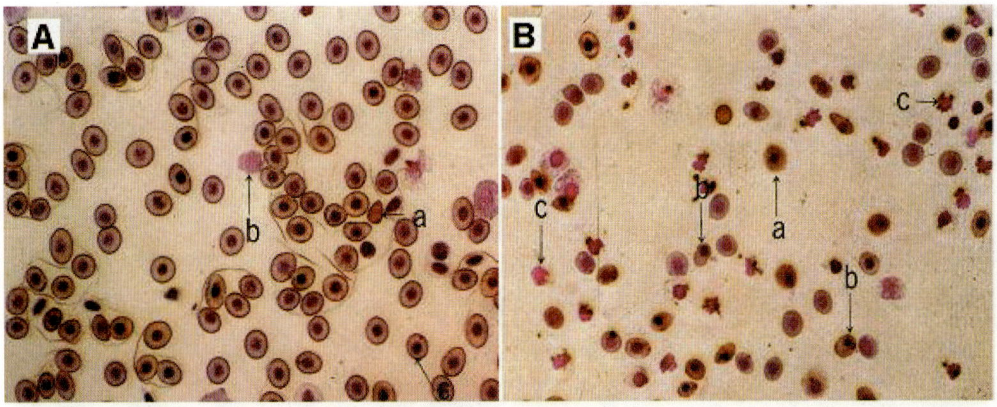


그림 6-5 아질산 중독증에 걸린 뱀장어의 말초혈액. 중정도(메트화율 47%, A)와 고도(메트화율 67%, B)의 메트헤모글로빈혈증의 뱀장어의 혈액상. A: 변성 적혈구(a), ghost cell(b)과 미숙한 원형의 적혈구(c)가 증가되어 있다. B: 적혈구는 염색성의 이상(a)과 핵 농축(b) 및 ghost cell(c)의 숫자가 현저하게 증가되어 있다.

어류의 아질산의 중독증의 치료는 사람에서 Met-Hb를 감소시키는 것으로 알려진 ascorbic acid의 경구 투여 또는 송어류의 methylene blue약욕도 있지만, 대개의 경우 아가미를 통한 아질산의 어체 내 유입을 억제하는 것으로 알려진 식염을 양어지에 식염을 첨가하고 있다. 최근의 연구에서 aspirin을 경구투여 또는 약욕함으로서 아질산중독증을 완화시킬 수 있다는 보고도 있다.

## 10) 독성 조류

담수산 조류인 Anabaena flos-aquae, Aphanizomenon flos-aquae 및 Microcystis aeruginosa 등이 독성 조류로서, 유기물이 풍부한 곳에서 세균과 혼재되어 대량 번식하게 되면 수화(globules of water bloom)를 일으킨다. 이들 조류의 독성의 주요 성분은 열에 안정한 cyclic polypeptide로 생쥐에 대한 LD50은 0.47 mg/kg이다. 또 다른 조류의 독성성분은 Clostridium spp.가 대량 번식한 곳에서 이들이 생산하는 독소의 중독에 의한 보툴리누스중독(botulism)이 있다.

이처럼 독성 조류가 대량으로 번식한 곳에 서식하는 어류는 조류의 대량 번식 또는 대량 사멸에 때문에 산소결핍을 일으키기 쉬운 것은 물론이고, 그들이 생산하는 독소가 어류에 독성을 나타내는 농도가 이상으로 존재하게 되면 15~45분 이내에 중독 증상을 나타내게 된다.

이러한 독소에 의한 중독 현상은 매우 빨리 진행될 뿐만 아니라 어류에 치명적이어서 대개 24시간 내에 어류는 사망하게 된다. 중독어는 소화관, 간 및 신장에 조직학적 변화가 생기는데, 특히 장염은 소화관의 끝부분에 심하고 때로는 출혈이 생길 수도 있으며, 간과 신장 세포는 급성 퇴행화 변화가 생긴다.

Microcystis aeruginosa가 대량 번식한 저수지에서 채포한 잉어는 Microcystis aeruginosa가 장 내의 우점종이 되며, 점액이 과잉으로 분비되어 있고, 장 내에 어두운 녹색의 집합체로 관찰된다. 이러한 녹조류를 India ink로 염색하면 halo가 관찰된다.

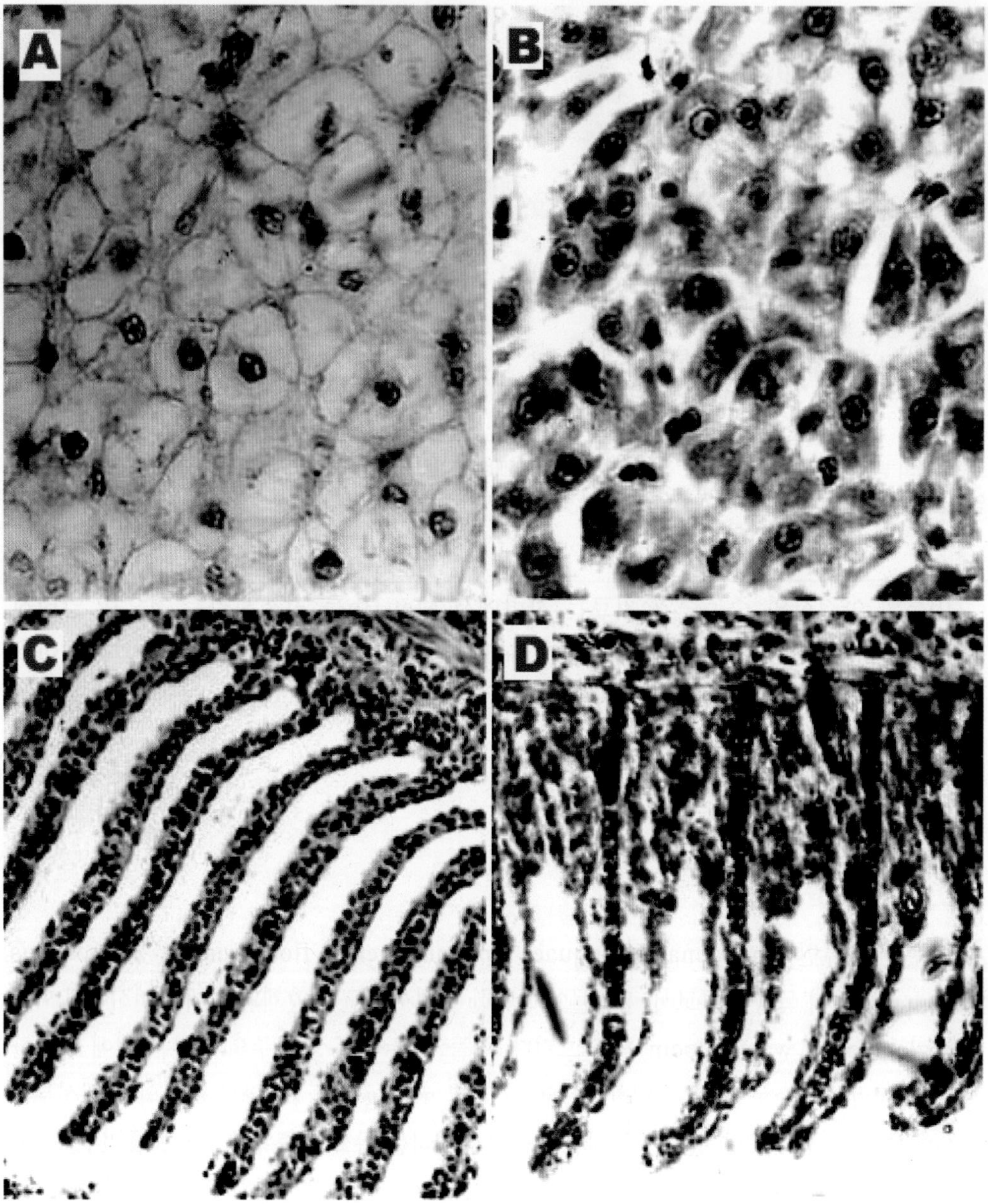


그림 6-6 A: 정상 간세포, B: 유동의 확장과 간세포의 위축, C: 정상 아가미, D: 상피세포의 박리.

병리조직학적으로 간은 세포내골격의 붕괴, 세포질 내의 공포, 핵농축, 염색질의 주변 이동, 호산성의 증대 및 간세포의 위축을 들 수 있다. 또한 단구를 주체로 하는 염증세포의 침윤, 류동의 확장 및 울혈이 생긴다. 아가미는 괴사, 새변 끝의 뒤틀림, 새변 상피의 종대 또는 박리 등이 관찰된다.

백연어는 간에 독성을 나타내는 남조류의 독소인 microcystin을 장, 혈액, 간 신장 및 근육에 축적하는 것으로 알려져 있다. 남조류에서 추출한 독소를 백연어에 근육주사하여 간의 변화를 병리조직학적으로 관찰하면 접종 후 시간에 경과함에 따라 변화가 생긴다. 즉 1-3시간 후에는 간의 주변부에 간세포의 세포질이 응축되며, 12시간 후에는 간의 색구조가 소실되고

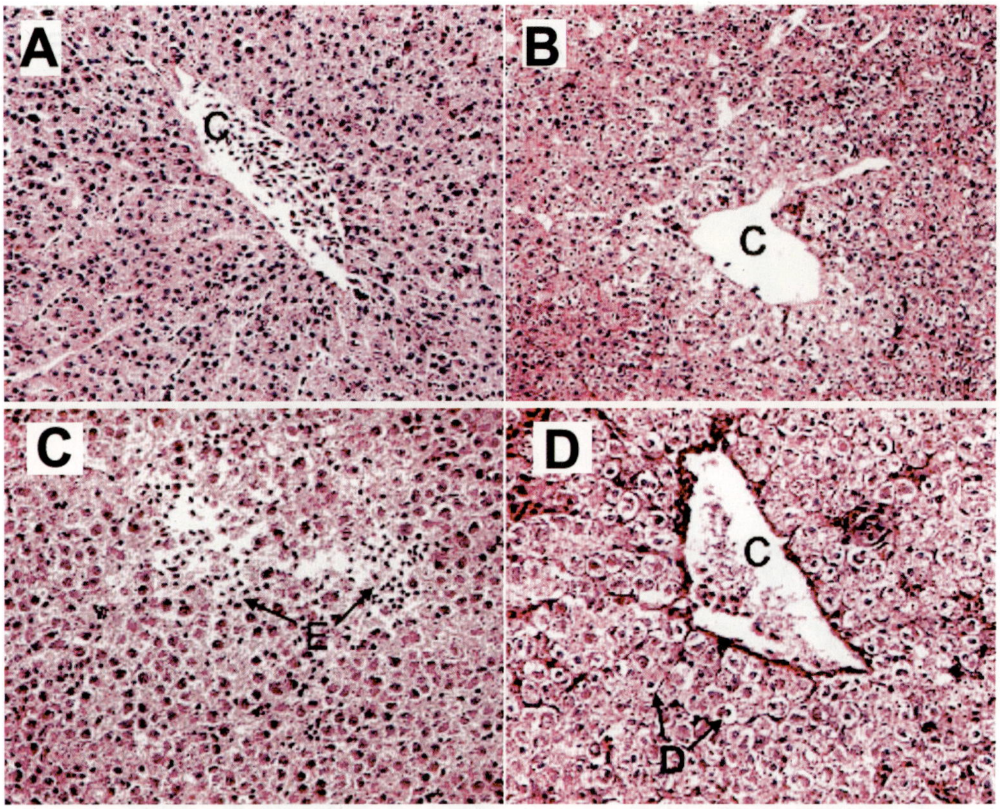


그림 6-7 Microcystin을 접종한 백연어의 간조직의 변화. A: 정상 간. B: 간 주변부의 간세포의 구형화와 공포화(1시간). C: 12시간 후의 색구조의 소실과 출혈(E). D: 48시간 후의 출혈과 간세포의 핵 농축(D). 중심정맥(C), HE, ×400.

간세포의 세포질의 응축과 공포화가 생기며, 유동에서 출혈이 생긴다. 24~48시간 후에는 간 전체에 출혈과 조직의 손상이 생겨 거의 대부분의 간세포가 종창되어 부풀어 오르며, 세포질의 과립상의 형태가 소실되게 되며, 핵 농축을 일으켜 괴사하게 된다.

## 11) 적조 생물

해수에 적조를 유발하는 Gonyaulux catenella와 와편모조류인 Gymnodinium sp.등의 대량 발생은 어류를 죽게 할 수 있다. 이들이 생산하는 독소는 주로 어류의 아가미를 통하여 어체로 흡수된다. 또 먹이 연쇄에 의해 독성 조류나 적조생물을 섭취한 조개류를 어류가 섭취하게 되면 중독현상을 나타내게 된다. 적조생물을 섭취한 조개류를 어류가 섭취하였을 때 어류에 독성을 나타내는 물질은 열에 안정함으로 요리할 때 파괴되지 않기 때문에 사람에게도 독성을 나타낼 수 있다.

적조생물 Karlodinium micrum(=Gymnodinium galatheanum)의 독성은 zebarafish와 sheepshead minnow 치어는 15분 이내에 상피세포가 종창되어 박리된다. 병리조직학적으로는 새변의 유착, 곤봉화되어 2차새변의 상피세포는 종대되며, 1~2차새변의 모세혈관은 울혈된다. 고농도에 노출시키면 모세혈관의 울혈 및 새변의 끝 부분이 심하게 유착되고, 더 높은 농도에서는 호흡상피의 부종, 확대 및 괴사에 의해 2차새변이 뒤틀리거나 소실된다.

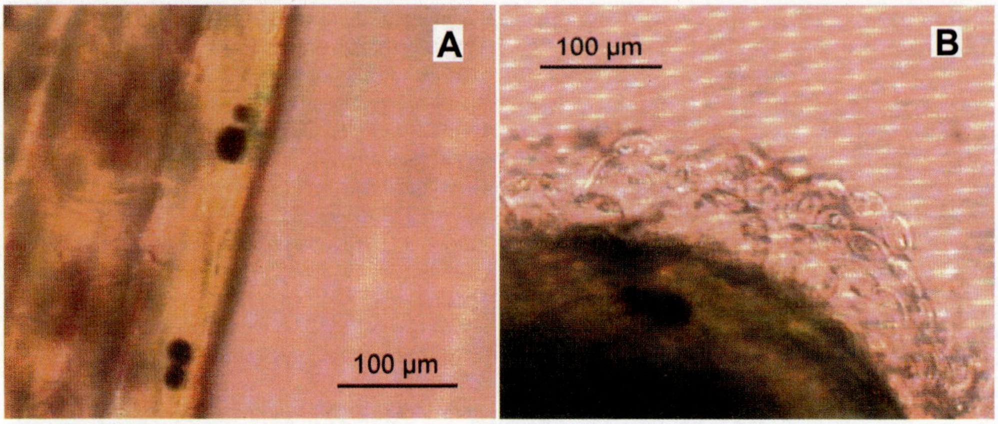


그림 6-8 Zebarfish의 체표. A: 대조, B: 상피세포의 종창과 박리.

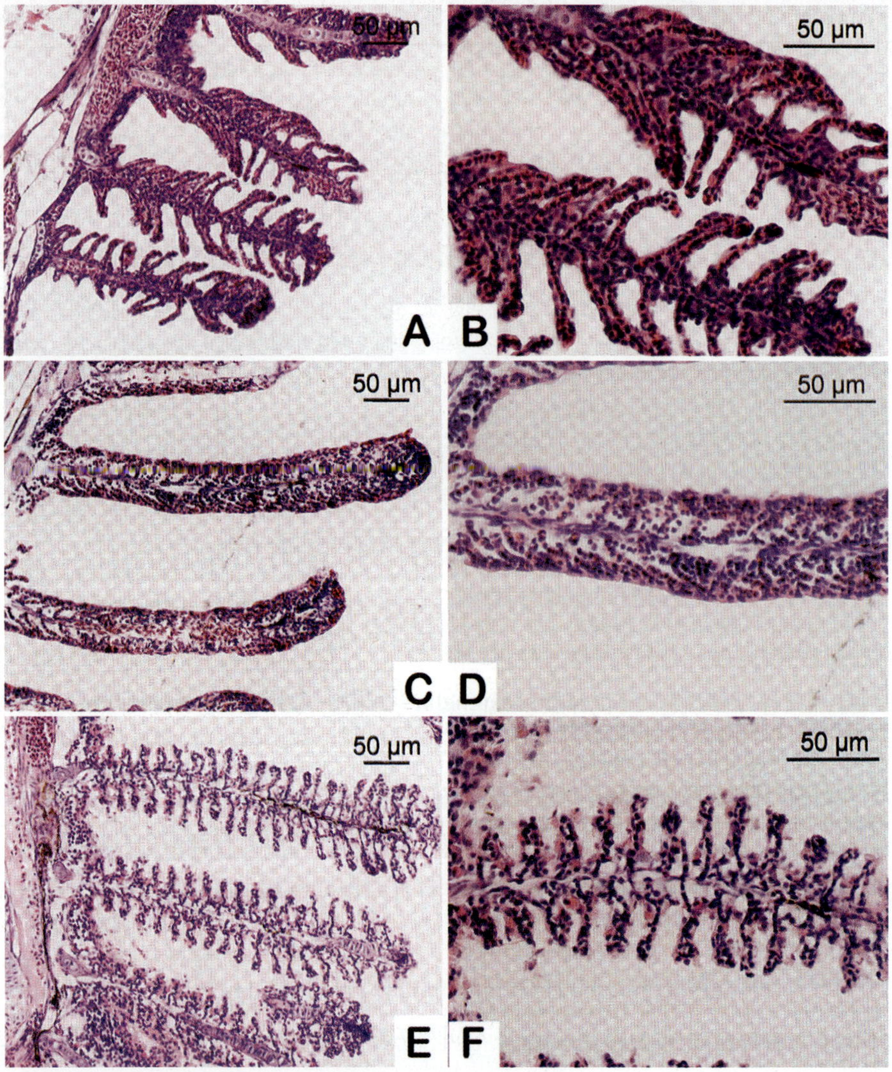


그림 6-9 Zebrafish 아가미의 변화. A&B: 2차 새변의 유착 및 호흡상피의 종대 또는 증생, 모세혈관의 울혈을 나타내는 미 폐사 그룹의 아가미. C&D: 모세혈관의 울혈과 새변 끝부분의 유착, 2차새변의 길이의 수축 및 호흡상피의 증생과 부분적 괴사를 나타내는 50%폐사 그룹의 아가미. E&F: 2차새변의 부종, 상피세포의 종대 및 괴사와 새변의 뒤틀림을 나타내는 100%폐사그룹의 아가미. HE.

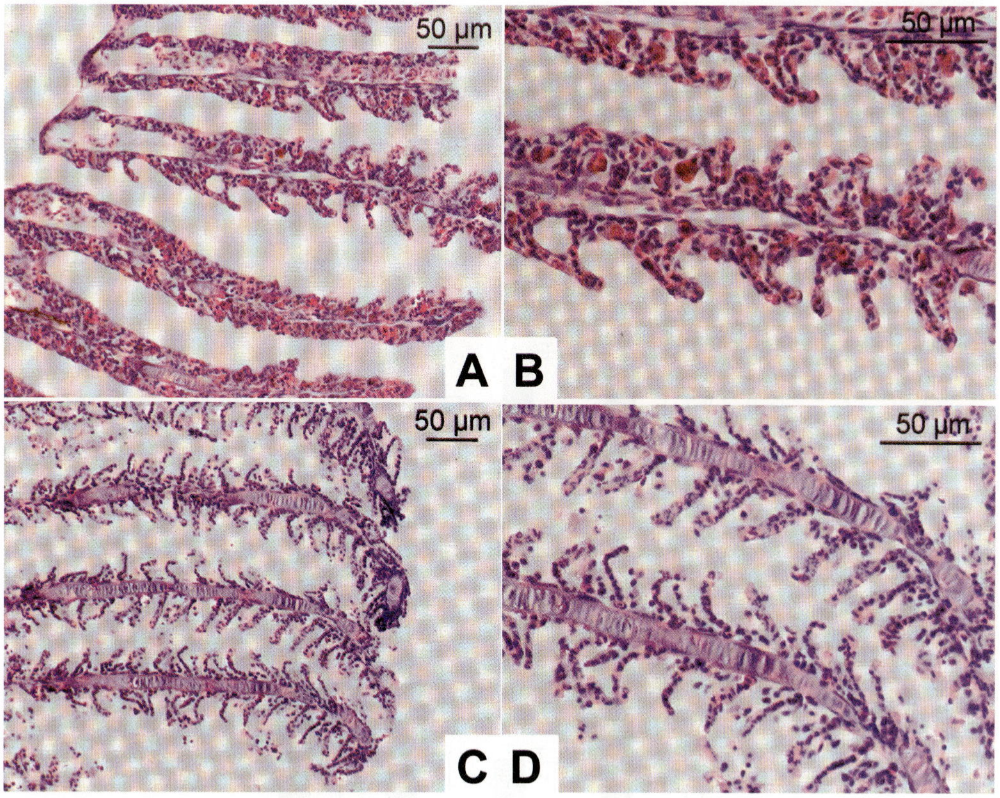


그림 6-10 Sheepshead minnow의 아가미. A~B: 미폐사 그룹, C~D: 100%폐사 그룹.

## 12) 합성세제

0.5 ppm정도의 합성세제에 노출된 어류는 미뢰에 손상을 초래하여, 미뢰의 정상적인 구조인 표면의 융기가 상실되고 감각세포와 지지조직이 변성을 일으킴으로 맛 감각을 상실하게 된다.

세제의 농도가 4~5 ppm의 고농도가 되면, 미뢰의 양극세포가 파괴된다. Alkyl benzen sulfonate(ABS)계 세제에 노출되면 새변이 뒤틀리거나 상피세포의 증생에 의한 아가미의 곤봉화와 같은 아가미의 손상을 초래하는데, 이러한 어류들은 깨끗한 물로 옮긴다 하더라도 거의 회복이 불가능하다.

## 13) 유류 오염

1995년 7월 23일 여수 앞바다의 시프린스호 기름 유출사건 때는 원유 약 8만 ton이, 2007년 12월 7일 충남 태안 만리포해역에서의 유조선 "헤베이 스트리트호"와 해상 크레인 충돌사건으로 약 8천 ton의 기름이 유출되어 해안을 오염시켰다. 이러한 유조선의 폭발이나 해상 충돌 이외에서 해양의 유류오염은 원유채취 해역에서 발생하고 있다. 한편 육상에서의 유류 오염은 기름 저장고나 송유관의 파열에 의한 유출물이 지하로 스며들어 지하수가 오염되어 이것으로 양식하는 담수산 양식 어류에 유류 오염 피해가 발생하는 것이 일반적이다.

기름의 구성 성분인 탄화수소(hydrocarbon)는 어류에 유리 산소의 발색을 촉진시키기 때

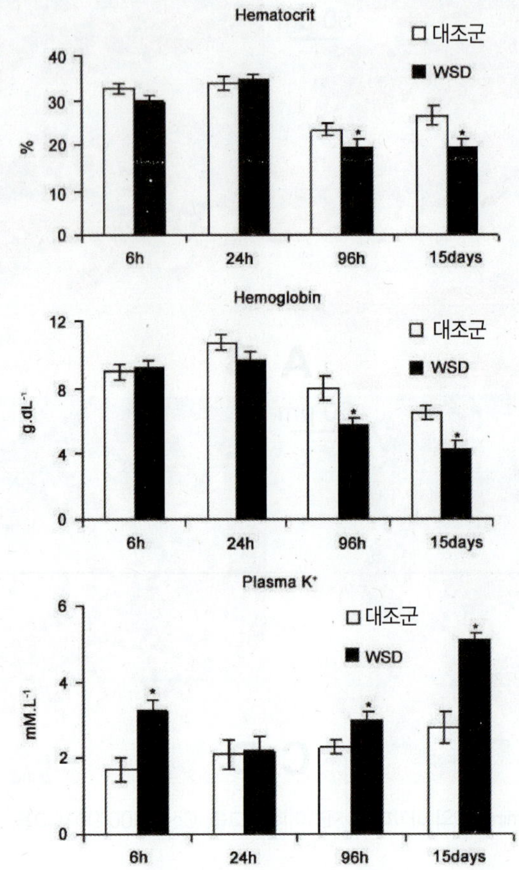


그림 6-11 WSF에 노출시킨 어류의 Ht, Hb 및 혈장 $K^+$의 변화.

문에 유류에 노출시킨 어류에서는 활성산소를 제거하기 위한 반응이 일어난다.

수산동물에 대한 독성을 조사할 경우에는 휘발성분을 증발시키고 물에 녹는 성분(water soluble fraction, WSF)에 대한 독성을 조사하는 것이 보통이다. WSF는 기름과 물을 1:4의 비율로 혼합한 다음 햇빛에 6시간 노출시키거나 또는 방치한 다음 상층의 불용성 부분은 버리고, 하부의 수용성 부분을 원액으로 하여 희석하여 사용하거나 실온에서 20분간 심하게 교반시킨 다음 30분~1시간 방치한 다음 하부의 수용성 부분만을 해수 또는 담수로 희석하여 50%WSF에 어류를 노출시키는 것이 보통이다.

이때 가장 대표적인 현상으로서 혈장 cortisol이 현저하게 증가한다는 것으로 기름이 어류에 심한 스트레스원으로 작용한다는 것을 의미하고 있다. 또 용혈반응 또는 출혈을 유발하기 때문에 혈액학적인 변화도 나타나는데, 일반적으로 Ht는 증가하거나 또는 감소하며, Hb는 감소하며, 혈장의 $K^+$의 증가, 혈당의 증가, 삼투압과 혈장의 $Cl^-$는 변화가 없다. 또 간의 glutachione-S-transferase(GST)와 catalse의 활성이 증가하는 것으로 알려져 있다.

또 병리조직학적으로는 아가미와 간에 심한 손상을 초래하는데, 가장 현저한 변화는 아가미 상피세포의 증생과 박리 및 맥류(aneurysm)의 형성이다. 한편 간의 가장 현저한 변화는 담즙의 축적(biliary stagnation)과 간세포의 핵과 세포질의 변화이다.

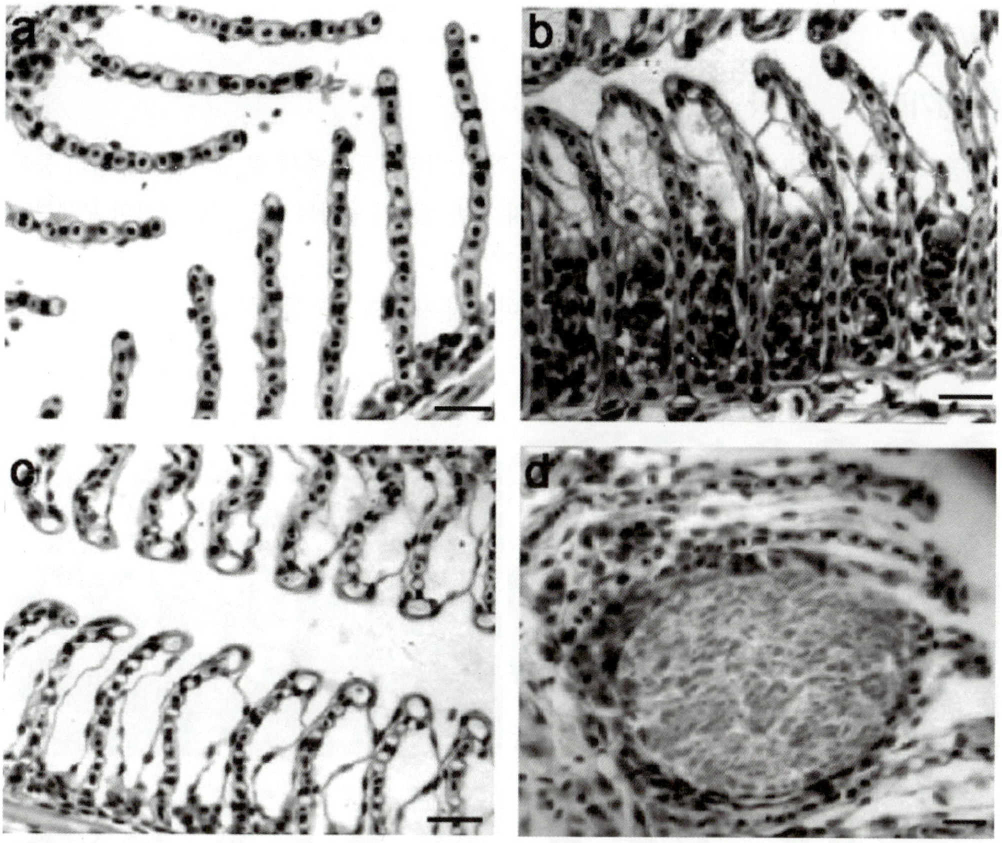


그림 6-12 기름에 노출시킨 어류 아가미의 병리조직상. A: 대조구의 아가미. B~D: WSF노출군. B와 C: 상피세포의 증생과 박리, D: 아가미에 형성된 맥류.

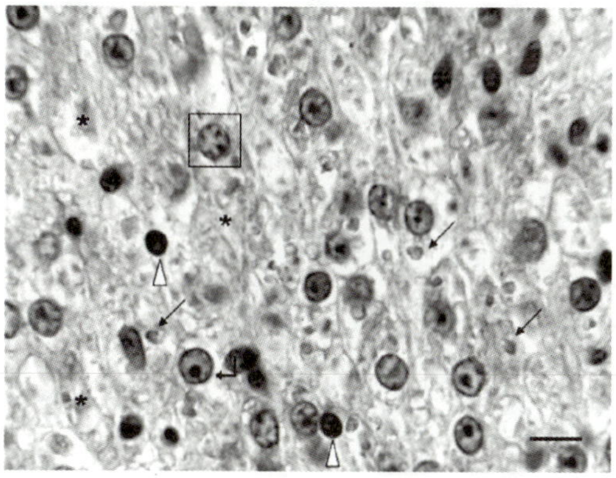

그림 6-13 기름에 노출시킨 간의 병리조직상. 담즙의 정체(화살표), 핵농축(화살표 머지), 세포질의 변화(*) 및 핵의 변성(ㅁ).

패류의 경우에는 소화관의 GST는 증가하지만 catalase는 변화가 없으며, 이는 농도 의존적이며, 염분농도에 따라 커다란 차이를 나타낸다.

## 14) 도시 하수

### (1) 아가미

병리조직학적으로 아가미 혈관의 끝 부분의 확장, 상피세포의 증생 및 상피세포의 박리 등이 관찰된다. 상피세포의 증생이 심한 경우에는 2차 새변 전체가 융합되기도 하며, 아가미 모세혈관의 울혈, 2차 새변의 변형 등이 관찰되기도 한다.

심한 경우에는 2차 새변에 맥류가 형성되며, 2차 새변의 붕괴를 동반한 출혈이 생기기도 한다.

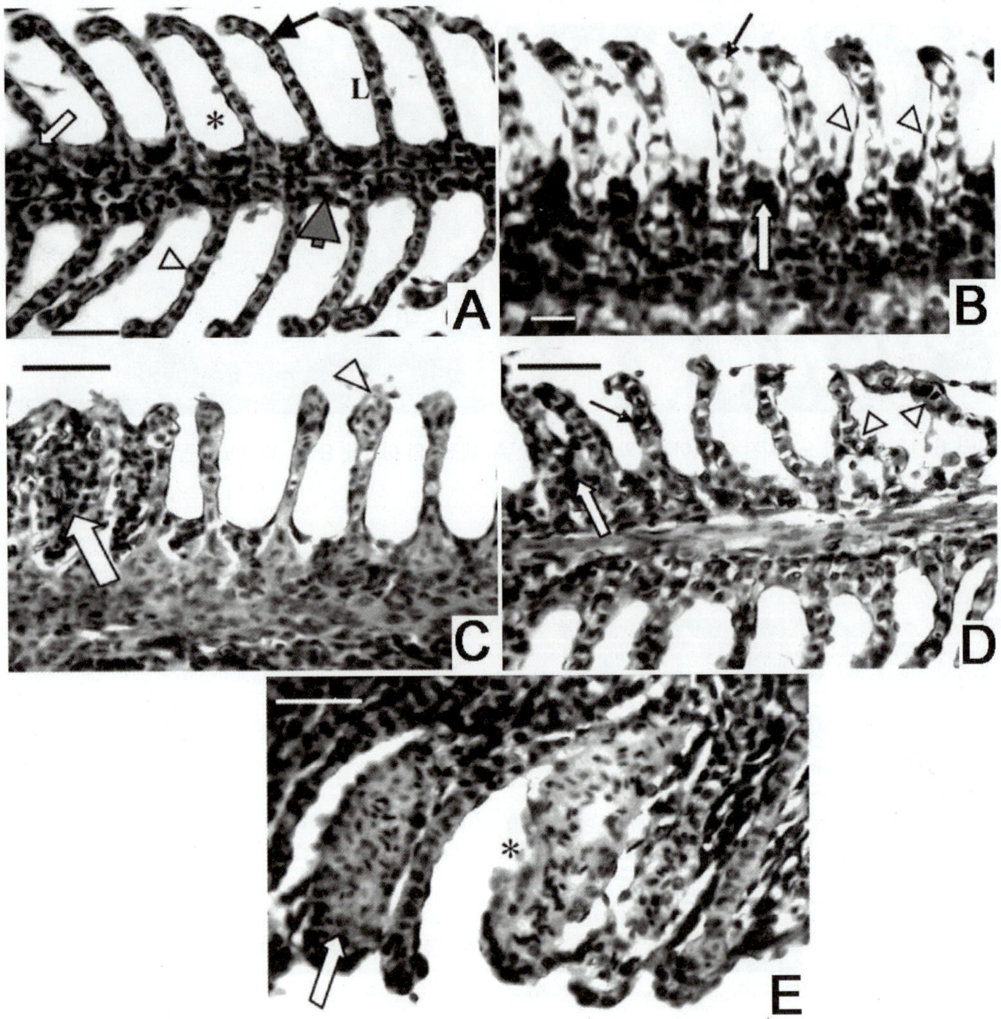


그림 6-14 A: 정상의 아가미. 새변(L), 벽주세포(흑색 화살), 수관(*), 1차 새변(회색 화살) 및 상피세포(화살표 머리). B: 혈관의 확장(검은 화살), 상피세포의 증생(흰색 화살) 및 상피세포의 박리(화살표 머리). C: 2차 새변 3개의 융합(흰색 화살)과 울혈(화살표 머리). D: 2차 새변의 변형(화살표 머리), 2차 새변의 부분적 유착(흰색 화살) 및 호흡상피의 비대(검은 화살). E: 2차 새변의 맥류(흰색 화살) 및 출혈을 동반한 호흡 새변의 붕괴(*). HE, bar = 20 mm

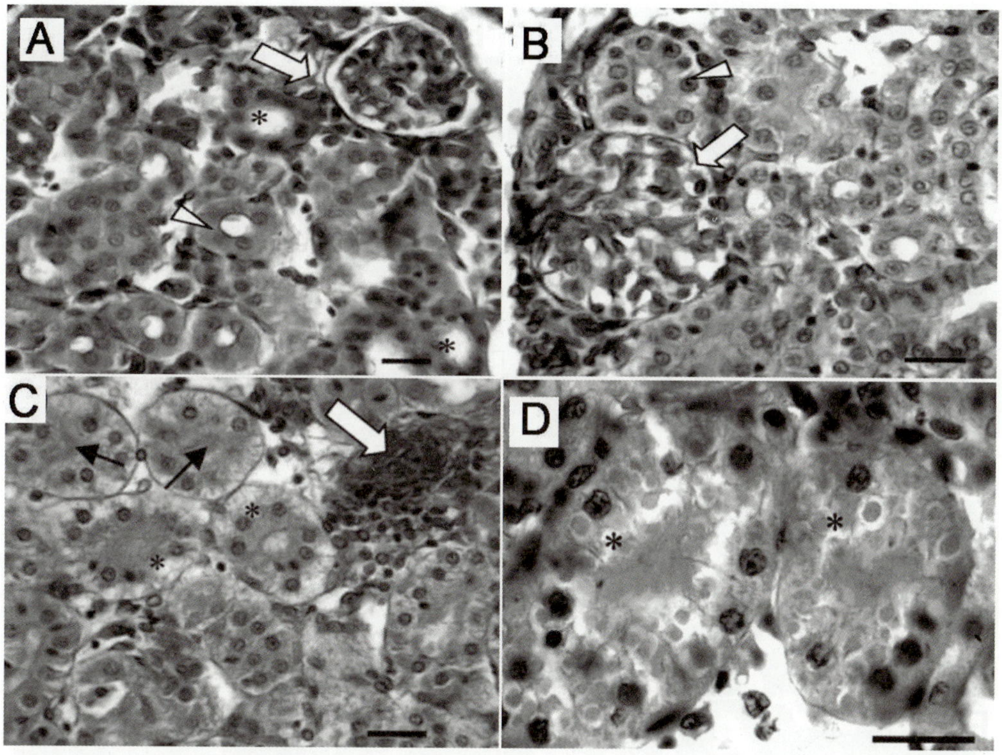


그림 6-15 A: 정상 신장. 근위세뇨관(*) 및 원위세뇨관(화살표 머리). B: 사구체의 종대로 보우만 주머니와의 공간이 좁아짐. C: 변성 초기의 세뇨관(흰색 화살), 세뇨관 관공의 폐쇄(검은 화살) 및 상피의 혼탁종창(*). D: 세뇨관 상피내의 초자적 변성(*). HE, bar=10 mm.

## (2) 신장

가장 현저한 변화는 사구체가 종대되기 때문에 보우만 주머니와 사구체와의 공간이 좁아진다. 세뇨관 상피는 혼탁종창, 관공내부의 폐쇄 및 세뇨관 상피의 초자적 변성이다. 드물기는 하지만 세뇨관의 퇴행성 변화가 관찰된다.

## (3) 간

핵이 불규칙한 모양으로 변화면서 종대되며 세포질 내에 에오진 호성의 입자가 존재한다. 담관의 축적은 세포질 내의 황갈색 색소의 존재로 쉽게 식별할 수 있다.

세포질과 핵의 변성이 가장 보편적인 변화이며 마크로파아지센터는 흑황색의 과립을 포함한 세포의 집합체로 관찰된다.

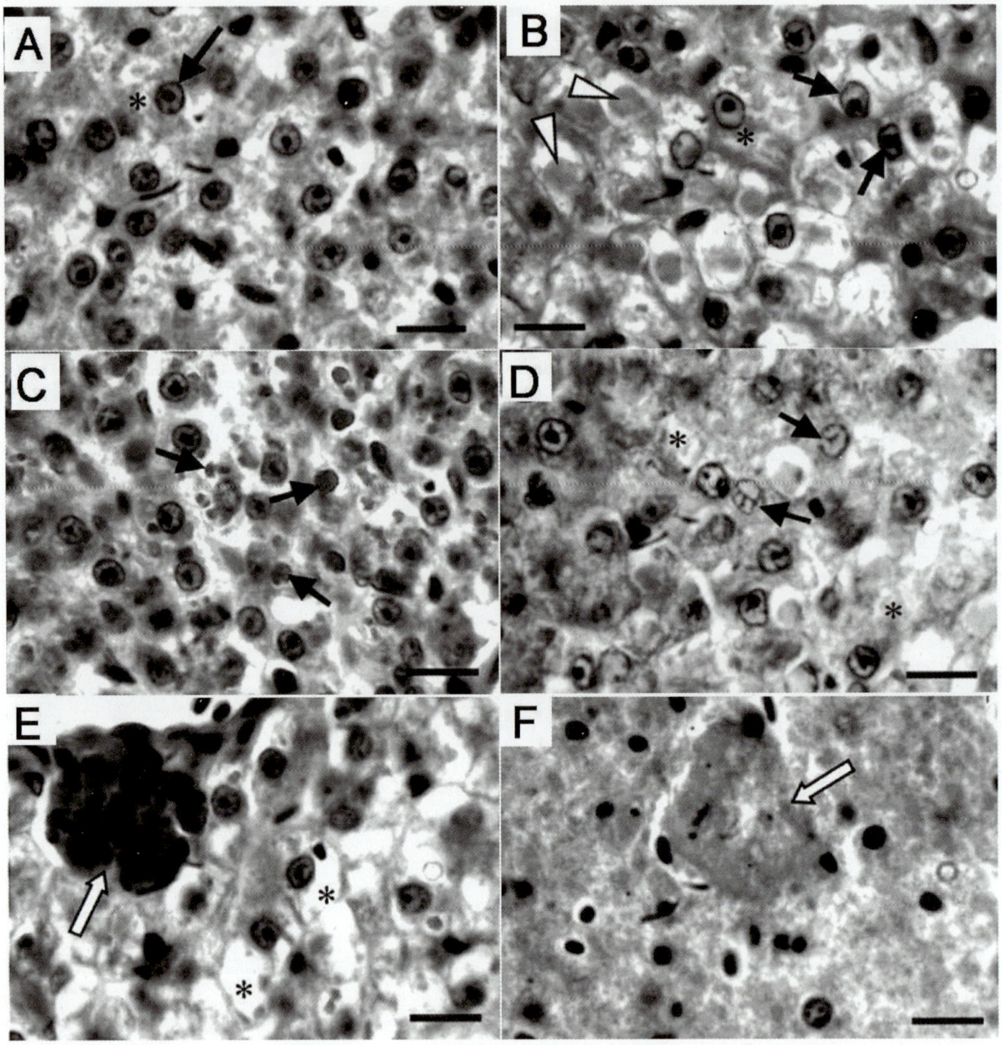


그림 6-16 A: 중심성의 원형 핵(화살표)을 가진 정상 간세포. B: 핵의 불규칙한 변화(검은 화살), 세포질 내의 호산성 과립(화살표 머리)및 핵의 비대(*). C: 답즙 축적(화살표). D: 핵(화살표)과 세포질(*)의 변성. E: 혈관(흰색 화살표)에 인접한 곳의 멜라노마크로파아지센터의 집합체와 세포질의 공포화(*). F: 간세포의 국소적 괴사. HE, bar = 10 mm.

## 2 스트레스

### 1) 스트레스 반응

스트레스 반응은 복잡한 과정이지만 가장 쉽게 표현한다면 현재의 상태에서 다른 상태로 급하게 변화하여 그 적응단계에 있는 것 모두를 스트레스라 생각하면 된다. 더욱 쉽게 말하면 구관이 명관이고 현재의 상태의 급격한 변화를 원하지 않는다는 것이 생물의 본능이며 특히 변온 동물인 어류는 포유류에 비해 그 영향이 매우 크다고 할 수 있다.

스트레스에 따른 어류의 변동은 살아남기 위한 과정으로 위에 말한 병적인 과정은 아니지만 일종의 병적인 상태와 유사한 과정을 거친다는 것이다. 스트레스요인이 감지되면 뇌의 시상하부에서 카테콜라민(catecholamines)이라는 호르몬이 분비된다.

이것은 혈관 내로 유입되어 심장의 박동을 증가시켜 피의 흐름을 증대시키지만 반대로 혈관에는 압력이 높아져 혈관의 내피세포에 손상을 초래하기 때문에 그 손상을 수리하기 위해서 피브리노겐이 많아지면 결국 손상당한 혈관 내에 딱지가 만들어지게 된다. 이러한 혈관내피의 손상으로 혈관 내의 피의 흐름은 방해를 받게 되어 액체성분이 밖으로 빠져나오거나 혈관이 터지게 된다.

세균 같은 것도 패혈증의 단계에 들어가면 결국 혈관벽에 색전을 형성하여 피의 흐름을 방해하기 때문에 대개 수종과 출혈 또는 울혈 같은 순환장애가 생기게 된다. 또한 위의 호르몬이 분비되면 스트레스에 적응하는 능력을 증대시키기 위해 세포의 활성이 높아져야만 한다.

세포에 에너지를 공급하기 위하여 뇌하수체를 자극하여 부신피질호르몬의 분비를 촉진하는 호르몬을 분비시키면 부신피질에서 혈당을 상승시키는 글루카곤(glucagon)이라는 호르몬이 분비되어 간으로 전달된다.

간에서는 저장되어 있는 글리코겐을 분해하여 포도당으로 만들어 혈액 속으로 공급하여 세포에게 전달함으로써 적응력을 높이게 되는 된다. 그러나 스트레스의 적응과정에는 스트레스에 적응에 불필요한 부분으로의 혈액의 공급은 최대한으로 줄이게 되는데, 그 대표적인 것이 소화관계에 피의 공급의 급격한 감소이다. 이 때문에 스트레스를 받으면 소화기능이 급격히 떨어지게 되고, 만성적인 스트레스는 소화관의 장애를 유발시킨다.

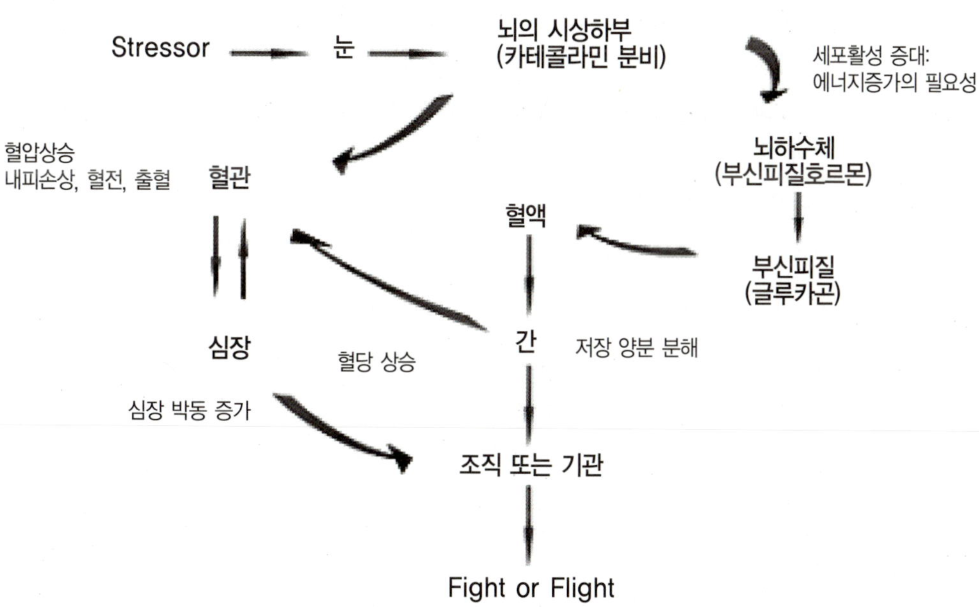


그림 6-17 스트레스에 대한 어류의 생체내 반응의 모식도.

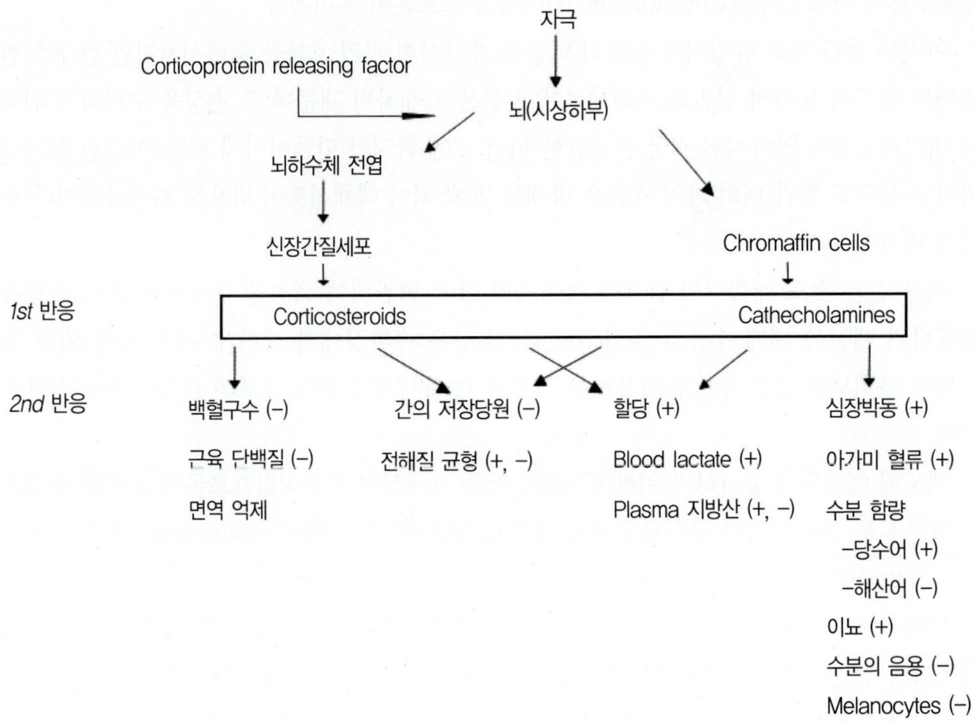


그림 6-18 어류의 스트레스에 대한 1차 반응과 2차 반응.

에너지원인 포도당을 많이 함유한 혈액을 풍부히 공급받은 조직 또는 기관은 에너지를 생산할 수 있게 되는데, 이 에너지를 스트레스원에 저항하는데 사용할 것인지 아닌지는 숙주의 판단에 맡기게 된다. 그럼으로 인간도 스트레스를 받으면 심장 박동이 빨라지고, 얼굴이 붉어지며 자신도 모르게 몸이 경직되는 것도 모두 스트레스에 대한 숙주의 반응으로 어류에서도 유사한 스트레스 반응이 일어난다고 생각된다.

## 2) 스트레스에 대한 어류의 반응

어류의 스트레스 반응도 다른 척추동물과 마찬가지로 생리적인 변화를 통하여 스트레스에 적응하게 된다. 이러한 스트레스 반응은 1차 반응으로서 신경계와 호르몬계의 변화가 생겨 신장 간질과 크롬친화세포(chromaffin cells)에서 각각 corticosteroid와 catecholamiens이라는 스트레스 호르몬이 분비되고, 이들 호르몬의 자극에 의해 생리적 변화를 유발하게 된다(Mazeu et al, 1981).

그러나 어류에 작용하는 스트레스원의 대부분은 환경에서 유발되는 것임으로 더욱더 중요한 의미를 가지며, 생리적인 변동의 결과 최종적으로 성장, 탈피, 산란 및 질병에 대한 저항성에 영향을 미친다고 할 수 있다. 환경적 요인에 의한 어류의 생리적 변동을 요약하면 다음 표와 같다(Wedemeyer and Yasutake, 1977).

**표 6-1 환경 요인과 스트레스 평가를 위한 생리적 검사 항목의 관계**

| 항목 | 감소 | 증가 |
|---|---|---|
| 암모니아 | – | 아가미 증생, 세균성 질병에 대한 감수성 증가 |
| 혈구수 | | |
| 적혈구수 | 빈혈, 삼투압조절 장애에 의한 혈액의 희석 | 스트레스성 적혈구 증가, 혈장의 유출, 아가미 손상에 의한 혈액 농축 |
| 백혈구수 | 급성 스트레스 | 세균성 감염 |
| 전구수 | 비정상적 혈액 응고 | 급성 또는 만성 스트레스 |
| 혈장 Cl | 아가미 염세포 손상 | 혈액 농축 |
| 혈장 cholesterol | 불완전 지질 대사 | 만성 스트레스<br>사료의 지질 불균형 |
| 혈액 응고시간 | 급성 스트레스성 전구 감소 | Sulfonamide 또는 항생제 투여, |
| 혈장 cortisol | 신장 간질의 손상 | 급성 또는 만성 스트레스 |
| 혈장 glucose | 기아(절식) | 급성 또는 만성 스트레스 |
| Glycogen (간 또는 근육) | 만성 스트레스, 기아, 감염증 | 간의 공포성 손상, 탄수화물 과다 사료 투여 |
| Hematocrit | 빈혈, 혈액 희석 | 아가미 손상, 탈수 또는 스트레스성 적혈구 증가에 의한 혈액 농축 |
| Hemoglobin | 빈혈, 혈액 희석, 영양성 질병 | 아가미 손상, 탈수 또는 스트레스성 적혈구 증가에 의한 혈액 농축 |
| Lactic acid | – | 급성 또는 만성 스트레스, 과다 유속 |
| Methemoglobin | – | 사육수의 아질산 증가, 액화산소 사용 |
| Nitrite(사육수) | – | 과밀사육에 의한 아질산 중독 |
| 혈장 삼투압 | 외부기생충 감염, 중금속 오염, 혈액 희석 | 탈수, 삼투압 조절 장애에 의한 체내 염분농도 증가, 스트레스성 빈뇨 |
| 혈장 총단백 | 감염증, 신장 손상, 영양불균형, 기아(절식) | 혈액 농축, 삼투압 조절 장애 |

# 제 7 장

# 기타 비전염성 질병

## 1 유속에 의한 황복의 척추 변형

인공 부화한 황복을 부화 후 30~40일령인 체장 25~30 mm에 1차 선별을 하였을 때는 척추 변형은 발견할 수 없었지만, 개체가 성장함에 따라 심한 척추의 변형이 육안적으로 확인되었다.

부화 후 80일령에서의 변형어의 발생률은 전체 사육 미수의 약 90% 이상이다. 변형어는 유영상태가 부자연스런 것과 소수의 개체가 체색이 검게 변한 것 이외에는 육안적 외부 증상은 발견할 수 없다. 또 먹이 섭취와 무리의 형성도 정상적이며, 폐사하는 개체도 없었을 뿐만 아니라 성장도 양호하였음에도 불구하고 척추의 심한 변형으로 종묘로서의 상품성이 없게 된다.

그림 7-1 척추 전만곡증(lordosis)의 황복 치어.

변형어는 겉보기에 척추의 변형이 일어난 곳은 등지느러미의 첫 번째 기조가 시작되는 부위로서, 변형의 방향은 좌측으로 꼬리의 끝부분이 오른쪽으로 향하고 있는 개체가 대부분이며, 왼쪽으로 변형된 개체는 소수에 불과하다.

변형이 생긴 부위를 기준으로 앞쪽 부위는 정상적인 개체와 구분이 곤란할 정도지만, 변형이 생긴 후반부인 꼬리자루는 체폭과 꼬리지느러미의 폭도 좁아져 있다. 또 변형어의 부레 내부에는 공기로 충만되어 있으며, 전장에 대한 부레의 길이의 비는 20~26.7%(n = 5)로 정상이다.

병리조직학적으로 변형이 발생한 척추의 앞쪽 또는 뒤쪽의 척추 주변의 근육은 근섬유 다발의 크기도 거의 균질하게 근섬유 다발 사이의 간격이 조밀한 규칙적 배열을 하고 있는 반면, 변형이 생긴 척추골 좌우의 근육은 근섬유 다발의 크기가 작아지고, 모양의 불규칙함이 현저하며, 근섬유 다발간의 간격이 매우 넓어져 있다. 이러한 근섬유 다발의 모양이 불규칙하게 소형화되는 경향은 척추 주변이 가장 현저하며, 척추에서 떨어져 있는 근섬유 다발일수록 미약하다. 또 척추의 변형이 생긴 부위를 기준으로 하여 두부와 미부, 배부와 복부의 근육의 변화를 보면 미부와 복부의 근섬유 다발이 두부와 배부의 근육 다발에 비해 소형화의 정도가 심하다. 그러나 이러한 근육조직에서도 염증반응이나 결합조직의 증식은 확인되지 않는다.

한편, 아가미의 조직 절편에서는 정상적인 아가미에 비하여 아가미의 끝부분이 곤봉화되지만, 새변을 지탱하고 있는 연골의 뒤틀림이나 지그재그형태의 변형은 관찰되지 않으며, 간장과 비장에서는 이렇다 할 변화를 발견할 수 없다.

황복의 인공 종묘 생산과정에서 부화 직후 자어는 개체별로 따로 따로 자유로이 유영하지만, 부화 후 18일경부터 선두의 개체를 필두로 하여 무리를 지어 유영하기 시작한다. 이 때문에 종묘생산업자는 부화한 황복이 무리를 형성하고 나서 3~4일 후인 부화 후 22~23일경부터 사육수를 순환식으로 사육하는 것이 일반적이다. 그러나 척추 변형어의 발생은 자어가 무리를 형성하기 1~2일 전인 부화 후 16~17일경부터 사육수를 순환하면서, 주수구가 있는 쪽에 먹이를 투여하였을 때 발생한다. 이는 아직 유영능력이 완비되지 않은 자어가 먹이를 먹기 위

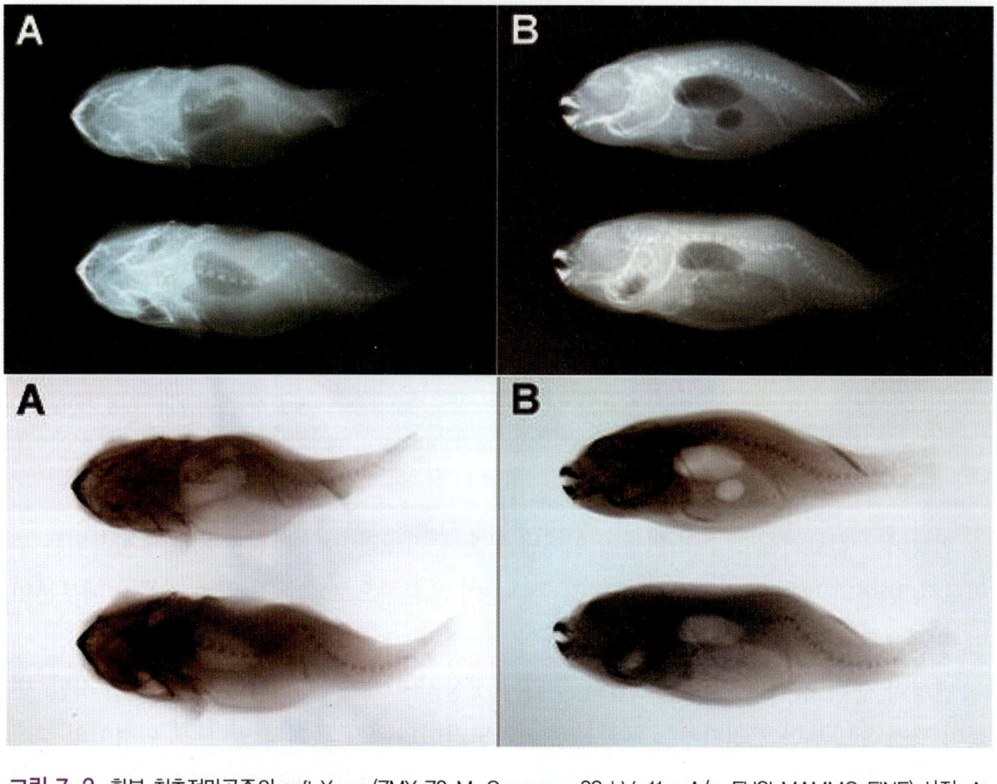


그림 7-2 황복 척추전만곡증의 soft X-ray(ZMX 70 M, Germany, 28 kV, 11 mA/s, FUSI MAMMO FINE) 사진. A: 배면, B: 측면. 검은 타원형(A)과 흰 부분(B)은 부레임. 아래 그림은 위의 그림의 반전 그림임.

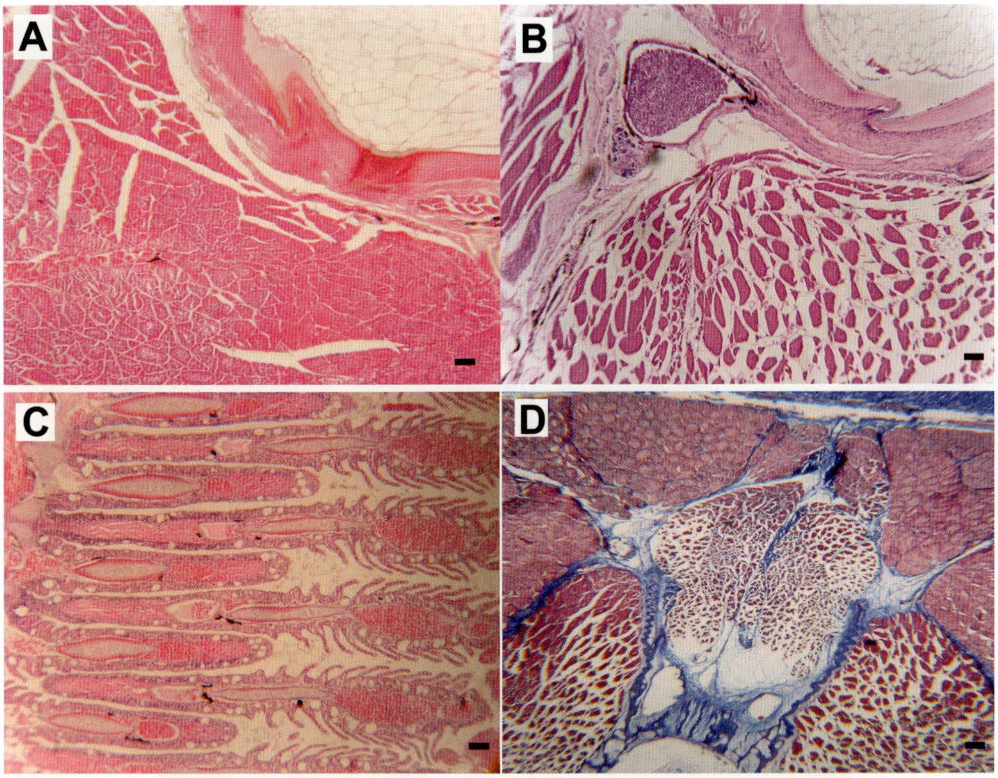


그림 7-3 척추 전만곡 황복의 변형 척추 부근의 근육(A, B, D)과 아가미(C). A~C: HE, D: azan 염색. 10 μm.

하여 수류를 거슬러서 유영하게 됨으로써 척추에 변형이 발생한 것으로 보인다. 그럼으로 부화 자어가 무리를 형성하고 난 후 주수구의 반대편에 급이하면, 척추 변형어의 발생은 예방할 수 있다.

이러한 유속에 의한 척추 변형은 종묘생산기의 감성돔에서도 발생하는데, 변형어는 등지느러미 끝부분 척추의 전만곡(scoliosis)으로 꼬리 부위가 등쪽으로 향하는 개체가 대부분이며, 변형된 부분에서 미병부는 체색이 흑화되는 것이 특징적이며, 흑화는 측선의 위쪽 부분이 주로 검게 되는 경향으로 그외 외부 증상은 없다. 내부적으로는 뚜렷한 이상은 발견할 수 없으며, 부레의 형태나 부레 내의 가스 충만도 정상적이다.

변형어를 10% 포르말린에 고정한 다음 alizarin red S액으로 척추를 염색을 하였을 때 외관상의 변형과 마찬가지로 등지느러미가 끝나는 부분의 척추가 위쪽으로 영어 알파벳의 "V"형으로 변형되어 있다.

변형어의 척추의 추체는 불규칙하게 변형되어 등쪽으로 밀려 올라가 있으며, 이 때문에 추체위에 위치한 척수(spinal cord)는 추체의 변형 때문에 아래 부분이 넓게 확대된 형상이며, 혈관극의 복대동맥(dorsal aorta)은 변형된 추체에 의해 압박을 당하고 있지만, 영양성 장애나 골절 등에 나타나는 골아세포(osteoblast)의 현저한 증식은 없다. 변형이 생긴 척추골 주변 특히 등쪽과 배쪽의 근섬유 다발 크기가 작아지고, 모양의 불규칙함이 현저하며, 근섬유 다발간의 간격이 매우 넓어져 있다.

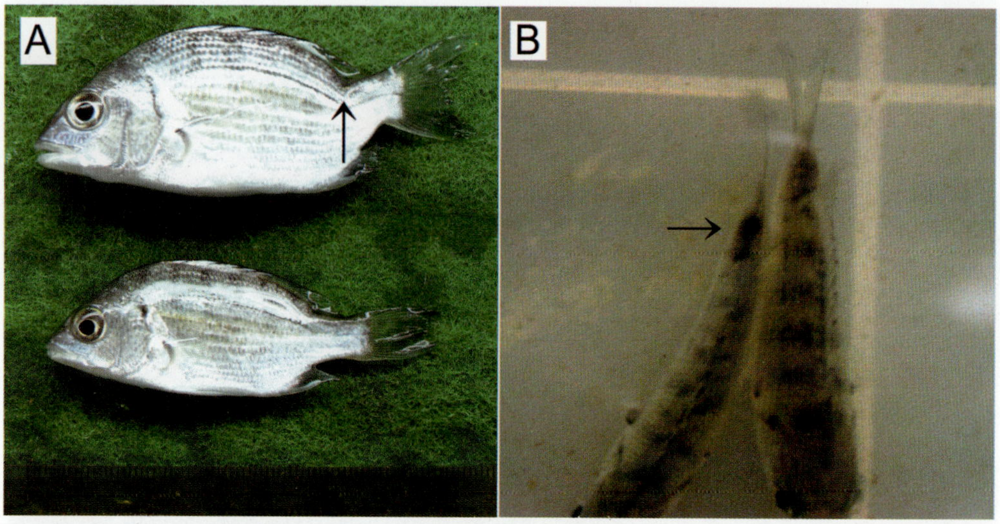


그림 7-4 척추 변형 감성돔의 외부 증상과 미병부의 흑화.

그림 7-5 Alizarin red S로 염색한 감성돔의 변형 척추(화살표).

이러한 근섬유 다발의 모양이 불규칙하게 소형화되는 경향은 좌우보다는 등쪽과 배쪽이 현저하지만, 근육조직에서는 염증반응이나 결합조직의 증식은 확인할 수 없다. 변형된 추체 주변은 척색(notochord)을 중심으로 제 1척색초(1st chorda sheath), 제 2척색초(2nd chorda sheath) 및 척색주변세포(around cells)가 원형의 형태를 유지하지 못하고, 변형된 추체를 따라 불규칙한 형태를 나타낸다. 그러나 추체의 변형이 생긴 후방의 추체는 정상과 별다른 차이가 없다.

아가미는 새변을 지탱하고 있는 1차 새변의 연골의 뒤틀림이나 지그재그 형태의 변형 또는 연골의 불규칙한 확장 및 연골조직 내의 수종 등은 관찰되지 않는다. 1차 새변의 연골세포(chondrocytes)는 골소강 내에서 정상적인 형태와 배열을 하고 있다. 한편 간장과 비장에서는 이렇다 할 변화를 발견할 수 없다.

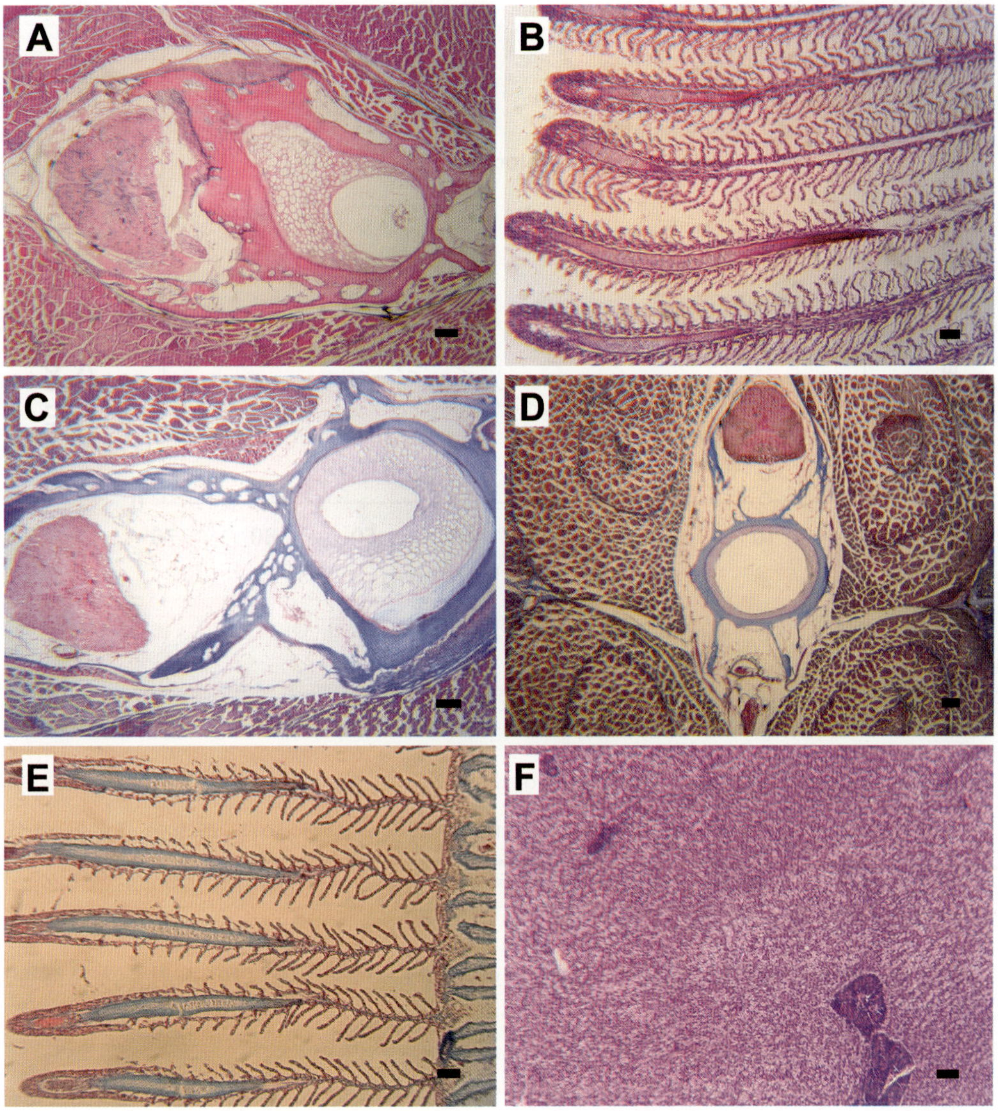


그림 7-6 척추 변형 감성돔의 척추, 아가미 및 간. 변형된 척추는 척색과 배대동맥(A & C)을 압박하고 있지만 변형된 뒷부분의 추체(D)는 정상이며, 새변의 연골세포(B & E)와 간(F)은 이상이 없다. A, B 및 F: HE, C-E: Azan. 50 μm.

감성돔 치어 사육 수조의 첫 환수는 아래 그림에 표시한 것처럼 부화 6일 후에 처음 시작하여 서서히 환수량을 증가시켰지만, 어체장에 대한 상대 유속(TL/sec)은 6일 후에 3.12, 10일 후에는 4.49, 16일에는 10.87이었으며, 자연 해수로 교환한 30일 후에는 40.86, 55일과 65일 후에는 각각 74.94와 68.14이다.

발병 사육조는 수조 내에 직경이 서로 다른 2개 파이프에 의한 upwell방식의 배수가 아닌 수조바깥에 파이프를 세워서 배수하는 overflow방식으로 배수의 속도는 정확하게 알 수 없지만, 사육 수조 표면으로 주수된 사육수가 원형수조를 회전하면서 중앙부의 배수구(직경 150 mm)를 통해서 배출되기 때문에 강한 회전 수류가 형성되었을 것으로 추정할 수 있다.

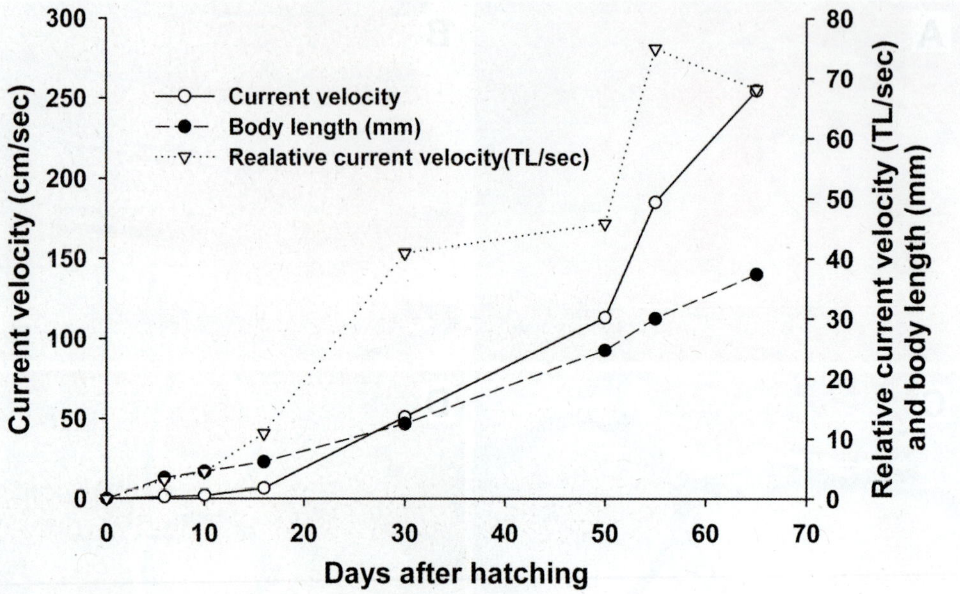


그림 7-7 척추 변형이 발생한 양어장의 감성돔 사육 수조의 유속과 상대 유속의 변화.

또 유영력이 약한 부화자어기인 30일경에 주수 유속이 50.9 cm/sec이며, 이때의 어체장에 대한 상대 유속은 약 40.8 TL/sec에 해당된다. 이 때문에 부화자어는 주수의 수류와 배수의 수류에 견디면서 부상하기 위한 양방향의 추진력을 얻기 위하여 비정상적으로 꼬리지느러미를 사용하지 않을 수 없다. 이 때문에 척추가 등쪽 방향으로 변형되었으며, 변형 부위의 체색 흑화는 추체의 변형에 따른 척수 압박으로 신경전달에 장애를 받아 생겼을 것으로 보인다.

## 2 뱀장어의 척추 변형

척추 변형어는 순환여과식 수조의 어두운 조명 때문에 평상시에는 발견하기 어렵고, 주로 3~4차 선별을 위한 체포시에 확인할 수 있다. 변형어는 척추의 변형 이외에 육안적 증상은 없으며, 먹이 섭취는 양호하지만 척추의 변형 때문에 정상 개체에 비해 성장은 약간 불량한 편이다.

변형이 생긴 부위를 손으로 만져 보면 변형이 생긴 척추 부위에는 오돌 도돌한 촉감을 느낄 수 있다. 한편 X-ray 사진에서는 복강 후반부의 척추의 척추골이 3~6개가 파손되어 있으며, 추체간의 간격도 불규칙하다.

변형된 부위는 어류에 따라 다양하였지만 모두가 내장 부위가 존재하지 않는 근육으로만 둘러싸인 항문의 후반부이다. 변형이 일어나는 방향은 대부분이 배쪽에서 등쪽으로 휘어져 있지만, 때로 소수의 개체는 좌에서 우로 변형이 생긴 개체도 존재한다. 변형이 생긴 추체 주변의 근육조직을 메스로 절단하면서 이상 유무를 확인하면 출혈이나 근육의 융해도 확인할 수 없으며, 추체 좌우와 상하에 있는 근육의 부피도 정상 추체 주변과 차이가 없고, 아가미와

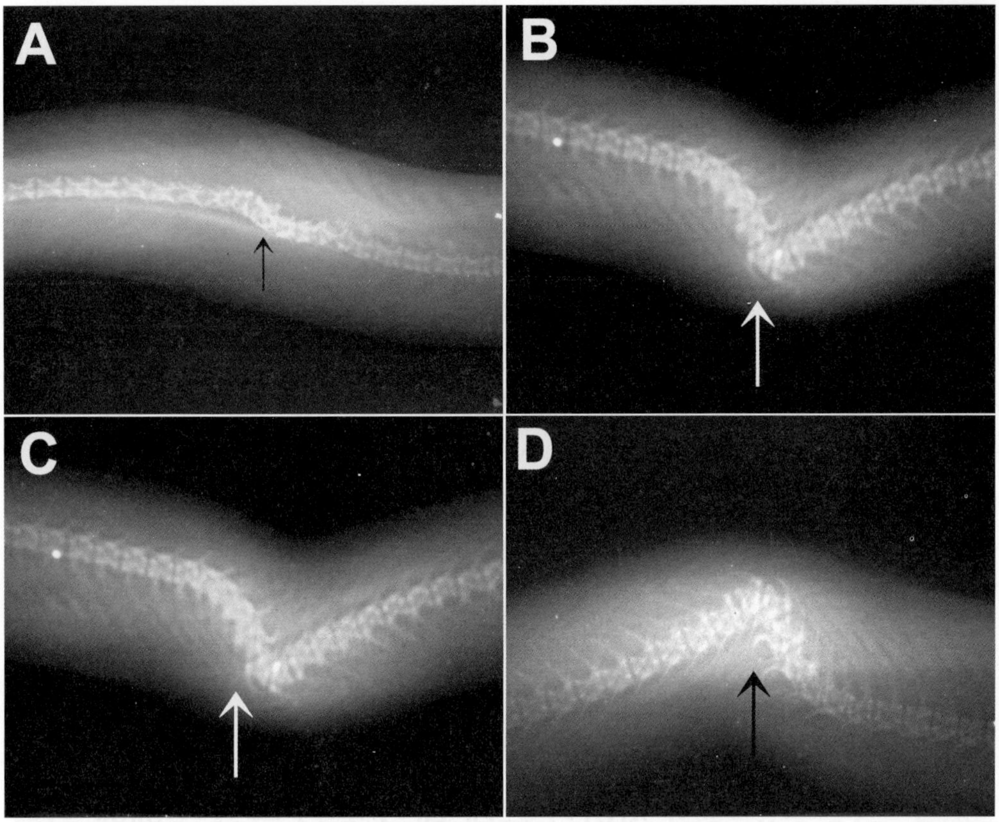


그림 7-8 척추 변형 뱀장어의 X-ray 사진. 3~6개의 척추가 여러 조각으로 분쇄되어 있다.

내부 장기의 색깔이나 탄력성도 이상이 없다.

뱀장어의 양식 과정에는 최소한 4차례의 선별을 하고 있다. 즉 1차 선별은 실뱀장어(0.2 g)를 먹이 부침하여 30~40일간 사육하여 체중이 3~4 g일 때, 2차 선별은 다시 60~70일 사육하여 체중이 10~20 g일 때이다. 그리고 3차 선별은 다시 60~70일간 사육하여 체중이 50~100 g일 때 실시하며 마지막인 출하선별은 3차 선별 후 60~70일간 사육하여 체중이 200~250 g일 때 실시한다.

선별 방법은 대개 fish pumper를 이용하여 체포한 다음 선별기를 통과시켜 선별하는 것이 일반적이다. 그러나 일부 순환여과식 양어장에서는 실뱀장어의 먹이 길들이기 단계에서 5~6평 정도의 좁은 공간(수심 50 cm)에 약 15만미의 실뱀장어를 수용하여 먹이 길들이기를 하는 곳도 있다. 이러한 양식장에서는 환수 작업을 위해 오전(09:00~10:00)과 오후(22:00~23:00) 2차례 직접 수조에 들어가 세척솔로 수조 바닥을 문질러 찌꺼기를 제거하기 때문에 이때에 작업자에게 실뱀장어가 밟히는 경우가 있을 수 있다. 이러한 사육방식의 양어장도 관리 방식에 따라 발병률에 차이가 있긴 하지만 대개 8~10% 정도이다. 그러나 같은 크기의 실뱀장어라도 80평 정도의 지수식(수심 50 cm)에 동일량을 수용하여 먹이 길들이기를 하는 양식장에서도 순환여과식과 마찬가지로 사육지에 들어가 동일한 방식의 환수작업 및 찌꺼기 제거 작업을 하지만, 발병률은 0.01% 정도로 매우 낮은 편이다.

그러나 이러한 이유만으로 뱀장어의 척추가 변형되는 이유는 설명할 수 없다. 뱀장어 외의 어류에 척추 변형이 생기는 원인은 여러 가지가 있다. 가장 일반적인 것은 양식 중에 누전이나 폭발, 벼락, 농약, 설파제의 투여 등을 들 수 있다. 또한 영양학적으로 무지개송어의 경우에는 비타민 A나 트리프토판의 결핍에 의해 변형이 생기며, 넙치 치자어는 비타민 A를 과잉 공급하면 척추골의 유착에 의해 척추변형이 생긴다. 또한 아연이나 구리성분의 결핍에도 발생하고, 참돔이 부레의 공기 채움이 장애를 받았을 때, 잉어는 사육 유속이 빠를 때 발생한다.

뱀장어의 척추 변형은 위의 원인과는 인과관계를 지을 수가 없다. 최근에 연구 결과는 성장을 위한 사료 급이 회수와 상관관계가 있는 것으로 추정하고 있다. 빨리 성장하는 뱀장어일수록 척추변형의 발생률이 높다는 것이다. 즉 성장은 느리지만 사료 공급회수를 4일에 1회씩 공급하면서 200 g까지 사육하였을 전혀 척추변형이 생기지 매일 공급한 경우에는 3.0~3.9%에 달한다. 즉 비꾸이 말하면 빠른 성장을 나타내는 뱀장어에 척추변형이 생긴다. 그러나 4일에 1회씩 먹이를 공급하면서 200 g까지 사육한 다음 다시 사육을 계속하면 역시 척추 변형이 발생하고 있다. 그럼으로 어느 정도 이상의 속도로 성장하고 있는 뱀장어에 발생하며, 성장을 느리게 하면 발병이 없는 것이 아니라 지연되고 있기 때문에 빠른 성장이 발병과 밀접한 관계가 있다고 추정하고 있다.

## 3 인공종묘 생산 자어의 부레 내의 공기 흡입 장애에 의한 척추 변형

부레는 어류의 특유의 기관으로 대개의 어류가 가지고 있지만 없는 어종도 있으며, 주머니가 1개인 경우도 있고, 2개의 주머니로 나뉘어진 어류도 있으며, 드물게는 3개의 주머니로 된 어종도 있다.

참돔은 부화 1~1.5일 후에 식도의 등쪽의 일부가 돌기 모양으로 돌출하여 부레가 형성되기 시작하는데, 어종에 따라서는 소화관의 측면 또는 소화관의 배쪽이 돌출하여 부레가 만들어지는 것도 있다.

부레는 발생 초기에는 모두 기관(pneumatic duct, 기도)에 의해 소화관과 연결되어 있는데, 일생동안 연결된 어류를 유관 무레어, 발생의 초기 단계에서 기관이 퇴화 소실되어 부레가 소화관과 독립되어 있는 경우를 무관 무레어라 한다.

잉어는 부레가 전실과 후실의 2실로 나누어져 있는데 기관은 후실의 앞쪽 측면에 연결되어 있기 때문에 전실은 후실에서 파생되어 생긴다고 생각되며, 참돔은 기관이 부화 후 2~3일에 열리고, 10~12일에 퇴화하여 소실된다. 부레가 형성된 초기에 부레 내의 가스는 대기 중의 공기를 기관을 통하여 충진하여야만 하는데, 이것을 initial filling이라 한다. 그럼으로 부화자어는 야간에 표층으로 부상하여 대기 중의 공기를 들여 마셔 충진하는 것으로 알려져 있다. 종묘 생산한 참돔이나 sea bass의 치어에 척추변형이 종종 발생하는데, 이들 척추 변형어는 부레 중의 공기가 충분히 채워지지 않아 정상적으로 부레가 발달하지 못하는 것이 특징이다.

발생의 초기 단계에 대기 중의 공기를 흡입하지 못한 상태에서 소화관과 부레를 연결하는 기도(pneumatic canal)가 폐쇄되어, 부레의 팽창이 불완전한 것이 그 원인이다. 이 때문에 생기는 척추 변형은 사육 수조의 표면에 유동 파라핀을 살포하여 부화 직후의 자어가 대기 중의 공기를 흡입하지 못하게 하면 부레의 팽창 이상이 생김과 동시에 척추골이 변형된다는 것을 알 수 있다. 즉 수조표면에서 공기를 흡입하지 못한 자어는 부화 후 40일경부터 lordosis가 나타나기 시작하여, 120일 후에는 90%이상이 척추에 변형이 생긴다. 부화 자어가 부화 후 어느 시점에 공기를 처음으로 들여 마시는 가는 어종에 따라 차이가 있지만, 첫 흡입 시기는 유구가 흡수되는 시점인 체장 4~5 mm에서 일어난다고 생각되고 있다. 만일 이 때에 공기를 흡입하지 못하면 기도가 폐쇄되어 버림으로, 부레는 크기가 작은 상태로 남아 발달이 정지되기 때문에 부레의 2차 팽창도 일어나지 않게 된다. 이처럼 부레의 팽창이 불완전한 개체의 부레의 길이는 체장의 3~5%를 초과하지 않는 반면, 정상적으로 공기를 흡입한 개체의 부레의 길이는 체장의 20~30%정도이다.

종묘생산기에 과밀사육과 영양 강화 때문에 사육수의 표면에 형성되는 유막(oily film)이 쉽게 형성된다는 것에 주목하여 특별히 고안된 blower로 유막을 제거한 결과 부레의 팽창도는 크게 개선되었으며, 체장의 길이도 길어진다는 사실은 사육수 표면의 유막이 자어의 초기 공기 흡입을 방해하는 장벽으로 작용하여 척추변형을 유발시킨다는 것을 간접적으로 증명하고 있다.

그림 7-9 수조의 유막을 제거하기 위한 장치인 blower와 유막 수집 장치.

이처럼 수조 표면의 유막을 제거하기 위한 장치로서 blower와 유막수집기가 있다. 즉 직경 2 mm, 길이 3 cm인 PVC파이프에 1 cm 간격으로 구멍을 내고 한쪽 끝은 봉하고, 다른 한쪽 끝은 공기 공급장치와 연결한 다음 수조의 모퉁이에 설치하면 표면의 유막은 수류를 따라 몰려오게 된다. 유막이 모이는 곳에 유막 수집 장치를 직경 2 cm, 길이 80 cm의 플라스틱관으로 외경이 20 cm가 되게 원형으로 만들면 유막이 모이게 되는 장치를  사용하면 매우 효과적이다.

## 4 방어의 척추변형

1년생 이상의 양식 방어에 발생하며, 이 병에 의한 폐사는 없지만 상품가치가 없기 때문에 피해를 초래한다. 병어는 뒷지느러미 후방의 꼬리 부분이 등쪽으로 굽어진다.

척추를 중심으로 양쪽의 근육부분을 절개하고, 척추 부분에 붙어 있는 근육을 제거하면 척추의 제 15~19척추골의 부분의 관절 1군데가 등쪽으로 굽어져 있다. 굴곡점을 중심으로 한 앞뒤 2개 척추의 추체 부분은 등쪽이 좁아져 있고 배쪽의 길이가 길다. 굴곡점의 추체는 수평방향으로 크기가 커져 있다. 척추가 굴곡됨에도 불구하고 내장 부분에는 이상이 없다.

척추 변형 병원체인 점액포자충, 연쇄구균 등의 병원체도 검출되지 않으며, 농약, 설파제, 비타민 결핍에 의한 척추 변형과는 증상이 다르다. 이러한 변형의 원인으로서 성숙 및 환경요인이 관계할 것으로 추정되지만 정확하게 밝혀지지는 않았다.

그림 7-10 척추 변형 양식 방어(A), B: 위는 정상어, 아래는 뒷지느러미 뒤쪽 척추가 위로 변형, C: 변형된 제 16, 17추체.

## 5 은어의 비공격피결손증(Deformity of the inter-nostril epidermis)

비공격피결손은 전비공과 후비공 사이의 격피가 결손 또는 짧아져서 양비공이 연속되는 기형이다. 이러한 증상은 참돔, 자주복, 농어, 감성돔 및 넙치 등에도 발생한다. 이러한 기형이 생기는 어종은 자주복처럼 침성란으로 기관형성이 비교적 진행된 단계에서 부화하는 어종을 제외하고는 모두가 분리부성란에서 기관형성이 비교적 발달하지 않은 상태에서 부화하는 어종들이다.

인공종묘 생산한 은어는 비공 형성이 완료된 크기인 27~44 mm를 10% 포르말린에 고정한 70% 에탄올에 보존한다. 보존된 시료는 acid blue 113이라고도 하는 cyanine blue 5R액에 담가 염색한 다음 실체현미경에서 검경하면 침성란인 자주복과 마찬가지로 비공격피 결손이 낮은 경우에는 2.5~2.6%, 많을 경우에는 75%로 빈번히 일어나는 것을 발견할 수 있다. 발생상황은 한쪽의 비공에 격피 결손이 생기는 경우가 양쪽 모두의 비공격피 결손이 생기는 경우 보다는 빈번하다.

어류의 비공은 부화 후 시간이 경과함에 따라 변화하게 된다. 즉 부하할 때 비공은 열려 있고, 비공 주변부의 초기 모양은 원형이지만, 부화 후 일수가 경과함에 따라 비공 중앙부근에 비공 가장자리의 등과 배쪽의 양쪽으로 비공 격피 형성 조직이 출현하여 비공 중앙을 향하여 발달한다. 충분히 발달한 조직은 비공 중앙부에서 서로 합쳐지지만 피펫 등으로 수류를 일으키면 2조직을 쉽게 분리되는 유합되어 있지 않는 단계와 서로 유합되어 비공 격피가 형성된 단계로 구분할 수 있다. 전후 비공의 완성은 비공 격피가 완성된 이후의 단계라 할 수 있다. 전후 비공의 완성 시점의 모양은 장타원형이지만 점차 후비공의 모양이 변화하여 성어와 유사하게 된다.

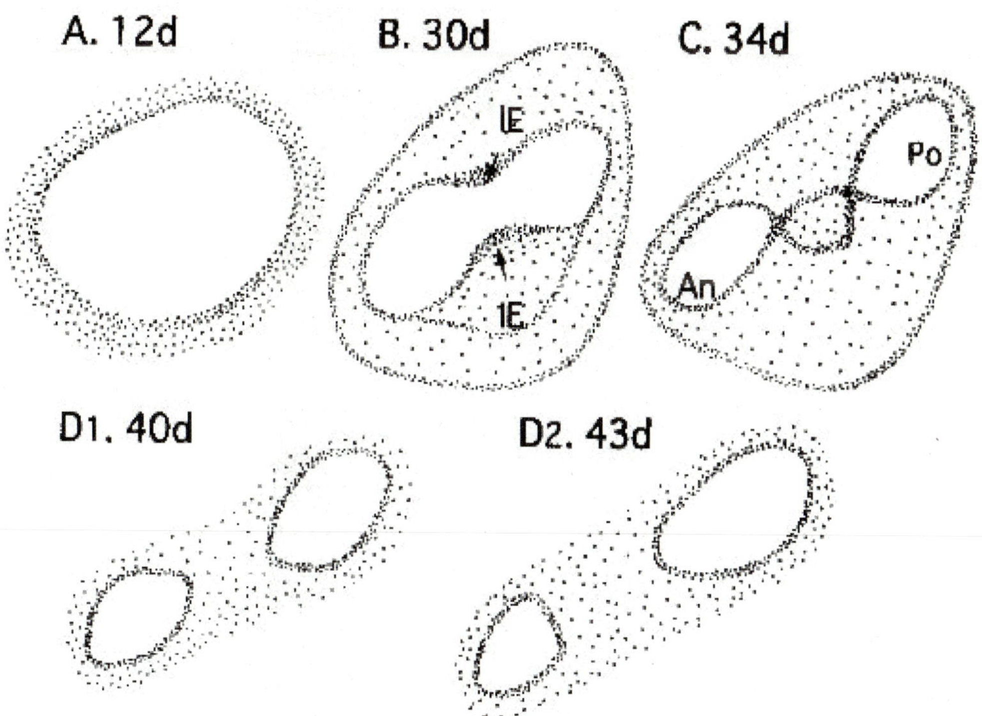


그림 7-11 참돔의 비공의 외형적 모양 변화의 모식도. A: 비공격피가 없는 초기 단계, B: 등쪽과 배쪽에 격피(IE)가 출현하여 비공의 중심부를 향하여 발달하는 단계, C: 발달한 2 격피가 서로 합쳐지지만 완전히 융합되지 않은 단계. D1: 융합된 격피가 전비공(An)과 후비공(Po)으로 각각 격리시키는 단계, D2: 후비공의 모양이 성체의 비공처럼 난원형으로 변화된 단계. d는 부화후의 일수를 나타냄.

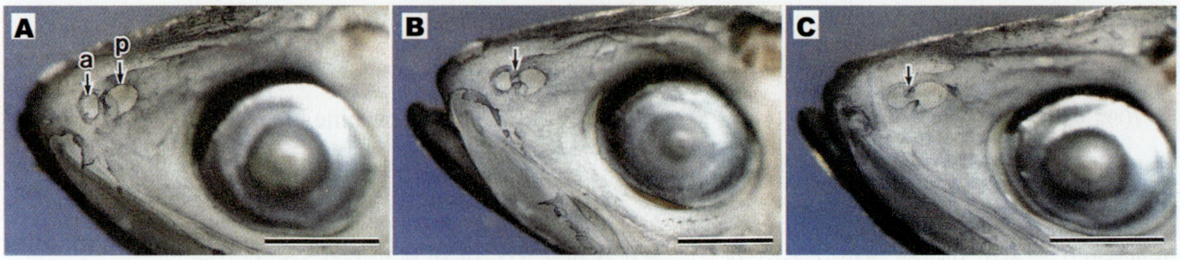


그림 7-12 전비공(a)과 후비공(p)으로 구분된 정상적인 비공, B: 배쪽과 등쪽의 비공 격피가 비공의 중심부로 향하여 발달하지만 격피의 융합이 일어나지 않은 기형, C: 양 격피의 중첩도 일어나지 않은 기형. Bar = 1 mm.

# 제 8 장

# 병리조직학 용어

## [A]

Abrasion ........ 박리
Abscess ........ 농양
Acantholysis ........ 극세포분리(증)
Acid-fast ........ 항산성
Acidophilic ........ 산성
Acute ........ 급성의
Adenoma ........ 선종
Adehesion ........ 부착
Adipose ........ 지방(조직)의
Adnexia ........ 부속기
Aetiology ........ 병인론
Afferent ........ 구심성
Agglutination ........ 응집
Aggregate ........ 축적, 집합
Agranulocyte ........ 무과립구
Agranulocytosis ........ 무과립구증
Allograft ........ 동종이계이식편
Amyloid ........ 유전분의
Anabolism ........ 동화작용
Anaemia ........ 빈혈
Anaplasia ........ 역형성
Anesthetic ........ 마취제
Aneurysm ........ 맥류
Angioma ........ 맥관종, 혈관종
Angitis ........ 혈관염
Anidocytosis ........ 적혈구대소부동증
Anorexia ........ 식욕부진, 식욕감퇴
Anoxia ........ 허혈
Aatagonism ........ 길항작용
Anterior ........ 앞쪽의
Anterolateral ........ 전외측의
Aplasia ........ 형성부전(증)
Aplastic ........ 재생불량성
Aplastic anaemia ........ 재생불량성빈혈
Apoptosis ........ 아포프토시스
Arefact ........ 인공산물
Arteitis ........ 동맥염
Arteriosclerosis ........ 세동맥경화증
Ascites ........ 복수
Asphyxia ........ 질식
Asymptomatic ........ 불현성감염
Ataxia ........ 운동실조
Atheroma ........ 죽종
Atherosclerosis ........ 죽상동맥경화증
Atresia ........ 폐쇄증
Atrophy ........ 비대
Atypical ........ 비정형
Autolysis ........ 자가분해
Autopsy ........ 검시, 부검

## [B]

Bacteria ........ 세균
Bateremia ........ 균혈증
Bactericida ........ 살균적
Bacteriostatic ........ 정균적
Basophilic ........ 호염기성
Binucleate ........ 분엽핵
Blood clot ........ 혈병
Branchionephritis ........ 새신염
Branchycephaly ........ 단두증
Brachitis ........ 새염

## [C]

Cachexia ........ 악액질
Calcification ........ 석회화
Capillary ........ 모세혈관
Carcinoma ........ 암종
Cardiac failure ........ 심장기능저하
Cardiomegaly ........ 심장비대(증)
Cardiomyopathy ........ 심근장애
Carditis ........ 심장염
Carrier stage ........ 보균상태
Caseation ........ 건락화
Caseous ........ 건락화의
Cataract ........ 백내장
Catarrh ........ 카타르
Cavity ........ 강
Cellulitis ........ 봉와직염
Ceroid ........ 세로이드
Ceroidosis ........ 세로이드증
Chloride cell ........ 소금세포
Cholangiohepatitis ........ 담관간염
Cholangeitis ........ 담관염

Cholecystitis ............................ 담낭염
Cholestasis ............................ 담즙울체
Chondritis ............................ 연골염
Chondroma ............................ 연골종
Chromatolysis.................... 염색질융해
Chromatin ............................ 염색질
Chronic ............................ 만성의
Choroid ............................ 맥락막
Circumscribe.......................... 국한성의
Cirrhosis ............................ 경변
Clinical ............................ 임상적
Cloudy swelling.................... 혼탁종창
Coagulation ............................ 혈액응고
Coalesce ............................ 덩어리
Collagen ............................ 콜라겐
Compensation ...................... 대상성의
Complement ............................ 보체
Condensation ............................ 응축
Confluent ............................ 융합의
Congenital............................ 선천성의
Congestion ............................ 울혈
Conidia ............................ 분생자
Conjantive ............................ 결막
Constrictive ............................ 한정된
Coracidium ............................ 유섬충
Cornea ............................ 각막
Cutaneous ............................ 피부성의
Cyst ............................ 시스트, 낭
Cytolysis ............................ 세포융해
Cytomegaly............................ 거대세포
Cytopathic ............................ 세포변성의
Cytotoxic ............................ 세포독성의

## [D]

Debris ............................ 조직파편
Deformity ............................ 변형
Degeneration ............................ 변성
Depigmentation ............................ 퇴색
Dermatomycosis................. 피부진균증
Dermatitis ............................ 피부염
Desmosome ............................ 접착반
Desqumation ............................ 표피박리
Detergent ............................ 청정제
Diagnosis ............................ 진단
Diapedesis ............................ 관통
Differentiation ............................ 분화
Diffuse ............................ 확산
Dilatation ............................ 확장
Dinospore ............................ 유주자
Dysplasia ............................ 이형성

## [E]

Ellipsoids ............................ 협조직
Embolism ............................ 색전증
Embolus ............................ 색전
Encapsulation ............................ 피포
Encepalitis ............................ 뇌염
Endoarteritis ...................... 동맥내막염
Endocarditis ............................ 심내막염
Endocaridium ............................ 심내막
Endocytosis ...................... 세포내 이입
Endophthalmos ...................... 안구내염
Endothelium ............................ 내피
Enteritis ............................ 장염
Enzootic ............................ 지방병의
Eosinophillia .................. 호산구증가증
Epicarditis ............................ 심외막염
Epicardium ............................ 심외막
Epidemic ...................... 유행병(사람)
Epiphlebitis...................... 정맥외막염
Epithelial ............................ 상피성의
Epithelium ............................ 상피
Epizootic ...................... 유행병(동물)
Erosion ............................ 문드러짐
Erythropoiesis...................... 혈구생성
Erythema ............................ 홍반
Erythroblast ............................ 적아구
Erythrocyte ............................ 적혈구
Erythrocythaemia ........... 적혈구증가증
Erythrocytopenia ........... 적혈구감소증
Erythroderma ............................ 피염
Etiology ............................ 병인
Exfoliation ............................ 탈락
Exophthalmus ...................... 안구돌출
Exotoxin ............................ 외독소
Extracellular...................... 세포 외의
Extrahepatic ............................ 간 외의
Extravasation...................... 혈관외유출
Exudate ............................ 삼출물
Exudation ............................ 삼출

## [F]

Fatty degeneration ................ 지방변성
Fatty necrosis ...................... 지방괴사
Fibrin ............................ 섬유소
Fibrinogen ............................ 섬유소원
Fibroblast.......................... 섬유아세포
Fibroma ............................ 섬유종
Fibroplasia ...................... 섬유조직형성
Fibrosarcoma ...................... 섬유육종
Fibrosis.......................... 섬유조직증식
Fixation ............................ 고정
Flocculation .......................... 면상응집
Fragmentation ............................ 단열
Fracture ............................ 골절
Furuncle ............................ 부스럼
Fusion ............................ 융해

## [G]

Gastritis ............................ 위염
Gastroschisis ...................... 위벽파열
Giant cell ............................ 거세포
Glomerular ............................ 사구체의
Glomerulonephritis............. 사구체신염

Glomerulosclerosis .......... 사구체경화증
Glomerulus .......... 사구체
Glycogen .......... 글리코겐
Glycogenosis .......... 당원축적증
Goblet cell .......... 배상세포
Goiter .......... 갑상선종
Gram negative .......... 그람음성
Gram positive .......... 그람양성
Gram' s stain .......... 그람염색
Granular .......... 과립성의
Granulocyte .......... 과립구
Granuloma .......... 육아종
Granulomatous .......... 육아종성의

## [H]

Hemagglutination .......... 혈구응집
Hematopoiesis .......... 조혈
Hematoma .......... 혈종
Hematoxylin .......... 헤마톡시린
Hemoglobin .......... 혈색소
Hemolysins .......... 용혈소
Hemolysis .......... 용혈
Hemolyticanaemia .......... 용혈성빈혈
Hemopericardium .......... 심막혈증
Hemorrhage .......... 출혈
Hemorrhagic anemia .......... 출혈성빈혈
Hemosiderin .......... 혈철소
Hemosiderosis .......... 혈철증
Hemostasis .......... 혈행정지
Hepatic .......... 간의
Hepatitis .......... 간염
Hepatocellular .......... 간세포의
Hepatocyte .......... 간세포
Hepatoma .......... 간암
Hepatomegly .......... 간종대
Hepatotoxic .......... 간독성의
Hermaphrodite .......... 자웅동체
Histology .......... 조직학
Histochemistry .......... 조직화학
Histocyte .......... 조직구
Histopathology .......... 병리조직학
Histozoic .......... 조직기생의
Homeostasis .......... 항상성
Horizonal transmission .......... 수평감염
Hyaline degeneration .......... 초자변성
Hybrid .......... 잡종
Hydatid .......... 포상체
Hydrophy .......... 수종
Hyperemia .......... 충혈
Hypercellularity .......... 세포과다
Hyperchromasia .......... 과염색
Hyperplasia .......... 증식
Hypertorphy .......... 비대
Hypochromic .......... 저색소성의
Hypoplasia .......... 형성부전
Hypolastic anaemia .......... 형성부전성빈혈
Hypoproteinaemia .......... 저단백성빈혈
Hypotrophy .......... 영양장애
Hypoxia .......... 저산소증

## [I]

Idiopathic .......... 특발성의
Impaired .......... 불완전한
Incidence .......... 빈도
Inclusion bodies .......... 봉입체
Infarct .......... 경색
Infarction .......... 경색증
Infection .......... 감염증
Infestation .......... 감염
Infiltration .......... 침윤
Inflammation .......... 염증
In situ .......... 자체는
Intercellular .......... 세포간의
Interstitial .......... 간질의
Interstitium .......... 간질
Intracellular .......... 세포 내의
Intrahepatic .......... 간 내의
Intravascular .......... 혈관 내의
Intraventricular .......... 심실 내의
Invagination .......... 함입
Investing .......... 매몰
In vitro .......... 시험관 내의
In vivo .......... 생체 내의
Iris .......... 홍채
Ischemia .......... 허혈, 국소빈혈

## [J]

Jaundice .......... 황달

## [K]

Karyolysis .......... 핵용해
Karyorrhexis .......... 핵붕괴
Karypykonosis .......... 핵농축
Keratitis .......... 각막염
Keratoconus .......... 원추각막

## [L]

Lacuna .......... 소강
Lamellar synechiae .......... 새변점상출혈
Leiomyoma .......... 평활근종
Leiomyosarcoma .......... 평활근육종
Leptomeningitis .......... 연뇌막염
Lesion .......... 병소
Lethargy .......... 무기력(혼수)
Leucopenia .......... 백혈구감소증
Lipid .......... 지질
Lipoidosis .......... 지질축적증
Lipoma .......... 지방종
Lobule .......... 소엽
Localize .......... 국소화하다
Lordosis .......... 척추전만곡증
Lunules .......... 반월
Lymphocyte .......... 림프구
Lymphocytopenia .......... 림프구감소증

Lymphocytosis ................ 림프구증가증
Lymphoid ................ 림프(계)의
Lysis ................ 용해

## [M]

Macrocephaly ................ 대두증
Macrophage ................ 마크로파아지
Macroscopic ................ 육안적
Magination ................ 변연화
Malnutrition ................ 영양실조
Malignant ................ 악성의
Melanin ................ 흑색색소
Melanoma ................ 흑색종
Melanomacrophage ................ 흑색대식세포
Melanophores ................ 흑색색소포
Melanosis ................ 흑색증
Meningitis ................ 연막염
Merogony ................ 영양번식
Metacercaria ................ 피낭유충
Metachromasia ................ 이염성
Metaplasia ................ 화생
Metastasis ................ 전이
Microcytic ................ 소혈구의
Microstomia ................ 소구증
Microtome ................ 마이크로톰
Mitosis ................ 유사분열
Monocytes ................ 단구
Moribund ................ 빈사의
Morphological ................ 형태학적인
Mucosa ................ 점막
Multicellular ................ 다세포의
Multinuclear ................ 다핵의
Mural ................ 벽의
Mutagen ................ 돌연변이원
Mycelium ................ 균사체
Mycetoma ................ 진균종
Myocyte ................ 심근세포
Mycosis ................ 진균증
Myocarditis ................ 심근염
Myodegeneration ................ 근변성
Myoma ................ 근종
Myopathy ................ 근증, 근병
Myostitis ................ 근염
Myxoma ................ 점액종

## [N]

Necrosis ................ 괴사
Necrotic ................ 괴사의
Neoplasia ................ 신생
Neoplasm ................ 신생물
Nephritis ................ 신장염
Nephrocalcinosis ................ 신석회증
Nephrosis ................ 신증
Netrophenia ................ 호중구감소증
Neutrophil ................ 호중구
Neutrophillia ................ 호중구증가증
Nodule ................ 결절
Non-suppurative ................ 비화농성의
Nucleus ................ 핵

## [O]

Occlusion ................ 폐쇄
Odontoma ................ 치아종
Oedema ................ 부종
Oncogenic ................ 종양원성의
Oocyte ................ 난모세포
Oogenesis ................ 난자형성
Ooginium ................ 난원세포, 조란기
Opsonin ................ 조리소
Opisthohator ................ 후고착기
Orbital adipose tissue ................ 안와지방(조)직
Ossification ................ 골화
Osteitis ................ 골염
Oviparous ................ 난생의

## [P]

Pachymeningitis ................ 경수막염
Pancreatitis ................ 췌장염
Pancytopenia ................ 범혈구증가증
Panophthalmitis ................ 전안구염
Pansteitis ................ 범골염
Papillae ................ 유두
Papillitis ................ 유두염
Papilloma ................ 유두종
Papillomatosis ................ 다발성유두종
Parasite ................ 기생충
Parasome ................ 부핵
Parenchyma ................ 실질
Parenchymal ................ 실질의
Patch ................ 반점
Pathogen ................ 병원체
Pathogenesis ................ 병인론
Pathogenicity ................ 병원성
Pathognomonic ................ 질병특유의
Pathogenic ................ 병원성의
Pathology ................ 병리학
Pavement ................ 도포
Peliosis ................ 자반병
Periarteritis ................ 동맥주위염
Pericarditis ................ 심막염
Pericardium ................ 심낭, 위심강
Perisplenitis ................ 비주위염
Peritonium ................ 복강
Peritonitis ................ 복막염
Perivascular ................ 혈관주위의
Perivasculitis ................ 혈관주위염
Petechia ................ 점상출혈
Phagocyte ................ 식세포
Phagocytosis ................ 식작용
Phagolysosome ................ 탐식분해소체
Phlebitis ................ 정맥염
Pernicious amemia ................ 악성빈혈
Pigmentation ................ 색소침착

Pinocytosis ........................ 음세포작용
Plasmodium ........................ 영양체
Pleomorphic ........................ 다형성의
Plexiform ........................ 망상의
Poikilocyte ........................ 변형적혈구
Polychromasia ........................ 다염성
Polycystic ........................ 다낭성의
Polycythemia ........................ 적혈구증가증
Posterior ........................ 뒤쪽의
Postmortem ........................ 사후의
Prevalence ........................ 유행
Proboscis ........................ 주둥이
Procercoid ........................ 전의충미충
Proglottis ........................ 체절(편절)
Prognosis ........................ 예후
Prolapse ........................ 탈출증
Proliferation ........................ 증식
Proteinaceous ........................ 단백성의
Proteolysis ........................ 단백질분해
Protuberance ........................ 융기
Proximal ........................ 위의, 기부의
Pseudomembrane ........................ 위막, 가성막
Pus ........................ 농
Pupil ........................ 동공
Pyelonephritis ........................ 신우신염
Pykonosis ........................ 핵농축
Pyriform ........................ 배모양의

## [R]

Regeneration ........................ 재생
Regression ........................ 퇴행
Resolution ........................ 분해, 용해
Resorption ........................ 흡수
Reticulocyte ........................ 세망세포
Reticuloendothelium ........................ 세망내피
Retiform ........................ 망모양의
Retina ........................ 망막
Retrobulbar ........................ 안구후부의
Rhabdomyoma ........................ 횡문근종
Rhizoid ........................ 가근상돌기
Rudimentary ........................ 원기상태의
Rudimentum ........................ 원기
Rupture ........................ 파열, 파괴

## [S]

Sarcoma ........................ 육종
Schizogony ........................ 증원생식
Sclera ........................ 공막
Sclerosis ........................ 경화
Scolex ........................ 두절
Scoliosis ........................ 척추측만곡증
Secondary infection ........................ 2차감염
Septic ........................ 패혈성의
Septicemia ........................ 패혈증
Sequela ........................ 속발증
Sequestrum ........................ 사골편
Serosa ........................ 장막
Serosanguineous ........................ 장액혈액상의
Sessile ........................ 기부에 부착된
Sheathed artery ........................ 협동맥
Siderosis ........................ 혈철증
Solitary ........................ 고립의
Splenomegaly ........................ 비장종대
Spongiosis ........................ 표피해면화
Sporoblast ........................ 포자세포
Sporogony ........................ 포자형성
Sporont ........................ 포자모세포
Sporoplasm ........................ 포자원형질
Sporozoa ........................ 포자충
Sporozoite ........................ 포자소체
Stalk ........................ 줄기, 병
Stasis ........................ 정지
Steatitis ........................ 지방증
Stenosis ........................ 협착증
Stomatitis ........................ 구내염
Stratum ........................ 층
Subacute ........................ 아급성의
Subchronic ........................ 아만성의
Subclinical ........................ 무증상의
Subcutaneous ........................ 피하의
Subendocardial ........................ 심내막하의
Sublethal ........................ 반치사의
Superficial ........................ 표재성의
Supperation ........................ 화농성
Symptom ........................ 증상
Syndrome ........................ 증후군
Synechia ........................ 유착
Systemic ........................ 전신성의

## [T]

Tamponade ........................ 탐플법
Telangiectasia ........................ 모세혈관확장
Teratogen ........................ 기형발생인자
Thrombosis ........................ 혈전증
Thrombus ........................ 혈전
Tomont ........................ 토몬트(피낭유충)
Transudate ........................ 여출액
Treatment ........................ 치료
Tropohont ........................ 자유유영자충
Trophozoite ........................ 영양체
Torsion ........................ 뒤틀림
Tubercle ........................ 결절
Tumor ........................ 종양
Tunica proria ........................ 점막고유층

## [U]

Ulcer ........................ 궤양
Ulceration ........................ 궤양화

## [V]

Vaccine ........................ 백신
Vascular ........................ 혈관의
Vascularization ........................ 혈관신생
Vasculitis ........................ 혈관염, 맥관염

Vertical transmission .............수직감염
Viremia ............................바이러스혈증
Virulent .....................................독성의
Viscus ..................................내장, 장기

**[X]**

Xenoma .....................................제노마

**[Z]**

Zooid....................................개충(個蟲)
Zoonosis .......................인수공통전염병
Zoosporangium........................유주자낭
Zoospore ...................................유주자
Zymosan ...............................자이모산

# 찾아보기

## 국문 찾아보기

### ㄱ



### ㄴ



### ㄷ



### ㄹ



### ㅁ

## 영문 찾아보기